北京市高等教育精品教材立项项目

U0879015

北京大学医学教材

环境健康学

主　编　郭新彪

编　者　（以姓氏笔画为序）

尹先仁（中国疾病预防控制中心环境所）
王振刚（北京大学公共卫生学院）
牛静萍（兰州大学公共卫生学院）
邓芙蓉（北京大学公共卫生学院）
吕姿之（北京大学公共卫生学院）
刘君卓（北京大学公共卫生学院）
刘宝花（北京大学公共卫生学院）
宋　宏（中山大学公共卫生学院）
苏彦捷（北京大学心理学系）
陈景元（第四军医大学预防医学系）
郭新彪（北京大学公共卫生学院）
贾　光（北京大学公共卫生学院）
彭瑞玲（北京大学公共卫生学院）
潘小川（北京大学公共卫生学院）

秘书　彭瑞玲（北京大学公共卫生学院）

北京大学医学出版社

HUANJING JIANKANGXUE

图书在版编目（CIP）数据

环境健康学/郭新彪主编．—北京：北京大学医学出版社，2006.1（2018.8 重印）

ISBN 978-7-81071-616-1

Ⅰ．环…　Ⅱ．郭…　Ⅲ．环境影响—健康—医学院校—教材　Ⅳ．X503.1

中国版本图书馆 CIP 数据核字（2005）第 129013 号

环境健康学

主　　编：郭新彪

出版发行：北京大学医学出版社

地　　址：（100191）北京市海淀区学院路 38 号　北京大学医学部院内

电　　话：发行部 010－82802230；图书邮购 010－82802495

网　　址：http://www.pumpress.com.cn

E-mail：booksale@bjmu.edu.cn

印　　刷：北京瑞达方舟印务有限公司

经　　销：新华书店

责任编辑：冯智勇　　**责任校对**：蓝　叶　　**责任印制**：罗德刚

开　　本：787mm×1092mm　1/16　**印张**：41　**字数**：1043 千字

版　　次：2006 年 2 月第 1 版　2018 年 8 月第 3 次印刷

书　　号：ISBN 978-7-81071-616-1

定　　价：55.50 元

序

随着生命科学技术的日新月异，在我国高等教育体制改革的带动下，医学教育教学改革不断深入，医学教育逐渐由职业化教育转向具有职业特点的综合素质教育。着眼于二十一世纪，医学教育将更注重人才的综合培养，不仅要培养学生具有学科专业知识和能力，而且要具有知识面宽、能力强、素质高的特点，注重创新精神、创新意识、创新能力的培养。

1995 年以来，通过教育部、卫生部及北京市等各级教育教学改革项目的研究与实践，我校着力于人才培养模式和课程体系的研究，实现融知识、能力、素质于一体的综合培养，拓宽专业口径，特别强调理论与实践的结合，培养学生自学和创新的精神和能力，树立终身学习的观念；进行了课程内容、教学方法和考核方法的研究和实践；改革教与学的方法，以学生为主体，以教师为主导，引导学生主动学习，注意因材施教，注重加强人文素质的培养，强调在教学过程中的教书育人。

在改革实践中我们深刻认识到教材建设在教学过程中起着重要的作用。但长期以来医学教育一套教材一统天下的局面，未能充分体现各医学院校的办学特点，未能及时反映教学改革及教学内容的更新。为此我们邀请了北医及部分兄弟院校各学科的专家教授编写了这套长学制教材。

这套教材的编写工作力求符合人才培养目标和教学大纲，体现长学制教学的水平，探索和尝试突破原有教材的编写框架；体现北医教育观念的转变、教学内容和教学方法改革的成果和总体水平，确立以学生为主体的人才培养模式，有利于指导学生学习和思考，有利于训练学生临床思维的能力，培养学生的创新意识；体现教学过程中的“双语”教材要求，将学生必须掌握的词汇编入教材之中，每本教材配有英语专业词汇只读光盘。

本套教材汇集了北医及部分兄弟院校的专家教授们多年来积累的知识和教学经验，在编写中也进行了大胆的尝试。衷心希望该套教材的出版能为我国的医学教育贡献一份力量，使医学教育的教材建设能够百花齐放。但是由于学科专业发展的不平衡，教材中难免存在不足之处，欢迎有关专家学者批评指正。

韩启德

北京大学医学教材预防医学系列

教材编审委员会

前　言

北京大学医学部一直在进行预防医学专业的教学改革，其目的是为了培养适应新世纪需要的预防医学人才，《环境健康学》的编写工作就是应这项改革的需求而进行的。

近几十年来，环境科学的各分支逐渐形成和成熟，分工日益明确，形成了环境工程学、环境化学、环境生物学、环境管理学、环境医学等与预防医学领域的环境卫生学在内容上相互交叉的学科。考虑到学生的医学背景以及大众对环境与健康知识的迫切需求，有必要重新整合各个学科中的相关内容，对环境与健康的关系进行全面、完整的阐述。本教材的编写出于上述考虑，力求通过内容的编排和充实，对环境健康学的基本概念和基础理论作一客观、准确的介绍。此外，本书还专门分别辟章介绍了目前人们关注的环境基因组学与蛋白组学、环境健康危险度评价、物理因素与健康、环境内分泌干扰物与健康、环境与儿童健康、环境与心理健康、环境健康教育与促进等内容。这些都是现有教科书中涉及不多或没有涉及的环境与健康焦点问题。

本书的编写过程中，全体编者付出了辛勤的劳动；刘有成、王灵菇、王少利参加了本书第二章“环境流行病学”的编写；本教材编写的秘书彭瑞玲和北京大学公共卫生学院劳动卫生和环境卫生学系各位老师对本书的编写给予了大力的支持和帮助。在此一并表示衷心的感谢。

本书不仅可作为预防医学专业、环境科学专业本科生和硕士生以及 MPH（公共卫生硕士）的教学用书，也可供其他专业的师生、医疗卫生工作者以及环境保护专业工作者参考。因编者水平有限，书中肯定有不少缺点和错误，希望得到读者的批评和指正。

郭新彪

2006 年 1 月

前　言

目 录

第一章　绪　论

第一节　环境健康学的研究对象和内容

一、环境健康学的形成

早在两千多年前，人们就已认识到环境与人体健康的关系。古希腊医学家希波克拉底（Hippocrates，公元前 460～377 年）在他的论文“空气、水、土地”中，从季节、气候、城市的位置以及水质等方面阐述了环境与人体健康的关系。他还指出，居民的饮食习惯、生活方式以及是否参加体力劳动等都与健康有密切的关系。我国的《黄帝内经》中就曾提出人与天地相应的观念，认为自然是人类生命的源泉，人与自然之间有着不可分割的联系，因此强调“顺四时而适寒暑”，“服天气而通神明”，“节阴阳而调刚柔”。祖国医学将自然环境中的风、寒、暑、湿、燥、火称为六气，六气太过为六淫，认为机体受六淫侵袭可引起多种疾病，同时也认识到人体本身内在的喜、怒、忧、思、悲、恐、惊等情态变化也是重要的致病原因。

两千多年前的《吕氏春秋》中对水质成分与健康的关系作了阐述：“轻水所，多秃与瘿人；重水所，多尰与躄人；甘水所，多好与美人；辛水所，多疽与痤人；苦水所，多尪与伛人。”中医学上的瘿病主要指甲状腺肿，现代医学证明，饮水和食物中缺碘可引起单纯性甲状腺肿。所谓尰，是脚肿的疾患。躄是腿瘸，在长期饮用含有某种过量的化学物质或不正常的水后，引发身体畸形或病变，这种病情与当今的大骨节病非常相似。

我国古代人民也非常重视住宅与健康的关系。《左传》曾说“土薄水浅，其恶易觏，……土厚水深，居之不疫。”西晋《博物志》说“居无近绝溪、群冢、狐蛊之所，近此则死气阴匿之处也”。公元 2 世纪嵇康认为“居必爽皑（地势高而土质干燥），所以远气毒之患”。可见当时已考虑到了修建住宅的选址问题及居室对人体健康的影响。在河南安阳发掘的商代遗址上，除了发现富丽堂皇的宫殿和规模宏大的城郭外，在奴隶主和平民住房附近已有地下排水管道，说明商代人民已注意到排除积水、污水。河北易县发掘到战国时代的燕国下都的陶质圆形下水道。这种下水道的结构和设计已相当合理，不但沟管管径粗，两端还有牙槽，连接后可防止污水渗漏。秦、汉后的各代王朝在城市建设中都很重视城市规划和卫生设施建设及城市绿化。汉代时就已创制了洒水车，并在都市中设置公共厕所。有了公共厕所，对改善城市卫生，方便群众生活，防止传染病的传播都起了很重要的作用。

上述可见，我国古代劳动人民对环境与健康的关系有着较深刻的认识，积累了一定的环境与健康关系的经验。

近代的环境卫生学（environmental hygiene）是进入 19 世纪后开始形成的。德国的医学家 Max von Penttenkofer（1818～1901）首次提出肠伤寒和霍乱等传染病的流行与空气、水以及食物等生活环境有关，并于 1865 年在德国的慕尼黑大学开设卫生学讲座，以空气、水、食物、住宅、土壤等为研究对象，采用物理和化学方法，开展了空气中二氧化碳浓度测定方法的研究，当时称为实验卫生学（experimental hygiene），是现在环境卫生学的基础。

之后，卫生学的发展进入一个新的阶段，实现了专业分化，产生了环境卫生学等多种专门学科。

近几十年来，环境科学（environmental science）学科的蓬勃发展，使其各分支逐渐形成和成熟，分工日益明确，形成了诸如环境工程学、环境化学、环境生物学、环境管理学等与传统的环境卫生学在研究内容上相互交叉的学科。在此背景下，环境卫生学的研究内容从强调“hygiene”逐渐转变为以健康（health）为核心，环境健康学（environmental health science）也应运而生。因此，环境健康学是在环境卫生学的基础上逐渐发展起来的，从环境卫生学的发展过程中可以看出孕育环境健康学产生的时代条件。

环境健康学是环境科学的重要分支之一，也是公共卫生和预防医学的重要组成部分。环境健康学研究环境中的物理、化学、生物、社会以及心理社会因素与人体健康，包括生活质量的关系，揭示环境因素对健康影响的发生、发展规律，为充分利用对人群健康有利的环境因素，消除和改善不利的环境因素提出卫生要求和预防措施，并配合有关部门做好环境立法、卫生监督以及环境保护工作。

二、环境健康学的研究对象和内容

环境健康学的主要研究对象是人类及其周围的环境。环境（environment）指围绕人类的空间以及各种因素、介质，从我们身边的生活环境到宇宙环境。人与环境之间存在着相互作用，环境因素可对人体健康产生影响，同时人体也可对环境因素的作用作出反应。作为生态系统的一部分，人类与环境之间不断进行着物质、能量和信息的交换，二者之间保持着动态平衡。

环境健康学的研究内容很多，范围也很广，并且随着时代的不同其研究的侧重点也有所不同，概括起来有以下几个方面：

1. 大气、水体、土壤与健康；
2. 饮水卫生与健康；
3. 住宅及室内环境与健康；
4. 公共场所卫生；
5. 人居环境与健康；
6. 家用化学物品、个人用品与健康；
7. 环境质量评价和健康危险度评价；
8. 环境卫生监督与卫生管理；
9. 灾害卫生；
10. 全球环境变化与健康。

三、我国现代环境与健康事业的发展及其成就

从1879年建设第一座自来水厂到1949年新中国成立，70年间我国仅有72个大城市建有自来水厂，日供水量240万吨，管网总长6589km，只供给外国租界和大的工商业区约962万人饮用。新中国成立前，全国只有有少数医学院校开设有公共卫生课程，而环境卫生只是其中的一小部分。由于得不到政府的重视和支持，加上连年战乱，除个别地区开展了一些环境与健康的研究和实际工作外，全国性的环境卫生工作没有得到应有的发展。

20世纪50年代初期，我国翻译出版了前苏联学者有关环境卫生学的著作，6所医学院

校率先设立了卫生学专业，环境卫生学开始建立并作为预防医学的一门独立学科，环境卫生学也成为卫生专业学生的一门必修课程。我国的环境卫生工作从此获得蓬勃发展，环境卫生学的理论、内容和研究方法不断充实、深化和完善。结合全国范围内开展的群众性爱国卫生运动，这一时期环境卫生学的研究重点是生物性环境因素对健康的影响，以及消除生物性污染的措施。进入20世纪50年代中期，环境卫生工作者配合大规模的工业建设和城市建设，开展了预防性卫生监督，并对日益明显的大气污染和水污染进行了卫生学监测和调查。从新中国成立初期起，在引进和运用国外环境卫生标准的同时，我国在大量实验研究的基础上开始研究制订各类环境卫生标准。20世纪50年代，我国颁布了《工业企业设计暂行卫生标准》、《自来水水质暂行标准》、《生活饮用水卫生规程》、《污水灌溉农田暂行卫生管理办法》；60年代正式颁布《工业企业设计卫生标准》，其中涉及居住区大气卫生标准、与水源有关的地面水卫生标准。

进入20世纪70年代，我国的环境健康工作进入了新的阶段。1971年12月，我国卫生部在上海召开了全国“三废”调查汇报会，全国各省（市）防疫站及有关高等医学院校均有代表出席。这是我国最早举办的有关环境污染调研的全国性专业工作会议。1972年6月我国参加联合国第一次人类环境会议；同年10月联大通过决议，确定每年的6月5日为“世界环境日”；1973年召开第一次全国环保会议，制订了“全面规划、合理布局、化害为利、依靠群众、大家动手、造福人民”的24字环境保护方针；1973年颁布我国第一个环境标准——《工业“三废”排放试行标准》；1974年国务院环境保护领导小组正式成立。1979年颁布《中华人民共和国环境保护法（试行）》；我国还参加联合国环境规划署和世界卫生组织主办的全球监测系统大气监测和水质监测；开展了全国范围大规模的水系污染状况调查；在农村开展“两管、五改”活动，即管粪便和饮用水源，改良厕所、畜圈、水井、环境、炉灶；1979年召开第一次全国环境卫生学学术会议；修订《工业企业设计卫生标准》。

20世纪80年代起，随着全球环境污染的迅速加剧，国内外环境监测技术有了很大的发展，促使环境卫生学的监测检验技术进一步提高，并为人体生物材料的监测和深入研究环境因素对人体健康的影响创造了条件。传统的环境卫生学教学和科学研究的重点逐渐转向更广义的环境与健康关系的调查研究。在第二松花江甲基汞污染与人群健康关系的研究、全国25城市大气污染与健康关系的调查、云南宣威肺癌病因的调查研究、贵州等地燃煤型氟中毒的研究等工作中，我国的环境健康学体系也逐渐完善。1980年，卫生部颁发了《全国环境卫生监测站暂行工作条例》，在全国19个省、市防疫站环境卫生科或职业病防治院（所）的基础上建立起环境卫生监测站，专门从事环境监测工作。这期间，我国召开了第一次全国生活饮用水水质和水性疾病调查；成立“全国卫生标准技术委员会”，颁布和修订了一系列环境卫生标准，如《生活饮用水卫生标准》、《公共场所卫生管理条例》、《公共场所卫生标准》、《化妆品卫生标准》、《饮用矿泉水卫生标准》、《环境电磁辐射卫生标准》等；1982年在城乡建设环境保护部设立环境保护局；1984年成立国务院环境保护委员会；1988年设立国家环境保护局；1989年正式颁布《中华人民共和国环境保护法》。

20世纪90年代以来，我国广泛开展室内空气污染研究，制订室内空气污染物系列卫生标准；饮水卫生工作进一步深入，制订涉水产品卫生标准；1992年，我国代表团出席了里约热内卢环境与发展大会，签署了《里约宣言》、《21世纪议程》等文件。

进入新世纪后，随着生命科学与环境科学的发展，环境健康学研究方法和手段进一步提高，从分子水平探讨环境与健康的关系成为可能。此外，环境与健康领域国际交流合作的广泛开展、公民环保意识和热情的空前高涨等都推动了环境健康学的向前发展。

四、环境健康学的基本研究方法

为阐明环境因素对人群健康的影响，在运用现代科学技术了解环境因素的物理、化学和生物学性质和特征的同时，还需要认识环境因素作用于机体时引发的各种生理、生化和病理学反应。在环境健康学领域，主要采用环境流行病学和环境毒理学的研究方法来探讨环境与健康的关系。

环境流行病学是应用流行病学方法，结合环境与人群健康关系的特点，研究环境因素与人群健康的宏观关系。与一般流行病学相比，环境流行病学在内容和方法上都有其自身的特点。环境流行病学是研究某个或某几个环境因素对人群健康产生的影响，因而首先要对该环境因素是否具有产生该疾病或健康效应的可能性进行探讨。环境因素对人群健康的影响不仅反映为疾病，而是一个健康效应谱。因此，环境流行病学不仅研究疾病的分布规律，而且更经常地研究疾病前的状态，包括生理和生化功能的改变、疾病的前期等各种健康状况。环境流行病学的最终目的是改善环境，保护人群健康。环境流行病学特别注意发现、控制和消除病因，研究暴露效应关系和暴露反应关系，这是制订环境卫生标准和环境质量标准的根据，也是制订卫生政策、法规和条例的重要依据。

环境毒理学是研究环境污染物，特别是化学污染物对生物有机体，尤其是对人体的影响及其作用机理的科学。在探讨环境与健康的关系时，人们常常需要了解环境污染物在人体内的吸收、分布、转化和排泄特征，污染物的毒作用的大小，阈剂量，剂量效应关系，污染物的靶器官和靶组织，污染物毒作用的基本特征和机理，污染物的特殊毒作用如致突变、致癌和致畸性，环境污染物对健康影响的早期指标和生物标记物，环境化学物质的安全性评价方法等。

环境流行病学与环境毒理学研究方法在环境与健康研究中相辅相成，互为补充。环境流行病学研究有许多优势，如研究结果不需要种属间的外推，研究对象可以包括所有的易感人群，可以研究实际环境暴露情况下的健康效应而一般不需要由高剂量向低剂量的外推，通过日常测定或常规工作就可以获得较为准确的暴露水平和健康效应资料等。此外，环境流行病学可研究不同的暴露模式和健康效应，尤其是当没有系统的动物模型或暴露条件在实验室难以模拟时更为有用。然而，由于人在遗传、社会、职业或心理上存在有很大的差异，在环境流行病学调查研究中很难找到只是暴露条件不同而其他完全相同的两个人群，也难以控制暴露条件或将研究对象维持在某一特定的环境。相反，环境流行病学研究的上述不足都可以在严格控制的条件下，采用动物实验和体外试验等毒理学的方法来完善和补充。近年来，随着生命科学的飞速发展，毒理学特别是分子毒理学手段在环境流行病学研究中的应用越来越多。另一方面，在动物实验和体外试验的基础上，为加强对人体生物标记物的研究，人体毒理学近年来也得到了很大的发展。总之，环境流行病学与环境毒理学在内容和方法上也不断在相互交叉和融合。

第二节　环境与人

一、环境的分类

在环境健康学领域，人们以前主要关注一般的生活环境、工作环境、居住环境以及娱乐环境与人体健康的关系。近年来，人们逐渐从生态学的角度认识环境，从致病因子、环境以及人体本身之间的相互关系认识人类健康与疾病的发生、发展规律。从这种意义上，如图 1-1所示，环境可分为自然环境和社会环境两大类，其中自然环境中包括物理、化学以及生物的因素，社会环境中包括教育、社会学、经济、文化以及医疗保健等因素。人们的生活环境、工作环境、居住环境以及娱乐环境与上述自然环境、社会环境中的诸多因素相互关联，对人群健康产生直接或间接的影响。环境健康学目前的研究重点是上述自然环境中的各种因素。

- 环境
  - 自然环境
    - 物理环境因素
    - 化学环境因素
    - 生物环境因素
  - 社会环境
    - 教育环境因素
    - 社会学环境因素
    - 医疗环境因素
    - 经济环境因素
    - 文化环境因素

图 1-1　环境的分类

环境物理因素主要包括温度、湿度、气流、热辐射、气压、非电离辐射、电离辐射、噪声、振动等。温度、湿度、气流和热辐射决定人类生活环境的小气候。非电离辐射是波长大于 100nm 的电磁波，由于其能量低于 12eV，不能引起水合组织电离，故称为非电离辐射。非电离辐射包括光和电磁辐射两大类。天然光中除可见光外，还含有紫外线和红外线。电磁辐射可分为长波、中波、短波、超短波和微波。电离辐射包括属于电磁辐射波谱的 X 线和 γ 线，属于粒子辐射的电子（包括 β 粒子）、质子、中子、α 粒子，以及具有不同质量和电荷的亚原子粒子。从环境健康学的角度，噪声是指一切人们不需要的声音。振动普遍存在于自然界，与人们的工作和生活关系密切。

环境化学因素的种类繁多，既包括许多对人类生存和健康必需的有机和无机物质，又含有人类生活和生产活动中排出的大量有害化学物质。截止到 2003 年 2 月，著名的文献数据库《化学文摘》上登录的化学物超过 2110 万种以上，而且每天有约 4100 种新登录的。目前使用的一些化学物质被证实对人有致癌、致畸作用，还有一些对人和动物的内分泌功能有干扰作用。环境中的化学污染物可通过多种途径在环境中迁移、转化。一些污染物在环境中由于物理、化学、生物学的作用，形成与原来污染物的理化性质和毒性不同的新型污染物，称为二次污染物或次生污染物（secondary pollutant）。例如，无机汞可在水中微生物的作用下转化为甲基汞。无机汞离子不易通过血脑屏障，对脑组织的危害较小，而甲基汞则容易侵入脑组织，属于高神经毒物质。随汽车尾气排出的氮氧化物和碳氢化合物在太阳紫外线的作用下，发生光化学反应形成刺激性很强的浅蓝色混合烟雾，其主要成分是臭氧、醛类和各种过氧酰基硝酸酯等光化学氧化剂。

环境生物因素主要指环境中的细菌、真菌、病毒和寄生虫等。在正常情况下，大气、水以及土壤中均存在有大量的微生物，对维持生态系统的平衡有重要作用。生活污水、医院污水、垃圾粪便、工业废水等污染食物和饮用水后可引起消化道传染病的流行。室内空气中病原微生物的污染会引起呼吸道传染病的流行。

社会环境包含着诸多的因素，如不同层次的教育、人口的结构和动态变化、各类产业的构造、医疗保险制度、各类文化艺术以及经济体制和状况等。这些因素构成人类环境的社会条件，对于保障人们的身心健康有重要的作用。

按照是否受到人类活动的影响，环境又可分为原生环境（primary environment）和次生环境（secondary environment），二者的比较见表 1-1。

表 1-1 原生环境和次生环境的比较

	原生环境	次生环境
定义	天然形成的基本上未受人为活动影响的环境	受到人为活动影响的环境
与健康的关系	存在对健康有利的许多因素，如清洁的水、空气、土壤和微小气候，但也会给健康带来不良影响，如引起生物地球化学性疾病，即地方病	改造后的环境有更加适合于人类生存的一面，如房屋、风景区、疗养院等。另一方面，人为活动以及对环境的改造严重破坏了生态平衡，带来许多环境污染问题

近年来人们对疾病的认识已经深入到分子水平。从个体水平看，机体周围环境的状况、遗传因素、发育、老化等生理因素以及生活方式在疾病的发生过程中起重要作用。按照 19 世纪法国医学家 Claude Bernard（1813～1879）的分类，人体以皮肤为界，其内部称为内部环境（internal environment），外部称为外部环境（external environment）。内部环境由遗传因素和性别所决定，受发育、老化等生理因素以及生活方式的影响。外部环境由物理、化学、生物以及社会等因素所决定。外部环境在一定范围内发生变化时，由于机体的适应性（adaptation），内部环境可保持在一定水平，处于内稳态（homeostasis）。当外部环境的变化使机体难以适应，机体的内稳态遭到破坏时就会产生疾病。

二、生态系统

（一）生态系统的定义和组成

包括人在内的生物群体与其周围的非生物环境相互作用形成的综合系统称为生态系统（ecosystem）。生物群体指地球有机界的整体，包括所有的动物、植物和微生物。非生物环境包括了空气、水、无机盐类、氨基酸等。生物群体又可分为生产者、消费者、分解者。典型的生态系统由这三部分和非生物环境组成（图 1-2）：

生态系统
- 生产者：绿色植物、能进行光合作用的细菌
- 消费者：
  - 一级消费者：草食动物
  - 二级消费者：肉食动物
  - 三级消费者：肉食动物
  - 高级消费者：杂食动物
- 分解者：具有分解能力的微生物和低等原生动物
- 非生物环境：空气、水、土壤、日光、无机盐类等

图 1-2 生态系统的组成

（二）生态平衡

生态系统是一个开放的综合体，在其内部各组分之间，依次进行着能量流动、物质循环和信息传递。当这三种活动处于流通顺畅、自动调控运转自如的状态，则该生态系统处于动态平衡，称为生态平衡（ecological balance）。生态平衡的破坏将会给包括人类在内的生物带来一系列危害。过度砍伐森林、破坏植被、对有限能源的过度开发以及对野生生物的滥捕和滥杀都会导致生物种群减少和失调、自然生物结构改变等。人类的工农业生产、生活活动带来的环境污染不仅对人类健康带来严重危害，而且对生物种群的繁衍也带来影响。

为了维系生物种群间物质和能量的正常流动，生态系统中的一种生物被另一种生物作为食物，后者又被第三种生物作为食物，彼此形成一个以食物关系连接起来的连锁关系，称为食物链（food chain）。各种食物链在生态系统中相互交错，形成食物网（food web）。能量的流动、物质的迁移和转化，都通过食物链或食物网进行。食物链对环境中物质的转移和蓄积有重要影响。一些在环境中不易降解、蓄积性强的化学性污染物经食物链逐级放大，使其在高位营养级生物体内的浓度逐级高于低位营养级生物体内的浓度，这个过程称为生物放大（biomagnification）。例如，DDT 通过食物链在各级生物体内的浓度可逐级放大，在食肉鱼脂肪中的浓度可比湖水高出十多万倍。

（三）生态系统健康

1992 年美国学者 Costanza 等人合作出版了 *Ecosystem Health* 一书，从哲学角度，系统地提出了生态系统健康（ecosystem health）理论，将健康的概念从个体和群体水平扩展到生态系统水平。生态系统是否健康可通过评价其活力、组织性和适应性来进行。活力指生态系统的功能性，包括维持系统本身复杂特性的功能以及为人类的服务功能；组织性是指系统内生物群落和种群的完整性和相互关系；适应性反映生态系统受胁迫时维持其正常结构和功能等能力。

生态系统健康赋予环境健康学新的内涵。健康的生态系统是人类生存和发展的物质基础，也是人类健康的基础。

三、环境的自净作用

自然界依靠自身的能力，而不是依靠人为的力量，将一些有害因子消除到无害程度，这种作用称为环境的自净作用（self purification）。自净作用的类型很多，主要有以下几类：

（一）物理作用

1. 稀释与扩散　通过风力或水流的作用，可将污染物扩散而使浓度降低。

2. 沉降　污染物依靠本身的重力而下降至地面或水底，从而脱离原来的环境介质，使其在原环境中的浓度下降。例如，污染物也可被水中的胶状物、悬浮固体颗粒、浮游生物等吸附而随之沉降。沉降于水底的污染物可积存于淤泥中，参与底泥的组成。但有可能造成潜在危害，即当降雨时流量增大或其他原因搅动河底污泥，已经沉淀的污染物又可进入水层，造成水体的二次污染（secondary pollution）。

3. 挥发逸散　具有挥发性的污染物可以从水或土壤中挥发到大气中去，并进一步扩散。

4. 日光紫外线照射　日光中的紫外线有很强的杀菌作用，特别是对空气中的病原微生物的杀灭能力很强。

（二）化学作用

1. 中和　自然环境中存在着一些酸性或碱性物质，可分别与相应的污染物发生中和作用。例如，天然水中常含有长石、粘土等硅酸盐矿物和石灰石微粒，以及溶解的二氧化碳和混悬的二氧化硅，使得少量的酸性废水或碱性废水排入水体时得以中和。

2. 氧化还原作用　这个作用不是很普遍。例如，水中的二价铁遇空气后能氧化成三价铁，生成棕色沉淀，这样可以从水中除去。

（三）生物学作用

1. 生物氧化作用　又称为生物化学作用。有机污染物在有氧条件下，经过某些有益微生物的需氧分解作用，可形成无害的稳定无机物，使病原体失去合适的生存环境而消灭。有毒的有机物本身经生物化学作用后，分解成低毒或无毒的化合物。例如，在河流、湖泊、水库等水体中生活着的细菌、真菌、藻类、水草、原生动物、贝类、昆虫幼虫、鱼类等生物，通过它们的代谢作用可使水体中污染物数量减少，直至消失。在需氧条件下，有机物含有的硫、磷、氮和碳等有机化合物分解为硫酸盐、磷酸盐、硝酸盐和二氧化碳等无机物。

生物氧化作用是地面水和土壤的主要自净作用方式。

2. 生物拮抗作用　水中病原体受到紫外线的照射、水生生物间的拮抗作用、噬菌体的噬菌作用以及不适宜的生活环境等因素的影响等而死灭。

3. 光合作用　高等动物新陈代谢过程中呼出的大量二氧化碳，由绿色植物吸收后进行光合作用吐出氧气，使环境中含有充足的氧气。

4. 植物的吸附作用　绿色植物除了吸收二氧化碳外，还能吸收许多有毒气体，净化空气。

四、环境与人的相互作用

（一）剂量反应关系和剂量效应关系

环境因素的剂量不同，会使机体产生不同的效应。效应可以从轻微的生理或生化改变到严重的疾病甚至死亡。剂量越大，效应越严重，环境因素的剂量与机体所呈现出的生物效应强度间的关系，称为剂量效应关系（dose effect relationship）。

在某一群体中，相同剂量的环境因素对不同的个体有不同的效应，从无健康损害→代偿性损伤→亚临床状态→疾病→死亡。各种效应在人群中占的比例不同。环境因素的剂量不同时，各种效应的比例也就相应地改变。这种随剂量不同在人群中某种效应发生率不同的关系称为剂量反应关系（dose response relationship）。

剂量效应关系和剂量反应关系是制订卫生标准的理论基础。剂量效应关系用于决定哪种效应应该被预防以及此效应可接受的发生水平。剂量反应关系则用于决定某种效应可接受的发生水平时的最大暴露量。

（二）健康效应谱

环境因素对机体的效应是一个连续的多个阶段的过程。以环境污染物为例，当进入的污染物量较少时，机体可不出现生理功能和生化代谢的改变。随着体内污染物量的增加，对暴露个体产生的影响逐渐明显，与体内负荷相一致，出现如下渐进改变：可逆的、轻微的生理或生化改变→明显的生理、生化改变→病理改变，出现明显的临床症状→严重中毒→死亡。在人群中，由于个体实际的暴露水平和暴露时间存在着差异，以及下述易感人群的存在，同样的外环境暴露水平下，人群中的不同个体可出现不同的反应，结果表现为不同效应在人群中有不同的发生频率。这种不同水平的效应在人群中的分布称之为健康效应谱。了解整个人群反应的分布，才能对环境有害因素的健康危害作出客观的评价，为制订卫生政策和预防措施提供有力的科学依据。

（三）易感人群

如上所述，根据作用剂量或强度的不同，环境有害因素对机体的效应可表现为轻微的生理和生化改变、组织器官的生理和病理改变、临床症状，中毒甚至死亡等。当某一强度的环境因素作用于人群时，大多数人可能呈现出轻度的生理负荷增加和代偿功能状态。然而，由于易感性（年龄、性别、生理状况、健康状况、遗传因素等）的差异，有少数人可能出现病理改变甚至死亡，这类易受环境损伤的人群称为敏感人群或易感人群（susceptible population）。因此，在环境健康学实践以及提出预防措施时，应注意保护易感人群。近年来的研究表明，环境因素作用下人群出现的某些个体差异是由遗传因素的多态性决定的，称为基因多态性（genetic polymorphism）。因此，研究人群中的基因多态性与环境暴露相关性疾病的发生关系，寻找易感基因，对于发现和保护易感人群是十分重要的。另一方面，我们也应认识到，许多与多基因遗传有关的疾病发生时，基因与环境的相互作用起着重要的作用，有时环境的变化会起决定性的作用。例如，生活在美国的皮马人（北美印第安人的一族）由于改变了传统的饮食方式，日常摄入高脂肪饮食，结果人群中肥胖和糖尿病的发病率显著增加。而生活在墨西哥的皮马人现在仍旧保持着以蔬菜为主的饮食习惯，人群中上述疾病的发病率没有增加。

第三节　原生环境的健康问题

一、气象因素与健康

气象因素（meteorological factor）是由大气的气温、气湿、气流、气压等多种要素组成的。在一定地区在一定时间内多种气象要素的综合状态称为天气（weather）。某地区长期天气变化情况的总和则称作气候（climate）。

从时间上来讲，从几秒钟到一天时间的某些气象和天气如雷电、冰雹、狂风、骤雨等可对人体产生的不良影响或伤害，或使人体原有的疾病恶化。数日的恶劣天气如严寒、闷热和天气剧变等，可诱发如心肌梗死、脑出血和哮喘发作等疾患。此外，恶劣天气还可削弱人体的免疫力，使某些传染病的发病率升高。受短时间内气象变化影响的疾病如哮喘、风湿性关节炎等可称作“气象病”，而受季节性气候变化影响的疾患如花粉症、流行性感冒等也叫作“季节病”。

气象因素中对健康影响最大的是气温。寒冷刺激可使周围血管收缩，动脉压升高，心肌需氧量增多，高血压、脑出血死亡等多发在寒冷季节和气象多变的时候。严寒还可造成冻疮或冻僵等损伤。环境高温可引起中暑（heat illness）的发生。1988 年夏季，我国的南京、武汉等地受热浪袭击，中暑患者和死亡人数明显增高。1995 年 7 月 12 日起两周左右，美国的芝加哥受热浪袭击，期间最高气温达 33.9～40.0℃，许多人发生中暑，其中 465 人因中暑而死亡。2003 年夏季，全世界不少地区气温创百年之最，仅法国因热致死13 632人。

人在某种气候条件下生活和工作一段时间后，产生对这种气候的适应能力或适应性反应，包括生理、行为等的适应性表现，称为气候适应，又名为水土适应或气候习服。气候适应受到年龄、性别、体型等个体因素的影响。这种能力可以通过身体锻炼而加强。对气候的适应性依年龄而不同，1 岁以下的婴儿以及老年人的适应性较差，从 10 岁开始适应性增强，

40岁以后适应性逐渐下降。此外，人类在长期的进化中还可对居住地气候条件产生形态以及遗传方面的适应性改变。例如：热带地区人们皮肤中较多的黑色素有利于防御强紫外线照射，头发呈卷曲状有利于汗液从头部的蒸发；相反，寒冷地区人们皮肤中黑色素量较少是为了适应在较弱日照的情况下合成维生素D的需要，而高高的鼻梁也是为了适应在吸气过程中对干冷空气进行加温和加湿的需要。

二、生物地球化学性疾病

（一）微量元素的概念

环境中存在的化学元素，根据它们在人体内的含量可分为宏量元素和微量元素（trace elements）。宏量元素占人体总重量的99.95%，其中对人体必需的有氧、碳、氢、氮、钙、磷、钾、硫、钠、氯和镁11种。含量小于人体体重0.01%的化学元素统称为微量元素，而含量小于0.0001%的又可称为超微量元素。

微量元素在体内的含量虽然很少，但它们通过各种机理在机体中发挥着重要的作用：①微量元素参与构成酶和酶的激活剂。体内近千种酶的50%～70%都需要微量元素参与或由微量元素组成酶的激活剂。如锌参与构成醇脱氢酶、超氧化物歧化酶、血管紧张素转化酶等；铁参与构成细胞色素氧化酶、过氧化氢酶等；硒参与构成谷胱甘肽过氧化物酶。②构成体内重要的载体和电子传递系统。如铁参与构成血红素，在机体的氧运输和贮存上起重要作用。铁还参与形成体内的细胞色素系统，在细胞内呼吸、能量生成等许多重要的生化反应中发挥作用。③参与激素等的合成和生理功能。如碘是甲状腺素的重要成分之一；铬可促进胰岛素的生理活性；锌可影响胰岛素的合成、贮藏、分泌及其活性。④调节机体的其他生理功能。如碘、硅、锌和钼对机体的生长发育非常重要；锌、铜、锰和硒有助于维持人体正常的生殖生育功能；锌、硒、铜、锰、铁等元素与机体的免疫功能有密切的关系。目前认为，铁、锌、铜、碘、锰、硒、钴、钼、铬、锡、钒、氟、硅和镍共14种元素对于机体维持正常的生理和生化功能、生长发育以及生殖繁衍是必不可少的，称为必需微量元素（essential trace elements）。其他尚未发现有益生物学作用的微量元素被称为非必需微量元素（non-essential trace elements）。

（二）生物地球化学性疾病的定义

人体必需的微量元素不能在体内合成，必须通过新陈代谢同所在的环境进行物质交换从外界获取。某些地方由于地质的原因，环境中某些必需微量元素过低，影响到该地生活人群对元素的摄入量，造成体内微量元素缺乏，严重时出现临床症状，导致疾病的发生。例如，缺碘地区可出现以地方性甲状腺肿和克汀病为典型表现的碘缺乏病；缺硒地区可发生克山病和大骨节病。相反，由于环境中浓度过高，导致人群中必需微量元素或非必需微量元素摄入过多时，也会对健康带来危害。例如，含氟量过多的地区常出现以氟斑牙和氟骨症为主要表现的氟中毒；饮水中砷过高可导致慢性砷中毒。环境健康学中将这类由于某些地区的水土中某些微量元素过多或过少而引起的疾病称为生物地球化学性疾病（biogeochemical disease）。由于生物地球化学性疾病往往明显局限于一定地区，因此也称为地方病（endemic disease）。

（三）生物地球化学性疾病的特点

1. 分布呈明显的区域性。例如，我国的饮水型高氟区主要集中在黄河以北；碘缺乏病主要发生在海拔高的内陆地区。

2. 疾病的发生与微量元素有密切的关系。

3. 疾病的发生取决于某种元素的总摄入量。

（四）主要的生物地球化学性疾病概述

1. 碘缺乏病

碘缺乏病（iodine deficiency disorders，IDD）是一系列由于缺碘而造成的病症，其中地方性甲状腺肿和地方性克汀病则是碘缺乏病最典型的表现形式。碘缺乏病是一个世界性的疾病，世界各国（除冰岛外）都有不同程度的流行。联合国儿童基金会 1994 年的统计显示，全球有碘缺乏流行的国家 110 个；受碘缺乏威胁的人口约 16 亿；全球由缺碘造成的不同程度智力落后人口约 3 亿；全球约有 5 亿 646 万人患地方性甲状腺肿，占全世界总人口数的 10%左右；由于母亲缺碘，全世界每年至少有 3 万个胎儿流产或死产，约有 12 万个新生儿在出生时即发生不同程度的智能和体能损害。

2. 地方性氟中毒

地方性氟中毒（endemic fluorosis）又称为地方性氟病，它是长期摄入过量氟而引起的一种慢性全身性疾病，主要表现为氟斑牙（dental fluorosis；mottled teeth）和氟骨症（skeletal fluorosis）。地方性氟中毒是地球上分布最广的地方病之一，世界上五大洲的 50 多个国家都有本病的存在。

3. 地方性砷中毒

地方性砷中毒（endemic arsenism；endemic arsenic poisoning）是由于环境中存在过量的砷，人长期暴露而引起的一种慢性砷中毒性疾病。我国台湾的地方性砷中毒在 20 世纪 50 年代开始有报道。因当地病情严重的患者常伴有下肢末梢血液循环障碍引发的肢端坏死，故当地又称为黑脚病（black foot disease）。目前世界上许多地方都有地方性砷中毒的发生。

4. 克山病和大骨节病

克山病（Keshan disease）是一种原因不明，以心肌细胞变性、坏死为主要病理改变的地方性心肌病，因 1935 年首次在我国黑龙江省克山县发现而得名。

大骨节病（Kaschin-Beck disease）是一种儿童期发病的地方病，病变主要侵害生长发育期的骺板软骨和关节软骨，导致软骨变性和坏死、干骺早闭、骨端膨大、关节变形。该病最早发现于 1849 年，因最早由俄罗斯军医卡辛和贝克提出而得名。

我国生物地球化学性疾病的概况见表 1-2。

表 1-2 我国生物地球化学性疾病的概况（2003 年）

疾病名称	病区县数	病区县人口数（万人）	现症病人（万人）
碘缺乏病	2808	123416.1	727.53
地方性氟中毒			
饮水型	1109	54358.67	2099.36（氟斑牙）；131.39（氟骨症）
煤烟污染型	200	9434.92	1778.03（氟斑牙）；152.21（氟骨症）
地方性砷中毒			
饮水型	40	234.32	0.78
煤烟污染型	8	33.39	0.24
克山病	325	12834.4	4.08
大骨节病	354	10162.9	81.18

注：①克山病现症病人数为潜在型、慢型、亚急型及急型克山病现症病人数之和；

②碘缺乏病病区县数和人口数系开展碘缺乏病防治监测工作的县数与人口数；

③碘缺乏病现症病人数为甲状腺肿、克汀病之和。

（汇总自《卫生部 2004 年中国卫生统计提要和卫生研究》，32（6），519，2003）

第四节　环境污染与健康

一、环境污染与环境污染物

污染物进入环境后，对人群的机体和精神状态产生了直接的、间接的或者潜在的有害影响；或者在很大范围内妨碍了各种生物的生活，使环境条件恶化，影响了生态平衡，称为环境污染（environmental pollution）。环境污染物可来源于自然污染（火山爆发、风暴、火灾等）和人为污染，而以后者最为重要。环境污染物一般可根据其物质属性分为化学性污染物、物理性污染物和生物性污染物。

二、环境污染物的健康危害特点和类型

环境污染物可通过大气、土壤、水和食物等多种介质进入人体产生危害，其作用对象是整个人群，包括老、弱、病、幼甚至胎儿。一般生活环境中的环境污染物的水平很低，但人群长期生活在这样的环境中，累积暴露量大，会出现慢性中毒。环境中的污染物种类很多，可同时进入人体，产生联合作用。环境污染物的联合作用可表现为相加作用、增强作用、拮抗作用或无关作用。此外，污染物在环境中可通过生物学或理化作用发生转化、增毒、降解或富集，从而改变原有的性状、浓度和毒性，产生不同的危害作用。

环境污染物对人群作用可引起急性中毒、慢性中毒、癌症、生殖发育毒性等。

（一）环境污染物的急性危害

环境污染物于短时间内大量进入环境，使暴露人群在较短时间内出现不良反应、急性中毒甚至死亡。环境污染物引起的急性中毒以大气污染事件比较多见，它们一般有以下特点：①影响的范围随污染源和气象条件等因素而变化；②常常是事故性排放；③不良的气候条件、特殊的地形是促成大气污染事件发生的重要因素；④易感人群的发病率高；⑤常常是多种污染物的联合作用。

（二）环境污染物的慢性危害

环境污染物低浓度、长期、反复对机体作用所产生的危害称为慢性危害。慢性危害是由于毒物对机体微小损害的积累（机能蓄积）或毒物本身在体内的蓄积（物质蓄积）所致。环境污染物的慢性危害有如下特征：

1. 在环境污染物的长期小剂量作用下，机体的免疫功能受到损害而导致抵抗力下降，对生物性感染的敏感性增加，一般健康状况下降，表现为人群的患病率、死亡率增加，儿童生长发育受到影响。

2. 环境污染物的长期小剂量作用可直接导致一些慢性疾患。例如，由于大气污染物的长期作用，使呼吸道炎症反复发作，呼吸道粘膜表面粘液分泌增加，内膜增厚，最终导致气道狭窄、气道阻力增加，引起慢性阻塞性肺疾患（chronic obstructive pulmonary disease, COPD）。COPD 的发生也与个体体质、机体的免疫水平等内因有关。

3. 某些在环境中不易降解的环境污染物如重金属（甲基汞、镉等）、有机氯农药可在人体中不断蓄积对机体产生慢性危害。

（三）环境污染物的致癌作用

目前认为，癌症的发生是宿主与环境之间相互作用的结果。重要的宿主因素包括遗传因

素和健康状况，而主要的环境因素包括环境污染物、食物、职业和生活方式等。据估计，80%～90%的肿瘤与环境因素有关，其中由病毒引起的占5%、由电离辐射引起的占5%、而由化学性因素引起的占90%。

许多研究表明，室内外空气污染是人群中肺癌发生的重要原因之一。我国上海市1973～1975年肺癌死亡率的分析显示，污染严重的市中心区最高，郊区次之，农村最低，死亡率分别为27.26/10万、14.27/10万以及8.5/10万。在我国沈阳、英国利物浦的研究也表明，大气污染与居民肺癌死亡率有显著的相关关系。我国云南宣威县为肺癌高发区，尤其以女性肺癌死亡率居全国首位。我国的肺癌死亡率一般为10～30/10万，而宣威县的有些乡竟高达174/10万。通过流行病学研究发现，当地的肺癌高发与燃煤引起的室内空气污染有密切关系，燃烟煤农户室内空气中致癌物苯并（a）芘的浓度最高达626$\mu g/m^3$。美国的研究提出，空气中苯并（a）芘的浓度每增加0.1$\mu g/100m^3$，肺癌死亡率相应升高5%。

20世纪70年代以来，水体的污染问题日趋严重，全世界在水中检测出的有机化学污染物约2221种。美国环保局（EPA）从自来水中检出765种污染物，其中20种为确认的致癌物，26种为可疑致癌物，18种为促癌物和辅癌物，48种为致突变物。近年来的研究表明，水污染与人群中肝癌、胃癌、膀胱癌等发生有显著的相关关系。国外的研究认为，饮水中的三卤甲烷类物质可能与膀胱癌、结肠癌和直肠癌的发生增加有关。在我国广西的扶绥、广东的佛山、福建的同安和江苏的启东等肝癌高发区的调查显示，饮水类型不同，肝癌的死亡率也不同，饮水污染是独立于乙型肝炎病毒感染和黄曲霉毒素的肝癌危险因素。饮宅沟水死亡率相对危险性最高，饮井水死亡率相对危险性最低，改变饮水类型后肝癌发病率有逐年下降趋势。江苏启东和上海崇明等地的调查表明，沟塘水中含有致癌性的藻类肝毒素如微囊藻毒素、节球藻毒素等。这类毒素是蛋白质磷酸酯酶系强烈抑制剂，可诱发细胞增殖控制机制的失调，促进肝癌的发生。近年来，饮用高砷水与内脏癌发生的关系引起了广泛的关注。对我国台湾地方性砷中毒地区1968～1982年的死亡资料分析后发现，该地区居民膀胱癌、肾癌、肺癌、肝癌和结肠癌的标化死亡比（SMR）不论男女都显著高于台湾一般居民。在另一项病例对照研究中还发现，饮高砷水40年以上居民患膀胱癌、肺癌、肝癌的相对危险度分别为3.9、3.4和2.7。在日本的调查也证实，饮高砷水与内脏癌的发生有密切关系。在调查的88例砷中毒患者中发现肺癌7例，食道癌、肝癌、膀胱癌、子宫癌、胃癌以及癌性腹膜炎各1例。美国的一项研究指出，在累计砷暴露量达53mg以上时，发生膀胱癌的相对危险度为3.3。

（四）环境污染物的生殖发育毒性和内分泌干扰作用

随工农业生产进入环境的各类污染物中，有许多对生殖细胞、胚胎发育有直接损伤作用。历史上的许多环境污染事件中都观察到由于孕期摄入有毒化学物质而引发胎儿畸形发生率的明显增加。在美国国立职业安全与卫生研究所（NIOSH）有毒物质登记处登记的37860种工业化合物中，有585种注明有致畸性。环境有害因素作用于胚胎发育的不同阶段可引起流产、胎儿发育迟缓、胎儿畸形以及各类生理或心理性出生缺陷。如果环境有害因素作用于生殖细胞，则可在细胞分裂中把遗传损伤特征传递给子代细胞，造成可遗传性损害。

半个世纪前人们就注意到一些人工合成的环境物质如有机氯农药DDT有雌激素样活性。1962年，著名的科普著作*The Silent Spring*（中译名《寂静的春天》）出版，指出农药可引起内分泌紊乱，引起公众的广泛关注。以后的研究表明，许多环境化学污染物对生物体的内分泌功能有干扰作用，称为环境内分泌干扰物（environmental endocrine disruptors,

EEDs）。1996 年 3 月由美国人科尔波恩等撰写的 *Our Stolen Future*（中译名《我们被偷走的未来》）出版后，各国政府、工业界、学术界和公众对环境内分泌干扰物的关注进一步高涨。1998 年 3 月，IPCS/OECD 专家委员会将环境内分泌干扰物定义为：改变健康生物及其子孙或者其群体的内分泌功能，对它们的健康产生不良影响的外源性物质或混合物。2001 年联合国环境规划署提出首批控制的 12 种持久性有机污染物（persistent organic pollutants，POPs）都属于环境内分泌干扰物。

目前的研究认为，在野生生物中观察到的一些异常现象以及人类的许多疾病都可能与环境内分泌干扰物有关。鉴于此原因，各发达国家都相继投入大量的人力和物力进行环境内分泌干扰物质的研究。一些国家根据最新的研究进展，制订或修订了二噁英或二噁英类的每日可耐受摄入量（tolerable daily intake，TDI）。WHO-ECEH/IPCS 也于 1998 年 5 月在瑞士日内瓦召开专家委员会，重新审议了 WHO 于 1990 年提出的二噁英的 TDI，提议二噁英类的 TDI 为 1～4pgTEQ/kg（TEQ：toxic equivalent，毒性当量）。

三、公害与公害病

（一）公害的概念

公害（public nuisance）一词最早起源于英国。13 世纪，英国的伦敦逐渐出现由于工业燃煤而引发的大气污染。16 世纪以后，伦敦的居民家庭中普遍使用煤炭，大气污染日益严重。1661 年，英国的历史学家 John Evelyn 就伦敦的煤烟污染问题向当时的查尔斯二世提交了一份陈述书，在报告中首次使用 public nuisance 一词。公害是相对于私害（private nuisance）而言的，各国对其定义不尽相同。欧美国家将凡影响三人以上的大气污染、水体污染、噪音、振动、恶臭等以及妨碍公路上行人的行为等均视为公害。日本在《环境基本法》中将公害定义为：由于事业活动和人类的其他活动产生的相当范围内的大气污染、水质污染、土壤污染、噪音、振动、地面沉降以及恶臭，对人体健康和生活环境带来损害。

与自然灾害不同，公害是由人为活动引起，而且在许多情况下是由连续性污染造成。公害的影响往往涉及一定的范围以及一定数目的受害人数。除人以外，多数情况下动植物也会受到影响。公害对健康影响的因果关系确认一般比较困难。与全球性环境问题相比，公害主要指地域性的环境污染问题。

（二）公害的历史

公害是随着世界范围燃料动力的变迁、工农业生产的发展以及新技术的应用而产生的。历史上公害的发展大体上可分为以下四个阶段：

1. 公害发生期（18 世纪末到 20 世纪初）　这个时期正值产业革命，从纺织工业开始，煤炭、钢铁、化工等重工业逐渐建立。煤炭的大规模应用，产生大量煤烟尘和二氧化硫，污染大气。金属矿中很多是硫化物矿，熔炼这类矿物排出废气中含二氧化硫。化学工业发展很快，种类日益繁多，新工艺的出现往往又带来新的污染。如焦油蒸馏产生的硫化氢，硫酸铅室法产生的二氧化氮，制造过磷酸肥料排出的氟化氢等。冶金工业除二氧化硫外，还排出含有色金属如铅、锌、镉、铜等和砷化物的粉尘、废水，污染大气和水体。此外，水泥工业的粉尘，造纸工业的废液，赛珞璐、染料、炸药、石油酸碱精制等生产过程中的废酸、废碱等也对环境造成污染。

2. 公害发展期（20 世纪 20 年代至 40 年代）　这个时期煤的消耗量逐步上升。到 1938 年，世界煤的绝对消耗量仍为石油的五倍以上。大型火电站的建设、炼焦工业的发展、城市煤气业的增长等都需要大量的煤炭作为燃料和原料。据计算，在40年代初期，世界范围内由于工业发展和燃料燃烧释放的二氧化硫，每年达几千万吨，其中三分之二是由燃煤生成。这一时期内发生了好几起由于燃煤而造成的大气污染公害事件，如1930年比利时的马斯河谷事件、1948年美国的多诺拉事件等。

20世纪20年代以来，石油和天然气的生产急剧增长，石油在燃料构成中的比重大幅度上升。30年代前后，内燃机在世界各国普遍发展，使石油油品及其燃烧产物造成的污染日趋严重。石油污染引起的典型公害事件是美国的洛杉矶光化学烟雾事件。从1943年开始，在洛杉矶上空出现了浅蓝色的刺激性烟雾。这种烟雾主要是由于汽车尾气在紫外线的作用下，经光化学反应生成的，对当地居民的健康产生了严重的危害。

这个时期，有机化学工业有了很大的发展。因此，有机化学毒物对环境的污染问题变得日益突出。例如，含酚废水对水体的污染在世界很多地区出现，利用未经处理的含酚废水灌溉农田，会引起作物枯死或减产。

3. 公害泛滥期（20世纪50年代到70年代）　这一时期，石油等燃料的生产和消费量急剧增长。仅在60年代的十年里，国外石油年产量从10亿吨增至21亿吨，煤炭年产量从20亿吨增加到25亿吨。随之，由于燃油和燃煤排放到大气中的二氧化硫的量，在60年代里每年就超过了1亿吨。几个工业发达国家每年生产汽车2000多万辆，光化学型烟雾事件在世界很多大城市时有发生，危害面逐年扩大。此外，大量石油通过巨大油轮远洋运输以及海底石油开采逐年增加，使海洋的石油污染也越来越严重。50年代初期爆发了由燃煤造成的伦敦烟雾事件。地区性环境污染造成的公害病，如日本的痛痛病、水俣病、四日市哮喘等相继被认识，标志着公害的发展进入了一个新的阶段。

这一时期还出现了两种新的污染源。一是由原子能利用和核动力的发展带来的放射性污染。二是由农药等有机合成化学物质的大量生产和使用带来的有机物污染。1954年世界上建成第一座核电站以来，环境放射性污染日益受到人们的关注。40年代开始生产有机氯农药在50年代开始大量施用，通过空气、水、土壤污染环境并进入人和动物体内。1962年出版的《寂静的春天》一书引起公众的强烈反应，使人们开始重视农药的环境污染问题。除大气污染严重外，水污染问题非常突出，噪声、振动、垃圾、恶臭、地面沉降等其他公害也纷纷出现。

4. 公害转移和扩散期（20世纪80年代以后）　随着公民环境意识的提高，发达国家相继制订了较高的环境标准，一些对环境污染较严重的化学、制革、纺织印染等行业以及危险废物等纷纷向发展中国家转移，给这些国家的环境和居民健康带来不良的后果。1984年12月3日发生在印度博帕尔的美国联合碳化物公司农药厂的毒气泄漏事件就是典型的例子。这次事件造成2500人死亡、15万人受伤，各种后遗症、并发症不计其数，给当地的环境和居民健康带来不可弥补的损失。国际社会对世界范围的公害转移和扩散问题十分重视，联合国环境规划署于1989年主持制订并于1995年修改的《关于危险废物越境转移和处置的巴塞尔公约》中强调，禁止向发展中国家转移废物，并且列出了禁止出口的废物清单。1982年的《内罗比宣言》、1992年的《里约环境与发展宣言》和《21世纪议程》中对控制污染行业的转移问题作出了原则性的规定。尽管如此，由于经济利益的驱动以及发展中国家立法等的滞后，发达国家向发展中国家的公害转移问题依然十分严重。

据不完全统计，从20世纪初至今，全世界发生公害事件60多起，公害病患者40～50万人，死亡10多万人，公害引起的潜在健康危害难以估计。历史上的著名公害事件见表1-3。

表 1-3　历史上著名的公害事件

名称·发生地·时间	污染源和污染物	发生机制	健康影响
马斯河谷事件 比利时，1930.12	钢铁厂、炼锌厂、玻璃加工厂 二氧化硫	高气压、逆温、无风、河谷	60 人死亡、数千人患呼吸道疾病
多诺拉事件 美国，1948.10	炼锌、钢铁、硫酸制造厂 二氧化硫、硫酸雾	高气压、逆温、无风、河谷	全镇 14000 人中，18 人死亡、5910 人（43%）有眼、鼻、喉的刺激症状及其他呼吸道疾病
伦敦烟雾事件 英国，1952.12	家庭及工业燃煤 二氧化硫、一氧化碳、烟尘	高气压、逆温、无风、湿度大	2 周内有 4000 人超额死亡，死者以老人居多，死因主要为呼吸系统疾病
洛杉矶光化学烟雾事件 美国，1955.8-9	汽车尾气，光化学烟雾（臭氧、醛类、PANs）	机动车流量增加，强烈日光照射，大气处于稳定状态	眼、咽的刺激症状，哮喘和支气管炎，65 岁以上人群的一日死亡数高于预期值 19 倍
四日市哮喘事件 日本，1955～	石油化工和重油燃烧废气 二氧化硫	重油中的硫形成二氧化硫排出，随风扩散至邻近地区	邻近地区居民中哮喘、慢性支气管炎发作增加，与大气二氧化硫浓度有关，离开当地症状消失
水俣病 日本，1953～	化工厂废水 甲基汞	乙醛制造工艺中产生甲基汞，浮游生物→鱼→人，生物浓缩	熊本、鹿儿岛、新瀉三处患者共 2952 人，以神经系统症状为主
痛痛病 日本，1910～	矿山废水 镉	含镉废水污灌→稻米中镉富集，人长期食用	肾小管重吸收功能障碍、骨质疏松、骨质软化
博帕尔事件 印度，1984.12.3	农药厂贮气罐泄露 异氰酸甲酯		2500 人死亡、15 万人接受治疗、重症者 4000 人
切尔诺贝利事件 乌克兰，1986.4.26	核电站事故 放射线		死亡 237 人，220 万人的居住区受污染

四、全球环境问题与健康

20 世纪 60～70 年代，发达国家经历了快速的工业化、城市化、机动车化。伴随着这些变化，环境污染也日趋严重，公害事件不断发生。之后，发达国家各国通过制订相关政策，进行技术改造等措施，在 20 世纪 80 年代后期各国的环境污染状况有了明显的改善。但是，新型的环境污染问题如臭氧层破坏、酸雨、气候变暖以及生物种群减少等逐渐开始引起人们的关注。这些问题统称为全球环境问题（global environment issues），它们的健康影响是多方面的（参见“大气卫生”）。20 世纪以来，伴随着全球人口的爆发性增长以及全球化经济活动量的增加，我们周围的生态环境受到了前所未有的压力。事实上，早在 20 世纪 60 年代末，科学家们就提出警告，如果不及时对工业化、城市化进程可能对环境产生的影响采取措施，我们将面临严峻的全球环境问题。1972 年 6 月在瑞典斯德哥尔摩召开的联合国第一次人类环境会议上提出的行动计划中也呼吁各国关注全球环境问题。然而，全球的工业化、城市化进程并没有减缓，相反，随着发展中国家经济的增长，上述进程呈现出更加扩大的趋势。

在上述情况下，联合国于 1992 年 6 月在巴西的里约召开了联合国环境与发展大会。会上通过了“里约环境与发展宣言”和“21 世纪议程”，同时签署了“气候变化框架公约”以及“生物多样性公约”，可持续发展（sustainable development）的观念也逐渐形成。2002 年 8 月 26 日至 9 月 4 日在南非约翰内斯堡召开了可持续发展世界首脑会议（World Summit on Sustainable Development，WSSD）。

（一）臭氧层破坏

大气平流层底部臭氧层中的臭氧几乎可全部吸收来自太阳的短波紫外线，使人类和其他生物免遭紫外线辐射的伤害。20 世纪 50 年代科学家观察到臭氧层中的臭氧减少。70 年代后，臭氧层减少加剧，并于 1985 年首次在南极上空发现臭氧空洞（ozone hole），后来在北极、青藏高原也观察到这一现象。过去的 30 年，臭氧层保护已成为人类面临的主要挑战之一。地球臭氧层耗竭（ozone depletion）已经达到创记录的水平，尤其在南极大陆和最近的北极地区更是如此。2000 年的测定显示，南极大陆上空臭氧空洞面积达 $2.8\times10^7 km^2$。目前北半球中纬度地区的冬季和春季的臭氧平均损失为 6％，南半球中纬度全年为 5％。在春季，南极大陆上空的臭氧损失为 50％，北极为 15％，由此造成的有害紫外线照射分别增加 130％和 22％。

1987 年 9 月，24 个国家在加拿大蒙特利尔签署了限制消耗臭氧层物质排放、保护臭氧层的“关于消耗臭氧层物质的蒙特利尔议定书”。1990 年对其进行了修订，将受控物质增加到 6 类数十种。“议定书”规定，发达国家在 2000 年、发展中国家在 2010 年完全停止使用上述消耗臭氧层物质。我国于 1989 年 9 月正式加入“保护臭氧层维也纳公约”，1991 年 6 月宣布加入“蒙特利尔议定书”，同年成立国家保护臭氧层领导小组。国务院于 1993 年批准了“中国消耗臭氧层物质逐步淘汰国家方案”。按规定，我国应在 2010 年前将 CFCs 和哈龙类物质的生产量和消费量削减为零。

（二）酸雨

当降水的 pH 值小于 5.6 时称为酸雨（acid precipitation，acid rain）。酸雨主要前体物质是 SO_2 和 NO_X，其中 SO_2 对全球酸沉降的贡献率为 60％～70％。20 世纪 50 年代开始，一些国家开始注意到酸雨问题，并建立监测网对降雨进行监测。1972 年，在联合国第一次人类环境会议上提交的“跨越国境的空气污染，空气和降水中的硫对环境的影响”的著名报告，陈述了酸雨对欧洲各国湖泊的污染，引起公众广泛的关注。

我国于 1982～1984 年开始进行全国性的酸雨普查，发现我国西南和华南部分城市出现了酸雨污染。随着经济的迅速发展，近 20 年来我国的酸雨区逐渐扩大，已达国土面积的 30％，成为继欧洲、北美之后的第三大酸雨区。2003 年中国环境状况公报显示，出现酸雨的城市 265 个，占上报城市数的 54.4％；与上年相比，出现酸雨的城市比例增加 4.1 个百分点；酸雨频率超过 40％的城市比例上升了 7.2 个百分点，酸雨污染较上年加重。

酸雨对生态系统有多方面的影响。不仅如此，酸雨问题还是引起区域间和国家间环境争议的主要议题之一。为此，欧洲于 1979 年签署了控制长距离跨境大气污染的“维也纳公约”。在亚洲，以日本、中国和韩国为主建立了东亚酸雨监测网，开始加强酸雨问题研究和控制的国际合作。

（三）气候变暖

石油、煤炭等燃料的燃烧以及森林砍伐是引起大气中 CO_2 增加，造成全球变暖的主要原因。近 100 年来，地球表面的温度升高了 0.3～0.6℃，海平面上升了 10～25cm。据测算，到 21 世纪中叶时，大气中 CO_2 的浓度将达到产业革命前的一倍，全球年平均气温比现在要高出 1.5～4.5℃。我国温室气体年排放总量已经超过全球总量的 10%，居美国之后列第二位。

在 1992 年召开的联合国第二次环境与发展大会上，包括中国在内的 166 个国家签署了“联合国气候变化框架公约”（UNFCCC）。1997 年发表的“京都议定书”规定了 15 个发达国家的温室气体限排、减排任务和时间。我国也于 1998 年签署了“京都议定书”。

（四）生物种群减少

约 400 万年前，人类从类人猿演变而来。地球上的生物种群经历了 35 亿年的进化演变才形成了目前的生态系统。植物可通过种子和孢子使种群得以延续，而许多动物如失去其繁衍的环境必将走向灭绝。1973 年 3 月 3 日，有 21 个国家在华盛顿签署了“濒危野生动植物种国际贸易公约”，又称“华盛顿公约”，其宗旨是通过各缔约国政府间采取有效措施，加强贸易控制来切实保护濒危野生动植物种，确保野生动植物种的持续利用不会因国际贸易而受到影响。我国于 1981 年签署加入了该公约，并于 1992 年和 1993 年分别加入了“湿地国际公约”和“生物多样性公约”。

第五节 环境健康学的新动向

一、可持续发展与环境健康学

（一）人类的活动与可持续发展

人类的生产和生活活动，对生态系统造成了越来越严重的破坏，也严重威胁着人类自身的健康和生存。土地沙漠化在影响干旱地区粮食供给的同时，还直接导致沙尘天气的增加，加重大气颗粒物污染，影响居民的健康。生物多样化的减少使生态系统变得脆弱，抵御洪水、旱灾和暴风雨等自然灾害的能力大大降低。物种的减少将对作物生产、生物资源的供给产生影响。

人类的活动在加快有害元素在生态系统中循环的同时，还向环境中排放了许多环境中原本不存在的人工合成的化学物。这些中有一些是难以降解的持久性有机污染物，对人类和生态健康产生长远的严重威胁。POPs 能在环境中持久地存在，并可长距离迁移。它们可蓄积在生物体内，通过食物链富集对机体产生有害影响。2001 年 5 月 23 日，在瑞典首都 127 个国家的环境部长或高级官员代表各自政府签署“关于持久性有机污染物的斯德哥尔摩公约”，提出首批控制 DDT、多氯联苯（PCB）、六氯苯、多氯代二苯并对二噁英（PCDDs）、多氯代二苯并呋喃（PCDFs）、艾氏剂、狄氏剂、异狄氏剂、灭蚁灵、氯丹、毒杀芬和七氯共 12 种持久性有机污染物，即所谓的“Dirty Dozen”。

全球气候变化引发热浪、洪水、暴风雨等异常气候事件，同时还可使一些生物媒介传染病的流行规律和范围发生变化。城市化进程的加快以及城市规模的不断扩大，加剧了城市的环境污染，带来了机动车尾气污染、城市热岛等一系列新的问题。

从上述问题，人们逐渐认识到把经济、社会和环境割裂开来谋求发展，只能给地球和人类社会带来毁灭性的灾难。在20世纪80年代，逐步形成了可持续发展的思想。1983年11月，联合国成立了世界环境与发展委员会。1987年，该委员会的报告“我们共同的未来”中正式提出了可持续发展的概念和模式。可持续发展是指既满足当代人的需求又不危害后代人满足其需求的发展，是一个涉及经济、社会、文化、技术和自然环境的综合的动态的概念。该概念从理论上明确了发展经济同保护环境和资源是相互联系、互为因果的观点。过去人们关心的是发展对环境带来的影响，而现在人们则迫切地感到了生态环境的退化对发展带来的影响，以及国家之间在生态学方面互相依赖的重要性。可持续发展理论得到了全世界不同经济水平和不同文化背景国家的普遍认同，并为1992年联合国环境与发展大会通过的“21世纪议程”奠定了理论基础。

（二）多重环境与健康问题的挑战

环境健康学从本质上讲就是研究人和自然的可持续发展。从近200年来的历史看，发达国家在经济发展的不同阶段，逐渐经历了以下三类环境与健康问题：第一类主要是饮用水的微生物污染以及粪便没能得到卫生处理而导致的肠道传染病流行；第二类主要是工业化带来的大气污染、水污染等公害问题；第三类主要是城市化带来的交通污染、城市热岛效应以及经济全球化带来的生态环境影响问题。

与发达国家不同，由于近年来经济的高速增长和不同地区经济发展的不平衡，我国不得不同时面临着上述三类环境与健康问题。在我国广大农村，基本的饮水卫生条件还需进一步改善。目前我国还有相当一部分农村居民的饮用水仍然来自分散式给水、大口共用水井或手压井，水质卫生难以保障，存在着介水传染病传播的隐患。一些地区由于长期饮用高氟水、高砷水导致的地方性氟中毒、地方性砷中毒问题也亟待解决。由于经济发展水平、群众的卫生意识等原因，在许多农村地区粪便收集、储存和使用尚未达到无害化处理的要求，肠道传染病以及寄生虫病仍严重威胁着广大群众的健康。此外，燃煤和烧柴造成的室内空气污染也是广大农村存在的突出问题。另一方面，尽管我国环境污染恶化的趋势总体上开始得到基本控制，但环境形势依然相当严重。2003年的统计显示，我国七大水系407个重点监测断面中，38.1％的断面满足Ⅰ～Ⅲ类水质要求，32.2％的断面属Ⅳ、Ⅴ类水质，29.7％的断面属劣Ⅴ类水质。大部分城市和地区的地下水水质存在一定程度的点状或面状污染。污染区仍然以人口密集和工业化程度较高的城市中心区为主。我国的113个大气污染防治重点城市中，37个城市空气质量达到二级标准，40个城市空气质量为三级，36个城市空气质量劣于三级，分别占32.7％、35.4％和31.9％。2003年，全国废气中二氧化硫排放总量2158.7万吨。其中工业来源的排放量1791.4万吨，生活来源的367.3万吨。烟尘排放总量1048.7万吨。其中工业烟尘排放量846.2万吨，生活烟尘排放量202.5万吨。工业粉尘排放总量1021万吨。据统计，我国的二氧化硫的排放量、消耗臭氧层物质的使用量和生产量都居世界第一，二氧化碳的排放量仅次于美国。由于栖息地开垦、环境污染等原因，我国野生动植物资源总量不足、过度消耗的状况仍十分严重。

由上述可见，在解决许多传统环境卫生问题的同时，我们还必须面对城市化、工业化带来的一系列区域或全球性环境与健康问题。如何在多重环境问题的压力下，采取有效的政策和措施改善环境、保障人民群众的健康是我国面临的紧迫任务，而环境健康学将在这方面发挥越来越重要的作用。

二、生活质量与环境健康学

环境健康学研究所关注的是整个人群，包括老、弱、病、幼甚至胎儿。作为公共卫生和环境科学的重要组成部分，环境健康学一直非常注重从整体的角度探讨环境与健康的关系和内在规律，为制订相关政策、措施提供科学依据。随着社会、经济水平的提高以及对环境与健康关系认识的深入，充分了解敏感人群的特点，提供量体裁衣的环境健康服务（tailor-made services in environmental health）成为保障人们生活质量的重要措施之一，受到了环境健康学界的广泛关注。

（一）环境与儿童、老年人的健康

由于生物膜、受体以及药物代谢酶等的特性在生长发育过程中都会有所变化，因而在暴露环境化学物质之后，婴幼儿、儿童可能表现出与成人截然不同的反应或对一些化学物质更为敏感。有调查显示，吸烟开始年龄在16岁前与20岁后相比，乳腺癌的致死危险度明显增高。实验表明，动物在围生期暴露一些致癌物如氯乙烯、二乙基亚硝胺、滴滴涕等会出现较高的肿瘤发生率。目前认为，婴幼儿如果在两岁前有遗传毒性致癌物的暴露，那么终生患癌的危险度将增加约10倍；在2～15岁之间有暴露，危险度将增加约3倍。此外，婴幼儿和儿童单位体重的进食、饮水和呼吸量与成人有明显差别。不同活动状态下儿童每小时的呼吸量接近甚至高于成人。婴幼儿和儿童还可能通过一些独特的途径如手—口方式摄入污染物，或者以独特的方式如在地上玩耍等接触污染物。由此可见，在同样的外暴露情况下，内暴露水平在婴幼儿和儿童与成人会差别很大。

人口老龄化是当今世界各国面临的社会和健康问题。据估计，到2025年，全世界60岁以上的人口数将达到12亿，而我国的老年人口将达到2.87亿。发达国家的人口老化是在各国社会经济有了明显的增长，一定程度富裕起来后逐渐形成的。与此不同，包括我国在内的许多发展中国家是在社会经济基础仍然薄弱的情况下步入老年社会的。到目前为止，从环境与健康的角度对老年人口的重视还很不够。环境因素对老年人的生活和健康有重要影响。环境污染可加速老年人因心血管疾病、呼吸系统疾病以及癌症等疾病的死亡。最近的研究显示，大气颗粒物污染不仅损害老年人的呼吸系统功能，还可显著增加他们因心血管疾病死亡的危险度。由于机体生理、免疫功能的减退，老年人面对各种环境应激刺激的反应和防御能力明显减弱。此外，一些环境污染物可随着年龄的增长在体内蓄积，老年时达到一定水平或在一定条件下对机体产生损害。例如，妇女绝经后骨骼的去矿化过程加剧，蓄积在骨中的铅可随之重新释放产生健康危害。老龄化是自然现象，探讨如何保障老年人在老龄化过程中实现身体、社会以及心理上的健康，即充满活力的老龄化（active ageing）是环境健康学今后的重要课题之一。

（二）环境与遗传易感个体或人群的健康

人类的健康或疾病状态是由遗传因素与环境因素相互作用的结果。在同样的环境因素暴露情况下，不同个体之间的反应可以差别很大，而这种差异往往与人群中基因多态性有关。造成人体对环境因素易感的基因包括与代谢有关的基因、与DNA修复有关的基因以及与细胞增殖有关的基因等。如表1-4所示，与外源性化合物在体内代谢过程有关的许多代谢酶已被证实存在有基因多态性，对人体暴露相关环境化学物后的易感性有重要的影响。例如，N-乙酰转移酶1和N-乙酰转移酶2的变异同时存在时，吸烟者患癌的危险度将大大增高。

表 1-4 已被证实有基因多态性的代谢酶

	药物代谢酶	底物举例
细胞色素 P450		
	CYP1A1	苯并（a）芘
	CYP1B1	甲基多环烃类
	CYP2A6	香豆素
	CYP2C9	NSAID、S-新香豆素、甲糖宁
	CYP2C19	氯胍
	CYP2D6	抗抑郁药、安定药
	CYP2E1	乙醇、亚硝胺类
其他酶		
	黄嘌呤氧化酶	咖啡因
	醇脱氢酶	醇类
	醛脱氢酶	乙醛
	丁酰胆碱酯酶	可卡因
	二氢嘧啶脱氢酶	5-氟尿嘧啶
	环氧化物水解酶	苯并（a）芘环氧化物
	黄素单加氧酶	尼古丁
	N-乙酰转移酶 1	芳香胺类
	N-乙酰转移酶 2	异烟肼
	谷胱甘肽-S-转移酶 M1	芳烃氧化物
	谷胱甘肽-S-转移酶 T1	氯化烃类
	谷胱甘肽-S-转移酶 P1	氯化烃类
	UDP-葡萄糖醛酸硫转移酶 1,6	酚类
	UDP-葡萄糖醛酸硫转移酶 1,7	酚类
	巯基嘌呤 S-甲基转移酶	巯基嘌呤类

此外，不只是人群中的不同个体在同样的环境因素暴露情况下反应差别很大，基因多态性的发生频率在不同人种之间也有很大的差异（表 1-5）。近年来的研究为遗传易感性与环境因素所致疾病的关系提供了越来越多的证据。在不久的将来，这些将会成为制订系统性预防措施的依据，以指导人们通过调整生活方式、化学预防以及有目的的监测和筛查预防疾病的发生，提高生活质量。

表 1-5 不同人种药物代谢酶的等位基因频率比较

遗传多态性	高加索人	亚洲人	非洲裔美国人
CYP1A1-MspI	7%～14%	33%	23%
CYP1A1-Ile-Val	3%	20%	2%
CYP1A1-MspI（intron 7）	<1%	<1%	9%
CYP2D6（PM）	7%～10%	1%	—
CYP2E1-DraI	9%	31%	9%
CYP2E1-PstI	2%	24%	5%
CYP2E1-RsaI	2%	27%	2%
mEH－113H/H	8%	—	—
mEH－139R/R	5%	—	—
GSTM1（－/－）	43%～52%	48%～60%	22%～35%
GSTT1（－/－）	15%～20%	60%	22%
NAT2（PM）	40%～70%	32%～60%	68%

美国国立环境卫生科学研究所于1998年启动了环境基因组计划（Environmental Genome Project），标志着人类开始系统地对环境与基因相互作用所产生的健康影响进行深入的探讨。该计划拟系统地研究在美国人群中与七大类疾病有关的10类候选基因的基因多态性，包括DNA修复基因、毒物代谢酶基因、激素代谢酶基因、受体基因、细胞周期基因、信号传递基因、介导免疫和感染反应的基因、介导营养因素的基因、参与氧化过程的基因和细胞内药物敏感基因。最近，环境基因组计划的第一阶段工作任务已经完成，与环境化学物毒性有关的214个基因的单核苷酸多态性（single nucleotide polymorphisms，SNPs）数据库已经建立。这些数据将有助于准确地评估对环境因素反应的个体差异，从而指导人们改变一些生活方式，避免环境因素的有害效应。

（三）新型环境产生的健康问题

随着生活水平的提高，我们周围接触的化学物质也越来越多。与此同时，人们对室内环境的要求也越来越高，住宅的功能也正在由一般的生活起居场所延伸为学习工作、文体娱乐和家庭办公等多功能的场所，建筑物更加密闭，室内装饰也越来越豪华。另一方面，从节能方面考虑，现代办公场所也多采用密闭的结构。室内新风量不足和空气交换率低等原因导致室内污染物浓度增加、空气负离子浓度减少，而使在该建筑物内的人群中出现疲乏、头痛、恶心、胸闷、呼吸困难等症状。这一系列症状称为不良建筑物综合征（sick building syndrome，SBS），又称为病态建筑物综合征、空调病（air conditioner illness）、空调综合征（air conditioner syndrome）、办公室病（office illness）、密闭建筑物综合征（tight-related syndrome）。尽管人们提出许多理论或假说，但都难以很好地解释上述综合征发生机制。事实上，其发生过程中还有许多重要的影响因素。SBS的发生除与室内空气质量有关外，还有许多其他因素起着重要的作用（表1-6）。人们至今无法解释这些化学性、物理性、生物性、心理性和社会性因素是通过何种方式相互作用而在某些易感个体诱发这些症状的。

表1-6　与不良建筑物综合征有关的因素

分类	因素
建筑物方面	污染物：VOC、甲醛、气味、有机尘、无机尘、微生物、其他
	室内换气不足
	室内干燥
	室温高
	噪声
个体方面	过敏体质
	偏头痛病史
	生理周期
	心理素质
社会环境因素	工作、学习压力
	工作单调
	工作节奏快
	心情不好

近年来，一种称作多种化学物质过敏症（multiple chemical sensitivities，MCS）的征候群也受到了广泛的关注。MCS相关的病例于20世纪50年代由美国的Randolph最早报告。

目前认为，MCS是一种原因不明的非变态反应性的过敏症。该症被不同的研究者又称为特发性环境不耐受症（idiopathic environmental intolerances，IEI）、环境病（environmental illness）、化学物质过敏症（chemical hypersensitivity syndrome）、生态病（ecological illness）、20世纪病（20th century illness）、环境过敏（environmental allergy）、大脑过敏（cerebral allergy）、与化学物质有关的免疫功能异常（chemically associated immune dysfunction）、多器官功能减退（multiorgan dysesthesia）。MCS的主要症状表现见表1-7。该综合征的特点是：①症状的出现与有无明确的环境暴露有关；②健康影响涉及多器官和系统，症状的出现频率一般为：中枢神经系统＞呼吸系统＞消化系统＞心血管系统＞内分泌系统；③症状由低浓度的、没有关联的不同种类化学物质诱发。MCS与SBS的一些症状有些类似，但目前认为二者的发病机制是不同的。

表1-7　MCS的主要症状

健康影响分类	症状
自主神经功能紊乱	出汗异常、手足发凉、头痛、易疲劳
精神障碍	失眠、不安、忧郁
耳鼻喉症状	眩晕、耳鸣、咽喉炎、鼻炎
眼部症状	结膜炎、视力减退
呼吸道症状	支气管炎、哮喘
消化道症状	腹泻、便秘、恶心
循环系统症状	心悸、心律不齐
骨骼肌肉系统症状	肌肉痛、关节痛
免疫功能异常	皮炎、自身免疫性疾患

（郭新彪）

思考题

1. 环境的概念和分类。
2. 生态系统和生态平衡的概念。生态系统的组成包括哪些？
3. 剂量效应关系和剂量反应关系的概念和意义。
4. 微量元素的健康效应特征是什么？
5. 环境健康学的基本研究方法有哪些？
6. 环境污染物对人群健康影响的特点有哪些？
7. 环境污染物对健康的危害有哪些类型？
9. 公害的概念和特征。举例说明历史上著名的公害事件。
10. 目前关注的全球环境问题有哪些？

第二章　环境流行病学

第一节　环境流行病学研究的特点、内容和方法

一、环境流行病学研究的特点

一般流行病学研究的内容是疾病在人群中的分布，它要回答三个问题：①疾病在时间、地点、不同人群中是怎样分布的？②什么因素是该病的主要致病因素？③怎样控制该病的流行？为了回答这些问题，通常采用描述、分析或实验的方法，从不同人群的发病率或死亡率的差异，探讨致病的因素及防治效果。

环境流行病学除了上述一般内容，还有它本身的特点：

1. 它不仅研究疾病的分布规律，而且更经常地研究疾病前的状态，即包括无异常（健康）、微弱的功能改变、疾病的前期（亚临床状态）等各种健康状况，揭示环境污染或某些微量元素的健康效应。

2. 环境流行病学研究的暴露因素主要是理化因素。在探讨环境污染或地球化学因素对健康的影响时，不外乎两种情况，即：①已知暴露因素，研究其对健康的影响。环境卫生工作者所进行的大量工作就属于这种。例如金属冶炼厂铅污染大气对居民健康影响、磷肥厂氟污染大气对居民健康影响的调查等。②出现健康异常，追究引起异常的暴露因素，这属于探讨病因的研究。例如，近年来我国学者对于鼻咽癌、食管癌病因的研究；对克山病、大骨节病病因的研究，均属于此种类型。英国的 Doll 和 Hill 关于吸烟与肺癌关系的研究更是著名的病因学研究实例。日本的水俣病和痛痛病的病因是重金属污染造成的公害病领域里的研究成果，影响深远。

3. 环境流行病学研究的最终目的是为消除污染、改造环境、保护居民健康服务。通过对环境和健康的监测，及时发现有害的环境因素及其对健康的损伤，采取措施，控制疾病的流行。环境流行病学特别注意剂量效应关系和剂量反应关系的研究，这是制订环境卫生标准和环境质量标准的根据，也是监督控制环境污染的重要依据。

二、环境流行病学研究的内容

环境流行病学主要研究两方面的内容，一是暴露，二是健康。同时还要研究二者的联系。

1. 暴露测量　环境暴露水平是人群接触的环境因素的平均水平，是通过对环境因子在环境中的时空分布的实测结果求出的平均值。暴露水平是估算人体接触剂量的依据，因此要求测量结果精确、可靠、有代表性。暴露测量可分为两类：环境测量和生物测量。

（1）环境测量：通常采用对暴露的环境因素进行抽样测量的方法，估计个体暴露量。但这种估计是很不精确的，特别是在研究空气污染对人群健康影响时更是如此，因为个人活动、生活环境、工作环境不同，直接影响个体暴露量。近年来常采用个体空气采样器，估计个体暴露量。应当指出，环境因素是复杂的，暴露途径也是多样的，对某一种污染物来说，

它可能通过空气、水、食物、接触等不同方式进入人体。因此在估计个体暴露量时，要考虑到摄入途径，估计总暴露量。

(2) 生物监测：暴露水平的测量由于变异因素太多而很难达到精确的要求。测量人体组织、体液中的有害物质或微量元素的浓度以代表人体的暴露水平，称为“生物剂量”，也称“体内负荷”。尽管它也存在着变异，但比环境测量的精确性高。体内负荷的测量对于化学性质稳定、有蓄积倾向的物质尤为适宜。对于在体内被转化和易代谢的物质，则可测定其代谢产物在体内的水平，以估计该物质的体内负荷。这种测量虽属暴露水平的间接测量，但对于估计“负荷—效应关系”却具有直接的重要意义。

2. 健康测量　为了探索环境因子对健康的影响，就要对健康状况进行精确的测量。要尽量发现早期的功能改变，作为健康危险的警戒，环境卫生工作者应与基础学科、临床学科密切协作，探讨发现早期健康损害的敏感和特异的指标。

对敏感人群和高暴露人群（population at high exposure，或 high exposure population）的健康调查是早期发现环境不利因素危害的重要途径，环境流行病学家对这类人群应给予极大的注意。敏感人群和高暴露人群又统称为高危险人群（population at high risk，或 high risk population）。在一般人群出现健康效应的某种暴露水平以下时，有一部分人已发生健康效应，这部分人群称为敏感人群，即易受侵害的人群。例如，婴幼儿对铅和甲基汞等神经毒物特别敏感，婴幼儿就是铅污染或甲基汞污染的敏感人群。所谓高暴露人群，就是暴露于某种可能引起健康损害的污染物的水平较高或机会较多的人群。例如，与一般居民相比，铅冶炼厂的工人是铅的高暴露人群。在日本的水俣湾被甲基汞污染期间，当地的渔民吃被污染的鱼的机会多，因而是甲基汞的高暴露人群。高危险人群是环境流行病研究的重点人群，在制订预防措施或制订卫生标准时应给予特别的注意，例如制订 CO 的环境质量标准时，应考虑对 CO 敏感的冠心病患者。

三、环境流行病学研究方法

一般流行病学研究方法有描述性的（包括分布的描述和现况研究）、分析性的（包括病例—对照和群组研究）、实验性的和理论性的研究。

由于环境流行病学研究的内容有其本身的特点，在采用这些基本方法时应有所选择。

1. 如暴露因素已知，欲研究其健康效应，可以采用现况研究设计和群组研究设计，或实验研究设计。在选择观察指标时，应当注意人群总体的健康效应谱，即除了研究疾病状态，还应研究没有表现出临床症状的暴露人群。为了研究功能异常或亚临床的暴露人群，应尽量选择特异和敏感的指标。

2. 在出现健康异常状态后，为追究其病因，可以采用病例—对照研究或现况研究，获得病因线索后，再选用群组研究或实验研究证实。

在上述两种情况下，都涉及暴露因素的测量和健康测量问题。

（王振刚）

第二节　暴露测量

在环境流行病学领域中，研究的有效性取决于对暴露和健康效应两方面的评价。有效的暴露测量（exposure measurement）或暴露评价（exposure assessment）则是研究的首要步骤。每一个参加研究设计、实施和对结果解释的人都应对此有全面的了解。本部分将讨论暴露测量的主要问题。

流行病学的早期研究对象主要是病原微生物引起的传染病，所以微生物学的方法成为当时暴露测量的主要手段。传染病的特点是可对特异微生物分离和培养，并可测定暴露引起的血清反应。从暴露到发病的潜伏期也相对较短。但随着过去五十年来流行病学研究的重点从传染病向非传染病的转移，暴露测量则趋向复杂。非传染病可能并无特异的致病因子，暴露后也不一定留下特别的反应物可以测定。发病的潜伏期可以很长。暴露的多样性和复杂性造成长期以来流行病学研究对暴露测量没有给予足够的重视。但近年来暴露测量研究在环境流行病学研究中逐步得到发展，从定性的问卷测定发展到定量的污染物测量，从少量污染物的测量发展到多种污染物的测量，从单一室外环境暴露测量发展到多环境多途径的总体暴露测量。测量的手段和方法也在不断增多和完善。

暴露测量需要多种学科和专家的共同努力，如工程师、环境和职业卫生学家、毒理学家、流行病学家、化学家、临床医师、数学家和社会科学家。暴露测量可以使用直接或间接的方法，包括环境变量的测定（如室内空气交换率）、污染物的环境采样或个体监测、生物监测、问卷调查以及计算机的模拟。在评价人体健康危害和确定暴露反应关系时，暴露测量与毒理学占有同等重要的位置。

一、基本概念

（一）什么是暴露

当某一个体接触了一定浓度的某种环境物质并达到一定接触时间时，我们把这样的过程叫做暴露（exposure）。流行病学中的暴露可以包括研究对象的任何个体特征，或个体所接触的与健康效应有关的任何因子。这些因子可以：①引起生理效应；②诱发或预防疾病；③造成研究因素与健康效应或疾病的混杂；④改变其他因子的作用；⑤用以确定健康效应。暴露也包括个体先天的或后天获得的因素以及社会经济状况。

（二）暴露的分类

暴露可分为外暴露、内暴露和局部暴露。

1. 外暴露　外暴露又可分为广义的外暴露和狭义的外暴露。广义的外暴露指实际存在于环境中有害因子的量。通常的环境监测即是测量这种暴露的。狭义的外暴露指外环境中的暴露因子进入体内的量，即摄入。

每个人摄入空气、水、食物不同。污染物的理化性质影响摄入。例如，空气中的颗粒物直径$>5\mu m$，容易被阻留在鼻咽部、上呼吸道。不同的化学物质，颗粒大小不一样，碳、铅、硫化物颗粒$<1\mu m$，石棉纤维直径更小，虽然长度可达$200\mu m$，但仍很容易随气流进入下呼吸道。易溶于水的气体，如SO_2、甲醛在上呼吸道湿润的环境中被容易吸附，而不易溶于水的NO_2、光气则可进入细支气管和肺泡。

2. 内暴露　指进入体内的物质实际上被机体组织吸收的量，即吸收。通常摄入的污染物只是一部分被吸收，吸收量＝摄入量×吸收率。各种物质间有很大变异。例如，甲基汞在肠道几乎被完全吸收，而金属汞则几乎完全不吸收。铅在空腹时吸收比在饱腹时多，儿童比成人吸收快。

当吸入气体或蒸汽时，其吸收量（V_u）计算：

V_u＝（C_i－C_e）×V×t

C_i＝吸入气体中污染物浓度

C_e＝呼出气体中污染物浓度

V＝每分钟吸气量

t＝时间

当吸入气体与呼出气体污染物浓度达到平衡时，吸收量即达到饱和。也就是说当C_i＝C_e，V_u＝0时，如果吸气量V增加，则是时间t减少，即达平衡状态所需的时间短了。例如血中COHb水平，在体力活动时比在休息时达到平衡状态快，儿童比成人达到平衡状态快。

在测量内暴露时，有时还要考虑器官的暴露。但流行病学研究通常不可能测定靶器官中有毒物质的浓度，这时可通过生物材料的监测估计靶器官的暴露量。

3. 局部暴露　环境因子作用于机体的局部，可分为刺激作用和穿透作用。

（1）刺激作用：化学物质对皮肤和粘膜的作用，如过氧乙酰硝酸酯对眼粘膜的刺激。其作用大小取决于溶解性和渗透性。物理因素如光对眼和皮肤的刺激作用，噪声对听觉的刺激作用等。

（2）穿透作用：有些理化因子能穿透皮肤，直接作用于机体的组织器官，如电离辐射和电磁辐射，或经皮肤粘膜吸收，如有机磷农药、化妆品等，这取决于该物质的性质和皮肤的性质（同一个人不同部位的皮肤变异很大），以及环境温度、湿度、皮肤健康状况等。

以上关于暴露的分类是按暴露于环境因子的部位分的。我们还可按单个因子或多个因子的暴露来分类。一般来说，环境中的有毒有害因素不是单独存在的，例如空气污染物的成分就很复杂。在研究暴露对健康的影响时，应该考虑到多种因子的联合暴露和联合效应。

（三）测量的概念

测量是按规则给被测事物或事件定量的方法。被研究事物的各个特征称为变量，例如观察单位是人，观察的变量可以包括性别、年龄、身高、体重、吸烟习惯等。有的变量可能不容易直接测定或过于抽象而不可确定，比如社会经济状况。这时可以用间接的方法代替，如收入、职业、教育程度等。

1. 变量的分类

（1）名义变量：在名义变量中，数字只起标记作用（如1代表男性，2代表女性等）。流行病学中常用的如性别、职业和种族等的特征都可以编号。

（2）等级变量：等级变量中的数字用以标记一组变量的顺序。流行病学中常用的有社会经济状况和摄入量的粗略测定（如每天两次、每周三次等）。

（3）间隔变量或区间变量：间隔变量中的数值反映测量值的真实差异。流行病学中常用的有出生年月。

（4）比例变量：通过计算比例可以比较比例变量的大小，如某一变量的测定值可以是另一测定值的若干倍。流行病学研究中的暴露变量大都是比例变量。

2. 剂量和暴露量

（1）剂量：在药理学和毒理学研究中，剂量用来表示所给药（毒）物的量。剂量率则表示每单位时间所给予的剂量。所给予药（毒）物的单位量、频率和持续时间决定了全天、一周或一年所接受的总剂量。在暴露测量中，常常仅能得出实际接受剂量的估计值。因而在流行病学中常用暴露量代替剂量。通常用所测定的空气和水中物质浓度、声音或辐射的强度作为测量的指标。对有些效应来说，瞬间浓度或强度比总剂量更常用。

（2）暴露量：广义的外暴露量是指诸如食物、饮水或空气中暴露因子现存的浓度，与暴露的频率和时间有关。狭义的外暴露量（或摄入量）通常只是指暴露因子的浓度资料。实际的个体摄入量因受个体的差异或不同暴露因子的影响而有所不同，也与从大气、食物或饮水浓度估算出的暴露水平有明显的差异。内部暴露量，或吸收量，是摄入量与吸收率的乘积。吸收率因人、吸收物质、机体状况不同而异。内部暴露量较难测定，通常只能估算。所以在流行病学中使用不多。生物有效性剂量是吸收剂量中已到达所能引起不良健康效应的靶细胞或靶器官的量。

3. 暴露测量的理论构架　正确的暴露测量必须有良好的理论构架作指导。图 2-1 是通常所用的构架，概括了暴露与效应的关系。通常要确定单一污染物引起的健康效应是很困难的。健康效应不仅与接触不同来源的多种污染物有关，也与年龄、性别、种族、职业、生活习惯等有关。所以在研究某种特定污染物的健康效应时，需要同时控制混杂变量的作用和影响。

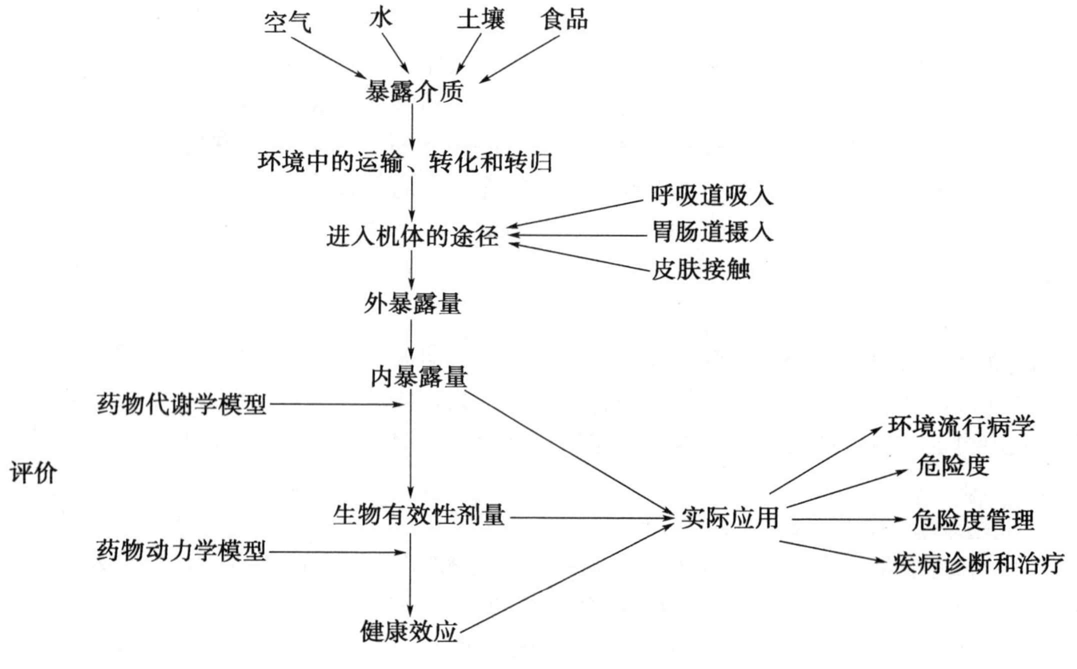

图 2-1　暴露与效应的关系

二、暴露测量方法

（一）明确暴露测量的目的

1. 个体特征或环境因子？

个体特征的测量需要获得研究对象的个人资料，但测量某一地区居民对某种环境污染物的潜在暴露则不需个体的资料。在病因生态学研究中，通常测量环境因子而不必测量个体的暴露量。

2. 主观评价或客观测量？

无论是测定个体特征或是环境因子，主观评价资料常依赖于受访（试）者或其亲友提供，故易带来多种误差，如对所提问题不够理解、回忆错误等。常用的主观评价方法有调查员直接询问、受访者自己填写问卷、工作日记。为了避免或减少主观评价资料的误差，调查者最好自己观察，寻找有关记录，或对受试者和环境进行有关测量。

3. 现暴露或既往暴露？

测定既往的暴露要比测定现暴露困难，常需寻找有关的记录或依赖于人们的记忆。但在慢性病的研究中，现暴露用处不大。因为目前的暴露可能与过去的暴露关系不大，暴露和疾病的先后次序也不易确定。

（二）选择暴露测量的方法

1. 直接询问　面对面的交谈或电话询问是获得研究对象个人资料及其周围环境状况最常用的方法，可以同时获得现暴露和既往暴露的情况。该方法的缺点是要使用调查员，费用较高，也容易出现回忆偏性。受访者常常对暴露情况报告不足，或把调查期间外的暴露作为调查期间内的暴露报告。另一方面，对受欢迎的行为可能过多的报告，而对不受欢迎的行为则报告不够。

2. 受访者自己填写问卷　通常调查员询问的问题都可以由受访者自己填写。优点是节省费用，避免调查员引起的误差；缺点是问卷的长度受到限制。因为问卷太长，回收率就低。另外，对复杂的问题，回答容易出错，甚至不予回答。用邮寄调查表的方法，回收率较低，需要增加追访。在人群比较集中的地方，如学校、工作单位，可采取直接询问与受试者直接填写问卷相结合的方法。即由调查员将调查表送到现场分发并集中回收。调查员可现场回答疑难问题，补填漏答的问题。

3. 日记记录　日记多用以记录目前的行为或暴露情况，尤其是短暂发生的事件。日记记录避免了回忆偏性，具有个体暴露方式的代表性。但如果用以代表较长时间的暴露情况，尤其是可变的暴露，日记记录的时间要更长，所以花费也较大。此外，资料分析的难度增加，花费加大。日记的方法多用于营养流行病学的研究。

4. 调查受访者的亲友或同事　当受访者已死亡、太年轻或有精神性疾病等而不能回答问题时，可调查他们的亲友熟人，请他们代以回答问题。这种测定方法多用于致命性疾病的病例对照研究。通常询问的问题有职业、饮食、吸烟和饮酒情况，以及过去的病史及药物使用情况。

除了与调查受访者本人时出现的错误一样外，亲友的回答还会产生其他错误。他们也许根本不了解内情，或因亲友的死亡而对某些问题想不起来。但有些情况下，亲友对暴露有同样的了解（如询问母亲关于儿童早期生活中的暴露情况），甚至要比受试者回答得更为准确。

5. 调查者对受访者的直接观察　性别和种族是常常由直接观察而测量的变量。眼睛和头发的颜色也可直接观察加以记录。直接观察的方法其优点是比较客观，有较多的细节并可用于对非重点暴露行为的记录。其缺点是只能用于现况暴露，观察期不能太长，适用于常见的暴露或行为和经过特别挑选的研究群组，也需要对观察员进行精心的训练，比较耗时费力。观察法也易带来一些重要的误差，如时间长度不够、观察时段偏差（营养调查中只观察一日三餐，而忽略了三餐以外的食物）。观察事件太多时不易准确。观察者疲劳会引起记录的偏差。

6. 参考有关记录　这些记录不一定是为暴露测定而作，所以要考虑是否符合研究目的。医疗记录、职业记录或人口统计资料均可供以参考。受访者或有关人员对暴露的回忆记录，对受访者及其环境的实际测量记录也可以应用。暴露记录资料在病因生态学研究中应用较多。有关地区、人群或群组的行政管理记录常可用来比较疾病发病率的时间趋势、地区差异等。参考有关记录是替代对受试者直接测量的好方法，但应用前应仔细考虑记录的有效性及所引入的误差，如记录的错误、缺失、丢失、修改或记录者之间的系统误差。

7. 对受试者的物理化学测量　物理化学方法多用于可变量的现况调查，如呼出气中CO的测量。稳定性变量（如基因组成）或相对稳定性变量（身高、体重、皮脂厚度、血脂含量、毛发指甲中微量元素的含量）也可用物理化学的方法测量。该方法的缺点是疾病发生后测量物理化学因子，则测量过程易受到疾病的干扰，或影响测定结果，如结肠癌可降低血浆胆固醇的含量。在横断面研究或病例对照研究中应予注意。

8. 对环境的物理化学测量　对自然环境的物理化学测量存在同样的问题，只是测量不会受到疾病的影响。通常所测量的是目前的环境。在环境流行病学研究的回顾性群组研究中常用目前的变量代表过去的暴露，如测量住宅内自来水管网中目前铅的含量并用于过去饮用水中铅的暴露估计。

（三）选择测量方法要考虑的因素

测量方式的选择常取决于可行性，所要考虑的因素包括：①研究的类型；②所需资料的类型、数量和精度；③暴露对受试者生活的影响；④受试者对暴露后果的敏感度；⑤暴露的频度，及频度和强度随时间的变化：⑥是否有暴露的客观记录：⑦是否有暴露测量的物理化学方法。此外，也要考虑课题有限的资金及测定方法的花费。

1. 研究的类型

前瞻性研究或随机控制实验通常需要记录目前的暴露情况，或过去和目前的暴露情况。在以成人作为对象的研究中，或追踪观察开始后就要进行资料分析时，过去的暴露十分重要。如果暴露的可变性很大，则有必要对暴露定期进行测量。

历史（或回顾）前瞻性研究，根据定义，依赖于过去暴露测量的记录。多用于工作环境中暴露有害物质与疾病的研究。暴露资料多为就业记录，偶尔有工作环境的测量记录作为补充。

病例对照研究需要推断远在疾病发生之前的过去暴露。通常需要应用直接询问、自己填写调查表或寻找有关受试者及其环境的记录等多种方法。假设暴露随时间不变，也可应用日记、直接观察或物理化学测量的方法。如果这种假设不存在，有可能引起暴露错分。

横断面研究与病例对照研究相似，通常需要测量过去的暴露。在一些情况下，研究中的现况暴露可能会引起快速反应的后果，如血压的改变。任何测量过去和现在暴露的方法均可选择。

2. 所需资料的数量和精度

如果需要大量的资料，尤其是过去暴露的资料，直接询问常常是唯一的方法。如果可能的话，以有关记录和物理化学测量作为补充。日记可以提供详细的资料，但所记录的暴露变量较少，且只反映目前的暴露。有关记录既不完整，也不详细，但要比受访者个人的回忆详细。如果只需要少量的数据和精度，可以考虑使用受访者自己填写的问卷。可以节省费用并获得较高的回收率。电话询问只适合于获得少量资料，其精度与直接询问相似。

3. 暴露对受访者生活的影响

如果暴露对受访者生活的影响较大（例如有过严重的中毒事故经历），对暴露的回忆就比较准确。日记比较适合于影响较小的暴露。用于过去的暴露则需假设暴露的一致性。物理化学的测量也适合于影响较小的暴露。

4. 受访者对暴露后果的敏感度

一般说来，问题的敏感性并不影响问卷的回答率，但受访者对敏感问题的回答可能不够。增加调查者与受访者的距离（如使用自己填写的调查表）可增加对敏感行为的报告率。理论上，我们应当尽量使用客观方法来测定敏感的暴露，但这样的方法常常没有。假如研究者告诉受访者有方法可以测定他们报告的内容，报告率和有效性就可以增加。

5. 暴露的频度，及频度和强度随时间的变化

不常见的、影响不大的暴露几乎不可能测量，尤其是过去的暴露。受试者很难想起来。对这样的暴露的现况测量，用处也不大。影响较大或很大的暴露容易想起，所以容易通过回忆法测定。也可以通过日记、直接观察或物理化学方法加以测定。高影响低频度暴露最容易通过回忆方法测量，或参考有关记录材料。低影响高频度暴露用日记或客观方法测量更好。对不随时间变化的暴露可用以上各种方法测量，尤以客观方法最好。对随时间变化的暴露，有必要多次测量暴露情况，以减少季节或测量者引起的误差。

6. 是否有暴露的客观记录和暴露测量的物理化学方法

使用客观记录和理化测量方法可以补充问卷资料的不足。在回顾性群组研究中，有时只有暴露测量值，或研究中的暴露是某项特定的记录，如血清胆固醇浓度。这时应考虑研究的可行性。

实际工作中，常常多种方法一起使用，以获得不同的资料，或相同的资料互相验证。

（四）外环境暴露测量

环境可分为一般环境（土壤、空气和水）、局部环境（住宅、工作场所、娱乐地点）和个人环境（食品、饮料、化妆品、药品）。环境因子包括物理、化学和生物因子。通常对这些因子的暴露是未知的，也不为暴露者所察觉。所以受访者难以经回忆或记录而得到结果，必须由研究者进行测量。但有时调查以问卷为主，以环境测量为辅。

环境测量的方法可以简单，也可以很复杂。可以是由有经验的调查者打分的方法（如环境颗粒物污染的程度判断），或现场用仪器直接测量（如使用红外颗粒物测定仪测量颗粒物浓度）。也可从现场采集样品带回实验室仔细分析（如使用电子显微镜观察颗粒物的形态和大小）。

暴露的定量测量最常用的方法是环境监测。一般的环境监测是为分析污染物浓度系统收集环境样本。但应当认识到，为了确定环境质量是否符合有关环境质量标准而进行的环境监测，通常不会提供足够的暴露资料以满足流行病学研究的需要。流行病学研究中的暴露资料，要专门设计，应尽可能紧密联系人群的暴露，而不需要像其他监测那样反复或连续的采样。

1. 现况暴露的采样和测量

（1）测量的目的：现况暴露测量主要用于横断面研究和前瞻性群组研究中，以分析目前的暴露与现在的疾病或与将来疾病的关联。也可作为部分资料用于回顾性群组研究，或病例对照研究中用于估计以往的暴露。

（2）需要考虑的问题：在制订测量计划时，需要考虑下列问题：

——什么因子需要研究测量？

——采样的持续时间及频率应如何？

——在什么地方采样？是个体监测还是环境测量？

——需要什么样质量的资料？

——需要哪些测定仪器或分析技术？

实际测量计划还受到研究经费等方面的限制。应当强调的是，如果暴露测量的质量很差，所获的资料可能毫无价值。

（3）污染物的选择：选择什么样的污染物进行采样和测量，取决于研究目的本身。如，研究石棉与肺癌的关系，需要考虑是只测量石棉，或还应包括已知的其他可能引起混杂和效应修正的致癌因子。如果研究包括多种健康效应终点的测量时（如不同器官的癌症），应选择多种污染物进行测量。

选择什么样的污染物进行采样和测量，也取决于研究类型。如果是测定工作场所的空气污染物，首先要列出所有的原材料。其方法是检查近一两年原料购买记录。如果没有记录，应使用预先拟定的问卷，询问有关经理、工程技术人员。然后，对工厂各部门进行检查，列出所有与原材料有关的中间产品和终产品。根据原材料和终产品清单，选择需要测量的污染物。对大气和水污染物的监测，难以列出所有污染源排出的化学或生物性污染物，以及经过环境转化形成的污染物，但也应根据理论和经验，考虑列出尽可能完整的污染物清单，以选择有关的污染物进行测量。

（4）环境采样方法：环境采样的目标是获得研究个体暴露量的估计值。通常使用两种主要的采样策略：一是区域环境的固定采样，二是研究对象的个体采样。在空气污染与健康的研究中，区域环境的固定采样可以包括大气中心监测站的监测、工厂环境（车间、办公室等）空气中污染物的监测、住宅和交通车辆等微环境的测量。住宅污染测量可包括住宅外和住宅内空气的测量。住宅内空气污染的测量可包括厨房、卧室、起居室等。根据人们在不同环境的活动时间及不同环境空气污染物的测量结果，可以估算个体对空气污染物的接触量。外环境测量的好处是无需打扰研究个体，测量时间根据需要可长可短。缺陷是不能代表个体的真实接触量。根据是否使用动力进行采样，区域环境的固定采样可分为主动采样法和被动采样法。主动采样法需要使用采样泵，抽取一定量的空气以计算污染物的浓度。被动采样法应用被动扩散型徽章式采样器，不需要使用采样泵，因而比较方便轻便，也避免采样产生的噪音。可以将这种采样器挂在房檐屋内，或放在床边。

个体采样方法近几十年来较为广泛应用，尤其是在职业暴露测量中应用较多。方法是让研究对象携带采样器，而把采样头放在呼吸带（衣领、上衣口袋）上。在八小时工作时间内，采样时间和采样频率可在一定范围内进行调节，以适应特殊情况。个体采样方法的优点是对个体的暴露有代表性。采样器跟着人走，能够综合测量研究对象在不同环境中的暴露量，也能反映个人行为对暴露的影响（如回避高浓度的接触）。个体采样方法的缺点是，测定结果是测量期间浓度的平均，不能反映短期内高浓度的变化，难以进行高时间分辨率的监测。此外，采样泵有一定重量，携带不方便，噪音也容易令人烦躁，受试者不愿配合。采样时间太长，则采样泵的流速容易改变，带来测量误差。个体采样技术适合于小规模的流行病学研究。在大规模群体健康研究中，采用个体采样是相当困难的，这包括观测对象数量大，观测对象与研究人员之间不像工厂那样有密切交往，要组织好是不容易的事。大规模研究人群中，个体被动采样器常被使用，但其准确性不能与主动采样器相比。

（5）采样对象的选择：在职业和环境流行病学研究中，常用两种方法选择采样对象。一种是随机选择采样对象，然后将有相同暴露的个体合并分组；二是先将有相同暴露的个体分层，再在不同层中随机抽取个体进行测量。测量结果然后用来估算同一群组或同一层次内的所有个体的暴露。对前一种方法中如何分组，需拟定统计标准。第二种方法中，则需设定暴露层，并假设暴露层可以事先确定，同一暴露层内的暴露程度应均匀。

在职业环境中，暴露层或暴露区域的确定需要收集了解工厂的有关资料，如原材料的种类、生产过程和操作工序、中间产品和终产品污染来源、工程控制设备或措施等。对暴露的分层应事先设定标准，标准不应受到现有污染物资料的影响。暴露层可以是工厂中适合于环境固定采样的地区或空间。某一区域的工人常常和另一区域的工人在同一暴露区域中工作。这就形成了很好的暴露层。暴露层的设置需符合下列标准：①工作性质相似。同一暴露层内的工人工作内容相同，污染物的产生机制也相同。比如，汽车车体修理厂中油漆喷洒工的工作内容都是混合油漆，并在喷漆室内用压缩空气将油漆喷洒在车体表面，然后清洗喷洒工具。油漆喷洒中产生蒸汽型及气溶胶型异氰酸酯，引起喷洒工人的吸入和皮肤暴露，会导致工人致敏，或引起哮喘。②有害物质相似。同一暴露层内的工人必须使用相同的因子（化合物、热源或电源），接触该因子（包括多因子）的几率相同。③接触环境相似。如使用的工具设备、周围的通风状况均需相似。④可以明确分类。一个工人只能分入一个暴露层，而且每个工人有明确的作业分类名称。

暴露层的确定需要负责暴露测量的卫生医师与工厂的工程师和管理人员密切配合。负责健康效应分析的流行病学家也应常到现场观察各个区域的暴露测量，以做到胸中有数，了解测量对象选择中可能产生的偏性，所选对象的合作情况等。

上述四个标准和区域暴露的概念也可用于室内环境的暴露测量。如测量住宅内自来水中污染物的成分，可用以代表该住户所有成员的暴露情况。在大面积外环境暴露测量中，较难确定相同暴露区域。此时可用将暴露区域打格子的方法。可通过随机抽样、多阶段抽样或分层抽样的方法，抽取其中某些格子，或按地理方位、主导风向、点状污染源分层抽样。系统抽样更易实施，也可考虑，但要避免出现系统误差，导致所抽取的人群不随机在所选择作为测量对象的格子中。可随机抽取测量对象携带采样泵，或在该格子内设定固定采样点，进行区域采样。在水污染的暴露测量中，也可根据调查的城镇，调查人群的社会经济状况、住宅类型、供水范围或家庭大小来确定。

（6）采样频率和范围：在确定暴露区域后，需要确定采样的范围，包括采样频率、采样时间的长短、采样周期（一天、一周、数周或一个月）及样品在采样周期内的分布。根据不同的化学物质及其健康效应，采取不同的采样策略。

1）对刺激性因子：采样要有高的时间分辨率，峰值浓度比时间加权平均浓度更合适。

2）对麻醉性因子：采样也要有高的时间分辨率，在高浓度的职业暴露策略中更是如此。

3）对影响全身的因子，包括致畸物：这些因子吸收后具有毒作用，可以影响肝脏、肾脏、造血系统、神经系统等等。采样的时间分辨率应与因子（或代谢产物）在靶器官的半衰期相一致。对致畸物，怀孕期间的接触时间是关键。

4）对致癌物、致突变物：健康效应的潜伏期可为几年或几十年，所以在流行病学研究中，多进行回顾性的暴露测量，测量多为定性和半定量的。但对于峰值浓度资料不能忽视。因为对一些因子来说，生物解毒系统一时负荷过重可开辟异常代谢途径，从而引起致癌、致突变。

5）对引起哮喘、慢性支气管炎或肺气肿的因子：这些因子通常具有局部作用，宜用8小时工作日或全天（24小时暴露）的时间加权暴露平均值。

6）对引起尘肺的因子：这些化合物需在肺部长期沉积，宜用月或年平均浓度进行暴露评价。

除此以外，大气污染暴露测量尚需考虑排放强度、气象因素的影响。总之，要根据所研究的健康效应类型决定采样的时间和策略。具有高的时间分辨率，又有适当精密度的资料比有高精密度而低的时间分辨率资料对流行病学研究更有价值。

（7）采样仪器和分析方法的选择：广义的采样和分析方法包括选择采样仪器、样品的现场采集和处理、保存和运输、实验室分析方法的选择以及实验室的质量保证、质量控制措施。目前，许多污染物的采样和实验室分析都有一种或多种标准方法可供选择。如美国的职业卫生管理局（OSHA）和职业安全和卫生研究所（NIOSH）定期出版职业环境有害物质的分析方法手册。我国有关部门也定期出版环境和职业污染物监测方法，可供参考。有时，对一种污染物有多种方法可以使用，需要选择最佳方法。方法选择应考虑以下因素：

1）灵敏度：灵敏度好的方法能测定到引起不良健康效应的最低浓度以下，最好能达到10倍以下。检测范围为引起不良健康效应的最低浓度的0.1倍到10倍。准确度和精密度在±0.5%，重现性在±2%。仪器校正简单而准确。

2）特异度：特异度好的方法只对特定的污染物有反应，不受其他分析物质的干扰。即便有干扰也能确定干扰的强度。通常使用高分辨率的气相色谱技术并选择特殊的检测器，可以增加仪器的特异度。

3）测定速度快：污染物的浓度可以在较短的时间内测定，其时间应短于引起不良健康效应的时间。半衰期长的污染物不必经常采样分析，而很快排出或代谢的污染物必须在较短的时间内分析测量。

4）完整性：完整性的含义是一种方法可以测量多种能引起相同健康效应的污染物质，在确定污染物的来源时尤为重要。通常化学性质相似的污染物可用同一种方法测量。

5）轻便性：便于携带和现场使用。对个体采样器，要求小而轻便、噪音不大、耗电量小、可用电池操作、外部坚硬、不受温湿度和化学物质的影响。在15分钟内就能稳定。温度范围为－20～＋40 ℃，湿度范围为0～100%。

6）费用低：采样和分析的费用可以承受，价格低廉，仪器部件易于购买，材料消耗少，维持费用低。

（8）常用分离检测方法：不同的污染物使用不同的或相似的分析方法。以空气污染物为例，常用的分离方法有色谱法，如气相色谱、液相色谱和薄层层析色谱。可用于几百种不同污染物的分离。

1）气相色谱法：气相色谱法的流动相（载体）为气体，适合于空气污染物的分离。其优点是色谱柱具有高分辨率，根据需要可匹配不同的检测器。色谱仪也可运到现场用于分析测定。色谱分离方法可用自动化，减少人力。虽然气相色谱法有较高的分辨率，但分离过程本身很费时间。分离中不能进行其他污染物的分析，故污染物的测定不具连续性。

2）液相色谱法：液相色谱法的流动相（载体）为液体。载体中的污染物溶于流动相，并与流动相和固定相作用而被洗脱分离。液相色谱法常用于气相色谱法不能分析的高活性、高极性、无挥发性物质。被洗脱的污染物留在液体中，便于进一步处理。缺陷是仪器费用较气相色谱法为高，也难以运到现场使用。

3）溶剂系列萃取法：用于分离混合性有机污染物。通过有机污染物在不同溶剂中的分配比率而将污染物逐步分离。萃取步骤使得此后的样品分析手续简化。但操作耗费时间，难以自动化。

样品的测定仪器可以进行单独测定，也可以和色谱分离仪器结合使用。常用的色谱检测器有不具特异性的火焰离子化检测器、热离子检测器、具有高度选择性的电子捕获检测器和具有热导检测性能的热导检测器。有机物测定方法有气相色谱—质谱，液相色谱—质谱。电化学测定方法有极谱仪、电导仪、频谱仪。电子显微镜常用于污染物的微观形态测定。中子活化法可用于生物样品、地质样品和环境样品的分析。环境氡及其子体的测定，主动的和被动的方法都可应用。污染物的测定方法详见有关环境分析化学书籍。

（9）资料质量的描述：描述资料的质量需用许多概念，如：①重复性：在一定时间内同一个人使用同一种仪器，对同样物质测定之间的差异；②重现性：在不同的时间内，不同的人使用不同的仪器（通常相同型号），对同样物质测定之间的差异；③精密度：一系列测定的偏差值，通常用变异系数（标准差与均数的比）表示；④准确度：测定值和真值之间的差异；⑤分辨率：所测项目能够定量区别的最小差异；⑥检测限：区别于零的最小检测量。

2. 既往暴露的测量和估计　如果将现况暴露的测量结果用于横断面研究、病例对照研究、回顾性群组研究，则需假定现况暴露情况与研究时段中的暴露极为相关。对过去的暴露，最好能找到过去测量的记录。过去的测量记录有三种情况：

（1）有完整的测量记录：如果过去的测量资料是为流行病学研究而特别收集的，有不同地区或人群组的暴露，其设计方法也有效，则该资料和目前测量的资料一样有效。如果该资料并非为流行病学研究而收集，应用该资料时要小心。要弄清楚资料测量的目的及测量的时间范围。通常过去的资料是为检查是否超过有关环境质量标准而测量的，这样的资料常常测量一些容易测量的污染物，而忽视了需要研究的混合物中的其他成分。这样的测量资料也常常注重于高暴露人群，即特定时间内具有最高暴露危险可能的人群。用高暴露人群的暴露来估计其他人群的暴露是不恰当的。

（2）无完整的测量记录：造成过去测量资料不完整的原因可能是测量只局限于少数地区，使用了较落后的方法，或测量的污染物并不是所要研究的污染物，但二者有一定的相关性。原则上，不完整的资料可同样用来估计过去一段时间内污染物的暴露量。先估计不同暴露地区、暴露群组、暴露时点的暴露水平，然后再将研究个体分配到不同的暴露区组中。

（3）没有以往的测量记录：当没有任何以往的测量记录可用时，对过去污染物暴露的描述只能粗略而为，并只能局限于群组暴露而不是个体暴露的估计。

（五）暴露的生物学测量

系统地采集人体的样本（如细胞、体液）以确定污染物（或代谢产物）的浓度，称为暴露的生物学测量。有三种生物学测量方法可用于暴露评价：①测量不同生物材料中所研究污染物的浓度，如血液、尿液、呼出气、头发、脂肪组织、唾液等；②测量所研究污染物在人体中代谢转化物的浓度，例如苯暴露可检测其尿中的代谢产物邻苯二酚，甲苯暴露时检测马尿酸，二甲苯暴露时检测二甲基苯酚等；③测量人体与该污染物接触后产生的生物学效应，如 CO 中毒时测量碳氧血红蛋白。

有时所测量的物质也是人体的组成成分，并起维持人体正常功能的作用，如激素的含量。这些物质为内源性物质。而另一些情况下，所测量的物质是外源性物质，如药品、化妆品，以及有皮肤、呼吸道或消化道吸收的环境污染物。这些物质的生物学效应可能是有害的或无害的，可逆的或不可逆的。效应出现的时间可早可晚。通常，在不可能直接测量污染物及其代谢产物时，才测量这些生物学效应，而且所测量的生物学效应不应该是正在被研究的疾病或与该疾病有关的效应。

1. 生物学测量的优缺点和局限性　人们可通过两种方式进行暴露量的测量和评价，即通过外部（环境及/或职业）的暴露测量和通过内部暴露的测量。前者测量的只是外部剂量的近似值，后者接近靶器官的实际剂量，所以优于前者，为最佳选择。生物学测量也比较客观、个体化，具有定量测定的特异性和敏感性。有时生物学测量也可用于估计靶结构（器官、细胞、分子组成）水平的活性剂量或生物学有效性剂量。但在应用生物学测量时，应考虑到接触的来源是多途径的。在研究空气污染物的健康效应时，应知道生物材料中测量的污染物也可来源于消化道的摄入。污染物在体内的代谢有一个动态过程，何时测量才能反映暴露状况取决于被测量的污染物及其健康效应。生物学测量的主要缺点是对于受试者不方便。在测量计划实施前必须仔细地考虑伦理方面的问题、对健康的危险性、资料的保密性以及受试者有拒绝参加的自由。生物学监测只适用于被机体摄入的化合物。对于某些重要的环境污染物，如噪声和电离辐射，生物学监测则无法进行。生物学测量结果的应用价值也取决于其可行性和费用。

2. 外源性化合物的测量

（1）采样原则：生物样品采样计划应规定机体的采样部位（组织或代谢产物）、采样时间和样品数量。这些计划的制订取决于所研究外源物在体内的动态学，如吸收、分布、储存、代谢、生物转化和排出。外源物分布于不同的器官，一些器官是生物作用的对象，而另一些则是储存地点。在某些部位的含量尤其重要，如尿液、唾液及头发常常提供采样的方便。样品的采集多半是在暴露期中，或在阶段性重复暴露之中，偶尔也会在暴露以后。根据暴露的特征，应采取不同的采样方法和选择最佳采样时间。代谢资料也可供推算暴露早期的吸收剂量和暴露后的时间。

（2）测量方法：流行病学研究中生物样品的化学测量重金属和农药占多数。有关污染物代谢的资料可使测定方法更加完善。近年来，与空气、水、食物这些环境质量限值相类似，也特别强调制订生物学暴露限值，即呼出气、血液、尿液等样品中有害因子和代谢产物可容许的浓度。

（3）致癌物及代谢产物的测量：致癌物及代谢产物的生物学测量近十几年来有较大发展，其测量可以是特异性的或非特异性的。尿中致突变活性的测量是非特异性的。特异性方法常测量致癌物本身及代谢产物或致癌物与体液和细胞中的生物大分子所形成的加合物，如DNA加合物。蛋白质加合物也可用来测量对致癌物的暴露。致癌物生物学效应的测量有基因突变、染色体畸变、微核试验、姐妹染色单体交换等。这些测定也是非特异性的。

3. 内源性化合物的测量　内源性化合物包括内源性产生的化合物及对机体十分重要的外源性物质。对内源性物质的测量应当对它们在体内的分布有足够的了解。内源性物质与机体的自身稳定性有关并受到年龄、生理周期的影响而有很大的个体差异。

4. 生物样品测量的质量控制　流行病学研究中有时使用为其他用途收集的生物样本，但这时要注意样品的质量。多余的血样和组织样品可能质量和数量上都不够要求；样品过久失去了最佳保存状态，可能已经受到外源性物质的污染。应当建立标准采样步骤，收集临床样品，并及时记录意外情况。如样品要靠受试者收集，如尿液，应当告诉他们收集的方法，并经常检查。同样，实验室也应有一套质量控制程序。记录样品收集到分析的时间，并应尽量减少储存时间。不同实验室之间的结果差异应有标准衡量并定期测定。应将这种差异减少到最小。

5. 生物样品库的应用　生物样品库是为了将来检验而对样品的系统采集和保存。如果所收集的样品来自于较大的人群并有人群中个体的资料，则样品也可供流行病学研究使用。如以往收集的地区人群的血液、头发和指甲样品可用于硒摄入量与乳腺癌的研究。生物样品库的应用有下列优点：①避免疾病诊断以后的生物学测量。如果被诊断的疾病暴露是几十年前发生的或疾病发生后机体的代谢发生了变化，则测定现在体内的代谢毫无意义；②应用生物样品库进行几百个病例和对照的测量，而不用测量病例对照来源人群中的成千上万的个体，使得研究更为可行；③将新近研究出来的测量方法用于生物样品库中以前收集样品的测量，可缩短暴露和健康效应分析的时间。

生物样品库的缺点是维持费用较高，另外对样品的储存技术有一定要求。解冻不迅速则会破坏生物样品的结构。

（六）暴露的数学模拟

模拟是用数学统计公式计算暴露量的常用方法。现况暴露模式的建立主要根据污染物在不同微环境中浓度的分布、人们的活动模式（在不同微环境中时间的分配比例）以及研究人群的样本代表性。

1. 个体暴露量的模拟　常用的个体暴露的数学模拟方法叫做微环境分解法。测量每一个微环境的污染物浓度。应用时间活动模式估算在不同微环境的时间分配。时间和浓度的乘积就是暴露量，而总体暴露量是各个微环境暴露量的总和，并应包括所有的活动和地点。有时一些模式假设各个微环境的污染物浓度和活动方式是独立的。微环境的划分可大可小，根据微环境的测定结果，估算总体暴露量。这些暴露量可用于流行病学研究，确定暴露的健康效应。

2. 人群暴露量的模拟　在模拟计算人群暴露量时，除了要用微环境污染物的浓度和个体活动模式外，需要将结果外推到人群。微环境可包括大气环境及住宅、学校、办公室和交通运输工具等室内环境。目前有三种模式可用来计算人群的暴露量：①模拟（simulation）模式；②迂回（convolution）模式；③方差成分（variance-component）模式。人体接触空气污染物模拟模式用计算机软件为一假定的人群样本合成暴露方式，计算不同暴露方式下微环境的暴露和总体暴露，并确定污染物的分布规律。该模式主要用于确定局部污染源的贡献，而把远距离污染作为本底污染。总暴露量是局部污染和本底污染的总和。迂回模式即一般的模式。根据微环境中污染物的浓度分布和活动时间分布来计算暴露的分布。方差成分模式把短期污染物的浓度分成随时间变化的和不随时间变化的成分。两种成分可以相加或相乘，以估计浓度并确定分布。一旦浓度分布清楚了，计算机模拟模式就可以应用，估算暴露量的分布。三种模式的区别在于对独立性的假设不同：模拟模式假定同一环境中的污染物浓度是独立的，也与活动模式无关；迂回模式假设微环境中的污染物浓度与活动模式无关；方差成分模式假设非时间依赖性成分与时间依赖性成分互相独立，每个时间依赖性成分的间隔之间也互相独立。

3. 暴露模拟的时间因素　暴露模拟的误差之一是时间序列不对。例如用夏天室外浓度测定资料作为估算全年暴露的基础。通常采样的时间都不够长，故难反映暴露的季节性变化或年度变化。长期暴露的模拟（如致癌物暴露与危险度研究）难度也较大。通常是测定和模拟某段时间的污染物暴露浓度并乘以期望寿命作为终身暴露，但一生的暴露浓度和活动方式都随时间而变化，活动的地点也不一样。这些都应在模拟时加以考虑。

暴露测量领域近年来发展较快，内容较多。本节仅介绍了主要的方面。有关细节，如实验室的质量控制措施，测量误差的来源，影响和控制方法，有效性和可行性研究，饮用水和食品的暴露测量等，读者可进一步参考有关流行病学研究中暴露测量的专著。

（刘有成）

第三节　健康效应

一、剂量—效应关系和剂量—反应关系

（一）剂量—效应关系

对很多环境因素来说，都有一个从轻微的生理或生化改变到严重的疾病甚至死亡的效应范围，这就是环境因素的健康效应谱。剂量越大，效应越严重，这就是剂量—效应关系（图2-2)。个体暴露或群体暴露都可建立剂量—效应关系。对个体而言，剂量—效应关系是指个体暴露剂量的大小与效应严重程度之间的关系；对群体而言，是指发生某种效应的平均暴露剂量与效应严重程度的关系。在相同的环境因素暴露下，并非所有的个体都有同样的反应，所以，对个体而言，剂量—效应关系会不同于群体的平均剂量—效应关系。

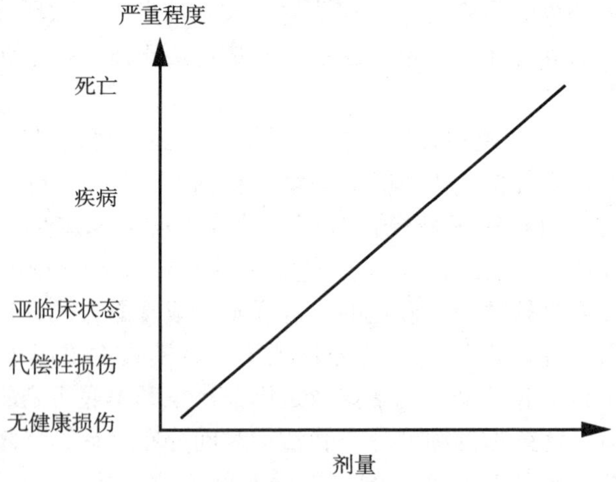

图2-2　剂量—效应关系

剂量—效应关系为制订流行病学研究计划提供有价值的信息。有些效应容易测量，而另外一些效应对公共卫生可能更有意义。剂量—效应关系可帮助研究者选择合适的效应指标去研究。例如，日本神通川流域痛痛病患者和健康人尿中镉浓度有明显差别，在尿镉很低时不发病，可疑病人增加，尿镉达100μg/L左右，即出现典型病人。

在制订卫生标准时，剂量—效应关系也提供有用的信息，如应该预防哪些效应的发生，哪些效应可以用来作为筛检的目的。如果卫生标准订在能够预防不太严重的效应发生的水平，那么比较严重的效应也就可以预防了，因为发生严重的效应需要更高的剂量。

对群体来说，在有害因素剂量相同情况下，不同的个体有不同的效应，从无健康损伤→代偿性损伤→亚临床状态→疾病→死亡。各种效应在人群中占的比例不同，无健康损伤的人最多，代偿性功能改变者次之，亚临床、发病的是少数，死亡的则更少，这种分布模式就是人群健康效应谱。这种健康效应呈金字塔形分布。环境因素的剂量不同时，人群健康效应谱就会改变。

（二）剂量—反应关系

剂量—反应关系是指在暴露人群中发生某种效应的人数所占的比例与剂量的关系。个体敏感性呈正态分布时出现的剂量—反应关系曲线呈S形（图2-3）。在环境流行病学研究中发现有很多剂量—反应关系的实例都是这样的S形曲线。在有些情况下，我们看到的剂量—反应关系曲线近似一条直线（图2-4），这是因为只截取了低反应的很窄的范围。如果个体敏感性不呈正态分布，我们可以将其转换成正态分布，或配合其他的数学模型研究其规律。

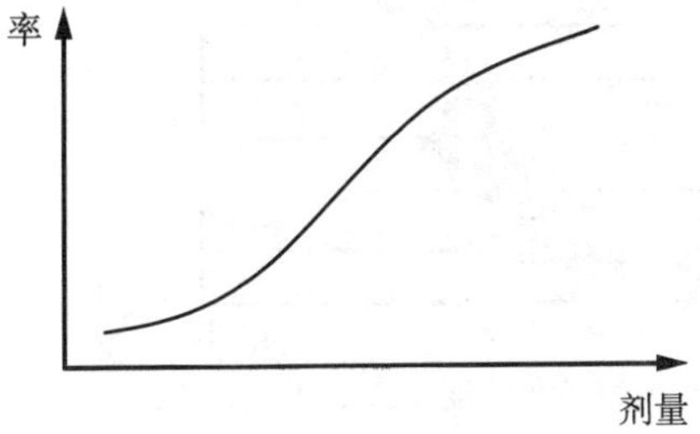

图2-3　剂量—反应关系曲线

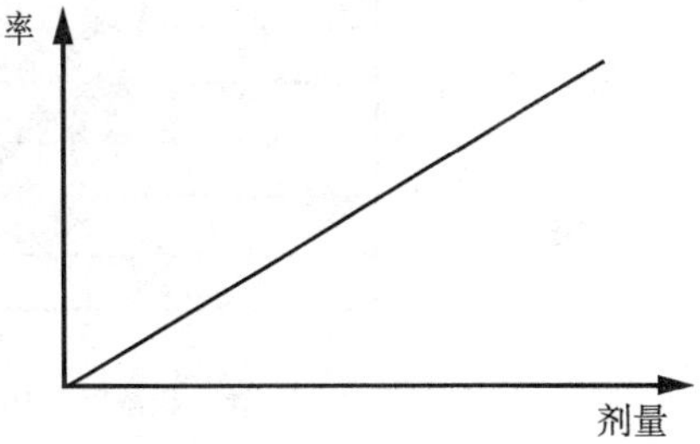

图2-4　剂量—反应关系曲线

剂量—反应关系曲线可被很多其他因素修正，例如年龄因素。在强噪声引起的听力减退与噪声强度的剂量—反应关系中，老年性耳聋就是改变正常曲线形态的重要因素。

图2-5说明饮水含碘量与地方性甲状腺肿患病率之间的关系。我国缺碘性地方性甲状腺肿很普遍，高碘性地方性甲状腺肿也不少见。据201个地区饮水碘含量（C）与地方性甲状腺肿患病率的综合分析，In（10·C）与患病率的关系曲线呈抛物线形。以患病率5%作为病区划分标准，从图2-5可大致定出饮水中碘浓度范围10～300μg/L对健康是合适的，相应的In（10·C）为4.6～8.0的反对数除以10。若低于10μg/L，饮水碘含量与地方性甲状腺肿患病率呈负相关，高于300μg/L时，二者呈正相关。这就是饮水中碘浓度与地方性甲状腺肿患病率之间的暴露—反应关系。

为什么在同一人群里，同样的环境条件下反应不同呢？这是因为个体条件不同造成的。每个人在年龄、性别、健康状态、经济文化水平、对环境因子的敏感性等方面差异是很大的，所以反应也不同。其中有些人对有害因子特别敏感，比一般人群出现反应早，容易受到损伤，这些人群称为敏感人群。在暴露量增加时敏感人群比正常人出现健康危害的速度快、程度严重。敏感人群的形成与以下几个因素有关：

（1）年龄、性别因素：例如婴幼儿体内解毒系统未发育成熟，老年人免疫功能退化，孕妇对某些污染物敏感。

（2）遗传因素：某些遗传缺陷或遗传病与对毒物的敏感性增高有关。如葡萄糖-6-磷酸脱氢酶缺乏的人在暴露于某些毒物时，容易发生高铁血红蛋白血症。

（3）营养状况：营养缺乏可加剧某些污染物的作用。如低钙、低铁饮食可增加铅的毒

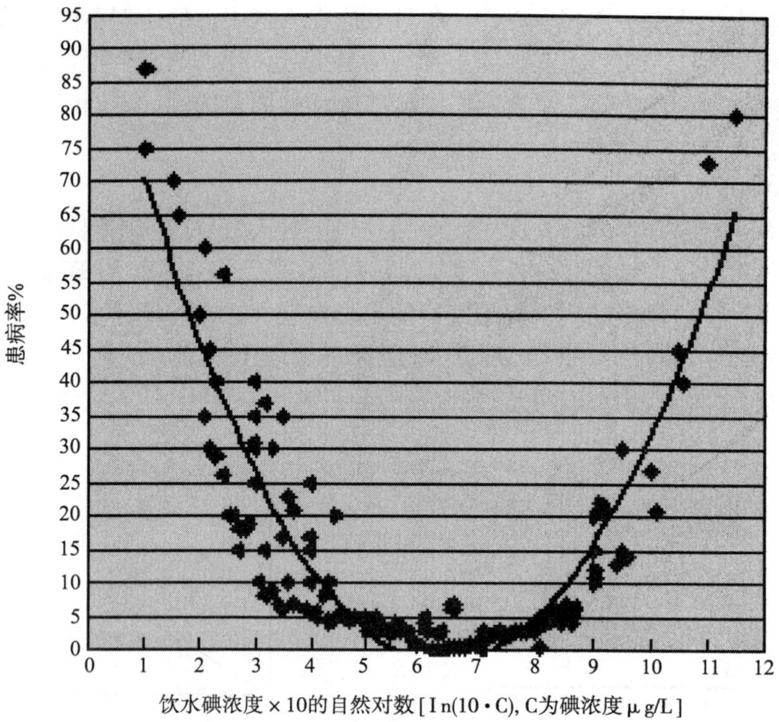

图 2-5　饮水碘浓度与地方性甲状腺肿患病率之间的暴露—反应关系

性，低蛋白饮食增加镉的毒性。

(4) 疾病：慢性心肺疾病患者，尤其是老年人，对大气二氧化硫污染敏感。

(5) 生活习惯：如吸烟增加接触各种致癌物的机会；渔民吃鱼多，接触甲基汞的机会多。

环境流行病学的重要任务就是保护高危险人群。为此，要做两方面的工作，第一是确定高危险人群，第二是发现早期健康影响。这样做，也就保护了整个人群。

剂量—效应关系和剂量—反应关系在环境流行病学中的重要性，就是它们是制订卫生标准的理论基础。剂量—效应关系用于决定某种效应应该被预防，那么进一步就应决定这种效应在什么频率水平是可以被接受的。剂量—反应关系则可以帮助确定发生这种可接受效应的最大暴露剂量水平。

二、健康测量的方法

健康测量包括疾病率的测量和机体功能的测量。

(一) 疾病频率测量常用的指标

1. 发病率、患病率、死亡率　这三个频率指标都是最常用的，还可以计算各种疾病的专率、各种症状或功能异常的发生率，以及各种人群的专率。例如年龄或性别专率，某职业人群某病专率等。

2. 率的标准化法　在比较两个地区的疾病率时，由于各地年龄构成不同，不能直接比较，必须经过标准化去除年龄混杂以后才能比较。除按年龄标准化以外，也可按性别、职业等标准化。分析某职业人群的死亡数与一般人群死亡水平相比，是多或少，抑或相等，这时可用标准化死亡比（SMR）。与标准化死亡比类似，也可以计算标准化患病比、标准化发病比等。

3. 相对危险度（率比，relative risk，RR） 这是常用的两个率的比较指标，常用以比较研究组和对照组发病率（或死亡率等），说明暴露因子与疾病关联的程度。

相对危险度（RR）$=R_e/R_c$

R_e：暴露组发病率；R_c：对照组发病率。

（二）功能测量

在进行环境流行病学调查时经常测量机体的功能，无论被调查者健康状况如何，是否有病，都必不可少地需要测量某些器官系统功能的改变。反映各系统功能的指标很多，下面列举一些功能测量的方法和指标。

1. 呼吸系统

（1）呼吸道症状询问调查可以反映空气污染对呼吸系统的损伤程度。这些症状包括：咳嗽、吐痰、喘鸣、呼吸困难等。通过比较不同地区呼吸症状的发生率，可以分析判断环境污染的危害程度。过去很多报告用上感患病率说明空气污染的危害，但是上感的病因很复杂，且诊断标准不统一，有的根据症状，有的根据检查，而且检查结果变异太大，因此用症状调查法比较好。为了便于各地和国际比较，1960年英国医学研究委员会（BMRC）研制了一个呼吸道症状标准调查表，以后又经几次修订。1978年美国胸科学会和美国国立心肺研究所肺病科又对该调查表进行了修订。目前BMRC调查表已经译成多种文字，在很多国家使用。

（2）呼吸功能测量：为了了解空气污染对居民呼吸系统的影响，可用呼吸功能测量仪测量肺功能。常用的指标如用力肺活量（FVC）、用力呼气量（FEV）、最大呼气流速(PEFR)和气道阻力等。这些指标可反映下呼吸道功能。在空气污染，特别是NOx、SO_2污染时，这些指标变化明显。在早期肺功能改变时，这些指标是比较灵敏的。

（3）X线胸片：一般流行病研究不常用，在职业流行病调查时常用，例如尘肺。为了研究粉尘的早期危害，肺功能检查比X线胸片检查灵敏。

2. 心血管系统

（1）流行病学调查表：1962年伦敦卫生学院设计了标准心血管病流行病学调查表，已译成多种文字，在世界很多国家使用。

（2）功能测量：心电图和血压测量是常测定的指标。血清胆固醇和脂蛋白可以反映机体脂类代谢和动脉硬化的可能性。美国Framingham城心脏病研究基地经多年的流行病学研究，提出吸烟、高血压和高血脂是动脉硬化性心脏病的重要的危险因素。

（3）X线胸片：有人测量心界形状和大小，作为流行病学研究的一个指标。

3. 血液和造血系统 造血系统受很多环境化学和环境物理因子的影响。苯和电离辐射影响造血细胞，最近有人估计50%非淋巴性白血病由环境因素引起。吸入相当低浓度的AsH_3就能引起急性出血，并且常可致死。某些芳香烃，包括苯胺类染料和硫胺衍生物可引起高铁血红蛋白血症，CO引起COHb血症，铅可引起红细胞内δ-ALA脱水酶活性改变，使卟啉代谢紊乱，等等。很多环境因子还影响外周血免疫球蛋白水平。另外，很多环境因子引起的健康异常或疾病可间接影响血液系统。如空气污染引起慢性肺疾患可导致继发性巨细胞性贫血；引起慢性肾疾患的环境因子，如镉可引起贫血。

血液样品的检查对于很多环境因子影响都有意义。检测时考虑两方面，即血象的变化和血液化学成分的变化。

（1）血象：如未分化的白细胞增多是白血病的表现；铅中毒时可见碱性颗粒红细胞、点彩红细胞增多。

（2）血液化学：如 COHb 是 CO 暴露的特异性指标，苯胺类和硝基化合物暴露可在血中形成高铁血红蛋白。铅中毒时红细胞内 δ-ALA 脱水酶活性降低，血中 δ-ALA 和尿卟啉含量增高。继发于其他系统疾病或以血液为材料检查其他系统功能改变的指标很多，将分别在其他系统中介绍。

4. 骨骼肌肉系统　环境因子对骨骼肌肉系统损害的例子：氟化物——氟骨症、关节炎、肌肉痛；铅——铅中毒时可伴有痛风；镉——因肾损害而续发的骨软化（痛痛病）。

（1）生化指标：血清碱性磷酸酶活性增加，尿钙排出增加，尿钙/磷比例增大，是镉所致骨损害的早期表现，也是检查镉的健康效应的灵敏指标。氟污染时也可采用这些指标。

（2）生理指标：例如砷污染可引起肌电图的改变；大气污染严重地区的儿童生长发育指标（身高、体重、胸围等）可能低于无污染地区的儿童。

（3）X 线片：例如，氟和镉污染区可以通过 X 线片确定有无骨损伤。

5. 皮肤　环境因子对皮肤的损伤主要有接触性皮炎和皮肤色素沉着症、皮肤角化和皮肤癌。例如，有些化妆品可引起接触性皮炎；某些化学品如铬、甲醛等也可引起接触性皮炎；砷可引起皮肤色素沉着、皮肤角化和皮肤癌。

由多氯联苯（PCB）污染引起的日本米糠油事件（1968 年）有 10000 多人发生皮肤变暗，指甲、唇、牙龈棕色色素沉着，眼有乳酪样排泄物。皮肤有严重的痤疮。全身麻木无力、关节肿胀、脚底和手掌皮肤脱落。1979 年美国又报告了多溴联苯（PBB）中毒事件。

皮肤损害的测量主要是临床检查，也可考虑某些免疫指标和病理指标。

6. 消化系统　消化道癌的致病因素很多，这是正在广泛研究的领域。吸烟、霉变食物、低蛋白、低纤维食物可能是重要的致癌因素。我国在食管癌的研究中，证明亚硝胺是致癌因子。

肝脏是主要的物质代谢器官和解毒器官，很多毒物的代谢产物、多种酶和免疫球蛋白是在肝内生成，这些化学物质的变化可以反映肝脏功能的变化，因此可作为环境因子影响肝功能的指标或作为某些肝外器官功能的指标。

（1）生化指标：某些污染物可引起肝功能损伤，酶活性检测，如转氨酶、乳酸脱氢酶、碱性磷酸酶等，可以反映这种损伤。

肝脏微粒体酶（又称混合功能氧化酶、单加氧酶），存在于肝细胞线粒体内质网中。不能直接检测人体肝微粒体酶活性。但近年来发展一种方法，测定血、尿和唾液中安替匹林和氨基非林的清除率，间接反映肝微粒体酶的功能。其原理是这些指示物已知是在体内被肝微粒体酶氧化解毒，并已知一定时间内的清除率，如果人群暴露于某种化学物质，如铅、DDT、香烟等，影响酶的活性，指示物的清除率就会改变。这种方法已经用于流行病学研究。

（2）X 线造影、同位素扫描、超声波等用于临床诊断，但不适用于流行病学研究。

7. 泌尿系统　很多种化学、物理因子能引起肾损害，其急性或慢性损伤取决于这些环境因子的浓度、暴露的强度和时间。汞、铬、砷、镉、乙二醇等都是已知的肾脏毒物，引起肾小球和肾小管的损伤，导致渗透率改变或肾小球滤过功能的改变。

在慢性肾损伤中最常见的是肾小管受损伴重吸收障碍。早期肾损伤只能依靠实验室检查，但多种因子致肾损伤是相似的，所以实验室检查肾功能的特异性不强。

（1）肾浓缩试验：限制液体摄入后测量尿的比重。方法简便，但受尿糖、尿蛋白或其他因素如高血压、低蛋白饮食的影响。

（2）尿样镜检：高危险人群中，检查时若发现显微镜下的血尿，应警惕泌尿道癌的可能性。

（3）肾小球检验：正常尿中仅含少量蛋白，高分子蛋白尿说明肾小球损伤，低分子蛋白尿说明肾小管损伤，蛋白尿比氨基酸尿或糖尿出现得早，被认为肾损伤的早期表现。这些试验可以用于流行病学调查。

（4）肾小管检验：从肾小管排泄或重吸收的所有物质，都可以作为肾小管功能的指标。酚红和马尿酸排泄试验反映肾小管功能是否完全。一般需要住院做清除率试验，不适于现场大规模调查。β-微球蛋白排出增加是镉暴露致肾小管损伤的指标。

（5）酶学检测：肾脏毒物损伤肾细胞，特异酶被释放到管腔中，肾的各部位有不同的酶，因而检测这些酶可以反映不同部位损伤。例如，尿中酸性磷酸酶增高是肾小球损伤的指标；尿中碱性磷酸酶增高是近曲小管损伤的指标；尿中乳酸脱氢酶和碳酸酐酶增高是远曲小管损伤的指标。

有些在血清中没有的酶，在毒物损伤肾脏以后，出现于尿中，如甘氨酸氨基转移酶等。在许多化学物质引起的肾小管损伤时氨基肽酶活性增加。

酶学检测是灵敏的和定位评价肾损伤的方法。它比功能形态改变出现得早。但是在流行病学调查时，由于费用高和需要特殊的实验室，所以它的应用受到限制。

8. 免疫系统　免疫功能分为细胞免疫和体液免疫。环境因素对机体的影响常表现在免疫功能的改变，因此免疫功能可作为环境流行病学研究的指标。免疫指标虽然比较灵敏，但是特异性差，通常用来观察环境污染对健康的早期影响。

9. 神经系统　很多重金属、有机溶剂、物理因素对神经行为和神经生理生化有影响。这些因素包括铅、汞、锰、铊、有机汞、苯、甲苯、二甲苯、汽油、甲基溴化物、四乙基铅、一氧化碳、噪声、电磁、电离辐射等。

（1）神经行为检查：有些神经毒物可引起神经系统损伤，往往在出现明显的症状或体征之前，某些精细的神经行为即已发生改变，测量人群神经行为的改变有助于评价环境污染物对健康的影响。常用的方法有测量感觉运动时间，如视觉运动反应时值测验；测量视觉分辨能力，如闪光融合试验等。

（2）智能测验：某些毒物（如铅、甲基汞等）可引起智能发育障碍，碘摄入量不足引起的克汀病也伴有智能发育障碍。测验智商可以评价污染物或地球化学元素对儿童智能发育的影响。常用的智商测验工具有贝利智能测验量表、韦克斯勒智能测验量表、丹佛量表等。国内也有根据我国研究改进的各种智能测量量表。

（3）神经生理生化检查：脑电图、肌电图等仪器可用于环境流行病学调查，某些神经化学物质也可以作为神经功能的指标，如乙酰胆碱以及其降解酶胆碱酯酶的活性测定可以反映有机磷农药的影响。

10. 生殖系统和遗传　很多环境因子对生殖和遗传有损伤作用。例如甲基汞可致胎儿大脑发育不全，己烯雌酚、镉、硼、铅、有机溶剂等可对男女生殖系统有毒作用，引起细胞突变，导致畸胎、流产和肿瘤。有些还导致遗传病。反应停致胎儿短肢畸形、己烯雌酚致少女阴道癌等，都是著名研究实例，也是惨痛的教训。日本原子弹爆炸以后的远期效应，对生育和遗传的影响，研究最深入、证据最充分。随着工业的发展，越来越多的化学品应用在生产和生活中，对人类可能造成的危害正在成为人们关心的问题。

（1）环境因子对生殖和遗传的影响：①对性腺的影响：引起性功能紊乱和生育能力降低；引起生殖细胞突变，导致遗传损害；②对胎儿的影响：一般性的胎儿中毒作用，影响发育、畸形、死胎；诱发胎儿体细胞突变，导致畸形、肿瘤、死胎；③对遗传功能的影响：环境致突变物可引起细胞突变，其后果是不受孕、不着床、流产、死胎、先天畸形、先天智力低下、肿瘤、遗传疾病；④对人类基因库的影响：所谓人类基因库是指人群生殖细胞内所具有的，能传给下一代的全部基因总和。它与基因组不同，基因组是指单一个体所具有的全部基因。基因库则是各种各样的基因型在人群中的分布。人类所以有许多种遗传性疾病，就是因为在每一世代的基因库中，构成对人有害的人类遗传负荷。

（2）人类主要的遗传性疾病可以分为四类：①染色体异常：如唐氏综合征等；②显性突变：如家族性息肉、肝卟啉病等；③隐性突变：如血友病、糖尿病等；④多基因突变：如唇腭裂、无脑畸形、先天性心脏病等。

通常情况下，这些遗传性疾病在整个人群中按一定频率出现，但当环境因素对人类基因库产生影响后，则观测频率明显升高。据美国估计，美国每年平均出生 25 万有先天缺陷的婴儿，约占活产婴儿总数的 7%，其中 20%由遗传原因造成，20%由环境因素引起，其余 60%原因不明，可能是遗传和环境的联合作用。开展出生缺陷的流行病学监测是发现环境因素对人类基因库有害影响的重要手段。目前世界各国都在开展这方面的工作。

（3）流行病学研究用的方法和指标：

1）性功能：用调查询问的方法，询问女性月经史、月经量、痛经、闭经等；询问男性功能情况，以及有关因素的调查。

2）精子检查：精液量、精子计数、死精子和畸形精子比例；女性阴道细胞学检查。

3）生化检查：例如铅可引起男性血清睾酮水平的改变；检测女性尿中绒毛膜促性腺激素可作为早早孕的指标，以了解毒物暴露与流产的关系。

4）遗传监测：血淋巴细胞畸变、姐妹染色单体交换、DNA 检测、遗传疾病登记、流产胎儿染色体检验等。

5）出生缺陷登记。

（王振刚）

第四节　环境流行病学调查研究方法

一、现况调查

现况调查（cross-sectional study）又称横断面调查、流行调查、患病率调查。现况调查是在某一时点或短时间内，同时调查人群健康状况和暴露水平，从而估计二者联系程度的一种流行病学调查方法。因为是同时调查暴露和健康状况，不能分清二者谁先谁后，因而不能推论病因，只能提供病因线索。

这种方法广泛应用在环境与健康的研究中，用来探讨环境中的有害因素对人群健康的影响。为了探讨因果关系和时间—剂量—反应关系，可以对同一人群进行两次、间隔一定时间的现况调查，其结果也相当于一个纵向群组研究的效果，说明因果关系。

（一）调查人群的选择

根据研究目的选择不同的人群作为研究对象。

1. 一般人群　如研究大气污染对居民健康状况、疾病分布的影响，应该选择一般人群进行描述研究。

2. 特殊人群　若为研究环境因素对健康的影响，也可以选择某特殊人群，如在移民中研究某种疾病是遗传因素或环境因素的影响。同样，也可在不同民族中研究。

3. 敏感人群　敏感人群是对污染物特别敏感的人群，应该特别保护。例如，空气 SO_2 和颗粒物污染对儿童和老年人的损伤、危害比其他人群更明显，因而可以选择儿童和老年人作为研究对象。

（二）样本的大小

根据所研究的变量类型考虑样本的大小。如果是计数资料，样本量应大些，如果是计量资料，样本量可以小些；如果是多组比较的资料，样本量应大些，如果是单组资料，样本量可以少些。例如研究大气污染对居民肺癌死亡率的影响，应该设研究区和对照区，因而是两组比较的计数资料；肺癌是少发病，死亡率估计在十万分之二十或三十，如果样本量太小，很可能观察不到 1 例肺癌，因此样本量应该大。但是样本量太大又浪费人力物力。要估计合适的样本量需要考虑这种病在人群中的一般频率、分布模型、暴露人群在整个人群中的比例、所要求的相对危险度和显著性水平，以及是单侧比较或双侧比较等条件。根据这些条件去查表或利用公式计算样本量。又如研究镉污染对居民尿中 β 微球蛋白含量的影响，也是成组资料的比较，但它是计量资料，因而样本量可以少些。在计算样本量时也要考虑所要求的显著性水平和单双侧比较。

（三）调查方法

可分为普查和抽样调查。

1. 普查　除非人群很小而抽样调查所要求的抽样比又很大，普查并无明显的优点。完全调查虽不存在抽样误差，但非抽样误差仍然会发生。而且因为调查的对象多了，无应答的也可能较多，需要的调查员也较多，调查质量不易控制，所以非抽样误差可能比抽样误差大。

2. 抽样调查　对全体调查耗费人力、物力、增加系统误差，因此要随机抽取一部分调查。一部分样本有代表性，能根据样本推测总体。抽样的方法很多，常用的有简单随机抽样、系统抽样、分层随机抽样和整群抽样。

（四）资料收集方法

1. 询问　用询问的方法收集资料事先应有设计完好的调查表，或称问卷。询问的内容应该仔细推敲，做到清楚准确，合乎逻辑，既考虑到健康状况的内容，又考虑到暴露的内容，还要考虑到混杂因素的控制。由于计算机广泛应用于流行病学研究中，可以处理的数据量很大，有的研究者就将问卷设计得很大，变量很多。这样可能给调查员和被调查者带来困难，以至影响调查质量。所以问卷内容不宜太多，适可而止。一般问卷内容包括：①个人基本情况；②职业史；③环境暴露资料；④生活习惯与保健：饮食、吸烟、体育、医疗保健等；⑤疾病史：症状、体征、检验、时间。

在设计问卷的同时还应设计说明书，以便培训调查员、统一调查标准。

2. 体检、化验　见前述。

3. 环境暴露测量　见前述。

（五）培训调查员

为了保证调查数据的正确可靠性，一定要对调查员进行培训，统一调查方法和标准，并且要有质量控制。

（六）预调查

在准备工作完成以后，正式调查开始之前，应进行预调查，就是先在小范围内预演，一般是调查总数的5%～10%，目的是为了检查研究计划是否可行，问卷是否需要补充或修改，人员、器材是否到位等。

（七）正式调查

应按研究设计和要求进行，并且始终要有严格的质量控制。无应答率不应超过5%。

（八）数据整理分析与结果解释

在设计阶段就应拟订各种供整理分析用的表格，最好与调查表同时拟订。根据资料的性质进行统计分析。

1. 率或均数及其标准差的计算。

2. 按不同分组、分层计算率或均数及其标准差。

3. 成组资料的比较并进行显著性检验。

4. 结果解释。为了解疾病或健康状况分布的调查，其结果的分析、解释都较容易。但对于检验病因假设的调查结果，解释需慎重。一般现况调查得不出因果关系的结论。用样本资料推论总体时也应慎重。

二、队列研究

队列研究（cohort-study）又称群组研究、前瞻性研究、纵向研究、随访研究等。是进行病因研究常用的一种流行病学方法。

队列是指有共同经历、暴露或特征的人群。例如，研究铅污染对儿童神经行为的影响，研究队列应该选择生活在同样的污染区、同一年龄组、生活习惯相同的儿童。

（一）队列研究的设计

1. 要点　队列研究是从“因”到“果”的研究，已知暴露因素，在经过一定的暴露时间以后，分析比较研究队列（包括暴露组和对照组）的发病率或生理生化功能的改变。对照组应是无暴露或暴露程度低、其他条件与暴露组一致的队列。

2. 模式　四格表的模式可用于分析计数资料，计算发病率或死亡之比，即相对危险度（relative risk，RR）及其95%可信限，进行两组差别的显著性检验如 χ^2 检验等。但是计量资料不能用四格表的模式分析。

	病例	非病例	
暴露	a	b	a+b
对照	c	d	c+d
	a+c	b+d	

$$相对危险度（RR）=\frac{a/(a+b)}{c/(c+d)}$$

（二）用途

1. 检验病因假说　因为队列研究是从因到果的研究，在生态研究、现况研究和病例对照研究中提出的病因假设可以用队列研究的方法验证，得出因果关系的结论。

2. 评价干预措施的效果　干预措施是“因”，观察结局是否改变是“果”，因而可以作出因果关系的评价。例如评价在食盐中加碘预防地方性甲状腺肿的效果，就可用队列研究的方法观察加碘后地方性甲状腺肿的患病率是否下降。

3. 描述疾病的自然史　即描述从暴露开始、经过潜伏期、诱导期、临床前期、临床期、直到转归（痊愈、死亡、迁延不愈）等疾病发生、发展、结局以及流行病学特点等。研究疾病的自然史对人群发生不明原因的疾病的诊断特别有帮助。例如1960～1962年伊拉克农村发生两次大的食物中毒，潜伏期6周，开始发病为全身不适、四肢感觉障碍（手、足、口周围感觉神经末梢失去知觉），以后逐渐加重，出现共济失调、语言障碍（失语）、视野缩小、听力障碍，母亲暴露导致婴儿严重脑损伤。流行病学特点是不分年龄、不分性别，发病与毒小麦种子的供应地区有关，有家庭高发病性，特别是农民家庭。他们大多数自己做面包。相反，大城市居民未出现一个病例，他们由城市商业供应面包，面粉是政府监督供给。从疾病的自然史即可初步认为可能是汞中毒，后经检验证实为甲基汞中毒。

（三）研究人群的选择

首先要明确队列的人群特征，包括性别、年龄、职业、地区等，还须考虑人口稳定合作，便于随访，有较高的人群暴露率和发病率。有时为了某种研究目的选择特别暴露人群，例如某职业人群。为了节省人力物力或者便于组织，可以选择一些特别便于研究的人群，如Doll和Hill所做的关于吸烟与肺癌关系的前瞻性研究，是以1951年英国登记的全体医生（59 600人，有答复实际可用的为40 710人）作为调查对象。

（四）对照组的选择

对照组应是无暴露或暴露程度低、其他条件与研究组相同的人群。队列研究的对照组的选择可根据不同情况进行。

1. 内部比较　研究人群内包括未暴露组，可作为比较的基础。例如研究铅污染对儿童神经行为的影响，可选择同一人群中血铅低的儿童作为对照组，血铅高的作为研究组。

2. 与非暴露队列比较　以铅污染为例，我们可在污染区选择一个儿童队列作为研究组，在非污染区选择条件相同的一个儿童队列作为对照组。

3. 与全人群作比较　这通常是进行死亡率的比较，如以SMR为指标的研究。

（五）样本大小的确定

如果所研究的是计数资料，为了估计样本量首先要知道：①未暴露组发病率 P_1 的估计值；②暴露组发病率 P_2 的估计值，或RR；③第一类误差的概率 α；④第二类误差的概率 β，把握度 $1-\beta$；⑤单侧检验或双侧检验。然后用查表法或公式法确定人数。如果是计量资料则无需知道发病率，但也要知道其他条件才能估计样本量。

（六）资料的收集

1. 暴露资料的收集

（1）暴露的判定：暴露的有无，暴露的时间，暴露的强度、剂量。

（2）收集方法：

1）查阅记录：如职业史和医疗记录带有暴露水平或个体暴露剂量的资料，这是暴露史的唯一可靠来源。

2）询问调查：用调查表由调查员访问填写或通信调查，收集被调查人的生活习惯和生活方式等资料。如吸烟、饮酒、饮食习惯。

3）环境监测：可获得暴露水平的数据，用个人采样器，可获得个体暴露水平数据。

4）生物监测：例如血铅测量反映铅暴露水平。

2. 结局资料的收集

（1）结局的判定：①发病：时间、病种；②死亡：时间、死因；③观察终止：时间、原因。当观察的结局指标不是疾病或死亡时，可用生理生化指标反映健康效应。例如研究室内空气污染对肺功能的影响，则结局指标即为肺功能的测量。

（2）收集方法：①定期随访和检查；②查阅医疗记录、职业记录等。

（3）失访偏性：这是群组研究重要的偏性来源。其原因包括：迁出本地、拒绝继续追访或因其他原因死亡等而中途退出队列。失访的人越多对结局的影响越大，高危人群失访越多，影响更大。

（七）结果分析

1. 两队列均衡性检验　这是为了了解研究组和对照组是否有可比性，在人群选择时是否控制了混杂因子，如年龄、性别等。

2. 计算

（1）发病率或死亡率、健康指标的检出率或异常率等，与对照组或全人群率比较。

（2）显著性检验：当样本很大而率值很小时应用 Poisson 分布 u 检验，当率值较大且样本较小时，用 χ^2 检验。

（3）相对危险（RR）和超额危险度（AR）。

（4）时间—剂量—反应关系。

（5）人年的计算：队列研究由于随访时间长，观察人数不可避免处于经常变动之中，有时队列成员开始受观察的时间也不一致，因此每一成员受观察的时间不同；另外，研究对象的年龄不断增加，各年龄组的人数也处在变动之中；还有，暴露水平也可能有变化。因此，在分析结果时必须把这些变动尽可能估计在内。用观察的人年数作为计算率的分母，就是解决问题的一种方法。观察期不长而人数较稳定的队列研究不必计算人年。

（6）计量资料可按暴露时间在组内或组间比较指标的变化，并作显著性检验。

（八）历史队列研究

历史队列研究又称回顾性队列研究，或非同时性前瞻研究，或历史前瞻研究。

1. 与队列研究的比较　队列研究是从现在开始，暴露测量也是从现在开始，经过一定时间的追访，在将来的某个时间获得结局资料。历史队列研究是从过去的某时间点向现在追访，显然，现在应该掌握可靠的结局资料和暴露资料才能进行研究。也可以从历史上某时间点收集暴露资料经过现在向将来追访，在将来某时间统计结局资料，就成了回顾与前瞻相结合的队列研究。

2. 必备资料

（1）有明确的暴露资料。

（2）群组中每一成员的出生日期。

（3）开始与停止暴露日期。

（4）发病日期、病名、诊断日期、根据。

（5）死亡原因、死亡日期。

（6）如果结局资料是生理生化指标，应有统一的测量和记录标准。

3. 结果分析

（1）计算暴露人年数（或人—时间）。

（2）按年龄与年份分组。

（3）按暴露水平、时间长短分组。

（4）计算队列的发病率或死亡率，与当地人口进行比较时，可计算标化发病比，或标化死亡比。与对照组比较时，可计算相对危险度。分析时间—剂量反应关系。如果是计量资料，可按暴露时间的长短在队列内和队列间比较指标的变化，分析时间—剂量—效应关系。

三、病例对照研究

病例对照研究（case-control study）又称回顾性研究，是常用的一种探索病因的流行病学方法。它是以一组患有某种病的人（病例）和一组或几组未患这种病的人（对照）作为对象，调查他们过去对某个或某些可疑病因（通称研究因子或研究变量）的暴露有无和程度轻重；通过对病例组与对照组的比较，推断研究因子作为病因的可能性，如果病例组有暴露史者的比例显著高于对照组，则可认为这种暴露与患病存在联系。为证明这种联系是否因果联系，一般还需进行群组研究或实验研究。

（一）研究设计

1. 要点　是从“果”到“因”的研究，适用于少见病；病例、对照要有可比性（年龄、性别等）；暴露因素要明确。

2. 模式　四格表。用比值比（odds ratio，OR）估计相对危险度（relative risk，RR）：

	暴露	非暴露	
病例	a	b	a+b
对照	c	d	c+d
	a+c	b+d	

OR＝ad/bc

（二）病例的选择

1. 诊断标准　要严格统一，防止分类错误。

2. 来源

（1）医院病例：收集容易，诊断准确性高，代表性差，均衡性差，易引起选择偏性。

（2）人群中的全部病例：结果可推及全人群，但病例不易收集，病例的间杂性（不均匀）较大。

（3）新发生病例：回忆比较可靠，但病例数受限制。

（4）现存的病例：回忆偏性大，但可弥补新发生病例数少的缺点。

（5）死亡病例：靠他人回忆，资料偏性大。

（三）对照的选择

1. 什么是对照？与病例来自同一人群的未患该病的人，某些特征与病例组有可比性。一般应控制年龄、性别因素。如果要求控制的因素太多，就可能导致错误结论，要防止配比过头。

2. 来源

（1）从全人群中选对照：结论有可能推及总体，但选择、调查费事，无应答率高，调查的环境与病例不同，可能引起偏性。

（2）从医院其他病人中选对照。但是因患与研究因子有关的病而住院的其他病人不能作对照。

（3）从病例的亲属、同事、邻居中选对照，可比性好，但配比过头的风险较大。

（四）样本大小

前提条件是知道人群暴露者的比例；预期的相对危险度；第一类误差的概率 α；第二类误差的概率 β，把握度 1－β；单侧检验或双侧检验，然后用查表法或公式法计算样本量。

（五）资料收集

1. 来源　医疗记录、登记报告资料、职业史记录、访问调查、通信调查、环境污染监测记录、污染源调查记录等。

2. 调查表的设计　要简单明确，逻辑性强，设计时就应想到最后整理分析时的表格，才能做到详尽无遗漏。

3. 调查员的培训。

4. 收集方法

（1）访问（询问）调查：病例、对照调查应在时间上接近；调查员调查的病例和对照在比例上应与设计的一致；病例、对照接受调查的环境最好相似。

（2）通信调查。

（六）结果分析

1. 均衡性检验　两组的年龄、性别、职业、民族的因素比较。

2. 研究因子分布情况的描述。

3. 相对危险度（RR）　各研究因子与患病危险度的联系，用 2×2 表的模式进行分析，并进行 χ^2 检验。相对危险度表示暴露者较未暴露者发病的可能增加的倍数。在病例对照研究中，通常用比值比（OR）估计相对危险度。

$RR \approx OR = ad/bc$

求得的 OR 须计算 95%可信区间。如果可信区间不包括 1，则在此概率水平上有显著意义。

（七）混杂因子的控制

1. 配对资料的分析　配对是控制混杂因子作用的重要设计方法之一。配对的因子必须是已知的混杂因子，至少也应有充分理由怀疑是混杂因子，否则不配对。配对的因子越多，合乎条件的对照就越少，最后不得不把找不到合适对照的病例剔除，以致造成浪费。一个因子一经配比，在研究结果中就不再能看到它对疾病的影响；因此配比的因子越多，对照组与病例组就越相似。假如配比很完全，则两组在研究因子方面也将成为等同，以致使研究得不到正确结论，把不起混杂作用的因子也加以配比，称为配比过头。一般在配比设计的病例对照研究中，都对年龄和性别加以配对。根据与病例配比的对照数目，可分成 1∶1 配对，1∶2配对…1∶M 配对。

2. 分层分析　分层分析是在资料分析阶段常用的方法，例如在研究铅对儿童智力影响时，需要考虑有无铅暴露，此外还应考虑儿童年龄（年级）、父母受教育水平等。如果只考虑暴露有或无，这只是一层；如果又考虑不同年龄儿童每个年龄组暴露的有或无，这就是分两层；如果再考虑不同的家长教育水平组中各年龄儿童的铅暴露有无，就是将资料分三层。这样在一个父母教育水平下的一个年龄组的儿童，铅暴露与智力的联系就可比较了，显然，这样就排除了父母教育水平和年龄对铅效应的混杂作用。

3. 标准化　是将资料按照某个标准调整、计算，使其具有可比性。例如两组资料比较，如果年龄构成不同，就没有可比性，需要按标准年龄进行调整后才能进行比较。现在进行流行病学研究一般都要调查很多种暴露因素，要在这些因素上进行标准化后才能比较某一因素与效应的联系在暴露组与病例组之间的差别。用手工计算是很困难的。现在用多变量分析方法，在计算机上很容易实现。

（八）结果解释

对结果解释就是比较下列四种可能性的大小。

1. 偏性作用　病例对照研究中最主要的偏性是抽样时的选择偏性和资料收集中的回忆偏性。要论证样本的代表性和资料的可比性。

2. 混杂作用　要说明当混杂因子的作用得到控制之后，相对危险度是否发生变化。如果发生变化，说明有混杂作用。混杂作用被控制后，仍然存在联系，可以解释为研究因子与疾病之间的特异性联系。

3. 机会的作用　要考虑随机误差。

4. 因果联系　在排除上述三项作用之后，是否可以把结果看成是因果联系还要根据一些原则来判断。

（1）联系的时间性，即因果的时间顺序；

（2）联系的普遍性，即结果的可重复性；

（3）联系的密切性，即相对危险度比较大和存在剂量—反应关系；

（4）联系的特异性，即不同的暴露只与特定的疾病或病型有联系；

（5）联系的合理性，即能用现有的科学理论解释。

这几条原则只是在病例对照研究中提出可疑因素以后，如果不能进一步用实验研究加以证实的情况下，作为判断因果关系的参考。

四、巢式病例对照研究

在病例对照研究中，衍生出一些新方法，有病例队列研究、累积病例对照研究、单纯病例对照研究、病例交叉研究，以及巢式病例对照研究等。下面简单介绍巢式病例对照研究。

在一个明确确定的队列研究人群中实施病例对照研究，这种特殊的病例对照研究叫做巢式病例对照研究（nested case control studies），或称为双向病例对照研究（bidirectional case control studies），或杂交设计（hybrid design）。对任何病例对照研究来说源人群的定义与产生病例的人群是一致的。

在职业流行病学中，一个常用的方法是做嵌入一个职业队列内的病例对照研究，该队列成员是明确的。当该队列成员明确时还做病例对照研究是因为，还需要获得比记录中已有的更多的信息，而如果了解队列中全体成员的详细信息花费将很昂贵，因此嵌入的病例对照研究更为有效。这类研究中，源人群是职业队列，对照系列可以从该队列随机抽样进行选择。

这种方法也可用于环境卫生学研究中，例如浙江省卫生防疫站何升良等研究了三缸厕所预防肠道寄生虫感染效果，用的就是巢式病例对照研究。他们收集整理了示范区内队列人群每年 1 次共 3 年的肠线虫卵粪便检查资料以及这些对象的基本情况和特征。将 3 年多次粪检中任何一次阳性者作为病例，共187人，对照是从示范区内队列研究的全体粪检3次均为阴性者中选择，每例均给一个随机号，选择随机数最小的、与病例同性别、同年龄的（±2.5岁）本地常住居民，按1∶1配对。结果表明（见表2-1），未干预人群感染肠寄生虫OR值是1.97，说明运行管理好的三缸厕所对人群肠寄生虫感染具有一定的保护意义。

表2-1　肠寄生虫感染与干预的关系

干预	病例	对照	合计
未干预	42	24	66
已干预	145	163	308
合计	187	187	374

OR=1.97　95%CI（1.11～3.51）　$\chi^2=5.31$　P=0.02

（王振刚）

五、时间序列分析

时间序列分析方法（time series analysis）是从20世纪70年代兴起并迅速发展起来的统计分析方法，它广泛地用于经济金融的各个领域，将时间序列分析方法用于医学领域是近十多年的事。时间序列数据最主要的特点是不同观测之间不是相互独立的，他们之间存在着自相关关系。环境流行病学中可能会遇到的此类资料例如：医院的门急诊就诊人次、住院人次、发病率、死亡率等；大气污染物如二氧化硫、氮氧化物、颗粒物的随时间变化的浓度值等。此类数据是按照时间顺序排列的随机观测数据，称之为时间序列。时间序列分析方法是一个非常复杂的统计分析方法，本节仅作一个简单的介绍。

（一）时间序列

时间序列是在连续的等间隔时间点上对客观事物进行动态观察获得的一系列观测值。每个观测代表对观测的个体一个或多个变量的测量值。时间序列中每一时期的数值都是多个不同因素共同作用下的一个随机实现。这些因素包括长期变动趋势、季节变动、循环变动和不规则变动等。

对这四种因素统计学家发展了不同的研究方法，下面分别作简单的介绍：

1. 长期变动趋势

（1）移动平均法：该方法是以一定时间段的移动平均数进行曲线修匀，从而获得长期趋势。当时间数列年份很长，而决定数列的主要原因又屡有显著变化时，用该法测定长期趋势较其他方法灵敏。

（2）最小二乘法：最小二乘法被普遍认为是鉴定趋势线的标准。

（3）曲线配合法：一是“冈珀茨长期趋势曲线”，一是“罗吉斯长期趋势曲线”，这两种曲线均能代表按修正几何级数增长数列的趋势。

2. 季节变动

（1）平均法：先求各月的平均数，然后用各月的长期趋势值除之。

（2）环比法：是计算季节变动指数中应用较为广泛的方法。

（3）配线比例法：现逐渐被“趋势循环比例法”代替，但仍用于当季节变动与循环变动相比，季节变动显得更为重要的情况下。

3. 循环变动

（1）残余法：该方法是由美国的珀森斯提出的，他认为时间数列的四种因素中，只要消去长期趋势和季节变动，并作进一步平滑摒弃随机变动后，所得残余部分就能呈现出循环变动。

（2）直接法：把资料的各个项目用前一年的同月或同季的同一项目来除，将资料化为相对数，并消除季节变动与正常的“增加”，然后校正剩余趋势，以消除剩余趋势的成分。此法简单但不够精密。

（3）循环平均法：该方法是基于下列观点：一定数列的不同循环，在模型上能充分相似，因而可予平均，并测出其平均动态。因此该方法具有一定的假定性和局限性。

4. 不规则变动　测算时间数列的不规则变动目前仍然是个难题。

（二）时间序列数据分析中应注意的几个问题

时间序列的统计预测是通过对过去、现在的观测资料进行分析，对未来进行统计推理，以便提高工作的预见性和主动性，克服盲目性，为科学决策提供依据。例如对医院未来的门诊、急诊以及住院的人次进行预测可以对医务人员和医疗器械设备做出相应调整。对库存物资的预测可以做到减少库存积压同时又保障供应。但是预测的准确性依赖于过去的发展规律、趋势、速度是否在未来保持稳定而没有发生变化。处理数据前应首先注意以下几点：

1. 尽可能多地收集数据　采样的时间间隔太大或者观测的次数太少会影响时间序列预测的准确性，使时间序列出现伪趋势。因此尽可能多地收集数据能尽可能减少分析的误差。

2. 了解所研究时间序列的特征　在对时间序列进行建模前需要了解时间序列的基本特征，观测之间是否是等时间间隔，时间序列的排列以及序列中是否存在缺失以及是否存在突发事件影响下的异常值等。

3. 重视时间序列的顺序　由于时间序列记录的是随时间发生的一系列观测值，因此每一观测是代表了相应的时间点上的测量，该顺序中包含了时间序列需要分析的大量信息，因此观测的顺序对于时间序列是非常重要的。

（三）时间序列的建模

1. 时间序列的预处理

（1）缺失值和缺失值的处理：在采集时间序列时，有时会由于仪器故障、操作失误或观测条件等种种原因，引起在某些观测点上未能记录下观测值，这种缺少的观测值称为缺失值。当序列中存在缺失值时，就破坏了系统的连续性，违背了时间序列“顺序的重要性”原则。而分析的序列又必须是完整的，因此需要对序列的缺失值进行处理，补足缺失部分。

（2）突发事件引起的异常值的处理：由于突发事件使得序列某一时段的数值大大偏离了序列的正常轨迹，而异常值依其偏离的程度将对序列产生不同程度的影响。当序列中包含了大量异常值时，序列的预测将是不准确的，因此在建模前还需要分析序列中的异常值并对这些数值进行处理。

2. 检验序列是否平稳　现在时间序列的分析主要采用 Box 和 Jenkins 于 1970 年提出的 ARIMA 模型（也称为 Box-Jenkins 模型），该模型的前提是序列是一个平稳的过程。平稳过程就是统计特性不随时间的平移而变化的过程，在不同时刻的分步函数是完全一致的，放宽一些来讲是指其一、二阶矩与时间的变化无关。判断序列是否平稳有多种方法，如：

（1）数据图检验法：在平面直角坐标系中将所研究的时间序列绘成图，观察其是否存在周期性或趋势性。若周期性和趋势性均不明显，即认为序列是平稳的。该方法简单、直观、方便，但是结论会因人而异。

（2）自相关、偏自相关函数检验法：一个零均值平稳序列的自相关函数和偏自相关函数是截尾或是拖尾。如果一个序列的自相关函数和偏自相关函数既不截尾也不拖尾，则该序列是非平稳的。

（3）其他方法：特征根检验法、参数检验法、逆序检验法、游程检验法等。

为了使序列平稳，经常在建模前需要对序列进行差分获得差分序列，该序列是将序列中的每一个观测值与其前一个观测值相减获得的。

3. 模型拟合　由于时间序列的不同观测之间存在着相关性，因此其分析的重点就在于该相关性具有什么特点。数学上为了推理简洁引入推移算子 B（或 L），

$By_t=y_{t-1}$，$B^k y_t=B(B^{k-1}y_t)=\cdots=y_{t-k}$，因此，如果 y_t 满足关系式

$y_t+a_1 y_{t-1}+\cdots+a_p y_{t-p}+=\in_t$

$t=0, \pm1, \pm2, \cdots$，那么记

$\varphi(B)=B^0+a_1B+a_2B^2+\cdots+a_pB^p=1+a_1B+a_2B^2+\cdots+a_pB^p$ 后，上式可写为

$\varphi(B)\ y_t=\in_t$

时间序列中通常用 $\{\in_t\}$ 表明期望值为 0、方差相同、相互之间是不相关的特殊序列，称为白噪声，用它来反映一般的随机干扰，

即 $\{\in_t\}$ 具有 $E\in_t=0$，$E\in_t^2=\sigma^2$，$E\in_t\in_s=0$，$t\neq s$；

时间序列中讨论的模型常见的有三种：

1）AR（p）自回归（p 阶）模型。这时观察资料 y_t 满足 $y_t=a_1y_{t-1}+a_2y_{t-2}+\cdots+a_py_{t-p}+\in_t$ [或 $\varphi(B)\ y_t=\in_t$，$\varphi(B)=1-a_1B-a_2B^2-\cdots-a_pB^p$]，从该式可以看出 y_t 与历史 y_{t-1}，y_{t-2}，y_{t-p} 有一个线性关系，用历史作自变量，就是一个回归模型。

2）MA（q）滑动平均（q 阶）模型。这时观察资料 y_t 满足 $y_t=\in_t+\theta_1\in_{t-1}+\theta_2\in_{t-2}+\cdots+\theta_q\in_{t-q}$ [或 $y_t=\theta(B)\in_t$，$\theta(B)=1+\theta_1B+\theta_2B^2+\cdots+\theta_qB^q$]，它反映 y_t 是历史资料中“干扰部分”的滑动平均。

3）ARMA（p，q）自回归滑动平均模型 [（p，q）阶]。这时 $y_t=a_1y_{t-1}+\cdots+a_py_{t-p}+\in_t+\theta_1\in_{t-1}+\cdots+\theta_q\in_{t-q}$，$\varphi(B)\ y_t=\theta(B)\in_t$，$\varphi(B)$ 和 $\theta(B)$ 的定义同上，这表明现在的观察值 y_t 是由两部分合成的，一部分是自回归，一部分是滑动平均。

观察资料 y_t 的自相关函数、偏相关函数等是建模中的重要统计量：

样本 $y_1, \cdots, y_T$ 是观察资料，它的均值是：

$$\bar{y}=\frac{1}{T}\sum_{\alpha=1}^{T}y_\alpha$$

方差和 r 步自相关系数为：

$$\hat{\sigma}^2=\frac{1}{T}\sum_{\alpha=1}^{T}(y_\alpha-\bar{y})^2 \quad (\text{或写成 } \hat{\gamma}_0)$$

$$\hat{\rho}(r)=\frac{1}{T}\sum_{\alpha=1}^{T-r}(y_\alpha-\bar{y})(y_{\alpha+r}-\bar{y})/\hat{\sigma}^2 \quad (\text{或写成} \frac{\hat{\gamma}_r}{\hat{r}_0})$$

偏自相关系数是由 Yule-Walker 方程导出的，当 y_t 是满足 k 阶自回归模型时，由于假定 $Ey_t=0$，又有 $y_t=a_1y_{t-1}+a_2y_{t-2}+\cdots+a_ky_{t-k}+\in_t$，因此令 $\gamma_1=Ey_ty_{t+i}$ 后，从上式就得到 $\rho_i=\gamma_i/\gamma_o$ 满足的关系式（Y－W 方程）：（$\rho_0=1$）

$\rho=a_1\rho_{i-1}+a_2\rho_{i-2}+\cdots+a_k\rho_{k-i}$，$i=1, 2, \cdots, k$

于是对每一个给定的 $k=1, 2, \cdots$，在上式中用 $\hat{\rho}_i$ 代 ρ_i 求出 a_k 的估计值 $\hat{\alpha}_i$，由于它是

随阶数 k 而改变的，一般记为 $\hat{\alpha}_{kk}$，它就是样本的偏相关系数，计算 $\hat{\alpha}_{kk}$不必每次解方程，也有递推的算法。具体特征是：

AR（p）模型，偏相关系数 p 阶以上为 0，表现为偏相关系数截尾，自相关系数拖尾；

MA（q）模型，自相关系数 q 阶以上为 0，表现为自相关系数截尾，偏相关系数拖尾；

ARMA（p，q）模型，偏相关、自相关系数都不截尾，而表现为拖尾。

识别出模型的类型后，要具体确定 p，q 的阶。定阶的方法较为实用的为吴贤铭等提出的逐步探索的方法。定阶后估计模型中的参数。

整个过程，可以用 SAS 中 PROC ARIMA 过程进行模型拟合，该过程有三个阶段：

1）“识别”阶段（IDENTIFY）：使用 IDENTIFY 语句来指定响应序列并且识别候选的 ARIMA 模型，其可能对序列进行差分，然后计算出自相关系数、逆自相关系数、偏自相关系数和互相关系数，通常该阶段还会建议一个或多个可拟合的 ARIMA 模型。

2）“估计和诊断检测”阶段（ESTIMATE）：拟合 IDENTIFY 中指定的变量并估计该模型的参数。ESTIMATE 语句也生成诊断统计量从而帮助判断该模型的适用性。

3）“预测”阶段（FORCAST）：使用 FORCAST 语句来预测时间序列的未来值，并对这些来自于前面 ESTIMATE 语句生成的 ARIMA 模型的预测值产生置信区间。

ARIMA 模型是对一个序列自身进行的模拟，仅用于对序列自身趋势的预测，研究同一时段不同变量之间的相互关系，可以使用 ARIMAX 模型，但是其中参数的确定和模型的检验将更为复杂。

（四）结合研究实例对时间序列的特点和分析方法进行阐述

1. 了解时间序列和数据预处理——北京市石景山医院上呼吸道感染门诊资料的分析

收集 1998～2000 年石景山医院因上呼吸道感染就诊的门诊日就诊人次数据，收集的时间间隔为天，用这些数据做散点图，见图 2-6。

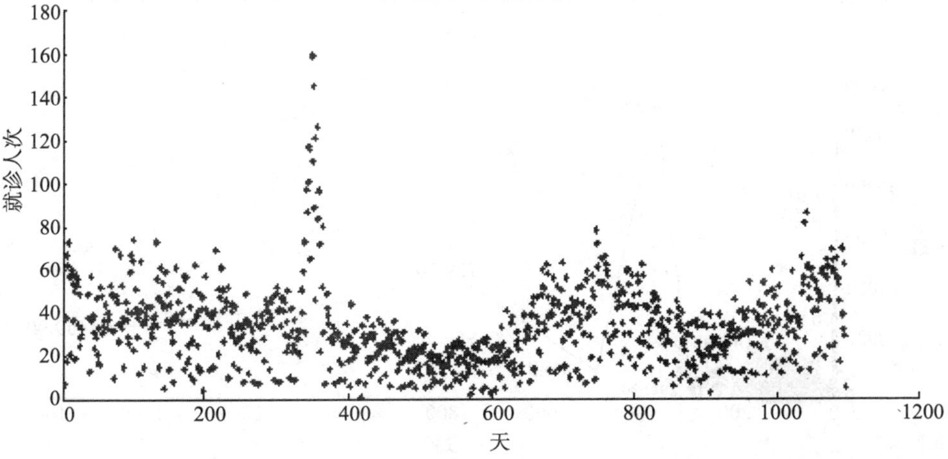

图 2-6　1998～2000 年石景山医院上呼吸道感染日就诊人次散点图

从图 2-6 中可明显看出该时间序列具有明显的季节周期性，并在 1998 年冬有异常值出现，而长期趋势不明显，一定范围内的不规则变动是普遍的。

（1）数据预处理：

1）插补缺失值：由于医院门诊节假日休息，因此数据中存在大量的缺失值。首先对数据进行插补缺失值处理，采用 SAS 扩展过程中的插补缺失值的方法——三次样条曲线插值法。

2）处理异常值：由图 2-6 可以看出，在 1998 年冬季有一个明显的上呼吸道感染就诊人次的高峰，结合相关资料分析可知该异常值的出现是由于 1998 年冬季流感的大流行。这些明显偏离序列轨迹的数值会大大影响以后统计分析的精度，因此对这些异常值做了处理。方法是采用滑动平均法：参考流感流行年（1998 年）的前一年（1997 年：a）和后一年（1999 年：b）相应时段的数据，对上感的门诊数据进行滑动平均处理，c＝0.6a＋0.6b，参数 0.6 是参考序列的散点图经过反复尝试选取的。选取的标准是：流感的高峰基本消失，序列保持基本的变化趋势不变。处理的效果如图 2-7 所示。

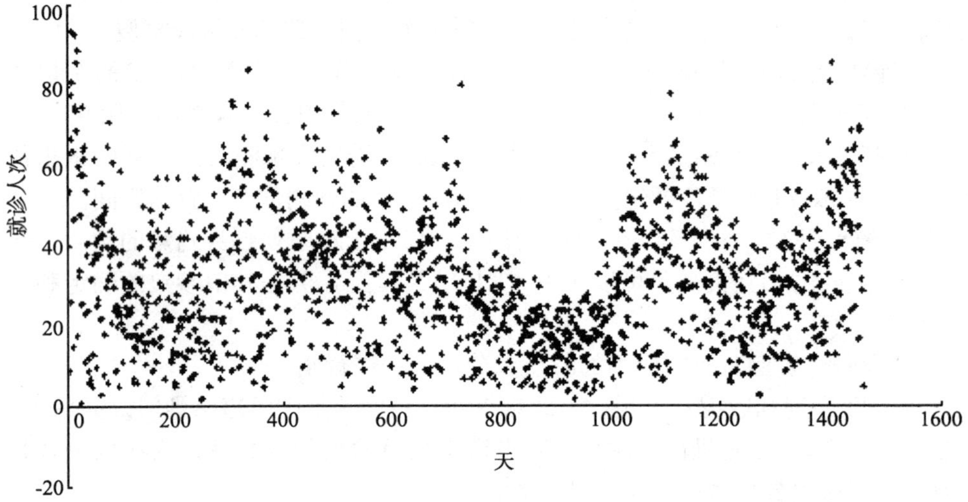

图 2-7　1998～2000 年石景山医院内科门诊上感序列滤掉流感后的散点图

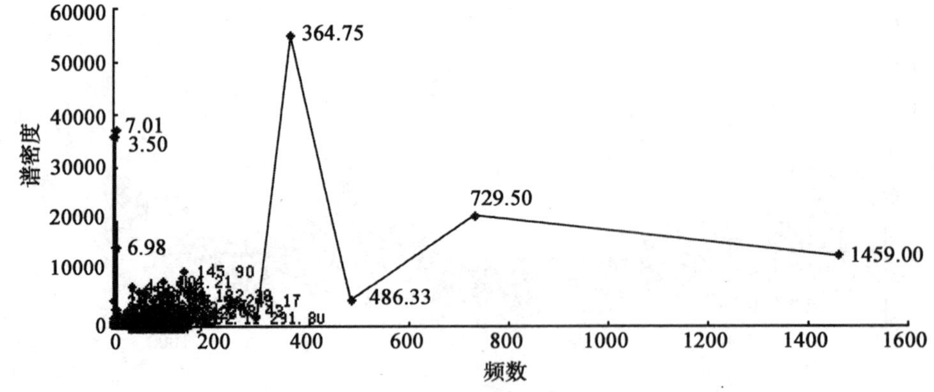

图 2-8　石景山医院内科门诊上感的谱分析图

（2）序列的周期性分析：从图 2-6 中可以看出序列存在着明显的周期性，周期性表明序列是非平稳的。为了对该周期性有一个清楚的认识，可以对序列做谱分析，结果见谱分析图2-8。

其中较为明显的有 1/7.01 和 1/364.75 两个高峰，分别对应星期周期和年周期（季节周期）。

2. 数据的建模和预测——肺癌死亡率时间序列分析

吴进军、苏汝好用 1970～1988 年广东省中山市男性肺癌死亡率的数据（表 2-2）进行时间序列分析及建立模型，用 1989 年的数据对模型进行检验。

表 2-2　1970～1989 年广东省中山市男性肺癌死亡率

年度	死亡率（1/10 万，中国标化率）
1970	4.29
1971	5.91
1972	4.16
1973	8.14
1974	3.80
1975	9.50
1976	10.27
1977	8.57
1978	8.99
1979	15.06
1980	12.31
1981	10.79
1982	13.22
1983	12.20
1984	16.37
1985	15.90
1986	14.77
1987	19.75
1988	19.31
1989	19.67

由肺癌死亡率时间序列的自相关系数（图 2-9）可见，第 1～第 18 时滞的自相关系数缓慢减小，呈现非拖尾现象，即时间序列表现为平稳和非随机序列，存在时间趋势。

根据肺癌死亡率时间序列的趋势性特点应建立时间趋势预测模型。SAS 统计分析软件依据均方根误差最小的模型选择标准自动筛选出男性肺癌死亡率线性趋势预测模型（均方根误差：1.78285，决定系数 R^2：0.858）。为了提高预测的精度，自线性趋势预测模型的基础上，组合残差 AR 预测模型。应用 SAS 统计分析软件最终筛选出“肺癌死亡率线性趋势预测＋残差 AR（2）”预测模型（均方根误差：1.5264，决定系数 R^2：0.897），预测模型参数见表 2-3。

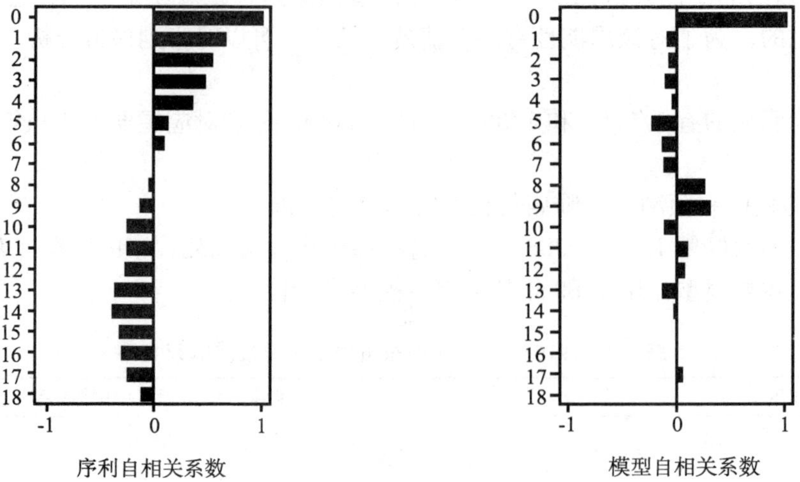

图 2-9　肺癌死亡率序列及预测模型自相关系数图

表 2-3　预测模型参数

模型参数	估计值	标准差	T 检验值	P 值
截距 a	3.24441	0.1651	6.9754	0.0001
1 期时滞自回归系数	−0.50219	0.2402	−2.0906	0.054
2 期时滞自回归系数	−0.41471	0.2535	−1.6360	0.1226
线性趋势回归系数 b	0.79119	0.0417	18.9538	0.0001
模型方差	2.91970	…	…	…

由预测模型的自相关系数图（图 2-9）可见，自相关系数已呈现截尾趋势，即时间序列已为平稳和随机序列，由预测模型的残差白噪声检验图、单元根检验图（图 2-10）可见，残差已是白噪声序列。这表明，模型的预测是合适的。预测模型的拟合图见图 2-11。

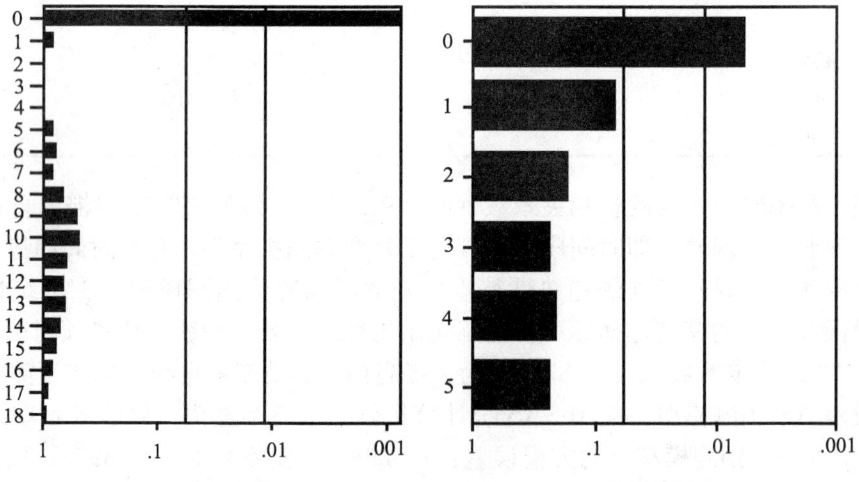

图 2-10　肺癌死亡率预测模型白噪声及单元根检验图

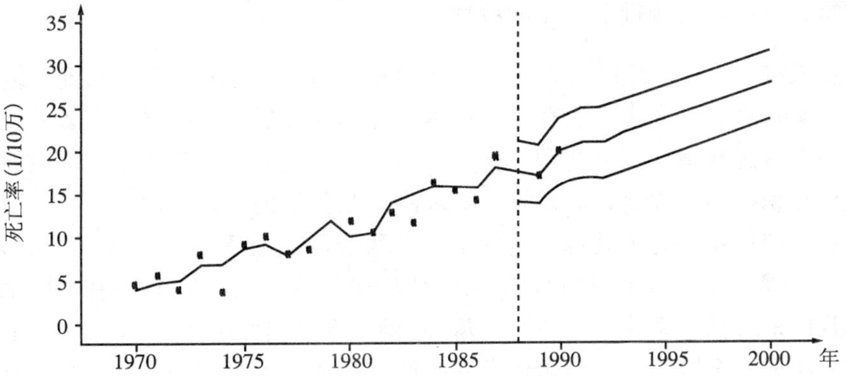

图 2-11　肺癌死亡率模型拟和图

1989～1995 年男性肺癌死亡率的预测值与 95%可信区间见表 2-4。

表 2-4　1989～1995 年男性肺癌死亡率的预测值与 95%可信区间

年度	实际值	预测值	预测上限	预测下限	预测误差
1989	19.67	17.61	20.96	14.26	2.06
1990	…	20.16	23.91	16.42	…
1991	…	21.10	17.32	24.89	…
1992	…	21.09	25.00	17.18	…
1993	…	22.22	26.14	18.30	…
1994	…	23.18	27.10	19.25	…
1995	…	23.74	27.68	19.81	…

由表 2-4 可见，通过时间序列分析，能够对序列在未来的演变规律进行预测。当序列存在趋势因素时，可以进行趋势模型拟合；当存在周期因素时，可以进行周期模型拟合或季节调整；剩余的误差部分可以通过自回归模型处理，最后再将这些因素结合在一起建立预测模型。

上述实例是有关人群健康数据方面的应用，但时间序列分析方法同样可以用于对大气污染物变化规律的分析和预测。

时间序列分析的一个优点是：由于时间序列自身包含了各种因素的综合信息，通过对时间序列自身变化规律的研究和模拟即可以对序列的未来情况作出预测，不需要了解具体影响序列变化的因素到底是什么以及是在多大程度上影响序列。例如，通过了解过去三年的二氧化硫月平均浓度变化情况，即可以对未来一年的二氧化硫月平均浓度作出预测，而不需要了解都有哪些因素可能影响到二氧化硫月平均浓度的变化。另外，采用时间序列分析方法也可通过多元模型来研究不同变量之间的关系，但是多元模型的建立和选择将更为复杂。

（王灵菇）

六、地理信息系统在环境流行病学中的应用

地理信息系统（geographic information system，GIS）是由计算机系统、地理数据和用户组成，通过对地理数据的集成、存储、检索、操作和分析，生成并输出各种地理信息，从而为土地利用、资源管理、环境监测、交通运输、经济建设、城市规划以及政府各部门行政管理提供新的知识，为工程设计和规划、管理决策服务的信息系统。

地理信息系统最初是为了处理大量的土地和环境数据而建立起来的。它萌芽于 20 世纪 60 年代初，由加拿大的 Roger F. Tomlinson 和美国的 Duane F. Marble 在不同地方、从不同角度提出。我国地理信息系统方面的工作从 20 世纪 80 年代初开始，以 1980 年中国科学院遥感应用研究所成立全国第一个地理信息系统研究室为标志。地理信息系统是具有一定通用性的技术，在很多学科中被广泛地应用，目前已成为很多公共卫生和流行病学项目的重要组成部分。

（一）地理信息系统的组成

一个典型的地理信息系统包括三个基本部分：计算机系统、地理数据库系统、应用人员与组织机构。

1. 计算机系统　计算机系统又分为硬件系统、软件系统两部分。

（1）硬件系统：计算机硬件系统包括用来执行程序的中央处理器（CPU）、保存数据和程序的存储设备、数据输入设备、显示和输出的外围设备。外围设备大多数为计算机技术的通用设备，如显示器、打印机、扫描仪等，有些设备如数字化仪、绘图仪则在地理信息系统中应用更为广泛。

（2）软件系统：软件系统是支持数据信息的采集、管理、再现和回答用户问题的计算机程序系统，由核心软件和应用软件组成。其中核心软件包括数据处理、管理、地图显示和空间分析等部分；而应用软件包则紧紧地与核心模块相连，并面向一些特殊的应用问题，如网络分析、数字地形模型分析等。根据地理信息系统的数据流程，地理信息系统软件可分解为操作系统软件、数据输入软件、数据查询和分析软件、图像处理软件、网络管理软件和信息输出软件。

2. 地理数据库系统　地理信息系统的地理数据分为几何数据和属性数据。

地理数据库系统由数据库实体和地理数据库管理系统组成。地理数据库管理系统主要用于数据维护、操作和查询检索。地理数据库是地理信息系统应用项目重要的资源与基础，由各种反映地理实体的性质、特征和运动状态的地理数据组成。

地理信息系统的价值在很大程度上取决于系统内所包含数据内容的数量和质量。地理数据是各种地理特征和现象间关系的符号化表示，包括空间位置、属性特征及时域特征三部分。

3. 地理信息系统的应用人员和组织机构　地理信息系统专业人员是地理信息系统应用成功的关键，而强有力的组织是系统运行的保障。一个周密规划的地理信息系统项目应包括负责系统设计和执行的项目经理、信息管理的技术人员、系统用户化的应用工程师以及最终运行系统的用户。而当今地理信息系统技术应用中最为突出的问题之一就是缺乏合格的地理信息系统专业人员。

（二）地理信息系统的功能

作为地理信息自动处理与分析系统，地理信息系统的功能贯穿于数据采集—分析—决策

的全过程，地理信息系统的基本功能包括：

（1）数据采集、检验与编辑：主要用于获取数据，保证地理信息系统数据库中的数据在内容与空间上的完整性、数据值逻辑一致、无错等。

（2）数据操作：包括数据格式化、转换、极化。

（3）数据的存储与组织：这是一个数据集成的过程，也是建立地理信息系统数据库的关键步骤，涉及空间数据和属性数据的组织。

（4）查询、检索、统计、计算功能：查询、统计、计算是地理信息系统以及许多其他自动化地理数据处理系统应具备的最基本的分析功能。

（5）空间分析与模型分析：空间分析是地理信息系统的核心功能，也是地理信息系统与其他计算机系统的根本区别。模型分析是在地理信息系统支持下，分析和解决问题的方法之一，它是地理信息系统应用深化的重要标志。

（6）显示：地理信息系统为用户提供了许多用于显示地理数据的工具，其表达形式既可以是计算机屏幕显示，也可以是报告、表格、地图等硬拷贝图件，尤其地图输出功能是地理信息系统的一项强大的基本功能。

（三）地理信息系统的分类

从应用的角度来讲，地理信息系统是以空间数据库为基础，在计算机软、硬件的支持下，对空间相关数据进行采集、管理、操作、分析、模拟和显示，采用地理模型分析方法，适时提供多种空间和动态的地理信息，为研究和决策服务而建立起来的计算机系统。简单地说就是有关空间数据管理和空间信息分析的计算机系统。

依照其应用领域，地理信息系统可分为：

- 土地信息系统；
- 资源管理信息系统；
- 地学信息系统等等。

依据其使用的数据模型，可分为：

- 矢量信息系统；
- 栅格信息系统；
- 混合型信息系统。

根据其服务对象，可分为专题信息系统和区域信息系统。

（四）地理信息系统与相关学科

地理信息系统作为传统科学与现代技术相结合的产物，为各门涉及空间数据分析的学科提供了新的技术方法，而这些学科又都不同程度地提供了一些构成地理信息系统的技术与方法，下面是与其密切相关的学科：

1. 地理学及地学数据处理系统　地理学研究中有关空间分析的基本观点与方法是地理信息系统的理论基础。

2. 地图学及电子地图　地理信息系统起源于地图，并成为地图信息的又一种新的载体形式，尤其是计算机制图为地理信息系统的图形输出设计提供了技术支持；同时，地图仍是目前地理信息系统的重要数据来源之一。

3. 计算机科学　计算机科学的发展对地理信息系统的发展有着深刻的影响。其中数据库管理系统（DBMS）、计算机辅助设计（CAD）以及计算机图形理论是现代地理信息系统的技术理论和重要组成部分。

4. 遥感　遥感（remote sensing，RS）是地理信息系统的主要数据源与更新手段，同时，地理信息系统的应用又进一步支持遥感信息的综合开发与利用。另外，大地测量为地理信息系统提供了精确定位的控制信息，尤其是全球定位系统（global positioning system，GPS）和航空相片已成为地理信息系统主要的地形数据来源。

（五）地理信息系统在环境流行病学研究中的应用

环境流行病学通过对疾病频率分布的描述，分析影响因素，研究环境性疾病在不同时间、空间与人间的分布，从中研究环境因素对人群健康的影响关系。它的重要内容之一是研究暴露和疾病的分布，以确定疾病的高危人群和高发地区，以及相关的危险因素。环境流行病学中应用地图和空间分析，具有非常悠久的历史。

据估计，80%的流行病学研究资料都具有空间属性，如人群和动物的发病感染情况、宿主媒介的分布、温湿度、降雨、土壤等都与地理位置有关。地理信息系统是非常有力的采集、存储、处理、分析和显示地理空间数据的自动化信息系统，它可以通过空间关系（地理坐标）将相关数据库连接起来，进行交互显示和分析，因而可以更好地研究地理、环境与疾病之间的关系。目前地理信息系统在环境流行病学研究中多通过环境暴露、健康结局的地图化显示来描述其空间分布，并可通过空间分析来揭示两者之间的联系。地理信息系统在环境流行病学中的应用主要在以下方面：

1. 环境暴露因素和疾病的分布描述　地图创建功能是地理信息系统最基本的功能，根据原始数据来制作专题地图，可以描述疾病和环境因素的空间分布和时间分布情况。Ward等人采用地理信息系统对内布拉斯加州的非霍奇金淋巴瘤病人以及他们的住所、附近谷田等利用卫星图进行了分布的描述，测量住所—谷田距离，并通过病例对照研究来揭示农业杀虫剂与非霍奇金淋巴瘤的关系，估计30%的人群可能存在杀虫剂的暴露。Bryan等人在洛杉矶一项交通要道与儿童白血病关系的病例对照研究中，从交通部门获得各研究对象居住地周围1500米内的所有街道以及每日车流量的资料，利用地理信息系统的方法计算得到街道—家距离，采用高斯曲线进行权重，用距离权重的方法加和后得到每个对象的交通密度值，实现了交通暴露量的个体化估计。

2. 危险因素分析和高危人群确定　地理信息系统可被用作分析工具，进行高危人群和危险因素的研究。地理信息系统虽然自身并不能提出病因假说，但可以非常直观地确定高危人群，为进一步研究提供线索。地理信息系统可以很方便地计算任意一个或多个地区的面积、两点间的距离，从而分析该地区的人口密度、病原体的播散范围等；利用空间查询功能，可以确定高危人群，寻找暴露及非暴露区域的所有病例，或根据病例的分布确定暴露区域。

如根据美洲国家婴儿死亡率分布图发现，死亡率高的地区与家庭缺少安全饮用水的分布一致，提示家庭缺少安全饮用水可能是其原因之一，虽然可以导致婴儿死亡的因素很多。

Grimaldo等采用地理信息系统对圣路易斯波托西城中儿童氟斑牙患病情况以及饮用水的暴露水平进行分布描述，并对它们的关系进行分析。结果发现，氟斑牙的患病率和严重程度随水中氟化物浓度的增高而增长。但同时发现，在一个饮水中氟化物平均浓度仅有0.9 mg/L的区，被研究儿童中几乎有1/3患有中度或重度氟斑牙。通过分析发现危险因素有：饮用饮料（软饮料、瓶装果汁等）、用污染的水或瓶装水烹调食物以及用反复沸腾水制作饮食的习惯等。

Glass等利用地理信息系统对美国马里兰州Baltimore地区莱姆病进行研究发现，50项环境因素（包括地理、土地利用、土壤类型、森林分布、分界线等）中，有 11 个因素与莱姆病有关，其中住地距离森林越近危险性越大，而与公园、河溪的距离无关，适合针叶松的土壤或不适合草本植物的土壤可以增加其危险性，有良好灌溉设施的沃土也是危险因素，高度发达、多个居住地相邻可以减少其危险性；通过 logistic 回归分析模型，可以确定哪些地区最易发生莱姆病。

采用地理信息系统对巴西 Bahia 地区血吸虫病地理环境影响因素的研究表明，人口密度、每年干旱持续时间是影响血吸虫病发病率最重要的影响因素。

3. 疾病模型拟合和预测　地理信息系统能够将多种因素进行叠加分析，并利用其空间分析和模型预测的功能进行疾病影响因素的分析和疾病模型的拟合。Malone 等利用标准化的植物差异指数（normalized difference vegetation index，NDVI）和地表最高温度（earth surface maximum temperature，T_{max}）作为环境中气候数据的指标，利用地理信息系统对埃塞俄比亚的血吸虫分布和血吸虫病流行情况进行描述，并建立了血吸虫病在全年、干季、雨季的模型。所建模型能够准确地拟合感染率超过 5%的分布区域，并可外推至西非边境地区，比过去该国采用独立农业生态带数据所建立模型的应用范围广泛。

地理信息系统可以对疾病和相关因素进行检测，实时、动态地显示疾病的变化情况，形成基于地理信息系统的疾病监测系统。Kitron 等报道，以色列在 1992 年利用地理信息系统建立了包括疟疾输入病例和媒介按蚊繁殖场所的全国监测系统，通过该系统可以计算各居民点到按蚊繁殖场地之间的距离，根据各种按蚊的媒介效能和活动范围评价疟疾传播的危险性，特别是局部爆发疟疾时，该系统可以很快地判断出可能的传染源、媒介种类及其繁殖场所，从而采取最有效、针对性强的控制措施。

4. 在环境影响评价中的应用　地理信息系统技术源自两个成熟的软件技术：数据库管理系统（DBMS）和计算机辅助设计（CAD），可以对空间数据进行管理和分析。地理信息系统能够方便地管理各种环境信息，并能够有效地组织这类信息进行环境统计，为环境影响评价提供基础资料。主要有以下几方面：

• 建立环境标准和环境法规数据库；
• 建立区域自然与社会经济信息数据库；
• 建立区域环境质量信息与污染源信息数据库；
• 建立建设项目工程信息数据库；
• 环境监测：对所选评价区域进行详细的场地监测和分析；
• 环境质量现状与影响评价。

5. 制订和评价疾病控制措施　利用地理信息系统还可以协助制订和评价疾病的控制措施。例如，一个城市的某个水源受到污染，根据供水管网的分布，可以很快确定受威胁的地区、暴露人口等。在一些疾病控制项目中，特别是热带寄生虫病如疟疾、血吸虫病、锥虫病等的控制中，已在应用地理信息系统并取得了较好的效果。

（六）地理信息系统应用举例——利用地理信息系统确定不同地区儿童铅中毒的筛检方式

1997 年，美国 CDC 推出了小儿铅中毒的筛检指导，要求各州卫生官员按照成本—效益分析和地理学的标准制订一个全州范围内的儿童铅筛检的计划，来判断对各个地区采用普遍筛检还是采用有目标的筛检。不同筛检方式的具体标准如下：

筛检方式	1950 年前建的房子所占比例（B）	1 岁和 2 岁儿童中血铅≥10μg/dl的比例（C）
普遍筛检	B≥27%	C≥12%
有目标的筛检	B≤27%	3%≤C≤12%　或不知
	B≥27%	C≤12%

为了达到以上目的，研究人员搜集了以下几方面的材料：①从北卡罗来纳州地理数据交换所得到该州的地理信息资料，如电子地图。②从美国人口普查局的 STF3A 和 STF3B 文件中获取关于住宅年代的数据。③从北卡罗来纳州儿童铅中毒预防系统获取了 1995～1996 年 1 岁和 2 岁儿童铅筛检数据。在此基础上，采用地理信息系统 Arc/Info 7.1 和 ArcView 3.0 软件作为工具，在 Sun Unix 工作站中进行数据管理，空间查询，绘制专题地图，并对相关数据进行空间分析，划分出了符合不同筛检条件的地区，操作步骤简单介绍如下：

第一步：将北卡罗来纳州的 1950 年前建的房子所占比例大于 27%区域的邮政编码标于地图上，形成 1950 年前所建房子所在的邮政编码的专题地图。

第二步：将该州的人口普查街区中的 1950 年前建的房子所占比例大于 27%的标于地图上，形成 1950 年前建的房子所在的街区的专题地图。

第三步：由于邮政编码覆盖范围大于人口普查街区的范围，所以采用地理信息系统的专用软件进行多边形覆盖分析。将邮政编码专题地图覆盖在街区专题地图上，以判断哪些邮政编码中全部或部分含有 1950 年前建的房子所占比例大于 27%的街区。所形成的地图作为基础地图，这些邮政编码所代表的地区设定为“普遍筛检”地区。

第四步：采用 1995～1996 年该州 1 岁和 2 岁儿童铅普遍筛检的结果，绘制高血铅水平的流行率地图，将高血铅水平（≥10μg/dl）的流行率不低于 12%区域的邮政编码加入基础地图。

第五步：利用铅筛检的结果，计算每个邮政编码的高血铅水平的率的可信区间。将那些至少筛检了 100 个儿童，并且高血铅水平的率的可信区间的上限低于 12%的邮政编码从地

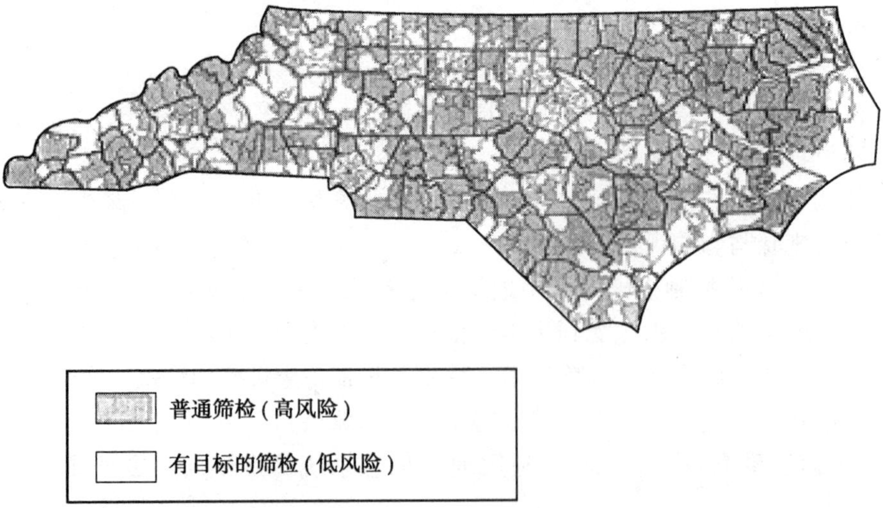

图 2-12　1997 年北卡罗来纳州最终推荐的铅筛检邮递区号地区图

图上去除，从而最终绘制成筛检使用的地图，将准备采用不同筛检方式的地区区分开来（如图 2-12）。有阴影的邮政编码地区进行“普遍筛检”（该州 729 个邮政编码地区中有 415 个需进行“普遍筛检”，占 56.9％），其他邮政编码地区进行“有目标的筛检”。

（王少利）

思考题

1. 概述环境流行病学研究的特点、内容和方法。
2. 概述暴露测量的目的、方法和选择测量方法的因素。
3. 在制订暴露测量计划时，需要考虑哪些问题？
4. 概述暴露的生物学测量的适用范围及优缺点。
5. 什么是剂量—效应关系和剂量—反应关系？
6. 在制订健康测量计划时，需要考虑哪些问题？
7. 比较现况调查、病例对照研究和队列研究的特点和优缺点。
8. 欲调查某省农村地区一个砷矿开采对环境和居民健康的影响，应如何设计？
9. 简述地理信息系统在环境卫生领域的应用。

第三章　环境毒理学

第一节　环境毒理学概述

一、环境毒理学的定义

环境毒理学（environmental toxicology）是研究环境污染物，特别是化学污染物对生物有机体，尤其是对人体的影响及其作用机理的科学。它既是环境健康学的一个重要组成部分，又是毒理学的一个分支学科。与环境毒理学类似，生态毒理学（ecotoxicology）也是研究环境污染物对生物有机体的影响的科学，但其侧重于研究环境污染物对生态系统及其人类以外的生物组成部分的影响。

在经典的环境毒理学中，其他生物在研究中的用途一般是作为人的替代。现代环境毒理学可以说包括经典环境毒理学和生态毒理学两方面的内容，其实验对象包括啮齿类动物、鸟类、鱼类等生态系统的组成成分。事实上，对环境污染物的人体暴露评价也需要了解食物链上其他物种的暴露情况。化学污染物通过食物链的传递在不同营养层次生物产生的效应是环境毒理学研究的焦点之一。因此，现代环境毒理学和生态毒理学研究的区别日益模糊。

二、环境毒理学的研究对象和研究内容

环境毒理学的研究对象是各种环境污染物，其中以环境化学污染物为主。环境毒理学的研究内容包括以下几个方面：

1. 环境污染物的毒代动力学特征，包括它们在机体内的吸收、分布、转化和排泄。
2. 环境污染物的毒作用机制及特征。
3. 环境污染物的一般毒性评价方法，包括急性、亚急性、亚慢性、蓄积性和慢性毒性。
4. 环境污染物的特殊毒性评价方法，包括致突变性、致癌性、发育及生殖毒性等。
5. 环境污染物对人体健康影响的暴露标志物、易感标志物和效应标志物。
6. 环境污染物尤其是环境化学物质的安全性评价以及机体暴露后的健康危险度评价。

第二节　环境化学物的体内过程

环境化学物的体内过程也称为广义的环境化学物代谢，它包括环境化学物在体内的吸收、分布、生物转化与排泄，其中，吸收、分布与排泄合称为环境化学物的转运。

一、环境化学物的吸收

环境化学物通过与机体的接触部位进入血液循环的过程称为吸收（absorption）。主要的吸收部位是消化道、呼吸道和皮肤。

（一）消化道吸收

消化道上皮细胞间以桥粒等方式紧密连接，物质必须通过细胞膜和基底膜才能被吸收。

因此，一般脂溶性的物质比较容易吸收。外源性化学物经消化道吸收的主要方式是单纯扩散，其他还有滤过、特殊转运、胞吞、经淋巴管吸收等。消化道的任何部位都有吸收作用，但主要是在小肠。消化道中从口腔至胃、肠各段的 pH 值相差很大，唾液微酸性、胃液酸性、肠液为碱性。有机酸在胃内（pH 2）呈非解离状态、脂溶性大，因此主要在胃、十二指肠吸收。相反，有机碱在胃内呈解离状态难以吸收，主要在小肠内（pH 6）吸收。影响消化道吸收的因素有：

1. 被吸收物的溶解度和分散度　分散度较大的细颗粒可与胃肠上皮细胞密切接触，有利于吸收。

2. 消化道对化学物的生物转化　消化道中的酶类和菌丛可将某些化学物质转化成新的物质而改变其吸收特性和毒性。例如，婴幼儿胃肠道的 pH 值较高并存在菌丛可将硝酸盐转化为亚硝酸盐，饮用高硝酸盐的水后更易发生高铁血红蛋白血症。

3. 胃肠的蠕动和排空情况　胃肠蠕动弱时，其内容物通过缓慢，结果吸收增加。胃肠蠕动强时，其内容物通过迅速，吸收减少。

4. 消化道内同时存在的其他物质　消化道内同时存在的一种物质能影响另一种物质的吸收，如镉与锌、铜、钙；锌与铜；镁与氟；奶与铅；EDTA 等金属络合剂与金属。

（二）呼吸道吸收

与经消化道吸收不同，环境化学物在呼吸道的吸收与其脂溶性及酸、碱解离度关系不大。由于呼吸道各部分结构不同，对环境化学物的阻留和吸收也不相同。一般来说，进入的部位愈深，扩散的面积愈大，停留时间愈长，机体的吸收量就愈大。环境化学物被肺泡吸收后，不经过肝脏的代谢转化即被运送到全身发挥作用，因此，经呼吸道吸收的物质对机体的危害往往较大。此外，I 型肺泡上皮细胞很薄且与毛细血管紧密接触，而且肺的血流量很丰富，血液绕肺毛细血管一圈仅需 3/4 秒，所以环境化学物经肺的吸收速度相当快，仅次于静脉注射。

气体和蒸气主要靠单纯扩散吸收，其主要影响因素是肺泡气与血液中物质的浓度（分压）差。呼吸膜两侧的分压达到动态平衡时，在血中的浓度与在肺泡气中的浓度之比称为该物质的血气分配系数（blood-to-gas partition coefficient）。该系数越大，越容易被呼吸道吸收。此外，肺的通气量与血流量、气体的分子量和溶解度等也影响吸收速率。

颗粒物和气溶胶在呼吸道的吸收与颗粒的大小以及其中化学物质的水溶性有关。不同粒径的颗粒物在呼吸道的沉积部位不同。大于 5μm 的多沉积在上呼吸道，即沉积在鼻咽区、气管和支气管区，通过纤毛运动这些颗粒物被推移至咽部，或被吞咽至胃，或随咳嗽和打喷嚏而排出。小于 5μm 的颗粒物多沉积在细支气管和肺泡。2.5μm 以下的颗粒物 75%在肺泡内沉积。1μm 以下的颗粒物可被吸收入血，或随粘液咳出，或者通过淋巴系统被清除。有时颗粒物的大小在进入呼吸道的过程中会发生改变，吸水性的物质可在深部呼吸道温暖、湿润的空气中吸收水分而变大。

（三）皮肤吸收

一般来说，环境化学物经皮肤吸收比较困难，但像四氯化碳和一些杀虫剂等高脂溶性物可经皮肤吸收引起全身中毒。经皮肤的吸收机制主要是单纯扩散，吸收量与被吸收物的脂溶性成正比，与分子量成反比。不同部位皮肤的构造和通透性有所不同，接触面积和皮肤的血流量也影响环境化学物的经皮吸收。

（四）其他途径吸收

毒理学实验中有时也采用腹腔、皮下、肌肉和静脉注射进行染毒。静脉注射可使化学物直接进入血液，分布到全身。腹腔注射因腹膜面积大、血流供应充沛而吸收较快。经腹腔染毒的物质首先经过门脉循环进入肝脏，然后到达其他器官。皮下或肌肉注射时吸收较慢，但注射物不经肝脏可直接进入体循环。

二、环境化学物的体内分布

环境化学物通过吸收进入血液和体液后，随血流和淋巴液分散到全身各组织的过程称为分布（distribution）。被吸收物在体内一般呈不均匀性分布，这是由于各个器官和组织的血流量不同、它们与被吸收物的亲和力也各不相同。化学物在体内的蓄积部位可能是其主要作用部位即靶器官或组织，但在许多情况下，毒物的体内贮存部位与其作用部位不一致。例如，铅主要在骨骼蓄积，但它主要损伤软组织。

进入血液的化学物大部分与血浆蛋白，主要是白蛋白结合。化学物还可与其他蛋白质、粘多糖、核蛋白和磷脂等结合。肝脏和肾脏是化学物在体内的贮存部位之一。肝细胞中的配体蛋白可与许多有机酸、有机阴离子、偶氮染料以及皮质类固醇等结合，使它们进入肝脏。肝、肾中的金属硫蛋白能与镉、汞、锌等结合。脂溶性物质可贮存于脂肪组织中，并不呈现生物学活性，只有在脂肪被动用，化学物重新成为游离状态时，才出现生物学作用，如DDT、TCDD等。此外，骨骼也可作为许多化学物的贮存沉积场所。在一定条件下，贮存的物质可游离释放，进入全身循环，对机体造成损害。因此，环境化学物在体内的贮存有两重意义：一方面对急性中毒具有保护作用，因它减少了到达毒作用部位的毒物量；另一方面可能成为一种在体内提供毒物的来源，具有潜在危害。

环境化学物在体内不均匀分布的另一主要原因是体内的特定部位对外来化学物具有明显的屏障作用。主要屏障有血脑屏障、胎盘屏障和血睾屏障。

1．血脑屏障（blood-brain barrier）　血脑屏障可阻止有毒物质进入中枢神经系统。据推测，人的血脑屏障在4～5岁才能完全形成。因此，某些化学物如铅对婴幼儿的神经系统毒性较大。

2．胎盘屏障（blood-placenta barrier）　与血脑屏障相比，胎盘屏障的屏障功能较弱。一般认为，从消化道吸收的脂溶性物质大部分都可通过胎盘屏障。胎盘屏障的结构存在种属差异，而且在妊娠的不同时期其厚度发生变化（表3-1）。

表3-1　构成胎盘屏障的不同组织

	母体组织			胎儿组织			种属
	内皮	结缔组织	上皮	滋养层	结缔组织	内皮	
上皮绒毛膜型	+	+	+	+	+	+	猪、马、驴
韧带绒毛膜型	+	+	−	+	+	+	绵羊、山羊、牛
内皮绒毛膜型	+	−	−	+	+	+	猫、狗
绒毛膜受血型	−	−	−	+	+	+	人、猴子
血内皮型	−	−	−	−	−	+	大鼠、家兔、荷兰猪

3．血睾屏障（blood-testis barrier）　其屏障功能介于上述二者之间。相邻的支持细胞的侧面以紧密连接形成屏障。屏障以外，有许多精原细胞，可与基膜外的毛细血管进行物质交换。屏障以内，有发育着的精母细胞与精子细胞。

三、环境化学物的生物转化

（一）生物转化的部位

环境化学物的生物转化（biotransformation）是指环境化学物在体内的组织或器官中经多种酶的作用转化成为代谢物的过程。环境化学物经生物转化后其极性和水溶性增加，容易由体内排出。大多数情况下，生物转化可使环境化学物的毒性降低甚至消失。但是，在某些情况下，生物转化可使环境化学物的毒性增强，甚至产生致癌、致畸、致突变效应，又称为代谢活化（metabolic activation）。经代谢活化生成的活性代谢产物可分为亲电子剂、自由基、亲核剂和氧化还原剂。

生物转化主要在肝进行，此外肺、肾、胃肠道、胎盘、皮肤等器官组织也有一定的生物转化能力。肠道菌群在某些环境污染物的生物转化中起着重要的作用。各组织器官的生物转化酶在细胞内主要分布于内质网（微粒体）或胞质中，在线粒体、细胞核以及溶酶体中的分布较少。

（二）生物转化反应

生物转化主要包括氧化、还原、水解和结合四种类型的反应。前三类统称为Ⅰ相反应，而结合反应又称为Ⅱ相反应。通过Ⅰ相反应，化学物分子上出现一个极性反应基团，可使其易溶于水，并可进行Ⅱ相反应，生成易于从机体内排泄的水溶性结合产物。

1. 氧化反应

（1）微粒体酶系：

1）细胞色素 P450 酶：细胞色素 P450 酶简称 P450，是最重要的代谢酶，机体内约80%的化学物代谢反应与其有关。P450 催化的反应有脂肪族和芳香族的羟化、双键的环氧化、杂原子氧化和 N-羟化、杂原子脱烷基、氧化基团转移、酯裂解、脱氢等。P450 的特点有：①局限于微粒体内，此外在核膜有微弱的活性；②肝脏的 P450 活性非常高，其他脏器的活性仅为其 1/5～1/30；③有许多分子类型，而且有多种基因多态存在；④只氧化脂溶性的物质；⑤底物的专一性极低，一种 P450 可代谢多种化学物，一种化学物的一种代谢途径可有多种 P450 参与；⑥许多化学物可特异性地诱导某些类型的 P450；⑦由于 P450 的底物特异性不高，因此其活性容易被其他化学物所抑制。

2）黄素单加氧酶：黄素单加氧酶以黄素腺嘌呤二核苷酸（FAD）为辅酶，并需要 NADPH 和氧分子。它对底物的专一性要求不高，可催化许多化学物的氧化反应。此外，它的底物与 P450 有些是共同的，只是反应过程不完全一样。

3）前列腺素 H 合成酶：前列腺素 H 合成酶在几乎所有的细胞内存在，其中以精囊组织中的含量最高。在体内，该酶有环加氧酶和过氧化物酶活性，分别催化花生四烯酸形成前列腺素 G_2，再由此生成前列腺素 H_2。在第二步反应中，一些外源性化学物可被前列腺素 H 合成酶同时氧化，发生共氧化反应。在 P450 含量较低的组织细胞如肾脏、肺脏以及膀胱上皮细胞，以及 P450 缺乏的组织中，该酶在外源性化学物的代谢及其毒性机制中起重要作用。

（2）非微粒体酶系：

1）醇脱氢酶：该酶位于胞质中，分布在肝脏、肾脏、肺脏以及胃粘膜，可催化伯醇类如甲醇、乙醇进行氧化反应形成醛类，催化仲醇类生成酮类。人的醇脱氢酶根据其结构和性质分为四种类型。

2）醛脱氢酶：醛脱氢酶分布在肝脏、肾脏、肾上腺、生殖组织以及胃粘膜等，可存在于线粒体、微粒体以及胞质中。该酶催化醛类氧化生成相应的酸类。ALDH 有多种分子类型，其中肝脏和胃粘膜的线粒体中存在的 ALDH2 在乙醛的代谢中起重要作用。亚洲人中约有一半的人由于点突变而缺乏 ALDH2 的活性，少量饮酒后便造成乙醛在体内迅速堆积，引起红晕和恶心等。目前在人体已发现 12 种 ALDH 基因，并存在基因多态性。

2. 还原反应　P450 等在一些情况下也能催化一些外源性化学物的还原反应。哺乳动物组织内还原反应活性较低，但在肠道菌群内还原酶的活性较高。

3. 水解反应　水解反应是在水解酶的作用下，化学物与水发生反应而被分解。催化水解反应的酶有酯酶和酰胺酶、肽酶、环氧水化酶等。许多有机磷农药主要通过酯酶的水解作用而被解毒。

4. 结合反应　各种环境化学物进入机体后，不论经过上述氧化、还原或水解反应与否，最终大多要与某些内源性的化学物或基团发生结合反应。通过此反应，可以使环境化学物的理化性质和生物活性发生进一步的变化，增加其水溶性而有利于排出体外，降低其毒性。但是，也有些环境化学物经过结合反应后可形成终致癌物或近致癌物，或脂溶性增高，不易于排出体外。常见结合反应有葡糖醛酸结合、谷胱甘肽结合、硫酸结合和氨基酸结合，以及乙酰化、甲基化等形式。

（三）影响生物转化的因素

影响生物转化的因素很多，它们主要是通过改变代谢酶的活性和功能，使环境化学物的转化途径和速率发生变化，进而改变它们的生物学作用。

1. 个体差异与基因多态性　机体对环境化学物的代谢能力存在有个体差异。产生这种个体差异的原因主要是由于代谢酶的活性受到遗传、年龄、性别、人种、怀孕、疾病、药物服用、饮食以及其他环境因素的影响。近年来随着人类基因学研究的进展，人们发现许多代谢酶的基因呈多态性，是个体间对环境化学物代谢能力存在差异的主要原因之一。但是，基因型的改变并不一定导致代谢酶活性等的改变。例如，不同类型的 P450 基因突变对酶活性的影响不同，有些情况下酶活性可不发生改变或仅表现为底物特异性的改变。

代谢能力的个体差异也是在相同的暴露水平下某些个体对环境污染物的效应更加易感的重要原因之一。例如，P450 酶的 CYP1A1 型与苯并（a）芘在体内的代谢活化有关，在相同的暴露情况下，CYP1A1 活性高的人患肺癌的危险度更高。不同代谢酶的基因多态性与不同类型癌症的易感性的关系见表 3-2。

表 3-2　代谢酶的基因多态性与不同癌症易感性的关系

基因多态性	肺癌	膀胱癌	结肠癌	乳腺癌
CYP1A1	+			+
CYP1A1-MspI	+			
CYP1A1-Ile-Val	±			
CYP1A1-MspI（intron 7）	±			++
CYP2D6（PM）	±	±		
CYP2E1			±	
CYP2E1-DraI	±			
CYP2E1-PstI	−			
CYP2E1-RsaI	−			
GSTM1（−/−）	+	+	±	−

（续表）

基因多态性	肺癌	膀胱癌	结肠癌	乳腺癌
GSTT1（－/－）	－	＋	±	
NAT1（PM）		±		
NAT2（PM）	－	＋	＋（降低）	±
GSTM1（－/－）＋CYP1A1	＋＋＋			
NAT1＋NAT2		＋＋＋		

＋：有关；＋＋：明显有关；＋＋＋：密切有关；－：无关；±：不明确

2. 代谢酶的抑制和诱导　环境化学物对代谢酶可产生抑制或诱导作用。某种化学物可特异性地抑制某种代谢酶的活性，从而使该酶催化的生物转化反应过程受到抑制。由于代谢酶系统的底物特异性不高，几种不同的化学物均可作为某一酶系统的底物。因此，当一种外源性化学物的体内含量过高时，就可能抑制该酶对其他化学物的生物转化作用。

有些环境化学物可通过某些机制使某些代谢酶的合成增加以及活性增高，这种现象称为酶的诱导。有诱导作用的化学物称为诱导剂。由于环境化学物在体内经生物转化后其毒性可降低或增高，酶诱导剂所起的作用也是两方面的。

3. 营养状况　营养状况可显著影响体内某些代谢酶的活性，但其生物学意义应视具体情况而定。蛋白质缺乏时，P450 等代谢酶的活性可能降低，导致生物转化的速率下降。对于经生物转化后毒性降低的化学物，蛋白质缺乏将造成这些物质对机体的毒性增强。相反，对于那些需要代谢转化后才产生毒性的化学物，蛋白质缺乏则可对这些化学物的毒性作用有一定的保护作用。表 3-3 显示的是给大鼠喂饲不同蛋白含量的饲料后，对戊巴比妥的麻醉时间以及四氯化碳毒性的影响。体内维生素含量与代谢酶活性的关系比较复杂，但一般来说，维生素缺乏会导致机体的生物转化能力降低。膳食中其他营养素如微量元素的缺乏也会对代谢酶的活性产生影响。

表 3-3　饲料中的蛋白质含量对药物药效或毒物毒性的影响

药效或毒性	蛋白含量（%）				
	50	18	10	5	0
戊巴比妥的麻醉时间（min）	32	44	60	97	148
四氯化碳引起的死亡率（%）	—	90	40	—	10

注：大鼠食用蛋白含量分别为 50%、18%、10%、5%的饲料两周或蛋白含量为 0%的饲料 4 天

4. 年龄、性别

（1）年龄：某些代谢酶如 P450 的活性在出生时尚未发育完全，单位肝重量的酶活性是成年时的 20%以下。随后酶活性逐渐增高，人在 1 岁时基本接近成人的水平，在婴幼儿期机体对许多化学物的代谢速度甚至高于成人。老年期机体代谢酶活性与青年期相比有所降低，但降幅最多在 50%以下。CYP2C19 是在老年期活性降低较明显的 P450 分子类型。P450 以外的代谢酶在老年期的变化不明显。

（2）性别：实验动物如大鼠对外源性化学物的代谢能力存在性别差异，在多数情况下雄性动物的生物转化能力高于雌性动物。与此不同，人体的生物转化能力在男女性别间的差异不是很常见。最近的研究发现，P450 的分子类型 CYP3A4 的活性存在性别差异，女性高于男性 40%左右。

四、环境化学物的排泄

排泄（excretion）是指环境化学物及其代谢产物被排出体外的过程，其主要途径有经肾脏随尿排出，经肝、胆通过肠道随粪便排出以及经肺随呼气排出。环境化学物也可随各种分泌物如汗液、乳汁和唾液排出。

（一）经肾脏排泄

肾脏是排泄环境化学物的最重要的器官。排泄的主要机制有肾小球滤过、肾小管重吸收、肾小管的排泌。不同类型环境化学物在肾脏的排泄机制见表 3-4。

表 3-4　不同类型环境化学物在肾脏的排泄机制

化学物类型	肾小球滤过	肾小管重吸收	肾小管的排泌
水溶性强	+	−	+
水溶性中等	+	+	+
有一定脂溶性	+	+	−

（二）经肝随胆汁排泄

经过肝脏随胆汁排泄的环境化学物须具备一定的条件：①有一定的水溶性和脂溶性；②有一定的分子量，分子量大于 1500 的物质不易从胆汁排泄；胆汁是许多结合产物如谷胱甘肽和葡萄糖醛酸结合物的主要排泄途径。如上所述，经胆汁排泄的物质需要有一定的分子量，这在不同种属的差异非常明显（表 3-5）。

表 3-5　不同种属经胆汁排泄所需的最小分子量

种属	分子量
大鼠	350±50
豚鼠	400±50
家兔	500±50
狗	350±50
猴子	550±50
人	500±50

进入肠道的一部分环境化学物或其代谢产物在肠液或细菌的催化下脂溶性增加，被重新吸收后通过门静脉返回肝脏，形成肠肝循环（enterohepatic circulation）。肠肝循环可使一些环境化学物从肠道排泄的速度减慢，生物半减期延长，这样毒作用的持续时间延长。

第三节　环境化学物的毒性作用

一、环境化学物的毒性作用类型

环境化学物的毒性作用又称为毒效应、不良效应、损害作用或损伤作用。根据作用的特点、发生的时间和部位，可将环境化学物的毒性作用分为以下几类：

（一）速发和迟发毒性作用

速发毒性作用（immediate toxic effect）是指机体与某些环境化学物接触后的短时间内出现的毒效应，如一氧化碳、硫化氢和氰化物等的急性中毒。迟发毒性作用（delayed toxic effect）是指机体一次或多次接触某种环境化学物后，经过一段时间间隔后才显现的毒性作用。

（二）可逆和不可逆的毒性作用

可逆的毒性作用（reversible toxic effect）是指停止接触环境化学物后，损伤可逐渐恢复，常见于机体接触化学物的浓度较低、时间较短、损伤较轻时。不可逆的毒性作用（irreversible toxic effect）是指停止接触环境化学物后，损伤不能恢复甚至进一步发展。环境化学物的毒性作用是否可逆，在很大程度上还取决于所受损伤组织的再生能力。

（三）局部和全身的毒性作用

环境化学物与机体直接接触部位的损害，称为局部毒性作用（local toxic effect）。环境化学物被吸收后，随血液循环分布至全身，或到达远离吸收部位的器官而产生有害作用，称为全身的毒性作用（systemic toxic effect）。有些环境化学物质兼有这两种作用。例如，四乙基铅可对接触部位的皮肤造成损伤，其吸收后分布至全身对中枢神经系统和其他器官产生毒性作用。

（四）变态反应

变态反应（allergic reaction）是指机体对环境化学物产生的一种有害的免疫介导反应，又称过敏反应（hypersensitive reaction）。变态反应与一般的毒性反应不同，首先作为半抗原的环境化学物与机体接触后，与内源性蛋白质结合为抗原激发抗体产生，称为致敏；当再次接触该化学物时，引发抗原抗体反应，产生典型的过敏反应症状。

（五）特异体质反应

特异体质反应（idiosyncratic reaction）是指由于遗传因素等所致某些个体对一些环境化学物表现出异常的反应性。例如，先天缺乏 NADH-细胞色素 b5 还原酶的人对亚硝酸盐等可致高铁血红蛋白血症的化学物异常敏感。

二、影响环境化学物毒性作用的因素

（一）化学物因素

环境化学物本身的结构和理化性质将影响其在体内的吸收、分布、排泄以及生物学作用，具体见表 3-6。

表 3-6　影响毒性作用的化学物因素

化学物因素	特　征	举　例
化学结构	取代基	苯环中的氢被取代后，对造血功能的抑制减弱，但麻醉作用增强
	异构体和立体构型	六六六有 7 种同分异构体，它们的毒性作用和性质各不相同
	同系物的碳原子数目	一定范围内，脂肪族烃随着碳原子的增加，毒性增强
	分子饱和度	碳原子相同时，分子中不饱和键多，则毒性大
理化性质	溶解性	水溶性愈大，毒性愈强
	挥发性	液态化学物的挥发性愈大，愈易经呼吸道吸入
	分散度	颗粒物等的分散度愈大，表示其粒径愈小，愈易进入呼吸道深部
	纯度	受试物中的杂质不仅可影响毒性的大小，还可影响毒作用的性质

（二）机体因素

在相同条件下，同一化学物对不同种属的动物或同种动物的不同个体或不同发育阶段所产生的毒性有很大差异，这主要是由于机体的感受性和耐受性不同所造成的，与其种属、年龄、性别、营养和健康状况等有关。有关内容可见本章第二节以及本书其他章的相关内容。

（三）环境因素

影响环境化学物毒性的环境因素很多，如物理因素（气温、气湿、气压、噪声等）、同时存在的其他化学因素等。

三、环境化学物的毒性试验

（一）急性毒性试验

急性毒性（acute toxicity）是机体一次或 24 小时内多次接触环境化学物后所引起的中毒效应。急性毒作用评价常常是评价环境化学物对机体毒效应的第一步。在急性毒性试验中观察到的毒效应类型、剂量反应关系的斜率对于评价环境化学物的健康危害有重要价值。

通常以 LD_{50}（半数致死剂量）作为急性毒性的主要参数。一般有 60%～70%死亡动物集中在 LD_{50}附近，因此 LD_{50}能较好地反映受试化学物毒性的大小。目前国际上重视以非死亡终点作为急性毒性的分级参数。

（二）亚慢性毒性试验

亚慢性毒性（subchronic toxicity）是指在较长期接触环境化学物质后所产生的毒效应。目前一般亚慢性毒作用评价的染毒期限为试验动物寿命的 10%，对于大鼠为 90 天染毒，狗为 52 周染毒。短于此期限的称为短期重复染毒毒性试验，一般为 14 天和 28 天。亚慢性毒性试验的目的是了解受试物对机体毒性作用的靶点、可逆性以及获得未观察到有害效应的剂量水平（No Observed Adverse Effect Level，NOAEL）。

（三）慢性毒性试验

慢性毒性（chronic toxicity）是指长期反复接触环境化学物所产生的毒效应。慢性毒性试验的主要目的是发现受试物的各种慢性毒性或蓄积毒性，确定其主要的慢性毒效应及其剂量反应关系。从科学上和经济上考虑，慢性毒性试验倾向于同致癌试验合并进行。

（四）致癌试验

1. 致突变试验　环境化学致突变物作用于生物体细胞的遗传物质后，可发生一系列生物、化学和形态学的变化，造成遗传物质 DNA 损伤。致突变作用与许多称为遗传毒性致癌物（genotoxic carcinogen）的致癌作用有密切关系。因此，可以利用致突变试验进行致癌物的筛查。用于致突变物检测的常见试验方法见表 3-7。各类试验就筛查价值而言，通常越接近于人的试验系统价值越高，体内系统高于体外系统，真核微生物系统高于原核微生物系统，哺乳动物高于非哺乳动物。

表 3-7　致突变性测试方法

终点类型	试验系统水平	试验名称
基因突变	原核微生物	鼠伤寒沙门菌回复突变试验（Ames 试验）
		大肠杆菌回复突变试验
	真核微生物	酵母正向和回复突变试验
		链孢霉菌基因突变试验

（续表）

终点类型	试验系统水平	试验名称
		构巢曲霉菌基因突变试验
		酿酒酵母菌基因突变试验
	昆虫	果蝇伴性隐性试验
	哺乳动物体外细胞	V_{79}或 CHO 细胞基因突变试验
	小鼠基因突变试验	小鼠生殖细胞特定座位试验
		小鼠体内细胞点突变试验
染色体畸变	体外	哺乳动物细胞染色体畸变试验
		人体外周血淋巴细胞微核试验
		紫露草与蚕豆根尖微核试验
	体内	小鼠骨髓细胞微核试验
	显性致死试验	果蝇显性致死试验
		小鼠显性致死试验
		小鼠遗传易位试验
DNA 效应	重组与修复试验	枯草杆菌重组试验
		大肠杆菌修复试验
		酵母菌体细胞重组试验
	哺乳动物细胞	哺乳动物细胞 DNA 合成抑制试验
		哺乳动物细胞程序外 DNA 合成试验
		SOS 显色试验
		彗星试验
非整倍体试验		酵母有丝分裂非整倍体试验
		果蝇性染色体丢失试验
		体外哺乳动物细胞多倍体分析试验
		哺乳动物生殖细胞非整倍体分析试验

2. 非遗传毒性致癌物的检测　一些环境化学物是通过非遗传毒性机制而产生致癌作用的，称为非遗传毒性致癌物（nongenotoxic carcinogen）。它们并不改变 DNA 的初级序列，即对遗传物质没有影响，但能通过某些生物学作用（细胞毒性、慢性炎症反应、激素影响、免疫过程和肿瘤促进）而改变或抑制某些与增殖和分化有关的基因和细胞事件，从而导致肿瘤的发生。遗传毒性致癌物与非遗传毒性致癌物的特点比较见表 3-8。

表 3-8　遗传毒性致癌物与非遗传毒性致癌物的比较

遗传毒性致癌物	非遗传毒性致癌物
• 致突变性	• 无致突变性
• 对 DNA 有直接作用	• 对 DNA 无直接作用
• 致癌强度与剂量有关	• 有阈值
• 阈值?	• 作用可逆
• 可为完全致癌物	• 一般有种属、种系、组织特异性
• 作用不可逆	• 作用于肿瘤发生的促长、进展阶段
• 一般没有种属、种系特异性	
• 作用于肿瘤发生的起始、进展阶段	

非遗传毒性致癌物具有引起或加速其靶器官或组织生长、增殖的能力。因此，许多非遗传毒性致癌物可归类为促癌物（tumor promoter）。根据促癌物的以上特征，可采用表 3-9 所示方法和指标检测环境化学物的促癌活性。

表 3-9　检测化学物质促癌活性的方法和指标

整体动物实验	整体动物或体外实验	体外实验
器官肥大、增生	诱导 DNA 合成	抑制细胞缝隙连接间通讯
DNA 含量增加	诱导有丝分裂	两阶段细胞转化
加速肿瘤的生长	抑制细胞凋亡	与蛋白激酶 C、过氧化脂质体增殖激活受体、二噁英受体等结合
促进癌前病灶的表型表达	诱导鸟氨酸脱羧酶	
	诱导药物代谢酶	
	诱导过氧化物小体酶	
	诱导分化改变	
	激素样作用	
	干扰激素调节	
	细胞毒性	

3. 哺乳动物细胞体外转化试验　正常细胞转变为具有癌细胞某些特性的现象称为细胞恶性转化。哺乳动物细胞体外转化试验是测试致癌物的一个重要试验方法，它可检出遗传毒性致癌物和非遗传毒性致癌物。此法终点反应更加接近体内肿瘤形成过程，是最近似地模拟体内致癌过程的试验。细胞被恶性转化呈现与肿瘤形成有关的表型改变，包括细胞形态、细胞生长能力、生化表型等变化，以及移植于动物体内能形成肿瘤的能力。

表 3-10　体外细胞转化试验常用的细胞类型

细胞类型	举例
原代或传代早期的细胞	叙利亚仓鼠胚胎细胞、大鼠支气管上皮细胞、小鼠表皮细胞、人成纤维细胞等
细胞株	小鼠细胞株：BALB/C-3T3，C3H-10T1/2，BHK-21 等
用病毒感染的细胞	用劳舍尔白血病病毒感染的大鼠胚胎细胞、用类人猿腺病毒感染的 SHE 细胞等

4. 哺乳动物短期致癌试验　它是在有限的时间内完成的致癌试验，因此其观察的靶器官或组织也限定为一个而不是全部器官和组织。该试验可用于检出遗传毒性致癌物和非遗传毒性致癌物，常用的有小鼠肺肿瘤诱发试验、小鼠皮肤肿瘤诱发试验、大鼠乳腺瘤诱发试验等。

5. 哺乳动物长期致癌试验　是鉴定哺乳动物致癌物的标准试验。它不仅可以确定致癌性，而且可以确定致癌作用的靶器官。在缺乏流行病学资料的情况下，哺乳动物致癌试验是评价环境污染物致癌性的主要手段。试验一般选用对致癌物敏感性高，而自发肿瘤率低的动物品系。雌、雄动物都要有，二者的数量相近。染毒方式主要根据人类可能接触的途径。实验期限小鼠最少为 1.5 年，大鼠为 2 年。

（五）生殖毒性和发育毒性试验

生殖毒性（reproductive toxicity）是指对雄性或雌性生殖功能或能力的损害和对后代的有害影响。生殖毒性可发生于妊前期、妊娠期和哺乳期。发育毒性（developmental toxicity）指环境有害因素干扰胚胎及胎儿的发育过程，影响其正常发育的作用。两者关系密切，但不同研究者对其研究的侧重面有所不同，多数主张对两者应有所区分。

1. 生殖毒性试验　也称为繁殖试验，它可以全面反映外来化合物对性腺功能、发情周期、交配行为、受孕、妊娠过程、分娩、授乳以及幼仔断奶后生长发育可能发生的影响。评价的主要依据是交配后母体受孕情况（受孕率）、妊娠过程情况（正常妊娠率）、子代动物分娩出生情况（出生存活率）、授乳哺育情况（哺育成活率）以及断奶后发育情况等。

生殖毒性试验的实验动物多选用性成熟大鼠，染毒途径需参照人类实际的接触途径。传统的方法采用三代两窝生殖试验，即动物繁殖三代，每代生育两窝。其目的是通过三代生殖过程，可以观察环境化学物对遗传过程的影响。近年来提倡两代或一代生殖试验。对机体有可能连续长期接触、代谢半减期较长的环境化学物应进行两代生殖试验法。对两代动物成体进行染毒，即 F_0 代直接接触受试物，F_1 代既有直接接触、也有通过母体的间接接触，第三代动物（子二代，F_2）将在子宫和经哺乳接触受试物。常用的观察指标有受孕率、正常分娩率、幼仔出生存活率、幼仔哺育成活率等。

2. 发育毒性试验　环境化学物的发育毒性评定，主要是通过致畸试验。致畸试验是检查受试物能否通过妊娠母体引起胚胎畸形的动物试验。通过致畸试验可以确定一种受试物是否具有致畸作用，诱发何种畸形以及出现畸形的主要器官，确定最大无作用剂量和最小有作用剂量，即阈剂量。

致畸试验一般选用二种哺乳动物，首选大鼠，此外可选用小鼠或家兔。大鼠作为致畸试验的首选动物，是因为：①对大多数环境化学物代谢过程与人类近似；②受孕率高，每窝产8～10只，易于获得所需的样本数；③胎仔大小适中。但大鼠也有不足之处，它对环境化学物代谢速率较快，故对致畸物易感性较低，出现假阴性；其胎盘构造也与人类有一定差异。

致畸试验的剂量分组很关键，一方面要找出最大无作用剂量和致畸阈剂量，另一方面要求不影响母体生育能力，避免和减少大批流产胚胎死亡、母体死亡。致畸试验结果常用的评价指标有活产幼仔平均畸形出现率、畸胎发生率、母体畸胎出现率等。活产幼仔平均畸形出现率说明每一活产幼仔平均出现畸形的水平。畸胎发生率和母体畸胎出现率均说明某种受试物致畸性的强度。

3. 生殖毒性和发育毒性的三阶段一代试验

该试验包括以下三个阶段：

（1）一般生殖毒性试验（Ⅰ段试验）：称为妊娠前及妊娠初期染毒试验。主要用以检查对受孕能力及生殖系统有无不良影响。

（2）致畸试验（Ⅱ段试验）：为器官形成期染毒试验，目的是检查受试物有无胚胎毒性和致畸性。

（3）围生期毒性试验（Ⅲ段试验）：为围生期及授乳期染毒试验，以检查围生期及授乳期给予受检物时对胎儿生后发育的影响。

（六）环境内分泌干扰物的筛查试验

目前推荐的筛查试验很多，每种方法都有各自的缺点。美国 EPA 的内分泌干扰物质甄别与测试委员会建议采用成组试验，分为两阶段评价环境化学物的内分泌干扰活性。第一阶段试验的目的是检测受试化学物是否具有雌激素、雄激素以及甲状腺素活性。根据第一阶段的试验结果结合构效关系等文献资料，决定受试物是否需要进行下一阶段的试验。第二阶段试验目的是确定是否具有与自然激素类似的生物学效应特征。具体试验方法见本书的第十四章。

第四节 环境化学物的安全性评价

人们在生活和生产活动中接触和使用大量的化学物质。这些化学物质在给我们的生活带来方便的同时，也对生态环境及人类健康构成了严重的威胁。环境中的化学物可通过多种途径在环境中迁移、转化，在一定条件下可对人体产生危害，如目前使用的一些化学物质被证实对人有致癌、致畸作用，还有一些对人和动物的内分泌功能有干扰作用等。因此，对环境化学物进行安全性评价是环境毒理学的重要任务之一。

安全性评价（safety evaluation）通过规定的毒理学试验程序和方法以及对人群效应的观察，评价某种化学物的毒性及其潜在危害，进而提出在通常的暴露条件下该物质对人体健康是否安全及安全接触限量。安全性评价的目的是确保该化学物在生产和使用中产生最大效益，同时其对生态环境和人类健康的危害降至最低。

一、安全性评价的内容和程序

（一）准备工作

在对受试化学物进行安全性评价前，应了解该物质的基本数据，如化学结构式、纯度、杂质含量、沸点、蒸气压、溶解性、pH 值等理化数据和有关的参数。此外，还应了解该化学物可能的用途、使用范围、使用方式，人体暴露的途径以及可能的摄入量等。例如，环境污染物应了解其在水、空气或土壤中的含量；工业毒物则应考虑其在空气中的最大浓度。一般来说，用于安全性评价的受试物应采用工业品或市售商品，而不是纯化学品，以反映人体实际接触的情况。在整个实验过程中所使用的受试物必须是规格、纯度完全一致的产品。当需要确定该化学品的毒性来源于化学物质还是所含杂质时，通常采用纯品和应用品分别试验，将其结果进行比较。例如，我国农药登记条例规定，农药的急性毒性试验（包括经口、经皮和经呼吸道）应包括农药的原药和制剂。

（二）良好实验室操作规范

良好实验室操作规范（Good Laboratory Practice，GLP）广义上是指严格实验室管理（包括实验室建设、设备和人员条件、各种管理制度和操作规程，以及实验室及其出证资格的认可等）的一整套规章制度。包括对实验设计、操作、记录、报告、监督等整个环节和实验室的规范要求。

GLP 最早起源于药品研究。药品 GLP 是指药品非临床（或临床前）研究，包括安全性毒理学评价和药理、药效学评价（包括药代动力学和毒代动力学研究）的质量管理规范。其后，GLP 的概念逐渐扩展到其他有毒有害物质（如农药、环境化学物、食品污染物、工业毒物等）的实验室安全性评价，以及各类健康相关产品（食品和保健食品、化妆品、涉水产品、消毒产品等）的实验室评价（包括安全性和功效学评价）。

我国于 20 世纪 80 年代末和 90 年代初相继开展了药品和其他相关产品、化学物的 GLP 研究和实施工作。卫生部于 2000 年 11 月发布《化学品毒性鉴定管理规范》（包括化学品毒性鉴定实验室条件及工作准则，即 GLP）；2001 年 6 月发布《化学品毒性鉴定机构资质认证工作程序》和《化学品毒性鉴定机构资质认证标准》。国家环境保护总局也于 2004 年颁布环境保护行业标准《化学品测试合格实验室导则》。

实施 GLP 的主要目的是提高实验室研究与检验工作的质量，确保实验数据和结果的真实性和可靠性。一般而言，GLP 通常包括以下几个主要部分的要求和内容：①对组织机构和人员的要求；②对实验设施、仪器设备和实验材料的要求；③标准操作规程（Standard Operating Procedures，SOP）；④对研究工作实施过程的要求；⑤对档案及其管理工作的要求；⑥实验室资格认证及监督检查。

（三）安全性评价的程序

安全性评价首先是对化学物进行毒性鉴定，通过一系列的毒理学试验测试该化学物对实验动物的毒作用包括特殊毒性作用，从而评价和预测该化学物对人体可能造成的危害。我国目前对化学品的毒理学安全性评价通常可划分为四个阶段。

1. 第一阶段（急性毒性试验、眼刺激试验、皮肤刺激试验和皮肤致敏试验） 主要是急性毒性参数的测定和了解受试样品对皮肤、粘膜的刺激性以及致敏性，为毒性分级和标签管理提供依据。同时，可了解受试样品对机体造成急性损害的可能性和严重程度，并为第二阶段各项试验的剂量设计提供依据。在测定 LD_{50} 时，一般要求用两种动物，染毒途径应包括所有人体可能的接触途径。

急性毒性试验是以死亡作为毒性的判定指标，它在化学物安全性评价中实际应用价值近年来引起了广泛的争议。OECD 已提议，在其成员国范围内，在提交有关化学物安全性评价的资料时，可以不包括急性毒性试验的数据。

2. 第二阶段（亚急性毒性试验和致突变试验） 主要是了解受试样品的亚急性毒性和遗传毒性，为第三阶段各项试验剂量设计和观察指标的选择提供依据，并对受试样品的致癌性进行预测。

致突变试验一般包括：①原核细胞基因突变实验，如 Ames 试验、大肠杆菌试验、枯草杆菌试验；②真核细胞染色体畸变实验，如微核试验或骨髓细胞染色体畸变分析。如试验结果为阳性，可在 DNA 修复合成试验、显性致死试验、果蝇伴性隐性致死试验和体外细胞转化等试验中再选两项进行最后的综合评价。

我国国家环境保护总局颁布的《化学品测试导则》中所列出的遗传毒理学试验有：①细菌回复突变试验；②体外哺乳动物细胞染色体畸变试验；③哺乳动物红细胞微核试验；④哺乳动物骨髓染色体畸变试验；⑤体外哺乳动物细胞基因突变试验；⑥黑腹果蝇伴性隐性致死试验；⑦啮齿类动物显性致死试验；⑧哺乳类动物细胞姐妹染色单体互换体外试验；⑨酿酒酵母基因突变试验；⑩酿酒酵母有丝分裂重组试验；⑪哺乳类动物细胞 DNA 损害与修复/程序外 DNA 合成体外试验；⑫哺乳动物精原细胞染色体畸变试验；⑬小鼠斑点试验；⑭小鼠可遗传易位试验；⑮体内哺乳动物肝细胞程序外 DNA 合成（UDS）试验。

3. 第三阶段（亚慢性毒性试验、致畸试验、繁殖试验和迟发性神经毒性试验） 通过亚慢性试验进一步确定多次重复染毒的毒作用性质和靶器官，初步确定 NOAEL 或 LOAEL，为第四阶段各项试验的剂量设计和观察指标的选择提供依据；通过致畸试验判断受试样品的胚胎毒性及其是否有致畸性。通过繁殖试验，可判断受试样品对生殖过程的损害作用。通过迟发性神经毒性试验，可判断受试样品是否具有迟发性神经毒作用。

4. 第四阶段（慢性毒性试验、致癌试验和代谢动力学试验） 通过慢性毒性试验可确定受试样品的 NOAEL 和 LOAEL，为推算受试样品的安全接触限值提供依据。通过致癌试验可以确定受试样品对受试实验动物的致癌性。通过代谢动力学试验可以了解受试样品的吸收、分布、代谢和排泄特点，了解蓄积毒性作用及其可能的靶器官和毒作用机理。

（四）安全性评价试验的选用原则

试验项目的选择应当根据化学品的理化特性，特别是通过对其化学结构与活性关系进行初步分析，并尽量了解其使用范围、生产或使用过程、人体接触情况和现有文献资料，根据具体情况选择系统的或补充的毒性试验。在化学品毒性鉴定过程中，根据各阶段的试验结果，有针对性地取舍进一步试验的项目和观察指标，以完善对该化学品所做出的毒性鉴定资料的科学性和可靠性。卫生部颁布的《化学品毒性鉴定技术规范》中对安全性评价试验的选用原则作了如下规定：

1. 受试样品的染毒途径应与人体可能接触的途径一致，对人体有可能通过呼吸道、皮肤和消化道三种途径接触的化学品，应进行吸入、经皮和经口三种染毒途径的各项试验；常温下呈气态的化学品一般不进行经口染毒途径的各项试验；20℃蒸气压≤1×10^{-2} Pa 的非粉末状化学品一般不需进行吸入染毒途径的各项试验。

2. 对有可能与皮肤或眼睛接触的化学品，应进行皮肤或眼刺激性试验；如化学品 pH≤2或≥11，则不必进行皮肤和粘膜的刺激试验，并认为其对皮肤和眼有腐蚀作用。

3. 对有可能与皮肤反复接触的化学品，应进行皮肤致敏试验；经皮毒性属高毒以及对皮肤有腐蚀作用的化学品则不进行皮肤致敏试验。

4. 我国首创或根据国内外文献报道首次生产的化学品，原则上需进行 4 个阶段的毒理学试验。首先必须做急性毒性试验、亚急性毒性试验、亚慢性毒性试验、三项致突变试验（包括基因水平和染色体水平的体外、体内试验）、致畸试验和繁殖试验。根据试验结果，判断是否需继续做其他试验项目。

5. 引进国外的生产技术，生产国外已登记生产和批准应用的化学品，如国内的生产单位能证明所生产化学品的理化性质、纯度、主要杂质成分及含量均与国外同类化学品一致时，可先进行第一阶段和两项致突变试验（包括基因水平和染色体水平两种类型的试验）。如试验结果与国外同类化学品一致，可不继续进行第三阶段和第四阶段试验。

6. 与国内已获批准生产的化学品属同类化学品的，如国内的生产单位能证明所生产化学品的理化性质、纯度、主要杂质成分及含量均与国内同类化学品一致时，可先进行急性毒性试验和一项致突变试验。如试验结果与国内同类化学品一致，可不继续进行试验。

7. 凡将两种以上的化学品混配成新的制剂时，除必须按相应要求对其成分分别进行试验外，还应进行急性联合毒性试验，如有明显的协同作用，则根据具体情况对该制剂进行必要的其他毒性试验。

国家环境保护总局颁布的《新化学物质危害评估导则》中规定，新化学物质应依据申报的一次性或全年累积性的生产或进口数量确定安全性评价试验的种类（表 3-11）。

表 3-11　新化学物质安全性评价试验的种类的要求

试验类型	申报的一次性或全年累积性的生产或进口数量（kg）		
	$<10^4$	$10^4\sim10^6$	$\geq10^6$
急性毒性	√		√
短期反复染毒毒性	√		√
致突变性	√	√	
生殖/发育毒性		√	√
亚慢性毒性		√	
慢性毒性			√
致癌性			√
毒代动力学			√
神经毒性			√

（五）毒性分级标准

目前国内外对化学物的毒性分级标准还没有统一。以急性毒性为例，尽管均以 LD_{50} 作为依据，我国针对不同类型化学物的分级标准还是有所差异（表 3-12，表 3-13，表 3-14，表 3-15）。

表 3-12　食品急性毒性分级标准（1994）

急性毒性分级	大鼠经口 LD_{50}（mg/kg）	大致相当于体重为 70kg 人的致死剂量
6 级（极毒）	<1	稍尝，<7 滴
5 级（剧毒）	1～50	7 滴～1 茶匙
4 级（中等毒）	51～500	1 茶匙～35g
3 级（低毒）	501～5000	35～350g
2 级（实际无毒）	5001～15000	350～1050g
1 级（无毒）	>15000	>1050g

表 3-13　农药急性毒性分级标准（1996）

级别	经口 LD_{50}（mg/kg）	经皮 LD_{50}（4h）（mg/kg）	吸入 LC_{50}（2h）（mg/m^3）
剧毒	<5	<20	<20
高毒	5～50	20～200	20～200
中毒	50～500	200～2000	200～2000
低毒	>500	>2000	>2000

表 3-14　消毒剂急性毒性分级标准（2002）

级别	经口 LD_{50}（mg/kg）	吸入 LC_{50}（2h）（mg/m^3）
剧毒	<1	<10
高毒	1～50	10～100
中等毒	51～500	101～1000
低毒	501～5000	1001～10000
无毒	>5000	>10000

表 3-15　新化学物质经口、吸入、经皮急性毒性分级（大鼠，2004）

毒性级别	经口 LD_{50}（mg/kg）	经皮 LD_{50}（mg/kg）	吸入 LC_{50}
剧毒（++++）	≤5	≤50	气体：$\leqslant 100 \cdot 10^{-6}$ 蒸汽：≤0.5 mg/L 尘、雾：≤0.05 mg/L
高毒（+++）	>5，≤50	>50，≤200	气体：$>100 \cdot 10^{-6}$，$\leqslant 500 \cdot 10^{-6}$ 蒸汽：>0.5，≤2.0 mg/L 尘、雾：>0.05，≤0.5 mg/L
中毒（++）	>50，≤300	>200，≤1000	气体：$>500 \cdot 10^{-6}$，$\leqslant 2500 \cdot 10^{-6}$ 蒸汽：>2.0，≤10 mg/L 尘、雾：>0.5，≤1.0 mg/L

（续表）

毒性级别	经口 LD_{50}（mg/kg）	经皮 LD_{50}（mg/kg）	吸入 LC_{50}
低毒（+）	>300，≤2000	>1000，≤2000	气体：$>2500 \cdot 10^{-6}$，$\leq 5000 \cdot 10^{-6}$ 蒸汽：>10，≤20 mg/L 尘、雾：>1.0，≤5.0 mg/L
实际无毒（-）	>2000	>2000	气体：$>5000 \cdot 10^{-6}$ 蒸汽：>20 mg/L 尘、雾：>5.0 mg/L

（六）安全性评价结果评价时应注意的问题

由于种属以及实验设计等的差异，在对毒理学安全性评价的结果进行解释时尽可能考虑多方面的影响因素，以便作出客观的结论。

由于种属的差异，人和动物可能对化学物的一般毒性或特殊毒性存在有易感性的差异。为安全起见，在无确切资料的情况下，一般常把人看作最敏感的种属。动物毒性试验一般采用高于人实际暴露的剂量水平进行，因此在安全性评价时往往需要将动物实验的结果由高剂量向低剂量外推。这种外推存在不确定性，如资料显示，采用不同数学模式推导出的同一化学物低剂量暴露下的预期肿瘤发生率竟相差 7×10^4 倍。

在进行安全性评价时，不仅要了解每项毒理试验所能说明的问题，还应该了解试验的局限性或难以说明的问题。为弥补动物实验的结果在预测化学物对人体健康的危害时存在的一些不确定性，在化学物的安全性评价过程中应尽可能地收集受试化学物对人体毒作用的资料，包括志愿者的试验结果、中毒事故的调查记录、职业暴露人群的健康体检记录以及人群流行病学的调查结果等。人体资料对于评价化学物对人体的危害是最直接和可靠的依据。

二、安全性评价的法规

20 世纪初叶以来，美国、法国、德国等一些国家陆续制订和颁布了关于有毒化学品的管理法规。美国于 1906 年颁布了第一部管理化学品危害的联邦法律《食品和药品法》。在此基础上，于 1938 年又颁布了《食品、药品和化妆品法》，并在其后进行了多次修订。瑞士于 1969 年颁布了《有毒物质贸易法》。美国于 1972 年颁布《杀虫剂、杀菌剂和杀鼠剂法》，于 1976 年颁布了《有毒物质管理法》。德国于 1980 年颁布了《有毒物质保护法》。经济与发展合作组织（Organization of Economic Cooperation and Development，OECD）于 1982 年颁布了《化学物品管理法》，提出了一整套毒理实验指南、良好实验室规范（GLP）和化学品投放市场前申报毒性资料的最低限度，对新化学品实行统一的管理办法。

我国对化学物的毒性鉴定及毒理学实验开始于 20 世纪 50 年代。随着改革开放、国民经济和社会的发展，制订化学物质安全性评价体系和立法管理取得了突破性的进展。

1987 年，卫生部发布了国家标准《化妆品安全性评价程序和方法》。该标准适用于在我国生产和销售的一切化妆品原料和化妆品产品，具体规定了对化妆品原料和产品的安全性评价程序和有关毒性实验方法。同年，国务院发布《化学危险品安全管理条例》，对各种易爆、易燃物质，有毒、有腐蚀性的化学品加强管理，其中规定有化学危险物品生产企业应向审批部门提交包括化学物的毒性资料在内的一批文件。

1991 年，卫生部和农业部颁布了《农药安全性毒理学评价程序》；1995 年，国家技术监督局发布了中华人民共和国国家标准《农药登记毒理学试验方法》。

2000年，卫生部颁布了《化学品毒性鉴定管理规范》，对毒性鉴定机构的资质认证、职责、毒性鉴定要求与试验程序以及结果的评价等均做了明确的规定；2003年，国家环境保护总局发布《新化学物质环境管理办法》；2004年，国家环境保护总局颁布环境保护行业标准《化学品测试导则》、《新化学物质危害评估导则》。

第五节　环境毒理学研究的新动向

一、低剂量环境污染物暴露的生物效应问题

低剂量暴露的生物效应（biological effects of low-level exposures，BELLE），特别是低剂量暴露的毒物兴奋效应（hormesis）是长期以来人们关注的一个话题。毒物兴奋效应是指某些毒物在低剂量时对生物群体产生兴奋效应而在高剂量时产生抑制效应的现象。在许多环境化学物质都观察到了这种现象（表3-16）。因此，如何评价毒物兴奋效应的影响是最近环境毒理学研究的热点。

表3-16　观察到毒物兴奋效应现象的环境化学物

化学物	实验体系	效应终点
甲基汞	大鼠	母鼠体重、仔鼠附着能力
铅	大鼠	大脑皮质生长、操作行为、迷宫试验
	猴	识别能力
	人（男性）	血清尿素、尿酸盐
	儿童	体重、身高
氯化镉	大鼠	睾丸癌
三乙基铅	大鼠	运动能力
三甲基锡	大鼠	膜大分子合成
酒精	大鼠	体温
	人	血脂、血压、死亡率、脑卒中、冠心病
阿霉素	细胞株、胎鼠心脏	存活率、细胞数目、DNA合成、蛋白合成
氯化镉	小鼠	植入数、活胎数、母体体重
敌螨普	小鼠	植入数、母体体重
TCDD	大鼠	细胞免疫反应、肿瘤发生、肝脏癌前变异细胞灶
	人	卵巢癌、乳腺癌
己烯雌酚	小鼠	子代雄鼠的前列腺重量
双酚A	小鼠	子代雄鼠的前列腺重量
甲苯	大鼠	运动能力
Krystanol	雄性小鼠	精子数目
3-甲基胆蒽	小鼠	肺癌
糖精	大鼠	膀胱细胞增生
苯乙烯	人	染色体畸变
咖啡	人	胰腺癌
N-甲基-N′-硝基-N-亚硝基胍（MNNG）	角朊细胞	DNA损伤
苯巴比妥	大鼠	肝脏癌前变异细胞灶

有毒物兴奋效应的化学物质的生物作用往往呈β型或U型的剂量反应曲线。β型曲线反映一类化学物质在低剂量时对某些有益的生物学反应终点如生长率、寿命、生殖等产生促进作用而在高剂量时则显示抑制作用。有研究发现，暴露低剂量的镉可明显促进怀孕母鼠的体重增长以及增加所产子鼠的数目。U型曲线代表某些化学物质在低剂量时可降低某些有害反应如致突变、致癌、出生缺陷等的发生率，而在高剂量时增加这些有害效应的发生。动物研究表明，促癌剂苯巴比妥和TCDD在低剂量时可抑制亚硝胺诱发的大鼠肝脏癌前病变的发生。传统的安全性评价方法常采用剂量反应关系的线性外推模式，未充分考虑剂量反应关系的多样性以及它们可能对评价结果造成的影响。

为了客观地反映毒物兴奋效应的影响，在安全性评价过程中应注意以下几点：①建立能够反映毒物兴奋效应的剂量反应关系模型，尤其是同一化学物质的不同生物效应可能呈现不同的剂量反应关系。例如，TCDD的促癌作用呈U型剂量反应曲线，而它对CYP1A1型P450代谢酶的诱导则表现为直线型的剂量反应关系。②在毒理学研究实验设计中合理地选择剂量范围，考虑毒物兴奋效应的影响；③改进现行的化学物致癌性试验方法，以便能够观察到受试物的毒物兴奋效应，如采用短期动物致癌模型试验等；④根据具体情况，判断毒物兴奋效应的意义，有时还需要结合实际的暴露水平对毒物兴奋效应的意义作出判断。例如，一些实验表明极微量的铅可能对动物是必需的，而实际上的暴露水平远远高于这些可能产生有益作用的水平。

二、化学品的安全性评价和管理

近年来，人们逐渐认识到保护生态环境与保护人体健康同等重要，密切相关。在可持续发展世界首脑会议上通过的行动计划中提出，应以保护人体健康和生态环境为目的，本着预防为主的原则，公开、科学地对化学品的安全性评价和管理。根据以上指导思想，世界各国相继对本国的化学品管理法规进行了修订，强调在新化学品送审时应提供生态毒性评价的结果。一些国家的化学品管理法规中对生态毒性评价的要求见表3-17。

表3-17　一些国家的化学品管理法规中对生态毒性评价的要求

国家	法律	新化学品的生态毒性要求
美国	有毒物质管理法	根据构效关系估计化学品的生态毒性，必要时进行生态毒性试验
加拿大	环境保护法	对鱼类和蚤类的急性毒性试验结果
欧盟	关于危险化学品分类、包装、标识的第7次修正令	对鱼类和蚤类的急性毒性试验结果以及对藻类生长的影响的试验结果
澳大利亚	工业化学品申报审查法	对鱼类和蚤类的急性毒性试验结果以及对藻类生长的影响的试验结果
韩国	有害化学物质管理法	农药、水处理剂等要求提供鱼类急性毒性试验结果
日本	化学物质审查管理法	对鱼类和蚤类的急性毒性试验结果以及对藻类生长的影响的试验结果
中国	新化学物质环境管理办法	用中国指定的供试生物进行生态毒性试验

经济合作与发展组织（OECD）专门成立了负责化学品安全管理的环境、健康与安全项目组（Environment，Health and Safety Programme）。该机构制订了一系列方法指南，用以指导成员各国对化学品的人体和生态系统影响以及它们在环境中的动态进行评价。此外，该机构还制订了与安全评价相关的优良实验室规范（GLP）、工业化学品和农药的危险度评价方法以及化学品的毒性及其健康影响的分类方法等。

目前各国对化学品有害性和危险性的分类不同，直接影响到人们的健康安全以及各国间的化学品贸易。为此，联合国于2003年提出“全球化学品统一分类和标签制度”（Globally Harmonized System of Classification and Labelling of Chemicals，GHS），它将通过提供一种国际综合性的危险公示制度，加大对人类健康和环境的保护，为尚未制订制度的那些国家提供一个公认的框架，减少试验和评价化学品的必要性，同时促进其危险度已在国际上得到恰当评估和认定的化学品的国际贸易。

（郭新彪）

思考题

1. 环境毒理学与生态毒理学的定义。
2. 环境毒理学的研究对象和研究内容是什么?
3. 环境化学物的体内过程分为几个部分?
4. 不同环境污染物经呼吸道吸收的特点及影响因素有哪些?
5. 影响环境化学物在体内生物转化的因素有哪些?
6. 环境化学物的毒性作用类型有哪些?
7. 影响环境化学物毒性作用的因素是什么?
8. 环境化学物的毒性试验方法有哪些?
10. 环境化学物安全性评价的主要内容和程序是什么?

第四章　环境基因组学与蛋白组学

DNA（脱氧核糖核酸）序列是基因的“文字”，基因是生命的“语言”，生命的“剧本”用基因来编写，生命的“戏”由基因产物 RNA（核糖核酸）和蛋白质在细胞的“舞台”上演出，演出的质量受内外环境的影响。

基因组学亦即基因组生物学，是一门系统地研究物种全部基因和它们产物所构成的生理结构和生命活动的科学，所以也被称为系统生物学。如果我们从孟德尔和达尔文算起的话，基因组学最多只有一百五十年的历史；如果我们从摩尔根算起的话，基因组学只有一百年的历史；如果我们从沃森和克里科发现 DNA 双螺旋结构算起的话，基因组学刚刚有五十年的历史；如果我们从 DNA 测序方法和第一个基因组全部测序算起的话，基因组学从梦想到现实的过程才用了短短的三十年；如果我们从人类基因组计划的酝酿开始算起的话，基因组学所走过的路仅仅十年而已。

人类疾病往往是环境因素与遗传因素共同作用的结果，但环境因素与遗传因素是如何相互作用的，以前人们对此知之甚少，近年来，国际上开始对此进行了多方面探索。美国国家环境健康科学研究所（National Institute for Environmental Health Sciences，NIEHS）于 1998 年启动的环境基因组计划（Environment Gene Project，EGP），引起了各国科学家的极大关注，它标志着生命科学界将在更深层次上对环境与基因相互作用的健康影响进行系统全面的研究。

第一节　环境基因组学概述

一、基因组和基因组学的概念

基因（gene）的现代生物学定义是遗传信息的结构与功能单位。而基因学（genetics）是研究基因的结构与功能的科学。

基因组（genome）的概念是由 Winkler 在 1920 年提出的。它表示一个生物物种所有染色体及其基因的总和（细胞遗传学上的定义）；所有 DNA 分子的总和（分子遗传学上的定义）；决定所有生物“遗传性状”的总和（经典遗传学上的定义）。结构是功能的基础，基因组的结构是基因组中所有基因的功能活动的基础。因此，基因组的现代生物学定义是一个物种的结构与功能的所有遗传信息的总和。

二、环境基因组学与基因多态性

（一）环境基因组学

某些基因对环境因素的作用会产生特定的反应，称为环境应答基因（environmental response gene）。环境基因组即指基因组中环境应答基因的总和。随着环境相关基因研究工作的开展，目前国际上已开始形成环境基因组学（environmental genomics），其主要目的是进行环境应答基因的多态性研究，并在病因学研究中探讨基因与环境的相互作用。

（二）基因多态性

基因多态性在生命不断进化发展的过程中，通过自然选择和基因变异两种方式发挥了重要作用。基因变异的结果是人群中存在大量的基因DNA序列多态性，这些基因多态性在赋予人类适应环境变化能力的同时，也影响到机体代谢各种化学物（主要是致癌物和化学毒物）和修复遗传损伤的能力，导致个体对外源性化学物毒作用易感性和反应的不同，进而造成化学物所致疾病发病风险的差异。

1. 单核苷酸多态性概念　在正常人群中，当DNA在一个位点上有两个可互相替换的碱基出现的频率均大于1%时，该位点即称为单核苷酸多态性（single nucleotide polymorphism，SNP）位点。理论上一个位点的SNP应该有4种等位形式（G、C、A、T），然而实际上一个位点一般只有2种等位形式。依据排列组合原理，SNP一共可以有6种替换情况：A/G、A/T、A/C、C/G、C/T和G/T。由于在基因组中的高密度和高保守性，SNP继第一代限制性片段长度多态性标记和第二代微卫星即简单的串联重复标记后，成为第三代基因遗传标记。人类基因序列的变异大多数是单核苷酸的突变，而且在不同的人群中，SNP的频率分布有差异，这些差异可以代表某一种族或人群间的遗传差异。因此，研究SNP有助于解释个体的表型差异、不同群体和个体对疾病特别是对复杂疾病的易感性，以及对各种药物的耐受性和对环境有害因素的反应。另外，比较物种间SNP的差异，可以了解物种间的亲缘关系和进化的生物学信息。因此，SNP的应用前景十分广泛。

2. SNP的研究方法　从SNP得到重视以来，人们对SNP的研究方法进行了许多探索和改进。传统的方法有单链构象多态性分析（single strand conformation polymorphisms，SSCP）、限制性片段长度多态性分析（restriction fragment length polymorphism analysis，RFLP）、等位特异的寡核苷酸杂交、寡核苷酸连接分析以及引物延伸分析等。新方法包括TaqMan探针技术、焦磷酸测序（pyro-sequencing）、芯片技术（DNA micro-array）、变性高效液相色谱（denaturing high performance liquid chromatography，DHPLC）、能量转移标记的等位特异PCR和基质辅助激光解吸附电离飞行时间质谱（matrix-assisted laser desorption ionization time of flight mass spectrometry，MALDI-TOF-MS）等。

三、环境基因组学研究的意义

仅仅由遗传或环境因素导致的疾病甚少。大量的研究表明，人类健康或疾病状态是由遗传因素与环境因素相互复杂作用的结果，机体的损伤反应不仅与暴露于环境有害因素的程度有关，同时还与遗传易感性或耐受性有着密切联系。已有许多资料说明，遗传因素可影响环境暴露所致疾病的易感性。处于相同环境中的人群，其发病的危险性在不同个体之间可以存在很大差异，亦即发病易感性或耐受性不同。这种差异是由遗传因素即基因多态性决定的。

目前外源化合物暴露的危险度评价虽有许多规范的方法，有一整套相对健全的评价体系，但这些评价是基于一般人群的平均暴露资料和实验数据，未考虑存在差异的个体实际耐受力以及个体基因多态性对暴露危险度的影响。只有掌握了易感环境应答基因的特点、意义及分布，才能对暴露性进行准确分析，通过研究个体多态性对环境因素的反应差异，才能预测特定环境暴露对健康的危险度，帮助政府制订能保护携带易感基因个体的科学而合理的环境政策，实施有效的预防措施，因而具有重要的公共卫生学意义。环境基因组研究的开展必将推动分子毒理学、分子流行病学等学科乃至整个预防医学的发展。

第二节　环境基因组计划

一、环境基因组计划的确立

1997 年 10 月，美国国立环境健康科学研究所提出环境基因组计划，引起全世界医学界的关注。1998 年 4 月该项目正式启动。环境基因组计划收集了美国 5 个种族共计约 1000 个美国居民的血样进行研究，以了解全美及不同种族中环境疾病相关基因中等位基因变异的种类及频率，主要分析单核苷酸多态性。环境基因组计划有两个主要的目标：推进有重要功能意义的环境应答基因的多态性的研究，确定它们引起环境暴露致病危险性方面的差异；推进基因—环境相互作用对疾病发生影响的流行病学研究。

二、环境基因组计划研究的疾病及候选基因

环境基因组计划主要研究癌症、呼吸系统疾病、退行性神经系统疾病、发育紊乱、先天缺陷、生殖功能缺陷、自身免疫疾病等 7 类与环境相关的疾病和缺陷。环境基因组计划确定了 10 类候选基因进行多态性研究，包括 DNA 修复基因、外源化合物代谢及解毒基因、代谢基因、信号传导基因、受体基因、介导免疫和感染反应的介质基因、参与氧化过程的基因、介导营养因素的基因、细胞周期控制基因和细胞内药物敏感基因。计划共分析 200 多个基因。环境基因组计划还将进行未知环境易感基因的发现与鉴定工作。

三、GeneSNPs 数据库

NIEHS 与美国犹他州大学的犹他州基因组中心共同创建了单核苷酸多态性数据库网页，即 GeneSNPs。这一网上资源所包含的人类基因均是在环境暴露易感性方面起着一定作用的基因，它将 NIEHS 发起的环境基因组计划涉及的基因、序列及多态性资料融为一体。GeneSNPs 搜寻整理 GenBank 中有关的 cDNA、基因组及单核苷酸多态性序列的信息，为 SNP 的发掘及分析提供资料。

四、环境基因组研究的内容

（一）DNA 序列分析

DNA 序列的分析是发现和认识多态性的前提。环境基因组计划资助的 DNA 序列分析项目包括 DNA 序列测定或序列分析，以确定遗传变异为目的再测序（re-sequencing，再测序是指对一个已知序列基因所在位点上的所有其他等位基因进行序列分析，以获得该位点上基因多态性资料），同源性鉴定，载体构建，旁侧序列及内显子、外显子区域分析，增强子及其他调控区域的分析。

（二）多态性功能分析

功能分析是目前环境基因组计划的重点内容。研究内容涉及结构与功能研究、酶学、细胞内定位、蛋白质结构、组织和器官特异性基因表达模型、功能基因组学、转基因与其他动物模型以及体外与细胞培养等多方面的研究。

（三）技术研究

为了更好更快地分析基因多态性，需优先发展高效率的基因、蛋白质功能分析技术，涉

及 DNA 微阵列（基因芯片）、质谱、毛细管电泳、DHPLC 等。

（四）人群研究

将遗传学的理论及概念与流行病学方法相结合大大扩展了流行病学的研究领域，近来发展的分子流行病学对公共卫生的最大贡献是更好地认识常见慢性病及肿瘤的遗传病因，认识基因与环境相互作用的分子机制。流行病学与分子毒理学的结合更拓展了流行病学的应用前景，使分子流行病学将在疾病危险性评估、发展卫生政策等方面起到中心作用。

（五）生物统计学与生物信息学研究

生物信息学研究主要涉及与环境作用有关的细胞大分子 DNA、RNA、蛋白质的数据库的建立，这也包括网上有关资源的发展与利用。

（六）伦理、法律及社会意义研究

环境基因组计划鼓励由此而引起的伦理、法律及社会问题的讨论与探索。

第三节　基因多态性在环境健康学中的应用

外源化合物如致癌物、药物等进入人体后，经过生物转化排出体外的代谢过程包括Ⅰ相反应和Ⅱ相反应，有关的酶系统在很大程度上影响外源化合物的生物学活性和毒性。90％以上的环境致癌物需经体内代谢活化才形成亲电子中间体，损伤 DNA，进而可能启动细胞的癌变过程。例如烟草中含有的亚硝胺、多环芳烃和芳香胺等，主要通过细胞色素 P450 氧化才生成终致癌物；另一方面，这些活化的终致癌物，亦可在Ⅱ相结合反应代谢酶如谷胱甘肽-S-转移酶的催化下进行结合反应而失活。因此，烟草前致癌物能否启动癌变过程，取决于两类代谢酶相互作用的净结果，而这些代谢酶的活性和底物特异性又主要由个体等位基因型来决定。在中、低剂量的致癌物暴露水平下，个体肿瘤易感性主要是由包括代谢酶基因在内的肿瘤易感基因的多态性所决定。外源化合物在体内的激活与解毒是环境易感性的决定性因素，故环境基因组研究的大量工作多集中在检测关键酶的遗传多态性方面，多态性研究有利于我们掌握环境所致疾病的分子和遗传机制。

一、环境化学物生物转化相关酶的多态性

根据生物转化反应的类型，毒物代谢酶相应分为Ⅰ相代谢酶和Ⅱ相代谢酶。对人体来讲95％的Ⅰ相代谢酶是由细胞色素 P450（Cytochrome P450s，CYP450）基因家族所编码的细胞色素 P450 酶系所组成。很多 CYPs 亚型的多态性与个体对化学物的易感性和癌症发生的风险密切相关。在肝脏内，CYPs 不同亚型的含量和活性决定了外源性化学物或者药物的作用强度和持续时间，它们既可以催化外源性化学物代谢灭活的解毒过程，也可代谢活化化学物而使它们的毒性增强。II 相代谢酶主要有谷胱甘肽-S-转移酶（glutathione-S-transferase，GST）、N-乙酰化转移酶（N-acetyl transferase，NAT）、尿苷二磷酸葡萄糖醛酸转移酶（uridine diphosphate glucuronyl transferase，UDPGT）等。其中 GST 为Ⅱ相反应中较为重要的酶系，可催化外来化合物的中间代谢产物与谷胱甘肽（glutathione，GSH）结合。GSH 的结合物常常使其毒性降低且易于排出体外，因此 GST 在细胞解毒和代谢中起重要作用。体内的致癌物一般先经Ⅰ相代谢酶氧化等，改变毒物的功能基团，使其降解或转变为亲电子基团而具致癌作用；Ⅱ相代谢酶则催化毒物或Ⅰ相代谢酶的代谢产物与其极性基团结合，增加其水溶性，利于排出体外，或被活化为亲电子致突变剂或致癌剂。

（一）CYP450

CYP450 为多基因家族，由于该酶系是由一组结构和功能相关的超家族基因编码，其分类及命名分别由家族（CYP1，CYP2，CYP3 等）、亚家族（A，B，C 等）、单个基因（A1，A2，A3 等）组成。目前该家族已有 500 余名成员被测序鉴别。目前 CYP450 的多态性研究主要集中于 CYP1A1、CYP2E1 和 CYP2D6 等。

CYP1A1 基因位于第 15 号染色体，编码芳烃羟化酶，主要参与致癌物多环芳烃类化合物（PAH）的代谢。目前发现 CYP1A1 的两个主要多态性位点分别为 MspI 酶切多态性和 Ile/Val 多态性。MspI 多态性包括 3 种基因型：①无基因突变的野生型纯合子；②有一基因突变的杂合子；③等位基因均发生突变的突变型纯合子。Ile/Val 多态性亦包括 3 种基因型：①野生型纯合子（Ile/Ile 型）；②杂合子（Ile/Val 型）；③突变型纯合子（Val/Val 型）。许多研究成果表明，上述两种多态性与肺癌的关系较为密切，因为 CYP1A1 主要在肺组织表达，其次为胎盘组织和淋巴细胞中。烟草所含的主要致癌物多环芳烃类化合物 B（a）P 为其作用底物。有研究表明，MspI 多态突变型纯合子和 Ile/Val 多态的 Val/Val 型均为肺癌易感基因型。美国吸烟志愿者试验表明，全血细胞中该类基因型者 PAH-DNA 加合物的浓度显著高于对照组，且其对轻度吸烟度者的影响大于重度吸烟者，这主要由于以上两种基因型所表达的芳烃羟化酶具有较高的代谢活性。Nakachi 等的研究揭示在日本由吸烟所导致的肿瘤人群中，MspI 多态突变型纯合子的相对危险性是对照组的 7 倍。而 Zhang 等的研究则显示 Ile/Val 基因型单独并不增高酶活性，而与其他多态性如 MspI 多态相结合则显著增高酶活性，从而使患肺癌的危险性增大，提示生物转化酶类基因多态性的联合作用在肿瘤易感性中的重要作用。CYP1A1 的另一多态位点是其第 461 位密码子的 Thr 被 Asp 所置换导致的 Thr/Asp 多态性，目前其生物学意义尚不明确，需进一步探讨。

CYP2E1 基因位于第 10 号染色体，共 9 个外显子，主要参与激活亚硝胺的作用。CYP2E1 基因具有多态性，其中 Pst/RsaI 识别的多态性位点在 5′上游区，可能与该基因的转录调控有关。DraI 识别的位点在第 6 内含子上，出现 3 种基因型：野生型纯合子、杂合子和突变型纯合子。

CYP2D6 位于第 22 号染色体长臂端，含 9 个外显子。根据 CYP2D6 代谢异喹胍能力的不同分为：强代谢型、弱代谢型和中间代谢型。目前检测 CYP2D6 常用 BstN1、Bra Ⅰ和 Rsa Ⅰ等限制性酶切电泳法，如限制性酶切部位发生了碱基突变，则被判断为弱代谢型。

（二）GST 基因多态性

GST 也是个超基因家族，人的 GST 由两个亚基组成。根据其亚基类型和生化特性又分为 GST-α、μ、π 和 θ 等 4 种，再根据亚基编码基因序列和蛋白质 N 末端氨基酸序列不同而分为不同的亚型。以 GST-μ 类为例，它是机体内对致癌物代谢解毒的酶之一，等位基因 GST 纯合子缺失，产生大量无活性酶，导致机体解毒功能下降，目前共发现有 5 个基因位点：GSTm1、GSTm2、GSTm3、GSTm4 及 GSTm5，他们分别在不同组织中表达。GSTm1 主要在肝脏中表达，其他分别在肌肉、脑组织、主动脉和心脏中表达。由于他们是同一基因家族，基因组之间核苷酸序列存在很大同源性。目前研究最多的是 GST-μ 的 GSTm1 和 GST-θ 的 GSTT1 基因多态性。GSTm1 位于第 1 号染色体，有 3 种等位基因变异型，即 GSTm1A、GSTm1B 和 GSTm1D，可用 RELP 法或 PCR 方法进行 GSTm1 的基因分析。GSTT1 位于第 22 号染色体，位点纯合子缺失为基因缺陷型（GSTT1-nu11），使用 PCR 和 Southern 杂交法都可以鉴别 GSTT1 的多态型。

GSTM1 主要作用于致癌物如多环芳烃（PAH）、乙烯环氧化物、苯乙烯等的中间代谢产物的代谢。国外有研究揭示，约 50%的高加索人 GSTM1 基因位点全部缺失，呈 GSTM1 null 基因型，一系列研究表明该基因型是肺癌、膀胱癌等的易感因素之一。在酶活性研究领域发现肺癌患者机体中该酶活性（34.8 %）显著低于健康对照组（59%）。在机体负荷方面，Kato 对 90 例非肿瘤死亡者的肺组织分析研究发现，GSTM1 null 基因型与 PAH-dGMP 加合物的量显著相关（OR＝8.6）。Ryberg 等的肺活检揭示，PAH-DNA 加合物的浓度和 p53 基因突变的频率在 GSTM1 null 基因型中显著高于对照组。Nakachi 的研究还表明，CYP1A1 Ile/Val 多态的 Val/Val 型吸烟者患肺癌的相对危险性为 8.46，如同时为 GSTM1 null 基因型，则 OR＝41，说明 CYP1A1 与 GSTM1 基因多态性在导致吸烟者肺癌中的协同作用。

体内 I 相代谢酶与 II 相代谢酶多态性的平衡，与体内对环境中的化学致癌物、致突变物的易感性密切相关。在中毒过程中不仅要考虑它们的单独作用，更要考虑它们的联合作用。

二、DNA 损伤修复基因多态性

尽管有代谢解毒反应，体内仍然经常形成化学性的和内源性的 DNA 加合物。哺乳动物体内存在复杂的 DNA 修复系统，可在 DNA 复制之前纠正 DNA 加合物、碱基损伤或者其他致突变的损伤。根据损伤修复的类型，DNA 修复可分为碱基切除修复（BER）、核苷切除修复（NER）、错配修复和重组修复。大量研究发现人群中不同个体间的 DNA 损伤修复基因存在差异或者多态性，这种多态性可进一步影响到机体对化学物毒作用的易感性，与很多疾病的发生发展都有着密切的联系。

（一）着色性干皮病基因 D（XPD）

因 NER 缺陷而出现的 XPD 特定突变与着色性干皮病有关，也有研究发现 XPD 的多态性增加了个体罹患黑色素瘤的危险性。XPD312Asp 等位基因的变异可减弱细胞的凋亡反应，从而使致癌物损伤的细胞存活并增殖，引起肿瘤患病风险的升高。Lunn 等的研究则发现，XPD751Lys 等位基因的变异可改变 XPD 蛋白的正常功能，使其不能对 X 射线诱导的损伤进行最佳的修复，个体对化学物的毒作用因此表现出更高的敏感性。

（二）X 射线损伤修复交叉互补基因 1（XRCC1）

XRCC1 是一重要的 DNA 损伤修复基因，位于人类染色体 19q-13，它编码的蛋白质与 DNA 连接酶Ⅲ相互作用，修复 DNA 单链的断裂。目前已发现 XRCC1 基因编码区有 3 个单核苷酸多态位点，分别为 Arg194Trp、Arg280His 和 Arg399Gln。这些多态性的存在可影响个体对致癌物或者毒物的易感性。研究显示 XRCC1 基因多态与头颈肿瘤、结肠癌、食管癌等的发病风险升高有关。

（三）OGG1 基因

对 DNA 的氧化损伤是许多化学物毒作用的重要机制。在 DNA 氧化损伤的过程中，形成频率很高的 8-羟基脱氧鸟嘌呤具有较强的致突变能力，与肿瘤的发生发展有着密切的关系。OGG1 基因编码的蛋白参与 8-羟基脱氧鸟嘌呤的切除，从而保护遗传物质不受损伤。研究发现，OGG1-Cys326 蛋白修复 8-羟基脱氧鸟嘌呤氧化损伤的活性低于 OGG1-Ser326 蛋白，从而影响到个体对外源性氧化损伤的易感性。Shinmura 等研究认为，OGG1 基因多态性引起的编码蛋白对 8-羟基脱氧鸟嘌呤氧化损伤修复活性的差异，可能与人类癌症的发生有关。采用病例-对照分子流行病学方法和 PCR 单链构象多态技术，邢德印等研究了人类 OGG1 基因多态与食管癌遗传易感性的关系，认为中国人食管癌易感性与人类 OGG1 基因的多态相关，而人类OGG1基因Ser326Cys多态可作为食管癌遗传易感性的标志物。

（四）其他

很多研究已经证实，其他很多的DNA损伤修复基因也与机体对化学物的易感性密切相关，从而影响到化学物的致病风险。如XRCC3-241Met的变异与体内形成较多的DNA加合物有关。

基因多态性只有在改变其所表达的蛋白质功能时才被认为是有效应的。外源化合物代谢酶系中有效应的基因多态性包括：①编码区基因的点突变。导致氨基酸的替换，从而改变酶的催化活性、稳定性和底物的特异性；②复制或多重复制基因；③完全或部分基因丢失，导致缺乏基因产物；④剪切位点变异。在基因调节区的基因多态性可以影响蛋白质的表达量，在其他非编码区的突变可以影响mRNA的稳定性或mRNA剪切功能。环境与健康领域的大多数遗传学研究都集中在这几种功能变异上。

三、遗传效应修饰的实例

目前对基因多态性的研究假设是建立在基因多态性影响机体对化学有害物的反应上，基因的差异并不产生反应的定量差异，而会引起剂量－反应关系的改变。比如一种代谢酶由于基因多态性而降低了其对某种药物的解毒效能，使得此药物的标准剂量成为中毒剂量。这种现象不仅会出现在药物的急性作用上，而且对在职业或一般环境中所接触到的化学物质的慢性反应也有潜在作用。

芳香胺暴露（N-乙酰基转移酶2多态性）与膀胱癌间关系就是说明基因多态性所致环境暴露的剂量效应修饰原理的经典例子。N-乙酰基转移酶（NAT）既可活化芳香环和杂环胺类致癌物，也可使它们灭活。已有高和低NAT1活性以及快和慢NAT2乙酰化表现型的报道。大约有一半的欧洲人遗传有以乙酰化活性降低为特征的NAT2等位基因。NAT1和NAT2基因的多态性可引起个体间乙酰化作用能力的差异，因此影响到个体对毒物或者致癌物的易感性。

在20世纪70年代末，Lower等人指出通过职业接触（如印染业）或吸烟而暴露芳香胺类化合物所产生的效应（膀胱癌）在不同NAT表型个体上有所不同，并且发现膀胱癌病人中慢代谢者较多。随后的研究均证实慢代谢乙酰化表型是发生膀胱癌的重要危险因素。

最近，Marcus等对乙酰化水平和患膀胱癌的病例对照研究作了meta分析，结果发现慢代谢乙酰化的吸烟者患膀胱癌的危险性是快代谢乙酰化吸烟者的1.3倍（OR＝1.3，95％可信区间为1.0～1.6），若仅选欧洲人做大样本（n≥150）研究则OR＝1.7（95％可信区间为1.2～2.3），吸不同种类烟草可能是这个差异产生的部分原因。另外，Marcus等根据乙酰化代谢状态、人群吸烟率和NAT2基因型研究吸烟者与非吸烟者膀胱癌发病危险性的差异，以快代谢乙酰化非吸烟者作对照。结果发现，慢代谢乙酰化非吸烟者患膀胱癌的危险性几乎没有变化（OR＝1.1），快代谢乙酰化吸烟者患膀胱癌的危险性增长近两倍（OR＝1.95），慢代谢乙酰化吸烟者患膀胱癌的危险性增长近三倍（OR＝3.21）。Marcus等估计基因－环境相互作用的人群归因危险度对慢代谢乙酰化吸烟者为35％，对快代谢乙酰化吸烟者为13％。

对芳香胺、NAT2和膀胱癌相互关系的实验室研究中证实对芳香胺的N-乙酰化多态性可以启动膀胱中的前致癌物。在芳香胺的氮氧化作用后，其余羟胺被NAT2氧乙酰化产生不稳定的乙酰基酯，后者分解形成高亲电的芳香基氮离子类。另外，乙酰基酯可以经过N-乙酰化和N-氧化反应产生N-羟基-N-乙酰基芳香胺，然后通过NAT2的催化和N，O-乙酰基转移酶的作用形成。在慢代谢乙酰化者中最初在肝脏中的乙酰化作用并不十分有效，所以芳香胺的生物转化更多的是经 CPY1A2 途径。羟化的芳香胺在膀胱中可以被进一步生物启动（酶促或非酶促）导致 DNA 结合和点突变。这就是膀胱癌变的早期机制。这样，在 Lower 等早期研究的基础上，流行病学和毒理学研究共同对基因－环境相互作用给予了定量评价并阐述了其可能的机制。

四、基因多态性在健康效应研究中的价值

基因多态性为我们对环境毒物和毒素暴露的健康效应的研究提供了良好的机遇。通过相关基因型或表现型研究健康结局或生物标志时，进行分层有助于探讨暴露人群中不同暴露水平的危险性。对芳香胺暴露、NAT2 基因型和膀胱癌关系的研究就证明了这一点。在评价芳香胺类化合物的单独暴露与膀胱癌关系的研究中可以得到大量的代表快、慢代谢乙酰化者的平均危险度的结果，但经分层分析就可以得出芳香胺类化合物对某些特殊亚人群并不是强致癌物。这就要提到效应稀释，效应稀释对一些日常暴露，如膳食成分或空气污染很重要，但是通常它们之间的关联很弱。

当候选基因产物的底物或靶被确认为潜在的致病因素（causative agent）时，其基因型所致的效应修饰作用使我们更加注意毒物或致癌物的生物转化过程。脂多糖（LPS）被认为是一种内毒素，常存在于农村地区的空气颗粒状物中，它对肺功能的影响就是一个很好的例子。Arbour 等人通过测量第一秒末最大呼气量的减低程度研究不同 TLR4 基因型对脂多糖影响的反应，结果发现 TLR4 编码一种钟型受体，它可以与脂多糖结合并启动信号传导通路而导致肺部炎症反应。TLR4 基因型变异的个体对脂多糖所致的肺炎可能有抵抗。这些发现有助于解释空气颗粒物中什么成分可能对健康产生影响，尤其是在脂多糖水平较高的农村地区。

通过流行病学和毒理学的研究结果，我们可以增强对病理机制的了解，并进行药物开发和饮食干预以预防疾病的发生发展。通过动物模型和体外实验研究来理解环境毒物的生物转化过程并建立假设进行流行病学研究，最终发展对环境毒物的化学预防策略。另外，把遗传易感性引入到对暴露于环境污染物而引起的健康效应的研究中，可以增加我们关于人类对这些环境污染物反应的变异的认识。所以，对这些化学物质健康效应的研究应该包括对易感性基因的研究。危险度评估可以应用改良的人类变异指标替代传统指标，从而可以改善公共卫生工作并重新规范可接受的暴露水平。这个设想在实施过程中尤其是在应用遗传信息时会面临很多伦理、法律和社会问题。在环境健康学领域已经开始了对个体遗传易感性疾病预防问题的讨论，同时也很重视伦理、法律和社会问题。因此，需要多学科共同参与。

五、环境因素和遗传效应修饰研究的建议

（一）暴露评价

暴露评价在研究基因－环境相互作用时具有极其重要的意义。尤其集中在描述暴露类型、持续时间、暴露强度和暴露时机上。暴露的错分是一个主要问题，它可导致在估计暴露影响和基因型－暴露联合效应时产生偏倚。新的生物监测技术可用来做更准确的暴露评估。

（二）基因选择性

挑选候选基因是首先遇到的问题。一般来说可以选择这样的基因，它的编码产物参与环境毒物的生物转化、细胞信号转导、损伤修复和疾病过程。毒理学研究结果和其他的一些医

学资料资源，如发表的文献、官方研究机构的数据库和互联网上的相关数据库资源等，可以用来确定候选基因。

一旦候选基因被选出就可以应用遗传信息资源来确证候选基因中重要的基因多态现象。这些资源包括一些特殊基因族（如 CYPs、NATs 等）网站：OMIM，NIEHS'sEGP 数据库，美国国立癌症研究所肿瘤基因组解剖学计划（Cancer Genome Anatomy Project，CGAP）和基因多态数据库。用已知功能效应的候选基因来研究基因多态是有帮助的。

研究复杂的基因－环境相互作用时会遇到一个问题，即如何获取足够大的研究样本。这时就需要考虑基因多态性在人群中的发生率和效应修饰作用的大小。而这两者间有着巧妙的平衡，一方面多态性变异不会表现出强的效应，另一方面由于它们的常见而使得在进行统计时会出现较高的把握度。而且，常见变异的人群归因危险度会很高，即使是在外显率不高的情况下。

近来，研究者已经开始进行单体型分析，其优势在于此法可以捕捉到基因变异信息，所以单体型分析就更能够阐明复杂疾病过程中遗传变异的作用。从基因型数据推断单体型需要应用特殊的算法和调整的协方差分析方法。

（三）基因型与方法学选择

研究人群中的 DNA 样本采集是一个逐步发展的领域。目前提取 DNA 的途径有：经静脉血、口腔颊侧细胞刮取或口腔清洗。这些方法虽然比较方便，但是 DNA 的提取量却很低。所以采集方法还有待于创新。

有很多方法可以用来进行基因型分析。由于很小的基因型错分就会导致结果的根本性错误，所以方法的选择和进行质量控制极其重要。方法的选择决定于所分析的基因多态性类型和所研究的样本类型。虽然 DNA 序列分析是金标准但是既费时又昂贵。如果我们已知所要研究的某一基因多态可导致限制区的添加或缺失，则可以应用限制性酶切位点多态性（RFLP）分析。近来高通量研究方法有：以 5′ 核酸酶为基础的荧光分析、DHPLC、MALDI-TOF-MS 和 DNA 芯片技术。

不同类型暴露所致健康效应都可以被基因多态所修饰，但修饰效果可能很弱且研究的把握度不高。今后对新的环境应答基因多态性的研究可以扩展基因效应修饰的研究范畴。所以确认这些基因多态性效应（表现型）的工作极其重要。

另外基因多态所致的人群归因危险度可能很高，所以这一领域是值得研究的。目前的基因多态性研究已经结合了流行病学方法，就可以对基因－环境相互作用的研究进行定量，并通过毒理学研究来阐明这些相互作用的机制。把疾病结局与暴露或效应生物标志联系起来有助于确认效应修饰的变异。同时这一领域的研究结果也需要在不同的研究项目和研究人群中重复，以确认效应修饰物变异的作用。

虽然过去的十年中已完成了很多人群基础的基因－环境相互作用的研究，但有效的阳性结果很少。现在看来用“单一基因对应单一危险因素”的观念来解释环境相关慢性疾病病因并不严谨。人类慢性疾病的起因很复杂并且很难理解为遗传和环境因素共同作用的结果。只有运用高通量的基因变异测序新工具，进行大规模人群调查，应用灵敏的生物标志物和暴露的综合评价方法，才可解开复杂的多重基因－环境相互作用的难题，这对慢性疾病的研究很重要。这需要跨学科共同合作研究，即极大规模的研究和新的生物信息学工具来帮助处理极其复杂的研究数据。最后需要集合暴露因素、病因过程、暴露和病因相关基因及其多态性和它们的功能创建一个数据库，用来指导研究设计、数据分析和结果解释。

总之，把基因研究方法与环境健康学相结合的最突出的价值就在于提高了检测人群中不同水平危险度的能力和对病因机制的理解，同时有助于发展新的疾病预防策略，还可应用于危险度评价。然而，与人类基因组计划一样，在遗传易感个体上应用其基因信息会引起相应的伦理、法律和社会问题。

第四节　环境基因组研究在环境与健康领域的应用展望

一、环境基因组研究对环境健康学发展的影响

从 20 世纪中期开始，人们主要在器官和细胞水平上认识环境因素引起的生物学效应。随着在基因水平对生命活动认识的深入，特别是基因组研究的进展，正在概念上和研究路线上为环境因素与机体在基因和蛋白质水平上的交互作用提供科学基础。环境基因组研究将在环境健康学发展中发挥以下重要作用：

（一）推动认识环境相关疾病发病机制研究

机体的疾病/健康状态是环境暴露、遗传易感性和年龄因素复杂的交互作用结果。因此，研究环境因素所致健康损害的机制以及提出针对性的预防对策，也必须从以上三个方面同时着手。然而，既往的研究或单纯强调环境因素作用于机体产生的不良影响，或者仅在机体中研究疾病的发生机制。实际上，这种割裂状态遏制了对环境因素致病机制的探索。环境基因组研究为打破这种状态提供了契机，结合对特定污染物易感人群和耐受人群基因多态性特征谱的分析比较，将有助于深入阐明环境因素的致病机制。

（二）促进易感性生物标志物研究

在反映暴露水平、生物效应和易感性三类生物标志物中，易感性生物标志物的发展最引人注目，尤其是基因多态性研究，推动了遗传易感性标志物的迅速发展。突出的例子是对致癌物的遗传易感性标志物的研究，业已在人群中发现了 GST、CYPs 和 NAT 基因的多态性与人群对化学致癌物的易感性有关。此外，还发现 δ-ALAD 基因多态性与铅中毒易感性差异、对氧磷酶基因多态性与对有机磷农药易感性关系、乙醛脱氢酶（ALDH2）基因多态性与乙醇毒性差异等。虽然迄今尚未见有成熟的遗传易感性标志物实际应用于疾病的预防工作中，但是，近期对毒物遗传易感性研究的初步结果业已显出其应用前景。分子生物学技术的发展，尤其是基因芯片技术为基因分型提供了方便快捷的手段，预计将会产生大量的遗传易感性标志物，使通过基因分析筛选易感个体、重点保护高危人群成为可能。

（三）提高危险度评价的精确度

在以往的危险度评价中，都把人群作为同质性的对象来处理。实际上，由于先天遗传和后天获得的多种因素的作用，人群是非均匀的异质性的。人群对环境有害因素的易感性/耐受性存在很大差异，如果仅以人群的一般易感/耐受水平为依据进行危险度评价，势必不能很好地保护易感人群的健康。因此，在危险度评价中考虑基因多态性导致的易感性差异问题，是近年来危险度评价发展的一个新趋势。通过对不同遗传学特征亚群分别进行危险度评价，无疑会提高其精确度。尽管进行个体危险度评价还有很大困难，但是，经过科学家们不懈地努力，通过不断解决遇到的问题，在越来越精细的危险度评价的基础上，有可能最终实现在个体水平上进行危险度评价这个目标。基因多态性研究促进了环境一机体交互作用研究在分子水平上的深化，尤其在基因水平上探讨环境一基因的交互作用，是环境健康学乃至预

防医学发展中的关键科学问题之一，对环境健康学乃至预防医学的发展必将产生重要而深远的影响。

二、我国的环境基因组研究现状及展望

近年来在国家自然科学基金等资助的项目中涉及环境与基因多态性研究的课题呈现逐渐增加的趋势，涉及的范围也越来越广泛。这些项目中既包括基因多态性与病因未知的疾病关系的研究，也包括对已知特定环境因素致病易感基因的筛检，涉及的疾病有肿瘤、神经系统、生长发育、循环系统和骨骼疾病等多方面。与美国的环境基因组计划相比，虽然在规模和系统性等方面都有很大的差距，但我国的研究都是在较高的起点上开始的。在职业性锰中毒的遗传易感性的病例一对照研究中，发现了 CYP2D6 基因多态性与锰致锥体外系损伤的关联；有关铅中毒的 ALAD 基因多态性研究课题，报道了大样本的中国汉族人群中 δ-ALAD基因多态性的基础数据，并发现 δ-ALAD 基因多态性影响体内的铅负荷水平和早期对血液系统的效应；在苯致白血病研究中，发现了 NQO1 基因多态性与易感性有关的线索。更值得一提的是，这些针对中国人群的研究，其研究成果可以直接为我国预防疾病、提高人民的健康水平服务。众所周知，基因多态性有着明显的种族差异，因此，在这种基因一环境交互作用模式上，在不同种族之间也可能不同，所以，国外这方面研究成果不能直接应用于我国。

开展中国的环境基因组研究是环境健康学发展的需要，更是在高层次上预防疾病、保障人民健康的当务之急。例如，基因多态性的研究将丰富职业禁忌证的内涵。通过对易感基因和易感性生物标志物的分析，将某些携带易感基因型的人甄别出来，采取针对性预防措施，将提高预防职业性危害工作的效率。基因多态性的易感性标志物将为职业、环境有害因素危害的一级预防提供高效的实验室分析手段。

第五节　蛋白质组学及其研究技术在环境与健康领域的应用

一、蛋白质组的概念

1995 年 Wilkins 和 Williams 提出：蛋白质组（Proteome）是指基因组表达的全部蛋白质。基因组基本上是固定不变的，即同一生物的不同细胞中基因组基本上是一样的，人类的基因总数约是 10 万个。从基因组 DNA 序列尚不能回答某基因的表达时间、表达量、蛋白质翻译后加工和修饰的情况，以及它们的亚细胞分布等等。这些在基因组中不能解决的问题可望在蛋白质组研究中找到答案，因为蛋白质组是动态的，有它的时空性、可调节性，进而能够在细胞和生命有机体的整体水平上阐明生命现象的本质和活动规律。

Cordwell 和 Humphery-Smith 提出功能蛋白质组（functional proteome）的概念，它指的是在特定时间、特定环境和实验条件下基因组所表达的蛋白质，功能蛋白质组只是蛋白质组的一部分，指的是细胞在一定阶段或与某一生理现象相关的蛋白质群体，这实际上是把蛋白质组的概念具体化。从狭义上来讲，功能蛋白质组可以指不同时期细胞内蛋白质的变化，比如正常细胞和异常细胞之间，细胞用药和不用药之间的蛋白质水平上的差别，这在疾病研究和药物筛选上很有意义，也是蛋白质组在应用上最具前景的方面，也可以研究有害因素暴露组与正常对照组人群外周血清蛋白的表达差异，从而为生物标志物筛选提供线索。

二、蛋白质组学研究的主要内容

蛋白质组学研究和蛋白质研究不同。经典的蛋白质研究是从细胞的几万种蛋白质中将某一种蛋白质分离纯化，进而研究其结构和功能；而蛋白质组学研究是将细胞中成千上万种蛋白质一个也不漏地分辨开，然后分级鉴定。蛋白质组学研究应得知细胞或组织的蛋白质种类、翻译后修饰、分布、表达时间和表达量等。为此，蛋白质组学研究要求建立蛋白质组数据库。数据库不仅作为蛋白质组各种信息的贮存库，又是蛋白质组及基因组功能研究的重要工具。

三、蛋白质组学研究的技术与方法

蛋白质组学的特点是采用高分辨率的蛋白质分离手段，结合高效率的蛋白质鉴定技术，全景式地研究各种特定情况下的蛋白质谱。二维聚丙烯酰胺凝胶电泳（2D-PAGE）的发展使得对蛋白质混合物的分离达到可重复性和高分辨率，这使得定性和定量分析细胞或组织标本中的蛋白质成为可能。20 世纪 70 年代随着软电离技术 ESI（电喷雾电离）和 MALDI-TOF 技术的出现，质谱成为现代蛋白质科学中快速和可靠的鉴定工具。1993 年，改良的表面加强的激光解析电离化飞行-时间质谱（surface enhanced laser desorption ionization-time of flight mass spectrometry，SEL-DI-TOF-MS）问世，使蛋白质的分离技术又上了一个台阶，这一技术中的主要技术——蛋白质芯片系统在研究疾病发生的机制、环境有害因素效应蛋白的筛选、药物毒物代谢及动力学研究上已经有了大量的应用。

四、蛋白质组学在环境与健康领域中的应用

二维电泳和质谱技术是两个高度筛选环境有害因素效应蛋白和探索毒性机制的重要手段，通过比较有害因素作用前后蛋白质的表达与未经处理情况下蛋白质表达，有可能通过与毒性相关的蛋白质系列改变来识别其毒性机制的变化，当进入毒理学大规模蛋白质组标志的数据库时，就有可能用它来识别评价新化合物的毒性。

环境健康学领域有关蛋白质组研究的应用还比较少。例如：Witzmann 等就铅暴露致大鼠肾皮质和髓质蛋白质组的变化进行了研究。大鼠经醋酸铅腹膜内注射后，其肾的细胞溶质经 2D-PAGE 分离，结果发现几个蛋白质在肾皮质和髓质的表达显著被改变了，在皮质有 76 个蛋白质的丰度发生了改变，在髓质 13 个蛋白质的丰度发生了改变。其中 11 个蛋白质通过 MALDI-TOF-MS 或 ESI-MS 等最终确认。这些观察反映了铅肾毒性的复杂性，也支持蛋白质组学在代谢研究上的应用及在发现各种毒物毒理作用生物标志物上的应用。

蛋白质组研究技术在环境健康学领域的应用，可在整体蛋白质水平上研究环境污染物的毒作用机制；鉴定并发展反映环境污染物的蛋白标志物并应用于人群监测。

（贾　光）

思考题

1. 简述环境基因组学的意义和研究的主要内容。
2. 简述蛋白质组学的研究意义。

第五章　环境健康危险度评价

第一节　概　论

一、基本概念

危险度一般指某化学物在一定暴露条件下所产生的不良效应的概率。危险度评价包括危害鉴定、剂量—效应或剂量—反应关系评价、暴露评价以及危险度特征分析四部分构成。危险度评价是对人群暴露于某种有毒有害物质产生有害影响概率的科学估计。健康危险度评价（health risk assessment）就是收集和利用科学可靠、设计合理的毒理学、流行病学及其他实验研究的最新成果，遵循一定的评价准则和日趋完善的技术路线，对某种环境有害因素造成暴露人群的不良健康效应进行综合定性与定量分析和评价，并在环境管理和决策中应用的过程。健康危险度评价侧重于对现有资料的分析和专家判断。危险度评价包括对各单项化学物（混合物）的评价和方法学研究，是在综合了流行病学、毒理学、数学、卫生经济学、卫生统计学及公共管理学等研究成果，并与管理和决策实践相结合而发展起来的一门新学科，又是一门跨学科的方法学。

目前，国际上比较公认的健康危险度评价概念应包括四个层次，即危险度评价（risk assessment）、危险度感知（risk perception）、危险度交流（risk communication）及危险度管理（risk management）。

危险度感知是公众对客观存在的危险度的认知及在整个过程中，人们对化学品的危险度感知（危险度意识）可对决策者进行危险度管理的优先选择产生一定影响。

危险度交流是指危险度评价的研究者、管理决策者与公众之间对健康危险度的评价结果及相应采取的管理决策及时、深入和广泛的相互交流、相互沟通的过程。

危险度管理是在危险度评价的基础上，结合公共卫生、保健、政治、经济及技术可行性等方面，分析与权衡评价的结果，从而做出管理决策的过程。

上述四个层次之间相互衔接、互为补充、密不可分，形成健康危险度评价的基本内核，见图 5-1。

危险度评价在保持环境可持续发展中的重要性已纳入“21 世纪议程”。危险度评价是进行危险度管理的重要基础，对危险度评价过程中的不确定因素和定量评价所受到的各种限制应当充分说明，通过危险度评价所获得的结论应当有较高的一致性并保证高度透明，以便管理和决策者做出决定。

危险度评价是一个不断展开和发展的过程。方法学的改进和发展将提高危险度评价的质量，并进一步有利于其后的危险度管理。

在健康危险度评价中常用的几个基本术语：

1. 毒性（toxicity）　指外环境物质（理、化、生物因素）对机体产生有害健康效应，或引起机体损伤的能力。

2. 危害（hazard）　为定性名词，指环境因素可能对人群健康具有的不良效应。

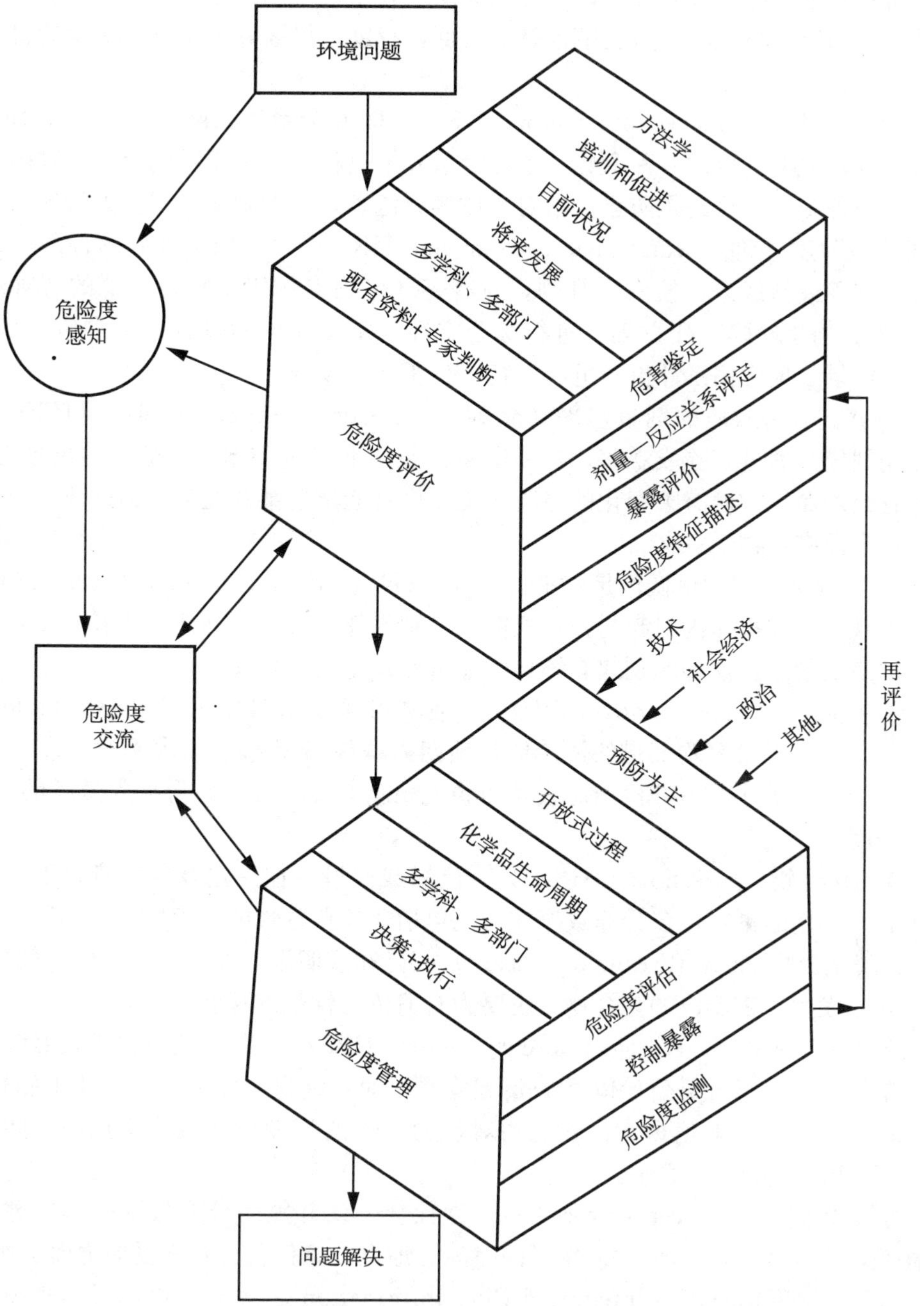

图 5-1　化学品的危险度评价、危险度感知、危险度交流和危险度管理

3. 危险度（risk）　为定量名词，或称风险。指在特定暴露条件下，预期人群终身接触某环境因素条件下可能出现不良效应、疾病或死亡的概率（probability）。

4. 安全性（safety）　理论上，指无危险度或危险度已达可忽略的程度。实际上，对安全性很难给予准确定义，也很难进行定量估测。安全性与危险度是从不同角度说明机体接触环境物质的后果这同一个问题，故近年危险度评价有逐渐代替安全性评价的趋势。

5. 不确定性（uncertainty）　不确定性与危险度（风险）永远是同时存在的。它指在危险度评价过程中，存在着人类知识不足或欠缺之处。（承认危险度评价过程中某些方面的不确定性，并加以分析说明，是实事求是的态度，有助于提高评价及管理决策的科学性、客观性及可行性。）

6. 不确定性系数（uncertainty factor，UF） 即安全系数（safety factor，SF），是危险度评价中计算参考剂量的一种参数。是在定量外推过程中，由于种间差异及种内差异可能出现误差的一种修正。目的是防止低估对人体健康危害，最大限度地保护人群健康。

7. 健康危险度评价（health risk assessment，HRA） 是利用现有的毒理学、流行病学及实验研究等最新成果，按一定准则，对有害环境因素作用于特定人群的有害健康效应（伤、残、病、出生缺陷、死亡等）进行综合定性与定量评价的过程。通常包括危害鉴定、暴露评价、剂量—反应关系评价及危险度特征分析四个步骤。

8. 未观察到有害效应的剂量水平（no-observed-adverse-effect level，NOAEL） 或称最大无作用剂量。通过实验或观察，在一定暴露条件下，对个体或人群未检出形态、功能、生长、发育或寿命等方面有害变化的最高剂量。也可能出现某些变化，但此改变没有统计学的显著性，也没有生物学意义。

9. 观察到有害作用的最低剂量水平（lowest-observed-adverse-effect level，LOAEL） 通过实验或观察，在机体内引起与正常机能相区别的任何形态、功能、生长、发育或寿命等方面变化的最低剂量。这种区别兼有统计学显著性及生物学意义。

10. 参考剂量（reference dose，RfD） 或称可接受每日摄入量（acceptable daily intake，ADI）。是一种日平均剂量的估计值。预期人群终身暴露于该水平时，发生有害效应的危险度很低，或实际上不可检出。表达单位为 mg/(kg·d)。如为吸入暴露的参考剂量，名为参考浓度。

11. 有阈化合物（threshold toxicant） 已知或假设，在一定暴露剂量以下，对动物或人不发生有害作用的毒物，多为非致癌物，也包括非遗传毒性的致癌物。

12. 无阈化合物（non-threshold toxicant） 已知或假设，在大于零的任何剂量暴露下，动物或人均能发生有害反应的化合物，主要为有遗传毒性的致癌物。

13. 致癌强度系数（carcinogen potency factor，CPF） 是实验动物或人群终身持续暴露于一个单位浓度（每日每公斤体重 1mg 暴露量）时，终身超额致癌（或死于癌）的概率，以 mg/(kg·d) 表示。其值愈大，致癌物对动物与人的超额危险度概率愈高。如为吸入性致癌物，其 CPF 以 $\mu g/m^3$ 表示。

14. 可接受危险度（acceptable risk） 为社会公认并能为公众接受的不良健康效应的危险度概率，通常为 10^{-6}。但此概率可因时间、地点、条件及公众接受能力而有所不同。

15. 综合危险度信息库（Integrated Risk Information System，IRIS） 是美国环保局环境化学物危险度评价的主要信息源。内有危害鉴定及剂量—反应评价中的重要参数，如一般化学物的 RfD 或 RfC，致癌物的斜率系数及单位危险度及有关毒性、理化性质等。随着学术的进展，其内容不断充实更新。

二、历史沿革与发展

多年以来，环境流行病学家和毒理学家对环境中外源性化学物质造成的人体健康危害长期处于模糊的和定性的研究水平，其研究成果对管理决策部门制订环境保护和疾病预防策略和措施的过程难以有所影响。

20世纪70年代始，有关决策者在制订外源性化合物的卫生政策时，都需要参照毒理学资料。毒理学研究成果为管理服务，增加了管理决策的科技成分，其后逐渐形成毒理学的一门分支，即管理毒理学。管理毒理学的核心即危险度评价与管理。传统毒理学中，从实验动物研究的结果外推到个体或人群的健康影响，从高剂量暴露的实验研究结果外推到低剂量暴露的反应或效应，始终是长期以来毒理学研究的两大难点。毒理学研究如何与流行病学研究及实验研究得到的科技信息，按照一定准则，综合地定量评价有毒物质的健康效应，也是多年难以解决的问题。在这些方面，“危险度评价”已进行了多年的有益探索与尝试。1995年，美国西雅图第七届国际毒理学大会提出当代毒理学研究的最新动态与生长点之一就是“健康危险度评价”。

20世纪70年代以前，对环境有害物质的评价一直是“剂量决定毒性”。将外源性有害物质的环境浓度控制在“零”，将人群的有害环境暴露限制到“零”，进而要求人群的不良健康效应也是“零”，以此为防治环境有害物质的基本战略和策略。随着社会科学及毒理学、流行病学及概率论等的发展，人们认识到任何事物都有两面性，一个绝对安全、毫无危险的社会是不存在的，要求绝对适应人群生存和健康的自然环境也是不现实的。实际上，人们在日常生活或生产环境中的行为与活动始终都在接受着某种程度的危险。对人类生存环境中有害物质的管理，要求该物质在环境中彻底清除是不现实的，而是应当在充分利用人类现有的各种信息和资源基础上，维持自然环境、生态与人的动态平衡，使环境的变化保持在人体可接受的危险水平，从而最大限度地保护人群健康。表5-1中可见某些日常活动在一般人群中的发生概率：

表5-1 某些常见活动的危险度

活　动	每年危险度
机动车事故（总）	2.4×10^{-4}
机动车事故（仅步行）	4.2×10^{-5}
家庭事故	1.1×10^{-4}
电击	5.3×10^{-6}
空气污染（美国东部）	2×10^{-4}
吸烟（每日一盒）	3.6×10^{-3}
全部癌	2.8×10^{-3}
每日吃四匙花生酱	8×10^{-6}
饮用水（含氯仿——美国EPA限值）	6×10^{-7}
饮用水（含三氯乙烯——美国EPA限值）	2×10^{-9}
酒精，轻度饮酒	2×10^{-5}
登山运动	6×10^{-4}

引自Wilson（1987）

随着全球经济的不断发展，城市化成为当今世界发展的潮流。联合国有关资料表明，全球正在迅速城市化：1800年全球城市人口约3%，1950年为29%，1975年为39%，1995年达45%；预测到2025年将进一步上升到65%以上，使城市最终成为最主要的人类住区。城市化是人类社会发展的必然趋势，它不但为世界经济发展做出了巨大贡献，同时也使越来越多的人逐步享受到现代城市文明。但全球城市化的迅猛发展，也使人类及其赖以生存与发展的住区面临着严峻的挑战。那就是全球普遍存在的“城市病”（Urban Pathology）。

随着社会现代化的发展，人类的生活与工作环境中经常接触各种类型的大量的外来环境物质。以化学物质来说，种类繁多、性质各异的化学物质约有几百万种，而且每年还约有千余种新化学物品不断进入市场。这些化学物质既为人类创造了巨大的物质财富，同时，也给人类健康带来多方面影响和威胁。面对如此种类繁多和大量的化学物质进入人类环境，其中不乏多种对人体有毒有害的物质和化合物，它们的出现将对人类的健康产生深远的威胁和影响。在当今社会生活中，要求人们对这些化合物完全不接触几乎是不可能的。面对源源不断地进入人们生产和生活环境中的各类化学物质，如何科学、客观和准确地评价其对人群健康的危害，在现有的科技手段和方法基础上最大限度的保护人群健康，成为国内外的管理决策者和科研学者们日益关注的重要课题和研究方向。由于需要回答的是实际的人群健康问题，仅仅依靠毒理学动物实验的结果或某些分散的个案研究结论做出对特定人群健康的危害评价，是远远不够的。只有在准确评价特定人群的实际暴露水平基础上，回答对人群产生什么危害及其严重程度，对人群的实际健康危害做出定量的评价，对环境和人群健康的可持续发展做出预测，才能为管理决策层的政策法规制订和执行提供科学、可行的依据。

为此，近30～40年来许多国家管理部门及科学家进行了很多探索与实践，并引入了数学“概率”的观念，逐渐形成一门综合性的方法学，即健康危险度评价。该方法对于在人群特征、生态环境和社会经济条件不断发展与变化的大环境下，深入了解环境外来物质对个体与人群危害的性质与程度，使人群健康效应定量化，从而可进行相互比较与预测；对于充分利用有关学科新的研究成果，为管理决策提供简明、有效的科学依据具有重要意义。

健康危险度评价方法的特点是以为管理决策服务为目的；使人群健康效应的评价从定性走向定量化；评价程度逐步规范化，便于科学管理及交流；评价的方法可充分利用毒理学、流行病学、实验研究、数学、医学等的最新成果与信息，使评价方法不断得以充实、更新与发展。

健康危险度评价的应用有多方面，如预测、预报人群远期健康危害及程度；用于比较、优选、措施效果评价；研制环境暴露限值等。

三、健康危险度评价的基本构成

危险度评价过程根据评价内容一般分为健康危害鉴定、剂量—反应评价、暴露评价及危险度特征分析四个部分或四个阶段，这四个部分相互联系，构成危险度评价的全过程。

（一）健康危害鉴定（health hazard identification）

所谓危害是由于外源性化学物质在暴露条件下对人和环境产生的不良效应。危害鉴定就是确定上述不良效应是否由化学物质（或混合物）的固有特性所造成的，是危险度评价的第一步。其目的是判断和评价化学物质是否可造成人群健康和环境的危害、危害的基本性质和特征。这阶段的评价基本上属于定性的评价过程。危害鉴定的资料源于流行病学和动物毒理学研究。

（二）剂量—反应评价（dose-response assessment）

剂量—反应评价是对人群暴露水平（剂量）和所产生的某种效应发生率和严重程度之间关系的评定，它是对暴露量和不良健康效应的定量分析，是危险度评价的核心部分，通过剂量—反应关系的评价，其目的是确定某种化学物质的剂量（浓度）与人群不良健康效应发生率之间的定量的相关关系。由于人对化学物的环境暴露剂量一般低于动物毒理学研究的暴露剂量，因此，只能根据剂量—反应关系来估计人暴露于低水平时的危险度。

（三）暴露评价（exposure assessment）

暴露评价是关于人群对某物质现有的和潜在的有害化学物质暴露量、暴露频率、时间及可能的暴露途径的综合评价。暴露评价是对人群中已经发生或可能发生的对某化学物质的暴露水平和特征的定量描述。在评价环境暴露时，应对环境浓度（concentration）、暴露水平（exposure）和体内剂量（dose）三个过程进行全面的评价。

（四）危险度特征分析（risk characterization）

是危险度评价的最后一个步骤，目的是在对危害鉴定、剂量—反应评价和暴露评价等上述三部分综合评价的基础上，根据一定的原则和定量计算方法，对某化学物质造成暴露人群健康效应的反应概率和预期危害程度的概率的估计和预测，从而向决策者提供根据现有资料做出的人群健康危险度分析并指出在分析过程中的各种不确定因素。在危险度特征分析的基础上可进一步提出该物质的每日耐受摄入量（Tolerable Daily Intake，TDI）或每日可容许摄入量（Acceptable Daily Intake，ADI）。

危险度评价过程根据评价对象不同，又可以分为有阈化合物的危险度评价和无阈化合物的危险度评价两大部分。有阈化合物一般指其对人群健康的不良效应存在较明确的剂量—反应关系，当该类化合物在机体内达到一定剂量（阈值）时，才会对人体健康产生危害，低于阈值时不产生可见的不良健康效应。非致癌物及无遗传毒性的致癌物即属于此类。无阈化合物一般指其毒作用（致突变、致癌）是无阈值的一类化合物。即该物质高于零以上的任何剂量都可能发生对人体健康的有害效应，如有遗传毒性的致癌物。这两类化合物在进行健康危险度评价时，其暴露评价的部分在评价方法、内容和程序上基本一致，因此在下节进行统一的论述和介绍；而在危害鉴定、剂量—反应关系评价和危险度特征分析这三个部分，对不同类型的化合物则有不同的评价方法和内容，在下面各节中分别叙述。

第二节　暴露评价

一、暴露的概念

根据世界卫生组织（WHO）推荐的定义，暴露是指一种及一种以上的生物、化学或物理因子与人体在时间和空间上的接触。人体对环境的暴露，即外环境因素与人体的相互作用关系可表现为三个方面：环境浓度、暴露特征和体内剂量。浓度（concentration）指污染物在某种环境介质（大气、水、土壤等）中的存在形态和数量；暴露（exposure）指上述环境介质中的污染物与人体表面（如皮肤、消化道或呼吸道上皮）的接触方式、接触量及影响因素；剂量（dose）则是指实际通过环境与人体界面进入机体内的污染物含量。环境浓度、暴露特征和体内剂量构成了人群环境暴露的全过程和主要研究内容。暴露评价就是对人群中发生或预期要发生的上述暴露的全过程进行确认与说明。

一般情况下，外来物质都是通过环境介质（空气、水、土壤、消费品、食品等）与机体的外界面接触，在环境介质中物质的浓度即称之为暴露浓度（exposure concentration）。经过口腔食入或经过鼻腔吸入及皮肤上应用的物质量，称之为潜在剂量（potential dose），指可能被吸收，但实际尚未被吸收的量（大体相当于摄入量）。内剂量（internal dose）指物质已被吸收，进入人体，并准备与重要生物受体作用的量。外来物质一旦被吸收，它在体内可能经历转运、代谢、贮存、靶组织分布及排除等过程。物质被转运过程中血液（体液）的量，称为传递量（delivered dose)，这个量可能仅仅是总内剂量的一小部分。生物有效剂量（biologically effect dose）是真正到达作用部位（脏器或组织）的量，是与细胞大分子作用并可改变其生理功能的量，是真正发生生物学效应的剂量，它也仅是传递量的一部分。因此，环境中的外源性化学物质对人体产生生物学效应要经过上述一系列的过程才能真正完成，其中有一个环节发生变化，都会最终影响到人体的生物学效应的性质和程度。过程的示意图见图 5-2。

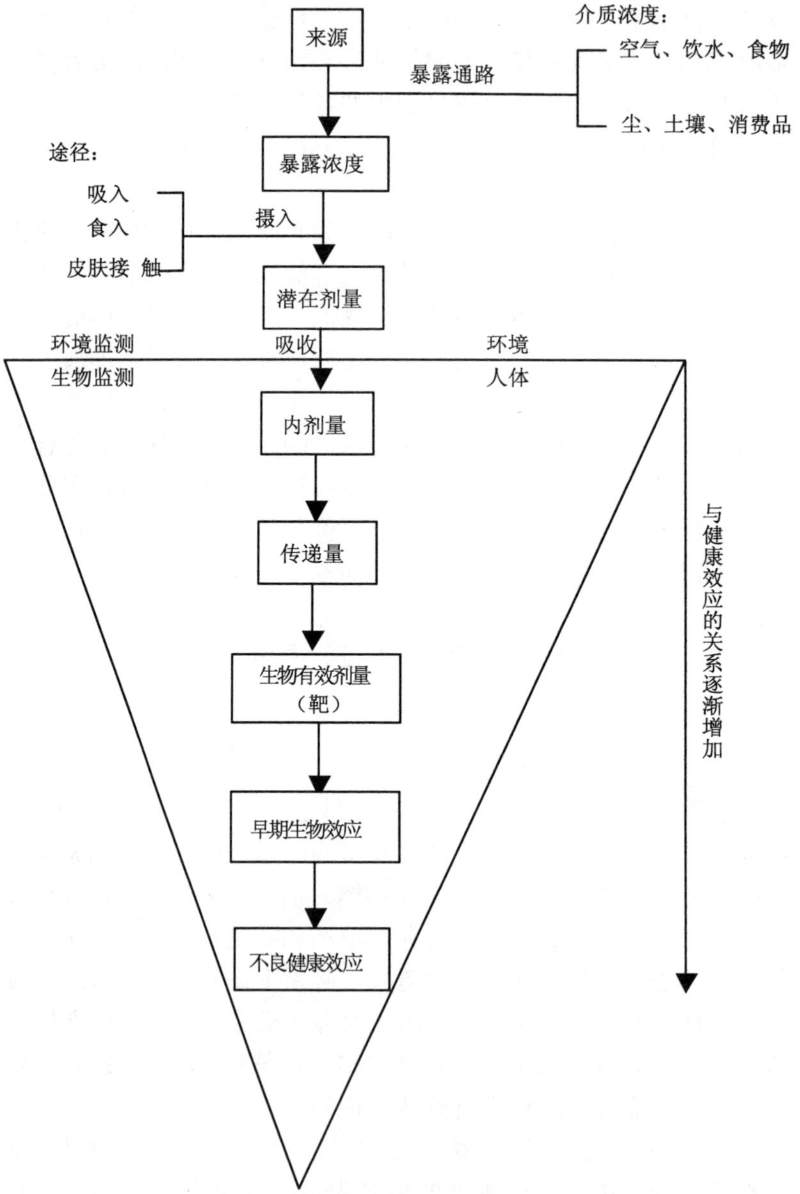

图 5-2　外来物质暴露量在环境健康危害中的作用

（引自：WHO，环境健康基准 210，1999）

大体上，外来物质从环境进入人体后，在代谢过程中，在不同层次上均有质与量的变化。随着物质向机体深层次的转移，它的剂量可能逐渐减少，但与机体生物效应的关系却愈来愈密切。这意味着，剂量比暴露量、生物学有效剂量比一般内剂量更能说明该物质对人体健康危害的实际结局与程度。但由于数据等条件有限，一般常用的指标仍是暴露量、潜在剂量及内剂量。

二、暴露评价的基本要素

对一种暴露的基本描述主要包括两个方面：即暴露浓度和接触时间。进行一次完整的暴露评价一般包括五个基本要素：

（一）暴露特征

1. 暴露途径　指环境污染物进入机体的方式和频率。例如通过呼吸道吸入或皮肤吸收；不同方式的暴露频率也会有所不同。

2. 暴露间隔　指环境暴露的不同时间长度（长期或短期）和间隔（例如断续的或峰型的暴露等）。这些特征对健康效应的类型和程度有重要的影响。

3. 人群分布　亚人群的特征（高暴露或高敏感人群），指不同暴露特征人群的暴露百分比、均数、标准差的描述和分析。

4. 个体暴露水平　暴露上限值及人群中的比例是值得关注的重点问题。

（二）体内剂量水平

1. 剂量与暴露的关系　指体内剂量与暴露途径、暴露类型和暴露量的相关关系。

2. 人群分布　指人群体内剂量的均数、方差及百分位数的描述以及重要亚人群的剂量分布特点。

3. 个体水平　重点关注均值、分布的上限值、人群中的最高值。

（三）污染来源

1. 主要的污染来源　确定污染源对于估计人群健康效应非常重要。

2. 主要的环境介质　污染物可能通过如大气、室内空气和饮水等不同的环境介质形成人体的暴露，只有确定了主要的环境介质，才能对暴露的特征进行准确的描述和分析。

3. 主要的传输途径　这里指污染物从源产生后通过何种方式传输到人群而发生暴露。例如沙尘暴从沙源产生后需通过大风远距离传输到城市，才可与人群发生暴露；消毒副产物需通过饮水管道传输到居民家中才可与人群发生暴露。传输途径对于人群健康效应的确认和评价是非常重要的。

4. 进入机体的主要方式　主要从污染物的理化特性的角度研究和分析其进入人体的方式。

（四）暴露的变异性

1. 体内的暴露变异。例如同一个人每天的暴露会有差异。

2. 个体间的暴露变异。指相同时间内不同个体的暴露差异。

3. 不同人群组间的暴露变异。如不同居住地点、不同的社会经济条件人群间的暴露差异。暴露期间的变异，如不同季节、不同时间段的暴露差异。

4. 空间分布的变异。指不同国家、不同地区间暴露或剂量的差异。

（五）不确定性分析

1. 资料缺乏或不准确。如暴露测量或模型参数的统计误差，危害确认和因果判定的不准确等。

2. 对暴露特征的不同理解导致的错误。

为了进行全面和准确的暴露评价，评价过程应当包括上述全部的基本要素。但一般这只是比较理想的状态，实际的暴露评价研究，则需要根据具体条件和暴露评价的不同目的来进行。

国内外研究普遍认为，在适当的质量保证下通过问卷、日记、访视、观察和某些技术手段获得的“时间—活动”模式资料，对于建立准确合理的人群暴露模型、分析人群暴露特征及其与人群健康结局的关系等具有非常重要的价值和意义，对这类资料的收集和分析方法，应当进行深入的研究和探讨。

三、暴露量/剂量的计算

近年的研究普遍认为，随着环境监测和分析技术及分子生物学的迅速发展，对人群暴露的定量测量及估计应成为暴露评价研究的中心环节和主要内容。暴露的定量估计可以分为两大方面：一是直接测量，即包括对暴露接触点的测量和人体暴露生物标志的测量；二是间接评价，指通过环境监测、模型推算和问卷分析等方法估计实际的暴露量。

所谓暴露量指机体在一定时间内，机体与一个或多个生物性、化学性或物理性物质在可视交换界面（口、鼻、皮肤或损伤表面）上的接触量。简单公式为：

$$E=\int_{t1}^{t2} C(t) \cdot dt$$

式中，E：暴露量；

dt：暴露持续时间；

C（t）：暴露浓度。

如果某物质通过多种途径进入机体，则可分别计算，再相加即为综合暴露量。

（一）环境暴露量的估算

一般分为两个步骤，即外环境污染物浓度的测定和人体总摄入量的计算。

1. 环境浓度的检测　基本原则是：

（1）准确测定出各种环境介质中的有害因子浓度。采样点位置、采样时间、采样次数、季节等都要严格设计，保证所采样本的结果具有代表性、准确性、可比性。

（2）应同时测定有关的其他干扰因子，以进一步肯定该待评有害因子与暴露人群健康效应之间的因果关系。

（3）测定方法应执行质量控制。凡有相应的国家标准物质，则应采用国家标准物质进行质量控制。

2. 对各环境介质总摄入量的估算　摄入量的确定有很大的地区差别，通常认为一个成年中国男性体重 60kg，每天饮水 2～3L，每天吸入空气 10～15m^3。

人体暴露的环境有区域地理环境、城市乡镇环境、职业环境、生活环境、消费娱乐环境等。特殊职业人群还有特殊环境。环境暴露的途径也是多种多样的，如空气、水、土壤、尘、工业化学物、消费品、药品、化妆品等。外来物质可能通过单一或多种环境介质进入人体，也可以多种物质通过多种介质经多种途径进入人体。现场的暴露情况是复杂多样的，故暴露量的调查与计算应从现场实际情况出发，对计算公式补充适当参数，并作必要的修正。计算过程尽量利用本国本地区有代表性的参数或参照 IARC 的数据（表 5-2、表 5-3、表 5-4、表 5-5）。

表 5-2　参考人（reference man）的体重与摄入量（ICRP，1974）

体重（kg）		
	成年男子	70
	成年女子	58
	平均	64
每日液体摄入量（牛奶、饮用水、其他饮料）（ml/d）		
正常情况（成人 1000～2400）	成年男子	1950
	成年女子	1400
	儿童（10 岁）	1400
平均气温（32℃）情况	成人	2840～3410
	中等成人活动时	3700
呼吸量（8 小时，L）		
休息状态	成年男子	3600
	成年女子	2900
	儿童（10 岁）	2300
轻度活动	成年男子	9600
	成年女子	9100
	儿童（10 岁）	6240
8 小时休息或 16 小时非职业活动的每日吸入量（m^3）	成年男子	23
	成年女子	21
	儿童（10 岁）	15
	成人平均	22
室内活动时间[1]		20h/d
土壤摄入（消化道）量[2]		20mg/d

注：1. 引自 Health and Welfare Canada，1992；
　　2. 引自 WHO，Environmental Health Criteria：170，1992

表 5-3　每日食物（品）摄入量

食物（品）种类	每日食物（品）摄入量	说明
谷类	323 g/d	
块根类淀粉	225 g/d	
糖	72 g/d	包括粗制糖，不包括糖浆及蜜
硬果类	33 g/d	包括可可豆
蔬菜、水果	325 g/d	鲜重
肉类	125 g/d	
蛋类	19 g/d	
鱼类	23 g/d	
牛奶、奶制品	360 g/d	不包括黄油
食油类	31 g/d	

注：七个地区的平均估计值（ICRP，1974）

表 5-4　成人游泳或洗澡的暴露面积与时间

活动类型		暴露的皮肤表面积（m^2）
日常情况	典型成人	0.2
	极端个体（peak value）	0.53
游泳或洗澡	男	1.94
	女	1.69
淋浴（时间）	平均 7 分钟 一个 5 分钟淋浴估计用水 40 加仑	

（引自 US EPA，1989）

表 5-5　估计身体各部体表面积的九分法

头、颈部	8%
上肢（每侧各 9%）	18%
下肢（每侧各 18%）	36%
躯干前面	18%
躯干后面	18%
会阴部	1%
手背手指	1%

（童健等，1994）

计算的方法很多，可按要求而定。此处仅举几个简单公式：

式 1：计算个人终身日平均暴露剂量率（D）。

$$D=C\cdot M/70$$

式中，C，该物质在环境中的平均浓度（mg/L 或 mg/m^3 或 mg/g）；

M，成人摄入环境介质的日均摄入量（L/d 或 m^3/d 或 g/d）；

70 平均体重（kg）。

式 2：计算个人最大平均暴露总量（D）。

$$D=C\cdot I\cdot T$$

式中：C，该物质在环境介质中的平均浓度；

I，成人摄取环境介质的日均摄入量；

T，暴露天数。

3. 估算多介质、多途径、多因子的暴露量　以上所举的公式是最简单的计算，只考虑了 1 个有害因子存在于 1 个环境介质中，通过人体 1 个界面的暴露量。但在实际情况中，往往在多个介质中都存在该种有害因子。例如环境中的无机砷化物，有些地区只存在于地下水中，但有些地区的大气、室内空气、地下水、地面水甚至食物中都存在，都可能被人体接触。所以，在计算 D 值时就必须对每个含砷介质都先分别计算出 D 值，然后再相加得出总的 D 值。

即：$D_{总砷}=D_{地下水砷}+D_{地面水砷}+D_{大气砷}+D_{室内空气砷}+D_{食物砷}$

当环境中有多个有害因子共同被人体接触时，也必须把多个因子的 D 值计算出来后相加得出总 D 值。

4. 亚人群暴露量估计　有些情况下，人的年龄、性别等因素会造成暴露量有明显差异，应分别计算各亚人群的暴露量。

5. 终生累积暴露量的估计　终身日平均暴露量乘以终生暴露时间（日）即可简单地计算终身暴露量。但如果暴露期间有中断，而且间隔时间也各有不同，则可按照时间加权法进行计算。

（二）暴露量测定

进行环境监测的工作量是相当大的。即使如此，测出的数值与人体界面上的实际水平仍往往会有很大差别。个体暴露量测量是贴近人体接触面进行采样，可以减少采样的不确定系数。常用的个体采样方法有以下几种：

1. 气体个体采样器　这是一类小型气体采样器，进气口靠近人体鼻孔旁，可采集到真正进入人体呼吸道的空气质量。

2. 膳食调查　可采集特定人群实际的进膳进食的种类和数量。

3. 饮用水量实际调查　跟踪记录并采集特定人群在饮水时的水质和水量。

4. 皮肤涂抹采样　在皮肤表层一定的面积内涂抹采样。

所以，个体暴露量的测量要比环境监测更能确切反映出人体的暴露量。

但是，无论如何，外暴露的测量终究是只能测量人体界面以外的水平，与进入体内的实际水平仍有很大差距。因此，内剂量的测量就确切得多。

举例：加拿大居民每日无机氟化物的摄入量（表 5-6）。

表 5-6　加拿大居民每日摄入无机氟化物的估测值（mg/kg・d）

暴露途径	5～11 岁[a]	20 岁以上[b]
周围空气[c]	0.01	0.01
食物[d]	16	30
土壤[e]	0.01～0.4	0.002～0.1
氟化饮用水[f]	24～42	16～27
非氟化饮用水[g]	1.7～7.0	1.1～4.5
家用产品[h]	8.2～20	1.1
总摄入量（氟化水）[i]	49～79	47～58
总摄入量（非氟化水）[j]	26～44	32～36

a：假设体重 27kg，每日吸入空气 21m³，饮 1.3L 水，接触 20mg 土壤。

b：假设体重 70kg，每日吸入空气 23m³，饮 1.5L 水，接触 20mg 土壤。

c：假设周围空气无机氟化物（气体及颗粒）的平均浓度为 0.03μg/m³，并假设室内空气浓度与室外浓度一样。

d：源自加拿大及美国 109 份个人食物中氟化物的含量（μg/g），按加拿大居民不同年龄组的食物摄入量进行计算：水果 0.01～0.58，奶制品 0.01～0.80，食糖食品 0.02～0.86，蔬菜 0.01～0.68，谷类制品 0.12～1.02，汤 0.01～0.84，肉/鱼/蛋 0.04～4.57，脂肪 0.05～0.13，茶 4.97。

e：土壤含氟量，根据 1982 年收集的表层土壤样品（深度：0～130cm），含无机氟化物 6～309μg/g。

f：氟化饮用水，指为预防龋齿而在水中有目的地加入无机氟化物，水样取自 Newfoundland 及 Labrador 3 个社区，含氟 0.73 mg/L；Yuhon 两个社区，含氟 1.25 mg/L。

g：非氟化饮用水，指未加入氟化物的饮用水，样品取自 British Columbia 3 个社区，含氟量为 0.05 mg/L；Yuhon 某些社区，含氟量为 0.21 mg/L。

h：家用产品（主要为牙膏制品），牙膏含氟化物 1000μg/g，假设每日刷牙 2 次，经牙膏的氟化物摄入量为：5～11 岁儿童每日 0.22～0.54g，20 岁以上成年人每日 0.08g。

i：加拿大饮用氟化水的居民，每日估测的无机氟化物的摄入量。

j：加拿大饮用未氟化水的居民，每日估测的无机氟化物的摄入量。

引自：WHO，EHC210（1999）

（三）剂量和生物学有效剂量的计算

外源性化学物质实际进入机体中的剂量，一般包括机体吸收（内剂量）和靶器官暴露（生物有效剂量）两个阶段。所谓吸收通常指物质经过机体生物膜进入血液循环的过程。吸收量＝摄入量×吸收率。各种物质之间由于吸收率不同，实际的吸收量可有很大的差异。例如甲基汞在胃肠道几乎完全被吸收，但金属汞的吸收率则非常低。靶器官的暴露即生物有效剂量一般指外源性物质或其代谢产物与靶器官/组织相互作用的剂量。例如肺脏中 DNA 加合物的量。

在暴露评价中，由于各种条件的限制，我们常常不能直接对人群的内剂量进行测量。为了对人群的实际暴露进行准确的测量和评价，并据此进行准确的剂量—反应关系的计算和评价，可对人群的内剂量根据毒理学动物实验的经验公式和生物统计模型进行推算。

1. 内剂量的推算

（1）潜在剂量（相当于摄入量）：

$$D_{(潜在)}=\int_{t1}^{t2}C_{(t)}\cdot IR_{(t)}\cdot dt$$

$D_{(潜在)}$：潜在剂量。

$IR_{(t)}$：环境介质（气、水、食品）的摄入量。

（2）内剂量：

$$D_{(内)}=\int_{t1}^{t2}C_{(t)}\cdot IR_{(t)}\cdot f_{(t)}dt$$

$D_{(内)}$：内剂量。

$f_{(t)}$：吸收率。

在危险度评价过程通常以日均暴露剂量（average daily dose，ADD）或终身日均暴露剂量（life average daily dose，LADD）表示，单位为 μg 或 mg/kg·d。ADD 适用于短期暴露的环境物质；LADD 则适用于低浓度长期暴露的环境物质，如致癌物质等。

以潜在剂量为例，如果暴露浓度（C）与环境介质摄入量比较稳定或接近常数，则公式表达如下：

$$ADD=(C)\cdot(IR)\cdot(ED)/(BW)\cdot(AT)$$

或 $$LADD=(C)\cdot(IR)\cdot(ED)/(BW)\cdot(LT)$$

C：环境介质（水、气、食物）物质浓度（mg/L，mg/m^3，mg/kg）；

IR：环境介质摄入量（L/d，m^3/d，kg/d）；

ED：暴露持续时间（d）；

BW：平均体重（kg）；

AT：剂量平均跨越的时间（d）；

LT：终身暴露，以平均预期寿命表示（d）。

一般情况下，外源化学物的吸收途径是经呼吸道、消化道和皮肤。在毒理学实验中，有时也利用皮下注射、静脉注射、肌肉注射和腹腔注射方式染毒，经注射部位的组织而被吸收。内剂量的推算可参考毒理学的有关内容，应加以考虑不同的途径有各种不同的影响因素。

2. 生物有效剂量的推算　外源化学物通过不同途径被吸收进入机体后，在体内各种酶体系的参与下，主要在肝脏代谢转化形成一系列代谢产物或中间代谢物，一般经生物转化形成的代谢产物对机体的毒性会降低，但有些却可能毒性升高或活化，形成靶器官的暴露，对机体产生危害。在缺乏人群的相应内剂量资料的情况下，可以利用动物实验的资料根据一些统计公式和模型进行推算。目前公认比较科学合理的是以生理学为基础的药物动力学模型（physiologically based pharmacokinetics，PB-PK model）。该模型考虑到化学物质染毒部位的解剖、生理特点，化学物本身的理化特性，因染毒部位不同吸收过程的血液循环差异，组织脏器的血流特征和代谢酶系的分布等，在此基础上建立多室模型，阐明化学毒物在体内的动力学过程。这样就可以通过综合利用给药剂量和哺乳动物的生理学特点及生化特征资料，推算出动物的生物有效剂量，再根据动物和人的种属差异进行外推。

3. 生物标志的应用　近年来随着生物监测方法和分子生物学技术的迅速发展和应用，生物标志（biomarker）在人群流行病学研究中的应用越来越广泛，推动了流行病学研究方法的重大进展。

生物标志的研究和应用为疾病的早期发现和早期阻断提供了一个有效的途径，近年来正成为预防医学的重要研究前沿。由于生物标志可作为内剂量水平的测定指标，它的应用可明显提高环境暴露测定的精确性和环境暴露与健康结局之间剂量—反应关系推断的合理性，在健康危险度评价中也正在得到越来越广泛地应用。

（1）生物标志的概念、分类：生物标志是指机体内出现的细胞学、生物化学和分子水平的变化，这种变化在生物介质如人体组织、细胞或体液中可定量测定。生物标志可在相应外源性化合物的靶细胞（组织）中测定，亦可在非靶组织中测定。

美国国家科学院 20 世纪 80 年代提出将生物标志分为暴露标志、效应标志和易感性标志三大类。近年随着研究的深入，根据从暴露到疾病发展过程中各阶段标志反应的终点不同，分为易感性、内剂量（内暴露）、生物学有效剂量、生物反应剂量和健康效应或疾病等标志。其中易感性标志具有特殊的作用，可以影响从暴露到疾病过程中的每一步标志。根据此分类，暴露的生物标志又可分成两种：即内剂量标志和生物有效剂量标志。这一概念比以往内剂量的概念又深入了一步，即包括了从机体的吸收（内剂量）和靶器官、靶组织（细胞）的生物有效剂量（器官暴露）。暴露生物标志的一些例子见表 5-7。

表 5-7　暴露生物标志举例

生物标志	暴露物	生物介质
内剂量标志		
古丁（cotinine）	香烟中的尼古丁	体液
铅	环境中的铅	体液和组织（发、甲和牙）
DDE	DDT	脂肪组织
粘康酸（TTMA）	环境中的苯	尿
2-硫代噻唑烷-4-羧酸（TTCA）	二硫化碳	尿
生物有效剂量标志		
DNA 加合物	B（a）P、AFB1	淋巴细胞
蛋白质加合物（Hb）	环氧乙烷	RBC
蛋白质加合物（血清白蛋白）	AFB1	血清

（2）内剂量的生物标志测定：①选择合适的生物材料。不同的化学物质，可作为生物标志的生物材料是不一样的。例如铅、镉等重金属以血作为生物材料较好；苯则以尿为宜；②考虑不同暴露途径吸收率的差异。在推算外暴露时必须加以考虑；③生物标志的体内代谢动力学参数。目前对于人体生物标志的代谢动力学研究资料尚少，这就对生物标志的测定和评价带来了问题。某些毒物，如 CO，相同暴露浓度但不同的暴露时间，其体内 COHb 的饱

和度也不同，评价时必须注意；如苯的生物标志粘康酸，在机体内何时达到峰值，代谢动力学仍不清楚。这样在暴露后什么时候采集尿样就对测定结果以及结果的可比性有较大影响。

（3）生物有效剂量生物标志测定：目前研究较多的是大分子加合物。主要是两类，一是DNA 加合物，二是蛋白质加合物（主要是血红蛋白加合物或血清蛋白加合物）。

血红蛋白加合物在体内形成较多，也易于检出。一旦形成，在体内可长期存在。一般与血红蛋白的更新时间相一致（大约 120 天）。虽然它有时并非是靶分子，但可作为靶分子的替代物，反映靶分子的暴露剂量。

DNA 加合物既是暴露标志又可能是效应标志。目前可在人体内检测到的已有几十种。

近年有学者提出以靶组织 DNA-蛋白质交联物作为生物有效剂量的标志，已用于人群甲醛的暴露水平测定。

（4）生物标志在暴露评价中应用的意义：①与传统方法如环境大气监测、统计报告资料和调查问卷相比，内剂量标志和生物有效剂量标志可提供更为精确的、对个体特异性暴露的测定数据。这是因为生物标志直接反映了人体对环境污染物的内剂量。另外，生物有效剂量标志可进一步提供对靶器官（细胞）的暴露剂量的估计值。从而对剂量—反应关系的确定提供了基础；②暴露生物标志的应用对人体内剂量的长期监测提供了必要的条件，减少了由于研究对象配合不好、调查员误差等产生的研究偏性；③通过生物监测，暴露标志可获得对不同外源性化合物的暴露人群范围的资料；④暴露标志可用于校正传统暴露测定方法的不确定性。

（5）选择生物标志的基本原则：①标志的可行性；②标志的特异性；③生物样本采样的非损伤性；④标志的可测出时间；⑤标志的持久性；⑥峰剂量和累积剂量标志的变异性；⑦标志储藏的稳定性；⑧测定的可行性。

第三节　有阈化合物的危险度评价

有阈化合物是已知，或假设这类化合物对人类不良效应的作用是有阈值的，低于此值，机体不大可能出现有害效应。非致癌物及无遗传毒性的致癌物即属于此类。

一、危害鉴定

1. 危害鉴定的目标　确定某物质是否可以造成人群健康危害，在什么样条件下可以出现这种健康危害。

危害性鉴定过程包括有害效应的特征及其这些效应的全部生理学意义的分析；确定效应的强度并选择出最严重的或能代表对正常功能最严重损伤的效应；动物实验的评价视其在研究中描述的主要有害效应对人类健康的意义而定。这个过程不仅要依靠对科学报告的评价经验，而且还要应用专业判断。一个化学物质对实验动物可能引起多种效应，因此要做的一个重要决定就是确定效应的生物学意义，并区别可逆与不可逆的终点。应掌握必要的、足够的科学资料作为鉴定的依据，如流行病学资料、动物实验资料、体外实验资料（整体动物与非整体动物试验）、构效关系及理化性状等。注意选择准确且有可比性的数据与资料。

有阈化合物对人体的危害常常是多方面的，因此常有多种不良效应的终点，如急性毒性、炎症、过敏、全身毒性、免疫毒性、生殖毒性、呼吸毒性、消化道毒性、神经行为毒性等。从中选择最敏感的有害效应（即具有最低 NOAEL 的效应），此即为关键效应。

关键效应被定义为随着剂量增加最早出现的有害效应或者已知的先兆，而且随着剂量的增加变得更加严重。它是剂量—反应关系评价的基础。同一个化学物质的关键效应可因暴露期限的不同而异；还受其他器官反应的影响；此外还与数据的可靠性及反应的类型有关。通常，危害鉴定面对的是已知有外来有害物质暴露异常，要求预测接触人群的远期健康危害。这是由“原因”预测“结果”。实际现场情况中更多的是先有个体或人群健康的异常（病、伤、残、死），要求寻找致病原因。这是由“结果”寻找“原因”。不论是哪一种情况，通过现场调查、取证，运用描述及分析流行病学的方法，经过病因推断，进行病因判定。只有确定健康危害异常与致病因素异常的因果关系之后，才能进行下一步的危险度评价。

2. 危害性鉴定的依据及对资料的要求　危害性鉴定的主要依据包括流行病学资料、动物实验资料、体外实验、化学结构的比较、主要理化性状等，因此，危害性鉴定应在广泛收集资料的基础上进行，按照鉴定的要求挑选合格的资料是危害性鉴定的关键步骤之一。

（1）主要研究和支持性研究：人类研究可以提供对人类有意义的可观察到的有害效应的最直接的证据。但是以人类研究为基础进行的危险度评价很少。最常见的情形是事故性暴露，而且暴露发生在偏僻的地区，涉及的人群较大。例如，伊拉克的甲基汞暴露和土耳其的六氯苯暴露；另一种极少见的情形是大面积的人群暴露于某一化合物，如饮水中的氟。人类的研究，即使不能为定量的危险度评价提供充分的信息，但因其可以为确定动物实验是否能准确预测对人类的危害性提供依据，故依然是十分有意义的。即使是个案报告也十分有用。

在大多数情况下，危险度评价均是以动物实验为基础进行的。对于多数环境污染物，动物实验数据库应包括 2～3 个常用动物品种，且包括不同的暴露期限、不同的设计及其不同研究终点的动物实验研究。危险度评价者在审查数据库时，很重要的是要确定一组研究，使其能在较大范围涵盖可能的有害效应，包括生殖和发育毒性的终点。这样才能使被选择作为关键效应的终点能真正代表对某一化合物最敏感的终点。因为在多数情况下，一个动物实验不能为定量危险度评价提供充分的依据，此时，需要其他研究提供支持性数据，能提供支持性数据的研究包括那些被认为不是关键研究的动物及人类的研究。对于多数化合物，其数据库是很有限的，此时在进行危险度评价时应采用某种折中的方案。

（2）研究质量：研究设计的基本特征直接关系到研究质量。这些基本特征有：受试化学物质的理化特性及其可能的杂质；动物数的多少，是否包括两个性别；选择合适的动物年龄；在较大范围内选择剂量组，以利于确定 NOAEL 和 LOAEL；选择合适的实验动物种系。研究报告还应该提供以下信息：毒理学反应的详细背景、研究机理、需要特殊研究帮助预测人类关键效应的原因。大多数情况下，即使设计很好的关键研究也不一定能包括全部的效应终点，因此，辅助性研究有特别的意义。如前所述，那些被认为不适于定量危险度评价的动物及人类研究，可以为危险度评价提供重要的支持证据。例如，人类的个案报告可以指示动物实验是否为应观察的终点；那些因暴露期限不合适、剂量组少或动物数量少而不适合于定量危险度评价的动物研究，可以证明与关键效应相似的反应类型，可以提供关键研究的剂量—反应关系所不具备的终点，但将设计不同的研究数据结合起来使用时应特别注意。体外研究获得的数据，虽然不能为危险度评价提供确切的结论，但通常可以提供对结果的解释和其他的有用信息。评价流行病学研究时应考虑以下几方面的因素：对混杂因子的适当考虑及其特征，并描述如何考虑和控制混杂因子；尽可能地建立剂量—反应关系；描述该研究能探测到特殊有害效应的能力及所用方法的统计效力。在确定了研究的充分性以后，应通过专家的判断，确定支持或否定某特殊效应证据的权重。判断主要基于专家的经验和评价者之间的合作。

（3）暴露：人类可能通过多种途径接触化学污染物，即使是同一途径，由于来源不同，化学物质的生物利用度也不同。例如通过食物和水吸收的同一化学物质其生物利用度不同。通常，一个化学物质的毒性数据库可能包括全部摄入途径和来源的资料，在缺少某一特殊途径的资料时，评价者应根据另一特殊暴露的毒性考虑其可能的毒性。由于缺少定量外推的确切公式，因此需要更多地运用科学的判断，同时必须考虑由于不同的暴露途径导致的吸收或代谢的不同。

毒性效应可因暴露的强度、频率和期限而异。每个动物实验的暴露期限、染毒程序（一次性的、间歇性的或连续性的）、给药途径均可以不同，因此评价者应考虑到每一个因素。

（4）评价毒理学意义：有害的毒性效应可以表现临床症状、生物化学改变、功能损伤或病理损伤。观察到健康效应的统计学意义和生物学效应是不相同的。暴露与效应之间存在统计学联系并不一定就意味着存在不良的健康效应。由于统计学仅是一个用来说明数据相关性的工具，所以在确定化学物质的危害性时应进行详尽的毒理学评价，主要依据生物学基础来确定某种健康效应是否为有害效应。

二、暴露评价

见第二节。

三、剂量—反应评价

1. 关键效应或关键研究的选择　用于剂量—反应关系评价的研究数据应该是设计和控制得很好的人群流行病学研究或实验动物研究，以及其他相关的研究；也可以是完全缺少人或动物毒性资料，而仅有结构—效应关系资料。选择和确定关键效应及其 NOAEL 应注意以下问题：

（1）确定关键效应时，必须判断所检出的效应是否为有害效应，因为有些效应在短期内可能难以判断其危害性。

（2）NOAEL 或 LOAEL 是多种参数（如样本大小、暴露期限、首次暴露时间、检查方法的灵敏度等）的函数。样本量的大小对决定应用与否十分重要；对于某种有害效应类型而言，根据最敏感原则一般应选用最高的 NOVEL 或 LOAEL，但如果样本量较小，则应用下一个样本量大的相对数值较低的 NOVEL 或 NOAEL。同时应注意，NOAEL 尚与实验组的组间距有关，组间距大，一般实验所得到的 NOAEL 值偏低。

（3）确定多个候选的“关键效应”及其关键数据。一般通过比较由它们分别推导出的 RfD 值，仍然要根据最敏感原则来最终确定关键效应及其 NOAEL 值。

2. 剂量—反应评价的方法　目前，有阈化合物的剂量—反应评价法基本上仍在延用多年来使用的“安全性评价”法。目前，各国管理部门及国际组织采用了内涵接近但名称不同的参数，如参考剂量（reference dose）（美国环保局）、每日可耐受摄入量（tolerable daily intake）（加拿大卫生部）、最低危险度水平（minimal risk）（美国 ATSDR）、可耐受/可接受的每日摄入量（tolerable/acceptable daily intake）（世界卫生组织国际化学品安全规划署）。欧盟选择的是安全界线值（margin of safety）——效应水平与暴露量的比值。近年来，国际学术界的研究趋势是将安全评价法纳入健康危险度评价之中，并推出了基线剂量法（Benchmark Dose，BMD）。

(1) 参考剂量法：

1) 参考剂量（reference dose，RfD）：是一种日平均剂量的估计值，指人群（包括敏感人群）终身暴露于这个水平时，预期其一生中出现有害效应的危险度很低，或实际上不可检出。通常以 mg/(kg·d) 表示。对吸入性暴露，称之为参考浓度（reference concentration，RfC)，以 μg/L 或 mg/m^3 表示。

2) 推导 RfD 的步骤：

①收集待评物质的数据库。可从美国国家环保局（USEPA）的相关网站上搜索相关的数据库或从其他实际的研究报告中获取数据，从而确定其关键效应及其 NOAEL，如无 NOAEL 时可以 LOAEL 代替。

②选择不确定性系数（UFs)（对评价过程中由于不确定性可能造成误差的校正）及修饰系数（MF)。

近年来国际上对不确定性系数（即安全系数）的选用原则基本上趋于一致，并日趋规范化。一般认为至少应包括从动物到人的种间变异、人群个体间的种内变异、化学物质的毒性不同及其数据库的完整程度等四方面外推不确定性。美国环保局（USEPA）推荐：

由流行病学资料外推时，为说明个体之间敏感性差异，UF 为 10；由动物研究外推到人时，为说明种间变异，UF 为 10；由亚慢性研究外推到慢性研究之间出现的差异，UF 为 10；由 LOAEL 代替 NOAEL 推导 RfD 造成的差异，UF 为 10；由于数据库不完整等带来的其他不确定性的差异（修饰系数)，MF 为 1～10。

通常，总的不确定性系数为 100～1000，最好不大于 100。

③推导 RfD：

RfD＝NOAEL 或 LOAEL/UFs·MF

式中，RfD，有阈化合物的参考剂量，mg/(kg·d)；

NOAEL，未观察到有害作用的水平，mg/(kg·d)；

LOAEL，观察到有害作用的最低水平，mg/(kg·d)；

UFs，总不确定系数；

MF，修饰系数。

3) 用 NOAEL 法推导 RfD 的几个基本假设：推导 RfD 的基本假设即在每一个有阈化合物的剂量—反应关系中均真实地存在一个阈值，但该物质的剂量高于阈值时将出现有害效应。这一概念为已知的毒物动力学方法所支持，表现为在毒性出现以前，有机体必须耗尽全部的生理贮备并超过器官的修复能力。另一个假设是 RfD 可代表人群的剂量—反应发生率的阈值的估计值，即它能在较大范围内充分保护敏感人群。建立 RfD 的第三个假设是，评价者认为如果能预防关键效应在人群中的发生，则其他在高剂量时发生的有害效应也将被预防。然而，由于 NOAEL 法推导 RfD 时，通常忽略剂量—反应关系曲线的斜率，所以，如果其他有害效应的斜率特别低平，则在关键效应的基础上估计的 RfD 可能不能充分满足上述假设。

4) NOAEL 法的局限性：

①NOAEL 法在确定关键效应时不考虑剂量—反应关系曲线的斜率。

②NOAEL 是从选定的某一个实验组（无不良作用）的剂量得到的，带有人为的因素，研究时剂量组和剂量间隔的选择均可影响 NOAEL，且波动性较大。

③由于没有考虑数据的变异，所以当样本量小或研究设计不周密使数据增大时，可能过

高估计 NOAEL。

④NOAEL 定义为不引起可观察到有害效应的最高剂量，所以，它代表统计学上无作用的水平，其大小与研究的效力有关。理论上，与之相应的危险度在 0 和刚好能够检出之间，所以不能认为 NOAEL 是完全安全的，统计学上由定量数据得到的 NOAEL 所对应的危险度为 7%～10%。

⑤与暴露资料相结合，RfD 或 RfC 可以用来估计危险人群的大小，但不能估计它们的危险度。

（2）基线剂量法：

1）基线剂量法的特点：基线剂量法（Benchmark Dose，BMD）是在确定关键效应时应用剂量—反应关系曲线斜率的信息，其他的假设与 NOAEL 法基本相同。

BMD 法目前被认为是较准确的定量危险度评价方法，在 1984 年由美国 Stanford 大学的库帕教授首先提出，最早用于发育毒性危险度的评价，目前有取代 NOAEL 法、广泛用于有阈化学物质危险度评价的趋势，因为此方法不涉及由高剂量向低剂量的外推问题，也有人提出将此方法用于致癌物质等无阈物质的危险度评价，可见该方法近年受到重视的程度。

NOAEL 法的局限性促进了 BMD 法的发展，即用 BMD 取代 NOAEL 来计算参考剂量。BMD 法受到众多科学家的青睐，并能迅速发展就在于它克服了 NOAEL 法的局限性，具有更多的优越性和稳定性，主要表现在以下几个方面：

①首先，BMD 是依据一定的剂量—反应关系模式，通过统计处理而得到的。因此，它对实验设计时剂量组和剂量间距的选择的依赖性小，消除了实验设计时随意性的因素。

②BMD 法概括了各个实验组的资料，而且可以选用最合适的剂量—反应模型，如 Weibull、Logistic 或多因素等，或者由经过转化后的数据模型求得，这样就考虑到了剂量—反应曲线的斜率及形状。

③BMD 法可以通过可信区间的宽窄来调整由于样本量小而带来的不确定性。

④BMD 所对应的危险度水平是已知的和一定的，这对于参考剂量的确定和管理对策的制订是十分重要的。

⑤根据一项含有 246 个发育毒性研究的大型数据库（含有 1825 个生物学终点）的分析，98%的连续变量终点的 BMD 值与 NOAEL 值的差别在一个数量级之内，说明两者具有一致性。

2）BMD 法的应用：可由下式推导 RfD 值：RfDs（或 RfCs）＝BMD/UFs×MF。BMD 是由模型得到的，是相应于有害效应特定反应率的基线剂量估计值，例如，可把 10%或 5%的反应率分别作为基线，计算相应的 RfD 值（剂量）。特别要指出的是，这样计算出的基线剂量应是引起一定水平超额反应率的有效剂量的置信区间的下限。

推导过程如下：

①通过对实验数据数学模拟，在观察的数据范围内画出剂量—反应曲线。

②计算出剂量—反应曲线的置信区间。

③在剂量—反应曲线的置信区间上限，选择相对于某效应基线点（10%或 5%）超额反应率的点。

④模型上，相对于 10%超额危险度的剂量，即为引起 10%超额的有效剂量（ED_{10}），而 BMD 是对应于 10%超额反应率的可信上限的剂量，称为 10%反应率的最低有效剂量（记为 LED_{10}），在 BMD 法中，如果数据库充分，可以计算每一个物质的 LED_{10}。在某些情况下，

如果数据完整还可以估计 LED_{05}或 LED_{01}，此时的反应率可以更接近真正的最大无效应剂量(NOVEL)。

四、危险度特征分析

危险度特征分析是定量危险度评价的最后一步，它是联系危险度评价及在危险度管理中应用的重要联系纽带。此阶段，首先应对前面三个阶段进行综合分析，说明每一步的可信性及局限性，对重要的假设和不确定性进行适当的分析，避免误差和偏性。结合暴露评价进行危险度分析，应说明暴露人群发生有害效应的可能性，及化学物质可能引起的人群健康问题，最终形成危险度管理人员可以利用和易懂的文件，为管理机构的决策提供科学的依据。

假设某环境物质为低浓度、长期（终身）暴露的非致癌物，为了估测特定暴露环境下，接触人群不良健康危害的程度，表达的方式可有如下几种：

1. 接触人群暴露量的估测值，以终身日均剂量（lifetime average daily dose，LADD）表示。

以 RfD 为衡量标准，当 LADD≤RfD，该人群为“不大可能有健康危险者”；如 LADD＞RfD，则该人群为“可能有健康危险者”。这两类人群的估计数对危险度管理人员是有用的。特别在采取改善措施后，“可能有健康危险者”的人数减少，其带来的效益可作为改善措施效果的指标之一。

2. 暴露临界值：暴露临界值（margin of exposure，MOE）是 NOAEL 与 LADD 的比值，即 MOE＝NOAEL（或 LOAEL）/LADD。

一般以推导 RfD 时所用的总不确定性系数来衡量 MOE，如果 MOE≥总不确定性系数，说明暴露人群发生健康危害的可能性较小；反之，显示对暴露人群的健康危害可能性较大。

3. 以危险度表示：

$$R=\frac{LADD}{RfD}\cdot 10^{-6}$$

式中，R：发生某种健康危害的年危险度，mg/(kg・d)；

LADD：终身日均剂量，mg/(kg・d)；

RfD：待评物质的参考剂量，mg/(kg・d)；

10^{-6}：与 RfD 相对应的可接受年危险度。

通常，一般生活环境中的各种活动与行为（运动、饮食、饮水、吸烟、饮酒等）都可能使个体出现死亡的危险度，不过很低，每年危险度约为 $10^{-5}\sim10^{-6}$。于是 10^{-6} 也就是与 RfD 相对应的可接受危险度水平。应指出可接受年危险度水平根据环境暴露及健康效应的特点可以波动于 $10^{-3}\sim10^{-7}$之间。

此法的优点是，使有阈化合物的危险度与放射性污染物及其他化学致癌物的危险度在严重程度上可视为等同，使之具有可比性及可加性。

4. 研制环境物质的暴露限值　利用待评物质的 NOAEL（或 LOAEL），结合现场物质暴露的实际状况（暴露量、暴露途径等），求该物质的可耐受摄入量（tolerable intake，TI）。再按各环境介质中物质暴露量分配的百分比，估算各环境介质中物质的暴露限值。方法详见 WHO 出版的环境健康基准（EHC）170 卷。注意此暴露限值仍为基准，并非标准。

5. 不确定性分析　对上述各个阶段的判断进行审查，对重要假设及不确定性进行总结和讨论，对危险度评价总的质量与可信度予以评价。最后，应当说明评价过程的哪些方面有充分依据，哪些方面由于可利用资料有限或对毒性机理了解不多而存在不足之处，为下一步危险度管理者提供危险度评价的全面信息。

第四节 无阈化合物的危险度评价

无阈化合物为已知，或假设此类化合物的毒作用（致突变、致癌）是无阈的，即该物质高于零以上的任何剂量都可以发生有害效应，如有遗传毒性的致癌物。近 20～30 年来，许多国家或国际组织（特别是发达国家）致力于低浓度化学致癌物暴露对人类致癌危险度的评价。但各国的评价方法不尽相同。鉴于美国环保局采用危险度评价的时间较早，方法比较规范化，应用有一定成效，这里仍以美国 EPA 的方法为主。

一、危害鉴定

对致癌物的危害鉴定是对待评物质的致癌性进行定性评价，主要确定该物质在环境中是否具有增加人群癌症发病率的可能，以回答某环境因素对个体或群体是否有致癌效应。

进行危害鉴定需要有肿瘤流行病学调查及长期动物实验两方面资料，并参考短期测试、药物动力学研究、比较代谢研究、构—效关系和其他毒理学研究的最新结果。作为判断的依据，不仅要确定该物质是否有致癌作用，而且要判断它的致癌强度。在所有资料中，流行病学调查研究是化学致癌定性评价的最重要依据。

为了确定外来环境物质与致癌之间的因果关系，需要掌握大量的已有数据与资料，从中选择比较科学合理的研究进行分析。总的来说，资料必须具有准确性和可比性。

对流行病学资料要求：

- 具备科研背景资料，如基本理论、假设、研究方法、资料收集的方法、质量、偏倚和文献等。
- 研究目的明确，设计周密，实施良好。
- 对暴露人群与对照组的必要描述，如人群选择、样本大小、可比性等。
- 对重要混杂因素的说明（吸烟、职业暴露、年龄、性别等）。
- 说明数据处理的统计方法、程序、参数、待定假设、专用公式等。
- 研究结果与同类型调查结果的比较评价，有无一致性及生物学合理性。

对动物实验资料的要求：

- 实验目的明确。
- 设计周密，实施良好。动物种属、品系、年龄、性别、体重及分组等应符合研究的要求。染毒剂量、染毒途径、染毒时间应尽量与暴露人群的实际情况接近。对照组应包括阳性及阴性对照，保证各实验组可比性。选择的有害作用终点（endpoint）应能回答设计中的理论与假设，有助于剂量—反应关系评价。
- 坚持优质实验室操作，保证动物实验结果的可信性。
- 动物中的良性肿瘤按恶性肿瘤处理，选择合理的统计方法及必要的说明。

动物实验中的染毒剂量与分组至关重要。通常剂量分组在可能范围内尽可能多一些组，分组间距不宜过大。除对照组以外，应有 2～3 个染毒剂量组。最高剂量原则上要求能出现某些轻微毒性，但不得有缩短动物寿命的表现。

国际癌症研究中心（IARC）及美国国立癌症研究所（NCI）建议：以最大可耐受剂量

（maximum tolerable dose，MTD）为实验最高剂量。MTD 的定义是：在此剂量条件下，①与对照组比较，动物体重减轻不得大于 10%；②不引起死亡，也不产生任何可缩短动物寿命的毒性表现或病理损害。通常剂量组中，最高剂量为 MTD，中等剂量组为$\frac{1}{2}$MTD，低剂量组为$\frac{1}{4}$MTD。每组应包括雌、雄两个性别，每个性别的动物数量至少 50 只。研究期限为终身，大鼠 24 个月，小鼠 18 个月。

危害鉴定可以借鉴国际上同类研究的成果与信息。国际肿瘤研究中心（IARC）根据人群流行病学研究及动物实验资料中化学物致癌性的强度将资料分为 5 级：①致癌证据充分；②致癌证据有限；③致癌证据不足；④无资料；⑤无致癌证据。美国 EPA 采用 IARC 的资料分级法，综合评定化学物对人的致癌性，分为五级：A 级，人类致癌物（human carcinogen）；B 级，很可能人类致癌物（probable human carcinogen）；C 级，可能人类致癌物（possible human carcinogen）；D 级，不能确定是否为人类致癌物（inadequate evidence for classification）；E 级，对人类致癌性无证据（no evidence for human carcinogenicity）。见表 5-8。

表 5-8　美国 EPA 对致癌物的分级评定（1987）

	分级	描述
A	人类致癌物	有充分流行病学证据支持其因果关系
B	很可能人类致癌物，分两级：	
	B1：很可能人类致癌物	动物致癌证据充分，流行病学证据有限
	B2：很可能人类致癌物	动物致癌证据充分，而人类致癌证据不足或无
C	可能人类致癌物	动物致癌证据有限，人群致癌证据不足或无
D	不能确定是否为人类致癌物	动物与人群致癌性证据均不足，或无资料
E	对人无致癌证据	至少在两个不同种属的动物实验（设计良好，实施良好）中出现阴性结果，或在动物实验与流行病学研究中均不显示致癌性

需要指出的是，A、B、C、D、E 级的划分是根据现有证据资料而定的，随着毒理学、流行病及实验室研究的进展，个别致癌化合物的定级可能随之有所调整。故应注意国内外最新信息源。

二、暴露评价

见第二节。

三、剂量—反应关系评价

是致癌物危险度评价的关键步骤，要求回答致癌物的暴露剂量与人群超额致癌反应概率之间的定量关系，从而预测人群在低剂量暴露条件下，出现癌病（患癌或死亡）的危险度。通常，致癌的概率随暴露剂量以一定函数关系而变化，即以斜率系数（slope factor）表示，美国 EPA 则推荐以“致癌强度系数”（carcinogenic potency factor，CPF）表达。

致癌强度系数的含义：实验动物或人终身暴露于剂量为每日每公斤体重 1mg 致癌物时的终身超额致癌概率（危险度），其值为剂量—反应关系曲线斜率的 95%可信上限（以动物实验资料为依据时），或者为该斜率的最大似然估计值（maximum likelihood estimate，MLE）（mg/kg・d）表示。其值愈大，则单位剂量致癌物所导致的动物或人的超额患癌率愈高，故称之为致癌强度系数。

致癌强度系数可因其暴露途径不同而异，即每一种化学致癌物依其暴露途径均有其特定的致癌强度系数。为此，引用时要注意物质的暴露途径。1987 年后，美国 EPA 文件中把化学致癌物吸入途径的致癌强度系数单位改为 $\mu g/m^3$。迄今，已知几百种化学致癌物的消化道及呼吸道的致癌强度系数，至于皮肤摄入途径的致癌强度系数，目前所知较少，通常用消化道途径的系数来代替。

求化学物致癌强度系数有两个途径：一是根据动物实验资料来推导［$q_{1(人)}^*$］；一是根据流行病学的资料来推导［Q］。

（一）根据动物实验数据推导人的致癌强度系数［$q_{1(人)}^*$］

无阈化合物（有遗传毒性的致癌物）是假设或已知它的作用是无阈值的，这意味着凡大于零的剂量，均可以诱导出致癌反应。实际上，人群在极低的剂量条件下（比实验剂量低几个数量级）出现的致癌反应率为 10^{-5}～10^{-6}范围左右。显然，无论是动物实验或流行病学研究均无法进行这样的观察。因此，不得不利用高剂量（实验剂量）的数据外推低剂量（人类实际接触情况）处的剂量—反应之间的定量关系，这就必需借助数学模型。

美国 EPA（1986）推荐线性多阶段模型（linear multistage model，LMS)，作为向低剂量外推的模型。步骤如下：

第一步，先求动物致癌强度系数［$q_{1(动物)}^*$］：

USEPA 设计了专用程序 GLOBAL82、86，输入必要的参数（各剂量组动物的终身日均暴露剂量率、各组的有效大鼠数、各组实验末期的带瘤大鼠数等），给出的内容有各组动物预期反应概率及观察的反应概率，拟合优度统计学参数；给定每一危险度的安全剂量上限值；给定每一剂量值的危险度上限；动物的致癌强度系数［$q_{1(动物)}^*$］。

第二步，将［$q_{1(动物)}^*$］转换为人的致癌强度系数［$q_{1(人)}^*$］：

USEPA 假设人和动物的基础代谢率及许多生理参数（寿命、遗传素质、疾病类型、对化学品的敏感性等）均与动物的体表面积有良好相关，故主张以机体体表面积来修正动物的有效剂量，以减少外推的不确定性。为计算方便，按体表面积大致与体重比值的立方根相当，转换如下：

$$\because q_{1(人)}^* = q_{(动物)}^* \times \left[\frac{SA_{(人)}}{SA_{(动物)}}\right]$$

$$\therefore q_{(人)}^* = q_{(动物)}^* \times \left[\frac{BW_{(人)}}{BW_{(动物)}}\right]^{1/3}$$

式中，$q_{(人)}^*$：人的致癌强度系数 $(mg/kg/d)^{-1}$；

$q_{(动物)}^*$：动物致癌强度系数 $(mg/kg/d)^{-1}$；

SA：体表面积（m^2 或 cm^2）；

BW：体重（kg）。

（二）根据流行病学资料计算致癌强度系数［Q］

$$Q = [RR(X) - 1] / X \cdot LR$$

式中：Q，以人群资料估算的致癌强度系数，mg/kg/d；

RR，暴露人群患癌的相对危险度，无量纲；

X，暴露人群的终身暴露剂量率，mg/kg/d；

LR，当地整体人群（对照）中个体的终身致癌危险度，无量纲；

人群终身暴露剂量率（X）的计算方法：

$$X = C_X \cdot I_X / W_t$$

式中：C_X，环境中化学物的平均浓度（mg/m^3、mg/kg 或 mg/L）；

I_X，含该化学物的环境介质（气、水、食物）的日均摄入量（m^3/kg、L/d 或 kg/d）；

W_t，研究对象的平均体重（kg）。

以上，当然首选根据流行病学资料推导的致癌强度系数。实际上，比较系统、完整的流行病学资料很少，因此，多数化学致癌物还是采用实验动物资料推导的致癌强度系数。此数值可查阅美国 IRIS 数据库，不必全部从头做起。

四、危险度特征分析

1. 待评物质的致癌强度等级及对人群的主要健康危害。

2. 人群终身超额危险度［R（D)］

$$R(D) = q^*_{(人)} \cdot D$$

或

$$R(D) = Q \cdot D$$

式中，$q^*_{(人)}$，根据动物资料求得的致癌强度系数 $(mg/kg/d)^{-1}$；

Q，根据流行病学资料求得的致癌强度系数 $(mg/kg/d)^{-1}$；

D，现场或预期人群的终身日均暴露剂量率（mg/kg/d）。

3. 人均年超额危险度［$R_{(py)}$］

$$R_{(py)} = R/70$$

式中，70 指 0 岁组人群的期望寿命（70 岁）。

4. 人群年超额病例数［EC］

$$EC = R_{(py)} \cdot AG/70 \cdot P_n$$

式中，AG，标准人群的平均年龄（按 1964 年人口普查数据，我国当时人群的平均年龄为 24.87 岁）；

P_n，平均年龄为 n 年龄组的人数；

$R_{(py)}$，人均年超额危险度。

5. 不确定性分析　见前述。

第五节　评价实例——某区中水氯化消毒副产物的致癌危险度评价

我国北方某市由于水资源缺乏，准备充分利用城市经过处理的污水，经再次处理后形成中水，用于城市市政的某些方面，提高水资源的利用率。但在中水使用过程中要与人群发生接触，特别是部分职业人群。为了保证人群的健康不受影响，急需对目前中水使用的安全性进行危险度评价。

根据该地区目前中水回用的两个主要途径即道路压尘和公园绿化，分别对接触中水的职业人群（道路压尘司机和绿化园丁）接触中水的方式及暴露水平进行调查分析，并对目前该市中水水质中氯化消毒副产物（THMs）浓度进行了调查、监测及模型预测，在此基础上用健康危险度评价方法对中水中氯化消毒副产物对不同人群的健康影响进行了致癌危险度分析，并提出了该类物质暴露限值的水质指导值，从保护人群健康的角度为城市污水回用水质指标的确定提供了科学依据。

一、研究对象与方法

（一）研究现场的选择

本课题选择该地区两个中水使用频率较高的机械清扫公司和室内某公园中水回用区域作为调查现场。

（二）研究人群的选择

根据中水回用现场人群接触中水情况，确定研究对象为：①职业暴露人群，包括机械清扫公司司机和室内某公园绿化园丁；②非职业暴露人群（略）。

（三）资料的收集

对于暴露评价部分资料来源为：职业人群即机扫公司司机和公园绿化园丁的调查，主要为问卷调查。问卷主要内容包括：一般情况调查（包括年龄、性别、文化程度等），健康状况调查，职业接触史调查（包括工种、工作年限、工作时间以及工作中对中水接触和使用情况），职业卫生知识调查等。以座谈形式，对中水回用的情况进行了调查。

中水预测模型中水质参数由该市环境科学研究院提供。

（四）氯化消毒副产物的致癌危险度的计算

依据下式计算氯化消毒副产物的致癌危险度：

$R_{皮肤}=LADD_{皮肤}\times PF_{口入}$　$R_{吸入}=LADD_{吸入}\times PF_{吸入}$

$LADD_{皮肤}=(CW\times SA\times PC\times ET\times ED)/(BW\times LT)$

$LADD_{吸入}=(CA\times IR\times ET\times f\times ED)/(BW\times LT)$

式中：R，终生致癌危险度；

LADD，终生日均暴露剂量，mg/(kg·d)；

CW，水中化学物浓度，mg/L；

SA，皮肤表面接触面积，cm^2（男性 1.94m^2，女性 1.69m^2）；

PC，特有的化学物皮肤渗透系数，cm/h（0.0020m/h）；

CA，空气中污染物浓度，mg/m^3；

IR，呼吸速率，m^3/h（成人中等活动 1.5m^3/h，儿童 1.2m^3/h）；

f，吸收率（63%）；

ET，暴露时间，h/d；

ED，暴露持续时间，d；

BW，平均体重，kg（北京男性 68.5kg，女性 60kg，儿童 22kg）；

LT，终生暴露，以平均预期寿命表示，d（北京男性 72.41×365d，女性 76.35×365d）。

二、危险度评价结果

1. 氯仿危害鉴定　在美国 EPA 的致癌物分类中将氯仿划分为 B2 级，即可能的人类致癌物。其依据为：根据目前收集的文献证据，氯仿通过各种暴露途径在高暴露状况下可导致细胞毒性和致敏感组织的再生和增生。这个证据权重的结论是基于：①观察动物入口暴露或吸入途径这些途径显示出持续或重复的出现，细胞毒性并伴随次级的再生和增生，可能首先在肝脏和肾脏肿瘤中观察到；②尚未发现有关氯仿的特别的流行病学数据，至多是模棱两可的流行病学数据。关于饮用水暴露的结果不能完全否定，但这些散乱的阳性结果通常是有限的，比如过高的剂量或伴随混杂因素。因此，氯仿毒理学数据的证据仅支持一个结论，氯仿不是一个很强的诱导有机体突变的物质，并且遗传毒理学还不能作为氯仿致癌性作用的最佳模型。尽管没有通过皮肤暴露途径的致癌数据，但有证据认为也可适用于这种途径。因为据预测氯仿通过皮肤吸收进入血液进行新陈代谢并引起毒性是与通过其他途径的吸收具有相似的方式。

（1）氯仿对人类危害的研究：

1）对肝、肾的影响：氯仿是一个中枢神经系统的镇静剂而且能影响肝和肾功能。长期暴露于日公斤体重大于 15mg 氯仿的剂量可引起机体肾脏、肝脏和甲状腺机能的改变。工人吸入 10～1000mg/m^3 水平的氯仿 1～4 年，病毒性肝炎和肝增大的发病率增加。据病例报道，对人类平均致死的口服剂量约为 44g，但是致死剂量可能为 211 mg/kg 体重，死亡是由呼吸和心脏停搏引起。

2）神经方面的影响（略）。

3）对生殖的影响（略）。

4）对机体免疫功能的影响（略）。

（2）流行病学研究（美国 EPA）：有许多流行病学的研究发现人饮用氯化消毒饮用水与癌症（主要是膀胱癌）的微弱相关关系，但是这些研究结果是基于在氯化饮用水暴露与膀胱癌危险增加之间的原因—结果关系的假设，这些假设未必准确，所以目前的数据是不充分的，还不足以建立一个饮用水中氯仿暴露与癌症风险增加的合理关系。此外，在将来，即使有合理的数据确实能在氯化消毒饮用水暴露与膀胱癌或其他癌风险增加之间建立因果关系时，来自流行病学的研究也不能得出氯仿本身是人类致癌物的结论，因为氯化消毒后的饮用水中包含了很多的除了氯仿以外的其他具有致癌性的消毒副产物。另外，还有许多流行病学研究调查了人类暴露于氯化消毒后饮用水中氯仿及其他消毒副产物和不良的生殖后果现象之间的关系。但目前还没有明确结果。

（3）氯仿毒性机制：

1）非致癌性：氯仿暴露的非致癌影响在许多动物中被研究，这些研究显示了口入与吸入的氯仿暴露导致肝、肾及鼻上皮组织的毒性。尽管来自人类的暴露研究数据是很有限的，但这些数据支持这样的结论，肝毒性是慢性暴露中主要关心的非致癌影响。

2）致癌性：对人类的研究决定氯仿是否是致癌物证据是不充分的。对动物的研究显示，氯仿能够引起雄性大白鼠肾瘤发病率的增加和雄性雌性小鼠肝癌发病率的增加。肿瘤只在导致细胞毒性的剂量水平时发生。那些引诱肿瘤的反应被假设为次级的、相同的或重复的细胞毒性，以及次级的、更新的增生。证据权重显示致突变性不是氯仿致癌的主要机制。对氯仿致癌影响，主要关键效应为肝细胞癌。

2. 剂量—反应关系　本课题非致癌及致癌的剂量—反应关系所引用的数据为美国 IRIS 数据库中数据。氯仿和溴二氯甲烷的参数均由动物实验推导，见表 5-9。

表 5-9　斜率系数与参考剂量

	摄入斜率系数	吸入斜率系数	RfD
	$(mg/kg/day)^{-1}$	$(mg/kg/day)^{-1}$	$(mg/kg/day)^{-1}$
氯仿（TCM）	6.10E−03	8.10E−02	1.00E−02
溴二氯甲烷（BDCM）	6.20E−02	—	2.00E−02

在本课题危险度评价中，氯仿的皮肤摄入数据由口入数据代替；溴二氯甲烷的皮肤摄入和呼吸摄入数据均由口入数据代替。

3. 中水人群暴露评价结果

职业人群对中水的暴露特征分析：对机扫分公司司机及作业现场进行调查。基于调查结果，假设方案 1：现在岗司机工作至退休从事道路压尘工作（男 55 岁，女 50 岁）暴露于中水中的时间（除节假日以外，以下同）为男性 3263 天（13 年），女性 2259 天（9 年）；方案 2：司机从开始工作到退休始终从事道路压尘工作，暴露于中水中的时间为男性 8785 天（35 年），女性 7530 天（30 年）。工作日暴露于中水环境的时间为 7.5 小时，皮肤接触中水的时间 10 分钟（主要为手，其次为其他身体暴露部位）。以此计算暴露剂量。

根据公园园丁问卷及中水使用情况调查结果，假设方案 1：现在岗园丁工作至退休（男 55 岁，女 50 岁）从事公园绿化工作，暴露于中水中的时间（除节假日及每年三个月的停灌日以外，以下同）为男性 5400 天（30 年），女性 4725 天（25 年）；方案 2：园丁从开始工作到退休始终从事公园绿化工作，暴露于中水中的时间为：男性 6615 天（35 年），女性 5670 天（30 年）。工作日暴露于中水环境的时间为 6 小时，皮肤接触中水的时间每日 15 分钟（主要为手，其次为其他身体暴露部位）。以此计算暴露剂量。

根据以上调查情况，确定本次评价暴露人群分为职业暴露人群和非职业暴露人群。对职业暴露人群的暴露评价采取两种方案，方案 1：为根据实际平均年龄到退休时的暴露；方案 2：为自参加工作到退休时的暴露；对非职业人群，道路压尘暴露人群主要选取路边固定人群，主要为成年人。终生日均暴露计算结果见表 5-10：

表 5-10 职业人群终生日均暴露计算结果*

	性别	THMs	LADD 吸入		LADD 皮肤		合计 LADD	
			方案 1	方案 2	方案 1	方案 2	方案 1	方案 2
道路压尘	男	TCM	1.18E−01	3.98E−01	5.47E−07	1.85E−06	1.18E−01	3.98E−01
		BDLM	5.11E−03	1.73E−02	2.38E−08	8.04E−08	5.11E−03	1.73E−02
	女	TCM	8.81E−02	3.43E−01	3.57E−07	1.39E−06	8.81E−02	3.43E−01
		BDLM	3.83E−03	1.49E−02	1.55E−08	6.04E−08	3.83E−03	1.49E−02
公园绿化	男	TCM	2.72E−01	3.81E−01	1.33E−06	1.86E−06	2.72E−01	3.81E−01
		BDLM	1.18E−02	1.66E−02	5.79E−08	8.10E−08	1.18E−02	1.66E−02
	女	TCM	2.68E−01	3.61E−01	1.10E−06	1.54E−06	2.68E−01	3.61E−01
		BDLM	1.12E−02	1.57E−02	4.78E−08	6.69E−08	1.12E−02	1.57E−02

* 1.18E−01 即 1.8 乘 10 的−1 次方（1.18×10^{-1}），余同

4. 危险度特征分析　职业人群终生致癌危险度评价结果见表 5-11。

表 5-11 职业人群致癌危险度评价*

			$R_{吸入}$			$R_{皮肤}$			$R_{吸入+皮肤}$		
			TCM	BDCM	THM	TCM	BDCM	THM	TCM	BDCM	THM
方案 1	司机	男	9.68E−06	3.17E−07	9.99E−06	3.34E−12	1.48E−12	4.81E−12	9.68E−06	3.17E−07	9.99E−06
		女	7.22E−06	2.37E−07	7.46E−06	2.18E−12	9.61E−13	3.14E−12	7.22E−06	2.37E−07	7.46E−06
	园丁	男	2.23E−05	7.32E−07	2.30E−05	8.11E−12	3.59E−12	1.17E−11	2.23E−05	7.32E−07	2.30E−05
		女	2.20E−05	6.94E−07	2.27E−05	6.71E−12	2.96E−12	9.67E−12	2.20E−05	6.94E−07	2.27E−05

（续表）

			$R_{吸入}$			$R_{皮肤}$			$R_{吸入+皮肤}$		
			TCM	BDCM	THM	TCM	BDCM	THM	TCM	BDCM	THM
方案2	司机	男	3.26E—05	1.07E—06	3.37E—05	1.13E—11	4.98E—12	1.63E—11	3.26E—05	1.07E—06	3.37E—05
		女	2.81E—05	9.24E—07	2.90E—05	8.48E—12	3.74E—12	1.22E—11	2.81E—05	9.24E—07	2.90E—05
	园丁	男	3.12E—05	1.03E—06	3.23E—05	1.13E—11	5.02E—12	1.64E—11	3.12E—05	1.03E—06	3.23E—05
		女	2.96E—05	9.73E—07	3.06E—05	9.39E—12	4.15E—12	1.35E—11	2.96E—05	9.73E—07	3.06E—05

* 9.68E—06 即 9.68 乘 10 的—6 次方（9.68×10^{-6}），余同

方案 1 中，对于吸入暴露，TCM 的危险度为 7.22E－06～2.23E－05，BDCM 为 2.37E—07～7.32E—07，THM 为 7.46E—06～2.30E—05；对皮肤暴露，TCM 的危险度为 2.18E－12～8.11E－12，BDCM 为 9.61E－13～3.59E－12，THM 为 7.22E－06～2.23E—05；对总暴露，TCM 的危险度为 7.22E—06～2.23E—05，BDCM 为 2.37E—07～7.32E—07，THM 为 7.46E—06～2.30E—05。

方案 2 中，对于吸入暴露，TCM 的危险度为 2.81E—05～3.26E—05，BDCM 为 9.24E—07～1.07E－06，THM 为 2.90E－05～3.37E－05；对皮肤暴露，TCM 的危险度为 8.48E—12～1.13E—11，BDCM 为 3.74E—12～5.02E—12，THM 为 1.22E—11～1.64E—11；对总暴露，TCM 的危险度为 2.81E—05～3.26E—05，BDCM 为 9.24E—07～1.07E—06，THM 为 2.90E—05～3.37E—05。

对同一职业，男性的暴露危险度略大于女性；对于两种暴露途径，吸入暴露途径危险度大于皮肤；对于 THM、TCM 的危险度大于 BDCM。

（潘小川）

思考题

1. 健康危险度评价的概念应包括哪些层次？由几个部分构成？
2. 暴露的基本要素是什么？
3. 如何进行环境暴露量的估计？
4. 什么是 BMD 方法？有何特点？
5. 致癌强度系数的意义及其应用。

第六章　大气与健康

第一节　大气的自然特征

大气是指包围在地球外部的空气层。由大气所形成的围绕地球周围的混合气体称为大气圈，又称大气环境。大气圈是环境的重要组成要素，也是维持地球上一切生命赖以生存和延续的物质基础。

一、大气圈的结构

大气圈的厚度大约在2000～3000km。大气的组分和物理性质在垂直方向上有显著的差异，据此可按大气在各个高度的特征分成若干层次，又称为大气的垂直结构。常用的分层法包括：①按温度垂直变化的特点分为对流层、平流层、中间层、暖层（电离层）和逸散层（外层）；②按大气成分结构分为均质层和非均质层；③按压力特性可分为气压层和外大气层（逸散层），④按电离状态分为中性层、电离层和磁层。此外，还可按特殊的大气化学成分分层。

（一）按大气的温度变化分层

1. 对流层（troposphere）　是大气圈的最底层，其下界是地面，上界因纬度和季节而异。对流层的平均厚度在低纬度地区为17～18km，中纬度地区为10～12km，高纬度地区为8～9km。对流层内具有强烈的对流作用，其强度因纬度和季节而有所不同。一般对流作用是在低纬度较强、高纬度较弱，所以对流层的厚度从赤道向两极减小。同大气层的总厚度相比，对流层非常薄，不及整个大气厚度的1%，但它集中了整个大气圈3/4的质量和几乎全部的水汽。因此，对流层是大气圈中与一切生物关系最为密切的一个层次，它对人类的生产、生活的影响也最大。通常所发生的大气污染现象，实际上主要发生在这一层，特别是靠近地面的1～2km范围内。

对流层具有以下三个基本特征：

(1) 气温随高度增加而减小：通常情况下，对流层中气温的垂直分布随高度增加而降低。因为对流层空气主要依靠地面的长波辐射增热。越近地面，空气受热愈多，反之愈少。因此，高度愈高，气温愈低。平均每增高100m，气温降低0.65℃。

(2) 空气对流运动显著：因受地面的不均匀加热，从而导致对流层空气的垂直对流运动。对流运动的强度因纬度和季节而异，低纬度较强，高纬度较弱；夏季较强，冬季较弱。由于空气的对流运动，使高层与低层空气带交换，近地面的热量、水汽和杂质通过对流向上空输送，从而导致一系列天气现象的形成。

(3) 天气现象复杂多变：由于对流层受地球表面的影响最大，而使对流层中温度的水平分布不均匀，于是可产生一系列物理过程，形成复杂的天气现象。

根据温度、湿度和气流运动以及天气状况等的差异，可将对流层划分为三层：

(1) 下层：底部与地表相接，上界大致为1～2km。该层气流运动受地表摩擦作用强烈，大气的热量和动态交换显著，故称此层为大气边界层或摩擦层。该层大气具有湍流运动的特征，地球表面与大气之间的动量、热量和物质的交换正是通过湍流输送来实现的。因此，这层大气的状态可随着地面加热状况以及地表的干湿程度的变化而改变。在中纬度地区，大气边界层中的温度、湿度、风等气象要素有明显的日变化就是这样造成的。大气边界层是人类活动和植物生长的重要场所，又对人类和生物活动产生着重要影响。人类活动和许多自然过程产生的大气污染物均出现在该层大气之中。因此，大气边界层是大气科学和环境科学研究的重要气层。

(2) 中层：下界为边界层顶，上界大约在 6km 左右。该层空气受地面影响较小，其空气运动可代表整个对流层空气运动的趋势，大气中的云和降水现象多出现在这一层。

(3) 上层：从 6km 高度伸展到对流层顶部。此层水汽含量很少，气温常在 0℃以下，这里的云层均是由冰晶或过冷水滴所组成。

在对流层和平流层间有一过渡层，厚约几百米至 2000 米，称对流层顶。对流层顶内是等温或逆温，它对对流层中的对流作用起着阻挡作用。

2. 平流层　从对流层顶至 55km 左右为平流层。在平流层内，气温随高度增加但变化很小。到 25km 以上高度时，由于臭氧含量多，吸收了大量的紫外线，因此这里升温很快，大致在 50km 高空形成一个暖区。到平流层顶，气温约升至－3～－17℃。平流层内水汽和尘埃含量很小，没有对流层内出现的那些天气现象。该层内气流运动相当平稳，并以水平运动为主，平流层即由此得名。

3. 中间层　从平流层顶至 85km 高空称为中间层。该层内臭氧很稀少，氮、氧等气体所能直接吸收的波长更短的太阳辐射，大部分已被上层大气吸收，因而这层大气的气温随高度增加而迅速下降，至该层顶气温降到－83℃以下。中间层内水汽极少，仍有垂直对流运动。故又称此层为高空对流层或上对流层。

4. 暖层　从中间层顶到 800km 高空是暖层。该层的气温随高度增加而急剧升高。据人造卫星观测，在 300km 高度上，气温可达 1000℃以上。故此称其为暖层或热层。暖层在宇宙射线和太阳紫外线的作用下，大气中的氧和氮分子被分解为离子，使大气处于高度电离状态，故又称电离层。电离层能反射电磁波，对地球上的无线电通讯具有重要意义。

5. 逸散层　暖层顶之上，即 800km 高度以上的大气层，称为逸散层。属于大气圈与外层星际空间的过渡地带，其气温随高度的增加而升高。由于空气十分稀薄，受地球引力较小，一些高速运动的大气物质粒子就能逸散到外层星际空间。

(二) 按大气的化学成分分层

1. 均质层　在高度 90km 以下的大气层，称为均质层。该层内空气主要成分的组成比较均匀，比例几乎没有变化。其中的臭氧层对人类的健康有重要的卫生学意义。

臭氧层是平流层中臭氧浓集的一段气体空间。该层位于 10～50km 的高空，在 22～25km 处臭氧浓度达到最大值 3.8×10^{-4} g/m^3。臭氧是氧原子与氧分子在第三体（N_2，O_2）参与下产生的，由于高层大气中气体分子极少，而低层大气中光解离的原子氧又不多，故只在平流层内形成臭氧层。大气中实际的臭氧浓度极低，若把整个垂直气层内全部臭氧在标准条件下压缩其厚度不足 0.45cm。观察发现，臭氧浓度随纬度和季节而发生变化。在北半球，大部分地区的臭氧层厚度在春季最大，秋季最小；高纬度地区季节变化更加明显，最大臭氧带靠近极地，极小值出现在赤道附近。

臭氧层的存在对中层大气的热状况起着重要的影响，它能吸收绝大部分太阳紫外线辐射(波长 200～300nm)，使平流层加热并阻挡强紫外辐射到达地面，对人类和生物起了重要的保护作用。近年来，由于超音速飞机在平流层的飞行日益增多，以及人类活动产生的某些痕量气体如氮氧化物和氯氟烃等进入平流层，都可能对臭氧层起到破坏作用，近年来对所谓“臭氧空洞”的报道和相关研究已引起各国政府和很多学者的普遍关注。

2. 非均质层　在高度 90km 以上的大气层，该层的大气中氧分子和氮分子大量解离。

大气垂直结构的分层见图 6-1。

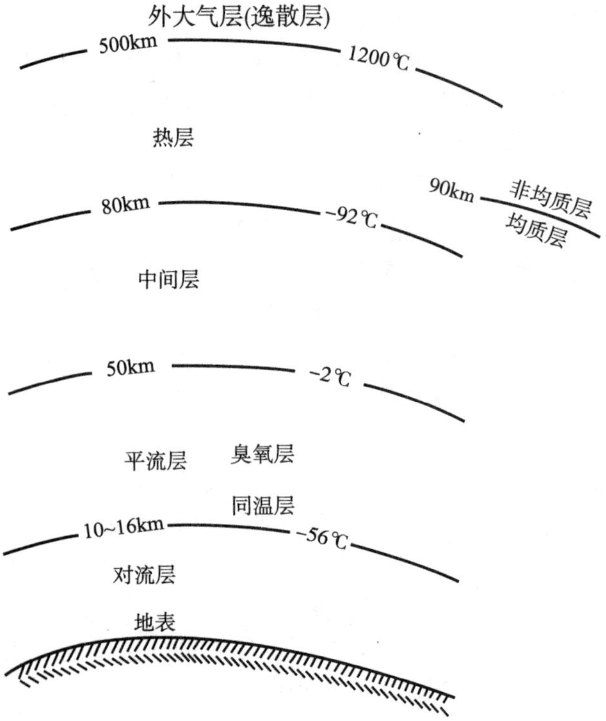

图 6-1　大气圈垂直结构示意图

（三）按大气的电离状态

1. 电离层　自高度 60km 以上的大气层为电离层。由于受短波紫外线和宇宙射线的作用，该层内大部分气体分子发生电离，故该层具有特殊的带电状态，并能反射无线电波。

2. 非电离层　在高度 60km 以下的大气层为非电离层。它包括对流层和平流层的全部、中间层的下部。

二、大气的物理特征

大气物理特征主要包括太阳辐射、气象因素等方面。

1. 太阳辐射　自然界中的一切物体都以电磁波的形式向外传输能量，这种能量传输方式称为辐射。以辐射方式向外输送的能量称为辐射能。物体在向外辐射能量的同时，也吸收其他物体的辐射。物体的温度越高，辐射的波长越短。太阳辐射是地球上最主要的能量来源，也是产生各种复杂天气现象的根本原因和源泉。太阳是一个炽热的球体，表面温度约 6000 K，99%以上辐射能集中在 150～4000nm 之间，其中可见光区（400～760nm）占 50%左右。因其波长比地面和大气辐射的波长短得多，因此太阳辐射亦称为短波辐射。

太阳辐射经过大气层时，经大气的吸收、散射和反射作用而削弱。大气中吸收太阳辐射的成分主要是水汽、二氧化碳和臭氧。水汽和二氧化碳主要吸收红外区的辐射，但其吸收带内太阳辐射能较少，故它们吸收太阳辐射能较少。臭氧主要分布在平流层，能强烈地吸收而使平流层增暖，但对低层大气温度影响不大。太阳辐射虽然是地球表面和大气唯一的能量来源，但低层大气主要不是靠直接吸收太阳辐射而增温。太阳辐射遇到大气中的分子、云滴、尘埃粒子时，会发生散射。散射只改变辐射的方向，使太阳辐射以散射光向四面八方传播。散射光有一部分返回宇宙空间，一部分到达地球表面。大气中云层和大气颗粒物、尘埃粒子能将太阳辐射的一部分能量反射回去。因此大气中颗粒物的污染严重时，可影响照射到地表的太阳辐射量。影响大气对太阳辐射减弱作用的主要因素是太阳高度角和大气透明度。太阳高度角越小，太阳光穿过大气层到达地面的厚度越厚，太阳辐射减弱越多。空气颗粒物越多，大气透明度越差，太阳辐射减弱越多。在空气污染严重的地区，到达地面的太阳辐射明显减少。地球表面因吸收太阳辐射而保持平均温度在 200～300K 左右，对流层顶的平均温度约 200 K。地球表面和大气主要向外辐射波长为 3～120μm 的辐射能，称之为长波辐射。地面辐射是向上的，而大气辐射既有向上的，也有向下的。大气辐射中向下的那一部分被称为大气逆辐射。大气逆辐射减少了地面以长波辐射形式向外传输热量，对地面起到保温作用。这种作用就称为“温室效应”。地面辐射和地面所吸收的大气逆辐射之差，称为地面有效辐射。以公式表示即为：

$$F_{有}=E_{地}-E_{气}$$

式中，$F_{有}$ 为地面有效辐射；$E_{地}$ 为地面辐射；$E_{气}$ 为大气逆辐射。

由于波长小于 290nm 的太阳紫外辐射都已被臭氧层吸收而不能到达地表，避免了宇宙射线、短波紫外线等有害射线对地球表面生物的杀伤作用。虽然 200～275nm 波长的紫外线（紫外线 C）具有极强的杀菌作用，但对细胞的损伤也是极严重的。紫外线 B（波长 275～320nm）有一部分能到达地表，对机体具有抗佝偻病作用和红斑作用，并能促进机体免疫水平，提高机体的抵抗力。这段波长的紫外线对机体的生理促进作用最大。紫外线 A（波长 320～400nm）的生理学意义较小，主要是产生色素沉着作用。紫外线虽对人体健康具有促进作用，但过多过强的照射能引起光照性皮炎、眼炎甚至皮肤癌等疾病。

波长 400～760nm 的电磁波是可见光。人体视觉对这段七色光谱的综合感觉是白色。自然条件下，该段光谱作用于机体的高级神经系统，能提高视觉功能和机体的代谢，平衡兴奋与镇静作用，提高情绪和工作效率。它是生物生存所必不可少的条件之一。

波长 760nm～1mm 的电磁波是红外线，其主要的生物学作用是使机体产生热效应。红外线经皮肤吸收后，可使局部组织温度升高、血管扩张充血，促使细胞新陈代谢和增生，并有消炎和镇痛作用。过量的红外线照射能引起皮肤烧灼、体温升高，还可引起热射病、日射病、红外线白内障等疾病。

2. 气象因素　指气温、气流、气湿和气压等气象因素，这些因素对机体的冷热感觉、体温调节、心脑血管功能、神经系统功能、免疫功能等多种生理活动，起着综合性调节作用。合适的气象条件可使机体始终处于良好的、舒适的状态。当气象条件的变化超过机体调节能力的范围，例如酷暑、严寒、高湿和低气压、暴风雨等，均能引起机体生理代偿能力下降，从而引起人群中许多疾病的发生或加重。近年来有关气象因素对人群健康和疾病的影响受到了国内外学者的广泛关注。目前认为与气象因素有关的疾病包括有心脑血管疾病、呼吸系统疾病、关节疾病等。此外，气象因素对大气中污染物的扩散，也具有重要的作用。这些在后面的章节中还会详细介绍。

三、大气的化学组成

大气是由多种气体组成的混合物，其中还含有一些悬浮的固体杂质和液体微粒。

（一）干洁空气

大气中除水汽、液体和固体杂质外的整个混合气体，通称为干洁空气。其组成成分最主要的是氮、氧、氩三种气体，三者占大气总体积的 99.9%，其他气体不足 1%（表 6-1）。N_2 不易与其他物质起化合作用，只有极少量的 N_2 可被土壤细菌所摄取。O_2 则易与其他元素化合。如燃料的燃烧便是一种剧烈的氧化作用形式，它又是地球上一切生命所必需的。大气中的 Ar 约占 1%，是一种惰性气体。在干洁空气中，CO_2 和 O_3 含量很少，但变化较大，其对地表自然界和大气温度有着重要的影响。在距地表 20km 以下的大气层中，CO_2 的平均含量约占 0.03%，在高空显著减少。CO_2 主要来自火山喷发、动植物的呼吸以及有机物的燃烧和腐败等。在人口稠密地区，CO_2 含量明显增高，可占空气体积的 0.05%～0.07%；在海洋上和人口稀少地区，CO_2 含量大为减少。CO_2 可强烈吸收和放射长波辐射，对大气和地表温度有较大的影响，起着“温室”的作用。大气中 O_3 主要是在太阳紫外辐射作用下形成的，雷雨闪电作用和有机物的氧化也能形成 O_3，能强烈地吸收太阳的紫外线，对大气起到增温的作用，并在高空形成一个暖区。

表 6-1　干燥空气的组成（标准状况下）

空气成分	容积百分比	重量百分比
氮（N）	78.09	75.51
氧（O）	20.95	23.15
氩（Ar）	0.93	1.28
二氧化碳（CO_2）	0.03	0.046
氖（Ne）	0.0018	0.00125
氦（He）	0.0052	0.000072
甲烷（CH_4）	0.00022	0.00012
氪（Kr）	0.0001	0.00029
一氧化二氮（N_2O）	0.00005	0.00008
氢（H）	0.00005	0.0000035
氙（Xe）	0.000008	0.000038
臭氧（O_3）	0.000004	0.000007

（二）水汽

大气中的水汽主要来自海洋、江河、湖沼，以及其他潮湿物体表面的蒸发和植物的蒸发，一般借助空气的对流向上输送。大气中的水汽含量变化很大，其容积变化范围一般在 0～4%之间。一般情况下，空气中水汽含量随高度的增加而减少。据观测，在 1.5～2km 高度，大气中的水汽含量已减少到地面的 1/2；在 5km 高度处，减到地面的 1/10；再向上，含量就更少。空气中的水汽可以发生气态、液态和固态三相转化，如常见的云、雨、雪等天气现象，都是水汽出现相变的表现。

（三）固体微粒

悬浮于大气中的固体微粒包括烟尘、尘埃、盐粒等，它们的半径一般在 10^{-2}～10^{-8}cm，多分布于低层大气中。烟尘主要来自人类生产、生活方面的燃料燃烧，尘埃主要来源于地表松散微粒被风吹扬而起进入大气层，另外还有火山爆发后产生的火山灰、流星燃烧的灰烬；盐粒主要是指海洋波浪溅入大气的水分经蒸发后形成的。一般来说，大气中的微粒含量，在陆地上空多于海洋，城市多于农村，冬季多于夏季，白天多于夜间，愈近地面愈多。固体微粒在大气中能充当水汽凝结的核心，因此对云雨的形成起着重要作用。

（四）大气污染物

由于人类活动所产生的某些有害颗粒物和废气进入大气层，又给大气中增添了许多种外来组分。这些物质称为大气污染物，可分为两类：一类是有害气体，如 SO_2、CO、CH_4、NOx、H_2S、HF 等；另一类是固体微粒，如煤烟、煤尘、水泥、金属粉尘等。应该说明的是，这类物质完全是由于人类活动所产生的，对自然环境施加的额外负荷，而非自然大气的组分。

第二节　大气污染

一、大气污染的概念

大气污染（air pollution）是指大气中污染物质的浓度达到了有害程度，以致对自然生态系统的平衡造成破坏，对人类的生存和健康产生危害的现象。大气污染的形成，有自然原因和人为原因两大类。前者如火山爆发、森林火灾、岩石风化等；后者如各类燃烧物释放的废气和工业排放的废气等。目前，全球各地的大气污染主要是人为因素造成的。随着人类社会生产和经济活动的迅速发展，地球上各类能源被大量消耗，其中化石燃料在燃烧过程中向大气释放大量的烟尘、硫、氮等物质，这些物质影响了大气环境的质量，尤其是在人口稠密的城市和工业区域，对人群的健康产生越来越严重的不利影响，也对整个人类社会的生存和发展产生了威胁。

一般认为形成大气污染的三大要素是：污染源、大气状态和受体（环境和人体）。大气污染的三个过程是：污染物排放、大气运动和对受体的作用。因此，大气污染的程度与污染物的性质、污染源的排放、气象条件和地理条件等有关。其中，污染源按其性质和排放方式可分为工业污染源、生活污染源和交通污染源。污染源排放的有害物质对大气的污染程度，与污染源性质如排放方式、污染物的理化性质、污染物的排放量等内在因素有关，而大气污染的危害程度则还与受体的性质如环境敏感度、受体距污染源的距离有关，也与气象因素有关。如风和大气湍流、温度层情况以及云、雾等，这些因素都在很大程度上影响大气污染及其危害程度。

大气污染是人类当前面临的重要环境污染问题之一。由于大气污染的作用，可以使某些环境要素发生变化，使生态环境受到冲击而失去平衡，导致环境系统的结构和功能发生变化，进而对人群的健康也会产生危害。这种因大气污染而引起环境变化和健康危害的现象，称为大气污染效应。当今世界各国政府和学者都对大气污染如此重视和关注，也正是因大气污染所引起的强烈效应所促成的。在迄今为止的历次世界重大污染事件中，就有 7 件是由大气污染造成的。如马斯河谷烟雾事件、多诺拉烟雾事件、伦敦烟雾事件、洛杉矶光化学烟雾事件、四日市哮喘事件、博帕尔农药泄漏事件和切尔诺贝利核电站事故等，这些污染事件在造成大气严重污染的同时，均出现接触人群中毒和相关疾病的发病和死亡迅速增加，对人类社会的正常发展产生极大的震撼。

二、大气污染的来源

大气污染的来源极广，分类方法也不同。

（1）按排放的位置分类，可分为高架源排放（如百米以上的烟囱或排气筒）、低空面源排放（如小型取暖锅炉、茶炉、食堂炉灶、居民生活炉灶及饮食摊点炉灶等）和线源排放（如飞机、汽车、轮船、蒸汽机车和内燃机车等）。

（2）按排放方式分类，可分为有组织排放（如烟囱、排气管）和无组织排放（如工业生产设备老化或管理不善引起的废气外泄或废弃物自燃）。

（3）按排出物组分种类的多少，可分为单一组分排放或混合组分排放（如煤烟等）。

（4）按污染源的运动特性，可分为固定源和流动源。固定源是指污染物由固定地点排出，如各类工业企业的污染源及家庭炉灶等。流动源是指各种交通工具，如汽车、轮船在行驶过程中向大气散发的有害物质，其特点是小型分散、数量大、流动频繁。

（5）按污染源排放污染物的时间长短，可以分为连续源、脉冲源和间隔时间源。若污染源持续排放某一类或几类污染物，则为连续源；在某些时候，污染源不是持续排放，而是持续一段时间，例如2～3h以上，在这个时间范围内，也可以近似将该源看作是连续源。脉冲源是持续时间极短的污染源，例如爆炸。介于连续源和脉冲源之间的为间隔时间污染源，例如在非正常事故性排放情况下，持续几分钟至几十分钟的污染源即属此类。

我们一般可以将大气污染物产生的主要来源分为自然污染源和人为污染源。自然污染源是指自然界自行向大气环境排放有害物质或造成有害影响的场所，如正在爆发的火山、大风吹起的扬尘等。人为污染源是人类社会活动所形成的污染源，如工业污染物排放等。人为污染源主要可分为以下几种：

（一）工业企业

工业企业仍然是当今尤其是发展中国家大气污染的主要来源。随着工业的迅速发展，大气污染物的种类、数量不断增加，由于工业的性质、规模、工艺流程、原料和产品的不同，排出物对大气污染的程度也不同，工业企业污染大气的排出物主要来自以下几方面：

1. 燃料的燃烧　煤炭和石油是当前工业企业主要的燃料。在燃烧过程中，会有大量的燃烧产物排放到大气中，主要有烟尘（颗粒物）、二氧化硫、一氧化碳、氮氧化物、各种烃类以及金属氧化物等（见表6-2）。燃用煤炭最多的工业部门有电力、冶金、机械制造、化工、轻工、建筑材料等。燃烧产物的种类、数量与燃煤品种、数量、燃烧方法、燃烧设备、除尘净化设施等有关。

表 6-2 各种工业企业排出的主要污染物

工业部门	企业名称	排出的主要大气污染物
电力	火力发电厂	烟尘、二氧化硫、二氧化碳、氮氧化物、多环芳烃、五氧化二矾
冶金	钢铁厂	烟尘、二氧化硫、一氧化碳、氧化铁粉尖、氧化钙粉尘、锰
	焦化厂	烟尘、二氧化硫、一氧化碳、酚、苯、萘、硫化氢、烃类
	有色金属冶炼厂	烟尘（含有各种金属如铅、锌、镉、铜等）、二氧化硫、汞蒸气
	铝厂	氟化氢、氟尘、氧化铝
化工	石油化工厂	二氧化硫、硫化氢、氰化物、烃类、氮氧化物、氯化物
	氮肥厂	氮氧化物、一氧化碳、硫酸气溶胶、氨、烟尘
	磷肥厂	烟尘、氟化氢、硫酸气溶胶
	硫酸厂	二氧化硫、氮氧化物、砷、硫酸气溶胶
	氯碱工厂	氯化氢、氯气
	化学纤维厂	硫化氢、二氧化碳、甲醇、丙酮、氨、烟尘、二氯甲烷
	合成橡胶厂	丁间二烯、苯乙烯、乙烯、异戊二烯、二氯乙烷、二氯乙醚、乙硫醇、氯代甲烷
	农药厂	砷、汞、氯
	冰晶石工厂	氟化氢
轻工	造纸厂	烟尘、硫醇、硫化氢、臭气
	仪器仪表厂	汞、氰化物、铬酸
	灯泡厂	汞、烟尘
机械	机械加工厂	烟尘
建材	水泥厂	水泥、烟尘
	砖瓦厂	氟化氢、二氧化硫
	玻璃厂	氟化氢、二氧化硅、硼
	沥青油毡厂	油烟、苯并（a）芘、石棉、一氧化碳

我国是一个煤炭大国，近年的煤炭产量始终居世界第一位。在今后的长时期内，煤炭仍将是我国的主要能源。因此煤炭燃烧也是我国大气污染的主要来源。其中煤炭的含硫量对形成大气污染有重要影响。我国的煤炭含硫量因煤炭品种与产地而异，差别很大，变动于0.05%～5.0%，燃烧时煤炭中约有80%～90%的硫转化成二氧化硫排入大气中。燃煤时同时产生的一氧化碳、氮氧化物、碳氢化合物、黑烟等，随着锅炉设备的型号、燃烧温度、除尘净化装置的质量与管理条件而有所不同。

2. 生产废气　在工业生产中，从原料进厂到产品出厂，在不同的工艺流程中，可能有各种污染物质排放，组分复杂，其中很多是生产工艺流程中的中间产物。如果设备密封状态好，管理维修工作及时，排出的污染物质就较少。如果设备老化，或原设计不善，管理维修差，可使排出物质增多，这类污染物排放后因无组织排放，排放高度低，对附近地区的大气污染尤为严重。有些企业在生产过程中因多种原因不能将废气回收利用，而采取排气筒直接排放，则易将废气扩散至较远地区，就可造成远距离的大气污染。

（二）生活炉灶与采暖锅炉

我国城市地区居民人口集中，在未使用天然气与液化石油气的广大地区，生活炉灶仍然使用散煤、煤球或蜂窝煤，由于煤炭质量和炉灶结构不合理等原因，造成燃烧不完全，致使大量的污染物在燃烧过程中产生，排放入低空大气，造成污染并对人群健康形成危害。目前我国城市街道中大量饮食摊点使用煤炉或烤炸食品，也使附近街道空气中烟尘或油烟弥漫，造成空气污染。

我国北方城镇地区在冬季采暖期，需要大量的煤炭或天然气进行供暖，由于集中采暖设备和除尘设施不完善，家用取暖设备燃烧条件限制，使得冬季的大气污染物排放浓度常常很高，特别是冬季逆温日较多，排出烟尘又不易扩散，形成严重的面源污染，对人群健康可产生各种直接和间接的危害。

（三）交通运输

多年来，交通运输业的发展始终是世界经济发展的重要动力之一，随着全球交通运输业的发展，在欧美发达国家中汽车废气的大量排放已经成为其大气污染的主要来源之一，国外学者估计，21世纪全球大气污染的主要特征是机动车废气污染将成为主要的污染来源。我国近年来随着经济的快速发展，汽车的生产和保有量也飞速增加，在国内主要的大城市中，机动车辆不断增加，如北京目前的机动车保有量已超过200万辆。这样大量的机动车上路使汽车废气的排放总量迅速增加；加之国内的道路条件先天不足，交通阻塞不断，汽车减速行驶或空档停车频繁，汽车燃料的质量又不好，造成严重的汽车废气污染，对大气污染的分担率逐年升高，在北京、上海、广州等大城市中汽车废气对大气污染的贡献已超过一半以上，即国内的部分大城市中汽车废气污染已取代工业企业成为大气污染的主要来源。值得注意的是随着人民生活水平的提高，汽车工业飞速发展，汽车进入家庭在我国正方兴未艾，而对由此可能产生的大气环境质量的恶化和人群健康的不利效应尚未引起各方面的足够重视。

（四）地面扬尘和沙尘暴

城市居民区及街道的路面由于铺装不好，绿地面积少，道路清扫方式落后、不及时，加上大气污染的降尘，使地表面的浮尘较多。当人群经过和车辆行驶时，常使地面尘土飞扬，形成污染，遇风天时更易造成近地面大气污染。北京市近年的大气颗粒物污染与此就有重要的关系。

近年在我国北方地区，主要源于甘肃和内蒙古所形成的沙尘暴（sandstorm）天气，已成为一种自然灾害。沙尘爆发生时，大量的颗粒物被扬起，同时在颗粒物形成和长途传输过程中，形成了大量的化学物污染和生物学污染，均会对大气环境和人类健康带来危害。沙尘暴对大气环境质量的影响范围很广，我国北方和蒙古国的沙尘暴甚至可影响到韩国、日本和我国台湾省的大气环境。我国北方地区较为干旱，绿化程度低，特别是黄土高原地区，大片地面裸露无植被，干燥积土，遇大风时常造成局部地区发生沙尘暴现象。

（五）大气污染意外

意外的污染事故近年来也成为大气污染的重要来源之一。如火灾、战争、工厂爆炸泄漏（例如印度博帕尔事件和前苏联切尔诺贝利核电站事故）、油气田发生井喷（重庆特大井喷事故）等，此类事件虽为偶发，但一般说来，对经济、社会的影响巨大，造成的健康危害比较严重，应对其发生的原因和预防进行深入研究。

三、大气污染的类型

大气污染可以从不同角度进行分类：

（一）以污染物的化学性质及其存在的大气环境状况为依据

1. 还原型（煤炭型）污染　这种大气污染常发生在以使用煤炭为主的地区。这类污染的主要污染物是SO_2、CO和颗粒物。在低温、高湿度的阴天，且风速很小时，伴有逆温存在的情况下，一次污染物的扩散受阻，容易在低空进行聚积，生成还原性烟雾。伦敦烟雾事件就是这类还原型污染的典型代表，故这类污染又称伦敦烟雾型。

2. 氧化型（汽车尾气型）污染　这种类型的污染多发生在主要以石油燃料为主的地区，污染物的主要来源是汽车废气、燃油锅炉以及石油化工企业。排放的主要是NOx、CO和碳氢化合物等一次污染物。这些污染物在太阳紫外线的照射下能够引起光化学反应，生成二次污染物如O_3、醛类、过氧乙酰硝酸酯（PAN）等物质。这类物质具有极强的氧化性，对人的眼睛、口腔等粘膜有强刺激性作用。典型代表是洛杉矶光化学烟雾。

还原型与氧化型是两类截然不同的大气污染，其主要差异的对比见表6-3。

表6-3　大气污染类型的特征

		还原型	氧化型
又名		煤炭型	汽车尾气型
污染源		工厂、家庭取暖燃煤装置	汽车
污染物		一次污染物与二次污染物的混合体SO_2、CO、颗粒物、硫酸雾、硫酸盐、气溶胶	二次污染物为主、臭氧、过氧乙酰硝酸酯（PAN）、甲醛、乙醛、丙烯醛等醛类以及硝酸雾、硫酸雾
发生地区		湿度较大的温带、亚热带	光照强烈的热带、亚热带
燃料		以煤为主	石油燃料
反应类型		热反应	光化学反应及热反应
化学作用		催化作用	光化学氧化作用
天气、气象条件	温度	−1～4℃	24～32℃
	湿度	>85%	<70%
	逆温	辐射性逆温	沉降性逆温
	风速	静风	22m/s以下
发生时间		12～1月（冬季）、凌晨	8～9月（早秋）中午或午后阳光强烈时
烟雾最大时的视距		0.8～1.6km	<100m
对人体的影响		刺激呼吸系统，使患呼吸道疾病者加速死亡	刺激眼粘膜

（二）根据燃料的性质和大气污染物的组成和反应，亦可把大气污染划分如下三种类型

1. 煤炭型　煤炭型污染的代表性污染物是由煤炭燃烧时放出的烟气、粉尘、SO_2等构成的一次污染物，以及由这些污染物质发生化学反应而产生的硫酸、硫酸盐类气溶胶等二次污染物。造成这类污染的污染源主要是工业企业烟气排放物，其次是家庭炉灶等取暖设备的烟气排放。

2. 石油型　石油型污染的主要污染物来自汽车排放、石油冶炼及石油化工厂的排放。包括NOx、烯烃、链烷、醇等化合物，以及它们在大气中形成的自由基及其反应生成的一系列中间产物与最终产物。

3. 混合型　此种污染类型包括以煤炭为燃料的污染源排放的污染物，以及从各类工厂企业排出的各种化学物质等。在混合型工业城市，如日本的横滨、川崎等地所发生的污染事件，就属于该污染类型。

四、大气污染物

大气污染物按其属性分类，可分为三大类：生物性污染（各种空气传播的病原体）、物理性污染（噪声、电磁波等）和化学性污染。其中以化学性污染的种类最多、污染范围最广，是大气污染物中的重点。

1. 根据其在大气中的形态，可把大气污染物分为气体和颗粒物两类。其中气态污染物包括气体和蒸汽。气体是某些物质在常温、常压下所形成的气态形式。常见的气体污染物有CO、SO_2、NOx、NH_3、H_2S等。蒸汽是某些固态或液态物质受热后，引起固体升华或液体蒸发而形成的气态物质。例如：汞蒸汽、苯、硫酸蒸汽等。蒸汽遇冷后，仍能逐渐恢复到原有的固体或液体状态。

大气环境中颗粒状态的物质统称大气颗粒物。包括固体颗粒和液体颗粒，与人体健康的关系非常密切，也是近年大气污染研究关注的焦点。一般直径$\leqslant 100\mu m$的颗粒物称为悬浮性颗粒物，能均匀地分散在大气中形成相对稳定的悬浮体系，又称为气溶胶。直径$>100\mu m$的颗粒物在大气中一般悬浮仅几个小时，容易沉降到地面，为沉降性颗粒物，又称为降尘。目前，颗粒物直径均采用国际上通用的空气动力学直径（Dp）表示，简称空气动力学直径。空气动力学当量直径是指在低雷诺数的气流中与单位密度球具有相同终末沉降速度的颗粒直径。也就是指在较平静的气流中被测颗粒物的直径相当于与其具有相同终末沉降速度的密度为1的球形标准颗粒物的直径。这种表示法可以直接表达出颗粒物在空气中的停留时间、沉降速度、进入呼吸道的可能性、在呼吸道中的沉积部位等特性，故最为合理。根据颗粒物的形成来源，大致可分为以下几种：

尘：指由于各种机械作用粉碎而成的颗粒，其化学性状与母体材料是相同的。

烟：指燃烧产物。是炭粒、水汽、灰分等燃烧产物的混合物。

雾：指空气中的细小液体颗粒。

各种颗粒物在大气中可以独自运动，也可以吸附其他小颗粒或某些气体共同运动。可见，颗粒物可以起载体的作用，吸附和携带很多其他有害物质和病原体进入人体后造成危害。但是，颗粒物对人体的危害不仅限于载体作用，颗粒物本身的化学性状也有重要的作用。不同化学成分的颗粒物，其毒性是有很大差别的。

颗粒物的粒径可以影响颗粒物在空气中的持续时间和进入呼吸道的部位，粒径小的颗粒在大气中稳定程度较高，沉降速度慢，一般$10\ \mu m$粒径的颗粒物沉降到地面需要4～9h，而$1.0\mu m$的颗粒物需19～98天，$0.4\mu m$的细颗粒需要120～140天，粒径小于$0.1\mu m$的颗粒则需要5～10年！颗粒物在大气中的停留时间愈长，被吸入体内的几率就愈高。一般$>10\mu m$的颗粒易被人鼻粘膜和咽喉所阻挡而沉积于上呼吸道，而粒径小的颗粒则可以直接进入呼吸道深部。国际放射防护委员会（ICRP）根据颗粒物在人体肺部的沉积和清除规律，将呼吸道分为鼻咽区、气管支气管区和肺泡区三个部分，不同粒径的颗粒物在各区的沉积率是不相同的。因而不同粒径的颗粒物对人体健康的影响也就有所不同。

大气环境中颗粒物的来源，按其产生的状况基本上分为两类：自然源和人为源。自然源是指由于自然因素所产生的颗粒，如火山爆发、森林火灾、宇宙灰尘、海盐渍溅以及土壤颗粒；人为来源是指由于人类的生产和生活活动所产生的颗粒，如煤燃烧所产生的颗粒、汽车飞机等交通工具排放的颗粒、工业生产产生的尘粒等。颗粒按其产生的过程又可分为一次颗粒物和二次颗粒物：一次颗粒物是产生源直接排放到大气中的颗粒，如土壤颗粒、海盐颗粒等；二次颗粒物是指排入大气中的气体，经过物理和化学变化发生颗粒化而形成的颗粒物，如硫酸盐、硝酸盐等。

颗粒物的分类方法很多，分类依据也不统一。近年的研究认为，与人体健康关系密切的有如下类型的颗粒物：

（1）总悬浮颗粒物（TSP）：指粒径（空气动力学直径）为 0.1～100μm 的颗粒物。它是气溶胶中各种悬浮颗粒物的总称，是评价大气环境质量的常用指标之一。

（2）可吸入颗粒物（IP）：粒径≤10μm 的颗粒物，又称 PM_{10}。这类颗粒物由于可以被人体直接吸入呼吸道，研究已证实其对人体健康的影响更为密切，更能反映出大气环境质量与人体健康的关系，同时目前的国内大气监测手段能够较可靠和准确地测定其浓度，因而受到关注和重视。

（3）细颗粒物（fine particle，$PM_{2.5}$）：粒径≤2.5μm 的颗粒物。这类颗粒物因粒径很细，可直接被吸入人体呼吸道的深部，甚至直达肺泡，所以对人体健康的危害非常大。近年的研究发现，细颗粒物因为粒径小，更易于进入人体呼吸道；表面积大，可携带更多大气中的有毒有害物质；吸附性强，更易于浓缩大气中的各种污染物而使其毒性增强；因而比其他颗粒物具有更大的毒性和危害。但因细颗粒物的收集和分析技术较为复杂和精密，设备条件要求高，国内目前在监测和分析方面尚未普遍开展研究。欧美发达国家近年来对 SO_2、CO、NO_2 等经典的大气污染物已基本控制，但对大气颗粒物的污染水平始终成效不大，因此目前已把细颗粒物的监测和健康效应研究作为大气污染研究的重点。美国环保局在 1997 年已经发布了大气细颗粒物（$PM_{2.5}$）的环境质量标准，欧盟国家也在积极准备，我国目前在这方面的研究也正在迅速发展。

（4）超细颗粒物（ultrafine particle）：指粒径≤0.1～0.2μm 的大气颗粒物。研究发现这类超细颗粒物主要来自汽车尾气，且多为在大气中形成的二次污染物。由于认为其对人体健康可能存在严重的潜在危害，近年发达国家逐步开展了这方面的研究。但其对人体的健康效应仍不很清楚。

2. 根据大气污染物形成过程的不同，通常又可以将其分为一次污染物和二次污染物，如表 6-4 所示。

表 6-4　大气污染物的分类

	一次污染物	二次污染物
含硫化合物	SO_2、H_2S	SO_3、H_2SO_4、MSO_4
含氮化合物	NO、NH_3、NO_2	NO_2、HNO_3、MNO_3
碳氢化合物	C—C_5H 化合物	醛、过氧乙酰硝酸酯
碳氧化合物	CO、CO_2	
卤素化合物	HF、HCl	

（1）一次污染物：是指直接从各种排放源进入大气的各种气体、蒸汽和颗粒物。如前述的 SO_2、碳氧化合物、氮氧化合物、碳氢化合物和颗粒物等都是主要的一次污染物。一次污染物又可分为反应物质和非反应物质。前者不稳定，在大气中常与某些其他物质发生化学反应，或者作为催化剂，促进其他污染物之间的反应，如 SO_2 和 NO_2 等；后者不发生反应，或反应极为缓慢，是较稳定的物质，如 CO 等。

（2）二次污染物：大气中的碳氢化合物和 NOx 等一次污染物，在太阳紫外线照射下发生光化学反应，生成臭氧、醛、酮、过氧乙酰硝酸酯（PAN）等二次污染物。通常二次污染物的毒性比一次污染物的毒性还强。最常见的二次污染物有硫酸和硫酸盐气溶胶、硝酸和硝酸盐气溶胶、光化学烟雾等。光化学烟雾实质是这类光化学反应的反应物（一次污染物）与生成物（二次污染物）形成的特殊混合物。光化学烟雾的形成是一个复杂的光化学链式反应，它以 NO_2 光解生成氧原子反应为引发而导致臭氧的生成，又由于碳氢化合物的存在使 NO 加速向 NO_2 转化，使臭氧浓度增大，进而形成一系列具有强氧化性、刺激性的终产物：醛类、PAN、O_3 等。所以，产生光化学烟雾污染就是二次污染物作用的结果。

五、影响大气污染物浓度的因素

排入大气中的污染物，是否形成污染并造成人群健康危害，取决于其浓度的高低，而影响大气污染物的浓度的因素则主要包括污染源排放情况、气象因素和地理地形三方面。

（一）污染源的排放情况

1. 排出量　一定时间内污染物排出量是决定大气污染程度最基本的因素。一般情况下，单位时间内从污染源排出的污染物量越大，大气污染的程度就越严重。工厂企业的污染物排出量受到其生产性质、生产规模、工艺过程、净化设备种类及其净化效率、污染物排出方式等因素的影响。汽车尾气的排出量则与单位时间在路机动车数量、道路条件、即时路况、汽车类型等有密切关系。

2. 排放方式　污染源排出污染物的方式不同，对污染物浓度的影响很大。污染物有两种基本的排放方式，一种是无组织排放，即污染物不通过烟囱或排气筒而是任其由门窗或直接排入大气。这种方式因污染物排放高度低，扩散动力小，主要引起其附近地区的大气污染。另一种是有组织排放，指通过烟囱或排气筒，把污染物排到一定高度和方位的大气中。这种排放方式的污染源比较容易控制。有些污染源采用连续排放的方式（如工厂企业），对大气污染的影响比较稳定；有些则是间歇排放方式，如采暖锅炉仅是冬季排放，属于季节性排放的污染。发生意外事故时，常形成短时间突发的、高浓度的污染物排放。

3. 排出高度　污染物无组织排放时的排出高度很低，因而扩散不远，容易造成附近地区的污染。排出高度是指烟囱本身的高度与烟气提升的高度之和，即烟囱的有效排出高度（effective height of emission）。可以用烟波中心轴至地面的距离来表示（图 6-2）。当其他条件相同时，排出高度越高，烟波断面越大，污染物的扩散和稀释程度就越大，因而污染物在大气中的浓度就越低。一般认为，污染源下风侧的污染物最高浓度大致与烟波有效排出高度的平方成反比。亦即烟波有效排出高度增加一倍，污染物浓度可降低至原浓度的 1/4。

4. 与污染源的距离　烟气自烟囱排出后，向下风侧逐渐扩散、稀释，然后接触到地面。该地面接触点称着陆点。颗粒直径越大，越容易沉降，则其着陆点距烟囱也越近，甚至沉降在烟囱周围。一般细颗粒物的着陆点距烟囱较远，有害气体的着陆点更远。由于一般污染物在近地面大气中的浓度以着陆点最高，也是实际对人群健康产生危害的地点。在大气污染源与污染物着陆点之间的区域内，大气污染往往不明显。

（二）气象因素

1. 风和湍流　风和湍流对污染物在大气中的扩散和稀释起着决定性作用。

（1）风：空气的水平运动称为风。风向和风速时刻都在变化。风速是每秒钟空气流动的距离（m/s）。风向是指风吹来的方向，以罗盘方位表示（8 个或 16 个方位）。一定时间内出现的不同方位的风向频率，可按罗盘方位绘制成风向频率图（图 6-3）。将一定时间内（一般为一年）每个风向出现的频率，以圆心为 0，按比例确定在相应图纸的各个方向点上，再把各点连接而成图。无风（即静风）的频率可按比例画成圆。风向频率图又称风玫瑰图（wind rose）。

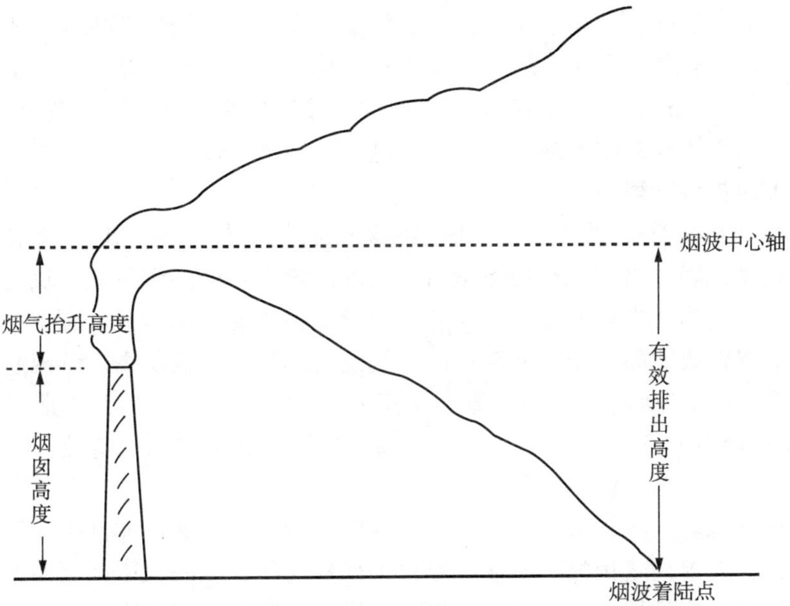

图 6-2　排出高度示意图

（引自姚志麒主编《环境卫生学》，1995）

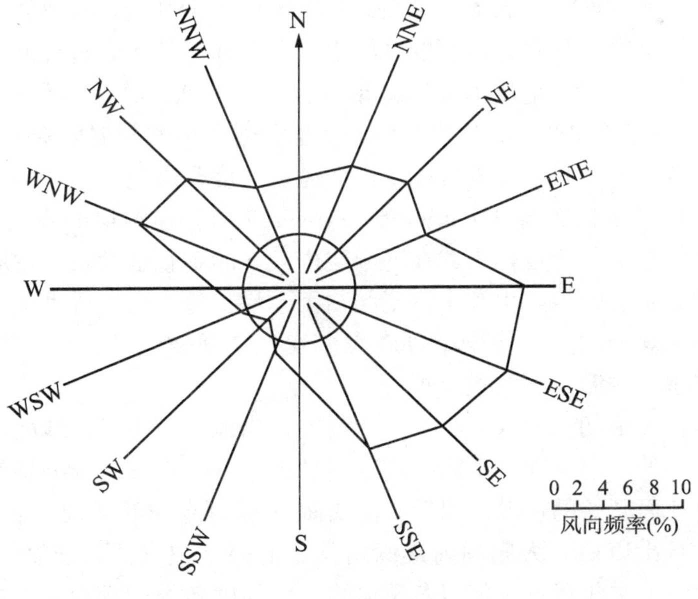

图 6-3　风向频率图

（引自姚志麒主编《环境卫生学》，1995）

风向能反映出污染源周围受影响的方位。瞬时间污染以排污当时的下风侧地区受影响最大，而全年污染以全年内主导风向的下风侧地区受影响最大。风速则决定污染物被大气稀释的程度以及扩散的范围。

（2）局部湍流：不规则的空气流动称为湍流。其表现为气流的速度和方向随时间和空间位置的不同而呈随机变化，并由此引起温度、湿度以及污染物浓度等因素的不规则变化。这是由于垂直气温的变化和大气中气团间的摩擦作用而引起的短暂性紊流。湍流的强弱变化取决于垂直气温结构、风速和地面起伏状况（地形、高度不等的建筑物、植被等）。气温的垂直递减率越大，湍流运动越强。地面起伏程度越大，湍流运动也越强。大气中的污染物在湍流的作用下被加速扩散和稀释。

2. 气温　大气的温度主要来自太阳辐射和地表物体的热辐射。地面与空气的热量交换是气温升降的直接原因。当空气获得热量时，其内能增加，气温则升高；反之，空气失去热量时，内能减小，气温随之降低。空气与外界热量交换主要是由传导、辐射、对流、湍流以及蒸发与凝结等因素决定的。距地面越近的空气温度越高，海拔越高，气温越低。正常情况下，大气温度垂直递减率（γ）的平均值为 0.65℃/100m。其含意是：正常大气的高度每增加 100m，其温度降低 0.65℃。这种大气温度随海拔高度逐步递减的特性，有利于地面热空气的垂直流动，也就有利于污染物的扩散稀释。

大气主要吸收地面长波辐射而增温，地面辐射又取决于地面吸收并储存的太阳辐射量。由于太阳辐射在一天内是变化的，而使气温也呈现日变化。正午太阳高度角最大时太阳辐射最强，但地面储存的热量传给大气还要经历一个过程，所以气温最高值不出现在正午而是在午后二时前后。随着太阳辐射减弱，到夜间地面温度和气温都逐渐下降，并在第二天日出前后地面储存的热量减至最少，所以一日之内气温最低值出现在日出后一瞬间而不在午夜。太阳辐射强度的季节变化导致气温的年变化。一般说来，年气温最高值在大陆上出现在 7 月份，在海洋上出现在 8 月份；气温最低值在大陆上出现在 1 月份，在海洋上出现在 2 月份。

排放到大气的污染物是随着近地面的气团逐步上升的。其上升过程的温度变化，基本符合干绝热过程的规律。气团干绝热垂直递减率（γ_d）为 0.986℃/100m。其意义是：气团每上升 100m，其温度降低 0.986℃。这也是污染物上升过程中本身温度降低的规律。

逆温：当 $\gamma<0$ 或 $\gamma=0$ 时，大气温度反而随海拔高度升高而上升，形成上层气温高于下层气温的现象，此现象称为逆温（temperature inversion）。逆温层的高度和厚度经常变动。由于逆温时的大气状态十分稳定，因此在逆温层内大气的垂直运动很难发展。当大气中出现逆温层时，处于逆温层中的烟、尘和水汽凝结物因不易扩散将会造成大量积聚，使能见度变坏，空气质量恶化。煤烟型空气污染事件就大多发生在强逆温条件下。根据形成的条件不同，常见的逆温有辐射逆温、下沉逆温等。

（1）辐射逆温：在晴朗无云（或少云）的夜晚，当风比较小时，地面因强烈的有效辐射而很快冷却，近地面的气温也随之下降。离地面越近空气受地表的影响越大，因而降温就越快，于是形成了自地面开始的逆温。以后，随着地面辐射冷却的增加，逆温逐渐向上扩展，黎明时达到最强。日出以后，太阳辐射逐渐增强，地面很快增温，逆温便逐渐自下而上消失。辐射逆温在大陆上常年可见，但以冬季最强；中纬度冬季的辐射逆温层厚度常达 200～300 m，有时还可达 400 m 左右。冬季逆温层厚，持续时间长。夏季逆温层较薄，持续时间也较短。高纬度辐射逆温的厚度甚至可达 2～3km。在山谷或盆地，由于地形对气流的作用会使辐射逆温加强、变厚、持续时间延长。辐射逆温最常出现，故与大气污染关系也最密切。

（2）下沉逆温：由于空气下沉压缩增温形成的逆温称为下沉逆温。下沉逆温的形成可用图 6-4 举例说明。当高空有一空气层 ABCD，它的厚度为 h，当它下沉时由于周围大气对它的压力逐渐加大和空气的水平辐射，使气层的厚度变薄，成 A′B′C′D′，厚度变为 h′（h′<h）。气层在下沉过程中是绝热的，这样顶部 CD 下沉到 C′D′的距离要比底部 AB 下沉到A′B′的距离要大，造成顶部的绝热增温大于底部。如果气层下沉的距离很大，就可能出现顶部的气温高于底部，从而形成逆温层。下沉逆温很多出现在气层高压区，范围很广，厚度也很大，可达数百米。由于下沉气流达到一定高度就停止了，所以下沉逆温多发生在高层大气中。

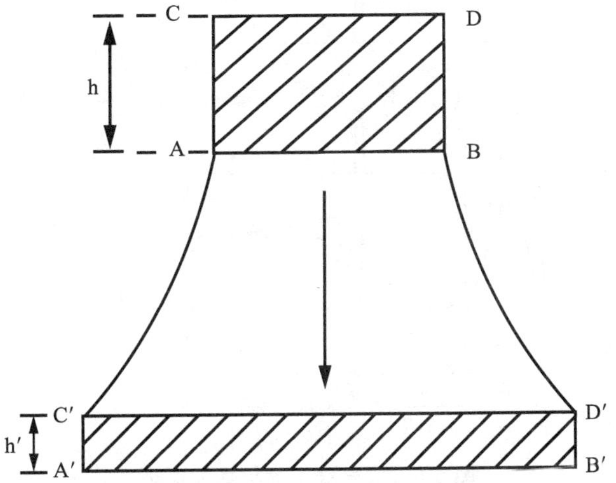

图 6-4　大气下沉逆温形成示意图

3. 大气稳定度　即指大气垂直运动的程度。在实际情况下，由于太阳辐射和其他各种气象因素的影响，大气温度垂直递减率（γ）是经常发生变动的。当 $\gamma>\gamma_d$ 时，气团容易上升而有利于空气的垂直对流。大气的这种状态称为大气不稳定状态。此时，大气中污染物容易扩散。当 $\gamma<\gamma_d$ 时，气团上升受阻，大气垂直对流减弱，大气此时处于稳定状态，污染物不易扩散。当 $\gamma=\gamma_d$ 时，大气处于中性状态，空气垂直对流不剧烈。污染物能扩散，但不够充分。

由于大气稳定度有多种状态，排放到大气的烟波也存在多种类型。图 6-5 表示了最常见的 5 种烟波类型及与大气稳定度的关系。

（1）波浪型：$\gamma>\gamma_d$ 时，大气处于不稳定状态。湍流大，烟波翻卷剧烈，垂直扩散充分。但如果排出量大、排出高度低，则烟波着陆点的污染物浓度可能很高。

（2）锥型：$\gamma=\gamma_d$ 时，大气稳定度处于中性状态。烟波向下风向流动，水平扩散较好，垂直扩散不太充分。着陆点可能较远。

（3）扇型：$\gamma<\gamma_d$ 且烟囱排放口在逆温层中，大气处于稳定状态。烟波只能向水平延伸，如展开的折扇。侧面如带状，伸向远方。如果烟囱的排出高度很低，极易造成近地点的严重大气污染。

（4）上扬（屋脊）型：这种烟波的下部是稳定的大气，上部是不稳定的大气，它一般在日落前后出现。地面由于有效辐射而快速散热，在大气低层形成辐射逆温层，在高空仍保持递减状态。当辐射逆温发展到烟囱出口处时，就形成了屋脊型。它持续时间短，对近距离的

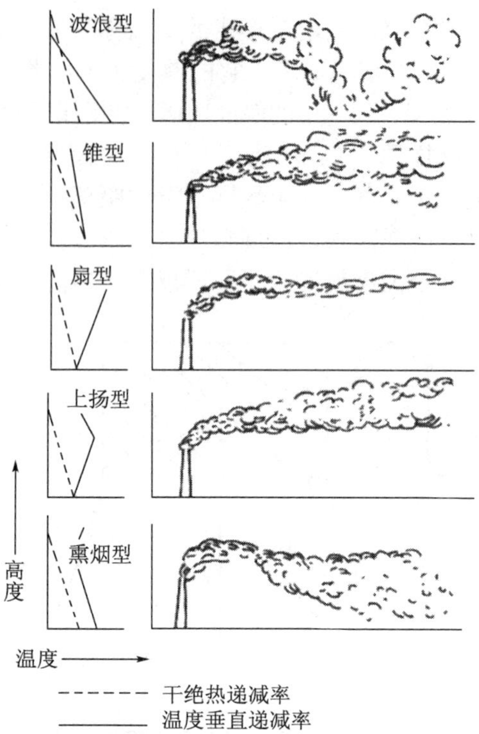

图 6-5　**大气稳定度与烟波类型**

地面污染小。

（5）漫烟型（熏烟型）：它发生在烟波的下部处于不稳定的大气中、烟波的上部位于稳定的大气中，即逆温层中。对于辐射逆温，日出以后由于地面增温，低层空气被加热，使逆温从地面向上逐渐破坏，不稳定大气从地面向上逐渐发展，当不稳定大气发展到烟波的下边缘或更高一点时，烟波便发生向下的强烈扩散，把污染物带向地面，产生高浓度污染，烟波的上边缘仍处在逆温层中，就是熏烟型。

4. 气压　大气的压强称为气压。在不同的海拔高度、空气温度、地理纬度的情况下，气压的高低也有不同。标准大气压是指在纬度 45°的海平面上，气温为 273K 状态时的大气压。1 标准大气压＝1013.25 百帕（hPa）＝760mmHg。1mmHg＝133.322 帕（Pa）。

当地表空气受低气压控制时，周围高压气团向中心运动，中心的气团便会上升，形成上升气流。由于地球的自转作用，北半球的上升气流向反时针方向旋转，称为气旋。一般此时云层较多，风速较大。大气处于中性或不稳定的状态，有利于大气污染物向上扩散。当地面空气受高压控制时，高压气团中心的空气向周围下降，呈顺时针方向旋转，形成反气旋。此时天气晴朗，风速小，出现逆温层而阻止了污染物向上的扩散。因此，在稳定高气压的持续控制下，大气污染会加重。

5. 气湿　大气的湿度。指大气中含水分的程度。常用相对湿度（%）来表示。相对湿度大，表示大气中水分含量多。大气中的颗粒物可吸收水分，增加粒径和重量，使大气扩散的速度下降，加重大气污染的程度。大气中的污染气体可因为水分增加而催化其反应形成酸雨等二次污染物。

（三）地形地理

1. 山地和谷地　白天，山坡表面因受日照而增温，气温比谷地高，因此，山坡空气上升，形成谷风。可将山坡上污染源排出的废气向上扩散，减少谷地的大气污染。但可能引起下风侧地区的大气污染。夜晚，山坡表面散热量大，冷却快，气温低于谷地，冷空气向谷地下沉，形成山风，同时产生逆温，将污染物压在谷底不易扩散，造成谷地大气严重污染。历史上曾出现过很多河谷地区的烟雾事件。大城市的超高层写字楼之间因间距相对狭窄，如同峡谷一样，也可阻碍近地面污染物的扩散。

2. 海滨与陆地　陆地与海洋（江、湖、河、水库等类似）相连接处，白天由于太阳加热沿岸陆地的速度比加热水面快，形成了由水面吹向陆地的风，称为海风。相反，夜间时陆地温度比水面低，气流由陆地吹向水面，形成陆风。如果污染源位于岸边则白天能污染岸上的居住区（图 6-6）。

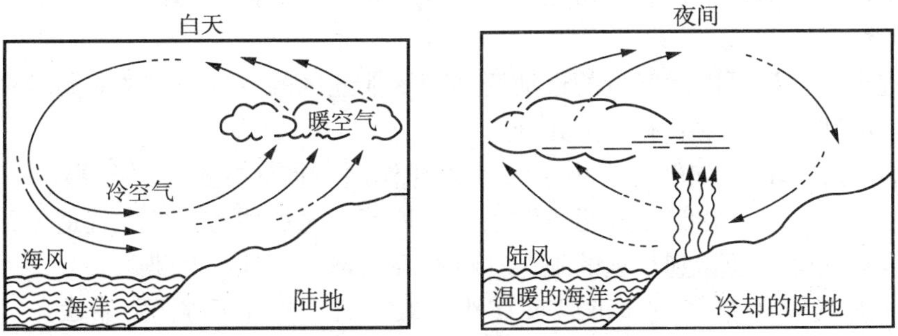

图 6-6　海滨空气的流动

3. 城市热岛　城市热岛环流是城乡温度差引起的局地风。由于现代化城市人口密集，城市上空二氧化碳的增加和人为热的释放等原因，城市热量的净收入比周围乡村多，热量散发远大于四周郊区，故温度平均比周围乡村高，犹如处于四郊包围的“热岛”。有研究报告城乡年平均温度差一般在 0.4～1.5℃之间，差别大时可达 6～8℃。城市热岛的热空气上升，四郊冷空气流向城市，形成热岛环流，亦称城市风。城市风能将市区的污染物质通过上升气流带到郊区累积起来，然后又通过从郊区吹向市区的风把这些污染物和郊区工厂排放的污染物一起带到市区，使城市空气质量恶化。

影响大气中污染物浓度和扩散程度的因素很多。在实际工作中，必须结合当地的具体情况进行具体的分析。

六、大气污染物的转归

污染物排入大气后，它们在大气中会发生各种复杂的运动和变化，其最终的结局和转归可有以下几个主要方面。

（一）自净

污染物可以通过大气的自净能力，使其浓度逐步降低到无害的程度。大气的自净作用主要是物理作用（扩散、沉降等），其次是化学作用（氧化、中和等）和生物学作用（植物吸收等）。

1. 扩散作用　当污染物的排出量并不大，气象因素又处在有利于污染物扩散的状态下，扩散作用对降低污染物浓度的效果是很好的。一方面能将污染物稀释，另一方面可将一部分污染物转移出去。

2. 沉降作用　依靠污染物本身的重力，由空气中逐渐降落到其他环境介质中（水、土壤）。直径大的颗粒物可以自行降落。直径小的颗粒物或气态污染物可以吸附在大颗粒物上共同降落，也可由若干小颗粒物聚集成大颗粒物而降落，使大气中的浓度降低。例如尘土可以被雨雪水冲洗降到地面，使大气净化。需要注意的是，沉降作用的本质是将大气中的污染物转移到其他环境介质（水、土壤等），原来大气中的污染物本身并未真正得到净化。

3. 氧化作用　大气中的含氧化合物或某些自由基可以将某些还原性污染物氧化成毒性低或无毒的化合物。例如 CO 能氧化成 CO_2。

4. 中和作用　例如大气中的 SO_2 可以与氨或碱性灰尘起中和作用。

5. 植物吸收作用　有些植物能吸收某些污染物，从而净化了空气。

6. 太阳辐射作用　某些空气中的有害微生物（细菌、病毒等）可在太阳辐射（紫外线、红外线等）作用下灭活，某些有机物也可发生分解而使其毒性降低。

（二）迁移

污染物进入大气后可以随气流的运动迁移到其他地区的空气中或暂时附着在其他环境介质上，污染物的转移去向主要有以下几处。

1. 向下风侧更远的方向转移　由于大气稀释作用不彻底或污染浓度极高，污染源周围的局部气流可将污染物迁移到距离污染源很远的地区，对那些地方的大气造成污染。如沙尘暴从源头生成后随强风迁移到很远的地区，再沉降而形成当地的污染。

2. 向平流层转移　很多气体可以垂直性扩散上升，直至平流层。例如氯氟烃、甲烷、CO_2 等都可以进入平流层，或被超音速飞机带入平流层甚至直接将废气排入平流层，引起平流层的污染。

（三）形成二次污染物

各种从污染源直接排出的一次污染物进入大气后，受到物理、化学作用或光化学作用，本身产生了化学变化，转变成毒性比一次污染物更大的新化合物，即为二次污染物（secondary pollutant）。例如 SO_2 转变成硫酸雾，NO_2 转变成硝酸雾，以及烃类和 NOx 转化成光化学烟雾等。近年发现大气细颗粒物和超细颗粒物有部分即是由其他颗粒物在大气中转化而来的，一般后者都比前者的毒性大。

七、全球大气污染问题

随着地球上人口的急剧增加，人类经济增长的急速增大，地球上的大气污染日趋严重，其影响也日趋深刻。如由于一些有害气体的大量排放，不仅使大气造成局部地区的污染，而且影响到全球性的气候变化以及大气成分的组成，即出现所谓的全球环境问题。目前，全球性大气污染问题主要表现在温室效应、酸雨和臭氧层耗损三个方面：

（一）温室效应

大气中某些痕量气体含量增加而引起的地球平均气温上升的情况，称为温室效应（greenhouse effect）。这类痕量气体，也叫温室气体，主要包括 CO_2、CH_3、O_3、N_2O（氧化亚氮）和氯氟烃（氟利昂）等，其中尤以 CO_2 的温室作用最明显。CO_2 等温室气体产生温室效应的机理，至今仍存在争议。然而研究普遍认为，这与温室气体的物理性质有关：CO_2 等温室气体对来自太阳的短波辐射具有高度的透过性，而对地面反射出来的长波辐射却具有高度的吸收性能。CO_2 的强吸收带在 12.5～17.0μm 之间，其他温室气体的吸收带大多在 7～13μm 的红外大气窗口区内。CO_2 等温室气体在大气中的迅速增加，可将地面反射的红外辐射大量截留在大气层内，使地球表面的能量平衡发生改变。温室气体帘幕阻止了红外辐射能量向外层空间的逸散，势必导致大气层温度逐渐升高，气候变暖，形成所谓“温室效应”。

研究认为，如果没有大气，地球表面将会比现在低 33℃。相反，如果大气中具有温室效应的那些“温室气体”逐步有所增加，则地球的气温也会上升。200 年前，大气中 CO_2 的浓度是 503mg/m^3。由于人类活动，1990 年 CO_2 的浓度已达 634mg/m^3。如果不加控制，增长将是加速度的。众所周知，CO_2 是所有碳氢化合物燃烧的基本产物。由于世界上人口的增加和经济的迅速增长，排入大气中的 CO_2 也愈来愈多。根据资料，过去 100 年人类通过化石燃料的燃烧，约把 4150 亿 t 的 CO_2 排入大气，结果使大气中 CO_2 含量增加了 15%。根据计算，这会使全球平均气温上升 0.830℃，而此数字与百年来全球平均气温升高的实际记录很接近。有人估计，按照目前化石燃料燃烧的增加速度，大气中 CO_2 将在 50 年内翻倍，从而使中纬度地面的温度升高 2～3℃，极地则升高 6～10℃。但少数科学家对上述论点的可靠性仍持怀疑态度，认为需要等待全球变暖有了更加明确的证据和气象学在这个领域得出较完善的理论时，才能取得共识。由温室气体诱发的温室效应，将导致全球环境的重大变化，目前学者认为这种发展趋势可能给人类环境和健康带来重大的影响有：

1. 气候变化　温室效应首先表现为全球性气候变暖。在北半球，冬天变短、变湿润；夏季变长、变干燥。亚热带可能会比现在更干，而热带则可能变得更湿润。由此海洋产生更多的热量和水分，气流更强，热带风暴的能量比现在大 50%，台风和热带风暴将更加频繁。

2. 海平面上升　气温升高会使极地或高山上的冰川融化，导致海平面上升。据推算，全球增温 1.5～4.5℃，海平面会上升 20～165cm，从而将淹没沿海大量繁华的城市、低地和海岛。

3. 生态变化　气候的变化，将使农业和自然生态发生难以预料的变化。植物的不同品种对气候变化的反应不一定相同，有些会增殖，有些则相反。这样，植物群落便会改变。有些品种会生长到较高的纬度和海拔高度，而那些不能适应气候变化的品种会在某个地区消亡甚至在世界上灭绝。某些药用植物的生存地区及其种群（数量）会发生变化。可能导致某些物种的灭绝和农作物的减产。气候变化太快也可能使树木不能产生健康的种子，限制了森林的再生和迁移，森林面积将改变。森林系统的另一变化是生物的多样性减少了。大片森林如改变成草原，水文状态必将发生改变，野生动物的栖息地也要改变。气候变化可能改变海洋环境和海水的混合形式，影响浮游生物的营养，而营养是初级生物量的控制因素，不同的营养状态和海水混合状态形成了不同的浮游植物群落，对于海洋长期存储有机碳有重要影响。

尽管有人对温室效应提出种种怀疑，然而，由于 CO_2 等气体的浓度增长目前认为基本上是无法逆转的趋势，所以引起了全球的普遍关注。世界上曾召开过一系列国际会议，从技术手段和政策战略上进行协商，并签订了许多协议、条例，为控制温室气体的剧增和防止温室效应而努力。

（二）酸雨

因大气中 CO_2 的存在，所以即使是清洁的雨雪等降水，也会因为 CO_2 溶于其中形成碳酸而呈弱酸性。空气中 CO_2 浓度平均在 621mg/m^3（316ppm）左右，此时雨水中饱和 CO_2 后的 pH 值为 5.6，故定 pH<5.6 为酸雨标准。由于人为向大气中排放酸性污染物，使得雨水 pH 值降低，当 pH 值低于 5.6 时，便产生了酸雨。

大气中不同的酸性物质所形成的各类酸，都可对酸雨的形成起作用，但它们的贡献大小不同。一般说来，对形成酸雨的作用，硫酸占60%～70%，硝酸占30%，盐酸占5%，有机酸占2%。所以，人为活动排出的SO_2和NO_2是形成酸雨的两种主要物质。

酸雨的危害主要是破坏森林生态系统，改变土壤性质与结构，破坏水生生态系统，腐蚀建筑物和损害人体的呼吸系统和皮肤。例如在欧洲15个国家中有700万公顷森林受到酸雨的影响，森林在遭受死亡综合征的侵袭；在瑞典北部地区，因受酸雨影响，土壤硬化而使肥力减弱，河湖酸化而影响水生生物的生长和繁殖。此外，还有因酸雨水渗入地下，使地下水酸化而造成地下水污染的事例。

在世界上酸雨分布的地区较广，有时飘越国境影响别国，不仅是一个环境问题，也成为一个国际间的政治问题。

（三）臭氧层耗竭

臭氧是大气中的微量气体之一，其主要浓集在平流层中20～25km的高空，即大气的臭氧层。臭氧层对保护地球上的生物界以及调节地球的气候都具有极为重要的作用。然而，近些年来，由于在平流层内运行的飞行器日益增多，人类活动产生的一些痕量气体如NOx和氯氟烃等进入平流层，使臭氧层遭到破坏，以至于目前在南极上空已出现了“臭氧空洞”。

导致大气中臭氧减少和耗竭的物质，主要是平流层内超音速飞机排放的大量NOx，以及人类大量生产与使用的氯氟烃化合物（氟利昂），如$CFCl_3$（氟利昂-Ⅱ）等。其中大部分进入低层大气后，再进入臭氧层。氟利昂在对流层内性质稳定，但进入臭氧层后，易与臭氧发生反应而消耗臭氧，导致大气中臭氧减少。臭氧浓度降低和臭氧层的破坏，将对地球生命系统产生极大的危害。首先，由于臭氧层的破坏，大量紫外光辐射将到达地面而危害人体健康。有人估计，如臭氧层O_3浓度减少1%，则地面紫外光辐射将增加2%，导致皮肤癌发病率增加2%～5%。此外，还会使白内障发病率增高以及对人体免疫系统功能产生抑制作用。紫外光辐射增大也会对动、植物产生影响，而危及生态平衡。臭氧层破坏还将导致地球气候出现异常，由此带来更多的人类自然灾害。因此，保护臭氧层已成为一个全球性的问题，并得到全世界的共识与重视。

第三节 大气污染对健康的影响

一、大气污染物进入人体的途径

大气污染物主要通过呼吸道进入人体，小部分经皮肤接触直接进入。目前认为大气污染物也可通过间接途径从消化道进入人体。

呼吸道每天接触许多烟尘、有害气体和微生物等。但正常人体的呼吸系统具有一系列的防御功能，可以清除各种外环境不良因子，形成自身的保护机制，维护呼吸系统的功能与环境保持动态的平衡。

呼吸道以喉头环状软骨为界，分为上、下呼吸道。上呼吸道（鼻腔至咽喉）对吸入空气具有加温、湿润和过滤的功能。在鼻腔内，鼻毛能阻挡较大的空气颗粒物，一般10～100μm的大气悬浮颗粒物95%可以被其滤除而沉积下来。

下呼吸道又分为两部分。从气管到支气管的粘膜都有纤毛上皮细胞和粘液细胞。纤毛可进行定向运动（每分钟摆动多达1400次），使粘膜表面的粘液向上输送，每分钟能移动

15mm 左右。被吸入的细颗粒物与粘液一起可在 1 小时内经纤毛运动输送至咽喉部，随咳痰排出，或被吞咽进入消化道。纤毛粘液系统对有害物质的清除作用，是人体自身保护呼吸道的非常重要的防御功能。在支气管丛中有环状肌肉层，当有害物质刺激迷走神经时，平滑肌收缩使支气管的管腔变窄，从而减少颗粒物进入支气管的下部，但同时也会造成气管的通气量减小，诱发呼吸困难。

从细支气管至肺泡的部分构成下呼吸道的深部。该部分没有纤毛上皮细胞，其防御功能主要依赖吞噬细胞的吞噬作用。例如巨噬细胞、组织细胞、多核白细胞、单核细胞等都有吞噬作用。散布在呼吸道粘膜上皮下疏松结缔组织中的淋巴小结的吞噬功能也很强。肺泡Ⅱ型细胞，特别是以游离状态存在于肺泡腔内的肺泡巨噬细胞，能参与许多基本的肺生化和代谢过程，对外源性化学物造成的肺组织损害有重要的防御作用。肺泡Ⅱ型细胞分泌的肺泡表面活性物质，具有维持肺泡内的表面张力和防止发生肺气肿等保护作用。

鼻腔分泌物中含有的溶菌酶，能溶解多种革兰阳性细菌及某些革兰阴性细菌，具有非特异性的免疫作用。

呼吸道的特异性免疫物质主要有 IgG、IgM、IgE、IgA 等。呼吸道的 IgA 还带有分泌型片段，称为分泌型免疫球蛋白 A（SIgA），是呼吸道粘膜合成分泌的一种机体的局部抗体，能与相应抗原产生局部的特异性免疫反应，SIgA 可以干扰和限制微生物在粘膜上皮细胞表面粘着，并能中和肺部的某些细菌或病毒的毒素。它在机体局部防御功能上起着重要作用。如果局部抗体分泌功能减退，肺部对各种感染的易感性增加。

由于呼吸道各部分的结构和防御机制不同，对外源性化学物的阻留和吸收也不相同。一般来说，进入的部位愈深，扩散的面积愈大，停留时间愈长，机体的吸收量就愈大。由于肺循环和体循环的关系，外源性化学物能很快被肺泡吸收，并经血液送至全身，不经肝脏的代谢转化即对全身起作用。因此，外源性化学物经呼吸道进入体内后可很快引起全身的反应，危害较大。

大气污染物可降落至食物、水体或土壤，再通过饮食和饮水经消化道进入机体，造成危害。

大气污染物也可不经吸收入血而直接刺激体表的粘膜、皮肤造成机体危害。

二、大气污染对健康的直接危害

（一）引起急性中毒

大气污染物的浓度在短时间内急剧增高，可使暴露人群因吸入过量污染物而造成急性中毒。急性中毒可按生成的原因划分成如下两类：

1. 大气烟雾事件　这是大气污染造成急性中毒的主要类型，主要是由于燃料燃烧产生的烟雾以及生产过程中排出的污染物排放过多，而气候和地形等因素使污染物的扩散稀释又不利而引起的。但近年来的研究报道已很少见。

（1）煤烟型烟雾事件：这类烟雾事件是由于煤烟和工业废气大量排入大气且得不到充分扩散而引起的。

自工业革命以来，人类对煤的使用量猛增。大量煤烟严重污染了大气。从 19 世纪末开始，就发生过多起烟雾事件。较早报道的如 1930 年 12 月 3 日至 5 日，由于比利时马斯河谷地区出现逆温，使附近多个工厂的废气被封闭在近地面上空。大气的 SO_2 和氟化物严重污染，超额发病几千人，病人声音嘶哑，呼吸急促，咳嗽，吐痰由泡沫状转为脓样痰块，呕吐，恶心，三天内就有60人死亡且多数死于心力衰竭。1948年10月26日至31日，美国多诺拉市发生大雾，气温低，有逆温，大量SO_2和金属粉尘从工厂排出而笼罩该市上空，因该市位于河谷岸边，使浓雾很难消散，空气中充满硫磺味，几天内有20人死亡。英国伦敦近百年来多次发生烟雾事件，其中最严重的一次发生在1952年12月5日至9日，浓雾持续5天，伦敦住户的采暖壁炉排出大量的烟尘与浓雾混合，停滞于城市上空，整个城市被浓烟吞没，超额死亡人数达3590～4000人。这就是震惊世界的“伦敦烟雾事件”。

煤烟型烟雾事件的特点是：①污染物来自煤炭的燃烧产物及工业生产过程的污染物；②气象条件为气温低、气压高、风速低、湿度大、有雾、有逆温产生；③多发生在寒冷季节；④河谷盆地易发生；⑤受害者以呼吸道刺激症状最早出现，咳嗽、胸痛、呼吸困难，并有头疼、呕吐、发热。死亡原因多为气管炎、支气管炎、心脏病等。对于老年人、婴幼儿、患有慢性呼吸道疾病和心血管疾病等敏感人群，影响尤为严重，死亡率高。

(2) 光化学烟雾事件：这类烟雾事件主要是由于汽车尾气在紫外线的光化学作用下，经过转化，生成具有强烈刺激作用的光化学烟雾。世界很多大城市都曾出现过，尤以20世纪50年代的美国洛杉矶市最为突出。1955年美国洛杉矶市发生烟雾事件期间，气温高达37.8℃，持续一周多时间，引发人群哮喘和支气管炎的发病率急速增加，老年人群死亡率明显升高，随后进行的流行病学分析显示，一周内平均每天死亡70～317人。

光化学型烟雾事件的特点：①污染物主要来自汽车尾气经日光紫外线的光化学作用生成的强氧化型烟雾；②气象条件为气温高、天气晴朗、紫外线强烈。多发生在夏秋季节的白天；②南北纬度60°以下的地区多发；③大城市内机动车拥挤，高楼林立，街道通风不畅，容易发生此类事件；④受害者症状主要是眼睛红肿、流泪、咽喉痛、喘息、咳嗽、呼吸困难、头痛、胸闷、皮肤潮红、心脏功能障碍、肺功能衰竭。尤其是患有心脏病和肺部疾患的人群，反应严重。

2. 意外事故　生产性事故造成急性中毒的事件虽并不经常发生，但其带来的人群健康危害和社会影响往往极为严重。1984年12月3日凌晨，印度博帕尔市联合农药厂发生气体泄漏，几十吨甲基异氰酸盐在短时间内突然排入大气，并随着每小时5km的风速，向下风向扩散。4小时内，毒气笼罩了约40km的地区，波及11个居民区，几天内即死亡2500人。整个过程造成3000多人死亡，52万人受到严重伤害，造成终生残废的有十多万人。该厂设在人口稠密地区，本不符合有毒工厂选址原则，又缺乏一整套科学的严格管理措施，最终酿成惨重悲剧。该事件不仅严重污染大气，还污染了饮水和食物，造成人群的远期危害。

1986年4月25日凌晨1时许，前苏联切尔诺贝利核电站爆炸，造成自1945年日本广岛、长崎遭原子弹袭击以来世界上最为严重的核污染。反应堆释放出的核裂变产物主要是^{131}I、^{103}Ru、^{187}Cs和少量^{60}Co。周围环境中的放射剂量达200 R/h，为人体允许剂量的2万倍。这些放射性污染物随东南风飘向北欧上空，污染北欧各国大气，继而扩散范围更广，使全球的放射性本底值不得不重新修订。3年后发现，距核电站80km的地区，皮肤癌、舌癌、口腔癌及其他癌症患者增多，儿童甲状腺病患者剧增，畸形家畜也增多。尤其在事故发生时的下风向，受害人群更多、更严重。

2003年11月23日21点50分左右，中国重庆市开县川东油气田发生特大井喷事故。井喷发生后，含有高浓度硫化氢的天然气喷涌而出，迅速向周围农村地区扩散蔓延。受灾核心区包括了30个村，358个社，4240户村民。18个小时后井喷才自然停止。高浓度的硫化氢气体随井喷在附近大气中蔓延后，由于夜间的逆温条件，有毒气体很快下沉，进入附近的居民家庭中，虽然经呼救很多人从室内走出，但因硫化氢气体蔓延很快，在近地面形成很高的浓度，使很多人在凌晨逃生的路上遇难。这次事故造成 234 人死亡，2155 人被收治住院，部分中毒危重病人经抢救无效死亡，这些病人大多因为中毒过重，导致器官最终衰竭而亡。受灾人数共计 42847 人。对灾害核心区内的 5 个村的动物尸体进行了拉网式搜索后发现死亡兔子 2275 只，猪 866 头，鸡 476 只，鸭 241 只，狗 38 条，牛 18 头，猫 7 只。

除以上惨重事故外，规模较小的事故在国内外都发生过。受害者首先是居住在工厂周围和下风向的职工家属和当地居民。近年来随着世界各国对大气污染问题的重视并不断采取控制措施，大气污染事件的发生已不多见。但上述意外事故造成大气污染健康危害的事件相对增加，已构成对人群健康的严重威胁，应引起有关方面的高度重视。

（二）造成慢性危害

1. 对呼吸系统的影响　SO_2、NO_2、硫酸雾、硝酸雾、盐酸雾、烟尘等污染物，高浓度能产生急性刺激作用，在低浓度时则对人体呼吸系统产生长期慢性的刺激，使呼吸系统产生慢性炎症。例如咽炎、慢性气管炎、肺气肿、肺心病等，并使相关疾病的人群发病率和死亡率显著增加。由于呼吸道炎症的反复发作，使支气管上皮的分泌物大量排出，内膜增厚、致敏而有时产生痉挛，造成气道狭窄，气道阻力增加，形成综合性疾病，称为慢性阻塞性肺部疾患（COPD）。这是慢性支气管炎、支气管哮喘、肺气肿三种疾病的统称。

我国城市居民 COPD 总体患病率一般在 3%～4.5%左右，2000 年城市居民 COPD 死亡率为 50～65/10 万，约占全死因的 13%左右。研究认为，城市居民的呼吸系统疾病患病率和死亡率与大气污染程度有十分密切的关系。

2. 对心血管疾病的影响　大气污染长期作用，可造成肺部疾患，使肺功能下降，肺动脉压升高，继发肺心病。此外，某些污染物如 CO、NO_2 等能使血红蛋白携氧能力下降而造成组织缺氧，加速动脉粥样硬化形成，加重了心脏负荷，可诱发心肌梗死、心绞痛等疾病。近年研究显示，SO_2、PM_{10} 等大气污染物与人群心血管疾病的发生有很密切的关系。

3. 机体免疫功能下降　在大气严重污染的地区，居民体内的唾液溶菌酶和分泌型免疫球蛋白 A（SIgA）的含量均可明显下降，血清中的免疫指标也可下降，说明机体的免疫力降低。免疫系统受大气污染的影响是很敏感的，机体免疫水平的变化可以反映出大气污染的早期影响程度。

4. 变态反应　除花粉、灰尘等已知变态反应原外，大气中某些污染物如甲醛、挥发性有机物等均具有一定的抗原性，能使机体产生变态反应。日本四日市哮喘即是以变态反应为主要症状的大气公害病。四日市是日本著名的石油化工城市，1956 年初建，逐渐形成三大石油工业公司和 100 多家中小企业。1960 年在燃烧重油的工厂附近，居民的哮喘病逐渐增多。这类哮喘病很少有感冒、咳嗽等前驱症状，说明并非由于呼吸道疾病而继发，是由空气中的变态反应原直接引起的。多数病人迁出该地区后即可缓解症状，但回来后又复发。有报道在我国胜利油田的居民中，曾抽查了 100 多人，变态反应的患病率为 40.12%，其中荨麻疹最高，为 23.27%，哮喘 3.83%，接触性皮炎 9.77%，过敏性鼻炎 6.22%，说明变态反应类疾病在该地区已成为一种常见病，其发生与该地区的大气污染有密切关系。

5. 慢性化学中毒　污染大气中的很多有害物质能引起慢性中毒。例如铅、铬、镉、酚、砷、汞等。据美国 28 个大城市调查，城市大气中镉、锌、铅、铬的浓度分布趋势与该市的心脏病、动脉硬化、高血压、中枢神经系统疾病、慢性肾炎、呼吸系统症状的分布趋势很一致。铝厂、磷肥厂、冶炼厂周围氟的污染往往很严重，居民出现慢性氟中毒。含有四乙基铅的汽油燃烧后，汽车废气中排出的含铅化合物，对公路两侧的大气和土壤造成污染，同时对公路周边的学校学生健康产生影响。国内外很多研究发现，公路周边小学校的学生血铅含量过高，而且越靠近公路的学校越严重，血铅含量与学生的智力发育有明显的负相关关系。

6. 致癌作用　大气污染物特别是可吸入颗粒物中含有很多种已经证实或可能的人类致癌物。例如砷、致癌性多环芳烃、苯等。近几十年来，国内外大量资料表明，大气污染程度与肺癌的发病率和死亡率成正比。欧美发达国家的肺癌发病率和死亡率近几十年始终处于居高不下的局面。我国等发展中国家目前的肺癌死亡率均增长很快，已超过胃癌、肝癌、宫颈癌等而上升为第一、二位。1976～1981 年由中国医学科学院卫生研究所等单位负责组织的北京、上海、天津等 26 城市大气污染与居民死亡情况调查结果显示，26 个城市大气市区总悬浮颗粒日均浓度超标率 93%，苯并(a)芘日均浓度超标（参考标准）率 86%；二氧化硫日均浓度超标率 29%。市区大气污染程度较对照区（近郊或郊县）严重，市区居民肺癌死亡率高于对照区，大气污染严重程度与居民肺癌死亡率高低分布一致。这一事实支持大气污染与肺癌死亡率之间存在正相关性的观点。

三、大气污染对健康的间接危害

（一）影响气候和太阳辐射

大气污染物中的气溶胶颗粒可促使形成云雾而吸收太阳辐射，使太阳紫外线对人体的生物学作用受到影响。许多研究资料显示，工业城市的雾天数比农村多 1～2 倍，太阳辐射强度则较农村减弱 10%～30%，紫外线强度减弱 10%～25%。波长 290～310nm 的紫外线 B 具有抗佝偻病和灭菌作用。因此，在大气污染严重的地区，儿童佝偻病发病率较高，同时儿童的生长发育受到影响。某些通过空气传播的疾病容易流行。

大量的颗粒物漂浮在大气中还能吸收太阳能而使气温明显降低，造成“冷化效应”。例如火山爆发、大规模核试验、严重的沙尘暴等都能散发出大量尘埃，遮天蔽日，使气温降低。1991 年海湾战争中科威特数百口油井大火，许多地区白昼犹如黑夜，浓烟挡住了阳光，使地表气温比往年同期下降约 10℃。大气污染使太阳辐射减弱，白天的可见光强度下降，不仅使人群的机体抵抗力降低，也造成人们的工作效率降低，心理和情绪受到不良影响。

（二）温室效应

由于生产和生活中大量燃料的燃烧，产生的大量 CO_2 排入大气近地面上空。又因大面积森林的砍伐而缺乏足够的植物来吸收它们，使大气中 CO_2 含量上升。CO_2 能吸收红外线等长波辐射，使近地面的气温扩散受到阻滞，地表大气温度逐渐增加，对地球如同温室一般。

CO_2 的全球平均浓度在 1800 年时约为 270ppm（$1ppm=1.96mg/m^3$），1984 年已达 345ppm。2004 年 CO_2 的浓度已达 379ppm。

地表气温升高的后果，不仅能使南北极冰山溶化、海平面上升，而且由于气温的增高有利于病原体的加速繁殖，导致某些致病菌、病毒、蠕虫、致病昆虫等大量繁殖生长，各种传染病、寄生虫病和生物地球化学性疾病、食物中毒等的发病率明显上升。

需要注意的是，除 CO 外，大气中的甲烷、氯氟烃、臭氧等都有温室效应。但因含量低故影响不突出。

（三）臭氧层空洞

臭氧层的破坏是由于受到了大气中某些外源性化合物的影响，主要是有机氟化物，如氟利昂。这些气体主要用作气溶胶推进剂、制冷剂、发泡剂、溶剂等。其中最常用的是三氯氟甲烷和二氯二氟甲烷。此外，氧化二氮、四氯化碳等，以及超音速飞机直接在平流层排出大量氮氧化物都能对臭氧层造成破坏。

这些有害化合物在短波紫外线的光化学作用下，产生破坏臭氧层的活性物有 NO、NO_2、HO_2、Cl^-、ClO^- 等。这些活性物质破坏臭氧的作用很强烈，估计一个污染物分子可以连续破坏几千个臭氧分子。

大气臭氧层受破坏形成空洞后，就减弱了臭氧层遮挡吸收短波紫外线的功能。人群过多暴露于对生物体有害的短波紫外线，可引起皮肤癌、白内障等疾病的发病率上升。对其他很多生物也具有杀伤作用。这些问题都值得进一步深入研究。

（四）形成酸雨

一般发生的酸雨 pH 值在 4.5～4.0 之间，个别可低于 3.0。酸雨的形成主要是 SO_2、NOx 等酸性污染物溶于水汽中，经过氧化还原反应后凝结而成，属于二次污染物。我国西南的重庆、贵阳等地，大多燃烧高硫煤，排出大量 SO_2，而且当地气候潮湿，气流不畅，酸雨天数较多，污染严重。

酸雨能腐蚀建筑物和工程结构，破坏农田和植被的正常化学组成，促使土壤重金属的水溶性增加，加速重金属的流动和转移。例如土壤中的镉化合物在酸性环境中容易溶解于土壤水中，转移到农作物内部，增加了进入人体的机会。很多水生物和土壤中的生物也因酸雨的作用而影响生存。酸雨造成地面水的 pH 值降低后，增加了输水管的管壁材料中金属化合物的溶出量，促使水质恶化变质。

第四节　大气主要污染物的健康效应

一、颗粒物

（一）污染来源

1. 各种燃料燃烧　目前工业用燃料主要是煤炭、石油、天然气等初级能源，燃烧后产生大量的烟尘颗粒物，其成分很复杂。生活炉灶和采暖锅炉在我国主要是燃煤，近年北京等大城市开始使用石油和天然气。颗粒物为上述人类活动燃烧后的主要的成分之一。

2. 交通运输　主要是汽油和柴油燃烧产物的污染，其特点一是汽油中含有的人为加入的成分，如抗爆剂四乙基铅会随着燃烧产物吸附在颗粒物表面；二是燃烧产生大量的细颗粒物，进入大气后行为活跃，很易再形成二次污染物。

3. 其他　如沙尘暴、地面扬尘、垃圾焚烧、火灾、火山喷发等。

（二）理化特点

1. 粒径（空气动力学直径）　粒径≤10μm 的颗粒物，文献中一般又称 PM_{10}，因可以进入人体呼吸道，故称为可吸入颗粒物（inhalable particles，IP），PM_{10} 与人体健康的关系非常密切。不同粒径的可吸入颗粒物滞留在呼吸道的部位不同；粒径≥5μm 的多滞留在上部气道，粒径≤5μm 的多滞留在细支气管和肺泡。颗粒物越小，进入肺的部位就越深。粒径 1μm 以下的在肺泡内沉积率最高。但一般粒径≤0.4μm 的颗粒能较自由的进出肺泡并可随呼气排出体外，沉积较少。

2. 化学组成　可吸入颗粒物的化学组成因其来源不同而异。无机成分可有氧化硅、石棉、金属微粒及其化合物；很多燃烧不完全的黑烟（black smoke）就是炭粒。炭粒上可吸附很多无机物、烃类化合物（尤其是多环芳烃类）、甲醛等以及很多病原微生物。因此，可吸入颗粒物（PM_{10}）的化学组成实际上取决于其本身所吸附的大气污染物的特性，而这些污染物的特性又直接决定其对人体健康的危害。一般把大气PM_{10}表面吸附的物质分为无机成分和有机成分，无机成分主要有砷、汞、铅、镉等重金属，有机成分则有苯系物、多环芳烃（PAH）、持久性有机污染物（POPs）等。这些成分随着PM_{10}进入人体后，对人体健康均会产生各种危害，有重要的卫生学意义。

细颗粒物（fine particle，$PM_{2.5}$）的健康效应近年来正在引起学者的密切关注。大气中的$PM_{2.5}$由污染源直接排放的一次微粒和气态污染物经化学转化生成的二次微粒组成。由于其来源和形成机制与粗颗粒物有很大不同，造成其化学组成与后者也有明显区别。粗颗粒物的主要成分为无机物，与产生它的矿物、土壤、材料等成分相近；$PM_{2.5}$则可由硫酸盐、硝酸盐、铵盐、氢离子、重金属、有机物及微生物组成。其中酸或盐的负离子包括SO_4^{2-}、NO_3^-和Cl^-等；重金属有铬、铜、镍、铅、锌、锰等；有机物包括正烷烃、多环芳烃、杂环化合物等。这些化合物中有很多有毒有害物质尤其是致癌物质。由于$PM_{2.5}$可直接进入人体呼吸道的深部和肺泡，表面积大，吸附力强，因而对健康的危害较粗颗粒物更大。

（三）健康效应

由于颗粒物的粒径不同，沉积部位不同，可吸入颗粒物本身含有多种有毒有害物质，又是其他污染物的载体，所以可吸入颗粒物对人的危害是多方面的，有的可呈现全身中毒，有的仅出现局部刺激症状。

1. 对呼吸道的刺激和腐蚀作用　进入呼吸道的可吸入颗粒物可以刺激和腐蚀肺泡壁，在长期持久作用下，可使呼吸道防御机能受到破坏，发生慢性支气管炎、肺气肿、支气管哮喘等疾病。动物实验证明，一次大剂量（1.5mg/ml）注入城市可吸入颗粒物悬液，即可引起动物肺细胞损伤，表现为肺部出现急性炎症（中性粒细胞大量渗出）；肺水肿和肺出血（肺泡壁内蛋白和红细胞大量渗出）；肺巨噬细胞吞噬功能下降；继而导致肺的防御功能下降，易并发支气管炎。

2. 作为大气污染物的载体　可吸入颗粒物由于在大气中停留时间长，表面积大，可吸附很多无机和有机污染物，并将其带入机体，造成各种危害。此时主要表现为其吸附成分的毒性作用。但不言而喻，作为载体的可吸入颗粒物作用非常关键。

3. 免疫毒性　可吸入颗粒物可以引起抗体免疫功能下降，长期暴露在颗粒物污染环境下（$0.5mg/m^3$），小学生的免疫功能受到明显的抑制作用。动物实验也证实，颗粒物一方面可以影响局部淋巴结和巨噬细胞的吞噬功能，导致免疫功能下降；另一方面又可增加动物对细菌感染的敏感性，导致肺对感染的抵抗力下降。居民长期居住在颗粒物污染严重的地区，居民的呼吸道疾病的患病率及呼吸道疾病有关症状如咳嗽、咳痰、气急的出现率增加。

4. 可吸入颗粒物能吸收和阻挡太阳辐射，减少太阳辐射的强度，大约$0.5 \sim 0.8mg/m^3$的可吸入颗粒物能降低太阳辐射40%，并能影响紫外线辐射强度。由于290～315nm波长紫外线能使皮肤中的7-脱氢胆固醇转变成维生素D，具有抗佝偻病作用，此外紫外线还具有杀菌作用，因此在污染严重地区，儿童佝偻病发病率增加，一些通过空气传播的传染病如扁桃体炎的发病率增高。

（四）环境空气质量标准

我国环境空气质量标准（GB3095-96）对可吸入颗粒物规定了三级标准，对我国的大气颗粒物污染进行分级管理制度，见表6-5。目前我国尚没有对大气$PM_{2.5}$的浓度提出限制值。

表6-5 大气颗粒物环境质量标准（mg/m^3）

国家	标准名称	颗粒物类型	取值时间	一级标准	二级标准	三级标准
中国	环境空气质量标准	PM_{10}	日平均	0.05	0.15	0.25
			年平均	0.04	0.10	0.15
		TSP	日平均	0.12	0.30	0.50
			年平均	0.08	0.20	0.30
世界卫生组织指导值	指导标准	TSP	日平均	0.15～0.23		
			年平均	0.06～0.09		
美国	大气质量标准	PM_{10}	日平均	0.150		
			年平均	0.050		
		$PM_{2.5}$	日平均	0.065		
			年平均	0.015		

二、二氧化硫

（一）污染来源

二氧化硫（sulfur dioxide，SO_2）是大气中最常见的污染物，生活上或工业上一切含硫燃料的燃烧，以及采用各种含硫原料的工艺过程均能产生二氧化硫的排放而污染大气。我国大气中的主要污染源来自于燃煤污染，约占80%，尤其在我国北方地区的冬季取暖期间，同时冶炼、化工、炼油等生产工艺过程中也会产生SO_2的排放。所以在城市及附近地区普遍存在二氧化硫污染。早在20世纪30年代初，世界上发生的多起大气污染事件如伦敦烟雾事件即和二氧化硫的污染有关。近几十年来，国际公认以大气中二氧化硫浓度水平作为评价大气环境质量的重要指标之一。

（二）理化特点

SO_2为无色气体，有刺激性气味。比重1.4337，易溶于水，亦可溶于乙醇和乙醚。在大气中SO_2可被氧化为SO_3，遇到水蒸气后即可形成硫酸雾，作为二次污染物的硫酸雾对呼吸道的吸附性和刺激性更大，同时也是形成酸雨的主要成分之一。

（三）健康危害

1. 呼吸道刺激作用　SO_2对人体健康的影响主要是刺激眼和鼻腔等粘膜，它与水分结合形成亚硫酸，有腐蚀性。由于二氧化硫易溶于水，吸入后大部分被鼻腔和上呼吸道粘膜的富水性粘液所吸收，因而它主要是作用于上呼吸道。SO_2被上呼吸道吸收后，约有40%～90%进入血液分布于全身，吸收后的SO_2形成亚硫酸根离子，在亚硫酸氧化酶作用下与氧结合，生成硫酸根离子，最后以硫酸盐形式随尿排出。

大气中SO_2浓度10 mg/m^3（3.5ppm）以上时可闻到刺鼻的硫臭味。研究表明，14.3 mg/m^3（5ppm）暴露3h，肺功能可轻度减弱，但是粘液分泌和纤毛运动能力变化不大，当其浓度增加到28.6～42.8 mg/m^3（10～15ppm）时，呼吸道纤毛运动和粘液分泌功能均受到抑制，当浓度达到57 mg/m^3时，对鼻腔和上呼吸道的刺激作用明显增强，引起咳嗽，眼睛有不适感。

2. 引起急慢性呼吸道炎症　吸入高浓度SO_2则支气管和肺组织明显受损，可引起急性支气管炎、肺水肿和呼吸道麻痹，如果吸入1144～1430mg/m^3（400～500ppm）SO_2可立即危及生命。长期吸入低浓度的 SO_2 除了引起支气管平滑肌反射性收缩、呼吸道阻力增加外，肺功能亦有改变。肺活量（FVC）和 1 秒钟用力呼吸量（FEV1）、最大呼气流速（PERF）均有轻度改变。其机理可能是通过末梢神经刺激而引起呼吸道阻力增加，在上呼吸道的平滑肌内有末梢神经感受器，受到 SO_2 刺激后会引起平滑肌反射性收缩，使气管和支气管的管腔缩小，气道阻力增加。由于呼吸道阻力增加、呼吸道炎症所致的通气障碍以及肺泡本身受到的刺激，导致肺泡壁弹力蛋白和胶原破坏，可以导致肺气肿和支气管哮喘等疾病。慢性支气管炎、支气管哮喘和肺气肿三者合称为“慢性阻塞性呼吸道疾病”（COPD），与大气 SO_2 的污染密切相关。

3. SO_2 和颗粒物的联合作用　SO_2 很少单独存在于大气中，往往和颗粒物一起进入人体。因为 SO_2 本身易溶于水，95%以上被鼻腔等部位的粘膜吸收，很少达到呼吸道深部，但若其吸附在细颗粒物（$PM_{2.5}$）上，则可随之进入细支气管和肺泡，而且在 $PM_{2.5}$ 的表面吸附的 Mn 和 Fe 等金属氧化物，可以催化 SO_2 氧化成 SO_3 和硫酸，硫酸的刺激作用比 SO_2 大 4～20 倍。吸附 SO_2 的颗粒物到达肺的深部时，一部分被吸收，再随血流传至全身各个器官而造成危害，另一部分则沉积在肺泡内或粘附在肺泡壁上，产生刺激和腐蚀作用，引起细胞破裂和纤维断裂，形成肺气肿，在长期作用下亦会促使肺泡壁的纤维增生而发生肺纤维变性，造成慢性的肺部炎症。

4. 致敏作用　研究认为 SO_2 吸附在可吸入颗粒物上是一种变态反应原，能引起支气管哮喘发作，日本四日市的哮喘病就是一个例证。日本四日市位于日本伊势湾西岸，是二次世界大战后发展起来的新兴石油工业基地。由于工业污染，大气 SO_2 浓度高达 2.1～2.9 mg/m^3，当地居民长期吸入这种污染空气后造成慢性呼吸系统疾病的患病率增加，其中支气管哮喘尤为突出。据研究认为发生哮喘可能与诱发过敏和硫酸雾损伤呼吸道粘膜而引起继发感染产生自身免疫有关。

5. 致突变和促癌作用　动物实验证明了 SO_2 有促癌作用，SO_2 和 BaP 联合作用时，比 BaP 单独作用的动物肺癌发病率高，说明其可以加强 BaP 的致癌作用。近年来还证实 SO_2 可以增加紫外线引起的真核细胞和原核细胞的突变频率。

6. 影响新陈代谢　SO_2 能与血中的维生素 B_1 结合，使体内维生素 C 的平衡失调。在正常的情况下维生素 B_1 和维生素 C 能形成结合性维生素 C，使之不易被氧化以满足身体的需要，与 SO_2 结合后就破坏维生素 C 的平衡。此外还能抑制或破坏某些酶的活性，使体内蛋白质和酶的代谢发生紊乱，从而影响机体生长和发育。

（四）环境空气质量标准

为预防大气中 SO_2 对人体健康和生态环境的危害，我国和世界各国均制订了大气环境 SO_2 的质量标准，对环境中的 SO_2 排放和污染进行严格的控制。相应的标准和 WHO 的推荐值见表 6-6。

三、氮氧化物

（一）污染来源

1. 自然界的氮氧化物（nitrogen oxides，NOx）　大气中氮在高温或雷电作用下可以合成 NOx，火山爆发、森林大火以及土壤中微生物的分解都会产生 NOx，进入自然界的氮循环过程。天然排放的 NOx 主要来自土壤和海洋中有机物的分解，属于自然界的氮循环过程。

表 6-6　大气二氧化硫环境质量标准（mg/m^3）

国家	标准名称	取值时间	一级标准	二级标准	三级标准
中国					
	环境空气	1h 平均	0.15	0.50	0.70
	质量标准	日平均	0.05	0.15	0.25
		年平均	0.02	0.06	0.10
世界卫生组织	指导标准	10min		0.50	
		1h 平均		0.35	
		日平均		0.10～0.15	
		年平均		0.40～0.60	
美国	大气质量标准	年平均		0.08	
		1h 平均			
		日平均		0.365	
前苏联	居住区大气卫生标准	一次最高		0.50	
		日平均		0.05	

注：前苏联即现在的独联体国家

2. 交通运输　汽车、火车和轮船等交通工具在运行时会产生大量的尾气排放，其中含有大量的 NOx。随着我国经济的快速发展，人民生活水平提高，汽车正在迅速进入家庭，我国汽车的产量和保有量近年均大幅增加。我国一些大城市的大气污染类型正在逐步从煤烟型向汽车尾气型转变，这意味着汽车尾气污染对大气污染的贡献已逐步占主导地位，而 NOx 就是汽车尾气排放的主要污染物。如北京市 2004 年汽车保有量已超过 200 万辆，在大气污染总量逐步得到控制的情况下，近 10 年来 NOx 的大气污染浓度却始终呈上升的趋势，且与汽车的保有量增加有相关关系。上海、广州等城市也有类似情况。

3. 工业污染源　由于在高温下空气中的氧气和氮气可直接结合成 NOx，各种生产过程中燃料的燃烧都会产生大量的 NOx 污染排放，同时也来自生产、使用硝酸的过程，如氮肥厂、有机中间体厂、有色及黑色金属冶炼厂等。在炸药、染料生产工艺过程中也会排放出 NOx。据 20 世纪 80 年代估计，全世界每年由于人类活动向大气排放的 NOx 约 5300 万 t。

NOx 对环境的损害作用极大，它既是形成酸雨的主要物质之一，也是形成大气中光化学烟雾的主要物质和消耗臭氧的一个重要因子。

（二）理化特点

NOx 是 NO、N_2O、NO_2、NO_3、N_2O_3、N_2O_4、N_2O_5 等含氮气体化合物的总称。其中，造成大气严重污染的主要是 NO_2 和 NO。NO_2 是红褐色气体，有刺激性。比重 1.448 (20℃)。低于 0℃时，NO_2 几乎都形成 N_2O_4 的形式，为无色的晶体。NO 亦为无色气体，遇氧气则很快变为 NO_2。NOx 是一类难溶于水的化合物，可经呼吸道进入肺的深部，对人体产生严重的危害。另外，NOx 可在大气中和碳氢化合物经光化学反应而形成光化学烟雾。

（三）健康危害

近年来的研究认为，人体内存在内源性的一氧化氮（NO），是人体生理活动所必需的因子，在体内起到第三信使的作用。但大量的外源性 NOx 对人体则有害。其中 NO_2 的毒性比 NO 高 4～5 倍。

1. 对呼吸系统的影响　氮氧化物难溶于水，故对眼睛和上呼吸道的刺激作用较小，而主要是作用于深部呼吸道、细支气管及肺泡。长期吸入低浓度 NOx 可引起肺泡表面活性物质过氧化，损害细支气管的纤毛上皮细胞和肺泡细胞，破坏肺泡组织的胶原纤维，并可发生肺气肿的症状。当它通过相对干燥的气管和支气管而到达肺泡时，缓慢地溶于肺泡表面的水分中，形成亚硝酸和硝酸，对肺组织产生强烈的刺激作用和腐蚀作用，而引起肺水肿，其作用的大小取决于接触时间长短和浓度大小。目前国内外的流行病学研究发现，长期慢性的暴露 NO_2 可对人体健康产生一系列的健康危害。Colvile 对近几十年的相关研究综述认为，NO_2 暴露有可能造成人群总死亡率增加、心血管疾病死亡率和婴儿死亡率增加；哮喘发作、心血管疾病和慢性阻塞性肺部疾病（COPD）等的住院人数显著增加，并与胎儿宫内死亡、儿童咽喉炎和老年人猝死有一定相关。近年来对这方面的研究正在深入进行。

2. 对血液系统的影响　在肺中形成的亚硝酸盐进入血液后，能与血红蛋白结合生成高铁血红蛋白（即变性血红蛋白），减低血红蛋白的携氧能力，引起组织缺氧。一般当污染物以 NO_2 为主时，肺的损害比较明显；当污染物以 NO 为主时，高铁血红蛋白血症及中枢神经系统影响较明显。流行病学调查资料也表明，长期接触 8.2～24.7mg/m^3 浓度 NO_2 的工人，除了有慢性肺部症状以外，还有血液学的改变。

3. NO_2 对健康的其他效应　NO_2 以亚硝酸根离子和硝酸根离子的形式通过肺而进入血液，经过全身循环后最后由尿排出，因此其影响不仅表现在呼吸道，而且在其他器官如肾脏、肝脏、心脏等亦可发生继发病变。

促癌作用：动物实验表明 NO_2 具有促癌作用，当动物暴露于 102.8mg/m^3 NO_2 和 BaP 环境中，能促使 BaP 诱发的支气管鳞状上皮癌的发病率增加。

NO_2 和 O_3 共存时，可产生协同作用，可以显著地降低动物对呼吸道感染的抵抗力。NO_2 与烃类共存时，在强烈日光照射下，可发生光化学反应，生成一系列光化学氧化物，对机体产生各种危害。

NO_2 与多环芳烃（PAH）共存时，可使 PAH 发生硝基化作用，形成硝基 PAH。目前研究认为硝基 PAH 可能较 PAH 有更强的致突变性及致癌性。

（四）环境空气质量标准

我国及世界各国制订的 NO_2 大气标准见表 6-7。

表 6-7　大气二氧化氮环境质量标准（mg/m^3）

国家	标准名称	取值时间	一级标准	二级标准	三级标准
中国					
	环境空气质量标准（NOx）	1h 平均	0.15	0.15	0.30
		日平均	0.10	0.10	0.15
		年平均	0.05	0.05	0.15
世界卫生组织	指导标准	1h 平均		0.40	
		日平均		0.15	
美国	大气质量标准	年平均	0.10	0.10	
		1h 平均	0.5		
前苏联	居住区大气卫生标准	一次最高		0.085	
		日平均		0.085	

注：前苏联即现在的独联体国家

四、一氧化碳

一氧化碳（CO）是由于含碳物质不完全燃烧而产生的一种有毒气体，无色、无臭、无味、无刺激性。吸入时不为人们所察觉，是室内外空气中常见污染物。它对人的主要危害是引起组织缺氧，导致急性和慢性中毒甚至死亡。

（一）污染来源

CO主要人为来源是汽车发动机、炼钢炉、炼铁炉、炼焦炉、煤气发生站、采暖锅炉、民用炉灶、固体废弃物焚烧等所排出的含有CO的气体。CO是排放量最大的大气污染物。据估计，全世界每年人为排放CO总量为3.4亿t。其中一半以上来自汽车尾气，成为城市大气中CO的主要污染源。大气对流层中的CO本底浓度为0.1～2ppm（1ppm＝1.25mg/m^3）。美国2000年的大气CO排放仍达到1亿t。运输频繁的交通枢纽地区CO大气含量可比对照高几倍。CO浓度也随采暖季节、取暖时间而变动。吸烟也是CO的污染来源，吸一支烟约排出100mg CO。

（二）理化特点

CO是一种无色、无臭、无味、无刺激性的有毒气体，比重为0.967。几乎不溶于水。在大气中比较稳定，不易与其他物质产生化学反应。CO是一种血液、神经毒物。它随空气经肺泡进入血循环，与血液中的血红蛋白（Hb）、肌肉中的肌红蛋白等形成可逆性结合。

（三）健康效应

1. 危害机理　CO和Hb结合成碳氧血红蛋白（COHb）。其结合力比O_2与Hb的结合力大200～300倍。而COHb的解离速度只是O_2Hb的1/3600。因此，生成碳氧血红蛋白后，就减弱了红细胞携带氧的能力，而且CO还能抑制和减缓Hb与O_2正常解离，而加重组织缺氧，导致低氧血症。CO经呼吸道吸入，再通过肺泡弥散于血液中，大部分与红细胞内的血红蛋白发生紧密可逆性结合，小部分（约10%～15%）和血管外的血红素蛋白如肌红蛋白、细胞色素氧化酶等结合。CO与组织的含铁呼吸酶相结合，可以直接抑制细胞内呼吸。正常人的COHb饱和度约为0.4%～1.0%，贫血者略高些。

2. CO对人体的危害　主要取决于空气中CO的浓度与接触时间。接触者血液中COHb饱和度与空气中CO浓度成正比，中毒症状则取决于血液中COHb饱和度。空气中CO浓度和血液中COHb的饱和度与人体反应之间存在密切的相关关系。CO引起血液缺氧主要影响呼吸及心、脑功能。心、脑是对缺氧最敏感的器官。接触者COHb饱合度等于2%时就可引起时间辨别行动迟缓。大气中CO的浓度在30ppm时，COHb饱合度略低于5%，可使视觉和听觉器官的细微功能发生障碍。COHb饱合度达10%以上，便会出现CO中毒的症状，包括眩晕、头痛、恶心、疲乏、记忆力降低等神经衰弱征候群，并兼有心前区紧迫感和针刺样疼痛。由于CO积累在肌肉组织中，所以虽然停止吸入CO，肌无力也仍将持续数天。CO对大脑皮质和苍白球损害最严重。由于缺氧，还会发生脑软化和坏死，出现视野缩小、听力丧失等。

（1）CO对心肌的损害：正常的心脏冠状动脉有一定的代偿功能，当COHb饱合度为5%时，冠状动脉血流量代偿增加，COHb饱合度为10%时，冠状动脉血流量可增加25%。当COHb饱和度更大，或患有冠状动脉硬化者，则丧失其代偿性，从而引起心脏摄氧量减少，并能促使某些细胞内氧化酶系统停止活动。

（2）CO对神经系统的影响：当空气中CO浓度引起血液中HbCO含量轻微升高时，即可引起行为的改变，工作能力下降，如当血液中的HbCO饱合度为2%时，人的时间辨别能力受到障碍，3%时警觉性降低，5%时光感敏锐度下降，人们的听力警觉性和理解力都会受到抑制。

当吸入高浓度CO时，可引起脑水肿，脑水肿可以继发脑血液循环障碍，导致脑组织发生缺血性软化病变，CO能影响中枢神经系统内单胺类神经介质的含量及代谢过程，影响神经系统调节功能，继而发生行为的改变。

（3）CO对胎儿的影响：CO可经胎盘弥散进入胎儿体内，影响胎儿发育。正常胎儿血中HbCO浓度为0.7%～2.5%，比母亲血中HbCO高10%～15%，在血液中达到平衡时的CO浓度比母亲为高，因此胎儿对CO的毒性比母亲更敏感。孕妇若急性CO中毒，幸存后其胎儿可以致死或于出生后遗留神经功能障碍。流行病学调查也表明吸烟孕妇的胎儿出生时体重轻于非吸烟孕妇，并有智力发育迟缓的现象，与CO的影响有相关关系。

长时间接触低浓度CO，是否会造成慢性中毒，至今尚有争论。多数学者认为，动物实验及流行病学调查都证明长期暴露于低浓度的CO会对人群健康产生危害，特别是对神经系统和心血管系统有一定功能性的损害，与相关疾病的发病和死亡呈相关关系，机理可能是CO的功能性蓄积造成的。但仍有学者认为CO是非蓄积性毒物，在血液中形成的HbCO可以逐渐解离，只要浓度未超过健康影响的CO阈值，脱离暴露后CO毒作用即可清除，而且暴露于低浓度CO者，对CO可以产生某种适应性，故认为不存在慢性中毒。

（四）环境空气质量标准

我国及各国制订的CO大气标准见表6-8。

表6-8　大气一氧化碳环境质量标准（mg/m^3）

国家	标准名称	取值时间	一级标准	二级标准	三级标准
中国					
	环境空气质量标准	1h平均	10	10	20
		日平均	4	4	6
世界卫生组织	指导标准	1h平均		30	
		8h平均		10	
美国	大气质量标准	8h最大	10	10	
		1h最大	40	40	
前苏联	居住区大气卫生标准	一次最高		3	
		日平均		1	

注：前苏联即现在的独联体国家

五、光化学烟雾

（一）污染来源

光化学烟雾（photochemical smog）是污染源排入大气中的NOx和碳氢化合物在太阳紫外线作用下，发生光化学反应所产生的二次污染物。主要污染源是汽车尾气。

（二）理化特点

1. 主要成分　光化学烟雾是一种混合物的总称。是一种刺激性很强的淡蓝色的混合烟雾。其中主要成分是臭氧、醛类和过氧酰基硝酸酯（peroxyacyl nitrates，PANs）。此外，还含有酮类、醛类和酸类等。在各种光化学反应产物中，臭氧约占85%以上，PANs约占10%，其他物质的比例很小。PANs中主要是过氧乙酰硝酸酯（PAN），其次是过氧苯酰硝酸酯（PBN）和过氧丙酰硝酸酯（PPN）等。醛类化合物主要是甲醛、乙醛、丙烯醛等。

2. 形成过程　光化学烟雾的形成过程极为复杂，是一系列相互交错的氧化还原反应链的结果。根据多年来国内外学者的实验模拟和现场监测分析，总结出光化学烟雾形成的几个主要过程和基本反应如下：

（1）起始——引发阶段：NOx在日光作用下吸收紫外辐射能，产生臭氧和原子氧。

NO_2 + hv（光能 λ=290～440nm）→NO+O

O+O_2+M→O_3+M（M为吸收能量的物质，如N_2、H_2O等）

NO+O_3→NO_2+O_2

以上反应在缺乏碳氢化合物的情况下呈循环反应，NO_2可以不断再生。一旦出现碳氢化合物（HC），则反应可往下继续发展。

（2）自由基生成阶段——连锁反应：此阶段主要是碳氢化合物与O和O_3氧化，产生多种自由基。每个反应能产生一个以上的自由基。

HC+O_2→2RO_2·（过氧烷基）

HC+O_3→RO_2·

HC+HO·（氢氧基）→2RO_2·

（3）自由基传递阶段：此阶段每个反应过程中，每个自由基只能转变成一个另一种自由基。

RO_2·+NO→NO_2+RCHO+HO_2（过氧氢基）

HO_2·+NO→NO_2+HO·

RCHO+hv→RO_2·+HO_2·+CO

RCHO+HO·→RC(O)O_2（过氧酰基）+H_2O

RC(O)O_2·+NO→NO_2+RO_2·+CO_2

此阶段生成的醛类也吸收光能参与光化学反应，产生自由基。

（4）自由基减少阶段——终止反应：此阶段自由基逐渐消失，产生更多的稳定产物。

HO·+NO_2→HNO_3

HO·+NO→HNO_2

RC(O)O_2·+NO→RC(O)O_2NO_2（PANs）

以上生成物中，有的还能继续参与反应：

HNO_2+hv→HO·+NO

RC(O)O_2 NO_2→RC(O)O_2·+NO_2

SO_2生成的二次污染物硫酸雾和硫酸盐，也是光化学烟雾中的一部分。

（三）健康效应

1. 对眼睛的刺激作用　由于光化学烟雾中的很多物质都具有强烈的氧化作用，人眼睛接触时会产生强烈的局部刺激作用。主要作用物是PAN、甲醛、各种自由基及过氧化物等。其中PAN是极强的催泪剂，其催泪作用相当于甲醛的200倍。而PBN的催泪作用更强，比PAN大约强100倍。所以，PBN的含量虽不如PAN高，但其强烈的催泪作用不可忽视。

2. 对呼吸系统的影响　光化学烟雾对鼻、咽、喉、气管和肺等呼吸器官也有明显的刺激作用。当大气中的O_3浓度为0.16 mg/m^{3}时即可引起鼻和喉头粘膜的刺激。O_3在0.21～1.07 mg/m^{3}时引起哮喘发作，导致上呼吸道疾病恶化，同时也刺激眼睛，使视觉敏感度和视力降低。2.14 mg/m^{3}以上可引起头痛、肺气肿和肺水肿等，其作用与NO_2相类似。

长期吸入氧化剂会影响细胞新陈代谢，加速人体衰老。

3. 致敏作用　甲醛是致敏物质，在环境中可形成半抗原。能引起流泪、喷嚏、咳嗽、呼吸困难、哮喘等过敏反应。

此外，O_3 还能阻碍血液输氧功能，造成组织缺氧；并使甲状腺功能受损，骨骼早期钙化。还可引起潜在性的全身影响。诱发淋巴细胞染色体畸变、损害某些酶的活性和产生溶血反应等。

光化学烟雾事件除洛杉矶多次发生过以外，美国的纽约，日本的东京、大阪、川崎，澳大利亚的悉尼，印度的孟买，智利的圣地亚哥等城市均发生过。近年来，我国的一些大城市中 O_3 的污染日益严重，正在引起政府有关部门和学者的密切关注，并做了初步的研究工作。

（四）环境空气质量标准

由于光化学烟雾是一类光化学二次污染物的总称。目前一般以其主要成分 O_3 为代表制订相应的空气质量标准，见表 6-9。

表 6-9　大气臭氧环境质量标准（mg/m^3）

国家	取值时间	一级标准	二级标准	三级标准
中国	1h 平均	0.12	0.16	0.20
美国	1h 最大值	0.16	0.16	—
世界卫生组织	1h 平均值		（指导标准 0.15～0.20）	
	8h 平均值		（指导标准 0.10～0.12）	

六、多环芳烃

（一）污染来源

大气中多环芳烃类化合物（PAHs）是含有两个或两个以上苯环并以稠合形式连接的芳香烃类化合物的总称，又称稠环芳烃。

PAHs 在天然环境中本底含量极微，一般是由于火山爆发、森林火灾以及细菌分解有机物的过程中产生的。环境中 PAHs 的主要来源是各种含碳有机物的热解和不完全燃烧，例如煤、石油、木柴、烟叶以及汽油、柴油、重油等各种石油产品的燃烧，烹调油烟，及各种有机物的焚烧等。简单的脂肪烃类化合物，在 200℃以上即可环化形成苯，在 500℃以上的厌氧条件下即可合成 PAHs。高分子化合物在 700℃以上可热解生成 PAHs。在多环芳烃类化合物中，有一部分已经证实具有人类致癌性，又称为致癌性多环芳烃，其在环境中的特点和人群暴露与健康研究是目前的研究重点。另外，环境烟草烟雾（ETS）中，致癌性多环芳烃也是重要的成分之一。

（二）理化特点

1. 化学结构　指含有两个或两个以上苯环并以稠合形式连接的芳香烃类化合物的总称。

2. 环境分布　部分 PAHs 可分布在气相环境中，而大多数 PAHs 则吸附在可吸入颗粒物表面，尤其在 $PM_{2.5}$ 表面，由于其表面积大，又长时间在大气中悬浮，很易被吸入呼吸道深部而产生健康危害。

3. 溶解性　PAH 的水溶性较差，脂溶性较强，易在生物体内蓄积。能溶于丙酮、苯、二氯甲烷等有机溶剂。PAH 可在环境中被光分解，或被某些细菌所分解。PAH 可被氯气、氯酸所氧化，或产生氯代多环芳烃。

（三）健康效应

1. 致癌性　1775 年英国外科医生 P. Pott 首次报道清扫烟囱的工人易患阴囊癌，提示煤焦油可能为致癌因素。1918 年日本学者 Yamagiwa 等人首次报道将煤焦油涂抹兔耳诱发出皮肤癌，证实了煤焦油的致癌性。1933 年英国学者 J. Cook 从煤焦油中分离出苯并（a）芘（BaP），并诱发出小鼠皮肤癌，首次从环境中分离出化学致癌物。由于 BaP 是第一个被发现的环境化学致癌物，而且致癌性很强，故经常以 BaP 作为 PAHs 的代表。BaP 占环境中全部致癌性多环芳烃的 1%～20%，在空气中的浓度大致为 0.001～10μg/100m^3。常见的致癌性 PAHs 见图 6-7。

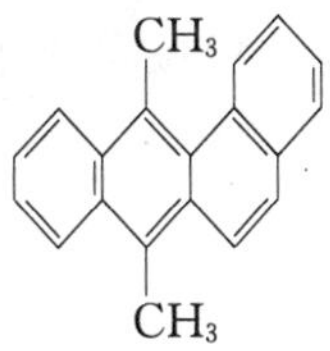
7，12-二甲基苯并（a）蒽

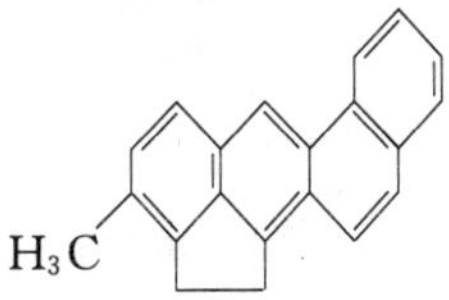
3-甲基胆蒽

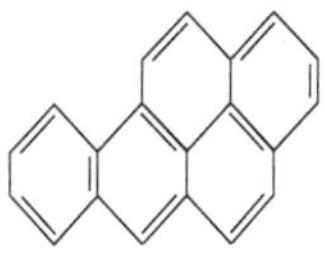
苯并（a）芘

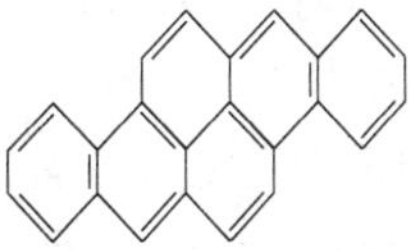
二苯并（a、h）芘

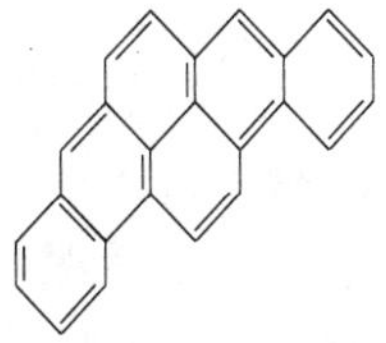
二苯并（a、i）芘

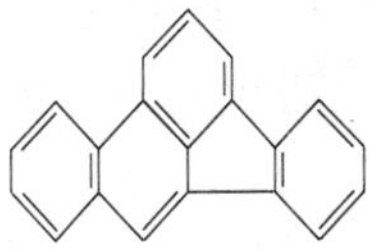
苯并（b）荧蒽

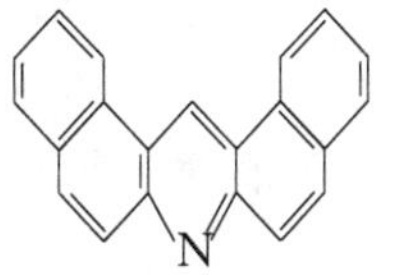
二苯并（a、j）吖啶

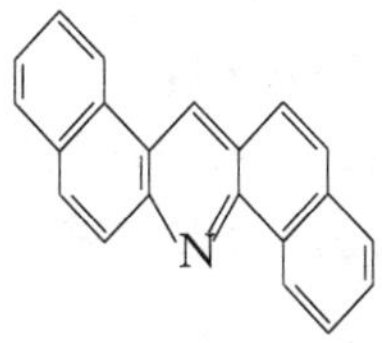
二苯并（a、h）吖啶

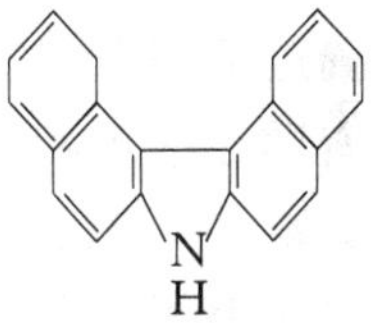
二苯并（c、g）咔唑

图 6-7　部分已确认的致癌性 PAH 及有关的杂环化合物

2. BaP 的致癌机理　BaP 作为致癌性多环芳烃的代表，人类已研究了近 60 年。经多年研究证明，BaP 本身是“前致癌物”，需在体内经代谢转化后，方成为“终致癌物”。BaP在体内的代谢过程和致癌机理已有很多研究，目前主要认为，BaP 进入人体后，有很少一部分是以原形从尿、或经胆汁随粪便排出体外。其余大部分经肝、肺细胞微粒体中的混合功能氧化酶（MFO）氧化形成环氧化物，再由环氧化物水化酶（EH）水解成二羟基化合物，然后 MFO 进行二次环氧化生成二羟基环氧化物，氧环打开，在第 10 位上亲电子的阳离子与细胞大分子（DNA、RNA、蛋白质等）共价结合形成加合物，构成癌变的物质基础。一旦遇到助癌或促癌因素，即可发生癌变，见图 6-8。

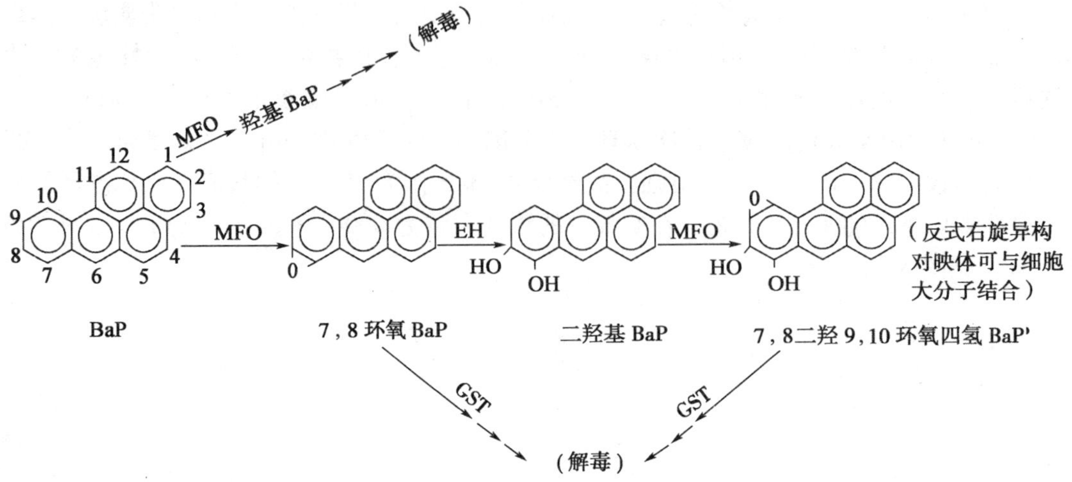

图 6-8　BaP 体内代谢途径示意图

（引自姚志麒主编《环境卫生学》，1995）

MFO 中对 BaP 氧化起重要作用的是多环芳烃羟化酶（AHH）。人体内的 AHH 能被外源性多环芳烃诱导激活，因此人体组织细胞中 AHH 的活性高低可反映出 PAHs 进入到该组织内的量。EH 对第一次环氧化物的水解作用很活泼，但对二羟基环氧化物几乎不起作用。体内的谷胱甘肽硫转移酶（GST），能催化还原型谷胱甘肽与环氧化物结合，使环氧化物（包括终致癌物）的水溶性增加，化学活性降低，从而抑制环氧化物与细胞大分子的共价结合。

动物试验已证明 BaP 能诱发皮肤癌、肺癌和胃癌。流行病学资料说明空气中 BaP 与皮肤癌和肺癌有明显的正相关性。美国提出大气中 BaP 浓度每增加 $0.1\mu g/100m^3$，肺癌死亡率相应升高 5%。我国何兴舟等人多年研究云南省宣威县肺癌高发区，发现该地区肺癌死亡率与室内空气中 BaP 的浓度呈显著正相关。

（四）环境空气质量标准

我国环境空气质量标准（GB3095-96）规定，BaP 的日平均浓度限值为 $0.01\mu g/m^3$。

七、二噁英类

近年来的大量研究表明，一些合成化学物质可以干扰动物的内分泌系统，影响生殖功能，这类化学物质被称为环境内分泌干扰物。目前，经研究认定的环境内分泌干扰物大约有 78 种，其中已认定或几乎可以认定有干扰内分泌功能作用的有 41 种，可疑的有 30 种，极为可疑的有 7 种。其中，多氯苯并对二噁英（PCDDs）、多氯二苯并呋喃（PCDFs）以及多氯联苯（PCB）等是代表性物质。它们又称为二噁英类（Dioxins）环境毒物。

（一）污染来源

二噁英类不是天然存在的，它是由工业活动人为造成的，主要是在含有有机氯化合物的生产过程中以及废弃物焚烧过程中生成的，大多来自于化学品杂质、城市垃圾焚烧、纸浆漂白及汽车尾气排放。二噁英类物质的污染途径一般为大气、土壤、水以及以这些途径为媒体的食物。二噁英类物质生成的必备条件为：①焚烧过程中提供含有催化作用的 $FeCl_2$、

$CuCl_2$ 灰尘（或含有 Cu 金属）；②提供含有 HCl 的烟气；③升温或烟气冷却过程有 300 ℃左右的温度带。

（二）理化特点

1. 二噁英类是无色无味的脂溶性物质，包括 210 种化合物，其每种异构体因氯原子的数量和位置不同毒性也不同。最毒的化合物是 2，3，7，8-四氯二苯-p-二噁英，或称 2，3，7，8-TCDD。其他化合物例如 PCBs，毒性也类似二噁英类化合物。二噁英类化合物由异构体（isomer）和同类物（congener）组成。异构体具有相同的分子式，但原子排列不同，其在体内的行为和毒性可能差异很大。例如 2，3，7，8-TCDD 与 2，3，7，9-TCDD 是异构体，毒性差异却很大。同类物是关系密切的化合物，但不一定具有相同的分子式。二噁英类的毒性很大，即使在微量水平下也具有急性毒性、致癌性、致畸性、免疫毒性和生殖毒性等多种毒性。通常，二噁英类在环境中难溶于水、难分解，但易溶于脂类，因而容易在生物体内积累。IARC 已将 2，3，7，8-TCDD 列为明确的人类致癌物。

2. 在环境中的迁移和富集　二噁英类排放到环境后，因其不易溶于水而易溶于脂肪物质，很易进入生物体内。例如水体中的二噁英类可先进入水藻等低等生物，再经食物链的传递和富集作用，富集到鱼体内，可使鱼体中的二噁英类浓度达环境中的 10 万倍，再逐步进入人体，对健康产生严重危害。

（三）健康影响

1. 人体内的分布和代谢　二噁英类主要是通过被污染的食品和水经消化道进入人体，也可通过呼吸道吸入。因为二噁英类化合物脂溶性高，所以容易在脂肪组织蓄积，不易排出体外。而在女性体内，二噁英类可通过胎盘进入胎儿体内，还可通过哺乳进入婴儿体内，危害胎儿和婴儿。

2. 致癌性　2，3，7，8-TCDD 是已知的人类致癌物，可引起软组织肉瘤、淋巴网状细胞瘤，还可能引起呼吸系统的肿瘤和前列腺癌等。

3. 对生殖系统的影响　二噁英类可引起机体严重的生殖和发育障碍，其生殖毒性比其致癌性高得多，是环境内分泌干扰物的典型代表。其机制认为是与多环芳烃受体结合，影响机体的生殖激素水平和功能，可使动物的精子数下降；降低雌性猴子的生育力，并影响动物的性行为。

4. 对免疫系统的影响　研究发现，二噁英类可影响人类免疫细胞的分化、成熟，导致胸腺萎缩。

（四）环境空气质量标准

目前我国尚未制订大气二噁英类的质量标准。

第五节　大气环境质量标准

一、大气环境质量标准的概念

大气环境质量标准是大气中有害物质的法定最高限值。是控制大气污染、保护居民健康、保护生态环境、评价污染程度、制订防护措施的法定依据。由于大气污染的影响范围广泛，暴露人群包括了老、幼、病、残、孕等敏感人群，接触时间应考虑昼夜、长期的暴露特征，因此大气环境质量标准的要求比职业卫生中作业场所的空气卫生标准要更为严格。

（一）标准和基准

我们在谈到大气环境质量标准时，首先应该明确标准和基准是不同的概念。标准（standard）是国家和有关部门对环境中的健康有害因素提出的限量要求和为实现这些要求所规定的相应措施的技术法规和行为规范。基准（criteria）是通过科学研究得出的对人群不产生有害或不良影响的最大浓度，是根据剂量—反应关系和一定的不确定性系数而确定的；没有考虑社会、经济和技术等人为因素的影响，也不具有法律效力。标准的制订以基准为主要科学依据，同时考虑社会、经济和技术条件的可行性。经过综合评价后确定，并有国家管理部门批准颁布，具有法律效力。

（二）大气污染物的浓度限值

大气中有害物质的浓度受生产周期、排放方式、气象条件等因素的影响而经常变动。各种有害物质对机体产生的有害作用类型也各不相同。因此，我国的《环境空气质量标准》规定了不同形式的浓度限值，如1h平均浓度限值、日平均浓度限值、年平均浓度限值等。1h平均浓度限值是指任何1h内平均浓度的最高容许值。有些物质能使人或动植物在短期内出现刺激、过敏或中毒等急性危害，则该物质必须制订1h平均浓度限值，这是确保接触者在短期内吸入该物质不至于产生上述任何一种急性危害的上限值。日平均浓度限值是指任何一天内多次测定的平均浓度的最高容许值。对一些有慢性作用的物质都应制订此值，亦即经过长时间（数月、数年）的持续作用也不致引起最敏感对象发生慢性中毒或蓄积现象以及远期效应的日平均上限值，在任何24h内均不应超过，以达到防止污染物慢性和潜在性危害的目的。有些物质既能产生急性危害，又能产生慢性危害，则给出了1h平均浓度限值和日平均浓度限值。

我国的环境空气质量标准以重量浓度（mg/m^3）表示，即标准状况下$1m^3$空气中该物质的重量mg数。

二、制订大气环境质量标准的原则

在WHO提出的《空气质量准则》（Guidelines for Air Quality）一书中，WHO再次确认了自1987年《欧洲空气质量准则》中提出的，向世界各国推荐在制订本国空气质量标准时供参考的原则和方法。其中特别强调了在考虑人类健康评价的基础上制订标准（基准）时“需要区分绝对安全和可接受的危险度”的原则和综合考虑暴露浓度和暴露时间的原则。该书中提出的制订空气质量标准的推荐原则如下：

1. 非致癌终点原则　对于报告没有致癌效应的化合物，或缺少致癌数据，或数据不充分的化合物，推导基准值的起点应该是确定能观察到人类、动物、植物效应的最低浓度。能观察到效应的最低水平和与观察不到效应的最高水平之间的差别，与对防护边界的判断等一些因素有关。如要根据人的刺激和感觉效应，若有可能，需要考虑确定无效应水平。

2. 可观察有害效应的最低水平（LOAEL）的选择原则　区分有害效应和正面效应，观察和描述时有很大困难。有害效应的定义是“导致功能损害和/或病理损伤的任何效应，可能影响整体器官功能，或降低对外界刺激的反应能力”。即使是这样定义，还是有很大程度的主观性和不确定性。为此可把数据分为3类：一是个案资料，即使发现有潜在的健康影响，这类资料也不宜用作确定准则值的基础；二是可导致病理改变的最低观测效应水平的资料，这类健康结局要给予更高的关注；三是有明显改变的病理效应资料，在制订基准值时应给予主要考虑和参考。

3. 选择不确定因素的原则　污染物的毒理学，包括形成代谢物的类型、代谢作用的改变或敏感人群的反应，以及化合物或其代谢物在体内蓄积的可能性等，都需要作为不确定因素考虑。主要通过一致性科学判断原则来确定不确定因素。

4. 选择平均时间的原则　在化学品短时间暴露后，可能导致急性、轻微的可逆效应，长期暴露会导致不可逆或致残效应，这要由专家根据有效证据的重要性做出判断。一般来讲，短期暴露导致的负面效应，建议用短的平均时间。在其他情况下，如果对暴露—效应关系有充分资料，则建议用长的平均时间。

5. 感官效应考虑原则　例如一些选择进行评估的物质，在其浓度远低于毒性效应出现值时，就可能有恶臭的性质。虽然从严格意义上说，臭味引起的烦恼不能认为是有害健康影响，但它影响生活质量。所以必须指出与这些化学品相关的臭味阈值水平（检测阈值、辨认阈值、讨厌阈值），作为单独确定准则值的基础。

6. 致癌终点原则　癌症危险度评价包括两方面：对一种物质是否为人类致癌物的定性评价，以及对在一定水平、一定暴露时间内这种物质导致癌症发病率的定量评价。

制订和修订大气环境质量标准的原则：

1. 对机体不应引起急、慢性中毒　最高容许浓度应低于污染物的急性和慢性毒作用阈，包括不引起潜在的远期效应。

2. 对主观感觉无不良影响　最高容许浓度应低于嗅觉阈及眼睛和上呼吸道的刺激作用阈。

3. 对人体健康无间接危害　最高容许浓度应低于引起生活卫生条件的恶化和对机体发生间接危害（例如降低大气透明度、影响开窗换气、危害植物生长、腐蚀材料等）的阈浓度。

根据上述基本原则，采用多种研究方法和多项指标，研究该物质对机体各种直接和间接的影响（效应），从其中选择典型和敏感的有害效应（关键效应）；根据其相关研究数据确定剂量—反应关系，从中得出最大无作用剂量或最小作用剂量；再依据研究中的各项不确定性系数，计算该物质的基准值。然后再根据经济技术条件和行政、法律方面可行性的研究验证，最后确定该物质在大气中的最高限值，形成正式的大气环境质量标准。

三、制订大气环境质量标准的研究方法

（一）流行病学研究方法

通过现场调查或收集有关资料，进行流行病学研究。首先必须确切选定污染现场和对照现场，取得现场大气中该污染物的浓度。对于具有慢性毒作用或远期危害的污染物，必须收集到既往大气监测的有关资料，可根据选用的健康效应指标的潜伏期而定。

人群的健康效应指标很多，尽可能选择敏感、特异和客观的效应指标，一般至少应有多于两项的关键效应指标。亦可选择非特异性和间接影响健康的指标。将大气监测资料与相应暴露期间的健康效应资料进行统计学处理和分析计算。重点是对暴露—反应关系的定量分析和评价，得出人群受影响的相对危险度。如果能选择到若干污染程度不同的现场，就可得出暴露—反应关系的结果，更有利于确定阈浓度和阈下浓度。

流行病学的调查结果，能直接反映人群健康的效应，无需对结果进行种属间的推算，因而比动物试验更为可靠，说明问题最有力。但是，现场的情况比较复杂，混杂因子很多，尤其对毒性机理有时难以得出理想的肯定结果，必须与毒理试验相结合。

另外，有些化学物质尚未在大气中广泛扩散，生活环境中尚无暴露人群，则难以应用流行病学现场研究方法。

（二）大气中有害物质嗅觉阈和刺激作用阈的测定

嗅觉阈是在实验室内，用嗅觉阈测定装置对嗅觉功能正常的健康人做实验后确定的。实验应在确保受试者安全无害的条件下进行。最后应得到最低可嗅浓度和最高不可嗅浓度。刺激作用阈也可用同样方法求得。还可用大型染毒室测得各种毒物的嗅觉阀或刺激作用阈。另外，也可在距污染源不同的距离、污染物不同浓度地区询问居民的主观感觉来获得相关的数据和资料。

（三）毒理学试验

1. 吸入染毒　这是空气中污染物毒理学试验最常用的染毒途径和研究方法。根据其染毒期限长短，可分为以下几种：

（1）急性吸入染毒：主要采用静式染毒方式。在静式染毒柜中对动物一次给以较高浓度的中毒试验。其目的在于观察有害物质的毒性大小（以半数致死浓度即 LC_{50} 表示）、毒作用的基本特点以及选择对该毒物敏感的动物。染毒时间可短至 2 小时，对存活动物的观察时间一般为 7～10 天。

（2）亚慢性吸入染毒试验：染毒剂量约为 LC_{50} 的 1/20～1/5，每天连续染毒 2～8 小时，试验 1～3 个月。目的是观察中毒症状、机能改变、病理变化等。染毒也可以在染毒室中进行，不但染毒浓度更为均匀恒定，而且可以 24 小时连续染毒。

（3）慢性吸入染毒试验：试验周期在半年以上，根据实验要求和动物寿命长短而定。目的是要发现较低剂量在长期作用下的毒性表现，并确定该毒物经呼吸道染毒的阈浓度和阈下浓度。在实验过程中要防止外界噪声等强烈刺激的影响。

染毒物质在染毒室内必须浓度恒定，并分布均匀。毒物送入染毒室的方式可根据其理化特性而定。

气态毒物（如 CO、SO_2、NOx、氯气等）可用压缩空气法。将该毒物压入高压铜瓶中，通过针形阀和减压阀使气体保持一定流量送入染毒室。

低沸点液体毒物（如苯、丙烯腈、乙腈等）可使用稳流鼓泡法。即将毒物放入密闭容器内，并将密闭容器置于恒温水浴中，用清洁空气或稳压氮气通过管子吹入密闭容器底部，促使毒物挥发成气态，通过容器的另一管子送入染毒室。

由于以上的吸入染毒都使整个动物暴露于毒气中，很可能通过皮肤吸收一部分。如果单纯观察呼吸道暴露情况，可采用面罩染毒装置，保证毒物只能通过呼吸道吸收。

2. 气管注入法染毒　此染毒法适用于颗粒物染毒。颗粒物可制备成生理盐水混悬液进行染毒，也可将颗粒物中的有害成分提取，再用提取物进行染毒。此法需在动物麻醉下进行，难度较大，故适宜作急性试验。由于染毒物的注入剂量容易控制，故仍有较好的应用价值。

3. 皮肤染毒　对皮肤有刺激的空气污染物，可进行皮肤染毒。致癌实验也可用染毒的方式进行，可作慢性试验。

以上各整体试验的观察指标是很多的，如生理、生化、免疫、组织病理、染色体变化等，可根据研究目的选用。

除整体试验外，还有很多体外试验，如肺灌洗、离体细胞培养以及分子生物学实验等，均可选用。

（四）健康危险度评价方法

健康危险度评价（health risk assessment）就是收集和利用科学可靠、设计合理的毒理学、流行病学及其他实验研究的最新成果，遵循严格的评价准则和毒性鉴定、暴露评价、剂量—反应关系评价、危险度分析等一定的技术路线，定量地推算出被研究毒物在人类环境中的可接受水平（浓度），作为大气环境质量标准的科学基础。健康危险度评价侧重于对现有资料的分析和专家判断。

四、我国现行的大气环境质量标准

我国现行的大气环境质量标准《环境空气质量标准》（GB3095-96）于 1996 年发布。该标准对 10 个污染物制订了限值，并从环境分级管理的角度对每个污染物的标准均分为三级。

一级标准：为保护自然生态和人群健康，在长期接触情况下，不发生任何危害影响的空气质量要求。国家规定的自然保护区、风景游览区、名胜古迹和疗养地等地区应执行一级标准。

二级标准：为保护人群健康和城市、乡村的动、植物，在长期和短期接触情况下，不发生伤害的空气质量要求。居民区、商业交通居民混合区、文化区、名胜古迹和广大农村等地区应执行二级标准。

三级标准：为保护人群不发生急、慢性中毒和城市一般动、植物（敏感者除外）正常生长的空气质量要求。适用于大气污染程度比较重的城镇和工业区以及城市交通枢纽、干线等地区。

大气环境质量标准必须根据具体情况和新的研究资料，定期修订或增补污染物项目。例如，一些国家采用年平均值来研究 SO_2 长期接触对人体健康的影响和评价城市的污染水平。我国《环境空气质量标准》也已增订了 SO_2 的年平均值为 0.06 mg/m^3（二级标准）。

第六节　大气污染对健康影响的调查和监测

一、调查和监测的目的

（一）查明大气污染来源

掌握各类污染源排入大气中的主要污染物种类、排放量和排放特点。检查各污染源单位执行环境保护法规和废气排放标准的情况，鉴定所采取的各种废气回收利用和净化措施的效果。进一步分析大气污染与污染源的关系，以及了解它们对周围环境和居民健康可能造成的危害。

（二）查明大气污染状况

掌握一个城市或一个工厂周围的大气中所含污染物种类和浓度、大气污染程度、污染范围和污染规律，并根据居住区大气卫生标准对该地区大气质量进行评价。为进一步研究大气中污染物对人体健康影响提供基础资料。

（三）查明大气污染对人体健康造成的各种危害

掌握暴露—反应关系的特点，为大气污染对居民健康影响的预报、预测和环境影响评价积累数据和资料。

综合以上资料，可为大气卫生标准的制订和修订、大气安全防护距离的设置、城市和村镇建设的合理布局、废气治理方案的确定等各种保护环境和人体健康的预防措施提供科学依据。

二、调查和监测的内容和方法

（一）大气污染源的调查

大气污染源可分为点源、面源和线源等三种类型。

1. 点源污染调查　即对一个工厂或一座烟囱对周围大气影响的调查。主要调查内容可包括以下几方面：①点源的地理位置，与周围生活居住区和公共建筑物的距离等。②该点源的生产性质、生产规模、排放有害物质的车间和工序、生产工艺过程、操作制度、生产设备等。③废气污染物种类、成分、排放量、排放方式、排放规律、排放高度。④净化处理设备的类型及效果，回收利用情况。⑤锅炉型号，燃料品种和使用的燃烧方式，废气净化设备的类型和效果，烟囱高度等。⑥车间内无组织排放有害物质的生产环节，以及由于原料、半成品以及成品的堆放、装卸和输送而飞扬散发的有害物质的情况。

2. 面源污染调查　即对整个城市或工业区进行大气污染来源调查。主要的调查内容可包括以下几方面：①该地区地形、地理位置、气象条件；②城镇规划功能分区情况，工厂等污染源分布、锅炉烟囱分布等。③该地区人口密度、建筑密度、人均居住面积、人口构成。④民用燃料种类和使用量，取暖方式，炊事炉具类型和型号，排烟气方式等。⑤该地区交通干线分布，机动车辆种类和流量、使用燃料种类等。⑥当地路面铺设情况和绿化情况。

3. 线源污染调查　除上述面源中包括的线源以外，很多大型流动性污染源都是跨越很多省市的跨地区线源，对沿线的大气质量和居民健康都会造成影响。应调查该线路上的交通运输工具的种类、流量、使用燃料种类、燃烧情况、废气成分等。

以上部分资料可通过有关部门进行收集。例如城镇建设部门、规划部门、环保部门、工业生产部门、燃料供应部门、气象部门、公安部门、街道办事处等的很多有关资料。这些资料可为采样点选择、大气监测内容和方法、敏感人群的确定和健康效应指标的选择等提供重要线索。

（二）大气污染状况调查和监测

1. 采样点选择　采样点的布置取决于调查监测的目的，一般有以下几种方式：

（1）点源监测的选点方式：对个别工厂周围的大气进行监测时，以污染源为中心，在其周围不同方位和不同距离的地点设采样点。可根据工厂规模、有害物质排放量和排放高度、当地多年的风向频率、附近地形等具体条件并可参考烟波扩散范围和周围住宅的所在位置以及植物生长情况来布置采样点。一般选用以下三种布点方式：①四周布点：以污染源为中心，划分 8 个方位，在不同距离的同心圆周上设置采样点。必要时，可在更远距离或其他方位设置对照点。②扇形布点：根据不同目的，在污染源常年主导风向的下风侧或季节主导风向的下风侧，划定 3～5 个方位的不同距离处设置采样点。同时，应在上风侧适当距离上设置对照点。③烟波下方采样：不设固定采样点而是随烟波变动的方向，在烟波下方不同距离采样。但不必经常更换采样点位置，可以每半天确定一次烟波方向即可。同时，应在上风侧适当距离设置对照点。

（2）区域性污染监测的采样点选择：①按照城市功能分区，选择有代表性的不同类型地区设置采样点。例如在严重污染的工业区、交通枢纽区、商业区、受污染住宅区、未受污染住宅区、清洁对照区等。每个类型的地区内可设置 2、3 个采样点，可使结果更有代表性。

②采样点呈几何状分布。将整个监测的区域划分成若干方形或三角形小格，采样点设置在交叉点上或在小格内。③根据城市污染源及人口的分布、地形地貌等因素，有选择地设置采样点。

（3）采样点现场的要求：①采样点应设在空旷地区，不受树木或建筑物遮挡，避免局部因素干扰。②测定有害气体的采样器放置高度应为 1.5m 左右，即放在呼吸带高度。颗粒物采样高度为 3.5m，避免地面尘土干扰。

2. 采样时间　根据监测目的和工作条件而定。长年连续监测一般只有在实现了监测自动化的情况下才有可能。目前我国 47 个重点环保城市已基本具备条件。国外有些城市采用每 6 天采样一昼夜，或对不同污染物根据其危害性大小可变动其采样时间。我国目前大都采取季节采样，一年四季各采样一批，至少也应在冬、夏两季进行。每次应连续采样 3～4 天。如果无条件昼夜连续采样则每天至少采样 4 次，应包括一天中污染最严重、中等和最轻的时刻。每天监测结果的平均值，即为日平均浓度。

若要测得最大一次浓度（污染最严重），要选择生产负荷最大、气象条件最不利、污染最严重的时刻进行采样，采样时间一般为 10～20 min，最长不超过 30min。当风向改变时，应停止采样。

3. 监测指标的选择

（1）对点源周围大气监测时，应根据所排放的主要有害物质为指标。

（2）对一个区域进行监测时，一般的常用指标为 SO_2、PM_{10}、CO 和 NO_2，有条件的可增加 Pb、PAHs 等。

4. 采样记录　采样时应记录采样时间、流量、周围环境情况。并记录天气情况，测定气象因素。特别是采样当时的气温、气湿和气压。

5. 监测结果的分析与评价

（1）分别计算 1h 平均浓度、日平均浓度和年平均浓度的均值（多计算几何均数）或中位数及标准差或 95％可信限。

（2）分别比较 1h 平均浓度、日平均浓度和年平均浓度的最大值和最低值，并计算最大值的超标倍数。

（3）分别计算 1h 平均浓度和日平均浓度的超标率。

（4）运用统计学方法，比较各地区和各个时期的污染状态。

（5）计算大气环境质量指数，对环境质量进行综合评价，找出主要污染源和主要污染物。

（6）查明影响范围和污染规律。

（三）人群健康调查

人群健康调查的资料是反映环境质量对人体健康影响的最直接的科学依据。所以人群健康调查是大气污染调查与监测项目中的重点内容。由于人群周围的环境因素非常复杂，要确切找出大气污染与人体健康的因果关系，其难度是相当大的。必须积累大量的准确的调查数据方能下结论。

调查目的可以是为了研究当地某些原因不明疾病或可疑症状与大气污染是否有关，从而探讨病因；也可以是为了研究暴露在各种不同类型的大气污染环境中的人群健康影响的类型和危害程度，从而对大气质量作进一步的评价。根据不同的调查目的和大气质量资料，制订出具有针对性的调查计划，包括调查内容、现场要求、研究范围、调查对象、研究方法、测定指标、资料整理分析方法等等。

1. 确定调查现场　应根据大气调查监测结果及有关资料来选定调查现场。暴露现场的条件应符合调查目的，尽可能避免各种混杂因子，以保证调查结果的确切性。同时，也必须重视对照区的选定。必须尽可能查实对照区内不存在排放该污染物的大气污染源，也不可有来自其他环境介质（水、土等）的其他污染源存在。必要时应查找该地区的既往存在污染源的情况，以防某些污染物出现慢性有害作用而干扰结果。

2. 确定调查对象　调查对象必须选自在当地居住年限不少于 3 年的居民。要选择暴露机会多的人群作为调查对象，甚至可选择老人、儿童等体弱人群。同时应避免职业暴露、服用药物、吸烟饮酒等嗜好、室内空气污染等混杂因子的干扰。对照人群也必须同样按上述要求严格选定，而且性别、年龄、居住年限、职业种类、生活居住条件、饮食习惯、经济水平等均应大致相同。

3. 确定观察指标

（1）暴露监测：虽然大气监测在一定程度上能反映出人群的暴露水平，但很不准确。近年来认为反映人体暴露水平较为准确的方法有两类。

①个体采样：可将袖珍型个体采样器如徽章式或小管式个体采样器固定在衣领或胸前等靠近鼻孔的部位，以便采集到较确切的吸入空气量和其中所含的污染物浓度。例如 SO_2、NO_2、CO、甲醛、PM 等均可使用此法。采样动力可以是被动式、也可以连接小型泵进行主动式采样。

②生物材料监测：污染物在生物材料中的含量可以反映被吸收到体内的实际含量，以便更确切反映出体内的暴露水平。与大气污染有关的生物材料监测项目中，经常采用的有：血液 HbCO、尿氟、尿铅、发铅、血铅、发汞、尿汞、乳汁有机氯化合物、呼出气中的 CO、苯、甲苯、二甲苯等。

（2）健康效应测定：反映健康效应的指标很多。近年来国内外的相关基础学科发展很快，测定方法很多。但所选指标应尽量简便易行，方便受试者，以适应现场受检查人数多、工作人员少的特点，难度大的指标较难保证质量。

①疾病资料：收集与大气污染有关的疾病资料，例如肺癌死亡率、支气管炎患病率、肺心病发病率等。除收集现有资料外，还可进行临床体检（咽炎、扁桃体炎、喉炎、结膜炎、肺部疾患等等）和询问自觉症状，开展流行病学调查。例如调查呼吸道疾病可以采用英国皇家医学研究会（BMRC）研制的“关于呼吸道症状的调查问卷”。这份问卷自 1960 年制订采用以来，经过多年的使用和修改，现已成为很多国家广泛使用的标准调查表。更多的调查则仍然应根据调查目的自行设计调查表。

②儿童生长发育资料：包括体格发育和智力发育。例如大气铅污染就能影响胚胎生长和儿童的智力发育。最常用的指标有身高、体重、胸围、智商等。儿童的生长发育还与年龄、性别、营养状况、文化素质和遗传等因素有关。因此，在确定对照人群时一定要严格保证暴露人群和对照人群的背景情况相同，以保证两组资料的可比性。

③生化指标：可以反映某些代谢酶的活性、代谢产物的生成种类和含量、代谢动力学特性等。例如血液 δ-ALA-D（δ-氨基乙酰丙酸脱水酶）活性的测定、血清 AKP（碱性磷酸酶）活性测定、唾液中安替比林消除相半衰期测定等。

④生理功能指标：最常用的是肺功能测定。尤其是其中的 FVC（用力肺活量）、FEV_1（第一秒用力呼气量）、PEFR（最大呼气流速）等指标，主要都是反映出小气道阻力的

增加。

现在也常用神经行为指标。例如视觉反应时值、数字广度测试、视觉保留记忆调试等，能反映中枢神经系统的功能状况。

此外，还可测定脑电图、肌电图、指血流图、心电图等指标。

⑤免疫指标：常用的有唾液溶菌酶、唾液SIgA（分泌型免疫球蛋白A）、免疫球蛋白（IgG、IgM、IgA）、血清补体C等含量测定，T淋巴细胞转化试验，植物血凝素（PHA），皮肤碱抗力等指标。

⑥人体的遗传毒理学试验：常用外周血淋巴细胞染色体畸变试验、外周血淋巴细胞SCE（姐妹染色单体交换）试验、尿液Ames试验等。必要时可鉴定外周淋巴细胞染色体核型。

4. 资料统计　可根据卫生统计学和流行病学的方法进行统计分析。根据资料的主要项目按不同地区分类进行统计，比较分析污染区与对照区之间有无显著性差异；采用相关、回归与多因素分析方法找出大气污染程度与居民健康（各项指标和疾病）调查结果之间的相关关系；要区别和分清大气污染对居民健康影响的主因和辅因；初步估计是否有危害健康的可能性；为深入探索和提出防治措施打下基础。

第七节　大气卫生防护措施

大气污染程度受该地区的能源结构与布局、交通管理和人口密度、地形、气象、植被面积等自然因素和社会因素所影响。因此大气污染的防治具有区域性、整体性相结合的特点。故必须采取多方面的综合措施方能有效。应充分利用大气的自净能力等自然因素来控制大气污染，也应因地制宜采取规划、工艺、净化等措施对大气进行防护。

一、规划措施

（一）合理安排工业布局和城镇功能分区

应结合城镇规划，全面考虑工业的合理布局。工业建设应多设在小城镇和工矿区，使工业项目不过于集中。较大的工业城市最好不再新建大型企业，特别是冶炼、石油、化工等排气较大的企业。如需新建，尽可能建在远郊区或卫星城镇，并需建立废气治理措施。避免在山谷内建立有废气排出的工厂。

功能分区应根据国家关于发展经济建设的任务，在当地政府领导下，统一规划，合理配置。工业区一般应配置在城市的边缘或郊区。居住区内不得修建有害工业企业。在旧城市改建中，凡不符合上述要求的，应转变生产性质或改革工艺过程，加强防治措施以达到无害，否则应迁出居住区。

工业区的位置应配置在当地最小频率风向的上风侧，使得废气吹向居住区的次数最少。此外，还应设置一定的卫生防护距离。

生产管理要加强，消灭跑、冒、滴、漏和无组织排放，严防事故性排放。

（二）加强绿化

植物除美化环境外，还具有调节气候，阻挡、清除和吸附灰尘，吸收大气中有害气体等功能。建立绿化带是行之有效的生物防治措施。绿化地点可根据污染情况而定，对有组织排放的污染物，绿化地点应从烟波降落点开始，向外延伸；对无组织排放的，应在排放处附近进行绿化。

（三）加强对居住区内局部污染源的管理

如饭馆、公共浴室等的烟囱、废品堆放处、垃圾箱等均可能向大气排放污染物，并影响室内空气质量。卫生部门应与有关部门配合，加强管理。

二、工艺措施

（一）控制燃煤污染

1. 改革燃料结构，逐步以无烟燃料取代产烟燃料，以液体或气体燃料取代固体燃料以减少煤烟和 SO_2 的污染。

2. 集中供热，减少大量的分散烟囱，还可充分利用工业余热资源。

3. 改造锅炉，提高燃烧效率，减少燃烧不完全产物的排出量。

4. 合理选用燃料，城市地区应选含硫和灰分少的燃料，以减少污染物的排放量。

5. 原煤脱硫，降低污染，又可回收利用和增加硫的来源。

6. 适当增加烟囱高度，更有利于废气的稀释和扩散。

（二）加强工艺措施

1. 改革工艺过程，以无毒或低毒原料代替毒性大的原料。采取闭路循环以减少污染物排出等。

2. 加强生产管理，防止一切可能排放废气、污染大气的情况发生。

3. 综合利用，变废为宝。例如电厂排出的大量煤灰可制成水泥、砖等建筑材料。又可回收氮，制造氮肥等。

第八节　大气污染的卫生监督和管理

一、预防性卫生监督

预防性卫生监督和管理是监督尚处在规划设计阶段的卫生问题。卫生部门应与有关部门密切配合，相互协作才能完成。要审阅有关设计图纸，收集有关基础资料，以有关的卫生标准为依据，对未来的大气环境质量进行预测，从而对设计方案进行监督，使整个规划符合卫生要求。

（一）参与规划

在新建城镇或改建旧城镇的规划阶段，必须掌握该城镇的发展规模。了解功能分区，街道分区，污染源的种类、数量和布局，居住区的位置，人口密度，建筑密度，绿地分布等情况；还要掌握当地的气象和地形资料。从而监督该规划必须符合卫生要求。同时，尽可能取得当地的大气质量资料，必要时可在冬、夏两个季节各进行一次大气监测，取得本底数据。尽可能收集当地居民的人口资料和健康资料，尤其是关于呼吸道疾病、心脑血管疾病、肿瘤和出生缺陷等资料，以及人群中机体免疫水平、儿童生长发育、某些有关化学物质在人群体内的本底水平等资料。必要时可亲自开展体检。要建立大气质量和人群健康状况的档案，为日后进行动态观察提供必要的本底资料。

（二）审查图纸

对于拟新建的工厂，必须了解其厂址选择与居民区的相对方位和距离是否合适；应掌握燃料的种类和使用量，原料、副产品和产品的种类、工艺过程；烟气中的有害物质成分和浓度，烟气的排放量、排放方式、排放高度；当地气象条件和地形特点；卫生防护距离的设计方案；净化设备效率等资料。审查各项防护措施是否均能有效地落实。同时，也应尽可能建立大气质量和人群健康状况的档案，以便进行动态观察。对于其他点源，例如垃圾焚烧站、火葬场等，也应按照上述原则予以管理。

对拟新建的交通运输流量繁重的线源，要掌握其路线分布，交通运输工具的种类和数量，燃料种类和使用量等资料；掌握沿线两侧建筑物的类型和分布是否有利于废气扩散。尽可能收集沿线的大气质量和人群健康状况的本底资料。

新建居民区的附近，不应有大气污染源和局部的空气污染源。建筑物之间应有适当的间距和绿化面积，有利于净化空气。居住区内的生活炉灶和采暖锅炉，应尽量利用管道煤气和工业余热，以减轻居住区的局部污染。

二、经常性卫生监督

（一）环境监测

对居民区内的局部污染源应加以管理，例如楼房底层的营业性烟囱（如饭馆的烟囱），应通过建筑物内的排气道排出，不应沿着楼房外墙直接排放。楼房周围的小烟囱群以及居住区内能产生废气和粉尘的小工厂，均应迁出居住区。

对于面源、点源和线源，应定期进行大气质量监测，了解居民的反映，积累各种有关资料，进行动态观察，发现有意义的动向，应及时向有关方面反映。对于重大的污染源，应建立重点档案，并制订出发生紧急事故的处理措施，以防万一。同时，也必须备有工作人员的个人防护用品，用于现场紧急处理。居住区内或附近的水体、土壤的卫生状况以及污水坑、废渣堆、垃圾堆等局部污染源的情况，应经常检查，尽早清除，防止从中逸出硫化氢、甲烷等有害气体。

（二）健康监测

对社区居民的健康状况应该定期统计分析，建立健康档案，包括社区人口统计资料、个人健康记录、出生登记、死亡登记、传染病、慢性病的发病率和患病率，大气污染记录，经常进行分析。对于空气污染源附近的居民的健康状况，要经常分析，特别是当特殊季节、天气情况不好时，更要注意监测居民健康变化，保护高危人群。

（三）建立危险品档案

一个单位或一个地区的管理部门，对具有潜在危险的化学品都应该严密监督，落实具体的措施，预防为主，消除隐患。对可能发生的事故要有所准备，以便能及时、正确地处理。建立危险品档案就是措施之一。以下提纲可作为建立危险品档案的参考。

1. 危险化学品种类。

2. 重要性排序。

3. 保有量。

4. 存放位置　对工厂或科研单位的管理人员，某危险品存放在某个库房的某个货架上，应该非常明确。对一个地区的主管部门，某危险品都在哪些单位生产、存放、销售和使用，应该非常清楚，分类，编号，最好用标点地图说明。

5. 潜在危险　包括毒性、可能事故程度和范围、可能暴露人数、可能的健康损害等。

6. 防范措施　包括防火、防爆、防潮、防盗等，要防患于未然。

7. 事故处理预案　事故尚未发生时，先把事故处理计划制订出来，一旦发生事故，心中有数，处乱不惊，把事故造成的损失减少到最小。

(1) 组织：应该考虑在什么情况下，动员什么人参与处理事故，包括社区政府领导和可能涉及的各部门，如卫生、环保、工业、交通甚至公安部门。

(2) 调查：应制订调查方法和内容，包括调查事故原因、污染物、影响范围、暴露人群、受伤人数、已经采取的措施及效果、尚需采取什么措施等等。

(3) 急救：如何迅速组织事故周围和下风向的居民转移，应如何对伤病员进行诊断和治疗，医疗卫生的后勤保障如何。

(4) 控制：采取什么措施能有效地控制污染事故。

(5) 监测：监测污染和人群的健康状况，需要哪些人员和设备等等。

8. 电脑管理　将以上资料汇编成数据库，经常阅读修订，既便于日常管理又可在突发事故时随时调阅。

(四) 信息与决策

1. 信息　经常收集国内外卫生、环保的科技信息，作为改进工作的参考。

2. 总结　定期总结工作经验，并写出工作总结。

3. 信息传播　经常把卫生环保科技知识传播给居民和政府，提高居民的环保意识和卫生知识水平，经常把当地的情况向政府通报，以便政府及时做出正确的决策。

三、大气污染紧急事故的调查和处理

(一) 信息与准备

1. 信息

(1) 收集国内外有关危险化学品及其大气污染紧急事故方面的资料，供工作参考。

(2) 建立危险化学品档案（见前述），对本地的情况谙熟于心。

2. 准备

(1) 组织上的准备，应该建立事故处理工作网，其中包括行政部门和技术部门，各级城市应建立事故处理中心，负责平时的咨询和事故时的调查处理。

(2) 物质上的准备，如调查仪器设备、急救实施、交通工具等。

(二) 现场调查及对策

1. 调查　应制订调查方法和内容，包括调查事故原因、污染物、影响范围、暴露人群、受伤人数、病情及诊断、已经采取的措施及效果、尚需采取什么措施等。首先要做的是明确诊断、抢救伤员。

发生事故性污染时，应及时赶到现场，迅速确定污染物的性质、来源，尽可能估计出排放量。辨清当时风向，并向有关部门及时反应。同时应向有关领导部门汇报并请示是否需要组织事故点周围和下风侧居民进行转移，并配合有关部门组织居民向污染轻的地区转移。通常可转移到旁侧，或由旁侧绕至上风侧地区，远离事故地区。可适当使用湿毛巾等代用品挡住口、鼻部位，减少有害物质的吸入量。应及时在事故地区和下风侧地区采集大气样品，测定污染物浓度，分析发生原因，估计后果的严重程度。

2. 急救　组织医护人员诊治和抢救伤员，转移到安全地带，防止继续暴露。

3. 采样　想尽一切办法收集环境样品和人群的标本（包括伤员和健康人），以便确定污染物的性质、污染程度和在空间和时间的分布，人群健康损伤的情况，以及污染与健康的联系。

4. 控制污染源　烟雾严重时，尽可能减少当地污染源的废气排放量。紧急时，应建议有关部门下令停止生产、停止排放废气。

5. 保护高危人群　当出现烟雾事件时，应劝告居民尽量在室内活动，关闭门窗，减少室外活动时间。可戴上口罩以减少污染物的吸入量。患有慢性呼吸道疾病或心血管疾病者，尽可能吸氧。

（三）总结

1. 技术方面　事故调查处理结束，应对事故的原因、影响、后果、经验、教训等等进行分析、评价，写出报告。

2. 组织方面　对事故处理中的组织、协调工作给以分析评价，写出报告。

3. 财务方面　涉及事故处理所耗费的财力、物资，应分门别类予以统计，写出报告。

（潘小川）

思考题

1. 形成大气污染的主要原因及影响大气污染物浓度的因素有哪些?
2. 大气污染对人群健康有哪些主要危害?
3. 大气颗粒物的概念及对健康影响的特点有哪些?
4. 大气卫生标准的概念、制订原则和主要方法是什么?
5. 大气卫生监测的目的和主要内容是什么?

第七章　水与健康

第一节　水资源分布与种类

水是构成自然环境的一个重要组成部分，也是自然界及生态系统中物质循环和能量流动的重要介质，又是构成机体的重要成分。同时，水又是地球上生命之源，对于人类的生存和社会的发展起着非常重要的作用，是我们人类宝贵的自然资源。

一、水与健康的关系

水是生物体的重要组成部分，正常人体内水分含量约占体重的55%～60%，在儿童体内水分可达体重的80%。此外，水还是维持人体正常生理活动的重要介质，机体内绝大部分生理和生化活动都需要水的参与才能完成。人体的体温调节、营养的运输、代谢产物的排泄乃至神经传导都离不开水的参与。

水也是人体必需的营养素之一，参与机体的物质代谢、水电平衡、输送营养以及酶作用。人体在正常情况下，每天都需要摄入一定量的水，一般是由饮水以及食物中的糖、蛋白质、脂肪等物质在体内氧化所产生的氧化水提供。当体内摄水严重不足时，会使体内的水分减少。人体丢失2%体重的水就会引起口渴，并可因脱水造成物质代谢紊乱；脱水达体重的7%～14%时，可出现严重的症状和体征，甚至可能诱发精神异常导致死亡；达15%以上时，会出现生命危险。因此，饮水是人体保持健康状态的重要营养物质之一，水质的好坏直接关系到我们的健康。

一般情况下，人体每天正常生理活动所需的水量约在2.6升左右，其中约1.4升需通过饮水（包括饮料）来补充。人体的需水量会因年龄、气候、劳动强度和生活习惯等因素而有所不同。如婴幼儿因代谢旺盛，肾脏的功能不健全，若按单位kg体重计算，则约为成人的2～4倍。除上述生理需水量外，水在保持和改进个人卫生、饮食卫生、居室卫生和公共场所卫生等方面，与人们的日常生活有密切的关系。同时，随着社会的发展，经济、文化水平的不断提高，人们对用水量的要求也在不断提高。

二、水资源分布

水资源是自然资源中的一个重要组成部分。所谓水资源，是指现在或将来一切可用于生产和生活的地表水或地下水资源。地球上的水资源，从广义角度讲是指水圈内的水量总体。水圈主体是海洋，海水是咸水，不能直接为人们所利用，海水淡化，耗资过多，所以通常说的水资源主要指大陆上的淡水资源。目前全球水资源大约是13.6亿立方千米，其中海水占97.3%，淡水只占不到3%。淡水资源中冰山、冰川占77.2%，地下水和土壤中水占22.4%，湖泊、沼泽水占0.35%，河水占0.01%，大气中水占0.04%（表7-1）。目前人类真正能够利用的淡水资源只有江河、淡水湖和部分浅层地下水，大约有300万立方千米，约占地球总水量0.26%左右。这部分可利用的淡水，主要是通过海陆间水分循环而产生。

表 7-1　自然界中水体的分布

	水量（km^3）	所占比例（%）
淡水湖	125 000	0.009
河　流	1 250	0.0001
地下水	8 350 000	0.59
盐湖和内陆海	104 000	0.007
冰盖和冰川	29 200 000	2.07
海　洋	1 370 000 000	97.3

（引自：侯悦主编《军队给水卫生学》，1992）

全球淡水资源不仅短缺而且地区分布极不平衡。世界每年约有 65%的水资源集中在不到 10 个国家中，而占世界总人口 40%的 80 个国家却严重缺水。水源最丰富的地方是拉丁美洲和北美，而在非洲、亚洲和欧洲人均拥有的淡水资源就少得多。

世界水资源分布的这种明显的地区差异性主要是由于地球上的降水量空间分布不平衡而产生的。一般而言，水分循环活跃、降水量多的地区，水资源丰富；水分循环不活跃、降水稀少的地区，水资源贫乏。反映一个国家或一个地区水资源丰欠程度，通常以多年平均径流总量和人均占有量为主要指标。如以每人每年占有径流量 10000 立方米计算，亚洲马来半岛南部可以达到这个标准，赤道南美洲和赤道非洲某些地区超过这个标准，可达 25000 立方米，热带、亚热带某些地区，每人每年少于 5000 立方米，以荒漠地区为最少。全世界江河径流量按人均计，每人约有 11000 立方米。南美洲平均每人占有径流量最多，亚洲和欧洲最少。我国江河年径流量约 27000 亿立方米，次于巴西、前苏联、加拿大、美国和印度尼西亚，居世界第六位。但人均占有量只有 2200 立方米，仅为世界人均占有量的 1/4 左右。

由于人口和水资源分布不均，以及人为因素对水体的污染和浪费等原因，目前陆地上可以利用的淡水资源，已难以满足人们的需要。据统计，现在世界每年的用水量比 1900 年增加了将近 10 倍。特别是在人口集中、工商业发达的大城市，用水量大大超过了当地水源的供应能力，缺水就更严重。全世界现有 40 多个国家淡水资源严重不足。在许多国家中，人们把工业和生活方面的污水及废弃物，不负责任地倾入河湖，给人类和其他生物造成了很大危害。此外，在人们的日常生活和工农业生产中，也普遍存在着浪费水的现象。

由此看来，人类的淡水资源并不丰富，更不是取之不尽、用之不竭的无限资源。因此，人类社会要可持续发展，必须注意水资源的保护和合理利用。大力发展高新节水技术，净化水源，加强环境监测，严格控制废水、废渣排放，提高废水处理回收利用率等是保护水资源的几项重要措施。此外，水资源分布不平衡，在一定条件下可以采取某些措施加以调节，主要有：兴建调节水库，增加稳定径流量，注重地表水与地下水相互补给平衡关系，同时注意节约用水，否则地下水将会减少，甚至出现井越打越深，出水量越来越少的现象。此外，还有采用人工降水、人工融冰化雪、海水淡化等措施，但这些目前还是局部性的、有限的。

三、水资源种类及其卫生学特征

人类水资源一般可分为三种：降水、地表水和地下水。降水是指雨、雪、雹子等。地表水则包括江河、湖泊、水库、池塘、海洋等。地下水则来自降水和地面水的渗透。近年来国际上逐渐关注对冰川水的利用，有学者认为其可能是人类未来很有发展潜力的重要水源之一。天然水中一般含有三类物质：① 溶解性物质，包括钙、镁、铁、钠等可溶性金属或化合物及氧气、二氧化碳等溶解性气体；② 胶体物质，如腐殖质、硅胶等；③ 非溶解性物质，包括粘土、砂石、细菌、藻类及悬浮物质。

（一）降水

降水（precipitation）是指雨、雪、雹等，其特点是：水质纯净，含矿物质较少，但水量随季节变化而不稳定。我国的降水量分布受季节地域影响较大。一般而言，年降水量由东南沿海向西北内陆呈递减趋势，呈明显雨区和干旱区。在降水过程中，大气中的一些物质可进入雨水中，由于各地区的环境条件和大气中的化学成分不同，因此其降水的化学组成也会有所不同。我国一些干旱地区和沿海岛屿的居民常收集降水作为生活饮用水的来源。大气污染的地区，降水质量会受到影响。

（二）地表水

地表水（surface water）即江河、湖泊、水库、池塘、海洋等。其中江河、海洋为开放型地表水，湖泊、水库和池塘为封闭型地表水。地表水主要来自降水的汇集和地下水的补充，水量较大，但有季节变化，一年中有丰水期和枯水期之分。当降水大量进入江河水量达最大时，称为丰水期；一年中水量最小，水位最低的时期称枯水期。

地表水的水量和水质受流经地区、地质、气候、季节及人为活动等因素的影响而变化较大，因此不同种类地表水都具有不同的特点。一般来说，地表水的水质较软，含盐类较少；但因流经地表能冲刷并携带大量泥沙及地表污染物，故水的浑浊度大，细菌含量多；因其暴露于大气，流速快，故水中溶解氧含量多。地表水不易防护，易受污染。但由于地表水水量充足、水质软、取用方便、水质经过处理后可以满足饮用水要求，因此常被选用为生活饮用水水源。

（三）地下水

地下水（underground water）包括渗入地下的降水与河湖床渗滤到地下的地表水。水量较稳定，水质好。受地层影响，水质较硬。地层由不同大小的砂、岩石、粘土等组成，它按透水性能不同分为透水层与不透水层。透水层是由颗粒较大的砂、砾石组成，能渗水并能存水，又名含水层。它与地表直接相连区域是透水层的补给区，又称露头。不透水层由颗粒细密的粘土及岩石等组成，不能渗水。地下水可分为浅层地下水、深层地下水和泉水等三种（图 7-1）。

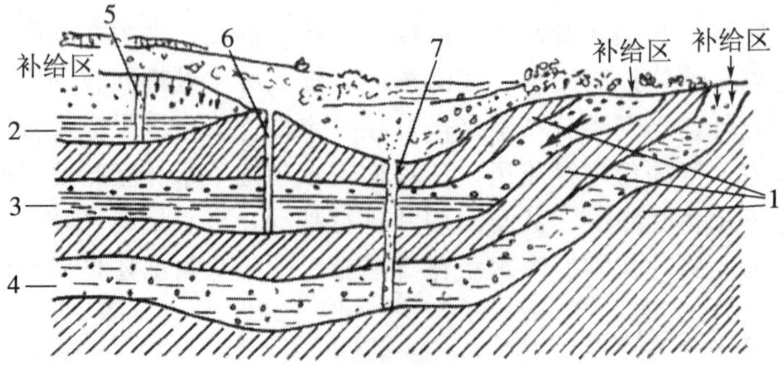

图 7-1　地层含水情况示意图

1. 不透水层　2. 浅层地下水　3. 不承压的深层地下水　4. 承压的深层地下水　5. 浅井（由浅层地下水补给）　6. 深井（由不承压深层地下水补给）　7. 自流井（由承压深层地下水补给）

1. 浅层地下水　浅层地下水是指位于第一个不透水层之上的地下水，其水面称为地下水位。其水量直接由渗入地下的地表水和降水补给，因此受气象水文因素影响较大。降水经地层的渗滤，阻挡了大部分悬浮物和微生物，故水质物理性状较好，浑浊度小，细菌数少于地表水，但在流经地层时，可溶解各种矿物盐类，使水质变硬。水中溶解氧被土壤中的生物化学过程所消耗，故水中溶解氧含量很低。

2. 深层地下水　是指在第一个不透水层以下的地下水。由于地层起伏不平，含水层内水位不同，某些深层地下水可受有压力，凡受有压力的深层地下水，又名承压地下水。承压地下水因受压力大，以致能沿井管涌出水面，称自流井。取用深层地下水的水井，一般称为深井，反之取用浅层地下水的水井称为浅井。深层地下水因覆盖地层厚，不易受地面污染，故水质透明无色，水温恒定，细菌数很少，但盐类含量高、硬度高，溶解氧更少。由于水质较好，且水量较稳定，常被作为城镇或企业集中式供水水源。

3. 泉水　泉水是由浅层或深层地下水通过地表缝隙自行涌出的地下水。因地质构造不同分潜水泉和自流泉。浅层地下水由于地层的自然塌陷或被溪谷截断而使含水层露出，水自行外流而称作潜水泉；自流泉是深层地下水依靠压力由不透水层或岩石的天然裂隙中涌出而成。两者的水质、水量特点分别与浅层和深层地下水相似。

从水源选择的原则和角度，可根据水量、水质、防护的难易程度、人类利用的可行性等几个方面分析各种水源的不同特点，评价其优劣。几种水源的基本特征见表 7-2。

表 7-2　几种水源的基本特征

水源	水量	水质	防护难易程度	利用的可行性
降水	小，易随季节波动而不稳定	水质纯净、软水、矿物质少	不易防护	大
地表水	大，但有季节变化	一般，脏（污染重），水质较软	不易防护，易受污染	较大
地下水	中，稳定	好。受地层影响，水质较硬	易于防护，不易被污染；一旦被污染，不易去除	一般

四、我国的水资源

水是人类赖以生存的宝贵自然资源，也是工农业生产的重要原料，人的一切生命和生产活动都离不开水，没有水就没有生命，就没有良好的自然环境，也就无法实现社会经济的可持续发展。当今世界已经进入一个水资源紧张的年代，出现全球范围的水危机。与世界各国相比，我国水资源和水环境状况更令人担忧。一是我国水资源总量严重短缺。我国淡水资源总量为 28000 亿 m^3，占全球水资源的 6%，但人均水资源占有量只有 2200m^3，仅为世界平均水平的 1/4，美国的 1/5，在世界上的排名由 1996 年的 88 位降到 2003 年的 121 位，与国际上承认的人均水资源量少于 1700m^3 为用水紧张的标准已比较接近，被列为世界上最贫水的 13 个国家之一。扣除难以利用的洪水径流和散布在偏远地区的地下水资源后，现实可利用的淡水资源总量则更少，仅为 11000 亿 m^3 左右，人均可利用水资源量约为 900 m^3，并且其分布极不均衡。预计到 2030 年我国人口增至 16 亿时，人均水资源量将降到1760 m^3；其次，我国水资源的时空分布也很不平衡。我国地域辽阔，跨越高、中、低三个纬度带，南北纬度的高低相差大，降水量总的趋势是由东南向西北递减。我国地表径流的分布趋势，基本上与降水量相似，但地区分布的不均匀性比降水量更为严重。总的来说，南方水多、人多、地少；北方地多、人多、水少。南方水资源总量占全国的81%，北方的黄河、淮河、海河三大流域的水资源总量仅占全国的7.5%，而人口和耕地却分别占到全国的34%和39%。南方和北方相比，前者人均水量为后者的4.5倍。水资源绝对数量为西少东多，而人均占有量东缺西丰，呈两个反向递度分布。到20世纪末，全国600多个城市中，已有400多个城市存在供水不足问题，其中比较严重的缺水城市达110个，全国城市缺水总量为60亿立方米。特别是连续干旱，造成北方地区大面积缺水，城市缺水问题尤为突出。在我国北方9个干旱省份，人均水资源占有量仅为500 m^3 左右。水资源的缺乏，已直接影响到这些地区的工农业生产和人民生活。供水不足每年使中国工业生产损失1.2万亿元；此外，工业废水和生活污水造成的水体污染更加剧了水资源紧缺的矛盾。以太湖流域为例，太湖流域是我国经济最发达的地区之一，但流域内污染治理速度相对滞后于经济发展速度，水污染和水质型缺水问题突出。据2000年的监测资料，太湖有80%水体水质达不到地表水Ⅲ类标准，有83%水体处于富营养化水平，夏季时有蓝藻爆发，严重威胁太湖流域大中城市供水安全。水的安全性、水环境恶化、水生态失衡问题已成为太湖流域经济社会可持续发展的重要制约因素。随着经济发展、人口的增长和城镇化水平的提高，我国未来对水资源的需求量还将进一步增加。水资源缺乏、水体污染、水质不良严重影响着人类健康与经济可持续发展。

鉴于水与人类关系密切，加强水体卫生防护，维持水环境生态平衡，控制污水排放，供给量足质佳的饮用水，对防止疾病的发生、促进人体健康、提高人民生活水平和发展经济具有十分重要的科学和社会学意义。

第二节　水质的性状和评价指标

水的质量优劣可直接或间接影响人体的健康。水质是否符合卫生要求，是否被污染以及污染的来源、性质、污染程度，可根据水质性状指标的检测结果作出评价，从而判断其可能造成的危害。因此，掌握水质的性状及有关的卫生评价指标是非常重要的。

一、物理性状指标

（一）水温

地表水的温度随日照与周围气温的改变而变化，通常变动在0.1～30℃之间。地下水的水温较恒定，与当地的地层温度相平行，一般变动于8～12℃之间，严寒地区可能更低些。若地下水的温度突然发生异常，可能与地表水大量渗入有关。大量工业冷却水进入地表水时，可造成热污染，导致溶解氧降低，危害水生生物的生长与繁殖。

（二）浑浊度

清洁水是透明的，浑浊度很低。水的浑浊度（turbidity）是悬浮于水中的胶体颗粒产生的散射现象，表示水中悬浮物和胶体物质对光线透过时的阻碍程度。它取决于胶体颗粒的种类、大小、形状和折射指数，而与水中悬浮物质含量的关系较小。水的浑浊程度通常以度来表示，即1L水中含有相当于1mg标准硅藻土形成的浑浊状况，作为一个浑浊度单位，简称1度。地表水的浑浊主要是由水中的泥沙、粘土和有机物等造成的。水混浊不仅影响水的感官性状，使人产生厌恶感，而且更适合微生物的生长。

地表水常有一定的浑浊度，地下水通常为无色透明，但当含铁或锰较高时，会出现棕黄色浑浊，甚至出现絮状沉淀。浑浊度升高表明水体受到胶体物质污染。但不浑浊的水不一定未受污染。

（三）色度

清洁水是无色的。地面水受河床地质的影响，具有一定的浅黄绿色等颜色。地下水一般是透明无色的，水被污染或含有杂质，可呈现各种各样的颜色。影响水色的因素很多，如流经沼泽地带的地表水，因含腐殖质呈现棕色或棕黄色；水中大量藻类生长时，呈绿色、红色或棕黄色；如果地层含铁、锰较多，水会呈现黄棕色。工业废水污染后可使水呈现该废水的特有颜色。水呈色不仅可引起饮用者厌恶感，并难于净化除色，故当水呈色时，应追究其来源。

（四）臭

清洁水无异臭，地表水具有一定的泥土气味。当地表水在流经沼泽地或有大量藻类生长或含有腐烂有机物时，则可出现异臭；流经含硫地层的地下水可带硫化氢臭；当人畜粪便、生活污物或工业废水进入水中时，可出现各种特殊的异臭。

（五）味

清洁水无异味。天然水中出现异味，常与过量矿物盐类溶入有关。如水中含过量氯化物时带咸味；硫酸镁或硫酸钠过多时则有苦味；铁盐过多时有涩味；水中含适量碳酸钙和碳酸镁时使人感到甘美可口，含氧较多的水略带甜味。水受生活污水、工业废水污染后，可呈现各种异味。

二、化学性状指标

水质化学性状复杂，因而采用较多的评价指标，以阐明水质的化学性质及受污染状况。

（一）pH 值

天然水的 pH 值一般在 6.5～8.5 之间。当水体被大量有机物污染时，有机物因氧化分解产生游离二氧化碳，可使水 pH 值降低。当大量酸碱废水排入水体后，水的 pH 值可发生明显变化。我国约 200 多万平方公里的广大地区有酸雨发生，有可能会造成湖泊等水体的酸化，值得重视。

（二）总固体

总固体（total solid）是水中悬浮性固体和溶解性固体的总称。以每升水中的毫克数表示。是指水样在 105～110℃温度下蒸发并烘干后的残留物总量，它由有机物、无机盐类、浮游生物、土壤颗粒、岩石碎粒等组成。总固体越少，表明水越清洁。当水被污染后，其总固体增加。总固体中溶解性固体是水样经过滤后，再将滤液蒸干所得残留物，又称蒸发残渣，其含量取决于溶解在水中的矿物性盐类和溶解性有机物含量的多少。水中总固体经 600℃灼烧后，其中的有机物被全部氧化分解而挥发，剩下的为矿物质。烧灼后的损失量大致可表示水中有机物的含量，称为烧灼减重。

（三）硬度

水的硬度（hardness of water）是指溶解于水中的钙、镁等盐类的总量，以 $CaCO_3$（mg/L）表示。一般分为碳酸盐硬度（钙、镁的重碳酸盐和碳酸盐）和非碳酸盐硬度（钙、镁的硫酸盐、氯化物等）。也可分为暂时硬度和永久硬度。前者是指水经煮沸后，水中重碳酸盐分解形成碳酸盐而沉淀所除去的硬度，但由于钙、镁的碳酸盐并不完全沉淀，故暂时硬度往往小于碳酸盐硬度；永久硬度是指水煮沸后不能除去的硬度。

各地天然水的硬度，因地质条件不同差异很大。当地表水受硬度高的工业废水污染时或排入水中的有机物分解释出 CO_2 使地表水的溶解力增大时，均可使水的硬度增高。可根据水的硬度分级对水体水质进行如下划分，见表 7-3。

表 7-3 水的硬度分级

水质	硬度（$CaCO_3$，mg/L）
很软的水	0～40
软水	40～80
较软的水	80～120
较硬的水	120～180
硬水	180～300
很硬的水	300 以上

（四）含氮化合物

含氮化合物是指水中所有含氮的有机物和无机物。分别用有机氮、蛋白性氮、氨氮、亚硝酸盐氮和硝酸盐氮等指标来表示。

有机氮（organic nitrogen）是表示有机含氮化合物总含量的指标。蛋白性氮是指已经分解的较简单的有机氮化物。二者主要来源于动植物体的有机物。当水中蛋白性氮和有机氮显著增高时，表明水体新近受到明显的有机物的污染。

氨氮（ammonia nitrogen）是表示水中氨含量的指标。水中含氮有机物在需氧微生物和有氧条件下将其中的氮以氨的形式分解出来，氨是含氮化合物有氧分解的中间产物，如果继续氧化，并在亚硝酸菌和硝酸菌作用下，可依次形成亚硝酸盐和硝酸盐，这就是氨的硝化过程。天然水被人畜粪便污染后，水中氨氮含量就会增高。所以水中氨氮增高，表明可能存在着人畜粪便污染，且污染时间不长。但流经沼泽地带的地表水其氨氮含量也较高。地层中的硝酸盐在厌氧微生物作用下，还原成亚硝酸盐和氨，也可使氨氮浓度增高。

亚硝酸盐氮（nitrite nitrogen）是表示水中亚硝酸盐含量的指标。水中的氨在有氧条件下经亚硝酸菌作用形成亚硝酸盐，它是氨的硝化过程中的中间产物。亚硝酸盐氮含量高时，表明水中有机物无机化过程尚未完成，污染危害仍然存在。

硝酸盐氮（nitrate nitrogen）是表示水中硝酸盐含量的指标。硝酸盐是含氮有机物氧化分解的最终产物。若水中硝酸盐氮浓度高，而氨氮、亚硝酸盐氮的浓度不高时，表明该水体过去曾受到过有机物污染，现已完全自净。若氨氮、亚硝酸盐氮、硝酸盐氮均增加，则表示该水体过去和新近均受污染或过去受污染，目前自净还在进行中。

氨氮、亚硝酸盐氮、硝酸盐氮这三项指标通指“三氮”。在评价水质污染自净方面很有实用价值。在实际工作中，还可结合其他指标综合评价。

（五）溶解氧

溶解氧（dissolved oxygen，DO）指溶解在水中的氧含量。其含量与空气中氧分压、水温有关，但前者变动甚微，故水温是主要影响因素。通常情况下，溶解氧可有日变化、月变化和年变化（季节变化）。在一个时期内，溶解氧随水温变化及水中生物群落的演变，溶解氧的状况也可能发生一种趋向性的变化，变化的趋向随条件而变，如贫氧型湖泊，水中生物较少，水体上层溶解氧接近于溶解度，溶解氧的变化将是冬季含量高，夏季含量低；湖泊、水库表层水的溶解氧有明显的昼夜变化，这是由于光合作用是水中氧气的主要来源，而光合作用受光照日周期性的影响，白天有光合作用，晚上光合作用停止，这就造成表层水溶解氧白天逐渐升高，晚上逐渐降低。DO 最高值出现在下午日落前的某一时刻，最低值则出现在日出前后的某一时刻。最高值和最低值的具体时间决定于增氧因子和耗氧因子的相对关系。

清洁地表水中 DO 含量接近饱和状态。水层越深，溶解氧含量往往越低，特别是湖泊、池塘等静止的水体更是如此。水中有大量藻类植物时，由于光合作用放出氧，可使溶解氧呈过饱和状态。当有机物污染水体或藻类死亡时，水中溶解氧可被消耗。若消耗速度超过空气中的氧通过水面溶入水体的复氧速度时，则水中溶解氧不断降低，直至进入厌氧状态。因此水中 DO 的含量可作为有机物污染及自净程度的间接指标。DO 高，说明水质清洁，具有自净能力；DO 低，说明水质受到污染，且自净能力降低。我国的江河、湖泊、水库水的溶解氧含量多高于 4 mg/L，长江以南的一些江河一般较高，可达 6～8 mg/L。当水中溶解氧小于 3～4 mg/L 时，鱼类等生物就难以生存。

地下水在正常情况下，溶解氧就很低，所以溶解氧指标只适用于判断地面水的污染自净状况。

（六）化学耗氧量

化学耗氧量（chemical oxygen demand，COD）指在一定条件下（如测定温度），使用强氧化剂（如高锰酸钾或重铬酸钾等）氧化水中有机物所消耗的量。它是测定水中有机物含量的间接指标。COD 高，说明污染严重。化学耗氧量主要表示受到水体中可被氧化的有机物的污染的程度。此外，水中的还原性无机物也会消耗氧化剂，使 COD 升高。化学耗氧量测定方法简便快速，但不能反映有机污染物在水中降解的实际情况，因为水中有机物的降解主要靠生物作用，因此它是测定水体中有机物含量的间接指标。比较广泛用生化需氧量作为评价水体受有机物污染的指标。

（七）生化需氧量

生化需氧量（biochemical oxygen demand，BOD）指水中有机物在有氧条件下被需氧微生物分解时消耗的溶解氧的量。因生物氧化过程与水温有关，在一定范围内，温度愈高，生物氧化作用愈强烈，分解全部有机物所需要的时间愈短。水中有机物愈多，生化需氧量愈高。由于水中有机物种类繁多，分子大小各异，因此，分解的时间也长短不一，为了使生化需氧量测定值具有可比性，在实际工作中规定以 20℃培养 5 日后，1L 水中减少的溶解量为 5 日生化需氧量（BOD_5^{20}）。它是评价水体污染状况的一项重要指标。清洁水的生化需氧量一般小于 1 mg/L。

（八）氯化物

天然水中均含有氯化物，其含量随地区不同而有差异。如近海或流经含氯化物地层的水体，氯化物含量较高。在同一区域内，水体中氯化物含量是相当恒定的。当水中氯化物含量突然增高时，表明水有可能被人畜粪便、生活污水或工业废水所污染。

（九）硫酸盐

天然水中均含有硫酸盐，其含量多寡受地质条件的影响较大。地面水中硫酸盐含量突然增加，表明水可能受生活污水、工业废水或化肥等污染。

（十）总有机碳和总需氧量

总有机碳（total organic carbon，TOC）是指水中全部有机物的含碳量，它只能相对表示水中有机物的含量，单位为 mg/L，但不能说明有机物污染的种类与组成，是评价水体需氧有机物污染程度的综合性指标之一。总需氧量（total oxygen demand，TOD）是指一升水中还原物质（有机物和无机物）在一定条件下氧化时所消耗氧化剂的毫升数，是评定水体被污染程度的一个重要指标，其数值越大，表明污染越严重。由于目前生化需氧量测定时间长，不能迅速反映水体被需氧有机物污染的程度，因此，总有机碳和总需氧量有可能取代生化需氧量的测定方法。

（十一）有害物质

主要指水中的重金属和难分解的有机物，如汞、砷、铬、镉、铅、酚、氰化物、有机氯和多氯联苯等。有害物质的来源除少数（如氟、砷等）与地层有关外，其他有害物质主要来自工业废水的污染。随着工业生产的发展，工业废水排入水体的有害物质种类及数量将不断增加。

三、微生物学性状指标

天然水中常含有多种微生物，特别一些病原微生物在水体卫生中具有重要意义。受人畜粪便、工业废水、生活污水污染后，水中细菌数可大量增加，所以细菌学检查特别是肠道菌的检查，可作为水体受粪便污染程度的直接指标，在流行病学上具有重要意义。直接检查水中病原体方法复杂，时间长，即使阴性结果也不能保证水质是安全的。在实际工作中常检查以下指标来判断水质污染情况。

（一）细菌总数

指 1ml 水在营养琼脂培养基中经 37℃、24h 培养后所生长的细菌菌落总数。它可以反映水体受生物性污染的程度，水体受污染愈严重，水中细菌总数愈多。但是在实验条件下，人工培养基上生长的细菌菌落，只能说明在该条件下适宜生长的细菌数，不能表示水中所有的细菌数，更不能指示有无病原菌的存在。因此细菌总数只可作为水被生物性污染的参考指标。

（二）总大肠菌群与粪大肠菌群

肠道中数量多，且又较易培养的细菌有大肠菌群、粪链球菌及产气荚膜梭菌等三类。它们可随粪便进入水体。产气荚膜梭菌在肠内数量较少，因具有芽胞，在环境中存活时间比肠道病原菌长，所以它的存在仅说明水体曾被粪便污染，但不能确定污染时间的长短；粪链球菌数量中等，抵抗力弱，在环境中存活时间比肠道病原菌略短，检出阳性仅表明为新污染，但检出阴性也并不能说明水质是安全的；而大肠菌群数量最多，在环境中生存条件与肠道病原菌相似，且检验技术较简单，故此用大肠菌群作为水体被粪便污染的指示菌。

大肠菌群系一群需氧及兼性厌氧的，在 37℃生长时能使乳糖发酵，在 24h 内产酸、产气的革兰阴性无芽胞杆菌。它除了在人及温血动物粪便中大量存在外，在土壤、水、植物等其他环境中也可存在。目前表示大肠菌群常用的指标有总大肠菌群和粪大肠菌群。前者是指一群在 37℃培养 24h 能生长繁殖、发酵乳糖、产酸产气的大肠菌群细菌，它既包括存在于人及温血动物粪便内的大肠菌群，也包括存在于其他环境中的大肠菌群；粪大肠菌群是一群培养于 44.5℃的温水浴内能生长繁殖、发酵乳糖、产酸产气的大肠菌群细菌。来自人及动物粪便内的大肠菌群主要属粪大肠菌群，而在自然环境中生活的大肠菌群在 44.5℃时则不能生长，所以二者相比粪大肠菌群更能直接表示人畜粪便污染，可反映水体被人和温血动物粪便新近污染的程度，在卫生学意义上比前者大。

近年来的研究表明，某些肠道病毒对氯的抵抗力往往较大肠菌群细菌还强，即使是水质的大肠菌群数已符合规定的要求，仍可检出病毒。因此，把大肠菌群作为水质微生物学安全性的检测指标仍有一定的不足之处。但目前还没有找到可以替代大肠菌群作为水质卫生指示菌的细菌或其他微生物，因此，大肠菌群仍作为一种较好的粪便污染指示菌而被普遍采用。

（三）其他指示微生物

1. 蓝绿藻　湖泊和水库里的蓝绿藻水华可产生三类毒素，即肝毒素类、神经毒素类和脂多糖类。水体中藻类毒素，特别是微囊藻肝毒素（microcystin，MC）对健康的影响引起人们广泛的关注。大量流行病学调查显示，我国一些地区的肝癌高发被认为与当地水源中的MC有关。许多动物研究发现，MC对哺乳动物的肝脏有毒性作用，可促进肝肿瘤的生长。WHO也在其饮用水质量基准中提出饮水中微囊藻肝毒素-LR的基准值为1μg/L。

2. 粪链球菌（Fecal Streptococcus）　粪链球菌在粪便中的数量仅次于大肠菌群。由于人与家畜、家禽粪便中大肠菌和粪链球菌的比例不同，所以可通过测定二者的比例来了解水体污染的来源。有研究显示：当粪大肠菌群与粪链球菌群的比值（Fc/Fs）大于7时为人粪污染；Fc/Fs小于1时则为动物粪便污染；Fc/Fs大于1而小于7时为人畜粪便的混合污染。

3. 大肠杆菌噬菌体（bacteriophage）　它被认为是一种评价水源污染和水体处理过程中病毒杀灭效率的较有希望的指示系统。其依据是：①一些大肠杆菌噬菌体的形态和化学成分与人类肠道病毒较相似；②随粪便排出，数目较多；对外环境和消毒剂的抵抗力与肠道病毒相似或更强；③无致病性；④培养计数方法简单，无需特殊设备，在16～24小时内可得出结果。

四、放射性指标

大多数水体在自然状态中都含有极微量的天然放射性物质如铀、镭、氡等，通常以测定每升水中总α放射性和总β放射性含量来作为水质的放射性性状指标。放射α射线的核素有^{210}钋、^{224}镭、^{226}镭、^{234}铀等，其丰度与地质条件有关。放射β射线的核素有^{60}钴、^{89}锶、^{90}锶、^{131}碘、^{134}铯、^{137}铯等，此类核素与人类活动有关。

第三节　水体的污染和转归

水体污染（water pollution）是指人类活动排放的污染物进入水体，其数量超过了水体的自净能力，使水和水体底质的理化特性和水环境中的生物特性、组成等发生改变，从而影响水的有效利用，造成水质恶化，乃至危害人体健康或破坏生态环境的现象。造成水体污染的污染物主要来自生产或生活活动。除此以外，在某些地区，自然因素也可引起水质某些成分的改变，甚至对人体产生危害，如水中氟含量过高导致地方性氟中毒，水中砷含量过高引起地方性砷中毒等。但一般水体污染主要指的是人为污染。

一、水体的主要污染来源

水体污染源通常指向水体排放污染物的场所、设备和装置等，也包括污染物进入水体的途径。水体污染源的种类是多种多样的，常见的分类方法是按其来源和污染物进入水体的方式而定。

（一）按其来源来分，水体的污染可来自下列几个方面

1. 工业废水　工业废水（industrial wastewater）是世界范围内水污染的主要原因。对

水体污染影响较大的工业废水主要来自钢铁（酚、氰化物、吡啶）、石油化工厂（油、氰化物、砷、酸、碱、芳烃类）、电镀厂（铬、氰化物、锌、铜、镉）、氮肥厂（硫酸、含氮化合物、砷化物、硫化物、氰化物）、农药厂（乐果、有机磷、硫化物、苯、氯仿）、造纸厂（纤维素、木质素、酸、碱、二硫化碳、硫化氢）、制革厂（畜毛皮屑、铬、硫化物、砷化物）等企业。来自工业废水的污染有两个特点：一是其水质和水量与企业的生产工艺和生产方式关系密切；二是除冷却水外，其成分中多含有生产原料、中间产品和终产品。

2. 生活污水　是居民日常生活中产生的废水，主要为洗涤废水和粪尿污水，一般泛指来自生活区、机关单位、商业和城市公用设施以及城市地表径流的污水。其特点为：成分复杂多样、来源多、分布广。水体中含有多种有机物及肠道病原菌、病毒和寄生虫卵等。粪便是生活污水中氨的主要来源。近年来大量含磷洗涤剂的使用，使污水中磷的含量显著增加，为水生植物提供了大量的营养物质。水体受含磷、氮等污水污染是造成湖泊水质富营养化的主要原因。目前，水体富营养化已成为我国淡水湖泊的重要污染类型。由于治理周期长，投入高，多年来一直没有彻底治理富营养化的方案出台。因此，限制高磷合成洗涤剂的污染显得尤为迫切。然而，由于磷酸盐本身对人体并无直接毒副作用，造成目前限磷工作难于顺利开展。

3. 农业污水　指农牧业生产排出的污水及降水或灌溉水流过农田表面后或经农田渗漏排出的水。早期小规模传统的农业生产使用的是天然肥料，不会产生明显的农业污水。但是，近年来，随着农业上化肥、农药的广泛使用，土壤中的残留物质通过雨水或灌溉用水的冲刷及土壤的渗透作用，可逐步进入地面水和地下水，造成污染。天然水体中的有机物质、植物营养素、农药等主要来源于农业污水。这类污水的特点是含有大量病原体、悬浮物、农药及化肥的残留物和分解产物等，其中很多有毒高分子有机物对人体的危害很大，如有机氯、有机磷、有机砷、有机汞、杀虫脒等。20 世纪 60 年代至 70 年代，由于有机氯农药 DDT、六六六的大量使用，导致此类农药的全球性的污染，给人类健康造成了深远的影响。目前，虽然高残留有机氯农药已被低残留、低毒性农药取代，但农业污水对人类健康的危害仍然是一个存在和不容忽视的问题。

4. 医院污水　包括医院病人的生活污水和医疗废水两部分。其特点有二：一是含有大量的致病微生物（如伤寒杆菌、痢疾杆菌、结核杆菌、肠道病毒、肝炎病毒等）和寄生虫卵，主要来源于传染病医院、结核病医院和综合医院的各类病人的生活污水。二是含有各种有害毒物和放射性物质，这主要来源于医院内各种实验室、化验室及同位素实验室等排放的废水。这些废水可通过饮水也可通过接触而对人体健康产生危害。

5. 废物不适当堆放和填埋　主要指一些固体废物的堆放和填埋未经卫生学处理，长期由于雨水淋浸及风吹等原因，使其中含有的大量易溶于水的有机物和无机物等有害物质随之进入水体中而造成水体污染。如一些垃圾堆放场和尾矿堆放场附近的饮用水受到污染；海上石油开采、大型运油船只泄漏事故及航海船只产生的废弃物等则是海洋污染的重要来源。

6. 其他　如意外事故等。

（二）按照污染物进入水体的方式来分，水体的污染可来自下列几个方面

1. 点污染源　指的是通过沟渠管道集中排放的污染源。它们有固定的排放点，其排放量和排放浓度随生产、生活活动呈规律性的周期性变化。

2. 面污染源　进入水体的污染物由广大的流域面积或从一个城市区域汇集而来。它没有固定的排放点，排放量和浓度随降雨而有变化。它主要来源于农业生产、城镇径流、大气的干沉降和湿沉降以及矿藏的开采等。

上述各种污染源所排出的污染物，种类很多，按其性质可分为物理性、化学性及生物性污染物（表 7-4）：

表 7-4　水体污染分类、污染标志及来源

污染类型			污染物	污染特征	废水来源
物理性污染	热污染		热的冷却水	升温、缺氧或气体饱和、热富营养化	动力电站、冶金、石油、化工等
	放射性污染		铀、钚、锶、铯	放射性沾污	核研究生产、试验、核医疗、核电站
	表观污染	混浊度	泥、沙、渣、屑、漂浮物	浑浊	地表径流、农田排水、生活污水、大坝冲沙、工业废水
		水色	腐殖质、色素、染料、铁、锰	染色	食品印染、造纸、冶金等工业污水和农田排水
		水臭	酚、氨、胺、硫醇、硫化氢	恶臭	污水、食品、制革、炼油、化工、农肥
化学性污染	酸碱污染		无机或有机酸碱	pH 异常	矿山、石油、化工、化肥、造纸、电镀、酸洗等工业、酸雨
	重金属污染		汞、镉、铬、铅、锌等	毒性	矿山、冶金、电镀、仪表、颜料等工业的排水
	非金属污染		砷、氰、氟、硫、硒等	毒性	化工、火电站、农药、化肥等工业
生物性污染	需氧有机物污染		醣类、蛋白质、油质、木质素等	耗氧、缺氧	食品、纺织、造纸、制革、化工等工业，生活污水，农田排水
	农药污染		有机氯农药、多氯联苯、有机磷农药等	严重时水中无生物	农药、化工、炼油等工业，农田排水
	易分解有机物污染		酚类、苯、醛类	耗氧、异味、毒性	制革、炼油、化工、煤矿、化肥等工业，污水及地面径流
	油类污染		石油及其制品	漂浮和乳化、增加水色	石油开采、炼油、邮轮等
	病原体污染		各种病原体	水体致病性	医院、屠宰、畜牧、制革等工业，生活污水，地面径流
	霉菌污染		霉菌毒素	毒性、致癌	制药、酿造、食品、制革等工业
	藻类污染		磷、氮	富营养化、恶臭	化肥、化工、食品等工业，生活污水，农田排水

引自：杨克敌主编《环境卫生学》（第四版），人民卫生出版社，2003

二、各类水体的污染特征

水在江河、湖泊、水库、海洋中，由于其运动方式不同，环境条件各异，形成了各种水体的不同污染特点，了解这些特点对研究和评价水污染具有重要意义。

（一）江河

江河的污染程度取决于江河的径污比（径流量与排入江河中污水量的比值），江河的径污比大，稀释能力较强，江河受污染的可能性和污染程度就较小。污染物进入江河后，在水流的推力和分子扩散作用下，沿水流方向运动，因此，江河的大小可影响污染物扩散的方式。中小江河由于水量相对较小，污染物可沿着纵向、横向、垂直方向扩散，污染不仅发生在排污口，可影响到下游几公里甚至几十公里，其垂直方向和横向的混合比较充分，污染物在整个断面分布较均匀。流量大的江河污水不易在全断面混合，通常会随着水流影响下游局部水域的水质。因此江河污染范围不仅仅局限于污染发生区，还常常殃及下游地区。受潮汐影响的江河，污染物在河道中停留时间，随涨、落潮而进退。因江河一般水流较快、流量大，故它的自净作用比湖泊、水库强。

（二）湖泊、水库

湖泊、水库的显著特点是水面广阔、水流缓慢，沉降作用强，稀释混合能力较差，水交换缓慢，因此，污染物能长期停留在水中发生量与质的变化。湖泊常接纳可携带流经地域工业企业的工业废水和居民生活污水。水体富营养化（eutrophication）主要发生在湖泊、水库，就是当湖泊、河口、海湾等水体接纳了含有大量磷、氮污水后，水中磷、氮等营养元素增多，促使藻类等浮游生物大量繁殖，由于占优势的浮游生物的颜色不同，水面往往呈现红色、蓝色、棕色、白色等，这种现象出现在湖泊称水华，出现在海湾中叫赤潮。藻类繁殖迅速、生长周期短，死亡后被需氧微生物分解，不断消耗水中溶解氧，或被厌氧微生物分解，产生硫化氢、甲烷等气体。上述两种情况，均可使水质恶化，危及鱼类及其他水生生物的生存。藻类及其他浮游生物残体在腐烂过程中，又把生物所需的磷、氮等营养素释放到水中，供新一代藻类利用。因此富营养化的水体，即使切断了外界营养素的来源，水体也难于自净和恢复到正常状态。因此，防止封闭型湖泊等水污染是控制水体富营养化的根本措施。

鉴于目前我国封闭型湖泊水质的富营养化趋势日益严重，近年来，有学者提出将江河水引入湖泊，用江河水将湖泊贯通，期望能利用开放型江河具有径污比高、稀释能力强的特点来迅速缓解湖泊水源富营养化的危机。但这一方案的实施要视水源的具体情况而定，有些生态问题也还需要进一步的论证。

（三）地下水

地下水因其上覆盖不同厚度的土壤及不透水层，污染物在地表水下渗过程中不断地被地层中的各种阻碍物阻挡、截留、吸附、分解，进入地下水的污染物数量显著减少，通过的地层越厚，截留量越大，因此地下水被污染的机会大大减少。但长年累月的持续作用仍可使地下水遭受污染，如地表堆放或填埋的有毒废渣随雨水渗入地下时，或厕所、粪窖等有渗漏时或利用土壤处理大量生活污水或工业废水时，或用污染水回灌时，或严重污染的江河或湖泊水补给地下水时，都可以污染地下水。而且地表以下地层复杂，污染后不易查明污染来源和途径，且地下水流动极其缓慢，溶解氧含量低，含微生物较少，自净能力差，而且即使查明污染来源和途径，被地层阻留的污染物也会不断地释放到地下水中，故地下水污染治理难度很大。一般需要十几年，甚至几十年的时间才能见效。

（四）海洋

海洋的污染源多而复杂，其中有工农业生产排放的工业废水和城市生活污水；有核试验、核动力船舰、核工厂等排入的废弃物；有油轮、船舶和海底石油开采损漏时所致的石油污染；还有大气污染物随降雨落入海洋的污染物。污染物进入海洋后很难再转移出去，局部海域严重的油污染甚至可影响海洋生物的生存，不易分解的污染物便在海洋中累积起来或者被海洋生物富集，形成海洋的持续性污染，危害较为严重。此外，由于世界各海洋是相通的，污染物通过海水的潮汐作用和洋流的涌动，使污染扩散到海洋的各个角落。因此，与江河、湖泊、水库等污染相比，海洋污染具有持续性长、危害大、影响范围广等特点。

三、水体污染的自净及污染物的转归

（一）自净

水体自净（self-purification）是指水体受污染后，污染物在水体的物理、化学和生物学作用下，使污染成分沉入水底或不断稀释、扩散、分解破坏，水中污染物浓度逐渐降低，水质最终又恢复到污染前的状况。自净的结果是使水污染减轻和消失。影响水体自净过程的因素很多，如受纳水体的地形和水文条件、水中微生物的种类和数量、水温和复氧状况以及污染物的性质和浓度等，因此，水体的自净能力是有一定限度的。

水体自净的原理包括物理净化（稀释、混合、吸附沉淀等）、化学净化（氧化还原、分解化合等）以及生物学净化（生物分解、生物转化、生物富集等）。各种作用可相互影响，同时发生并交互作用。

1. 物理净化过程　一般指水中污染物通过自然沉降、水流稀释和混合的作用，使污染物浓度下降。污染物或污水进入水体后，可沉降的固体逐渐沉积到水底，参与底泥的组成，水体变清，水质得到改善。但沉入底泥的污染物可因降雨时流量增大或其他原因搅动河底污泥而使已沉入底泥的污染物再次悬浮于水中，造成水体的二次污染。此外，水中的污染物也可被固体（悬浮性的矿物成分、粘土、泥沙、有机碎屑等）吸附，并随同固相迁移或沉降。污水在河水中的稀释程度除决定于参加混合的河水与污水流量的比例（即稀释比）外，还与河水流速、河床形状、污水排放口的位置与排放形式等因素有关。对湖泊、水库、海洋来说，影响污水稀释的因素还有水流方向、风向和风力、水温和潮汐等。

2. 化学净化过程　指在一定条件下，污染物在水中可以发生分解与化合、氧化与还原及酸碱中和等化学作用，使污染物的性质发生改变，其毒性降低。在这些作用中，有些属于纯化学反应，如水体中酸性废水与碱性废水的相互中和；有一些反应则是化合物在水中发生的光氧化反应和光解反应，如乙拌磷杀虫剂在光敏剂腐殖酸和富里酸存在下，可发生光解反应；酚可在水中发生光解反应，浓度逐渐降低，其光解速度随季节而有很大变化，其光解半衰期春季为69h，夏季为43h，秋季为63h。氨基甲酸酯在天然水中通过氧化剂（如自由基）作用而形成光氧化产物。化学净化过程改变了污染物的绝对量，但污染物在水体中发生的化学反应可生成减毒或增毒的两种产物，尤其是后者应引起高度重视。

3. 生物净化过程　这是地表水自净作用中最重要和最活跃的过程。在江河、湖泊、水库等各种自然的水体中，生活着大量的细菌、真菌、藻类浮游生物、水生植物、各种鱼贝类等生物和微生物，通过它们的代谢作用可以使水体中的有机污染物逐步被生物分解成二氧化碳、水、硝酸盐等稳定、无害的无机物，原来的污染物浓度则逐渐减少或消失，这就是生物净化过程。淡水生态系统中的生物净化以细菌为主。在充足的溶解氧存在的条件下，需氧微生物可将悬浮和溶解在水中的有机物分解成简单、稳定的无机物，如在微生物的参与下，水体中有机氮化合物分解成氨，再转化成亚硝酸盐和硝酸盐，使水体得到自净。同时，水中某些微生物种群和高级水生植物（如浮萍、凤眼莲等）还可吸收并浓缩水体中的汞、镉、锌等重金属或生物难降解的人工合成有机物，使水质逐步得到净化。一些结构简单的化学毒物亦可通过生物净化过程完成自净，如酚类等。

在分解有机物的同时，水中溶解氧被消耗。另一方面，空气中的氧气则会通过水面不断溶解和补充到水体中去，水生植物的光合作用排出的氧也是水中溶解氧的来源之一，这就形成了水体的耗氧和复氧。水体中溶解氧的含量取决于这两个过程相互作用的结果。其相互关系的示意图见图 7-2。图中曲线 c 上的 Cp 是溶解氧最低点，Cp 以前，耗氧作用超过复氧作用，溶解氧逐渐下降，是水质恶化的过程；Cp 点以后，耗氧量已低于复氧量，水中溶解氧含量逐渐恢复，表明水质逐渐好转。若污水中有机耗氧物的排放量较少，未超过水体的自净能力，则 Cp 点的溶解氧量大于卫生标准规定的量（如 4 mg/L）；若 Cp 点的溶解氧量低于卫生标准规定的最低溶解氧含量，甚至出现无氧状态，说明排入水体的有机污染物过多，超过了水体的自净能力，此时，水体中有机物就发生厌氧分解，产生硫化氢、氨、甲烷等，水质严重恶化，变黑发臭。

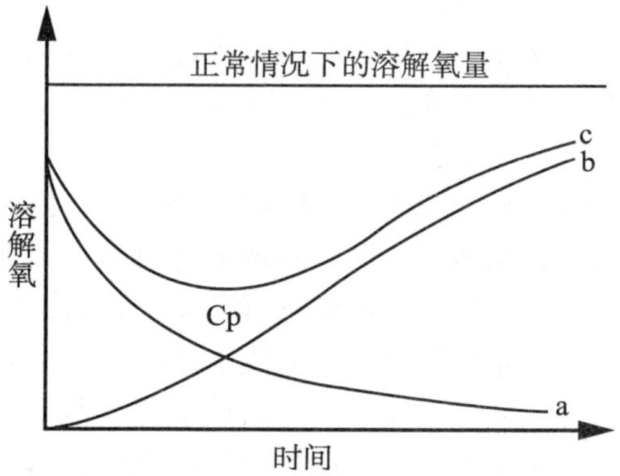

图 7-2　水中溶解氧变化曲线图

a. 有机物分解的耗氧曲线　b. 复氧曲线　c. 实际水中溶解氧含量曲线　Cp. 最大缺氧点

（引自：姚志麒主编《环境卫生学》（第三版），人民卫生出版社，1996）

污水中的致病微生物进入水体后，可由于阳光紫外线照射、生物间的拮抗作用、噬菌体的噬菌作用以及不适宜的环境条件等因素的影响而逐渐死亡。寄生虫卵进入水体后，除血吸虫卵、肺吸虫卵、姜片虫卵等能在水中孵化外，其他虫卵则沉入水底，逐渐死亡。生物净化是水体的主要净化途径，对减轻水体有机物污染至关重要。因此，合理利用水体中微生物对有机污染物的降解特性，是目前污水处理的重要技术手段。

（二）迁移

迁移指污染物从一点转移到另一点，或从一种环境介质转移到另一环境介质中的过程。它包括污染物随水流机械迁移的过程，在重力作用下的沉降过程，污染物被固体颗粒物和胶体物吸附和凝聚的过程，以及通过水生生物的吸收、代谢、死亡以及食物链的传递过程。水流、水中的悬浮物质和水生物是水环境污染物迁移的过程中重要的三种介质。废水中的污染物进入流动的水体后，沿水体流动方向，迅速从纵、横、竖三个方向扩散，将污染物向下游推移和转运；有毒金属和很多有机化合物常与悬浮颗粒和水底沉积物紧密结合，因而颗粒物常常是有毒金属和有机污染物的主要迁移介质。因此，这些物质在颗粒物和沉积物中的浓度常常比其在水相中高得多；此外，水环境中的生物体往往通过生物蓄积、生物浓缩和生物放大作用而使某种元素或难分解化合物的含量大大高于水相中的浓度。

另外，污染物在水环境中的迁移，还常常伴随着形态的转化，如生物体吸收水环境中有机物质，通过代谢作用，将有机物质转化为无机物或简单的有机物，或存留在体内或排出体外。

（三）转化

转化指污染物在水体中发生的物理、化学、光化学和生物学作用。污染物在转化过程中发生了化学反应，其固有的理化特性、生态和毒性作用都发生了改变。污染物的物理转化可通过转移、蒸发、渗透、凝聚、吸附以及放射性元素的蜕变来实现；化学转化主要指污染物通过水解、络合、氧化和还原等作用发生分解与转化；光转化是指有机化合物在水环境中吸收了阳光辐射波长大于290nm的光能而发生的分解过程。在天然水体中，污染物的光分解率取决于水环境的性质（如太阳辐射强度、光敏剂的存在与否等），也取决于有机物的性质（如污染物的种类及对太阳辐射的吸收程度等）。生物转化一般是指水环境中的有毒污染物通过微生物的参与或是通过生物的代谢转变成无毒或低毒化合物的过程。水环境中的微生物对有机污染物的生物降解起着关键性的作用，从简单有机物如单糖到复杂有机物如纤维素、木质素以及石油、农药等，均可在不同条件下被微生物所利用、降解以及彻底分解成最简单的无机物。此外，微生物亦参与矿物质的转化，如某些微生物能将无机汞转化成甲基汞，另一些微生物能使有机汞或无机汞还原为元素汞。污染物在水生生物体内的代谢主要是指污染物在生物体内有关酶系统的催化下分解或转化成另一种物质的过程，但这种作用较微生物的降解作用弱得多。转化所导致的污染物改变的方向不明确，有时可能毒性减低，有时可能毒性升高，其结果的意义在卫生学上不确定。

（四）生物富集

指水中的污染物通过某种生物学作用，在水环境中浓度逐步升高，毒性逐步增加的过程。一般又可分为生物蓄积（bioaccumulation）、生物浓缩（bioconcentration）和生物放大（biomagnification）三种作用。生物蓄积是指污染物在水中生物体内随其个体发育的不同阶段，浓度逐渐增加的过程；生物浓缩指由于水生生物自身的代谢机制使某种污染物在生物体内的浓度明显大于水环境的浓度；生物放大是指污染物通过水生食物链的不断传递，在较高营养级的生物体内浓度逐步增加的过程。例如DDT通过食物链在各种生物体内的浓度逐级放大，生物体内DDT的浓度可比水体中的DDT的浓度高出数万倍到数十万倍。生物放大作用是与食物链有关的，但需要指出的是，生物体内污染物浓度的增加还与生物蓄积作用和生物浓缩作用有关，这三种作用相互联系又相互区别，其结果是使水生物体内污染物的浓度逐步升高，对人体的危害逐步增加。

四、我国的水环境污染概况

我国由于饮水卫生状况不良，介水疾病的流行尤其是介水传染病的流行始终比较严重。据调查，我国使用集中式给水的人口仅占调查人口的21%，而其中使用饮水水质完全符合国家饮用水卫生标准的人口仅占调查人口的10%，饮水水质中以大肠菌群不合格者居多，其次为高氟、有机污染、高硝酸盐、高硬度水。江河水体主要呈现为有机污染，我国主要江河水体有机污染普遍，面源污染日益突出。海河、辽河污染严重，黄河、淮河水质较差，松花江水质尚可，长江、珠江水质总体良好。主要超标项目是氨氮、高锰酸盐指数、化学需氧量、五日生化需氧量和挥发酚等。

2004 年中国水环境质量公报显示，我国淡水环境七大水系污染程度由重到轻依次为：海河、辽河、黄河、淮河、松花江、长江、珠江。407 个重点监测断面中，38.1%的断面满足Ⅰ～Ⅲ类水质要求，32.2%的断面属Ⅳ、Ⅴ类水质，29.7%的断面属劣Ⅴ类水质。其中七大水系干流的 118 个国控断面中，Ⅰ～Ⅲ类水质断面占 53.4%，Ⅳ、Ⅴ类水质断面占 37.3%，劣Ⅴ类水质断面占 9.3%。

公报显示，全国 360 个湖泊、水库的评价结果表明：我国湖泊水污染状况重于水库。重点评价的 52 个湖泊中，水质达到Ⅲ类以上的湖泊有 21 个，5 个湖泊部分水体受到污染，26 个湖泊水污染严重。中营养状态和富营养状态湖泊各占 50%。全国 308 座主要水库水质优于和符合Ⅲ类水的水库有 230 座，占评价水库总数的 75%。

公报显示，全国 47 个环保重点城市集中式饮用水源地水质总体良好。31 个城市全年水质达标率大于 80%，其中 22 个城市水质达标率为 100%；8 个城市水质达标率在 50%～79.9%之间；8 个城市水质达标率小于 50%。与上年相比，全国重点城市饮用水源地水质达标率基本稳定。

第四节　水体污染及其危害

一、物理性污染及其危害

（一）热污染

工业冷却水特别是发电厂的冷却水是水体热污染的主要来源。通常情况下，火力发电仅有 40%的热能转变成电能，剩余的热量则排入大气和随冷却水流走，而核电站使用的冷却水要比火力电站多 50%以上。大量含热废水持续排入水体可使水温升高，造成水环境发生一系列物理、化学以及生物学的变化。通常水中的化学反应速度随温度升高而加快，水温每升高 10℃，化学反应的速率约增加一倍。水中有毒物质、重金属离子等对水生动物的毒性也随水温的升高而增强，如氰化物、锌离子等对鱼类的毒性随水温升高而增强。由于水温升高时水中溶解氧浓度降低，同时，水温升高可使水中细菌分解有机物的能力增强，水生动物的耗氧量增加，从而造成水中溶解氧进一步降低。水体受热污染后可影响某些鱼的产卵和孵化，导致水域中原有鱼类的种群改变。水温升高还可使一些藻类和水生植物生长繁殖加快，加剧原有的水体富营养化，某些水草的过度生长可阻碍水流和航运。

（二）放射性污染

水体中的放射性污染主要来自地球形成时结合到地层中的放射性元素及其衰变产物及人为放射性物质如各种核试验、核战争、核潜艇、核燃料再生及各种含放射性的药物、试剂等。这些放射性物质可通过多种途径污染水体。水体中放射性物质可通过饮水或受污染的食物而进入机体。吸收入血的放射性物质有的均匀分布于全身，有的则对某器官组织有较强的亲和力，如^{131}I主要分布于甲状腺，^{235}U主要集中于肾脏。人体接触到含有放射性物质的水可引起外照射，而饮水或摄入受放射性污染的食品可造成内照射，导致某些疾病的发生率增加并可能诱发人群恶性肿瘤发生率的增高，并可影响后代的健康。例如，^{235}U可对人体的肝脏、骨髓和造血机能造成损害，^{90}Sr可引起骨肿瘤和白血病等。有些水生物对放射性物质具有富集能力，使鱼类等水生物受到内照射和外照射而影响其正常生长发育和繁殖。人食入此种受放射性物质污染的水生物后也可使体内的放射性负荷增加，甚至影响机体健康。

此外，非溶解性悬浮物对水体的污染，可影响水的感观性状，并对水生动植物的生态环境产生有害影响。

二、化学性污染及其危害

水体受工业废水污染后，水体中各种有毒化学物质如汞、铬、酚、砷、氰化物、多氯联苯及农药等可通过饮水或食物链传递使人体发生急、慢性中毒。

（一）汞和甲基汞

1. 理化特性　汞是人类发现和利用最早的几种金属之一，也是一种毒性较强的有色金属。汞在常温下是银白色的发光液体，故俗称为水银。汞的熔点为－38.87℃，沸点为356.95℃，常温下就会有汞蒸发，温度越高，蒸发越多。汞在常温下可与硫结合生成硫化汞，则毒性可大大降低。汞在自然界以金属汞、无机汞和有机汞的形式存在。有机汞的毒性较大，包括甲基汞、二甲基汞、苯基汞和甲氧基乙基汞。无机汞在微生物的作用下会转化为有机汞。汞和无机汞在水体中存在的化学形式有三种，即元素汞、1 价汞和 2 价汞。

2. 污染来源　自然界中的汞可存在于大气、土壤和水体当中，因其来源不同，其所存在的环境介质也有差异。水体中汞及其化合物的主要来源是氨碱、塑料、电池和电子等工业生产排放的废水。大气中气态和颗粒态的汞可随风飘散，一部分降落到地面或水体中；土壤中的汞也可挥发进入大气，由降水淋洗进入地表水和地下水中。地面水中的汞则可部分挥发进入大气，大部分则沉积于底泥。底泥中的汞，不论呈何种形态都会直接或间接地在微生物的作用下转化为甲基汞或二甲基汞。二甲基汞在酸性条件下可分解为甲基汞。甲基汞溶于水，可从底泥重新进入到水中。水生物通过食物链逐步富集甲基汞，使其在体内积累，资料显示，鱼体内甲基汞浓度可比水中高出上万倍。水中汞对人的危害主要由于摄入富集甲基汞的鱼、贝类而发生慢性甲基汞中毒。通过水生食物链等途径进入人体的甲基汞，在胃酸的作用下生成氯化甲基汞，吸收入血液的甲基汞主要与红细胞中巯基结合，随血液循环分布至全身（特别是肝脏、肾脏和脑组织），从而对相应的器官造成损害。

未受污染的天然水体中汞含量一般较低，但也可因水域不同其含量可有一定差别。

3. 健康危害　汞对健康的危害与其化学形态、环境条件和侵入人体的途径、方式有关。汞蒸汽有较大的脂溶性和高度的扩散性，侵入呼吸道后被肺泡完全吸收并经血液运至全身。金属汞可通过血脑屏障进入脑组织，在脑组织中被氧化成汞离子。由于汞离子不易从脑内排除，逐渐蓄积而损害脑组织。慢性汞中毒的临床表现，主要是神经系统的症状。其他组织中的汞，也能被氧化成离子状态转移到肾脏中蓄积。金属汞在消化道内难于吸收，所以由食物和饮水摄入汞一般不会引起中毒。汞离子与体内的巯基有很强的亲和力，能与体内含巯基最多的物质如蛋白质，以及参与物质代谢的重要酶类如细胞色素氧化酶、琥珀酸脱氢酶、乳酸脱氢酶等结合。汞对健康影响的流行病学研究应首推日本的水俣病病因研究。

水俣病是由于长期摄入富集有甲基汞的鱼、贝类而引起的中枢神经系统疾病，因最早在日本熊本县水俣湾附近的渔村发现而得名。

（1）流行病学：早在 20 世纪 50 年代初期，日本水俣湾水域不少鱼群游动异常，奄奄一息漂浮于水面，飞行的水鸟突然坠海，当地居民饲养的猫流涎不止，疯癫发狂，步态不稳，全身痉挛并时有跳海溺死，以致当时水俣湾的猫到了绝迹的程度。但当时未引起有关方面的重视。1956年4月，水俣湾两名3岁和5岁的幼童发生特殊的类似脑炎的神经系统症状，到附近的水俣化工厂附属医院就诊，引起院方和当地卫生主管部门的高度重视。此后，以熊本大学"水俣病医学研究组"为中心，开展了长期的科学调查研究。1959年研究组根据患者的症状和死者的病理特征推断，该病是有机汞中毒造成的。但因为当时的分析技术较为落后，没有获得确凿的证据。一些学者也认为，仅排放了无机汞，而没有排放有机汞，上游的氮肥厂也坚决否认。1962年，一些学者从水俣氮肥厂乙酸乙醛反应管排出的汞渣和水俣湾的鱼、贝类中，分离并提取出氯化甲基汞（CH_3HgCl）结晶，用此结晶和从水俣湾捕获的鱼、贝作喂猫实验，获得了典型的水俣病症状。用红外线吸收光谱分析，也发现汞渣和鱼贝中的氯化甲基汞结晶同纯氯化甲基汞结晶的红外线吸收光谱完全一致。对水俣病死亡病例的脑组织进行病理组织学诊查，发现大脑、小脑细胞的病理变化，均与氯化甲基汞中毒的脑病理变化相同，从而确认水俣病的致病因子是氯化甲基汞。对上游化工厂排出的废水的调查研究表明，水俣化工厂在生产过程中以无机汞盐做触媒用乙炔合成乙醛、乙酸等，在乙醛合成过程中使用的无机汞可生成副产物甲基汞，并且从该厂排水沟的污泥中也提取到了甲基汞。在调查过程中，总结出该病有以下特点：①从0岁至70岁的人都可发病，无年龄和性别差异。②发病的主要为以打鱼为生的渔家，并有一定的家族聚集性。③当地的猫和水鸟类也有类似病症的发生。④病人集中在水俣湾沿海岸线的渔村。调查分析的结果，认为该病与吃鱼有关，不是传染病而属于食物中毒。后来从水俣湾所产鱼、贝类中提取了氯化甲基汞的结晶物质，用这种物质对猫进行毒理学实验，获得了典型的水俣病，从而进一步得到了证实。⑤鱼汞测定可见鱼体中汞可比水中的汞上万倍地浓缩。

1959年11月，熊本大学水俣病研究组得出结论，水俣病是由水俣化工厂废水中所含甲基汞引起的慢性中毒。1965年，日本新瀉县阿贺野川流域发生了第二次水俣病。综合上述各种材料，日本政府于1968年9月公布水俣病是人们长期食用受汞和甲基汞废水污染的鱼、贝类造成的一种公害病。根据日本最近的资料，截止到1999年年末，水俣湾流域已确认的患者人数达2263人，新瀉县达690人。同时，政府对四肢末梢神经功能有障碍的10012人进行了鉴定并给予一定的补偿。

（2）症状：水俣病有急性、亚急性、慢性轻型和胎儿型等类型。症状轻重与甲基汞摄入量和持续作用时间呈剂量反应关系。短时间内摄入1000mg，可出现痉挛、麻痹、意识障碍等急性症状并很快死亡。短期内连续摄入达500mg以上，可出现肢端感觉麻木、中心视野缩小、运动失调、语言和听力障碍等典型症状。长期摄入小剂量引起慢性中毒，严重时可导致患者行动困难、意识障碍、生活不能自理。甲基汞侵入胎儿脑组织引起胎儿性水俣病，因侵犯部位广，对胎儿或幼儿发育的损害严重，如出现原始反射、斜视、吞咽困难、动作失常、语言困难、阵发性抽搐和发笑。患儿随着年龄的增长，可出现明显的智能低下、发育不良和四肢变形等症状。因此，小儿的损害症状较成年人更加严重。轻型水俣病的症状多不明显或较轻，受害的人数也最多，一般确诊困难，且缺乏有效疗法。1975年日本环境厅对水俣病提出了如下的诊断标准：①有摄食富含甲基汞鱼、贝类的历史，血液和头发内的甲基汞含量增高。②症状方面除必须具有四肢末端或口周围感觉障碍外，还至少兼有下述症状中的一项：运动失调；中心性视野缩小；疑有运动失调，有明显的中枢性眼、耳、鼻症状或兼有平衡功能障碍。③患者既有水俣病症状又兼其他疾病的症状，则根据病史进行鉴别。

（3）发病机理：通过水生食物链等途径进入人体内的甲基汞，在胃酸作用下生成氯化甲基汞，在肠道氯化甲基汞几乎全部吸收进入血液（其吸收率可高达95%，无机汞只有5%被吸收），在红细胞内与血红蛋白中的巯基结合，随血流分布到各器官，尤其是肝、肾和脑组织。甲基汞对多种酶特别是含巯基酶有明显的抑制作用。因脑细胞富含类脂质，甲基汞对类脂质具有很高的亲和力，所以很容易蓄积在脑细胞内。甲基汞主要侵害成年人大脑皮质的运动区、感觉区和视觉听觉区，也可损伤小脑。甲基汞可通过胎盘屏障，进入胎儿脑中。对胎儿脑的侵害则遍及全部。此外，甲基汞及其代谢过程中产生的自由基可引发自由基反应而导致脂质过氧化作用增强，在蛋白质、核酸等生物大分子的局部引发自由基反应，造成生物大分子的结构破坏，导致DNA链断裂、碱基与核糖氧化以及蛋白质交联等多种类型的损伤。甲基汞分子结构中的C-Hg键结合得很牢固，不易断裂。随着时间的延长对组织的损害也逐渐加重。因此，水俣病的病理变化具有进行性和不可恢复性。

4. 环境标准　世界卫生组织（WHO）提出能引起成人甲基汞中毒神经症状的最低汞量，发汞为50μg/g，血汞为0.4μg/g，据此推出每人每周的甲基汞摄入量不得超过200μg。日本则提出甲基汞的周摄入限量为170μg（按成人体重50kg计）。从发现水俣病以来，世界各地对发汞做了大量的调查工作。发汞含量可反映体内汞的负荷水平和甲基汞的蓄积情况。关于发汞正常值，目前尚无统一规定。一般认为，超过30～50μg/g认为有明显的汞蓄积，也可检查出阳性体征；超过50μg/g可出现汞中毒。发汞值已成为估计一个地区居民受汞污染程度和范围的常规指标。

根据国内的研究结果及国外的资料，我国于1986年11月颁布了《水体污染慢性甲基汞中毒诊断标准及处理原则》（GB6989-86）的国家标准。在标准中，慢性甲基汞中毒的诊断分为三段：①甲基汞吸收：头发总汞值大于10μg/g，其中甲基汞值大于5μg/g，即为甲基汞吸收；②观察对象：在汞吸收的基础上，出现下列3项体征中的1～2项阳性体征者即为观察对象：a. 四肢周围型（手套、袜子型）感觉减退；b. 向心性视野缩小15°～30°；c. 高频部感音神经性听力减退11～30dB。我国饮用水中汞的限值为0.001 mg/L，《地表水环境质量标准》（GB3838-2002）基本项目标准限值中规定总汞的范围为0.00005～0.001 mg/L，地表水环境质量标准集中式生活饮用水地表水源地特定项目标准限值中规定甲基汞不得超过1.0×10^{-6} mg/L。

（二）酚类化合物

1. 理化特性　酚类化合物是指芳香烃中苯环上的氢原子被羟基取代所生成的化合物。根据苯环上的羟基数目多少，又可分为一元酚、二元酚、三元酚等。自然界中存在的酚类化合物不下两千多种，但总的来说可将其分为挥发酚和不挥发酚两种，其中危害最大的是挥发酚。酚类化合物均具有特殊的臭味，易溶于水，易被氧化，单元酚与余氯结合可形成氯酚，具有特殊臭味。卫生学上有意义的酚类化合物有：苯酚、甲酚、五氯酚及其钠盐等。它们广泛用于消毒、灭螺、防腐、防霉等。工业上排出的主要是苯酚，易挥发，毒性大。

2. 污染来源　由于酚是一种重要的工业原料，在工业生产中广泛使用，含酚废水已成为危害严重的工业废水之一，部分工业废水中的酚含量可达1500～5000 mg/L。产生含酚废水主要是炼焦、炼油、制取煤气和利用酚作原料的工业企业，其次是造纸、制革、印染、木材防腐等行业。每生产1吨焦炭约产生0.2～0.3吨含酚废水。酚类化合物还被广泛用于消毒、除锈、防腐、防霉等，因此在其运输、储存和使用中均有可能进入水体，有资料显示，生活污水中的酚含量一般为0.1～1 mg/L。

3. 健康危害　酚是中等强度的化学原浆毒物。吸入或经口摄入的酚类化合物被吸收后，主要分布在肝、血、肾和肺。在肝脏经代谢氧化后，大部分被氧化成苯二酚、苯三酚并同葡萄糖醛酸结合而失去毒性，随尿液排出，仅小部分转化为多元酚。吸收后的酚在24h内即可代谢完毕，不在体内蓄积。

人类急性酚中毒的主要表现为大量出汗、肺水肿、吞咽困难及造血器官损害、组织坏死、虚脱甚至死亡。饮水中酚在1 mg/L以上时可有臭味，不能饮用。人接触五氯酚后可表现为呼吸困难、麻木、高热、发汗和昏迷。长期饮用含低浓度酚的水，可致记忆力减退、皮疹、瘙痒、头昏、失眠、贫血等慢性中毒症状，同时尿酚含量可显著增高。

酚类化合物中毒多发生在生产事故中。我国在20世纪80年代曾出现过因为捕鱼投入大量的五氯酚钠，造成水源污染，引起1223人急性中毒的事件。酚类化合物还可经皮肤吸收。曾有报道大量苯酚经大腿内侧皮肤吸收后可导致死亡。

目前的研究显示，酚可能是一种促癌剂。体内酚达到一定剂量后，可显示出弱致癌作用。在动物皮肤致癌试验中发现，5％的酚即有弱促癌作用，20％的酚则显示弱致癌作用。近年的研究还发现，五氯酚有一定的致畸性。

近年的研究发现，不少酚类化合物如五氯酚、辛基酚等具有内分泌干扰作用。动物实验表明，五氯酚可干扰机体甲状腺的正常功能，但对雌激素和睾酮功能的影响不明显。人群调查资料显示其对妇女正常内分泌功能有干扰作用，从而影响子女的生长发育。此外，五氯酚还可通过模仿天然激素或与天然激素竞争血浆激素结合蛋白而表现增强或拮抗天然激素的作用。

含酚废水污染水体后，可使水体卫生状况和感官性状恶化，产生异味和异臭。各种酚化合物在水中的嗅觉阈差别很大，邻、间、对甲酚达0.002～0.005 mg/L。含酚浓度为0.001 mg/L的水，加氯消毒时，酚与水中游离氯结合可产生氯酚臭，严重影响饮用水的感观性状。

4. 对水生生物的影响　酚可使水中的鱼、贝类产生异味和异臭，降低其经济及食用价值。水中的酚达到一定浓度时，还可使水中的水生物大量死亡。酚还可导致水生动物红细胞减少，并引起心、肝、皮肤等器官的病理变化。

5. 环境标准　我国生活饮用水卫生规范规定，挥发酚不得超过0.002 mg/L，在地表水中不得超过0.01 mg/L，农田灌溉用水中酚的含量应低于1 mg/L。

（三）砷

1. 理化特点　砷多以砷化合物和硫砷化物的形式存在于岩矿之中。自然界的砷多为5价化合物，而毒性则以砷的氧化物为高，其毒性大小依次为胂（有机砷）＞亚砷酸盐（无机）＞氧化砷（3价）＞砷酸盐（无机）＞5价砷（砷酸）＞砷化合物＞砷元素。水中的砷多为无机砷，且常为5价砷，但深井水中的砷多为3价砷。

2. 污染来源　砷广泛存在于自然界，大量存在于各种含砷矿石中，亦混杂于铜、镍等多种金属矿石中。在地质化学上则主要以二硫化二砷（雄黄）、三硫化二砷（雌黄）等形式存在。在含砷矿石的冶炼过程中，含砷废水排入水体可造成水体砷含量过高；砷也可与空气中的氧气结合生成As_2O_3，凝结后经各种途径进入水体。自然界中岩石的分化也是水体砷污染的来源之一。我国一些主要河道的干流中，砷的含量约为0.01～0.6 mg/L，某些断面的底质中含砷量达15.8～48.6 mg/L。山西省部分地区水井水砷含量最高可达0.45 mg/L；台湾省西南沿海某些地区的泉水，含砷约为0.01～1.82 mg/L，其中多数为0.4～0.6 mg/L。农药、化肥、硫酸、玻璃、颜料等生产中都要应用含砷化合物，因此均可造成砷对水体的污染。此外，一些意外事故的发生（如泄漏等）以及清洗运送砷化物的船舱的水排入水体等都可能造成水体砷污染。

3. 健康危害　详见“生物地球化学性疾病”中地方性砷中毒一节。

4. 环境标准　我国生活饮用水卫生规范规定，饮用水中砷含量不得高于0.05 mg/L。

（四）氰化物

1. 理化特性　氰是由碳和氮合成（CN^-），氰化物分为无机氰如氢氰酸、氰化钠、氰化钾、铁氰化物、亚铁氰化物等和有机氰化物如丙烯腈、乙腈等两大类。毒性最大的是氢氰酸、氰化钾和氰化钠。无机氰化物在水中极不稳定，在酸性条件下多以氰化氢的形式逸出到空气中，在日光照射下氢氰酸能分解成氨、甲酸、草酸等。

2. 污染来源　氰化物在工业中应用很广，是剧毒物也是常见的水源污染物，主要来自炼焦、电镀、选矿、染料、医药和塑料等工业废水。

3. 健康危害　氰化物污染水体引起人群、家畜、鱼类急性中毒的事例，国内外报道不少。主要是短期内水体排入大量氰化物造成的。体内蓄积过量的硫氰化物，能抑制甲状腺素的合成，影响甲状腺功能，致使甲状腺肿大发生率显著上升。曾有报道，长期饮用氰化物污染的地下水（浓度为0.14 mg/L）出现头痛、头晕、心悸等神经细胞退行性变化的症状。氰化物经口、呼吸道或皮肤进入人体，极易吸收。在胃酸作用下，水解成氰氢酸进入血液。细胞色素氧化酶的三价铁与氰根结合生成氰化高铁细胞色素氧化酶，使三价铁失去传递电子的能力，中断呼吸链，细胞迅速缺氧，很快窒息死亡。所以，氰化物的急性中毒死亡是很快的。呼吸中枢对组织缺氧最敏感，急性氰化物中毒的病人主要为呼吸困难，进而出现痉挛，呼吸衰竭而死亡。在低剂量范围内，氰化物与硫代硫酸盐在酶的作用下生成硫氰化物，从尿中排出。体内这种解毒能力是有限的，若超过负荷量，仍可引起中毒甚至死亡。

4. 对水生物的危害　水中氰化物浓度为0.04～0.1 mg/L时，能使鱼类致死，含氰废水能造成农业减产、牲畜死亡。铁氰化物和亚铁氰化物毒性虽然很低，但是在阳光暴晒下，仍可分解释放出游离氰，使鱼类致死。

5. 环境标准　氰化物在水中可形成特殊的嗅和味，恶化水的感官性状，其嗅阈浓度为0.1 mg/L，味阈浓度为0.5 mg/L。我国生活饮用水卫生规范规定，氰化物浓度不应超过0.05 mg/L。

（五）多氯联苯

1. 理化特性　多氯联苯（polychlorinated biphenyls，PCBs）是由氯置换联苯分子中的氢原子而形成的一类含氯有机化合物。具有耐酸、耐碱、耐腐蚀及绝缘、耐热、不易燃烧等特性。其化学稳定性随氯原子数目的增加而增高。

2. 污染来源　PCBs被广泛用于工业生产，如变压器的绝缘液体、生产润滑油、农药以及在油漆、粘胶剂、封闭剂生产中做添加剂。PCBs主要随工业废水和城市污水进入水体。由于PCBs在水环境中极为稳定，被认为是一类广泛存在的持久性有机污染物，可通过水生生物的摄取进入食物链而发生生物富集。不同水生物对PCBs的富集能力也有所不同，藻类对PCBs富集能力可达千倍，虾、蟹类为4000～6000倍，鱼类最高，可达数万至十余万倍。PCBs通过食品这一途径进入人体。

3. 健康危害　PCBs对人危害的最典型例子是1968年发生在日本的“米糠油中毒事件”，受害者因食用被PCBs污染的米糠油而中毒，主要表现为皮疹、色素沉着、眼分泌物增多及胃肠道功能紊乱等症状。严重者可发生肝损害，出现黄疸、肝性脑病甚至死亡。PCBs还可通过胎盘进入胎儿体内。孕妇食用被污染的米糠油后，出现胎儿死亡，新生儿体重减轻，皮肤颜色异常，眼分泌物增多等症状，此即“胎儿油症”。

PCBs 还具有雌激素样作用，可明显干扰机体的内分泌状态，孕妇接触 PCBs 可导致胎儿出生后的行为和发育异常。PCBs 还可通过乳汁分泌。PCBs 能引起啮齿动物和猴的学习能力的缺失、运动失常等。某些类型的 PCBs 可使大鼠肝癌发生率明显增加。流行病学调查发现，人类接触 PCBs 可使机体的免疫功能受损，生长发育障碍。

4. 对水生物的危害　PCBs 对水生生物如藻类、鱼类和贝类也有较大影响。

5. 环境标准　我国《地表水环境质量标准》（GB3838-2002）中规定，多氯联苯的标准限值为 2.0×10^{-5} mg/L。

三、生物性污染及其危害

水体受生物性致病因子污染后，居民常通过饮用、接触等途径引起介水传染病的爆发流行，对人体健康造成危害。最常见的疾病包括霍乱、伤寒、痢疾、肝炎等肠道传染病及血吸虫病、贾第虫病等寄生虫病。

WHO 的调查资料显示，当前发展中国家有 12 亿多人受到水传播疾病的威胁，每年有 500 多万人死于水传播的疾病，约有 15%的儿童在 5 岁前死于腹泻。全球每年死于腹泻的幼儿约 50 万～180 万例，其中因感染轮状病毒而死亡的约占 40%～50%。1991～1992 年拉丁美洲和加勒比海地区各国，由于饮水未彻底消毒，霍乱在拉丁美洲传播流行，造成 59 万人发病，5000 多人死亡。我国几十年来发生水传播疾病的爆发流行数百起，患病人数达数百万之多。1958～1984 年我国水致爆发流行的伤寒 353 起，累计发病45 535例；1959～1983 年细菌性痢疾 157 起，累计发病50 934例。各种爆发流行多由于井水污染所致，其次是河水、沟水、渠水。1988 春，上海市和江苏、浙江、山东三省发生甲型肝炎爆发流行，患者达 40 余万人，仅上海市 1988 年 1 月至 4 月发病达31 076人，平均罹患率达 4082/10 万，此次甲型肝炎的大流行是由于生食江苏启东地区所产毛蚶引起的，而当地养殖毛蚶的水体受到甲型肝炎病毒的严重污染。到目前为止，在发展中国家，霍乱、伤寒、细菌性痢疾、肝炎等肠道传染病仍时有发生，甚至出现一定范围内的爆发流行，因此致病微生物水污染仍是发展中国家突出的问题。在发达国家水体生物性污染虽已不是严重的卫生问题，但仍受到人们的重视，例如美国 1983 年曾发生 39 起介水疾病爆发事件，其中 15 起是以消化道症状为特征的不明原因的疾病爆发，其余 24 起包括贾第虫病 17 起、甲型肝炎病毒感染 3 起、沙门菌感染 2 起、志贺菌和弯曲杆菌感染各 1 起，累计病例数达20 902人。

近年来，人们已注意到水体富营养化的危害。在富营养化水体中藻类大量繁殖聚集成团块，漂浮于水面，影响水的感观性状，在用作自来水水源时常常堵塞水厂的滤池，并使水质出现异臭异味。藻类产生的粘液可粘附于水生动物的腮上，影响其呼吸，导致窒息死亡，如夜光藻等对养殖鱼类的危害就很大。有些赤潮藻大量繁殖时分泌的有害物质如氨、硫化氢等可危害水体生态环境并使其他生物中毒及生物群落结构异常。由于藻类大量繁殖死亡后，在细菌分解过程中不断消耗水中的溶解氧，使氧含量急剧降低，引起鱼、贝类等因缺氧大量死亡。世界上许多国家的近海水域时有赤潮发生，且次数明显增加，经济损失严重。据报道，1987 年美国纽约萨福克县发生赤潮，经济损失在 18 亿美元以上，1987～1991 年间在日本濑户内海损失达 111.52 亿日元，1988 年在马来西亚沙巴损失近 2 亿美元，1989 年在我国渤海沿岸赤潮造成的损失达 3.4 亿元人民币，1998 年春在珠江口发生的赤潮给广东省渔业造成 4000 万元人民币的经济损失，香港约损失 1 亿港元。

有些藻类能产生毒素如麻痹性贝毒、腹泻性贝毒、神经性贝毒等，而贝类（蛤、蚶、蚌等）能富集此类毒素，人食用富集了毒素的贝类后可发生中毒甚至死亡。1981 年印度东部沿岸曾发生麻痹性贝毒中毒事件，造成 85 人中毒，3 人死亡；1983 年菲律宾发生的贝毒中毒事件使 700 人中毒，21 人死亡；1986 年 12 月我国福建省因食用受赤潮毒素污染的贝类造成 135 人中毒，1 人死亡。富营养化湖泊中的优势藻如蓝藻（又称蓝细菌）的某些种可产生藻类毒素，如铜绿微囊藻等能产生多肽类毒素，水华鱼腥藻等能产生生物碱毒素（如鱼腥藻毒素 α）。有资料表明，一类藻种可产生多种毒素，且不同时间、不同地点的藻样，其产毒条件、产毒量或毒素成分有一定差异。铜绿藻毒素可致野生动物和家畜中毒死亡，病理检查可见肝脏充血、水肿，肝小叶中央坏死，肝细胞和肝内皮细胞破坏，电镜检查见肝细胞内质网、线粒体等亚细胞成分明显受损，肝窦扩张，严重时细胞崩解。近年的研究发现，微囊藻粗毒素可明显增强 3-甲基胆蒽及有机污染物启动的细胞恶性转化。鱼腥藻毒素 α 则是很强的烟碱样神经肌肉去极化阻断剂。

藻类毒素对人体健康的影响已受到人们的重视，因为此等毒素一旦进入水中，一般的供水净化处理和煮沸不能使之全部失活。

第五节　水环境标准

水环境标准体系是对水环境标准工作全面规划、统筹协调相互关系，明确其作用、功能、适用范围而逐步形成的一个完整的管理体系。截止 2001 年 9 月底，由国家环境保护总局主管颁布的水环境国家标准 370 项，占环境保护国家标准总数的 65.3%，可见水环境标准在整个环境保护标准中具有重要地位。

除国家环境保护总局以外，制订水环境国家和行业标准的相关部门还有水利部、卫生部、建设部、国土资源部等。行业水环境标准，水利部颁布 54 项，环保总局颁布 18 项，建设部颁布至少 47 项；其他行业如农业、林业、海洋、卫生、核工业、电力系统等也颁布相应的水环境行业标准。

水环境标准的主体是水环境质量标准、水污染物排放标准和水环境卫生标准。本章节重点介绍水环境质量标准和水污染物排放标准。

一、水环境质量标准

水环境质量标准由《地表水环境质量标准体系》和系列标准如《渔业水质标准》、《农田灌溉水质标准》、《海洋水质标准》、《地下水水质标准》等组成。

（一）水环境功能区划

为保护和改善我国地表水环境，确保地表水资源的持续利用，国家环境保护总局从 1988 年开始，依照《中华人民共和国水污染防治法》和《地表水环境质量标准》，组织中国环境规划院和 31 个省（自治区、直辖市）对全国水资源按不同水质划定不同使用功能划分，实现水域分级管理向分类管理过渡。

依据地表水水域环境功能和保护目标，按功能高低依次划分为五类：Ⅰ类，主要适用于源头水、国家自然保护区；Ⅱ类，主要适用于集中式生活饮用水地表水水源地一级保护区、珍稀水生生物栖息地、鱼虾类产卵场等；Ⅲ类，主要适用于集中式生活饮用水地表水源地二级保护区、鱼虾类越冬场、洄游通道、水产养殖区等渔业水域及游泳区；Ⅳ类，主要适用于一般工业用水区及人体非直接接触的娱乐用水区；V类，主要适用于农业用水区及一般景观要求水域。

在划定功能区时遵循以下原则：①综合考虑地表水环境现实状况和现实功能以及经济发展对地表水环境功能的需要；②同一水域兼有多类功能的，依最高功能划分类别；③跨地区的江河、湖泊、水库、输水渠道，其上游地区不得影响下游地区饮用水水源保护区对水质标准的要求。

对应地表水上述五类水域功能，将地表水环境质量标准基本项目标准值分为五类，不同功能类别分别执行相应类别的标准值。水域功能类别高的标准值严于水域功能类别低的标准值。同一水域兼有多类使用功能的，执行最高功能类别相对应的标准值。

（二）地表水环境质量标准

《地表水环境质量标准》（GB3838-2002）是一项国家标准，适用于全国领域内的江河、湖泊、运河、渠道、水库等具有使用功能的地表水水域，是评价我国地表水环境质量状况的基本依据。该标准按照地表水环境功能分类和保护目标，规定了水环境质量应控制的项目和限值。

该标准分为地表水环境质量标准基本项目、集中式生活饮用水地表水源地补充项目和特定项目。地表水环境质量标准基本项目适用于全国江河、湖泊、运河、渠道、水库等具有使用功能的地表水水域；集中式生活饮用水地表水源的补充项目和特定项目适用于集中式生活饮用水地表水源地一级保护区和二级保护区。集中式生活饮用水地表水源地特定项目由县级以上人民政府环境保护行政主管部门根据本地区地表水水质特点和环境管理的需要进行选择，其补充项目和选择确定的特点项目作为基本项目的补充指标。考核生活饮用水源地水质状况应执行《地表水环境质量标准》。

该标准共计109项，其中地表水环境质量标准基本项目24项，集中式生活饮用水地表水源地补充项目5项，集中式生活饮用水地表水源地特定项目80项。

地表水环境质量标准基本项目包括水温、pH值、溶解氧、汞、粪大肠菌群等24项。将硫酸盐、氯化物、硝酸盐、铁、锰调整为集中式生活饮用水地表水源地补充项目，修订了pH值、溶解氧、氨氮、总磷、高锰酸钾指数、铅、粪大肠菌群等7个项目的标准值，增加了集中式生活饮用水地表水源地特定项目40项。本标准删除了湖泊水库特定项目标准值。

与近海水域相连的地表水河口水域，根据水环境功能按本标准相应类别标准值进行管理；近海水功能区水域，根据使用功能按《海水水质标准》相应类别标准进行管理。批准划定的单一渔业水域按《渔业水质标准》进行管理；处理后的城市污水、与城市污水水质相近的工业废水、用于农田灌溉用水的水质按《农田灌溉水质标准》进行管理。

1. 我国制订地表水环境质量标准的原则　我国制订地表水环境质量标准的原则是：①防止通过地表水传播疾病；②防止通过地表水引起急性或慢性中毒及远期危害；③保证地表水感观性状良好；④保证地表水自净过程能正常进行。根据以上原则，用实验研究和环境流行病学调查相结合的方法制订标准。在确定标准的项目时，一般以危害大、排放量高、来源广的有害物质为主。

2. 地表水环境质量标准中主要指标及其制订依据

（1）水温：水温是一项水体生态环境，特别是水体微生物环境的重要指标。它直接影响水体的自净能力，任何人为扰乱水环境温度的行为都视为对水环境的物理污染。本项统一规定为周平均最大温升≤1℃，周平均最大温降≤2℃。

(2) pH值：水的pH值＜6或＞9时，可影响地表水的自净过程及鱼类的生长繁殖，故规定pH值为6～9。

(3) 五日生化需氧量（BOD_5）：此项指标是为了限制有机污染物的排放而规定的。我国多年的调查结果表明，各主要江河清洁断面生化需氧量一般都在3 mg/L以下，属优质水源，而BOD_5超过10 mg/L则表明水源已受污染。

(4) 溶解氧：是为保证地表水的正常自净过程，限制有机性污染物的排放，并保证鱼类生存条件而规定的。水饱和溶解氧约为7.5 mg/L。我国水质监测表明，南方江河常年水中溶解氧＞6 mg/L，北方冰封期的河水中溶解氧也＞5 mg/L，能满足一般鱼类生存的需要。如溶解氧＜5 mg/L则不能用于水产养殖。当溶解氧＜2 mg/L时，表明水体污染严重，开始丧失其使用功能。

(5) 粪大肠菌群：是标准中唯一的微生物学指标，表明水体受病原体污染的程度。水体中病原体可通过饮用、接触传播介水传染病。由于检测水中的所有病原体较难，故选用粪大肠菌群作为指示菌。本项目列入“基本项目标准限值”中。

(6) 有害物质：在“集中式生活饮用水地表水源的特定项目标准限制”中列出了80项有害物质的最高限量值。较原《地面水水质卫生标准》中53项增幅大，表明近年来我国环境保护工作发展迅速，国家经济实力增长较快。

3. 制订地表水中有害物质限值的研究方法　根据有关制订地表水环境质量标准的原则，用实验研究和环境流行病学调查相结合的方法制订标准。在确定标准的项目时，一般以危害大、排放量高、来源广的有害物质为主。

(1) 实验研究：包括有害物质的毒性研究，在水体中的稳定性测定，对地表水感观性状影响的测定及对地表水自净过程影响的测定等。通常按照“最敏感”原则，从以下几项实验研究结果中选出最低的限量作为确定地表水中有害物质限值的依据：

①有害物质的毒性研究：将水中有害物质经口给予实验动物进行毒性试验，常用的是大鼠、小鼠等啮齿类动物。主要包括急性实验、蓄积性实验、慢性实验以及三致实验等，得出其毒作用特征及所呈现的剂量—反应关系，求出最大无作用浓度，再按人体体重60kg、平均每天摄水量为3L推算出该物质对人体的最大无作用剂量，并考虑一定倍数的安全系数，作为制订该物质在地表水中毒性的限量。

②水中稳定性的测定：水中有害物质的稳定性是指该物质在地表水中的存留时间和消失速率。常在模拟水体中进行测定，以了解该物质在水中的变化规律和消失速率。有害物质的稳定性越高，消失速率越慢，则对人类健康的危害也就越大。此试验结果可作为确定该物质安全系数大小的依据。

③对感观性状影响的测定：某些有害物质在地表水中的含量超过一定浓度时，可使水的感观性状恶化，呈现出异色、异臭和异味。色觉实验是以在10cm水柱高度下不呈现颜色的有害物质浓度为色觉的限量。嗅觉、味觉实验是以选择适宜的评定者，对不同浓度有害物质的溶液进行嗅、味强度评定，找出二级嗅和味强度时的有害物质浓度，作为嗅觉、味觉的限量。最后取色、嗅、味实验的三个限量中的最低值作为该类物质对水体感观性状影响的限量。

④对地表水自净过程影响的测定：在人为制备的溶解氧饱和需氧微生物充分的若干份水样中，分别加入不同浓度的受试物，以生化需氧量或“三氮”为指标，观察该受试物是否明显影响生化耗氧过程和硝化过程。当有害物质浓度超过一定数值时，可影响水样中微生物的

生长，妨碍自净过程的进行。以不影响自净的最大浓度为限量。该项目也可通过观察水中微生物的繁殖情况加以判断。

(2) 流行病学调查：对地表水中有害物质进行现场流行病学调查，是从宏观上了解水中有害物质的浓度与人群健康关系的重要手段。在制订地表水环境质量标准时动物实验资料具有重要价值，若将动物实验结果直接推论到人，存在一定的种属差异。可根据实验研究选出的最敏感限量和流行病学调查结果，进行综合分析，得出合理的限量，以确保所制订的地表水有害物质的限值对人群健康的安全性。但有不少有害物质尚未在人群中出现明显影响，所以并非每种有害物质都有进行流行病学调查的条件。

(3) 地表水环境质量标准制订的计算方法：

①根据有害物质的化学结构、理化常数及毒性大小估算：研究发现，有害物质的最高容许浓度与其化学结构、理化特性及某些毒性参数之间具有一定的相关性。有学者据此提出一些计算方法，用于快速提出有害物质在地表水中的最高容许浓度估计值，以满足某些特定条件下的实际需要。但此种方法不能代替常规实验和调查研究。

②多种有害物质同时污染地表水时，其标准的计算方法：地表水受多种有害物质同时污染时，其有害作用表现为相加、拮抗或协同三种方式，其中，又以相加作用较为常见，可用以下方法推算混合污染物的容许浓度：

将各有害物质的限值除以有害物质种类数，得出各自的最高限量值。例如钒和钼两种物质同时污染地表水，两者的限制指标均为毒理作用，它们的最高限值分别为0.05 mg/L和0.07 mg/L，混合污染时其最高限值应为：钒0.05mg/2=0.025，钼0.07/2=0.035 mg/L。

当地表水受多种有害物质联合作用时，可用以下方法进行评价。$C_1/M_1+C_2/M_2+\cdots\cdots+C_N/M_N\leqslant 1$。C为各有害物质在地表水中的实测浓度，M为相应物质的最高限值。若计算结果大于1，表明地下水中化合污染物已超过了容许浓度，应采取积极措施降低有害物质含量，以保证安全。

若混合污染物的作用方式不属于相加作用，则需进行相应的毒理学实验来确定。

(4) 经济技术的可行性研究：我国地域辽阔，经济发展较不平衡，各地在经济、技术上存在较大差距，因此，在制订标准时既要考虑适合于较发达地区的需要，也要考虑到在偏僻落后地区实行的可能性。

二、水污染物排放标准

水污染物排放标准由《污水综合排放标准》和系列标准如《造纸工业水污染物排放标准》、《纺织业水污染物排放标准》、《钢铁工业水污染物排放标准》等组成。

《污水综合排放标准》(GB8978-1996)是国家环境保护总局1996年10月4日批准，1998年1月1日实施的。该标准是对《污水综合排放标准》(GB8978-88)的修订，明确提出年限制标准，用年限制标准代替原标准，根据现有企业和新扩改企业分类，1997年12月31日前建设的单位执行第一时间段规定的标准值，1998年1月1日起建设的单位执行第二时间段规定的标准值。在标准适用范围上明确综合排放标准与行业排放标准不交叉执行的原则，除造纸工业、船舶、海洋石油开发工业、纺织业、钢铁工业、磷肥工业等12个行业所排放的污水执行相应的国家行业标准外，其他一切排放污水的单位一律执行本标准。本标准适用于现有单位水污染物的排放管理，以及建设项目的环境影响评价，建设项目环境保护设施设计、竣工验收及其投产后的排放管理。现行的《污水综合排放标准》按地表水水域使用功能要求和污水排放走向，对向地表水水域或城市下水道排放的污水分别执行一、二、三级标准。

《污水综合排放标准》将排放的污染物按其性质及控制方式分为两类。第一类是指能在环境和动植物体内蓄积，对人体健康产生长远影响者，包括汞、镉、铬、铅、砷、镍、钋等13种物质。含此类污染物的污水不分行业和污水排放方式，也不分受纳水体的功能类别，一律在车间或车间处理设施排放口采样，其最高允许排放浓度必须达到本标准要求。第二类污染物按年限（1997年12月31日之前和1998年1月1日起）分别执行不同的规定，1997年12月31日前的建设（包括改、扩建）单位的污水排放，规定了26种有害物质或项目；1998年1月1日起建设（包括改、扩建）单位的污水排放，规定了56种有害物质或项目；并规定在排污单位排放口采样，其最高允许排放浓度必须达到本标准要求。此外，现行的《污水综合排放标准》还按年限对部分行业最高允许排水量作出了具体规定。

现行的《污水综合排放标准》从1998年1月1日起代替《医院污水排放标准》(GBJ48-83)。对50个床位以上的医院、兽医院及医疗机构，以及传染病、结核病医院的污水中粪大肠菌群数以及采用氯化消毒的医院污水中的总余氯作出了具体规定，也按地表水水域使用功能要求和污水排放走向规定执行一、二、三级标准。对医院（50个床位以上）、兽医院及医疗机构污水粪大肠菌群数的一、二、三级标准分别规定为500个/L、1000个/L、5000个/L；对传染病、结核病医院污水中的粪大肠菌群数的一、二、三级标准分别规定为100个/L、500个/L、1000个/L。对采用氯化消毒的医院污水中总余氯的一、二、三级标准分别规定为<0.5 mg/L、>3 mg/L（接触时间≥1h）、>2 mg/L（接触时间≥1h）；传染病、结核病医院污水中总余氯的一、二、三级标准分别规定为<0.5 mg/L、>6.5 mg/L（接触时间≥1.5h）、> 5 mg/L（接触时间≥1.5h）。对于医院污水的有毒化学物质和放射性物质，则按本标准中有毒有害化学物质和放射性物质的标准执行。

第六节　水体卫生防护及其污染的调查、监测和监督

一、水体卫生防护

为保护水体特别是城镇生活饮用水水源的卫生状况，对水体污染必须采取一系列防治措施。推行清洁生产从末端治理转向源头预防是防止水体污染的根本措施。做好工业废水和生活污水等的处理和利用是保护和改善水体卫生状况的主要措施。

（一）推行“清洁生产”，开展污染源头预防

根据联合国环境署提出的概念，清洁生产是对工艺和产品不断运用一体化的预防性环境战略，以减少其对人体和环境的风险。1993年我国正式提出推行清洁生产，将工业污染防治从末端治理转变为全过程污染控制，实现现代化工业新文明。1994年我国率先制订了《中国21世纪议程》，清洁生产被列为其中的重要内容。清洁生产包括节约原材料和能源，消除有毒原材料，并在一切排放物和废物离开工艺之前削减其数量和毒性；在整个生产过程中从原材料提取到产品的最终处置，均应减少其危害。清洁生产是一种预防性方法，它要求在产品或工艺的整个寿命周期的所有阶段，都必须考虑预防污染，或将产品或工艺过程中对人体健康及环境的短期或长期风险降至最小。污染源头预防是指污染物尚未对水体造成污染之前采用积极有效的措施，防止污染物进入水体，而不是在污染发生后再进行治理（即所谓

的末端处理）。

西方发达国家在污染末端治理方面曾付出了沉重的代价。我们应该引以为鉴，不走西方发达国家经济建设和环境治理的老路，保证自然资源、生态环境与经济建设的协调发展，实现我国的可持续发展战略。可喜的是，我国不少企业正在实行清洁生产工艺，并取得了较好的经济效益和环境效益。清洁生产作为经济可持续发展的手段已逐渐渗透到工业生产乃至整个经济生活的各环节中，正显示出巨大的优越性。

（二）工业废水处理和利用

工业废水的处理和利用方法很多，按原理分为物理、化学、物理化学、生物学四类。

1. 物理处理　是指通过物理作用清除废水中的悬浮物和漂浮物的处理方法，它包括机械阻留、除油及沉淀。机械阻留是废水流过格栅、筛网等设备时，较大的漂浮物和悬浮物被阻留下来。除油是污水进入除油池以后油脂浮在水面，被除油池中的挡板阻留，然后从水表面加以除去。若油呈乳化态则可加入混凝剂使其产生凝聚作用，吸附浮油而下沉或在污水中加空气鼓气，使浮化油脂粘附气泡上浮。沉淀是指比重大于水的悬浮物在重力作用下逐渐下沉与水分离而除去。常用的沉淀设备有平流式、竖流式、辐流式沉淀池。

2. 化学处理　是利用化学反应去除废水中溶解物质或胶体物质的处理方法。它包括混凝、中和、氧化、还原等。混凝常用设备是混合反应池，即在池中加入混凝剂，通过急剧搅动和废水混合接触，使微粒凝聚形成絮凝体而有利于沉降。此法除污效率高，操作简便，适用面广。中和是利用酸和碱相互反应生成盐和水的化学原理，将酸性和碱性废水引入反应池进行反应。氧化还原是利用废水中投加氧化剂（如液氯、臭氧等）或还原剂（为硫酸亚铁）将废水中有害物质转变成无毒或微毒物质以达到处理废水目的。此外并可借助电流通过电解液（废水）引起氧化还原反应，以除去某些有害物质（如铬、氰、酚等），此法称电解氧化还原法。

3. 物理化学处理　是利用物理和化学的综合作用使废水达到净化的方法。常用的技术有吸附、萃取、离子交换和膜分离等。吸附是采用多孔性的固体物质（如活性炭、磺化煤、煤渣等）吸附废水中某种或几种物质而达到除污目的的方法，此法能除去废水中难以被微生物降解的或一般氧化法难于破坏的有机物，如酚、苯、合成染料、石油及其产品等。

萃取是根据某些溶解性物质在不同液相中分配系数不同的原理，在废水中加入有机溶剂，使某物质溶解其中，然后再从溶剂中把此物质分离出来。常用此法处理浓度较高的含酚或含苯胺、苯、醋酸等工业废水。离子交换是借助离子交换剂中某离子能和废水中的离子发生交换以达到除去某物质的方法，此法适用于回收废水中 Hg、Cd、Cr、Cu 等金属。膜分离技术是利用一些特殊的隔膜分离水中离子或分子的方法，如电渗析法是在直流电场作用下，废水中的离子选择性地通过离子交换膜发生定向迁移，从而达到浓缩、纯化、分离等目的，常用此法处理电镀废水回收金银铂等贵重金属。

4. 生物处理　是利用微生物的代谢作用分解废水中有机物的方法，又称生物化学处理法。它广泛用于炼油、焦化、石油化工、造纸、印染、合成纤维等有机工业废水和生活污水的处理。参与处理的微生物有细菌、真菌、藻类、原生动物和多细胞动物（如轮虫、甲壳虫）等，其中以细菌为主。根据微生物需氧情况不同，分为需氧和厌氧两类。在需氧分解中又分为活性污泥法和生物膜法。活性污泥法是利用含有大量需氧微生物的污泥，在强力通气条件下使废水净化的方法，所以又称曝气法，其主要设备有沉淀池和曝气池。生物膜法是使废（污）水通过生长在固定支承物表面上的生物膜，借助生物膜中微生物降解废（污）水中有机物的方法。由于生物膜具有很大的表面积，能大量吸附废（污）水中各种有机物，且有强的氧化能力分解有机物，故此法比活性污泥法具有生物密度大、不需曝气、不存在污泥回流与污泥膨胀，因而有运转管理较方便等特点。其构筑物除初次和二次沉淀池外，主要有生物滤池和生物转盘。生物滤池常用于处理含酚、醛、氰等工业废水，而生物转盘适于处理有机物浓度高、水量不大的废水。

厌氧处理是利用厌氧微生物，在缺氧条件下分解有机物，分解产物主要是甲烷、硫化氢、氨等。由于分解时间长，还能产生臭气，故一般用于处理废（污）水中沉淀下来的污泥，这种方法又称为污泥消化。处理后的污泥比原生污泥容易脱水，所含致病菌、寄生虫卵大大减少，臭味显著减弱，肥分易被农作物吸收。

废水处理按处理程度分为三级。一级处理是从废水中去除悬浮性固体物，其去除率可达70%～80%，但BOD去除率仅30%，废水净化程度不高，故一级处理仅属处理过程中的预处理阶段，必须进行二级处理。二级处理为生物处理，是目前各国处理有机废水的主体工艺，其装置设在一级处理后，能去除废水中大量有机物，通过二级处理，废水中的BOD可去除80%～90%。三级处理是废水中高级处理，其目的是进一步去除二级处理中未能去除的有机物，包括微生物未能降解的有机物、磷、氮及可溶性无机物。处理方法根据出水水质不同要求，分别采用化学处理或物理化学方法。

（三）生活污水的处理与利用

生活污水通常需接入城镇污水处理厂，经处理后才能排入水体。进入污水处理厂的污水除生活污水外，还包括雨水和经工厂预处理的工业废水，称为混合污水。生活污水处理一般常用物理处理（格栅、筛网、沉淀等）和生物处理（活性污泥法或生物滤池），其原理和设备与工业废水处理基本相似。选用何种处理方法应根据污水的水量、水质和接纳水体的具体情况，以及城镇经济发展等条件来确定。对于未建污水处理厂的城镇，应构筑化粪池，以接纳和处理冲水式厕所的粪便污水和其他生活污水。

生活污水中含有氮、磷、钾等肥料成分，在合适条件下可将处理后的生活污水作为一种资源用于灌溉农田或养鱼。但城镇污水中常混有未经处理的工业废水，直接用于农田灌溉或养鱼，可能会对环境、生态和人群健康产生不利影响。为此要求在灌溉或养鱼前必须经过预处理，去除其中重金属及难降解有机物，使水质达到农田灌溉水质标准或渔业水质标准。

（四）医院污水的处理

医院污水其特点是含菌量高，并含有病原微生物，尤其是传染病医院和结核病医院的污水含有大量致病菌、病毒及寄生虫卵。此外医院在诊断、医疗、化验检测、洗涤消毒过程中也可排出大量有机物和无机物，甚至放射性核素，所以医院污水若处理不当，污染了饮用水水源，会使人致病或引起某些传染病的爆发流行。

医院污水处理重点是消毒。但为了除去污水中悬浮物或固体残渣，在消毒前可采用一级或二级处理方法进行预处理，然后按《污水综合排放标准》（GB8978-1996）中对医院污水的要求进行严格消毒。医院污水消毒最常用的方法是氯化消毒，消毒剂可采用液氯、次氯酸钠、漂白粉等，一般在消毒剂投加量及污水接触时间符合要求情况下，可以达到预期消毒效果。

医院污水处理过程中生成的沉淀污泥，可含有大量病原体，必须经过彻底消毒处理后，才允许作为肥料使用。一般可采用化学消毒如漂白粉、石灰或高温堆肥等方法。

二、水污染的卫生调查、监测和监督

水体污染的调查与监测目的是了解某一地区或流域水体污染情况与变化规律，及其对居民健康可能产生的危害，并为采取治理对策提供科学依据。

（一）污染源调查

应了解该地区工业的总体布局及排放废水企业的生产情况和废水排放情况。调查内容包括：①企业的种类、性质、规模及布局情况；②企业各车间所用原料、半成品、成品、副产品的名称和产生废水的工艺流程等；③工业用水量、水质，各车间排放废水量、废水中含有害物质的种类及其浓度；④废水排放方式及排放点的位置和流向；⑤废水回收和综合利用情况，净化设施的类型、运转时间及效果；⑥工厂废水对周围环境造成的污染危害，居民接触或使用后的反映以及对健康的影响等。

（二）水体污染的调查

水体污染调查一般有以下几种类型：①基础调查：为了解水体的基本情况而进行的调查。②监测性调查：选择有代表性的断面进行较长时间的定时调查，以了解污染物的分布和变化规律。③专题调查：为深入研究某一课题而进行的专门性调查。④应急性调查：在水体发生严重污染事故时，临时组织的调查。

（三）水体污染的监测

1. 江河水系的监测

(1) 采样断面与采样点的选择：对江河水体进行采样时，应先对沿河的大城市和大企业的分布情况有所了解。把沿岸的大城市或工业区作为一个大污染源考虑。每个大污染源河段至少应设置 3 个采样断面：①清洁或对照断面：设在污染源的上游，用以了解河水在未受污染时水质情况；②污染断面：设在紧靠污染源的下游，用以了解水质污染的情况和程度；③自净断面：设在污染源的更下游，估计基本可达到自净的地方，以了解河水的自净能力。

各断面布点数可根据河道宽度而定，如长江中、下游河道较宽可设五点即距两岸边 50m、150m 及江心处，黄河按断面四分法测中间三点；较小的江河可在河中心点采样。水流量较大的江河还应在排污口下游近岸边设几个辅助采样点，以查明岸边污染状况。同时对重要的支流入口也应采样监测。此外对城市自来水地表水源的取水点、大工业用水的取水点、供娱乐游览用的河水段、供大规模农业灌溉进水点等处也应设置采样点，以了解水质情况。采样深度一般在水面下 0.2～0.5m，如河水较深，可根据需要采取不同深度的水样。

(2) 采样时间与次数：至少应在平水期、枯水期及丰水期各采样一次，每次连续 2～3 天。若人力、条件许可，最好连续每日或每周或每季度采样。受潮汐影响的江河应分别在涨潮、退潮时采样。采样时及采样前数日应避开雨天，以免影响水质。在研究地表径流对江河污染影响时，则可在大雨后进行采样。采样同时应记录当时的水文与气象条件。

(3) 水质监测项目：根据沿岸排污情况及调查目的，确定监测项目。对江河进行基础性调查时，应包括能反映水质天然性状的指标如水温、浑浊度、色度、pH、总硬度等，一般卫生学指标如溶解氧、耗氧量、生化需氧量、总大肠菌群等，以及有毒物质指标如酚、氰化物、砷、汞、铬等，并可根据各地污染情况适当增加项目。进行专题调查时，除基础性调查时的一般监测项目外，应选择特异的监测指标。若考虑水中污染物尤其是有机污染物对健康影响时，可采用各种短期检测致突变物质的试验，如 Ames 试验、微核试验等研究水质的致突变性。

（4）水体底质的监测：底质是指江河、湖泊、水库等水体底部的游泥。除了地球化学元素组成异常地区外，底质中有害物质（尤其是重金属等）的垂直分布一般能反映该水体受污染的历史情况。有些污染物在水中含量很低，不易检出，但在底质中的含量有时比水中高出很多倍，可从底泥中检出。底质中的有害物质在某些条件下还可重新进入水中造成二次污染，因此水体底质监测对于查清某些污染物对水体的污染具有十分重要的意义。

（5）水生生物的监测：观察水生生物种类、数量和分布等变化，可间接了解和评价水污染状况；测定水生生物体内有毒物质，了解水体的污染和污染物在水体中的迁移、消长规律及对人群健康的可能危害；检测水生生物外周血微核率等遗传学指标，观察水中有害物质的遗传毒性；检测水中大肠菌群和病原微生物，查明水体生物性污染的近况。近年来应用生物标志研究水环境污染物的暴露与生物效应关系。

2. 湖泊、水库的监测　调查方法和监测项目基本上与江河水系相似，但要考虑湖泊、水库自身的特点，按不同部位水域设置监测断面，如在进水区、出水区、深水区、浅水区、湖心区等处设置采样点，并以远离污染的清洁区作为对照。因湖（库）水流动缓慢，其沉淀作用强，故水体底质和水生生物监测显得更为重要。由于湖（库）水垂直混合差，因此须分层采样，了解其空间分布及扩散范围。目前湖泊、水库富营养化问题日趋严重，因此监测时应增加水中氮、磷及藻类毒素的测定。

3. 海域的监测　河口水质监测应根据河水入海的流量、流向、地形及污染程度来确定范围，除在岸边设点外，应以江河入海口的中心向外半径 20～50km 区域内布设若干弧形断面及一个纵断面进行采样分析。港湾水质的监测可根据港湾大小、地形、潮汐、航道及污染源分布情况，除港口沿岸设点外，再设若干横断面及纵断面采样点，其范围应包括污染区、自净区和对照区。监测项目的确定，除根据污染源性质外，可参考江河水系的调查。

（四）水体污染对居民健康影响的调查

是在水体污染调查监测的基础上进行，一般采用流行病学调查，通过收集水污染地区居民患病率、死亡率及某些健康损害的资料，与非污染区居民健康状况的资料进行对比分析，阐明水污染与居民健康之间的关系。如果在调查中发现居民中出现的多发病、有地区局限性疾病或其他健康损害，怀疑与水中某种特殊污染物有关时，可进一步选择高危人群进行专门医学健康检查，包括特异的临床体征检查、生化生理检验及生物材料的监测等。有时还需对可疑致病因素进行动物实验，建立动物模型，以查明发病原因，再与现场调查相互验证。

（五）水体的卫生监督管理

卫生部门遵照《水污染防治法》的精神，协助环保部门进行下列几方面的工作：①开展辖区内水体污染与自净的调查，摸清各种水体污染源、污染性质、程度、范围及其对居民健康的影响，并按水体、类别、名称，建立基础资料档案；②加强对医院污水，尤其是传染病、结核病院污水的卫生管理，严格执行医院污水排放标准；③对污水灌溉农田及养鱼地区要加强卫生管理，注意防止污水灌溉、养鱼而引起的疾病传播或造成的健康危害，监督厂矿企业认真执行《污水综合排放标准》；④积极参与新建、改建、扩建水利、水电工程项目和其他水上设施的预防性卫生监督，参加建设项目的环境影响报告书的审查，并对建设项目可能产生的水污染和居民健康的影响作出卫生评价；⑤在经常性卫生监督和管理中，注意积累资料，为修订地面水水质卫生标准及污水排放标准提供依据。

第七节　饮用水与健康

饮用水与健康和生活关系密切。水不仅为人的生理活动所必需，促进人体健康，还与人们的日常生活关系密切，在保持个人卫生、改善生活居住环境等方面起着重要作用。由于环境污染和饮用水资源的日益破坏，饮水资源的短缺和污染已成为全球性的重要问题。我国水资源十分匮乏，已被联合国列为13个贫水国之一。因此，保护好我们赖以生存的水资源，供给量足质佳的饮用水，对于维持和提高人民生活卫生水平，促进人体健康，防止疾病的发生具有十分重要的现实意义。

水源水质的恶化会对人体健康产生一系列的危害。一些地区的水土中，由于某种微量元素过多或缺乏，会引起生物地球化学性疾病；当水中的有害物质超过容许浓度时，人饮用后就可能产生急性和慢性中毒。水体可被一些致突变、致癌、致畸物质污染，会造成人群癌症以及出生缺陷发生率的增高；工业等造成的水污染还可引起后果严重、影响广泛的地区性中毒性疾病，即公害病；病原体可随人畜粪便、污水及其他污物进入水体，引起细菌、病毒、寄生虫性等污染，导致介水传染病的传播和流行。

一、生物地球化学性疾病

（一）碘缺乏病

1. 概况　碘缺乏病（iodine deficiency disorder，IDD）是指碘缺乏对机体造成的危害，通常包括地方性甲状腺肿、亚临床克汀病及克汀病等。

碘缺乏病这一概念是由著名的Hetei教授提出的，他主张用“碘缺乏病”来代替“甲状腺肿”及“克汀病”等。在过去的几十年中，人们集中研究了碘缺乏对胎儿、新生儿、儿童的发育影响和脑功能危害以及缺碘时机体内碘的代谢和功能状态。目前认为，上述疾病实际上是不同程度碘缺乏在人类不同发育时期所造成的损伤，而甲状腺肿和克汀病则是碘缺乏的最典型的表现形式。

在胚胎期至出生后两岁之间为中枢神经系统发育逐渐成熟时期。在此期间，碘缺乏所导致的后果有早产、死产、先天畸形、克汀病、单纯性聋哑以及新生儿甲状腺功能低下。

生长后期（即儿童期及青春期）的缺碘主要导致地方性甲状腺肿，并随着年龄的增长，甲状腺肿愈加明显；部分儿童可不表现出明显的甲状腺肿，但仍存在尿碘值低、甲状腺素（T_4）低、促甲状腺激素（TSH）升高。如果从胎儿期就受累于缺碘，一直持续到儿童期或青春期，就会出现典型的地方性克汀病，同时可伴有甲状腺肿或甲状腺功能的改变。

总之，碘缺乏病是从缺碘的角度认识碘缺乏对人体健康的危害，而不是把本病仅概括为地方性甲状腺肿和地方性克汀病。

2. 碘缺乏病的流行病学特征

(1) 地区分布：碘缺乏病是一种世界性的地方病。全世界有110个国家和地区都有不同程度的流行，受碘缺乏威胁的人口达16亿，占全世界总人口的28.9%。

目前，碘缺乏病主要分布于拉丁美洲、非洲、亚洲及大洋洲的大多数发展中国家，而欧洲、北美洲的大部分国家已基本控制了碘缺乏病的流行。在我国，碘缺乏病流行范围广，发病人数多，病情较严重。全国除上海市（台湾省病情不详）外其他省、市、自治区都有不同程度的流行。

（2）地形地理分布：环境中碘的水平受地形、气候、土壤、植被、水文等因素的影响，所以碘缺乏病的流行与自然地理因素有着极其密切的关系，在山区、丘陵、平原都有流行。我国碘缺乏病流行病区的共同特点是地形倾斜，洪水冲刷严重；有的降雨量集中，水土流失大，碘元素含量极少。除上述山区外，一些内陆丘陵、平原地带也有不同程度的流行。由于地理和地形地貌的不同，地方性甲状腺肿和地方性克汀病的患病率也不同。总的规律是山区患病率高于平原，内陆高于沿海，农村高于城市。地方性克汀病的流行多发生在古老、严重的地方性甲状腺肿流行区。

（3）人群分布特征：在地方性甲状腺肿流行区，甲状腺肿可见于任何年龄的人，甚至可见新生儿甲状腺肿；在儿童和青少年，女性的最高患病率多在12～18岁以内，男性在9～15岁之间，以后随着年龄的增长，男性至成年后甲状腺肿患病率逐渐下降，而女性由于月经周期、怀孕、哺乳等生理因素，其甲状腺肿患病率仍保持在一个较高的水平。从男女性别患病率看，女性高于男性，但在重病区，男女患病率较接近。

除了地方性甲状腺肿和地方性克汀病外，在我国广大缺碘地区的正常人群中还存在相当一部分亚临床克汀病患者，其数量明显超过克汀病病人。调查表明，亚临床克汀病的流行和分布与地方性甲状腺肿、地方性克汀病是一致的，其患病率与地方性甲状腺肿、地方性克汀病患病率呈正相关。

（4）流行原因：从全世界来看，绝大多数国家均有不同程度的碘缺乏病流行，其流行原因主要是环境碘的缺乏。尤其在一些山区、半山区、丘陵、河谷地带以及江河冲刷地区缺碘更为严重，而造成碘缺乏病的严重流行。缺碘是碘缺乏病流行的主要原因，然而每个地区特有的地质、地理、气象条件以及生产、生活、卫生及水污染等情况对碘缺乏病的流行也均有重要影响。

（5）影响因素：

1）自然地理和气象条件：土壤含碘量与该地区的岩石和土壤的性质密切相关。因此，岩石、土壤、水质和气象条件等对碘缺乏病的流行有重要影响。碘缺乏病常见于以石灰石、白垩土、砂石、灰化土及泥炭土为土壤成分的地带，而在黑、红色土及含有大量胶体颗粒和有机物的栗色土壤为主要成分的地带中较为少见。

碘缺乏病的流行还见于降雨量集中、地下水位高和地面上缺少植被的地区。当地下水位高时，由于地下水上升，促使土壤中的碘溶解、分离而流失。地理位置和地形对碘缺乏病流行与分布有重要影响，凡是地势倾斜，洪水冲刷严重，土壤的碘就更容易流失。因此，碘缺乏病的流行趋势在地理分布上形成这样一条规律，即山区大于平原，内陆大于沿海。

2）膳食因素：人体需要的碘90%来自食物。各种食品中海产品是最富于碘的，其次是动物食品，最低的是植物性食品。碘缺乏病多发生于经济不发达、人群营养不良的偏远山区，尤其多见于这些地区内生活贫困的家庭。据研究，蛋白质、热量不足以及维生素缺乏会增强碘缺乏和致甲状腺肿物质的效应，促进地方性甲状腺肿的流行。因此，从某种意义上讲碘缺乏病是以碘缺乏为主的多种营养素的缺乏症。

3. 碘缺乏病的分类

（1）地方性甲状腺肿：

1）发病机理：碘是合成甲状腺激素的主要原料。成人每日需碘70～100μg，青少年每日需碘160～200μg。当环境缺碘、机体摄碘不足时，甲状腺激素合成下降，反馈性地促使垂体TSH分泌增加，使甲状腺组织代偿性增生而腺体肿大。初期为弥漫性甲状腺肿，属甲状腺组织在缺碘情况下所发生的生理性肿大，如及时补充碘，肿大的甲状腺可完全恢复正常；随着缺碘时间的延长，酪氨酸碘化不足或碘化错位，产生异常的甲状球蛋白，失去正常甲状腺激素作用，并且不易分解分泌而堆积在腺体滤泡中，致使滤泡内部贮积胶质而逐渐扩大，呈胶质性甲状腺肿；当胶质不断蓄积，压迫滤泡上皮细胞，滤泡上皮由柱状变为扁平形，出现局部纤维化，血管减少导致供血不足，而结缔组织相对增多，出现退行性变。上述过程不断反复发展，最终形成大小不等、新旧不一和软硬不一的结节，即为结节性甲状腺肿，成为不可逆的器质性病变。

总之，地方性甲状腺肿本质上是机体对环境中缺碘的一种代偿性反应。在早期的病变是可逆性的，经过适当的补碘完全可以恢复正常。但继续发展后，反复的增生和退缩形成了结节，则病变成为不可逆的。

2）临床表现：地方性甲状腺肿的主要症状是甲状腺肿大。弥漫性肿大的甲状腺表面光滑，触摸有韧性感；若质地较硬，说明缺碘较严重或缺碘的时间较长。

需要指出的是，除碘缺乏可引起地方性甲状腺肿外，人体摄入过量碘也可引起甲状腺肿。如日本早在20世纪40年代发现在北海道居民中有地方性甲状腺肿的流行，后来经过调查，发现是由于长期食用含碘很高的海产品所致；国内在河北及山东沿海也发现饮用高碘深井水及腌海带盐引起的甲状腺肿的流行。高碘性甲状腺肿的临床表现与缺碘性甲状腺肿相似。

3）地方性甲状腺肿的诊断与鉴别诊断：

①诊断：我国现行的地方性甲状腺肿诊断标准为：a. 居住在地方性甲状腺肿病区；b. 甲状腺肿大超过本人拇指末节，或小于拇指末节而有结节；c. 排除甲亢、甲状腺炎、甲状腺癌等其他甲状腺疾病。尿碘低于 50μg/g 肌酐，甲状腺吸^{131}I 率呈“饥饿曲线”可作为参考指标。

②鉴别诊断：许多甲状腺疾病可出现腺体肿大症状，因此在诊断地方性甲状腺肿时，应排除以甲状腺肿大为主的其他疾病：

单纯性甲状腺肿（散发性甲状腺肿）：患者居住在非地方性甲状腺肿流行区。24h 尿碘正常，PBI、血清 T3、T_4 及 TSH 均正常。

甲状腺机能亢进症（甲亢）：是一种由于甲状腺激素分泌过多，引起机体代谢和神经兴奋性过高的病症。临床表现为急躁、易怒、失眠、多食、消瘦、出汗、心跳、脉快、眼球突出等。在甲状腺处可听到血管杂音。大多数患者甲状腺只是轻度肿大，两侧对称。基础代谢率明显增高。甲状腺吸^{131}I率增加常超过 45%～50%，而且吸碘率高峰多为前移，不出现“饥饿曲线”。

慢性淋巴性甲状腺炎：目前认为系自身免疫疾病，女性多见。起病缓慢，甲状腺肿大数月至数年，可出现压迫症状；多系对称性两侧肿大，质地坚韧如橡皮，一般无压痛，少数患者有局部淋巴结肿大。基础代谢率多数降低，PBI 常常升高；甲状球蛋白抗体和甲状腺微粒抗体试验阳性；甲状腺扫描常有斑点状吸碘稀疏区。此病最好的诊断方法是针刺细胞学检查或穿刺活检进行病理组织学检查。

甲状腺癌：多见于年龄较大的人。结节型甲状腺肿，尤其是单个结节的甲状腺肿，容易发生恶性变。在地方性甲状腺肿流行区，当青少年甲状腺内出现较硬的单个结节，而且产生了邻近器官的压迫症状时，应该首先考虑有恶性肿瘤可能。此外，年龄在40岁以上的患者，如结节突然变大、变硬，而且产生了邻近器官的压迫症状，以及颈部或锁骨上淋巴结肿大时，也应考虑恶性变的可能。但实际上有些结节型甲状腺肿，由于纤维化或钙化，也可变得很硬，甚至压迫邻近器官，故与甲状腺癌颇难区别。因此，常用组织切片方法，检查甲状腺结节部位组织或转移淋巴组织，方能最后确诊。

（2）地方性克汀病：地方性克汀病（endemic cretinism）原系指欧洲阿尔卑斯山区常见的一种体格发育落后、痴呆和聋哑的疾病。这是在碘缺乏地区出现的一种比较严重的碘缺乏病的表现形式，往往在较严重的缺碘性地方性甲状腺肿病区出现。患者生后即有不同程度的智力低下、体格矮小、听力障碍、神经性运动障碍及不同程度的甲状腺功能低下和甲状腺肿，可概括为呆、小、聋、哑、瘫，故有人又称之为地方性呆小病。与地方性甲状腺肿一样，地方性克汀病也是碘缺乏病的一种表现形式。

1）发病机理：由于外环境缺碘，造成胚胎期的胎儿甲状腺激素供应不足，胎儿的生长发育出现障碍，尤其是中枢神经系统的发育分化障碍。从人工引产的克汀病胎儿病理可见，其大脑皮质神经细胞的分化、增殖、迁移和定位异常，大脑发育明显落后。研究认为，在胎儿 12 周以前，由于母体内甲状腺激素通过胎盘进入胎儿的量为数甚微，脑的发育分化，碘原子（非甲状腺激素碘）可能起着重要作用。由于胚胎时期大脑发育分化不良，可引起耳聋、语言障碍、上运动神经元障碍、智力障碍等。

婴幼儿可自母乳中摄取较多的碘。但在严重缺碘地区，出生后的婴儿仍然不能获得最低需要量的碘，不能合成足够的甲状腺激素，容易发生粘液性水肿等甲状腺功能低下症状。

出生后及儿童期摄碘不足，使甲状腺激素合成不足，引起甲状腺激素缺乏，明显影响身体和骨骼的生长，表现为体格矮小、性发育落后及其他甲状腺功能低下的症状。

总之，胚胎期及出生后早期缺碘，导致甲状腺激素缺乏，是发生地方性克汀病的关键因素。

2）临床表现：根据临床表现地方性克汀病分为神经型、粘液水肿型和混合型三种：一是神经型，特点为精神缺陷、聋哑、神经运动障碍，无甲状腺功能低下；二是粘液水肿型，表现为严重的甲状腺功能低下，生长迟滞，侏儒；三是混合型，兼有上述两型的特点，有的倾向于神经型多一些，有的倾向于粘液水肿型多一些。

①智力低下：智力低下是地方性克汀病的主要症状，其程度可轻重不一。严重的智力低下患者，生活不能自理，甚至不能进食，达到白痴程度。有的虽可生活自理，但神经运动障碍较明显，不能从事复杂劳动，不会计数，难以适应社会生活。轻者能做简单运算，参加简单生产劳动，但劳动效率不高。

②聋哑：聋哑是地方性克汀病（尤其神经型患者）的常见症状，其严重程度大致与病情成正比，多为感觉神经性耳聋，神经型地方性克汀病听力障碍较粘液水肿型严重。

③生长发育落后：表现为以下几个方面。a. 身材矮小：一般病情愈重，身材矮小就愈明显，特点是下肢相对短；婴幼儿囟门闭合延迟，骨龄明显落后。出牙、坐、站、走等延迟；b. 克汀病面容：表现为头大、额短、眼裂呈水平状、眼距宽、鼻梁下塌、鼻翼肥厚、鼻孔向前、唇厚、舌厚而大常伸出口外、流涎等；c. 性发育滞后：神经型主要表现为外生殖器官发育较晚、男性性成熟晚、女性月经初潮晚，但大多数还可以结婚生育。粘液水肿型常表现为外生殖器官在成年时仍保持儿童型、第二性征发育差，多数不能结婚生育。

④神经系统症状：神经型地方性克汀病的神经系统症状尤为明显。一般有下肢痉挛性瘫痪、肌张力增强、腱反射亢进，还可出现病理反射及踝阵挛等。病人常表现为轻者步态不稳，重者可有下肢痉挛性瘫痪，不能行走。脑神经以动眼神经障碍为多见，为共向性斜视和

瘫痪性斜视及眼球震颤等。

⑤甲状腺功能低下症状：主要见于粘液水肿型地方性克汀病患者，神经型少见。主要表现为粘液水肿、皮肤干燥、弹性差、皮脂腺分泌减少。精神及行为改变表现为反应迟钝，嗜睡，对周围事情不感兴趣。

⑥甲状腺肿：一般的神经型克汀病患者多数有甲状腺肿，粘液水肿型甲状腺肿大者较少。

3）诊断与鉴别诊断：地方性克汀病的诊断标准如下：

①必备条件：a. 出生、居住在碘缺乏地区。b. 有精神发育不全，主要表现在不同程度的智力障碍。

②辅助条件：a. 神经系统症状：不同程度的听力障碍；不同程度的语言障碍；不同程度的运动神经障碍。b. 甲状腺功能低下症状：不同程度的身体发育障碍；不同程度的克汀病征象，如傻相、面宽、眼距宽、塌鼻梁、腹部隆起等；不同程度的甲状腺功能低下表现，如出现粘液性水肿，皮肤、毛发干燥；X线骨龄落后和骨骺愈合延迟；血清 T_4 降低，TSH升高。

有上述的必备条件，再具有辅助条件中神经系统或甲状腺功能低下症状任何一项或一项以上，而又可排除其他疾病，即可诊断为地方性克汀病。如有上述必备条件，但不能排除引起类似本病症状之其他疾病者，可诊断为疑似患者。

需与地方性克汀病在临床上加以鉴别的疾病有：①散发性克汀病；②先天愚型；③大脑性瘫痪；④苯丙酮尿症；⑤垂体性侏儒；⑥维生素D缺乏性佝偻病；⑦家族性甲状腺肿。

4. 碘缺乏病的防治措施　目前补碘措施很多，利用碘盐补碘，经济有效，简单易行，因而是预防碘缺乏病的优先方法。但是，我国幅员辽阔，有些地区还很难做到向病区全民推广碘盐，这时可采取一些补救措施如口服碘化钾或肌注碘油等。还有碘化面包、碘化饮水，加工的富碘海带、海鱼等。

需要注意的是，在推行全民补碘时要注意高碘区的特殊性。用碘盐和碘油应适量，若用量过多，可引发碘中毒或高碘性甲状腺肿。在高碘区应除去高碘来源，供应无碘盐，对饮水型病区改用含碘正常饮水，进食海产品过多地区可发展蔬菜生产，以陆产蔬菜代替海产食品，从而减少过量碘的摄入。

（二）地方性氟病

1. 概况　地方性氟中毒（endemic fluorosis）又称地方性氟病，是由于一定地区的环境中氟元素过多，而导致生活在该环境中的居民经饮水、食物和空气等途径长期摄入过量氟所引起的一种地方性疾病。它是一种全身性疾病，但主要表现是氟斑牙和氟骨症。

地方性氟中毒是地球上分布最广的地方病之一，世界上五大洲的50多个国家都有本病的存在。在亚洲，印度的地方性氟中毒病情极为严重；在欧洲，本病在原苏联分布较广，研究也较早、较全面。在英国、保加利亚、意大利等十几个国家也有这种疾病的发生。我国除上海市外，全国各省、自治区、直辖市均有不同程度的流行。

地方性氟中毒病区确定与划分的根据是：①当地居民人均日摄氟总量在3.5mg以上；②该地区人群尿氟浓度平均在1.5 mg/L以上；③其他生物样品氟含量明显高于非病区；④当地出生的8～15岁儿童恒牙氟斑牙检出率大于30%或氟斑牙指数大于0.4；⑤检出有氟骨症患者。

2. 病因和病区类型　地方性氟中毒通过长期摄入或吸入含氟量高的水、食物或空气而引起，由于环境介质不同，产生的病区类型也不同。

（1）饮水型病区：以饮水为主要摄入氟途径所引起的地方性氟中毒称为饮水型地方性氟中毒。其分布最广，流行史最长，研究报道资料也最多。由于水源不同，又可分浅层地下水病区、深层地下水病区、泉水和地热水病区和富氟岩矿高氟水病区 4 种。

（2）燃煤污染型病区：由于采用落后燃煤方式，燃烧含高氟劣质煤而污染了室内空气、食物和饮水，使居民摄入大量氟引起的地方性氟中毒即为生活燃煤污染型氟中毒，它是我国 20 世纪 70 年代后确认的第二大类型病区。此类病区多为高寒山区，海拔高度在 800m 以上，气候寒冷潮湿，烤火期长达 6 个月之久。关键是当地居民落后的燃煤方式，使用没有炉盖和烟囱的各种炉灶，甚至将煤直接在室内燃烧，使室内空气受到严重污染，这是当地居民引起氟中毒的直接和主要原因。

（3）饮茶型病区：由于长期饮用含氟过高的茶叶而引起氟中毒的病区为饮茶型病区。主要分布在西藏、内蒙、四川等习惯饮砖茶的少数民族地区。茶可富集氟，根据 WHO 报道，世界茶氟含量平均为 97 mg/kg，我国的红茶、绿茶及花茶平均氟含量为 125 mg/kg，砖茶可高达 493 mg/kg，最高 1175 mg/kg。饮茶型氟中毒是近年来在我国发现的，当地饮水及食物中氟含量不高。目前分布区域和暴露人口尚在调查中，一般来说病情不及前两型严重。

3. 流行病学特征　干旱少雨是形成干旱半干旱高氟浅层地下水病区的气候条件，此类病区地势越低洼，排水越不通畅，饮水氟就越高，病情越重。燃煤污染型病区，海拔高，气候寒冷，潮湿多雨。年烧煤时间越长，室内空气和食物污染就越重，病情也就越重。

地方性氟中毒人群分布的特点与氟对人体的作用机理、氟在体内的蓄积量、人体的生长发育及个体的敏感性等有关，所以显示出其特有的人群分布规律。

（1）年龄分布：地方性氟中毒与年龄有密切关系。氟斑牙主要发生在正在生长发育中的恒牙，乳牙一般不发生氟斑牙。恒牙氟斑牙终生携带，恒牙形成后再移居于高氟地区一般不患氟斑牙。氟骨症多见于成年人，16 岁以上特别是 20 岁以后增加明显，主要在青壮年时期（16～50 岁），并且随年龄增高而患氟骨症的病人增多。儿童也可发病，但少见。

（2）性别分布：地方性氟中毒的发生一般无明显性别差异。但是，由于生育、授乳等因素的影响，女性氟骨症患者常多于男性，并以疏松和软化型为主，而男性多以硬化型为主。

（3）居住时间：恒牙萌出迁入者一般不会再发生氟斑牙，但氟骨症发病往往较当地居民更敏感。在其他条件相似的情况下，在病区居住年限越长，氟骨症患病率越高，病情越重。非病区迁入者发病时间一般较病区居民短，迁入重病区者，可在 1～2 年内发病，且病情严重。

（4）其他因素：地方性氟中毒的发生与发展还受其他因素的影响，主要为饮食营养因素。

4. 氟的毒性作用机理　氟对人体健康具有双重作用，适量氟可有防止龋齿的生理作用，但过量氟可对人体产生毒性作用。氟的生理作用主要表现在以下三个方面：

（1）氟是构成骨骼和牙齿的重要成分。正常人体内含有一定量的氟，主要分布在富含钙、磷的骨骼和牙齿等硬组织中。氟易与硬组织中的羟基磷灰石结合，取代其羟基形成氟磷灰石，后者的形成能提高骨骼和牙齿的机械强度和抗酸能力，增强钙、磷在骨骼和牙齿中的稳定性；适量氟还对参与钙、磷代谢酶的活性有积极影响，氟缺乏会使其活性下降而影响钙、磷代谢，导致骨质疏松；牙釉质中适量氟可使其抗酸腐蚀能力增强，从而在一定程度上提高抗龋能力。

（2）促进生长发育和生殖。动物实验发现缺氟可导致动物生长发育缓慢、繁殖能力下降，且其子代生活能力差，易发生死亡，并且子代的繁殖能力也较低。人类由于从环境中获得的氟基本能够满足机体的需要，一般不存在严重的缺氟问题。

（3）氟可提高肌肉对乙酰胆碱的敏感性及肌肉本身的功能效果。动物实验研究发现，适量氟对动物造血功能有刺激作用，氟不足可使妊娠母鼠及发育中的幼鼠发生贫血。

氟的毒作用机理目前主要有以下几种看法：

（1）对骨组织和钙、磷代谢的影响：氟和钙、磷有特殊的亲和力，过量氟化物进入机体后在血液中与钙结合成难溶的氟化钙，其中大部分沉积在骨组织中，小部分沉积在骨周及软组织中。大量的血钙与氟结合后，使体内钙的正常代谢受到破坏，由于氟化钙的沉积，使骨质硬化，骨密度增加，结果可使骨皮质增厚，髓腔变小，严重的可使椎管、椎孔变窄而压迫神经，引起一系列临床症状和体征，钙的代谢紊乱又可引起磷的代谢紊乱，阻碍正常的骨质代谢。血钙的减少又可以引起甲状旁腺功能升高，使甲状旁腺分泌增多，破骨细胞增多，促进溶骨，加速骨的吸收。

（2）对硬组织的作用：有人认为氟能影响硬组织的正常矿化过程，破坏正常骨质的晶体结构，使羟基磷灰石结晶变为氟磷灰石，刺激骨细胞和破骨细胞的活动，从而促进骨膜及骨内膜增生。氟能破坏硬组织各种细胞的生理功能，引起骨细胞的代谢障碍，导致它们变性或坏死。

（3）抑制某些酶的活性：氟抑制糖的无氧酵解或有氧氧化过程中的某些酶，如烯醇化酶、乌头酸酶、琥珀酸脱氢酶等，使酵解过程或三羧酸循环中断，不但影响了糖的代谢，也影响了脂肪、蛋白质的氧化供能。氟能抑制骨磷酸化酶，影响骨中钙盐的吸收、蓄积和骨盐的形成。氟也能破坏胆碱酯酶，使胆碱滞留，导致肌肉紧张、僵直。

（4）对其他组织的影响：氟不仅损伤骨骼和牙齿，而且对神经系统、肌肉、肾脏、血管等也有一定的毒性作用，其致病机制可能与氟对细胞原生质和多系统酶活性有广泛的不良影响有关。对脑细胞的损害作用可能与氟促进脂质过氧化作用，增加 GSH 消耗和抑制 SOD 活性有关；氟对肌肉有直接的毒害作用，表现为线粒体断裂、广泛的肌原纤维变性和胞浆渗透性增加，使血清内肌酸磷酸激酶的水平升高；氟作用于内分泌腺使甲状旁腺和甲状腺中分泌降钙素的 C 细胞功能紊乱，抑制垂体前叶生长激素和催乳素的分泌；氟还可直接作用于雄性生殖系统，破坏睾丸细胞的结构，影响其内分泌功能，导致生殖能力下降。

5. 临床表现　地方性氟中毒是一种慢性、全身性的中毒疾病，其临床表现主要以牙齿和骨骼改变为主。

（1）氟斑牙：氟斑牙是地方性氟病最早出现的体征，出生在高氟地区者几乎均可患氟斑牙。主要表现为釉面光泽度改变、着色和缺损。一般出生并长期生活在高氟地区者，牙齿出现白垩、着色、缺损，即可诊断为氟斑牙。

（2）氟骨症：

1）症状：氟骨症发病缓慢，最普遍的自觉症状是疼痛。通常由腰背部开始，逐渐累及四肢大关节一直到足跟。疼痛一般呈持续性，多为酸痛，无游走性，尤其是早晨起床后常不能立刻活动。部分病例除疼痛外，还可引起一系列的神经系统症状，如肢体麻木、蚁走感、知觉减退等感觉异常现象。

2）体征：轻症者一般无明显体征，随着病情的发展，可出现关节功能障碍及肢体变形。体征随临床类型与疾病程度而异。

①硬化型：以骨质硬化为主者，主要表现为广泛性骨质增生、硬化及骨周软组织骨化所致的关节僵硬及运动障碍。

②混合型：在骨质硬化及骨旁软组织骨化的同时，因骨质疏松、软化而引起脊柱及四肢变形，脊柱变形造成患者弯腰、驼背，严重者下颌抵胸骨柄。胸廓严重变形呈鸡胸或漏斗胸。骨盆变形，加之脊柱弯曲，严重者可造成90°以上的弯腰驼背，胸骨剑突可触及耻骨联合，两侧肋下缘接近髂骨翼，胸、腹腔容积缩小，内脏受压。

在临床上为了比较病情的轻重，根据症状、体征，以及对劳动能力的影响程度，将氟骨症患者分为轻、中、重度。

6. 氟的卫生标准　饮水型氟中毒病区人体摄入氟的主要来源是饮用高氟的水，生活燃煤污染型氟中毒病区人体内的氟主要来自于含氟浓度高的空气、粮食、蔬菜。因此，确定饮用水、空气、粮食、蔬菜中氟的卫生标准，对保护居民健康具有重要意义。我国现行的相关卫生标准如下：饮用水不超过 1.0 mg/L，城市空气 1 小时平均浓度限值为 20 $\mu g/m^3$，日平均浓度限值为 7 $\mu g/m^3$；大米、面粉、豆类、蔬菜、蛋类≤1.0 mg/kg，水果≤0.5 mg/kg，肉类≤2.0 mg/kg。

7. 防治措施　地方性氟中毒的病因是由于外环境高氟而使生活在该环境的人长期摄入过量氟所致，因此控制地方性氟中毒的关键在于预防，根本措施是控制氟的来源，减少氟的摄入量。常用的方法有：

（1）改用含氟量低的水源：可利用低氟的地面水或收集雨雪水供饮用。

（2）饮水除氟：除氟方法可分为两种，一是混凝沉淀，如用碱式氯化铝，每升水加 0.5g，可使含氟量由 7 mg/L 降至 1 mg/L。二是吸附过滤法，常用活性氧化铝颗粒滤料过滤，效果稳定。

（三）地方性砷中毒

1. 砷在自然界的分布　砷是地壳的构成元素，广泛分布于自然界的岩石、土壤和水环境中。地壳中的砷多以含砷矿石的形式存在，其中雄黄矿、雌黄矿、砷黄铁矿等的含砷量最高，是提炼砷的主要原料。此外，砷还多与金、银、锌、铜、铅等元素共生于硫化物矿藏之中。在湖沼相地层或某些沿海地区的地层里，砷含量也往往很高。

含砷矿石自然风化后可向环境中释放砷，使土壤、空气、动植物体中均含有微量的砷，但不足以引起健康危害。近些年来，随着矿藏的开采、冶炼和煤炭燃烧量的增加，大量的砷以废弃物的形式进入土壤，致使土壤砷呈逐步积累趋势。土壤中的砷降解消除较慢，可向农作物、地下水等介质中迁移，使机体砷暴露机会大大增加。

地表水中砷含量因地理、地质条件不同而差别很大，淡水中砷含量在 0.01～0.6 mg/L 之间，海水砷浓度范围在 0.03～0.06 mg/L。在地下水被开发利用的过程中，当流经含砷岩层时，大量的砷溶解于水中，致使含砷量升高；某些湖泊、沼泽地区或沿海地区，由于土壤中砷的累积，致使地下水砷浓度达 0.2～1.82 mg/L；另外含硫化物很高的温泉水、地热水，其含砷量较一般浅层地下水高。自 1990 年以来，饮水中砷的问题引起了人们极大关注，印度、孟加拉国、泰国、匈牙利、阿根廷、墨西哥、智利、美国等先后报道了饮水型砷中毒。在我国的台湾、新疆、内蒙古、山西等地也先后发现了由于水砷含量过高而引起人群健康危害的病例。此外，在我国贵州省西南部农村，煤炭含砷量为 876.3～8300 mg/kg，个别地区达 35 000 mg/kg，当地居民以高砷煤为燃料取暖、做饭、烘烤粮食蔬菜，致使室内空气、玉米、辣椒中砷含量升高，导致当地煤烟型砷中毒的发生。居民每人每天平均摄砷量达

6.788 mg，经计算玉米、辣椒、室内空气的分担率分别为 36.54%、37.71%、20.52%，而经饮水摄入的砷仅占 2.28%。煤砷含量与尿砷浓度、发砷浓度、砷中毒发病率之间有相关关系。

2. 砷的毒作用机理

（1）砷在体内的代谢：由于砷在环境中广泛存在，所以体内正常也含有微量的砷。生活环境中的砷，主要经呼吸道、消化道和皮肤摄入。5 价砷易通过胃肠道被吸收，三价砷易透过皮肤被吸收。

室内外空气中的砷大部分是 3 价砷，主要来自于含砷煤炭的燃烧，并多以氧化物的形式向空气中排放，其中以三氧化二砷具较强的毒性。含砷的颗粒物质被吸入呼吸道后主要沉积在肺组织，其沉积率与颗粒物直径大小有密切关系。

饮用水、粮食、蔬菜中的砷以 3 价砷或 5 价砷的形式经消化道摄入后，大部分在胃肠道被吸收。砷的氧化物较硫化物易被吸收，5 价砷较 3 价砷易被吸收，无机砷较有机砷易吸收。砷在胃肠道吸收率较高，一般可达 95%～97%以上。砷的吸收速度较快，当高浓度的砷经口摄入后，约在 10 分钟左右出现剧烈腹痛、恶心、呕吐等中毒症状。有机砷与无机砷比较，其吸收方式和吸收速度有所差异。无机砷进入胃肠道后，以可溶性砷化物的形式被迅速吸收，而有机砷例如一甲基胂、二甲基胂、三甲基胂等，主要通过肠壁的扩散来实现吸收。

有关砷经皮肤粘膜吸收的研究报告尚少，主要是一些含砷农药的喷洒或含砷药剂的使用等。经皮肤吸收的砷以及由呼吸道、胃肠道吸收的砷可以贮留在皮肤角蛋白中。

砷在体内的蓄积性很强，特别是 3 价砷极易与皮肤、毛发、指（趾）甲等组织中的巯基结合，并可能蓄积终身。5 价砷主要以砷酸盐的形式取代骨组织中磷灰石的磷酸盐，从而蓄积于骨组织中。5 价砷被还原为 3 价砷后，亦可贮留在毛发皮肤之中。由于砷在毛发中易蓄积贮留，故在研究砷所致的健康损害时，通常可以根据发砷的含量来估计体内砷吸收的程度以及排出情况。

砷在生物体内的半衰期（$T_{1/2}$）较长，约为 30h 以上，故排泄较慢。肾脏是砷化物排泄的主要器官，故尿砷测定亦可灵敏地反映机体砷负荷水平。砷进入体内后，在 24 小时内有 95%～99%随血液带至胃肠道、肝脏、肾脏、肺、脾脏等器官，一般在 24～48 小时内大部分由尿排出，其余可逐渐在 7～10 天内排出。砷易在肾脏的近曲小管被重新吸收，被还原成 3 价砷；3 价砷逐渐被氧化成 5 价砷而由肾脏排出体外。此外，经皮肤、汗腺、唾液腺、泌乳、毛发指甲的脱落等途径，也可排出部分砷。

（2）砷的毒作用机理研究：国际癌症研究机构（IARC）于 1979 年将无机砷正式确认为人类致癌物，但砷致癌机制至今仍不很清楚，有关砷毒作用的详细机制尚未完全阐明。大量研究提示砷是一种细胞原浆毒，可特异性地与体内某些组织和器官中的物质相结合，并能从细胞水平、分子水平影响机体正常代谢，从而产生诸多不良生物学效应。

砷的毒作用大致可分为以下几方面：

1）诱发脂质过氧化：诸多研究表明砷及其甲基化代谢产物均能诱发机体某些组织器官发生脂质过氧化，其机制可能有促进自由基生成、抑制机体抗氧化酶活性、导致金属硫蛋白能力下降等。

2）诱导细胞凋亡：自 20 世纪 90 年代以来，许多国内外研究者发现砷对机体的损伤与细胞凋亡（apoptosis）有密切关系。砷及其化合物诱导的细胞凋亡可发生在许多细胞如胚胎细胞、神经细胞、甲状腺细胞、淋巴细胞、HL_{60}细胞、NB_4 细胞等。其机制主要有影响细胞凋亡调控基因的表达、改变端粒体酶活性、促使细胞内信号转导通路的异常以及干扰从mRNA 到蛋白质水平的转录表达等。

3）砷的致癌、致突变、致畸胎作用：无机砷是确认的人类致癌物，但迄今为止其致癌机理一直不很清楚。尽管研究发现砷可引起不同暴露种属的 DNA 损伤、诱导哺乳动物细胞染色体畸变、姐妹染色单体互换、DNA 链交联以及与蛋白相关的 DNA 链降解等，砷仍然可能是一种促癌物或助癌物，而非完全致癌物。有研究采用细胞划痕染料标记示踪技术，在荧光显微镜下观察砷对人皮肤成纤维细胞的影响，结果发现无机砷及其在人体内的代谢产物均可显著抑制人皮肤成纤维细胞的缝隙连接通讯，提示砷可能是一种促癌物。

早在 1924 年，就有报告指出二甲基胂酸钠能使小鸡产生畸胎。随后又有研究者报告了3 价砷和 5 价砷均可透过猴子和小鼠的胎盘屏障，作用于发育中的胚胎，因而表现出致畸作用。生殖毒理学研究表明：砷暴露可显著改变“控制靶基因”的几个转录子的作用，最终导致胚胎神经管闭合延迟。另外，暴露于无机砷可引起大脑皮质神经细胞异常，从而使小鼠的胎鼠、仔鼠脑发育受到影响。更有人指出：三氧化二砷对体外胚胎的致畸作用与暴露时间呈正相关关系。有机胂因不易透过胎盘屏障、排泄率较高、贮留率低，故很少见到相关的致畸报道。

3. 砷的毒作用表现　砷的毒作用表现多取决于砷化物的种类、结构、患者的暴露时间、接触方式和浓度、年龄、身体素质等因素。长期自生活饮用水中摄入一定剂量的砷，多以慢性中毒为主要表现。如若短期或一次误用砷浓度为 20 mg/L 以上的水，则可引起亚急性中毒或急性中毒。

（1）急性砷中毒：急性砷中毒多由砷的氧化物引起，尤以三氧化二砷为多见。三氧化二砷（又名砒霜）是一种毒性极强的古老毒物，其中毒剂量为 10～50 mg，致死剂量仅为60 mg。单质砷不溶于水，侵入体内后不被吸收，多以原形排出，故不易引起急性中毒。有机砷化物，除砷化氢的衍生物外，一般毒性较低。在砷的氧化物中 5 价砷毒性较低，故不易引起急性中毒，但当 5 价砷在体内被还原成 3 价砷时，亦可使中毒症状呈急性表现。

在日常生活中急性中毒多由误服或投毒引起，偶可见自饮水中摄入过量砷、吸入砷化氢气体、接触超安全限量的农药而导致，其症状的轻重缓急与砷化物性质、暴露方式、摄入浓度等因素有关。

若因误服大量的砷化物，例如高砷水、刑事投毒，急性中毒症状则以消化道反应为主要表现。患者在摄入砷化物后很短时间内出现口腔、咽喉部明显烧灼感，继而出现频繁呕吐、剧烈腹痛腹泻，四肢肌群痉挛性疼痛。腹泻开始时为肠内容物，很快出现“米泔水”样便。病人呈急性重病面容，颜面青灰、眼窝深陷、烦躁不安，多伴有头痛、头晕、脉率加快、意识不清、血压下降等神经系统及微循环障碍表现。急性中毒如若抢救成功，患者不同程度遗留迟发性损害，如中毒性贫血、中毒性周围神经炎、迁延性肝功能异常、自主神经功能紊乱等。

（2）慢性地方性砷中毒：慢性地方性砷中毒（chronic endemic arseniasis）是由于长期自饮用水、室内煤烟、食物等环境介质中摄入过量的砷而引起的一种生物地球化学性疾病。临床上以末梢神经炎、皮肤色素代谢异常、掌跖部皮肤角化、肢端缺血坏疽、皮肤癌变为主要表现，是一种伴有多系统、多脏器受损的慢性全身性疾病。

1）慢性地方性砷中毒的特异表现：慢性砷中毒早期多表现为末梢神经炎症状，四肢对称性、向心性感觉障碍，如蚁走感、痛温觉减退、麻木等。四肢肌肉疼痛、收缩无力，甚至出现抬举、行走困难。患者毛发干枯，易脆断、脱落。皮肤色素异常是慢性砷中毒特异性体征，可出现弥漫性褐色、灰黑色斑点，与此同时部分皮肤出现点状、片状色素脱失，呈现白色斑点或片状融合。皮肤色素沉着与色素缺失多同时出现在躯干部位，以腹部、背部为主，亦可出现在乳晕、眼睑、腋窝等皱褶处。皮肤角化、皲裂以手掌、脚跖部为主。四肢及臀部皮肤角化，可形成角化斑、赘状物。皮肤角化、皲裂处易形成溃疡，合并感染，甚至演变为皮肤癌。

砷化物是一种毛细血管毒物，可作用于血管壁，使之麻痹、通透性增加；亦可损伤小动脉血管内膜，使之变性、坏死、管腔狭窄、血栓形成。此种病变多发生于下肢远端脚趾部位，病人主诉脚背、脚趾发凉，颜色苍白，血管搏动减弱或消失。由于血供减少，脚趾疼痛明显，早期以间歇性跛行为主要表现，久之脚趾皮肤发黑，坏死（乌脚病）。失活、坏死、发黑的皮肤可部分自行脱落，或需手术削除。祖国医学将这种脚趾皮肤发黑、坏死、脱落等改变称之为“坏疽”。

2）慢性地方性砷中毒的多系统多脏器损害：

①砷对肝脏的损害：不论是急性中毒，还是慢性中毒，砷对肝脏损害都表现得十分明显。对慢性砷中毒地区人群调查发现，不明原因的肝脏肿大、肝区疼痛、肝功能异常出现的频率较高，且能排除各种肝炎病毒感染及其他理化损伤。肝功能异常多表现为谷丙转氨酶、碱性磷酸酶的升高，血清胆红素升高并伴有食欲不振、乏力、腹胀等非特异性肝病症状，酷似慢性病毒性肝炎。个别敏感个体反复发作的肝功能损伤，可发展为肝纤维化、肝硬化，出现腹水、脾大、血清蛋白代谢异常（球/白倒置）、肝性脑病。

②砷对神经系统的损害：慢性砷中毒病人典型的末梢神经炎症状是其特异性损害指征之一，除此以外患者多主诉头痛、头晕、失眠、健忘、多梦、心烦、易怒、多汗、易激动等自主神经功能紊乱症状。部分患者可表现为短暂性脑缺血发作，出现阵发性黑矇、偏盲、偏瘫、肢体麻木及多种精神异常，脑电图检查可见异常波形。分析其机理可能与砷对脑血管造成的内膜损害、血管痉挛、通透性增强、管腔变细有关。

③砷对肾脏的损害：亚砷酸盐（As^{3+}）对肾脏的损害能力远远大于砷酸盐（As^{5+}）；甲基胂（MMA）和二甲基胂（DMA）对肾脏的损害作用更强。砷对肾脏及其功能造成损害后，尿中可出现蛋白、白细胞、红细胞、管型、糖类等物质，严重者可出现尿量减少和血清非蛋白氮、尿素氮、肌酐等代谢废物的蓄积。24h酚红排泄试验＜50％；同位素肾图显示肾的排泄能力下降。燃煤污染所致的慢性砷中毒病人血清、尿液中β_2-微球蛋白（β_2-MG）进行检测，发现β_2-MG水平显著高于对照组人群。据此研究者提示砷能损害肾小管重吸收功能，并建议将β_2-MG作为砷致肾损害的早期监护指标。病理组织学检验证实慢性砷暴露可引起肾小球肿胀、间质性肾炎、肾小管空泡变性、炎细胞浸润、肾小管萎缩等改变，严重者可使肾皮质、肾髓质广泛性坏死。

④砷对血液系统的损害：大量的人群调查资料显示砷可对血液系统产生毒性作用，使红细胞、白细胞（特别是粒细胞）减少。慢性砷中毒病人表现出程度不同的贫血症状，多系红细胞破坏过多、血红蛋白合成减少所致。因为砷能与血红蛋白中的珠蛋白结合，从而抑制了血红素的合成。另外，当砷对肝脏等消化道器官造成损害时，可影响铁、维生素B_{12}、叶酸等造血物质的吸收、运转、代谢等过程。

⑤砷对雄性生殖系统的损害：砷具有较强的生殖毒性，可引起人类不育、少精、畸胎

等。有研究表明，砷可抑制雄性动物血清及精浆中的补体活性，从而间接影响精子发生、成熟、分化、获能等环节。故认为慢性砷中毒患者精子畸形、不育与此作用有关。

⑥砷对心血管系统的损害：慢性砷中毒对心血管系统损害的症状和体征主要有心脏扩大、心脏杂音、心电图异常等，外周血管可出现末梢血管痉挛所致的“雷诺征”。上述症状的轻重与砷暴露剂量及时间有关，其机理尚不十分清楚。

（3）砷的致癌和致畸作用：近几年来已有大量的人群流行病学调查资料显示：砷能引起人类的许多脏器肿瘤，其中以皮肤癌、肾癌、肝癌居多。我国台湾省的研究者报道了某地井水砷含量在 0.25～0.85 mg/L 范围，其平均浓度为 0.5 mg/L。对饮用该井水的 40421 名当地居民进行调查，发现皮肤癌患者 428 例，其患病率为 10.6%。后经病理组织学检验证实，皮肤癌中表皮细胞癌居多，其后依次为鳞状细胞癌、基底细胞癌。2002 年我国台湾学者分析了砷中毒病区居民情况，当以每天摄入 1 μg/kg 的砷为基准时，当地居民终身患肾癌的相对危险度男性为 0.42‰、女性为 0.48‰，且摄入无机砷与肾癌之间存在剂量—反应关系。

国外许多研究者亦报告了砷致皮肤癌、肾癌的人群资料。津巴布韦某地金矿冶炼工业，其含砷废水污染了当地一条江河，致使河水中砷浓度达 0.122 mg/L。当地居民长期以该河水为生活饮用水水源，其皮肤癌患病率明显高于其他地区；水砷浓度愈高的地区，居民皮肤癌患病率愈高。Hopenhayn 等对阿根廷科尔多瓦省砷中毒病区 26 个村庄的居民进行了调查，发现该地区水砷浓度在 0.1～2 mg/L 范围内。将暴露水平分为高、中、低三档，以阿根廷总人口为参照计算与之相对应地区的男性肾癌标化死亡率比（SMR），结果分别为 1.57、1.36、0.87；女性肾癌标化死亡率比分别为 1.81、1.36、1.00。基于上述观察，有许多研究者认为：砷的基因毒性与肿瘤生长之间有一定的剂量—反应关系；且高砷暴露比低砷暴露相对危险性更大。以不同方式接触不同形式的砷可诱发包括皮肤癌、肺癌在内的多种癌症，例如乳腺癌、肾癌、膀胱癌、消化系统癌肿、腹膜及生殖系统肿瘤、淋巴肉瘤、血管肉瘤、口腔癌、骨癌、肝癌等。

研究发现，三氧化二砷、砷酸钠、亚砷酸钠等毒性较强的砷化物具有致畸作用。给怀孕 6～12 天的小白鼠一次腹腔注射砷酸钠，其剂量为 45 mg/kg，结果发现存活仔鼠具多种形态的畸形。给怀孕第 8 天的金地鼠注射砷酸钠，其剂量为 20 mg/kg，使仔鼠出生后神经系统出现畸形，如脑外露等。以三氧化二砷为受试物，对 Wistar 大鼠亲代（F_0）进行染毒，其最高剂量组为 1/10 LD_{50}，并用“两代一窝”试验方法观察 F_1、F_2 两代生物的受孕率、分娩率、幼仔出生存活率、哺乳成活率、体内砷含量及部分免疫学指标。结果表明：砷不仅可通过亲代胎盘组织影响 F_1 代，还可透过 F_1 代胎盘组织进而影响 F_2 代。

4. 砷中毒的防治措施

（1）预防措施：

1）改换水源：在地下水含砷量较高的地区，可改换水源，引来水质清洁的地面水，以供居民饮用和灌溉农田。

2）饮水除砷：目前饮水除砷技术尚在研究之中。有活性氧化铝除砷、改性骨碳除砷以及铁盐混凝沉淀除砷等方法。

3）限制高砷煤炭的开采使用：我国西南部的煤烟型砷中毒地区，对于高砷煤矿采用封闭、禁采政策，从而减少了砷化物向环境中的排放，降低了人群外暴露水平。

4）改良炉灶以减少室内空气砷污染：在煤烟型砷中毒病区，应加强宣传教育，改变敞开式燃烧炉灶，修建烟囱加强室内通风换气，同时应把粮食、蔬菜等食物贮藏室与厨房分开，以防止含砷煤烟污染食品。

（2）治疗措施：

1）急性砷中毒的治疗：对于饮用高砷水所引起的急性、亚急性砷中毒首先采用对症处理，如解痉、止痛、纠正水电解质紊乱、预防脑水肿和肝肾损伤等。呕吐、腹泻是机体排毒反应，不可急于应用止吐、止泻药物。

口服解毒剂：用12%硫酸亚铁与20%氧化镁溶液等量混合，即可配制成氢氧化铁口服解毒剂。用时摇匀，每5～10分钟口服20ml。此液有催吐作用，反复服用至呕吐停止。

二硫基丙磺酸钠：肌肉注射，成人用量每次5 mg/kg，每6～8小时一次。

2）慢性砷中毒的治疗：

治疗末梢神经炎：选用维生素B_1、肌苷、三磷酸腺苷、辅酶A、辅酶Q_{10}等制剂。

治疗皮肤损害：用5%二巯基丙醇油膏涂抹可缓解慢性砷中毒皮肤损害。

二巯基丙磺酸钠：每天肌肉注射2.5～5.0ml，每3～5天为一疗程，应视尿砷浓度变化决定用药期限。

10%硫代硫酸钠：如无巯基解毒剂，也可选用此药。成人每次静脉注射10～20ml，每日一次，3～5天为一疗程。

3）早期发现、处理皮肤癌：对于经久不愈的溃疡，或短期内明显增大的赘状物应作病理学检查，以便早期确诊、早期处理皮肤恶变组织。

二、介水传染病

含有病原体的人畜粪便、污水污染水体后，居民通过饮用或接触等途径而传播的疾病称作介水传染病（water-borne communicable diseases），又称水性传染病。据报道大约有40多种传染病是通过水而传播的。常见有霍乱、伤寒、副伤寒、痢疾、病毒性肝炎等肠道传染病以及血吸虫、贾第鞭毛虫、隐孢子虫等寄生虫病和钩端螺旋体病。

（一）介水传染病的病原体主要有三类

1. 细菌　如伤寒杆菌、副伤寒杆菌、霍乱弧菌、痢疾杆菌、致病性大肠杆菌等。

2. 病毒　如甲型和戊型肝炎病毒、脊髓灰质炎病毒、柯萨奇病毒、人类轮状病毒和腺病毒等。

3. 原虫　如贾第鞭毛虫、溶组织阿米巴原虫、血吸虫等。

4. 钩端螺旋体。

它们主要来自人畜粪便、生活污水、医院污水以及畜牧屠宰、皮革和食品工业等废水。

（二）介水传染病发生原因

含有病原体的污水、粪便等污染水源后，未经有效净化和消毒处理即供居民饮用或处理后的饮用水在输配水和贮水过程中重新被病原体污染。此外人们在游泳、劳动、抗洪时，接触了被病原体（如钩端螺旋体、血吸虫尾蚴）污染的水体，直接通过皮肤或粘膜进入体内引起疾病的传播流行。

（三）介水传染病的流行特点

水源一次被严重污染后可呈爆发流行，短期内突然出现大量病人，且多数患者发病日期集中在同一潜伏期内，若水源经常不断受污染，其发病者可终年不断；病例分布与供水范围一致，大多数患者都有饮用或接触同一水源的历史；一旦对污染源采取净化和消毒措施后，疾病的流行能迅速得到控制。

介水传染病的发生，来势凶猛，波及面广，危害较大，因为饮用同一水源的人较多，特别是集中式供水水源受污染时，影响范围大，发病人数多；病原体在水中生存虽受多种因素影响，但一般仍能存活数日，甚至数月，有的还能繁殖生长；肠道病毒，特别是原虫囊（如贾第鞭毛虫、隐孢子虫）不易被常规消毒方法所杀灭；地面水体和浅层地下水极易受病原体污染。

近年来还发现一种隐孢子虫病（cryptosporidiosis）。1987年在美国乔治亚洲某地曾发生过流行，在64 900当地居民中有13 000余人发生该病，且从病人粪便及水厂出厂水中均检出隐孢子虫囊，其临床症状主要为腹泻伴有恶心、呕吐、发热等。我国关于隐孢子虫病的报告不多。美国把该病列为5种饮水传染病之一，而且在2001年发布的美国饮用水标准中增设该指标，其目标值为0。

隐孢子虫病是由微小隐孢子虫引起的一种寄生虫病。轻重各异，是目前世界上腹泻病的常见原因。以厌食、腹痛、腹泻等为主要临床症状，偶有发热。多见于免疫力低下的人群或病人。该病由水源、动物或病人传播。

1. 病原学　微小隐孢子虫（cryptosporidium）为孢子虫类的原生动物，分布于世界各地，人畜易感染，传染方式为经口腔摄入了隐孢子虫的卵囊，在潮湿环境下，该原虫的包囊离开宿主后，可保持感染性达2～6个月。

隐孢子虫寄生于肠道的上皮细胞微绒毛内，繁殖很快，从体内排出后又形成新的污染源。隐孢子虫的传播途径有水、食物、饲料和空气等，其中水是最重要的传播途径，另外通过接触污染了的水、土质、被感染了的人畜的粪便等也易传染。除人外，感染隐孢子虫病的生物常见于牛、马、猪、羊、猫等动物。

2. 流行病学　隐孢子虫病易发于年幼的人或动物。特别是营养不良、体质差的小儿易受感染。当生物体免疫力弱时，一旦感染症状便显得很严重，对于艾滋病患者可能会因免疫力失调而很快失去生命。通常的人感染症状为腹痛、严重腹泻、食欲不振等。一般该病潜伏期2～10日，健康人感染后经半个月左右因免疫力抵抗会自然痊愈。

3. 临床表现　通常于感染后7天左右出现症状，主要症状为腹部疼痛和大量的水泻。较少患者伴不适、恶心、呕吐及低热。患者小肠粘膜绒毛受虫体影响而萎缩，但治疗后可恢复。

4. 诊断　诊断依据为粪便中可检出卵囊。

5. 治疗　对于隐孢子虫感染症，目前除补充液体和对症治疗外，尚无其他有效疗法。多数患者病程3～7天。免疫抑制患者受感染，症状可能严重甚至威胁生命。

6. 预防

（1）加强对水源的保护：人们对水质要求不断提高，而水源污染却日趋严重。解决这对矛盾，除了供水企业加强净水处理外，有关部门更应重视对水源的保护。要降低隐孢子虫的危险，应从源头上加大防治力度。对于污水处理，必须采取正确的措施，对于可能感染饮用水水源的污染物应进行导流，尽量避免将污染带入。由于现在即使加强对水源的监测，但表明水体会诱发隐孢子虫病的可靠指标还没有，因此主要还依靠对水源的严格保护，尽量避免隐孢子虫卵囊对水源的污染。

（2）加强净水处理：由于消毒不能杀灭隐孢子虫，一般自来水行业只能通过强化混凝沉淀和过滤工艺，尽可能在混凝过程中充分地用矾花将隐孢子卵囊虫包裹截留。滤前浊度尽量降低将大大减小隐孢子虫的风险。我国普遍采用快速过滤方式，要加强滤池的运行管理，充分发挥滤池的效果，保证在混凝沉淀过程中未被截留的隐孢子卵囊虫能被滤掉而不致穿透滤料层进入净水中。在日本，由于自来水都是直接饮用，供水机构一般将自来水出厂浊度降至0.1 NTU以下以保证去除隐孢子虫，其滤后水浊度常低至0.01 NTU（nephelometric turbidity unit，NTU）以下，这不失为一种有效的方法。因此，强化常规净水处理工艺，包括混凝沉淀和过滤环节的运行管理和消毒方式的选择和优化仍是优先考虑的办法。有条件的情况下，适当引入深度处理工艺，将会使隐孢子虫残留的可能性进一步减小。

（3）合理再利用中水和处理废水：中水回用及净水处理工艺废水再利用，可以节约能源，这对提高企业的经济效益来说是有价值的。但是同时，也可能会带来一些负面的影响。中水回用在这方面影响不大，但是污泥处理的脱水反复回到净水工艺中，隐孢子虫可能也被浓缩回到净水生产线上，大大加重了隐孢子虫对出厂水水质的危害。因此对污泥脱水回用，要仔细研究慎重决定，以免将隐孢子虫重新带入净水工艺中。

另外，有些自来水厂在处理低浊度原水时，在混凝过程中加入污泥，以提高混凝效果。这个过程也有可能将隐孢子虫带入净水过程，值得引起重视。

（4）尽量喝烧开过的水：这是预防隐孢子虫病最方便也是最安全的方法。隐孢子虫的卵囊壁对温度很敏感，对高温和低温的抵抗力都弱，也不能抵抗干燥。有实验表明，隐孢子虫在60℃以上或－20℃以下30分钟，或常温下干燥1～4天就可失去感染能力。将水煮沸，只需一分钟，隐孢子虫就失去活性。在我国目前绝大多数饮用水都是采用烧开后再喝的方式，如果养成喝开水的习惯，就极大地降低隐孢子虫的危害了。在国外饮生水的国家，为了减少隐孢子虫病的危险，也在鼓励人们喝烧开过的水。

随着经济的发展及供水事业与世界接轨，自来水直饮将是饮用水发展的趋势。对于以后实现自来水直接饮用，去除隐孢子虫将是国内自来水公司将要面临的一个新课题。同时相关职能机构也应对此引起足够重视，从水源开始采取相应的预防措施。

三、其他与健康相关的饮用水卫生问题

（一）氯化消毒副产物与健康

氯化消毒副产物是指在氯化消毒过程中，氯与水中存在的某些有机物如腐殖酸（humic acid）、富里酸（fulvic acid）、藻类以及蛋白质等形成的一系列的氯化有机物。

水中能与氯形成氯化消毒副产物的有机物称为有机前体物。主要有两类：一类是挥发性的卤代有机物，如氯仿、一溴二氯甲烷、卤乙腈等；另一类是非挥发性卤代有机物，如卤乙酸、卤代醛等类物质。这些氯化副产物很多都有致突变性和/或致癌性。许多流行病学调查认为饮水氯化消毒与癌症的增加有关，但尚不能确定饮水氯化消毒与人群癌症发生率之间的因果关系。从动物实验以及人群调查的结果来看，尽量降低氯化副产物的产生是很有必要的。为此，可根据情况采取以下措施：①尽可能地选择有机前体物含量低的水源。②加强混凝沉淀和过滤等净化措施，如采用臭氧强化的生物活性炭法，以及防止藻类在取水构筑物内的生长，降低水中有机前体物的含量。③改善氯化消毒法，如避免预氯化和折点氯消毒，采用管网中途加氯等。④采用颗粒活性炭过滤，以除去已形成的氯化副产物。⑤考虑采用二氧化氯或臭氧做消毒剂，或改用氯胺消毒。

国外在20世纪70年代中期开始注意到氯化消毒会形成三卤甲烷和其他卤化物。美国的一项调查表明，在用氯消毒的城市饮水中，普遍存在四种THMs，即氯仿、一溴二氯甲烷、二溴一氯甲烷和溴仿。氯仿已被证实可引起动物的肾小管细胞腺癌和肝细胞癌。1979年美

国 EPA 制订了饮水中 THMs 的限量标准，规定其最高容许浓度为 100 μg/L，并希望能低于 25 μg/L。近年来，这方面的研究有了很大的进展，不仅限于研究氯化消毒的副产物问题，而且扩展到研究其他饮水消毒剂的副产物问题及其形成机理和防治对策等。

（二）饮水硬度与健康

饮水硬度与健康的关系，是有关专业人员多年来研究的热点，最为引人关注的是饮水硬度与心血管疾病的研究。

自 1960 年 Schroeder 提出饮水硬度与心血管疾病死亡率呈负相关以来，一些国家的许多调查相继得出了类似结论。认为软水对心血管疾病可能是一种危险因素，而高硬度的水则是一种有利因素。但国内外也有一些调查未获得上述结论，甚至得出了相反的结论。支持饮水硬度与心血管疾病成负相关者的主要依据是：世界上有十多个国家对总心血管疾病、缺血性心脏病、动脉硬化性心脏病、高血压、冠心病和脑血管病等死因指标与饮水硬度的关系做了调查，从全部资料看，呈负相关的占大多数。并且有人认为，镁对心肌有保护作用，当饮水中镁的摄入量接近于生理需要量的界限值时，水镁具有良好的补充作用。反对和怀疑者的主要论据是：迄今为止仍有相当数量的报告未获得负相关结论，少数报告甚至呈正相关结果。心血管疾病是我国的第一位死因，因而饮水硬度与心血管疾病的关系有待进一步研究。

饮用硬度过高的水对健康也有不利影响。如果不是经常饮用硬度水的人偶尔饮了硬水，则会造成肠胃功能紊乱，出现腹泻和消化不良等症状，即所谓的“水土不服”。另外，流行病学调查和动物实验都提示，饮用高硬度的水可能会促进肾结石的发生和发展。

除对健康的影响外，水的硬度过高，会给日常生活带来多方面的不利影响。如果用硬水烹调鱼肉、蔬菜，就会因不易煮熟而破坏或降低营养价值。用硬水泡茶会改变茶的色香味而降低饮用乐趣。用硬水做豆腐不仅会使产量降低，而且会影响豆腐的营养成分。酿酒的水其硬度不得超过 4 度，否则酒质浑浊不清，酒味也会受到影响。

我国地域辽阔，各地水质软硬度也程度不一，但总的来说，高原山区水质一般硬度偏高，平原与沿海地区的水质硬度偏低，地下水的硬度一般高于地面水。一般饮用水的适宜硬度以 10～20 度为宜。

（三）高层建筑二次供水污染与健康

高层建筑二次供水是指供水单位将来自集中式供水或自备水源的生活饮用水，储存于水箱或储水池中，再通过机械加压或凭借高层建筑形成的自然压差，再次将生活饮用水输送至水站或用户的供水系统中。一般来说，六层以上的建筑要用二次供水。据北京市 1998 年底的一次统计表明，二次供水已覆盖北京总人口的 20%。随之而来的二次供水污染事故也逐年增加，北京市 1990～1998 年发生的 88 起饮水污染事故中，二次供水污染事故就有 29 起。据报道，二次供水的储水箱或储水池和末梢水中浊度、细菌数、大肠菌群数、铁、锰、氯仿、四氯化碳、亚硝酸盐的含量均较出厂水有所增加，有的可增加 90%以上，更有甚者可达 130%以上，而余氯明显下降，表明二次供水在储存、输送过程中受到一定程度的污染，致使水质下降。

二次供水水质污染后的直接结果是使饮用者感到不同程度的恶心、呕吐、腹胀，严重的还可因并发症而危及生命。二次供水水质污染对健康的影响取决于污染的来源及污染物的性质。生物性污染通常引起介水肠道传染病如腹泻、痢疾等的发生。而由于二次供水的输配水设备以及防护材料中含有的有害物质（如铅、汞、砷等金属）含量过高，则往往导致人体的慢性危害。

二次供水水质污染的主要原因大致有以下几个方面：①二次供水设施设计不合理，如出水口高出水箱（池）底平面，使储水箱（池）中的水不能得到彻底地循环，形成死水；②水箱容积过大，水箱储水量过多，超过用户正常需水量而滞留时间过长，导致余氯耗尽，微生物繁殖；水箱容积过大也可能造成不利于水流通的死角、水箱周围存在被污染的隐患等；③水箱使用的建筑材料不符合卫生要求，铁制、玻璃钢制水箱年久老化、水箱涂料的溶出、涂料材料的脱落，致使某些元素含量升高，水质恶化；④基础设施和设计安装不合理，如上下管道配置不合理，上水管设在污水管下面或与污水管交叉或并行。溢水管与污水管直接连接，缺乏必要的防倒灌措施，引起污水倒流，水质受到外来物质的二次污染；⑤卫生管理不善，水箱无定期清洗制度、无盖、无排水孔等。

第八节　集中式给水

生活饮用水的给水方式有两种，即集中式给水和分散式给水。集中式给水通常称“自来水”，是指由水源集中取水，经统一净化处理和消毒后，通过输水管和配水管网送到给水站和用户的供水方式。其供水方式有两种，即城建部门建设的各级自来水厂和由各单位自建的集中式供水方式。集中式给水适用于城镇和有相当数量人口的集体单位或农村居民点。它的优点是：有利于水源的选择和防护；易于采取改善水质的措施，较易保证水质良好；用水方便；便于卫生监督和管理。但水质一旦被污染，其危害面亦广。

一、水源选择

（一）水源选择的原则

选择水源时，必须综合考虑以下原则：

1. 水量充足　选择水源时，水源的水量应能满足城镇或居民点的总用水量，并考虑到近期和远期的发展。选用地面水时，一般要求 95% 保证率的枯水流量大于设计总用水量。一般而言，城市越大，人口越多，要求保证率越高。

2. 水质良好　水源水质应符合下列要求：

（1）只经过加氯消毒即供作生活饮用的水源水，原水中每 100ml 水样中总大肠菌群 MPN（the most possible number）值不应超过 200；经过净化处理及加氯消毒后供生活饮用的水源水，每 100ml 水样中总大肠菌群 MPN 值不应超过 2000。

（2）水源水的感官性状和一般化学指标经处理后，应符合生活饮用水卫生规范的要求。

（3）水源水的毒理学指标和放射性指标，必须直接符合生活饮用水水质标准的要求。

（4）当水源水中含有有害化学物质时，其浓度不应超过所规定的最高容许浓度。

（5）水源水中耗氧量不应超过 4 mg/L；五日生化需氧量不应超过 3 mg/L。

（6）饮水型氟中毒流行区应选用含氟化物量适宜的水源。当无合适的水源而不得不采用高氟化物的水源时，应采取除氟措施，降低饮用水中氟化物的含量。

（7）当水源水碘化物含量低于 10 μg/L 时，应根据具体情况，采取补碘措施。

3. 便于防护　目的在于保证水源水质不致因污染而变坏。为此，有条件时宜优先选用地下水。采用地面水作水源时，应结合城市发展规划，将取水点设在城镇和工矿企业的上游。

4. 技术经济合理　选择水源时，在综合分析比较各个水源的水量、水质后，可进一步结合水源水质和取水、净化、输水等具体条件，考虑基本建设投资及维持费用的最节省方案。

（二）给水的卫生防护

为了保护水源，取水点周围应设置保护区。生活饮用水水源保护区由环保、卫生、公安、城建、水利、地矿等部门共同划定，报当地人民政府批准公布，供水单位应在防护地带设置固定的告示牌，落实相应的水源保护工作。

1. 地表水水源卫生防护　地表水水源卫生防护必须遵守下列规定：

（1）取水点周围半径100m的水域内，严禁捕捞、网箱养殖、停靠船只、游泳和从事其他可能污染水源的任何活动。

（2）取水点上游1000m至下游100m的水域不得排入工业废水和生活污水；其沿岸防护范围内不得堆放废渣，不得设立有毒、有害化学物品仓库、堆栈，不得设装卸垃圾、粪便和有毒有害化学物品的码头，不得使用工业废水或生活污水灌溉及施用难降解或剧毒的农药，不得排放有毒气体、放射性物质，不得从事放牧等有可能污染该水域水质的活动。

（3）以江河为给水水源的集中式供水，由供水单位及其主管部门会同卫生、环保、水利等部门，根据实际需要，可把取水点上游1000m以外的一定范围河段划为水源保护区，严格控制上游污染物排放量。

（4）受潮汐影响的江河，其生活饮用水取水点上游及其沿岸的水源保护区范围应相应扩大，其范围由供水单位及其主管部门会同卫生、环保、水利等部门研究确定。

（5）作为生活饮用水水源的水库和湖泊，应根据不同情况，将取水点周围部分水域或整个水域及其沿岸划为水源保护区，并按（1）、（2）项的规定执行。

（6）对生活饮用水水源的输水明渠、暗渠，应重点保护，严防污染和水量流失。

2. 地下水水源卫生防护　必须遵守下列规定：

（1）生活饮用水地下水水源保护区、构筑物的防护范围及影响半径的范围，应根据生活饮用水水源地所处的地理位置、水文地质条件、供水的数量、开采方式和污染的分布，由供水单位及其主管部门会同卫生、环保及规划设计、水文地质部门研究确定。

（2）在单井或井群的影响半径范围内，不得使用工业废水或生活污水灌溉和施用难降解或剧毒的农药，不得修建渗水厕所、渗水坑，不得堆放废渣或铺设污水渠道，并不得从事破坏深层土层的活动。

（3）工业废水和生活污水严禁排入渗坑或渗井。

（4）人工回灌的水质应符合生活饮用水水质要求。

二、取水点和取水设备

（一）地面水的取水点和取水设备

1. 取水点的位置　应位于城镇和工业企业的上游，避开生活污水和工业废水排出的污染影响，取水点的最低水深应有2.5～3m。

2. 取水设备　主要类型有以下三类：①岸边式，适用于基础坚实和河岸较陡的江河；②河床式，适用于河岸较平坦，河内水质较差的地点；③缆车式和浮船式。前者适用于水位涨落幅度大，河岸有适宜坡度，河床较稳定的地点；后者尚需要较好的停泊条件。

（二）地下水的取水点和取水设备

1. 取水点的位置　地下水埋藏愈深，含水层上面覆盖的不透水层愈厚，给养区愈远，在卫生学上愈宜作取水点。当深层地下水的覆盖层为裂隙地层，或以浅层地下水为水源时，取水点应设在污染上游。此外，在不影响水量、水质的前提下，应考虑技术上方便的地点。

2. 取水设备　主要类型有：①管井，又名机井或钻孔井，可采取各层地下水，应用甚广；②大口井，适用于地下水埋藏较浅、含水层薄和不宜打管井的地点。

三、水质处理

一般情况下，生活饮用水的水源水，不论取自何处，都不同程度地含有各种各样的杂质，往往不能满足饮用水水质标准的要求，因而需要用物理、化学和物理化学等方法进行水质处理以改善水源水质的感官性状和细菌学指标，使之达到生活饮用水卫生规范的要求。水质处理包括净化和消毒等处理。生活饮用水的净化处理有常规净化、深度净化、特殊处理三种。地面水的常规处理是：混凝沉淀(澄清)—过滤—消毒，目的是除去原水中的悬浮物质、胶体物质和细菌等。地下水如水质较好，仅需消毒处理。但如果原水有特殊味道如臭、味或含有过量铁、锰、氟等时，则需特殊处理。

当前有的地区，有机污染和重金属污染相当严重，而先行常规处理往往难以有效地解决这类问题。为此，有时尚需增加预处理或深度处理。如臭氧预氧化、生物氧化、活性炭或生物活性炭吸附等。为了发展优质饮用水，有些地区或城市对常规水厂的水质进行深度净化处理。

（一）混凝沉淀

天然水中的细小颗粒，特别是胶体微粒，难以自然沉淀，是使水混浊的主要原因。因此需加混凝剂进行混凝沉淀，才能加以去除，此过程称为混凝沉淀（congulation precipitation process）。

1. 混凝原理　关于混凝原理，目前尚未完全清楚，以下仅介绍一些基本原理。

(1) 压缩双电层作用：水中的粘土胶团具有吸附层和扩散层，合称为双电子层，双电子层中正离子浓度由内向外逐渐降低，最后与水中的正离子浓度大致相等。如向水中加入大量电解质，则其正离子就会挤入扩散层，进而进入吸附层，使胶体表面的电位降低，因而使双电层变薄，这种作用称为压缩双电层作用。当双电层被压缩，颗粒间的静电斥能就会降低。如这种斥能降至小于颗粒布朗运动的动能及颗粒表面吸能两者之和时，颗粒就会迅速相互吸附凝聚。凝聚颗粒在水中彼此易于接触吸附而增大，形成絮状体（也称绒体或矾花）。絮状体有强大的吸附力，可吸附水中悬浮物质、溶解性物质和细菌等。絮凝体通过吸附，体积增大而下沉。

各种离子压缩双电层的能力是不同的，在浓度相等的条件下，通常随着价数增加而迅速提高。但即使是三价离子，仍需较高浓度才能使胶粒凝聚，特别对亲水胶体则更是如此。

投加电解质也可压缩亲水胶体（如腐殖质、蛋白质等）的水膜，但电解质离子在夺取亲水胶体膜从而使胶核相互凝聚的过程中起着主要作用。

(2) 电中和作用：以上是同种胶粒间的凝聚。而电中和作用指的是投加于水中的混凝剂，经水解后形成带正电荷的胶粒，能和水中带负电荷的胶体相互吸引，使彼此的电荷中和而凝聚。因此，电中和作用要求二者的电荷量大致相等。

(3) 吸附架桥作用：一些呈线型结构的高分子混凝剂，以及金属盐类混凝剂在水中形成线型高聚物后，均能强烈吸附胶体颗粒。当吸附颗粒增多时，上述线型分子会弯曲变形和成网，使颗粒间的距离缩短而相互粘结，并逐渐形成粗大的絮凝体。这些混凝剂起了胶粒和胶粒间的相互结合的桥梁作用，称为吸附架桥作用。

不同种类的混凝剂的混凝原理有所不同，其中以某一混凝作用为主。有些混凝剂的混凝原理则受水的pH值的影响，如铝铁盐混凝剂在水中 $pH<3$ 时，水合铝离子侧重于电中和压缩胶体双电层作用，此时有利于消除水膜，但所需混凝剂量大；在pH 4.5～6.0时，主要起电中和作用，此时较易去除腐殖质等有机物及其色度；在pH 7～7.5时，水中以低电荷高聚合度的产物为主，侧重于起吸附架桥作用和电中和作用，此时有利于去除电荷不高的粘土胶体。

2. 混凝剂的种类和特性　用药剂来澄清浑水称为混凝。所加入的药剂称为混凝剂。有些混凝剂本身在澄清浑水中只起辅助作用，称为助凝剂。目前各国所使用的混凝剂种类繁多，有无机的和有机的，有天然的和合成的，尤其是合成的高分子混凝剂种类特别多。下面介绍几种常见的混凝剂。

(1) 混凝剂：常用的混凝剂有金属盐类和高分子两类混凝剂。前者如铝盐和铁盐等；后者如聚合氯化铝和聚丙烯酰胺等。

1) 铝盐：铝盐是最常用的混凝剂，其种类有明矾〔$Al_2(SO_4)_3 \cdot K_2SO_4 \cdot 24H_2O$〕、硫酸铝〔$Al_2(SO_4)_3 \cdot 18H_2O$〕、铝酸钠（$Na_3AlO_3$）和三氯化铝（$AlCl_3 \cdot 6H_2O$）等。铝盐易溶于水，在水处理中投入的浓度大致为 10^{-3}～10^{-5} mol/L（含Al量0.27～27 mg/L）。它的优点是：腐蚀性小，使用方便，混凝效果好，且对水质无不良影响。其缺点是：水温低时，絮状体形成慢且松散，效果不如铁盐；粗制品使用时较麻烦。

2) 铁盐：铁盐包括三氯化铁（$FeCl_3 \cdot 6H_2O$）和硫酸亚铁（$FeSO_4 \cdot 7H_2O$）等，也是最常用的混凝剂。

三氯化铁是具有金属光泽的黑褐色结晶，易溶于水，含杂质少。操作液浓度宜高，可达45%。它的优点是：适应的pH值范围较广（5～9），絮状体大而紧密；对低温、低浊水的效果较铝盐好。其缺点是：腐蚀性强，易潮湿，水处理后含铁量高。

硫酸亚铁为绿色半透明结晶，又称绿矾。20℃时的溶解度为21%。因亚铁只能生成简单的单核络合物，故混凝效果差；且残留于水中的亚铁会使水呈色，因此使用时需将亚铁氧化成三价铁。

3) 聚合氯化铝：化学式有多种。我国常用的是聚合氯化铝〔$Al_2(OH)_nCl_{6-n}$〕$_m$（$n=1$～5，$m \leqslant 10$）。它的优点是：①对低浊度水、高浊度水、严重污染的水和各种工业废水都有良好的混凝效果；②用量比硫酸铝少；③适用的pH值范围较宽（5～9）；④凝聚速度非常快，凝聚颗粒大，沉淀速度快，过滤效果好；⑤腐蚀性小，成本较低。但产品多为土法生产，质量不易达到保证。

4) 聚丙烯酰胺：其通式为：

$$\left[\begin{array}{c} -CH_2-\underset{\displaystyle CONH_2}{\underset{|}{CH}}- \end{array}\right]_n$$

式中n多达2万～9万。它是一种非离子型线型高分子聚合物，具有吸附架桥作用。加碱水解，可形成阴离子型聚合物。这种水解产物因分子内同性电荷相斥，使聚合物链条保持伸展状态，较未水解前更有利于吸附架桥。但如水解度过高，带负电过多，则将阻碍对粘土胶体的絮凝。一般认为水解度以30%～40%为宜。

聚丙烯酰胺作为助凝剂使用时，加入时间根据原水浊度高低而定。如原水浊度低，宜先加其他混凝剂，使胶粒脱稳到一定程度（约半分钟）后，再加聚丙烯酰胺溶液，可更好地发挥其助凝作用；如原水中浊度高，宜先加聚丙烯酰胺，使它先吸附部分胶粒，以节省其他混凝剂用量。

聚丙烯酰胺的优点是对低浊和高浊水效果均好。其缺点是价格昂贵，产品中常含有微量未聚合的单体，其毒性甚高。因而建议：饮水中聚丙烯酰胺的浓度，经常使用（每年1个月以上）时不应超过0.01 mg/L；非经常使用时，不应超过0.1 mg/L。

（2）助凝剂：有些混凝剂本身在澄清浑水中只起辅助作用，称为助凝剂或助沉剂。助凝剂的作用，一是调节或改善混凝条件，如原水碱度不足，可加石灰；用氯将亚铁氧化成高铁。二是改善絮状体结构，如铝盐产生的絮状体细小而松散时，可用聚丙烯酰胺或活性硅酸等助凝。

3. 影响混凝效果的因素　主要有：①水中颗粒的性质和含量：水中颗粒大小越单一均匀、越细，越不利于混凝。颗粒含量过少时，将明显减少微粒的碰撞机会；颗粒含量过多，则不能充分混凝。颗粒的化学性质及其带电性和温度也会影响混凝效果；②水温：水温低时，絮状体形成慢且细小、松散；③水的pH值和碱度：在不同pH值下，铝盐和铁盐的水解、缩聚产物不同，因而对它们的混凝效果影响较大，而高分子混凝剂受pH值影响较小。当原水碱度不足或混凝剂用量过大时，水的pH值会降至最终有效pH值以下，影响混凝效果；④水中荷电的有机物和离子及溶解盐的成分和含量：水中有机物对混凝有阻碍作用，溶解性盐类对铝盐的混凝有促进作用；⑤混凝剂的品种、质量和用量；⑥混凝剂的投加方法、搅拌强度和反应时间等。

4. 混凝设备

（1）混凝剂的投加系统：包括计量设备、药物提升设备、投药箱、必要的水封箱及注入设备等。其投药方式有：①泵前投加：药液投加在水泵吸水管或吸水喇叭口处；②水射器投加：利用高压水通过水射器喷嘴和喉管之间真空抽吸作用，将药液投入；③高位溶液池重力投加：将溶液池建在高处，利用重力作用，将药物投入水中；④泵投加：直接采用计量泵（柱塞泵），在泵上装有调节器并刻有标度显示流量，由调节器调节柱塞行程以调节药液投量。

（2）反应设备：其作用是使凝聚颗粒形成肉眼可见的大的密实絮状体。为此，要求水流有适当的流速和紊流，以利于颗粒物的相互碰撞，并可防止絮凝体过早沉淀。反应设备有水力搅拌和机械搅拌两类。我国大多采用水力搅拌反应设备。

5. 沉淀设备　其作用是去除反应后的絮凝体，要求出水浊度小于10度。

（1）平流式沉淀池：其结构为矩形水池，池前部为进水区，上部为沉淀区，下部为污泥区，池后部为出水区。进水区的作用是使水流均匀分布于沉淀池整个断面上，为防止絮凝体破碎，多采用0.05 m/s或更小的流速；沉淀区的高度一般约3～4m，长宽比不小于4，长深比宜大于10，沉淀时间一般为1～3h，流速10～25 mm/s；出水区一般采用堰口布置或淹没式出水孔口，流速宜为0.6～0.7 m/s；污泥区的污泥通过多口泵吸泥装置或单口扫描式吸泥机抽吸排除。

（2）斜板与斜管沉淀池：它是把与水平面成一定角度（一般60°左右）的众多斜板或管状组件放置于沉淀池中构成，水从下向上流动或从上而下流动，颗粒则沉于底部，而后自动滑下，然后用穿孔排污管收集。

6. 澄清　澄清池的特点：一是利用积聚的泥渣与水中脱稳颗粒相互接触、吸附，因而充分利用了泥渣的絮凝活性；二是将混合、反应和泥水分离等过程放在同一池内完成。澄清池的类型很多，大体可分为泥渣循环型和泥渣悬浮型两类，现分述如下：

(1) 泥渣循环型澄清池：其净水原理是：泥渣在池内循环流动，流至反应室时，与原水中的脱稳颗粒接触絮凝；流至泥水分离室后，清水流出池外，泥渣沉淀后，部分进入再循环，部分进入污泥浓缩室进行浓缩后排除。该类型澄清池因泥渣循环动力不同，又可分为机械搅拌澄清池和水力循环澄清池两种。

(2) 泥渣悬浮型澄清池：它的工作情况是加药后的原水由下而上通过悬浮状态的泥渣层时，使水中脱稳杂质与高浓度的泥渣颗粒碰撞并被泥渣层拦截下来，清水则向上流出。泥渣悬浮型澄清池有悬浮澄清池和脉冲澄清池两种。

(二) 过滤

过滤（filtration）是指浑水通过石英砂等滤料层以截留水中悬浮杂质和微生物等的净水过程。滤池通常设在沉淀池或澄清池之后。过滤的功效有三：一是使滤后水的浊度达到生活饮用水水质标准的要求；二是去除水中大部分病原体，如致病菌、病毒以及寄生原虫和蠕虫等。特别是阿米巴包囊和隐孢子虫卵囊，它们对消毒剂的抵抗力很强，主要靠过滤去除；三是水经过滤后，残留的微生物失去了悬浮物的保护作用，为滤后消毒创造了条件。因此，在以地面水为水源的饮用水净化中，有时可省去沉淀或澄清，但过滤是不可缺少的。

1. 过滤的净水原理

(1) 筛除作用：水通过滤料时，比滤层孔隙大的颗粒被截留；随着过滤的进行，被截留的颗粒增多，滤层孔隙越来越小，较小的颗粒也被截留。

(2) 接触凝聚作用：水在滤层孔隙内的流动，一般呈层流状态，而层流产生的速度梯度会使细小絮状体和脱稳颗粒不断旋转，并跨越流线向滤料表面运动，当它们接近滤料颗粒表面时，就会产生接触吸附。当滤料吸附絮状体后，其接触凝聚作用会进一步加强。

2. 滤池的类型和工作周期

(1) 滤池的型式很多。常用的滤池有：慢滤池、普通快滤池、双层和三层滤料滤池、接触双层滤料滤池、虹吸滤池、无阀滤池、移动冲洗罩滤池和压力滤池等。

(2) 滤池工作可分三期：①成熟期：此时滤料很清洁，过滤效果较差，需降低滤速或实行初滤排水；②过滤期：此时滤料表面已吸附了一层絮凝体或已形成生物膜，净水效果良好；③清洗期：在过滤过程中，滤层孔隙不断减小，水流阻力越来越大，终因产水量大减，或出水水质欠佳，而需停止过滤进行清洗。

3. 滤料的卫生学要求　在市政给水过程中，应用最广的滤料是石英砂，常用的还有无烟煤、木炭、活性炭、磁铁砂、锰砂、金刚石和石榴石等颗粒。在轻质滤料中，也有用聚苯乙烯、聚氯乙烯的颗粒。滤料是过滤水用的，且长时间浸泡于水中，因此其理化性能必然对水质产生影响，也就可能影响人体健康。对滤料的卫生要求是：①滤料本身应该是无毒的，化学性能稳定，长期浸泡也不应溶解出任何有毒有害物质，也不应与水中任何化学物质结合而产生有毒物质；②滤料应不能被微生物利用和分解；③滤料要有良好的机械强度，使用时不易磨损和碎裂；④滤料颗粒粒度要较均匀，有一定的级配和适当的孔隙率。

4. 影响过滤效果的因素　主要影响因素有：①滤层厚度和粒径：滤层过薄，水中悬浮物会穿透滤料层而影响出水水质；过厚会延长过滤时间。滤料粒径大，筛滤、沉淀杂质的作用小；②滤速：是指水流通过过滤层整个面积的速度（单位为 m/h）。滤速过快会影响滤后水质，滤速过慢过滤效果好，但会影响出水量；③进水水质：进水的浑浊度、色度、有机物、藻类等对过滤效果影响很大，其中影响最大的是进水的浊度，要求浊度低于10度；④滤池类型：慢滤池因滤料粒径小，过滤效果好，去除微生物的效果一般在99%以上。而快滤池一般在99%以下，有时甚至远低于90%。

（三）消毒

消毒是杀灭水中病原微生物的措施。目的是杀灭病原体，切断传染病的传播途径，预防传染病的发生和流行。据研究，可污染饮用水的致病微生物有上百种，为杜绝介水传染病的发生和流行，保证人体健康，生活饮用水必须经过消毒处理方可供饮用。目前我国用于饮用水消毒的方法主要有氯化消毒、二氧化氯消毒、紫外线消毒和臭氧消毒。

1. 氯化消毒　氯化消毒是饮用水化学药剂消毒中最普及和最有效的一种方法。供饮用水消毒的氯制剂主要有液氯、漂白粉〔$Ca(OCl)Cl$〕、漂白粉精〔$Ca(OCl)_2$〕和有机氯制剂等。具有杀菌能力的称为有效氯。含氯化合物中氯的价数大于－1者均为有效氯。漂白粉含有效氯约28%～33%；漂白粉精含有效氯约60%～70%；优氯净含有效氯约60%～64%。

（1）氯化消毒的基本原理：氯溶于水后的化学反应：

$$Cl_2 + H_2O \longrightarrow HOCl + H^+ + Cl^-$$

$$HOCl \rightleftharpoons H^+ + OCl^-$$

漂白粉和漂白粉精在水中均能水解成次氯酸（HOCl）：

$$2Ca(OCl)Cl + 2H_2O \longrightarrow Ca(OH)_2 + 2HOCl + CaCl_2$$

$$Ca(OCl)_2 + 2H_2O \longrightarrow Ca(OH)_2 + 2HOCl$$

氯的杀菌作用机制是由于次氯酸体积小，电荷中性，易于穿过细胞壁；同时，它又是一种强氧化剂，能损害细胞膜，使蛋白质、RNA和DNA等物质释出，并影响多种酶系统（主要是磷酸葡萄糖脱氢酶的巯基被氧化破坏），从而使细菌死亡。氯对病毒的作用，在于对核酸的致死性损害。病毒缺乏一系列代谢酶，对氯的抵抗力较细菌强，氯较易破坏—SH键，而较难使蛋白质变性。

氯与水中存在的一定量氨氮可发生可逆反应，形成一氯胺（NH_2Cl）和二氯胺（$NHCl_2$）。

$$NH_3 + HOCl \rightleftharpoons NH_2Cl + H_2O$$

$$NH_2Cl + HOCl \rightleftharpoons NHCl_2 + H_2O$$

$$NHCl_2 + HOCl \rightleftharpoons NCl_3 + H_2O$$

上述反应是可逆反应。NH_2Cl 和 $NHCl_2$ 的杀菌原理仍是HOCl的作用，只有HOCl消耗完后反应才向左进行。氯胺是弱氧化剂，杀菌作用不如HOCl强，需要较高浓度和较长接触时间。

（2）影响消毒效果的因素：

1）加氯量和接触时间：用氯及含氯化合物消毒饮用水时，氯不仅与水中细菌作用，还要氧化水中的有机物和还原性无机物，其需要的氯的总量为“需氯量”。为保证消毒效果，加氯量必须超过水的需氯量，使在氧化和杀菌后还能剩余一些有效氯，称为“余氯”。余氯有两种，一为游离性余氯如HOCl和OCl^-，另一种为化合性余氯如NH_2Cl和$NHCl_2$。一般要求氯加入水中后，必须接触30分钟，尚存有0.3～0.5 mg/L的游离性余氯，方能达到消毒效果。而对化合性余氯则要求接触1～2h后有1～2 mg/L余氯。

加氯量和余氯量的关系：假定水的需氯量为零，则加氯量等于余氯量，如图7-3虚线OA所示。当水中有机物较少，且无游离氨时，则加氯量与余氯量的关系如图7-3实线MB

所示。即加氯量为 M 时，余氯为零。此后，随着加氯量增加，余氯开始逐渐增多。但实线 MB 的坡度较小。这是因为水中有机物与氯作用的速度有快慢，在测定余氯时，部分有机物尚在与氯继续反应中；水中 HOCl 受某些杂质和光线的作用，部分可催化分解为 HCl 和 O_2。

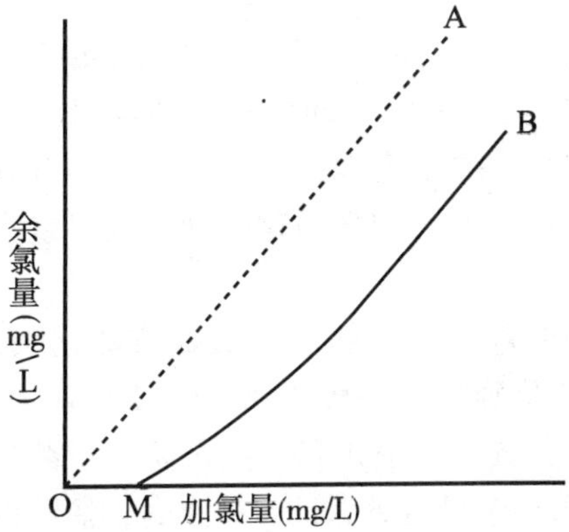

图 7-3　水中无氨时加氯量与余氯量的关系

（引自陈学敏《环境卫生学》，2001）

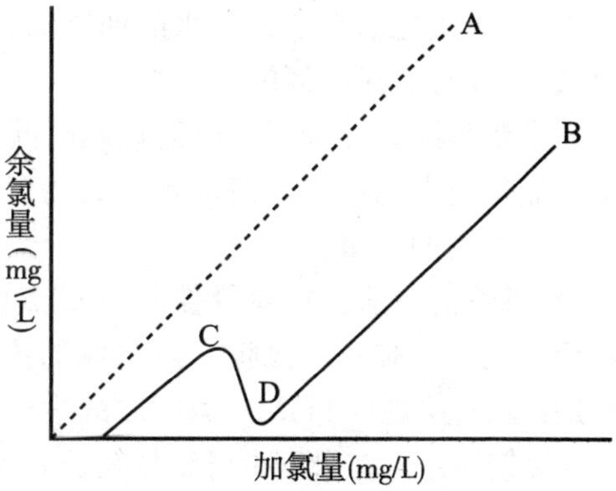

图 7-4　水中有氨时加氯量与余氯量的关系

（引自陈学敏《环境卫生学》，2001）

当水中的氨含量较多时，加氯量与余氯的关系如图 7-4 实线所示。该实线的意义是：在出现余氯后，随着加氯量的增加，余氯量逐渐上升，但产生的是化合性余氯。当余氯量升至 C 点时，加氯量如再增加，余氯反而逐渐下降，其原因是氯胺在过量氯作用下逐渐分解：

$$2NH_2Cl + HOCl \longrightarrow N_2 + 3HCl + H_2O$$

$$NHCl_2 + HOCl \longrightarrow NCl_3 + H_2O$$

达 D 点时，分解过程结束。如继续加氯，则余氯量又重新上升，这时形成的余氯全部为游离性余氯，故 D 点称为折点。

一般而言，原水游离氨在 0.5 mg/L 以下时，通常加氯量控制在折点后；原水游离氨在 0.5 mg/L 以上时，产生的化合性余氯已够消毒，故加氯量可控制在 C 点前。

2）水的 pH 值：次氯酸是弱电解质，在水中按下式离解：$HOCl \rightleftharpoons H^+ + OCl^-$。其离解程度与水温和 pH 值有关。当 pH 值<5.0 时，HOCl 呈 100%形式存在于水中，随着 pH 值的增高，HOCl 逐渐减少，而 OCl^- 逐渐增多。pH 值在 6.0 时，HOCl 在 95%以上；pH 值>7.0 时，HOCl 含量急剧减少；pH 值 = 7.5 时，HOCl 和 OCl^- 大致相等；pH 值>9 时，OCl^- 接近 100%。根据对大肠杆菌的实验，HOCl 的杀菌效率比 OCl^- 高约 80 倍。因此，消毒时应注意控制水的 pH 值不宜太高。

用漂白粉消毒时，可同时产生 $Ca(OH)_2$，可使 pH 值升高，影响消毒效果。故当漂白粉因保存不当或放置过久而使有效氯含量降低时，消毒效果会受影响。

对氯胺而言，当 pH 值>7 时，一氯胺的生成量较多；pH 值=7.0 时，一氯胺和二氯胺基本相等；pH 值<6.5 时，主要生成二氯胺。三氯胺只有当 pH 值<4.4 时才存在。二氯胺的杀菌效果较一氯胺高，三氯胺几乎无杀菌作用。但二氯胺很臭，故消毒时以一氯胺为好。

3）水温：水温高，杀菌效果好。水温每提高 10℃，病菌杀灭率约提高 2～3 倍。

4）水的浑浊度：用氯消毒时，必须使 HOCl 和 OCl^- 直接与水中细菌接触，方能达到杀菌效果。如水的浑浊度很高，悬浮物质较多，细菌多附着在这些悬浮颗粒上，则氯的作用达不到细菌本身，使杀菌效果降低。

5）水中微生物的种类和数量：不同微生物对氯的耐受性不同，一般来说，大肠杆菌抵抗力较低，病毒次之，原虫包囊抵抗力最强。水中微生物的数量过多，则消毒后水质较难达到卫生标准的要求。

（3）氯消毒方法：

1）普通氯化消毒法：当水的浊度低，有机物污染轻，基本上无氨［<0.3 mg/L＝无酚（酚与氯形成有臭味的氯酚）］时，加入适当的氯，接触 30 分钟，即可达到消毒目的。此时产生的主要是游离性余氯，所需接触时间短，效果可靠。原水为地面水时，往往会含有三卤甲烷等氯化消毒副产物，使水具有致突变性。所以，消毒前要加强净化处理，以尽量降低水中有机前体物的含量。

2）氯胺消毒法：加氯量控制在 C 点前，在水中加入氨（液氨、硫酸氨或氯化胺），则加氯后生成一氯胺和二氯胺。氨与氯的比例应通过试验确定，一般为 1∶3～1∶6。本法的优点是：三卤甲烷（THM）类物质的生成明显减少；如先加氨后加氯，则可防止氯酚臭，化合性余氯较稳定，在管网中可维持较长时间，使管网末梢余氯得到保证。缺点是：氯胺的消毒作用不如次氯酸强，接触时间长，费用较贵；需加氨而操作复杂；对病毒的杀灭效果较差。

3）折点氯消毒法：加氯量超过折点（D 点），在水中形成适量的游离性余氯。其优点是：消毒效果可靠；能明显降低锰、铁、酚和有机物含量；并具有降低臭味和色度的作用。缺点是：耗氯多，且能产生较多的氯化副产物；需事先求出折点加氯量，比较麻烦，有时水样折点不明显，会使水的 pH 值过低，故必要时尚需加碱调整。

4）过量氯消毒法：当水源受有机物和细菌污染严重时，或在野外工作、行军等条件下，急需在短时间内达到消毒效果时，可加过量氯于水中，使接触 30 分钟后的余氯达 1～5 mg/L。消毒后的水用亚硫酸钠、亚硫酸氢钠、硫代硫酸钠或活性炭脱氯。

（4）加氯地点和加氯设备：在水的净化处理流程中，加氯地点可选择为：①滤前加氯：在混凝沉淀前加氯，其主要目的在于改良混凝沉淀和防止藻类生长，但易生成大量氯化副产物；②滤后加氯：在滤后水中加氯，其目的是杀灭水中病原微生物，它是最常用的消毒方法。也可采取二次加氯即混凝沉淀前和滤后各加一次；③中途加氯：在输水管线较长时，在管网中途的加压泵站或贮水池泵站补充加氯。此法既可保证末梢余氯，又不使水厂附近的管网水含余氯过高。

大型水厂一般均采用液氯消毒。氯的投加设备种类很多，常用的有：①真空加氯机：上部为一玻璃罩，浸于水盘中，罩内压力较大气压低。液氯钢瓶内的氯经减压汽化后吸入玻璃罩内，由另一管孔通往水射器，与压力水混合后送至加氯点。②转子加氯机：其钢瓶内氯气先进入旋风分离器除去铁锈、油污后，再经弹簧膜阀、控制阀到转子流量计和中转玻璃罩，在水射器抽吸下，氯与压力水混后并溶解，氯浓度大于 1%，经加氯管道送往加氯点。小水厂可用漂白粉消毒。所用漂白粉其有效氯应达到 25%，调制和投加漂白粉溶液桶应有两个。

2. 二氧化氯消毒　ClO_2 在常温下为橙黄色气体，易溶于水，但不和水起化学反应，在水中极易挥发，故需在临用时就地配制。当空气中 ClO_2 浓度大于 10%或水中浓度大于 30%时，都具有爆炸性。在碱性溶液中，ClO_2 可发生歧化作用：

$$2ClO_2 + 2OH^- \longrightarrow ClO_2^- + ClO_3^- + H_2O$$

ClO_2 是极为有效的饮水消毒剂，杀菌作用比液氯强，对细菌、病毒及真菌孢子的杀灭能力均很强。对微生物的杀灭原理是：ClO_2 对细胞壁有较好的吸附性和透过性能，可有效地氧化细胞内含硫基的酶；可与半胱氨酸、色氨酸和游离脂肪酸反应，快速控制生物蛋白质的合成，使膜的渗透性增高；并能改变病毒衣壳，导致病毒死亡。ClO_2 对于水中残存有机物的氧化比 Cl_2 优越，经氧化的有机物多降解为含氧基团（羧酸）为主的产物，无氯化副产物出现。ClO_2 的强氧化性还表现在它可将致癌物 3,4-苯并芘氧化成无致癌性的醌式结构。

ClO_2 在水中的消毒有其独特的优点：可减少水中三卤甲烷（THMs）等氯化副产物的形成；当水中含氨时不与氨反应，其氧化和消毒作用不受影响；能杀灭水中的病原微生物和病毒；消毒作用不受水质酸碱度的影响；消毒后水中余氯稳定持久，防止再污染的能力强；可除去水中的色和味，不与酚形成氯酚臭；对铁、锰的除去效果较氯强；ClO_2 的水溶液可以安全生产和使用。其缺点是：ClO_2 具有爆炸性，故必须在现场制备，立即使用；制备含氯低的 ClO_2 较复杂，其成本较其他消毒方法高；ClO_2 的歧化产物对动物可引起溶血性贫血和变性血红蛋白症等中毒反应。

3. 臭氧消毒　O_3 是极强的氧化剂，在水中的溶解度比 O_2 大 13 倍。O_3 极不稳定，需在临用时制备，并立即通入水中。

O_3 加入水后即放出新生态氧〔O〕，〔O〕具有很大的氧化能力，可氧化细菌的细胞膜而使其渗透性增加，细胞内容物漏出；也可影响病毒的衣壳蛋白，导致病毒死亡。因此，O_3 的杀菌和除病毒以及氧化有机物作用均很强。O_3 用于饮水消毒的投加量一般不大于1 mg/L，要求接触 10～15 min，剩余 O_3 为 0.4 mg/L。

O_3 消毒的优点是：消毒效果较 ClO_2 和 Cl_2 好；用量少；接触时间短；pH 值在 6～8.5 间均有效；不影响水的感官性状，同时还有除臭、色、铁、锰、酚等多种作用；不产生三卤甲烷；用于前处理时尚能促进絮凝和澄清，降低混凝剂用量。缺点是：投资大，费用较氯化消毒高；水中 O_3 不稳定，控制和检测 O_3 需一定的技术；消毒后对管道有腐蚀作用，故出厂水无剩余 O_3，因此需要第二消毒剂。与铁、锰、有机物等反应，可产生微絮凝，使水的浊度提高。

4. 紫外线消毒　波长 200～295nm 的紫外线具有杀菌作用，其中以波长 254nm 的紫外线杀菌作用最强。紫外线对病原微生物杀灭作用的原理是：当微生物被照射时，紫外线可透入微生物体内作用于核酸、原浆蛋白与酶，使其发生化学变化而造成微生物死亡。紫外线用于消毒的设备有两种，即浸入式和水面式，浸入式消毒效率较高。不管何种形式，消毒时要求原水色度和浊度要低，水深最好不要超过 12cm。

紫外线消毒的优点是接触时间短、杀菌效率高、不影响水的嗅味；缺点是消毒后无持续杀菌作用，价格贵。

综上所述，各种消毒方法都有其特点，在实际工作中，应根据其特点采取相应的消毒措施。表 7-5 列出了各种消毒方法的比较情况。

表 7-5　各种消毒方法的比较

	氯消毒	二氧化氯消毒	臭氧消毒	紫外线消毒
消毒力	强	强	很强	强
持续消毒能力	较强	较强	无	无
对 pH 值的敏感性	大	小	小	小
副产物	氯化副产物	氯化副产物极少或无	甲醛、溴酸盐	无
费用	低	高	高	高

（四）饮用水的深度净化

由于水源污染及常规净水产生的某种有害物质以及输配水管网某些缺陷，降低了生活饮用水的感官性状，如色、嗅、味、浑浊度等，同时残留微量有机污染物，在某些给水系统表现得更为突出，因此生活饮用水的深度处理日渐受到重视。

深度净化的方式有：①分散式，如各种家用净水器；②集中式，即市政自来水管道进入小区后，一部分直接入户供生活用，另一部分入净水站（净水屋）经深度净化，由专用管道入户或居民在净水站汲取，供饮用水和做饭用。同时该管道采用优质管材呈环状分布，无死水区，从而保证水质。

深度净化的目的是获得优质饮用水，目前常用的深度处理方法有：

1. 活性炭吸附法　该方法对水中嗅味、腐殖质、天然和合成溶解性有机物、微污染物质、总有机碳（TOC）、总有机卤化物（TOX）和总三卤甲烷（THM）有明显去除作用，对水中的微生物和溶解性金属效果不明显。集中式深度处理工艺流程为：

原水⟶澄清⟶过滤⟶活性炭吸附⟶消毒⟶出厂水

2. 生物滤塔预处理的活性炭深度处理　生物滤塔是生物氧化分解污染原水中有机物，具有自然曝气充氧或生物氧化的双重作用。常见工艺如下：

混凝剂（↓ 加入澄清）　臭氧接触池（↓ 加入活性炭吸附）

原水⟶多层生物滤塔⟶澄清⟶过滤⟶活性炭吸附⟶消毒⟶出厂水

3. 膜过滤法　常用的膜技术有微滤、超滤和反渗透膜等。微滤是一种孔径为 0.22～10μm 的微孔膜，能阻留水质中大于 10μm 的悬浮物、胶体、有机大分子和微生物；超滤是一种用高分子材料采用特殊工艺制成的不对称半透膜，能去除分子量大于 500 的大分子化合物、胶体、热源和微生物，不能去除低分子量的盐类；反渗透膜的孔径在 2～3nm 以下，主要分离对象是 1nm 以下的无机离子以及小分子。

集中式供水深度净化处理后的出厂水，必须由优质管道输送或桶装供应用户。优质管材管件是指那些化学性质稳定，可耐酸、碱、盐的腐蚀；物理性能好，密度小、强度高、内壁光滑；寿命长的管材管件，如铝塑复合压力管、交联聚乙烯（PEX）和聚丁烯（PB）管等。

（五）水质的特殊处理

1. 除氟　常用的方法有：①活性氧化铝法：活性氧化铝是白色颗粒状多孔吸附剂，有较大的比表面积，是两性物质，等电点约 9.5，当水的 pH 值小于 9.5 时可吸附阴离子，大于 9.5 时可去除阳离子，因此在酸性溶液中活性氧化铝为阴离子交换剂，对氟有极大的选择性。当除氟能力达到饱和时，可用 1%～2%浓度的硫酸铝溶液再生。②骨碳法：即磷酸钙法，是一种有效的、经济简便的除氟方法。骨碳的主要成分是羟基磷酸钙，与氟反应式：

$$Ca_{10}(PO_4)_6(OH)_2 + 2F^- \rightleftharpoons Ca_{10}(PO_4)6F_2 + 2OH^-$$

当水的含氟量高时，反应向右进行，氟被骨碳吸收而去除。再生时，加 1% NaOH 溶液浸泡，此时水中 OH^- 浓度升高，反应向左进行，然后再用 0.5%的硫酸溶液中和。③电渗析法：在直流电场的作用下，原水中可溶解性离子迁移，通过离子交换膜达到分离。此法除氟效果好，不用投加药剂，除氟的同时可降低高氟水的总含盐量。

2. 除铁和除锰　我国有不少地区地下水含有过量的铁和锰。在饮用水中，过量铁、锰能引起铁味、在白色织物及用具上留下黄斑，铁在管道中沉积和铁细菌繁殖会引起短期“黄水"，锰在管道中沉积可引起"黑水"，所以饮用时需经处理。

水中二价铁可用曝气过滤法去除。曝气的作用一是增加水中的溶解氧；二是驱除 CO_2，以提高水的 pH 值，使二价铁氧化为三价铁。过滤的作用是除去由三价铁形成的絮凝体；将尚未氧化的二价铁接触吸附于滤料上。当滤料形成铁质滤膜时，通过 MnO_2 对二价铁的催化氧化作用和羟基氧化铁的离子交换作用，以达到除铁的目的。

除锰方法同上。使用曝气氧化法除锰时，pH 值略高于 10 才能使锰沉淀下来，处理后再用硫酸调节 pH 值，以符合饮用水要求。

铁、锰共存，二者含量均高时，二价铁会阻碍二价锰的吸附和氧化，影响除锰效果。遇此情况，滤后水需经再次曝气，使水的 pH 值提高至 7.5 左右，然后再经过滤。

3. 除臭　因藻类繁殖而产生的臭味，可用 ClO_2 或 $CuSO_2$ 控制藻类生长；挥发性物质如 H_2S 等产生的臭味，可用曝气法去除；有机污染物产生的臭味可用 O_3 和 ClO_2 加以处理。原因不明的臭味，或用上述方法处理效果不佳时，可用活性炭吸附处理。

4. 海水与苦咸水淡化　海水与苦咸水中含有大量的盐分，超过一般饮用水的含盐量，如高于 1000 mg/L 的水，通常不适于饮用。氯离子是构成水质咸味的主要成分，硫酸根是水质苦味的主要成分。为了寻找新的淡水水源，淡化海水和苦咸水是一个重要途径。淡化的主要方法有蒸馏法、电渗析法、反渗透法和离子交换法等。

第九节　生活饮用水卫生规范及其制订依据

随着社会经济发展和人民生活水平的提高以及科学技术的迅猛发展，人们对生活饮用水的质量要求越来越高，为此，国家卫生部在 1985 年制订的《生活饮用水卫生标准》和 1994 年对该标准再次修订的基础上，于 2001 年颁布了新的《生活饮用水卫生规范》，卫生部门依照该规范对生活饮用水以及涉及饮用水卫生安全的产品进行检验、卫生安全评价和监督监测工作。

一、制订原则

生活饮用水卫生规范制订原则和方法基本上与地表环境质量标准相同。要求水质在流行病学上安全，所含化学物质及放射性物质对人体健康无害，确保水的感观性状良好，不改变被洗物的理化性状。此外，在选择指标和确定标准限量值时要考虑经济技术上的可行性。

二、我国生活饮用水卫生规范及其制订依据

我国《生活饮用水卫生规范》（2001）中，生活饮用水水质指标从原来的 35 项增加到 96 项，其中有 79 项是参照 1993 年和 1998 年世界卫生组织的《饮用水水质标准》，60 项指标值与世界卫生组织《饮用水水质准则》等值，10 项比世界卫生组织标准严格。我国现行的《生活饮用水卫生规范》已达到 20 世纪 90 年代国际先进水平。

《生活饮用水卫生规范》（2001）根据各项指标的卫生学意义，将 96 项饮用水水质指标分为常规检验项目 34 项和非常规检验项目 62 项。常规检验项目中，在 1985 年制订的《生活饮用水卫生标准》原 35 项水质项目基础上增加了铝、粪大肠菌群和耗氧量。对镉、铅、四氯化碳则作了较原标准更为严格的规定。将银、滴滴滴、六六六、苯并（a）芘列入非常规检验项目中。在 62 项非常规检验项目中，除 10 项无机物外皆为有毒有害有机物，如氯乙

烯、苯化合物、藻毒素、农药、氯化消毒副产物等。

常规检验项目分为四组，即感观性状及一般化学指标、毒理学指标、细菌学指标和放射性指标。其中感观性状及一般化学指标主要是为了保证水的感观性状良好，毒理学和放射性指标是为了保证水质对人体健康不产生毒性和远期危害，细菌学指标是保证水质在流行病学上的安全性。各项标准制订主要依据如下：

1. 感官性状及一般化学指标

（1）色：饮用水的颜色可由带色有机物（主要是腐殖质）、金属或高色度的工业废水造成。水色大于 15 度时，多数人用杯子喝水时即可察觉。色度较高的地面水经净化后一般可达 15 度以下。因此饮用水色度不应超过 15 度。有些天然水，由于水文地质原因或受工业废水的污染，可使水呈现其他颜色，故标准同时规定，不得呈现其他颜色。

（2）浑浊度：水的浑浊度在 10 度时，居民普遍反应水质浑浊。据调查源水经常规净化处理后出厂水一般均不超过 5 度，多数能到 3 度以下。降低浑浊度对除去某些有害物质、细菌、病毒，提高消毒效果，确保供水安全等方面都有积极作用。我国 1985 年制订的《生活饮用水卫生标准》中要求管网末梢水的浑浊度不超过 3 度，在特殊情况下最高不超过 5 度。《生活饮用水卫生规范》（2001）根据我国大中城市自来水厂目前出厂水浑浊度大都可达 1 度以下的实际情况，将浑浊度的限值由 3 度降为 1 度。

（3）臭和味：水中臭味主要是由水中化学污染物和藻类代谢产物引起的。臭味是人们评价饮用水质量最早的参数之一，属于感官性能指标。臭味是人们评价饮用水安全性的最为直接的参数，带有异臭和异味的饮用水使饮用者对水质产生不信任感和厌恶感。出现异常臭味可能是水质污染信号。故规定饮用水不得有异臭和异味。

（4）肉眼可见物：指饮用水不应含有沉淀物及肉眼可见的水生生物和令人厌恶的物质。

（5）pH 值：pH 值在 6.5 时并不影响饮用和健康。但 pH 值过低，可腐蚀管道影响水质，过高又可析出溶解性盐类并降低消毒效果。根据供水实际情况，其上限很少超过 8.8。故规定饮用水的 pH 值为 6.5～8.5。

（6）总硬度：饮用硬度高的水可以引起肠胃功能暂时性的紊乱。据国内报道饮用总硬度为 707～935 mg/L（以碳酸钙计）的水，次日就可出现腹胀、腹泻和腹痛等症状。此外，硬水易形成水垢，对日常生活有影响。但是人们对硬度不超过 425 mg/L 的水反应不大。故规定饮用水硬度不超过 450 mg/L。

（7）铝：20 世纪 70 年代曾有研究提出铝可能与早老性痴呆的脑损害有关。以后在某些生态流行病学研究中也显示出早老性痴呆可能与饮水中铝有关。但根据现有毒理学和流行病学研究尚未确定两者之间的因果关系，因此无法推导出铝的影响健康限量值。我国《生活饮用水标准》（GB5749-85）未订此项目。考虑到水净化处理中常使用铝化合物作为混凝剂，且铝可以影响水的感官性状，在 1994 年修订标准中该项目作为拟增项目，在 2001 年的《生活饮用水卫生规范》中，正式将其列为常规检验项目。参照 1993 年世界卫生组织《饮用水水质准则》的建议值规定饮用水中铝不超过 0.2 mg/L。

（8）铁：铁含量在 0.3～0.5 mg/L 时无任何异味；1 mg/L 时有明显的金属味；0.5 mg/L时色度可大于 30 度。为防止衣服器皿着色及产生沉淀，规定饮用水中铁的含量不能超过0.3 mg/L。

（9）锰：有微量锰时水呈黄褐色，水锰超过 0.15 mg/L 时能使衣服及白色瓷器等产生色斑。故规定饮水中锰含量不超过 0.1 mg/L。

(10) 铜：水中含铜 1.5 mg/L 时即有明显的金属味，超过 1.0 mg/L 时可使衣服及白瓷器染成绿色。故规定含铜量不超过 0.1 mg/L。

(11) 锌：含锌 1.5 mg/L 时水呈现浑浊，5 mg/L 时即有金属味，我国各地水中的含锌量一般很低，故规定饮用水中的含锌量不超过 1.0 mg/L。

(12) 挥发酚类：酚类化合物具有恶臭，在加氯消毒时能形成臭味更强的氯酚，且其嗅觉阀浓度较低，苯酚为 0.005 mg/L，对位甲酚为 0.002 mg/L，邻位和间位甲酚均为0.001 mg/L，根据感官性状要求，规定饮用水中挥发酚（以苯酚计）不超过 0.002 mg/L。

(13) 阴离子合成洗涤剂：目前国产合成洗涤剂以阴离子型的烷基苯磺酸盐为主。动物实验表明其毒性极低。人体摄食少量未见有害影响。但水中浓度超过 0.5 mg/L 时，能使水产生泡沫和异味。故规定其浓度不超过 0.3 mg/L。

(14) 硫酸盐：浓度超过 700 mg/L 时有轻泻作用，300～400 mg/L 时多数人感觉水有味，故规定饮水中硫酸盐（以硫酸根计）含量不超过 250 mg/L。

(15) 氯化物：氯过高会对配水系统有腐化作用。氯化钠、钾及钙盐的味阀不同，以氯化物计为 200～300 mg/L。根据其味觉阀，规定水中氯化物不超过 250 mg/L。

(16) 溶解性总固体：水中溶解性固体主要包括无机物，主要成分为钙、镁、钠的重碳酸盐、氯化物和碳酸盐。高于 1200 mg/L 时可产生苦咸味。故规定饮用水溶解性固体的含量不超过 1000 mg/L。

(17) 耗氧量：耗氧量代表水中可以被氧化的有机物和还原性无机物的总量，为生物性有机污染物的主要化学指标之一。饮用水中耗氧量高说明有机物量多，经加氯消毒后产生的有害副产物也增多，使水的致突变性增强，对人体健康有长远的影响。我国 1985 年制订的《生活饮用水卫生标准》(GB5749-85) 中，未列入耗氧量项目，但我国地表水有机物污染日益严重，而且受水土流失等因素的影响，地表面的腐殖质随着地面径流进入水体，致使地表水中的有机物浓度普遍比发达国家偏高。水源中有机物的浓度相对较高，不但会增加氯化消毒过程中的耗氧量，影响消毒效果，而且会增加氯化副产物的生成，结合我国国情，在 2001 年的《生活饮用水卫生规范》中，对饮用水中耗氧量的含量做了规定，规定生活饮用水中的耗氧量不得超过 3 ml/L。考虑到有些城市水源受污染较为严重或水源受到限制等情况，标准中留有余地，规定特殊情况下不超过 5 mg/L。

2. 毒理学指标

(1) 砷：水中含砷 1.0～2.5 mg/L 时，可以引起慢性砷中毒，含砷 0.12 mg/L 以上时饮水 10 年后可以出现慢性砷中毒或疑似病例，且发砷含量增高。我国的调查显示，饮用水含砷量 0.027～0.081 mg/L 的居民其发砷量与对照人群相比无明显差异。因此，规范规定饮用水含砷量不得超过 0.05 mg/L。

(2) 镉：大鼠饮用含镉为 0.1～10 mg/L 的水，肾、肝中镉含量均可增加。据报道某地居民长期饮用含镉 0.047 mg/L 的水，未发现任何症状。我国各地饮水镉的平均浓度几乎均低于 0.01 mg/L。1972 年世界粮农组织食品添加剂专家委员会确定从食物、水和空气中摄取镉的总量每周不得超过 0.4～0.5 mg/L。根据上述情况，我国 1985 年制订的《生活饮用水卫生标准》规定饮用水含镉量不得超过 0.01 mg/L。参照 1993 年和 1998 年世界卫生组织《饮用水水质准则》的建议值，在我国 2001 年的《生活饮用水卫生规范》中，对饮用水中镉的含量作了更为严格的规定，规定生活饮用水中含镉量不得超过 0.005 mg/L。

(3) 铬：六价铬比三价铬毒性大。动物实验表明：大鼠饮用含铬浓度为 0.45～25 mg/L

的水一年，未出现毒性反应，但饮用高于 5 mg/L 的水时，组织中含铬量明显增加。据报道某家庭饮用含铬水 0.45 mg/L 一年，经体检未出现异常。考虑饮水含量铬一般均较低，故规定饮水中六价铬含量不得超过 0.05 mg/L。

（4）氰化物：动物实验表明，氰化钾为 0.025 mg/kg 时可引起大鼠过氧化氢酶活性增高，条件反射活动异常。在浓度为 0.005 mg/kg 时无异常变化发生，此剂量相当于1 mg/L，但氰化物为剧毒物质，因此规定饮水中氰化物含量不得超过 0.05 mg/L。

（5）氟化物：水中氟化物在 0.5～1.0 mg/L 以上时，居民氟斑牙的患病率随氟化物浓度的增加而升高；水中氟化物浓度在 0.5～1.0 mg/L 及以下时，居民龋齿患病率又可随氟化物浓度的降低而有所增加。综合考虑到不同浓度氟的作用以及高氟区除氟在经济技术上的可行性，规定饮用水中氟化物含量不得超过 1 mg/L。

（6）铅：1972 年世界粮农组织和世界卫生组织专家委员会确定每人每周摄入铅的总耐受量为 3 mg。胎儿和婴幼儿对环境铅较一般人群敏感。研究证实，饮用水中铅含量为0.1 mg/L时，儿童血铅超过上限值 30μg/100 ml。调查发现，管网末梢水含铅量一般低于0.05 mg/L。故我国 1985 年制订的《生活饮用水卫生标准》（GB5749-85）规定饮用水含铅量不得超过 0.05 mg/L。参照 1993 年和 1998 年世界卫生组织《饮用水水质准则》的建议值，在我国 2001 年的《生活饮用水卫生规范》中，对饮用水中铅的含量作了更为严格的规定，规定生活饮用水中含铅量不得超过 0.01 mg/L。

（7）汞：饮水中汞主要为无机汞。国内调查饮水汞浓度几乎均低于 0.001 mg/L。基于上述资料，规定饮用水中汞含量不得超过 0.001 mg/L。

（8）硝酸盐：我国调查研究表明饮用水中硝酸盐氮含量在 14～25.5 mg/L 时，20 年来未发现婴幼儿患高铁血红蛋白血症；10～30 mg/L 时，1 岁以内婴幼儿血液中变性血红蛋白含量与对照组相比无明显差异，而大于 30 mg/L 时则有明显差异，故我国规定硝酸盐氮不得超过 20 mg/L。国外也有报道饮用水中硝酸盐氮含量高于 10 mg/L 时偶有变性血红蛋白血症病例的发生，故一些国家规定饮用水中硝酸盐氮含量不超过 10 mg/L。

（9）硒：动物实验表明摄入过量硒可发生中毒。根据硒的毒性，并结合考虑从食物中可能摄取到的硒的量，规定饮水中硒不得超过 0.01 mg/L。

（10）四氯化碳：动物实验表明四氯化碳有多种毒理学效应。我国 1985 年制订的《生活饮用水卫生标准》（GB5749-85）规定饮用水四氯化碳含量不得超过 0.003 mg/L。我国 2001 年《生活饮用水卫生规范》中，对饮用水中四氯化碳的含量作了更为严格的规定，规定饮用水中四氯化碳含量不得超过 0.002 mg/L。

（11）氯仿：水源水中含有有机前体物时，加氯消毒可形成三卤甲烷类物质，其中氯仿的含量最高。据报道，氯仿可引发动物肝癌的发生。世界卫生组织 1984 年的《饮用水水质准则》中推荐氯仿在饮用水中的限量值为 0.003 mg/L。美国规定氯仿上限值为 0.1 mg/L。我国规定饮用水中的氯仿含量不得超过 0.006 mg/L。

3. 细菌学指标

（1）细菌总数：是评价水质清洁度和考核净化效果的指标。我国 2001 年《生活饮用水卫生规范》中规定细菌总数不得超过 100 CFU/ml。细菌总数增多说明水受到微生物污染，但并不能说明其来源，实际工作中，必须结合大肠菌群指标来判断污染来源及安全程度。

（2）总大肠菌群：系指在 37℃下培养 24 小时和 48 小时后，能发酵乳糖并产酸产气的革兰阴性无芽孢杆菌。主要来自人和温血动物粪便，少数来自植物和土壤。它是评价饮用水水质的重要指标。我国《生活饮用水卫生规范》（2001）中规定任意100ml水样中不得检出总大肠菌群。

（3）粪大肠菌群：来源于人和温血动物粪便，是判断水体是否受粪便污染的重要指标。我国《生活饮用水卫生标准》（GB5749-85）未规定此项目。1994年修订标准中将该项目列为拟增项目。2001年的《生活饮用水卫生规范》中，正式将其列为常规检验项目，规定任意100ml水样中不得检出粪大肠菌群。

（4）游离性余氯：是指加氯消毒时，加氯接触一定时间后，水中所剩余的氯的量。规定管网末梢水中游离性余氯不应低于0.05 mg/L。

4. 放射性指标　正常情况下，生活饮用水中放射性浓度很低。我国生活饮用水标准采用世界卫生组织推荐值：规定总α放射性不超过0.5 Bq/L、总β放射性不超过0.5 Bq/L。

在62项非常规检验项目中，除两项属感观性状及一般化学指标外，其余皆属毒理学指标，主要包括农药、除草剂、苯化合物、微囊藻毒素-LR、氯化消毒副产物等。非常规检验项目主要是参照1993年和1998年世界卫生组织《饮用水水质准则》的建议值并结合我国的实际情况而制订的。

三、世界卫生组织和其他一些国家的饮用水水质标准

世界卫生组织制订的《饮用水水质标准》是世界各国制订国家饮用水水质标准的参考依据。世界卫生组织曾于1970年和1971年分别公布了《国际饮用水标准》和《欧洲饮用水标准》，后来又不断对这些标准进行了评价、修改和合并。20世纪80年代起，正式以《饮用水水质准则》公布。

1984年世界卫生组织《饮用水水质准则》有43项指标，其中包括细菌学指标2项，与健康相关的无机物指标9项，与健康相关的有机物指标18项，感观性状指标10项和放射性指标2项。1993年世界卫生组织对《饮用水水质准则》进行了修改，公布了《饮用水水质指南》（第二版），在原有标准的基础上增加了杀虫剂、消毒剂、消毒副产物和有机化合物的指标，水质指标数目达到135项，其中包括2项微生物学指标，36项无机物指标，31项有机物指标，6项农药指标，28项消毒剂及其副产物指标，2项放射性指标。1998年世界卫生组织又在1993年标准的基础上增加了22项指标。

美国是世界上最早制订生活水质标准的国家之一，从1914年开始制订至今，先后进行过10多次修订，每次修订后的标准项目都有大幅度增加。

1980年制订的《欧共体水质标准》（80/778EC）共61项，有微生物指标、有毒有害物质指标、感观性状指标和理化指标，是欧洲各国制订本国国家标准的重要参考。

上述三种水质标准是许多国家制订本国的国家标准的基础，在制订本国国家标准的过程中，各国均根据实际情况作了相应的修改。

第十节　分散式给水

一、水井卫生

水井的形式很多，如普通水井、手压机井、陶管小口井等。现以普通水井为例，说明对水井应有的卫生要求。

（一）井址选择

应从水量、水质及便于防护和使用等方面加以考虑。为了防止污染，水井应尽可能设在地下水污染源上游，地势高，不易积水，周围 20～30m 内无渗水厕所、粪坑等污染源。

（二）井的构造

1. 井底　用卵石和粗砂铺垫，厚约 0.5m，上设一块多孔水泥板，以便定期淘洗。

2. 井壁　可选用砖、石等材料砌成。井底以上高约 1m 的井壁，外周充填厚约 30～60cm 的沙砾，以利地下水渗入；离地面 1～3m 的井壁，周围应以粘土或水泥填实，内面用水泥沙浆抹平，以防污水渗入井内。

3. 井台　应用不透水材料建成井台，半径 1～3m，并应便于排水。

4. 井栏　一般高出地面 0.3～0.5m，以防止污水溅入和地面垃圾尘土等被风吹入井内，并保证取水方便和安全。

5. 井盖　井口最好设盖。如能修井棚或围墙，则可防止禽畜接近水井。

6. 取水设备　公用井应设公用桶，并保持桶底清洁。建议尽可能做成密封井，装置手压或脚踏式或电动式抽水泵，既方便取水，又可防止污染。

（三）井水消毒

井水需用漂白粉精澄清液消毒，尤其是在夏秋季，肠道传染病易流行，更不可忽视。一般每天两次，一次在早晨用水前，另一次在午后。如用水量大，或需控制肠道传染病流行时，消毒次数应增加。国内在采用各种持续消毒器方面，已积累很多经验，既节省了人力，又能保证持续消毒的效果。

二、泉水卫生

地下水通过地层露头、断裂或裂隙自行流出，即称泉水。泉水常出现在山坡或山脚下。水质良好、水量充沛的泉水，如取水方便，是农村饮用水的适宜水源。

在利用泉水时，可根据便于使用、防止污染等要求，修建集水池。集水池由于扩大了泉眼出口，还能增加出水量。如果集水池位置高，可利用压差，引水进村入户。必要时可在集水池中加氯消毒，防止污染。

三、地表水卫生

地表水包括江河、湖塘、水库水等。为了取得较好的水源水，以江河为水源时，宜采用分段用水，将饮水取水点设在河段上游，其下游设洗衣点、牲畜饮水点等；在池塘多的地区，可采用分塘用水，污染严重或很小的池塘不可作饮用水源；较大的湖可分区供水。同时应禁止可能污染饮水水源的一切活动。

实际上地面水难以完全避免污染。因此，应根据实际情况，加强净化和消毒，以下办法可供参考。

（一）岸边砂滤井

原水由进水管引入砂滤井，过滤后进入清水井。砂滤井底部铺 15cm 厚的卵石（粒径 15～25mm），其上铺 70cm 厚的砂层（粒径 0.3～0.5mm）。砂滤井和清水井均应设盖。清水井中的水，需用漂白粉精澄清液消毒。

（二）砂滤缸（桶）

自上而下铺卵石 10～15cm，棕皮两层，沙子 40cm，棕皮两层，卵石 5cm。砂滤缸

（桶）主要靠砂层滤水。底层和上层的卵石作承托和防止冲刷的作用，也可改用多孔板。初用时出水往往浑浊，需过滤一段时间后，水才会变清。使用期间，应使砂层上面经常保持一层水，以防止空气进入滤层，影响过滤效果。砂滤缸使用一段时间后，砂层会逐渐堵塞，使出水量减少或净水效果下降。当堵塞严重时，应进行清洗。

（三）缸水混凝沉淀

一般均用明矾做混凝剂。可利用加矾筒加药。将明矾放入特制的竹筒内，在缸水中搅拌，使其溶解，并通过加矾筒四周的小孔流出，与水混匀。待出现矾花时取出加矾筒，静置30～60min后，用吸泥筒吸出缸底污泥。如此重复几次，即可将缸底污泥基本吸尽。

水质经沉淀和过滤后，还需用漂白粉液消毒，其用量以接触30min后能嗅到轻微的氯臭为宜。

四、雨雪水的收集

在缺水地区，常用水窖收集贮存雨雪水。水窖由集水区和窖身组成。集水区常利用屋顶，屋顶以水泥被覆的平顶为佳。雨前将屋顶上的尘土扫除，初雨时，收集到的水不够清洁，应从收集管侧道排走，待流下清洁水时，再收集到水窖内。水窖以修建在地下或半地下为宜。窖身容积可按每人每日需水10L、饮水人数和贮存天数计算。水窖上要设有严密的盖和通气管，以防周围环境的污染。比较长时期的储存要采用储水的防腐消毒措施。

第十一节　涉及饮用水卫生安全产品

涉及饮用水卫生安全产品（简称涉水产品）是指在饮用水生产和供水过程中与饮用水接触的连接止水材料、塑料及有机合成管材、管件、防护涂料、水处理剂、除垢剂、水质处理器及其他新材料和化学物质。随着科学技术的进步和对外交流的扩大，涉及饮用水卫生安全产品的种类和数量不断增多，出现的卫生问题也随之增多。因此，加强对涉水产品的监督监测、评价管理，对于提高水质卫生质量，保障人体健康具有重要意义。

一、涉水产品存在的卫生问题

1. 水质处理器　又称饮水处理器，是指以市政自来水为进水，经过进一步处理，意在改善饮用水水质，降低水中有害物质，或增加水中某种对人体有益成分为目的的饮水处理装置。按其功能一般分为：一般净水器、矿化水器、纯水器和特殊净水器（如除铁、除锰、除氟、除砷净化器）等。

水质处理器的主要组成部分是与饮水接触的成型部件和过滤材料。成型部件如果没有足够的化学稳定性，与水接触后，一些化学成分会逐渐溶解到饮水中，对人体产生危害。过滤材料主要以活性炭为主，它的优点是吸附效果好，可吸附水中有机物，对水的浊度、色度、铁、酚、氟、砷、汞、铝、氯仿、四氯化碳、余氯均具有明显的降低作用。所存在的问题是作用一定时间后，活性炭上易繁殖细菌，使出水中细菌数增加；进水中如有氨氮，经过活性炭氧化作用，可使出水中亚硝酸盐浓度增加。一些水质处理器的过滤材料载有杀菌或抑菌成分，使用较多的有三碘树脂、五碘树脂和KDF（Kinetic Degradation Fluxion，俗称黄金碳）等。碘树脂是利用释放出碘离子以达到杀菌作用，但出水中碘含量难以控制。KDF是一种体积形状不一的高纯度锌铜合金粒，它可除去水中余氯、硫化物及重金属，同时释出Zn^{2+}

而达到杀菌灭藻作用，但往往使水中锌含量增加。此外，一些过滤材料，如膜过滤、分子筛、陶瓷等过滤器，如不能达到额定水总量内的流速，会影响饮用水中所含成分的含量及感官性状和安全性。

纯净水是通过蒸馏法、反渗透器法和电渗析器法等由原水加工制成的可直接饮用的水，它既除去了水中的杂质，又保留了活性氧成为活性水，具有渗透力强、溶解度高等特性，有利于肝病、肾病和心血管病患者。但纯净水在去除细菌、杂质的同时，去除了对人体有益的微量元素和无机矿物质。如长期饮用会造成体内营养失衡，同时还会使人体自制纯水的器官如胃粘膜、血管壁、肝脏、肾脏等功能退化。对那些营养并不富余，且仅从比较单调的食物中获取人体所必需的矿物质的人来说，长期饮用纯净水对健康不利。

2. 生活饮用水输配水设备　是指与生活饮用水接触的输配水管、蓄水容器、供水设备、机械部件（如阀门、水泵、水处理剂加入器等）。

（1）给水用塑料管材、管件：该类产品是以合成树脂为主要原料，添加适量的增塑剂、稳定剂、抗氧化剂等助剂，国内常用的有聚氯乙烯、聚乙烯、聚丙烯管材、管件等。此类产品应注意：塑料本身的毒性；助剂的毒性；未聚合物及裂解产物的毒性和接触饮用水后有害物质向饮用水迁移等问题。

聚氯乙烯（PVC）由氯乙烯单体聚合而成，聚合过程中的副产物为二氯乙烷。聚氯乙烯树脂本身无毒，但所残留的催化剂及二氯乙烷均有一定毒性。尤其是氯乙烯单体具有致癌性。

聚氯乙烯塑料的添加剂有增塑剂、稳定剂、着色剂和抗氧化剂等。比较安全的增塑剂有邻苯二甲酸二辛酯、磷酸二苯一辛酯、癸二酸二丁酯等，但磷酸三甲酚酯的毒性较大，邻苯二甲酸二己酯、邻苯二甲酸二甲氧乙酯有致畸作用，应禁止用于给水管材、管件生产。一般钙锌稳定剂，各国都认为可以使用，但铅镉的毒性较大，应注意其向水中的迁移量。

聚乙烯和聚丙烯管材、管件是较安全的产品，应注意的卫生问题是用废品回收的聚乙烯和聚丙烯制作的给水用管材、管件。

（2）玻璃钢及其制品：以合成树脂为粘合剂、玻璃纤维及其制品做增强材料而制成的复合材料，称为玻璃纤维增强塑料。因其强度高，可以和钢铁相比，故又称玻璃钢。目前在涉及饮用水卫生安全产品中，玻璃钢主要用于制作水箱、输配水管道、水厂沉淀池的斜板、斜管等。

玻璃钢的主要卫生问题是所使用的树脂及助剂化学结构成分复杂，若固化不完全，在使用过程中可迁移到饮用水中。

（3）橡胶制品：用于涉水产品的橡胶产品有各种垫片、密封圈（条）、储水袋等。橡胶制品的主要卫生问题是所用的助剂和裂解产物，因其化学结构复杂，在使用过程中可迁移到饮用水中造成饮用水污染。

3. 涂料　为防止容器内壁与食品、饮用水接触受到腐蚀，造成食品、饮用水污染，需在容器内壁涂上涂料。目前使用较多的涂料有聚酰胺环氧树脂、氰凝、聚四氟乙烯、环氧酚醛等。环氧树脂涂料的主要类型是以双酚 A 与环氧氯丙烷聚合而成，聚合程度不同，分子量大小也不同。从卫生学角度看，分子量越大（即环氧值越小）的越稳定，越不易溶出迁移到食品和饮水中。在涂料加工中，所用助剂是否选择无毒或低毒的溶剂、增塑剂应引起足够的重视。

4. 水处理剂　包括混凝、絮凝、助凝、消毒、氧化、pH 调节、软化、灭藻、除垢、除氟、除砷、氟化、矿化等用途的生活饮用水化学处理剂。此类产品的卫生安全性取决于产品的原料、配方和生产工艺，如原料选择不当（如使用回收废料及工业再生材料），或生产条件简陋，不能保证产品的质量，在使用过程中，会把一些有害物质如砷、镉、铬、铅、银、硒、汞、有机物，甚至一些放射性物质带入饮用水中，从而对人体健康造成危害。

二、涉水产品的卫生监测和评价

《生活饮用水卫生监督管理办法》规定："涉及饮用水卫生安全的产品，必须进行卫生安全性评价。"其中由卫生部审批的产品是：①与饮用水接触的防护涂料；②水质处理器，包括个人、家庭、团体用的各类水质处理器；③与饮用水接触的新材料和化学物质；④涉及饮用水卫生安全的各类进口产品。由省级人民政府卫生部门审批的产品是：①与饮用水接触的连接止水材料、塑料及有机合成管材、管件，各类饮水机；②水处理剂；③除垢剂。未经审批的不得生产、销售和使用。

1. 生活饮用水输配水设备及防护材料　凡与饮用水接触的输配水设备必须按安全性评价的规定进行浸泡试验，浸泡水的检验结果必须分别符合表 7-6 和表 7-7 的规定。如果在浸泡水中的溶出物质未规定最大容许浓度时，应进行毒理学试验，确定其在饮用水中的限值，以便决定该产品可否投入使用。同时结合产品质量标准中的卫生性能指标，有的产品还需结合质量指标进行综合评价。如对给水用聚氯乙烯管材、管件的卫生学评价，除包括浸泡试验结果、产品卫生性能外，应结合产品的壁厚偏差、弯曲度和物理、力学性能进行综合评价，做出是否为合格产品的结论，以避免产品壁厚、弯曲度、物理、力学性能不合格，使用不久即出现裂管，导致外来污水污染水质等卫生问题。

表 7-6　浸泡试验基本项目的卫生要求

项目	卫生要求
色	增加量≤5 度
浑浊度	增加量≤0.2 度（NTU）
臭和味	浸泡后水无异臭、异味
肉眼可见物	浸泡后水不产生任何肉眼可见的碎片杂物等
pH 值	改变量≤0.5
溶解性总固体	增加量≤10 mg/L
耗氧量	增加量≤1（以 O_2 计，mg/L）
砷	增加量≤0.005 mg/L
镉	增加量≤0.0005 mg/L
铬	增加量≤0.005 mg/L
铝	增加量≤0.02 mg/L
铅	增加量≤0.001 mg/L
汞	增加量≤0.0002 mg/L
三氯甲烷	增加量≤0.006 mg/L
挥发酚类	增加量≤0.002 mg/L

表 7-7　浸泡试验增测项目的卫生要求

项目	卫生要求
铁	增加量≤0.06 mg/L
锰	增加量≤0.02 mg/L
铜	增加量≤0.2 mg/L
锌	增加量≤0.2 mg/L
钡	增加量≤0.05 mg/L
镍	增加量≤0.002 mg/L
锑	增加量≤0.0005 mg/L
四氯化碳	增加量≤0.0002 mg/L
邻苯二甲酸酯类	增加量≤0.01 mg/L
银	增加量≤0.005 mg/L
锡	增加量≤0.002 mg/L
氯乙烯	材料中含量≤1.0 mg/kg
苯乙烯	增加量≤0.002 mg/L
环氧氯丙烷	增加量≤0.002 mg/L
甲醛	增加量≤0.05 mg/L
丙烯腈	材料中含量≤11 mg/kg
总 α 放射性	不得增加（不超过测量偏差的 3 个标准差）
总 β 放射性	不得增加（不超过测量偏差的 3 个标准差）
苯	增加量≤0.001 mg/L
总有机碳（TOC）	增加量≤1 mg/L
受试产品在水中可能溶出的其他成分	根据国内外相关标准判定项目及限值，无相关标准可依的，按附录二进行毒理学试验确定限值。毒理学指标应不大于限值的十分之一。

2. 饮用水化学处理剂　饮用水化学处理剂种类很多，因直接投加到水中，与人体健康关系更加密切，因此应进行采样检验和安全性评价。一般来讲，生活饮用水化学处理剂在规定的投加量使用时，处理后的一般感官性状指标应符合《生活饮用水水质卫生规范》(2001)的要求。如果饮用水化学处理剂带入饮用水中的有害物质是《生活饮用水卫生标准》中规定的物质时，该物质的容许量不得大于相应规定值的 10%，该物质分为四类：①金属：砷、硒、汞、镉、铬、铅、银；②无机物；③有机物；④放射性物质。如果带入饮用水中的有害物质在《生活饮用水卫生标准》中未做规定时，可参考国内外标准判定，其容许限值不得大于相应限值的 10%。如果带入饮用水中的有害物质无依据可确定容许限值时，需进行毒理学试验，确定该物质在饮用水中最高容许浓度，其容许限值不得大于该容许浓度的 10%。同时结合产品质量标准中的卫生性能指标进行综合评价。

3. 水质处理器　水质处理器所用材料必须严格按照 2001 年卫生部颁布的《生活饮用水水质处理器卫生安全规范》的要求进行检验和鉴定，符合要求的产品方可使用。用于组装饮用水水质处理器和直接与饮水接触的成型部件及过滤材料，应该按照卫生部《水质处理器中与水接触的卫生安全证明文件的规定》提供卫生安全证明文件，否则必须进行浸泡试验。一般净水器的浸泡后水与纯水比较，增加量不得超过表 7-8 中所列限值；纯净水器的浸泡后水与原有纯水比较不得超过表 7-9 中所列限值；特殊净水器和矿化水器的卫生安全与功能评价，按《饮水处理器卫生安全与功能评价》规定的有关条款执行。

表 7-8　净水器卫生安全性评价浸泡水水质卫生要求

指标	卫生要求
感官性状指标	
色度	增加量≤5 度
浑浊度	增加量≤0.5 度（NTU）
臭和味	无异臭和异味
肉眼可见物	不产生任何肉眼可见的碎片杂物等
一般化学指标	
耗氧量	增加量≤2（以 O_2 计，mg/L）
毒理学指标	
铅	增加量≤0.001 mg/L
镉	增加量≤0.0005 mg/L
汞	增加量≤0.0002 mg/L
铬（六价）	增加量≤0.005 mg/L
砷	增加量≤0.005 mg/L
挥发酚类	增加量≤0.002 mg/L
微生物指标	
细菌总数	≤100 CFU/ml
总大肠菌群	每 100 ml 水样不得检出
粪大肠菌群	每 100 ml 水样不得检出
其他指标	
银	≤0.05 mg/L
碘	不得使水有异味
其他	不得超过《生活饮用水水质卫生规范》（2001）的要求

表 7-9　纯净水器的出水水质指标限值

指标	卫生要求
色度（度）	≤5
浑浊度（度）	≤1
嗅和味	不得有能察觉的嗅和味
肉眼可见物	不得含有
pH 值	高于 5.0
铅（mg/L）	≤0.01
砷（mg/L）	≤0.01
挥发性酚类（以苯酚计）（mg/L）	≤0.002
耗氧量（mg/L）	≤1.0
三氯甲烷（μg/L）	≤15
四氯化碳（μg/L）	≤1.8
细菌总数（CFU/ml）	≤20
总大肠菌群（CFU/ml）	0（滤膜法）
粪大肠菌群（CFU/ml）	0（滤膜法）

除上表所列指标外，其他项目均不得超过《生活饮用水卫生规范》（2001）中所规定的限值。

三、涉水产品的卫生毒理学评价程序和方法

为了保证涉水产品在使用中的安全性，除了对其基本项目进行监测和评价外，还应对其进行卫生毒理学评价。当生活饮用水输配水设备、水处理材料和防护材料在水中溶出的有害物质未规定最大容许浓度时，或生活饮用水化学处理剂带入饮用水中的有害物质凡在《生活饮用水水质卫生规范》（2001）和有关卫生标准中未做规定时，需通过下列程序和方法确定其在饮用水中的限值。

根据涉水产品在水中溶出物质的浓度，分四个水平进行毒理学试验，以确定其在水中的最大容许浓度。

（一）水平Ⅰ　有害物质在饮用水中的浓度<10μg/L。

（1）毒理学试验：包括以下遗传毒性试验各一项：基因突变试验（Ames 试验）和哺乳动物细胞染色体畸变试验（体外哺乳动物细胞染色体畸变试验、小鼠骨髓细胞染色体畸变试验和小鼠骨髓细胞微核试验）。

（2）结果评定：如果上述两项试验均为阴性，则该产品可以投入使用，如果上述两项试验均为阳性，则该产品不能投入使用，或者进行慢性（致癌）试验，以便进一步评价；如果上述两项试验中有一项为阳性，则需选用另外两种遗传毒理学试验作为补充研究，包括一种基因突变试验和一种哺乳动物细胞染色体畸变试验。补充研究的两项实验结果均为阴性，则产品可以投入使用，若有一项阳性，则不能投入使用，或进行慢性（致癌）试验，以便进一步评价。

（二）水平Ⅱ　有害物质在饮用水中浓度≥10μg/L～<50μg/L。

（1）毒理学试验：包括水平Ⅰ全部试验和大鼠 90 天经口毒性试验。

（2）结果评价：对水平Ⅱ中遗传毒理学试验的评价同水平Ⅰ；通过大鼠 90 天经口毒性试验，确定有害物质在饮用水中的最高容许浓度（根据阈下剂量，安全系数可选用 1000）。当有害物质在水中的实际浓度超过最大容许浓度时，不能通过。

（三）水平Ⅲ　有害物质在饮用水中的浓度≥50μg/L～<1000μg/L。

（1）毒理学试验：包括水平Ⅱ全部试验和大鼠致畸试验。

（2）结果评价：对水平Ⅲ遗传毒理学试验的评价同水平Ⅰ。通过大鼠 90 天经口毒性试验和大鼠致畸试验，确定有害物质在饮用水中的最高容许浓度（大鼠 90 天经口毒性试验：根据阈下剂量，安全系数可选用 1000；致畸试验：根据阈下剂量，安全系数可选用范围 100～1000）。当有害物质在水中的实际浓度超过最大容许浓度时，不能通过。

（四）水平Ⅳ　有害物质在饮用水中的浓度≥1000μg/L。

（1）毒理学试验：包括水平Ⅲ全部试验和大鼠慢性毒性试验。

（2）结果评价：当致畸试验结果为阳性时，不能通过；当致癌试验和遗传毒理学试验结果综合评价有害物质有致癌性时，不能投入使用。根据大鼠致畸试验和慢性毒性试验，确定有害物质在饮用水中的最高容许浓度（慢性毒性试验：根据阈下剂量，安全系数可选用 100）。当溶出物在水中的实际浓度超过最大容许浓度时，不能投入使用。

第十二节　饮用水的卫生防护及其卫生调查、监测和监督

一、饮用水的卫生防护

主要是有关管网系统的防护，应注意以下几个方面：

1. 清洗和消毒　管内壁因逐渐腐蚀而产生积垢；管线盲端因水流停滞，余氯不足而致细菌繁殖；贮水设备长期不洗；污水漏入等原因均可造成管道内水质不良，因此凡是有可能积水的管段都必须定期冲洗。管线过长时应采用中途加氯；管道检修后应充分冲洗和消毒。

2. 检漏　水管质量差或使用期过长而破损；管线接头不严密；阀门锈蚀、磨损，均可造成管道漏水。检漏的方法，有直接观察、深夜听漏以及用半导体检漏仪探漏等。

3. 管网内必须维持一定水压，防止因缺水、断水时造成负压，导致反虹吸和吸入地下污水。

二、饮用水的卫生调查、监测和监督

（一）水源卫生调查

在选择水源时，卫生部门应配合有关部门，对可能选择的多个水源进行较长时间的卫生调查和水质监测，并根据《生活饮用水水源保护区污染防治管理规定》的要求，划定生活饮用水水源防护区，制订水源卫生防护措施。对已投入使用的水源则主要检查取水点及水源卫生防护的执行情况，必要时应检测水源水质。如水源水质发生变化，应查明原因，并采取相应措施。如发现污染源时，应监督有关单位限期清除。

（二）水厂调查

对预建水厂应从水源卫生防护地带划定，到供水系统的净化，配水管网的全部设计，给予全面审议，着重注意构造和功能上能否满足水量的要求，水质是否符合卫生要求，水厂将来有无扩充余地。在验收时应注意各种设备是否符合原设计的卫生要求。

对已建水厂调查主要包括：①取水、输水、蓄水、净化消毒以及输配水过程中管理制度及执行情况；②输配水设施，防护材料和水处理剂有无污染水质，是否进行过安全评审；③有关人员特别是直接从事供水、管水人员有无定期体检制度和上岗体检合格证，发现带菌者和传染病是否及时调离工作；④水厂能否对水质进行日常性检验，检验资料是否定期向卫生部门、建设部门报送。

（三）水质监测

水质质量直接关系到居民健康。我国生活饮用水卫生标准和规范中规定：卫生部门根据需要应对集中式供水单位以及自备供水单位的供水系统的水质进行定期抽查，并负责水质分析的质量控制。

城镇集中式供水的采样点数，一般按供水人口每 2 万人设 1 个点计算。供水人口在 20 万以下、100 万以上时，可酌量增减。采样点应设在水源、出厂水及居民经常用水的地点，并应有一定的点数选在水质易受污染的地点，如管网末梢和陈旧部分。每个采样点每月采样不少于 2 次。检验项目：细菌学指标、浑浊度和肉眼可见物为必测项目。其他指标可根据当地水质情况和需要选定。对水源水、出厂水和部分有代表性的管网末梢水至少每半年进行一次常规检验项目的全分析。对于非常规检验项目，可根据当地水质情况和存在问题，具

体确定检验项目和频率。当检测指标超过规定限值时，应立即重复测定，并增加监测频率。连续超标时，应查明原因，并采取有效措施，以防止对人体健康造成危害。在选择水源时或水源情况有改变时，应测定常规检测项目全部指标及该水源可能受某种成分污染的项目。具体采样点的选择应由供水单位与当时卫生监督机构根据本地区具体情况确定。

出厂水必须每日测定一次细菌总数、总大肠菌群、粪大肠菌群、浑浊度和肉眼可见物，并适当增加游离性余氯的测定频率。供水单位所得结果应定期报送卫生部门审查、存档。卫生部门应对水源水、出厂水和居民经常用水点进行监测，并应作出水质评价。

农村饮水水质监测可根据卫生部农村 30 个监测点（县）饮水水质及水性疾病监测方案规定进行。

（四）水性疾病的监测

介水传染病主要收集、汇总本年度疫情资料，调查核实因饮水而引起的爆发性传染病的次数、时间、发病人数以及经济损失。水性地方病主要收集、汇总当地地方病资料中记载的患者的病史、病情以及饮水水质、改水后的病情变化。

（五）饮用水卫生监督

根据《生活饮用水卫生监督管理办法》卫生部门大致进行下列几方面的监督工作：①参与新建、改建、扩建饮用水工程项目的预防性卫生审查，包括水源选择、水厂选址、取水设备、净水工艺过程、消毒设备和配水系统的设计审查、竣工验收等工作；②对供水单位实行《卫生许可证制度》，供水前进行水质检验确认水质完全符合卫生标准后，才能给供水单位签发卫生许可证；③监督供水单位执行《饮用水水质卫生标准》及《卫生规范》情况，加强饮用水水质与水性疾病的监督工作，建立介水传染病或饮用水化学中毒病例的报告制度，对饮用水污染事件造成的人体健康影响进行调查和处理；④对直接从事供水的供、管人员，包括二次供水清洗消毒人员进行定期体检和卫生知识的培养，供、管人员必须取得体检合格证后，才能上岗操作，患有有碍饮用水卫生疾病者或病原体携带者，不得从事供、管水工作。

第十三节　水污染事故应急处理原则

一、水体污染紧急事故处理

当发生水体污染紧急事故时，应采取以下几方面的紧急措施：

1. 尽快找出水污染紧急事故排放源，弄清污染物的种类、性质、毒性大小，估计污染物的排放量及水体受污染的程度及范围，及时向有关部门通报，并建议主管部门下令立即停止事故性废水排放。必要时应封锁水源取水口。

2. 采集排放源废水、受污染水域及邻近水域的水样进行检验分析，查明污染区内及其邻近的生产、生活用水取水点水质受事故排放影响情况，必要时应采取相应措施，确保生活用水安全性。当发生生物性污染事故时，要重点预防介水传染病的爆发和流行。

3. 废水排放事故若波及养殖水体时，会导致鱼虾等具有经济价值的水生物大量死亡而造成经济损失，此时必须尽早发现污染源，采取有效措施，使损失减少到最低程度。

二、饮用水污染事故发生后的紧急处理

饮用水污染后特别是集中式供水源受污染后，可引起介水传染病或中毒事件的发生，为

此应采取以下紧急措施，控制事故进一步发展。

1. 迅速组织力量赶赴现场，了解事故发生地点、时间、原因、过程等，查明污染来源、污染途径及污染物种类、性质，及时向有关部门报告，并通知当地和邻近地区的医疗单位开展必要的救护措施。

2. 通知有关供水单位，迅速采取控制措施和临时供水措施，并通过多种途径向居民通告在污染事故未解除前，不得擅自饮用污染水。

3. 制订水质监测方案，进行采样分析，及时掌握水质污染程度与扩散趋势。注意发现供水区内人群中所发生的健康异常现象，配合医疗单位做好病人的治疗工作，采取一切可能措施减少、控制、消除污染物污染范围和程度，对污染范围广、危害严重的事故要通知邻近地区以便采取必要的防范措施。

4. 事故处理结束后，要写出事故报告书，上报有关单位和部门，分析发生原因，总结处理经验，提出防治对策和措施等。

三、洪涝灾害期间饮水卫生应急措施

洪涝灾害可造成洪水淹没厕所、粪缸、垃圾堆和牲畜圈，使大量的人畜粪便、动物尸体进入水中，导致有机物浓度急剧增加，微生物污染严重。一些存放农药、化肥及有害化学品的仓库被淹或工业废水废渣进入水体，致使某些有害化学物质溶于水中。为此必须采取一些应急措施，确保饮水卫生。

1. 加强水源防护，重点保护已有的集中式供水水源。洪水围困时应尽可能地保护水源，控制污染，如将水源卫生防护带内有受淹危险的有害物质和有毒物质及时迁移至安全地带；突击清除带内垃圾堆；迁移或处理粪缸和牲畜；打捞动物尸体和水面漂浮物等。对地下水源设施（构筑物）要筑坝防止被洪水淹没；及时抢救被损坏的净化设施和管网；清洗和消毒受淹的蓄水池，并根据水质污染程度，调节净水剂和消毒剂的投加量，其目的使已有的集中式供水能恢复正常的运转，保证水质安全。

2. 运送安全卫生饮用水或接引自来水。在灾区饮水已遭到生物性和化学性严重污染时，或者有的地区供水设备已受到不同程度破坏时，无法供应安全饮水，此时，必须从外地运进安全卫生水或者接引无污染的自来水。

3. 强化饮水净化消毒。受灾期间，居民居住拥挤，环境卫生条件差，加上灾害特殊情况，人群抵抗力普遍降低，容易感染各种介水传染病，此时必须强化饮水净化消毒意识和措施，分发家庭或个人净化剂和消毒剂，提倡不喝生水。

4. 采用可移动的水质净化设施，建立临时小型水厂。根据水源选点及取水点的原则，在江河的上游或者在山区泉水水源处，采用轻便不渗水的材料，如塑钢拼构成小型混凝沉淀池、过滤池和消毒池，组成临时水厂供水，或在有条件地方采用活性炭等一体化净化装置，以改善饮水水质。

5. 加强水质监测及对净水消毒剂、设备等的检定和管理工作。要保证水质质量，必须进行经常性水质检验，可采用一些快速或简易检验方法，了解水源水质污染状况及动态变化。对与饮用水接触的管材、涂料和设备进行卫生质量评审，防止其对饮用水污染。对净水消毒剂要保证其净化消毒效果，并注意二次污染问题。

（邓芙蓉）

思考题

1. “三氮”的卫生学意义是什么？
2. 水体污染的自净方式主要有哪些？
3. 试述水体污染的主要来源，并举例说明其危害。
4. 什么是生物地球化学性疾病？试举例说明。
5. 什么是隐孢子虫病？
6. 影响氯消毒效果的因素有哪些？
7. 涉水产品存在的卫生问题有哪些？

第八章　土壤与健康

土壤是陆地表面生长植物的疏松层，由地壳表层的岩石经过长期的风化和生物学的作用形成的。它和空气、水一样，是自然环境的重要组成部分，也是人类赖以生活和生产活动的重要环境因素。土壤是联系有机界和无机界的中心环节；是陆地生态系统的核心及其食物链的首端；又是许多种有害废弃物的处理场所和容纳场所。

人们对土壤与健康关系的认识和研究，与大气和水相比，迟缓得多，也困难得多。大气污染和水质污染的研究已有近百年的历史，而土壤污染的研究则于 20 世纪 50 年代才开始。土壤与健康这样一个重要问题的被忽视，往往是研究人员误认为土壤不像空气和水那样直接进入人体而无关紧要。实际上，环境是一个整体，大气、水和土壤是息息相关的地理环境要素，现在污染已遍布整个生态环境，污染物质在这三大环境要素之间相互转化和迁移，往往形成污染循环，一个方面的变化就可能影响到整个系统。所以，没有卫生的土壤，就不可能有卫生的空气、水和食物。

第一节　土壤卫生

土壤卫生是利用土壤学、土壤生物地球化学和土壤生态学的知识，从卫生学观点来研究环境与人体健康的关系，从而为揭示土壤环境因素的变化对人体影响可能产生的后果提供科学依据。

一、土壤的组成

土壤是由固相、液相和气相物质组成。

1. 土壤固相　包括土壤颗粒、土壤有机质和土壤微生物。在固相中矿物质约占 90%，有机成分占 10%左右。土壤颗粒含量约占土壤总干重的 80%～90%，因此固体颗粒是组成土壤的物质基础。

2. 土壤液相　即土壤水分，是土壤的一个重要组成部分，它参与土壤中的物质转化过程和植物生命活动的新陈代谢作用。

3. 土壤气相　土壤空气经常存在于土壤孔隙中，与土壤水分经常处于相互消长的运动过程。土壤空气是植物、土壤微生物生长发育必不可少的因素。

二、土壤的物理学、化学、微生物学性状及其放射性

（一）土壤的物理学性状

1. 土壤颗粒　土壤颗粒（soil particle）是组成土壤的物质基础，土壤颗粒的大小和排列状态决定着土壤的孔隙率、透气性、渗水性、容水性和土壤的毛细管现象等许多物理特性，影响土壤的卫生状态。根据粒径不同，分为石砾、砂粒、粉粒和粘粒四个基本的土壤粒级（soil particle classification），见表 8-1。

表 8-1 我国土壤颗粒成分分级标准

颗粒名称		颗粒粒径（mm）
石块		>10
石砾	粗砾	10～3
	细砾	3～1
砂粒	粗砂粒	1～0.25
	细砂粒	0.25～0.05
粉粒	粗粉粒	0.05～0.01
	细粉粒	0.01～0.005
粘粒	粗粘粒	0.005～0.001
	细粘粒	<0.001

引自：陈学敏主编《环境卫生学》，2001

根据土壤中各种粒径的颗粒所占的不同百分比，又可将土壤质地分别命名为砂土、壤土和粘土。砂土（颗粒组成中0.05～1mm的砂粒占50%以上）的透气性好，排水性能强，有机物分解快，卫生学上优点较多；粘土（<0.001mm的颗粒占30%以上）的容水性强，透气性差，有机物在粘土中无机化速度较慢。壤土则介于二者之间，其卫生学特征为既能通气透水，又能蓄水。

2. 土壤水分　土壤水分（soil water）在卫生学上有重要意义。土壤水分是指土壤孔隙中的水分，它主要来源于地面的雨雪水。

（1）土壤的容水量：容水量是指一定容积的土壤中含有水分的量。土壤颗粒越小，孔隙也越小，其孔隙总容积就越大，保持水分的能力就越强，容水量就越大。一般来说，粗砂的容水量为20%左右，细砂可达65%，粘土可达70%。土壤中腐殖质多，则容水量也大。土壤容水量大，则透气性和渗水性不良，不利于建筑物防潮和有机物的无机化。

（2）土壤渗水性：渗水性是指水分渗过土壤的能力。土壤颗粒越大，渗水越快，土壤越容易保持干燥。但渗水过快，则地面污染物容易渗入地下水源中，不利于水源防护。

（3）土壤的毛细管作用：土壤中的水分沿着孔隙上升的作用，称为土壤的毛细管作用。毛细管作用的大小取决于土壤孔隙的大小，土壤孔隙越小其毛细管作用越大，如泥炭土中水分能上升5～6m，粘土为1.2m，砂土为0.3～0.5m。沼泽地带的形成、建筑物地面和墙壁的潮湿现象等都与土壤的毛细管作用有关。

所有的无机和有机物质都能或多或少地溶解于水中。除可溶解的物质外，不溶解的悬浮物质、胶体物质和生物等均可能混入水中。所以当雨水、降雪或灌溉水进入土壤后，经土层渗透到地下水或沿表面流入地面水体（“地层含水情况”详见“水与健康”一章中的图7-1），使水中富含各种有机和无机物质。土壤环境与人体健康主要是通过水而发生了联系，如对水质盐分、微量元素和有机物污染等问题的解决，则需要有土壤相关知识加以解释，因此，环境健康学的相当部分是研究水的卫生问题。

3. 土壤空气　在土壤颗粒间的孔隙中充满着土壤气体和水分。土壤空气（soil air）的组成成分在土壤上层与大气相似，而进入深层，氧气逐渐减少，二氧化碳增加。在厌氧菌占优势的深层土壤空气中，氧的含量可降至0.01%，二氧化碳含量可为大气中二氧化碳的数十倍。这是因为土壤中的有机物要消耗氧气并排出二氧化碳。土壤空气中尚可含有氨、硫化氢、一氧化碳、甲烷等气体。土壤空气中各种成分的数量受土壤污染程度、土壤生物化学过程和与大气交换的影响而有所变化。

当大气压力和土壤表面温度发生变化时，土壤气体和大气就会发生交流。如在挖沟、掘井作业时，土壤中有害气体可逸出土层，弥散在人的呼吸带周围，使作业人员发生中毒。土壤空气可通过各种途径影响着居住区大气和室内空气的成分，如渗入地下室、防空洞、隧道、地铁内，从而对居民健康产生各种影响。土壤表面形成的尘土也可以污染大气，直接作用于人体呼吸道。

在选择建筑地段和规划居民区时，土壤性质也是必须考虑的主要因素之一。

（二）土壤的化学性状

1. 土壤的无机成分　土壤中的无机成分来自岩石风化的产物，即成土母质中的矿物粒子，其结合或化合的状态是多种多样的，其组成由地壳岩石的组成所决定，构成土壤的主要元素含量百分比与其在地壳中相类似。

土壤通过食物链构成了与人体进行物质交换的重要物质环境。在生物地球化学物质循环中，生命元素和地球化学元素之间保持着动态平衡。在维持生物体正常机能所必需的元素中，常量元素一般情况下不会缺乏，而土壤中微量元素的分布却很不均匀，存在着地区间的差别。当地球化学元素的不足或过多超出人体调节适应的范围时，体内平衡会遭到破坏，人体就会处于病态，甚至发生某些生物地球化学性疾病，如碘缺乏引起的碘缺乏病，氟过多引起的地方性氟病。此外，从流行病学调查资料和临床、病理方面证明，人体某些疾病的分布与某些微量元素的分布有一定的规律性，如克山病和大骨节病的分布与发病地区的地表易溶元素的强烈流失之间存在着规律性的联系。

2. 土壤的有机成分　土壤有机物包括动植物死亡以后遗留在土壤的残体，以及经过微生物作用所形成的腐殖质。腐殖质（humus）是黑色胶体物质，其基本成分是纤维素、淀粉、糖类、油脂、蛋白质等。在这些成分里，包含有大量的碳、氢、氧、氮、硫、磷和少量的铁、镁等元素。腐殖质是植物和微生物的营养来源，同时对土壤结构的形成、土壤理化性质的改善等极为重要。

（三）土壤的微生物学性状

土壤是地壳表面的一层疏松物质，内含矿物质、有机物、空气和水分，是微生物最稳定、最主要的天然栖息场所。土壤微生物在土壤中的分布很广，但以表层为最多。1 克土壤中，微生物的数目可达数千万至数百亿个，土壤越肥沃，微生物数量也越多。

土壤中的微生物可划分为土著者和外来者。土著微生物包括细菌、放线菌、真菌、藻类、原生动物和病毒（以各类细菌的噬菌体为多见）。它们之间相互影响，参与群落中的生物化学活动，在土壤物质转化中具有多重作用。外来微生物可随着雨水、病死动物、堆肥或被污染的水体进入土壤，并可能将病原微生物带入。这些外来微生物不参与群落活动，由于环境条件的不适应性，有些很快会从土壤生态系统内消亡，有些则可能以休眠状态在土壤中存留一段时间，有的甚至在短期内可能生长。

土壤中微生物的类型有：

1. 细菌　细菌是土壤微生物中种类最多、数量最大、分布最广的一类。根据细菌的营养方式又可分为自养型和异养型，土壤中多数细菌属异养型的；根据它们对空气条件的要求，又可分为需氧性和厌氧性两类。土壤中多数细菌属兼氧性细菌，在氧气充足或缺氧的条件下均能生活。

2. 真菌　真菌基本上是需氧性的，因此常聚集在土壤表层活动。由于它具有复杂的酶系统，分解有机质的能力也特别强，是木本植物残体的主要分解者。

3. 放线菌　放线菌在土壤中数量大，占土壤微生物的20%～30%。放线菌是需氧性微生物，依靠分解有机物为主，分解纤维素和含氮有机物以及转化各种盐类的能力较大。放线菌的代谢产物中有许多抗生素和激素物质，有利于植物抗病害感染和促进植物生长。

4. 藻类和原生动物　土壤藻类具有叶绿素，可以进行光合作用，能自营生活和积累有机质。土壤中的原生动物主要是鞭毛虫、变形虫和纤毛虫等。它们大多是利用有机质吸收土壤中的无机盐，参与有机质的分解。

大多数的土壤微生物是有益的，它们在自然界物质与能量的转化、循环中发挥着重要作用，是土壤环境自净作用中最重要的途径之一，但也存在一些土著或外来的致病微生物，常见的有沙门菌、肝炎病毒、破伤风梭菌、产气荚膜梭菌、炭疽杆菌和钩端螺旋体等。

（四）土壤的放射性

地壳中存在着天然的放射性元素和放射性同位素，如铀、镭、钍等。岩浆岩中放射性元素最多，冲积岩中较少，土壤中放射性元素的含量取决于由这些岩石形成的土壤。某些地区岩石组成不同，就会有天然的放射性高本底地区。一般而言，土壤中天然的微量放射线对人体并不构成危害。

放射性物质进入土壤，主要是由于核爆炸的放射尘埃^{90}锶和^{137}铯的直接降落或随降雨而降落，所以降雨多的地区，进入土壤中的放射尘埃就可能多些。此外，工业上或科研机构利用原子能所排出的液体或固体放射性废弃物也可造成土壤放射性污染问题，这属于放射卫生的研究范畴。

土壤对放射性污染不能自行排除，只有靠自身衰变。因此土壤中的放射性物质不可避免地从土壤通过食物链而传入人体，产生内照射。还可通过砂石、粘土制成的建筑材料对人体产生外照射。环境中放射性污染的增加，不仅损伤人体组织，还有引起放射性癌症的危险。

三、土壤的卫生学特点

土壤具有独特的发生和发展过程、组成特点和形态特征。土壤是由多相组成的疏松多孔的系统，它能容纳各种污染物并且有自净能力；土壤是一个具有吸附和交换作用的胶体系统；是一个有络合作用、螯合作用和氧化还原作用的化学反应系统；又是一个充满各种生物、微生物活动的陆地生态系统。所以在卫生研究中必须充分考虑到这些特点，并加以科学、合理地利用。

（一）土壤流动性极小，污染物分布极不均匀

土壤与大气和水相比，流动性最小。污染物质在土壤固体介质中转移速度相对缓慢，在时间上浓度变化幅度相对小，在空间上则集中于排放地区。由于土壤污染的不均匀性，在土壤卫生监测时，制备均匀混合样品很重要，应由多个原始样品组成；取样时间间隔不必过短，取样点应靠近污染源，具体的土壤采样原则、方法等将在后面介绍。

土壤污染的净化要比污水处理困难得多，目前还没有净化土壤的好办法。污染物质造成局部地区土壤化学成分的变化，破坏了局部地区生命化学元素与地球化学元素之间的动态平衡，导致发生某些地区性疾病。而致病因子则可能要追溯到当地若干年以前排放在土壤表面或掩埋在土壤内部的有害废弃物。

（二）土壤中栖居着大量微生物，对土壤的自净起着重要作用

1克土壤中可有数千万至数百亿个微生物，因而土壤微生物对有机物通过氨化、硝化和

腐殖质化作用起着缓和与净化污染的作用，但它仅限于对有限数量的生活废弃物和动植物残体等有机物的净化。土壤中的大量微生物中不乏致病微生物和蠕虫卵，它们在土壤中还有一定的存活能力，从而可能对人体健康造成影响。

土壤对重金属、难降解的农药、部分工业有机合成产品、放射性同位素等，则没有净化处理的可能性。土壤对外界污染具有一定的容量，一旦污染量超过容量限度，土壤生态系统遭到破坏，则丧失其自净能力，导致土壤一般卫生状况的恶化。

（三）土壤是一个粘土—矿物—有机质的复杂胶体体系，吸附力很强

土壤颗粒中直径小于0.001mm的微细粒子都具有胶体的性质，它包括以腐殖质为主的有机胶体和以粘土矿物为主的无机胶体。土壤含胶体物质越多，表面能就越大，对分子态物质的物理吸附作用也越强，吸附的离子就越多，与土壤溶液中离子态物质的交换吸收作用也越强。

进入土壤中的污染物能否保持活性，取决于它们与土壤胶体结合的状态。污染物质可与土壤胶体形成稳定的难溶性的“潜毒物质”，不易进入土壤液相，而暂时退出生物循环。而且它们一般不能被常用溶剂所提取，所以常规分析方法不能将其检出。一旦土壤酸碱度等条件变化，则“潜毒物质”重新释放出来，为植物所利用，通过食物链对人体健康产生危害。

（四）土壤污染对人体健康的影响主要是以间接的、潜在的影响为主

空气和水直接摄入人体，其污染物对人体健康的影响是直接的、明显的，而污染土壤中的有害物质对生物圈产生的毒害，则主要是通过间接途径，从土壤进入植物或淋溶至地下水和地面水，然后进入食物链，从而间接、潜在地影响人群健康。如某一镉矿周围，土壤和矿渣中的重金属镉可随尘土漂浮到大气，再被人体吸入；也可通过污水的直接排放或污水灌溉而污染地面水，再被家畜（禽）和人体饮用。当然，土壤也可通过直接接触传播肠道传染病和土壤性蠕虫病等，如土壤中天然存在的破伤风杆菌就可通过伤口直接、严重地损害人体健康。

上述特点也说明了制订土壤卫生标准的必要性和困难性。其必要性在于没有很好的净化土壤的方法，必须制订土壤中有害物质的最高容许浓度，作为控制一定面积土壤上负载各种废弃物和农药等污染物的准则。其困难性在于土壤污染对人体健康的影响是间接的、潜在的，而土壤中理化作用和生物作用又是复杂的，土壤的类型是多样的。

四、土壤卫生的基本任务

1. 研究土壤环境对居民健康的影响。
2. 制订土壤的环境质量标准和卫生要求。
3. 制订保护土壤自净能力和清洁状态的措施和有效处理各种废弃物的措施，以保护居民健康。

第二节　土壤的污染与自净

工农业生产的高度发展和人类活动的急剧增多，产生了环境污染和生态破坏的新问题。土壤受废弃物排放、污水灌溉、废气沉降和农药施用的污染。尤其是人们肆无忌惮地滥用土壤作为不断增多的有害废弃物的处理场所，向土壤投弃了许多土壤分解者所不能分解的，或超出其分解能力的物质，导致土壤自净能力被破坏，以致成为污染物的贮库。

一、土壤的污染

在人类生产和生活活动中排出的有害物质进入土壤中，影响农作物的生长发育，直接或间接危害人畜健康的现象称为土壤污染（soil pollution）。

（一）土壤污染的主要来源

1. 生活污染　包括人畜粪便、生活垃圾和生活污水等。

2. 工业和交通污染　主要是工业废水、废气和废渣以及机动车废气污染。

3. 农业污染　主要是农药和化肥污染。

（二）土壤污染的途径

1. 水型污染　主要是工业废水和生活污水通过污水灌田而污染土壤。灌区土壤中污染物浓度是进水口附近的土壤高于出水口处，污染物一般多分布于较浅的耕作层。但随污水灌溉的量和时间的延长，某些污染物可由上而下地扩散、渗透、迁移到土壤深层，以致污染地下水。废水中的污染物很复杂，可含有各种有毒化学物，如铅、汞、镉、铜、氰、砷、有机磷农药、石油、洗涤剂、放射性物质以及病原菌和寄生虫卵等，是土壤污染的主要来源。

2. 固体废弃物型污染　是工业废渣、生活垃圾、粪便、农药和化肥等对土壤的污染。土壤是固体废弃物的主要容纳场所，但其容纳量是有一定限度的，若排放量过大或处理方式不当，均可造成污染，成为蚊蝇孳生地，并污染水源、恶化空气、破坏农田和植被。其特点是污染范围比较局限和固定，也可以通过风吹雨淋而污染较大范围的土壤；有些重金属和放射性废渣污染土壤，持续时间长，不易自净，影响长久。

3. 气型污染　是由大气中的污染物自然沉降，或随降水降落至地面而污染土壤。从不同类型的厂矿排放到大气中含汞、镉、铅、砷、苯并(a)芘等毒物的烟尘可进入土壤；大气中的硫氧化物和氮氧化物可能随着气象条件的变化而形成酸雨，破坏土壤肥力，大片植被受损，毁灭湖泊中的水生生物，造成生态系统的破坏。气型污染分布的特点和范围受大气污染源性质（如点源与面源及其排放方式的不同等）的影响，也受气象因素的影响，其污染范围和方向各不相同。

（三）土壤污染物的种类

1. 化学性污染物　如一些重金属和农药，主要来自工业三废和农业污染。

2. 生物性污染物　用未经处理的人畜粪便施肥，用生活污水、医院污水、工业废水直接灌溉农田，病死畜处理不当，垃圾、污泥的长时间大量堆放，都可能造成土壤的病原微生物污染，甚至可以通过渗漏危及到地下水的清洁。

3. 放射性污染物　主要来自核试验、核电站和科研机构排出的三废。

（四）土壤污染的特点

1. 影响的综合性　污染的土壤不仅直接造成自身的组成、结构和理化性质与生态特性的破坏，而且可以污染农作物、水体而对人造成间接影响。通常可检查对农作物、水体的影响，来判断土壤污染的严重程度。

2. 危害的长期性　土壤污染后造成人类健康危害的后果，常常要经过一个较长的时间，使人不易觉察。如日本神通川地区痛痛病的出现和确诊，是经过了数十年才调查清楚的，因为含镉废水污染土壤、迁移到人体中并蓄积到致病的浓度是需要时间的。

3. 污染物变化的复杂性　污染物在土壤中的转化、迁移过程甚为复杂，不仅取决于污染物的理化特性，而且更受土壤的理化特性、微生物组成以及气象条件等多种因素的影响。

二、土壤的自净和污染物的转归

土壤自净（soil self-purification）是指受污染的土壤通过物理、化学和生物学的作用，经过一定时间病原体可以死灭，各种有害物质可以转化到无害的程度，土壤可逐步恢复到正常状态的过程。土壤自净与土壤特性和污染物在土壤中的转归有非常密切的关系。

（一）土壤的自净

1. 物理净化作用　土壤是一个多相的疏松多孔体，土壤颗粒有吸附和滤过作用，土壤颗粒越细，吸附和滤过作用越强，腐殖质的吸附作用最强。进入土壤中的难溶性固体污染物可被土壤机械阻留；可溶性污染物可被土壤水分稀释，降低毒性，或被土壤固相表面吸附，但仍可随水迁移至地表水或地下水层；某些污染物可挥发或转化成气态物质通过土壤孔隙迁移到大气介质中。

2. 化学净化作用　污染物进入土壤后，可发生一系列的化学反应。如氧化还原反应、络合—螯合反应、水解、分解化合反应或光化学降解作用等。通过上述化学反应可使某些污染物分解为无毒物质或营养物质。但对于性质稳定的化合物如多氯联苯、稠环芳烃等则难以化学净化；重金属通过化学净化也不能被降解，而只能使其迁移方向发生改变。

3. 生物净化作用　土壤中存在着大量依靠有机物生存的微生物，它们不仅是有机质的生产者和消费者，而且是主要的分解者，是土壤环境自净作用中最重要的途径之一。

（1）病原体的死灭：病原体进入土壤后，受日光的照射、土壤中不适宜病原体生存的环境条件、微生物间的拮抗作用、噬菌体的作用以及植物根系分泌的杀菌素等许多不利因素的作用而死亡。一般病原体进入土壤后，在几小时至几个月内死亡，有芽胞的细菌可存活数年，蛔虫卵可存活一年左右，这与土壤类型和气候条件有关。

（2）有机物的无机化：含氮有机物在土壤微生物的作用下，分解成氨或氨盐，称为氨化阶段；在氧气充足和亚硝酸菌的作用下，氨被氧化成为亚硝酸盐，进一步在硝酸菌的作用下氧化成硝酸盐，称为硝化阶段。不含氮有机物也可在土壤微生物的作用下发生分解，如在氧气充足的条件下，含碳有机物最终形成 CO_2 和 H_2O，含硫和磷的有机物最终分别形成硫酸盐和磷酸盐，从而均能达到自净作用。

但是以上有机物若在厌氧条件下，则可能达不到真正的自净作用。如在厌氧条件下，含碳有机物产生甲烷；含硫和磷的有机物在厌氧条件下则产生硫醇、硫化氢或磷化氢等恶臭物质，与含氮、碳有机物产生的氨、甲烷等一起以恶臭污染环境。

（3）有机物的腐殖质化：有机物在微生物的作用下分解成为简单的化合物的同时，又重新合成一种复杂的高分子有机化合物，称为腐殖质。它的成分很复杂，其中含有木质素、蛋白质、碳水化合物、脂肪和腐殖酸等。腐殖质化学性质稳定，病原菌已经死灭，不招引苍蝇，没有不良嗅味，质地疏松，卫生上是安全的，又是农业上一种良好的肥料。常用的人工堆肥法就是使大量有机污染物在短时间内转化为腐殖质而达到无害化的目的。

（二）化学污染物的转归

进入土壤中的化学污染物（如重金属、农药）的转归表现为污染物在土壤中的迁移、转化、降解和残留。

1. 化学污染物在土壤中的迁移　化学物质污染土壤后，还可经水、土、气、生物等媒体的携带而迁移。重金属的迁移较局限，而农药迁移分布经常是全球性而非局部性的。

（1）重金属在土壤中的迁移：重金属可被土壤吸附处于不活化状态，不易迁移到水和植物中。如土壤对汞有很强的吸附能力，土壤吸附的汞一般累积在表层，并沿土壤的纵深垂直分布而递减。

（2）农药在土壤中的迁移：通常指由于外力作用（如农田土壤翻耕、地表径流和土壤水渗滤、淋溶等作用）引起农药的转移，一般通过流动和扩散两种作用完成。农药还可通过吸附和非吸附机理而固定于土壤中，其被土壤固定的后果，则会阻滞农药的移动、淋失与挥发，也给农药的微生物降解带来不同影响。

2. 化学污染物在土壤中的转化和降解　化学物质通过物理、化学、生物学作用而使其化学结构与性质发生改变的过程称为转化。由复杂化合物逐步转变为简单化合物的过程谓之降解。

（1）重金属元素在土壤中的转化：

①土壤腐殖质的吸附和螯合作用：重金属可被土壤吸附处于不活化状态。土壤腐殖质能大量吸附金属离子，使金属通过螯合作用而稳定地被留在土壤腐殖质中，从而使金属毒物不易迁移到水中或植物体中，减轻其危害。如汞进入土壤后95%以上能迅速被土壤中所含有的粘土矿物和有机质所吸附或固定，因此汞极易累积在土壤中。

②土壤pH值：在酸性土壤中，多数重金属离子如镉、铜、镉等可变成易溶于水的化合物，容易被作物吸收或迁移；而土壤pH值高时，多数金属离子成为难溶的氢氧化物而沉淀，作物难以吸收。如只有土壤中的溶解性镉才能直接被植物吸收，因此，土壤受镉污染后用石灰调节，可显著降低糙米中的镉含量。

③土壤的氧化还原状态：在还原条件下，许多重金属形成不溶性的硫化物被固定于土壤中，减少了植物对重金属的吸收。如土壤中有机物可将六价铬还原为三价铬，Cr^{6+}比Cr^{3+}的毒性大得多。但砷与多数重金属不同，在氧气充足的氧化条件下砷为五价，而在还原条件下则为三价（亚砷酸盐），后者比前者更易被植物吸收，且毒性也增强。

需要注意的是，土壤中的重金属、难降解农药、放射性同位素等利用微生物达到净化的可能性非常小。

（2）农药的转化与降解：研究农药的转化与降解，主要是回答农药在环境中残留性与稳定性的问题。对农业生产而言，农药残留时间越长，控制病虫害及杂草的效果越好，但对环境的污染可能越重。

引起农药转化与降解的因素很多，有非生物性因素和生物性因素。非生物性因素包括光、热、电、磁、通气、pH等，其中以光的影响最为重要。生物学因素包括植物、动物、微生物等，其中以微生物学作用最为独特。

①光化学降解：是指土壤表面接受太阳辐射和紫外线能量而引起农药分解的作用。这是农药转化和消失的主要途径之一。大部分除草剂、DDT及某些有机磷农药等都能发生光化学降解作用。

②微生物降解：主要是指土壤中的微生物（包括细菌、真菌、放线菌等）通过水解作用、还原作用、氧化作用、脱氯化作用等起始生化反应使农药发生转化与降解。如微生物可使DDT脱氯转化成DDD，或脱氢脱氯生成DDA，在环境中应注意这类农药及其分解产物的积累和毒性。

3. 重金属和农药的残留　化学污染物在土壤或农作物中的残留情况与化学污染物的特性及土壤的理化特性等有关。残留情况常用半减期（表示污染物浓度减少50%所需的时间）和残留期（表示污染物浓度减少75%～100%所需的时间）表示。

土壤中的重金属由于化学性质不甚活泼，迁移能力低，另外土壤中有机、无机组分的吸附、螯合作用，也限制了重金属的移动能力，因此，一旦污染，几乎可以长期以不同形式存在于土壤中，同时也可经植物吸收和富集。

农药进入土壤中，水溶性农药可随降水渗透至地下水，或由地表径流横向迁移、扩散至周围水体；脂溶性农药易被土壤吸附，移动性差而被动植物根系吸收，引起食物链高位生物的慢性危害。据报道，含有铅、砷、汞等农药的半减期为 10～30 年，有机氯农药也需 2～4 年。

（三）土壤的环境容量

土壤对某污染物的环境容量是指一定环境单元，一定时间内，在不超过土壤卫生标准的前提下该土壤对该污染物所能容纳的最大负荷量。例如，某地土壤中砷的自然本底值为 9 mg/kg，土壤中砷的卫生标准为 15 mg/kg，则该土壤对砷的环境容量为 6 mg/kg。土壤的环境容量同时也是制订卫生标准和防护措施的重要依据。

第三节　土壤污染对人体健康的影响

有害物质常年盘踞在土壤中，不断迁移到相邻环境介质中，通过空气、水和植物对人体健康产生危害。

一、生物性污染的危害

土壤中的大量微生物对土壤环境中有限数量的生活废弃物和动植物残体等有机物污染的自净起着举足轻重的作用，但这些微生物中也不乏致病微生物和蠕虫卵，它们在土壤中有一定的存活能力，并从以下几方面危及人体健康：

1. 引起消化道感染　通过消化道感染的肠道病原菌或肠道病毒，如沙门菌、志贺菌、霍乱弧菌、肝炎病毒等，它们在土壤中存活时间从几日、十几日到数月不等。这些病原体造成感染还需具有一定的数量和毒力，以及适当的感染途径。如由于人体排出含有病原菌或寄生虫卵的粪便，污染了土壤，再污染蔬菜的根、茎、叶，特别是一些生食蔬菜，或通过雨水冲刷至水源水，再经口进入人体，从而引起肠道传染病的爆发流行。

2. 人畜共患病　人畜共患病原微生物很多，比较典型的如炭疽杆菌、布鲁杆菌、钩端螺旋体等。它们可随病畜的排泄物、分泌物污染土壤或周围环境，通过直接接触经皮肤、粘膜进入人体，有的也可通过尘埃扬起形成细菌气溶胶吸入而致病。从事畜牧、皮革、屠宰业的工人或兽医应特别引起注意。

3. 引起外伤感染　引起外伤感染的微生物，如破伤风梭菌、产气荚膜梭菌，这些菌可能来自人或动物粪便，也可能为土壤中的土著菌。较深层的大开放型伤口若受到带菌土壤的污染，在组织缺血缺氧状态下细菌得以繁殖，产生外毒素，引起破伤风和气性坏疽，都是较严重的感染疾患。因此对终日田间劳作或经常野外训练的战士应加强这方面的宣教和预防工作。

二、重金属污染的危害

土壤受重金属或类金属毒物污染后，常常可通过农作物和水进入人体，造成各种毒害，如铅、镉、铬、汞等污染土壤后都会对居民健康造成各种危害。

（一）土壤镉污染

1. 污染途径　镉（cadmium，Cd）是一种银白色金属。在空气中，表面容易氧化。镉广泛地自然分布在环境中，但含量极微。地壳中平均镉含量为 0.15 mg/kg，一般超过千万分之几的镉含量只存在于富矿层或人类活动所致的污染区。有调查表明，土壤镉污染一般是在表层，即地表 20cm 左右的耕作层。

生产及使用镉及其化合物的工业有采矿、冶炼、电镀、电器、合金、焊接、玻璃、陶瓷、油漆颜料、照相器材、光电池、蓄电池、化肥、杀虫剂、塑料等的生产制造业。含镉污水灌溉农田是土壤镉污染的重要来源。镉在一般环境中的含量相当低，但通过食物链富集后可达到相当高的浓度，如稻谷、蔬菜等农作物可从土壤中吸收、浓缩可溶性镉。一般土壤中镉的自然背景值不超过 0.20 mg/kg，而在某污染矿区废水灌区，废水中的镉含量约为 1.31 mg/kg，土壤中为 52.30 mg/kg。

2. 对健康的危害　日本富山县神通川区流域发生的痛痛病（itai-itai disease）就是长期食用含镉大米和饮用含镉水而引起的慢性镉中毒，为日本的第一公害病。

1946 年金泽大学对日本富山县神通川流域妇中町地区的调查发现，有一种不能用风湿热来说明的类似骨软化症的奇病，该病患者全身疼痛严重，终日喊叫不止，故取其名为痛痛病。患者多为育龄妇女，主要症状是骨质疏松，全身疼痛，四肢弯曲变形，脊柱受压也缩短变形，全身多发性骨折，行动困难，患者尿中低分子蛋白增多，尿镉含量高，尿糖增多，尿酶改变。此病多在营养不良的条件下发病，最后患者多因全身极度衰弱和并发其他疾病而死亡。此病发病缓慢，潜伏期为 2～8 年。镉在体内的生物半减期为 16～33 年，经长期蓄积达到一定程度才发病。此病无特效疗法，死亡率很高。

1963 年由日本政府拨款，正式成立由各方面专家组成的综合研究组，除了从临床和病理角度参与研究外，主要用流行病学研究方法进行了痛痛病病区和对照区居民的检诊，并进行了环境（米及其产品、污水、井水、稻田土壤等）中的重金属调查和动物实验。

（1）有关痛痛病的描述性资料：本病仅限于神通川流域的灌溉地带，高发区在该河下游用河水灌田的村庄，用上游河水灌溉的地区病例数则较少；痛痛病多见于更年期妇女，经产妇和多产妇好发，似乎与妊娠有关；男性患者极少；其发病年龄为 30～70 岁，多数为 60 岁以上的居民，因此，年龄大是发病的重要危险因子。本病有家庭聚集显现，若干病例是一家的婆婆和媳妇，女儿嫁往远离神通川流域者不发病，仅有一例嫁往远方发病，可能与出嫁前在家吃镉米，出嫁后又吃娘家的米有关。

（2）有关痛痛病的病例—对照研究：以痛痛病患者、疑似患者和健康者为调查对象，从环境和宿主两方面进行了多种因素的调查，结果发现：①痛痛病患者比同地区的健康者更多地饮用神通川的水。②痛痛病患者多分布在收入较低的阶层。③用神通川水灌溉的农田其土壤和生产的大米含有较高浓度的镉。④痛痛病患者尿镉浓度较同地区健康者高，而铅、锌则无大的差别。⑤痛痛病患者尿蛋白和尿糖阳性率均高于疑似患者和健康者，这是痛痛病与过去的骨软化病的重要鉴别点。

（3）有关痛痛病的定群分析：为了明确镉污染与痛痛病的发生是否有因果关系，对镉的环境暴露水平和生物学暴露水平及其与痛痛病某些效应指标的关系进行了因素对照调查（定群分析），结果发现：①镉污染区人群肾小管功能失调频率和尿镉浓度都高，对照区都低。②痛痛病患者骨组织学改变程度与尿镉浓度之间呈明显相关关系。③米镉浓度高的地方痛痛病患者较多，反之较少，呈明显的暴露—反应关系。④稻米镉含量与食用该稻米的人群的尿镉浓度呈线性关系。⑤尿镉浓度与尿蛋白阳性率之间呈线性关系。

在几乎所有的含锌矿中都能发现0.1%～5%的镉，而神冈矿山是日本最大的铅锌矿山。所以，到此已基本可以肯定，神冈矿山的镉引起神通川流域的水、土壤和农作物污染是痛痛病流行的原因。

综上所述，痛痛病是一种环境镉污染引起的公害病，但镉虽是其必需病因，却不是唯一病因。正如前述1967年痛痛病综合研究组的联合声明所说："在痛痛病的病因物质中，重金属特别是镉确实是一个极可疑的致病因素，但镉本身单独不足以引起本病，诸如低蛋白、低钙等营养因素在本病的发病机理上可能也起重要作用。"

（二）土壤铊污染

1. 污染途径　铊（thallium，TI）是一种高度分散的稀有金属元素，呈银白色。像铅一样软而且具有延展性。在空气中很不稳定，室温下容易氧化，易溶于硝酸和硫酸。在自然界中铊的独立矿物不多，大多以一价形式（TI^{+}）存在，且表现为强烈的亲硫性。在已发现的近40种含铊矿物中，主要是硫化物和少量的硒化物。世界范围土壤中铊的含量为0.1～0.8 mg/kg，平均为0.2 mg/kg。我国34个省（区）、市的853个土壤样本铊背景值调查显示，范围为0.29～1.17 mg/kg，平均约0.58 mg/kg。

铊在工业上主要制造光电管、合金、低温温度计、颜料、染料、焰火等。如溴化铊和碘化铊是制造红外线滤色玻璃的原料。硫酸铊可制造杀虫剂和杀鼠剂。醋酸铊曾用于治疗脱发、头癣。由于铊的剧毒性，各国已限制其使用。但是资源开发带来的铊污染日趋严重，成为一种重要的环境污染源。如云南的南华砷铊矿有30年的开采历史，已出现明显的铊污染效应。云南金顶含铊锌铅矿，每采1吨可以出售的矿石，要丢弃7～10吨的工业矿石，这些富含有毒元素Pb、Zn、Cd和TI的矿石、尾沙被随意丢弃，遇水淋溶流失，干燥后遇风又易飞扬，通过废水、废气、废渣污染土壤。实验表明，浓度为1 mg/L的铊会使植物中毒，如使甜菜、莴苣和芥菜种子停止生长。铊对土壤微生物毒性很大，可抑制硝化菌的生长而影响土壤的自净能力等。环境中的铊进入水体和土壤后，经过水生生物、陆地生物的富集作用，进入人体产生危害。铊属高毒类，其毒性大于砷，具有蓄积性，为强烈的神经毒物。一般情况下，铊对成人最小致死量为12 mg/kg，人摄入后2小时，血铊达到最高值，24～48小时血铊浓度明显降低。在人体内以肾脏中含量最高，其次是肌肉、骨骼、肝、心、胃肠、脾、神经组织，皮肤和毛发中也有一定量铊。铊主要通过肾和肠道排出。主要损害神经系统，并损害肝、肾。有报道，我国贵州兴义地区灶矾山麓矿渣中铊化合物含量为106 mg/kg。矿渣被雨水淋溶进入土壤中，使土壤铊含量达50 mg/kg，再被蔬菜吸收富集后，造成蔬菜中铊含量可达11.4 mg/kg。当地居民中曾出现铊中毒患者200多例。

2. 对健康的危害　环境中铊污染对人群健康的影响主要为慢性毒作用，其突出的表现为：①毛发脱落，成斑秃或全秃；②周围神经损害，早期表现为双下肢麻木、疼痛过敏。很快出现感觉、运动障碍；③视力下降甚至失明，可见视网膜炎、球后视神经炎及视神经萎缩。实验室神经—肌电图检查可早期出现周围神经损害，尿铊检测有助于诊断，尿铊5μg/L（原子吸收光谱法）为正常值上限。铊的毒作用机制，一般认为铊在体内与蛋白质或酶的巯基结合而引起细胞病变，其病变主要发生在大脑、小脑、脊髓前角细胞和周围神经细胞。视神经纤维远端也有病变和坏死。铊在体内对与钾离子有关的酶活性有干扰作用，而抑制钾离子的生理功能，产生各种中毒症状。此外，铊对人类生殖功能也有影响，可降低性欲和男性性交能力。动物实验结果表明，当铊浓度为0.83～2.5 mg/kg时可使小鼠致畸，表现为胎盘吸收率增高、胸骨和枕骨缺失。铊还可导致染色体畸变。

三、农药污染的危害

农业生产中大量反复多次施用农药（pesticide），首先是土壤受到污染。施用农药时，不论采用何种方式，粘附在作物上的药量一般只占30%左右，其余大部分可经过各种途径（直接施入、降雨淋洗、种子消毒、枝叶凋落）进入土壤，并且从土壤迁移到相邻的环境介质，参与生态系统的物质循环。即使土壤中农药的残留浓度很低，通过食物链和生物浓缩，经农作物和其他生物体进入人体内的浓度可提高至几千倍，甚至几万倍，从而对人体健康产生严重影响。

农药种类很多，有机氯农药，如滴滴涕（DDT）、六六六、氯丹等；有机磷农药，如对硫磷、马拉硫磷；有机汞类如西力生。

（一）农药在人体内的代谢和蓄积

环境中的农药，一般通过3个途径进入人体，即呼吸道、消化道和皮肤。

农药经过呼吸道进入人体的程度，取决于大气中残留农药的浓度。通常水溶解度大的粉剂、水剂农药易被人体吸收而引起中毒，尤其是一些无臭、无味、无刺激性的农药，易被人们忽视，中毒的可能性要大一些。时有报道，某些林区施用过含砷农药，森林中大蒜味很浓，林区的工作人员血和尿样中均含砷。这可能是因为土壤微生物将农药中的砷转化为挥发性的三甲砷所致。

农药污染土壤后，即使土壤中农药的残留浓度一般是很低的，但通过食物链和生物浓缩可使生物体内浓度提高几千倍甚至几万倍。而消化道对农药的吸收最强，故人类不论是食用受污染的农作物还是作为高位营养级生物食用其他生物体，农药都可经饮食进入机体，危险性也最大。曾有报道，涕灭威从土壤中转入薄荷叶中极为迅速，有人用少量的10%的涕灭威颗粒剂处理玫瑰花丛周围的土壤24小时后，处理者摘了几片生长在玫瑰丛附近的薄荷叶约0.5～1g食用，30分钟后发病，用阿托品治疗有效。用2.4g和3.0g薄荷叶喂家兔，前者发病，后者死亡。测定玫瑰花附近的薄荷叶中含涕灭威186～318 mg/kg。

农药经过皮肤进入人体，是施药人员与包装工人中毒的主要原因之一，而非职业性的皮肤接触造成的健康损害也偶有报道。由于防护不妥，皮肤接触药液，农药通过汗腺进入人体。无论通过哪一途径进入人体的农药，如果超过了正常人的最大耐受限量，都将会导致机体的正常生理功能失调，引起病理改变和毒性危害。曾有报道，一群城市儿童捡到一只粗布袋，以绳子吊于树上做秋千玩耍。当晚发病，3人治愈，1人死亡。经鉴定，布袋及死者衣服上均有对硫磷，1例治愈儿童尿中有对硫磷的代谢产物——对硝基酚，红细胞胆碱酯酶活性大幅度降低。此例系因布袋受到对硫磷严重污染所致。这也提示，儿童许多不同于成人的活动方式（如玩土、异食僻等）可能会使该人群更多途径地暴露于农药，故应重视该人群的保护和农药相关的废弃物品的妥善处理。

（二）农药对人体健康的影响与危害

据报道，自1981～1985年间，我国平均每年有10多万人发生农药中毒事故，死亡1万余人。近年来中毒人数和死亡人数呈上升趋势。人体农药中毒的程度视进入人体的农药品种、接触途径与进入量不同而异。轻的仅引起局部伤害，严重的可危及生命。

中毒的表现有的呈急性发作，有的呈慢性或蓄积毒性。农药对人体的影响与危害，主要包括4个方面。

1. 急性中毒　有的农药毒性很大，如 1605、甲胺磷等一些毒性较高的有机磷农药，短期内摄入一定量便引起急性反应，出现恶心、呕吐、呼吸困难、肌肉痉挛、神志不清、瞳孔缩小等症状，如不及时抢救会引起死亡。

2. 慢性中毒　连续接触、吸入或食用较小量的（低于急性中毒剂量）农药，它们在人体组织内逐步蓄积，将引起慢性中毒，患者将出现头晕、头痛、乏力、食欲不振、失眠、胸闷、多汗等症状。慢性中毒起病缓慢，持续期长，涉及面广，影响人数多，因此，慢性农药中毒更值得重视。

3. 对神经系统的影响　对神经系统产生影响是有机磷农药中毒的主要特征。有机磷农药进入人体后，将抑制人体血液中胆碱酯酶的活性，导致神经系统功能失调，如嗜睡、精神错乱、震颤、语言失常等，同时受神经支配的心脏、支气管、肠、胃等也相继发生异常。

4. 农药的三致性　三致性即指致畸、致癌、致突变。农药的三致性问题早就被提出并已受到广泛关注。虽然大量研究是在短期内大剂量下获得的，并不能真正代表环境中的农药在低浓度和长时期接触人体的效应，但具有三致性的农药毕竟对人类健康是一个潜在的危害。研究表明，内吸磷、二嗪农、西维因有致畸作用，杀虫脒、杀草强、羟乙基肼与灭草隆有致癌作用，滴滴涕、敌百虫、敌敌畏、乐果有致突变作用。农药除了对人体的上述危害之外，还对人类的生殖机能产生影响，如胚胎发育障碍、子代发育不良或死亡等。

鉴于有机氯农药的严重危害，我国自 1983 年开始停止生产、1984 年已停止使用六六六和滴滴涕等有机氯农药，但其长远的影响还有待消除。

第四节　土壤环境标准和固体废物控制标准

在人类生活的环境中，进入人体的物质是多种多样的。无论是有机的或是无机的、必需或是非必需、有害或是无害的物质，对人体健康产生的影响都有一个量的问题。因此必须明确土壤中含有的各种物质在什么浓度范围对机体是适宜的，超过什么浓度将会引起危害，可通过标准的制订来加以限制。

为了防止土壤污染，维护正常的生态系统，保障人群健康，我国先后制订和颁布了土壤卫生标准、土壤环境质量标准和固体废物控制标准等与土壤环境相关的标准。

一、土壤卫生标准

土壤的卫生标准是指土壤中有害物质的最高容许浓度。为了监督和评价土壤中有害物质的水平，特别是具有蓄积性和不易降解的、危害较大的有害物质，迫切需要制订卫生标准。由于土壤卫生标准制订比较复杂，往往需要在有关环境卫生标准研制的基础上进行土壤卫生标准的研制。自 20 世纪 70 年代开始，前苏联和日本等国相继开展了土壤卫生标准的研制。我国于 80 年代末制订并颁布了《土壤中砷的卫生标准》（GB8915-1988）和《土壤中铜的卫生标准》（GB8915-1988）。

（一）制订土壤卫生标准的必要性

针对土壤中有的污染物质在土壤中不易降解，并能在土壤中较长期地蓄积，通过土壤在环境中迁移，可以使自然界的生态平衡遭到破坏，又能经食物和水对人体健康产生不良影响。所以有必要对土壤中有害物质的水平进行监督和评价，从而保护环境，防止作物遭受污染，降低食物中的残毒量。

（二）制订土壤卫生标准的基本原则

1. 不直接或间接地影响人体健康　其制订的原则和方法是按照在不易分解而有蓄积性的毒物（如重金属、农药等）污染的土壤上种植的农作物中的容许残留量反推计算而求得的。是在已有的空气、水和植物中的标准的基础上来进行的，同时必须考虑土壤给饮用水和植物性食品的感官性状及食用质量带来的影响。在该标准的范围内，土壤不致使农作物、水和空气超过各自的卫生标准而影响健康。

2. 不影响土壤自净　土壤微生物对污染物的净化起关键作用，一些化学物质进入土壤并达到一定量时会危害土壤微生物的活性，从而影响土壤的自净作用，所以原则之二便是保证土壤自净过程的正常进行。

（三）土壤卫生标准的研究方法

制订土壤中有害物质的卫生标准时，首先应收集该物质的理化性质及其在土壤环境中存在的状态、含量、降解产物和分析方法等。然后根据制订原则从多方面进行研究，以探求其对人体健康无危害的容许限量。为此，常采用实验研究和流行病学调查相结合的方法。

1. 实验研究

（1）有害物质在土壤中稳定性的研究：使用实验室土壤模型观察有害物质在土壤中的降解曲线，求得有害物质在土壤中的降解期限及在土壤中蓄积性的大小。一般稳定性高、在土壤中需经过1～2个月或整个植物生长期才破坏的有害物质，应考虑列为制订标准的项目。在植物半个生长期内即能破坏，且其代谢产物对试验动物无害，对土壤微生物无抑制作用的，可考虑不列为制订标准的项目。

（2）有害物质向农作物、地下水和空气中迁移情况的研究：①测定有害物质从土壤移行至植物的程度：使用实验温室装置，观察迁移到几种有代表性的、对污染物毒作用又属中、低度敏感农作物中的有害物质含量达到农作物的最高容许残留量时，土壤中有害物质的最高容许浓度；②测定有害物质从土壤渗滤到地下水的程度：使用1m高的土柱过滤层，模拟渗滤过程，测定滤前和滤后液体中化学污染物的含量。③测定有害物质从土壤挥发到空气中的程度：可使用特制的密闭装置，于容器中事先放置混有化学物质的土壤，在恒温恒湿条件下，抽吸通过土壤表面的空气于吸收管内采样进行测定。

（3）对土壤自净影响的研究：观察有害物质对土壤微生物群体的氨化、硝化能力和分解纤维素能力的影响。

（4）毒理实验研究：当某些有害物质缺乏大气、水和植物的最高容许浓度标准时，需进行全面的毒理学试验，取得这些方面的科学依据，作为制订标准的基础。

2. 流行病学调查研究

（1）本底值调查：首先调查或收集土壤本底值，并与污染物土壤相似的土壤进行对照。通常把土壤和作物未污染时的重金属含量叫做自然本底值或背景值（background level）。

（2）现场进行水、土壤和作物的环境污染调查，尤其注意迁移到作物可食部分的特点和浓度。

（3）进行适当规模的居民健康调查，如调查有机氯农药地区产妇乳汁、血、尿、胎盘血、脐带血和羊水中有机氯农药含量，调查有机氯农药与一岁以内儿童发病率之间的关系。

土壤中有害物质的最高容许浓度标准都是以农作物、水和空气中该物质的最高容许浓度为基础，进行具体的调查研究和实验研究，并且充分结合我国的具体情况而制订的。

（四）我国土壤中铜的卫生标准

土壤中铜（copper，Cu）的卫生标准值是根据土壤中铜的阳离子交换量的大小决定的。当土壤中铜的阳离子交换量为10～20meq（毫克当量）/100g干土时，我国土壤中铜的标准订为150 mg/kg。铜是人体必需元素，但摄入量过多对健康有害。WHO和联合国粮农组织（FAO）提出，每人每日铜的摄入量不应超过0.5 mg/kg体重。我国土壤中铜的含量与居民主食稻米中铜的含量呈正相关关系，根据二者的相关曲线得出，保证每人每日铜的摄入量不超过0.5 mg/kg体重时，土壤中铜含量不应超过150 mg/kg。在此浓度下，土壤的自净作用未受影响。土壤的阳离子交换量越大，则土壤对铜的容量也越大。因此，在制订铜的标准时，考虑到我国大部分地区土壤中铜的阳离子交换量为10～20 meq/100g干土。但对个别地区铜的阳离子交换量小于这个数值的土壤，铜的标准应为50 mg/kg；铜的阳离子交换量大于这个数值的土壤，铜的标准应为300 mg/kg。（铜的阳离子交换量1meq＝0.5mmol）

二、土壤环境质量标准

由于土壤污染物不像大气和水污染那样，可以直接进入人体，危害健康，土壤中的污染物是通过食物链，主要通过粮食、蔬菜、水果、奶、蛋、肉进入人体。土壤和人体之间的物质平衡关系比较复杂，制订土壤污染物的环境质量标准难度很大，限制了土壤环境质量标准的制订工作的开展。因此，目前只有少数国家（德国、英国、芬兰、瑞典、丹麦、挪威、独联体、日本、美国）分别给出了重金属（如镉、汞、铬、铅、锌、铜、镍、锰、钴、钼、钒）、非金属毒物（砷、硒、硼）和放射性元素（铯、铀）的土壤污染标准。

我国为防止土壤污染，保护生态环境，保障农林生产，维护人体健康，由国家环境保护局制订了现行的《土壤环境质量标准》（GB15618-1995）。该标准按土壤应用功能、保护目标和土壤主要性质，规定了土壤中污染物的最高允许浓度指标值及相应的监测方法。

该标准根据土壤应用功能和保护目标，划分为三类：Ⅰ类主要适用于国家规定的自然保护区（原有背景重金属含量高的除外）、集中式生活饮用水源地、茶园、牧场和其他保护地区的土壤，土壤质量基本保持自然背景水平。Ⅱ类主要适用于一般农田、蔬菜地、茶园、果园、牧场等土壤，土壤质量基本上对植物和环境不造成危害和污染。Ⅲ类主要适用于林地土壤及污染物容量较大的高背景值土壤和矿产附近等地的农田土壤（蔬菜地除外）。土壤质量基本上对植物和环境不造成危害和污染。至于当地土壤属于何种功能类别，应由环境保护部门会同卫生等部门研究划定，执行相应级别的土壤环境质量标准。土壤环境质量标准值可见附录，但应注意的是，本标准仅对土壤中镉、汞、铬、锌、砷、铜、铅、镍、六六六、DDT十项指标做了规定，对其他重金属和难降解危险性化合物未做规定。

三、固体废物控制标准

大量固体废弃物的堆放或填埋，是土壤废物的主要成因。制订固体废物控制标准，目的在于控制土壤、农作物、地下水和地面水的污染，保护生态平衡，保障人体健康。

我国对固体废物污染环境的防治，实行减少固体废物的产生、充分合理利用固体废物和无害化处理固体废物的原则。其内容可以概括为：①鼓励、支持开展清洁生产，减少固体废物的产生量。②鼓励、支持综合利用资源，对固体废物实行充分回收和合理利用，并采取有利于固体废物综合利用活动的经济、技术政策和措施。③需要进行处理的固体废物，按其性质采取相应控制标准进行处理。这类标准主要有：《生活垃圾焚烧污染控制标准》（GWKB3-

2000)、《生活垃圾填埋污染控制标准》（GB16889-1997）、《城镇垃圾农用控制标准》（GB8172-87)、《危险废物鉴别标准》（GB5085.1-3-1996)、《危险废物贮存污染控制标准》（GB18597-2001)、《危险废物填埋污染控制标准》（GB18598-2001)、《一般工业固体废物贮存处置场污染控制标准》（GB18599-2001)、《危险废物焚烧污染控制标准》（GWKB2-1999）等。④禁止中国境外的固体废物进境倾倒、堆放、处置。⑤禁止进口不能用作原料的固体废物，限制进口可以用作原料的固体废物。

由于土壤中废弃物对环境和健康的影响主要是通过大气和水体等途径实现，所以废物排放标准也应是在大气、水的污染物排放标准的基础上制订的。同时选择在土壤中易残留或对生物危害较大的污染物为检测指标。而危险废物和一般废物的排放标准是不同的。《中华人民共和国固体废物环境污染防治法》（1996）（以下简称《固体废物环境污染防治法》）中明确指出，危险废物是指具有腐蚀性、急性毒性、浸出毒性、反应性、传染性、放射性等一种及一种以上危害特性的废物。危险废物的鉴定通用的方法是标准浸出试验。国际上都采用标准浸出液浸出废物中有毒物质进行测定，浸出液的浓度是1∶10（固∶液）。目前我国颁布的鉴定标准主要有三个：

（1）《危险废物鉴别标准——腐蚀性鉴别》（GB5085.1-1996）中腐蚀性鉴别值为：当pH≥12.5或者≤2.0时，则该废物是具有腐蚀性的危险废物。

（2）《危险废物鉴别标准——急性毒性鉴别》（GB5085.2-1996）中规定急性毒性初筛鉴别值为：按照《危险废物急性毒性初筛试验方法》进行试验，对小鼠（或大鼠）经口灌胃，经过48小时，死亡超过半数者，则该废物是具有急性毒性的危险废物。

（3）《危险废物鉴别标准——浸出毒性鉴别》（GB5085.3-1996）中规定，浸出毒性是指固态的危险废物雨水浸沥，其中有害物质迁移转化，污染环境，浸出的有害物质的毒性。并规定浸出液中任何一种危害成分的浓度超过上述最高允许浓度时，则该废物是具有浸出毒性的危险废物。依据《危险废物鉴别标准》鉴别后，按相应的法规和标准进行处置。

我国从20世纪80年代开始，为防止农用固体废物污染土壤和农作物等，相继制订了《农用污泥中污染物控制标准》（GB4284-1984)、《城市垃圾农用控制标准》（GB8172-1987）和《农用粉煤灰中污染物控制标准》（GB8173-1987）等。

第五节　土壤的卫生防护

依据《固体废物环境污染防治法》，固体废物是指在生产建设、日常生活和其他活动中产生的污染环境的固态、半固态废弃物质。按来源可以分为：①工业固体废物，是指在工业、交通等生产活动中产生的固体废物。②城市生活垃圾，是指在城市日常生活中或者为城市日常生活提供服务的活动中产生的固体废物以及法律、行政法规中规定视为城市生活垃圾的固体废物。从防治污染的角度，特别提出危险废物的管理要求，规定按统一的危险废物鉴别标准、鉴别方法等对危险废物进行分类、收集、贮存和处置。

废物具有相对性，一种过程的废物随着时空条件的变化可以成为另一过程的原料。我国从固体废物管理的需要出发，将其分为工矿业固体废物、有害固体废物和城市垃圾等三类。《固体废物污染环境防治法》提出实行减少生产、合理利用和无害化处理的原则。根据我国国情，近期以“无害化”、“减量化”、“资源化”为控制固体污染物污染的技术政策。并确定今后较长一段时间内以“无害化”为主，以“无害化”向“资源化”过渡，“无害化”、“减量化”应以“资源化”为条件。固体废物“减量化”处理指通过适宜的手段，减少固体废物的数量和容积。固体废物“资源化”指采取工艺措施从固体废物中回收有用的物质和能量。

一、粪便的无害化处理和利用

粪便无害化处理是控制肠道传染病、增加农业肥料和改良土壤的重要措施。

收集处理粪便分为流出和运出两个系统。流出系统是指粪便经水冲式厕所通过城市污水管道流入城市污水系统并处理，目前多数城市家庭、单位所使用的水冲厕即为此类经由城市污水管道的流出系统；运出系统是指无城市污水管道地区，用运输工具运出后处理，多数农村家庭、城市平房居民及部分城市公共厕所使用的旱厕即属此类。下面主要介绍运出系统的粪便收集和运出。

（一）粪便的收集和运出

1. 厕所　厕所是收集和贮存粪便的场所，必须符合以下卫生要求：

（1）位置适当：坑式厕所应选土质干燥，坑底应距地下水位 2m 以上，距分散式供水水源、饮食行业和托幼机构 30m 以外的地方。

（2）粪池要高出地面，防雨水流入，应防渗漏，不污染地下水。

（3）有防蝇、防蛆、防鼠、防臭、防溢的设施。

（4）采光、照明、通风良好，使用方便，便于保洁。

城市公共厕所应符合《城市公共厕所卫生标准》（GB/T17217-1998），见表 8-2。

表 8-2　城市公共厕所卫生标准值

卫生指标	公共厕所类型		
	一类	二类	三类
成蝇（只）	0	3	5
蝇蛆①（尾）	0	0	0
臭味强度（级）	<1	≤2	≤3
氨（mg/m^3）	0.3	1	3
硫化氢（mg/m^3）	0.01	0.01	0.01
厕所温度②（℃）	不低于 14	不低于 10	—
厕所相对湿度（%）	不高于 80	不高于 80	—
换气次数（次/h）	不少于 5	不少于 5	—
采光系数	1/6～1/8	1/6～1/8	1/6～1/8
照度（lx）	>40	30～40	20～30

①指在厕室的大小便器内外、地面和贮粪池周围 30～50 米以内眼睛观察不到蝇蛆。

②系指有采暖的地区。

2. 粪便的运出　应满足下列卫生要求：

（1）保证及时运出，以防止污染环境。

（2）运输工具必须严密不漏，在装运过程中不污染地面、水源和大气。

（3）掏运尽可能机械化、密闭化，合理安排运出路线和掏运时间，减少污染。

（4）加强清洁工人的个人防护。

（二）粪便的无害化处理和利用

粪便无害化处理方法很多，适合我国国情的主要有粪尿混合密封发酵法、堆肥法和沼气发酵法。

1. 粪尿混合密封发酵法　是指在厌氧环境中密闭发酵，由厌氧菌分解含氮有机物产生大量氨。游离氨能随水透入卵壳，杀死寄生虫卵，血吸虫卵对氨最敏感。厌氧环境也可使其他病原菌死灭。腐化后的粪便是良好肥料。

2. 堆肥法　是把粪便和有机垃圾、作物杆、叶等按一定比例堆积起来，在一定温度和微生物的作用下，分解有机物并产生高温，使病原体死亡并形成大量腐殖质。

堆肥一般分为好气堆肥与厌气堆肥两种。厌气堆肥是处理废弃物的一种传统方法，多采用人工堆制。其优点是：处理工艺简单，成品中能较多地保存氮。缺点是：堆肥周期太长，占地多，臭味大，有些物质不易腐烂，某些病菌不易杀死。好气堆肥又称高温堆肥，可以利用现代技术和机械处理垃圾。堆肥物质在好气条件下堆制后，物料分解较彻底，臭味小，病菌可全部杀死，堆肥周期也短。目前国外城市垃圾堆肥几乎都采用此种方法。高温堆肥时间需要两周，而人工堆肥需要一个月以上时间。

影响堆肥效果的因素主要有：

（1）碳氧比例一般为 30∶1 或 40∶1 左右。

（2）保证足够的土壤高温菌，可向堆中加已经成熟的堆肥粉或马粪。

（3）pH 值保证微碱性，可用1%～2%石灰调节。

（4）保持适当的水分和空气。堆肥水分以 50%～70%为宜，要留有通气孔或定期翻堆以供氧气。

我国《粪便无害化卫生标准》（GB7959-87）中规定了高温堆肥卫生标准（表 8-3）。

表 8-3　高温堆肥卫生标准

项目	卫生标准
1. 堆肥	最高堆温达 50～55℃，持续 5～7 天
2. 蛔虫卵死亡率	95%～100%
3. 粪大肠菌值	10^{-1}～10^{-2}
4. 苍蝇	有效地控制苍蝇孳生，堆肥周围没有活的蛆、蛹或新羽化的成蝇

3. 沼气发酵法　是将人畜粪便、垃圾、杂草、污水等放在密闭的发酵池内，在厌氧菌的作用下分解有机物，产生大量的沼气。病原菌在沼气发酵的过程中死亡，寄生虫卵减少95%以上。获得大量沼气和良好肥料。沼气引出可作能源，供烧饭和照明。沼气发酵需要一定温度，甲烷菌一般在 32～34℃时繁殖最快。必须有完全密闭的厌氧环境和适宜的 pH 值。配料要防止毒物影响微生物的活动。一般需两周到一个月时间完成。我国《粪便无害化卫生标准》（GB7959-87）中规定了沼气发酵的卫生标准，见表 8-4。

表 8-4　沼气发酵的卫生标准

项目	卫生标准
1. 密封贮存期	30 天以上
2. 发酵温度	50±2℃，持续 2 天
3. 蛔虫卵死亡率	95%以上
4. 粪大肠菌值	常温沼气发酵 10^{-4}，高温沼气发酵 10^{-1}～10^{-2}
5. 血吸虫卵和钩虫卵	在粪液中不得检出活的血吸虫卵和钩虫卵
6. 蚊子、苍蝇	有效地控制苍蝇孳生，粪液中无孑孓，池的周围没有活的蛆、蛹或新羽化的成蝇
7. 沼气池粪渣	经无害化处理后方可用作农肥

二、城市生活垃圾的无害化处理和利用

垃圾是所有废物的总和，其最集中的地方是城市，城市垃圾是指城市居民生活和为居民服务的公共设施（如商店、饭店、娱乐场所、医院、公园、街道等）所产生的固体废物。

随着城市建设的发展与居民生活水平的提高，城市生活垃圾的产生量与日俱增，已成为社会的一大公害。这些垃圾不仅污染环境，破坏环境景观，而且传播疾病，威胁人民身体健康。因此，城市生活垃圾问题是我国和世界各大城市面临的重大环境问题。

（一）我国城市生活垃圾产量、组成及产生的环境卫生问题

1. 我国城市生活垃圾的产量　随着城市人口的急剧增长、居民生活水平和消费水平的不断提高，我国城市垃圾的产生量也在急剧地增长。目前我国城市人均每日垃圾的产生量达到 440 kg，而且每年以 8%～10%的速度增长，垃圾的历年堆存量达 60 多亿吨。

2. 我国城市生活垃圾的构成　我国城市生活垃圾在产量迅速增加的同时，垃圾构成也相应地发生了很大变化。城市生活垃圾的构成主要受城市规模、性质、地理条件、居民生活水平和民用燃料结构的影响。我国城市生活垃圾构成有以下变化趋势：有机物增加，可燃物增多，可回收利用物增多，可利用价值增大。

3. 我国城市生活垃圾污染所产生的环境卫生问题　由上所述，我国城市生活垃圾的基本特点是：无机成分多于有机成分、不可燃成分多于可燃成分、不可堆腐物多于可堆腐物，增大了城市生活垃圾的运输和填埋量。目前，我国城市垃圾处置的最主要方式是填埋，约占全部处置量的 70%以上；其次是高温堆肥，约占 20%以上；焚烧量甚微。城市生活垃圾处理率已由 20 世纪 80 年代初的 2%提高到现在的 58.2%。但我国目前现有的垃圾处理场的数量和规模远远不能适应城市生活垃圾增长的要求，大部分垃圾仍呈露天堆放状态，对环境的潜在危害很大，污染事故频发，问题日趋严重。主要表现为：

（1）垃圾露天堆放造成大量氨、硫化物等有害气体释放，严重污染了大气。

（2）垃圾不但含有病原微生物，在堆放腐败过程中还会产生大量的酸性和碱性有机污染物，并会将垃圾中的重金属溶解出来，形成有机物质、重金属和病原微生物三位一体的污染源，雨水淋入后产生的渗透液必然会造成地表水和地下水严重污染。

（3）垃圾中有许多致病微生物，同时垃圾往往是蚊、蝇、蟑螂和老鼠的孳生地，这些生理性污染必然危害着广大市民的身体健康。

（4）侵占大量土地，对农田破坏严重。

（5）垃圾爆炸事故不断发生。随着城市生活垃圾中有机物质含量的增加和由露天分散堆放变为集中堆存，只采用简单覆盖易造成产生甲烷气体的厌氧环境，则易燃易爆。

（二）城市生活垃圾的收集和运出

垃圾分类收集是发达国家普遍采用的收集方法，可大大提高回收利用率，促进资源化。我国目前多采用混合收集方法，不利于垃圾处理。国外有的城市把垃圾分成 4～6 类，分别收集于不同颜色的容器中，提高了处理和利用的效果，降低了处理成本。垃圾容器的容积以能收集贮存 1～3 天的垃圾为宜。容器应密闭、美观、坚固耐用并便于清洗和运输。夏天要当日运出，冬季可在 1～3 天内运出。

在我国各个城市都应该根据自己的具体情况，应结合垃圾分类收集在垃圾产生源头进行城市生活垃圾中可再生废品的回收。为推进废品回收，应规定设立使用回收标志，标注在那

些使用后需回收的商品及包装上，并标注回收物品的材料名称或其代号、符号，以利于废品的回收、分类，提高废品的回收价值，促进废品的回收利用。例如，解决白色污染就应该从减少塑料包装的使用和提高塑料回收率入手。在塑料产品或塑料包装物上注明塑料材料的名称或符号，以便于分检回收。对垃圾进行源头控制与分类收集，可避免有害废物进入城市垃圾中，既可提高城市垃圾资源化的程度，又可减少对环境的危害。

（三）城市生活垃圾的无害化处理和利用

垃圾处理技术很多，最常用的为填埋、焚烧和堆肥。此外还有厌氧消化、热解气化、高温高压液化、蚯蚓处理等。目前垃圾的处理技术也从单纯的处理垃圾（如简单的堆弃、填坑、任意往江河湖海倾倒、露天焚烧或简易垃圾焚烧炉焚烧）发展到处理与资源回收利用相结合，用先进的环境卫生工程科学技术处理垃圾，如建立垃圾焚烧工厂、垃圾卫生填埋场、机械化高速堆肥厂、垃圾热解与水解处理厂等。

1. 城市生活垃圾的无害化处理

（1）垃圾的卫生填埋：所谓卫生填埋，就是对垃圾处理场按照环境卫生工程技术进行施工，不使掩埋的垃圾对地下水、地表水、土地、空气及周围环境造成污染。卫生填埋是最常用的垃圾处理方法，也是多数发达国家对垃圾处理的一种主要方法。该法安全卫生，成本较低，已回填完毕的场地可以作绿化、公园、游乐场等。

我国《生活垃圾填埋污染控制标准》（GB16889-1997）从保护环境的需要规定了生活垃圾填埋场选址要求、工程设计要求、填埋场入场要求、填埋作业要求、封场要求和污染物排放限值与环境监测等要求，例如：①场址选择：应设在当地夏季主导风向的下风向，在人畜居栖点 500m 以外；②防渗：生活垃圾填埋场的防渗层的渗透系数 $K \leqslant 10^{-7}$ cm/s；③填埋要求：填埋施工应实行单元填埋，随倒随压，层层压实，当日覆盖，填入的垃圾厚度应以当地的实际情况确定；④设排气管：排放、收集废物中可生物降解的有机物转化出的气体。生活垃圾填埋场大气污染物控制项目有颗粒物（TSP）、氨、硫化氢、甲硫醚、臭气浓度；⑤设排水管：收集浸出液，进行处理后达到排放标准后向地面水体排放。垃圾渗滤液排放控制项目为悬浮物（SS）、化学需氧量（COD）、生化需氧量（BOD_5）和大肠菌值等。但该标准适用于生活垃圾填埋处置场所，不适用于工业固体废物及危险物的处置场所。

（2）垃圾的焚烧：世界上垃圾焚烧制能居领先地位的是日本和西欧一些国家，北欧几个国家也在迅速发展。垃圾焚烧制能所以发展如此迅速，主要是垃圾中的可燃物，尤其是纸和塑料大量增加，垃圾发热量明显提高。如日本的垃圾已由 20 世纪 60 年代每公斤垃圾发热 3344～4180 千焦耳，提高到了 6270～7100 千焦耳。因此，在当今地球上资源日益减少的情况下，如果垃圾仍然采用填埋法处理，无疑是对资源的极大浪费，而垃圾焚烧制能则是社会发展的需要。而建设一座焚烧厂要花费很多投资，同时，在垃圾焚烧过程中要排放大量烟气，特别是二噁英，对大气有污染。

我国《生活垃圾焚烧污染控制标准》（GWKB3-2000）对生活垃圾焚烧厂选址原则、生活垃圾入厂要求、焚烧炉基本技术性能指标、焚烧厂污染物排放限值等进行了要求，自 2000 年 12 月 1 日起实施。

（3）堆肥：堆肥是我国农村长期使用的一种沤肥方法，已有悠久的历史。堆肥是固体废物中的有机物经过生物化学的降解作用，使之成为腐殖质状，用作土壤改良剂或肥料。如前所述，除了粪便外，我国城市生活垃圾中有机成分和菜蔬等较多，这些东西既不能焚烧，政府又无力建造大型垃圾填埋场进行处理，而用以堆制肥料较为适宜。

我国城市生活垃圾管理对策除了推行垃圾分类收集外，根据我国国情开发适用的垃圾处理处置技术体系是十分必要的。一要发展高温堆肥，改进原料构成，提高堆肥产品质量，增强堆肥产品的市场竞争力；二要改进卫生填埋技术，开发专用设备和材料；三要完善卫生填埋场的场底防渗技术，开展污染评价，开发填埋专用机械设备，开发填埋气体的收集利用技术和设备，把卫生填埋从单纯的垃圾处理转向资源利用；四要加速开发国产焚烧设备，研究和开发国产焚烧炉主体和烟气净化设备。

2. 城市垃圾的回收利用　垃圾是全世界的一大公害，但同时也是“放错地方的资源”。城市垃圾是丰富的再生资源的源泉，约 80％的垃圾为潜在的原料资源，可以回收其有用成分并作为再生原料加以利用。利用垃圾有用成分作为再生资源有很多优点，其收集、分选和富集费用要比原始原料开采和富集低好几倍，可以节省自然资源，避免环境污染。例如：垃圾所含废纸是造纸的再生原料。处理 100 万吨废纸，可避免砍伐 $600km^2$ 的森林；利用生活垃圾中的废弃食物加工饲料，不仅可减少对环境的污染，还可补充饲料的来源，提高农业效益。用 100 万吨食物加工饲料，可节省 6 万吨饲料用粮食。

国外在垃圾的综合处理与资源回收利用方面起步很早。垃圾的综合处理如焚烧与填埋相结合，堆肥与填埋相结合，堆肥与焚烧、填埋相结合等，在国外都早有先例。在资源回收方面国外早已有各种各样的垃圾分选和回收技术、设备，将金属、玻璃、塑料、纸板等回收利用，将有机垃圾生产肥料、气体燃料、液体燃料和化学物质，利用填埋气进行发电，用焚烧热能发电和产生热能。我们现在采用的是垃圾综合处理为堆肥、焚烧和填埋三者有机结合、综合为一体的处理方法，可以使垃圾做到合理处理和合理利用，作到资源充分回收，处理效率提高，同时也克服了填埋、焚烧和堆肥的缺点。

总之，鉴于我国城市生活垃圾现状，根据我国具体国情，要解决我国城市生活垃圾污染问题，就应该尽快完善城市垃圾的管理法规，推行垃圾分类收集与回收利用，加快城市生活垃圾处理处置设施的建设，加大宣传力度，提高全民环境意识。尽快实现城市生活垃圾减量化、资源化、无害化，走可持续发展的道路。

三、工业固体废弃物的处理和利用

工业固体废弃物产生量指企业生产过程中产生的固体状、半固体状和高浓度液体状废弃物的总量，包括危险废物、冶炼废渣、粉煤灰、炉渣、尾矿、放射性废物和其他废物等。

（一）工业固体废弃物的产量和组成

工业固体废弃物产量较城市生活垃圾的产量更大，为其 10 倍以上，而且有害成分种类多，含量大，危害性质各异。我国工业固体废弃物的年产量至 2000 年已经达到 8 亿吨，累计堆存量超过 67 亿吨。我国工业危险废物的产生量逐年递增，近几年每年产生工业危险废物在 1000 万吨左右。据 1999 年统计，在所产生的危险废物中，43.1％得到综合利用，贮存量占产生量的 39.0％；处理量占产生量的 13.2％；排放进入环境的废物量占产生量的 4.7％。

未经处置的工业固体废弃物堆存在城市工业区和河滩荒地上，风吹雨淋，成为严重的污染源，污染事故不断发生。甚至有一些固体废弃物倾倒在江、河、湖泊中，污染水体，破坏生态平衡，鱼虾、农作物减产和蓄积毒物，引起人畜中毒。固体废弃物的污染问题已成为我国重要的环境问题之一，影响了经济、社会的发展，迫使我们必须对固体废弃物进行有效的治理。

（二）工业固体废物的处理措施

1. 安全土地填埋　是一种改进的卫生填埋方法，也称为安全化学土地填埋。对场地的建造技术比卫生填埋更为严格。如衬里的渗透系数要小于 10^{-8}cm/s，渗出液要加以收集和处理，地面径流要加以控制，要控制和处理产生的气体。此法是一种完全的、最终的处理，最为经济，不受工业废渣种类的限制，适于处理大量的工业废渣，填埋后的土地可用做绿化地和停车场，但场址必须远离居民区。

2. 焚烧法　该法是高温分解和深度氧化的综合过程。通过焚烧使可燃性的工业废渣氧化分解，达到减少容积、杀灭病原菌或去除毒性、回收能量及副产品的目的。但要防止固体废物的燃烧会产生大量的酸性气体和未完全燃烧的酸性气体、未完全燃烧的有机组分及炉渣的二次污染。

3. 固化法　是将水泥、塑料、水玻璃、沥青等凝固剂同有害工业废渣加以混合进行固化。我国主要处理放射性废物。它能降低废物的渗透性，并将其制成具有应变能力的最终产品，从而无害化。

4. 化学法　是利用有害工业废渣的化学性质，通过酸碱中和、氧化还原等方式，将有害工业废渣转化为无害的最终产物。

5. 生物法　许多有害工业废渣可以通过生物降解毒性，解除毒性的废物可以被土壤和水体接纳。目前常用的生物法有活性污泥法、气化池法、氧化塘法等。

6. 有毒工业废渣回收、处理与利用　化学工业生产中排出的许多废渣具有毒性，须经过资源化处理加以回收和利用。例如化学工业中的水银法制碱、电解法生产烧碱时，定期更换下来的含汞触媒等都有大量的含汞废物排出，采用焙烧法处理并可回收废物中的汞；氰盐生产中排出的废渣含有剧毒的氰化物，可以采用高温水解—气化法处理，在高温下废渣中的氰氧化物可氧化解毒。

大规模地将化学废弃物，包括农药生产过程中的废渣埋入土壤，乃是土壤污染对人群健康的最大威胁。曾有报道：美国纽约市 Niagara Falls 东南一条长约 1000 米的地沟 Love Canal，从 1920 年开始掩埋化学性废弃物，以 1947～1952 年掩埋量最多，共约 2 万吨，主要是有机农药产品的蒸馏残渣。1953 年停止填埋，并盖以粘土。后来该地段发展为住宅。20 世纪 70 年代中期，地沟的粘土覆盖层破裂并被雨雪水淹没，化学物外溢。后来证实，地沟周围的两排房屋的地下室和当地雨水下水道的空气、土壤和水样中均检出了被填埋的化学物质。土壤填埋化学性废弃物，可能会产生某些有害物质从而长期作用于人体，甚至可能造成一定的健康损害，这也提示我们，对我国各地曾广泛使用的土壤填埋垃圾应提高警惕，并加强监测。

四、污水灌田的现状及卫生防护措施

（一）我国污水灌溉现状

我国已经成为世界第一灌溉大国，以灌溉为主的农业用水量占全国用水量的 70％以上。我国污水灌溉的农田主要集中在北方水资源严重短缺的海、辽、黄、淮四大流域，约占全国污水灌溉面积的 85％。

污水灌田一方面解决了城市部分污水的处理问题，同时由于污水中含有丰富的氮、钾、磷等营养元素，为农业生产提供了水和肥料。但是由于用于灌溉的污水大多未经任何处理，污水中含有的有毒有害物质已经造成污水灌溉地区土壤、地下水和农作物的严重污染。土壤对污染物的自净能力是有限的，超过了卫生容许浓度会造成危害。

（二）污水灌田的卫生防护措施

我国利用城市污水灌溉农田已有数十年的历史，多年的经验表明：卫生防护措施是保证污水灌田成功的关键，必须加强卫生防护措施。

1. 灌田污水必须预先处理　对灌田污水进行监测，掌握其所含成分，达到《农田灌溉水质标准》（GB5084-92）的要求后方可灌溉。同时根据当地水文、气象、土壤、作物、地质等因素，确定污水灌溉方法和数量；最好能进行清水和污水混合灌溉；污灌地块也要轮换等等措施。

2. 防止污染水源　污水沟渠和灌田土壤应防渗漏，灌田区应距水源地200m以上，防止污染水源。在集中式给水水源地上游1000m至下游100m的沿岸农田不得用污水灌田。

3. 防止污染作物　提倡沟灌，不用漫灌和浇灌，尽量减少污水与蔬菜和农作物接触。提倡种植可食部分不接触土壤的蔬菜，如西红柿、茄子、辣椒等。要严格限制含有蓄积性强、易造成农作物残毒的污水进行灌田。

4. 防止污染大气　灌区应在居民区的下风侧，距居民区500m以上。防止灌田污水发生厌氧分解和腐败产生恶臭。

5. 防止蚊蝇孳生　灌区要土地平整，无积水、无杂草，防止有机物堆积腐败，以减少蚊蝇孳生。

第六节　土壤卫生监督

一、预防性卫生监督

凡是有可能污染土壤的一切工程项目和各种设施都必须经卫生主管部门审查批准后方可实施，以便采取预防措施，防止土壤污染。

1. 现场选址的审查　主要审查有可能污染土壤的工程项目，如粪便垃圾处理厂、污水处理厂、垃圾填埋场、废渣堆积场、污水灌田等，在现场必须有卫生部门参加，并经过事先审查符合卫生要求，方可实施。

2. 土壤污染的预测　对土壤已有污染的工业企业，可预测工厂今后排放污染物在土壤中蓄积的趋势，以便提出其排放量的要求。下面仅介绍土壤气型污染的预测方法，预测已知条件是该工业企业过去每年向大气排放某污染物对周围土壤污染程度的经验数据和已知排放的年限。

（1）土壤中污染物的蓄积计算：设某工厂每年废气或烟尘向大气排放某污染物的量为 W_1（t/a），该工厂已排放污染物 T_1 年。现采样测定该厂周围某采样点土壤中该污染物含量的实测值为C（mg/kg），当地土壤中该污染物的背景值为 C_b（mg/kg），则过去 T_1 年中该厂每排放1吨污染物，使该采样点土壤中该污染物含量增加Q（mg/kg），即：

$$Q=\frac{C-C_b}{W_1T_1}$$

（2）土壤中污染物含量达最高容许限值的期限预测：设土壤中该污染物的最高容许值，即土壤的标准为S（mg/kg）。假如该厂今后每年排放该污染物的数量为 W_2（t/a），则该采样点土壤中此污染物含量达到土壤卫生标准（S）的期限为 T_2 年，计算公式为：

$$T_2=\frac{S-C}{W_2Q}=\frac{W_1}{W_2}\times\frac{S-C}{C-C_b}\times T_1$$

T_2 年后土壤中该污染物含量将超过卫生标准。卫生部门和环保部门据此可要求工厂采取相应措施，减少污染物的排放量，以控制土壤污染。

应用上述模式推算时，最好在该厂周围不同方向和不同距离多设几个采样点，计算出不同采样点 Q 值。最后计算的土壤中污染物含量到土壤卫生标准的年限适用于当地该工厂。

3. 验收工作　对一切污染土壤的建设项目和设施建成后，投入使用之前必须经过有卫生部门参加的验收工作，确认是否符合卫生要求，投入使用时是否会造成土壤污染，以及提出改进措施和要求。验收工作是预防性卫生监督工作的重要环节。

二、经常性卫生监督

土壤经常性卫生监督是卫生部门依照国家有关法规，对辖区内废弃物堆放和处理场地及其周围土壤进行经常监督和管理，使之达到卫生标准的要求。

对土壤环境进行经常性卫生监督的内容：

1. 对居民区内或附近土壤的卫生状况以及垃圾站（堆）、废渣堆、公共厕所等的污染情况，进行定期调查与监督管理。

2. 对废弃物的土地处置（包括土地填埋、土地处理、地面贮池和深井灌注等），其经常性卫生监督的重点在于防止渗出物对地下水和地面水的污染，避免散发出的气态污染物（硫化氢、甲烷、吲哚、甲基吲哚、硫醇等）的危害。因此必须定期对有害成分进行监测分析与监督管理，检查其有效的管理制度和运行记录制度等。

3. 对灌田区的土壤、地下水、空气和农作物定期进行监督监测，了解居民反映，积累有关资料，进行动态分析。防止因污灌造成生态环境破坏和人群健康危害。

三、土壤卫生监测

土壤卫生监测的任务是要查明土壤的卫生状况，阐明其对环境的污染和对居民健康可能产生的影响，为保证生态环境和保障人体健康提出卫生要求和防护措施的依据。对个别复杂问题要做专题调查。土壤卫生监测的内容包括污染源调查、土壤污染现状调查与监测、土壤污染对居民健康影响的调查。

（一）污染源调查

查清污染来源和特点，调查污染源的性质、数量、生产过程、净化设施、污染物的排放规律及影响因素等，要随时掌握各污染源的污染方式、污染范围、生产规模和净化设施的变化情况，还要随时掌握新出现的土壤污染来源，以便弄清污染性质、范围和危害，为治理提供线索，指明目标。

（二）污染现状调查

现状调查内容包括布点、采样、确定监测项目等。

1. 采样点的选择和采样方法　土壤监测时，采样点的分布应根据检测目的和污染特点，考虑调查区内土壤类型及其分布、土地利用及地形地貌条件，按不同情况各布置一定数量采样点，使其在空间分布上均匀并有一定的密度，以保证土壤污染现状调查的代表性和精确性。

若是由于大气引起的土壤污染，采样点应以污染源为中心，根据当地风向、风速及污染源强度等，作放射状布点，在上风向布点稀，下风向布点密，近污染源采样点间距小，远离污染源的间距大。当利用废水或受污染的水源灌溉农田时，应在灌区内根据水流的路径和距离，分别在主灌渠和支灌渠附近采样。水田的采样点应包括进出水口和田中间。

由于土壤在水平和垂直方向的分布具有一定的不均匀性，一般采用对角线、梅花形、棋盘式等方法多点采样，均匀混合。采样深度根据调查目的而不同，表层采样可取5～10cm深的土样，用金属采样筒打入土内采样。深层采样深度为1.0m，用土钻采样。

若要检测土壤微生物，则需用灭菌工具先除去地表枯枝落叶，再铲除1cm左右表层土，再用烧灼过的勺或铲取土样约200～300g，装于灭菌容器中，并注意保留适当空间。土样采出后由于改变了原来的自然条件，故应尽快检验微生物指标为宜。

2. 土壤天然本底调查与监测　土壤中元素的背景值，即本底值，是指该地区未受污染的天然土壤中各种元素的含量，它是评价水土化学环境对居民健康影响的重要依据；是评价化学污染物对土壤污染程度的参照值；是制订土壤中有害化学物质卫生标准的重要依据；也是国家对土地资源开发利用和地方病防治工作必需的科学数据。由国家环保局主持、中国环境监测总站主编的《中国土壤元素背景值》一书是我国目前较为权威和完整的土壤元素背景值的资料。该书是建立在全国29个省、自治区和直辖市及5个开放城市土壤背景值调查研究的基础上，以4000余个典型土壤剖面上取得13个微量元素，并从800余个主剖面上加测48个元素的数据，经计算机数据统计处理编辑而成，它是环境科学及环境相关疾病研究的基础科学数据。

当地天然土壤本底资料是评价土壤污染状况的基础。本底调查的主要内容是各种化学元素的本底值和放射性物质本底值的监测。本底调查的采样点选择必须是当地未受污染的天然土壤，并应包括当地各种不同类型的土壤。

3. 污染指标的选择　一般是根据污染源调查情况和评价目的，选择适当数量既有代表性又切实可行的污染指标进行监测。

（1）化学污染的调查监测：主要包括有机氯和有机磷农药、重金属及其他无机毒物如镉、汞、铬、铅、氟、砷等；对污染土壤的有毒化学物质的调查，不仅要调查监测土壤中化学物质的含量，还要监测当地各种农作物中的含量，以观察该污染物在农作物中的富集情况。例如，氟污染应以茶叶为指示植物，镉污染则以稻米为指示植物等，以观察土壤对各种化学污染物的容纳量，估计污染的危害程度。化学污染物在农作物中的残留是土壤污染调查的重要内容。另外，还必须监测化学污染物渗入土壤的深度、迁移到地下水的浓度和扩散到空气中的浓度等，以估计其对周围环境的污染程度。

（2）生物性污染的调查监测：生物性污染状况调查常用的监测指标有以下几种：

①大肠菌值：是指能检出一个大肠菌群细菌所需的最少土壤量，以g表示。大肠菌值与大肠菌群数之间的关系如下：

$$\text{大肠菌值}=\frac{10000}{\text{大肠菌群数}}$$

大肠菌值数字越大，表示土壤越干净。它可用来评价土壤是否被人或温血动物的粪便污染，并提示有无肠道病原体污染的可能。

②产气荚膜梭菌值：也是代表粪便污染的指标。因为产气荚膜梭菌可以芽胞的形态在土壤中存活时间比大肠菌长。所以研究它和大肠菌在土壤中数量的消长关系就可以判定土壤受粪便污染的时间长短。例如，土壤中产气荚膜梭菌多（或产气荚膜梭菌值小）而大肠菌相对少，则表明土壤的污染是陈旧性的。反之，则表明是新鲜污染，危害性较大。

③蛔虫卵数：它对判定土壤污染有重要意义，因为它可以直接说明在流行病学上是否对

人体健康有威胁。根据蛔虫卵在土壤中的不同发育阶段以及活卵所占的百分比来判断土壤的自净程度。例如，大部分蛔虫卵是死卵，表明土壤已达到自净，危险性较小。土壤生物性污染的评价指标及其卫生状况分级值列于表 8-5。

表 8-5　土壤卫生状况评价指标

卫生状况	大肠菌值	产气荚膜梭菌值	蛔虫卵
清洁土壤	＞1.0	＞0.1	0
轻度污染	1.0～0.01	0.1～0.001	＜10
中度污染	0.01～0.001	0.001～0.0001	10～100
严重污染	＜0.001	＜0.0001	＞100

（三）土壤污染对健康影响的调查

1. 患病率、死亡率的调查　对污染区和对照区居民人群进行与土壤污染相关疾病的患病率和死亡率的调查。也可以收集和利用现有的死亡和疾病统计资料。例如，卫生部门的人口死亡统计、疾病统计、医院病例统计等，对比分析污染区与对照区居民的健康状况，以分析土壤污染与居民健康的关系。

2. 有害物质在居民体内蓄积水平的调查　测定居民的血、尿、发、乳汁中有害物质的含量，以判定体内蓄积水平和危害程度。

3. 居民健康检查　选择一定数量的有代表性的居民进行临床检查和生理、生化、免疫功能等健康状况的检查，以便发现居民健康状况的变化与土壤污染的关系。

4. 居民询问调查　了解居民对土壤污染的主观反映，进行统计分析。

土壤污染对健康影响的调查范围应当与土壤污染调查监测的范围相一致，并且一定要选好对照人群做调查对比分析。

（彭瑞玲）

思考题

1. 试述土壤污染的来源及自净。
2. 土壤的主要污染物有哪几类？对健康的影响有哪些？
3. 土壤中的微生物在土壤污染的自净过程中起什么作用？
4. 简述影响重金属在土壤中迁移转化和残留的因素。
5. 简述土壤的环境容量。
6. 什么叫腐殖质？
7. 土壤生物性污染的主要危害是什么？
8. 简述痛痛病的病因、流行病学特征、发病机理、临床表现。
9. 简述制订土壤卫生标准的原则和方法。

第九章　住宅与健康

第一节　室内环境与住宅

一、概述

室内环境（indoor environment）是由屋顶、地面、墙壁、门、窗等建筑围护结构从自然环境中分割而成的小环境，也就是建筑物内的环境。室内环境是人类对自然环境干预以后形成的，所以，属于次生环境，是优化的次生环境。

人类历史上最早出现的室内环境是天然洞穴内的环境。原始人类从树上迁入洞穴的初衷是栖息，是为了躲避狂风暴雨和毒蛇猛兽等恶劣环境。所以，洞穴是人类最原始的室内环境。随着人类社会科技水平快速发展和人们对文化生活、社会交流活动等诸多需要，不仅使住宅的建造形式和质量方面有了空前的提高，而且创建出了更多更高的功能和类型的室内活动场所。所以，室内环境早已不仅仅是指栖息之地的环境，而是包括具有生活、休息、工作、学习、娱乐、文体、社交、集会、商贸、交通、医疗等多种功能场所内的环境。因此，室内环境的种类和形式已日益多样化，例如有住宅、办公场所、教室以及旅店、商场等各种室内公共场所等。虽然各种室内环境都由于其不同的特定功能而在建筑设计方面都各具特色，但在基本卫生要求方面，应该是一致的。

二、创造健康室内环境的基本原则

现代人约有70%的时间是在室内度过的。现代化程度越高的地区，人们在室内度过的时间往往越长，大约有80%～90%，甚至可达90%以上。可见，室内环境已经成为人类最密切接触的外环境，室内环境质量的优劣对人体健康的影响就显得特别重要。因此，室内环境的质量必须有利于室内人群的身心健康，使人们逗留在室内感到舒适，精神焕发，提高机体的生理功能，增强免疫力，甚至还能降低发病率，增强体质，延长寿命。要确保室内环境具备优良的质量，就必须创建健康的室内环境。创建健康室内环境的基本原则是：

1. 充分引进室外的有利因素。例如阳光、新鲜空气等。

2. 充分发挥室内有利因素，并尽量开发更多的室内有利因素。例如室内空间的合理分割、卫生设施的完善等。

3. 尽量避免室外的有害因素进入室内。例如污染空气、噪声等。

4. 尽量避免室内产生有害因素。例如燃烧产物、室内防湿等。

三、室内环境对健康影响的基本特点

室内环境是从外界环境中分割而来，形成了相对封闭的小环境。这样的小环境一方面仍具有一部分来自外界环境的有利因素和有害因素，另一方面也由于空间小而功能多等原因，引发出多种有害因素。这些有利和有害因素都在影响着室内人群的健康。它们对人体健康的影响具有一定特点。这些特点是与室外环境和生产环境都有所区别的。

1. 与外界环境和生产环境相比，室内的小气候比较适宜，环境比较舒适；有利于人们从事各种室内活动。但因此也有利于其他生物的生长繁殖，使得室内人群接触病原生物的机会较多。

2. 与外界环境相比，室内的空间相对狭小，有害因素较难扩散稀释。人与人之间、人与污染源之间都是近距离相处。因此，一旦出现污染物，则暴露机会更为频繁而密切。更容易受到病原生物、化学污染物和放射性物质等有害因素的影响。

3. 与生产环境相比，室内环境中有害因素的种类更多。虽然多以低浓度作用为主，但由于种类较多，所以多因素综合作用更为突出。而且，人们在生产环境中劳动 8 小时后，可以下班，离开该环境，以取得一段时间的缓解。因此，这种暴露是间断性的。而生活环境中尤其是住所环境中人们对有害因素的暴露是 24 小时持续的，是长年累月不间断的。人们很难采用离开住所的这种做法取得缓解；另一方面，由于生产规模是固定的，每日每年所产生的有害因素的种类和产量也就是相对固定的。所以，生产环境中有害因素的暴露量是相对稳定的，暴露是持久的。而在生活环境中有些污染物是一次性进入室内的，经过一段时间的释放后，可以逐步减少直至消失。所以，此类暴露量是可以逐步减少的，暴露是有一定期限的。

4. 室内环境中的某些有害因素可以出现高浓度污染而引起机体急性中毒。例如不完全燃烧产生的大量 CO 可以引起机体急性中毒。但多数情况下，有害因素是低浓度长期作用引起慢性中毒。往往当机体出现受害效应时，暴露已持续很久了。甚至已是既往暴露后产生的远期效应。

鉴于以上特点，在进行室内环境对人体健康影响的科学研究和健康评价时，在这些方面应与外界环境和生产环境的影响有所区别。

四、住宅的基本卫生要求

住宅（residential building）是所有的室内环境中人们逗留时间最长的室内环境。住宅内的人群包括了所有的年龄组，并且健康状态也各不相同。其中尤以老、弱、病、残、幼、孕等人群的体质最弱，免疫水平相对低下，更需要有健康的居住环境。因此，在所有的室内环境中住宅的卫生要求应该是最高的、包含内容应是最全面的、最具代表性的。住宅的卫生要求是其他室内环境卫生要求的基础。

住宅的基本卫生要求是：

1. 小气候舒适。
2. 日照适宜，采光照明合适。
3. 空气清洁卫生。
4. 有害因素减少至最低。
5. 卫生设施完善。
6. 隔音性能良好。

第二节　室内小气候与健康

一、室内小气候的概念

任何一个局部气候对于相对大环境的气候而言，都是小气候（micro climate）。室内小气候就是指室内环境中的气候，也就是建筑物内的气候。室内小气候是由空气温度（气温）、空气湿度（气湿）、空气流动速度（气流）和环境辐射温度（热辐射）等四项物理要素组成。环境辐射温度是指室内所有物体的表面温度，包括房屋的墙壁、地板、天花板、室内的采暖设备等物体表面的温度。

小气候对室内人群的健康起着直接和间接的重要作用。

二、小气候与机体的热平衡

（一）机体与外界环境进行热交换

机体为了要维护稳定的正常体温，随时要将体内多余的热散发到周围环境中去。当机体的产热和散热处于基本平衡状态，而且主观感觉良好，这就是达到热平衡状态。

当小气候适宜（气温 25℃，相对湿度 50%）时，机体处于安静状态下所产生的热量中约有 15%从皮肤表面的汗腺蒸发掉，7%从呼吸道呼出，另有大约 3%通过大小便和唾液等渠道排出，其余 75%则都通过机体表面散热。所以，体表是机体与外界进行热交换（heat exchange）的主要部位。

机体不仅是往周围环境单向散热，而当外界温度升高时，机体不但散热受阻，还会从周围环境中获热；当周围温度降低时，机体又会大量失热。总之，机体与周围环境之间通过复杂的热交换达到了动态的热平衡（heat balance）。人体与周围环境之间保持了热平衡，是人体健康（health）和舒适（comfort）的首要条件之一。

机体与周围环境的热交换有四种方式，即：传导、对流、辐射和蒸发。

传导（conduction）是机体与外界物体进行直接接触的热交换。这是机体与固体物体和流体进行热交换的主要方式。例如人站在地板上，若足部温度高于地板温度，则人体散热（以“－”值表示）；而当地板温度高于足部温度时，人体获热（以“＋”值表示）。所以，传导是双向的。机体可以通过传导方式散热，也可由此获热，是双向热交换。机体与气体进行热交换时，往往是传导和对流同时进行。

对流（convection）是机体表面与周围空气温度进行热交换，也是双向热交换。当机体表面温度高于气温时，人体的热向冷空气处散发，同时，冷空气流向人体，此时，人体散热（以“－”值表示）；反之，人体获热（以“＋”值表示）。气流在促进对流方面起着很大作用。气流越大，越有利于对流。

辐射（radiation）是机体表面与周围物体表面进行热交换的方式。当体表温度高于周围物体表面温度时，机体处于散热状态，将热向周围物体辐射，此为负辐射（negative radiation）（“－”值）；当周围物体表面温度高于体表温度时，机体处于获热状态，物体的热向机体辐射，此为正辐射（positive radiation）（“＋”值）。这也是双向热交换。

蒸发（evaporation）是单向散热。当机体产热量很大或是空气湿度很高，致使传导、对流、辐射三种热交换方式不能充分散热时，机体就会大量出汗，使热量随大量汗液蒸发而出，达到散热效果。

这四种热交换方式综合作用，使机体处于热平衡状态。关于判断热交换是“+”值对机体有利还是“-”值有利，这是不能一概而论的，因为要取决于机体产热量和小气候状况。此外，与机体活动量、衣着情况等也有关系。

在通常的生活环境中，机体的热平衡状态可由下列热平衡基本公式来表示：

$$S = M \pm C_{传} \pm C_{对} \pm R - E$$

式中：S 为机体蓄热量（kJ）；

M 为机体产热量（成人约 8373.6kJ/d）；

$C_{传}$ 为传导换热量（kJ）；

$C_{对}$ 为对流换热量（kJ）；

R 为辐射换热量（kJ）；

E 为蒸发散热量［皮肤蒸发汗液 1g（并非滴下汗珠），相当于放出潜热 2.449kJ］

当 $S=0$ 时，表示机体的产热和散热处于平衡状态，机体感到舒适。

当 $S>0$ 时，表示机体有蓄热。

当 $S<0$ 时，表示机体失热。

如果机体处在热平衡状态，就能产生舒适感，促使机体处于良好的生理和心理状态，使机体的健康状况处于良性循环。所以，小气候的舒适是促进健康的重要条件之一。

如果机体遇到过热或过冷，超出了机体的热调节能力，热平衡遭到破坏，则健康就会受到不同程度的影响。过热时，心脏负担加重，机体由于大量出汗而失水甚至出现水盐代谢障碍，内脏血液供应不足，逐渐可造成心脑血管、泌尿、消化、免疫、神经、内分泌等系统的功能紊乱和病变。过冷时，机体受寒易发生感冒及其他呼吸道疾病，并可诱发关节炎、风湿病、消化道疾病等。所以，室内小气候是否合适，应进行测量和评价。

（二）评价小气候的物理指标

气温、气湿、气流、热辐射是组成室内小气候的四项物理因素。这四项因素不仅单独影响热代谢，而且对人的热感觉起着综合的作用。例如相同的气温而风速不同时，则热感觉就会不同，所以除了评价单项指标外，往往要根据几项因素进行综合评价。综合评价时，可以单独测定这几项因素后再进行综合评价，也可使用某些专用仪器测定几项因素的综合效果。

根据评价因素的不同，可将评价指标分为 4 类。

第一类：根据小气候因素而制订。如湿球温度（表示气温和气湿的综合作用）、黑球温度（表示气温、辐射热和气流的综合作用）等。这类指标虽简单易行，但没有考虑机体的反应，故目前已较少单独使用而常与其他指标综合使用。

第二类：根据机体主观感觉与小气候因素的综合效应而制订。如有效温度、校正有效温度、风冷指数等。

第三类：根据机体生理反应与小气候因素相结合而制订。如湿球—黑球温度指数等。

第四类：根据机体与环境之间热交换情况而制订。如热强度指数、热平衡指数等。

以上这些指标中，最常用的是有效温度和校正有效温度。

1. 有效温度（effective temperature，ET） 有效温度是 1923～1925 年由美国学者雅格罗（Yaglon）等人提出的。该指标是根据气温、气湿、气流与人体处在休息或坐着工作状态下的热感觉综合制订而成。

ET 的制订方法是设立两个规模相同的实验室（A 室和 B 室）。A 室将气流固定为

0 m/s，气湿固定为 100%，气温可以上下调动。B 室的气流、气湿和气温均可以任意上下调动。这三个因素相互搭配可以组成很多组合。受试者可以出入该两室。当 B 室调至某个组合，受试者产生的热感觉与 A 室的某个气温条件下的热感觉相同，则 A 室的该气温就是 B 室该三个因素综合的有效温度。通过许多次调动组合，得出了许多有效温度值。将这些数据绘制成有效温度图，见图 9-1，使用就很方便。只要测得室内的干球温度（即气温）、湿球温度和风速（即气流）的数据，就可从该图中查得有效温度。即在图中将干球和湿球的温度点相连成直线，此直线与风速值的线相交处的有效温度值就是该室的有效温度。例如测得某室的干球温度为 22℃、湿球温度为 15.5℃、风速为 0.5m/s，则该室有效温度为 19℃。

有效温度的适宜范围是 18～22℃。

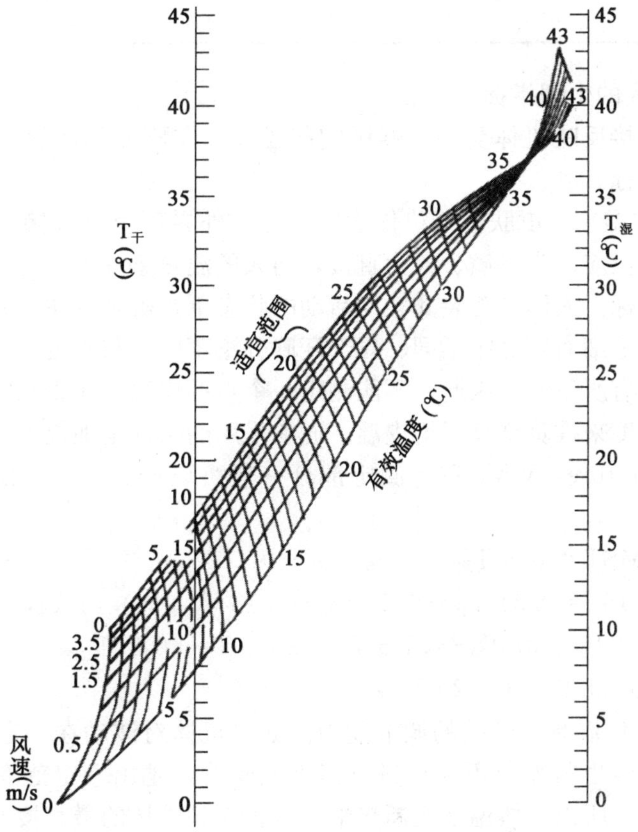

图 9-1　有效温度图

（引自姚志麒主编《环境卫生学》，1995）

2. 校正有效温度（corrected effective temperature，CET）　由于 ET 没有考虑热辐射的影响，CET 对此进行改进。使用测量热辐射的黑球温度计取代了干球温度计。仍用有效温度图查得有效温度。只是将干球温度改为黑球温度即可。也就是将黑球温度的读数仍在原图上作为干球温度的读数来查阅。

校正有效温度与热感觉的关系见表 9-1。

表 9-1 校正有效温度与相应的热感觉

校正有效温度	热感觉
43℃	允许上限
40℃	酷热（very hot）
35℃	炎热（hot）
35～30℃	热（warm）
30℃	稍热（slight warm）
25℃	适中（neutral）
20℃	稍冷（slight cool）
15～20℃	冷（cool）
15℃	寒冷（cold）
10℃	严寒（very cold）

（三）评价小气候的生理指标

生理指标能够直接反映机体受小气候影响的程度。在研究和评价小气候对机体的影响时，可以选用这些指标。

1. 皮肤温度（皮温）　皮肤位于机体表面，是与外界环境直接接触的主要界面，所以皮肤对小气候变化的反应最为灵敏、最为直接，与人的温热感基本平行。所以，皮肤温度是最常用的一项生理指标。人体在着装和轻度活动的状态下，舒适的平均皮温为 32～32.5℃。由于服装不同、局部毛细血管分布不同、局部汗腺分泌不同、与心脏的距离不同等原因，身体各部位的皮肤温度有所不同。因此，不能测定一个点的皮温就作出结论，需要测定几个有代表性部位的皮肤温度来推算全身平均皮温。通常采用的指标是加权平均皮肤温度（weighted mean skin temperature，WMST）。测定部分一般可以选择 3～8 个点。常用的有以下几种。

3 点加权法：$WMST \approx 0.5\ T_{胸} + 0.36\ T_{小腿} + 0.14\ T_{前臂}$

4 点加权法：$WMST \approx 0.34\ T_{胸} + 0.33\ T_{股} + 0.18\ T_{大腿} + 0.15\ T_{前臂}$

8 点加权法：$WMST \approx 0.07\ T_{额} + 0.175\ T_{胸} + 0.175\ T_{背} + 0.07\ T_{上臂} + 0.07\ T_{前臂} + 0.05\ T_{手} + 0.19\ T_{大腿} + 0.20\ T_{小腿}$

2. 体温　机体对体温具有较强的调节能力。如果机体对波动在一定范围内的小气候尚能保持热平衡，则体温也就变化不大。只有当小气候波动越出一定范围，热平衡受到了破坏，体温才出现变化。所以，体温是判断热平衡是否受到破坏的最直接的指标。

3. 脉搏　当机体受热时，首先进行热调节。此时，为了散热，毛细血管开始扩散，同时为了满足血液供给，脉搏开始加快。据报道，气温达到 35℃以上脉搏可增加 60%。所以，脉搏是反映机体受热后调节功能的一个简单而灵敏的指标。

4. 出汗量　出汗是机体在热调节紧张情况下的一种散热方式，这就是蒸发散热。安静时人的最大出汗量为 1800 g/h，劳动强度大时最大出汗量约为 3900 g/h。出汗量是反映机体热调节过程紧张的一项指标。出汗量的测定可通过出汗前后的体重变化而求得。也可用化学法测定额部出汗量来判断。

5. 温热感　温热感是人体的一种主观感觉。这与着装、对冷热的适应能力、皮肤供血情况的变化、中枢神经的反应性等因素有关。由于这是主观反应，并无客观衡量手段，所以对热的分级标准应有统一规定，而且应有统一的询问内容，避免暗示，避免引起受试者紧张。

6. 热平衡测定　通过测定机体的产热和散热量，按照热平衡基本公式进行推算。由于测定计算比较繁琐，故一般不常用。

（四）机体的气候适应

气候影响着机体的热调节，但机体对气候的变化，也具有一定的适应能力。机体对周围环境的变动，例如地理环境、饮水水质、饮食习惯等都有一定的适应能力。对气候的变化同样也能产生一定的适应能力。机体通过中枢神经系统的生理活动对热和冷都可有适应反应。但此反应是有限度的，过热和过冷都会超过机体的适应范围。

机体的气候适应能力，个体差异很大。这与遗传、生活环境、体育锻炼、年龄、体质等多种因素有关。机体的适应能力强，体质就好，就有较好的健康体魄，对疾病的抵抗力就强。所以人们不必要长期生活在稳定的舒适环境中，这样会造成机体的气候适应能力降低，抵抗力下降，经受不起气候的微小变动，所谓“弱不禁风”。因此，小气候的舒适和机体的气候适应这两个方面应该是辩证统一的关系。

三、小气候对皮肤粘膜的影响

皮肤是人体接触外环境的主要界面之一，上呼吸道粘膜、口腔粘膜也与外界环境密切接触。这些部位受小气候影响也很大，一定的空气湿度可以对这些部位起到保护作用，使这些部位的表面保持湿润，使得局部生理功能发挥良好，起到了防御和分泌等应有的功能。如果空气过于干燥（相对湿度在15%以下），这些部位的表层细胞就会丢失水分，失去滋润，皮肤容易干燥甚至皲裂。呼吸道和口腔的粘膜也因丢失水分而使得口唇、鼻腔、咽喉部甚至气管有时会因过于干燥而出血。局部的抵抗力下降，容易引起感冒，引起上呼吸道感染。

气流对湿度大小也有很大影响。当气流大时，空气中的水分更容易丢失，更促使皮肤粘膜表层的水分丢失，变得更干燥。

四、小气候对室内污染物的影响

室内小气候除了对人体健康能产生直接的影响以外，还会由于对室内污染物的作用而影响到污染物在室内的浓度变化，从而间接影响人体健康。

1. 气温　气温升高可促进室内空气中的污染物加快排出室外。同时，存在于建筑材料、装修材料、家具板材中的挥发性化合物，可随气温的升高而从材料中加速释放到室内空气中去。气温越高，越易释放；气温越低，污染物滞留于材料中的时间越长，越不易释放。

2. 气湿　室内空气中的水溶性污染物可溶解在室内空气的水分中。由于水分子比气体分子重，颗粒大，因此，在室内滞留的时间就长，不易排出室外。所以，气湿越大，污染物越不易排出。

3. 气流　气流在促进污染物排出室外方面起着关键的作用。气流越大排出越快。气流很小，污染物很难排出。

所以，在估计室内污染物的暴露持续时间以及浓度变化规律时，应同时考虑小气候的影响。

五、小气候与致病性生物

当人们处在舒适的环境中，室内的其他生物大致上也是处在适宜的生存条件下。尤其是在气流极小的环境中更易生长繁殖。室内不通风，空气中的呼吸道传染病原微生物，例如流感病毒、结核杆菌等就不能排出室外，就会在室内传染给其他人。尘螨、真菌等室内变应原也极易在舒适条件下生长繁殖。室内温暖，则蚊子极易在地下室、管道间隙等阴暗处躲藏过冬。温暖潮湿不通风的厨房易孳生蟑螂。这些致病性生物的身上携带着多种病原微生物，能传播多种疾病。

所以，在创造人的室内舒适小气候的同时，还要消灭这些致病性生物的孳生地。

六、室内小气候的卫生标准

最新颁布的我国《室内空气质量标准》(GB/T18883-2002) 中制订了气温、气湿、气流的卫生标准。具体标准值见表 9-2。

表 9-2　室内小气候标准

指标	标准值	
	夏季空调	冬季采暖
温度 (℃)	22～28	16～24
相对湿度 (%)	40～80	30～60
空气速度 (m/s)	0.3	0.2

这些标准值主要是根据人体温热感的舒适程度而确定的。根据《老年人居住建筑设计标准》(GB/T50340-2003)，老年人居室在冬季采暖时的室内温度应在 20℃以上。

第三节　室内日照和照明

一、日照与健康

室内日照 (indoor insolation) 是指通过门窗进入室内的直射阳光。日照时数是指直射阳光在室内照射的时数。

太阳辐射的光谱主要有可见光、红外线和紫外线。室内充足的日照，能全面提高机体的生理效应和心理效应，增添舒适感。此外，不同波长的光谱还具有不同的生理功能。

(一) 红外线

红外线是热射线，其生物学效应主要是热效应，使机体产生温热感。进入室内的红外线，一方面可以直接照射机体表面而使机体产生生物学效应；另一方面可照射室内物体和墙壁表面，提高室内的气温和热辐射，再作用于机体。

红外线能促使全身或局部血管扩张，加快血流速度，加速新陈代谢和细胞增生，具有消炎镇痛作用。

除了日照中的红外线以外，室内各种燃料的燃烧、白炽灯等都能发射出一定量的红外线。

红外线的过度照射会引起机体过热、皮肤烧灼、损伤眼睛。此类情况在室内不易发生。

(二) 紫外线

进入室内的紫外线是 UV-A 和一小部分 UV-B。由于平流层中的臭氧层已经吸收掉太阳辐射的紫外线中的全部 UV-C (波长 200～275nm) 和一部分 UV-B (波长 275～290nm)，所以，能到达地球表面的紫外线是另一部分 UV-B（波长 290～320nm）和全部的 UV-A（波长 320～400nm）。经过大气中颗粒物以及室外各种物体的吸收，能进入室内的紫外线比室外要少些，但仍具有良好的生物学功能。

室内紫外线的生物学功能主要有以下几方面：

1. 抗佝偻病和软骨病　紫外线能将贮存在人体皮下的 7-脱氢胆固醇转化为维生素 D_3。7-脱氢胆固醇是由体内的胆固醇转化而来并贮存于皮下的。维生素 D_3 在体内不能直接起作用，须先经肝脏羟化生成 25-羟 D_3，再由肾脏羟化生成 1,25-二羟 D_3 ［1.25-$(OH)_2$-D_3］，才具有调节钙磷代谢的生物学作用。1,25-$(OH)_2$-D_3 能促进机体对钙的吸收，减少尿磷的排出，提高血钙、血磷的含量，促进骨质钙化。（注：食物中含维生素 D_3 丰富的是肝、奶和蛋黄。鱼肝油中最丰富。）

近年来，国内外研究认为，1,25-二羟 D_3 可抑制人的多种肿瘤细胞的增殖，包括肺癌细胞、肝癌细胞、前列腺癌细胞、结肠癌细胞、白血病细胞等。因此，认为维生素 D_3 具有治疗肿瘤的潜在可能性。

麦角固醇存在于植物油和酵母之中，不能被人体吸收。经过紫外线照射后麦角固醇就可转化成能被人体吸收的维生素 D_2。维生素 D_2 和维生素 D_3 一样也需经肝、肾转化后才能促进体内钙磷代谢。

所以，紫外线在抗儿童的佝偻病和抗孕妇、乳母的软骨病方面都起着很重要的作用。

2. 杀菌作用　紫外线杀菌作用最强的是短波紫外线（UV-C），但天然的 UV-C 都被臭氧层吸收掉了。能进入室内的紫外线虽然杀菌作用远比 UV-C 弱得多，但对于室内的人员日常活动所产生的轻度空气污染，仍具有明显的杀菌作用。多次实验证明，室内紫外线照射 3h，对白色葡萄球菌、甲型溶血性链球菌、乙型溶血性链球菌的杀灭率能达到 81%～98%。真菌对紫外线的耐受性比细菌强，照射时间要一倍以上。

紫外线对各种微生物的杀灭作用主要是破坏微生物的遗传物质，改变遗传物质的化学结构，使 DNA 中的胸腺嘧啶形成胸腺嘧啶二聚体（TT），使 RNA 形成二聚体（UU）。这些特殊结构破坏了遗传物质原有的正常的复制程序，促使微生物死亡。

紫外线还能破坏酶的功能，使微生物的正常代谢发生紊乱，促使微生物的死亡。

3. 提高机体免疫水平　紫外线能刺激血细胞凝集素生成，提高血液的杀菌能力。长时间接触低剂量紫外线可增加机体对传染病的抵抗力，降低传染病死亡率。很多实验已证明，如果将致死剂量的鼠伤寒沙门杆菌注入实验小鼠皮下，经室内日光照射后，小鼠提高了抗菌能力，死亡率明显降低；而未经室内日光照射的对照组则死亡率达 90%以上。

紫外线照射能提高机体网状内皮系统功能，使网状内皮细胞对细菌和其他颗粒物的吞噬功能加强。

紫外线照射还能促使血清补体水平上升。

4. 红斑作用　皮肤接受室内紫外线照射后，局部毛细血管扩张，使局部血管充血，造成局部皮肤出现红斑，这就是红斑作用。适度的红斑作用有助于消炎、止痛。

5. 晒黑作用　这是长波紫外线（UV-A）的作用。能诱导皮肤产生黑色素，使紫外线不能更多地进入深层皮肤，起到保护机体的作用。

紫外线照射过多，会引起急性角膜结膜炎、皮肤水肿、皮肤癌等。但这些危害主要都是由于在室外环境中照射过度而引起的。室内天然紫外线一般不至于产生如此严重的后果。但在炎热地区，如果室内日照过多，也会产生不良影响，须予以重视。

二、室内日照标准

室内日照标准是分别采用冬至日和大寒日这两个标准日的室内日照时数（hours of insolation）来表示的。室内日照时间的长短以及照射剂量的多少都与太阳的高度角和方位角有关。

（一）太阳高度角和太阳方位角与日照的关系

太阳照射地球的高度和位置，用太阳高度角和太阳方位角来表示。由于地球的公转和自转，使得太阳照射地球的高度以及照射到地球上的部位在一年之内随时都在变动，形成了具有规律性循环的年变化和日变化。因此，太阳的高度角和方位角在一年内每日每时都在进行着有规律的变化，年复一年，周而复始。

太阳高度角（h_s）是指太阳射向地面上某观察点的直线与地平面相交的仰角。一天之内，正午的太阳高度角最大；日出日落时的太阳高度角最小，为 0 度（0°）。一年之内，同一个时点的高度角以夏至日的最大，冬至日的最小。高度角越小，阳光射向地面的斜度就越大，使得阳光穿过大气层的途径就越长，这样，太阳的照射剂量就被大气层吸收得越多，进入室内的剂量也就越小。由于冬至日的太阳高度角最小，所以冬至日的室内日照剂量是一年之中最少的一天。冬至日过后约一个月是大寒日，大寒日的太阳高度角略大于冬至日，室内日照剂量也就稍多于冬至日。

太阳方位角（A_s）是指太阳射向地面上某观察点的直线在地面上的投影线与地平面正南线形成的水平夹角。太阳方位角以正南线为 0°，正北线为 180°。从正南线向顺时针方向展开的角度为正值（＋），表示太阳位于下午的范围；从正南线向逆时针方向展开的角度为负值（－），表示太阳位于上午的范围。例如某地某日的日出时的太阳方位角为－90°，日落时的太阳方位角为＋90°，这就表示该地该日日出时位置在正东，日落位置在正西。一日之内，太阳方位角在正午最小，为 0°；日出日落时最大。一年之内，夏至日的日出日落方位角最大，冬至日的日出日落方位角最小。所以冬至日的白天最短，日照时间最少。大寒日的日出日落时的方位角略大于冬至日，日照时间也略多于冬至日。

太阳高度角和方位角也因地理位置而异。我国绝大部分地区都位于北纬 50°与北回归线（北纬 23°27′）之间。在这个区域内的同一天同一时点，纬度越低的地区太阳高度角越大，而且日出日落的方位角也越大。所以在同一天里，南方地区的日照时间比北方长，日照剂量也是南方多于北方。

各地的太阳高度角和方位角，可以从天文年历或建筑日照等专业书中查到。此处仅将北纬 25°和 40°两个地区在冬至日、春分日和秋分日、夏至日的高度角和方位角数值列表如下，见表 9-3。

表 9-3　不同纬度地区不同节气日的太阳方位角和高度角

地区	当地时间	方位角（°）			高度角（°）		
		冬至	春分秋分	夏至	冬至	春分秋分	夏至
北纬25°	6：00		−90	−110		0	11
	7：00	−61	−83	−106	3	12	23
	8：00	−54	−75	−102	15	27	36
	9：00	−46	−67	−97	25	39	49
	10：00	−33	−53	−93	33	50	62
	11：00	−18	−33	−86	39	60	77
	12：00	0	0	0	41	65	88
	13：00	+18	+33	+86	39	60	77
	14：00	+33	+53	+93	33	50	62
	15：00	+46	+67	+97	25	39	49
	16：00	+54	+75	+102	15	27	36
	17：00	+61	+83	+106	3	12	23
	18：00		+90	+110		0	11
北纬40°	6：00		−90	−105		0	13
	7：00		−82	−100		9	25
	8：00	−54	−70	−92	9	22	37
	9：00	−42	−57	−80	14	32	48
	10：00	−29	−43	−66	20	41	60
	11：00	−15	−23	−42	24	47	69
	12：00	0	0	0	25	50	73
	13：00	+15	+23	+42	24	47	69
	14：00	+29	+43	+66	20	41	60
	15：00	+42	+57	+80	14	32	48
	16：00	+54	+70	+92	9	22	37
	17：00		+82	+100		9	25
	18：00		+90	+105		0	13

从表 9-3 中看出，由于冬至日的太阳高度角和方位角都最小，所以室内的日照时数只要在冬至日能符合卫生要求，那么，其他日子的室内日照时数一定更多于冬至日，也就更能符合卫生要求。

（二）制订室内日照标准的依据

有关室内日照时数的标准值，我国已有很多研究。主要都是根据室内紫外线的生物学功能作为观察指标的。

严寒地区的日照杀菌试验结果见表 9-4。

表 9-4　严寒地区冬至日室内不同日照时数的杀菌率（%）

日照时数（h）	白色葡萄球菌	甲型溶血性链球菌	乙型溶血性链球菌
2	32.2	93.8	90.3
3	81.7	100.0	98.4
4	97.0	100.0	100.0

表 9-4 说明，照射 4h 的杀菌效果最好。

寒冷地区的日照抗佝偻病试验表明，刚断乳的实验小狗从当年 11 月中旬至来年 3 月中旬共 4 个月的冬季室内日照试验，结果显示：无日照的对照组出现肋骨串珠最大，每天中午日照 1h 组和每天中午日照 2h 组也均出现串珠，唯有每天中午日照 3h 组，无一例出现串珠。根据 X 线片诊断，每天日照 3h 组无一例有佝偻病，而其他三个试验组均有轻重程度不同的佝偻病，尤其是无日照组最为严重。在整个 4 个月的实验期间，日照 3h 组的 5 只小狗均体重增长快，毛有光泽，皮肤肌肉弹性良好，结实有力；而无日照组的 5 只小狗均体重增长慢，毛无光泽，皮肤肌肉松弛无力，精神萎靡。可以看出，在冬季每天中午前后日照 3h 抗佝偻病效果明显，且能促进生长发育。

温暖地区的一项日照杀菌试验是在冬至日中午同时在南、北朝向的室内进行的，结果见表 9-5。

表 9-5　温暖地区冬至日南、北向室内日照的杀菌率（%）

朝向	日照时数 (h)	柠檬色葡萄球菌	金黄色葡萄球菌	甲型溶血性链球菌	乙型溶血性链球菌
南向	1	94.6	84.3	32.9	43.0
	2	98.8	99.5	92.1	90.4
	3	100.0	99.7	98.1	99.7
北向	1	1.8	11.4	17.6	14.9
	2	19.0	19.4	11.1	23.3
	3	14.2	45.4	7.5	12.2

从表 9-5 看出，北向室内无日照，杀菌率极低。南向室内日照 2h 已出现明显杀菌效率，而 3h 日照效果最好。

炎热地区也有报道采用实验小狗进行日照抗佝偻病试验，结果与寒冷地区结果相同。并发现无日照组、每天中午日照 1h 组和每天中午日照 2h 组均有小狗发生四肢畸形，而每天中午日照 3h 组无一例发生四肢畸形，全部生长发育正常。

根据以上的实验结果，我国的《农村住宅卫生标准》（GB9981-88）中规定，无论是严寒地区或是炎热地区，农村室内的日照时数应不少于 3h。这个标准也应适合于城市的住所。

由于我国大城市人口集中，用地紧张，房屋的日照间距不能满足冬至日日照 3h 的要求。尤其是严寒地区，很多室内在大寒日也未能达到日照 1h。因此，建设部制订的《城市居住区规划设计规范》（GB50180-93）（2002 年版）中提出，北方大城市的大寒日日照时数不少于 2h；北方中小城市和南方大城市大寒日日照时数不少于 3h；南方中小城市和西南地区冬至日不少于 1h。但是，老年人居住建筑不应低于冬至日日照时数 2h。

三、照明的卫生要求

照明（illumination）是使人体发挥视觉功能的唯一环境因素。没有照明，人体的视觉功能就失去发挥的条件。良好的照明条件，能使视机能和神经系统处于舒适状态，使人体保持良好的视力，改善机体的生理反应，提高工作效率。如果照明条件不良，不但影响视力，而且也使机体各部位的生理机能处于抑制状态，容易疲劳，工作效率降低。

照明的强弱程度通常以照度（illuminance）来表示，照度的单位是勒〔克斯〕（lx）。根据许多国家多年来的调查研究认为，住所的室内照度至少应达到 75 lx。

根据光的来源，照明可分为天然照明和人工照明。室内天然照明主要决定于建筑物的采光。采光就是表示建筑物采进多少室外天然光的能力。

（一）采光（daylight）

太阳光谱中波长400～760nm的光谱是可见光。可见光是地球上的天然照明来源。建筑物的采光就要合理地让天然可见光进入室内，使得在全阴天的天气状况下，白天的室内照度也能达到75 lx以上。合理的采光不仅能满足视觉功能的需要，也能缩短使用人工照明的时间，所以，还有一定的节约能源的意义。

评价室内采光的常用指标有采光系数、窗地面积比值、投射角、开角等。

1. 采光系数（daylight factor）　采光系数是指室内工作水平点上的散射光照度与室外相同时间的空旷无遮光物地方的整个天空散射光的照度的百分比。确切地说，采光系数就是表示全阴天的室外散射光有百分之多少能进入室内。

$$采光系数=\frac{全阴天室内工作面水平照度}{室外全阴天水平照度}\times 100\%$$

由于室外的天气状况经常变化，使得室外照度很不稳定，这就必然影响到室内照度也随之波动。因此，采光系数是使用了全阴天的室外散射光照度。全阴天是指整个天空全部被云遮盖，看不见太阳，没有直射光，但也不是雾天。由于全阴天的室外散射光很稳定而且很均匀，没有大的波动，所以进入室内的天然光也都是稳定而均匀的散射光。在此条件下确定的采光系数是采光系数最低值。只要最低值符合了标准，在晴天时就更符合标准了。

2. 窗地面积比值　窗地面积比值是指采光口（窗户）的有效透光面积与该室内的地面积之比（Ac/Ad）。有效透光面积是指能直接透进天然光的窗户上的玻璃等透光材料的面积，而不包括窗框、花格图案等不透光材料的面积。有效透光面积也不包括离地面高度低于0.5m的窗户透光材料的面积。因为这部分窗户材料虽也能透光，但由于高度太低，光照面积又低又小，以致有效照度极小，故不计入有效透光面积之内。地面积是指该室内全部地面的面积，包括该室内摆置家具等所占用的面积。窗地面积比值越大，采光效果越好。该指标测量方法简便，是国内外常用的一项指标。

我国现行的采光系数和窗地面积比值的标准值见表9-6。

表9-6　采光系数和窗地面积比值的标准值

标准名称	主要用房	采光系数最低值（%）	窗地面积比值（Ac/Ad）
住宅设计规范（GB50096-1999）（2003年版）	卧室、起居室（厅）、厨房	1	1/7
	楼梯间	0.5	1/12
老年人居住建筑设计标准（GB50340-2003）	卧室、起居室、医务用房	—	1/6
	厨房	—	1/7
	楼梯间	—	1/10

注：该标准的数值是根据Ⅲ类光气候区单层普通玻璃钢窗计算的

3. 投射角（angle of incidence）　投射角是指室内工作点到采光口上缘的连线与工作点的水平线所夹成的锐角。采光口上缘的高度越高，投射角就越大，光线进入就越多，室内采光就越好。投射角不应小于27°。

4. 开角（opening angle）　开角是指室内工作点至采光口上缘的连线与室内工作点至采光口外附近最高遮光物顶端的连线所形成的夹角。因为投射角只能反映采光口开启的高度，如果窗外有遮光物，则即使投射角很大，遮光物也会影响室内采光。窗外遮光物越高，开角就越小，室内采光就越差。所以，开角不应小于4°。

（二）人工照明

当夜间或昼间天然光不足时，就要使用人工照明。使用人工照明应注意以下几点：

1. 照度应合适。人的视力受照度影响很大。当照度达到 50 lx 时，基本能满足视力要求；照度达 100 lx 时，最为适宜。所以，一般的室内人工照明的照度应在 50～100 lx。

2. 照度应稳定。如果照度时明时暗，或者光源经常晃动，不但容易产生视觉疲劳，而且会加速视力下降。

3. 避免眩目。眩目也能加速视觉产生疲劳，降低视力。

第四节　室内空气质量与健康

室内空气来源于室外的大气。室内需要经常通风换气，排出污浊空气、引进新鲜空气，以保持室内良好的空气质量，从而供给室内人群以足够的新鲜空气。

早期的室内空气污染主要是由于燃料燃烧以及呼吸道传染病病原的传播。20 世纪 60 年代以来，西方一些国家的室内污染问题出现了新的情况。不仅污染程度加重，而且出现了很多新的污染因素。其主要原因有二：①由于化工科技的发展，很多建筑材料、装修材料、人造板家具、泡沫塑料家具以及多种家用化学品都是有机合成的化工产品。这些有机合成产品大量进入室内，并释放出多种挥发性化合物，就更加影响了室内人群的健康。例如甲醛。②为了节约能源，更加提高了建筑物的密封性，以保持室内舒适的温度免受室外气候的干扰。于是室内空气交换率明显降低。造成污染物在室内大量聚集。曾有报道，室内空气中可检出污染物约 300 多种。

我国自 20 世纪 80 年代以来，大量的各种类型的新建筑物犹如雨后春笋般快速拔地而起。陆续出现了不少有关室内空气质量的问题。这些新问题急需专业人员开展调查研究，查明某些室内人员的健康危害与室内有害因素之间是否有因果关系。找出各种有害因素对室内人群的危害特征、作用、机理，确定最大无作用浓度，制订卫生标准，提出防治原则。

一、室内空气有害因素的主要来源

室内空气中有害因素的种类是很多的，而且来源也很广。有的有害因素是有几个污染来源，例如甲醛、氡等；有的是一个污染源能产生多种有害物质，例如燃烧产物。因此，在开展有关室内有害因素方面的调研和防治工作时，必须首先准确掌握其来源，方能抓准根本目标，有的放矢，取得真正的预防效果。由此可见，准确掌握住有害因素的种种来源是非常重要的。

（一）室外来源

1. 来自大气　室外大气可以通过门窗以及建筑物的缝隙进入室内，带入很多大气中的有害物质。这些物质大致上分别来自三方面：

（1）来自大气中的常见污染物。例如 SO_2、NOx、颗粒物、醛类、烟雾、氯气、铅等等。这些都是来自工业生产、交通运输、民用炉灶等的污染物。此外还有花粉、孢子等随风刮入的生物性变应原。

（2）来自大气烟雾事件或意外事故的毒烟和毒气。例如英国伦敦烟雾事件的高浓度烟尘和 SO_2；印度博帕尔事故的异氰酸甲酯等。

(3) 来自建筑物附近的局部污染源。例如臭水坑、垃圾堆散发出的硫化氢、恶臭、氨气；小炉灶传来的烟雾、SO_2、油雾等。

(4) 建筑物附近的噪声。例如交通噪声、社会生活噪声、锣鼓噪声、施工噪声等。

2. 来自生活用水　由于种种原因，未能将生活用水消毒彻底，或是由于供水管网有裂缝，污染物进入管网，使得进入用户的生活用水中混有军团菌、苯、机油等有害物质。一旦将此生活用水以喷雾形式进行使用，例如淋浴、加湿空气、空调冷却、浇花、室内喷泉等，则水中有害物质就会随水雾进入空气，然后被人吸入体内，引起感染或中毒。

3. 来自土壤和宅基地

(1) 来自原生环境：在放射性物质高本底地区建筑房屋，衰变出来的氡就能从地缝、建筑物缝隙进入室内。

(2) 来自次生环境：房基地或周围土壤如果原先曾经被污染过，例如曾经是垃圾坑、废水废渣坑，或者曾经是化工厂等，这些污染源在盖房前未曾被彻底清理，其中有毒气体就会进入室内。此外，在污染土壤孳生的有害生物也会钻入室内，例如老鼠、蚊蝇等。

4. 人为带入室内　污染物可附着在衣服、鞋等服装以及蔬菜瓜果等农产品进入室内。例如将工作服带入家中，就能将工作场所的病原微生物或是苯、铍、铅、石棉等有害物质带到家中。

5. 邻居干扰　周围邻居的干扰有很多方式，有的是噪声干扰；有的是长年的油烟污染；有的由于排烟道堵塞，下层厨房的烟气进入上层厨房内，造成上层住户 CO 中毒；有的由于烟熏杀虫农药，烟从墙缝进入邻家，造成数人中毒，甚至有人死亡；还有的由于家中使用驱蟑螂药物，将蟑螂赶入附近人家。还可能由于两家窗户的距离很近，污染空气可以从病家进入邻家，传播呼吸道传染病。隔音不良的建筑物，可引起噪声干扰。

此外，如果室内下水口未设 U 型聚水管（水封），在气压改变时，下水道内的臭气有可能返入室内。

（二）室内来源

1. 来自人和其他生物的呼出气。人的呼出气中主要是 CO_2、水分和一些氨类化合物，这些都是代谢产物。此外，呼出气中还带有 CO、甲醇、乙醇、氯仿、硫化氢、砷化氢等数十种有害气体。其中有些是从环境中吸入体内的外来物原型，如苯、二硫化碳等；有些则是外来物在体内代谢转化后的生成物，例如硫化氢等。

人的呼出气中还含有多种致病微生物。尤其是呼吸道传染病患者和带菌者通过说话、咳嗽、喷嚏等活动，可将病原微生物随飞沫喷出，污染室内空气。例如流感病毒、结核杆菌等。

家中的宠物以及绿色植物也都能吸进室内的氧气，呼出二氧化碳。

2. 日常的炊事活动产生出大量的燃烧产物和烹调油烟。由于燃料的种类不同，烹调食用油的品种不同，产生的化学成分也有所不同。当厨房通风排气不通畅时，容易造成污染。

3. 室内的建筑材料、装饰装修材料中能散发出多种挥发性化合物。材料中还含有某些重金属，可随着材料老化剥落的粉末，扬入室内空气中，例如铅。

4. 家用电器。空调机、电视机、组合音响、微波炉、电热毯等多种家用电器进入室内，产生了噪声、电磁波的污染，还有静电干扰。

5. 室内生物性污染。由于室内的气温适宜，有一定湿度，风速很小，很容易孳生真菌、尘螨等变应原以及蟑螂等致病生物。如果室内很密闭而潮湿，厌氧菌还能将室内有机物（例如有机垃圾、农副产品等）腐烂，产生氨、硫化氢等毒气。

室内有害因素的来源是多种多样的。在实际调研工作中，一方面要广开思路，另一方面也不能草木皆兵，必须仔细地进行探讨。

二、室内空气污染物的浓度变化

室内产生的污染物有很多种类。由于来源的不同，各种污染物在室内空气中的浓度变化的趋势就很不相同。因此，在进行机体的暴露评价时，应根据各种污染物浓度变化趋势的不同而加以区别。污染物浓度变化的趋势，大致有以下几种情况。

1. 有些污染物每天在室内定期产生，有固定的产生和间歇时间。这类污染物的浓度在一天之内可以出现若干个峰值，有较为固定的升降幅度和间隔时间。所以，这些污染物浓度的日变化波动很大。但这种变化趋势每天都在重复出现，天天如此。所以，浓度的年变化并不大。例如，家庭中一日三餐的炊事活动所产生的燃料燃烧产物，其浓度是随炊事活动的时间而变化。一天有三个峰值，日复一日。

2. 有些挥发性污染物是附着在其他物体中进入室内的。它们的产量已经是一次性地全部进入到了室内。不过，暂时还存留在物体之中，然后随着时间的推移而逐步从物体中释放出来。这类污染物的释放速率与气候密切相关，气温高则释放量大、释放快，气温低则释放量小、释放慢。因此，室内浓度与季节气候的关系很密切。一年之内的室内温度可有很大幅度的升降，而一日之内的升降幅度则较为平稳。但是，当物体中的污染物一旦释放完毕，则即使气温再高，室内浓度也就不再上升。例如人造板家具中的甲醛，就是如此。但是，如果物体内的污染物含量很高，则释放的期限会很长。可能持续若干年。

3. 当室内污染物的产量已固定，则其在室内的浓度高低主要与室内的容积、小气候状况、建筑物的密封程度等因素有关。

三、室内主要有害因素对健康的危害

（一）燃烧产物

燃烧过程是可燃物质在高温作用下由表及里进行氧化分解和再合成的复杂过程。在这个过程中，物理作用和化学反应同时在进行。通过燃烧生成的物质统称燃烧产物（combustion products）。燃烧能否完全，与燃烧温度、供氧量、燃烧时间和燃烧均匀度等燃烧条件有关。燃烧后能达到充分氧化的产物称为完全燃烧产物（complete combustion products），或称燃烧完全产物。例如 CO_2、水分、SO_2、NO_2、AS_2O_3、CaF_2，以及很多无机灰分等。这类产物如果再继续燃烧也不可能再分解。当以上的燃烧条件不充分时，则很多物质不能充分氧化，或者又重新合成出一些中间产物，这些统称为不完全燃烧产物（incomplete combustion products），或称燃烧不完全产物。例如 CO、炭黑、甲醛、多环芳烃、氮氧化物（NOx）、硫氧化物（SOx）、二噁英等，这类产物如果继续高温燃烧，还能继续氧化分解。

燃烧产物中有很多种类对健康都有危害，是室内环境中的主要污染物之一。

室内的燃烧产物主要来自燃料燃烧和烟草燃烧。

1. 燃料燃烧产物　目前常用的家用燃料有煤（coal）、煤气（又名煤制气、水煤气或者管道煤气，coal gas，CG）、液化石油气（liquefied petroleum gas，LPG）、天然气（natural gas，NG）等。有些农村还在使用秸秆、牛粪等生物燃料（biomass）。

煤的成分中除了含碳的可燃成分以外，还含有大量杂质，最主要的杂质是硫，此外还有含氮化合物硅、钙、铁、砷、氟等。这些杂质的含量多少视产地和品种而定。煤的燃烧产物主要有 SO_2、颗粒物、CO_2、CO、NOx、甲醛、多环芳烃等。颗粒物中还含有各种无机氧化物，例如 SiO_2、CaO、Fe_2O_3、As_2O_3、CaF_2 等。煤的有害燃烧产物以 SO_2 和颗粒物产量最高。近年来，有些地方改用低硫煤后，SO_2 的排放量有所降低。

煤气是将原煤制成可燃气体，通过管道输送到各用户。煤制气的主要成分是甲烷、CO、氢气，还有少量的氮气和 CO_2。在生产煤气的过程中，原煤中的颗粒物成分已被除去，但在燃烧时仍能产生少量炭粒。在生产过程中如果脱硫不完全，煤气中还会含有一定数量的硫，燃烧时仍能产生 SO_2。煤制气的主要燃烧产物是 CO_2、CO、NOx、甲醛，还有少量 SO_2、炭粒、多环芳烃等。

液化石油气是提炼石油过程中的低馏分。装入高压罐内呈液体，常压下是气体。主要成分是丙烷、丙烯、丁烷、异丁烯等 3～5 个碳的烷烃类有机物。有些产地的液化石油气中还含有少量硫。主要燃烧产物是 CO_2、CO、NOx、甲醛以及少量颗粒物、多环芳烃和硝基多环芳烃，还可能有少量的 SO_2。

天然气产自油田或煤田里的气体，主要可燃成分是甲烷，还有一些乙烷、丙烷等碳氢化合物。有些产地的天然气中还含少量硫，有些还含有少量颗粒物和氡。天然气的主要燃烧产物是 CO_2、CO、NOx、甲醛，以及少量炭粒、多环芳烃和硝基多环芳烃，还可能有少量 SO_2。

以上这些燃料的燃烧产物中，除了 CO_2 和水分是常见的以外，煤的主要燃烧产物是 SO_2 和颗粒物，气态燃料的主要燃烧产物是 CO 和 NOx。

生物燃料的成分很复杂，其燃烧产物的种类和数量都很多，例如大量的灰分、颗粒物、CO、NOx、SO_2、多环芳烃等。生物燃料是所有燃料中污染最严重的一种。虽然现在其使用量已逐步减少，但仍有相当一部分的贫困地区还在使用。

室内燃料燃烧产物的种类和毒性与大气中的主要污染物有很多相同之处。但由于室内环境比较封闭，故对于民用燃料燃烧产物在室内产生的影响还需作几点补充。

(1) CO 的急性中毒多发生在室内。不仅室内燃煤容易发生 CO 急性中毒，而且燃气也会引起 CO 急性中毒。CO 的比重是 0.967，比空气轻，通常较易扩散。但当室内燃料燃烧量大，产生大量 CO 时，如果当时门窗关闭严密或者虽然开窗但正值逆风气流倒灌时，CO 就在室内大量蓄积，造成室内人群急性中毒。尤其是由于室内密闭，室外氧气不能补给，室内氧气含量越来越少，燃烧更不完全，CO 的产量就更多，如此恶性循环更加重急性中毒。当空气中的 CO 浓度达到 58.5 mg/m^3 时，人体感到轻度头痛；浓度达 117 mg/m^3 时，中度头痛头晕；浓度达 292.5 mg/m^3 时，严重头痛头晕；浓度达 582.5 mg/m^3 时，恶心、呕吐，可能虚脱；浓度达 1170 mg/m^3 时，病人昏迷；浓度达 11700 mg/m^3 时，很快死亡。当室内使用燃气热水器烧水洗澡时，或是在洗澡时将液化石油气燃烧取暖时，很容易引起 CO 急性中毒。此类个案报道已很多。

CO 急性中毒的抢救要领：急救人员应低体位（弯腰）进入室内，立即打开门窗，关闭污染源，迅速将中毒者转移至室外通风处，并急送医院抢救。

(2) 燃烧产物中的 NOx 有两个生成途径。一是有些燃料，例如煤或生物燃料中存在有含氮物质，在燃烧过程中氧化成 NOx。二是有些燃料尤其是气态燃料由于燃烧温度很高，能将空气中的氮气和氧气直接合成氮氧化物（NOx）。燃烧温度越高，合成量越多。燃烧温度达 500℃时，开始小量合成；温度达到 1500℃时，NOx 能达到大约 6000 mg/m^3。氮氧合成时产生的氮氧化物有很多种形式，例如有 NO_2、NO、N_2O、N_2O_3、N_2O_5 等。这些氮氧化物在空气中逐渐趋于稳定，形成稳定的二氧化氮（NO_2）。因此，刚燃烧完毕后测得的 NO_2 不能反映全部 NOx。

NO_2 除了对人体健康有危害以外，还能损害某些绿色植物，使其叶子枯黄。

（3）炭粒是含碳物质燃烧不完全的一种中间产物，以固体形式出现，与其他固体物质共同形成燃烧颗粒物。炭粒上还附着多环芳烃、硝基多环芳烃等其他含碳的燃烧不完全产物。由于炭粒是燃烧后生成的颗粒物，故其粒径很小，绝大多数在 2.5μm 以下。

曾有报道，估算每户每日燃烧燃料后产生的颗粒物（TSP）的量，以煤最高，约 57.5 mg/d，LPG 约为 3.2 mg/d，天然气约为 3.6 mg/d。其中，PM_{10} 占 TSP 的百分比，天然气约为 95.7%、LPG 约为 86.0%、煤约为 77.9%。总的来说，气体燃料的颗粒物产量远低于燃煤颗粒，而且 SO_2 的产量也少，故称其为清洁燃料。

各种燃烧颗粒的毒性也有差别。曾有报道，LPG 的燃烧颗粒 PM_{10} 和燃煤颗粒 PM_{10} 以相等剂量分别注入大鼠气管，并抽出无细胞肺灌洗液进行生化实验，发现 LPG 组中的唾液酸、酸性磷酸酶和白蛋白的均数分别为 59.12 μg/ml、4.07 金氏单位/ml、3.32 mg/ml；而煤组的灌洗液中依次为 19.60 mg/ml、2.94 金氏单位/ml、0.71 mg/ml。两组数据的差别均有显著性，说明液化石油气燃烧颗粒的肺部毒性比燃煤颗粒的毒性更大。另有报道，将 LPG 燃烧颗粒 PM_{10} 和燃煤颗粒 PM_{10} 进行 Ames 试验，比较其致突变性。两个试验组剂量均为 3.9、7.8、15.6、31.3、62.5、125、250μg/皿。该两种燃烧颗粒出现阳性结果的阈剂量见表 9-7。可见，LPG 燃烧颗粒的致突变作用也比燃煤颗粒更强。

表 9-7　两种燃烧颗粒 PM_{10} 的 Ames 试验阳性阈剂量（μg/皿）

燃料种类	测试菌株及活化系统					
	TA_{98}		YG_{1021}		YG_{1024}	
	$+S_9$	$-S_9$	$+S_9$	$-S_9$	$+S_9$	$-S_9$
LPG	31.3	31.3	15.6	7.8	15.6	15.6
煤	125.0	250.0	62.5	62.5	62.5	125.0

蜂窝煤中含有大量来自原煤和各种配料中的无机灰分，故蜂窝煤的燃烧颗粒物中既含有上述大量无机灰分，也含有燃烧不完全的炭粒。而液化石油气等气态燃料的燃烧颗粒物则几乎绝大多数来自炭粒。以颗粒物的产量进行比较，是煤大于气态燃料。但以毒性进行比较，则是炭粒含量高的颗粒物毒性更大。

（4）多环芳烃和硝基多环芳烃（NO_2-PAH）：燃烧能将简单的脂肪烃类化合物环化成芳香烃类化合物。温度达 200℃以上即可环化成苯，达 500℃以上的缺氧条件下即能环化成多环芳烃。同时，高分子化合物在 700℃以上可热解成多环芳烃。

多环芳烃遇到微量的二氧化氮和硝酸同时存在时，能迅速合成硝基多环芳烃。正如多环芳烃一样，硝基多环芳烃也是一类化合物的总称。主要的化合物有 1-硝基芘、2-硝基芘、硝基荧蒽等。硝基多环芳烃的致突变性比多环芳烃更强，而且在没有活化系统时（$-S_9$）突变作用也很强。Ames 试验中，菌株 TA_{98} 对苯并芘敏感，尤其是在有活化系统时（$+S_9$）；菌株 YG_{1021} 对 1-硝基芘敏感；菌株 YG_{1024} 对 2-硝基芘敏感。从表 9-7 中可看出，YG_{1021} 和 YG_{1024} 对 LPG 颗粒物的致突变作用阈剂量比 TA_{98} 更低，说明 LPG 中 NO_2-PAH 的含量高于多环芳烃。

燃料燃烧产物是来源于室内固定的污染源，每天均有产生。因此，改用优质燃料，改进燃具的燃烧性能，加强室内的通风换气，都是预防室内燃料燃烧污染的重要措施。

2. 烟草烟雾（tobacco smoke） 烟草是一种植物，成分很复杂。烟草的燃烧实质上也是一种生物燃料的燃烧，其燃烧产物的成分也是很复杂的。烟草燃烧产生的烟雾统称烟草烟雾，是一种混合物，至今已发现其中成分有3800多种。其中92%为气体，主要有CO_2、CO、N_2、O_2、HCN、NH_3、挥发性亚硝胺、烃类、挥发性硫化物、酚类、醛类等；另外8%为颗粒物，主要有烟碱（尼古丁）和烟焦油，还有一些重金属氧化物等。有些产地的烟草中含有氡，但这不是燃烧产生的，而是从土壤中进入烟叶或是施用的磷肥中含有微量的铀衰变出氡。

烟草烟雾可分为三类：

（1）主流烟雾（main stream smoke，MS）：是指主动吸烟者直接吸入体内的烟雾。由于吸烟者的吸气动作，周围的空气就能进入烟卷参与烟叶的燃烧。空气中的氧气助燃烟叶，使燃烧比较完全。所以，主动吸烟者吸入的烟气中，燃烧完全的产物稍多。

（2）侧流烟雾（side stream smoke，SS）：是指烟草点燃后任其自然熏燃而直接排入环境的烟雾。这类烟雾由于无人吸烟使得进入烟草的氧气较少。所以烟雾中燃烧不完全的产物较多。据报道，很多有害物质在侧流烟雾中的浓度高于主流烟雾。例如BaP高出2.5～3.5倍，尼古丁高出2.6～3.3倍，CO高出2.5～4.7倍，甲醛高出15倍，NOx高出20～100倍等。据日本测定，侧流烟雾中的致癌物是主流烟雾中的数倍至数十倍。

（3）环境烟雾（environmental tobacoo smoke，ETS）：ETS是侧流烟雾和主动吸烟者呼出的残余主流烟雾的总和。

被动吸烟者自己虽不吸烟，但身处环境烟雾之中，被动地吸入大量的侧流烟雾和一部分主流烟雾，其受害程度有时比主动吸烟者还要严重。

烟草烟雾中的有害成分，大多与燃料燃烧产物或其他环境中的有害成分相同。其中有几种特殊有害成分，须加注意。

（1）烟碱：即尼古丁（nicotine），是烟草提神的主要成分。具有难闻气味，味苦，呈无色透明油状物，挥发性强，能迅速溶于水和酒精，在空气中极易氧化。尼古丁进入呼吸道后，90%被肺吸收，其中25%很快（7秒钟内即可）进入大脑，使大脑皮质产生兴奋作用。所以，尼古丁是一种中毒性兴奋麻醉物质。尼古丁还能促使肾上腺素分泌增加，使整个心脑血管系统的生理活动加快，新陈代谢提高，机体需氧量增加。人体长期吸烟会对尼古丁有依赖性。长期吸烟使人过度兴奋后体力下降，记忆力减退，工作效率降低，使多种器官受累而造成综合性病变。尼古丁在体内的代谢产物可的宁（cotinine）可从尿中排出。所以根据尿中可的宁的含量可估算尼古丁的摄入量。尼古丁的急性毒性很大，对人的一次致死剂量为50～70mg，相当于20～25支香烟的尼古丁含量。

（2）烟焦油（tobacoo tar）：是烟草中的有机物在缺氧条件下燃烧生成的不完全燃烧产物，是微粒状的混合物。烟草在未燃烧以前，本身所含多环芳烃的数量很微，经过不完全燃烧后，生成的种类和数量都很多。多环芳烃约有500多种，其中主要是苯并芘等10多种。促癌的酚类化合物也占一定含量，这取决于制造香烟时拌入的糖料数量多少。糖料越多，燃烧时生成的酚类化合物就越多。酚类化合物虽本身不是致癌物，但有明显的促癌作用。其他还有烃类化合物、硫化物、氮化物等。

（3）氰化氢（HCN，hydrogen cyanide）：氰化氢是在燃烧过程中由碳和氮合成氰根

(CN^-)，再合成氰化氢。氰化氢遇水形成氢氰酸。氰化氢或氢氰酸都是剧毒物质，可使细胞不能吸氧而造成内窒息，引起急性死亡。但烟草烟气中的氰化氢含量一般达不到急性中毒的水平，主要是慢性作用。氰化物能抑制呼吸道纤毛运动，减弱呼吸道的防御功能，使祛痰功能减弱，引起痰液排不出而堆积，引发炎症，甚至逐渐癌变。氰酸盐还能影响视力，色觉下降，对眼底视网膜也有损害。

吸烟的危害是多方面的，对呼吸道、消化道、心脑血管系统等都会有损害，更严重的是能引起肺癌，尤其是被动吸烟者。据报道，其患癌症的风险要比非被动吸烟者大约高 2 倍。

3. 火灾烟气　火灾所产生的燃烧产物其成分更为复杂。因为火灾燃烧的是建筑材料、装修材料和室内家具等一切物品。这些被烧物的成分非常复杂，故其产生的燃烧产物种类也极复杂。但其引起急性死亡的原因除了是由于缺氧以外，主要致死毒气是 CO 和 HCN。日本（1993）通过试验性火灾证实，在一层楼引起的火灾，其烟气能引起二层楼的实验兔子急性死亡。测其主要毒气是 CO 和 HCN。

（二）烹调油烟

烹调油烟（cooking oil fume）是烹调过程中食用油加热后产生的油烟。通常炒菜温度约在 250℃左右。烹调油烟是食用油在高温下，油脂中的不饱和脂肪酸发生了氧化和聚合反应，产生的一系列复杂成分的混合物。据报道，烹调油烟中的成分约有 200 多种，包括脂肪烃类、多环芳烃、有机酸、有机碱、酯类、醛类、酮类、醇类以及杂环类化合物等。这些成分中绝大多数对人是有害的，例如 BaP、亚硝胺等。曾有流行病学研究的报道，食用油油烟可能与肺癌危险性有关。也多次报道过毒理试验的研究，例如微核试验、SCE 试验、大鼠气管上皮转化试验、DNA 合成抑制试验、单细胞凝胶电泳试验等，这些试验结果均为阳性，提示烹调油烟致癌的可能性很大。但是 Ames 试验的多次结果并不一致，阴性结果和阳性结果都有报道。

有报道，高浓度烹调油烟能影响肺活量，出现呛咳、胸闷、气短等症状。从事炊事工作的厨师外周血 T 淋巴细胞百分率下降。

烹调油烟的产生与各地各国的烹调习惯方式有关。不常将食用油进行炒、煎、炸等烹调方式的厨房内，烹调油烟的污染不突出。

烹调油烟的成分和毒性与食用油的品种和变质程度、加热程度、加热容器的材料种类和清洁程度、被烹调食物的品种和新鲜程度等因素有关，烹调油烟中也含有烹调时燃料的燃烧产物。

（三）二氧化碳

1. 主要理化特性　在正常的大气中，二氧化碳（CO_2，carbon dioxide）含量为 0.03%～0.04%。CO_2 是无色无臭的气体，高浓度时略带酸味。CO_2 比空气重，不助燃。低温下 CO_2 可凝结成雪状固体，称为干冰。

2. 室内污染来源

（1）人和其他动物、绿色植物的呼出气。CO_2 是机体内主要的气态代谢产物。人的呼出气中 CO_2 占 4%～5%。一个成人在安静状态下每小时呼出 CO_2 大约 22.6L 左右，儿童约为成人的一半。室内绿色植物养殖量大，也会产生大量的 CO_2。

（2）燃料燃烧产物。一切含碳的燃料在燃烧过程中都会产生大量 CO_2。CO_2 是含碳物质燃烧完全的最终产物。

（3）其他来源。吸烟也能产生 CO_2，无论主流烟雾或侧流烟雾都含有大量 CO_2。

密闭的室内如果存放大量潮湿的木材、蔬菜、瓜果、秸秆等有机物或大量有机垃圾时，也会放出大量 CO_2。

3. 健康影响

（1）CO_2 在低浓度时，对呼吸中枢有一定的兴奋作用。高浓度时对呼吸中枢有抑制作用，严重时甚至有麻痹作用。空气中 CO_2 浓度达 3％时，人体呼吸加深；达 4％时，产生头晕、头痛、耳鸣、眼花、血压升高；达 8％～10％时，呼吸困难，脉搏加快，全身无力，肌肉由抽搐至痉挛，神志由兴奋至丧失；CO_2 达 30％时，可出现死亡。在实际环境中，由于 CO_2 增高往往与缺氧同时存在，因此认为死亡原因系二者共同作用所致。

（2）人的呼出气中还带有很多其他气体同时呼出。当 CO_2 达 0.07％时，呼出的其他气体也达到一定浓度，室内的少数气味敏感者对此就有所察觉；CO_2 达 0.1％时，就有较多人感到不舒服。所以，室内 CO_2 浓度一般不应超过 0.07％，至少应不超过 0.1％。

（3）当密闭环境中存在大量生物性有机物时，这些有机物在微生物作用下放出大量 CO_2 蓄积在环境中，排放不出去，很易造成 CO_2 急性中毒。此类事故经常发生在地下仓库、地窖、枯井、深井、隧道、涵洞、污水干管、货舱等通风很差的密闭环境。曾有报道，一艘满载新鲜木材的远洋货轮到岸后，3 名装卸工人开舱入内卸货，20min 后发现已中毒，呼吸急促，面色青紫，口吐泡沫，不省人事，其中 2 人在送往医院途中死亡。

4. 防治措施要点

（1）加强室内通风换气。

（2）进入密闭环境前应先进行充分的通风换气，或采用机械通风后方能入内。

（3）有条件时可先进行空气监测，也可进行动物试验。将小鸟、小鸡、小鼠或小猫之类的动物先于人入内，如动物出现不安或死亡等险情，人员应立即退出。

（4）特殊情况下可佩戴防毒面罩进入。

（5）《室内空气质量标准》（GB/T18883-2002）中规定 CO_2 日平均浓度的标准值为 0.1％（日平均浓度要求至少有 18 个小时采样的平均值）。

（四）硫化氢

1. 主要理化特性　硫化氢（H_2S，hydrogen sulfide）为无色气体，有臭鸡蛋味。比空气重。

2. 室内污染来源

（1）硫化氢是含硫生物性有机污染物厌氧分解的产物。粪便、生活污水、生活垃圾、污泥、某些含硫的工业废渣等在密闭缺氧的条件下，在厌氧微生物的作用下，含硫有机物中的硫得不到氧化而形成了硫化氢。如果周围有垃圾堆、臭水坑、污水处理厂等污染源，就有可能产生 H_2S 进入室内。

（2）当下水道堵塞或室内排水口无 U 型聚水管（水封），硫化氢就能顺着下水道的管道溢出而进入室内。

（3）某些工厂提炼含硫矿石、煤的低温焦化、含硫石油的提炼、某些化工生产工业都会在生产过程中产生硫化氢排入大气，进入室内。

3. 健康影响　硫化氢是强烈的神经毒物。高浓度时能很快麻痹呼吸中枢，受害者来不及闻到臭鸡蛋味就很快死亡。硫化氢嗅觉阈个体差异很大。空气中 H_2S 浓度达 0.012 mg/m^3 时，即可闻到臭鸡蛋味；超过 0.035 mg/m^3 时，大多数人都可闻到臭味；超过 10 mg/m^3 时，嗅觉反而不灵敏；150 mg/m^3 接触 2h 以上，嗅觉中枢麻痹，嗅觉逐渐消失；1000 mg/m^3 时，几秒钟即引起呼吸加快继而呼吸麻痹而死亡；达 1400 mg/m^3，嗅觉立即丧失，呼吸很快麻痹而死亡。其急性毒作用如此之快，形容其为“电击样”死亡，与氢氰酸中毒很相似。此时如能及时脱离危险环境进行人工呼吸，尚有救活的希望。所以当进入污水干管、掘开污泥坑等密闭环境，尤其应该注意。

4. 防治措施要点　在打开密闭环境之际，不能急于进入，一定要在进入之前采取充分的预防措施，具体要点与 CO_2 的防治措施要点相同。H_2S 尚无室内标准。

（五）甲醛

1. 主要理化特性　甲醛（HCHO，formaldehyde）是无色气体，具有强烈的刺激气味。略重于空气，易溶于水。易挥发。一般认为，当室温达 19℃以上，物体中的甲醛易释放。甲醛是最简单的一种醛类化合物，化学性状活泼，价格低廉，是广泛使用于多种化工生产的工业原料之一。其 35%～40%的水溶液称为“福尔马林”。广泛用作防腐和消毒。甲醛是生物体内的一种代谢中间产物。在外环境中是甲烷氧化的一种中间产物。在清洁的自然环境中，甲醛在空气中的浓度在 0.001 mg/m^3 以下。城市大气中为 0.02 mg/m^3 以下。室内空气中约为 0.02～0.06 mg/m^3（1ppm＝1.3 mg/m^3）。

2. 室内污染来源

（1）来自各种燃料和烟草的不完全燃烧：甲醛是一种燃烧不完全产物。有时厨房空气中甲醛可达 0.41 mg/m^3 以上，甚至更高。点燃一支香烟大约能产生甲醛 0.6mg。

（2）来自多种民用化工产品：由于甲醛在化工生产方面的用途非常广泛，所以存在于许多日用化工产品中。

①常用在制造脲醛树脂、酚醛树脂、三聚氰胺甲醛树脂等。这些树脂主要用作粘胶剂，制造各种人造板，做成家具。还可作为建筑材料预制板，用于建造移动房屋（mobile home）或用于分割室内空间的围板。其中脲醛树脂制成的脲醛泡沫树脂隔热材料（UFFI），价格便宜，质地牢固，隔热性能好，在西方国家曾广泛使用，但由于甲醛释放量太高而停产。

②参与制造塑料地板革、塑料壁纸、内墙涂料、化纤地毯等室内装饰装修材料。

③存在于纺织纤维、化妆品、防腐剂、清洁剂、杀虫剂、印刷油墨、纸张等多种化工轻工产品中。

一切含甲醛的产品进入室内后，成为甲醛在室内的释放源；其中的游离甲醛就会从这些产品中逐渐释放出来，污染室内空气。国外报道，使用 UFFI 材料的室内甲醛一般可达 3.35 mg/m^3，有时可达 13.4 mg/m^3。国内有的可达 0.3 mg/m^3，有的达 0.87 mg/m^3。深圳报道，有的住宅中甲醛最高可达 2.42 mg/m^3。由于甲醛在室内的来源很多，所以在监测和评价室内空气质量时，甲醛是一项很重要的污染指标。

3. 室内甲醛浓度的变化特点及影响因素　根据甲醛在室内的来源不同，空气中的浓度变化大致有几种类型。

（1）浓度随燃料使用时间和用量而变化。由于做饭、洗涤等生活需要，每天都需使用几次燃料。甲醛浓度的升高总是紧随在开始使用燃料之后。当停止使用燃料后，甲醛浓度随之很快降低。待再次使用燃料时，浓度再次上升。因此，来自燃料燃烧产生的甲醛，其浓度在一天之内有几次大起大落，起落的时间和次数与使用燃料的时间和次数有关。也就是说，一天之内甲醛浓度可以出现几个峰值，其峰值的个数和出峰时间与燃料使用的次数和时间有关。其产值的多少和峰值的高低均与燃料用量有关。但来自燃料燃烧的甲醛浓度在一年之内的变化趋势不是很大。

（2）浓度与释放源中甲醛含量、入室期龄及小气候有关。释放源主要是指已进入室内的含有游离甲醛的建筑材料、装饰装修材料、人造板家具等大型物体。这些释放源作为产品进入室内后，其中的游离甲醛含量已是固定，不会再增加新的甲醛，只会逐渐释放。虽然甲醛的挥发性很强，但由于并非位于释放源的表面，而是存在于释放源的材料之内，所以充分释放需要一个时间过程。室内空气中的甲醛浓度并非总是与释放源进入室内的期龄长短呈平行关系。室内甲醛浓度的高低主要是与小气候密切相关。在甲醛含量相同的两个释放源之间，处在室内气温高的释放源，释放甲醛的量大，释放速度快，能在较短时期将甲醛充分释放掉；而处在室内气温低的释放源，则释放甲醛的量很小，释放速度也慢，要持续较长时间方能将甲醛充分释放。曾有研究报道，选择建筑类型相似、建筑材料和装修装饰规模相同的甲乙两套单元住宅，装修后均在气流<0.03 m/s，相对湿度<40%的条件下，观察气温对甲醛释放的影响。甲室在 12 月份装修，甲醛浓度自次年 3 月份开始上升，5 月份出现峰值，也就是装修后 6 个月出现高峰，然后逐渐降低。整个释放过程出现一个峰值。峰值前的甲醛浓度与气温呈正相关，峰值过后甲醛与气温则无相关关系。说明当甲醛尚未充分释放前，气温对促进释放起着重要作用；一旦释放充分后，气温就不再起作用（见图 9-2）。乙室在 11 月份装修，装修后甲醛浓度立即上升，于 12 月份下降，于次年 2 月份降至低谷（因气温降低），但于 3 月份（出现低谷后一个月）甲醛浓度再度上升，直至 6 月份达高峰，也就是装修后 8 个月达高峰，随后即下降，曲线未再升起。整个释放过程出现了两个峰值。再次说明气温的促进作用（见图 9-3）。

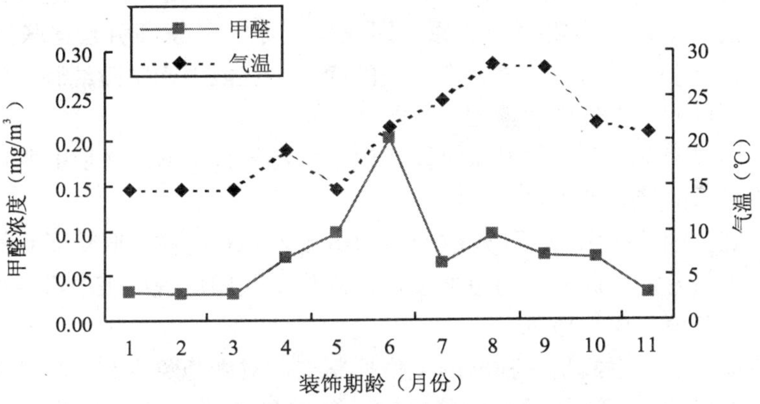

图 9-2　甲室装修后甲醛浓度变化与气温的关系

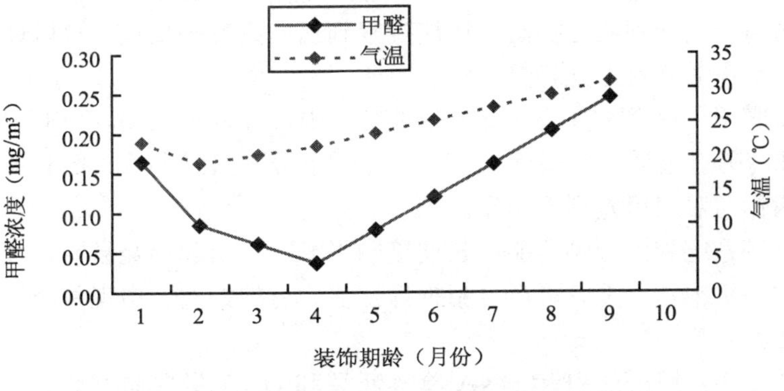

图 9-3　乙室装修后甲醛浓度变化与气温的关系

小气候对室内甲醛浓度变化的影响很大，气温高能促使甲醛从物体中释放出来；气流大能使室内空气中的甲醛很快排出室外；气湿大，甲醛易溶于水雾中而易于滞留室内，不易排出。

了解甲醛在室内浓度的特点，有助于在监测时根据不同监测目的来确定合理的采样时间，不至于漏掉峰值，也有助于估算室内不同程度装修后的不同入住时间。

至于吸烟产生的甲醛以及其他小件日用品散发的甲醛，其浓度在室内没有明显的变化规律，只随使用情况而异。

4. 健康影响

(1) 刺激性：甲醛是刺激性气体，并具有明显的异嗅。通常人对甲醛的嗅觉阈为 0.06～0.07 mg/m^3，刺激阈为 0.10 mg/m^3，但个体差异很大。有的人嗅觉阈可高达2.68 mg/m^3。人体受甲醛刺激的敏感部位是眼睛、咽喉、气管及支气管、皮肤等部位。主要引起眼部烧灼感、流泪、咽喉干燥、喷嚏、气喘、声带水肿、声音嘶哑、胸部发憋、皮肤潮红发痒等。浓度达 3 mg/m^3 时，眼睛剧烈刺痛、流泪、咽部强烈辛辣感、呼吸困难；4～6 mg/m^3 接触几分钟，眼、咽等部位症状加重，胸部剧烈疼痛，难以忍受；37～60 mg/m^3，肺水肿、肺炎、生命垂危；60～120 mg/m^3 接触 30 秒即死亡。

室内慢性接触甲醛主要反应为眼干、眼痒，偶尔流泪、鼻干、咽干、轻微咳嗽、打喷嚏。也有反应为外露部位皮肤干燥。长期接触引起咽喉炎、气管炎，影响肺功能。

(2) 致变应性：甲醛具有致变应性。虽然甲醛的分子量很小，但其进入人体后能与血清白蛋白或皮肤角蛋白结合，形成完全抗原，即成变应原。甲醛可引起皮肤过敏，表现为瘙痒、红斑、水肿、丘疹、小水疱等过敏性皮炎的症状，也能引起眼睑红肿、痒，还能引起过敏性哮喘。严重时可能产生过敏性紫癜。

甲醛在体内形成变态原后，能刺激机体产生甲醛特异性 IgE，这是甲醛特异性抗体，可以作为一种甲醛暴露的特异性生物标志物。

(3) 损害肝脏：国外使用 UFFI 建成的移动房屋内，有些住户肝功能受损害，尤其是有肝病既往史者，更易发病。此病多为急性发作，入住不久即出现肝脏中毒性病变，肝细胞损伤，肝功能异常，黄疸，尿呈棕色。

(4) 影响免疫功能：甲醛是一种弱的免疫抑制剂，对细胞免疫和巨噬细胞吞噬功能均有明显的抑制作用，但体液免疫的反应不很稳定，其中最敏感的是 T 细胞。研究表明，小鼠暴露甲醛 3ppm（约 3.9mg/m^3）第一周，首先出现外周 T 淋巴细胞数明显下降，而其他免疫指标尚未出现异常。高剂量组在第 14 天出现抗体形成细胞（PFC）的空斑数明显减少，吞噬细胞的炭廓清作用受到明显抑制，还能观察到迟发型变态反应（DTH）。但在 30 天时，抗体形成细胞的空斑数又有上升趋势。

据报道，暴露于甲醛超过 0.3 mg/m^3 的工人中，外周血 T 淋巴细胞明显降低，IgG、IgA 均有所增加。另有报道，暴露于 0.341 mg/m^3 的男性工人的 IgG、IgA 有所下降。而女性工人的这些指标与对照组差别不明显。

(5) 影响神经系统和内分泌功能：长期接触甲醛，可引起神经衰弱，表现为嗜睡、记忆力减退、注意力不集中，严重者可产生精神抑郁症。有的妇女会出现月经不调、手掌多汗等内分泌失调的症状。

(6) 致突变作用：甲醛能引起 DNA 单链断裂和 DNA 蛋白质交联，并能抑制 DNA 的合成和单链断裂的修复。Ames 试验为阳性。体外试验染色体畸变为阳性，但小鼠体内试验为阴性。据分析可能是甲醛在体内经过肝脏的生物转化而失去活性。

(7) 致癌作用：

①鼻咽癌：1980 年，Swenberg 等首次报道了甲醛致癌的动物试验成功。证明甲醛能引起大鼠的鼻腔鳞状上皮细胞癌，并发现实验动物中大鼠对甲醛最为敏感。此后又有若干研究也都证实了甲醛对大鼠鼻腔的致癌作用。

近年来，有关甲醛对人体能否致癌的流行病学调查研究也已发表了不少报道。

美国公布了一项规模很大、资料很充分的队列研究的流行病学研究结果，表明暴露于甲醛的工业生产工人中，鼻咽癌的超额死亡数与普通居民相比，具有统计学意义的暴露差异。而且在峰值暴露（peak exposure）和累积暴露（cumulative exposure）两方面均具有统计学显著意义的暴露—反应关系。

美国曾对防腐处理人员进行了一次大规模的队列研究，通过比例死亡率（proportionate mortality analysis）分析，发现鼻咽癌死亡率是超额的。

丹麦曾对使用和制备甲醛的企业中的工人进行队列研究，通过比例癌症发病率分析，也发现鼻咽癌是超额的。

另有 5 项病例对照研究发现，暴露甲醛的鼻咽癌危险度升高。

但也有一些流行病学研究报告没有肯定结果。例如美国对服装制作工人的队列研究，英国对化学工作人员的队列研究以及美国另一项对防腐处理人员的队列研究，其鼻咽癌病例数低于期望值。

1997 年曾报道，对部分流行病研究结果进行 meta 分析，发现鼻咽癌的 meta 相对危险度是升高的。

②白血病：已发表过一些研究报告，关于甲醛职业暴露能否引起白血病。虽也发现一些趋势，但另一些同类研究未发现阳性结果。故目前证据还不足。

国际癌症研究中心（IARC）在 1987 年前对有害因素的致癌作用进行分类时，将甲醛编在 2B 组，即可能致癌物（possibly carcinogenic to humans）；1987 年开始将甲醛上升入 2A 组，即人类很可能致癌物（probably carcinogenic to humans）。IARC 根据专家工作组的评审，认为甲醛对动物致癌的证据肯定。对工厂工人的职业暴露甲醛引发鼻咽癌也已有确凿证据。故于 2004 年已将甲醛上升入 1 组，即人类确定致癌物（carcinogenic to humans）。

(8) 生殖毒性：根据目前的流行病学研究报道，有些研究发现职业妇女在暴露甲醛后，发生自然流产和新生儿低体重，但另有一些同类研究中并无此发现。至今，研究结果并不一致。

5. 防治措施要点

(1) 制订相关的质量标准。目前最新公布的标准有：

①《室内空气质量标准》(GB/T18883-2002)，其中规定甲醛的标准值为 1 小时均值不得大于 0.10 mg/m^3。

②国家颁布了 10 个有关室内装饰装修材料的标准，其中人造板及制品（GB18580-2001）、内墙涂料（GB18582-2001）、胶粘剂（GB18583-2001）、木家具（GB18584-2001）、壁纸（GB18585-2001）、地毯（GB18587-2001）等标准中都规定了这些产品中甲醛的限量。

(2) 改进生产工艺过程，减少甲醛的使用量。产品在出厂前进行预处理，使产品在投放市场之前就已符合标准中的要求。

(3) 目前市场尚有许多种能降低室内甲醛的商品。例如能消除甲醛的涂料、吸附甲醛的滤料、阻断甲醛释放的封闭剂，此外还有除味剂、甲醛捕捉剂等。但这些方法的远期效果如何，能否产生二次污染或二次污染物，也还有待继续观察。

(4) 新装修的房子不要立即入住。尤其是装修档次高的房子，更需要根据小气候的情况，待甲醛降低后再入住。所以，入住时间不能一概而论，应根据装修规模、装修季节等因素而定。

(5) 加强室内通风换气。

(六) 挥发性有机化合物

1. 主要特性　挥发性有机化合物（volatile organic compounds，VOCs）是指在常温常压下易挥发的有机化合物的总称。绝大多数的 VOCs 不溶于水或不易溶于水而易溶于有机溶剂。甲醛的挥发性虽很强，但易溶于水。因此，甲醛采集方法与 VOCs 有所不同，故不归于此类。

室内 VOCs 的种类很多，目前已鉴定出约 500 种之多。主要有：苯、甲苯、二甲苯、苯乙烯、二氯乙烷、三氯乙烯、四氯乙烯、甲苯二异氰酸酯（TDI）等。由于室内的 VOCs 虽然种类很多，但许多的单个 VOC 在室内空气中的浓度都很低，很难逐个测出。因此，通常测定其总量来表示，即称为总挥发性有机物（TVOC）。

2. 室内污染来源　室内 VOCs 的来源很广泛，主要来自室内装饰装修材料。例如涂料、胶粘剂、人造板家具、泡沫塑料家具、地板革、化纤地毯、塑料壁纸等；此外还来自地板蜡、干洗剂、杀虫剂、防霉剂、防蛀剂、清洁剂、洗涤剂、除臭剂等几乎所有的家用有机化工产品中，甚至某些化纤织物中。主要都用作溶剂和粘合剂。

据报道，广州市内测得家庭中 TVOC 浓度为 0.059～0.439 mg/m^3；银川地区测得家中 TVOC 在 0.38～13.5 mg/m^3；深圳测得居民住宅中的苯为 0.073 mg/m^3，甲苯为0.451 mg/m^3，二甲苯为 0.392 mg/m^3。说明不同装修规模，不同的小气候条件其浓度的变动是很大的。此外，有些机油、溶剂等有机物还可污染饮用水，从水龙头、淋浴喷头等渠道，随水雾进入室内空气，也可引起使用者中毒。

3. 健康影响

(1) 急性中毒：当室内进行大规模装修、喷漆、打蜡、擦洗等活动时，大量的 VOCs 就挥发到空气中。如果此时室内的通风换气极差，室内人群就会产生不适感。轻者感到头晕、头痛、咽痛、咳嗽，甚至恶心、呕吐，或有酩醉状；重者会出现呼吸困难、窒息、肝脏严重损伤、中枢神经受抑制、昏迷，甚至出现生命危险。此时，必须立即打开门窗进行通风换气，人员离开现场，严重时送医院抢救。

(2) 慢性中毒：绝大多数 VOCs 都能损伤肝脏和神经系统，引起乏力、嗜睡、肝功能损坏、食欲下降、酒耐量下降、皮肤瘙痒等。有的还会引起内分泌失调、月经紊乱，有时还能引起性功能障碍。

在这些众多的 VOCs 中，污染源最多、污染量最大、造成污染最为严重的是苯系物和二异氰酸酯类化合物。

①苯系物主要是指苯、甲苯和二甲苯。主要用作涂料和粘胶剂中的溶剂，所以在多种装饰材料、新家具、皮革制品以及其他多种化工产品中，都有此类苯系物挥发出来。由于此类苯系物通常都位于污染源的表层，故在室温下较易挥发出来。此外，苯类等环烃化合物还可来自燃料和烟叶的燃烧。当燃烧温度超过 200℃时，直链烃可发生环化而形成环烃化合物，所以在燃烧产物中也有一定量的苯系物。苯的急、慢性中毒症状除了与上述 VOCs 的相似

以外，其慢性中毒主要是损伤造血系统，出现血小板和白细胞中的粒细胞减少，严重时可导致再生障碍性贫血。慢性苯中毒如果能及时治疗是可以恢复的，若造血功能完全破坏就会导致死亡。在IARC的分类中，苯被编入1组，即对人类确定致癌物。职业暴露苯引起白血病，已有充分的证据；但生活环境中的低剂量苯暴露能否致癌尚未见确切报道。此外，对免疫系统和内分泌系统的影响方面，女性比男性敏感。据报道，长期暴露于苯的女工血清IgM明显低于对照组。苯还能引起女性月经过多和经期延长；孕妇的自然流产率和新生儿的低体重发生率增加。

甲苯和二甲苯也有上述毒作用，但都要比苯的毒作用轻得多。而且纯甲苯和纯二甲苯对造血系统基本无毒作用。但如果苯混入内，则毒性加重。

②二异氰酸酯类化合物主要用于生产聚氨酯树脂及泡沫塑料，可以制造沙发、床垫、椅子等软家具；还可作为防水涂料，用于屋面、浴室、卫生间、厨房、地下建筑等处，还能制成聚氨酯密封膏，用于地板、窗框、阳台、卫生间等的接缝处。凡是使用了聚氨酯树脂和聚氨酯泡沫塑料，就会有二异氰酸酯化合物释放出来，其中释放最多的、也是毒性最大的为甲苯二异氰酸酯（TDI）和二苯甲撑二异氰酸酯（MDI）。TDI和MDI都有很强的刺激作用和致变应作用。表现为眼睛刺激、流泪、有催泪作用、眼痒、眼结膜充血、视力模糊、咽喉干燥、咽痛、咳嗽咳痰、胸闷、哮喘、肺功能下降，严重时可引起肺水肿。异氰酸酯的异氰基可与蛋白质中的氨基结合，形成抗原，引起变态反应。哮喘患者的血清中可测出TDI特异性IgE或MDI特异性IgE，机体一旦产生了过敏，很易发作。英国报道，一男性工人曾因燃烧聚氨酯的包装材料而发生支气管痉挛，经更换工种后症状消失。时隔8年后，用聚氨酯泡沫塑料给住宅窗户安装隔热装置时，立即发生哮喘；24h后脸部肿胀、红疹；4个月后，用该泡沫塑料和MDI作斑贴试验，均为强阳性。说明能引起很强的特异性变态反应。

4. 防治措施要点

（1）制订相关的质量标准。目前最新公布的标准有：

①《室内空气质量标准》(GB/T18883-2002) 规定，1小时均值的标准值为：苯0.11 mg/m^3，甲苯0.20 mg/m^3，二甲苯0.20 mg/m^3，TVOC 0.60 mg/m^3。

②国家颁布的10个有关室内装饰装修材料的标准中，木器涂料（GB18581-2001）制订了苯、甲苯、二甲苯、TVOC、TDI的限量值；胶粘剂（GB18583-2001）制订了苯、甲苯、二甲苯、TVOC的限量值；内墙涂料（GB18582-2001）、地板革（GB18586-2001）和地毯（GB18587-2001）都制订了TVOC的限量值。

（2）改进生产工艺过程。目前已有很多产品减少苯的用量，用甲苯或二甲苯来取代苯的使用。

（3）新装修的房子不要立即入住，须待苯系物等充分挥发后再入住，苯系物通常位于物体的表层，较易挥发。

（4）加强室内通风换气，也可采用有效的空气净化器吸附VOCs。

（七）臭氧

1. 主要理化特性　臭氧（O_3，ozone）是气体，具有特殊的气味。高浓度时呈浅蓝色。氧化能力极强，是强氧化剂。易对所接触到的物质进行氧化作用，从而使自身的浓度降低甚至消失。

2. 室内发生源　电脑、电视机、打印机、复印机、负离子发生器、电子空气清新器、紫外线灯、紫外线消毒柜以及所有的臭氧保鲜除臭器材等，在运行时都能产生不同数量的O_3。

3. 健康影响　O_3 主要影响人体的眼睛和呼吸道。当空气中 O_3 达 0.1 mg/m³ 以上，就有人嗅到特殊气味，眼睛和咽喉部有刺激感。达 0.2 mg/m³ 以上，就能引起哮喘并影响视力。达 2 mg/m³ 以上引起头痛、肺功能障碍、肺水肿。

4. 对环境的影响　O_3 是强氧化剂，可作为消毒剂。但 O_3 对室内污染物具有双重作用。一方面 O_3 可能氧化分解周围的有机污染物，使其彻底氧化或者形成中间产物；另一方面 O_3 也可能将其周围的某些不具挥发性的化合物氧化成新的 VOCs。这些中间产物或新的 VOCs 有可能成为室内二次污染物。这些影响主要取决于 O_3 的浓度以及周围物质的化学性质。

臭氧的室内标准值为 0.16 mg/m³（GB/T 18883-2002）。

（八）氨

1. 主要理化特性　氨（NH_3，ammonia）为无色气体，有强烈的刺激性臭味。易溶于水，水溶液呈弱碱性。

2. 室内污染来源

（1）来自汗液、粪尿、体表散出气体以及植物腐烂后产生的氨气。

（2）近年来由于我国北方地区冬季施工增多，为了水泥防冻，加入了尿素等含氨的防冻剂。如果此类防冻剂加入量过多，大楼建成后就会有大量的氨气释放出来，污染室内空气。由于氨是混合在水泥之中，因此氨的释放有一个过程，此过程与氨的使用量、室内气温、建筑期龄有关。有报道，新建大楼室内氨气可达 17 mg/m³ 以上。

3. 健康影响　氨对上呼吸道有刺激和腐蚀作用。人对氨的嗅觉阈是 0.5～1 mg/m³；10 mg/m³ 以上出现刺激症状，长期接触难以忍受；67.2 mg/m³ 吸入 45 分钟，立即出现鼻咽部刺激和眼睛灼痛感，此时如果立即离开现场，几分钟后即可恢复；氨气达 140 mg/m³，除眼、呼吸道刺激加重以外，还有恶心、头痛；氨气达 3500 mg/m³ 以上，立即死亡。长期低浓度刺激，可引起鼻炎、咽喉炎、气管炎、咳嗽、咯血、声音嘶哑、胸闷、胸骨后疼痛等，严重时出现喉头水肿、声门狭窄、窒息、肺水肿。还可引起眼结膜水肿、角膜溃疡，严重时引起虹膜炎、晶体混浊，甚至角膜穿孔。

4. 防治措施要点

（1）制订相关的质量标准。目前最新公布的标准有：

①《室内空气质量标准》（GB/T18883-2002）中规定，氨的标准值为 0.2 mg/m³（1 小时均值）。

②《混凝土外加剂中释放氨的限量》（GB18588-2001）中规定应≤0.1%（质量分数）。

（2）新建大楼应打开门窗，促使氨气尽快大量排出室外。如果窗户系封闭式，应采取有效的机械排风装置，将污染空气排出，同时引进新鲜空气。室内气温升高，有利于氨从水泥中加快释放。

（九）铅

室内空气中的铅（Pb，lead）除了来自大气铅以外，主要来自房屋内墙的涂料。涂料中含有不同种类的重金属，其中主要是铅。当内墙涂料由于破损、老化等原因剥落下来，形成颗粒物进入空气，就可能被人吸入体内，尤其是有些儿童主动将墙皮抠剥下来放嘴里吃，引起慢性铅中毒。此外，某些学习用品或玩具的油漆中含有铅，也是儿童摄入铅的来源之一。儿童胃肠道的铅吸收率高于成人。1～3 岁儿童的胃肠道铅吸收率为 50%左右，而成人仅为 10%。儿童的神经系统发育尚不完全，更易受损害。儿童慢性铅中毒主要表现为注意力不集中、记忆力降低、抑郁、多动、学习能力和成绩低于同龄儿童。孕妇摄入铅可影响胎儿的神经系统发育，重者可导致新生儿贫血、低体重、先天性痴呆等。故儿童和孕妇对铅的毒性最为敏感。儿童血铅达 100μg/L 时，即可出现记忆力下降。而且，血铅达此水平时，可抑制体内卟啉代谢，血中的 δ-ALAD（δ-氨基乙酰丙酸脱水酶）活性抑制。最新公布的室内装饰装修材料的标准中，木器涂料（GB18581-2001）、内墙涂料（GB18582-2001）、木家具涂料（GB18584-2001）、壁纸（GB18585-2001）中对铅都提出了限量值。

（十）氡

1. 主要理化特性　氡（Rn，radon）无色、无味，是放射性气体，由镭衰变而来，并继续往下衰变成一系列放射性子体。氡易扩散，能溶于水，极易溶于脂肪。在体温条件下，氡在脂肪和水中的分配系数为 125∶1，所以极易进入人体组织。

自然界的氡有三种同位素：①铀系中的镭（^{226}Ra）衰变成氡（^{222}Rn）；②钍系中的镭（^{224}Ra）衰变成氡（^{220}Rn）；③锕系中的镭（^{223}Ra）衰变成氡（^{219}Rn）。其中^{222}Rn 的半衰期为 3.8 天，平均寿命 5.5 天。^{220}Rn 和^{219}Rn 的半衰期极短，不到 1min，往往尚未到人的呼吸带即基本衰变完毕，危及人体健康的机会较少，故主要研究^{222}Rn 的危害。在通常情况下，^{222}Rn 即简称氡。镭的衰变链见图 9-4。

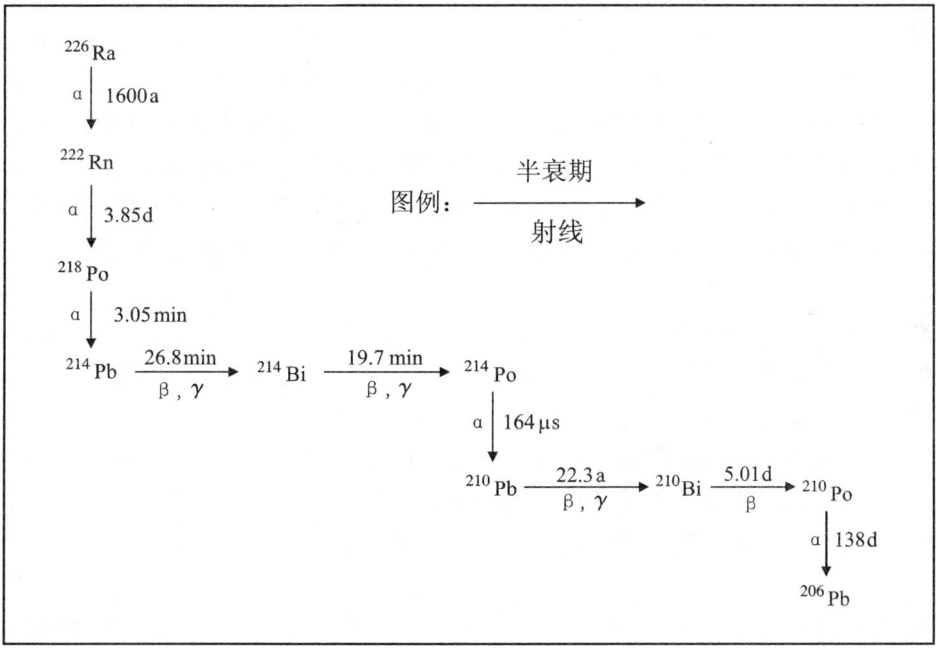

图 9-4　镭的衰变链示意图

铀、镭都是固体物质，存在于地层中的固定位置，衰变成氡后，成为气体，即可从地层中穿逸进入空气。氡再进行一系列衰变而成的子体又都成为固体，都只能附着在固体物质上继续衰变，直至衰变成稳定的^{206}Pb。图 9-4 显示，氡有 8 个子体，其中前 4 个子体（^{218}Po、^{214}Pb、^{214}Bi、^{214}Po）的半衰期很短，称短半衰期子体，简称短寿命子体；后 4 个子体（^{210}Pb、^{210}Bi、^{210}Po、^{206}Pb）中前 3 个的半衰期很长，称为长半衰期子体，最后一个^{206}Pb，已是稳定元素，不再衰变。

在氡及其子体衰变过程中，既有 α 辐射，也有 β 和 γ 辐射。所以，氡及其子体是 α、β、γ 混合辐射源。

2. 室内污染来源

（1）房基地的地层内含有高本底的镭。如果房屋盖在高本底地区，镭衰变的氡就从地缝、墙缝等缝隙处进入室内。如我国甘肃有些高本底地区，窑洞内空气中的氡甚至高达3418 Bq/m^3以上，清洁空气中的氡浓度约为30 Bq/m^3。

（2）某些建筑材料中含镭，例如某些水泥、再生砖、某些大理石、花岗岩以及人造石等。

（3）在高本底地区的地下水中也含氡，可通过输水管网进入室内。

此外，有的煤或香烟中也含有氡子体。

3. 室内氡浓度变化特点

（1）来自房基地的氡浓度，在同一时间、相同小气候情况下测定时，以地下室的浓度最高，无地下室的建筑则以一层楼最高，随着楼层的升高氡浓度渐降。

（2）来自建筑材料的氡，在同一时间、相同小气候情况下测定时，以污染源附近浓度最高，离污染源越远的浓度越低。

4. 健康影响　氡进入机体的主要途径是呼吸道。氡是气体，可以在呼吸道自由出入。但一旦衰变成子体，即成为固体粒子，立即附着在呼吸道表面，继续衰变，形成内照射源。所以，吸入氡以后对呼吸道的辐射危害主要是氡的子体，尤其是短半衰期子体，而不是氡。

氡及其子体对人体的危害主要是引起肺癌。氡及其子体在衰变过程中发出的α、β、γ射线能破坏DNA的结构，产生基因突变、染色体畸变。这些射线能作用于人体内的水分子，产生自由基，这些都能促进周围组织的癌变。氡及其子体致癌的潜伏期约为15～40年。据美国报道，由于室内氡及其子体引起的肺癌占肺癌总发病的10%。我国甘肃省某些高本底地区的肺癌发病率也有升高的趋势。IARC将氡归类于1组（人类确定致癌物）。

5. 防治措施要点

（1）当今最新公布标准有：

①《室内空气质量标准》（GB/T18883-2002）中要求，当氡的年平均值达到400 Bq/m^3时，应采取干预行动以降低室内氡浓度。

②《建筑材料放射性核素限量》（GB6566-2001）中规定了根据建筑材料中放射性物质的内照射指数和外照射指数，将建筑材料的用途划分为3类：

A类装修材料要求内照射系数（I_{Ra}）≤1.0和外照射系数（I_γ）≤1.3，使用范围不受限制。

B类装修材料要求I_{Ra}≤1.3和I_γ≤1.9。不可用于住宅、老年公寓、托幼机构、学校、医院等Ⅰ类民用建筑的内饰面，但可用于Ⅰ类民用建筑的外饰面和其他一切建筑物的内、外饰面。

C类装修材料要求I_γ≤2.8。只可用于建筑物的外饰面和室外其他用途。

（2）不应选择高本底地区盖建生活用房。在用地选择时，应了解当地地层中放射性物质的水平。

（3）选用建筑装饰装修材料时，应认真参照相关标准。尤其是选用装饰石材，更要认真了解。

（4）室内加强通风换气，促使更多的氡排出室外。

（十一）军团菌

1. 主要生物学特性　军团菌（Legionella）是革兰阴性杆菌，呈纤细杆状或丝状，无芽胞，有菌毛。在1978年的军团菌国际学术讨论会上，定名此菌为“军团菌”。至今，已发现此菌有41种之多，其中最常见的是嗜肺军团菌（L. pneumophila，LP）。每种军团菌又可分出许多种血清型以及型中的亚群，至今仍不断发现出新的菌种和菌型。军团菌的生存能力很强，在环境条件变动较大的范围内均能生存，抗自然能力很强。在天然河水、池塘水、泉水中能生存几个月；在自来水中能生存1年以上；在蒸馏水中能存活2～5个月。水中溶解氧0.3～9.6 mg/L的条件下均能生存，甚至在土壤中也能长期生存。对酸有很强的抵抗力，在pH值为2的盐酸中尚能存活30min以上，这是与一般细菌所不同之处。军团菌对温度的适应范围很广，在5～50℃的环境中都能生存。据国外试验发现，有藻类存在的水环境对军团菌有保护作用。军团菌在阿米巴、四膜虫体内能存活及繁殖。

2. 室内污染来源　由于军团菌在水环境中广泛存在，而水在人们生活中的用途又非常之广，因此，军团菌的污染来源是很多的。军团菌能存活在大型贮水器中，存在于冷却水、冷凝水中；空调系统如有裂缝，则污染的冷凝水或冷却水可以以气溶胶形式，随气流喷入室内空气中；可以通过使用淋浴喷头、空气加湿器、喷雾器、吸氧瓶、室内喷泉、室内养鱼池曝气等，使水雾化成极细的水微粒，形成气溶胶，漂浮在空气中，极易被人体吸入。有的浴池水、温水游泳池水也会传播军团菌。美国曾发生一家超级市场使用了一种贮水喷雾连续自动使用的装置，给蔬菜水果保鲜，造成军团病爆发。所以，一切含有军团菌的水，在使用过程中只要形成了气溶胶，就很容易进入人的呼吸道，引起感染。如果供水系统遭到了污染，则受害范围就更大，后果则更为严重。

3. 健康影响　军团菌对所有年龄组人群都能致病，但以中老年多见，慢性病者、酒精中毒者、吸烟者对此尤为敏感。目前通过血清学检验已发现很多隐性感染者。这些隐性感染者具有一定的免疫力。但一旦机体抵抗力下降，就很容易发病。

无论是隐性感染者还是病人，都是从空气中直接吸入了含有军团菌的气溶胶而感染，都是通过空气传播的。至今无论是流行病学研究还是实验室研究，均未见有关人传给人的报道。

军团菌引起的疾病称为军团菌病，有两种类型：

（1）肺炎型——军团病（Legionnaires' disease）：此病首先发现在1976年7月美国军团（美国退伍军人组织之一）宾夕法尼亚分团在费城一家旅舍里举行的第58届年会上。到会的代表和家属共有4400名。从开会的第二天起，与会者中即陆续出现原因不明的肺炎。在两周内与会者中共有149人发病，该旅舍中另有33人也发生同样症状，该旅舍共有182人发病，并有29人死亡，该旅舍病人的病死率为16%。加上进出旅馆或接近旅馆的当地居民中的病人，这次流行共有221人发病，34人死亡，病死率为15.4%。后经调查研究，发现了此病的病原菌，于1978年正式命名为军团菌。由军团菌引起的肺炎，即称为军团菌肺炎，亦称军团病。

军团病潜伏期一般为2～10天，最长可达19天。发病率为1%～5%。发病初期症状似流感，全身不适、厌食、头痛、肌痛，继而高烧、寒战、咳嗽、胸痛、呼吸困难，有啰音，90%的病例X线片显示肺炎征象。并可伴有恶心、呕吐、腹痛、腹泻等症状，重症者的心、肝、肾、脾等脏器均可有严重损伤。病死率一般为15%，流行期间有时可高达50%。该病首选药物是红霉素、利福平。军团菌对红霉素最敏感。当临床治疗上使用其他抗菌药无效时，应立即改用红霉素。

（2）非肺炎型——庞蒂亚克热（Pontiac fever，PF）：此病是由于1968年首次在美国密执安州的奥克兰县卫生研究所的庞蒂亚克地区分所的工作人员中流行而得此名。该所当时共有职工 100 名，其中患病者就有 95 人。发病后有关专家曾开展过多方面的病因调查，包括病人血清检验、现场采样监测、动物现场试验等。但由于当时对该病原体的培养和鉴定技术尚未建立，普通的培养方法不能培养出来。因此，当时未能找出病因，只得于 1971 年中断了研究。但保存了病人的双份血清、健康对照者的血清、实验豚鼠的肺脏和血清，以及空调系统中的冷凝水样。所有标本都妥善存放于－70℃条件下。直至 1976 年费城军团病爆发后，许多专家开展了研究。1977 年 McDade 等人成功建立了该病原体的培养和鉴定技术。终于在所有的保存标本中成功分离出与费城军团菌一致的病原体。同时也证实了此种细菌存在于空调系统的冷凝水中，通过破损处进入空气，被人体吸入而致病。

此病潜伏期 1～2 天。发病率高，约 95%。但发病轻，有发热、全身不适、轻微咳嗽、头痛、肌痛，症状类似流感，X 片无肺炎等症状。病程为 2～5 天，一般可不治自愈，无死亡。

4. 防治措施要点

（1）消毒灭菌措施：对水中的军团菌进行消毒，通常有以下几种方法，可酌情选用。

①氯消毒：军团菌对氯的耐受性相当强，因此加氯量要大，必须使余氯达 4 mg/L 以上时，方有效果。但余氯超过 4 mg/L 容易产生三卤甲烷等氯化消毒副产物，而且过量余氯还能腐蚀金属输水管道。故应严格掌握加氯量。

②0.05%苯酚、2.0%福尔马林、70%酒精均可在 1 分钟内杀灭军团菌。

③加热消毒：当水温 60℃时，须 10～20 分钟才能完全杀灭军团菌；70℃时只须 10 分钟；80℃只须 1 分钟。

（2）加强对用水水质的管理。通常由自来水厂的供水以及单位自备水源井的水，其水质基本上都是符合卫生标准的。但对于二次供水系统或是污水处理后再利用的水质，容易受到军团菌的污染，必须加强管理，保护水源免受污染。污水必须处理合格后方可供给再利用，必要时应消毒。

（3）加强对输水管道系统的管理。定期清洗，定期消毒。可用 80℃以上的热水冲洗管道，即可达到消毒效果。但对于陈旧的管道，由于管道内壁积有水垢，水垢上有适合军团菌生存的小生境，影响消毒效果，故必须先清洗水垢后再消毒。

（4）喷水的喷头应及时清洗，空调系统的冷却塔、蒸发器、输水管道要定期清洗，循环用水要进行消毒。

（5）容器中用作喷雾的水以及吸氧瓶的水，不能仅仅每天向容器内补充水量，而应每天更换一次清洁水，以免孳生细菌和藻类。并定期清洗容器。

（6）目前对于水中军团菌的数量尚无卫生标准。有的专家认为军团菌数在 10^3 cfu/L 以下为可接受量，可以不予消毒（cfu：colony forming unit，菌落数）。

（十二）真菌

1. 主要生物学特性及室内生存条件　真菌（fungus）是霉菌和不发霉的菌株的总称。室内环境中影响健康的主要是霉菌（mold）。霉菌是多细胞真菌，有菌丝和孢子，交织成团，故又称丝状菌。

真菌生存的适宜环境是潮湿、温暖、不通风的阴暗角落。只要气候适宜，即使是只有极少量的有机物作为营养条件，也能生长，其生存能力极强。所以，在不通风的房间里，墙壁、地面、四周角落、物品堆放处都可孳生真菌。据上海的一户居民室内进行一年的气传真菌检测，发现检出率最高的前 5 位依次是芽枝菌属、交链孢霉属、曲霉属、镰刀菌属、青霉属。这 5 种真菌占室内真菌总数的 82%。

2. 健康影响

真菌是吸入性为主的变应原。主要是交链孢霉菌、曲霉、青霉、镰刀菌等。通过空气传播。当皮肤表面接触后，能引起荨麻疹、接触性皮炎。接触眼睛后，会引起眼痒、流泪、眼周围红肿等眼部过敏症状。进入呼吸道后，可引起发烧、干咳、呼吸急促，出现过敏性哮喘，还能引起过敏性鼻炎。

真菌引起人体变态反应有三方面原因：①由真菌的孢子引起。②由真菌的菌丝引起。③由真菌的代谢物引起。经多年的研究认为，这三方面原因都有可能，但主要是真菌孢子。因为真菌孢子的数量大、体积小、重量轻，故脱落后最容易扩散到空气中四处漂浮，进入人体的呼吸道深部和皮肤、眼睛等部位，引起变应性疾病。

近年来有报道，真菌能损伤遗传物质，通过 Ames 试验、UDS 试验、体外微核试验都发现有阳性结果。

有报道某些真菌能对壁纸上的某些颜料或墙壁上的某些涂料发生生物化学作用，产生有害气体。例如能将颜料中的砷化物还原成砷化氢。砷化氢（AsH_3）是气体，具有大蒜样臭味，毒性很强，人吸入后会感到乏力、头痛、恶心，甚至呕吐。严重者会出现溶血，尿呈酱油色。

3. 防治措施要点　定期清扫室内环境，加强通风，避免室内出现死角。气候潮湿的地区室内应防潮。

（十三）尘螨

1. 主要生物学特性及室内生存条件　尘螨（dust mite）是螨虫的一种，属于昆虫类，是节肢动物。尘螨又分几种，但基本形态相似，与室内环境关系最密切的是屋尘螨，这是欧亚大陆上最优势的致敏性螨种。其大小约为 0.2～0.3mm，低倍显微镜下就能看到。尘螨以粉末性物质为食，如动物皮屑、面粉等。

尘螨能在室温 20～30℃的环境中生存，最适宜温度是 25±2℃。高于 35℃，则逐渐趋于死亡；在 44.5℃时，24 小时全部死亡；温度低于 20℃时，发育减慢；低于 15℃，则发育和活动停止；低于 10℃时不能存活。

尘螨宜生存在相对湿度为 75%～85%的环境中，最适宜是 80%。湿度低于 33%时导致失水而死亡；若高于 85%，则环境中易于生长霉菌而不利于尘螨生存。

尘螨对气流极敏感，宜生存在空气不流通之处，气流稍大即不能存活。总之，尘螨易生存在温暖、潮湿、无风、背光的小生境中。通常在室内的床垫、被褥、枕头、软垫、家具、纯毛地毯、挂毯、窗帘、沙发套以及不常洗涤的厚纤维衣服织物中生存。曾报道，一只陈旧的羽毛枕头里找到尘螨 6500 只。另有报道，在哮喘病人家中的尘土里尘螨数量为 500 个/克尘土。无论是严寒地区农村的被褥里或是高档豪华门窗严闭的房间里，都可能是尘螨的适宜生存环境。人的活动促使尘螨散布，人的衣着、家具等物品的携带可将尘螨扩散。

2. 健康影响　尘螨是一类极强的变应原，各年龄组的人群都可受影响，尤以儿童更为敏感。尘螨引起的变应性反应主要有三种类型：

（1）过敏性哮喘：初发往往在幼年，出现婴儿湿疹，或兼有慢性气管炎。到 4 岁左右，其中部分儿童的症状转为哮喘，可迁延多年。此哮喘为突发性，突然发作也可突然平息，并可反复发作。初期为干咳、连续打喷嚏，随后吐出大量白色泡沫痰，接着出现哮喘，不能平卧，严重时可导致缺氧、青紫。此病在春秋季节好发或症状加重。发作时间常在睡后或早上起床后。

（2）过敏性鼻炎：主要症状是鼻塞、鼻腔奇痒、连续喷嚏不止、大量清水鼻涕。此病也与哮喘一样，具有突发性和迅速平息的特点。

（3）过敏性皮炎：儿童为面部湿疹，成人主要是四肢屈侧、肘窝、腘窝处湿疹或苔藓样变。

当病人脱离存在变应原的环境，症状能逐渐缓解或症状减轻。

3. 防治措施要点　加强室内通风换气，保持室内干爽并有良好采光。定期清扫室内环境，可将被褥、衣服等拿到室外晾晒拍打。室内可用吸尘器吸出物体表面的尘土，尘螨在拍打和吸尘的气流中不能存活，很快死亡。

（十四）其他有害因素

室内还有许多呼吸道传染病的微生物，例如结核杆菌、流感病毒，以及最近发现的SARS冠状病毒等，都会在室内空气中传染给室内易感者。这些致病微生物的来源主要是通过室内病人的呼出气污染了空气；也可以通过近距离的邻居窗户排出的污染空气而传入。

室内还有许多有害的物理因素，例如噪声、非电离辐射等。将在相关章节专门讲述。

（十五）室内污染物蓄积量的估计

室内污染物浓度的高低，除了与室内产生的数量和室内容积的大小有关以外，还与室外的影响以及污染物本身的理化特性、稳定性程度、相互作用情况、室内小气候情况、建筑物密封程度、空调系统运行性能等因素有关。概括说来，估计室内污染物的聚集量应考虑以下4方面因素的综合效果。

室内污染物聚积量＝室内产生量＋室外进入量－室内降解清除量－排出室外量

四、由建筑物引起的健康影响

建筑物本身的结构和使用材料以及建筑物内部的各种家具、装饰、家用电器等等，都有可能产生种种有害因素。这些有害因素可以是化学性的、生物性的或是物理性的。室内人员受到其中某些因素的影响就有可能产生出各种不良的健康效应。根据这些不良效应是否已形成疾病，可将其大致分为两类。

（一）不良建筑物综合征

不良建筑物综合征（sick building syndrome，SBS），又称致病建筑物综合征，是建筑物内的人员中所产生的一系列非特异性的自觉症状和体征，但尚未形成临床期的疾病。当室内人员离开该建筑物后，这些症状和体征能够逐渐自行减轻或消退。当人员再次进入该建筑物后，这些症状和体征又可重新出现或再次加重。

SBS起初是办公大楼内的人员有此反映。随着调查研究的深入，发现许多在家庭、公共场所等室内环境的人员也有此反映。美国环境保护总署（EPA）根据各类室内人群反映出的众多不良效应，将SBS归纳为30多项症状和体征。主要有：不良气味、眼干、眼痒、鼻干、咽干、咳嗽、喷嚏、流鼻涕、流泪、头晕、头痛、嗜睡、乏力、多梦、易怒、烦躁不安、健忘、恶心、呕吐、食欲下降、皮肤瘙痒、皮肤干燥、皮炎、皮疹，有时还出现哮喘、憋气、呼吸困难、月经不调、工作效率低下等。

SBS并非仅由一种原因引起，而是由多种原因引起的各种症状和体征归纳而成的。不同的室内环境可能存在不同的有害因素。因此，不同的室内人群所出现的SBS也可能是不相同的。

产生 SBS 的主要原因是室内空气中各种污染物、家用电器和通讯网络造成的电磁辐射强度的增强。由于建筑物的高度密封以致通风、换气很不充分，不但使有害因素在室内造成聚集，而且室内有益因素消耗后也得不到足够的补充，例如氧气、空气负离子等的含量都很低。此外，室内光线的不舒适、音像的干扰等因素也都是不良刺激。这些因素都能引起室内人员的不适感，从而出现各种 SBS。一旦消除了这些有害因素，补充了有益因素，SBS 就能缓解。

（二）建筑相关疾病

建筑相关疾病（building related illness，BRI）是一种与室内有害因素暴露有关的疾病。室内人员脱离此环境，不能自行恢复，必须经过临床诊断和治疗方能逐渐痊愈。这类疾病的确认，要求必须具有因果关系的确凿科学依据。必须证实其病因确实存在于建筑物内，必须除外其他暴露因素（例如大气污染、职业暴露、药物等）的干扰方能确定。例如军团菌引起的军团病、氡及其子体引起的肺癌、室内变应原引起的哮喘等，都属于 BRI。

五、评价室内空气质量的常用指标

反映室内空气质量的指标是很多的。要根据评价的目的和要求来选定指标。这样才能有针对性。目前，通常采用的评价指标主要有以下几类：

（一）反映室内空气清洁程度的常用指标

1. CO_2　室内的人和其他动植物的呼出气中，主要成分是 CO_2，呼出时还伴有其他有害气体。CO_2 又是燃烧产物中的主要成分之一。所以，CO_2 是室内常年都会产生的气体污染物，能较准确地反映室内空气的清洁程度。如果室内通风换气良好，CO_2 浓度就符合卫生标准；如果通风不良，则室内 CO_2 浓度就会升高，反映室内空气质量的下降。《室内空气质量标准》（GB/T 18883-2002）中规定，CO_2 的标准值是 0.10%（日平均值）。

此外，CO_2 还可作为无毒示踪气体用来测试室内通风换气的效果。用 CO_2 标准气定量释放入被测的室内，待 CO_2 浓度分布均匀后，根据需要，在室内的不同方位和高度进行测定。由于 CO_2 的测试方法比其他示踪气体的测试方法较为简便，故常被采用。

2. 菌落总数　菌落总数反映空气中细菌的含量，也间接反映出其他微生物的污染水平。细菌是生物性颗粒，比气体重，更能反映出空气中小颗粒物的清除程度。《室内空气质量标准》（GB/T18883-2002）中规定菌落总数的标准值是 2500 cfu/m^3，表示每立方米空气中不得超过 2500 个菌落。

3. 新风量　新风量直接反映了进入室内的新鲜清洁空气的量。《室内空气质量标准》（GB/T18883-2002）中规定新风量的标准值是每人每小时不能小于 30m^3。

（二）反映燃烧产物污染的指标

1. SO_2　燃料中以煤的含硫量最多，所以，SO_2 是反映燃煤污染的重要指标，也能反映出煤气由于脱硫不彻底而产生 SO_2。但液化石油气和天然气中的含硫量一般较少，所以，SO_2 指标不能确切反映出燃烧液化石油气和天然气所造成的污染。《室内空气质量标准》（GB/T18883-2002）中规定 SO_2 的标准值为 0.50 mg/m^3（1 小时均值）。

2. 可吸入颗粒物　室内可吸入颗粒物（PM_{10}）主要来自各种燃料的燃烧。其中煤和生物燃料的燃烧颗粒最多，气体燃料的燃烧颗粒较少。《室内空气质量标准》（GB/T18883-2002）中规定 PM_{10} 的标准值为 0.15 mg/m^3（日平均值）。

3. CO　CO 是各种燃料和烟草燃烧不完全产物的指标。尤其在室内容易造成 CO 急性中毒，故此指标很重要。《室内空气质量标准》（GB/T18883-2002）中规定 CO 的标准值是 10 mg/m^3（1 小时均值）。

4. NO_2　NO_2 是各种燃料燃烧产生的氮氧化物的稳定形式，是燃烧完全产物。尤其是天然气、煤气、液化石油气等热值高的气体燃料，燃烧过程中合成的氮氧化物数量更多。所以，NO_2 在反映气体燃料的燃烧产物方面，更显重要。《室内空气质量标准》（GB/T18883-2002）中规定 NO_2 的标准值为 0.24 mg/m^3（1 小时均值）。

5. 甲醛　在燃料和烟草的燃烧不完全产物中，甲醛是醛类化合物的代表。所以，也是反映燃烧不完全程度的常用指标之一。

（三）反映建筑装饰装修污染的指标

1. 甲醛　甲醛来自多种建筑装饰装修材料，释放量大，而且来自材料的深部，释放期长。所以，甲醛是反映建筑装饰装修污染最具代表性的指标。而且甲醛又能反映室内燃烧产物污染，因此甲醛是反映室内空气污染的最常用指标之一。

2. 苯　苯是一种溶剂，用于多种涂料和胶粘剂，毒性大。所以作为反映室内空气中挥发性有机物污染的主要指标之一。

3. 氨　氨用于水泥的防冻剂。寒冷地区在冬季施工时就需要对水泥防冻。我国近年来由于冬季施工任务增多，有的施工队将防冻剂的加入量超过规定的比例。再加上建筑物密封性强，通风不畅，故近年来氨的室内污染显得突出。

4. 氡　由于近年来含有放射性物质的建筑装饰装修材料在室内的用途增多，除了基本建筑材料以外，大理石等装饰石材用于室内也渐多。氡由镭衰变而来，故氡能反映室内放射性物质的情况。由于物体中的镭并非同时衰变，所以氡的产量也是不稳定的，时高时低。因此，氡的浓度不能测定一次即可下结论，而要用年平均值来评估。年平均浓度至少要有 3 个月采样的平均浓度。

（四）反映呼吸道致病微生物污染的指标

1. 菌落总数　菌落总数也是反映空气中致病微生物污染程度的指标。一般说来，空气中的细菌是不致病的占大多数，致病菌极少。但菌落总数的检测方法比较简便易行，而且由于空气中致病菌数量少，培养条件的要求也较高，故难以直接检得。所以通常都采用菌落总数指标来估计致病微生物污染。

2. 溶血性链球菌　溶血性链球菌又称乙型溶血性链球菌，是空气中常见的呼吸道致病微生物。其致病力强，检测方法不太复杂，故必要时可测定溶血性链球菌，以进一步估计致病菌污染情况。《室内空气中溶血性链球菌卫生标准》（GB/T18203-2000）中规定，最高容许限量值（撞击法）$\leqslant$36 cfu/m^3。

（五）其他

1. 总挥发性有机物（TVOC）　TVOC 是反映挥发性有机物的总量。主要是测定从正己烷到正十六烷之间的所有有机化合物。由于检测技术难度较高，器材设备价格较贵，目前尚不能普遍开展。

2. 空气化学耗氧量　室内空气中除了有分子量大、结构较复杂的有机物以外，还有许多分子量较小或者结构较简单的有机物，例如某些醇类、酸类、酯类、醛类等。这些有机物若用测 TVOC 的方法是不能完全测出来的，这就需要采用其他测定方法。而且空气中还有多种气态无机污染物，例如 H_2S、NH_3 等，也不能用 TVOC 测定。

空气化学耗氧量，简称耗氧量（COD），是一项综合性指标。是利用强氧化剂来氧化空气样品中的有机物和还原性无机物，以氧化剂消耗量的多少来评估空气中的污染气体。此方法与水中的 COD 的测定原理相同。它虽不能测出每一种具体的气体，也不能测出全部污染气体的确切总量，但可作为一项综合性指标来相对地反映空气中的污染程度，这是一项很有实用价值的指标。此指标目前尚无环境质量标准。根据文献报道，清洁空气中 COD 为7 mg/m^3 左右，一般环境中的 COD 在 10 mg/m^3 以下，也是容许的。

此外，根据需要，还可测定 TDI、尘螨等指标。

第五节　住宅选址和设计的卫生学要求

室内环境的质量如何，选址和设计是根本。只要选址和设计合理，则建成后若再出现环境质量问题，尚能采取若干措施予以改善。如果选址和设计不合理，则往往较难解决。建筑物是使用寿命长的产品，不可能轻易推倒重建。因此，选址和设计中有关卫生学方面的要求，则更应予以重视。

在所有的建筑物设计中，住宅的设计是最要求能全面地、最大限度地为人体健康开发有利因素，创造有利条件。不仅是为近期的健康状况着想，也要为远期健康状况着想，甚至应为后代的健康着想。因此，住宅设计中的卫生学要求应该是最基本的和最全面的。而其他建筑物的设计卫生学要求则是在住宅的卫生学要求的基础上，根据建筑物自身的功能特点作相应的设计。

根据住宅的基本卫生要求，针对室内日照、小气候、空气质量等因素对人体健康的重要性，在住宅的选址和设计阶段，应主要提出如下几方面的卫生学要求：

一、用地选择

住宅的用地应该选择环境质量最好的地段。主要有以下几点卫生学要求：

1. 位置　住宅用地应位于当地主导风向的上风侧。远离工业区、垃圾处理场、污水处理场、传染病院等严重污染源。也应远离繁忙的对外交通枢纽、码头和大型仓库。空气要清洁，环境要安静。

2. 土质　住宅用地应土地清洁干爽，地下水位低，透气性能好。地层中不应含有高本底放射性物质。原则上不应在曾经用于垃圾场、工业废渣堆放地、传染病院、化工厂等严重污染的土地上建房。如果十分必要时，必须首先彻底清除污染土壤，再用清洁土壤填实后方能再次使用。所以，选址时必须了解土地的使用历史，并对土质进行卫生学检测，以确保住宅用地的清洁、安全。

3. 地形　若在坡地上建房，应选择向阳坡地，可充分利用阳光。避免在低凹处建房。

二、朝向

朝向（direction of building）是指主要房间的主要采光口所面对的方向。朝向直接关系到室内的日照、采光、小气候、通风换气等多项基本卫生要求。适宜的朝向应该是在冬季室内有足够的日照而在夏季则日照极少；室内应有合适的自然通风，冬暖夏凉，小气候适宜，空气清洁，采光良好。

朝向的选择应考虑到地理纬度、当地气候、周围地形等因素。由于地球的公转运行，太阳直射地球的变动范围每年总是在北纬23°27′与南纬23°27′之间，也就是在北回归线与南回归线之间。说明，位于北回归线以北的地区，太阳总是从南方照射过来。在夏季，太阳高度角大，正午的室内日照少，冬季太阳高度角小，室内日照充足。所以，该地区房屋的最佳朝向是正南。

同一地区的太阳方位角总是夏季大于冬季（见表9-3），夏季日出时的方位角大于－90°（在东北方向）、日落时的方位角大于＋90°（在西北方向）；冬季日出时的方位角小于－90°（在东南方向）、日落时的方位角小于＋90°（在西南方向）；这说明，朝东房屋在夏季的上午室内日照强，冬季较弱；朝西房屋在夏季的下午室内日照强、冬季较弱。因此，东、西向房屋在夏季室内偏热、冬季偏冷。朝北房屋在秋、冬、春三季室内均无日照，夏季在日出日落时仅能有少量日照斜射入室。所以，北向房屋的日照最少、紫外线最弱、冬季最冷、通风较差，因而也影响空气质量。

朝向也与房屋外墙表面所受的太阳辐射热量有关。同样原理，南向外墙面在冬季受到的太阳辐射热量高、夏季低；东向外墙面在夏季的上午高；西向外墙面则在夏季的下午较高；北向外墙四季均低，冬季最低。外墙表面所受的太阳辐射热量越高则室内温度也越高。所以南向室内冬暖夏凉；东、西向室内夏季偏热、冬季偏冷；北向室内冬季最冷。

我国绝大部分地区都位于北回归线以北与北纬45°之间。因此，住宅设计时，应尽可能安排更多的住宅朝向为正南，或每一户住宅至少有一间主室朝南。在考虑到当地具体情况时，除正南以外，南偏东和南偏西也是较好的朝向。

在我国炎热地区，住宅的自然通风很重要，应充分利用当地的风力来加强室内通风。所以炎热地区的住宅朝向也应考虑到有利于通风。当房屋的长轴与当地炎热季节主导风向呈垂直时，室内通风量最大。当主导风向与房屋长轴不成90°角时，只要此角不小于30°，通风效果仍可良好。除风向外，还要考虑风速。此外，南方地区常遭暴风雨袭击，这些因素在设计朝向时都应综合考虑。例如广州地区，从防太阳辐射的角度出发，应选择正南为佳。但当地主导风向为东南，暴风雨向为东北。经综合考虑，应以自然通风为主，兼顾防太阳辐射和避免暴风雨袭击等因素。因此认为广州地区住宅朝向以南偏西5°至南偏东10°为佳，南偏东10°～20°尚可。

三、间距

间距（distance of building）是指住宅的主要采光面与室外前排建筑物之间的距离。间距同样关系到室内日照、小气候、采光、通风等卫生要求。如果朝向很合适而间距太小，室内环境的质量仍会受到影响。

从满足室内日照、采光等卫生要求的角度出发，对间距的要求是住宅不应被前排建筑物的阴影所遮挡（见图9-5）。所以，理想的日照间距应该就是前排建筑物在冬至日正午所形成阴影的长度，用阴影长度相当于该建筑物高度的倍数来表示。由于太阳在正午的高度角以冬至日最小，也就是冬至日的物体阴影最长。如果住宅在冬至日不被前排建筑物的阴影遮挡，则在其他日子就更不会被遮挡。正南朝向的间距可以利用此三角函数的关系求得：

$$L = H \cdot \mathrm{ctg} h_s$$

式中，L：前排建筑物阴影长度（即前排建筑物高度的倍数）

H：前排建筑物高度

h_s：太阳高度角

例如，求北纬 40°地区的房屋间距。由于该地区冬至日正午太阳高度角为 25°（见表 9-3），则 L＝H・ctg25＝2.1H。说明前排建筑物的阴影长度为该建筑物高度的 2.1 倍。所以，该地区的日照间距应为 2.1H，表示房屋与前排建筑物之间的距离应是前排建筑物高度的 2.1 倍。如图 9-5 所示，若前排建筑物（B）的高度为 30 米，则房屋（A）的间距应为 63 米。

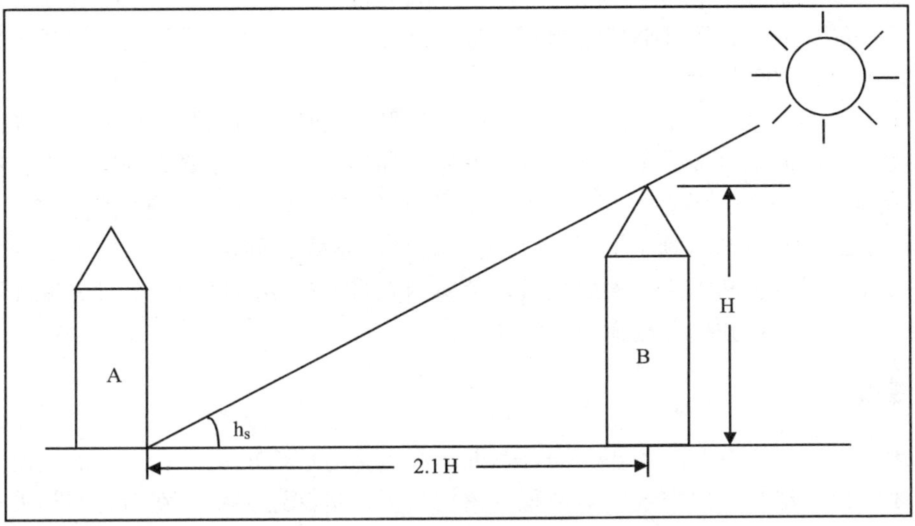

图 9-5　日照间距示意图

其他朝向房屋的间距也可根据三角函数关系进行推测。

我国很多大城市用地紧张，不可能保证有如此大的间距。因此，各地都有一定的折算。

间距也关系到炎热地区的室内自然通风。通常在房屋长轴与主导风向呈 45°角左右时，通风较好。因此，间距以 0.7～1.1H 即可。

四、平面配置

平面配置的原则应是合理安排各室的朝向、间距，使得室内尽可能获得适宜的日照、采光、小气候。平面配置应方便生活，防止污染空气相互干扰，防止致病微生物进入，减少传播疾病的机会。

（一）住宅楼内各户之间的平面配置

1. 尽可能每户至少有一间主室享有适宜朝向。

2. 每户应有穿堂风。

3. 户与户之间相邻的门、窗或相对面的门窗应保持适当距离，以免污染空气进入。例如甲户刚装修完毕，开窗排放挥发性有机物，乙户正在开窗通风换气，则甲户的污染气体就可能进入乙户。又如，甲户有严重的结核病人或 SARS 病人，带有病菌的空气就能从大门或窗户传入乙户。所以，窗距或门距不能太近，要有适当空间以便污染空气排出门窗后首先得到一定程度的稀释和扩散，保证进入邻家的空气无害。

4. 将数户住宅的窗户围成天井式的住宅楼，应保证各层各户窗口排出的污染空气能充分上升到屋顶以上扩散，形成“烟囱”效应。或者促使污染气体从窗口排出后立即得到足够的稀释。但往往由于各户内的开窗程度并不一致，室内小气候状况也不一致，这样，很可能从下层排出的污染空气反而进入了上层某住户的室内，犹如“破烟囱”效应。因此，此类建筑物在设计时，对天井的底面积大小、抽气能力如何等都应综合考虑。

（二）每户住宅内部的平面配置

每户住宅应有成套房间。每套房间应包括主室和辅室。主室包括客厅、卧室、书房等。辅室包括厨房、厕所、浴室、贮藏室、壁橱、门厅、过道、阳台、汽车房等。

1. 主室应安排在最好的朝向。应有直接采光和自然通风。主室应与辅室分割开。各卧室之间不应穿越，应各自单独通向过道或客厅，这样既可以方便生活活动、安静休息，更可减少传染病的交叉感染机会。

2. 厨房应有直接采光和自然通风。尽可能将厨房安排在户内穿堂风的下风侧，以有利于燃烧产物和烹调油烟直接排出窗外。即使使用了抽油烟机，也需要室外空气来补给。

3. 厕所应通风良好，使浊气尽快排出。如果无直接通风，应设计有抽气管道。

4. 阳台是户内的室外设施，是户内人员接触室外环境的重要场所。尤其是在楼层高的住户更有必要。阳台有利于室内通风换气，使室内人员有较多的机会接受日光紫外线、锻炼身体，更方便晾晒衣物和拍打被褥以去潮防虫。

五、主室规模

主室规模主要是指主室的容积、净高、面积和进深等应有的规模。适宜的规模有利于维持适宜的小气候，也与室内空气的清洁程度密切相关，进深还关系到室内日照和采光。

（一）容积

容积就是主室所占有的室内空间。通常以人均占有空间的立方米数来表示（m^3/人）。容积的大小基本上应依据每人每小时的换气量来估算。室外清洁大气中的 CO_2 浓度为 0.04%（即 0.4 L/m^3）。通常一成年男人每小时呼出 CO_2 22.6L。德国卫生学家裴腾可费尔（Pettenkofer）建议室内 CO_2 浓度不应超过 0.07%（即 0.7 L/m^3）；后来另一位德国卫生学家富吕盖（Flugge）建议室内 CO_2 浓度不超过 0.1%（即 1 L/m^3）即可。我国现行《室内空气质量标准》中 CO_2 标准值为 0.1%。依此标准推算，每人每小时的换气量应为：

$$\frac{22.6\text{L/h}}{(1.0-0.4)\ \text{L/m}^3}=37.7\text{m}^3$$

如果室内每小时换气次数为 1.2 次，则人均容积约为 30m^3（37.7/1.2＝31m^3）。如果室内每小时换气次数为 2 次，则人均容积为 19m^3。所以，容积的合理确定还应结合室内每小时换气次数来综合考虑。我国南方地区常年开窗通风，所以 CO_2 浓度一般不会超过标准。而北方地区由于冬季天气寒冷，门窗经常关闭，仅依靠主室的一侧外墙面的门窗缝隙进行换气，其每小时换气次数仅有 0.5～0.7 次。这就需要适当加大人均容积。也可采取机械通风等其他辅助通风措施。此外，容积过大也容易散热。我国《住宅居室容积卫生标准》（GB1721～89）规定，全国城镇住宅居室的卫生标准为 20m^2/人。

（二）净高

净高（net storey height）是指室内地板到天花板之间的高度。净高越高、室内空气的垂直对流就越充分，有利于污染空气的稀释和扩散。人的呼出气和燃烧产物等污染气体基本上总是首先向呼吸带以上的空间扩散。如果上方空间宽敞，则扩散就较充分；反之，则不易扩散。所以，净高偏低的房间内，污染空气就会浮动在呼吸带上下，难以扩散，反复被人吸入，持续影响健康。

净高是否合适也与人在室内的活动方式有关。中国人的立位呼吸带约在 1.5m 高度，坐位呼吸带约在 1.0～1.2m 高度，卧位呼吸带约在 0.8～1.0m 高度。这与国际上通用的数值相似。而有些国家的人习惯于坐在地毯上，睡的是地铺。这样，其坐位呼吸带和卧位呼吸带会偏低，要求净高的高度也就会低一些。

净高较高，使人感到透气、敞亮；净高偏低易使人产生压抑感，感到闷热。

净高偏高则易散热，净高偏低易保暖。所以，南方地区的净高可以稍高一些，北方地区的净高可以稍低一些。

净高的高低关系到室内空气的清洁程度、小气候、舒适感，甚至关系到建筑物的造价。因此，可根据各地的气候等特点以综合确定当地房屋的合适净高。我国解放后新建的楼房净高起初为 3.0m 左右，后降至 2.8m、2.7m，近些年已降为 2.5m。曾有研究，上海的住房室内净高在 2.7m 是适宜的。

如果室内有良好的穿堂风或机械通风设备，或室外较空旷，通风良好，则净高也可适当降低。

（三）面积

室内的面积（room area）通常指使用面积，就是实际能使用的面积，不包括墙体、柱子等建筑结构所占地的面积。在反映人们的居住条件时，常以人均面积来表示（m^2/人）。

面积大小关系到室内空气的清洁程度，使人们在室内有足够的活动范围，避免过分拥挤、减少传染病的传播机会。而且也关系到室内家具、装饰物等的摆设。

（四）进深

进深（depth of room）是指室内采光口的外墙内表面与对侧墙壁内表面的距离。进深与日照、采光、通风换气等有关。用进深系数（coefficient of room depth）来表示进深比较合适。进深系数又称室深系数，是进深与地板至窗上缘高度之比，也就是进深相当于地板至窗上缘高度的倍数。进深系数过大，说明室内的进深长，日照和气流达不到距离远的部位，影响了远窗部位的日照、采光和通风。所以，进深系数不能过大。要求室内单侧采光的进深系数应不超过 2～2.5，室内双侧采光的进深系数应不超过 4～5。进深与室内宽度也应协调，在一般的主室内，进深与宽度之比应为 3∶2，不应大于 2∶1。

六、窗口

普通住宅的外墙窗口起着采光口和通风口的双重作用。窗口既要引进足够的直射光和散射光，也要起到充分的通风换气作用。因此，窗口的开设位置和有效面积十分重要。

（一）采光口

采光口在外墙的开设位置是有要求的。横向位置应开设在墙壁中部，使左右两侧的墙面宽度相等。这样可使光线在室内分布均匀。竖向位置应靠上方开设，这样可抬高窗上缘的高度，就可加大投射角和开角的角度，减小进深系数，有利于增加室内的日照和采光。所以一般住宅的窗上缘高度不应低于 2m。

采光口的有效面积主要是指窗口的有效透光面积。有效透光面积越大，窗地面积比值就越大，室内日照和采光就越充分。所以，窗口开设的面积不能过小，应使窗地面积比值不小于 1/7。否则会影响到有效透光面积。

（二）通风口

通风口的位置虽然也就是采光口的位置，但通风口的有效面积并不等于采光口面积。现在许多住宅的窗户都是推拉窗，或是只有一部分窗户能开启，另外相当一部分面积只能透光不能开启通风，这就大大缩小了有效通风面积。因此，在《住宅设计规范》（GB50096-1999）（2003年版）中规定，卧室、起居室和明卫生间的通风开口面积不应小于该房间地面积的1/20；厨房的通风开口面积不应小于该厨房地面积的1/10，并且不得小于0.60m^2。

每户住宅内部的通风口之间应形成空气对流，也就是能形成穿堂风，有利于散热，也有利于排出污染空气，达到自然通风换气的效果。如果住宅内部的通风口都设在同一朝向而不能形成对流时，则应在户门上方开设通风窗，使室外空气经过窗户进入室内后，再将室内空气由户门上通风窗排入楼道。顶层住宅的楼道净高应略高于室内净高，并开设直通室外的气窗，使室内排到楼道里的气体得以从气窗排出室外而不至于在顶层受阻而倒流入顶层的住户内。

七、卫生防护设施

在设计阶段，除了设计建筑物本身的构造形式以外，对于建筑物的保暖、隔热、隔音、采暖、防潮等的卫生防护措施也应进行设计。

（一）围护结构

围护结构对于阻挡外界环境的不良因素、维持室内适宜小气候起着关键的作用。所以，围护结构的建筑材料性能非常重要。

1. 保暖与隔热　应选用导热性能低的材料，也就是导热系数小的材料。因为材料的导热系数越小，室内的温度越不易波动，有利于防暑和防寒。寒冷地区还可增加围护结构的厚度。

2. 防潮　在底层房间的基底地面以及各层的厕所、浴室、厨房的基底地面应采用防潮材料铺设，以防渗漏。

3. 隔音　房屋的天花板、地板、墙壁等的材料都应有良好的隔音功能，不仅要有良好的竖向隔音效果，还应有良好的横向隔音效果。

（二）供水排水设施

室内应有完善的上下水管道设施，要有足够数量的取水龙头。应有地漏和聚水管（水封），防止下水道臭气返流。上水管道的材料不应溶出有害物质。下水管道应排水通畅。管材应耐油、耐腐蚀。下水管道若在室内为明管铺设，排水时应不产生噪声。

（三）采暖设备

集中供暖的建筑物内，各个房间应有足够的散热暖气片。对于距离暖气进楼管道较远的楼层以及朝向不佳的房间，应增加足够数量的暖气片以提高室温，使各楼层之间各朝向之间的温差不至于过大。

第六节　住宅施工卫生学要求

住宅施工阶段的卫生学要求，总的原则是在施工阶段必须全面落实设计方案中的卫生学要求，不能擅自降低标准；并且不能在施工阶段产生有害因素。这些有害因素主要来自各种建筑材料。

一、施工方案

整个建造和装饰装修的施工方案，必须严格按照既定的设计方案全面落实，不得降低设计方案中的卫生学要求。如需修改，只能是为了提高质量标准以更加完善设计方案，而不能擅自降低标准。

二、建筑主体材料

建筑主体材料主要有水泥与水泥制品、砖、瓦、混凝土与混凝土预制构件、粘土、钢筋等用于建筑物主体结构的承重材料和非承重材料。例如用于地基、梁板、墙体、柱子、框架等的材料。这些主体材料主要是采用多种天然原材料制造而成，也有一些是利用工业废料制成的再生材料。来自主体材料的有害物质主要是以下几种：

1. 放射性物质　主体材料中的放射性物质主要是指氡及其子体。此处的氡来自两方面，一是来自某些地区的天然原材料中含有高本底的镭，故在制成的水泥等材料中就有大量的氡释放出来。另一来源是再生材料，因为很多工业废料中含有大量的放射性物质，使得再生材料中释放出大量的氡。因此，应监督主体材料中的放射性物质含量，尤其是再生材料，更应严加检查。

2. 氨　氨来自混凝土的防冻剂。当混凝土中渗入过量的含氨防冻剂后，游离氨就会大量释放出来。在北方地区冬季施工的建筑物中，容易出现氨的污染。因此，应尽量避免在冬季进行需使用混凝土的工程。如必须，应严格控制含氨防冻剂的加入量。

在整体建筑物中，建筑主体材料的使用量占整个建筑物用料的绝大多数。所以，一旦混入有害物质，则有害物质的释放量是很大的。而且，受其影响的范围远不是几家几户，而是涉及整个建筑物内的每个房间，至少也要涉及几个楼层的全部房间。这种大范围的污染给治理措施造成很大困难。因此，主体材料的质量必须严格把关，必须按照有关质量标准来控制，保证主体材料无害。

三、装饰装修材料

装饰装修材料的种类很多，释放出来的有害因素种类也很多。重点有以下几种：

1. 人造板　人造板有很多种类，主要有胶合板、纤维板、刨花板等。由于各种人造板的工艺过程不同，所以甲醛的用量并不相同。而且甲醛的释放量和释放速率也因材而异。因此，对人造板的质量鉴定不仅要检查其释放量，还要检查其释放速率。释放速率快的板材可以较早将甲醛释放充分。

2. 涂料、胶粘剂　这些化工产品能释放多种挥发性有机物。主要是苯、甲苯、二甲苯、甲醛、甲苯二异氰酸酯（TDI）等。此外，涂料中还含有铅、镉、铬、汞等重金属。因此，在使用涂料和胶粘剂时，对以上这些有害物质的含量一定要符合国家规定的质量标准。

3. 壁纸、聚氯乙烯卷材地板（即聚氯乙烯地板革）　这些装饰材料都有一定硬度，也含有许多色素。有害物质主要是材料中的基本成分聚氯乙烯的单体——氯乙烯单体，此外还含多种重金属和类金属，例如铅、镉、砷、铬、汞等。这些有害物质的挥发性虽然不大，但当这些材料在使用过程中由于摩擦、破损、断裂等机械性损伤时，会形成细小的颗粒而污染室内空气。有时也会溶于水等某些溶液中而污染环境。因此，此类材料的监测重点应是以上这些有害物质。

4. 石材　用于室内装饰材料的石材主要是天然大理石、天然花岗岩以及人造大理石等，应控制这些石材的放射性物质。天然石材由于产地的不同，其含有放射性物质的数量也不同，甚至在同一产地由于地层的不同，其放射性物质的含量也有很大差别。所以，有的天然石材中含有较多的放射性物质，有的则是符合质量标准的。人造大理石是由天然石料的碎粒加工而成的。由于碎粒的来源不同，人造大理石的放射性物质的含量也是不同的。因此，应对每批石材进行监测。由于同一批石材里的放射性物质并非同时同步进行衰变，故不能仅以一次的测定结果作为依据，而应测定数次方能定论。

第七节　家具及室内卫生辅助设施卫生学要求

家具及卫生辅助设施都是在住宅落成后进入室内的。各种家具的质量以及各种卫生辅助设施的使用维护，都与室内空气质量密切相关。这些也都是用户和生产厂家、商家应注意的卫生问题。

一、家具

家具的卫生学要求是要求家具进入用户家中后，释放出的有害气体不应超过室内空气质量标准。家具的种类很多，大致上应注意以下两类：

1. 人造板家具　人造板家具与人造板板材一样，主要释放出甲醛、苯、甲苯、二甲苯、TDI等有害气体。要求生产的板材在出厂前应经过预处理。例如，通过热空气烘烤人工促排，或是存放一段时间令其自然释放。总之，必须待甲醛充分释放后才能投入使用。如果家具制成后甲醛仍未充分释放，则应将家具存在厂内待甲醛充分释放后方能进入用户家中。当家具中的甲醛充分释放后，其他有害物质也会在此过程中得到充分释放。

2. 泡沫塑料家具　泡沫塑料家具主要有采用泡沫塑料制成的沙发、床垫等家具，其中含有大量的TDI。TDI本身的挥发性不大，但具有明显的气味，制作成家具后，气味不易消除。

所以，家具商应向消费者提供每种家具的真实的质量保证书。

二、空气净化器和空调机

此类辅助设施主要应防止二次污染：

1. 空气净化器是用来清除室内空气中污染物的设备。净化器有多种类型，净化原理也有所不同。多数的净化器都是采用过滤和吸附原理，当空气经过滤料时，空气中的污染物就被滤料吸附或阻挡，使得通过滤料后再回到室内的空气得到了净化。滤料上存留着大量的有机物、颗粒物以及微生物。当滤料上的污染物达到饱和后，如果继续使用，不但净化效果降低，而且滤料上的颗粒物、微生物还会脱落下来，重新进入室内空气，造成二次污染。因此，必须定期更换滤料，方能收到应有的净化效果，避免二次污染。

2. 空调机的功能主要是调节室内空气的温度。室内空气进入空调机内经过制冷或加温后再送回室内。空气经过空调机上的过滤网时，许多颗粒物甚至微生物就会阻留在网上，如不定期清洗过滤网，就会造成二次污染。

空气净化器和空调机虽然对于室内空气的质量有一定的改善功能，但绝非绝对完善，尤其是对于室内消耗掉的氧气不能再生。因此，要求必须定期开窗通风换气，或引入足够的新风量，以补充室内氧气。否则，室内空气质量仍然得不到应有的改善。

三、排气扇和抽油烟机

对此类辅助设施应要求其抽排污染空气的有效性。

1. 排气扇主要是安装在厨房内和厕所内，促使厨房和厕所内的污染空气排出室外。排气扇的扇叶应定期清洗，否则叶面上沾满了油腻、尘埃，加重了排气扇的负担，严重影响排气效果。

2. 抽油烟机是直接安装在厨房炉灶上方的装置，能将燃烧产物和烹调油烟抽排出厨房。抽油烟机里的页片更应经常清洗以取得良好的排烟效果。

由于使用排气扇和抽油烟机都是为了将室内的气体抽排到室外，为了有效地将空气排出室外，在使用时主要有两点卫生学要求：

(1) 若使用时排气口处的室外风向正值逆风，则抽气效果极差，甚至会形成污染空气倒流入室，反而会将污染空气从厨房吹向住宅内其他房间。

(2) 使用时应在其他房间开启门窗，形成室内空气对流，促使气流将污染空气推向排气设备，提高抽排效果。如果房屋的密闭性很强，当使用时又将门窗紧密关闭，则在室内往往会形成负压，不但抽排效果降低，而且会将下水道内的臭气倒抽入室。

因此，使用此类辅助设施，必须真正达到有效的抽排效果。

四、喷雾装置

喷雾装置是泛指在使用过程中能使水形成细雾的装置，例如淋浴喷头、空气加湿器、室内喷泉、喷壶等等。由于使用过程能产生细雾，即液态可吸入颗粒，极易进入人体呼吸道。因此，对此类辅助设施有两点卫生学要求：

1. 确保用水的水质应符合有关卫生标准，不应含有致病微生物和有害化学成分。否则，此类有害成分将会随细雾进入人体呼吸道而造成危害。虽然此类用水不一定作为饮用水供给，不可能通过消化道引起危害，但对通过呼吸道引起危害的可能性和严重性不可忽视。

2. 定期清洗喷头和容器，防止有害成分在输水管和喷头上堆积后随水雾污染室内空气。

第八节　卫生部门职责

一、预防性卫生监督

1. 参加对建筑物的选址、设计和施工方案、图纸等的审查。对其中每项卫生学要求应逐项审查，严格把关。对不符合卫生要求的内容应及时指出并要求限期改正。

2. 施工过程应加强监督检查。竣工后应参加验收。

3. 配合有关方面建立和健全相关的质量标准。根据室内环境影响人体健康的特点，从预防医学的角度出发，参加制订和修订标准。

二、经常性卫生监督

1. 加强对物业管理的卫生工作领导。对物业工作人员进行卫生知识的培训，检查物业管理工作中的卫生问题，及时指出并纠正。

2. 应定期检查住宅使用过程中出现的种种卫生问题，如发现问题应及时与有关部门联系，予以解决。

3. 受理有关建筑物与健康方面的事件和纠纷，及时调查，弄清原因，与有关方面共同解决。

三、调查研究和科学实验

室内环境具有独特的环境特征。它的小气候变化规律、主要有害因素的种类、有害因素在室内的行为、室内有害因素种类多来源广浓度低造成的联合作用后果、人体在此类环境中健康效应的变化趋势等等都与室外环境、生产环境有很大区别，而且各国的情况也不尽相同。我国目前对这方面的研究不够多，制订标准的依据主要是参照国外标准、生产环境标准和大环境的标准。因此，对于我国的室内环境质量引起室内人群健康影响的后果还须加强调查研究和科学实验。一方面应重视现有资料的积累和分析，将日常工作中发现的问题和解决的措施进行汇总、分析，从中找出规律性的结果。另一方面还需开展科学试验，通过严谨的实验方法，发现和印证各种影响的后果。为修订和制订相关标准，提供更切实的与室内人群健康有关的科学依据。

第九节　健康住宅

健康住宅（healthy building）是指住宅在达到基本卫生要求的基础上，进一步提高卫生质量，消除不良因素，增加健康要素，使居住环境更加卫生、安全、舒适、方便，使居住者处于更健康的环境之中，更有利于居住者在生理上、心理上得到健康的需求，更加心情舒畅，更促进健康水平的提高。根据 WHO 的建议，健康住宅的标准至少包括以下几方面：

1. 尽可能不使用有毒的建筑材料装修房屋。例如含有高挥发性有机物、甲醛、放射性物质的材料。如材料中含有有害挥发性有机物，则这些住宅在竣工后应等候一段时间才能入住，在此期间要进行换气。

2. 室内 CO_2 浓度低于 0.1%。粉尘浓度低于 0.15mg/m^3。

3. 室内温度保持在 17～27℃。湿度全年保持在 40%～70%。

4. 噪声级小于 50dB（A）。

5. 一天的日照时数确保在 3 小时以上。

6. 有足够亮度的照明设备。

7. 室内应设有换气性能良好的换气设备，能将室内污染物排至室外。

8. 厨房灶具及吸烟处应设局部排气设备。

9. 致敏性化学物质的浓度应很低。

10. 有足够的人均建筑面积。

11. 有足够的抗自然灾害的能力。

12. 便于护理老年人和残疾人。

今后，住宅建筑的高科技因素会更多，例如生态住宅、智能住宅等。但从预防医学的角度出发，“住宅应有利于居住者的健康”应永远列于首位。

（刘君卓）

思考题

1. 为什么住宅的卫生要求在所有的室内环境中是具有代表性的？

2. 试述室内小气候的组成及其对人体健康的直接和间接影响。

3. 评价室内小气候有哪些常用指标？有效温度是怎样制订的？该指标有何优点和缺点？

4. 日光紫外线有哪些主要的生理功能？怎样使室内有合理的日照？

5. 试述评价室内采光的常用指标及其卫生学意义。

6. 比较住宅、大气以及生产三种环境中，有害因素对人体健康的影响方面有何异同？

7. 甲醛的挥发性很强，为何一般不将它归为室内挥发性有机物（VOCs）类？甲醛的室内污染来源及浓度变化有何特点？甲醛对人体健康主要有哪些危害？

8. 试述评价室内空气质量的常用指标及其卫生学意义。

9. SBS 与 BRI 有何区别？常见的 BRI 有哪些？

第十章　办公场所及公共场所与健康

办公场所和公共场所都是人们在住宅以外进行各项工作和生活活动的重要场所。其卫生学要求与住宅的卫生学要求有很多相似之处，例如在小气候条件、空气质量、采光照明、噪声的要求等方面的卫生学要求都与住宅的要求是相同的。由于在运营方式、人群特性等方面有所不同，故均予以分别阐述。

第一节　办公场所与健康

一、办公场所概述

（一）概念

办公场所（office place）是指管理人员和专业技术人员经办处理业务的室内工作场所，也就是从事行政和业务的室内场所。办公属于脑力劳动，办公场所是属于从事脑力劳动为主的场所，其有害因素来源、种类、影响特点等都与工业生产环境有很大区别。

（二）分类

办公场所的种类很多，根据其业务性质，大致可归纳为5类：

1. 行政管理办公场所，包括各级行政机关的办公室、会议室、接待室、资料档案室等。
2. 商务、公证处、律师事务所等办公场所。
3. 文化教育事业办公场所。
4. 企业单位办公场所。
5. 商业服务、金融邮电、社区服务等部门的办公场所。

二、办公场所环境的卫生学特点

总的说来，办公场所的建筑风格、装饰装潢、室内设施、办公条件等等都能体现出当今社会物质文明的先进水平。应该说，办公场所是一个清洁的、舒适的工作环境。室内温度适宜、没有风沙尘土，是许多人向往的优越的工作环境。但是，随着科学技术水平的进一步提高、办公环境的进一步优越、办公条件的进一步现代化，使得办公环境在卫生学方面具有一定特点。

（一）人员稳定，流动性小，长期相处，持久影响

办公人员是相对稳定的，流动较少。办公人员之间相处持久，人与室内环境因素相处持久。因此，室内若有任何有害因素，也就造成人的接触时间持久。

（二）座位相对固定，间隔较小，近距离感染机会多

办公场所工作人员的座位基本上是固定的，而且往往间隔很近，接触比较密切，容易传播感染性疾病。

（三）门窗紧闭，新鲜空气少

许多采用中央空调的办公大楼，室内温度比较适宜。但此类大楼往往门窗紧闭，甚至全

部为封闭式窗户，不能开启，不能通风换气，全靠机械通风。如果新风量不足，则室内缺乏新鲜空气，极易造成室内空气污染。

（四）办公大楼内各公司企业相互干扰

办公大楼（office building）往往是被多家公司租用。各公司的进入时间先后不一，而且很多公司在进入前还要对办公场所进行再装修，使得很多装饰装修材料中释放出来的多种挥发性化合物严重污染了整个大楼内的空气。由于窗户封闭，不能启开，造成其他已早先进入的公司员工受到严重影响。

这些卫生学特点，也就是办公人员的健康在办公场所可能受到影响的主要原因。

三、办公场所主要有害因素的来源及健康危害

（一）建筑装饰装修材料

有些北方地区的大楼在冬季施工时，含尿素的防冻剂加入量过多，造成室内氨的严重污染。引起办公人员的呼吸道强烈刺激，刺鼻、咳嗽、喉炎、声带水肿、声音嘶哑，眼睛和皮肤也有强烈刺激，难以忍受。

装饰装修材料中会释放出甲醛、苯、甲苯、二甲苯、TVOC 等挥发性有机物，也会有大量的 TDI 刺激性气味释放出来。办公场所的装修往往比住宅的装修更讲究，用料的种类和数量更多，因此，造成污染的程度往往会更严重。

（二）办公设备

办公室内的电脑、打印机、复印机、传真机等办公电器大量频繁使用，能产生很多臭氧。臭氧有很强的刺激性和特有的气味，对眼镜和呼吸道的刺激作用都很强烈，甚至引起头痛、思想不集中，严重时还可引起思维能力下降，导致思维紊乱。

（三）吸烟

有些办公场所没有严格执行“室内禁止吸烟”的制度，造成室内的环境烟雾严重污染，许多人成为被动吸烟者，甚至主动吸烟者同时也成为被动吸烟者。在封闭的室内环境中，烟草烟雾的危害是很大的。

（四）办公人员中的患者和带菌者

由于室内人员过多，或者座位相隔很近，办公人员中的患者或带菌者可通过呼吸、谈话、咳嗽、喷嚏等动作将呼吸道中的呼吸道病原微生物，例如流感病毒、SARS 冠状病毒、葡萄球菌、溶血性链球菌、结核杆菌等通过空气或飞沫传播给附近的人员。日本曾有报道，某事务所有一例患有开放性肺结核的人员在 2 年内使其座位周围的人员中有 16 人感染了肺结核。所以，办公座位的距离和室内人数都与传播疾病有关。此外，办公用具的多次相互使用也可传播感染性皮肤病。

（五）室内通风换气

由于建筑物密封性的提高，室内需要有机械性通风设备来将办公场所内含有有害化学物质、致病微生物等污染气体以及全体办公人员的呼出气全部排出室外，同时还需引进足够的新鲜空气。这对于采用中央空调的建筑物极其重要。但往往因为空气交换率不够，或者新风量引进不够，使办公场所内的空气质量下降。一方面由于新风量少，氧气不足，使室内人员体内缺氧，工作效率降低。另一方面由于多种污染物质在室内不断积累，CO_2 不断增多，其他呼出气成分也在增多，各种挥发性化合物、臭氧等等也仍在不断释放，使得室内人员长期处在多种有害物质的空气之中，经受着多种物质的联合作用，免疫力逐渐降低，对致病微

生物的敏感性增高，容易给健康造成多种危害。

室内通风换气不良也会产生很多变应原。在室温合适、湿度充分、空气不流通的场所，容易孳生螨虫、真菌等生物性变应原。此外，甲醛也是一种变应原。这些变应原能使室内人员产生过敏性鼻炎、过敏性支气管炎、过敏性皮炎等等。

以上可见，办公场所的空气中存在着多种多样的有害因素。这些有害因素错综复杂地联合作用于室内人员，能使室内人员诱发不良建筑物综合征（SBS)。SBS 的症状有 30 多种，室内的主要有害因素种类不同、污染的原因不同，则产生的 SBS 的症状也会不同。有的室内环境中的人员主要表现为眼流泪、眼干、鼻干、流鼻涕、咽干、咳嗽、呼吸不畅、发憋等以刺激为主的眼和呼吸道症状。有的室内环境中的人员主要表现为头痛、头晕、乏力、嗜睡、注意力不集中、记忆力减退、工作效率降低等神经系统症状。也有的会出现消化系统症状甚至出现月经不调等内分泌失调症状。SBS 的症状都是非特异性的，当人员离开该环境，症状会逐渐缓解。据调查，我国上海、北京等地某些办公场所中，有 60％～70％的办公人员出现 SBS。

此外，员工的饮水质量也应保证，饮水机应定期清洗消毒；空气加湿器的用水应每天更换；中央空调系统应定期清洗消毒。这些都与员工的健康密切相关。

四、办公场所的卫生管理

办公场所的卫生管理，不仅要依靠卫生部门，而且要调动办公场所主管部门、大楼管理部门和使用单位的力量共同管理。最重要的是提高这些部门和单位的领导干部的卫生意识，真正认识到室内空气污染的种种来源以及对员工健康的影响，关心员工的身心健康，从而采取有力措施。

（一）办公场所主管部门的职责

办公场所主管部门应设有专职或兼职管理人员，加强对所属单位办公场所的管理工作。要制订管理制度，明确卫生要求，定期检查。对所属单位办公场所出现的卫生问题应及时过问，并督促和协助解决。

（二）大楼管理部门的职责

应建立大楼的卫生管理规章制度，设有专人管理中央空调系统，必须保证每个办公室都有足够的空气交换率和新风量。检查并督促各使用单位的使用情况。如发现由于装修等行为严重影响其他单位的员工时，应出面处理，设法采取有效措施及时予以解决。

（三）办公场所使用单位的职责

应树立环保意识和卫生意识，全面关心本单位的环境质量。应由专人负责卫生管理工作，并给予专业培训。应全面关心本单位员工的健康状况，定期进行健康体检，为员工创造卫生的工作条件，如发现有可疑的 SBS 症状，应请卫生部门调查解决。应定期检测办公场所的空气质量，发现问题应立即设法解决。对本单位的装饰装修工程，应严格保证材料的质量。装修完工后，须待空气质量符合国家标准后方可允许员工入内办公。与同楼的其他单位相处，应避免相互干扰。装修时产生的噪声和有害气体应设法采取有效措施避免干扰同楼其他单位。对其他单位引起的此类干扰也应从保护本单位员工的健康出发，立即向有关方面提出并要求及时解决。总之，本单位领导的重视是最重要的，是落实各项措施的最可靠保证。

（四）卫生部门的职责

卫生部门应对办公场所进行预防性监督和经常性监督。在国家制订和发布“办公场所卫生管理”的相关法律、法规之前，办公场所卫生监督可参照《公共场所卫生管理条例》和《公共场所卫生管理条例实施细则》的相关规定执行。办公场所的空气质量应符合《室内空气质量标准》(GB/T18883-2002)，该标准适用于住宅和办公建筑物。

卫生部门应定期对办公场所进行检查和监测，对发现的卫生问题应责令其限期改进。对办公场所发生的危害健康的事故有责任进行调查处理。

自从中国加入世界贸易组织（WTO）以后，不但国内需要增加许多办公场所，而且大量的外资企业来华经营也急需大批现代化的办公场所，这将会有更多的员工进入办公场所的环境。所以，办公场所的健康问题必须更加重视。

第二节　公共场所与健康

一、公共场所概述

（一）概念

公共场所（public place）是为公众从事各项社会活动而提供的公用场所，是住宅以外的一种临时性生活环境，是人类生活环境中不可缺少的组成部分之一。公共场所具有多种服务功能，面向全社会开放，为全社会的公众提供服务。公共场所不仅要为公众提供优质的服务项目，也应为公众创造有利于健康的活动环境。

公共场所应是优化的次生环境，是随着人们对文明生活需求的日益提高而发展起来的。人们除了家庭生活以外，通过社会上的各项服务，得到更多的物质上和精神上的满足，从而更丰富生活，增长见识，有利于促进身心健康。

（二）分类

公共场所的发展是随着人类社会的发展而发展起来的。社会越文明，公共场所服务功能的种类就越多样化。我国公共场所的种类也很多，根据国务院 1987 年 4 月 1 日发布的《公共场所卫生管理条例》规定，目前能依法进行卫生监督的公共场所共分 7 类 28 种：

1. 住宿与交际场所（8 种）：宾馆、饭店、旅店、招待所、马车店、咖啡馆、酒吧、茶座。

2. 洗浴与美容场所（3 种）：公共浴室、理发店、美容店。

3. 文化娱乐场所（5 种）：影剧院、录像厅（室）、游艺厅（室）、舞厅、音乐厅。

4. 体育与游乐场所（3 种）：体育场（馆）、游泳场（馆）、公园。

5. 文化交流场所（4 种）：展览馆、博物馆、美术馆、图书馆。

6. 购物场所（2 种）：商场（店）、书店。

7. 就诊与交通场所（3 种）：候诊室、候车（机、船）室、公共交通工具（汽车、火车、飞机和轮船）。

二、公共场所的卫生学特点

1. 人群来源的地域性广泛，健康状况不一，带来多种致病微生物。而且传播范围广，传播速度快。由于公共场所为全社会开放，则人群来自四面八方。虽然大多数都是健康者，但仍会有不少的传染病和感染性疾病的患者或带菌者。他们体内的致病微生物可通过多种传播途径传播疾病。例如流感病毒、SARS 冠状病毒、肝炎病毒、肺炎链球菌、金黄色葡萄球菌、痢疾杆菌等等，都可通过各种渠道传染他人。

公共场所的人群来自四面八方，又纷纷走向其他地方，流动的范围极广，所以很容易将某公共场所的病原体传播到远的地方。而且现代交通工具速度极快，所以传播的速度是非常快的。

2. 人数众多，人群密集，接触频繁，传播疾病的途径多，影响面大，受影响人多。

许多公共场所内人员拥挤，人与人近距离接触，很多呼吸道传染病的病原体就可通过空气、飞沫等途径进入他人的呼吸道。

公共场所的公用物品、设备被众多顾客多次重复接触，餐具、饮具等重复使用，都会传播消化道传染病、皮肤病、眼科传染病等。

由于来往人员众多，如果公共场所发生空气中出现有害气体、饮水受到污染等情况，则受害的人数相当多，影响面相当广。

3. 易感人群多，容易受感染。除了由于接触频繁，来往人员容易感染以外，其中有许多是老、弱、病、残、幼、孕等弱势人群，他们的免疫水平比普通人较低，更容易在公共场所里感染上疾病。

4. 公共场所的卫生状况不仅关系到全社会公众，也关系到全体从业人员。从业人员常年工作在固定的公共场所环境中，接触环境中各种有害因素的机会比社会公众更多，持续接触的时间更长，因此，有害物暴露量就更大。故更应做好从业人员的预防。同时，从业人员频繁与顾客接触，如果自身就是患者或带菌者，则更能直接将病原体传染给顾客。

三、主要公共场所对健康的影响及卫生要求

（一）旅店业

1. 主要服务功能　旅店业具有提供住宿、用餐等服务项目，档次高的旅店还能提供会议、健身、文化娱乐等多项服务。旅店是顾客逗留时间最长的公共场所。

2. 健康影响　旅店是人们外出活动的临时住所，甚至还要在里面开会、办公。人们可以在旅店内逗留几天甚至更长时间。因此，旅店应为旅客提供一个清洁而舒适的生活环境，使旅客在繁忙的工作之余能得到充分休息，使旅客消除疲劳、恢复精力、增进身心健康。可见，旅店不仅应为旅客提供清洁卫生的生活条件、饮食条件，还应创造优质的室内环境。

旅店对健康的影响，主要是通过以下几个环节：

（1）卧具：床单、被罩、毯子、枕巾等卧具都是经过许多不同类型的旅客重复使用过的。这些贴身的纺织材料上往往会污染上多种致病微生物。常见的有沙眼衣原体、流感病毒、结核杆菌、溶血性链球菌、肝炎病毒、大肠杆菌、各种皮肤病霉菌，甚至还有淋球菌。因此，卧具应该一客一换。就是要求旅客结账离店后必须立即换下卧具进行清洗、消毒，然后才能供给其他旅客使用。如果是常住旅客，卧具至少应一周一换。消毒后的卧具上的细菌总数应$<$200 cfu/25cm^2，大肠菌群在 50cm^2 面积上不得检出，致病菌在 50cm^2 面积上也不得检出。

（2）茶具：公用茶具最容易传播肠炎、痢疾、甲型肝炎等消化道传染病。因此，茶具必须每天清洗消毒。茶具必须洗得表面光洁、无油渍、无水渍、无异味。消毒后细菌总数应$<$5 cfu/ml，大肠菌群在 50cm^2 面积上不得检出，致病菌在 50cm^2 面积上不得检出。

（3）卫生间用具：卫生间的脸巾、浴巾等毛巾能传播沙眼、皮肤病甚至消化道传染病，还可能引起泌尿系感染等。因此，毛巾必须一客一换，清洗消毒后的细菌学指标与卧具的细

菌学指标一致。使用浴盆、马桶圈等用具最容易引起泌尿系感染，例如皮炎、瘙痒、阴道炎等，所以必须每天清洗消毒。洗漱池也必须每天清洗消毒。脸盆容易传播沙眼，脚盆、拖鞋能传播脚癣等皮肤病，都应该一客一换。脸盆、浴盆、脚盆、拖鞋等均应消毒，并不得检出致病菌。

（4）室内空气质量：旅店的空气污染主要有两个室内来源。一是来自旅客的呼出气、香烟烟雾、厨房的燃烧产物等造成的污染。由于通风换气不充分，未能将这些污染气体排出室外，使得大量的CO_2、CO、可吸入颗粒物、呼吸道致病菌等污染物在室内聚积。另一来源是旅店经过装修后，从装饰装修材料和家具中释放出的挥发性物质未能排出室外，造成空气污染。这些污染物都会给旅客的健康带来影响。此外，来自空调机造成的二次污染，也是来源之一。所以，旅店的通风换气非常重要。首先应加强自然通风，让各客房开窗换气。如果是中央空调系统，则一定要充分补足新风量。空调系统应定期清洗，避免微生物的聚积。要使客房空气符合国家标准，3～5星级的宾馆饭店要求$CO \leqslant 5\ mg/m^3$，$CO_2 \leqslant 0.07\%$，甲醛$\leqslant 0.012\ mg/m^3$，可吸入颗粒物$\leqslant 0.15\ mg/m^3$，空气细菌总数$\leqslant 1000\ cfu/m^3$，新风量$\geqslant 30\ m^3$/（h·人）。其他旅店可适当放宽。

（5）饮用水：饮用水的质量直接影响到旅客的身体健康。集中式供水的水质一定要符合《生活饮用水水质卫生规范》（2001）。如果使用桶装水，除了必须保证水质以外，饮水机应该定期清洗消毒。否则，就会孳生微生物，造成水质的二次污染。

（6）室内装饰物：地毯、挂毯、沙发套等纺织物是尘螨的适宜孳生场所。在小气候合适的室内，如果长期不打扫这些纺织物，尘螨就在此生长繁殖，引起旅客过敏。

除了以上几个重要方面以外，有的小客店的旅客还可能带来跳蚤、虱子等病媒生物，传播疾病。

3. 卫生要求　旅店业的各项卫生指标的标准值及其卫生要求，应按照《旅店业卫生标准》（GB9663-1996）来衡量。除以上已提及的标准值以外，还有几点要求：

（1）客房内小气候应合适，冬季室温应＞20℃，夏季室温应＜26℃；相对湿度应为40%～65%；风速应$\leqslant 0.3\ m/s$。

（2）客房宜有较好的朝向，自然采光系数以1/5～1/8为宜（注：自然采光系数现已称为窗地面积比）。

（3）台面照度不能太暗，应$\geqslant 100\ lx$。

（4）客房内是安静环境，要求噪声应≤40～50dB（A）。

（5）床位不能太靠近，应便于空气流通。要求高级宾馆、饭店的床位占地面积$\geqslant 7\ m^2$/人，普通旅店、招待所为$\geqslant 4\ m^2$/人。

（6）必须设有消毒间，保证日常的消毒工作正常运行。

（7）应有防蚊、蝇、蟑螂和防鼠的设施。室内外不应有蚊蝇孳生场所。

（二）文化娱乐场所

1. 主要服务功能　文化娱乐场所是为社会公众提供欣赏文艺作品、参与文娱活动、扩大人际交往的公共场所，从而丰富人们的文化生活，调节精神，消除疲劳，恢复精力，促进人们身心健康。

2. 健康影响　文化娱乐场所顾客密集，有时甚至高度密集，近距离接触的机会很多。因此，需要良好的空气质量和适宜的小气候。

文化娱乐场所往往装饰新颖，装饰物品花式极多，其中难免潜在有害因素。

文化娱乐场所影响健康的主要环节是以下几方面：

（1）空气质量：由于人员众多，大量呼出气中可能杂有致病微生物。有时由于跳舞等剧烈活动使得人们呼吸加快，以致人们的污染空气吸入量增多，容易引起呼吸道感染。有些文化娱乐场所没有严格专设吸烟室，顾客随处吸烟，更加重了环境烟雾的污染。装修材料中释放的挥发性化学物质也加重了空气的污染程度。顾客在这样密闭的、氧气不足的环境中吸入大量污染空气，就会感到头晕、憋气、咳嗽、咽喉痛，就会引起扁桃体炎、咽炎、喉炎、气管炎，甚至更严重的传染病。

所以，文化娱乐场所的空气质量特别重要。场内必须禁止吸烟，应另设专门吸烟室。换场期间应加强通风换气。应加强对空调系统的卫生管理，定期清洗消毒，保证足够的新风量。在呼吸道传染病流行季节，必须加强室内机械通风换气和空气消毒。装饰装修材料必须保证质量，不得产生对人体有害的潜在危害。场内严禁使用烟雾剂。舞厅在营业时间禁用杀菌波长的紫外灯和滑石粉，以免污染空气和伤害顾客的眼睛。国家标准规定，文化娱乐场所空气中，$CO \leqslant 10\ mg/m^3$，$CO_2 \leqslant 0.15\%$，甲醛$\leqslant 0.12\ mg/m^3$，可吸入颗粒物$\leqslant 0.20\ mg/m^3$。有些指标在不同功能的文化娱乐场有不同的标准值。在影剧院、音乐厅、录像厅（室）等以观看为主的场所，空气细菌数$\leqslant 4000\ cfu/m^3$（撞击法），新风量$\geqslant 20\ m^3$/（h·人）；游艺厅、舞厅等顾客活动量大的场所，空气细菌数$\leqslant 4000\ cfu/m^3$，新风量$\geqslant 30\ m^3$/（h·人）；酒吧、茶座、咖啡厅等场所，空气细菌数$\leqslant 2500\ cfu/m^3$，新风量$\geqslant 10\ m^3$/（h·人）。

（2）饮具、茶具：文化娱乐场所的公用茶具和饮具的使用率极高，频繁接触不同健康水平的人员，传播甲型肝炎、肠炎、痢疾等消化道传染病的机会极多。故必须将茶具、饮具做到一客一换，清洗消毒。其消毒效果的判断标准与旅店业中有关规定相同。

（3）其他公共用具：文化娱乐场所的座位是顾客经常频繁地使用的，所以座位套极易污染，应定期清洗保洁。立体电影院供观众使用的特殊效果的眼镜，重复使用非常频繁，应每客用完后采用紫外线消毒。否则，极易感染眼科疾病。

3. 卫生要求　文化娱乐场所的一切卫生要求和卫生标准值，都应按照现行国家标准《文化娱乐场所卫生标准》（GB9664-1996）执行。除了上述已提及的以外，还有几点要求：

（1）文化娱乐场所的小气候应适宜于顾客，使顾客在人多的环境中感到舒适。室温在冬季应$>18℃$，夏季应$\leqslant 28℃$。相对湿度应在 40%～65%。有空调的室内风速应$\leqslant 0.3\ m/s$。

（2）应设有消毒间，专门供消毒工作使用。

（三）公共浴室

1. 主要服务功能　公共浴室是为公众提供的洗浴场所。洗浴的方式有多种，除淋浴以外，多数男客爱洗池浴，女客多数爱洗盆浴。此外，还有桑拿浴等档次高的洗浴方式。

2. 健康影响　洗浴能清洁皮肤。皮肤上有汗腺和皮脂腺的分泌物、脱落的表皮，还有从环境中沾上的尘埃、微生物、有毒物质等，这些污垢都可影响皮肤的新陈代谢，并可能引起皮肤病。洗浴能清除这些污垢，促进皮肤正常功能、舒展肌肤、改善外周血循环，增加有氧代谢，促进乳酸排泄，使人消除疲劳、精神舒畅，促进全身新陈代谢，具有保健功能。

洗浴可使全身皮肤直接接触洗澡水和池壁、盆壁。在许多人员的洗用下，水质的清洁程度下降，盆壁、池壁沾上污垢，甚至脱落入水中，加重水质污染。公共浴室对健康的影响主要就是通过以下环节引起感染：

（1）池浴：池浴是许多浴客同时浸泡在同一个浴池里。无论是男池还是女池，水质都极差。据某市调查发现，无论是男池或女池，都能查出阴道滴虫，而且检出率都很高。还能查到絮状表皮癣菌、石膏状表皮癣菌、疥虫、肠道致病菌、寄生虫卵等。水质浊度极高，有的浴室的浴池水浊度都在75度至600度之间，100%超标，污染非常严重。

因此，国家标准规定，浴池水浊度应≤30度。池浴间内必须设置淋浴设备，以供给浴客在浴池内洗浴完毕后立即冲洗全身，冲洗掉多种污染物。浴池每晚应彻底清洗消毒，必须先经过消毒然后再换水。浴池水每天至少应补充2次新水，每次补充水量不得少于池水总量的20%。

（2）盆浴：盆浴虽是每盆一客，但如果是每客洗后不及时清洗消毒，也会造成污染。有调查发现，浴客皮肤上的细菌总数超过洗澡前。皮肤上还查出大肠杆菌、金黄色葡萄球菌。洗盆浴是坐在盆里洗浴，会阴部直接接触盆底，极易感染阴道滴虫、表皮癣菌等感染性很强的皮肤病。因此，国家标准要求盆浴间内需设置淋浴设备，而且要求将浴盆一客一清洗消毒。

（3）桑拿浴：通常是浴客裸体坐着接受蒸汽熏蒸。因此，座位一定要在使用后立即清洗消毒。否则，容易引起会阴部交叉感染。

（4）洗浴用水：许多浴室的洗浴用水都是采用生活饮用水，这是符合标准的。但也有些地方是采用污水经处理后的综合利用水。这些洗浴用水虽然不是直接饮用，但水质的细菌学指标应该符合饮用水标准中的规定，而且用水中不应含有挥发性化学物质。这些挥发性化合物在洗浴过程中随着用水挥发出来，影响浴客健康。尤其是使用淋浴者，由于将浴水喷成细雾，水中的致病菌和挥发性物质就更容易进入呼吸道，造成危害。淋浴喷头应经常清洗，必要是予以消毒，以免军团杆菌等大量聚积而危害浴客。

3. 卫生要求　公共浴室的卫生要求应按照现行国家标准《公共浴室卫生标准》（9665-1996）执行。除以上所述外，其主要内容还有：

（1）公共浴室应设有更衣室、浴室、厕所、消毒室等房间。

（2）更衣室的室温应达25℃，CO_2应≤0.15%，CO≤10 mg/m^3。淋浴室、池浴室、盆浴室的室温应在30～50℃，CO_2应≤0.1%，水温应在40～50℃。浴池水的浊度应≤30度。桑拿浴室的室温应60～80℃。

（3）浴室应保持良好通风，应开设气窗，气窗面积为地面面积的5%。

（4）浴室内不提供公用脸巾、浴巾。更衣室、休息室所用垫巾应及时更换，清洗消毒。

（5）茶具应一客一洗一消毒。拖鞋应每客用后消毒。消毒判定标准与旅店业同。

（6）修脚工具应每客用后消毒，不得检出大肠菌群、金黄色葡萄球菌和霉菌。

（7）公共浴室禁止患性病和各种传染性皮肤病（如疥疮、化脓型皮肤病、广泛性皮肤霉菌病等）的顾客就浴。此规定应设有明显标志。

（四）理发店、美容店

1. 主要服务功能　通过专用工具、日用化学品和化妆品对头发和指甲进行清洗、修剪整理、美化；对面部皮肤进行清洁、美容，从而美化人的容貌。

2. 健康影响　美容美发可使人的脸部皮肤、头发、指甲达到清洁、卫生，健康美观，使人精神振奋、容光焕发，日益成为生活中不可缺少的一个内容。

美容美发过程是将修理工具、各类毛巾等用具直接接触头部和面部皮肤的过程，因此防止这些部位的皮肤毛发发生感染是非常重要的。

（1）美容工具、理发工具、胡刷：这些用具都是直接用在皮肤上，极易发生交叉感染。常见的有头癣、化脓性皮肤病、过敏性皮炎等，还可经创面感染乙型肝炎。因此，这些用具必须在每客用后立即消毒，要求不得检出大肠菌群和金黄色葡萄球菌。要为患有头癣等传染性皮肤病的顾客设有专用理发工具，并有明显标志，用后立即消毒并单独存放。

（2）脸巾、围布：脸巾经常用来擦脸甚至擦眼睛，容易引起眼部感染。常见有沙眼、流行性出血性眼结膜炎（俗称“红眼病”）。所以脸巾必须每客用后清洗消毒，评定标准与旅店业相同。围布虽并非用于擦脸，但顾客有时也会自行用来擦脸、擦眼睛。所以，大小围布应经常清洗更换。

（3）空气质量：在美容美发场所的空气质量不仅受到顾客和从业人员的呼出气影响，还会由于在操作过程中使用的某些化学用品中挥发出来的化学物质而污染空气。主要来源是某些烫发水中含有氨水，烫发时氨水味就散发到空气中来。所以国家标准规定，应设有机械排风设备。并规定在理发店、美容院（店）的空气中，CO_2 应≤0.1%，CO 应≤10 mg/m^3，甲醛应≤0.12 mg/m^3，可吸入颗粒物应≤0.15 mg/m^3（美容院）或≤0.2 mg/m^3（理发店），氨应≤0.5 mg/m^3，空气细菌数应≤4000 cfu/m^3（撞击法）。

3. 卫生要求　必须按照现行国家标准《理发店、美容店卫生标准》（GB9666-1996）执行。除上述要求以外，主要还有几方面：

（1）美容美发是近距离服务，工作人员操作时应穿上清洁干净的工作服，清面和美容时应戴口罩。美容工作人员在美容前双手必须清洗消毒。

（2）店内应有消毒设施或消毒间。

（3）唇膏、唇笔等化妆品应做到一次性使用。一般美容店不得做创伤性美容术。

（4）使用的化妆品应符合有关化妆品卫生标准的规定。

（五）游泳场所

1. 主要服务功能　为公众提供游泳的场所。由于场地不同，可分为天然游泳池、人工游泳池和游泳馆。

2. 健康影响　游泳是一项有益于身体健康的体育运动。随着人们生活水平的提高以及对游泳健身重要性的进一步认识，游泳的人数日益增多，各种游泳场所也在不断增加。

游泳池是同时容纳许多人在水中活动的场所，游泳池的水不仅接触每个人的全身皮肤，还会接触眼睛甚至被吞咽而进入消化道。所以水质的清洁卫生以及其他公用设备的清洁是影响健康的重要环节。

（1）游泳场地的水质：游泳场地的水质经过许多人游泳后，游泳者的汗液、皮肤污垢甚至尿液都会污染池水，游泳者身上的致病微生物也随之污染池水。游泳水质的污染可引起多种疾病，常见的有流行性出血性眼结膜炎（即红眼病）、化脓性眼结膜炎、传染性软疣、鼻炎、咽炎、中耳炎、皮癣、脚癣、头癣等等，甚至感染上肝炎、肠炎、痢疾等消化道疾病。所以，应对游泳水质加强卫生管理。

①人工游泳池（包括露天和室内）应严禁患有肝炎、心脏病、各种皮肤癣病（包括脚癣）、重症沙眼、急性结膜炎、中耳炎、肠道传染病、精神病等患者和酗酒者入内游泳。要求游泳者在进入游泳池前应先进行淋浴，冲洗掉体表的污垢，再经过浸脚消毒池对双脚进行消毒后方可进入游泳池。游泳完毕后也要进行淋浴，冲洗掉池水中沾上的污垢，避免感染疾病。

人工游泳池在开放时间内应每日定时补充新水，保证池水水质良好的卫生性状。新建、改建、扩建的游泳池必须设有循环净水和消毒设备。如采用氯化消毒时应有防护措施。加氯量应适当，要使余氯符合国家标准，不能过少，但也不能过多，以防产生氯化消毒副产物。

为防止人工游泳池生长藻类，池水中可加入 0.25～0.5 mg/L 的硫酸铜，发现藻类时的最大加药量不应超过 1.0 mg/L。

人工游泳池内设置儿童涉水池时，不应与成人游泳池连通，并应有连续供水系统。

国家标准中对人工游泳池水质卫生标准值是：池水温度应 22～26℃，pH 值为 6.5～8.5，浑浊度应≤5 度，尿素应≤3.5 mg/L，游离性余氯应 0.3～0.5 mg/L，细菌总数应≤1000 个/ml，大肠菌群应≤18 个/L。有毒物质应符合有关规定。

②天然游泳场是在江、河、湖、海、水库等天然地表水的近岸水域处划分而成专供游泳的水区。水质受到整个水系水质的影响，也受到沿岸环境的影响，所以天然游泳场的水质较难控制。天然游泳场也应为游泳者提供淋浴设备。对游泳区应设置卫生防护地带，水底不应有树枝、树桩、礁石等障碍物。附近不应有污染源。对游泳区内的水质应及时清理。国家标准中对天然游泳场水质卫生标准值是：pH 值应在 6.0～9.0，透明度应≥30cm，不应有油膜及漂浮物。有毒物质也应符合有关规定。

（2）游泳馆的空气质量：游泳馆是室内游泳场地，除水质以外，室内空气质量对健康影响也很重要。如果室内小气候不适宜、空气交换不够，室内众多游泳者的呼出气、装饰装修材料中释放出来的化学物质、池水中的挥发性有机物、池水消毒时加氯量过多而产生的氯气以及挥发性氯化消毒副产物等等都可以影响游泳者的健康，引起头痛、头晕、感冒、流感、鼻炎、咳嗽、喷嚏等等，甚至引起更严重的慢性疾病。国家标准中对游泳馆空气卫生标准值是：冬季室温应高于水温 1～2℃，相对湿度应≤80%，风速≤0.5 m/s，CO_2 应≤0.15%，空气细菌数应≤4000 cfu/m^3（撞击法）。

（3）游泳场所的公共用具：为了避免密切接触，游泳场所禁止出租游泳衣裤。场所内的通道和卫生设施均应保持清洁、无异味，并应定期消毒。存衣橱应定期擦拭。

3. 卫生要求　无论是天然游泳场所还是人工游泳场所，必须按照现行国家标准《游泳场所卫生标准》（GB9667-1996）执行。除以上规定以外，还应要求：

（1）游泳池的池壁及池底应光洁不渗水，颜色应呈浅色。池外走道应易于冲刷，地面不能太光滑以防摔倒。走道外缘应设排水沟，污水排入下水道，防止污水倒流入游泳池。

（2）室内游泳池水面照度不应低于 80 lx。

（3）严禁在有血吸虫病区或潜伏有钉螺地区设计和开辟游泳场所。

（六）体育馆和健身房

1. 主要服务功能　体育馆和健身房都是室内的体育活动场所。体育馆以观看体育表演为主，健身房则用以锻炼健身。

2. 健康影响　体育表演、体育锻炼、健身活动都是运动量大的体育活动，有助于加速血液循环，促进新陈代谢，加强心肺功能，增强体质，并有健美效果。而且都是在室内进行，可以避开气象因素的干扰，风雨无阻，保证每天进行。

由于这些运动量大的活动都是在室内进行，所以，室内空气的质量非常重要，关系着每个锻炼者和每个观众的健康。场馆内空气质量下降的原因主要有以下几方面：

（1）大量的呼出气聚积和氧气的缺少：体育馆内人员拥挤，有数以千计的观众。一个人在平静的状态下平均每小时呼出 CO_2 22.6L。当情绪紧张激动时，呼吸加快，CO_2 排出量是成倍上升。呼出气中除 CO_2 以外还伴有多种有害气体从体内排出，还有呼吸道内的各种致病微生物也随呼出气和飞沫进入室内空气中。运动员和健身人员也都由于剧烈运动而呼吸更明显加快，呼出气的排出量更多，吸气量也加大，再加上有的健身房非常拥挤，污染就更明显。同时，由于呼吸量的增加，室内氧气含量逐渐减少，容易形成缺氧环境。

（2）装饰装修材料释放出的化学物质：体育馆、健身房的建筑材料、装修装饰材料、各种座位以及其他室内体育设施的人造板材料、泡沫塑料材料和涂料、粘合剂等都可以释放出大量的化学物质，主要有甲醛、苯、甲苯、二甲苯、TDI 等。这些化合物不但有毒性，还具有特殊的刺激性气味，有害健康。

（3）室内通风换气效果差，新风量不足：在人员集中、运动剧烈的室内环境中，首先要加强自然通风，尤其在表演散场后，更应开窗以充分通风换气或机械通风。如果是中央空调，应该根据实际的空气污染程度，加大新风量。如果仅仅是调节了室温而新风量不足，室内空气的污染程度反而更加严重。

人们活动在这种污染的环境中，就会产生各种不适感，出现“不良建筑物综合征”（SBS），甚至感染上呼吸道传染病。所以，改善室内空气质量，关键就是要做到有效的通风换气，要加强机械通风，要将污染空气彻底排出，引进足够的新鲜空气，这些有害因素就都能消除。

3. 卫生要求　应按照现行国家标准《体育馆卫生标准》（GB9668-1996）执行。

（1）体育馆内的卫生标准值是：采暖地区冬季的室温应≥16℃，相对湿度应 40%～60%，风速应≤0.5 m/s，甲醛应≤0.12 mg/m^3，可吸入颗粒物应≤0.25 mg/m^3，空气细菌数应≤4000 cfu/m^3，比赛时观众席的照度应>5 lx。

（2）室内应禁止吸烟。

（3）使用空调时，观众席的新风量每人每小时不应低于 20m^3。

健身房的室内空气质量目前尚无国家标准，暂可参照相似的标准执行。

（七）文化交流场所

1. 主要服务功能　文化交流场所主要包括图书馆、博物馆、美术馆、展览馆。都是提供阅读、观看、欣赏各种科学知识、文化、艺术、文物资料等交流文化的室内场所。

2. 健康影响　此类场所的来馆人员很多，而且逗留时间往往很长。因此，场馆内一定要提供良好的卫生条件。重点是以下几方面：

（1）小气候：馆内的小气候应适合来馆人员在馆内的活动状况和衣着情况。进入图书馆的人员通常是有固定座位，可以坐着阅读。如果是冬季，还可用椅背放置脱下的外衣，这种情况下的室温可以暖和一些，以适合不穿外衣的衣着情况下的舒适感。如果有些博物馆、展览馆、美术馆内以站立方式观看，逗留时间又长，大衣脱下后无处存放，只能穿着大衣观看，此时的室温就不宜过高，应适合穿上大衣情况下的舒适感。如果室温过高或过低，容易引起感冒，并引起其他呼吸道疾病。

另外，小气候也应有利于馆内藏书、文物、艺术品、展品等的保存，不能过于潮湿，以免长霉。

国家标准中要求有空调装置的室温应在 18～28℃，无空调装置的采暖地区冬季应≥16℃，相对湿度应 45%～65%，风速应≤0.5 m/s。其中展览馆的相对湿度可以适当放宽到 40%～80%。

（2）空气质量：馆内空气的污染来源主要有以下几方面：

①众多来馆人员的呼出气，含有大量 CO_2、水分、有害气体、臭气等，还有病原体。

②馆内建筑装饰装修材料、人造板的桌椅、橱柜、泡沫塑料的沙发、软椅、图书资料的印刷油墨等等都能释放出多种有害物质，主要是甲醛、苯、TDI 等。

③电脑、复印机、打印机大量使用后产生臭氧。

④通风效果差，造成污染空气不能充分排到室外，在室内加重污染。

室内空气质量下降，轻者可引起 SBS，严重的可引起呼吸道疾病，也会引起过敏反应。

国家标准规定，馆内 CO_2≤0.1%，甲醛应≤0.12 mg/m^3，可吸入颗粒物应≤0.15 mg/m^3，空气细菌数应为≤2500 cfu/m^3（撞击法）。其中展览馆的某些指标可适当放宽，馆内 CO_2≤0.15%，可吸入颗粒物为≤0.25 mg/m^3，空气细菌数为≤7000 cfu/m^3（撞击法）。

（3）图书资料：馆内的图书资料是经过许多人的手触摸翻阅过的，上面沾着了无数的致病性微生物，主要是消化道和皮肤、眼睛等部位的致病微生物，例如甲型肝炎病毒、大肠杆菌、化脓性葡萄球菌、沙眼衣原体等等。所以馆内应提供洗手的卫生设备，便于读者在使用后及时洗手。

（4）照度：馆内应提供合适的照度，光线不能太暗，否则会引起读者的视觉疲劳，影响读者的视力。所以台面照度应≥100 lx。人工照明应光线均匀、柔和、不炫目。

3. 卫生要求　应按照现行国家标准《图书馆、博物馆、美术馆、展览馆卫生标准》（GB9669-1996）执行。除上述要求以外，还应要求：

（1）馆内应保持安静，展览馆的噪声应≤60dB（A），其他场馆应≤50 dB（A）。

（2）馆内禁止吸烟。

（3）阅览室内不得进行印刷和复印。

（4）厅内采光要充足，窗地面积比不应小于 1/6。

（5）应有机械通风设备，定期清洗以免形成二次污染。卫生间应有单独的通风排气设备，做到无异味。

（八）购物场所

1. 主要服务功能　为全社会公众提供购买各种商品和书刊的室内场所。顾客可以在此浏览、观赏、挑选、购置各种商品。读者更愿意在此阅读、挑选满意的书籍、音像资料等。人们可以在此度过较长的时间。

2. 健康影响　由于人们在这些购物场所内的逗留时间往往很长，所以应该创造一个清洁卫生、舒适方便的购物环境，使顾客心情愉快、精神舒畅。因此，从广大顾客的身心健康出发，应着手掌握好几个环节：

（1）小气候：购物环境的小气候应适合广大顾客在店内的活动状况和衣着情况。由于购物场所内通常不设存衣处，而顾客又必须来回活动以便挑选满意的商品，所以如果在冬季室内外温差太大，顾客在室内穿着大衣走动，就会觉得过热而不舒服，影响购物情绪，而且容易引起感冒。在夏季室内温度过低，也会引起感冒。因此，如何调节到最合适的温度，要结合现场的具体情况而定。总的要求是：有空调装置的室内温度应在 18～28℃，无空调装置的采暖地区，冬季室温应≥16 ℃，相对湿度应 40%～80%，风速应≤0.5 m/s。

（2）空气质量：购物场所的空气污染来源更多，一方面来自广大顾客的大量呼出气带来的污染；另一方面建筑装饰装修材料、多种商品都会散发出某些有害气体。

购物环境往往装饰装修得更为时尚，以吸引顾客购买。使用的装饰装修材料就更加多样化，色彩鲜艳，品种繁多，散发出的有害气体种类也就更多，除主要的甲醛、苯系物、TDI 以外，还可能有多种醇类、醛类、醚类、酮类、卤代烃类等的化合物。

有些商品在生产过程中使用了某些化学物质，在货架上就会释放出来。例如某些布料和纺织品中有甲醛释放出来；某些塑料玩具等会释放出一些挥发性有机物；家具部散发出的有机物种类就更多；图书的印刷油墨也会散发出挥发性物质。

多种有害物质混在一起，使人产生不适感，甚至还会交叉感染引起各种呼吸道疾病。

国家规定，店内的CO_2应≤0.15%，CO应≤5 mg/m^3，甲醛应≤0.12 mg/m^3，可吸入颗粒物应≤0.25 mg/m^3，空气细菌数应为≤7000 cfu/m^3（撞击法）。

(3) 通过商品、图书的交叉感染：图书、商品等货物经过许多人的触摸、翻看，沾上了多种致病微生物，容易引起顾客之间或售货员与顾客之间的交叉感染。容易传播沙眼、皮肤病、消化道疾病等。

尤其是出售旧衣物等生活用品，必须经过消毒后方能出售。出售旧书的商店也应尽量将旧书经过杀菌波长的紫外灯照射。

3. 卫生要求　应按照现行国家标准《商场（店）、书店卫生标准》（GB9670-1996）执行。除以上已提及以外，主要内容还有：

(1) 购物场所应有良好的照明。照度应≥100 lx。若利用自然采光，则窗地面积比不应小于1/6。

(2) 应有机械通风设备，新风量不应低于20 m^3/（h・人）。进风口应远离污染源。

(3) 店内禁止吸烟。

(4) 每层楼应设有顾客休息处。

(5) 卫生间应有良好通风排气装置，做到清洁无异味。应设有足够的洗手池。厕所内应设有挂物的挂钩。

(6) 各类商品的柜台应分类摆设。例如食品、化妆品、服装等应该分类设在清洁区域，农药、油漆等另设销售区。

近20多年来，国外很多大城市以及港、台等地区都已先后兴建起了很多大型室内购物商城——shopping mall。北京、上海等地也在相继兴起。此类大型商城的特点是将几百家甚至上千家的各色各样商品的店铺、各种风味的食品店和饮食店、多种娱乐场所（例如歌舞厅、室内溜冰场等）及地下停车场等等都容纳在同一座建筑物内，人们不需走出室外就能享受到各种商业服务。可见此类建筑物的容积是何等庞大。因此，此类建筑物内如果机械通风不充分，新风量不足，就很容易造成室内空气污染。主要污染物有来自人员呼出的CO_2、气传致病微生物、各种能源燃烧（汽车、炊事等活动）排出的PM_{10}、CO、NOx，各店家的装修材料和家具等释放出的甲醛、总烃等。所以此类庞大的室内公共场所必须更加落实室内通风换气的有效措施，确保室内空气质量。

（九）医院候诊室

1. 主要服务功能　医院候诊室是供病人门诊就医的场所，包括挂号、候诊、取药等地方。

2. 健康影响　候诊室是所有公共场所中人群健康水平最差的公共场所，也是最容易引起交叉感染的公共场所。人员拥挤造成的环境污染、长时间等候又加重了暴露强度。病人和陪护人员既可能是病原体传播者，又可以是易感人群，极易相互感染上疾病。因此，候诊室的卫生管理就更为重要。候诊室的污染主要来自以下几方面：

(1) 空气质量：由于候诊场所人员集中，就会产生大量的呼出气。CO_2、水分、呼吸道致病微生物，还有其他多种废气和臭气等都在室内聚积，空气质量极差，不但影响病人的心情，而且容易引起呼吸道传染病。另外，有些医院的候诊室刚装修完毕即开始接诊，候诊室内散播出多种刺激性的气体，加重了对病人呼吸道的刺激。

所以，候诊室一定要加强通风换气。在开诊时间内开窗通风时，气流不宜直接吹向病人；在中午或下午开诊结束后，应彻底开窗通风换气。集中式空调应补给足够的新风量。刚装修完毕的区域，应将气味散发掉后再使用。

国家标准规定：医院候诊室内 CO_2 应≤0.10%，CO 应≤5 mg/m³，甲醛应≤0.12 mg/m³，可吸入颗粒物应≤0.15 mg/m³。空气细菌总数应≤4000 cfu/m³（撞击法）。

（2）小气候：候诊室内的人群都是体弱人群，免疫水平低，对小气候很敏感。有些病人可能刚抽完血或刚做完X线透视等检查，衣服尚未穿好，所以，候诊室内的小气候一定要适宜，不能过冷，以防感冒，加重病情。但是，也不能过热，过热也会使病人感到不适。候诊室的小气候应使病人感到舒适、透气、心情平静。

国家规定医院候诊室内有空调装置的室内温度应在18～28℃，采暖地区室内无空调装置的候诊室在冬季的室温应≥16℃，风速应≤0.5 m/s。而且候诊室内应禁止吸烟及从事污染环境的其他活动。

（3）地面、墙面和物体表面：病人和陪护人员在候诊室内接触最多的是地面、墙面、座椅以及扶手、门把、自来水龙头、厕所的手动水栓等物体。人们反复走动、触摸，污染非常严重。尤其是厕所，不仅用于大小便，还是病人留取粪、尿样品的地方，污染更为严重。这些环境表面和物体表面通常能检出化脓性葡萄球菌、大肠杆菌、痢疾杆菌、轮状病毒、肝炎病毒，甚至还有癣菌等皮肤病的病原体。这些污染极易造成病人和陪护人员之间的交叉感染，传播疾病。因此，这些地方必须每天多次清扫、擦洗，经常消毒。应多设置痰盂和污物桶，每天清洗和消毒。

（4）饮水：候诊室内饮水水质应符合饮用水卫生标准。室内饮水管的龙头极易污染，应每天多次清洗、消毒。不设公用饮水杯，以免传播疾病。

3. 卫生要求　应按照现行国家标准《医院候诊室卫生标准》（GB9671-1996）执行。除上述要求外，主要还有：

（1）候诊室应保持清洁、整齐、安静。噪声应≤55dB（A）。

（2）候诊室内应有合适光照，照度应≥50 lx。光线要柔和。

（3）室内应采用湿式清扫，垃圾废弃物应日产日清。卫生间应随时清扫、消毒、保洁。

（4）医院的消毒制度非常重要，应健全消毒制度，设专有的消毒室。传染病流行时更应加强消毒。

（5）不得在候诊室内出售商品和食物。

（十）公共交通等候室

1. 主要服务功能　为乘坐飞机、火车、长途汽车、轮船等大型交通工具的旅客提供的室内等候场所。

2. 健康影响　大型交通工具的载客量很大，等候室内往往很拥挤，而且人员的流动性很大。所以，等候室是人员最多而密集的公共场所，也是最容易将病原体携带并远距离传播的散发场所。因此，等候室的环境质量非常重要。等候室与其他公共场所一样，着重抓好以下环节：

（1）空气质量：室内空气是呼吸道疾病的重要传播途径。如果通风换气不良，空气中的各种有害物质在室内聚积，给旅客甚至给前往目的地造成影响。所以室内一定要有合适的自然通风，或者应有足够新风量的机械通风设备。通风管道应定期清洗，以防二次污染。在呼吸道传染病的流行期间要对旅客进行体温检查，协助卫生部门做好预防工作。同时应加强对通风系统的清洗和消毒。室内应禁止吸烟，宜在有通风设施处设单独吸烟区。

国家标准中要求 CO_2 应≤0.15%，CO 应≤10 mg/m^3，甲醛应≤0.12 mg/m^3，可吸入颗粒物应≤0.25 mg/m^3，空气细菌总数应≤7000 cfu/m^3（撞击法）。但候机室有几个指标要求更严一些，可吸入颗粒物应≤0.15 mg/m^3，空气细菌总数应≤4000 cfu/m^3。

（2）小气候：等候室内的小气候应合适，否则会引起感冒。不能因为通风换气而降低室温，应综合调节小气候至合适程度。国家标准要求有空调的室内冬季温度应在 18～20℃，候机室应 18～22℃；夏季均为 24～28℃，无空调的采暖地区冬季室温应＞14℃（候机室应≥16℃），风速应≤0.5 m/s。候机室的相对湿度为 40%～80%，其他等候室不要求。

（3）地面、座椅等物体表面：旅客的走动、行李的拖拉、随地吐痰等，都会造成地面严重污染。座位除了坐人以外，还要堆放行李，使座椅表面沾上污物。尤其是卫生间的地面、墙裙、水龙头以及厕所手动水栓等部位更易污染。这些地方极易检出消化道病原体，例如大肠杆菌、痢疾杆菌、肝炎病毒、轮状病毒，甚至检出寄生虫卵。因此，这些部位的交叉感染也很严重。地面应及时清扫，不应有垃圾废弃物和痰迹等。应设足够的痰盂和果皮箱，定期消毒。垃圾日产日清。

（4）卫生间应有单独通风排气设备，地面和墙裙应每日清扫，做到无积水、无积粪、无明显臭味。

（5）饮水：饮水水质应符合饮用水水质标准。公用茶杯应经过消毒。饮水管龙头应定期清洗消毒，否则易传播消化道传染病。

3. 卫生要求　应按照国家现行标准《公共交通等候室卫生标准》（GB9672-1996）执行。对于特等和一、二等火车站的候车室、二等以上的候船室、机场候机室和二等以上的长途汽车站候车室均必须照此标准执行。除以上要求以外，主要的要求还有：

（1）等候室的噪声不能太大，应≤70 dB（A）。

（2）等候室内应有适宜的光照，候机室的照度应≥100 lx；其他等候室应≥60 lx。

（3）等候室不能传播病媒生物，应有防虫、防鼠设施并保证完好有效。蚊、蝇、蟑螂等病媒昆虫指数及鼠密度应达到全国爱国卫生运动委员会的考核规定。

（十一）公共交通工具

1. 主要服务功能　此处所指的公共交通工具是包括旅客列车车厢、轮船客舱、飞机客舱等长途送客的大型公交工具。此类公共场所是运载旅客送往各地的移动性室内公共场所。旅客终日在此环境内生活、活动，是一个临时性的生活食宿的环境。

2. 健康影响　在此类室内环境中，人员集中，活动范围小。人们在有限的空间里活动，比较拥挤，容易引起空气污染、卧具和物品污染、饮水污染、餐具污染等。小气候容易过冷过热。旅客在这样的环境内往往抵抗力下降，情绪低下，容易引起疾病。所以，交通工具内的环境质量是很重要的。与此同时，也应要求旅客不能污染旅途的室外环境。

3. 卫生要求　应按照国家现行标准《公共交通工具卫生标准》（GB9673-1996）执行。

（1）小气候：有空调的室内冬季温度应在 18～20℃、夏季为 24～28℃，无空调的室温应＞14℃，垂直温差应≤3℃（轮船客舱不要求）。相对湿度飞机应在 40%～60%、火车应 40%～70%、轮船应 40%～80%。风速应≤0.5 m/s。

（2）空气质量：CO_2 应≤0.15%，CO 应≤10 mg/m^3，可吸入颗粒物应≤0.25 mg/m^3（飞机内应≤0.15 mg/m^3），空气细菌总数应≤4000 cfu/m^3（飞机内应≤2500 cfu/m^3）。新风量应≥20 m^3/（h·人）[飞机内应≥25 m^3/（h·人）]，并严禁吸烟，宜在通风处设置吸

烟区。

（3）饮水应符合饮用水水质标准。贮水水箱和蓄水设施应定期清洗消毒。茶具餐具均应消毒后供旅客使用。若使用一次性餐饮具，应在使用后及时处理，集中销毁。

（4）卧具、铺位需整洁卫生。硬卧火车卧具应单程更换，软卧车及轮船三等舱以上的卧具应一客一换，四、五等舱的卧具应保持清洁。飞机座位头片应一客一换，公用毯使用后应及时消毒、加封。

（5）卫生间内应无积水、无积粪、无臭味。

（6）严禁携带脏、臭物品及其他有碍公共卫生的物品。若发现四害，应立即杀灭。车厢和客舱内用于消毒的杀虫和灭鼠药物，不得有损于人体健康。

（7）室内人员不得污染室外环境。旅客的固体废弃物应统一装袋，待停站时集中处理，不得向窗外抛弃。火车行驶市区、大桥、隧道和停车 5 分钟以上的车站时，应锁闭厕所，不得倾倒污水污物，保持周围环境清洁。

（十二）饭馆、餐厅

1. 主要服务功能　饭馆、餐厅以各种烹调方式为顾客提供各种风味的菜肴和主食。

2. 健康影响　在饭馆、餐厅用餐，应提供舒适的用餐环境、清洁卫生的餐饮具，使顾客享受到美食的风味，心情舒畅。但饭馆、餐厅也存在着污染环境的因素，主要有：

（1）空气污染：除了众多顾客的呼出气以外，厨房的燃烧产物、烹调油烟也会倒灌入餐厅。尤其是利用燃料直接烧烤进食的餐厅内，CO 的浓度可能很高。餐厅的装饰装修材料也会散发出有害气体。国家标准要求 CO_2 应≤0.15%，CO 应≤10 mg/m^3，甲醛应≤0.12 mg/m^3，可吸入颗粒物应≤0.15 mg/m^3，空气细菌数应≤4000 cfu/m^3，新风量应≥20 m^3/（h·人）。

（2）饮水和餐饮具是消化道传染病的传染途径。饮水必须符合饮用水卫生要求，餐饮具应每客清洗消毒。

（3）小气候：用餐时小气候不适，不但影响用餐情绪，也会给健康带来影响，影响呼吸道和消化道的生理功能。要求小气候的卫生标准值是：室温应 18～20℃，相对湿度为 40%～80%，风速≤0.15 m/s。

3. 卫生要求　应按照国家现行标准《饭馆（餐厅）卫生标准》（GB16153-1996）执行。除以上要求外，主要的要求还有：

（1）餐厅内应湿式清扫，保持整洁。

（2）餐厅装饰装修材料不得对人体产生危害。

（3）餐厅必须设洗手间。厕所蹲位数应根据餐厅座位数而定。

（4）活鱼缸内水质应定期更换，清洗鱼缸，以免孳生军团杆菌等。

（5）餐厅应有防虫、防蝇、防蟑螂、防鼠的措施，应严格执行全国爱国卫生运动委员会有关除四害的考核规定。

四、公共场所的卫生管理与监督

（一）卫生管理和监督的重要性

公共场所已经成为人类社会不可缺少的组成部分之一。它极大地丰富和充实了人类的物质生活和精神生活。人们频繁地出入于各种公共场所，公共场所满足了人们物质和精神上的需求，增强了人们的身心健康。同时，人们也频繁地接触公共场所里的环境和人群，使得公共场所也已成为不仅是传播各种传染病的重要场所之一，也是人们接触各种有害因素的重要场所之一。因此，为了预防各种感染性疾病的传播、控制多种有害因素对健康的影响，卫生部门对公共场所的卫生管理和监督已是责无旁贷，必须加强。国务院已于 1987 年发布了《公共场所卫生管理条例》（简称《条例》），卫生部也已于 1991 年发布了《公共场所卫生管理条例实施细则》（简称《细则》）。1996 年卫生部、国家技术监督局颁布了与以上两个文件相配套的《公共场所卫生标准》（简称《标准》）。这标志着我国对公共场所的卫生管理已从政府的行政管理转变为法制化管理，从根本上保证了公共场所的卫生质量。

（二）公共场所的卫生管理

根据《公共场所卫生管理条例》和《公共场所卫生管理条例实施细则》的精神，落实卫生管理工作。

1. 公共场所主管部门的卫生管理工作　公共场所的主管部门应配备专职或兼职的卫生管理人员，建立卫生管理制度，加强对所属经营单位的卫生管理工作。根据《条例》和《标准》的卫生要求，结合本部门工作特点，不断研究改善卫生服务质量的措施。对所属经营单位的卫生质量、从业人员健康体检、卫生知识培训等情况应坚持进行经常性检查，应及时了解所属单位存在的主要卫生问题并督促和协助解决。

2. 公共场所经营单位的卫生管理工作　经营单位应该做好本单位的卫生管理工作，重点是以下四方面工作：

（1）配备人员，建立制度。经营单位应成立卫生管理的组织机构，配备专职或兼职的卫生管理人员，建立岗位责任制。大的经营单位还可将卫生要求具体分配到所属各个小的部门或小的单位，将卫生服务纳入整个服务工作的考核内容中。

（2）开展卫生培训工作。组织从业人员学习有关的卫生知识，了解《条例》、《细则》和有关的《标准》内容，请卫生部门教会必要的卫生操作技能和常用的消毒方法，了解常见突发事故的现场救护和处理方法，并定期复训。

（3）组织从业人员进行健康检查。从业人员与顾客接触频繁，不应患有感染性疾病。对患有病毒性肝炎、细菌性痢疾、伤寒、活动性肺结核、化脓性或渗出性皮肤病、重症沙眼、急性出血性结膜炎、性病等疾病的人员，应及时调离直接为顾客服务的工作岗位。

（4）劝阻顾客中的不卫生行为。当顾客中有人在营业场所吸烟、随地吐痰、乱扔垃圾等不卫生行为时，应及时予以劝阻，以维护本营业范围内的环境卫生。

3. 卫生部门的卫生管理工作

（1）定期进行从业人员培训和健康检查。培训经考核合格发给“上岗证”。健康检查应由委托单位的保健室或当地的医疗机构来承担，检查合格者发给“健康合格证”。

（2）发放“卫生许可证”。经营单位应在经营前到所在地区卫生机构领取“公共场所卫生许可证申请表”，填表后经卫生机构审查、监测，合格后由当地卫生行政部门核发“公共场所卫生许可证”，获证后方可营业。“卫生许可证”每两年复核一次。

（3）开展公共场所卫生的宣传教育活动。可以自行组织，也可指导公共场所主管部门或经营单位开展。

（三）公共场所的卫生监督

1. 预防性卫生监督　卫生监督机构应对公共场所新建、改建或扩建的选址、设计、竣工验收等每个阶段均进行卫生监督。一方面审查该公共场所内部是否符合卫生标准，另一方面应审查公共场所落成后对周围环境能否造成污染。如发现问题，应立即提出并督促其及时改进。

2. 经常性卫生监督

(1) 监督各单位的卫生组织机构以及卫生制度的落实情况，定期检查其工作开展的情况。

(2) 检查经营单位是否已领取“卫生许可证”，许可证是否在有效期。对无证经营的单位应查明原因，责令其停业并立即补领许可证，无证不准开业。

(3) 对各项卫生要求，包括空气质量、小气候、水质、公共用具、卫生设施、采光照明、噪声等各项标准中所列出的卫生指标，应定期进行检查、监测，不符合标准的指标应限期改正。

(4) 从业人员的健康检查及使用情况，是否按照条例进行，应检查监督。

(5) 协助处理已发生的卫生问题，积累资料，总结经验。

（刘君卓）

思考题

1. 如何保证办公场所的环境质量有利于保护员工的健康?
2. 试述公共场所的卫生学特点。
3. 针对不同功能的各类公共场所，如何切实控制感染性疾病的传播以及如何保持合格的室内空气质量?

第十一章 人居环境与健康

第一节 概 述

一、人居环境与自然环境

随着人类社会的发展，人类的居住形式由散居发展到聚居。人类聚居地也由原始的单纯为了集中居住的地方而发展成为具有复杂的多功能的城市和村镇。人居环境是人类聚居地所构成的地表空间，也就是城市和村镇所占有的地表空间。

人居环境（human settlement）是从自然环境中划分而成的一个个特定的空间。这些空间并非是封闭式的环境，而是与自然环境相互联通、相互影响的开放式的环境。人居环境不能离开自然环境而独立存在。人居环境所需的日光、新鲜空气、清洁水源等都来自自然环境；自然环境的气象条件、地质情况等都影响着人居环境；人居环境中的一切废弃物的自净还主要依靠自然环境的作用；自然环境中的不利因素也会影响着人居环境。人居环境与自然环境存在着密切不可分割的联系，至今的高新技术水平还不能创造出一个完全脱离地球自然环境的人居环境。

人们曾多次设想能创造出一个人造的人居环境，但至今尚没有一个能获得成功。20 世纪后期，美国曾进行过一项宏大规模的科学实验，即著名的“生物圈 2 号”实验。目的是为了观察人类离开了地球（称为“生物圈 1 号”）的天然环境，能否在人造的地球环境中生存。于是在美国亚利桑那州占用了 13000m^2 土地，人工建造了一个模拟地球生态环境的全封闭实验场，称为“生物圈 2 号”。内有海洋、平原、沼泽、雨林、沙漠、农业区、居住区、各种动植物等，创建了一个封闭的小生态系统，有电路与外界连接，保持供电和信息交流。此项工程花费了将近 2 亿美元，历时 9 年时间。1993 年 1 月，8 名实验人员入住进了“生物圈 2 号”，计划在圈内生活两年，自耕自给，正常生活。但一年以后，“生物圈 2 号”内的生态状况极度恶化，氧气含量由 21%下降至 14%，CO_2 和 NO_2 含量急剧上升，大气和海水酸化，很多物种死去，大部分脊椎动物死亡，所有传粉昆虫死亡，使得靠花粉传播、繁殖的植物也都全部死亡，而能吸收 CO_2 的牵牛花都疯狂生长。进入圈内的实验人员情绪低落，精神萎靡，难以支撑，全部提前撤出。

由此可见，人类至今仍离不开自然环境，人居环境不能脱离自然环境。即使居住在虽有较好自然条件但却是封闭的环境里，人类健康也会受到影响。所以，要创建一个健康的人居环境，首先必须充分利用自然环境中的有利因素，依靠自然环境的天然条件，然后再人工创造许多有利因素，避免和消除许多不利因素，方能创建健康的人居环境。

二、人居环境对健康的重要性

人居环境是人类接触最密切最近身的外环境，也是联系室内环境和大自然环境所不可缺少的中间环节。自从人类聚居地的规模日益扩大以来，人类接受大自然中的有益因素主要就是通过人居环境而获得。所以，人居环境对人类的健康是非常重要的。

人居环境是人类创建的次生环境，其根本目的是使环境质量更优于自然环境。但人类社会的发展使人类聚居地的功能不再局限于生活，而是包含了人类社会的文化、教育、科技、生产、经济等多种功能。在不断发展物质财富和精神财富的同时，也会产生多种不利因素。从而使人居环境的质量受到干扰，出现了多种有害人类健康的因素。

人居环境对人类健康的重要性可归纳为以下几大方面：

1. 人居环境为室内环境提供一切有利的自然因素。室内人群需要来自自然环境的太阳辐射、适宜气候、氧气、负氧离子、优质饮用水等健康要素，而这些健康要素都主要是通过人居环境而获得。

2. 人居环境是室内人群接触自然环境最贴近的场所。虽然现代人的室内活动时间可达90%以上，但毕竟不能完全脱离室外环境。人居环境为人们提供了开阔的室外活动场所，提供了更多的自然界的健康要素。

3. 人居环境内是一个开放式的生态系统，进行着通畅的物质循环，对环境有自净作用。能将 CO_2 经光合作用生成氧气，能将污染空气扩散、稀释、转移，能将污水、污物转运并净化……这一切自净作用保证了人居环境的质量，为人类提供了健康的生存环境。

4. 人居环境是人类聚集的环境，人与人交往密切，容易传播疾病；人居环境还有工农业生产的功能，既生产出大量物质财富，又能产生多种有害因素危害人类的健康。所以，在人居环境中也存在着对人体健康有害的各种生物的、化学的、物理的有害因素。

可见，人居环境与人类的健康存在着密切不可分割的关系。人居环境不仅为人类提供诸多的健康要素，但也会产生多种有害因素。因此，必须创建健康的人居环境，是预防医学工作的一个重要部分。

三、人居环境与城乡规划

人居环境包含了满足人类生存的多种条件的生态环境以及社会人的人文环境。创建健康的人居环境需有规划、城建、卫生、环保、气象、水文、地质、人文景观等多个部门运用多种学科的专业知识综合完成。预防医学是从保护人群健康的角度而参与创建。

人居环境具体包括城市环境和村镇环境。创建健康的城市和村镇的关键是合理规划。城乡规划是一定时期内城市和村镇的建设、发展和管理的总计划，是城乡的建设规模、发展方向、管理措施的总依据。预防医学应为创建健康城市和村镇而参与规划，也应与其他各有关专业共同讨论综合考虑统一规划。

第二节　城市规划与健康

一、健康城市的概念

世界卫生组织（WHO）提出了健康城市（healthy city）这一概念，其对健康城市给予的定义是："健康城市是指不断创造和改善自然和社会的环境，并且扩大社区的资源，使人们在实施生活功能和发挥他们最大潜力中互相支持——让健康的人生活在健康的世界"。世界卫生组织认为健康城市需具备以下几项标准：

1. 为市民提供清洁安全的环境。

2. 为市民提供可靠和持久的食品、饮水、能源供应，具有有效的清除垃圾系统。

3. 通过富有活力和创造性的各种经济手段，保证市民在营养、饮水、住房、收入、安全和工作方面的基本要求。

4. 拥有一个强有力的相互帮助的市民群体，其中各种不同的组织能够为了改善城市而协调工作。

5. 能使市民一起参与制订涉及他们日常生活，特别是健康和福利的各种政策。

6. 提供各种娱乐和休闲场所，以方便市民之间的沟通和联系。

7. 保护文化遗产并尊重所有居民。

8. 把保护健康视为公众决策的组成部分，赋予市民选择有利于健康行为的权利。

9. 做出不懈努力，争取改善健康服务质量，并能使更多市民享受健康服务。

10. 能使人们更健康长久地生活。

可见，健康城市应以人的健康为中心，创建高质量的自然环境、舒适的生活环境以及和谐的社会环境，以保障广大市民的健康生活和工作。健康城市应成为健康人群、健康环境和健康社会有机结合的整体。

二、城市规划的基本原则

城市规划（urban planning）是创建人居环境的第一步骤，也是最关键的步骤。无论是新建、改建或扩建，都会变动自然环境，都会投入大笔资金，而且一旦建成，很难彻底改动。因此，城市规划应掌握几个基本原则。

（一）明确城市性质，控制城市规模

城市的性质是由国家有关部门根据其在国内的政治、经济、文化、科技等方面所担负的功能而确定的。只有明确了城市的性质以后，方能确定城市的产业结构，拟定城市发展的主导和基本因素，作为城市规划布局和发展的依据。

城市规模包括城市的人口规模和用地规模。而且用地规模是随人口规模而变。所以，城市规模通常以城市人口规模来表示。按照人口规模，可将城市分为 4 类：人口 100 万以上为特大城市，50 万以上为大城市，20 万～50 万为中等城市，20 万以下为小城市。城市的规模过大就会集中过多的人口和工业，消耗大量原料和能源，对交通运输、住房建设、城市基础设施、公共服务设施等方面都会增加压力，加重环境污染。我国实行严格控制大城市规模、合理发展中等城市和小城市的方针。

（二）远期规划与近期规划结合，总体规划与详细规划结合

城市规划要有一定的预见性和超前性，要预见到城市在一定时期内的发展远景。远期规划一般以 20 年为规划期限，近期规划一般以 5 年为规划期限。

总体规划的主要任务是确定城市性质、发展目标、发展规模和发展形态，统筹安排各项建设用地、合理配置城市基础设施和公共服务设施，制订给水排水、供电供气、交通电讯、环境保护等各项专业规划，落实规划实施步骤等。扩建或旧城区改造也应制订规划。详细规划是总体规划的具体化，对近期建设的用地、各项专业规划和工程项目做出详细的具体的安排。

（三）保护和改善城市生态环境

应运用生态学的观点进行城市规划，合理开发和保护自然资源，保护和改善城市生态环境，保持生物多样化，防止污染和其他公害，保护现有植被，提高绿化水平，妥善处理废弃

物，提高人居环境质量。

（四）维护城市文脉，改善景观环境

城市规划应保护当地的历史文化遗产和风景名胜，保持传统风貌、地方特色和自然景观，充分体现城市的各自特色。

（五）促进人际交往

城市规划应有利于加强物质环境的建设，来促进人与人之间的直接交往接触，保持人类社会生活相处的和谐。

（六）加强安全防患，有利于对各类突发事件的应急处理

在规划小区布局、道路交通、城市基础设施、公共设施等方面，应提高城市的防灾救灾能力，对应急处理各类突发事件确保通畅无阻。

三、城市规划的基础资料

编制城市规划必须掌握各方面的基础资料。这些资料可来自各相关部门，或通过实地调查研究而获得，也可以从既往档案资料中搜集。基础资料有以下几方面：

1. 自然条件　包括地理位置、地形、水文、气象、地质等资料。

2. 技术经济资料　自然资源、能源、人口等资料；城市现有功能分区及土地利用资料；各种厂矿、对外交通运输、仓库的用地现状和发展计划；高等院校、非市属机关团体、科研等单位的发展计划。

3. 城市建设现状　城市现有住宅和公共建筑的用地面积及其分布，现有给水、排水、污水处理、交通、电讯、燃气等市政公用设施，绿地、名胜古迹、风景区现状以及城市发展史料等。

4. 城市环境保护资料　大气、水、土壤等环境因素的质量，工农业、交通运输、市政服务、居民生活等产生的废气、污水、固体废弃物的种类和数量及其收集、运输和处理情况等。

5. 公共卫生资料　人口年龄构成和自然增长率、居民健康指标、各种地方病、传染病、慢性病、肿瘤等疾病的发病率和死亡率等资料；有关环境质量与居民健康关系的资料；公共场所卫生条件、医疗卫生服务设施的现状和发展计划等资料。

四、自然环境因素和城市人口资料对城市规划的卫生学意义

（一）自然环境因素

城市规划应充分利用对健康有益的自然因素，并采取措施消除或减弱其不良影响，以创造与自然和谐的有利于居民健康的人居环境。

1. 气候　气候是非常重要的环境因素。城市内的气候与城市周围地区大自然气候并不相同。因为城市人口密集，散热量大，各种能源的消耗又产生了大量的热能，使得城市气温往往高于周边地区，形成“热岛”。因此，应根据城市小气候情况进行规划。

(1) 太阳辐射：太阳辐射是天然热源，又有提高免疫力、抗佝偻病和软骨病、杀菌等多种生理功能。在规划时应根据当地的纬度、气候等自然条件，合理确定当地的房屋朝向、日照间距、采光口、遮阳等设计指标，以满足室内日照、小气候等卫生要求。

(2) 风：风向和风速对传送或稀释大气污染物具有重要的作用。同时又是影响气温的重要因素。风可以在炎热季节散热消暑，而在寒冷季节又可因散热而更觉寒冷。根据多年平均

的风向和风速资料对工业区和居住区进行合理的布局，并可合理确定居住区的房屋间距和排列形式。

(3) 温度：在太阳辐射和风的综合影响下，形成了当地的气温。寒冷地区在不影响日照条件下，可适当提高建筑密度，以防过多散热；炎热地区可适当降低建筑密度，加强城市和居住区的通风。

(4) 降水量：城市小气候的改善、绿化、建筑物防潮、城市排水系统等问题，都需要结合降水量考虑。

2. 地形　地形对于城市环境有多方面影响。

(1) 地形坡度太陡，对建筑物的布局、市内交通和居民生活都带来困难。地形完全平坦又不利于地面排除雨雪水。所以，地形具有0.3%左右的坡度比较合适。

(2) 地形影响风的方向和速度。滨海城市有海陆风，山谷凹地有山谷风，都是地形造成的局部环流，都会促使大气污染物向下风侧转移。盆地、谷地等低凹地区，风力较弱，大气污染物不易扩散。

(3) 地形倾斜面朝南向或东南向，气温最暖；地形倾斜面朝北向则最冷。

3. 水　水是城市发展的必需条件，城市一刻也不能没有水。

(1) 水源：城市的饮用水源应选择水质好、水量足、易于防护的水体作为饮用水水源。同时，在规划时应编制水源防护的措施方案。

(2) 城市应有一定的水面，一方面美化环境，而主要是可以调节城市小气候。

4. 土壤　土壤是城市建设的基地，具有百年大计、千年大计的深远影响。所以，土地质量的优劣，对城市规划极为重要。

(1) 地下水位：应选择地下水位低的地区建设城市。因为地下水位较高的地区或是沼泽地区，其土壤湿度大，不易渗水，易积水和孳生蚊子；并使建筑物受潮，容易长霉。

(2) 土地质量：放射物质高本底地区或是曾受到有机物污染而尚未无害化的土壤不能用作居住区用地。特别是曾用于堆置或存放有毒有害污染物的土壤，是卫生上最危险的土壤，不能用于居住区用地和用作种植粮食蔬菜的用地。

(二) 城市人口资料

城市人口资料可分为4类：

1. 基本人口　指工业、建筑业、对外交通运输业、非市属机关、旅游业、科研机构的职工和高等院校师生员工等的人口总数。

2. 服务人口　指为本市服务的行政机关、商业、文教卫生、市政公用事业等单位的职工总人数。

3. 被抚养人口　指依靠家庭或社会赡养的人口数。

4. 流动人口　指旅游、公务、打工等临时参与城市活动的人员。

根据现有的城市人口资料，可以推算出规划期的城市人口规模。依据这些人口资料就可以规划出城市的各级医疗保健机构的规模，公共卫生突发事件应急处理机构的规模，托幼机构、中小学和养老机构的规模，计划生育的措施等等。还可估计全市的用水量、排水量、废弃物产量等有关公共卫生设施的规模。

五、城市功能分区的卫生学意义

城市功能分区（urban functional district）是在城市规划中将城市用地按不同功能进行

分区，使之配置合理，从而最大限度地消除和防止环境污染对人群健康的影响。城市用地大致可分为以下几类：①生活居住用地：包括居住建筑用地、公共建筑用地、绿化用地、道路广场用地等。②公共设施用地：包括行政办公、商业、金融业、文化体育、医疗卫生和教育科研用地等。③工业用地：包括工厂企业用地。④仓库用地。⑤交通用地：包括铁路和铁路专用线、公路、客货运车站、港口、码头、机场等。⑥市政公用设施用地：包括水电气暖供应、交通通讯、环境卫生设施、消防站、火葬场、墓地等。⑦绿化及风景区用地等。城市功能分区就是要将这些用地按其功能合理分区。

（一）城市功能分区的原则

从卫生学角度考虑，城市功能分区的原则应是：

1. 城市一般应设居住区、工业区、对外交通运输和仓储区、郊区。根据具体情况还可设立文教区、高科技区、风景游览区、金融贸易区等。

2. 居住区用地应选择城市中卫生条件最好的地段。

3. 工业区的生产和三废排放不应对市民生活环境造成污染。

4. 保证在到达规划期时，各功能分区仍有进一步扩展的余地，并保证城市各部分用地协调发展。在卫生上不允许工业区发展到包围生活居住区，或铁路包围城市。

5. 为了保证生活居住用地的卫生条件，各功能分区的用地选择应同时进行。改建、扩建的城市在选择新区用地时，应考虑与旧城的关系及旧城的改造利用问题。

（二）城市各功能区的卫生学要求

1. 居住区　居住区是市民生活居住的地方，其环境质量的优劣直接影响到居民的健康。应选择城市中日照良好、环境宁静和清洁的地段作为居住用地。居住区应远离沼泽，应地势高不受洪水淹没威胁、土壤清洁或受污染后已经完全无害化、靠近清洁的地面水。居住区必须有足够的面积，使建筑密度和人口密度不至于过高，并且应保证有足够的绿地。

城市中一般可设若干个居住区，各个居住区的人口规模约在 5 万左右。可以利用地形、河流或干道等条件，将各个居住区隔开。每个居住区内应配置成套的文化、教育、商业、医疗保健等生活服务设施。

2. 工业区　工业区的规划布局直接影响到城市环境质量。根据城市规模、工业企业的数量和性质，城市内可设一个或几个工业区。每个工业区内可相对集中地布置若干个工业企业，使各厂之间便于组织生产协作、原材料和三废的综合利用。布置工业用地时，必须严格遵守各项安全和卫生上的要求，并执行国家对建设项目环境保护规定的各种制度。

按照对环境的影响程度，工厂可分为 3 类：①消耗能源多、污染严重、运输量大的工业，如大型冶炼、石油化工、火力发电、水泥、化工以及有易燃易爆危险的工厂，应设在远郊。②污染较轻、运输量中等的工业，可布置在城市边缘。③污染轻微或无污染及运输量不大的工业，可设在居住区内的独立地段，用城市道路或绿化与住宅建筑群隔开。

工业用地应按当地主导风向配置在生活居住区的下风侧，或在最小频率风向的上风侧。谷地和盆地不宜布置排放有害气体的工业，以免由于难于扩散而引起严重大气污染。

工业区与居住区之间应根据国家有关卫生标准设置卫生防护距离。卫生防护距离是指产生有害因素车间的边界至居住区边界的最小距离。卫生防护距离范围内应尽量绿化。可设置消防站、车库、浴室等非居住性建筑物，但不得修建公园、体育场、学校和住宅建筑。可将危害最大、要求防护距离最远的工厂设在离居住区最远的地段，然后大体上由远及近配置危害由大到小的工厂。

有河流的城市，必须将工业区位于居住区下游。尤其在城市水源的上游保护区内，严禁设置排放有害废水的工厂。配置工业区时，可考虑集中布置废水性质近似的工厂，以便统一处理。也应考虑工业废水综合处理、工业垃圾综合利用的配套项目。对暂时无法综合利用的垃圾，应考虑合适的堆置场地，并防止废渣飞扬或对水源和土壤造成污染。

旧城市有许多工厂与居民住宅犬牙交错，布局混乱，对卫生、消防、交通和城市发展都带来负面影响。应通过技术改造、工艺改革和设备更新等措施，消除“三废”和噪声对周围居民的危害。对环境污染严重，或有可能引起火灾、爆炸危险的工厂，应尽早迁至远郊，否则应改为无污染、无危险性的工艺，或转产甚至停产。

3. 对外交通运输和仓储区　城市是各地之间交通运输的枢纽。在城市总体规划中，应尽量减轻对外交通运输设施对城市环境的影响。铁路不应将城市包围或分割，并尽量不要穿越市区，否则应采取立体交叉道路或地下铁道等方式。对外过境公路应从城市外围通过，或利用环城路作为过境交通干线。长途汽车站可设在市区边缘，与市内交通干线、铁路客运站、客运码头等有便捷的交通联系。

港口的客运码头与货运码头应分开设置。石油、危险品以及水泥、煤炭、矿石、石灰等散发粉尘的港口作业区应设在城市主导风向的下风侧和河流的下游。

飞机起飞和降落时的噪声很大，故民用机场应布置在郊区，与市区保持一定距离。从机场到市区乘坐机动车辆需约 30 分钟左右为宜。

仓储区可分设在铁路、公路或码头附近。石油、煤炭、危险品、易燃品仓库应设在城市主导风向下风侧的远郊区，并与居住建筑之间设有一定距离的防护地带。屠宰厂、皮毛加工厂的仓库以及禽畜宰前的圈舍场需设在下风侧的郊区，并防止对水源造成污染。

4. 郊区　郊区是城市规划建设中不可缺少的一个功能区。城市郊区包括市辖郊县、卫星城镇等。郊区规划对提高城市环境质量有很大意义。郊区的大片绿地和卫生防护带，对改善城市小气候和防风有很大作用。名胜古迹、水面和风景点，可为城市提供旅游休息的场所。城市的给水水源、污水处理厂、垃圾处理厂和填埋场、火葬场、墓地等都设在郊区。机场、铁路编组站、某些仓库也都在郊区。污染严重、占地面积大的工业，需设在远郊，加上配套的居住区和生活服务设施，形成独立的卫星城镇。

以上是城市的基本功能分区。根据城市的特点和功能的发展，还可能出现新的组成形式，也随之会提出更多的卫生要求。

六、居住区规划卫生

当居住区的用地已规划确定以后，应对居住区内部进行规划。从卫生学角度出发，居住区内部应该有足够的阳光和绿地，空气新鲜清洁，小气候适宜，居住安全，环境清洁美观，与自然和谐。而且要求住宅建筑群布局合理，以保证住宅内能达到良好的日照采光、适宜的小气候、空气新鲜、通风良好等卫生要求。为此，在居住区规划中的重点有以下几个方面。

（一）居住区规模

居住区可分为三级：①居住区：指被城市干道或自然分界线所围合的居住生活聚居地，居住人口规模 3 万～5 万人。②居住小区：指被居住区级道路或自然分界线所围合的生活居住单位，人口规模 1 万～1.5 万人。③住宅组团：是居住区的基本居住单位，由若干幢住宅组成，人口规模 1000～3000 人。

各级居住区用地都是包括住宅用地、公共服务设施用地（一般称公建用地）、道路用地和公共绿地等四项用地。住宅用地是住宅建筑基底占地及其四周合理间距内的用地（含宅间绿地和宅间小路等）的总称。

评价居住区规模的几个常用指标：

1. 容积率（floor area ratio） 即建筑面积毛密度。是指居住区总建筑面积与居住区用地面积之比。比值越小，说明居住区容纳的建筑面积越少。比值越大，反映居住区内建筑面积越多。

$$容积率=\frac{居住区总建筑面积（万\ m^2）}{居住区用地面积（万\ m^2）}$$

2. 人均居住面积定额 指平均每人所占卧室、起居室等的实际使用面积。居住面积定额直接影响到人的生活居住的卫生条件。此定额随国民经济水平等因素而定。

3. 住宅建筑净密度（net density of residential building） 是指住宅建筑基底总面积与住宅用地面积的比率（%）。

$$住宅建筑净密度（\%）=\frac{住宅建筑基底总面积}{住宅用地面积}\times 100\%$$

住宅建筑净密度越高，说明住宅建筑基底面积占用地面积的比例越大，则空地率就越小，居住环境质量就受影响。

住宅建筑净密度与住宅楼的层数和各地需要日照间距大小有关。层数越多，住宅建筑净密度应越低。日照间距大的地区，住宅建筑净密度也应越低。国家标准《城市居住区规划设计规范》（GB50180-93）（2002 年版）中对不同楼层和不同气候区的住宅建筑净密度的最大值都有规定。例如寒冷地区低层住宅（1～3 层）的建筑净密度最大值为 35%，高层住宅（10 层及以上）为 20%；炎热地区低层住宅为 40%～43%，高层住宅为 20%～22%。

4. 人均住宅用地面积 当人均居住面积定额和住宅建筑净密度确定以后，人均住宅用地面积可用下式推算：

$$人均住宅用地面积=\frac{人均居住面积定额（m^2/人）}{住宅建筑净密度（\%）\times 层数\times 平面系数}\times 100\%$$

式中，平面系数=居住面积/建筑面积。

5. 人口毛密度（density of resident） 指每公顷居住区用地上容纳的规划人口数量（人/ha）（1ha=10000m²）

$$人口毛密度=\frac{规划人口数}{居住区用地（ha）}$$

6. 人口净密度（net density of resident） 指每公顷住宅用地上容纳的规划人口数量（人/ha）。

$$人口净密度=\frac{规划人口数}{住宅用地（ha）}$$

人口净密度也可通过下式推算：

$$人口净密度=\frac{10000\times 住宅建筑净密度（\%）\times 层数\times 平面系数}{人均居住面积定额（m^2/人）}$$

以上各公式均可相互推算。

从卫生学要求出发，城市规划应采用较低的人口净密度。因为人口净密度增高，则人均住宅用地面积和居住面积就减少，人群密集，容易传播传染病。而且室外空地就减少，也影响室内的日照和通风。

上述指标的采用主要是从现阶段技术角度、经济条件和居住水平等因素来考虑的。尽量节约能源、资源、材料等投资。从卫生学角度出发，还应研究制订能保证居住区良好卫生条件的用地定额、建筑密度和人口密度的标准。

（二）住宅建筑群布局

住宅建筑群有多种布局形式，例如行列式、周边式、条式、混合式、点式、塔式、错接式等等。在选用布局形式时，应同时考虑以下卫生问题：

1. 尽量使更多的住宅楼内享有良好的日照。应考虑排列、朝向和合适的间距。

2. 布局应有利于楼外周边的空气流通。当室内的污浊空气排到室外后，应能得到立即扩散而不至于在窗外滞留聚积甚至倒流入室，这在四合院式建筑群最突出。尤其在拐角处，空气流动很差，扩散很慢。楼房越高，拐角处的空气扩散越慢。

3. 楼外附近向阳处可设置一小块场地，主要为室内无日照的居民提供晾晒衣被所用，以弥补室内无日照之不足。

（三）公共服务设施

居住区内的公共服务设施包括：教育、医疗卫生、文化体育、商业服务、金融邮电、社区服务、市政公用和行政管理。并应相应配建老年文化娱乐、卫生服务、体育健身等设施。

住宅组团级公共设施可设置日用杂品店、自行车库等微型服务设施，服务半径不超过150m。为了防止蚊蝇孳生，很多高层建筑内已不设垃圾通道。各户垃圾用塑料袋收集后，直接送到楼外。所以，在住宅楼附近应设垃圾箱，或有专人上门收集。居住小区级公共设施可设置百货店、副食店、小吃店、垃圾站、中小学、托幼机构等。这些设施应分散布置，服务半径不超过300m。居住区级公共设施应配套比较完整，如综合商场、农贸市场、银行、邮局、书店、饮食店、理发店、浴室、洗染店等，服务半径不宜超过500m。

产生噪声、烟尘、气味的商业店如菜摊、饮食店、炸油条摊等不宜设在住宅建筑底层，或住宅建筑附近，以免影响楼内居民的卫生。地下室不宜用作能孳生四害、产生污染气味的商业点或储存库。

中小学宜设在居住小区边缘次要道路，不受城市干道交通噪声干扰，并有足够的运动场地。而且学校内的声音也就不会影响居民。

全市性或分区性的医疗卫生设施如各级医院和诊所，宜设在环境卫生良好、交通方便、安静而接近居民区的地段。传染病医院应设在城市边缘。

（四）噪声控制

居住区的噪声与城市噪声一样，可来源于交通噪声、工业噪声、建筑施工噪声以及各种人为活动的社会噪声。根据国家标准《城市区域环境噪声标准》（GB3096-1993）规定：在居住、文教机关为主的区域，昼间不大于55 dB（A）、夜间不大于45 dB（A）。在居住、商业、工业混杂区，昼间不大于60 dB（A）、夜间不大于50 dB（A）。在规划时应将对防噪声要求不高的公共建筑如商店、餐厅、服务网点等布置在与街道邻近的地点；将要求安静环境的住宅、学校、医院等建筑物，可从规划的“红线”（街道与建筑用地的分界线）略往后退，使建筑物与街道噪声源的距离稍大些，中间可建绿化隔离带降低噪声。当交通干道两侧平行布置高层建筑时，交通噪声可在对峙建筑物之间来回反射，形成“声廊”，使噪声级升高，故规划时应将高层建筑错开布置，避免形成“声廊”。当交通干道和高速公路附近有居住区时，可修建隔声屏障。

工业噪声可以从功能分区来解决。

（五）绿地建设

国家标准《城市居住区规划设计规范》（GB50180-93）（2002年版）中要求居住区内公共绿地的总指标是：组团不少于0.5m^2/人，小区（含组团）不少于1m^2/人，居住区（含小区和组团）不少于1.5m^2/人。并应根据居住区规划布局形式统一安排，灵活使用。

居住区绿地可分为4级：

1. 居住区公园。可与文化中心结合布置。居民步行到居住区公园的距离宜为800～1000m。

2. 居住小区公园。是居民休憩和儿童游戏的主要场地，可设简单的游乐、休憩和文化设施，服务半径不超过400～500m。

3. 组团绿化。是宅间绿地的扩大和延伸，绿化要以低矮的灌木、绿篱和花草为主。

4. 宅间绿地。是与居民关系最密切、使用最频繁的绿地。故布置更应多样化，多适合老年人和儿童的室外活动。应有草坪、花丛、灌木、乔木，并设置足够的座椅。

七、城市规划的其他卫生问题

（一）城市绿化

绿色植物是生命之源，是生态系统中的生产者，是地球上生产氧气的唯一天然来源。所以，绿化是城市规划中不可缺少的一个组成部分。绿化的卫生学意义有以下几点：

1. 维持城市生态系统中的氧平衡　人体的呼吸是吸进氧气和呼出CO_2的过程。人体的吸入气中氧气含量为20.96％、CO_2含量为0.04％，而呼出气中氧气含量降至16.00％、CO_2含量升至4.00％。城市人口高度集中，再加上大量燃料燃烧也需消耗大量氧气和产生大量CO_2。因此，城市空气中氧含量的不足和CO_2含量的上升，严重破坏了空气中的正常组成，导致空气质量下降。城市的绿化可使大片的绿色植物吸收掉CO_2，通过光合作用，排出大量氧气，恢复生态系统的氧平衡，继续为人类提供足够的氧气。

2. 调节和改善小气候　植物能吸收热量，使其附近气温下降。树冠能减弱到达地面的太阳辐射。植物叶面能大量蒸发水分，有调节湿度的作用。成片的树林能减低风速，防止强风侵袭，树林减弱风速的影响范围约为树高的10～20倍，甚至40倍。

3. 净化空气，降低噪声　绿色植物除能吸收大量CO_2以外，还有其他多种空气净化功能。例如，能阻挡、过滤和吸附空气中的颗粒物。有些植物能吸收空气中的二氧化硫、氟化氢、氯、臭氧等有害气体。许多植物的分泌物有杀菌作用，如树脂、香胶等能杀死葡萄球菌。许多研究表明，树林、灌木、草坪对空气微生物均有明显的净化效果，其中树林的净化效果最好。树木还具有反射和吸收噪声的作用，并可阻隔放射性物质和辐射的传播。故绿化还可阻隔和降低噪声，过滤和吸收辐射及放射性物质。

4. 对人类有良好的生理和心理作用　绿化带的小气候对机体热平衡的调节具有良好作用。绿色环境使人产生满足感、安逸感、活力感、舒适感等心理效应，并能调节视神经的紧张度。绿地是人们接近自然的良好休憩场所，使人精神焕发，消除疲劳，有益于市民的身心健康。

5. 促使城市地表水直接渗入地下　绿地是与土壤直接相连的地表物，地表水可通过绿地直接渗入地下。当前，城市建筑占地面积和道路面积不断扩大，使城市地表水直接渗入地下的面积日益缩小。绿地是透水层，可将雨雪水等地表水直接渗入地下。一方面有助于缓解城市路面积水，另一方面也是补给地下水的途径之一。

（二）道路交通

城市道路分为主干道、次干道和居住区级道路几类。主干道是城市交通系统的骨架，用于城市的主要客运和货运。次干道是接通主干道与各居住区的联系交通路线。次干道也可作为全市性或分区性的商业街。居住区级道路是居住区内部的道路。规划城市道路网时，应合理组织市内交通，避免大量货运车辆在居住区级道路上通行，以保障居住区的安全和安静。

街道是从郊外引入新鲜空气和凉风的通路，所以主要街道的走向应满足城市的通风要求。南方炎热地区，街道走向主要应考虑通风，可沿夏季主导风向布置，使风能吹入市内。北方寒冷地区或多风沙地区，街道走向可与冬季主导风向垂直或呈一定角度，但仍应将通风、日照尽可能都得到合理安排。

各级道路都应有排水沟。排水沟应设在车行道和人行道交界处。街道路面的中部应略微隆起，向两侧排水沟倾斜，以便及时排出路面的雨雪水和防止街道积水。排水沟应设置与地下排水系统相同的雨水进水井。路面应有足够的排水系统，应具有暴雨袭击时的排水功能。

街道下方通常铺设给水、排水、供电、供热、供气、电讯等多种管线，其埋设应符合有关工程技术要求。例如当下水管道与给水管道交叉时，下水管道应铺设在下方，与给水管道垂直净距不得小于0.4m，以防引起污染。

街道在夜间应有足够的照度，以保证交通和行人安全。照明器应沿街道均衡分布，在道路交叉口、广场和交通频繁路段，应增加灯具和提高照度。

为优化城市用地布局，提高城市的运转效率，减少污染，应科学合理地规划城市交通，为居民提供方便、快捷、安全、经济、舒适、低公害的交通条件。应尽量促使车流通畅，减少机动车堵车以降低汽车尾气的排放量，减轻大气污染，也要避免交通噪声对居民的影响。

（三）废水和垃圾处理

城市废水包括生活污水、雨雪水、工业废水等。排放工业废水应有规划，必须在出厂前处理符合排放标准后才准许排放。应根据废水的产生量建造污水处理厂。

中水利用要求水质安全。水中不应含有刺激皮肤或具有挥发性的有害物质，也不应在喷雾过程所产生的水雾中含有致病微生物。城市垃圾的处理目标是“无害化、减量化和资源化”。在编制城市规划时，要根据城市人口数建立垃圾处理厂。首先应考虑减少垃圾产生量，然后尽可能回收、综合利用。没有利用可能性的则进行处理。

（四）光污染

人的眼睛由于瞳孔的调节作用，能够适应一定范围内的光辐射。当光辐射超过一定量时，超过了瞳孔调节功能，就会对人体健康产生不良影响；过量光辐射也会对生活环境和生产环境产生不良影响，这都称之为光污染。

1. 光污染的来源及其危害

（1）白亮污染：高层建筑物的玻璃幕墙、釉面砖墙、磨光大理石、各种涂料装饰等都像巨大的镜子那样可反射太阳光，使得周围环境的光照时间延长、光照强度发生改变，这种光污染称为白亮污染。

（2）人工白昼：大城市的夜景照明、霓虹灯、灯箱广告等，产生的强光直接射向天空，使夜间如同白昼，这种光污染称人工白昼。人工白昼可影响地面天文台的夜间观测，可打乱人体正常的生物节律，使人在夜间难以入睡或失眠。夜间强光还可能破坏昆虫在夜间的正常繁殖过程，许多依靠昆虫授粉的植物就会受到影响。

（3）彩光污染：歌舞厅、夜总会安装的黑光灯、旋转灯、荧光灯以及闪烁的彩色光源等造成了彩光污染。据报道，黑光灯所产生的紫外线强度大于太阳光中的紫外线，人体长期接受这种照射，可引起流鼻血、脱牙、白内障，甚至导致白血病和其他病变。彩色光源使人眼花缭乱，不仅损害眼睛，还可干扰大脑中枢神经，使人产生头晕目眩、恶心呕吐、失眠、注意力不集中等症状。

（4）其他污染源：室内装饰用的镜面、瓷砖、白粉墙、电脑、雪白的书本纸张等的表面对光的反射系数特别高，与毛面装饰物以及自然界的森林草地相比，能高出10倍左右。超过了人体所能承受的生理适应范围，对人的角膜和虹膜造成伤害，抑制视网膜感光功能的发挥，引起视力疲劳甚至视力下降。还可引起头晕、恶心、心烦、失眠、食欲下降、情绪低落、乏力等症状。

2. 防治措施原则

（1）建筑物外墙尽量不使用这些反光强的材料。

（2）夜景照明少用大功率光源。

（3）在建筑物和娱乐场所周围加强绿化，增加水面，以改善光环境。

（4）对灯箱广告和霓虹灯应加以控制和管理。

（五）城市防灾救灾

城市防灾是为抵御和减轻各种自然灾害和人为危害以及由此引起的次生灾害，对城市居民生命财产和各项工程设施造成的危害和损失所采取的各种预防措施。

城市灾害主要有地震、洪水、台风、沙尘暴、火灾、交通灾害，以及城市发展所致的地面沉降、海水入侵、环境污染事故、公共卫生突发事件等。随着城市的复杂化、巨大化和人们生活的电气化、管道化和网络化，各种灾害随时可能发生，城市灾害的危险性越来越大，损失也会越来越严重。因此，加强城市防灾救灾能力是城市规划中不可缺少的一部分。

为了提高城市防灾救灾能力，在编制规划时，一方面应该规划编制出防灾的各种措施，另一方面也要规划编制出一旦发生灾害后如何及时救灾的措施。总的原则是：

1. 充分估计该城市发生各种灾害的可能性。并由各有关部门提出防灾救灾的措施。

2. 综合各方面措施，规划出防灾救灾环境。统一确定全市各级防灾救灾有关机构的地段位置。一旦发生灾害，救援时的交通必须通畅，尤其是各类重要生命机构（如通路、通讯、电力、供水、供气、医疗救护等）应保证正常运转，并应具有自身防灾救灾能力。

3. 为了防范重大危险事故的发生，可采用地理信息系统（geographic information system，GIS）对城市重大危险源进行管理。地理信息系统是一项涉及计算机科学、地理学、测量学、地图学等多学科的综合技术，能表示事故的空间信息，如表示城市各重大危险源的地理位置、危险物的信息、估计相对风险的大小等。在城市规划中，GIS可辅助进行对功能分区选址、土地使用决策、危险物质运输路线确定等。在灾害发生时，GIS可结合事故分析模型和专家系统，能够加快事故处理方案的制订和执行。

第三节　村镇规划与健康

村镇是集镇和村庄的总称。村庄是指农村村民居住和从事生产活动的聚居地；集镇是指由集市发展而成的作为一定区域经济、文化和生活服务中心的集中地。村镇是与大自然最接近的人居环境，所以更应充分利用大自然中的有利条件来建设健康的适合农村村民生活和劳动的人居环境。

一、村镇规划的原则

村镇规划的原则是：全面规划、合理布局、节约用地、统筹安排、有利于可持续发展。

村镇规划应以具体的区域规划为依据，根据国民经济发展计划和当地自然资源条件，对土地利用、水利、道路交通、村镇居民点的分布等作出全面的规划。根据有利生产、方便生活的要求，使村镇建设与农、工、商、文教卫生和公共服务设施的建设结合起来，以提高农村的物质文化生活水平和卫生条件。

在村镇规划中，应把保护区域生态环境作为重要内容，促进村镇社会、经济、文化、环境、生产、生活的可持续发展。

村镇规划应根据农村的自然条件、农民的生产生活方式的特点进行规划。不能完全照搬城市规划的全部具体内容，应更充分利用大自然条件。建筑密度、人口密度都应低于城市，住宅规模应高于城市，更突出村镇人居环境的舒适、宽敞，显示出贴近大自然的优越性；也更方便于农村的生产活动。

二、村镇规划的卫生问题

（一）规划的基础资料

除了可参考城市规划中的基础资料以外，应着重掌握农、林、牧、副、渔等农业的发展计划，以及村镇工业、贸易、交通运输等发展计划。

（二）用地选择

村镇居民点的用地选择，应满足生产、生活、卫生和各项工程建设的要求。从卫生学角度有几个重点：

1. 地方病的高发区和严重的自然疫源地、放射性物质高本底地区均不能作为居民点用地。

2. 用地应地势较高、干燥，远离沼泽地，不受洪水淹没，地下水位要低，应离地面至少 1.5m。

3. 土壤不能被污染过，不能利用过去的墓地、牲畜掩埋场、垃圾场或有毒废渣堆置场建设居民点。

4. 地形宜背风向阳、最好向正南或东南方向倾斜，有 0.5%～2%的坡度，以利日照和排水。

5. 附近应有水质良好、水量充沛的水源。水源附近没有污染源。

6. 远离污染严重的厂矿企业（包括乡镇企业）。

（三）村镇功能分区

1. 居住区　应布置在村镇自然条件和卫生条件最好的地段。应安排在当地主导风向的上风侧，并与产生有害因素的工矿企业（包括乡镇企业）、农副业、饲养业、交通运输及农贸市场等场所之间设立卫生防护距离和绿化地带。

2. 工业副业区　指各种工厂、农副产品加工和副业生产用地。对环境影响较大以及易燃易爆和排放“三废”较多的工厂，如水泥厂、砖瓦厂、石棉制品厂、电镀厂、化工厂等，应设在专门的工业区内，并应位于当地主导风向的下风侧，河流的下游。为农业服务的工厂如农机修配厂等，可设在居民点边缘靠近农田的地点。为农副业加工的工业，如榨油、碾米、面粉等工厂应靠近农产品仓库。为居民生活服务的工业，如食品加工、修配、服装厂等，可设在居住区内。

3. 饲养区　家禽、家畜和奶牛等饲养场应配置在居民点外围，居住区下风侧和河流下流。禽畜粪便应有处理措施，例如堆肥、发生沼气等。饲养区周围不应设有影响禽畜正常生理功能的污染源，例如噪声、有害气体等。影响程度与禽畜种类有关。

4. 农业生产区　包括农田、温室大棚、各种农用仓库、打谷场、牲畜棚、拖拉机站、运输车辆车库等的用地。

此外，还应根据当地具体情况具体调整。还可设置风景游览点、公墓等用地。

（四）村镇的文教及公共卫生设施

1. 村镇的学校应设于居民点边缘比较安静的安全地段，并应有足够的运动场地。

2. 托儿所、幼儿园应靠近居住区，远离河、沟、湖、池塘等水体。应有独立的已绿化的空地，供儿童户外活动之用。

3. 卫生院（所）应设在靠近次要交通道路的独立地段上。

4. 以地面水为水源的生活饮用水，应采用集中式给水。必须有对原水进行净化处理和消毒的规划编制。供水系统的管网材料必须合格，不得有溶出物污染水质。

5. 要有污水排放、处理的设施。工厂和农副业生产场所的污水应处理后才能排放，也可综合利用。

6. 应建造便于清理粪便、防蝇、防臭、防渗漏的户厕和公厕。应设有粪便无害化处理的设备和用地。用地可设在接近农田的独立地段。无害化方法可根据当地用肥习惯，选用沼气化粪池、三格化粪池、高温堆肥等方法。

第四节　城乡规划的卫生监督

一、与城乡规划有关的法律规范

1989 年 12 月 26 日第七届全国人民代表大会常务委员会通过的《中华人民共和国城市规划法》是我国的国家城市法规。《城市规划法》的根本目的是依靠法律的权威，运用法律的手段，保证合理地科学制订和实施城市规划，实现城市经济和社会的健康发展，建设高度文明的、具有中国特色的人居环境。

《城市规划法》规定了我国城市规划、建设和发展必须遵循的基本方针、原则和程序。中央和地方应分别制订有关实施《城市规划法》的行政法规、部门规章和地方法规、规章等，使《城市规划法》中规定的基本原则和程序得以具体化。

城市规划还必须遵守有关的法律法规，才能全面保证城乡规划行为和程序的合法性，也才能真正实施城乡规划。与城乡规划最密切的有《土地管理法》、《环境保护法》等。

城乡规划含有极强的技术内容，必须有协调统一的技术规范从具体手段上来保证城乡规划的合理性。城乡规划技术规范主要有《城市用地分类与规划建设用地标准》、《城市居住区规划设计规范》、《城市绿地分类标准》、《城市道路规划设计规范》、《村镇规划标准》、《村镇规划卫生标准》等。

二、城乡规划卫生监督

（一）预防性卫生监督

城乡规划的目的是要建造和谐的、健康的人居环境。为此，卫生部门应参与规划工作的全过程，对规划的各个环节实行预防性卫生监督，落实卫生要求。

城乡规划的预防性卫生监督的主要内容有：

1. 规划的用地选择是否符合卫生要求；各功能分区的用地是否留有今后发展的备用地。

2. 功能分区是否合理。自然因素是否充分利用，不良因素是否防止；卫生防护距离的设置是否合理。

3. 各级居住区的规模是否合适，建筑群的布局是否有利于日照、通风，各项设施是否完善。

4. 水源选择、给排水设施是否符合卫生要求。各类废弃物的收集、运输和无害化措施的规划是否合乎卫生学要求。

5. 绿化的规划是否合理。

6. 道路交通在保持通畅、防止噪声方面的措施是否能满足需求。

（二）经常性卫生监督

卫生部门在城乡建设过程中以及建成以后都要进行经常性卫生监督。要检查规划中的各项卫生要求是否都落实，并督促其必须落实。要经常进行调查研究，对出现的各种卫生问题应分析研究，积累资料，提出改进意见，供有关部门参考。对其他部门提出有关城乡规划和建设中的卫生问题以及环境质量与人群健康关系的问题，卫生部门应有责任给予解答和协助解决。

（刘君卓）

思考题

1. 试述人居环境对居民健康的重要性。
2. 试述城乡规划在创建健康人居环境中的重要性。
3. 试述城市功能分区的卫生学意义、功能分区的原则以及各功能区的卫生学要求。
4. 居住区规划中有哪几项常用的指标？
5. 为了保证住宅有合理的日照和良好的自然通风，居住区应如何规划？
6. 比较村镇规划与城市规划的卫生学要求有何异同。

第十二章　物理因素与健康

第一节　概　述

人们在日常生活中，总是不断地接触着各种物理因素。在自然状态下物理因素一般对人体无害，有些还是人体生理活动所必需的外界条件，只有达到一定强度和（或）接触时间过长时，才会对机体的不同器官和（或）系统功能产生危害。随着经济的发展、科技的进步和产业结构的改变，人们在日常生活中接触到越来越多的物理因素，如气温、气湿、气压、声波、振动、辐射（电离辐射与非电离辐射）等。特别是生物技术和信息产业的兴起，人们的生活和工作环境已经发生了和正在发生着巨大的变化。我们正处在一个生活和劳动条件不断变化的世界里。一些传统环境物理因素危害得到控制的同时，新的以及潜在的、转嫁的危害又不断发生。噪声、次声、激光、电离辐射、异常温度和气压等物理因素危害的比重不断增加，有的甚至成指数上升，成为影响人们的生活环境的突出公共卫生问题。因此，加强环境物理因素危害的防治、研究，是改善生活条件，提高生活质量，保障身心健康的重要课题。

一、物理因素及其危害

人们日常生活中可能接触的有害物理因素主要包括异常气象条件的高温、低温、高湿、高气流、热辐射等；异常气压的高、低气压；次声、超声、噪声、振动；超重、失重、加速度；电离辐射的 α、β、γ、X 射线等；非电离辐射的高频、微波、激光、红外线、紫外线、强光和弱光等。这些物理因素对人体可有如下一些不利影响：高温、低温引起中暑或冻伤；高湿使两手等处发生皮肤糜烂，促使皮肤病的发生；高低气压，如潜水员及沉箱工的减压病，高山高原地区的高山病；噪声可引起听力的下降或耳聋，并对心血管及中枢神经系统也有不良影响；振动，如两上肢的局部振动可引起血管痉挛、溶骨症及骨坏死，全身振动对神经系统、血管等也有不良影响；电离辐射如 X 线、γ 射线等可引起各种放射病；非电离辐射中的微波与高频电磁场，场强过高时可引起神经系统功能紊乱等；可见光线、紫外线可引起电光性眼炎，红外线则可引起白内障，照明过强过弱引起视疲劳；以及其他机械刺激或击伤等。

二、物理因素在经济建设中的应用

环境中有害物理因素是伴随着人类文明的进步而增加的，许多物理因素在国防和经济建设中都有着十分重要的作用。例如，在通信方面，微波扩频通信技术的特点是利用伪随机码对输入信息进行扩展频谱编码处理，然后在某个载频进行调制以便于传输。除了通信方面，微波在其他领域也大显身手，例如雷达、无线电辐射计、微波炉、用于食品制作方面的微波杀菌、保鲜等等。微波扩频通信技术用于军事领域，主要开发目的是对抗电子战干扰。振动在工业生产中也有重要作用。有许多利用振动原理制作的工具在工业生产中被广泛应用，如：各种振动筛、振动输送机、振动给料机、高效振动磨、振动电动机、双轴振动器等。激光在国防和经济建设中有着广阔的用途，如激光通讯、激光测距、激光瞄准、激光追踪或导弹制导、多种激光战略和战术武器、激光焊接、激光切割等。在农业上，利用害虫对一些特殊波段超声的惧避行为，在田间播放，以惊扰害虫，使其不能正常完成觅食、觅偶、交配和产卵。这种方法对害虫种群的增长有很强的抑制作用，且范围广，完全不伤害天敌，不会产生任何负面作用，长期推广有利于保持生态平衡。

人类文明的发展历史一次次地告诉我们，科学技术的进步是一把双刃剑，物理因素在促进经济发展的同时，也给人类的生活带来了各种各样的危害。如何预防和控制各种物理因素对人体健康的有害影响是摆在我们面前的一项紧迫任务。

第二节　噪　声

振动的物体能使邻近的空气分子振动，这些分子又引起它们邻近的空气分子振动，从而产生声音。由于分子振动产生的声波的方向与波传递的方向相同，所以声波是一种纵波（longitudinal wave）。声波仅存在于声源周围的媒质中，没有空气的空间里不可能有声波。声音不仅可在空气内传递，也可在水、土、金属等物体内传递。声音在空气中的传播速度为340 m/s（15℃时）。

声波在单位时间内的振动次数称为频率（frequency），单位赫兹（Hz）。正常人感音的灵敏程度依频率不同而异，在频率1000～4000 Hz人耳感音最敏感，在此范围以外（或高或低）均较不敏感。人类一般听不到频率在20 000 Hz以上（超声）、20 Hz以下（次声）的声音。在可闻声波的频率范围内，物理学认为，具有节律感的周期性振动属乐声；无规律的不具周期性特征的声响称噪声。而卫生学则认为，不论物理学上称为乐声或噪声的声响，当其干扰睡眠休息、交谈思考，给人以烦恼的感受和造成听觉危害的声响统称为噪声（noise）。噪声是声音的一种，具有声音的基本物理特性。

噪声依据时态和形态的分布特征可分为：

稳态噪声（steady noise）　指噪声声压级的变化较小（一般不大于3 dB），且不随时间有大幅度改变。如电机、风机及其他电磁噪声，固定转速的摩擦、转动等噪声。

非稳态噪声（nonsteady noise）　指噪声强度随时间而有起伏波动（声压变化大于3dB），有的呈周期性变化，如锤击；有的呈无规律的起伏变化，如交通噪声。

脉冲噪声（impulse noise）　指持续时间小于1秒的单个或多个突发声组成的噪声，脉冲噪声往往是突发的高强噪声。

一、噪声的计量与频谱

噪声的强弱，可用客观的物理量来评价，也可把客观物理量与人耳的主观感觉相结合作出量化的评价。尤其是对具有复合音的噪声进行量化的分析。

（一）声压与声压级

1. 声压　声波在空气中传播时，引起介质质点振动，使空气产生疏密变化，这种由于声波振动而对介质产生的压力称为声压，声压可以看作垂直于传播方向上单位面积所承受的压力。声压单位用帕（Pa）表示，$1Pa=1\ N/m^2$。

2. 声压级　声压大则音响感强，声压小则音响感弱。能引起正常人耳声响感的声压称为听阈声压或听阈（threshold of hearing），为$2\times10^{-5}\ N/m^2$；当声压大致使人耳产生不适疼痛感时称痛阈声压或痛阈（threshold of pain），为$2\times10\ N/m^2$。由此可知，从听阈到痛阈的声压值相差达 100 万倍。因此用声压的绝对值表示声音的强弱很不方便，而且人耳对声响强度的感觉量与声强的对数成比例。故取其对数量（级）来表示，称声压级（sound pressure level，SPI），其单位为分贝（decibel，dB）。

通常以频率为 1000Hz 的纯音的听阈声压作为基准声压级，定为 0 dB，痛阈的声压级为 120 dB。将相差 100 万倍的声压范围缩小成为 0～120 dB 之内。其方程为：

$$Lp=20\ \lg P/P0\ (dB)$$

式中：Lp 为声压级（dB）；

P 为被测声压（Pa 或 N/m^2）；

P_0 为基准声压（2×10^{-5}Pa）。

根据该公式可知，声压（Pa）与声压级（dB）的关系为：声压级变化 20dB，相当于声压值变化 10 倍；声压级变化 40dB，相当于声压值变化 100 倍，声压级变化 60dB，相当于声压值变化 1000 倍。声压级的变化使人耳对声响感的强弱有明显不同的感受。

（二）响度级与等响曲线

噪声在不同的频率和声压级条件下，给人的主观响度感觉不同，为此把频率与声压级两物理参数，将其根据人耳的感音特性联系在一起，定出主观声响感觉的物理量，称响度级（loudness level），单位为方（phon）。方是指以 1000 Hz 纯音的声压级作基准音，与其他不同频率的纯音比较，当产生与基准音有同等的响度时称等响。根据大量的实验与统计结果，应用等响与基准音比较，可得出从听阈至痛阈范围内各频段等响的响度级。由于同一条曲线响度级都是相等的，故称等响曲线（equal-loudness contour）或称等感觉强度曲线，声学中称为弗莱休—蒙森（Fletcher-Munson）曲线（图 12-1）。

等响曲线图是根据测试年龄 18～25 岁大量青年听力的平均值绘制的。每一曲线表示同样的响度级，彼此之间相差为 10phon。

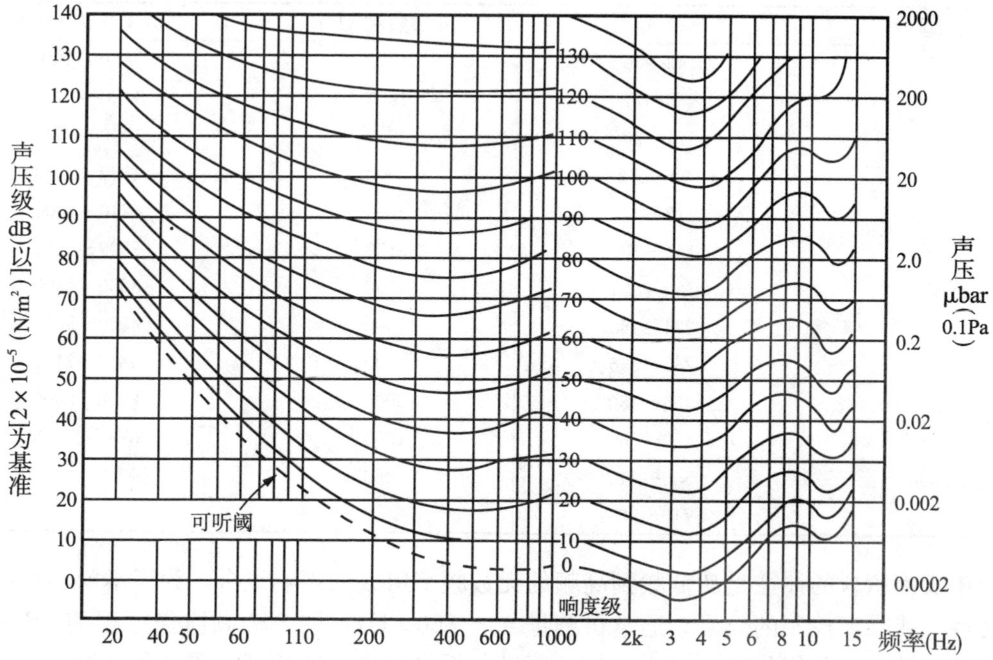

图 12-1　弗莱休—蒙森曲线（等响曲线）

可听到的声响区域包括听阈和痛阈，即最上面的等响曲线为痛阈曲线，最下的一条为听阈曲线。

（三）声的频谱

作为人耳声响感的频率，从最小至最大有1000倍之差，这不利于实际的测量和分析。为便于应用，将宽广的声频由低到高排列成为连续的频率谱称为声频频谱（sound spectrum）。整个频谱可划分成若干个频段，称频程或频带，常见的有倍频程或1/3倍频程。

倍频程（octave）是两个相邻频率之比是成倍数的关系，以其中心频率代表该段频程（表12-1）。

表12-1　倍频程中心频率和频率范围

中心频率（Hz）	频率范围（Hz）
31.5	22.5～45
63	45～90
125	90～180
250	180～355
500	355～710
1000	710～1400
2000	1400～2800
4000	2800～5600
8000	5600～11200
16000	11200～22400

为获得比倍频程更细的频程，则采用1/3倍频程，即把一个频程再分为三份，其中心频率较倍频程更为细致，见表12-2：

表12-2　1/3倍频程中心频率和频率范围

中心频率	频率范围（Hz）	中心频率（Hz）	频率范围（Hz）
50	45～56	1000	900～1120
63	56～71	1250	1120～1400
80	71～90	1600	1400～1800
100	90～112	2000	1800～2240
125	112～140	2500	2240～2800
160	140～180	3150	2800～3550
200	180～224	4000	3550～4500
250	224～280	5000	4500～5600
310	280～355	6300	5600～7100
400	355～450	8000	7100～9000
500	450～560	1000	9000～11200
630	560～710	12500	11200～14000
800	710～900		

由于噪声所含的往往是从低频到高频的无数频率组成的声响组合，为了解噪声源的声频组合特性，或噪声控制的效果，通常可测量63～8000 Hz，共8个频段倍频程的dB值，分析噪声源的特点，我们称之为频谱分析。频谱分析是对噪声源的频率属性和强度加以综合分析的结果。

二、噪声对机体的影响

（一）噪声的听觉外效应

1. 对睡眠、休息的干扰　噪声可影响休息，而老年人和病人对噪声的干扰更为敏感。噪声可影响人的熟睡，使之多梦、惊醒。入睡后仅需突然发生 40 dB（A）的声响，就会使 10%的睡眠者惊醒，达到 60 dB（A）时可使 70%的人惊醒。

2. 对心理的影响　噪声的心理影响主要表现为：使人烦躁、易激动，甚至无故暴怒。噪声的干扰，易导致疲劳提早发生，使精力不集中和工作效率减低。噪声的掩蔽效应，往往掩盖一些危险信号的声响示警，故吵闹的施工区域或生产场所易出现工伤事故。

3. 对语言、通讯的干扰　通常在办公、学习、会议等活动中，引起人们烦躁的主要因素是噪声对语言的干扰。正常交谈时，相距1 m能满意地听清对方的语言，其背景噪声应＜55 dB。通讯中，尤其是以有线或无线通话或指挥调度时，若环境噪声＞75 dB，则通话效果差、难以听清，这既是掩蔽效应的表现，也可影响装备通信的效果。

4. 噪声的其他不良影响　神经系统的影响与声响的性质、强度、接触时间有关。长期单调的噪声可使多数人出现神经衰弱综合征。长期接触噪声还可能导致心血管异常发生率增高，高血压发病率增高，还可有食欲不振、胃液分泌减少等功能紊乱。噪声对生殖功能和胚胎发育都有一定的影响。在噪声的干扰下，人们的工作效率也会降低。

（二）噪声对听觉器官的影响

噪声对听觉器官的影响是生理移行至病理的过程，造成病理性听力损伤必须达到一定的噪声强度和接触时间。一般来说，可分为：

1. 暂时性听阈位移（temporary threshold shift，TTS）是指人或动物接触噪声后引起暂时性的听阈变化，脱离噪声环境后经过一段时间听力可恢复到原来水平。

（1）听觉适应：短时间内接触强噪声，可出现不适、耳鸣，听力降低约 10～15 dB，脱离噪声环境数分钟后可恢复，这种现象称为听觉适应（auditory adaptation）。

（2）听觉疲劳：较长时间持续暴露于强噪声环境或多次接受脉冲噪声，使听力下降 15～25 dB，并在脱离噪声环境后数小时至一昼夜，恢复至原有听力水平，称听觉疲劳（auditory fatigue）。听觉适应和听觉疲劳均属于可逆性听力损失，可视为生理性保护效应。

2. 永久性听阈位移（permanent threshold shift，PTS）当噪声持续的时间增长或者噪声强度增大，导致病理性的永久性听力损失，称永久性听阈位移。永久性听阈位移又可以进一步分为听力损失、噪声性耳聋以及爆震性声损伤。

（1）听力损失（hearing loss）：是指长期处于超过听力保护标准的环境中［＞85～90 dB（A）］，听觉疲劳难以恢复，持续累积作用的结果，可使听阈由生理性移行至不可恢复的病理过程。主要表现在高频（3000、4000、6000 Hz）任一频段出现永久性听阈位移＞30 dB，但无语言听力障碍，又称高频听力损失。因此高频听力损失可作为噪声性耳聋的早期指标。

（2）噪声性耳聋（noise-induced deafness）：当高频听力损失扩展至语言频率三频段（500、1000、2000 Hz），造成平均听阈位移＞25 dB，伴有主观听力障碍感，称噪声性耳聋。并在 4000 Hz 处有一听力突然下降的听谷存在。依据听力下降的程度可区分为下列各等级聋。微聋：听力下降 25～40 dB；轻度聋：听力下降 41～55 dB；中度聋：听力下降 56～70 dB；重度聋：听力下降 71～90 dB；全聋：听力下降＞90 dB。

(3) 爆震性耳聋（explosive deafness）：又称爆震性声损伤。是在一次强噪声作用下造成的听力损伤，如职业环境中山崩、筑路、采矿等爆破作业，军事环境中火器发射或其他突然发生的巨响，所形成的强脉冲噪声和弱冲击波的复合作用，使外耳道气压瞬间达到峰值，强大的压强可使鼓膜充血、出血或穿孔，严重时可致听骨链骨折。瞬间高压传入内耳，造成内淋巴强烈振荡致基底膜损伤，出现听力障碍，并可由于前庭受到刺激而伴有眩晕、恶心、呕吐等症状。此时生理保护机构所起的反应已经完全不起作用，因此必须加强听觉器官的个体防护。

三、噪声评价指标

（一）A 声级［dB（A）］

A 声级是模拟人耳对 45 方（phons）声响应的声压级，公认 dB（A）为卫生评价声级，并为国际标准化组织（ISO）所采用。研究表明，dB（A）评价噪声所致的听力损失与噪声评价数（noiserating number，NR）评价曲线同样精确，但较其方便；dB（A）监测噪声强度与人的主观声响感接近一致，加之操作计量方便，国内外广泛应用。应注意的是 dB 与 dB（A)并不相同，dB 表示物理声压级的计量，通常用于听力测听或频谱分析的线性档（Lin)；dB（A）是将声压和频率变化联系在一起的声响感的生物物理量，用于噪声的卫生学评价。

亦有测量 dB（C）即 C 声级以表示声源的总声压级。因 dB（C）的特性是模拟100 phons的响度，在该响度下对各倍频程都具有近似平直的声响应。

（二）D 声级［dB（D)］和感觉噪声级

现代喷气飞行器噪声是一复合噪声，与 dB（A）以纯音为基础的等响声显然不同，以 dB（A）测量现代航空噪声有较大偏差，低估了高频连续噪声引起人烦躁和讨厌感，为此提出感觉噪声级以纠正误差。感觉噪声级（perceived noise level，PNL）为测量 dB（D）的实测值再加 7dB，单位为 PNdB。

（三）统计声级（L_{10}、L_{50}、L_{90}）

统计声级（statistical sound level）亦称累计百分位数声级。通常用 L_{10}、L_{50}、L_{90}表示，单位为 dB（A）。用于评价非稳态噪声强度的变化。采用统计声级是由于非稳态噪声数据多呈偏态分布且为对数表达，故用一般算术平均值难以准确表达并需校正，统计声级可消除此类缺点。统计声级中的 L_{10}代表测量时限内非稳态噪声的峰值；L_{50}表示中位数；L_{90}表示被测时限内的环境噪声本底值。

统计声级的测量方法：①声级计固定于慢档，稳定于同一测点，用 dB（A）每隔 5 秒记录一次读数，连续记 200 个读数；②将连续测得 200 个数据，按数值大小顺序由大到小次序重新整理排列，并核对无误；③整理排列后的第 20 位数据，即 L_{10}，第 100 位数据为 L_{50}、第 180 位数据为 L_{90}，单位为 dB（A）。L_{10}代表最大噪声值；L_{50}代表噪声中数；L_{90}表示最低噪声值，亦可视为该噪声环境中的本底噪声。

（四）等效噪声级［Leq dB（A)］

亦可称等效连续 A 声级（equivalent continuous A sound level)，它表示在被测时间内，噪声环境中连续 dB（A）的对数平均值。由于 Leq dB（A）是被测量一段时间内的噪声能量平均值，所以能客观反映接触者实际暴露的噪声强度。研究表明等效噪声级与听力损失、神经和心血管疾病阳性率有较好的相关性，已被 ISO/R1966 采用。

（五）本底噪声

在被测声源不发声时所测得的环境噪声称之为本底噪声。当本底噪声过强时，与被测声源的声压级相差小于 3～10 dB，将增大被测声源的噪声值构成噪声叠加的表达，造成误差，故需加以修正。若本底噪声与被测声源的噪声值相差大于 10 dB，则此误差可略而不计。

四、噪声标准

工作环境和生活环境的噪声容许标准并不相同，前者要求长期接触噪声，不致对听觉器官造成听力损害。后者要求保持一定的宁静环境，避免干扰睡眠休息和交谈思考。马大猷于 20 世纪 70 年代曾提出我国噪声标准的建议，它概括了人们日常活动主要环境噪声标准的基本范围（表 12-3）。

表 12-3　保护健康与安宁环境噪声指标

适用范围	理想值 dB（A）	最大值 dB（A）
睡　眠	30	50
交换思想	50	70
听力保护	70	90

为贯彻《中华人民共和国环境保护法》及《中华人民共和国环境噪声污染防治条例》，保障城市居民的生活环境质量，1993 年，国家环保局发布了新的《城市区域噪声标准》（GB3096-93）以代替 1982 年发布的《城市区域噪声标准》（GB 3096-82），并已于 1994 年 3 月 1 日开始施行。本标准规定了城市五类区域的环境噪声最高限值。并特别规定夜间突发的噪声，其最大值不准超过标准值 15 dB。城市 5 类环境噪声标准值见表 12-4：

表 12-4　城市区域环境噪声标准 Leq dB（A）

类别	昼间	夜间
0	50	40
1	55	45
2	60	50
3	65	55
4	70	55

其中，0 类标准适用于疗养区、高级别墅区、高级宾馆区等特别需要安静的区域，位于城郊和乡村的这一类区域分别按严于 0 类标准 5 dB 执行；1 类标准适用于以居住、文教机关为主的区域，乡村居住环境可参照执行该类标准；2 类标准适用于居住、商业、工业混杂区；3 类标准适用于工业区；4 类标准适用于城市中的道路交通干线道路两侧区域，穿越城区的内河航道两侧区域。穿越城区的铁路主、次干线两侧区域的背景噪声（指不通过列车时的噪声水平）限值也执行该类标准。

根据统计，我国重点城市区域环境噪声总体平均水平 1993 年为 57.8 dB（A），1996 年为 56.8 dB（A），超过国家一类区标准 55 dB（A），处于中等污染水平。区域环境噪声平均值超过 60 dB（A）的城市占 10%。有 70%左右的城市处于中等污染水平，处于轻度污染的城市不超过 20%。有三分之二的城市人口生活在高噪声的环境中。

五、噪声控制原则

在影响城市环境的各种噪声来源中，工业噪声占8%～10%，建筑施工噪声占5%，交通噪声占30%，社会生活噪声占47%。社会生活噪声影响面最广，是干扰生活环境的主要噪声污染源。因此，应当根据噪声的来源特点，采取相应的控制措施。

（一）声源控制

做好城市的各项功能区域的科学规划，合理地进行城市防噪声布局。工矿企业应当远离生活区，并且对住宅区、商业区、工业区、混合区等功能区域的规划采用隔离分区设计。在道路建设时，应当充分考虑对周围居民可能产生的影响，并适当采取建立隔离带、使用隔音墙等措施。如果在立交桥周围增设了隔声板，就能够有效地隔绝噪声对立交桥周边楼房居民的干扰和影响。另外，增加地下交通网以减少地面噪声，以及培植植物绿化带来隔离噪声也都是降低城市环境噪声水平行之有效的方法。

控制城市环境噪声源的焦点在于改进运输工具与机械设备的结构和性能，提高有关部件装置的质量，采用吸声、消声、隔声的技术以及发展减振、隔振技术等。

（二）噪声传播的控制

控制城市环境噪声水平的根本办法是控制声源，但往往由于技术或经济等原因，有时候直接治理声源难度甚大，因而采取噪声传播控制技术进行噪声治理也是一个行之有效的措施。

1. 吸声　如果声波在传播的过程中进入吸声材料，则会在材料的细孔或缝隙内引起空气振动，振动时产生的摩擦阻力和粘滞阻力，能够促使声能转化成热能，从而降低噪声强度。

具备吸声材料的条件为：应在125、250、500、1000、2000、4000Hz六个倍频程，其吸声系数（α）的平均值>0.2时才能视为吸声材料，α值越大，表明吸声效果越佳。常用吸声材料属多孔、透气物质，如玻璃棉、矿渣棉、泡沫塑料、毛毡、麻纤维、吸声砖等。吸声材料适用于高频噪声，其吸声效果较好；而低频噪声，因其波长较长，可产生绕射，减弱了低频吸声效果。低频噪声可采用共振腔吸声结构加以解决。木质家具的纤维常属于多孔性，能够吸收噪声，购置家具时可适当予以考虑。另外，在建筑装修中使用软木地板也是一种有效选择。

通常吸声材料越厚，吸声系数增大，但材料厚度达到一定程度以后，吸声效果增长很缓慢。

2. 消声　消声主要用于降低空气动力噪声。允许气流通过，又可减少噪声转播的装置，通常称消声器。优良的消声器应具备下述性能：消声能量大——噪声衰减明显；空气动力性好——阻力损失小；结构性能优——抗腐蚀性、坚固耐用、体积小。按消声原理可区分为阻性消声器、抗性消声器、阻抗复合消声器、小孔和多孔扩散消声器等。

3. 隔声　隔声指采用屏蔽物降低空气中传播的噪声，是噪声控制中常用而有效的措施。如隔声墙壁、门窗，可阻挡室外噪声的传入。

4. 阻尼与隔振　机械振动可引起噪声，采用阻尼与隔振措施能有效地降低机械噪声。阻尼是利用强粘滞性的高分子材料，涂于金属板材之上，使板材弯曲振动能量转换成热能而耗损。

隔振则是将需要防止振动的机械与其他刚性结构相连接，如与弹簧、胶垫等弹性物连接，降低振动的传递而减弱噪声。隔振要求隔振系统的固有频率远远低于机械振动系统的频率，避免产生共振作用。对隔振材料的要求有耐压、耐高温、耐潮、耐腐蚀的性能。

5. 听力保护器　听力保护器适用于个人的噪声防护，常使用的听力保护器有耳塞和耳罩：

（1）耳塞（ear plus）：耳塞是插入外耳道的个体听力保护器，造价低，便于普及。优良的防噪声耳塞应具备下列卫生要求：①250～8000 Hz 倍频程范围内，隔声值平均超过20 dB；②戴耳塞后对语言清晰度无明显影响，不妨碍语言联系；③结构简单，使用方便；④戴耳塞后，对皮肤无刺激性，耳部无不适感。

（2）耳罩（ear muff）：耳罩是将整个耳廓套封起来的个体听力保护器。防噪声耳罩其卫生学要求除同耳塞外，还需具备以下两个条件：①连续佩戴 2 h 耳壳不产生明显压迫疼痛感；②构造上应不影响眼镜等物的佩戴。

第三节　振　动

一、振动的定义和分类

振动（vibration）是物体在外力作用下以中心位置为基准呈往返振荡的现象。振动的基本参数有频率、速度、加速度和振幅等。振动是自然界中极常见的运动形式，广泛存在于人们的生活和生产之中。

由于振动作用于人体的部位和传导方式的差异，可分为全身振动和局部振动。全身振动（whole-body vibration，WBV）是指通过人体的某一支撑面，如立位的足、坐位的臀，接触不同物理参数的振动，传达到整个躯体的振动，不同角度的旋转、冲击、震颤作用于人体亦是一种全身振动；局部振动（segmental vibration）或称手传振动（hand-transmitted vibration），主要指使用振动工具，手部直接接触冲击性、转动性或冲击转动性工具，造成振动由手及臂系统传导至躯体。两者对人体的危害及发病过程、临床特征和医疗预防方面都有明显的不同。目前局部振动研究较多，全身振动相对了解较少。全身振动的研究已获得的结果也不完全一致并有争论，尚有待进一步研究阐明。

二、振动的主要来源

在工农业生产及交通运输过程均有大量的振动现象。全身振动的频率范围主要在 1～20 Hz。局部振动作用的频率范围在 20～1000 Hz。上述划分是相对的，在一定频率范围（如 100 Hz 以下）既有局部振动作用又有全身振动作用。

（一）在职业条件下，各种振动性工具的使用都可能是接触振动的危险因素。

1. 局部振动作业　主要是使用振动工具的各工种，如砂铆工、锻工、钻孔工、捣固工、研磨工及电锯、电刨的使用者等进行作业。

2. 全身振动作业　主要是振动机械的操作工，如震源车的震源工、车载钻机的操作工；钻井发电机房内的发电工及地震作业、钻前作业的拖拉机手等野外活动设备上的振动作业工人，如伴有全身强烈振动的作业，如风钻、捣固器、锻造等作业，以及拖拉机驾驶等。军事活动中如车辆的颠簸、摇晃，直升飞机的震颤，自行武器的射击等都可感受到明显的全身振动。

（二）在非职业条件下，交通振动是危害人们健康的主要振动来源

居住在地铁附近、铁路沿线或是公交车站旁会受到振动和噪声的困扰。铁路沿线的居民楼内，每当火车经过时居民们总可以感受到强烈的振动，家里的家具、门窗玻璃也都会发出振动的声音，长时间的振动甚至使家具发生了错位。在我国交通振动已经成为新的环境公害之一，并且其影响范围正在逐步扩大。在世界范围内，由交通引起的振动也越来越受到广泛的关注，交通振动所引起的振动公害已被列为世界七大环境公害之一。

交通振动是指由于交通车辆引起的结构振动通过周围地层（地下或地面）向外传播，进一步诱发附近地下结构以及邻近建筑物（包括室内家具等）的二次振动和噪声。交通振动会对建筑物特别是古旧建筑物的结构安全以及其中的居民和工作人员的工作、日常生活产生很大的影响。

在我国，由于交通的不合理规划而引起的振动越来越成为值得关注的问题。随着城市建设的迅猛发展，高架道路、轻轨、地下铁道使得整个城市形成了一个立体的交通网，从空中、地面到地下逐步深入到城市中的居民点、商业中心和工业区。同时，伴随着交通密度的不断增加，交通负荷的逐渐加重，振动和噪声所造成的影响也就日益显著。这在我国的一些大型城市中尤为突出。比如在北京、上海、广州等大城市，市内很多的立体交通道路已达五至七层，而这些高架通道距离附近的建筑物只有几米的距离，甚至紧挨建筑物或从建筑物中穿过。交通引起的振动具有持久性，其反复作用会降低建筑结构的强度，最终影响建筑物的安全和正常使用。另外，随着经济的发展和生活节奏的加快，人们乘车出行的时间日益增多，乘坐交通工具已经成为日常接触全身振动的重要来源。

三、振动对机体的危害

（一）全身振动的不良影响

全身振动所致的影响与振动频率、振幅、作用方向和接触时间有关，振动强度常用振幅或加速度表示。人体出现频率响应的共振，可造成相邻部位的组织器官产生更大的位移而增强危害，共振作用是全身振动中的重要因素。全身垂直振动可使腹腔脏器似活塞样抽动，造成脏器移位、牵拉和挤压，引起胸痛和腹痛；振动可使全身发生摇摆和撞击，使躯体重心位移，脊柱作用应力增大，肌紧张度增高，致脊柱及关节引起退行性变，腰背痛增加。立位的大振幅、低频率全身振动可引起脚痛和趾甲床毛细血管痉挛。持续的振动，对敏感的个体，易产生类航海病样的“摇荡综合征”，如脸色苍白、出冷汗、唾液分泌增加、头晕、恶心呕吐、食欲不振、全身疲软。

1. 神经系统的影响　振动引起的神经损害，可能首先侵犯交感神经和痛觉神经。严重的振动导致人体疲劳感、睡眠障碍、食欲减退、肌肉酸痛、头晕、焦虑、虚弱等不适表现。动物实验和临床观察都表明，振动可引起原发和继发的中枢神经功能异常，先兴奋继而抑制；早期出现脑电波每秒 4～7 次的慢波（θ 波），可能与脑贫血有关，此后可出现每秒 25 次为主的快波，快波波幅大小和出现频率与疾病程度呈平行关系，并随治疗而好转。有认为纺锤形快波的出现，是振动危害的特有表现。振动所致空腔脏器的共振易导致自主神经功能紊乱，使腺体分泌和酶活性减弱，产生胃肠道疾患。中等强度振动，因胸、腹腔共振致呼吸不畅，使人感到十分不适。

2. 心功能的影响　振动导致窦性心动过缓、ST 段下移、心室高电压、右束支传导阻滞较多见，此类症候被认为是长期暴露于全身振动，使心肌缺血的结果，但也有持异议者。

3. 脊柱的影响　根据对3338名接振工人的腰脊X线片证实，腰脊的骨刺形成、唇样增生、骨桥形成等占51.8%，显著高于对照；动物实验发现，接振家兔腰脊骨膜增生、增厚，椎间隙变窄，椎体关节面边缘不清等。

4. 听力的影响　振动能造成耳蜗听觉细胞受损，使耳蜗螺旋神经节细胞发生萎缩性病变，导致听力的语言频率损伤，以125～250 Hz低频音损伤为主，这是振动与噪声造成声损伤的主要差异点。

（二）局部振动的不良影响

局部振动对人体影响，早期以神经系统改变为主，继之为局部微循环和骨-关节系统的影响。

1. 末梢神经感觉障碍　振动引起的神经损害常以多发性神经炎的形态出现，有类似“手套”或“袜套”型感觉障碍，其中手麻、痛、僵、无力的主诉出现较早，伴有痛觉、振动觉、触觉、温度觉的感觉障碍。

（1）痛觉：痛觉反应迟钝，严重者可消失。部位多见于手指末端，重症者手腕、足部甚至颜面出现痛觉减退。减退的痛觉呈多发性神经炎或节段性分布。研究发现：痛觉减退是手指＞手背＞手腕；白指组＞非白指组＞对照组；痛觉减退早于白指发生之前出现；冷水浸泡（5℃或10℃）试验，痛觉降低更为明显。

（2）振动觉：振动物体接触人体皮肤时所产生的感觉称为振动觉。把刚能感觉到的振动刺激称振动觉阈值。有振动损伤者手指部位出现振动感受阈值提高。较多的国家将痛觉和振动觉检查及5℃冷水浸泡2min再检查的比较结果列为振动病诊断的必查项目。

（3）两点分辨觉和深度觉：局部振动危害越重，两点分辨觉和深度觉阈值提高越明显，白指组＞非白指组＞对照组，冷水试验后更显著。

2. 对血管及血流动力学影响　血管和血流动力学改变是局部振动对人体最明显的影响之一，尤其是肢端动脉的痉挛，出现白指现象（雷诺现象），是振动病的典型表现。具体表现有：

（1）皮肤温度变化：局部振动可致手部尤其是手指皮肤温度降低，冷水负荷试验表现皮温恢复速度减慢即恢复时间延长，表明有末梢血管功能障碍。

（2）甲皱微循环变化：局部振动可引起甲皱毛细血管形态、流态和功能改变。表现为管袢模糊、排列混乱、数量减少，异形管袢增加显著；管袢中血流速度减慢、流态呈粒流或不清晰、渗血的管袢数增多。血管造影可发现手和前臂部动脉管腔有不同程度的变窄甚至闭塞。

（3）骨-关节系统影响：在手腕关节部X线照片可见指、掌、腕骨空泡样变，末节指骨蘑菇样变。局部振动亦可导致颈椎和腰椎的唇样增生、椎体扁平的改变。

四、影响振动对机体作用的主要因素

（一）接触振动的强度和时间

接触振动的强度和时间，决定了机体接受振动的“剂量”。振动病的患病率和严重程度均随着接触振动时间的延长而增加，振动时间剂量与振动损伤之间存在明显相关。有报道将振动时间剂量分为5级（小时）：0～，2500～，5000～，7500～，10000以上。认为在4000小时以内可出现明显的局部症状；4000小时以上自觉症状显著增多；6000小时以上出现全身运动器官症状者明显增多。

（二）环境温度和噪声

环境温度在振动病的致病因素中起重要作用，寒冷是促使振动病发生和流行的重要条件之一。温度可直接影响血管功能，改变血流动力学特性，引起局部或全身血液循环的变化。在环境中，振动和噪声往往同时存在，两者具有协同作用，表现为对听觉、视觉、运动分析器、心血管系统的影响，均比单一因素作用更为明显。

（三）其他因素

人体对振动的敏感程度与体位姿势有很大的关系。立位时对垂直振动比较敏感，而卧位时对水平振动比较敏感。采取强迫体位时，尤其是胸腹部直接接触振动物体，振动的危害作用就更大。接触物的硬度等均能影响机体的负担和静力紧张程度。

五、振动病

振动病是由于生产性振动对人体的危害而引起的疾病。振动病的发现已有 70 多年的历史，我国于 1957 年将振动病列为法定职业病之一，但各国所使用的名称仍不统一。英国称为“职业性雷诺性白指”，前苏联和东欧各国称为振动病，日本称为白蜡病或振动障碍，欧美则称为振动症候群或振动综合征等等。我国称为振动病。

振动病的症状主要有白指（雷诺现象）、手麻、冷感、手疼痛、手僵硬、头痛、头晕、失眠、嗜睡、易激动、记忆减退、注意力不集中和手多汗等。

六、振动的监测和评价

（一）振动的监测

在人们的日常生活中，总是或多或少地受到各种来源的振动的影响。为了监测环境中振动的存在状况，控制城市环境振动污染，早在 1988 年 12 月 10 日国家环境保护局批准了《城市区域环境振动标准》，并于 1989 年 7 月 1 日实施。城市各类区域振动控制限制列于表 12-5，并适用于连续发生的稳态振动、冲击振动和无规则振动。该标准还明确规定，每日发生几次的冲击振动，其最大值昼间不允许超过标准值 10 dB，夜间不超过 3 dB。

表 12-5　城市振动控制限值

适用地带范围	昼间（dB）	夜间（dB）
特殊住宅区	65	65
居民、文教区	70	67
混合区、商业中心区	75	72
工业集中区	75	72
交通干线道路两侧	75	72
铁路干线两侧	80	80

其中，特殊住宅区是指特别需要安宁的住宅区；居民、文教区是指纯居民和文教、机关区；混合区是指一般商业与居民混合区，工业、商业、少量交通与居民混合区；商业中心区是指商业集中的繁华地区；工业集中区是指在一个城市或区域内规划明确确定的工业区；交通干线道路两侧是指车流量每小时 100 辆以上的道路两侧；铁路干线两侧是指距每日车流量不少于 20 列的铁道外轨 30m 外两侧的住宅区。

（二）振动的评价

为了评价振动的强弱和人体的感受程度，曾提出了许多描述振动的参量。这些参量中，有的是对振动只考虑客观的大小而提出的物理量度；有的是结合人对不同频率振动的感受程度而确定的主观评价量。下面是几种应用比较广泛的振动评价量。

1. 振动加速度　振动的位移、速度和加速度都可表达为频率与时间乘积的余弦因数，其值随时间周期性变化。通常采用振动加速度的有效值来表示振动的强弱，单位为 m/s^2，也经常用 g 作单位，$1g=9.81\ m/s^2$，这是描述振动源基本的物理量。

2. 振动加速度级（VAL）　加速度与基准加速度之比的以 10 为底的对数乘以 20，记为 VAL。单位为分贝，dB。

按定义此量为：$VAL=20\ lg(a/a_0)$（dB）

式中，a 为振动加速度有效值，m/s^2；

a_0 为基准加速度，$a_0=10^{-6}m/s^2$。

3. 振动级　以上两个量表示了据动的客观大小，但人对不同频率的振动主观反应并不一致，我们希望建立一个与人的主观感觉相一致的评价量。为此通过一个计权网络，将 1～80 Hz 范围内各频率的振动，按人的敏感特性分别予以计权然后迭加，所得结果称为计权振动加速度级，简称振动级，记为 VL：

$$VL=10\ lg\left[\sum_{t=1}^{n}10^{0.1(VALi+ai)}\right]\ (dB)$$

式中，ai 为各 1/3 倍频程的计权因子。

4. 等效连续振级　在大多数情况下，处于工作场所工人并非恒定于单一强度的振动暴露之中，此时需要用等效连续振级来评价工人在一个工作日中所接触振动的剂量，计算公式为：

$$Leq=10\ lg\left[\frac{1}{T}\sum_{t=1}^{n}ti10^{0.1VLi}\right]\ (dB)$$

式中，ti 为对应于振动级为 VLi 的振动延续时间；T 为总时间。

七、振动危害的预防措施

根据卫生学和流行病学的观点，预防和控制振动对人体健康的危害，主要从致病原因、致病条件和人体本身几个方面着手，即减少、限制以致消除振动源，限制接触振动的时间和强度，控制环境中的寒冷、噪声等危害因素，加强健康管理和个人防护等，因涉及的问题比较复杂，所以应采取综合治理措施。

（一）全身振动的防护

1. 防护的基本办法　改进车辆的防振设计与重视工效学，以减轻车体的颠簸和缓解振动。据研究，坐椅倾斜度可缓解或减轻振动对人体的影响，90°～100°角的坐椅远较倾斜度大的坐椅传播振动严重。

2. 提高人体适应性　适应性的提高，着重在加强训练。通过一般训练提高体能素质，通过专业技术训练加强对专业操作的持久耐力。

3. 针对性的防护对策　针对振动施加于人体的作用因素采取防护对策。如行车前应进饮食，餐后有半小时以上的休整；起伏地带或山区行驶，在条件允许时适当增加休息频率，以缓解肌肉、视功能的紧张；严寒季节行车前应有热身活动等。

（二）局部振动所致振动病的防治

1. 接触振动工具者注意轻握手把减少反作用力，或将握把部分用垫布、棉垫或弹性材料包裹，既可防寒又可减振。振动工具应有支架，避免以躯体作支架进行操作。改单一接振操作为接振与不振作业兼容的作业方式或轮换方式。

2. 寒冷季节室外作业时，应有保暖休息室和防雨雪设备。有报道，振动工具手把柄保持在40℃以上，可显著降低振动病的发生。接振者宜2h用温水（40～60℃）浸手10min，改善手部血管舒缩状态和指手关节因操作呈现的僵硬状态。

3. 对经常接触振动的人员定期进行健康检查，便于早期发现，及早调离。条件许可时经常进行健康理疗。个人则注意防寒保暖和加强肢体运动。

4. 有下述疾患者不宜从事振动工具操作：中枢神经系统器质性疾患；明显的自主神经功能失调；血管痉挛或肢端血管痉挛倾向的疾患；心脏疾患和高血压；胃及十二指肠溃疡；神经炎或多发性神经炎；有神经功能障碍的运动器官疾病。

5. 发现振动病患者，应增强体质，改善和恢复神经与循环功能，对症治疗与适当休息，工作调动至不接振作业。

（三）交通振动的控制

交通振动是一个由振源、传播路径和附近建筑物组成的链式振动系统，现在还没有有效的减振方法。因此，做好预防工作是关键。在道路建设的规划设计阶段，就充分考虑避开城镇、人文景观、风景名胜、学校等敏感点。采取近而不入的原则，既方便居民生活，又避免交通振动带来的污染。研究也显示，公路路线设计对交通振动防治起着决定性的作用，设计中应对工程可行性研究确定的路线走廊带的沿线环境作详细调查，对各环境敏感点按环境振动标准作核算，必要时调整路线线位或采用其他可行的方式，使路线设计尽可能地达到振动防治的目标。

第四节　激　光

一、激光的特性与激光器

（一）激光的特性

激光（laser）是基于受激辐射经过放大过程产生的一类特殊光。现行的安全标准涉及的辐射波长为200～10^6 nm。它具有以下特点：

1. 能量高度集中　激光有连续激光和脉冲激光两种。激光是定向光源，方向性强，亮度大，除半导体激光器外，一般激光器发出的激光束，非常接近于平行光。脉冲激光的能量可以在10^{-11}～10^{-12} s的时间内发射，使光能的发射在时间上也高度集中。这两个因素结合在一起，就使一些大功率激光器的峰值功率可达几万亿瓦以上，按亮度计，能超过太阳表面亮度的上百亿倍。激光能量高度集中在短时间内，在激光的焦点上产生几百万度的高温，几百万个大气压的高压，以及每平方厘米几千万伏的强电场。激光之所以能用来熔断、焊接难熔材料，以至能引发核聚变反应，就是由于有能量高度集中的特性。然而这一特点也给人们安全防护带来困难，由于脉冲激光持续时间很短，人们看到激光还来不及闭眼时，激光能量已经全部射入眼睛，严重时可致盲。大功率脉冲激光击中人体会引起严重烧伤。

2. 单色性好　一般天然光源的光波波长都很宽，太阳光的可见光部分就由红、橙、黄、绿、蓝、靛、紫七色构成，还有看不见的紫外光、红外光。而绝大部分激光器只发射一种颜色，即单一波长的激光，波长范围很窄。不同波长的激光有不同的生物学效应，如可见光与近红外激光造成视网膜的损伤，而紫外线激光则被角膜吸收。此外，高度单色性可以引起某些特异性化学反应，对人体造成危害。

3. 具有良好的相干性　光在传播过程中在空间某一点相遇时，就会发生叠加现象，即为光的相干性。激光的单色性好，波长几乎相等，特别是同一激光器发出的激光，具有相对固定的相位差，使激光的相干性非常好，成为最好的相干光源。激光摄影立体感强。优良的相干性和单色性，还加强了激光能量集中的特点，当激光通过汇聚透镜时，由于激光的开角小，光线几乎完全平行；又因是单色光，光线透过透镜时的折射率是相同的；再加上激光的强烈的相干性，使聚焦后的光斑直径非常小，可以接近激光的波长，达到微米级，大大提高了激光光能集中程度，各种以激光为工具的精密加工（如刻光栅）、精密手术，都是利用这一特点。

4. 与生物学效应有关的几个因素

（1）激光的波长：现用激光器波长范围为 190nm～10μm。不同波长的激光均具有对应的光量子能量，其生物学作用各异。波长短、光量子能量大，生物学作用强。

（2）剂量：激光剂量是指垂直照射到受照部位，单位面积所接受的光量子数。对脉冲激光，用能量密度表示，单位为 J/cm^2；对于连续波激光用功率密度，单位为 W/cm^2。

（3）模式：光波因传播方向、频率或偏振面不同而呈不同波型，又称模式。横模是激光束在横截面上的光强分布，即激光分布形式，以 TEMmn 表示，如 m＝n＝0，则为 TEM00 模，又称基模或零价模，其能量集中于腔轴附近，近似高斯分布；纵模，激光沿着谐振腔的纵向传播，波型呈纵向分布，特点是压缩谱线宽度，提高激光的单色性。

（4）激光的运转方式：脉冲式激光的危害大于连续式。锁模激光能产生持续时间极短的激光脉冲。

（二）激光器的结构、分类

产生激光的装置称为激光器，激光器由激光工作物质、能源激励装置和光学谐振腔三部分组成。激光工作物质即发光物质已达上千种之多。能源激励装置以一定方式向激光工作物质输入能源，使其处于粒子数反转分布状态，光学谐振腔具有使工作物质发出的光通过反射镜多次往返从而使光放大作用。

目前，激光器有数百种之多，根据分类标准的不同，激光器有多种分类方法：按其活性工作物质（活性介质）的物理状态可分为固体、液体及气体激光器；按照激光的光谱划分，可分为紫外、可见和红外激光器以及近年来发展的 X 线和 γ 射线激光器；按其输出方式可分为连续激光器、脉冲激光器，其中包括长脉冲、巨脉冲和超短脉冲激光器；按照激发能源不同分类，如化学激光器、自由电子激光器。

根据激光器对眼和皮肤的危害可以分为四类：①“最低功率”激光器，其发射的激光水平不致引起人体危害。连续激光器的输出功率多在微瓦水平，脉冲激光器输出功率多在微焦耳水平。②“低功率”激光器可造成轻度危害，属低危险性，其输出功率≤1 mW，仅在直视光束时产生眼的损伤。③“中功率”激光器输出功率 1 mW～0.5W，直视光束时，在眼的自然回避反应时间内，即可引起眼的严重损伤，但其漫反射光对眼无明显危害，④“高功率”激光器，可造成重度危害，其输出功率大于 0.5W，其漫反射光亦可引起眼的严重损伤，直接照射还可造成皮肤损伤。

二、激光的生物学作用原理

激光照射可使生物机体的组织、细胞或生物分子在形态和功能方面发生改变。激光生物效应的强弱，除取决于生物组织对激光的吸收、散热等特性外，主要还取决于受照处的激光功率、受照面积和照射时间等因素。激光的生物学效应有：

（一）热效应

激光使生物组织温度升高的原因，一是碰撞产热，二是吸收生热。当组织吸收光量子能量较小的红外线后，其能量可直接转变成该生物分子的能级差较小的振动和转动能，增强生物分子间的碰撞，产生热运动，被光照部位表现为温度升高，此为吸收生热。当生物组织吸收光量子能量较大的可见光和紫外线，生物分子吸收光能后，由基态跃迁到电子激发态，激发态的生物分子向低能级自发弛豫，使光能转变为热能。生物组织生热的快慢和温度高低，取决于生物组织的受照面积、受照部位的血流分布以及光学和热学特性。

（二）光化效应

激光辐射的光量子直接由生物组织有选择地吸收，而产生光化效应。当一个处于基态的分子，吸收了相当大的光量子能量后，跃迁到电子激发态，在从激发态向基态的弛豫过程中所释放出的能量，能使某些化学物的化学键打开，由此发生了化学反应的初级过程，在此过程中所产生的物质，少数是稳定的化学物，多数是具有高度活性的中间产物，如自由基、离子或其他不稳态的物质。在无需光能参与的次级反应中，产生了最终生成物。当较高能量的激光照射生物大分子如 DNA 和蛋白质分子等过程中，这些生物大分子就能产生一系列光化反应。大致可分：蛋白质、核酸变性；酶失活；视觉效应；有光敏剂存在时某些生物分子破坏等。

（三）压强效应

激光束聚焦后，产生的压强较弱，称第一次压强。当激光辐照生物组织，产生热量，使组织中液体沸腾、汽化，受照部位可喷出气流将组织撕裂，这是生物组织受到气流的反冲力所致。汽化愈剧烈，反冲压强也愈大。若汽化发生在某组织的腔内，像眼球、脑室等密闭型生物组织或器官，当气压达到一定程度，能引起腔内爆炸。这种热瞬变而产生的压力，称第二次压强。第二次压强还可使悬浮于体液中的微粒，以高速度向四周加速运动，使细胞破碎、组织机械损伤和破坏。压强效应不同于热效应的特点是受伤组织可远离直接辐照区。

（四）电磁效应

生物分子固有的电磁场是微弱的，当外来电场强度足够大时，可使生物组织任何部位的固有电场系统发生剧烈的变化，导致高温、高压和高场强状态。其生物学效应表现为电致伸缩。生物体在强电场大于 10^5 V/cm 的作用下发生的伸张和收缩，间接地引起形态改变。电致伸缩可在生物组织中引发很大的压强，压强波的引发即超声波的产生。超声波的空化作用，使细胞损伤、破裂而导致组织水肿。光波中的电场还可使辐照物质分子偶极化，产生电极化强度，发射二次、三次谐波。处于谐波峰的物质如蛋白质、核酸等就遭受变性破坏。

（五）激光的生物刺激作用

指由弱激光照射引起的机体应激反应。弱激光照射可增强免疫系统功能，使 γ-球蛋白增加、白细胞吞噬功能增强，交感神经、肾上腺皮质功能增强。弱激光还能促进上皮细胞、成纤维细胞再生能力，促进伤口愈合。

三、激光对机体的损伤

（一）激光对眼的危害

激光能烧伤生物组织，尤其对视网膜的灼伤最为多见。因为激光束能通过眼自身的屈光系统在视网膜上聚焦成一个非常小的光斑，使光能高度集中而导致灼伤。处在红外区的激光辐射（如 CO_2 激光）易为表层组织吸收，仅能引起角膜损伤。波长在红外或微波区的激光辐射可被虹膜或晶体吸收而造成热损伤，导致虹膜炎和白内障。激光对眼睛的伤害，与激光的波长、脉冲宽度、脉冲间隙时间、光束的能量或功率密度、入射角度、受照组织特性等因素有关。

眼睛受激光照射后，可突然有眩光感，出现视力模糊，或眼前出现固定黑影，甚至视觉丧失。激光对视网膜的损害是无痛的，易被人忽视。如激光束投影不在黄斑区中央凹，人体可毫无自觉症状，往往在体检中才被发现。长期经常接受小剂量和慢反射激光的照射，工作人员一般不会发现自己视力的损伤，有时只有一般神经衰弱的主诉，伴有工作后视力疲劳、眼痛等，无特异症状。激光对眼的意外伤害，除个别人出现永久性视力丧失外，多数经治疗后，均有不同程度的恢复。

（二）激光对皮肤损伤效应

激光对皮肤的危害仅次于眼睛。激光对皮肤的损伤主要为热效应，特别是可见及红外激光。皮肤损伤的表现为多种形式，轻者皮肤发生红斑反应，色素沉着。随照射剂量增加，出现水泡，以致凝固性坏死。损伤通常是可逆和可恢复的。输出功率在 0.5W 以上的激光，直接照射皮肤可引起灼伤。皮肤损伤取决于激光强度、波长、肤色深浅、组织水分、角质层厚度。

（三）激光对神经系统的损害

波长为 1.0～1.2nm 的激光可穿过皮肤，直接刺激神经，引起神经功能的一些改变。某些激光器的辅助装置发射高频电磁波，如 He-Ne 激光器常用 50～100W、30MHz 的射频电源激发产生激光。射频对神经系统有一定影响，产生神经衰弱症状。

（四）激光对心血管系统的损害

大功率激光照射可引起血管内皮细胞和红细胞的损伤，导致局部血管栓塞。激光波长在 500nm 附近，对心血管系统损害最明显。如红宝石激光可以在对皮肤无明显损害的情况下损害心脏。

（五）激光的全身效应和累积效应

长期、经常接受低强度激光直接辐射、散射或漫反射，对机体健康可能产生不良影响。在全身可表现为神经衰弱综合征、心功能下降、心肌缺血性改变、血管内皮损伤。女性可引起月经失调。长期、经常接触低功率激光束，还可引起眼睛累积效应，出现视力疲劳、眼干、眼重或眼痛等症状，体检可发现视力下降和暗适应时间延长并可能引起角膜、晶状体、玻璃体混浊，视网膜黄斑区病变，其影响程度顺序为角膜＞视网膜＞晶状体＞黄斑区和玻璃体。

四、激光的安全防护

激光安全防护的重点是保护眼睛，其次为皮肤。主要防护原则为：不在光束内直视激光，并防止激光束误射其他人的眼睛，光束投射区不应安放有呈镜面反射的一切物件。

（一）激光器的分级管理

1. 无危险激光器　发射的激光强度小于伤害阈值，不需要任何管理措施和卫生监督，激光器也不需要加注警告标记，但应指出，不是必须直视激光束时，应尽量避免眼睛受激光束直接照射。直视可见激光束对眼的最大容许照射量为 10^{-6} W/cm^2。

2. 小功率激光器　其输出功率＜0.1W，应在使用激光的实验室门口和激光器上装设警告标记，注明类似“注意！不要直视激光束”的标记。

3. 中功率激光器　输出功率 0.1～0.5W，要在严格限制区域内使用，有光束通过的区域要严格控制，操作人员要进行安全教育和训练，不得在非控制区使用。激光室门口应标记类似于“注意”或“危险”的字样。操作人员必须有个人防护，配戴防护眼镜，保证没有大于最大容许辐射量的初级光束或镜反射光束照射工作人员的眼睛。

4. 高功率激光器　输出功率＞0.5W，不仅初级光束和镜反射光束可伤人，漫反射也有烧伤的可能性。因此，必须严格管理，有专门的实验室，并把光路完全封闭。启动激光器必须发出警告信号，实验室墙壁的窥视窗必须用滤光片，保证窥视窗的光束衰减到最大容许辐射剂量。

（二）防护设施

1. 作好实验室的合理装修　实验室墙壁、顶棚和实验室设备的表面应尽可能采用反射率低、危险性小、表面粗糙的材料，以免发生镜反射。墙壁颜色应选用与激光谱的色谱互补的颜色，常用蓝色。纯黑色的墙壁对各种波长的光反射最小，但工作人员在这种实验室里工作眼睛易疲劳，如照明不够，瞳孔会散大，不利于保护眼睛。

2. 防止激光污染环境　激光造成环境污染有两个方面：一是激光束与物质相互作用，靶物质挥发到空气中造成环境污染。二是开放性的激光束在大气中通过可对人造成危害，如空中激光测量、通讯等也有可能伤害人眼。

3. 激光防护眼镜　为防止激光的直射束、散射或漫射，应采用防风镜式的防护镜，又称防护眼罩，能与脸面贴切密合，防止漏光。根据激光的波长配相应的滤光镜片。镜片应能滤减大功率和最危险波长的激光，通过的可见光量为安全剂量，并且不影响眼的能见度。镜片也应有一定的可见光透光比，一般要求透光比在 10%～40%。激光防护眼镜（罩）应设有醒目标记，标出防护波长和相应的光密度值等有关参数。佩戴时要求紧密、无压迫、无沉重感、保持一定舒适性。

4. 其他措施　大型激光器的辅助装置可产生某些有害气体、软 X 线和噪声，实验室应加强通风，消除噪声和安装吸收软 X 线的设施，防止其对人体的危害。

第五节　电磁辐射

电磁辐射是指能量以电磁波形式由电源发射到空间的现象。随着广播、电视、通信及电力事业的迅猛发展，信息传输、通信工具、计算机和各种家用电器大量进入我们的生活，电磁能量每年正以 7%～14%的速度增长。人类在享受现代化带来方便舒适的同时，也正受到恶化的电磁环境给健康所带来的威胁。

一、电磁辐射的来源

据调查结果显示，我国电磁辐射的主要来源有以下几个方面。

1. 电视发射台是全国最大、最集中的电磁辐射污染源。其中中、短波广播、调频广播和电视广播等发射设备大多建在人口稠密的城市中心，被居民区所包围，在局部居民生活区形成强场区。

2. 通信系统发射设备种类多、数量大、分布广，使城市高空电磁波场强增强。随着寻呼台基站和多网移动通信基础设施的大量出现，尤其是城市中无线通信发射站大量无序的增加，造成局部高层居民楼窗口处的电磁辐射功率达 400 $\mu W/cm^2$，超过了 40 $\mu W/cm^2$ 的国家标准。目前，我国广泛使用的各类通信系统发射设备包括长波通信、短波通信、微波通信、卫星地球站、雷达及导航设备等。

3. 工业、科研、医疗中使用的高频设备，在工作时产生的电磁感应场和辐射场场强较大，并时有电磁辐射泄漏，造成不同程度的辐射污染，且对周围广播电视信号的接收和电子仪器造成干扰。如高频加热设备，短波、超短波理疗设备等，它们在工作时产生的电磁感应场和辐射场场强较大，并时有电磁辐射泄漏，造成不同程度的辐射污染，且对周围广播电视信号的接收和电子仪器造成干扰。

4. 以电力为能源的交通系统，如铁路的电气化机车、城市有轨及无轨公交电车的使用，可以在沿线产生强度较高的电磁辐射，能够使沿线居住的居民收看电视受到影响。

5. 随着城市用电量的增加，高压送变电系统建设规模越来越大，在许多大城市周围已建设了 500 kV 的高压电力环线系统，110 kV 和 220 kV 的变电站在一些城市市区比比皆是。当高压电力线和变电站输送电压较高时，在其导线周围或变电站附近会产生工频电场和工频磁场，易对人体产生危害。监测结果表明：400 kV 的高压线下，磁感应强度可达 13 vT（微特斯拉）。

6. 随着各种家用电器和通信器材进入千家万户，家庭小环境的电磁能量密度不断增加。人们接触和暴露于极低频磁场的机会增多。研究发现，长期生活在 0.2 vT 以上的低频磁场环境中，将对人体产生有害影响。

二、电磁辐射场区的划分

电磁辐射场区一般分为远区场和近区场。

（一）近区场及特点

以场源为中心，在一个波长范围内的区域，通常称为近区场，也可称为感应场。近区场通常具有如下特点：

1. 近区场内，电场强度与磁场强度的大小没有确定的比例关系。即：$E \neq 377H$。一般情况下，对于电压高、电流小的场源（如发射天线等），电场要比磁场强得多，对于电压低、电流大的场源（如某些感应加热设备的模具），磁场要比电场大得多。

2. 近区场的电磁场强度比远区场大得多。从这个角度上说，电磁防护的重点应该在近区场。近区场的电磁场强度随距离的变化比较快，在此空间内的不均匀度较大。

（二）远区场及特点

在以场源为中心，半径为一个波长之外的空间范围称为远区场，也可称为辐射场。远区场的主要特点如下：

1. 在远区场中，所有的电磁能量基本上均以电磁波形式辐射传播，这种场辐射强度的衰减要比感应场慢得多。

2. 在远区场，电场强度与磁场强度有如下关系：在国际单位制中，$E=377H$，电场与磁场的运行方向互相垂直，并都垂直于电磁波的传播方向。

3. 远区场为弱场，其电磁场强度均较小。

（三）近区场与远区场划分的意义

通常，对于一个固定的可以产生一定强度的电磁辐射源来说，近区场辐射的电磁场强度较大，所以，我们应该格外注意对电磁辐射近区场的防护。对电磁辐射近区场的防护，首先是对处在近区场环境内的人员的防护，其次是对位于近区场内的各种电子、电气设备的防护。而对于远区场，由于电磁场强较小，通常对人的危害较小，这时我们应该考虑的主要因素就是对信号的保护。另外，应该有对近区场的一般概念，对我们最经常接触的从短波段30MHz到微波段的3000MHz的频段范围，其波长范围从10米到1米。

三、电磁辐射的生物学作用

电磁辐射能量被生物组织吸收后，可产生有利和有害的生物学作用，不仅取决于电磁辐射的频率和场强，也取决于被辐射物体的大小、形状和电学特性。

（一）热与非热效应

1. 热效应（thermal effects）　热效应是被国际肯定的电磁辐射生物效应，指电磁辐射能量被生物组织吸收而产生特异性的热能。当生物体受到一定强度的电磁辐射辐照并被吸收后，机体组织温度升高，若温度升高过多或持续时间过长，则可引起一系列因热效应造成的生理、生化和组织形态学的改变，如酶的灭活、蛋白质变性、生物膜通透性或激素形成方面的变化，并可产生对正常细胞与癌细胞的杀伤作用。

电磁辐射致热与其他方式加热的热作用的性质是不同的热效应。电磁辐射由空间不经介质直接向生物体辐射，因生物体内含有导电程度不等的各种体液和极性蛋白质分子，以及含电解质离子的组织，从生物物理角度看，生物体组织似一复杂的电阻电容组合体。当电磁辐射被吸收，机体组织的电介质分子在电磁场的作用下，非极性分子被极化成偶极子，使之由无规律的排列变成沿电场方向排列；电磁辐射频率甚高，其交变电场的方向变动很快，偶极子随交变电场方向的变动而旋转，这种取向运动与周围粒子发生碰撞、摩擦而产热。频率甚高的电磁辐射又能促使组织的带电胶体颗粒、电解质离子形成谐振，与周围介质产生快速振荡摩擦而产热。近年来认为电磁辐射频率与生物体组织产生的共振，是构成生物体热效应的主要作用方面。

2. 非热效应（nonthermal effects）　非热效应指生物体反复接受低强度电磁辐射作用后，体温虽未发生明显上升，但中枢神经系统及心血管系统可受到影响，而这种影响在采取其他均匀加热方法并不能重现，难以用热效应解释，故称非热效应。非热效应亦可视为存在着没有明显温度升高的生物效应，当前已被世界各国所公认。

非热效应机制尚不清楚，从生物物理的角度提出可能与场效应、电磁谐振效应有关。场效应认为：电磁辐射作用于生物体是电磁场对生物细胞中的分子、离子、电子产生的电场的场力作用。场作用下不论场强多大都可迫使生物分子出现振动，分子、离子振动出现于细胞膜，导致膜流动性的改变，而引起一连串的生物化学改变。有人认为，在外加电磁辐射辐射场作用下，由于生物物质内原有的质子半导体被整流，使细胞的电位改变，导致细胞通透性的变化和膜功能的紊乱，继而引起一系列生理生化功能的改变。研究认为热效应在生物体内按电场场力的平方律增加，非热效应则按场力的线性律递增。据此场力小时，非热效应作用大于热效应，当场力大时则热效应大于非热效应，两者有着密切的联系。

（二）影响电磁辐射能量吸收的因素

1. 比吸收率（specific absorption rate，SAR） 比吸收率是近代提出的电磁辐射剂量新概念，表示生物体每单位质量吸收的电磁功率，单位为 W/kg。

研究证明生物体对电磁能的吸收量、吸收速度以及体内电磁场的分布与外界辐射场强不存在简单的比例关系，因此功率密度仅表示辐射时的强度，并不能完全代表生物体吸收转化的能量，为确定生物体实际吸收的电磁能量需采用 SAR。

生物体在接受电磁辐射辐照后，可因电磁辐射与组织谐振和取向产热，从而促进温度升高；血液的流动和热的传导，又促使热量散失而出现降温。引入 SAR 这一参量，则可掌握生物组织达到热平衡或出现热调节机能失调所需的时间。研究认为，人体对不同频率的电磁辐射，其 SAR 并不相同，达到相同热效应时其作用强度也不同。

2. 频率在生物组织内透入 电磁辐射进入生物体即开始为组织吸收，能量被吸收之后，其强度随进入深度的增加被组织吸收的能量也越多，电磁辐射能量强度则按指数规律而递减，电磁辐射频率越高，透入深度越浅。电磁辐射能量被生物组织吸收越多产热也愈多。

3. 局部组织血流量对电磁辐射的影响 组织吸收的电磁辐射能可转化成热能，充分流动的血液可作为冷却剂带走过多的热量，减轻组织热效应。肌肉血流量丰富，故四肢对电磁辐射的耐受程度大大超过其他部位；缺乏足够流动血液的器官，尤其是睾丸和眼晶状体，容易受过热的危害。

4. 电磁辐射接触水平与生物效应的关系 不论实验医学研究或接触者流行病学调查，都需要确定引起可识别的生物学作用的辐照剂量，其辐射场的功率密度是瓦级、毫瓦级还是微瓦级。在其他条件相同的条件下，剂量概念不仅指电磁辐射的功率密度，也包含持续照射的时间。只有达到一定剂量的接触水平时才能出现生物效应。接触水平包括电磁辐射频率窗的定位，辐射功率的强弱，辐照时间的长短，辐射部位和面积的大小。据此研究电磁辐射的接触水平对生物效应的量效关系，得出的结论才是有价值的。

5. 联合作用 在工作环境中，往往不是单一因素而是多元因素的复合存在，电磁辐射研究亦不例外，因此，应注意多因素的联合作用。

（1）电磁辐射和 X 射线的联合作用：据 Thomson 研究，先给实验动物辐照电磁辐射，再辐照 X 射线，可使 X 射线的危害作用减轻；若先辐照 X 射线出现急性反应后，再辐照电磁辐射，可加重电离辐射的危害；两者若同时辐照，也增强 X 线的急性危害。

（2）电磁辐射与湿热环境的联合作用：湿热环境可增强电磁辐射的热效应。据 Munford 提出，促进实验动物急性致死阈值的降低，与在湿热环境中明显影响机体散热条件有关。

（3）低功率电磁辐射应重视电磁辐射以外的环境因子作用，诸如微小气候（温、湿度）的改变、通风换气不良、强噪声的作用，以及高度紧张工作性质等因素所带来的影响，与其说是电磁辐射的作用，不如说是环境诸因素和精神紧张的结果。

6. 适应与蓄积 适应是有限度的，在辐照阈值之下有充分的间歇时间条件下，生理代偿作用可使电磁辐射损害得以修复，但间歇时间过短，即使在辐照阈值之下，代偿不足以修复损害，则产生蓄积作用。

四、电磁辐射对健康的危害

电磁辐射对人体产生的负面影响的程度与电磁辐射强度、接触时间、设备防护措施等因素有关。电磁辐射对人体健康的主要危害有：

（一）使肿瘤发病率升高

生物体接受电磁辐射后会产生电场和磁场，变成热能后，可导致生物体深层组织温度升高，利于癌细胞的生长。典型事件发生于 1976 年，前苏联为监听英驻苏使馆的通讯联络情况，向使馆发射微波，由于使馆工作人员长期处在较强的微波环境中，结果造成使馆内被检查的 313 人中，有 64 人淋巴细胞平均数增高 44 %，有 15 人得腮腺癌。电磁辐射是造成儿童白血病的原因之一，医学研究证明，长期处于高电磁辐射环境中，会使血液、淋巴液和细胞原生质发生改变。意大利专家研究后认为，电磁污染是儿童白血病发生的重要危险因素。瑞士科学家研究指出，周围有高压线经过的住户居民，患乳腺癌的概率比常人高 7.4 倍。美国得克萨斯州病症医疗基金会针对一些遭受电磁辐射损伤的病人所做的抽样化验结果表明，在高压线附近工作的人，癌细胞生长速度比一般人快 24 倍。

（二）损害中枢神经系统

人体长期受到较强的电磁辐射会引起中枢神经系统及自主神经系统机能障碍与失调。常见的有头晕、头痛、乏力等为主的神经衰弱征候群及食欲不振、脱发、多汗、心悸、女性月经紊乱等症状。脑电图检查慢波增多；神经反射检查有亢进或抑制；有幻听或幻视。

（三）引起心血管系统失调

具有自主神经改变的作用，先兴奋后抑制，出现心动过速或过缓，房室传导延长或阻滞，ST 段下移，T 波低平，QRS 波增宽等，心前区疼痛明显高于对照。血压先升高后降低，甲床微循环出现管腔扩大，血流速度改变。可见心悸、心搏血量减少、窦性心律不齐、心动过缓等，冠心病发病率增加。如果装有心脏起搏器的病人处于高电磁辐射的环境中，会影响心脏起搏器的正常使用。

（四）损伤眼睛

只有高强度的微波辐照可造成眼的伤害。有实验证明，只有场强达到 100 mW/cm^2 才可引起晶状体蛋白凝固，形成微波性白内障。据报道，长期在数十微瓦级低场强的微波辐照下工作的人群，与同龄人员比较，其晶状体浑浊颗粒增加，但不影响视力，可引起视疲劳、眼不适等现象。

（五）影响人的生殖系统

主要表现为男子精子质量降低，孕妇发生自然流产和胎儿畸形等。男性睾丸的血循环不良，在微波热效应作用下，睾丸对微波是敏感的。当睾丸局部温度超过 35℃时，精子的产生和活度明显降低，精曲小管损伤。对电脑操作员的追踪调查发现，接触电磁辐射污染组的操作员月经紊乱发生率明显高于对照组，同时更易出现异常妊娠。有关研究报告也指出，孕妇每周使用 20 小时以上计算机，流产率增加 80%，同时畸形儿出生率也有上升。另外，电磁辐射还可引起性别失调。

（六）影响遗传

父母一方长期受到微波辐射，其子女畸形的发病率较高。父母受到微波的辐射还可导致儿童智力残缺。据最新调查显示，我国每年出生的 2000 万儿童中，有 35 万是缺陷儿，其中 25 万智力残缺，专家认为电磁辐射也是影响因素之一。世界卫生组织认为，计算机、电视机、移动电话的电磁辐射都会对胎儿产生不良影响。

（七）对消化系统的影响

微波在一般作用剂量下，使消化腺体分泌减少，致胃肠功能降低，产生食欲减退，消化吸收减弱，但对肝脏作用尚不清楚。

高剂量的电磁辐射还会影响及破坏人体原有的生物电流和生物磁场，使人体内原有的电磁场发生异常。值得注意的是，不同的人或同一个人在不同年龄段对电磁辐射的承受能力是不一样的，老人、儿童、孕妇是对电磁辐射敏感的人群。

五、电磁辐射污染的防护措施

为了减小电磁辐射污染范围，对不同类型的辐射源应根据不同的具体情况分别采取有效防治措施，使泄漏量最大限度地减少，达到消除污染的目的。

（一）广播电视发射台电磁辐射的防护

加强无线电发射装置的管理，对电台、电视台、雷达站等布局及选址应严格按规定进行。在居民密集的生活区，不宜设置高频与微波设备，尤其是天线设施。对已建成产生较强场强的发射台，应当采取以下措施：合理配置发射天线并设有足够的高度；改变发射天线的结构和方位角度；在发射天线的周围设足够宽的防护带；选用具有防护性能的建筑材料覆盖建筑物，以减弱室内场强；限期迁至郊区等。

（二）工业、科研和医疗设备电磁辐射的防护

对这类设备中高频（0.1～300 MHz）设备电磁辐射的防护措施有如下几种。

1. 屏蔽法　屏蔽法是利用屏蔽材料对电磁辐射电场分量和磁场分量的吸收和反射效应达到控制辐射外传的效果。电磁屏蔽的实施分两种：一是有源场屏蔽，是将辐射污染源加以屏蔽，防止对限定范围以外的生物体或仪器设备产生影响。另一种是无源场屏蔽，是将指定范围内的人员或设备加以屏蔽，使其不受电磁辐射的干扰。效果较为理想的屏蔽材料是低电阻率的铜和铝。微波屏蔽还可选用铁材。屏蔽体的形式有罩式、屏风式、隔离墙式等多种，可结合设备情况区别选定。

2. 接地法　接地法是将辐射源的屏蔽体通过感应产生的射频电流由地极导入地下，以免成为二次辐射源。对高频设备进行屏蔽体接地处理时，由于高频电流具有集联性，其接地线的表面积应大些，长度则力求缩短。接地极埋于地下的形式有板式、棒式、格网式等，通常采用前两种。接地法的效果与接地极的电阻值有关，使用电阻值愈低的材料，其导电效果愈好，多使用铜材。

3. 吸收法　吸收法是根据匹配、谐振原理，选用具有吸收电磁辐射能力的材料，将泄漏的能量衰减，并吸收转化为热能。石墨、铁氧体、活性炭等是较好的吸收材料。目前国内已生产多种型号的成品可供选用。其中 WXP 尖劈型具有高效能，适用频带宽，用于建造微波暗室、铺设地面，并可作高频设备内的屏蔽材料使用。此外，尚有蜂窝状高功率玻璃钢吸收材料制品以及不同型号的衰减片、终端负载等供选用。

4. 距离防护　适当加大辐射源与被照体之间距离，可减小辐射对被照体的影响。采用机械化或电气化作业，减少作业人员直接进入强辐射区的次数与工作时间。

5. 滤波　电源网络的所有引入线，在进入屏蔽室之前应当装设滤波器，以阻截无用信号通过，保证有用信号通过，在调试大功率高频及微波设备时，应在系统终端安装功率吸收器或等效天线，以防辐射向空间环境泄漏。

6. 个人防护　一般来说，作业人员所处环境的电磁场强度超过国标限值或者作业人员所处环境的电磁场强度未超过国标限值，但与此限值比较接近，而作业人员又需要长时间在此环境工作时，都应考虑采用辐射防护用品。选用个体防护产品时，应首先确定电磁辐射的衰减度，然后，参照各种产品说明中对电磁波的衰减参数，确定使用何种形式的防护用品。

能够降低电磁辐射的个体防护用品主要包括防护服装、防护眼罩、防护眼镜、头盔及辐射防护屏。

目前国内已经开发出多种面料的防护服装。防护服装是根据屏蔽或吸收原理制作的。防护服装有：防护衬衫、防护围裙、防护马甲、防护大褂、护胎宝、孕妇裙、夹克套装等，此外还有用于设备屏蔽的屏蔽布等。防护眼镜是用于保护操作人员的眼睛免受伤害，对于防护眼镜的要求是：透视度要足够高，不影响视线；屏蔽效果要好（原则上应保证屏蔽后场强控制在国标限值之下）；重量轻，镜面启动灵活。防护眼镜的基本材料是金属网或金属膜。

随着人们对电磁环境的重视和科学技术的进步，近一两年来，又有许多新型的屏蔽织物研制成功。比较典型的是由北京某公司研制的新型防辐射服装面料，这种服装面料是用不锈钢纤维、棉纤维、涤纤维和麦饭石纤维混合纺织而成的，这种面料做起来的服装穿起来和普通服装没什么差别，但具有防电磁辐射、抗静电、耐洗涤、透气性好、柔软、舒适和保健等功能。

此外，上海研制成功采用多离子织物和金属化纤维织物的电磁辐射屏蔽材料。多离子织物是采用目前国际最先进的物理和化学工艺，对纤维进行离子化处理。该产品以吸收为主，将有害的电磁辐射能量通过织物自身的特殊原理转变成热能散发掉，从而避免了环境二次污染，净化了空气。由于织物中含有大量金属阳离子可起到杀菌除臭作用，对皮肤无刺激，有助人体表皮微循环。同时具有防静电、防部分 X 射线及紫外线等功能。多离子织物是目前国际上屏蔽低、中频段电磁辐射最先进的民用防护材料。

（三）日常生活中电磁辐射的防护

1. 手机电磁辐射的防护　手机是靠发射电磁波传递信息的。由于通话时手机距大脑过近，长时间通话易受到电磁波辐射。最简易的防护办法是配置外接耳机和麦克。使用手机时应与人体保持适当距离，不宜挂在胸前；设置声控辐射功率的自动开关，使不说话时的发射功率减小；设计改变手机天线的辐射方向，使其偏离头部；给手机天线加屏蔽套以减少电磁波的辐射等。手机接通瞬间释放的电磁辐射最大，最好在铃声响过一两秒或两次铃声之间接听。

2. 微波炉电磁辐射的防护　屏蔽不良的微波炉对人体的伤害主要是在脑、眼等部位。安放微波炉时，位置应低些，不宜放置在冰箱上。微波炉运转时，不要站在旁边或用眼睛盯看。另外，要购买质量好、信誉高的名牌产品，以防止微波泄漏。

3. 其他电器电磁辐射的防护

（1）注意室内办公和家用电器的摆设：不要把家中电器摆放得过于集中，使自己暴露在超剂量辐射的危险中。特别是一些易产生电磁波的家用电器，如收音机、电视机、电脑、冰箱等电器，更不宜集中摆放在卧室里。与家电保持安全距离很有必要，距离越远，受电磁波侵害就越小。看电视的距离要在 4～5m 以上，彩电的安全距离是荧光屏宽度的 5 倍左右，日光灯为 2～3 米，微波炉开启之后要离开至少 1 米远，孕妇和小孩应尽量远离微波炉。

（2）注意使用办公和家用电器时间：各种家用电器、办公设备、移动电话等都应尽量避免长时间操作，同时尽量避免多种家用电器同时启用。电视、电脑等电器需要长时间使用时，应注意至少每一小时离开一次，以减少眼睛的疲劳程度和所受辐射的影响。当电器暂停使用时，最好不处于待机状态，因为此时可产生较微弱的电磁场，长时间待机会产生辐射积累。使用家用电器要严格按照正确的操作规程进行。时间不超过 2 h；电视和电脑屏幕前最好安装防护屏；电热毯变热后应切断电源后入睡；孕妇不应接触微波和做微波理疗。

第六节　热环境

一、我国炎热气候的特点

我国疆域辽阔，地理复杂，夏季不仅南方酷暑，就是在“三北”地区也颇为炎热。并且，由于现代工业的污染以及对大自然人为的破坏，地球温室效应的形成，使全球变暖，热区有进一步扩大的趋势。

我国的热区可以简单地分为干热地区和湿热地区：

（一）湿热气候的特点

长江以南东南沿海的浙江、福建、广东、广西、台湾和江苏南部以及云南南部和西南部海拔在1500米以下的谷地，均属于热带地区，这些地区均为湿热气候（humid-hot climate），其主要特点是：

1. 气温高、热期长、辐射强　气温常年较高，寒暑差异较小。最冷月平均气温在15℃左右，最热月平均气温在28℃左右，夏季超过半年，春、秋季将近半年，部分地区无冬季或不明显。

2. 湿度大、雨量多　大部分地区有7个多月平均相对湿度在80%以上，年降水量在1000～2000mm以上，有些地区全年仅分旱、雨二季，有的地区雨季降水量最多占全年降水量的80%～90%。

3. 雷暴多、台风频袭　全年雷暴天数约80～100天。台风常年平均为9.7次，台风登陆时强度达12级，11～8级和7～6级约各占1/3，每次台风侵袭一般持续3～5天，往往带来暴雨。

（二）干热气候

在我国的新疆、青海、甘肃、陕西以及内蒙等省（区）分布有面积达109.5万平方公里的沙漠、戈壁，其中80%以上分布在乌峭岭—贺兰山一线以西，该地区夏季为干热气候（dry-hot climate），其主要特点是：

1. 气温高、太阳辐射强烈、日照长　6～8月盛暑季节平均气温超过30℃，荫处最高气温达44℃以上，戈壁沙漠上超过50℃，沙面上层超过70～75℃，沙漠下垫面接近沸点。日照时间长达17h以上。但又是冷热剧变，日较差大。

2. 湿度小、雨量少、蒸发大　3～8月间平均相对湿度低于40%，夏季可低至5%～13%。年降水量为19～200 mm，蒸发量为降水量的100～500倍，因而极为干燥。

3. 烈风多、风力大　一年之中平均风速为1～3 m/s，且常刮烈风，风力在8～10级以上（风速大于17～28 m/s），5～7月最多，气温高，气候干燥。由于气温极高，气候干燥，出汗量赶不上蒸发量。这种烈风反而加重了干燥酷热作用。

此外，由于受到纬度、水陆、地形、土壤、降水量、植被等地理条件的影响，我国长江流域夏季气候十分炎热，如重庆、宜昌、武汉、南昌、南京、长沙、衡阳等地，其夏季气候炎热程度超过东南沿海地区，7、8月平均气温超过30℃，极端最高气温达41～44℃。而且往往风速较小，相对湿度在50%左右或者更高。在我国云南南部、海南岛和台湾中南部的山岳丛林地区，有其特殊的气候特点：林外热，林内凉；山下热，山上凉；晴天热，雨天凉；白昼热，夜间凉；茅草山午间特别闷热。丛林内相对湿度经常在90%以上，但气流较大，特别是海岸、岛屿常有海风和陆风。我国盆地丘陵地区气候则随地势起伏、植被情况而异，一般最高气温较高，日较差较大，气流小，夏季常受海上暖气团北上的影响，形成热浪似的非常潮湿的闷热气候。素有“火州”之称的新疆吐鲁番盆地，周围高山环绕，中部低凹在海平面以下，这种高低悬殊的地形，构成强烈的辐射聚合，盆地内高热不能外传，空气如一团死水，造成我国夏季最高的酷热干燥气候。

二、炎热环境对人体的影响

（一）体温调节

人体在中枢神经系统和内分泌的调控下，通过心血管系统、皮肤、汗腺和内脏等组织器官的协同作用，维持着产热和散热的动态平衡。当人体受热时，热刺激皮肤温热感受器，感受器由兴奋而转化为神经冲动，传至下丘脑体温调节中枢，而外环境的附加热和劳动时机体产生的热使血液加温，通过血液循环直接加热视前区—下丘脑前区（PO/AH）中枢性温热感受器，此时热敏神经元放电频率明显增加，冷敏神经元则明显减少，导致散热中枢兴奋，引起心输出量增加、内脏血管收缩、皮肤血管扩张和汗腺分泌增强等反应；同时，产热中枢受到抑制而减少产热，使体温保持在正常范围。但体温调节恒定的能力有一定限度，如果机体产热和接受外界附加热之和超过了机体的散热能力和空气的冷却力时，即造成体内蓄热或过热，出现不同程度的体温升高。因此，体温升高是体温调节紧张的重要标志。在劳动后，体温升高在1℃以内（肛温低于 38.5℃或口温低于 37.4℃）可认为是正常范围的波动，如超过正常范围，则表示机体过热。皮肤温度是反映高温气象条件对人体综合作用和体温调节的敏感指标。高温劳动时，皮肤温度升高，有利于辐射、传导、对流散热。通常平均皮肤温度超过 34℃时，就会产生过热感。由于汗液蒸发和气流影响可冷却体表，此时皮肤温度便不能真正反映机体的热负荷状况。人体受热时的耐热能力不仅取决于体内的热状况，而且在很大程度上取决于体表的热状况，因此，有人主张用平均体温和相应的积热指数作为人体耐热极限的客观指标。各参数的代表式为：

平均皮肤温度（℃）＝0.07 额温＋0.05 手背温＋0.5 胸温＋0.18 股温＋0.20 腓温（5 点法）

平均体温（℃）＝0.67 肛温＋0.33 平均皮肤温度

$$积热指数（kJ/m^2）=\frac{体重（kg）\times 0.83}{体表面积（m^2）}\times 平均体温增值（℃）\times 4.1841$$

（二）水盐代谢

1. 水和营养物质流失　长时间处于热环境时，由于排汗可丧失大量水分。出汗量的多少主要取决于热强度和活动量的高低。同样的热强度和活动量时，湿度越大、出汗越多。故出汗量可作为人体受热程度和活动量的综合指标。我国劳动者在热环境中从事体力劳动，4h 出汗量的生理安全上限为 3.6L，3h 以上最大劳动强度的出汗率不超过 1.1L/h，一个劳动日出汗量 6L 为生理最高限度。汗液是低渗性液体，固体成分占 0.3%～0.8%。其中电解质占绝大部分，主要是氯化钠（0.1%～0.5%）和多种常量和微量元素；还有蛋白质和生物活性物质（水溶性维生素、17 酮类固醇等），以及与血液化学成分相同的物质（尿素氮、氨氮、肌酐氮、葡萄糖、乳酸等）。通常热强度或出汗量越大，汗盐浓度越高。

2. 水盐调节机制　调节水盐代谢的器官主要是肾脏，少尿是急性热应激的早期反应。当 24h 尿量少于 800ml、尿盐低于 5g 或 8h 劳动尿盐低于 2g，清晨第一次尿液的盐浓度低于

2 g/L，则表示补水不够、体内缺盐。

（三）心血管系统

1. 心率　机体单纯受热时，心率平均增加为 20%～40%，而高温和热辐射增强劳动对心血管系统的影响。心率很高时，由于舒张期缩短和冠脉流量不能满足心肌活动需要，每搏输出量将更加降低，以致心输出量反而降低。热环境中活动时常因热作用使每搏输出量的增加受到限制，心输出量主要靠增加心脏搏动次数来补偿。故心率是评价机体在热环境时心血管系统紧张程度的重要指标。通常心率应保持在生理安全上限 145 次/分以下，活动停止后 1min 和 5min 应分别降至 125 次/分和 100 次/分；耐受上限为 162 次/分，此时应适当减轻运动强度；耐受极限为 174 次/分，则应暂停各项体力活动。

2. 血压　在高温作用下，末梢血管紧张度降低，血压稍降。在高温环境中的血压变化，视体力活动的升压因素对高温的降压因素的拮抗结果而定。强体力活动超过高温作用，则收缩压升高，舒张压变化不大或稍下降，因而脉压趋向于增加。高温劳动时，如心率和收缩压显著升高，是机体不适应的表现。

3. 心电图　人体受高温作用后，心电图显示心肌相对缺氧、T 波倒置、ST 段压低，偶可见 P 波增宽、PR 间期延长、T 波和 R 波电压增高以及室性期外收缩等。长期在热环境里作业，心脏经常处于紧张状态，久之可使心脏引起生理性肥大，心电图显示窦性心动过缓或过速、窦性心律不齐等，高血压患病率在 10%左右。

（四）消化系统

热应激时，交感肾上腺系统广泛兴奋，消化系统功能呈抑制反应。由于血液重新分配，引起消化道贫血；而大量排汗和氯化物的损失，使血液中形成胃酸所必需的氯离子储备量减少。因此，在高温环境活动时消化道分泌减弱，唾液、肠液，尤其是胃液分泌减少，分泌的潜伏期延长而分泌期缩短；唾液淀粉酶、胰酶、肠酶活性和胃液酸度降低，胃粘液蛋白减少；胃的收缩和蠕动减弱，对固体食物排空减慢，对水排空加速；小肠运动抑制，吸收营养物质的速度减慢；同时，口渴、脱水抑制食欲中枢和大量饮水冲淡胃液等，都可引起高温劳动者的食欲减退和造成消化不良，以致胃肠道疾患的发病率增高。

（五）呼吸功能与能量代谢

在高温环境的影响下，呼吸频率和肺通气量增高，以利于气体交换和肺蒸发散热。气温在 25～35℃时，能量代谢略降；超过 35℃时，能量代谢随气温升高而增高。当肛温从 37℃增至 42℃时，肛温每升高 1℃，代谢率增加约 10%～20%。

（六）神经及内分泌系统

在高温环境下，大脑皮质的兴奋过程减弱，抑制过程占优势，条件反射的潜伏期延长，味觉敏感阈增高，视觉一运动反应时间随环境温度的升高而增加。在体温调节障碍之前视分析器的敏感性就下降。因此可出现注意力不集中、测验时错误次数增多、反应迟钝，动作的准确性、协调性降低以及疲乏、失眠等现象，容易发生意外伤害事故。热应激时，机体通过神经活动和激素分泌而产生调温效应，内分泌活动也可对下丘脑体温调节中枢发挥负反馈调节作用。在高温、热辐射环境里活动时，中枢神经系统先兴奋、后抑制，或因缺氧使皮质功能发生改变，或因体温调节中枢兴奋而产生负诱导使其他中枢抑制过程加强。

（七）泌尿系统

热环境下肾血流量平均减少 51%，肾小球滤过率下降 21%，对尿素、菊淀粉、对氨基马尿酸盐（PAH）清除率明显下降。肾脏是机体调节酸碱平衡的重要器官，主要通过吸收钠和排出酸性物质来调节，当一日出汗量达5L以上时，可丢失水和电解质，引起酸碱平衡失稳，并且组织缺氧，乳酸增多，碱贮备下降，酸性物质排出减少，而引起代谢性酸中毒。由于尿液浓缩，尿量减少，肾脏负担很重，加上高热状态对氧的需要增加等，均可导致肾缺氧，有时可出现轻度肾功能不全，尿中有蛋白、管型、酮体、红细胞、白细胞乃至发生血尿。

（八）热适应与热习服

热适应（heat adaptation）与热习服（heat acclimatization）是机体对于环境热刺激的一种保护性反应。热适应需经长期的适应作用，其适应性的建立不限于生理功能方面，而且在器官结构方面也有其特点，这种适应性具有遗传性。如生长在热带非洲的黑人，其皮肤能够阻挡阳光中的红外线，皮肤上汗腺数量多，且发育很好；其他如达雅克人则适应于热带气候，阿拉伯人则适应于沙漠气候等。

热习服是后天获得的，是在热刺激的反复长期作用下逐步建立，可出现一系列生理、心理、行为、形态方面的适应性反应，使紧张的生理功能得到改善，一旦热刺激作用停止，热习服水平会逐渐减弱和消退。因而热习服具有产生、巩固、减弱和脱失等特点。热适应与热习服是两个不同的概念，但习惯上常被人用适应二字来代替习服的概念，需予以注意。人在热环境中耐受力的另一个重要因素，还取决于锻炼状况。

三、热环境的常见病

中暑（heat illness）或称环境热病，是环境高热和（或）剧烈运动而引起的一组急性过热性疾病的总称。中暑的发病，与环境高热、运动强度、脱水缺盐程度以及机体习服与健康状况等因素不同组合的综合影响有密切关系。气温高、热辐射强、机体缺乏水盐尤其是脱水、运动强度大、持续时间长、机体对高热不适应、健康状况差都是中暑的重要发病因素。根据病因学和临床表现，中暑通常分为四型：热射病（thermoplegia）、热衰竭（heat exhaustion）、热痉挛（heatcramp）和日射病（sunstroke）。

（一）热射病

热射病的发病机制还不完全清楚。一般认为是由于身体内部加外部的热负荷超过了身体的散热能力，使身体过热所致。出汗率过高很快会引起汗腺疲劳或衰竭，结果必然是体温升高。持续高热使中枢神经系统损伤变为不可逆转，甚至汗腺本身受到严重损伤，还可能伴有肝、肾、心、肺损伤和凝血障碍等改变。心血管系统代偿功能转向失调时，心输出量急骤下降，发展为循环衰竭。

热射病临床表现为起病急骤，轻症表现为头晕、头痛、乏力等，体温超过38.5℃，重症常可突然发生昏迷、意识丧失或烦躁不安、神志恍惚、嗜睡，或伴癫痫样抽搐、肌强直、休克、无汗或大汗；体温超过40～42℃，最高达47℃；心搏洪而过速，血压初期略高，后期下降；初期出现呼吸性碱中毒，后期出现代谢性酸中毒；早期瞳孔缩小、对光反射迟钝，晚期瞳孔散大、对光反射消失；可有肝、肾损害和广泛出血等征象，或突然心力衰竭、肺水肿与呼吸衰竭；有些患者可产生运动失调、震颤性麻痹、性格改变、失语和智力受损等后遗症。

急救治疗：救治的原则是必须快速而有效地降温，同时抓紧抗休克、防治合并症。作业现场发生中暑患者，尽量做到就地抢救、就地降温。

（二）热衰竭（热晕厥、热虚脱）

热衰竭的发病机制是由于高热引起有效循环血容量明显减少，机体为了促进散热，心输出量大大增加，使心血管系统的负荷加重，散热效率降低，以致脑部供血暂时性不足或心血管功能不全、周围循环衰竭。人在热环境里劳动经常发生换气过度，使中心体温升高，这种升高与呼吸频速增加额外能量消耗无关，而与换气过度伴发血液二氧化碳减少和 pH 值升高，导致皮肤血流量减少和出汗率暂时性降低有关。此时机体不缺水盐，而存在明显的呼吸性碱中毒。所以热应激引起严重的换气过度，可能是造成热衰竭的另一个重要原因。

热衰竭的临床表现主要为轻症在热环境中有时突然发生单纯性晕厥或虚脱综合征，患者皮肤发凉湿润，脉搏细速（可达 100～150 次/分）。虽起病迅速，一般仅呈一过性低血压，常感头痛、眩晕、眼发黑、疲乏、大汗、口渴。重症呈现脱水为主的脱水状态，或水盐合并丢失引起的全身性反应和呼吸性碱中毒表现，常有恶心、呕吐、痉挛、面色苍白、呼吸困难、心悸、血压和脉压降低以及手足抽搐、麻木、刺痛等。腋温可低于正常，但肛温达 38～40℃者甚为多见，其高低与发病前从事的体力活动强度及持续时间有关，严重时神志不清，暂时性意识丧失。一般不引起循环衰竭。如发生胃无力、肠麻痹和肌肉软弱，可能为缺钾所致。缺钠时饮水过多，也可发生水中毒现象，同时过多的水加到低渗性细胞外液而随即进入细胞内，可导致钾向细胞外转移。化验检查：主要是低氯和低钠血症，血钾在控制氯离子改变中可有损失或转移，在低渗状态时血尿素常见增高，血和尿渗透压偏低，尿中氯化物显著降低。

急救治疗：将患者移至荫凉通风处，平卧头低位，下肢抬高，肛温升高者可适当给予湿敷、煽风等降温措施；给饮凉开水或 0.1%～1%盐水 1000ml，有严重虚脱或不能进食时，可滴注 5%葡萄糖生理盐水 500～1000ml，以维持每小时尿量在 30ml 以上。若缺钾而肾功能良好，应于补液中加入钾、磷。神志不清或呼吸困难者可嗅 10%氨水或芳香氨酯液，皮下注射苯甲酸钠咖啡因 0.25g；针刺人中、合谷、内关、大椎、十宣、委中等穴。

（三）热痉挛

一般认为，热痉挛是由于过度出汗，水盐代谢紊乱，特别是盐的过量损失，致使细胞外液渗透压降低，水转移入细胞内，肌肉细胞过度稀释发生水肿，引起中枢神经系统的神经冲动和肌球蛋白的溶解度减小造成的。

热痉挛的临床表现为：轻症热痉挛最初仅感到疲乏无力、大汗淋漓、手指麻木，继而发生对称性发作性小肌肉群颤搐以致痛性痉挛。重症患者肌肉收缩强烈，疼痛甚剧，四肢与躯干肌肉都发生痉挛；体温、血压可升高，脉搏略快，皮肤粘冷，但神志清楚；如伴有失水和外周循环障碍，则血压下降、脉搏细速。化验检查：血、尿中氯化钠降低，尿量减少，比重增高。严重病例在病程中应注意电解质的检查。

急救治疗：轻症口服 0.1%盐水，每小时可给含盐 1～2mg 的盐水，总补盐量为 10～15g；严重的反复发作的重症患者，输注生理盐水或 5%葡萄糖生理盐水 1000ml，或口服小量的 1.5%～3%甚至 5%高渗盐水。最好同时补钙、钾或用多种电解质溶液治疗。

（四）日射病

无防护的头部在强烈的日光下暴晒和热辐射直接作用过久，可引起颅骨壁温度升高。部分红外线和可见光线还可穿过颅壁，使脑部温度急剧上升，以致脑膜充血、脑组织损伤，从而导致一系列的病变。

轻症日射病表现为在日光下突然发生剧烈头痛、头晕、虚弱无力、眼花、耳鸣、恶心、呕吐、脉快、头部皮肤发红、兴奋不安、意识不清等症状。重症可突然意识丧失、昏迷、狂躁、抽搐、脉弱而不规则；脑部温度可达40～42℃，头皮温度超过39℃，并不一定有体温过高。如果体温高至38～40℃以上，则是中枢神经系统遭受损伤的结果，病程经过常比较顽固。

急救治疗：头部降温最重要，可湿敷头部加吹风；重症患者可应用冰帽、冰枕，再辅以相应的全身降温措施和对症处理。

四、高温环境的综合评价与防护

（一）高温环境的综合评价

在高温条件时，机体与环境的热交换和平衡既受气温、热辐射、气湿和气流诸多气象因素又受机体代谢产热的影响。热环境标准应就机体热应激不超出生理范围，对气象条件诸因素及人的活动度作出综合考虑。

炎热气候下，当测得干球温度达到34℃或湿球温度超过29℃、三球温度指数（WBGT）超过32℃、湿黑球温度（WGT）超过31℃、干湿球指数超过28℃时，在露天进行活动有可能发生中暑，应适时地调整强度和持续时间，加强对重点对象的照顾并采取防暑措施（表12-6）。

表12-6　用于热强度评价的物理学指标

环境状况	指标名称	生理上限值
湿热环境	干球温度	34℃
	湿球温度	29℃
	黑球温度	50℃
	干湿球温度指数 *	28℃
	三球温度指数（WBGT）	32℃
	湿黑球温度（WGT）	31℃
	热强度指数（HSI）	110
干热环境	干球温度	40℃
	湿黑球温度	56℃
	HSI	120

* 干湿球温度指数＝0.85湿球温度（℃）＋0.15干球温度（℃）

心率、体温、出汗量是热环境监测和评价时最常用的生理学指标。表12-7列出了有关参数，以供实际应用参考。

表12-7　热环境作业者体温、心率和出汗率的三级生理限值

指标名称	生理安全上限	耐受上限	耐受极限
直肠温度（℃）	38.5	38.9	39.4
口腔温度（℃）	38.4	37.9	38.3
心率（b/min）	145	162	174
出汗率（g/h）	900	1 000	1 100

表12-7中列出的体温是以肛温和口温表示的。但目前的实际应用中多以腋温表示，因其测定较方便实用，只是所测结果要比肛温约低1.5℃左右，比口温约低0.5℃左右。故据

此可以提出腋温的三级生理限值分别为37℃，37.5℃，38.0℃，供实际应用参考。

（二）中暑防护

中暑发病因素复杂，必须按不同环境条件、运动强度，因地因时制宜地采取综合性卫生防护措施。

1. 开展耐热锻炼、提高耐热能力　耐热锻炼是一项行之有效的基本防暑措施。耐热锻炼的基本原则：①循序渐进：一般以锻炼过程的心率和体温不超过机体耐受上限为宜；②足够的锻炼强度：在生理耐受限度以内，只有足够的锻炼强度才能使机体受到足够的热刺激，才能获得高水平的热习服，锻炼强度包括热强度、劳动强度和持续时间，三者不能相互替代，但可以相互调整；③适宜的锻炼周期：每次锻炼时间最好1.5～2h（不要少于50min），每天1次，锻炼周期1～2周；④反复巩固提高：在获得热习服后，应继续锻炼，每周仍需有不少于2～3次的巩固性锻炼，才能不断巩固和提高热习服水平；⑤加强卫生保障：脱水脱盐、过度锻炼、睡眠不足、营养缺陷和热量不足等能延缓和破坏热习服的形成，在锻炼过程中应防止这些情况的发生。

2. 合理补充水盐、防止脱水缺盐　水是预防热损伤的一种“战术武器”。热环境下劳动过程中应注意以下问题：①水要补够：全日需水量低运动强度时为3～5L，高强度时增至6～8L以上，但出汗量过大时（每天超过6L），过量饮水对胃肠道负担过重（胀肚），容易引起疲劳。提倡少量多次饮水，不要一次大量暴饮，以免增加心脏和胃肠道的负担，以及反射性引起出汗更多和经肾排出更多的水盐；②合理补充食盐：一般情况下每人每天摄盐15～20g已够。如天气酷热，运动强度大，每日出汗量超过5L，可增补至20～25g。

3. 做好健康检查、加强医学监督　参加高温作业之前，应做好预防性健康检查。对患有心血管疾病、持久性高血压、活动性肺结核、实质性脏器疾病、贫血、中枢神经系统器质性疾病以及慢性病初愈者，应酌情适当安排；对体弱、肥胖、广泛性皮肤病、多汗、近期患过中暑、负荷过重、夜间睡眠过少等，应列为重点观察对象，适当予以照顾。

4. 营养及休息　适当改善膳食结构，调整饮食制度，以保证摄取充分的热量和营养素，及时补充热量、水分和盐分。注意改善工作和生活区域的防暑降温条件，及时得到更好的休息和睡眠。

第七节　寒冷环境

一、我国干寒气候与湿寒气候的特点

（一）干寒气候的特点

1. 气温低、寒期长、温差大、寒潮多　冬季气温多在0℃以下，最冷月平均气温低于－10℃。寒冷期一般4～6个月，冬季长达6～8个月。夏季很短，冬季大部分地区平均日较差在11～15℃，最大日较差可达27～30℃。我国寒区受控于西伯利亚及蒙古冷空气南侵及新疆冷空气东移，当强寒潮入侵时，气温急剧下降，风速很快增加，常伴有降雪、霜冻。

2. 雪期长、积雪深、结冰期长、冻土厚　降雪是我国北方重要气候特征，大部分地区在11月至来年3月为降雪期。积雪深度愈往北愈深，积雪期也是愈往北愈长。户外结冰期长，在江河封冻期间，冰层厚度常达数十厘米乃至一米以上。冻土层多在1～2m之间。

3. 绝对湿度低、相对湿度高　我国寒区全年平均绝对湿度较低，通常夏季较冬季高。

而东北地区由于降雪量较大，年降水量比较丰沛，空气中实际含水量高故相对湿度高。

（二）我国湿冷气候的特点

我国华北和西北的南部、西南、华东乃至闽北地区，冬季虽短，气温有一段时间持续在0℃左右，相对湿度较高。新疆、西伯利亚和蒙古的寒流也可越过秦岭南下，影响南方气温，在低温、潮湿、风大、霜冻条件下也易发生冻伤，尤其是冻疮发病率较高。在相同气温的条件下，人对湿冷环境的冷感更明显。

二、寒冷环境对人体的影响

（一）人体的产热和散热

1. 辐射散热　气温低于皮肤温度时，人体表面的热量以波长较长的红外线方式向四周放散。周围物体温度越低，辐射失热越多，严寒环境下，机体冷感越强。

2. 传导、对流散热　机体通过直接接触低于皮肤温度的物质，将体热放散，称为传导散热。散热量取决于接触物质的温度，温差越大，传导散热越多。

皮肤表面的空气层，通常比皮温低，皮肤将热放散到空气层中使之加温，密度减小，向上流动，而被周围流来的冷空气所代替，形成冷热空气对流，称为对流散热。干燥的空气导热系数小，隔热能力强，但必须处于"静止"状态才显示其隔热能力。

3. 蒸发散热　在寒冷条件下虽通过皮肤蒸发热量较小，但在进行高强度运动时仍会出汗，暴露部位的蒸发散热可造成暴露部位散热过快，易发生冻伤。衣着吸附水分过多，保暖性能下降，停止作业后，特别是有风时可加快体热放散。

（二）寒冷时人体的体温调节

人体体温保持恒定是基于体内产热与散热之间的动态平衡，有赖于体温调节中枢的调节，体温调节中枢在下丘脑。下丘脑前部是温热感受神经元存在的部位。下丘脑后部可能是对冷热信号加以整合处理的部位，将由皮肤冷感受器传入的神经冲动和从中枢性温热感受器发放的神经冲动汇总，并根据当时体温状况进行整合调节（integrated regulation）。正常人一般为37℃左右，此温度阈值称为体温调定点（setpoint）。调定点也受皮肤温热感受器的影响，中枢神经元被寒冷信息所激发，唤起自动保温反应。这种调节功能是有限的，当外界冷强度超过人体的生理调节能力，或冷暴露时间过长，则将引起局部乃至全身体温下降，并呈现一系列病理反应，发生冻伤。反映人体受冷作用强度，最好的生理指标是皮肤温度和体温，以皮肤温度对冷的反应最为灵敏。

（三）寒冷时的生理变化

1. 心血管系统　寒冷可直接或反射性地引起皮肤血管收缩，加以交感神经系统的兴奋、血中儿茶酚胺浓度增高以及产热反应的动员，使心输出量增多，血压上升，心率加快。冷暴露可使血液流变学性能恶化，如血细胞比积、循环血中血小板数及血粘度升高，加重心脏负担。常温中劳动时舒张压常降低，但伴有冷空气吸入时却反而增高，使心血管动力学改变及冠状动脉收缩。全身的冷暴露或局部冷刺激（如手泡于冰冷水中），常引起冠心病者冠状动脉阻力增高，心肌供血减少，诱发或加重左室功能异常，有诱发心绞痛的危险。

2. 呼吸系统　极冷空气的吸入可能使上呼吸道上皮直接受损。冷空气的吸入，使气道阻力增高，为冬季运动性哮喘发病的主要因素。过度通气时，大量过冷空气吸入还会引起支气管分泌物增加和排出分泌物的困难，严重时可能发生呼吸道粘液溢。冷对呼吸道及肺实质的血流亦有明显影响，肺实质表现为肺静脉收缩，在严寒条件下可能引起进行性肺高压。此症可见于世居极地的居民或严寒室外的重体力劳动者，严重时可致右心衰竭。

3. 神经系统　寒冷可通过对中枢和外周神经系统以及肌肉、关节的作用影响肢体功能，使皮肤感觉敏感性、肌肉收缩力、协调性、操作灵活性减弱，更易疲劳。严寒对脑功能也有一定影响，如表现为冷漠、易激动、注意力不够集中以及作业错误率增多、反应时间延长等。特别是观察距离较远的物体时，视觉灵敏度减弱。冷暴露较长时间也易发生幻觉，且在体温过低发生之前即可产生。

4. 其他　裸体在10～15℃中停留1小时，尿量为常温时的2.1倍，尿中氯、钠离子及磷酸盐排出增多。冷利尿作用可能与垂体后叶抗利尿激素分泌减少有关，其生物学意义尚不明，但对在寒冷中保持水盐平衡是不利的。急性冷暴露时甲状腺及肾上腺皮质活动增强，血中儿茶酚胺浓度升高，表明为应激反应。冷习服以后，甲状腺及肾上腺皮质活动逐渐恢复，但血中去甲肾上腺素仍保持较高水平，可能后者与冷习服的维持有关。动物及人体实验均表明，在冷暴露起初的一周内，机体免疫功能有一定程度的下降，随后恢复且呈增强趋势。

（四）人体对寒冷的习服

人体长期接触寒冷之后，通过自身生理生化调节过程，可产生冷习服，在一定程度上可提高耐寒能力和在寒冷中的工作能力。人体的冷习服现象可能与接触寒冷的时间、方式、机体状态等不同有关。如有的表现为以增强产热为主，减慢在寒冷中体温降低的速度；有的表现为外周血管收缩作用加强，提高外周组织的隔热值以减少散热，而且在较低的体温时才启动产热反应；有的则主要表现为肢端等皮肤血管冷致血管舒张反应的加强，有利于在寒冷中保持较高的肢端温度。以上各种类型又常难于截然划分，同一个体常兼具不同类型者。有时在同一条件下进行耐寒锻炼，肥胖者倾向于以增加外周组织隔热值为主，瘦者以增强产热反应为主。

人体冷习服可通过耐寒锻炼而加速形成。生活于寒区的居民，如果日常生活工作未经常接触寒冷者，就不能充分获得冷习服。耐寒锻炼一般坚持4～6周即显效果，表现为心血管功能改善，全身或局部冷暴露时肢端冷致血管舒张反应明显改善，在寒冷中保持较佳的手操作功能，与寒冷有关疾病的发病率明显降低等。停止锻炼不再接触寒冷约1～3个月内，冷习服现象可逐渐消退。

冷习服程度的判断是以寒冷血管反应指数（index of vaso-response to cold，VRCI）为指标。VRCI测定方法：将左中指末二节浸于0℃冰水中20分钟，取出擦干后在室温中继续观察5分钟，根据每分钟测定的甲沟后2mm处皮肤温度，按下式计算：

$$VRCI=0.2(20-X_1)+0.11X_2+0.52X_3+0.17X_4$$

式中，X_1＝冰水中皮肤温度开始回升时间（分钟）；

X_2＝冰水中皮温回升达最高温度（℃）；

X_3＝冰水中第5至20分钟的皮温均值（℃）；

X_4＝出冰水后第5分钟的皮温（℃）。

冷习服程度弱、中、强三级的VRCI界限分别为＜9.5、9.5～12.9、≥13。对大量人群测试结果表明，弱、中、强者分别占20%、50%和30%。

应该指出，人体对寒冷的习服不如对热的习服那样显著，在防寒工作中，既应重视冷习服的作用，又不应忽视其他措施的应用。

三、寒冷损伤

冷伤分为体温过低（或称冻僵）和局部性冷伤。局部性冷伤又按组织是否发生冻结分为冻结性和非冻结性冷伤。非冻结性冷伤包括冻疮、战壕足、浸渍足等。冻结性冷伤称为冻伤。在各种冷伤中冻伤的发病率最高，重者可致伤残，对人群危害最大，是防治的重点。重症体温过低如救治不当会导致死亡，后果严重。

气温低是导致冷伤的主要因素，非冻结性冷伤可在0～10℃的气温内发生，冻伤则在0℃以下气温时发生。发生冷伤的环境因素有风、潮湿，高原尚有低氧。个体因素包括服装装备不良、疾病、受伤、失血、疲劳、失水、营养不良、体脂少、饮酒、吸烟、以往冻伤史等。

（一）冻疮（chilblain）

冻疮是非冻结性冻伤中最常见的一种，多发生于不太冷的高湿度地区（0～10℃），如沿海一带及江河流域等地。多见于初冬或早春，好发于末梢部位，如手背、足趾、足跟、耳郭等处，手、足尤多。初发时皮肤红斑、发绀、肿胀，出现大小不等结节。皮肤痒和胀痛，局部温暖时尤为明显。有时出现小水疱，破裂后形成浅表溃疡，并可继发感染。愈后无后遗症，但易于复发。

（二）战壕足和浸渍足

战壕足和浸渍足是病因相同、病理过程相同的非冻结性冷伤，因发病环境不同而赋予不同的名称。战壕足见于军人陆地作战环境。浸渍足常见于沉船事故之时。由于长时间足部暴露于冷湿条件（0～10℃），加以下肢长时间下垂，血液循环受阻而发生的以外周神经和血管损伤为主要表现的病症。一般伤及足部，重者累及小腿。此症病程缓慢，大体上经历缺血期、充血期、充血后期和后遗症期四个阶段。

（三）冻伤

冻伤为局部组织经历冻结、融化以后引起的损伤。组织冻结温度在－2.5～－3.6℃之间。目前认为冻结过程以及融化以后的病理生理过程均能造成组织损伤。组织冻结时由于细胞间液冰晶形成，细胞内水分外逸，造成细胞内高渗环境，胞内电解质达到有害浓度而损伤细胞。融化及融化以后的损伤，可能一部分是由于血流重建时的再灌流损伤，另一部分是继发于冻区血管内皮损伤而引起的冻区血液循环障碍，组织缺血缺氧，导致组织坏死。冻伤部位以足部为最多，可占冻伤病例的70％～90％。

根据长期的临床观察和实验研究，目前倾向于将冻结组织复温后，按损伤程度分为四度。Ⅰ度冻伤和Ⅱ度冻伤又称轻度冻伤，Ⅲ度冻伤和Ⅳ度冻伤称重度冻伤。

Ⅰ度冻伤：亦称之红斑性或充血性冻伤，损伤仅涉及表皮层，复温前局部苍白。复温后皮肤热而干燥，呈现红或紫红色（红斑或紫斑）以及肿胀等局部体征。数小时后明显充血和水肿，主要自觉症状是刺痒、灼热及麻木感。Ⅰ度冻伤不经治疗可自行消退，不留明显痕迹，患过冻伤的肢体对寒冷的敏感性增高。

Ⅱ度冻伤：亦称之水泡性冻伤，损伤涉及真皮层，主要特点是水泡形成，水泡底部为皮肤的生发层，比较浅表。水泡多分布在肢体的外周部分（指或趾端），包括手背和足背，其体积大小不一。Ⅱ度冻伤不延及皮下组织，也不发生组织坏死，只有表皮剥脱现象。自觉症状与Ⅰ度冻伤相类似，但疼痛比较明显。如不合并感染，也能自行恢复。Ⅱ度冻伤恢复后，其后遗症与Ⅰ度冻伤相似。

Ⅲ度冻伤：损伤累及皮肤和皮下组织，主要特点是皮肤的全层组织发生坏死，并可延及皮下组织的不同深度，冻后半天或1天局部出现血性水泡，较Ⅱ度冻伤的水泡小，泡底呈灰白或污秽色。皮肤温度很低，可接近室温，多数病人冻后痛觉迟钝或消失。Ⅲ度冻伤的水肿比Ⅱ度冻伤更重，Ⅲ度冻伤的水肿消退比较缓慢。

Ⅳ度冻伤：主要特点是损伤深层组织，有时肌层和骨组织都发生坏死，是最严重的一类冻伤。Ⅳ度冻伤的分界线大约在复温后12d出现，随着分界线的出现，远端开始坏死，水肿消退后，发生皱缩干化，形成硬的干痂。干化的肢端可自动剥离脱落，但这个进程比较缓慢，干痂或坏死肢端脱落后，露出肉芽组织逐渐长出上皮而愈合。

（四）体温过低

体温过低亦称冻僵，是冷伤中可危及生命的病症。通常以体心温度（常以直肠温度为代表）降至35℃以下时，即为体温过低。不同体心温度症状体征有差别，如低于32℃时，心脏传导紊乱较普遍；低于28℃时，心室纤颤的发生率增高等。将体温过低分为3度。轻度者：体心温度≤35～32℃；中度者：≤32～28℃；重度者：≤28℃。

四、冻伤的处理原则与方法

（一）现场急救措施

1. 实施保温措施　发现冻伤患者后，立即用棉被、毛毯或大衣保护受冻部位，防止继续受冻，并将患者送至温暖室内，室温要求20～25℃或直接送往医院。

2. 采用合理的温水快速复温　迅速脱去冻伤者寒冷潮湿的衣服和鞋袜，然后用40～42℃温水进行快速融化复温。必须注意不断调节水温，保持在40～42℃。复温至冻区恢复感觉，皮肤颜色恢复至潮红色和甲床转红，组织变软为止，大约需20～30min。复温后用消毒纱布包裹，继续进行保温措施，用毛毯、电褥子等保暖，防止受冻部位外伤。若冻结组织已融化，此法不适用，可用40℃的0.1%洗必泰液温浸疗法。

3. 进行抗休克治疗　如大面积冻伤，用温水快速融化复温，应做抗休克准备，必要时注射强心剂、呼吸兴奋剂等，静脉滴注5%葡萄糖溶液以增强体内热量。此外，可给予热饮料和镇痛剂。

（二）复温后的治疗

1. 温浸疗法　用洗必泰、新洁尔灭、呋喃西林、杜灭芬等药物，任选1种配制成0.1%的液体，加温至40℃，用来温浸已融化的肢体，每日2次，每次20min，连续6d为一疗程。温浸后用呋喃西林霜、硫酸新霉素霜等冻伤膏涂抹。

2. 抗血流淤滞疗法　重度冻伤继发微循环障碍，主要特点是红细胞聚集、血小板凝集和凝集性血栓形成。在动物实验治疗和人体冻伤治疗中采用抗血流淤滞的药物取得一定疗效，包括低分子右旋糖酐、多氧乙烯、多氧丙烯、乙二醇的聚合物和潘生丁等。

3. 舒血管疗法　多年来试图用各种舒张血管的方法改善冻区血液循环，包括各种舒张血管药物如烟酸、潘生丁，交感神经切除或封闭等措施。

4. 抗感染　重度冻伤发生感染关系到治愈速度和治疗效果。抗感染治疗应将全身用药和局部用药结合。

五、预防冻伤的措施

（一）提高机体耐寒力，加速冷习服

1. 耐寒锻炼的基本原则

（1）坚持循序渐进：冷暴露应由弱到强；时间由短到长；体力负荷由小到大。

（2）有足够的冷刺激强度：耐寒锻炼一定要在身体有明显寒冷刺激的条件下进行。

（3）照顾个体差异：对某些寒冷耐受力极弱的人要适当照顾，不可强求一律。

(4) 注意天气变化：寒潮侵袭和风雪天，应加强末梢部位的保护，实行动静结合，防止冻伤和感冒。

(5) 坚持锻炼，防止脱习服。

2. 耐寒锻炼方法　耐寒锻炼的方式有局部耐寒锻炼及全身耐寒锻炼，锻炼方法提出以下 4 种：

(1) 体育锻炼：包括长跑、体操、球类运动和器械操等，其中以长跑最为可行。进行体育锻炼时应减少着装，使身体在感觉寒冷的条件下进行。冬季长跑，一般从 11 月开始，每天跑步 5～7km。每周进行 5 次，连续两个月可达到良好的习服水平。

(2) 冷水锻炼：包括冷水泡手、冷水洗手洗脚和洗脸。水温一般以 5℃为合适。锻炼由秋季或入冬开始，用冷水浸泡双手 10min，每日 1 次，连续 2～4 周，可以明显地改善末梢血管功能，减轻冷痛反应，提高手在寒冷条件的操作能力。

(3) 增加冬季室外活动时间：把每天室外活动时间增至 6～7h，持续 2 个月可以显著地减少寒战和冷痛反应，增强在严寒条件下的作业能力。

(4) 综合性耐寒锻炼：是指在同一时间里采用两种以上的锻炼方法。或以一种方法为主，配合采用其他方法。实践证明，这种锻炼方法效果更好。

(二) 改进膳食结构，提高耐寒力

许多研究资料和调查报告表明，适度的高脂肪膳食可加速冷习服和提高耐寒能力，爱斯基摩人的膳食中脂肪发热量高达 50%，北欧人和我国少数民族如鄂伦春族、蒙古族、维吾尔、藏族的膳食脂肪都较高。动物实验表明，以脂肪发热量占 25%～35%的饲料喂养大鼠比低脂（含 10%脂肪）饲料提前 1 周建立冷习服（普通饲料 4～5 周习服 0℃冷环境），在 −15℃冷暴露 2h，直肠温度下降明显小于低脂饲料组。也有报告提出高维生素，特别是维生素 C、维生素 E 有提高耐寒力的作用，高维生素与耐寒力的关系正在研究之中。其他如人参多糖、刺五加等提高耐寒力均有一定效果。

(三) 改善着装、居住条件，增强御寒能力

防寒防冻的物质条件主要是着装、居住场所、饮食等问题。加强服装保暖性能应注意衣服要合身，面料及絮料选择合理，保暖层水汽绝缘，防止保温絮层因水分积聚而降低保温性，服装鞋袜等均不应妨碍局部血液循环。服装覆盖部位皮肤温度平均值应保持不低于 33℃，居住场所必须注意保暖，取暖设备应完整无损，保证室内温度适宜。住所的温度一般不宜低于 18℃，最低也不能低于 13℃。膳食的调配应适当地增加脂肪、蛋白质和维生素的摄取量，合理利用豆制品，还需保证热饭、热菜和热汤。

(四) 药物预防

为在特殊情况下提供一种能立即增加耐寒力的方法，国内外均在研究使用药物提高耐寒能力的方法。有的着眼于提高机体应激能力，利用激素如甲状腺素、促肾上腺皮质激素、去甲肾上腺素等增强耐寒力；有的着眼于增加体内产热保持体温，如利用促进机体氧化过程的谷胱甘肽、食物特殊动力学作用较强的甘氨酸；有的着眼于改善肢体末端血液量，提高肢端温度，如用交感神经末梢 α-受体阻断剂妥拉苏林。但迄今为止多处于动物实验阶段，距实际应用尚远。

关于药物预防冻伤尚无一种方剂可保证严寒条件下不发生冻伤，有些虽可提高肢端温度，也仅是在一定时间内的表现。为此防冻伤仍需从多方面着手，以减少冻伤发生。

第八节 高原环境

随着社会的发展，科技的进步，高原已经成为人类活动的重要区域。据统计，全世界居住在高原的人口在5.2亿以上。我国高原总面积占全国总面积的33%，约310万km^2，海拔3000m以上高原占全国面积的1/6，有6000万以上的人口居住在不同海拔的高山和高原上。地理学上一般将海拔高度在1000m以上的地区视为高原，但医学上视海拔接近3000m及其以上的地区为高原，因海拔3000m左右，健康人群明显受低氧环境的作用，可出现程度轻重不等的急、慢性高原病，并随海拔升高更趋显著。实践证明，海拔3000m以上的地区常有高原反应和高原特发病发生，而且随着海拔增高，发病率逐渐增加。一般海拔5000m上下被视为人类居住的最高海拔高度，但随着科学和社会的发展，将会提高人类在高原环境条件下生存的能力。

一、高原环境的特点

（一）氧分压低

海拔愈高，空气愈稀薄，大气压力随之降低，空气中氧分压亦因此成比例下降。由于环境氧分压随海拔增高而降低，因此人体肺泡氧分压和动脉血氧饱和度也随之下降，造成环境供氧不足的机体缺氧状态，导致一系列生理和病理的改变。海拔2000m以上，已形成对人体产生生理应激的低气压。

（二）寒冷

气温随高度增加而降低，一般海拔每升高100m，气温下降0.56℃。温度降低的幅度因纬度、季节、主要风向等因素的变化而有所不同，因此不同地区的雪线高度并不相同。高原地区因气候干燥，地面植被少，白天太阳辐射强，夜晚散热快，气温日较差大，显著时可达30℃左右。

（三）紫外线辐射强

海拔愈高大气透明度愈大，加以日照时间长，太阳辐射中到达地面的紫外线增多。通常每升高100m，紫外线强度增大约1.3%；紫外线强度随太阳辐射的增强而升高。高原紫外线强，在经常辐照下致颜面等暴露部位，尤其面部突出的颧骨区出现红斑或色素沉着，故高原地区生活的人群，颜面泛红的健康色既有紫外线辐射的作用，也有红细胞增多的影响，敏感者可致日照性皮炎。

（四）低沸点与高蒸发

大气压降低，水的沸点下降。一般每升高100m，水的沸点降低0.32～0.35℃。高原气压低蒸发量大，空气干燥，使体表和粘膜丧失大量水分，常有口渴感并造成皮肤发痒与粘膜皲裂和出现鼻出血。

（五）空气离子化程度高

高原大气透明度大，因此太阳辐射及短波紫外线较平原大为提高，因而空气直接电离增强。据研究在海拔5000m处较海拔低于100m的陆地，空气中的负离子数约增高3倍，9000m处增大10倍。在高原谷地河边的浪花飞溅地区，负离子可达1900 n/cm^2。负离子对心血管和神经系统有良好的镇静调节作用，使人清新爽适。

二、高原低氧对机体的影响

高原环境对人体的作用，缺氧是主要的，但也存在着环境因素的综合作用，研究高原低氧不能忽视综合因素的影响。

（一）神经行为与心理平衡

人体以中枢神经系统对缺氧最为敏感且氧耗量大，占全身重量仅 2％的大脑，其氧耗量约占全身的 20％，比肌肉约高 30 倍，因此中枢神经系统对缺氧的耐受力甚低。轻度缺氧时，大脑皮质内抑制减弱而兴奋增强，表现为兴奋性增高，其下属的神经作用各有不同的表现。如呼吸、心血管系统的神经兴奋性增强，以促进缺氧下的生理代偿功能；对消化道和生殖系统的神经兴奋性减弱，但感觉器官的神经如痛觉、触觉敏感性提高，可能与生理性保护反应有关。海拔愈高缺氧加重，则由兴奋转入抑制，由轻度头痛的加重发展至注意力分散，思维反应迟钝，记忆力下降。低氧环境刺激下存在着应激反应，同一人群，在 3500m 海拔高度时血中去甲肾上腺素和肾上腺素含量较平原升高 1.3 倍和 2.4 倍，儿茶酚氨类激素明显升高表明了应激作用。在一定范围内应激的提高并不预示着不良反应，可视为生理代偿作用的表现。当然这种代偿是有限度的，应激过度可致急性高原反应的发生。

心理上的不平衡，主要表现在对环境变迁产生过多的焦虑或压抑，对现实或即将预见的环境不能坦然地对待而致过分紧张，甚至产生恐惧。目前理论和检测方法上还不能阐明其深刻变化，但有一些学说提供了一定的解释：①分散注意假说：采用不同的适度刺激，诱导注意的分散能引起心理情绪的改变，缓解心理紧张状态。②内啡呔释放假说：产生于脑、垂体和其他组织的内啡呔，具“吗啡样”作用，能减轻痛感和产生欣快感，可促进抗焦虑作用，降低心理紧张。③单胺假说：激素具有信息传递和酶的激活及代谢的调节功能。激素水平的变化，尤其是脑内单胺类神经递质，特别是去甲肾上腺素和 5-羟色胺水平的改变，可能在恶劣环境导致情绪变化中起媒介作用。在进入高原前具有焦虑、恐惧状态的心理不平衡者，进入高原时易于发生或加重高原病。

（二）心血管系统改变

1. 代偿性功能改变　通常初入高原，由于缺氧导致心率随海拔增高而加快，则每分心输出量增加，单位时间内经肺交换的血量增多；同时红细数和血红蛋白含量呈生理代偿性增多，以增强携氧和供氧能力，可改善血氧饱和度因海拔增高而递减的趋势，改善机体的供氧状况。研究表明经常观察心率的变化，是一项简易敏感的保健观察指标，生理代偿调节功能较佳者，在脉搏频率增速的同时伴有脉搏跳动的增强，当机体适应时可渐趋恢复，当脉率增快但脉象细弱，或突然脉率低于平时水平较多且细弱无力，并伴有疲乏无力或神志恍惚，可视为缺氧耐力严重失调，应及时给予吸氧和诊治。出生并长住高原的成人，尸检发现 93％具有右心室肥大。

2. 肺循环改变　缺氧引起肺循环改变使肺动脉压升高，升高程度与海拔高度成正比。肺动脉压的增高是由于急性缺氧引起肺小动脉收缩，肺动脉壁增厚，动脉管腔变窄，导致肺动脉压持久升高，可加重右心负荷，终至引起肺心病的表现。

3. 毛细血管改变　毛细血管在高原缺氧刺激下，生理代偿的调节使毛细血管密度增大，从而提高血管对氧的弥散能力。

（三）肺功能

1. 肺通气量的变化　肺泡通气量随海拔增高而增大，初入高原数小时即可发生过度通气这一暂时性的代偿反应，至第一周甚至可超过世居者的 20%。过度通气可使肺泡 CO_2 分压降低，肺泡氧分压增高，缩小了由气体交换到混合静脉血之间的分压差，因而能摄取更多的氧和排除较多的二氧化碳，改善氧供应。

2. 二氧化碳通气曲线　呼吸中枢因通气反应增强，对 CO_2 的敏感性提高，表现为由海平面的 CO_2 通气反应（CO_2VR）曲线呈缓坡状的小斜率，变为 CO_2VR 曲线左移且斜率增大，显示了生理代偿作用的增强。

（四）消化功能

实验证明到达高原时各类消化腺的分泌机能都有程度不等的减弱，且有空腔脏器的气体膨胀。但胰腺是唯一分泌增加的腺体，其原因尚不清楚。消化功能的影响随海拔增高，发生者增多。

（五）劳动效率的影响

缺氧可使劳动效率明显下降，海拔愈高，血氧饱和度和最大摄氧量随之降低，劳动效率下降愈明显。其劳动效率在 3500m 处较平原降低 12.61%，4500m 处降低 18.78%。肌肉剧烈作功，对能量的需要增多，当耗能超过肌肉供氧水平，在低氧条件下形成无氧代谢更为增大，可出现过量的乳酸于血液中形成氧债，氧债的增大，造成高原劳动时无氧酵解增加而供能不足，为劳动能力下降原因之一；骨骼肌收缩主要依赖肌球蛋白和肌动蛋白的滑动，富含氨基酸的大分子蛋白质在高原劳动时大量耗损，其合成赶不上分解，致肌肉收缩无力，是高原劳动能力降低的又一原因；急进高原时心肌存在轻度损伤，心肌功能障碍必然制约劳动能力的发挥，是劳动效率下降原因之三。劳动能力的下降与海拔高度的升高呈明显的正相关。

（六）高原环境对胎儿生长发育的影响

高原地区吸入气氧分压低。大气压只有海平面的 2/3，气候寒冷，影响胎儿宫内正常生长发育。目前国内外学者一致认为高原环境可使新生儿出生体重下降，死亡率增高。大量研究表明海拔高度与低出生体重存在“剂量—效应”曲线关系，低体重儿出生率与海拔高度呈正相关关系。可能主要与低氧致胎儿宫内生长发育迟缓有关。另外，高原地区脐带过度扭转发生率明显高于平原地区，一般认为与高原缺氧有关，慢性缺氧致妊娠期胎动活跃是脐带发生过度扭转的重要因素。由于脐带过度扭转致使对围产儿的高危因素增加。

遗传因素可对高原地区的胎儿生长发育产生影响，邓西平等统计了拉萨地区 1981 年 1 月至 1985 年 2 月出生的 3939 名藏、汉族新生儿的出生体重，其结果表明藏族新生儿出生体重平均值与平原地区出生的新生儿之平均值相接近，同时显示汉族新生儿出生体重平均值明显低于藏族新生儿。国内其他人的研究结果与上述一致，显示在高原环境下出生的藏族新生儿的体重、身长和头围均高于同一海拔高度出生的汉族新生儿。进一步的观察表明汉族新生儿脐带血血细胞压积和血红蛋白浓度均高于藏族新生儿，提示母体对高原环境适应不良，胎盘循环血粘滞度增加，血流缓慢，加之孕妇的耗氧量需比非孕妇增加 10%～20%，才能满足胎儿的需氧量，从而导致汉族孕妇宫内胎儿缺氧。提示世居高原的藏族人群已习服了高原低氧环境，能保证机体对氧的需求，从而使宫内氧环境得到相应的提高，满足胎儿生长发育所需。

三、高原病的分类与救治原则

高原病（mountain sickness）的命名与分类，目前国际上比较混乱，用词尚不规范，我国 1992 年在高原病命名与分型学术会提出如下方案：

（一）急性高原病（acute mountain sickness，AMS）

人由海拔低的地区进入高海拔地区后（发病的临界高度为海拔 3000m 左右），大气氧分压降低导致肺泡氧分压随之降低，弥散入血的氧量减少，造成动脉血氧饱和度降低，致供氧不足可出现缺氧症状，以代偿功能失调直接引起并在两周内出现的不同类型高原病，称急性高原病。

1. 急性高原反应　其同义词有急性高山病、高原适应不全症（mountain disadaptation）、良性急性高原病。指人从低海拔地区进入发病临界高度或高海拔地区进入更高的高原，可在数小时内发病，表现为头晕、头痛、心悸、胸闷、气短、乏力、食欲降低、睡眠障碍等；重者出现恶心、呕吐、紫绀、尿少、血压升高或外周水肿等。病人一般在 1～2 周内病情缓解或痊愈，降至低海拔地区可迅速恢复正常。

目前认为急性高原反应，是轻度颅内压升高、水转运失调、呼吸性功能障碍和胃肠功能紊乱等共同作用的结果。高原反应的许多症状与轻症颅内压升高的症状相似。

影响急性高原反应的因素有：①海拔高度：海拔愈高，发病增多，症状加重；②登高速度：陆路进入高原，登高速度快者较慢者发病增多；③季节变化：冬春季节高原气温低、风大，促使内源性机体代谢增加，需氧加大，使发病率增高；④心理平衡：心理上不平衡，怀有焦虑、恐惧、情绪低落等心理状态者易发病或促使症状加重；⑤体力负荷：初入高原负荷越重或活动越多，需氧越大，易发生急性高原反应；⑥预防感冒：平原视感冒为一般轻微病症，高原则必须重视。高原本已缺氧，上呼吸道感染和发烧所致的呼吸功能障碍更加重缺氧反应；⑦易感者：资料表明易感者确实存在。此外饥饿、疲劳、体质弱等都是影响发病的因素。

对初次或再次进入高原者，出现头晕、头痛、恶心、呕吐者可采取以下措施：病情轻者，一般不需特殊治疗，进入高原后减少活动，卧床休息；头晕、头痛明显者可给予纯氧或混合 3% CO_2 的氧吸入；呕吐者可服"消呕宁"10～20mg，维生素 B_6 20mg，1 日 3 次；有心慌、气促、紫绀、轻度浮肿者给氨茶碱 0.1mg，1 日 3 次；或采用地塞米松，第一次剂量 8mg，以后每 6h 给 4mg；并氧气吸入；当发现有手足发麻或抽搐时，应防止病员过度换气，除给氧外，必要时静脉注射 10%葡萄糖酸钙 10ml，及各项对症药物处理。并进一步检查有无并发高原脑水肿和肺水肿的可能。

2. 急性高原肺水肿　又称肺型急性高原病（Pulmonary AMS）。急进高原的人员，常由于过劳、受寒、感冒、酗酒等因素，因缺氧造成肺动脉压升高，使肺毛细血管通透性增加；肺泡Ⅱ型上皮细胞板层小体体积增大，肺泡表面活性物质降低，线粒体肿胀；加以利尿系统失调，多种功能因素的失控导致肺水肿。发病多在进入高原的 2～5 日内，是一种起病急、发病快、病势重的重型急性高原病。高原肺水肿表现为头痛剧烈和急性高原反应症状的加重，伴有呼吸困难，唇紫绀，难以平卧，咳白色或粉红色血性泡沫痰；肺底有水泡音或全肺有广泛性大、中型水泡音。有的同时出现恶心、呕吐、发烧、腹痛等症状。X 线可见以肺门为中心，向边侧视野扩散的云絮或点片状边缘模糊的阴影，伴见肺动脉高压症或右心扩大症。

救治原则：①半卧位卧床，注意安静、保暖。②鼻导管吸氧，流量 4～8 L/min；吸氧时应通过含 40%～60%的酒精液湿化瓶滤过。有效吸氧是治疗本病的关键。③依据病因给氨茶碱、利尿剂、肾上腺皮质激素、抗生素，必要时可给强心剂、吸痰等。多年临床救治经验认为，患者一旦被确诊为高原肺水肿，就地送院治疗的抢救成功率远较送低海拔区为高。

如具备较好的下送条件（交通工具、医疗设备和医护人员）则应快速下送。预防措施同急性高原反应，近年采用高压氧舱治疗或预防性治疗高原肺水肿，有良好疗效。

3. 急性高原脑水肿　又称高原昏迷、脑型急性高原病（Cerebral AMS），是急性高原病的危重类型。发病急，常见于初次进入高原者，但久居高原者因过劳、上呼吸道感染、寒冷、低血糖等诱因也可发病。多发生在海拔 4000m 以上地区，发病率占急性高原病总数的2%左右。

临床表现的前驱症状分两型。抑制型表现为神志恍惚、表情淡漠、视力减退、定向障碍和嗜睡状态，常坐卧蜷曲于一角，对询问懒于回答。兴奋型则有头晕头痛、胸闷气促、恶心呕吐、欣快多语、哭笑无常、行动不稳、打人毁物、寻衅滋事等。如未经及时发现和处理，可在 3 小时至 3 日内进入昏迷期。昏迷期表现为意识丧失、大小便失禁或尿潴留、颅内压升高、瞳孔常缩小而固定或忽大忽小，出现光反应迟钝，痛觉仍存在，视乳头有水肿等，晚期则可能出现呼吸、循环、肾功能衰竭。

对于此类病人长途转送不如就地入院治疗为妥。熟悉本病发生临床特点进行早期预防、早期诊断、早期治疗，“三早”是降低急性高原脑水肿死亡率的关键。综合性治疗与给氧是救治的重要措施。早期预防高原昏迷需提高警惕、及早发现。凡进入高海拔地区，出现剧烈头痛、严重头晕、懒散嗜睡、剧烈呕吐、神志恍惚、四肢无力者，应及时考虑有无高原脑水肿的可能，给予严密观察和及时治疗，防止发展成昏迷。

（二）慢性高原病

通常指进入海拔 3000m 以上地区超过 3 个月，急性高原反应症状已消失后又出现的头晕、头痛、乏力、胸闷、厌食、精神不振、嗜睡或失眠，有手足麻木、血压偏低或脉压差小，偶可出现短暂性晕厥、阵发性心动过速等症状称之为慢性高原病。经治疗后病情可改善，转至平原病情则痊愈。

1. 慢性高原反应　高原停留 3 个月后，仍出现类似急性高原反应的各项症状者，并可排除神经衰弱、呼吸道与心、肾疾病、胃肠炎、肝炎等疾病，可视为慢性高原反应，是机体对高原习服较差的表现。

处理着重在避免各种诱发因素，如不饮酒抽烟、避免过重劳动；进行各项恰当的健身活动，如健身操、气功、太极拳等活动量不剧烈的锻炼；必要时可应用前述预防药物。

2. 高原红细胞增多症　久住高原的移居或世居者，当其红细胞的数量$\geqslant 6.5\times 10^{12}/L$，血红蛋白$\geqslant$20 g/L，红细胞压积$\geqslant$65%，伴有高原反应的临床表现，并可排除其他原因引起的红细胞增多者，称高原红细胞增多症（high altitude polycythemia，HAPC）。红细胞增多症迄今尚无满意治疗方法。处理措施着重在提高机体摄氧能力和抗缺氧耐力，降低红细胞数，改善微循环和血液流变学的浓、聚、粘。本病在治疗同时，需避免颅内高压、弥漫性血管栓塞或动脉栓塞的出现，防止脑出血或上消化道出血的可能，进行相应的治疗。

3. 高原心脏病　属慢性高原心脏病。当机体对抗高原缺氧产生的生理代偿性反应失调后，造成红细胞过多与严重的肺动脉高压，可引起心脏尤其是右心室负荷过重；同时心肌本身缺氧而又不间断作功，使已衰弱的心脏负荷更重，在低氧因素的持续作用下，形成高原心脏病。其中右心室肥大是高原心脏病发病的中心环节。

慢性高原病中尚有高原血压异常和高原病混合型。血压异常有两种类型，一为高原高血压，以舒张压增高$\geqslant$12.7 kPa 为临界阈；另为高原低血压，以收缩压$\leqslant$6.66 kPa 为分界。处理基本与平原类似。高原病混合型指高原红细胞增多症、高原心脏病、高原血压异常三型中具有任何两型并存者，称混合型。处理原则为区分混合型为红细胞增多症和高原高血压混合型，或红细胞增多症和高原心脏病混合型，或三者共同并存。混合型治疗难度大，依据混合属何种类型，抓住主要症状，给予相应的综合治疗处理措施。

（陈景元）

思考题

1. 噪声对机体可能有哪些不良影响？
2. 噪声的控制原则是什么？
3. 噪声与振动在造成听力损伤方面有什么异同点？
4. 激光的主要生物学效应有哪些？可能对健康造成什么影响？
5. 什么是电磁辐射的热效应和非热效应？
6. 在日常生活中应当如何避免和减少电磁辐射对健康的影响？
7. 什么是热适应、热习服？两者的区别是什么？
8. 冻伤的分度标准是什么？发生冻伤时应当采取哪些急救措施？
9. 影响急性高原反应发生的因素有哪些？

第十三章　家用化学品与健康

家用化学品是一类人们在日常生活中广泛使用的化工产品，这些产品的使用大大方便、丰富、美化了人们的生活及环境。随着科学技术的进步，市场经济的发展和我国加入WTO，进入家庭日常生活和环境的家用化学品的品种和数量也不断增多。与此同时，家用化学品作为环境因素的一部分通过各种途径与人体接触，这类接触有时比起环境污染更为直接。家用化学品使用的特点包括：①场所众多，实际上除职业工作场所以外的所有场所都可涉及；②接触的家用化学品种类繁多；③大多数化工产品都是化合物，成分复杂；④暴露途径和时间多样，这些化学品可经口、呼吸道、皮肤等与人接触，而时间上短至瞬间长达数年。这就使我们不得不正视这些化学品的使用，对环境的改变乃至对接触者健康可能产生的影响。从环境健康学的角度，家用化学品已成为人们居住生活环境的重要组成部分，也是必须实施卫生监督和管理的环境因素。

家用化学品的使用增加了生活中非自然化学因素的暴露。一些家用化学品因产品质量低劣而发生毒性作用，如涂料中溶剂含苯过高导致中毒，含萘防虫剂残留于衣物上对接触者产生毒性作用等。近年因家用化学品的卫生质量问题导致的健康损害并不少见。生产厂家追求利润，采用劣质原料、陈旧的生产工艺、市场的监督管理不到位、相关的法规未完善等是主要原因。目前我国对家用化学品的卫生监督是不全面的，除化妆品外，洗涤剂、涂料、驱（灭）虫剂等家用化学品在监管依据（法规）、卫生标准等方面相对滞后，因而对这类化学品可能产生的危害缺乏强制和有效的监督。

家用化学品的种类很多，几乎涉及人们日常生活的每一个方面，如清洁消毒、服饰、化妆、护肤、驱杀害虫、家庭装饰、文化用品、食品、非处方药品等。根据家用化学品的使用频率、用量和成分等，将常发生健康危害的品种在本章重点叙述，包括：化妆品、洗涤剂、胶粘剂、涂料、家用杀（驱）虫剂等。

家用化学品的生产和销售是产品的价值创造阶段，通常由具一定专业知识的人员进行。而使用是产品价值的实现，这时候涉及的多为非专业人员，这部分人群常只注重使用的效果，而对产品本身的不良作用或在不正确使用的情况下可能导致的危害了解不多。这就要求在家用化学品的生产和销售方面有完善的卫生监督管理，对应用的主体有足够的标识、说明和宣传，确保进入生活环境的化学品的有效性和安全性，从而保障公众的健康。

第一节　常用家用化学品的种类

一、化妆品

国家卫生部化妆品卫生规范采用的定义为：化妆品（cosmetic）是指以涂抹、喷洒或其他类似方法，施于人体表面任何部位（皮肤、毛发、指甲、口唇、口腔粘膜等），以达到清洁、消除不良气味、护肤、美容和修饰目的的产品。最容易与化妆品相混淆的是某些具有美容和治疗作用的药品，而两者间的主要区别在于使用目的的不同。化妆品是为了清洁、掩盖缺陷、护肤、增加美感，使用的对象是健康者，使用方法仅限外用，且使用剂量和时间上没有严格的限制，此外在产品执行标准和监督管理方面也是截然不同的。

化妆品成分由基质和辅料组成，基质组成化妆品的主体，是具主要功能的物质，常用的有油脂如甘油脂、蜡类如羊毛脂、粉类、烃类如液体石蜡、脂肪酸类如饱和脂肪酸，溶剂也属化妆品的基质，如水、苯甲醇、乙醇、丙酮、二甲苯等，甲醇在化妆品中起防腐作用。辅料赋予化妆品成型、稳定、色香和其他特定作用，包括用于乳化的表面活性剂、香料和香精、天然与合成染料、防腐剂、抗氧化剂、生化制品和其他添加剂（保湿剂、收敛剂、特殊功效添加剂等）。

化妆品按形态可分为液态水溶剂、液态醇溶剂、液态油溶剂、乳状剂、软膏剂、锭状剂（片剂）、粉状剂（包括成型）、块状剂和气雾剂等。还可以按使用部位、用途等分类，常见的是按用途分类：

（一）一般用途化妆品

护肤类化妆品：清洁皮肤用品，如洗面奶、清洁霜、面膜、磨砂膏、浴液等；润肤用品，如雪花膏、冷霜、润肤防裂霜、护肤面膜；营养皮肤（抗老化）用品，如珍珠霜、人参护肤霜、银耳霜、维生素 E 膏等。

益发类化妆品：洗发类化妆品，如洗发香波、洗发露等；护发用品，如发油、发乳、护发素、摩丝等；营养毛发用品，通过防止角质层水分丢失和促进血液循环达到营养毛发的作用的，如防脱发、生发剂。

美容修饰类化妆品：香粉、胭脂、口红、粉底霜、唇膏、眼线笔、眉笔、睫毛膏、眼影膏、指甲油等。

芳香类化妆品：是以精制乙醇为基质的液体制剂，主要成分是香精、蒸馏水、醇溶色素、甘油、抗氧化剂等。产品包括香水、花露水、古龙水、化妆水等。

口腔卫生用品：牙膏和牙粉主要含摩擦剂、起泡剂、甜味剂、防腐、防龋等成分；含漱水则含香精、发泡剂、乙醇、杀菌剂、脱臭剂等，此外还有口气清新剂等。

（二）特殊用途化妆品

一般是针对体表某些缺陷设计的化妆品，如染发、脱毛、美乳、健美、除臭抑汗、祛斑和防晒等。这类化妆品为发挥其特定的功能，需要加入一些特殊的活性物质或药物，而这类物质往往具有一定副作用而在化妆品中被限制使用。

二、洗涤剂

洗涤剂（detergent）是指以去污为目的，由活性组分表面活性剂和辅助组分，如抗沉淀剂、酶、增白剂、填充剂等构成的混合制剂。通常可分为肥皂和合成洗涤剂两大类：肥皂是脂肪酸和碱进行中和反应的产物，又可分为洗衣皂、香皂、功能性香皂等。肥皂作为天然产品经过上百年的应用，实践证明了具有安全性和环保性。在合成洗涤剂中常用于家庭的包括：纺织品洗涤剂、餐具果蔬洗涤剂、硬表面洗涤剂和卫生清洁剂（洗发、沐浴、洗手）。随着科技和社会的进步，洗涤剂的种类还在不断地增加，如皮革、电器、汽车等的清洁剂已经开始进入人们的生活环境中。

目前洗涤剂的卫生问题主要集中在合成洗涤剂，这类洗涤剂是由表面活性剂和助剂组成。表面活性剂是降低两个相间界面张力的一类物质，并可在溶液中形成胶团而达到乳化、促溶、去污的作用。表面活性剂的共性表现为双亲化合物，其中一个基团是亲极性而具水溶性，另一个基团是亲油性而具去污力。表面活性剂的用途广泛，生产和生活的各个方面都可涉及，表 13-1 列出了常用家用洗涤剂的表面活性剂类型、特性及其应用。

表 13-1　表面活性剂的分类与常用剂型

表面活性剂类型	特性	常用于洗涤剂的表面活性剂
阴离子型	亲水基团，带负电	烷基苯磺酸钠：支链（硬性）烷基苯磺酸钠（ABS）不易被生物降解，直链（软性）烷基苯磺酸钠（LAS）可被生物降解。是目前仍大量使用的表面活性剂之一 烷基硫酸盐：由于其分散、乳化和去污力强而广泛用于毛织物、餐具、地板清洁等洗涤剂
阳离子型	亲水基团，带正电	季铵盐、烷基吡啶、溴铵盐类，为一类强杀菌力表面活性剂
两性离子型	具两个亲水基团，同时带正负电荷	氨基丙酸、咪唑啉、甜菜碱、牛磺酸
非离子型	不解离成离子，不带电荷	脂肪醇聚氧乙烯醚，与 LAS 一样是合成洗涤剂中使用最广泛的活性物质 烷基糖苷具高表面活性，去污和配伍性好，无毒无刺激，具生物降解性，是新型表面活性剂
混合型	两个亲水基团，一个带电一个不带电	醇醚硫酸盐

助剂在洗涤剂中起到软化硬水、调节水酸碱度、乳化、悬浮和分散的作用，在洗涤剂中可提高洗涤剂的去污能力。如三聚磷酸钠，在洗涤剂中可起到螯合金属离子、软化硬水、乳化油脂、碱缓冲等作用，因此应用广泛。尽管这类含磷助剂的使用对水环境构成威胁，但目前从成本和功效考虑还未有理想替代的产品，类似的助剂还有无磷的碳酸盐、硅酸盐等。其他洗涤剂助剂还有：软化硬水的络合剂乙二胺四乙酸（EDTA）、EDTA-2Na、柠檬酸钠；起漂白作用的过碳酸盐；荧光增白剂二苯乙烯类、香豆素类、恶唑类；增加水溶性的甲苯磺酸钠、尿素；抗垢再沉淀剂羧甲基纤维素钠；防腐剂如尼泊金酯、苯甲酸钠、甲醛等。

用于餐具、果蔬的洗涤剂是对卫生质量要求较高的一类产品，常见的有洗洁精、餐具洗涤剂（dish-washing detergent）、蔬菜清洗剂，产品可以是以烷基苯磺酸钠为表面活性剂的合成洗涤剂，或以聚葡萄糖苷、葡糖酰胺、天然脂肪醇等为表面活性剂的天然植物油脂洗涤剂等。

三、涂料

涂料（paint）是一类由成膜物质、颜料和溶剂组成的，用于物体表面保护、美观或防锈绝缘等目的的物质。家用涂料包括：家具涂料、内墙涂料、地板漆、防锈漆等。涂料的成膜物质主要有油脂及其加工品、纤维素衍生物、天然及合成树脂等，如聚氨酯、酚醛树脂；溶剂是保持涂料流动性以便于涂装，常用的有甲苯、二甲苯、乙酸乙酯、香蕉水（醋酸异戊酯）；颜料主要有金属颜料，如铅基颜料红丹、铅白，铬黄等和有机颜料，如偶氮颜料、油溶橙等。

涂料的分类按成膜物质可分为油性、纤维素、合成树脂和无机涂料。按涂料性状可分为溶剂型涂料、乳胶涂料、水性涂料、粉末涂料等。按功能分为装饰涂料、防水涂料、防锈涂料、防火涂料、绝缘涂料等。按用途分为建筑涂料、家具涂料、地板涂料等。

四、胶粘剂

粘合是使两种相同或不同材料的表面通过胶粘剂形成的界面力实现的结合过程。是日常生活中的家庭装饰、器皿修补、艺术装潢等经常使用的化学品。胶粘剂（adhesive）的成分包括基料、固化剂、溶剂、增塑增韧剂、稳定剂、防腐剂等。通常将胶粘剂分为无机和有机胶粘剂，有机胶粘剂中又可分为天然和合成高分子胶粘剂。家用胶粘剂多为有机胶粘剂，天然的如淀粉胶、蛋白胶（骨胶、鱼胶），合成的如热塑（溶）胶：乙烯树脂、丙烯酸树脂、聚乙烯、聚碳酸酯和聚酰胺；热固性胶粘剂，是通过热或催化剂的作用形成化学键得以胶合，主要有酚醛树脂、脲醛树脂、三聚氰氨甲醛树脂、环氧树脂、水性聚氨酯、有机硅树脂。此外还有合成橡胶胶粘剂、氯丁二烯胶粘剂等。

五、消毒剂和杀虫剂

（一）消毒剂（disinfectant）

属日常生活中常用的化学品，按使用目的可分为空气消毒剂、物体表面消毒剂、厨厕消毒剂、洗衣消毒液、皮肤消毒剂、食具蔬果消毒剂等。消毒剂中常用的有效化学成分有含氧型的过氧化物，具代表性的如过氧乙酸对细菌类病原体杀灭效果良好，常用于空气喷雾消毒、污染物等的浸泡消毒和蔬菜、水果、餐具的浸泡消毒。过氧乙酸稀释液稳定性较差，一般使用时现配，由于具腐蚀性而不宜用于皮肤、家具和木制地板的消毒。其他含氧型消毒剂还有臭氧、过氧化氢等。含氯型的如次氯酸盐，次氯酸钠是含氯消毒剂的常用制剂，可以杀灭大多数细菌和部分病毒。主要用于蔬菜、瓜果、餐具的一般性消毒，病人污染物品的消毒，墙壁、地面、厕所、卫生洁具等的消毒。其他含氯的常用剂型有：次氯酸钙粉剂（漂白粉）、氯化磷酸三钠粉剂（23 消毒粉）。二氧化氯（ClO_2）是新一代高效安全的消毒剂，用于饮用水、洗手、衣物、蔬菜、瓜果、餐具、空气和饮水机的消毒。溴氯海因属溴氯协同型高效消毒剂，具有稳定、毒性低、腐蚀性小等特点，是新型消毒剂。其他类型的消毒剂如季铵盐类阳离子表面活性剂，甲醛、戊二醛、环氧乙烷、乙醇等。这些化学物质被广泛应用于各种类型家用消毒用品的主成分。

（二）驱（杀）虫剂（insectifuge，insecticide）

是用于杀灭害虫的农药，杀虫剂按化学结构分类可分为：有机氯、有机磷、氨基甲酸酯、拟除虫菊酯、有机氟、羧酸类、酚类、杂环类等。目前家用灭蚊、杀灭昆虫的制剂大多为拟除虫菊酯类杀虫剂（轴突毒剂，在低温时击倒作用更明显，同时对周围神经、中枢神经和感觉神经有作用，因此具有驱避、击倒和杀灭作用）。拟除虫菊酯类可分为：第一菊酸化合物、二卤代菊酸类、非环丙烷羧酸和非酯类如醚菊酯、亏醚菊酯。常用的家用制剂可分为飞虫（蚊）气雾杀虫剂和爬虫（蟑螂）气雾杀虫剂。这些制剂的主要成分包括：杀虫成分，如胺菊酯、二氯苯醚菊酯、氯菊酯、溴氰菊酯等；载体溶剂，如水、有机溶剂脱酯煤油；增效剂，如氧化胡椒丁醚；抛射剂和乳化剂等。杀飞虫与杀爬虫气雾剂的主要区别在于助剂的不同，后者在物体表面有较长滞留时间。此外，一些驱（灭）蚊香中也可加入拟除虫菊酯类通过烟熏达到目的。值得注意的是已被禁止使用的 DDV、DDT 和六六六在监管不力的情况下仍可在部分地区的家用产品中检出。

六、其他家用化学品

（一）除臭剂（deodorant）

化学除臭剂可分为通过掩盖发臭的成分而发挥作用的如加入樟脑、香精或桉油；另一类是通过化学作用如含铁盐可与硫化氢结合而除臭，通过氧化还原除臭如臭氧、过氧化氢、还原剂亚硫酸氢钠；通过灭菌达到除臭的甲醛、安息香酸等；雾化的家用除臭剂还含有推进剂如氟里昂、二甲醚、丁烷等。

（二）空气清新剂（air refreshing agents）

主要成分有乙醇、香精、去离子水、少量乳化剂和防腐剂，并以低级饱和碳氢化合物（丙烷、丁烷）或醚（二甲醚）作推进剂，辅以一定量的压缩气体如 N_2 等以增加喷射力，此类空气清新剂主要以散发香气来掩盖异味。这类产品中使用推进剂（喷射剂）使发挥作用的成分气溶胶化，因而又称之为气溶胶制品。使用的推进剂包括 CFC_S、丙烷、丁烷、二甲醚等。家用化学品中的气溶胶制品属化妆品类的如喷发胶、发用摩丝、香体露、剃须膏，其他家用化学品如杀虫剂、空气清新剂、衣领净、硬表面清洗剂、皮革清洁剂等。

（三）防虫剂

衣物防虫剂（卫生球，mothball）常用的驱虫成分是对氯二苯、萘或樟脑加入赋型成分制成。其毒性大小依次为萘、对氯二苯、樟脑。由于萘的毒性大，现已禁用。国内有用香樟、川楝子、黄荆子、樟脑油等成分，适当加入滑石粉、淀粉等赋型剂制成。主要用于皮制品、棉制品、纸制品、木制品的防虫、驱虫。

此外，在纺织品中越来越多使用的抗菌防臭剂，如与纤维配位的金属类、有机硅季铵盐、季铵盐、双胍、苯酚类、脂肪酸酯类、苯胺类、天然化合物（壳聚糖、桧醇、氨基糖苷）等。尤其是婴幼儿服装在生产过程中衣物的染料和整理助剂中含有的重金属、偶氮染料和甲醛等的残留或缓慢释放出来，婴幼儿贴身穿着时这类物质与人体皮肤密切接触，有可能引起刺激、过敏甚至呼吸系统炎症。因此其安全性是需要有关部门给予足够的重视的。

第二节　家用化学品与环境健康

家用化学品的使用增加了人们在家居环境接触化学物质的几率，所有家用化学品达到其使用目的的前提是安全。一个不安全产品的使用可以带来一个不健康的环境，了解这些产品的暴露特点、潜在危害以及不良效应特征对于制订与实施一系列防制对策是必要的。

一、家用化学品暴露特点与潜在危害

（一）化妆品

1. 暴露特点　化妆品的使用本身决定了其暴露途径。根据化妆品的定义，在人体表面的任何部位均可能与化妆品接触。因此化妆品施用部位是直接接触暴露部位，另外一些化妆品如气溶胶制品可经呼吸道，唇膏、口腔清新剂等可经消化道进入人体。通常化妆品的暴露特点有：以直接接触为主要途径，多为自主暴露或经由美容美发等机构施用，以皮肤及其附属器或感觉器官为对象，使用频率高，接触时间长，涉及面广（群体）等。因此一旦产品存在卫生质量问题，将导致健康危害的出现。

化妆品损伤的部位主要集中在皮肤和附属器，其中皮肤损害中刺激性接触性皮炎占大多数，在化妆品种类中护肤类引起损伤报道最多，性别分布上女性患者占80%以上，年龄方面则以20～40岁为主，约占2/3。由于产品质量问题造成大范围人群损伤的事件时有发生，20世纪90年代末发生的护肤霜事件，就是由于消费者使用了存在产品安全问题的化妆品出现面部皮肤损伤，波及人数达数百人，造成极坏的影响甚至引起诉讼。事件从侧面反映了家用化学品的卫生质量与公共卫生安全的密切关系。

2. 潜在危害　化妆品使用对机体其他器官系统的毒性作用主要取决于两个因素：一是化妆品的卫生质量。如化妆品含有或被重金属、毒物、致病微生物污染进入机体产生急性或慢性的毒效应或感染；体质是另一重要因素。如过敏体质或免疫力低下者则可发生全身过敏反应或感染。化妆品的危害产生与化妆品使用的原料与配伍、卫生质量、施用方法（方式、频率）、人体的特应性甚至环境因素有关。

化妆品的危害最常见的是化妆品使用的部位发生刺激、变态反应等局部损伤。根据我国现有化妆品皮肤病诊断标准，化妆品使用对局部的危害可分为化妆品接触性皮炎、化妆品痤疮、化妆品毛发损伤、化妆品甲损伤、光敏性皮炎和化妆品皮肤色素沉着异常。

化妆品中的微生物污染是影响其安全性的另一主要因素。化妆品在生产过程中的污染称为一级污染；化妆品在使用过程中受到的污染称为二级污染。一级污染的产生与化妆品产品原料、生产工艺流程中被污染、原材料的理化性质、生产环境和设备卫生状况、生产工人的健康状况等有关。近年来，生物制品中的活性物质在化妆品中的应用广泛，如高保湿、抗衰老、美白、祛斑等均通过添加生化活性物质或天然动植物提取物（胎盘提取液、人参、甘草提取液、羊胎素、表皮细胞生长因子等）而达到功效，某些剂型化妆品富含水分和营养成分。如膏霜类化妆品，多属“营养型”，其中因加入各种氨基酸、蛋白质，更有利于微生物生长繁殖。二级污染是化妆品启封后，使用或存放过程中发生的污染，包括手或物品接触化妆品后将微生物带入或空气中的微生物落入而被污染，一些美容美发店共用化妆品更加大了污染的机会。因此防止化妆品的二级污染对于预防化妆品的不良反应同样有着重要的意义。受微生物污染的化妆品可出现变色、异味、发霉、酸败、膏体液化分层等。微生物污染除可引起化妆品腐败变质外，还可在其代谢过程中产生毒素或代谢产物，这些异物可作为变应原或刺激原对局部产生致敏或刺激作用。

化妆品中添加的动物提取物，如用于护肤品的牛羊的胎盘提取液，用于护发素、润肤霜、剃须膏的牛血清蛋白，用于抗皱霜的牛脑组织提取物表皮细胞生长因子、羊胎素等，这些成分如从感染了疯牛病的动物体中提取，就可能含有致病的朊病毒，导致克雅病（Creutzfeldt Jakob Disease，CJD）发生的潜在危险。

化妆品本身的化学组分可能具有毒性作用，一般用途化妆品的毒性很低，特殊用途化妆品其中有些组分属毒性化合物。如冷烫液中的硫代甘醇酸，染发剂中的对苯二胺、2,4氨基苯甲醚等属高毒类化合物。染睫（眉）毛剂含有聚丙烯酸乳胶是由聚丙烯甲酯溶液或乳液聚合而成，有强腐蚀性，含有的苯胺、甲苯胺和间苯二酚属有毒有害物质。

化妆品的原料和成品可被有毒化学物质污染。化妆品中的溶剂，如乙氧基二醇醚、二甲亚砜、异丙醇在化妆品中的作用主要是保持化妆品的物理性能，如乳化或膏状；保持组分的均匀分布等。通常这类有机溶剂是低毒的，但大面积长期使用，溶剂经皮肤吸收，有可能引起不良反应。对志愿者用二醇-甲基醚或二甲替甲酰胺进行人体涂抹实验，观察到受试者转氨酶活性升高。化妆品中的重金属主要源于污染，目前除醋酸铅用于染发剂和苯基汞盐作为防腐剂允许限量使用外，其他金属及其化合物均已禁止在化妆品中使用。化妆品中常见的重金属污染有铅、汞、砷等。一些劣质化妆品的重金属污染是化妆品卫生质量差的主要原因。我国福建、安徽和包头等地对不同类型化妆品中重金属污染的调查均显示化妆品中铅的污染较为突出，而粉类的化妆品重金属污染问题较严重。卫生部20世纪90年代对粉类化妆品的抽查，约4%的样本铅、汞含量超标。2002年广西某市发生9人因使用汞含量超标化妆品导致汞中毒事件，经对市售的50种祛斑类化妆品汞含量的抽检，有32%的产品汞含量超标，有产品超标1700～67000倍。由于金属汞和有机汞的氧化物和盐类可经完整皮肤吸收，在怀疑使用了劣质化妆品而过量接触汞的消费者中，88%尿汞超过参考标准值。因在祛斑类化妆品中加入过量的汞可增强产品的美白、祛斑效果，有的生产企业擅自修改配方违规在化妆品中加入过量的汞以增强产品的功效。体内重金属蓄积量增加，除具有慢性中毒的潜在危险外，金属毒物还可通过胎盘、乳汁传递而影响下一代健康。

化妆品中含有的变应原（allergen），可诱发变应性体质个体的全身性变态反应，如染发剂中的对苯二胺；另外甲油中的有机溶剂、爽身粉中的滑石粉、发胶中的推进剂等，使用过程也可经呼吸道进入人体而引起全身不良反应。

化妆品组分可含有致癌、致突变和致畸物质或受其污染。美国对127种化妆品毒性分析表明，其中有一半产品含过量的致癌物质亚硝基二乙醇胺。染发剂组分中二硝基对苯二胺、4-硝基邻苯二胺能损害动物细胞染色体。动物实验表明，湿润剂丙二醇对动物有致畸胎作用。化妆品组分若被致癌、致突变和致畸物质污染时，其远期效应须给予足够的重视。

化妆品中含有的某些特殊成分，如性激素类物质，可能会引起儿童假性性早熟症状。此外化妆品因误服引起中毒事件偶见报道，尤以婴幼儿多见，如婴儿舔食母亲面部脂粉而引起急性铅吸收，儿童误服香水、剃须后润肤香水而引起乙醇中毒反应。

此外，目前越来越多的化妆品使用中草药或其提取的有效成分，如甘草黄酮、苦参提取物、人参皂苷（营养皮肤）、黄芩苷（杀菌）、植物挥发油（赋香）、有机酸（美白）等。值得注意的是一些中草药同样具有局部刺激、致敏，甚至全身毒性。而在目前的相关标准或规范中还没有将这些成分列入时，产品的使用有可能对人体造成危害。

（二）洗涤剂

1. 暴露特点　洗涤剂的暴露主要通过皮肤，其中又分为：洗涤物品时使用洗涤剂的操作接触，这一类接触部位局限、洗涤剂种类较单一，且随着洗衣机使用的普及这种人群接触有减少的趋势；另一种是人体清洁时的皮肤接触，可以是局部也可以是全身，有接触频繁和接触面积大的特点。经呼吸道的主要见于职业暴露，如洗衣粉车间。用于橱具、蔬菜水果清洁的洗涤剂则有可能因残留而经消化道进入人体。

洗涤剂致皮肤损伤与洗涤剂种类多、消耗量大有关，随之而来的皮肤损伤就较多。如日本厚生省2000年来对被监察医院以家庭用品为主因而造成的皮肤损伤的统计报告，其中皮肤损伤的报告中洗涤剂引起的占32%，并与前几年比较呈持续增加趋势。我国尚缺乏家庭使用洗涤剂皮肤损伤的统计资料。

2. 潜在危害　通常洗涤剂多为无毒或低毒物质。皮肤、粘膜长时间接触高浓度洗涤剂可产生一定的刺激作用，长期接触有可能产生机体的不良效应。天然植物型洗洁剂，其表面活性剂由葡萄糖苷化或天然醇脂化而得，属无毒无公害产品。

（1）皮肤损伤：对直接接触洗涤剂者手部实验表明，随着洗涤剂浓度的增加和接触时间的延长，皮肤的脱脂量增加，手部表皮胆固醇的含量明显低于对照组，说明洗涤剂对皮肤具有脱脂作用。皮脂的含量调节着皮肤屏障功能，因此洗涤剂脱脂是破坏皮肤屏障功能的重要原因。此外洗涤剂表面活性物质的致蛋白变性作用和洗涤剂的碱性同样是皮肤损害的原因。

（2）全身毒性：通常是长期使用，并经皮肤吸收才会引起全身的不良反应，这种情况常发生在经常用手洗衣物的人群如家政服务人员。误服是洗涤剂中毒常见的原因之一。洗涤剂全身毒性常见是误服引起的消化道症状，经常以手直接接触高浓度衣物洗涤剂者，可经皮肤缓慢吸收而损害肝肾功能。

（三）涂料

1. 暴露特点　涂料中的有机溶剂和含重金属颜料是危害健康的主要物质。常见的健康危害是涂装的施工人员包括家庭成员自行施工。涂料一旦成膜干燥后对消费者的危害就较小，但漆膜中的重金属和缓慢释放的一些致敏物质如二甲酯仍有可能引起慢性危害。这是由涂料的挥发特性决定的，涂料属半成品，经过涂装干燥成膜后发挥其功效，一般将涂料的干燥过程分为两个时期，首先是迅速挥发的“湿膜”期，这一时期半小时至数小时不等；然后是缓慢挥发干燥的“干膜”期，这一时期可持续一周。根据这一特性在涂装后两个时期的早期采取措施是可将涂料的危害减至最低的。

2. 潜在危害　溶剂性涂料含有多种有机溶剂、有害气体、挥发性有机化合物（Volatile organic compound，VOC）和重金属。有机溶剂挥发快，因此急性毒性最大，危害最严重。乳胶漆中主要的有害物质是甲基溶纤剂、乙基溶纤剂和丁基溶纤剂，挥发慢，急性毒性居中，可引起精子毒性和睾丸损伤。水性涂料的急性毒性很低，但不可忽视潜在的特殊毒作用。

苯系物（苯、甲苯、二甲苯）是涂料中常用的溶剂。苯的沸点低，常温即可挥发，易沉积于空气的底层，主要经呼吸道进入人体，苯也可经皮肤吸收。进入体内的苯30%～50%以原形从呼气中排出，其余大部分代谢后经肾脏排出。由于其脂溶性而对神经组织有特殊的亲和力，主要对人体神经系统有一定的抑制。苯为可疑的潜在致癌物质，准职业接触如家庭装饰业主自行施工时有可能存在相对高浓度的暴露。一些涂料尽管成分中标明没有苯，实际上苯可作为杂质存在，当其比例大于5%时，在通风不良、工作面滞留时间长的情况下仍存在暴露危害的可能。

木器涂料中的生漆（大漆）的成膜物质是漆酚，属多元酚衍生物，对于过敏者极低的浓度即可产生过敏反应。此外，生漆含有的溴乙烷、有机酸、丙烯醛等挥发性有机物亦有一定的致敏作用。

（四）胶粘剂

1. 暴露特点　日常生活中的粘合工作面通常较小，在家庭装饰中则可涉及较大面积的粘合，如墙纸、木地板、家具饰板等。小面积粘合时多引起局部皮肤损伤，而大面积粘合除使用过程会接触到皮肤外，胶粘剂中的溶剂挥发还可通过呼吸道进入机体产生不良反应。

使用胶粘剂过程，胶液溅入眼睛是造成危害的另一途径。此外有将胶粘剂误当眼药水滴眼造成眼部损伤的，如α-氰基丙酸乙酯（502胶）其包装有因似眼药水而误用的例子。

2. 潜在危害　胶粘剂最常见的危害是引起皮肤损伤，包括皮肤脱脂、皮肤刺激和皮肤机械损伤（粘合）。

全身毒效应主要是由于吸入胶粘剂中的有机溶剂所致，在家庭装修过程中这一类中毒并不少见，但与涂料的情况相类似，大多为施工人员。例如常用的聚乙烯醇甲醛缩合物的水溶液，是装修过程中墙体腻子的主要成分，因成本低、操作简便一直以来使用相当广泛。由于系聚乙烯醇水溶液与甲醛进行缩合反应制成，其中的游离甲醛可缓慢释放到室内环境，在施工后短期一段时间内可形成较高甲醛浓度的室内环境，人在这样的环境逗留可有较高浓度的暴露。

（五）消毒剂和杀虫剂

1. 暴露特点　消毒类制剂，消毒本身就表明具有对生物蛋白质的损伤能力。家庭使用时存在以下情况：①对消毒剂危害的了解不多；②正确使用的问题；③存在敏感人群（婴幼儿、老年人）。

2. 潜在危害　过氧乙酸是过氧化物类消毒剂的代表，其他还有过氧化二氢（双氧水）。高浓度的过氧乙酸对皮肤有强刺激性，对金属有强腐蚀性，易挥发而经空气吸入对呼吸道和肺组织造成危害。含氯消毒剂中的氯原子是强氧化剂，一方面与水可以形成氯化氢而具强腐蚀性，另一方面可形成新生态氧对组织产生强氧化作用造成生物损伤。二氧化氯是强刺激性的不稳定气体，在空气中含量超过10%时有可能发生爆炸，制成水溶液后则稳定。醛类消毒剂中以甲醛为代表，由于其强烈的腐蚀和刺激性，家庭一般不用。新一代的戊二醛相比之下刺激性小且低毒安全，但应用消毒浓度（2%）的溶液仍对皮肤粘膜有刺激性。

市面上劣质的消毒制剂可给使用者健康带来严重危害，广东2003年开展的某市餐具洗涤剂、消毒剂的专项整治发现无证生产经营相当严重。餐具洗洁精和消毒剂的生产原料有的用工业用漂白水、有加入甲醛或次硫酸氢钠甲醛（俗称吊白块）的，这些劣质消毒剂如残留在餐具将导致甲醛、重金属等有毒有害物质暴露危害消费者健康。

消毒剂的过度使用，如在一些突发性公共卫生事件中需要使用消毒剂时，有可能因使用的量大、范围广、非专业人员使用等因素导致环境负荷增大。尤其是水环境中的消毒剂成分或分解产物明显增加，对水生态和饮用水源造成污染，直接或间接危害人群健康。

（六）其他家用化学品

1. 除臭剂和空气清新剂　由于这类产品大多以气溶胶的形式使用，因此要注意其功能和非功能成分的危害。雾化使用的家用化学品大多为液态气溶胶，通常空气动力学直径≤10μm的气溶胶粒子危害性较大，而组成气溶胶的化学成分是关键因素。功能组分中的樟脑、香精、亚硫酸氢钠、甲醛等可诱发变态反应，而含有的推进剂如氟里昂、二甲醚、丁烷等作为挥发性有机物可引起接触的局部组织损伤。呼吸系统是气溶胶污染的靶器官。气溶胶在呼吸道可通过刺激诱发气道炎症、哮喘或增加气道对微生物感染的易感性。而气溶胶进入肺部则可通过对肺组织细胞的毒性作用如基因损伤诱发突变，原发刺激而导致肺部炎症，抑制非特异性免疫细胞导致对感染因子抵抗力低下，或加剧原有的肺部疾患。

2. 防虫剂　通常的暴露途径可以经呼吸道，如衣柜内放置多量的防虫剂长时间密闭偶尔打开时会有一次高浓度的暴露；而残留在衣物等物体表面的防虫剂也可经皮肤暴露，有报道婴儿因皮肤接触到衣物上残留的防虫剂而诱发变态反应。防虫剂中含有的萘是已知的致癌物；二氯甲苯可致中枢神经抑制和粘膜刺激并已被证实是动物致癌物；过去被认为安全的樟脑体外实验观察到具有致突变性；对人畜毒性很小的拟除虫菊酯类则属环境内分泌干扰物，实验结果表明可改变生殖器官发育激素反应基因的表达而导致胚胎发育异常。

二、常用家用化学品的健康危害

人体与家用化学品接触主要是皮肤，因此家用化学品对人体健康产生的危害也是以皮肤不良反应为主。此外还可通过各种途径，如呼吸道、消化道、皮肤粘膜吸收等造成机体其他系统和脏器的危害。

（一）化妆品

化妆品使用的目的是使人体皮肤、毛发保持健康，减少环境理化因素改变对皮肤的刺激和不良作用，达到清洁皮肤、促进皮肤血液循环和新陈代谢的护肤、洁肤作用。化妆品的使用是直接与施用部位接触，作为外在的因素对机体有其有利和可能有害的两重性。同时又受化妆品品质和机体两方面因素的影响，这些影响因素包括：①化妆品的化学特性；②化妆品中的毒性化学物、杂质和微生物污染；③环境因素如温度、湿度；④个体因素如皮肤的状态、耐受性、敏感性和过敏体质等；⑤使用的方式方法的正确性，如使用频率等。

国家卫生标准《化妆品皮肤病诊断标准及处理原则·总则》（GB17149-1997）对化妆品引起的各类型皮肤和附属器的病变作了明确的定义，提出了诊断原则、诊断标准（GB 17149-2-7）和处理原则。目前将化妆品皮肤病（skin diseases induced by cosmetics）定义为：人们日常生活中使用化妆品引起的皮肤及其附属器的病变。该标准对六种常见化妆品皮肤病分别以国家强制性标准的形式，对诊断的具体要求和方法作出规定。本章依照"标准"对六种化妆品皮肤病进行相应的阐述。需要强调的是由于使用化妆品导致其他皮肤或器官损伤的可能性是存在的，因此符合下列条件的应视为与化妆品存在因果关系的损伤：发生在使用化妆品之后，其发生部位与化妆品的使用有直接关系，停止接触后症状减轻或消失。

1. 化妆品接触性皮炎（contact dermatitis induced by cosmetics）是化妆品皮肤病中最常见的。根据化妆品接触性皮炎的病因的不同又可分为刺激性和变应性接触性皮炎。

刺激性接触性皮炎（irritant contact dermatitis，ICD）是化妆品引起皮肤损伤中最常见的病变。ICD 的发生与化妆品原料含有的原发性刺激性物、pH 值、产品变质及施用者自身皮肤的敏感性有关。不少化妆品本身的成分就是皮肤刺激原，如染发剂中的苯胺类物质对皮肤具刺激作用，使用时接触到皮肤而发生皮炎。化妆品中含有表面活性剂和有机溶剂可产生脱脂作用，增加皮肤的敏感性。祛斑美白类化妆品因含有刺激性较强的氢醌类物质，易产生皮肤刺激。患有过敏性皮炎、湿疹或神经性皮炎者其皮肤角质层受损，容易因接触化妆品而引起刺激性皮炎。化妆品引起的刺激性接触性皮炎呈急性或亚急性，轻者皮肤粘膜有刺痛或发痒，皮损表现为红斑、丘疹、脱屑，限于接触部位，边界清楚，严重时出现水泡、红肿，皮损溃破后可继发感染。

变应性接触性皮炎（allergic contact dermatitis，ACD）是化妆品中含有变应原物质诱发机体的一系列免疫反应而产生的，为 T 细胞介导的迟发型变态反应性组织损伤。化妆品含有变应原物质或作为半抗原与表皮细胞蛋白结合形成抗原是主要诱发因素。变应性接触性皮炎是常见化妆品皮肤病。ACD 一般在使用一段时间化妆品后出现皮炎，主要表现为瘙痒、出现边界不清的丘疹、红斑、脱屑、局部红肿等，再次接触时症状出现的时间短，且皮损严重。此外非接触部位也可出现上述皮损，严重时有发热、不适等全身症状。

变应性和刺激性皮炎有时不易鉴别，临床上时有同时存在的现象。常引起变应性接触性皮炎的化妆品组分包括：香料、表面活性剂、防腐剂、乳化剂、羊毛脂等含大分子化合物的化妆品。目前化妆品产品应用细胞生长因子、胶原蛋白、透明质酸等生物化学活性物质呈增多的趋势，这一类含变应原化妆品的增加有可能导致变应性接触性皮炎的增加。过敏体质是接触化妆品后发生变应性接触性皮炎的内在因素，变应性接触性皮炎的发病和严重程度与个体自身因素如年龄、接触部位、皮肤状态、体质状况、服用药物等有关。化妆品中含有的表面活性剂、酸碱度、刺激原、微生物污染等也是促发因素。

2. 化妆品光感性皮炎（photo sensitive dermatitis induced by cosmetics）是化妆品中光

感物质经过光照而引起的皮肤粘膜的炎症性反应，又分为光毒性皮炎（photo toxic dermatitis）和光变应接触性皮炎（photo allergic contact dermatitis）。两者的主要特征和区别见表13-2。

表 13-2 光毒性皮炎和光变应接触性皮炎的区别

区别点	光毒性皮炎	光变应接触性皮炎
病因	化妆品中的化学物质增加皮肤对光的敏感性	化妆品中的光变应原物质光照后诱发过敏反应
病理	单纯炎症反应	T 细胞介导的湿疹样反应
部位	多发生在皮肤向光的部位，如手臂伸侧、面部等	施用后在接触日光的部位，可累及非接触部位
发病时间	首次接触光毒性化合物和受光照后出现	起病缓慢，再次接触时反应迅速
发病率	高	低
皮损特征	红斑反应和消退后的色素沉着	湿疹样反应（疱疹、脱屑、结痂）
患者特点	人人均可发生	过敏体质者

3. 化妆品痤疮（acne induced by cosmetics）是因使用化妆品引起的面部痤疮样皮疹，为常见化妆品皮肤病。其发病机制是由于施用的化妆品堵塞皮脂腺、汗腺、毛囊口，皮脂排出受阻，积聚而形成。内分泌紊乱、皮脂腺分泌旺盛、饮酒和辛辣刺激性食物、皮肤不洁等都可成为促发因素。含凡士林、石蜡油、矿物油的护肤类化妆品，如面脂、面霜；美容修饰类的粉底、油彩；含粉质较多的增白霜等是常见致痤疮的化妆品。皮疹表现在接触部位出现与毛孔一致的黑头粉刺、炎性丘疹，合并感染时出现脓疱。亦可是在原有痤疮的基础上施用化妆品后症状明显加重。脸部皮肤蠕形螨虫感染情况下过多施用化妆品，毛囊阻塞导致皮脂排出受阻，螨虫在皮脂腺内繁殖，产生毒素引起皮肤刺激。面部皮肤出现红斑、丘疹，病变多集中在鼻、颊部，严重时波及整个面部。

4. 化妆品皮肤色素异常（skin discoloration induced by cosmetics）是由施用化妆品引起的皮肤色素沉着或色素脱失，其中以色素沉着为多见。化妆品色素异常包括：①化妆品直接染色；②化妆品刺激皮肤色素增生；③继发于化妆品接触性皮炎或光感性皮炎，在皮损过程中黑色素细胞的结构和分布改变引起的。色素异常大多局限于施用化妆品的部位。主要呈不规则斑片状或点状色素加深，尤以眼睑和颧颈部多见。化妆品中香料、颜料、防腐剂、表面活性剂等是致病成分。色素多继发于皮炎发生之后，光照可加重病情，少数色素斑发生前无皮炎发作史。

5. 化妆品毛发损害（hair damage induced by cosmetics）指使用化妆品后引起的毛发损伤。可引起化妆品毛发损害的化妆品，如洗发护发剂、染发剂、生发水、发胶、描眉笔、眉胶、睫毛油等，是由这些化妆品中的成分如染料、去污剂、表面活性剂及添加剂引起的。毛发损害的表现包括：毛发脱色、变脆、分叉、断裂、失去光泽和脱落等。一般停止使用后可逐渐恢复。染发（睫毛）剂中含有甲苯胺和硝基类化合物如萘胺、间苯二酚和甲苯胺等，对皮肤有较强的刺激性，经常使用会对发质造成损伤。

6. 化妆品甲损害（nail damage induced by cosmetics）指由使用甲化妆品所致的指（趾）甲本身及甲周围组织的病变。常见引起甲损伤的化妆品有甲油和甲清洁剂，其中的有机溶剂可致甲板脱脂而引起甲的损害，如甲板粗糙、变形、软化剥离、脆裂、失去光泽、增厚等；甲油和清洁剂中含有的染料或有机溶剂可引起甲周炎，致使指（趾）甲周围皮肤红肿、痛，甚至合并感染。

7. 化妆品使用导致的全身反应　视使用的化妆品所含有毒有害物质的种类和量，化妆品含有的变应原、微生物等致病因子、机体的状态等而表现各异。一般认为使用化妆品导致的任何副作用均是不可接受的，这一点与药物的使用有明显的区别。换句话说，化妆品的全身反应均被认为是不良反应。

值得注意的是一些长期使用的化妆品经局部吸收后引起的亚临床改变的生物学意义。随着医学的进步，关注化妆品使用潜在的危害、确保化妆品使用的安全仍然是环境健康学的艰巨任务之一。此外化妆品因误服导致全身反应的情况时有发生，尤其是儿童，因此化妆品标签说明的警示是必要的。常见的化妆品全身不良反应包括：全身变态反应、皮肤炎症继发全身感染、体内重金属负荷增加、误服后的毒性反应等。

（二）洗涤剂

洗涤剂主要成分是多种阴离子表面活性剂（如烷基苯磺酸钠、烷基磺酸钠、脂肪醇硫酸钠、脂肪醇聚氧乙烯醚硫酸钠等）以及非离子表面活性剂（如环氧乙烷、环氧丙烷的共聚物）。此外，还含有一些无机盐助剂（三聚磷酸钠）和有机助剂（羧甲基纤维素）。一般表面活性剂毒性很小，大鼠 LD_{50} 约为 500～3000 mg/kg；通常与阴离子表面活性剂比较阳离子表面活性剂的毒性相对较大些；非离子型表面活性剂毒性要小些，制成合成洗涤剂后毒性一般降低。表面活性剂皮肤接触对人体无明显的毒作用，经常性反复接触局部可出现脱脂而干裂、红斑疹等，此外眼粘膜接触表面活性剂有一定的刺激性，尤其是较高浓度（>1%）时。洗涤剂中的酶添加剂可引起敏感个体的哮喘和皮肤过敏。长期反复接触表面活性剂经皮肤吸收后可干扰肝细胞的氧化酶，体内黑色素代谢异常而出现脸部色素斑。此外表面活性剂对消化酶、红细胞、生殖腺细胞等有一定毒性。尽管目前还没有确切的实验数据证实表面活性剂的远期效应，长期低剂量接触表面活性剂对一些敏感人群如妊娠期的妇女、胎儿等应保持警惕。

餐具、果蔬洗涤剂产品种类较多，常见的如洗洁精、餐具洗涤剂、蔬菜清洗剂等。主成分中表面活性剂，合成的有烷基苯磺酸钠，天然的有聚葡萄糖苷、葡糖酰胺、天然脂肪醇等，后者多为无毒或低毒物质。皮肤长时间接触高浓度这类洗涤剂可产生刺激作用。蔬果洗涤剂的大鼠暴露实验观察到反映雄性生殖细胞线粒体内受损的血清 LDHx 酶活性增加、动物睾丸病理改变和精子畸形率增高等，提示蔬果洗涤剂对人体生殖系统具有潜在危险。

厨厕清洁剂主要成分为酸类、表面活性剂和消毒剂。如烷基苯磺酸、壬基酚聚氧乙烯醚、硫酸氢钠、氨基磺酸、草酸、去离子水等。对眼和皮肤粘膜有腐蚀作用，误服可引起口腔粘膜、消化道、胃粘膜损伤，严重者可造成消化道出血、穿孔。皮肤接触一定时间后出现剧痛，接触部位呈淡黄色。溅入眼睛可致结膜水肿与角膜损伤、疼痛、流泪及畏光。吸入浓烟雾会造成胸部紧迫感和呼吸困难、头痛、眩晕、咳嗽等症状。误服可导致消化道粘膜的严重腐蚀，表现为烧灼疼痛、呕吐咖啡色物，严重时出现消化道出血，甚至休克。

（三）涂料

涂料所含的芳香族化合物如苯系物、卤素族化合物、甲醛等挥发性有机物（VOC）对健康的危害较大。即使是施工完成后的一段时期内仍可在局部空气中维持一定的浓度，在这种环境下工作和生活，轻者引起眼、鼻、喉粘膜刺激等局部损害，重者经呼吸进入机体，造成头晕、头痛、萎靡不振，甚至出现神经行为异常。涂料毒效应的判断主要根据：①现场环境调查；②暴露空气中有毒物质的监测分析；③临床表现。

急性涂料中毒表现以多系统、多器官损伤为特点，轻度中毒主要表现为呼吸道和眼结膜刺激、头晕、头痛等症状；中度中毒则表现为中枢神经系统兴奋或轻度抑制、皮肤红斑和呼吸困难等；重度中毒表现为心、肝、肾、肺等实质器官功能损害和中枢抑制。中毒表现包括，神经系统：头晕、头痛、意识不清、四肢麻木、神经行为异常等；血液系统：白细胞计数减少、巨幼粒细胞增加、再生障碍性贫血、急性粒细胞性白血病；呼吸系统：咳嗽、呼吸困难、哮喘；消化系统：恶心、呕吐、腹痛、腹泻等；心血管系统：血压异常、心率改变、心律失常、房颤或室颤；泌尿系统：尿蛋白阳性、血尿、急性肾炎等；皮肤粘膜：接触性刺激性皮炎、变应性接触性皮炎、眼结膜充血、水肿等；生殖系统：精子数减少、精子活力下降、精子畸形、月经异常、痛经、性功能下降等。

苯在涂料中主要是以溶剂中杂质的形式存在，是涂料中最常见、危害最大的挥发性有机物之一。苯在体内的代谢产物酚为原浆毒，可抑制造血细胞的核分裂（WBC 减少）；干扰 DNA 的合成（与肿瘤形成的关系）；使胞浆蛋白变性形成自身抗原（变态反应）。苯急性中毒主要是粘膜刺激和中枢神经系统兴奋，慢性中毒则以中枢神经和造血系统危害为主。甲苯和二甲苯的危害则以中枢神经麻痹和自主神经功能紊乱为主，对血液系统的作用常由含有的杂质苯引起。接触效应：头晕、恶心、头痛、情绪改变、失眠、疲乏、注意力和记忆力减退等。经呼吸道大量吸入可致急性中毒，主要表现以神经系统症状为主。慢性中毒则以造血系统改变为主，中性粒细胞下降是其特征，并伴有头痛、失眠等神经衰弱征侯群，重度的可引起白血病。职业暴露的流行病学调查，苯作业者急性白血病发病率明显高于一般人群。甲苯和二甲苯蒸汽均可由呼吸道进入人体，甲苯主要在肝脏内代谢，二甲苯毒性较苯和甲苯小，吸入高浓度甲苯及二甲苯对神经系统有麻醉作用，施工时皮肤直接接触可对皮肤、粘膜有刺激作用。

据北京市的调查，涂料急性中毒的流行病学特点：最常见发生在施工中，其次为办公室的暴露，公共场所的急性中毒率较低；居室内，≤5 岁的婴幼儿发生急性中毒的构成比最高，占 36.8%；其次为 60 岁以上的老年人，占 28.7%；长期在超标的环境中生活可导致皮肤粘膜和感觉器官的刺激，也是造成暴露人群产生不良建筑综合征（sick building syndrome，SBS）的重要因素。

（四）胶粘剂

胶粘剂中的树脂、溶剂、固化剂等均有一定的毒性。树脂中的聚氨酯类胶粘剂含有的异氰酸酯如甲苯二异氰酸酯（toluene diisocyanate，TDI）是聚氨酯树脂生产过程中未参与反应的残留物，TDI 具强刺激性，接触可对皮肤和眼鼻粘膜产生强刺激，致眼红、流泪、喷嚏。游离 TDI 的产生是树脂生产过程中形成的，其反应如下式：

$$\text{多异氰酸酯} + \text{活性氢原子化合物} \xrightarrow{\text{聚合}} \text{聚氨酯树脂} + \text{游离 TDI}$$

$$\text{异氰酸基团（R-N-CO）} + \text{体内蛋白氨基} \longrightarrow \text{变性抗原蛋白}$$

变性抗原蛋白是致喘因子，低浓度暴露可诱发非典型性哮喘，表现以咳嗽、胸闷、气促为主。吸入高浓度时可能发生肺水肿，须留医观察。酚（脲）醛树脂含有苯酚和甲醛，均属原浆毒物，对皮肤粘膜有强刺激性，皮肤接触后可发生皮炎样改变：红、痒、皮疹；眼刺激表现为流泪，结膜充血；对呼吸道的刺激则表现为咳嗽、胸闷、气促、头晕。胶粘剂中普遍使用的环氧树脂，其中的固化剂乙二胺有一定毒性，同样对皮肤和眼、鼻粘膜及呼吸道有刺激性。胶粘剂的有机溶剂如三氯甲烷、二甲基酰胺、环己酮、丙酮、苯系物等由于其脂溶特性而对神经系统有亲和性，长期接触可对中枢和周围神经造成危害。

皮肤反复接触胶粘剂会出现脱脂现象，粗糙、干裂，甚至继发感染。

（五）消毒剂和杀虫剂

消毒剂在突发的传染病流行期间其使用量和接触人群均大幅度增加，随消毒剂在人们日常生活中的广泛应用，伴随的对接触者健康的危害也显现出来。通常消毒剂对人体的危害表现在三个方面：首先皮肤接触是最常见的，常用的消毒剂如含氯消毒剂、过氧化物、碘制剂等消毒剂均是强氧化剂，对皮肤粘膜有刺激和腐蚀性。使用浓度和方式方法不当可造成皮肤粘膜的强刺激和灼伤。误服是另一常见的损伤，消毒剂进入消化道对口咽部、食道、胃粘膜造成局部烧灼感、恶心呕吐、呕血、腹痛、便血等腐蚀性胃肠炎症状。消毒剂导致健康危害更多的是经呼吸道吸入。含氯消毒剂在水中可生成氯化氢，呈强刺激性和强氧化性，而过氧化物类消毒剂可生成新生态氧对组织有强氧化作用，在空气中则属刺激性气体。应用的消毒浓度（0.5%）一般毒性较低，空气暴露时可出现眼涩、咽喉异物感、干咳等眼和呼吸道轻刺激症状。吸入高浓度时可出现咳嗽、胸闷、气促，严重时导致支气管肺炎甚至肺水肿。新洁尔灭属季铵盐类消毒剂，毒性低，部分人皮肤接触后出现过敏，误服高浓度溶液出现胃肠道刺激症状，如恶心、呕吐，大量时出现烦躁不安、痉挛，甚至呼吸肌麻痹。

家用杀虫剂中拟除虫菊酯类是应用最广泛的。多为喷雾剂，经呼吸道吸入对机体的危害主要表现在两方面：一方面是通过轴突和突触干扰神经传导，使运动神经和交感神经紊乱，出现流涎、乏力、头晕、肢体麻木，严重时抽搐、昏迷。另一方面的危害是拟除虫菊酯类的内分泌激素样作用，如刺激乳腺癌细胞相关基因（p52）的表达和 MCF7 细胞（带雌激素受体的模型细胞）增殖，提示拟除虫菊酯类暴露对环境健康的潜在威胁。

（六）其他家用化学品

除臭剂和空气清新剂的成分复杂，由于是以气溶胶的形式发挥作用，使用者常可经呼吸道吸入。除臭剂中的香料、樟脑、甲醛等以雾化的形式进入肺组织，吸收较完全，尽管量少但危害是存在的。这类气雾剂 90%是有机溶剂型，而有机溶剂对神经系统的亲和性容易产生神经损害，诱发变态反应也是常见的不良效应。英国调查了上万名孕妇发现经常使用空气清新剂或气雾剂的妇女患头痛和情绪抑郁的比率明显高于不使用者。

防虫剂（卫生球）的主要成分有三种：对二氯苯、萘及樟脑。对二氯苯、萘和樟脑对人的皮肤、粘膜均有刺激作用。对二氯苯在小剂量时毒性很低，主要引起肝脏的损害。误服可致胃肠粘膜刺激，恶心、呕吐、腹痛，严重时肝功能异常。皮肤粘膜接触可呈过敏性皮炎和鼻炎。萘毒性较大，吸收极快，对血细胞和肾脏有较大的毒性，儿童口服一粒以萘为原料的卫生球即可出现溶血，摄入致死剂量约为 2 克。6 岁以下儿童常因误服出现萘中毒，表现为恶心、呕吐、腹泻、溶血、贫血、黄疸、血尿、少尿等，严重者可有惊厥或昏迷。萘制成的卫生球已明令禁止使用，但市面上仍有销售。樟脑的毒性相对较低，小鼠急性吸入实验 LC_{50} 为 $80mg/m^3$，属低毒。

第三节 家用化学品健康危害的防制

家用化学品健康危害的防制是一项综合性的社会工程，从政府、企业到个人各方的行为均与此相关。在一个法制健全的社会，可以将家用化学品的安全、有效和消费者的接受程度建立于诚信之上。处罚仅仅是违轨者必须付出的代价，这一代价也包括了产品在市场的信誉，而这正是发达国家事后监督的社会基础，实践证明是行之有效的管理和监督方法。

我国加入世贸组织后，家用化学品的生产经营受到WTO协议（法规）的约束。随着我国家用化学品与国际接轨，我国现行的相关的标准和管理已不能适应目前市场竞争的需要，必须及时加以修订。首先，管理部门统一是目前欧美、日本等发达国家采用的管理模式。化妆品的主管机构是政府的单一部门，如欧盟的化妆品盥洗香料协会、美国的FDA、日本厚生省等。而在我国化妆品生产经营是由轻工、卫生、工商等各级政府部门共同协调、管理。由此出现重复审批、多头认证、部门垄断、地方保护、手续繁杂等问题。其次，在法规标准上发达国家的化妆品法规单一。欧盟的化妆品依据是由化妆品盥洗香料协会制订的《欧盟化妆品指南》；美国化妆品依据FDA的《食品、药品和化妆品法》和《良好包装和标签法》；日本化妆品依据《药事法》。这与我国的化妆品生产管理条例、卫生监督条例、卫生规范等众多相关法规形成了鲜明的对比，也与WTO/TBT协议原则精神相违背。再者，目前我国监管执行的是审批制，而发达国家执行的是备案制，使企业基于产品安全和质量赢得市场的理念将是今后监管的发展方向。

美国FDA的责任就是确保美国市场上所有的食品、药品、化妆品和医疗器具对人体安全而有效。完善的法律体系是美国FDA（Food and Drug Administration）的有效监管的基础。对于化妆品来说，执法依据是美国《食品、药品和化妆品法》，根本目的是保护公众免受有毒、有害、不洁、变质或在不卫生条件下生产可能被污染的产品对健康的危害。FDA实施化妆品进入市场注册制和追惩制，即先认定这个产品是安全的，而一旦出了问题，则严厉处罚。经十届全国人大一次会议审议并通过的国务院机构改革方案，组建了国家食品药品监督管理局，作为国务院直属机构，行使国家药品、食品、保健品、化妆品安全管理监督，并于2003年4月正式启用“国家食品药品监督管理局”印章。这标志着我国在食品、药品与化妆品的监管上向国际接轨迈出的重要的一步。目前的化妆品监督管理仍执行现有的规章制度。

一、生产与经营的监督和管理

（一）化妆品的卫生监督与管理

化妆品生产经营的卫生监督与管理：依据是卫生部于1989年发布并于1990年1月1日起实施的《化妆品卫生监督条例》和《化妆品卫生监督条例实施细则》（以下简称《实施细则》）。《实施细则》对化妆品生产企业卫生许可证的审批、化妆品卫生质量安全监督、进口化妆品的审批、化妆品生产经营的经常性卫生监督及化妆品卫生监督机构与职责做出了具体规定，同时有对生产、经营和监督三方在违反《条例》和《实施细则》时的具体处罚。2001年版的《化妆品生产企业卫生规范》是对化妆品生产企业进行卫生监督的重要依据，同时也是化妆品生产企业设计规划和质量控制的依据。

1. 化妆品原料和产品的安全性评价　化妆品在生产或销售之前，对其原料和产品进行安全性评价是预防性卫生监督的重要内容之一。美国、日本、欧共体等国家均对化妆品安全性评价有规定，但评价的机构各有不同。美国化妆品、盥洗用品和香料协会（The Cosmetic Toiletry and Fragrance Association，CTFA）负责化妆品成分评审，由化妆品成分评审专家组（Cosmetic Ingredient Review，CIR）对化妆品成分进行详尽的审查，最终对化妆品成分作出评价：使用是安全的、在指定条件下使用是安全的、不安全、数据不足以支持安全性四种结论供生产厂家参考。有的国家不要求化妆品在投放市场前进行安全性评价，但须在产品标签上说明“本产品安全性未经确定”的文字说明。

我国《化妆品卫生监督条例》规定，使用化妆品新原料、特殊用途化妆品在投放市场前均须进行安全性评价。对首次进口到我国的化妆品，除由国外厂商或代理商提供化妆品的名称、种类、产品成分、限用物质含量、质量标准及检验方法、出口国批准生产的证明文件外，还须提供卫生安全性评价资料或卫生质量检验报告等有关资料，这种现状将随着我国在监督管理方面与国际接轨而发生改变。

卫生部化妆品检验规定（2002 年版），对一般用途化妆品及特殊用途化妆品的毒理学试验项目进行了规定，见表 13-3 和表 13-4。

表 13-3　一般用途化妆品毒理学试验项目

化妆品种类		急性皮肤刺激试验	急性眼刺激试验	多次皮肤刺激试验
发用类	易接触眼的产品	+	+	
护肤类	一般护肤产品			+
	易触及眼的产品		+	+
彩妆类	一般彩妆品			+
	眼部彩妆品		+	+
	唇部彩妆品			+
指（趾）甲类		+		
芳香类		+		

注：+表示需进行试验

表 13-4　特殊用途化妆品毒理学试验项目

试验项目	育发类	健美类	染发类	烫发类	防晒类	除臭类	祛斑类	脱毛类
急性眼刺激性	+		+	+				
急性皮肤刺激性				+				
多次皮肤刺激性	+	+			+	+	+	
皮肤变态反应	+	+	+	+	+	+	+	+
皮肤光毒性	+				+		+	
Ames 试验	+	+	+					
细胞染色体畸变	+	+	+					

注：+表示需进行试验

目前国外一些国家和组织出于动物保护和生物伦理的观点，对用动物进行化妆品的安全性评价进行了限制或禁止。欧共体（EEC）1998 年已经禁止用动物进行化妆品原料和半成品的检验，2000 年又建议成员国修订现行的化妆品安全评价试验相关的法规，旨在禁止用动物进行化妆品成品的试验及进口化妆品的检验。由于一些国家禁止而另一些国家允许用动物实验进行化妆品安全性评价，成员国对其他国家化妆品的进口将受该项法规的限制，可能导致以此为由的贸易壁垒。为了避免贸易纠纷，建议修改WTO互认协议条款，使之成为法定的强制性文件，并将禁止作为进入世界贸易组织（WTO）签订双边协议的条件。因此建立可行的、配套的并经验证的体外替代试验方法是卫生毒理学的一项重要而迫切的工作。尤其是对进出口化妆品的检验，仍坚持用传统的安全评价方法则有可能在该项规定被采纳后，部分国家或地区以此为由拒绝我国化妆品产品的出口导致经济损失。此外，建立完善的化妆品安全性评价的体外替代试验方法和程序亦有利于降低成本、缩短检验周期、增加化妆品原料和产品的检验覆盖率和频率，而有益于对化妆品产品安全性的监管。实践中可参照欧盟化妆品管理委员会在化妆品安全性评价中动物实验采取改进（refinement）、简化（reduction）、替代（replacement）的精神通过减少实验过程动物的紧张和痛苦，减少动物的使用数目和缩短实验周期最终达到体外实验替代（substitute）整体动物实验的目的。

目前国外已在体外细胞培养方法替代整体动物的眼刺激试验、光毒性试验上取得了成效。皮肤致敏试验的替代由于变态反应是一个系统的链式反应，要确定一个代表性的反应位点（细胞或因子变化）而需更深入的研究，我国亟待在动物实验替代方法学的建立和论证上开展深入的研究。

2. 化妆品生产的卫生监督　在《化妆品生产企业卫生规范》中对化妆品生产提出了具体要求，包括：生产企业卫生许可证申请与审批由省、自治区、直辖市卫生行政部门批准并颁发，生产企业的卫生条件的监督是对化妆品生产企业生产环境的布局（厂址选择与厂区规划）、设施工艺（生产的卫生要求）及化妆品产品卫生质量检验、生产人员（个人卫生与健康）、原材料和成品储存的卫生等的具体的规定。对生产人员的健康监督主要是直接从事化妆品生产的人员每年须健康体检，取得健康证后方可从事化妆品的生产活动；患有手癣、指甲癣、手部湿疹、发生于手部的银屑病或鳞屑、渗出性皮肤病以及患有痢疾、伤寒、病毒性肝炎、活动性肺结核等传染病的人员，不得直接从事化妆品生产活动。

生产化妆品使用的原料、辅料及容器和包装材料的监督：生产化妆品所用的原料、辅料必须符合国家化妆品卫生规范中禁用和限量使用物质的规定。采用化妆品新原料（指在国内首次使用于化妆品生产的天然或人工的、国际上又查不到必要资料的原料）应按我国《化妆品卫生规范》和《卫生部化妆品检验规定》进行安全性评价，并按有关审批程序报批，获准后方可投产。化妆品容器和包装材料应符合化妆品卫生规范的要求，即化妆品的直接容器材料必须无毒，不得含有或释放可能对使用者造成伤害的有毒物质（如玻璃容器辅料中可能含有毒金属铅、砷、镉；塑料制品可能释放有毒的单体如聚氯乙烯单体氯乙烯；金属包装软管、白粉盒或膏霜盒在贮存化妆品时的化学稳定性和释出金属离子或锈蚀）。特殊用途化妆品的生产须向省、自治区、直辖市卫生行政部门提出申请（批准）并进行初审，报卫生部复审，获批准文号和证书后方可生产。化妆品卫生质量的监督是化妆品卫生监督的重点，包括微生物学质量、有毒物质的限量、禁用和限用物质的检验等，而特殊用途化妆品是监督的重点。化妆品标签应注明产品名称、厂名、生产企业卫生许可证号、生产日期和有效使用期限。特殊用途化妆品须注明批准文号，化妆品标签、小包装或说明书不得注有适应证、不能宣传医疗作用、不得用医疗术语。此外《化妆品卫生规范》中还提出了对化妆品产品的微生物和有毒物质的限量，见表13-5和表13-6。

表 13-5　化妆品的微生物学质量要求

	眼部、粘膜及婴儿儿童化妆品	其他化妆品
菌落总数	500cfu/ml 或 500cfu/g	1000cfu/ml 或 1000cfu/g
粪大肠菌群	不得检出	不得检出
绿脓杆菌	不得检出	不得检出
金黄色葡萄球菌	不得检出	不得检出
霉菌和酵母菌	100cfu/ml 或 100cfu/g	100cfu/ml 或 100cfu/g

表 13-6　化妆品中有毒物质的限量

有毒物质	限量（mg/kg）	备注
汞	1	含有机汞防腐剂的眼部化妆品除外
铅	40	含醋酸铅的染发剂除外
砷	10	
甲醇	2000	

3. 化妆品经营的卫生监督与管理　在化妆品经营过程中的主要卫生问题是销售单位的化妆品产品无厂家厂址、无生产企业许可证；特殊用途和进口化妆品无有效批准文号及无使用期限；美容院使用无证产品等。而这一环节牵涉面广，销售单位无须经过许可，产品直接到消费者致使监管上存在许多灰色地带。广告宣传中虚假夸大是最常见的问题，根据《条例》规定广告中不得虚假夸大化妆品名称、制法、效用或性能；不得使用他人名义保证或以暗示方法使人误解其效用；不得宣传医疗作用。进口化妆品的经营上销售未经批准的进口化妆品在国内一些地区并不少见，《条例》规定首次进口的化妆品，进口单位必须提供该化妆品的说明书、质量标准、检验方法等有关资料和样品，以及出口国批准生产的证明文件经卫生部批准，并经商检部门检验合格方可销售。表 13-7 比较了一些国家和地区化妆品卫生监督管理的方式。

表 13-7　不同国家和地区对化妆品监督管理的区别

国家或地区	中国	美国	欧盟	日本
监管机构	卫生部	FDA 和 CTFA	化妆品盥洗香料协会	厚生省
监管方式	强制性监督	企业自律（自愿备案）	企业自律（自愿备案）	普通化妆品无须许可
原料控制	有限的禁用和限制，事前审查	基本没有	有限的禁用和限用	消极审查，列禁限用清单
安全性评价	需要	制造商的责任	制造商的责任	特殊用途化妆品需要
标识	批准文号、厂家、产地、有效期限等	成分清单、产地、地址和警示	成分、制造商、地址，保存期限、产品批号	厂家、地址、编号、规定的成分需标明、规定化妆品的使用期限

目前我国的化妆品卫生监督制度与加入 WTO 后国际准则间存在一定的差距，如 WTO 的有限干预原则与我国在相应的技术法规中对并非涉及安全指标的强制要求；采用国际标准和准则原则（企业自律）与我国化妆品在监督管理上采取的行政监督；在公平竞争原则方面，进口化妆品审批与国产化妆品的区别对待；此外新产品的注册评审期长、评审时对产品配方存档涉及的商业机密问题等均有待完善。针对我国国情，在现有监督管理制度的基础上取长补短，从机构、标准或规范到体制进行切实可行的技术调整，以便与国际接轨是环境健

康学研究的任务之一。

（二）其他家用化学品的监督与管理

卫生部2002年发布了《消毒管理办法》，其中第三章对消毒产品的生产经营作出了明确规定：包括卫生许可、管理范围、产品说明等。此外与之配套的相关规定文件还有消毒产品分类目录和消毒产品生产企业、消毒服务机构卫生许可证申报与受理规定等。

目前我国对化妆品和消毒产品以外的家用化学品的卫生监督与管理根据其生产的归属不同，其监督管理的机构是不同的。不少家用化学品由生产的行政主管部门或行业负责，如洗涤剂和杀（驱）虫剂的一些与健康安全有关的标准限值是在轻工产品质量标准中反映的，而涂料和胶粘剂则在建筑装饰行业的相关标准中有所反映。此外卫生部对与食品相关的餐具和蔬果洗涤剂的卫生管理办法规定，产品的安全性按《食品安全性毒理学评价程序》进行毒性试验。对于家用化学品中的成分在有确切的证据表明存在危害时则通过发布行政通知予以禁止，如卫生球中萘的使用等。

为保障公众的健康，消费者委员会同样负有保障消费者权益和安全的责任。对于家用化学品可根据市场调查的结果通过公布“问题”产品、对产生纠纷产品责成生产和经销商作出反应，对进口产品要求生产商以中英文详列使用说明书以便安全使用等均可通过消委会加以实施。针对市面上发售的家用化学品，如清洁剂、消毒剂、杀虫剂等缺乏足够的安全资料指引消费者正确使用，要求厂家在包装上详细说明，并避免使用令消费者误解的文字描述，如杀虫剂标明的“实际无毒”是毒理学毒性分级的专用名词，并不代表化学物真正无毒。

二、家用化学品相关的标准与规范

（一）化妆品卫生规范与标准

目前我国化妆品的卫生监督与管理主要依据1989年卫生部发布的中华人民共和国《化妆品卫生监督条例》，1991年发布实施的中华人民共和国《化妆品卫生监督条例实施细则》，2001再次发布实施的《化妆品生产企业卫生规范》，对化妆品卫生质量则依据卫生部2002年参照欧盟化妆品规程的最新版本（The Cosmetics Directive of the Council European Communities，Dir 76/768/CEC，March，2000）发布的2002年版《化妆品卫生规范》。

1. 化妆品卫生规范（Hygienic Standard for Cosmetics）

第一部分　总则（General Principle）

对化妆品卫生规范适用范围、定义、一般要求（无明显刺激和损伤性、安全和无感染性）、细菌总数和重金属的限量、原料中禁止和限制使用的物质、包装容器的要求作出了规定。

第二部分　毒理学试验方法（Methods of Toxicological Test）

规定了化妆品原料及其产品安全性评价的毒理学检测项目和要求。

（1）化妆品新原料，一般需进行急性经口和急性经皮毒性试验、皮肤和急性眼刺激/腐蚀性试验、皮肤变态反应试验、三致试验、慢性毒性试验等10项毒理学试验。当新原料与已用于化妆品的原料化学结构及特性相似时，可适当减少相应的试验。

（2）新开发的化妆品产品在上市前应根据产品的用途和类别进行安全性评价，原则是：①由于化妆品的种类繁多，在选择试验项目时应根据实际情况确定；②每天使用的化妆品需进行多次皮肤刺激性试验，进行多次皮肤刺激试验的不再进行急性皮肤刺激性试验，间隔数日使用和用后冲洗的化妆品进行急性皮肤刺激性试验；③与眼接触可能性小的产品不需进行急性眼刺激性试验。

第三部分 化妆品卫生化学检验方法（Methods of Hygienic Chemical Test for Cosmetics）

规定了化妆品禁、限用原料以及有毒物质中重金属、硼酸、氢醌、防腐剂、紫外线吸收剂等 22 种（类）化学物质的卫生化学检验方法。

第四部分 化妆品微生物检验方法（Methods of Microbiological Examination for Cosmetics）

规定了化妆品样品的采集、保存、供检样品的制备。具体规定了菌落总数（aerobic bacterial count）、粪大肠菌群（Fecal Coliforms）、绿脓杆菌（Pseudomonas Aeruginosa）、金黄色葡萄球菌（Staphylococcus Aureus）、霉菌和酵母菌（Molds and Yeast Count）的检验方法。

第五部分 人体安全性和功效评价检验方法（Methods of Safety and Functional Evaluation for Cosmetics on Human Body）

规定了化妆品安全性和功效评价的人体检验的项目和要求。

安全性评价的原则：①选择适当的受试人群，并具有一定例数；②毒理学试验不合格的样品不再进行人体检验；③化妆品斑贴试验适用于防晒类、祛斑类和除臭类化妆品的检验；④人体试用试验适用于健美类、美乳类、育发类和脱毛类化妆品的检验；⑤防晒指数测定方法适用于检验防晒类化妆品。

人体安全性和功效评价项目：人体斑贴试验（human patch test）、人体试用试验（human using test）、防晒指数测定方法（testing procedures of sun protection factor of cosmetic sunscreens）。其中人体试用试验对各类型特殊用途化妆品的试验方法，包括受试者的选择、皮肤反应分级标准、要求例数、结果安全性评价、报告的内容等均有明确的规定。

2. 消费者使用说明——化妆品通用标签标准

化妆品通用标签标准（GB5296-95）中规定了化妆品标签的形式、基本原则、标签标注内容等的要求：化妆品标签内容要简单明了，通俗易懂，科学正确；不应有夸大虚假的宣传内容，不应使用医疗用语，或易与药品混淆的用语；须注明生产者名称和地址；生产日期和保质期（生产批号和限期使用日期）；生产许可证号、卫生许可证号和产品依据的标准。

3. 化妆品皮肤病诊断标准及处理原则

标准的意义在于规范临床上化妆品皮肤病的诊断，包括接触史的了解、发病部位、临床表现和斑贴试验中受试物浓度、观察时间和判定标准等。目的是确保诊断的正确性和客观性，既保护消费者的利益又要保障厂家的利益。化妆品皮肤病的诊断关系到患者的治疗处理、损害赔偿和法律责任问题。1997 年由卫生部提出，国家技术监督局批准发布了《化妆品皮肤病诊断标准及处理原则》（GB 17149. 1-7-1997）系列国家标准。共包括总则及对六种类型的化妆品皮肤及其附属器的病变进行了定义和规定：化妆品皮肤病诊断标准及处理原则（GB 17149. 1-1997）、化妆品接触性皮炎诊断标准及处理原则（GB 17149. 2-1997）、化妆品痤疮诊断标准及处理原则（GB 17149. 3-1997）、化妆品毛发损害诊断标准及处理原则（GB 17149. 4-1997）、化妆品甲损害诊断标准及处理原则（GB 17149. 5-1997）、化妆品光感性皮炎诊断标准及处理原则（GB 17149. 6-1997）、化妆品皮肤色素异常诊断标准及处理原则（GB 17149. 7-1997）。

（二）洗涤剂

与洗涤剂使用安全相关的国家标准主要见于与食品有关的洗涤剂，如《手洗餐具用洗涤剂》(GB 9985-2000)、《餐具洗涤剂》(GB 9985-1988)、《食品工具、设备用洗涤消毒剂卫生标准》(GB14930.2-1994)等。针对用于餐具、蔬菜和水果表面的洗涤剂提出的卫生要求，其中包括一些有毒有害物质（如甲醛、细菌总数、大肠菌群等）的限值，以防止对使用者皮肤的刺激和残留对人体健康的危害。

（三）涂料

有关涂料的国家标准中对其安全性进行了规定的有：《室内装饰装修材料溶剂型木器涂料中有害物质限量（Indoor decorating and refurbishing materials limit of harmful substances of solvent coatings for woodenware)》（GB 18581-2001)，限量物质：挥发性有机物、苯、甲苯和二甲苯、游离甲苯二异氰酸酯、重金属（可溶性铅、镉、铬、汞）。《室内装饰装修材料内墙涂料中有害物质限量（Indoor decoration and refurbishing materials limit of harmful substance of interior architectural coatings)》(GB 18582-2001)，限量物质：挥发性有机物、游离甲醛、重金属（可溶性铅、镉、铬、汞）。

卫生部 2001 年发布了《室内用涂料卫生规范》，重点从安全的角度对涂料中的有害物质如 TVOC、苯系物、重金属和游离 TDI 等的含量进行了限制。

我国一些地区为保障涂料的人体安全，制订了地方标准以便适应形势发展的要求，如 1998 年 8 月起实施的上海市地方标准《健康型建筑内墙涂料》(DB31/T15-1998）规定的健康型建筑内墙涂料的指标 TVOC、VOC 的空气残留、重金属含量、皮肤刺激反应等。强调涂料生产和配置过程中不得使用甲醛、卤代烃和芳烃，不得使用含汞化合物和铅、镉、铬系颜料。这一标准与欧共体生态标准接轨，甚至超过欧共体生态标准。北京市也提出了北京市建筑内墙涂料安全健康质量评价规则，规定了产品的健康安全技术要求，对有害物质 VOC、苯系物、游离甲醛、重金属和甲苯二异氰酸酯（TDI）提出了最高容许含量限值。并对内墙涂料安全性评价结果判定作出规定：急性吸入毒性试验属低毒，急性经皮毒性试验属低毒，急性皮肤刺激试验结果无刺激，急性眼结膜刺激试验结果无刺激，致突变性阴性，致敏性阴性方为合格。

2002 年 1 月 1 日国家发布实施《室内装修用涂料强制性安全标准》，规定从 2002 年 7 月 1 日起对国内生产涂料进行抽样检验，并对所有进口内墙涂料和木器涂料产品均须按此标准进行检验。

（四）胶粘剂

《室内装饰装修材料胶粘剂中有害物质限量（Indoor decorating and refurbishing materials limit of harmful substances of adhesives)》(GB 18583-2001)，限量物质：游离甲醛、苯、甲苯＋二甲苯、甲苯二异氰酸酯、总挥发性有机物。

（五）消毒剂和杀虫剂

对消毒剂产品的规定有卫生部 2002 年 3 月发布的经修订的《消毒管理办法》，并通过颁布《消毒技术规范》(2002 年版）具体规定了对消毒剂产品的毒理学安全性评价的程序、方法和毒性试验判定标准等。其他与消毒剂有关的规定还有《皮肤粘膜消毒剂中部分成分限量值的通知》、《关于规范消毒产品监督管理有关问题的通知》等。此外还有《食品工具、设备用洗涤消毒剂卫生标准》(GB 14930.2-94)。2003 年 5 月发布的为保证消毒效果而制订的质量标准《过氧乙酸》(GB 19104-2003）和《次氯酸钠溶液》(GB 19106-2003)。

（六）其他家用化学品

对于家庭装饰装修涉及的化学品国家已有标准从保护接触者健康的角度对其中的有害物

质进行了限制，这些标准包括：

《室内装饰装修材料壁纸中有害物质限量（Indoor decorating and refurbishing materials limit of harmful substances of wallpapers）》（GB 1858-2001），限量物质：重金属（钡、镉、铬、铅、砷、汞、硒、锑）、氯乙烯单体、甲醛。

《室内装饰装修材料聚氯乙烯卷材地板中有害物质限量（Indoor decorating and refurbishing materials limit of harmful substances of polyvinyl chloride floor coverings）》（GB 18586-2001），限量物质：氯乙烯单体、重金属（铅、镉）、挥发物。

《室内装饰装修材料地毯、地毯衬垫及地毯胶粘剂有害物质释放限量（Indoor decorating and refurbishing materials limit of harmful substances emitted from carpets，carpet cushions and adhesives）》（GB 18587-2001），限量物质：总挥发性有机物（TVOC）、甲醛、苯乙烯、4-苯基环己烯、丁基羟基甲苯、2-乙基已醇。

目前尚未有规定毒性鉴定程序的家用化学品，一般参照卫生部 2000 年发布的《化学品毒性鉴定管理规范》进行毒性鉴定。内容包括：化学品毒性鉴定管理规范的目的；化学品的定义系指工业用和民用的化学原料、中间体、产品等单分子化合物、聚合物以及不同化学物组成的混合剂与产品；毒性鉴定机构应当经资质认证并取得《化学品毒性鉴定机构资格证书》；对实验室设备、技术人员、实验动物环境设施、动物实验技术人员资格以及技术和质量管理制度等。

化学品毒性鉴定程序：

第一阶段　急性毒性试验：①急性吸入毒性试验；②急性经皮毒性试验；③急性经口毒性试验；④眼粘膜刺激试验；⑤皮肤局部刺激试验；⑥皮肤致敏作用试验。

第二阶段　致突变试验、亚急性毒性试验：①细菌回变试验；②体外哺乳动物细胞染色体畸变检测；③哺乳动物骨髓细胞染色体畸变检测；④哺乳动物骨髓细胞微核检测；⑤小鼠睾丸染色体畸变或小鼠精子畸形检测；⑥小鼠或大鼠显性致死试验；⑦免疫毒性检测；⑧亚急性吸入毒性试验；⑨亚急性经皮毒性试验；⑩亚急性经口毒性试验。

第三阶段　亚慢性毒性试验、致畸试验、生殖毒性试验和迟发性神经毒性试验：①亚慢性吸入毒性试验；②亚慢性经皮毒性试验；③亚慢性经口毒性试验；④致畸试验；⑤繁殖毒性试验；⑥迟发性神经毒性试验。

第四阶段　慢性毒性试验、致癌试验、代谢试验和接触人群的观察：①慢性吸入毒性试验；②慢性经皮毒性试验；③慢性经口毒性试验；④致癌试验；⑤代谢试验：主要进行吸收、分布和排泄试验，按需要与可能进行体内生物转化试验；⑥有条件时对接触人群进行调查和观察。

三、家用化学品健康危害的防制原则

家用化学品的健康危害与产品的设计、生产、经营、使用息息相关。靠生产前严格的审批及随后经常性的监管，在一些地区由于体制和涉及面广等原因效果仍然不理想。企业自律的原则在我国仍处于探索阶段，在借鉴国外先进经验上还需结合我国国情这一现实的背景。目前我国在化妆品等家用化学品方面仍执行的是事前监督，经过这些年的实践取得了实效和经验。作为世界贸易组织的成员国，在家用化学品的生产、销售监督管理上与国际接轨势在必行。经济发达国家的一些成功经验值得借鉴，籍此尽快制订出既不违背 WTO 公平原则又适合中国国情，与国际接轨的管理模式、标准、法规是必要的。

（一）产品的设计生产

家用化学品的设计至关重要，既要满足产品自身功能的需要又要求确保产品安全。配方的设计包括产品感官、功效、配伍、原料的选用、成品保质、包装等，每一个环节均与危害的产生密切相关。譬如配方中含有致敏物质、为降低成本而选用了劣质原料或为长期保存添加过量防腐剂等均可对家用化学品的使用者产生危害。

生产过程中，完善的工艺流程、符合卫生条件的生产场所、生产工人的健康状况、包装材料等直接关系到产品的卫生质量，而卫生质量正是确保产品安全的关键。

（二）产品的包装与说明

家用化学品的包装和说明对于绝大部分没有专业知识的使用者来说是很重要的。以化妆品为例：使用者生理或病理上的特点直接关系到不良反应的发生与预后，如皮肤生理因素，油性皮肤者容易因使用护肤品引起痤疮；儿童因皮肤角质层薄、血管丰富更容易产生不良反应；过敏体质者和某些影响皮肤完整性和通透性疾病如肝脏疾病、糖尿病、内分泌紊乱等的患者，是化妆品不良反应的易感人群，必须对化妆品的使用有正确认识或获得专业的指引。大多数情况下这类的指引，消费者应可通过详尽的产品说明或警示获得。

（三）产品的销售经营

家用化学品的销售和经营同样关系到这些产品的安全性，如化妆品的经营是无须许可的，而一些不法商家在这一环节上加入假冒伪劣商品、无证产品、过期变质产品等均可给消费者造成危害。又如涂料的销售存在类似的问题，一些不合格的产品如苯、甲醛含量超标有可能导致中毒事件的发生。劣质的餐具蔬果洗涤剂除可引起局部皮肤损伤外，残留的还可进入人体造成其他器官的损害。因此如何在产品与消费者之间建立起一个既行之有效的保护屏障又不违反世贸组织的有关规则是新形势下的新课题。在这一点上国外的一些措施是值得借鉴的。此外销售家用化学品的人员有责任在经营活动中就产品向消费者给出正确的适用范围、使用方法、注意事项等必要的警示。

（四）法规与传媒的作用

美国和欧共体在化妆品监管方面的经验就是可借鉴的事例之一，企业自律的含义包含了在一个法制健全制度下，不安全产品需承担的风险。一旦因产品质量引发诉讼，面临的将是巨额的赔偿、声誉乃至市场的丧失。媒体在这一方面具有相当的效力，而公正及时的报道对保护消费者权益，维持公众对家用化学品品牌的了解和信任扮演着适时重要的角色。

（五）产品不良反应的诊断和报告

建立病例报告制度是保证家用化学品不良反应发生后对个案的确认、病因追查和危害产品的追踪，防止不良效应扩散的重要措施之一。临床医生在医疗实践中保持高度的警惕和负责态度，对病例的诊断有环境的观念，发现病例及时向疾病预防与控制中心报告，对于及时发现存在卫生问题的家用化学品、制止扩散、消除隐患、媒体监督、法律制裁等相关措施至关重要。相应的卫生行政部门的政策和指引的制订有利于诊断和报告制度的建立和实施。目前我国对化妆品不良反应的报告制度除《化妆品卫生监督条例》有明确规定外，对其他家用化学品的不良反应未有具体规定。

家用化学品健康危害的防制是涉及政府、企业、个人的系统工程，科学技术是不断发展的，新的产品层出不穷，新的问题还会不断出现，因此不断完善家用化学品的生产、经营、使用各个环节的有效防制措施和制度，完善家用化学品与健康相关产品的监管，包括家居使用的其他化学物质如水银体温计破损后汞的释放，煤气泄露导致的中毒，加入纺织品、日用品和文具的抗菌防臭物质等均属于家用化学品的范畴。研究、规范和制订家用化学品的安全标准、危害判定和责任的区分是环境卫生和环境健康研究领域的新课题。

（宋　宏）

思考题

1. 为什么说家用化学品是重要的环境因素？
2. 化妆品安全性评价中动物替代实验有什么意义？
3. 试列举有代表性的化妆品卫生问题。
4. 涂料的使用会带来哪些健康问题？
5. 试检索家用洗涤剂接触的不良效应，并作出简明的综述。

第十四章　环境内分泌干扰物与健康

第一节　环境内分泌干扰物概述

一、环境内分泌干扰物的历史沿革

人和动物的激素是由内分泌腺和内分泌细胞所分泌的一种高效能生物活性物质的总称。这类具有生物活性的物质可以经由血液运输，选择性地作用于身体特定部位，发挥调节作用。其量极微，但对机体的代谢、生长发育等生命活动却起着重要的生理作用。但据最近的观察和研究表明，一些由于人类活动而释放到环境中的化学物质，包括许多人工合成的化学物质，能影响和扰乱生物体内固有的内分泌系统，导致内分泌障碍，我们将这类环境中干扰内分泌功能的物质或能起到类似于激素作用的化学物质统称为环境内分泌干扰物（environmental endocrine disruptor，EEDs）。目前关于环境内分泌干扰物，在国际组织或杂志上的使用名称还很多，如合成荷尔蒙（synthetic hormones）、环境荷尔蒙（environmental hormones）、环境雌激素（environmental estrogens）、内分泌调节剂（endocrine modulators）、外源性雌激素（xeno-estrogens）、内分泌活性物质（endocrine-active compounds）、外因性内分泌干扰物（exogenous endocrine disrupting chemicals）、荷尔蒙干扰化学物质（hormone disrupting chemicals）、荷尔蒙干扰物（hormone disruptors）等。

为了建立讨论的共同基础以及为了能鉴别这种活性物质，1998 年 3 月，联合国协同化学品安全国际规划署（IPCS）/经合组织（OECD）专家委员会将能够改变生物体及其子孙的内分泌功能并对它们的健康产生不良影响的外源性物质定义为环境内分泌干扰物。其实质是环境中存在的一些外源化学物可通过食物链或直接接触等途径进入人或动物体内，干扰机体内分泌系统的功能，影响体内激素的合成、分泌、转运、结合及清除等过程，激活或抑制内分泌系统的功能，对人类和野生生物产生致癌、生殖功能及神经系统和免疫系统损害等不良作用。

早在 20 世纪 30 年代，人们就已经开始使用雌激素以防止流产和促进胚胎发育，几十年后才发现，服药女性易患乳腺癌，其子女易患生殖系统癌症。20 世纪 40 年代，另一种植物雌激素的生态影响也引起人们的注意，白三叶植株因含有香豆素衍生物等雌激素样物质，导致绵羊的不孕率及生殖系统疾病发病率上升。20 世纪 60 年代，美国科学家卡尔松编写的《寂静的春天》(The Silent Spring) 一书中对 DDT 危害的阐述引起了公众的注意。1996 年 3 月，由美国人科尔波恩等撰写的《我们被偷走的未来》(Our stolen Future) 出版后，各国政府、工业界、学术界和公众对环境内分泌干扰物的关注进一步高涨。环境内分泌干扰物问题的历史沿革见表 14-1。

表 14-1　环境内分泌干扰物问题的历史沿革

年份	事　件
1929 年	多氯联苯（PCBs）开始使用
1938 年	DDT 开始制造；首次合成防止流产的药物己烯雌酚（DES）
1949 年	美国 Monsanto 化学公司在西弗吉尼亚州尼特罗的一家生产 2,4,5-T 的工厂，发生世界上第一起二噁英类毒物的工业事故，中毒者 250 人
1950 年	发现 DDT 具有雌激素样活性
1962 年	《The Silent Spring》（中译名“寂静的春天”）出版，指出农药可引起内分泌紊乱；美国在越南开始投放 2,4-D 和 2,4,5-T 为主要成分的枯叶剂，持续 8 年之久，喷洒量为 4200 万升
1968 年	日本九州发生由于 PCBs 污染引起的米糠油事件，造成 1 867 人中毒，30 人死亡；发现 DDT 对哺乳类动物和鸟类有内分泌干扰作用
1970 年	首次报道二噁英对动物有致畸作用
1971 年	发现妊娠女性服用 DES 后，生出的女婴日后阴道癌发生率异常增高
1976 年	意大利塞韦索发生农药工厂爆炸事故，排放出的 600g 二噁英使 25km² 的面积受到污染
1977 年	美国禁止生产 PCBs，发现二噁英对动物有致癌性
1978 年	发现垃圾焚烧可产生二噁英
1979 年	我国台湾发生与日本类似的由 PCBs 污染引起的米糠事件，造成 2000 多人中毒
1985 年	美国环保局（EPA）对二噁英的健康危险度进行评估
1996 年	《Our stolen Future》（中译名“我们被偷走的未来”）出版
1997 年	《The Feminization of Nature》（中译名“雌性化的自然”）出版，国际癌症研究机构（IARC）将 2,3,7,8-TCDD 定为明确的人类 I 类致癌物
1999 年	含二噁英的废机油污染鸡饲料引发比利时的“污染鸡”事件
2001 年	127 个国家的代表在瑞典首都斯德歌尔摩签署《关于持久性有机污染物的斯德歌尔摩公约》，并提出首批控制 12 种 POPs（persistant organic chemicals）

引自：孟紫强主编　环境毒理学基础，北京，高等教育出版社，2003.

二、环境内分泌干扰物的种类

环境内分泌干扰物按其来源，可分为天然的、人工合成的以及在生产和生活活动中产生的污染物。

（一）天然雌激素

是动物和人体内天然存在的雌激素，一般指雌二醇（estrogen）、雌酮（estrone）和雌三醇（estriol），其中以雌二醇作用最强。

（二）人工合成雌激素

人工合成的类固酮衍生物，与天然雌二醇结构相似，为非甾体类雌激素，主要用作避孕药或促进家畜生长的同化激素。这些人工合成的雌激素具有较强的生物活性，在环境中一般比较稳定，不易降解，经人体或牲畜体内排出后可能在环境中造成污染。这类化合物有己烷雌酚、炔雌醇、烯雌醚、己烯雌酚等。

（三）植物来源的雌激素

主要来自植物和真菌。植物雌激素主要有三类：异黄酮类（isoflavones）、木酚素类（lignans）和香豆素类（coumestans）。异黄酮类结构与雌二醇相似，主要有染料木黄酮和黄豆苷原。异黄酮的主要食物来源是大豆及其制品（大豆粉含量为 1300～1650 mg/kg）。木酚素的来源则较广泛，以亚麻籽含量最高（600～3700 mg/kg）。人参中的人参皂苷具有雌激素样活性；茶叶中约占干重 7%～8 %的去甲二氧愈创木酸也是一种雌激素活性物质。真菌雌激素如玉米赤霉烯酮，也可以与雌激素受体结合，发挥雌激素样效应。

（四）环境化学污染物

近几十年来，发现环境中存在的许多化学污染物都有一定的雌激素样活性，包括工业化学物质、农药及其代谢产物以及垃圾焚烧产生的二噁英等。

1. 烷基酚类　包括壬基酚、辛基酚、双酚 A 等。这类物质的雌激素活性较高，而且污染广泛，烷基酚是非离子表面活性剂烷基酚聚氧乙烯醚（APEs）的主要降解产物之一。这些非离子表面活性剂本身没有雌激素样活性，但在处理污物时或在环境中降解后，能释放具有雌激素活性的烷基酚。表面活性剂还可用作避孕套的润滑剂和阴道内杀精子剂。

2. 农药　包括有机氯杀虫剂如 DDT、十氯酮、狄氏剂以及拟除虫菊酯类等；除草剂如甲草胺、杀草强、莠去津等；杀真菌剂如苯菌灵、多菌灵、六氯苯等；杀虫剂如林丹、氯丹、硫丹、三嗪等；杀线虫剂如滴灭威、呋喃丹、二溴氯丙烷等。

3. 邻苯二甲酯类（PAEs）　是塑料制品的主要原料，可用作聚氯乙烯塑料的增塑剂和软化剂。橡胶、润滑油的添加剂中也含有这类物质，已成为全球性的污染物，可造成大气、土壤、水体的严重污染。

4. 多氯联苯化合物（PCBs）　这类化合物具有良好的绝缘性和耐火性，应用十分广泛。在环境中性质较稳定，可通过食物链富集。

5. 金属类　已发现某些金属如甲基汞、镉及其络合物、铅及其络合物等也有干扰内分泌的作用。

在以上环境化学污染物中，属于联合国环境规划署 2001 年提出首批控制 12 种持久性有机污染物（persistent organic pollutants，POPs）的包括 DDT、多氯联苯、六氯苯、多氯代二苯并呋喃、艾氏剂、狄氏剂、异狄氏剂、灭蚁灵、氯丹、毒杀芬、七氯。它们能在环境中持久地存在，通过食物链进行生物富集，并能够在环境中长距离迁移，进而对人和生物的健康以及生态环境产生严重危害。

三、环境内分泌干扰物在生态系统内的转移及富集

由于环境内分泌干扰物不容易被生物降解，因此极易通过食物链在生态系统内进行生物富集，环境中不易测出的微量或痕量雌激素经过 3～4 个营养级的富集即可达到惊人的浓度。美国加利福尼亚清湖湖水中 DDT 浓度及北美五大湖湖水中 PCBs 的浓度分别为 6.25×10^{-8}mol/kg、5.64×10^{-12} mol/kg，而以鱼类为食的辟鸟鹈及海鸥体内这两种环境雌激素的浓度分别为 5×10^{-3}mol/kg，1.4×10^{-4}mol/kg，富集系数分别高达 8×10^{5} 及 2.5×10^{7}。环境内分泌干扰物通常借助大气环流及洋流由低纬度地区转移到高纬度及极地生态系统。通过对鲑鱼的研究发现，生物迁徙是另一种更有效的获得途径，鲑鱼可以通过洄游将海洋中的环境内分泌干扰物转移到阿拉斯加淡水湖泊，从而使环境内分泌干扰物浓度高出其他湖泊 2 倍，考虑到食物链对鲑鱼体内激素的富集作用，这种由生物迁徙造成的环境内分泌干扰物的再分配比大气环流及洋流具有更重要的生态学意义。

环境内分泌干扰物在生态系统中的循环、转移主要有三条途径，即土壤途径、水体途径及空气途径。土壤途径主要通过杀虫剂的喷洒以及含环境内分泌干扰物垃圾的淋溶进入土壤，再由作物及牧草进入家畜和人体；水体途径主要通过水生植物及动物对土壤径流、稻田

农药和工业废水中的环境内分泌干扰物的富集再转移给鸟类、鱼类及人；空气途径主要通过呼吸被污染了的空气，或通过牧草及作物表面的粉尘沉降再转移给家畜和人。

第二节　环境内分泌干扰物的健康危害

一、环境内分泌干扰物的一般特点

（一）物理特点

具有亲脂性、不易降解、易挥发、残留期长等特点，可通过生物富集和食物链的放大作用引起体内富集。

（二）结构特点

环境内分泌干扰物虽具有激素功能，但和生物体内天然雌素酮或其他类固醇激素在化学结构上有天壤之别，且这些物质间结构也差别较大。

（三）生物半衰期较长

可在机体内长期蓄积（如二噁英类化合物平均长达 7 年），难以生物降解，不易排出甚至不排出。一般来说，环境内分泌干扰物可在体内长时间缓慢地发挥作用。

（四）生物放大作用

它们进入靶细胞后，与体内激素竞争性地结合甾类受体，形成激素-受体复合物，而后发挥生物学作用，改变细胞功能。环境内分泌干扰物与体内天然激素一样，极微量就可以引起细胞功能的显著改变。

二、环境内分泌干扰物的作用机理

（一）激素在体内发挥作用的基本过程

经核受体蛋白介导作用是雌（雄）激素及雌（雄）激素样化学物质的经典作用途径，激素进入细胞后首先与核激素受体相结合，随即受体复合物发生构型变化，在核内与激素反应基因的特异性 DNA 序列相互作用，或与启动子内的 AP-1（activator protein-1）或 SP-1（specificity protein-1）位点发生相互作用，诱导或抑制有关调节细胞生长和发育的靶基因的转录，启动一系列激素依赖性生理、生化过程。

（二）环境内分泌干扰物的作用机理

环境内分泌干扰物的种类繁多，结构差异较大，它们对内分泌及生殖系统的生物学效应，具体机理还不十分明确，但总结起来，主要包括以下四方面的作用：

1. 与激素受体结合而发挥直接作用　某些环境内分泌干扰物或其基团与激素有着相似的化学构象，可与激素受体直接结合。如己烯雌酚等，与雌激素受体结合后可发挥拟激素作用，增大原有激素的生物学效应；而某些物质如 p，p′-DDE 可竞争性结合雄激素受体，但二者结合后无生理活性，由于该类物质占据了正常激素的结合位点，使之无法与受体结合而影响了正常激素的效应。

2. 与激素以外的生物大分子结合而发挥间接作用　某些内分泌干扰物如三丁基锡可通过抑制芳烃化酶而减少雌激素的合成；二噁英、多氯联苯（PCBs）等进入体内后可与芳烃受体（AhR）结合，诱导细胞色素 P450 酶系（CYP1A1/1A2）表达，从而加快体内雌激素的降解。

3. 直接导致生殖系统损伤　壬基酚（NP）和双酚 A（BPA）及其混合物的毒理学研究发现，NP、BPA 及其混合物均可引起生殖损伤，组织学检查输精管、生精管部分出现退化、坏死，使睾丸损伤从而抑制精子发生过程，并导致精子数目下降和精子质量降低。

4. 影响神经、免疫等机体其他系统而发挥内分泌干扰作用　神经、免疫、内分泌系统之间有着复杂的相互作用关系。某些具有较强神经或免疫毒性的化学物质，可通过影响胚胎或生长发育期的神经或免疫系统而间接影响内分泌系统的发育；同样，内分泌功能的异常也必然会影响神经系统的发育及免疫系统的正常功能。

三、影响环境内分泌干扰物作用强度的因素

（一）摄入剂量

激素的影响作用与其浓度密切相关，即使动物自身雌激素浓度过高也会导致青蛙畸形，并使蛙脑内促性腺激素含量下降。越来越多的研究表明，环境内分泌干扰物的最大容许浓度比以往人们预想的要低得多，例如，能够引起大鼠生殖系统病变的血液中 β-六六六（β-HCH）及邻位 DDT 的可观察到效应的最低浓度水平（LOELs）分别为 42 ng/ml 和 18 ng/ml。

（二）物种及遗传结构

不同物种对同一环境内分泌干扰物的反应不同，剂量可相差 1000～10000 倍。不同的遗传结构影响着雌激素受体位点基因的表达，Spearow 对 4 组遗传型不同的雄鼠研究证实，即使使用相同剂量的雌激素喂食雄鼠，如果遗传结构不同，个体对雌激素的敏感性会有较大差异，不同遗传型的雄鼠睾丸大小、精子成活率的差异高达 16 倍。

（三）不同发育阶段毒效应不同

一般而言，从胚胎发育开始，环境内分泌干扰物的作用强度随生长期的增加而下降。资料表明，对于同一种环境内分泌干扰物，成年期暴露可引起可恢复性效应，发育期特别是器官发生期的暴露效应多为不可恢复性。

（四）环境内泌物干扰物间的相互作用

分析利谷隆、PCB、DDE 等 6 种环境内分泌干扰物的影响后发现，同一种环境内分泌干扰物，如果与不同的其他种类环境内分泌干扰物搭配，对家鼠会有不同的生理影响。Vonier 等人证明，杀虫剂硫丹、草不绿、开蓬及 DDT 的代谢产物 DDOH，可以竞争性抑制另一种人工合成化合物黄体酮与短吻鳄激素受体的结合，进一步验证了多种不同化合物之间可以通过相互抑制而影响激素活性的理论。Porter 等人通过对美国农业区地下饮用水的研究发现，如果地下水中同时含有艾氏剂、敌菌灵均三氮苯及硝酸盐，即使艾氏剂浓度处于饮用水安全浓度，但已对动物的免疫系统显示出明显的毒害作用并影响了动物行为。

（五）地域

Garry 等人在美国明尼苏达的研究显示，环境内分泌干扰物对鸟类的影响因地理区域及气候期的不同而表现出很大的差异。由于不同气候带的生态、气候及地理环境不同，对环境内分泌干扰物的转移及毒性的影响存在一定的差异。

四、环境内分泌干扰物对人类健康的影响

（一）对生殖系统的影响

1992 年，Carlsen 等人在英国医学杂志上发表了题为“50 年来精子质量下降的证据”的

文章，分析了1938～1991年世界各地发表的61篇有关正常人精液质量的文献，认为在世界范围内，过去50年里精子数和精液量分别下降了50%。随后又报道近半个世纪以来男性生殖系统发育异常，主要是隐睾、尿道下裂等增加了近一倍。联想到20世纪40～70年代欧美国家有数百万孕妇服用人工合成的雌激素已烯雌酚，其后代男性中也发现隐睾和尿道下裂发病率增加，成年后平均精子数减少，伴有性功能障碍。因此，一些学者认为，近年来在世界各地观察到的男性精子数量和质量的降低与环境内分泌物的暴露有关。调查发现，长期从事DDT播撒的工作人员精子数降低；环境内分泌干扰物对孕期妇女的影响，主要表现在其子代的先天畸形。1976年7月，在意大利米兰市所在的Seveso区域内生产三氯苯酚的农药工厂发生了意外的爆炸事故，2900kg有机物喷出，气雾高达50多米。据估计有600g TCDD使方圆25平方公里的地区受到污染，受害人数达37000余人，其中急性中毒达450人。事故发生后，最早出现的是肝功能和周围神经病变，随后出现孕妇自发性流产、婴儿致畸增加等现象。同时，在1977～1984年期间出生的新生儿中，女性比例上升，其中父亲血清TC-DD水平超过100 pg/g的家庭，出生婴儿全部为女性。消除污染后，1985～1994年新生儿性别比例恢复正常。

（二）致癌作用

近三十年来的肿瘤发病率调查显示，激素依赖性器官肿瘤的发病率增高。美国的调查资料表明，乳腺癌发生率增长了24%，卵巢癌增长了34%，睾丸癌增长了41%，前列腺癌增长了126%。许多报告提出，人体内有机氯农药的蓄积量与乳腺癌发病有关，妇女体内脂肪和血清中DDE及多氯联苯含量高的妇女，其乳腺癌发生率高于对照组。已经证实，孕期摄入DES，其女性子代易患阴道透明细胞癌。

（三）神经内分泌系统

环境内分泌干扰物通过激素受体（ER）作用于垂体和下丘脑，影响垂体激素及其调节因子的产生和释放。如异黄酮类植物性雌激素在较大剂量时可减少垂体分泌黄体生成素（LH）；五氯双酚和六氯双酚可减少卵泡刺激素（FSH）和LH的分泌。LH可刺激雌性黄体生成和雄性睾酮分泌，促甲状腺素（TSH）则刺激甲状腺分泌和生长；血浆睾酮、甲状腺素水平的变化对神经系统产生反馈作用，睾酮可调节大脑性别分化等过程，甲状腺素对大脑的发育和功能则有重要作用。环境内分泌干扰物也可作用于神经组织，表现为神经系统受损的临床表现，如记忆力和注意力下降、器官功能和精神运动功能发育障碍等。PCBs暴露可使成人额叶多巴胺水平下降。

（四）对免疫系统的影响

环境内分泌干扰物可具有改变机体免疫功能和增加自身免疫性的作用。已观察到人暴露于DES、有机氯农药和某些金属化合物时，可出现免疫抑制反应或过敏反应；而妇女的自身免疫性疾病就与体内雌激素水平有关，生理浓度的雌激素可提高机体免疫力，剂量较大时则增加自身免疫性疾病的易感性。

第三节　二噁英及类似物对健康的影响

在环境内分泌干扰物领域，国内外对二噁英及其类似物进行了长期、系统的研究，并积累了丰富的资料。本节以其为代表，进行详细介绍。

一、二噁英及其类似物的环境化学特性

二噁英类（Dioxins）是由 2 个苯环与 1 个或 2 个氧原子连接而生成的芳香烃族化合物，其苯环上的不同位置上的 H 被 Cl 所取代形成了一系列化合物。包括多氯二苯并二噁英（PCDDs）和多氯二苯并呋喃（PCDFs）共 210 种异构体。这类氯代化合物总称为 PCDD/Fs，在环境中它们具有以下 4 个共同特点：

1. 热稳定性　PCDD/Fs 极其稳定，加热到 800℃才降解，然而要大量破坏时温度需要超过 1000℃。

2. 低挥发性　这些化合物的蒸汽压很低，因而，除了气溶胶颗粒吸附外，在大气中分布较少，而在地面可以持续存在。

3. 脂溶性　具亲脂性，辛烷/水的分配系数的对数值极高（logKow 在 6 左右）。因而在食物链中，PCDD/Fs 可以通过脂质发生转移和生物富集。

4. 环境中稳定性高　尽管紫外线可以很快破坏 PCDD/Fs，但在大气中由于主要吸附于气溶胶颗粒而可以抵抗紫外线。一旦进入土壤，对理化因素和生物降解均具有抵抗作用，平均半减期约为 9 年，因而可在环境中持续存在。

二、环境中二噁英及其类似物的主要来源

二噁英类物质主要来自城市垃圾焚烧、含氯化学品的杂质、纸浆漂白和汽车尾气等。

（一）含氯化合物的使用

许多有机氯化学品在溶液中进行合成时，均有可能形成二噁英类。氯酚（特别是氯代酚氧乙酸）、PCBs、氯代苯醚类农药、六氯苯和菌螨酚等均伴随着痕量 PCDD/Fs 的产生。

（二）不完全燃烧与热解

1. 城市垃圾焚烧　城市固体垃圾焚烧产生的飞灰中含有 PCDD/Fs，其中 2,3,7,8-TCCD 为 0.1～7.5 ng/m^3，1,2,3,7,8-PeCCD 的含量是它的 3～10 倍；而 2,3,7,8-TCCF 为 0.1～50 ng/m^3。含有聚氯乙烯等垃圾的焚烧产生 TCCD 可能更高。木材及其废旧家具的焚烧也可以产生 PCDD/Fs，而森林大火是 PCDD/Fs 的天然来源。

过去，我国生活垃圾处理，很少采用焚烧方式，而工业生产固体废弃物焚烧也少有规模。自 1999 年起，国家已投资数 10 亿资金对固体废弃物进行处理，其中将兴建许多垃圾焚烧场，存在着造成二噁英类物质污染的潜在危险。

2. 汽车尾气　由于汽油不完全燃烧，汽车尾气可以释放 PCDD/Fs，其中 2,3,7,8-TCCD 为 0.5～16.7 pg/m^3，2,3,7,8-TCCF 为 0.55～201.4 pg/m^3。

3. 金属生产单位　钢铁厂可能是 PCDD/Fs 的环境污染来源之一。按 2,3,7,8-TCDD 为 1 计算的毒性当量（Toxicity Equivalency Quantity，TEQs）计，烟道气中含量为 0.9～2.7 ng/m^3，烟道灰中含量为 4.8～6.0 ng/m^3，而 PCDFs 含量较 PCDDs 高。

4. 含 PCBs 设备事故　PCBs 的热裂解可以产生 PCDFs，可造成环境的污染。

国外的监测表明，大气中的二噁英类浓度一般很低，但与农村地区相比，城市、工业区或离污染源较近区域的大气中，一般含有较高浓度的二噁英类（表 14-2）。

表 14-2　国外大气中二噁英（PCDD+PCDF）的含量

国家名	采样点	时间	含量（pgTEQ/m³）
日本	工业区附近住宅区	1990～1994	0.10～1.30（0.59）
	大城市		0.02～1.76（0.53）
	中小城市		0.01～1.36（0.47）
	对照区		0～0.32（0.06）
美国	城市	1989	0.08～0.18
	农村		0.05
德国	工业区	1994	0.15
	城市		0.07～0.35
	农村		0.03～0.07
英国	城市	1993	0.04～0.10
瑞典	城市	1991	0.024
	城郊		0.013

注：括号内为均值

（三）光化学反应

氯代 2-苯氧酚（二噁英前体）可以通过光化学环化反应生成 PCDD/Fs，氯酚通过光化学二聚反应生成 OCDD 和 OCDF。OCDD 脱氯可以产生 2,3,7,8-TCCD，而 OCDF 脱氯产生 2,3,4,7,8-PeCCF，不产生 2,3,7,8-TCCF。

（四）生化反应

氯酚类可以通过过氧化酶催化氧化产生 PCDD/Fs。如 PCP 加入废水底泥中可以产生 HpCDDs 和 OCDDs。

（五）食品污染

环境中的 PCDD/Fs 可通过食物链的生物富集以及意外事故造成食品污染（表 14-3）。

表 14-3　不同国家人群每日经食物摄入的二噁英类量估计

食物类型	德国		加拿大		英国		日本	
	摄入量（pg TEQ/d）	构成比（%）	摄入量（pg TEQ/d）	构成比（%）	摄入量（pg TEQ/d）	构成比（%）	摄入量（pg TEQ/d）	构成比（%）
鱼贝类	33.9	27.0	17.0	12.1	7.7	7.3	105.0	64.3
乳制品	41.7	33.1	31.3	22.4	35.0	33.1	18.0	11.0
肉蛋类	39.0	31.0	61.0	43.6	42.9	40.5	17.5	10.7
蔬菜	3.7	2.9	11.0	7.9	12.2	11.5	11.0	6.7
水果	2.0	1.6	13.3	9.5	2.8	2.6	0.6	0.4
粮食	5.5	4.4	6.3	4.5	5.3	5.0	11.2	6.9
合计	125.8	100	139.9	100	105.9	100	163.3	100

三、二噁英类物质的暴露途径

人体可通过大气污染及食物链等途径接触到二噁英。

（一）食物链

在美国环保总局的报告中，二噁英类物质在水中极易进入鱼体和其他生物体。因此，二噁英类物质可沿着食物链到达顶层的动物体内。以鱼为例，二噁英类物质由于食物链的蓄积作用，鱼体中二噁英类物质的水平可达环境中的 10 万倍。

（二）大气

二噁英类物质可附着于长期漂浮在空气中的固体颗粒的表面。当二噁英类物质吸附的颗粒直径<10 μm 时，可被机体吸入，若颗粒直径<5 μm，可直接抵达细支气管、肺泡。由于肺泡的毛细血管丰富，且二噁英类物质又具有良好的脂溶性，因此极易穿过肺泡毛细血管壁进入血液循环，从而引起机体中毒。

四、二噁英类物质的体内代谢

（一）吸收

二噁英类物质的主要吸收途径包括消化道、呼吸道和皮肤。其吸收的程度与化合物的种类、吸收途径及染毒所用溶剂有很大的关系。有关 2,3,7,8-TCDD 的经口染毒试验表明，溶解于植物油中的 2,3,7,8-TCDD 的吸收率约为 90%，与食物混合时的吸收率为 50%～60%。消化道的吸收无明显的动物种属差异。皮肤的吸收率仅为 1%，且大部分停留于皮肤的角质层。一般人群通过呼吸途径暴露的二噁英类量是很少的，据估计为经消化道摄入量的 1%左右。但在一些特殊情况下，经呼吸道途径暴露的二噁英量也是不容忽视的。有调查显示，垃圾焚烧从业人员，血中二噁英类含量可以达到正常人群水平的 40 倍左右。除了爆炸事故等意外情况，人日常生活中二噁英类物质的总摄取量的 90%来自于食物。二噁英类可通过胎盘、哺乳进入胎儿和婴幼儿体内，在不同国家的监测显示，母乳普遍受到了二噁英类的污染。有调查显示，母乳喂养的婴幼儿的单位体重二噁英类摄入量明显高于成人，平均为 60 pgTEQ/（kg·d）。

（二）分布

二噁英类物质在经口给予试验动物时，主要分布于血液、肝脏、肌肉、皮肤、脂肪，特别是在肝脏和脂肪组织等脂质丰富的器官。2,3,7,8-TCDD 在肝脏与脂肪的分布比例有一定的种属差异，人主要蓄积于脂肪，试验动物除豚鼠外主要蓄积于肝脏。其他同类化合物的分布无明显的种属差异。2,3,7,8-TCDD 在血清中的浓度与脂肪组织中的浓度有良好的相关性。

（三）代谢与排泄

一般来说，二噁英类物质比较难以代谢，且有显著的种属差异。在某些实验动物可将其部分代谢成极性产物，并与葡萄糖醛酸内酯结合，经胆汁或尿排泄，代谢物的毒性较原形物降低。二噁英类物质主要经粪便排泄，其速度有显著的种属差异。在人体内的半减期长达 1～10年，因此，人体内的二噁英类物质蓄积量与年龄呈正相关。而在啮齿类动物的半衰期则相对较短，灵长类的半衰期是啮齿类的 10～40 倍。此外，当染毒剂量为 1 ng/kg 时，二噁英类物质还可诱导大鼠肝脏细胞色素 P450 酶系（CYP1A1）；染毒剂量为 115 ng/kg 时，在小鼠肝脏可观察到同样的影响，该作用被认为是机体的一种适应性反应。

（四）胎盘转运

二噁英类物质可通过胎盘到达胎儿体内，但胎儿体内的浓度一般不会高于母亲。二噁英类物质还可分泌于乳汁中，通过乳汁进入婴儿体内。

五、二噁英类物质的毒性

（一）二噁英类物质的毒性当量

环境中存在的二噁英类物质以其混合物形式存在，评价接触这些混合物对健康产生的潜在效应，并非含量简单相加。为评价这些混合物对健康影响的潜在效应，提出了毒性当量的概念，并通过毒性当量因子（Toxicity Equivalency Factor，TEF）来折算。TEF 是对某个化合物异构体的相对毒性，以毒性最强的 2,3,7,8-TCDD 的 TEF 为 1，其他二噁英类物质异构体的毒性折算成相应的毒性强度。将二噁英类化合物 TEF 系数及浓度或含量相乘，就可以将其换算成相当于 2,3,7,8-TCDD 的毒性当量（Toxicity Equivalency Quantity，TEQ）。用 TEQ 来表示二噁英类物质的浓度和量更能反映其污染的真实状况和对人体的影响程度。为了国际间的比较，规定了国际毒性当量因子（I-TEF）。1997 年，世界卫生组织（WHO）修订了毒性当量因子，称为 WHO-TEF；同时还规定了 PCBs 的 WHO-TEF，因此可以计算二噁英类物质的总 TEQs（表 14-4）。

表 14-4　代表性 PCDD/Fs 的理化特性及毒性当量因子

名称(缩写)	分子式	熔点(℃)	蒸汽压(Pa)	I-TEF	WHO-TEF
二苯并[1,4]二噁英(DD)	$C_{10}H_8O_2$	122	5.5×10^{-2}	0	0
2,7-二氯二苯并[1,4]二噁英(2,7-DCDD)	$C_{12}H_6Cl_2O_2$	209	1.2×10^{-4}	0	0
2,3,7,8-四氯二苯并[1,4]二噁英(2,3,7,8-TCDD)	$C_{12}H_4Cl_4O_2$	305	2.0×10^{-7}	1.0	1.0
1,2,3,7,8-五氯二苯并[1,4]二噁英(1,2,3,7,8-PeCDD)	$C_{12}H_3Cl_5O_2$	240	5.8×10^{-8}	0.5	1.0
1,2,3,4,7,8-六氯二苯并[1,4]二噁英(1,2,3,4,7,8-HxCDD)	$C_{12}H_2Cl_4O_2$	273	5.1×10^{-9}	0.1	0.1
1,2,3,6,7,8-六氯二苯并[1,4]二噁英(1,2,3,6,7,8-HxCDD)	$C_{12}H_2Cl_4O_2$	285	4.8×10^{-9}	0.1	0.1
1,2,3,7,8,9-六氯二苯并[1,4]二噁英(1,2,3,7,8,9-HxCDD)	$C_{12}H_2Cl_4O_2$	243	6.5×10^{-9}	0.1	0.1
1,2,3,4,6,7,8-七氯二苯并[1,4]二噁英(1,2,3,4,6,7,8-HpCDD)	$C_{12}HCl_7O_2$	264	7.5×10^{-10}	1×10^{-2}	1×10^{-2}
1,2,3,4,6,7,8,9-八氯二苯并[1,4]二噁英(1,2,3,4,6,7,8,9-OCDD)	$C_{12}Cl_8O_2$	325	1.0×10^{-10}	1×10^{-3}	1×10^{-4}
2,3,7,8-四氯二苯并[1,4]呋喃(2,3,7,8-TCDF)	$C_{12}H_4Cl_4O$	227	2.0×10^{-6}	0.1	0.1
1,2,3,7,8-五氯二苯并[1,4]呋喃(1,2,3,7,8-PeCDF)	$C_{12}H_3Cl_5O$	225	2.3×10^{-7}	5×10^{-2}	5×10^{-2}
2,3,4,7,8-五氯二苯并[1,4]呋喃(2,3,4,7,8-PeCDF)	$C_{12}H_3Cl_5O$	196	3.5×10^{-7}	0.5	0.5
1,2,3,4,7,8-六氯二苯并[1,4]呋喃(1,2,3,4,7,8-HxCDF)	$C_{12}H_2Cl_4O_2$	256	3.2×10^{-8}	0.1	0.1

（续表）

名称(缩写)	分子式	熔点(℃)	蒸汽压(Pa)	I-TEF	WHO-TEF
1,2,3,6,7,8-六氯二苯并[1,4]呋喃 (1,2,3,6,7,8-HxCDF)	$C_{12}H_2Cl_4O_2$	232	2.9×10^{-8}	0.1	0.1
1,2,3,7,8,9-六氯二苯并[1,4]呋喃 (1,2,3,7,8,9-HxCDF)	$C_{12}H_2Cl_4O_2$	246	2.4×10^{-8}	0.1	0.1
2,3,4,6,7,8-六氯二苯并[1,4]呋喃 (2,3,4,6,7,8-HxCDF)	$C_{12}H_2Cl_4O_2$	239	2.6×10^{-8}	0.1	0.1
1,2,3,4,6,7,8-七氯二苯并[1,4]呋喃 (1,2,3,4,6,7,8-HpCDF)	$C_{12}HCl_7O$	236	4.7×10^{-9}	1×10^{-2}	1×10^{-2}
1,2,3,4,7,8,9-七氯二苯并[1,4]呋喃 (1,2,3,4,7,8,9-HpCDF)	$C_{12}HCl_7O$	221	6.2×10^{-9}	1×10^{-2}	1×10^{-2}
1,2,3,4,6,7,8,9-八氯二苯并[1,4]呋喃 (1,2,3,4,6,7,8,9-OCDF)	$C_{12}Cl_8O$	258	5.0×10^{-10}	1×10^{-4}	1×10^{-3}

（二）二噁英类物质的毒性表现

1. 致死作用与废物综合征（the wasting syndrome）　二噁英类化合物可以使动物中毒死亡。与其他急性毒物不同的是，其他毒物染毒仅过几小时到几天就可使动物死亡，而 PCDD/Fs 使动物死亡的时间长达数周。中毒特点为，染毒几天内出现严重的体重丢失，伴随肌肉和脂肪组织的急剧减少，称为废物综合征。

2. 胸腺萎缩　二噁英可引起实验动物的胸腺萎缩，主要以胸腺皮质中淋巴细胞减少为主。胎鼠及新生鼠的敏感性较成年鼠高。正处于发育中的动物胸腺对 PCDD/Fs 毒作用敏感，胸腺萎缩并伴随免疫抑制。

3. 氯痤疮　二噁英毒性的一个特征标志是氯痤疮，并伴随胸腺萎缩及废物综合征。氯痤疮可以发生在人、猴、裸鼠及兔耳，经皮及全身染毒均可发生氯痤疮，但仅在高剂量时出现。

4. 肝毒性　可在各种动物见到二噁英染毒所致肝毒性，然而其损害的严重程度则取决于所试动物种属。豚鼠及仓鼠很少表现肝毒性，而大鼠和小鼠的肝毒性可严重到动物致死。二噁英肝中毒以肝脏肿大、实质细胞增生与肥大为共同特征。大鼠肝损害的特征是变性与坏死，伴有单核细胞浸润，多核巨大肝细胞数量、分裂指数及胞浆内脂肪滴增多。此外，滑面内质网明显增多，并伴随微粒体酶活性的诱导。由于肝脏功能改变，使得卟啉合成与降解酶活性发生改变，进而使卟啉代谢发生障碍，导致血及尿中原卟啉组成发生改变。在越南战争落叶剂喷洒人员以及 Seveso 事故和米糠油事故受害者中，肝脏损害是比较常见的表现。

5. 免疫毒性　无论免疫抑制还是免疫增强，均可视为化学品的免疫毒性。免疫抑制可以导致传染病的易感性与发病率增加，并使疾病加重。免疫系统失调可以导致自身免疫性疾病。二噁英对体液免疫与细胞免疫均有抑制作用。免疫抑制可以使小鼠对传染源的易感性增加，如以 10 ng/kg 体重的剂量一次染毒 2,3,7,8-TCDD，染毒小鼠感染流感病毒后的死亡率增加，提示 PCDD/Fs 抑制小鼠免疫功能的剂量极低。在对 20 年前接触 2,3,7,8-TCDD 的工人进行调查时也发现免疫抑制作用。

6. 生殖毒性　2,3,7,8-TCDD 使大鼠、小鼠及灵长类雌性动物的受孕、座窝数与子宫重量减少，并使卵巢功能发生障碍。二噁英可以抑制雌性激素的作用，表现为抗雌性激素作用。其机制可能是，二噁英诱导酶的活化使雌二醇羟化代谢增加，从而导致血中雌二醇水平的减低；进而引起卵巢功能发生障碍。给予高剂量染毒，可以引起雌性恒河猴的不育，同时伴有废物综合征。另一机制可能是雌性激素受体水平减少。2,3,7,8-TCDD低剂量染毒时，大、小鼠血清雌性激素不发生改变，却使子宫重量降低，伴随子宫中雌性激素受体减少。也有报告，二噁英可以引起睾丸形态发生改变，主要以精细胞减少为特征，输精管中精母细胞及成熟精子退化、数量减少。所涉及的动物种属包括恒河猴、大鼠、小鼠、豚鼠和鸡。2,3,7,8-TCDD染毒可以使发育成熟大鼠的生殖能力受到损害，伴随睾丸及附睾重量与形态异常、生精能力减低。这一效应的ED_{50}为15 μg/kg，同时伴有食物摄入量和体重减少。这些改变与睾丸生成雄激素能力降低从而导致血清中雄激素减少有关。最近的流行病学研究显示，在2,4,5-三氯酚生产中接触2,3,7,8-TCDD的男性工人血清睾酮水平减低，而血中促卵泡素（FSH）和黄体激素（LH）增加。血清2,3,7,8-TCDD水平与睾酮水平呈负相关，即血清2,3,7,8-TCDD水平升高则血清睾酮水平随之降低，而FSH和LH水平相应升高。提示采用动物数据可以很好地推测2,3,7,8-TCDD对人体的生殖毒性效应，而且人对PCDD/Fs的抗雄激素作用（雌性化）较鼠类更加敏感。

7. 发育毒性和致畸性　二噁英对几种种属的动物具有致畸性，也对啮齿类动物发育构成毒性。其中以小鼠对致畸性最敏感，给予低剂量二噁英不产生母体毒性，却可以在胎鼠产生腭裂和肾盂积水。胎鼠发育受到各种激素和生长因子的调节，这些激素和生长因子控制着细胞的生长、分化和凋亡。人体妊娠时接触固醇样化学品，对子代产生有害效应，如使用己烯雌酚的妇女，其子代生殖器官癌症无论男女均有增加。PCDD/Fs的作用机制与固醇类激素相似，这种相似性使得发育中的胎儿对PCDD/Fs敏感性较成人高得多，使本来对母体不产生致死作用的接触剂量却致胎儿死亡。正发育的雄性大鼠对二噁英的生殖毒性极其敏感，而子宫内接触2,3,7,8-TCDD所产生的毒性作用不能逆转。孕鼠在着床15天时，以0.064 μg/kg体重剂量一次染毒，在出生120天后检查子代中雄性大鼠，发现其精子的每天生成数及附睾中精子数减少，睾丸及附睾重量降低。此外，出生前接触2,3,7,8-TCDD，可以使子代中雄性的性行为发生改变。这些效应敏感性极高，提示人体接触后男性生殖能力发生改变的潜在危险性。最近的证据表明，30年前的接触仍然使精子计数下降50%。由于二噁英及其类似物是以PCDD/Fs和PCBs混合物形式存在，人体接触后的致畸性与生殖毒性难以确定。这些混合物含有大量二噁英及其类似物，可以引起成人痤疮。母体接触这些混合物，其子女发生皮肤、粘膜、指甲与趾甲色素沉着增多，新生儿牙齿腐蚀，睑板腺分泌增加，称之为外胚层发育不良。此外，子宫内接触可以导致神经行为异常、发育迟缓。

在TCDD研究的历史中，值得注意的是TCDD污染所致畸胎儿又称橙剂婴儿事件。TCDD是落叶剂（2,4,5-T）的杂质，在2,4,5-T中最多可含有数十ppm的TCDD。美国在侵越战争中，自1961年开始使用落叶剂（2,4,5-T），以高于美国国内使用的13倍的浓度，自空中撒布，至1970年污染了大面积的耕地和森林。1969年6月Tin Sang在报上暴露了落叶剂撒布地区发生流产和畸形儿发生率增加，向全世界公布这个事件。据1970年船崎调查资料，从南越迁往北越居住的903人中，有179人曾在落叶剂暴露地区生活2个月以上时间，其中成年男性90人，女性19人，小孩70人，他们在受到落叶剂暴露后发生急性症状，如流涕、喷嚏、呕吐、腹泻、流泪、眼睑浮肿、头痛、乏力、心悸、头晕、皮炎等，以粘膜刺激症状最重，一般2～3日后好转。长期摄取被落叶剂污染的水和粮食的109名成人中，有31人（30%）除急性症状外，仍有全身倦怠、失眠、头痛、性机能减退等慢性症状。妇女中有 4 名孕妇，3 名生了畸形儿。畸形儿有小头症、先天愚型、趾畸形等。人群染色体调查，断裂缺损结构异常发生率，污染组为 5.88%，畸形儿组为 13.55%，对照组为 1.14%。Meselson 1970 年夏到越南进行现场调查后提出，落叶作战最严重的 1966 年以后，先天性腭裂和脊椎裂急剧增加，全国平均死产率为 31.2‰，而落叶剂撒布多的省则为 64‰，认为这种异常的增加是与 2,4,5-T 有关。日本和美国于 1971 年先后禁止使用 2,4,5-T。

8. 致癌性　2,3,7,8-TCDD 对动物具有极强的致癌性，对 4 种动物种属（大鼠、小鼠、仓鼠和鱼）进行的 19 次研究均呈阳性结果。对啮齿动物不断进行 2,3,7,8-TCDD 染毒，可以在两性诱发多部位肿瘤，小鼠的最低致肝癌剂量低达 10 ng/kg 体重。最近的流行病学研究提示，人群接触 2,3,7,8-TCDD 及其同系物与人群所有癌症的总体危险性增加有关，据此，国际癌症研究机构（IARC）于 1997 年将其判定为对人致癌的 I 级致癌物。

（三）二噁英类毒性的种属差异

二噁英的致死效应在不同试验动物种属间差异极大。如豚鼠对2,3,7,8-TCDD 的急性致死效应最敏感（经口 LD_{50} 为 0.6 μg/kg 体重），而仓鼠最不敏感（LD_{50}＞3 000 μg/kg体重），两种种属之间相差 1000～10000 倍。2,3,7,8-TCDD 所致的胚胎致死毒性在几种种属之间相近。其他毒性的种属差异列于表 14-5。早年的研究仅仅发现，人体接触二噁英引起氯痤疮，而且所需剂量较高。其后开展的大量研究表明，人体对二噁英的毒性效应极其敏感。二噁英发挥作用的功能性受体在人体许多组织（包括淋巴细胞、肝、肺和胎盘）中被发现。在人肺和胎盘中 CYP1A1 的活性可以经过诱导增加。接触高水平二噁英的女性中，胎盘表皮生长因子（EGF）受体活性降低，相同的效应也出现在啮齿动物肝和胸腺等组织中。人体接触 2,3,7,8-TCDD 在其血中水平达到 70 pg/g（仅仅比对照人群高 10 倍）时，血中雄性激素睾酮水平降低，LH 和 FSH 水平增加。上述研究提示，人对 PCDD/Fs 是敏感种属。

表 14-5　二噁英的主要毒性及其作用剂量的种属差异

毒理学效应	动物种属	剂量（μg/kg 体重）
经口急性毒性 LD_{50}	土拨鼠	0.6
	豚鼠	0.6～2.5
	恒河猴	＜70
	SD 大鼠	22
	小鼠	114～2570
	兔	115～275
	田鼠	1157～5000
	牛蛙	＞1000
	仓鼠	18
	鸡	25～50
	兔	115
	狗	100～200
	貂	4
	犬	＞300
	叙利亚地鼠	1150～5000
氯座疮（皮肤角化过度）	猴	0.001（9 个月）
	兔	1（涂抹 4 周）
	小鼠（无毛）	1（涂抹 4 周）

（续表）

毒理学效应	动物种属	剂量（μg/kg 体重）
肝脏毒性	大鼠	5（一次染毒）
	小鼠	50（3 周）
肝脏卟啉病	大鼠	1
	小鼠	100
免疫毒性	豚鼠	0.04
	猴、小鼠、兔、田鼠	0.1
致畸毒性	小鼠	0.001
胚胎毒性	猴	0.0007
	大鼠	0.01
	兔	0.25
	小鼠	3
致癌性	大鼠	0.01
	小鼠	0.01
遗传毒性	体外试验	无
	体内试验	无

（四）二噁英类物质的毒作用机制

二噁英类化合物的毒性效应大部分是由芳烃受体（Aryl hydrocarbon Receptor，AhR）介导。AhR 作为细胞浆中存在的信使蛋白质，与固醇类激素受体相似，起着信号传导与基因转录的作用。二噁英类化合物诱导的最具特征的生物效应是，通过 AhR 的活化诱导细胞内 CYPIAI 活性增加，这可以用 9-乙氧基-异酚噁唑脱乙基酶（EROD）产生的荧光来检测。

第四节　二噁英类健康危险度评价的现状

由于人体的暴露量以及流行病学研究资料仍不够充足，目前，国际组织和世界各国都是以动物试验的结果为主要依据对二噁英类进行健康危险度评价。由于使用动物试验的数据进行低剂量外推时采用不同的模型，因此不同机构提出的二噁英类接触限值有一定差异。此外，将二噁英类作为有阈化学物还是无阈化学物进行评价，学术界、管理部门仍有不同的观点。目前，除美国以外，其他国家和组织都按有阈化学物的方法对二噁英类的健康危险度进行评价。

一、按有阈化学物对二噁英类的评价

考虑到 2,3,7,8-TCDD 对实验动物有致癌性，但它属于非遗传毒性致癌物，而且对人的致癌作用还不能确定等因素，WHO 于 1990 年，根据 2,3,7,8-TCDD 对动物的生殖发育毒性以及免疫毒性，得出它的 NOEL（no observed effect level）为 1 ng/（kg·d）。采用不确定系数为 100，得出 2,3,7,8-TCDD 的每日可耐受的摄入量（tolerable daily intake，TDI）值是 10 pg/kg。1998 年，WHO-ECEH/IPCS 重新审议了 1990 年制订的有关 2,3,7,8-TCDD 的 TDI 值，提出将二噁英类的 TDI 值定为 1～4 pgTEQ/kg。这次修订主要考虑了以下两点：①基因敲除小鼠的实验表明，二噁英类的大部分毒性作用都是通过 AhR 介导的。AhR 存在于胞浆中的受体蛋白，与类固醇激素受体相似，起着信号传导和基因转录的作用。因此，目

前认为二噁英类对人体健康的影响也通过上述机制，人与动物对二噁英类的敏感性基本一样。②考虑到二噁英类在体内的蓄积性较强，且蓄积程度有很大的种属差异，在这次修订中根据毒代动力学的资料，采用体内负荷量（body burden）与毒性的关系分析二噁英类的剂量一效应和剂量一反应关系。根据2,3,7,8-TCDD在人的生物半衰期估计值7.5年，以及人对2,3,7,8-TCDD的吸收率估计值50%，可计算出：

人每日的2,3,7,8-TCDD摄入量=（体内负荷量×Ln2）/（7.5×50%）

德国于1985年根据2,3,7,8-TCDD对大鼠的慢性毒性实验结果，推出2,3,7,8-TCDD的NAOEL为1 ng/（kg·d）；采用不确定系数为100～1000，得出二噁英类TDI为1～10pgTEQ/kg。加拿大于1990年根据2,3,7,8-TCDD对大鼠生殖发育功能的NAOEL值为1 ng/kg·d，采用不确定系数为100，得出二噁英类的TDI值为10 pgTEQ/kg。日本于1999年根据2,3,7,8-TCDD对大鼠子代的生殖毒性，得出2,3,7,8-TCDD的体内负荷量为86 ng/kg时对应的人每日摄入量为43.6 pg/（kg·d），采用不确定系数为10，得出二噁英类的TDI为4 pg TEQ/（kg·d）。FAO/WHO食品添加剂专家委员会（JECFA）于2001年根据2,3,7,8-TCDD对子代雄鼠前列腺和精子生成的影响，得出2,3,7,8-TCDD的体内负荷量为16～42 ng/kg时，对应的人每月摄入量为237～630 pg/kg，采用不确定系数为3.2和9.610，得出二噁英类的暂定每月可耐受的摄入量为44～103 pg TEQ/kg。取上述的中间值，最后确定PTMI为70 TEQ/kg，相当于TDI为2.3pgTEQ/kg。

二、按无阈化学物对二噁英类的评价

美国EPA根据2,3,7,8-TCDD对大鼠的致癌试验结果，采用线性多阶段模型得出2,3,7,8-TCDD的日摄入量为0.006 pg/kg时，终生患癌超额危险度是10^{-6}。美国FDA采用同样的试验以及外推模型，得出终生患癌超额危险度为10^{-6}时，相应的日摄入量为0.057 pg/kg。出现这种差异的原因是两个机构对2,3,7,8-TCDD的致癌危险度估计时采用了不同的参数。2000年，美国EPA对二噁英类的健康危险度重新进行了评估，得出二噁英类的日摄入量为1 pg TEQ/kg时，终生患癌超额危险度是10^{-3}。由此可见，美国按无阈化学物对二噁英类进行评价后得出的实际安全日摄入量远低于其他国家或组织提出的TDI值。

部分国家制订的二噁英类物质的每日容许摄入量见表14-6。

表14-6　部分国家二噁英类物质每日容许摄入量

国家	每日容许摄入量（pg/kg·d）
加拿大	10
美国：FDA/EPA	0.057/0.006
荷兰	1
瑞典	5
丹麦	5
瑞士	10
德国	10
英国	10
日本	4

第五节　环境内分泌干扰物的筛查方法

目前推荐的环境内分泌干扰物的筛查方法很多，每种方法都有各自的优点及不足。美国EPA内分泌干扰物甄别与测试委员会建议采用成组试验，分为两阶段评价环境化学物的内分泌干扰活性。第一阶段试验的目的是检测受试化学物是否具有雌激素、雄激素以及甲状腺素活性。第一阶段的试验结果结合构效关系等文献资料，决定受试物是否需要进行下一阶段的试验。第二阶段试验目的是确定是否具有与自然激素类似的生物学效应特征。下面简单介绍一下两阶段筛查的基本内容。

一、第一阶段筛查

第一阶段筛查试验可分为体外试验和体内试验两类：

（一）体外试验

1. 雌激素受体试验

（1）激素受体结合试验：从哺乳动物或其他脊椎动物细胞浆或细胞核中提取雌激素受体，在体外观察受试物对放射性标记的雌二醇与受体结合的抑制程度，从而评价受试物的雌激素效应等级。

（2）雌激素受体转录活化试验：该方法利用转入雌激素受体表达质粒和报告基因的乳腺癌细胞株MCF-7，可检出很微量的雌激素或抗雌激素活性物质。

2. 雄激素受体试验

（1）雄激素受体结合试验：采用大鼠睾丸组织中的雄激素受体，在体外观察受试物对放射性标记的睾酮与受体结合的抑制程度。

（2）雄激素受体转录活化试验：该方法利用转入雄激素受体表达质粒和报告基因的猴肾CV-1细胞株。有无睾酮添加都可检测受试物的转录抑制作用。

3. 类固醇激素合成抑制试验　用动物睾丸组织细胞观察受试物对睾酮合成的影响。

（二）体内试验

1. 啮齿类动物3天子宫肥大试验　是检测和评价雌激素作用的传统体内试验方法。子宫是雌激素的效应器官，选用未成熟的小鼠或大鼠，或用手术方法去除卵巢，再给予受试物，以给药前后子宫湿重和子宫湿重与体重之比的变化为指标，通过测定外源性雌激素对动物是否具有促进子宫生长的作用来评价其雌激素样活性。这种方法的优点主要是作为整体实验，可以检测某些需要在体内代谢活化后才有活性的物质和中间代谢产物等，且较经济、方便，但其缺点也显而易见：①灵敏度不够高，影响因素很多；②动物试验结果外推到人时有很大难度；③费时，不适于大量筛查。

2. 啮齿类动物20天性成熟试验　给予3周龄的断乳大鼠受试物，观察阴道开放时间。用于筛检未成熟雌性动物在性成熟过程中接触化合物的雌激素和甲状腺效应。

3. 啮齿类动物5～7天Hershberger试验　将雄性大鼠的双侧睾丸切除后给予受试物5～7天，同时观察给予或不给予睾酮时大鼠前列腺和精囊的重量变化。用于检测化合物刺激或抑制睾丸和第二性器官的雄激素反应能力。

4. 蟾蜍变态试验　给予50～54日龄的非洲蟾蜍受试物两周，观察变态时其尾巴的重吸收变化，评价受试物的甲状腺素或抗甲状腺素活性。

5. 鱼类生殖恢复试验　将处于冬眠状态鱼暴露于受试物，观察日照时间延长和水温升高后鱼生殖功能的变化。

二、第二阶段筛查

（一）哺乳动物的试验

一般经口给予大鼠、小鼠受试物，观察染毒动物及其子代的行为活动、受孕率、子代动物的雌雄比例、有无雌性化或雄性化、生殖组织以及其他组织的改变等。

（二）其他动物的试验

1. 鸟类的生殖试验　一般使用两种鸟类，染毒后观察鸟类的排卵、卵壳厚度、孵化率以及幼鸟孵化的存活天数。

2. 鱼类的试验　给鱼的受精卵染毒后，连续300天以上观察受试物对鱼的发育、生长、生殖及其子代的影响。

3. 甲壳动物的试验　染毒后观察受试物对甲壳动物发育、生长、有性生殖的影响。

4. 两栖类的发育生殖试验　给予蟾蜍蝌蚪受试物，观察对其变态的影响。

（贾　光）

思考题

1. 什么是环境内分泌干扰物？
2. 环境内分泌干扰物的一般特点有哪些？
3. 影响环境内分泌干扰物毒作用的因素有哪些？
4. 环境内分泌干扰物对健康的主要影响表现在哪些方面？
5. 二噁英类化合物的主要来源及暴露途径是什么？

第十五章　环境与儿童健康

儿童约占全国总人口的1/3，近4亿人口。他们的身心健康直接关系到人口的素质和国家的前途。儿童期是从胎儿期到青春期的重要发育阶段。机体处在不断的发育过程中，其组织器官的形态及与此有关的功能也在不断的变化中。因此，研究环境与儿童健康的关系具有非常重要的意义。

第一节　儿童对环境有害因素的暴露特点

儿童生长发育（growth and development）水平是反映个体和群体健康状况的重要指标。

生长是指细胞繁殖、增大和细胞间质增加，表现为组织、器官、身体各部以至全身的大小、长短和重量的增加以及身体成分的变化，是量变。

发育是指细胞、组织、器官功能的成熟，是质变。

成熟（maturity）是指生长发育过程达到一个比较完备的阶段，个体在形态、功能方面已全面达到成人水平。

生长发育过程从受精卵开始，经历了胎儿、儿童、青春期直至成年期。因此小儿的身体始终是处在量变与质变的动态过程中。生长发育受遗传和外环境因素的双重影响。在卵子受精时个体生长的潜力及各种组织器官生长顺序的遗传基因已经完成编码，从而决定了生长发育的可能性，神经、激素、生长因子以及外界各种因素均可影响遗传因素的表达，决定了生长发育的现实性，最终的结果则取决于上述因素对儿童的综合作用。

儿童最容易遭受环境有害因素的侵害。其暴露特点归因于以下因素：①儿童的环境毒物暴露量比成人的大。②儿童的代谢途径尤其是出生几个月时的代谢途径尚未成熟。③儿童的生长发育很快，其脆弱的发育过程很容易遭到干扰。④与大多数成人比，儿童的来日更长，因此有更长的时间发生生命早期暴露引发的慢性病。

一、儿童对环境有害物质的暴露

环境有害物质通过各种途径和方式与机体接触后，一般需要经过吸收后进入血液，再由血液分布到全身各组织，被贮存或在组织内发生化学结构和性质的变化，形成代谢物，最后化学物本身和/或代谢物通过不同途径从体内排泄。其中吸收、分布、代谢和排泄过程可统称为生物转运（biotransport）。化学物在组织细胞中的变化过程，可称为生物转化（biotransformation）或代谢转化（metabolic transformation）。环境毒物对机体的毒性作用，一般取决于两个因素，一是化学物的固有毒性和接触量，二是化学物达到作用部位的效率，而后者与化学物在体内的吸收、分布、代谢和排泄过程有关。环境有害物质经不同途径接触机体后的吸收、分布、排泄过程见图15-1。

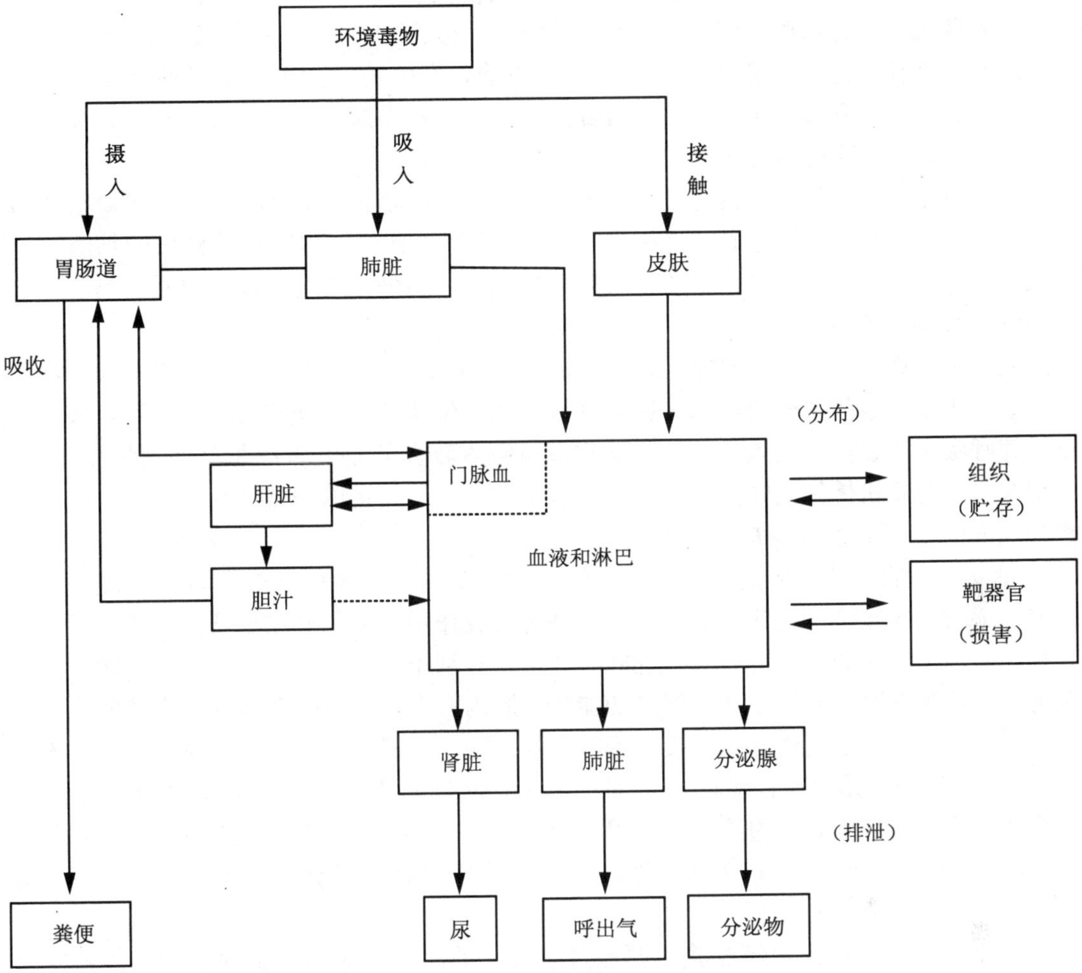

图 15-1　环境毒物在体内的吸收、分布和排泄

（一）环境有害物质的吸收

在生物转运过程中，化学物都需通过各种生物膜屏障才能进出机体、组织和细胞。环境化学物经各种途径通过机体生物膜进入血液的过程称为吸收（absorption）。在生活环境中化学物主要通过呼吸道、消化道和皮肤吸收。

1. 呼吸道吸收　污染空气的化学物主要从呼吸道侵入机体。从鼻腔到肺泡整个呼吸道各部分由于结构不同，对化学物的吸收情况也不同，愈进入深部，面积愈大，停留时间愈长，吸收量愈大。因此，经呼吸道吸收，以经肺泡吸收为主。人体肺泡数量较多（约三亿个），表面积很大（50～100m^2），相当于皮肤吸收面积的 50 倍。肺泡周围布满长约 2000km 的毛细血管网络，血液供应很丰富，毛细血管与肺泡上皮细胞膜很薄，仅 1.5μm 左右，有利于外来毒物的吸收。人类呼吸系统生长发育直到大约 18～20 岁时才完成。随着呼吸系统的发育，呼吸道的结构及呼吸状况均可能影响化学毒物的吸收量。儿童呼吸系统的解剖和生理特点决定了化学毒物经呼吸道进入人体的机会较成人大。

呼吸道的防御机制从鼻部开始。两侧鼻道内有鼻毛，能阻挡外来的较大异物。鼻前庭后的鼻阈狭窄形成内孔，使快速吸入的空气遇到阻力而分成两流，一流向上向后呈弧形流入后鼻孔，称为层流，另小部分在内孔后方形成不规则漩涡，使较大的颗粒沉降，被粘附在鼻中隔和鼻甲粘膜上。通过这些机制，可使90%以上直径大于10μm和75%直径大于5μm的气雾状颗粒被阻挡住。此外，鼻粘膜具有丰富的血管，产生的湿化作用也可使吸水性颗粒增大，以利于吞噬细胞吞噬。可是婴儿不仅缺乏鼻毛，鼻道粘膜下层血管又较丰富，易充血肿胀而阻塞鼻道，使经鼻呼吸改为张口呼吸，失去鼻部防御。

每个气管粘膜上皮细胞大约有200～250个纤毛，不断地一齐向后摆动，摆动频率约为1000次/分，摆动运动每分钟10～20mm，摆动结果将沾有污染物颗粒等异物的粘液痰排除呼吸道。然而在幼小婴儿此种防御机制发育不够成熟。另外，空气干燥、寒冷、污浊空气和被动吸烟等均可使之削弱。

小儿呼吸频率快，肺活量约为50～70ml/kg，按单位体表面积计算，成人大于小儿3倍。婴幼儿由于呼吸频率较快，每分钟通气量若按单位体表面积计算与成人相近，如按单位体重计算呼吸量明显高于成人。例如铅从呼吸道吸入较多的原因为：儿童呼吸带比成人低，在一米左右。儿童机体代谢旺盛，对氧的需求量大，单位体重的通气量比成人大。2岁儿童体重为成人的17%，通气量却是成人的40%。

2. 消化道吸收　消化道是吸收环境化学物的主要途径。水和食物中的有害物质主要是通过消化道被人体吸收。消化道的任何部位都有吸收作用，但主要在小肠。小儿肠管相对比成人长，一般为身长的5～7倍，为坐高的10倍，有利于消化道吸收。肠粘膜细嫩，富有血管和淋巴结，肠壁薄，通透性高，屏障功能差，肠内有毒物质经肠粘膜进入人体的机会，儿童较成人为多。例如消化道是儿童吸收铅的主要途径。从消化道吸收多的原因包括：成人吸收率为5%～10%，儿童吸收率高达42%～53%；此外儿童有较多的手-口动作；单位体重摄入食物较成人明显多，通过食物途径摄入量也大；儿童胃排空速度快，而在胃排空状态下，铅的吸收率增加约45%；年幼儿童由于咳嗽除痰功能不健全，呼吸道的铅多吞入消化道，从而增加铅的吸收量。

3. 皮肤吸收　环境毒物经皮肤主要通过表皮、毛囊、汗腺和皮脂腺进入人体，以经表皮途径为主。化学物通过表皮吸收需通过三层屏障：表皮角质层，此为经皮吸收的最主要屏障，一般分子量大于300的物质不易通过无损的皮肤；连接角质层，它能阻止水、电解质和某些水溶性非解离的物质，但大多数物质通过表皮后，可自由地经乳突毛细血管进入血液。脂水均溶的物质，如苯胺可经皮肤迅速吸收，脂溶性而非水溶性的苯，经皮吸收量较少。小儿尤其是新生儿和婴幼儿，角质层薄，皮肤比较柔嫩，保护作用相对较差，有时轻微的皮肤损伤，就会使经常寄居在皮肤的金黄色葡萄球菌和表皮葡萄球菌等侵入体内产生经皮感染。此外，儿童的一些日常活动（如在地上玩耍），使皮肤经常接触污染物。并且婴儿体表面积—体积比（surface-to-volume ratio）比成年人大，从而导致更大比例的经皮吸收。

（二）环境有害物质的分布

环境有害物质通过吸收进入血液和体液后，随血流和淋巴液分布到全身各组织的过程称为分布（distribution）。环境有害物质在体内并不是均匀地分布到各组织，这是因为化学物在体内各组织的分布与该组织的血流量、亲和力以及机体的特定部位对外源性化学物具有明显的屏障作用有关。主要的屏障有血脑屏障（blood brain barrier）和血胎盘屏障（blood placental barrier）。

1. 血脑屏障　在脑中，血液与脑组织之间存在着一种血脑屏障，限制某些物质从血液进入脑组织。血脑屏障是由脑部毛细血管内皮细胞的特性所决定。脑部的毛细血管属连续型毛细血管。其内皮细胞质中有许多吞饮小泡，这种小泡起着向外输送物质的作用。脑部毛细血管内皮细胞之间紧密连接封闭，内皮细胞外有基膜、周细胞和星状胶质细胞突起的脚板围板，形成较牢固的屏障，以防多种外源性有害物质和病原体等侵入脑内，而营养物质和代谢产物仍能顺利通过。婴幼儿的血脑屏障相对薄弱，对某些化学物的神经毒性反应较成人大。例如铅可引起新生大鼠的脑脊髓病，但成年大鼠则未见此变化。

2. 血胎盘屏障　又称胎盘屏障，是胎儿血与母体血在胎盘内进行物质交换所通过的结构，解剖学上又称胎盘膜。自胎盘的绒毛表面向内，由下列几层组成：合体滋养层、细胞滋养层与基膜、绒毛内薄层结缔组织、绒毛毛细血管基膜和内皮。至胎儿发育晚期，胎盘膜逐渐变薄，滋养层与毛细血管内皮紧贴一起。此屏障可不妨碍母胎之间的充分物质交换，但可以阻止母体内存在的一些病原体进入胎儿引起宫内感染。一般来说，妊娠早期屏障作用较差，更易发生宫内感染。

（三）环境有害物质的蓄积

进入血液的化学毒物大部分与血浆蛋白或体内各组织结合，在特定的部位累积而浓度较高。有的部位化学物可直接发挥毒作用，称为靶部位，即靶组织或靶器官（target organ）。如甲基汞积聚于脑，百草枯积聚于肺均可引起这些组织的病变。有的部位化学物含量虽高，但未显示明显的毒作用，称为贮存库。有毒物质在体内的贮存具有两重意义：一方面对急性中毒具有保护作用，因其减少了到达毒作用部位的毒物量；另一方面可能成为一种在体内提供毒物的来源，具有潜在危害。如铅的毒作用在软组织，故贮存于骨内具有保护作用，但在缺钙或甲状旁腺激素的溶骨作用下，可导致骨内重新释放至血液而引起中毒。儿童储存池的铅流动性大，成人 90％～95％的铅位于储存池的骨骼中，儿童 75％的铅位于储存池的骨骼中，可能会影响铅的毒性。

总之，婴幼儿和儿童单位体重的进食、饮水和呼吸量明显高于成人，他们对某些化学物质的吸收率也可能与成人不同。婴幼儿和儿童还可以通过一些独特的途径，如手-口方式摄入污染物，或者以独特的方式如在地上玩耍等接触污染物。因此，在相同外暴露的情况下，内暴露水平在婴幼儿和儿童与成人差别很大。

二、儿童对环境有害物质的代谢途径

（一）环境有害物质的生物转化

一般情况下，化学毒物经生物转化后其极性及水溶性增加而易于排除，或改变其结构使其毒性降低甚至消失。因此常将生物转化过程称为生物解毒（bio-deoxication）或生物失活（bio-inactivation）过程。但有些原来无毒或低毒的化学物经生物转化后可以变成有毒或毒性更大的产物，称为生物活化（bio-activation）。新生动物缺乏毒物代谢酶，因此，凡需在体内转化后才显示毒性的化学物，对年幼动物的毒性比成年的低；反之，在年幼动物显示毒性较大。例如八甲磷，其甲基需经羟化后才能具有毒性，新生鼠缺乏此酶，毒性低；成年鼠则毒性反应更大，死亡率高。

（二）环境有害物质的排泄

化学毒物及其代谢产物从机体排出的主要途径是经肾脏随尿排出和经肝、胆通过肠道随粪便排出。其次也可随各种分泌液如汗液、乳汁和唾液排出。新生儿的肾功能以及肝脏排泄系统发育不全，对外来化学毒物不能迅速排除，故其毒性反应比成人大。如儿童对铅较成人排泄少。成人 99％最终随大、小便排出体外，儿童仅有 66％左右排出，1/3 的铅仍留在体内，也加重了儿童对铅的敏感性。

三、儿童生长发育的特点

（一）儿童生长发育的一般规律

儿童生长发育具有阶段性和连续性的特点。生长发育是一个从量变到质变的长期连续过程。根据生长发育特点和生活学习环境的不同，可将儿童少年的生长发育过程分为下面几个年龄期。婴儿期：0～1岁；幼儿前期：1～3岁；幼儿期，亦称学龄前期：3～6岁；童年期：6～12岁；青春发育期：约10～20岁；青年期：约18～25岁。生长发育有一定程序，各阶段间顺序衔接，不能跳越。前一阶段发育为后一阶段奠定必要的基础；任何阶段的发育受到外界环境因素的有害作用，都将对后一阶段产生不良影响。

（二）儿童中枢神经系统发育特点

在小儿生长发育过程中，神经系统发育最早，速度最快。胎儿10～18周是神经元进行增殖的旺盛时期，增殖的神经细胞分别移形到大脑皮质、基底神经节和小脑。如果外界因素影响了神经细胞的增殖、移行、凋亡等过程，就会导致脑发育畸形。小儿出生后，大脑皮质神经细胞数目已同成人，以后的主要变化是神经细胞体积增大、树突的增多、髓鞘的形成和功能日趋成熟。出生时脑平均重约为370g，相当于体重的1/8～1/9，6个月时即达到700g左右，1岁时约900g，成人脑重约为1500g，相当于体重的1/35～1/40。新生儿大脑已有沟回，但沟裂较浅，皮层较薄；出生时皮质已具有6层结构，但是细胞分化不成熟，树突较少，3岁时细胞分化基本成熟，8岁时接近成人。由于儿童中枢神经系统的发育特点，使其更易受到外界神经毒物的影响。

（三）儿童免疫系统发育特点

在整个生命长河里，人体不断地遭受外界环境中各种有害物质的侵袭。环境中的有害物质可通过呼吸道、消化道或通过体表皮肤粘膜等途径进入体内，造成疾病。一般情况下造成疾病的机会不多，这是由于正常人体生来有齐全而又完整的防御技能，来抵御和消除有害物质的侵入。

人体的免疫系统具有免疫防御、免疫自稳和免疫监视等三大功能。机体的免疫防御即特异性防御，是由免疫系统完成的。免疫系统（immune system）是由机体免疫器官、组织、细胞和分子所组成的一个庞大且复杂的系统，其中发挥防御机能的主要是：①T淋巴细胞和由其产生的细胞因子，称为T细胞介导的细胞免疫；②B淋巴细胞和由其产生的免疫球蛋白（immunoglobulin，Ig），称为B细胞介导的体液免疫；③单核/巨噬细胞（mononuclear/macrophage，MC/MØ）；④多形核吞噬细胞系统；⑤补体系统（complement system）；⑥其他免疫细胞和免疫分子。其中前两项一般都要由抗原刺激后才引发，故又可归为特异性免疫；后四项则不一定要由抗原刺激来引发，归为非特异性免疫。事实上淋巴细胞也参与一些非特异免疫效应，MC/MØ等也参与一些特异性免疫效应过程。

整个免疫应答过程的最终完成极其复杂，是多种免疫成分共同参与的结果。MC/MØ作为抗原提成细胞（antigen presentation cell，APC）吞噬、消化、处理抗原，将抗原信息提呈给淋巴细胞，另一方面MC/MØ也分泌细胞因子参与免疫反应。T细胞经抗原及MC/MØ分泌的细胞因子（如IL-12，IL-10等）刺激后分化为两类T细胞。细胞表型为CD_8^+者即杀伤性T细胞（cytotoxic T cell，CTL）；表型为CD_4^+的T细胞的功能为辅助免疫反应发生，称为辅助性T细胞（helper T cell，TH）。CD_4^+ T细胞受不同的抗原及丝裂原刺激分化为两类 T 细胞：T_{H1} 细胞和 T_{H2} 细胞。T_{H1} 细胞分泌白细胞介素-2（interleukin-2，IL-2）和干扰素-γ（interferon-γ，IFN-γ），促进 CTL 和自然杀伤细胞（natural killer cell，NK）活性，发挥细胞免疫功能；T_{H2} 细胞分泌 IL-4，IL-5，IL-6，IL-8，IL-10，IL-13 等因子辅助 B 细胞产生抗体（antibody）。Ig 结合抗原形成免疫复合物，并激活补体，补体复合物或效应片断可激活中性粒细胞的趋化、吞噬、氧化和杀菌功能，有利于清除抗原物质，发生炎症，发挥体液免疫功能。上述免疫网络中 T 淋巴细胞发挥中心作用，免疫网络调节失衡将产生各种疾病。

人类完整而成熟的免疫功能体系是逐步发育成熟的，从胚胎期到出生后的数年内，随年龄增长免疫系统逐渐发育至成人水平，婴幼儿免疫系统的不成熟在很大程度上是“无经验”，即因为未能建立免疫记忆反应。儿童免疫系统发育特点如下：

1. T 细胞及细胞因子　胸腺是 T 细胞发育成熟的重要场所，它由第 3、4 对鳃囊上皮细胞发育而来，在胚胎 7～8 周，胸腺细胞开始分化，此后逐渐接受来自循环的造血干细胞，在胸腺上皮趋化因子诱导下前 T 细胞逐渐分化成熟。出生时胸腺大小与功能已达高峰。T 细胞经胸腺诱导已能识别自身的主要组织相容抗原（major histocompatibility complex，MHC），且形成了对自身组织的耐受性，并获得了细胞表面抗原 CD_3 和 CD_{11} 及 T 细胞受体。成熟的 T 细胞主要由具有辅助、诱导功能的 CD_4^+ T 细胞和细胞毒性功能的 CD_8^+ T 细胞组成，出生时 T 细胞自身发育已完善，但此时 CD_4^+ T 细胞相对较多，CD_4/CD_8 比例为 3～4，故出生后表现出 CTL 活性不足，容易感染；T_{H2} 细胞功能相对亢进，易患过敏性疾病等。约 2 岁后 CD_8^+ T 细胞水平才接近成人，抗感染能力逐渐增强。新生儿未经抗原刺激的 T 细胞比例较大，而经抗原刺激的 T 细胞较少。前者寿命短，功能弱；后者寿命长，功能强。

新生儿期产生不足的细胞因子有 IL-3，IL-4，IL-5，IFN-γ，其水平仅为正常成人的 10%～25%；中度不足的细胞因子有粒细胞巨噬细胞集落刺激因子（granulocyte-macrophage colony stimulating factor，GM-CSF）和 IL-6；轻度产生不足的有 TNF-α、粒细胞集落刺激因子（granulocyte colony stimulating factor，G-CSF），未成熟儿细胞因子分泌功能更差，IL-6 仅为成人的 25%。新生儿循环中分泌 IL-2 的 T_{H1} 细胞相对不足，IFN-γ 相当于成人水平的 1/8～1/10，CTL 活性明显低于年长儿和成人，因此由 T_{H2} 细胞分泌的细胞因子 IL-4、IL-5、IL-6、IL-10、IL-13 和 IL-15 占相对优势（IL-4 也仅为成人的 1/3），T_{H1}/T_{H2} 较成人水平低，T 细胞应答向 T_{H2} 偏移。3 岁时 T_{H1}/T_{H2} 细胞因子分泌才趋于成人水平。

2. B 淋巴细胞及抗体　骨髓是 B 细胞成熟的场所，相当于类囊的功能。淋巴结是 B 细胞富集的器官，全身各处淋巴结发育先后不一，在胚胎 10 周时，颈部、肠系膜淋巴结最早发育，足月新生儿即可扪及腹股沟淋巴结，12 岁时淋巴结发育达到顶点；2 岁后扁桃体才明显增大，6～7 岁时扁桃体增大最为明显。B 淋巴细胞功能在胚胎期已经成熟，但它要成为分泌抗体的浆细胞需要抗原与 T 细胞的多种信号辅助刺激，因而新生儿 B 细胞产生抗体能力差。有效的 IgG 抗体应答要在出生后 3 个月才出现。婴儿期各类 Ig 产生均不足，以后随年龄增长而逐渐达到成人水平。

3. 单核/巨噬细胞　造血干细胞在单-粒细胞克隆刺激因子作用下形成集落形成单位，在单核-CSF 作用下发育成巨噬细胞，在 G-CSF 作用下发育成中性粒细胞。新生儿巨噬细胞与成人无差别，但缺乏粘附分子和趋化分子刺激，其趋化功能相对较弱。新生儿期淋巴细胞 IFN-γ 产生不足，巨噬细胞自身分泌的 IFN-α 也仅为成人一半左右，两者都可能影响巨噬细胞的吞噬和杀菌功能。新生儿期巨噬细胞内含较多前列腺素-E_2 以及血浆甲胎球蛋白水平较高，抑制了单核/巨噬细胞表达人类白细胞抗原，从而抑制了其抗原递呈能力。婴幼儿时期低补体血症等也是造成巨噬细胞功能不足的原因，巨噬细胞大约在6岁左右才能达到成人水平。

4. 中性粒细胞　大约在胚胎34周中性粒细胞的趋化、吞噬和杀菌功能基本成熟，但在出生后2周，上述功能却表现为暂时低下。这可能与分娩时缺氧、脑损伤、母体高血压等因素有关，在严重感染时可以表现出边缘池中性粒细胞空虚，存在时间缩短以及一些酶的活性不足。补体水平低下，缺乏趋化因子及调理素也是中性粒细胞功能不足的重要原因。

5. 补体系统　新生儿各种补体成分均低于成人，其中C_1、C_2、C_3、C_4、C_7仅为成人水平的35%～80%，C_8、C_9约为成人的10%，B因子及P因子约为成人的35%～70%，补体旁路系统能力约为成人水平的49%～65%。补体分子的趋化作用是活化巨噬细胞的重要因素之一。未成熟儿补体各种成分水平更低，约在出生后6～12个月补体浓度或活性接近成人水平。

6. 其他免疫分子　血浆甘露聚糖结合蛋白（mannose binding protein，MBP）属于凝集素家族。2岁以前的婴儿，获得性抗体反应尚不完善时，MBP在保护宿主免受感染中发挥天然抗感染的重要作用。

在非特异性免疫系统中很多成分在幼儿期也弱于成人。例如，纤维连接蛋白具有细胞粘附分子、趋化因子和调理素的功能。新生儿，尤其是未成熟儿水平低下，严重感染、缺氧、窒息时纤维连接蛋白的水平进一步下降，致感染后的恢复明显不及成人。

第二节　环境污染对儿童健康的影响

一、对儿童呼吸系统的影响

（一）空气污染对儿童呼吸系统的影响

流行病学调查表明大气污染严重的城区儿童的耳鼻咽喉科疾病和过敏性疾病的检出率明显高于清洁的郊区；生活在室内空气污染较严重的燃煤家庭的儿童比生活在室内污染较轻的燃气家庭儿童出现较多的呼吸系统症状、体征和疾病。国外有报道儿童长期暴露于较低水平空气污染的环境中会增加上呼吸道感染的危险以及发展中国家室内烟雾浓度较高的农村地区儿童急性呼吸系统感染发病率和死亡率很高。

1993～1997年间在兰州、重庆、广州和武汉4城市的8所小学调查结果表明，随室外空气污染加重，儿童患呼吸系统疾病的危险性增大。室外空气污染对咳痰症状的危险性最高，污染最重组的OR值是污染较轻组的6.94倍。其次是支气管炎和咳嗽，污染最重组OR值分别是对照组的3.31倍和3.81倍。空气中$PM_{2.5}$、PM_{10}与儿童呼吸系统患病率呈线性正相关关系，其影响比SO_2、NO_x更密切。居室内空气烟雾程度是反映室内污染程度的一个综合指标。儿童患感冒时咳嗽、感冒时咳痰、感冒时气喘和支气管炎等呼吸系统疾病以及儿童因呼吸道疾病住院率的OR值，随室内烟雾程度的增加而逐渐增大（见表15-2）。

表 15-2 室内烟雾程度对儿童呼吸系统疾病的影响（OR 值）

疾病	无烟	轻度烟	中度烟	重度烟	P 值
感冒时咳嗽	1.00	1.46	1.42	1.69	<0.001
感冒时咳痰	1.00	1.23	1.29	1.80	<0.001
感冒时气喘	1.00	1.42	2.04	2.48	<0.001
哮喘	1.00	1.25	1.51	2.11	0.102
支气管炎	1.00	1.18	1.22	1.30	0.013
呼吸道疾病住院	1.00	1.22	1.46	1.63	<0.001

哮喘是一种多因素性疾病，既有遗传基础，又因感染、变应原、烟草烟雾和环境毒物等多种因素而恶化。近 10 年美国儿童哮喘患病率增加了一倍。每年有近 200 名儿童死于哮喘，150 000 多名患儿住院，有 500 万名儿童患哮喘。城市地区儿童哮喘增多尤为明显，而非裔和拉丁裔美国儿童的发病率最高。在纽约、芝加哥、洛杉矶、亚特兰大和其他主要大城市，哮喘已成为儿童住院的首要原因。空气污染是儿童哮喘发作的一个重要诱因。最近的流行病学资料表明，城市室外空气污染的主要成分——臭氧、氮氧化物（NO_x）和可吸入颗粒物，与儿童哮喘有直接的联系。而引发哮喘的室内空气主要因素有环境烟草烟雾（environmental tobacco smokes，ETS）、螨、霉菌和蟑螂等变应原。空气可吸入颗粒物污染，除促使儿童哮喘恶化外，还与新生儿和老年死亡率上升有关。最近的一项新生儿死亡率研究发现，空气可吸入颗粒物浓度增高与新生儿死亡有关。

大气污染严重地区的小学生的用力肺活量（FVC）、1 秒用力呼气容积（FEV_1）、最大呼气流速（PEF）、V_{75}、V_{25}等肺功能指标的异常率显著高于污染轻的对照组。室内颗粒物和 SO_2 污染比较严重的承德、上海燃煤家庭的儿童 FVC、FEV_1、PEF、V_{75}、V_{50}和 V_{25}较燃气家庭低 1.5%～10.7%。表明大气污染会损害儿童的小气道功能。被动吸烟也会使儿童的肺功能发生改变。

大气污染物以颗粒物为主的重污染地区儿童肺功能检查结果显示，FVC 重污染区显著低于轻污染区，FVC 是反映气道功能障碍的较为敏感的指标，大气污染对人群肺功能影响以低龄儿童更为敏感。大气污染严重地区的儿童胸部 X 线形态发生改变，表现为肺门密度不匀和结构紊乱的检出率和肺纹理增多、紊乱和减少的检出率比清洁地区的儿童高。

（二）环境烟草烟雾对儿童呼吸系统的影响

环境烟草烟雾（ETS）中含有氰、甲醛、乙醛和丙烯醛等多种纤毛毒物物质，纤毛毒物物质损害儿童呼吸系统的纤毛组织，削弱纤毛对外界异物的清除作用和保护功能，空气中的化学毒物及病原体顺畅地随呼吸进入到儿童的呼吸系统，甚至深入到肺部组织，致使儿童易于感染呼吸系统疾病。ETS 中的固体悬浮颗粒物、金属及其氧化物如氧化镉、三氧化二砷、氧化硒等，进入呼吸系统，刺激粘膜，引起炎症、粘膜水肿，诱发儿童哮喘。ETS 中卤代氰等氰代物对儿童呼吸道粘膜具有强烈的刺激作用，引起中毒性肺水肿。ETS 中的氮氧化物，虽然对儿童的上呼吸道只有轻度的刺激作用，但是，当氮氧化物进入到呼吸道的深部之后，与水反应生成硝酸和亚硝酸，对肺组织产生强烈的刺激和腐蚀作用，损害肺泡和毛细血管，使其通透性升高，导致肺水肿。

ETS 中氨气进入呼吸道后溶于水，形成碱性的氢氧化铵，刺激粘膜，粘膜组织受到腐蚀分解，组织蛋白变性、脂肪组织皂化，引起支气管炎、支气管周围炎、支气管痉挛、哮喘。此外，ETS 中有机胺类化合物、醛类化合物、卤代烯烃类化合物、苯和甲苯，都对儿童呼吸道粘膜有刺激作用，刺激副交感神经，反射性引起支气管和肺血管收缩，增加呼吸道的阻力。调查表明，接触ETS的儿童，容易感染流感病毒、肺炎病毒和肺结核，在父母吸烟的家庭中，儿童呼吸系统感染性疾病的发病率达到65%左右，这是由于ETS中的化学毒物和病毒协同作用所致。

香烟烟气的10%被吸烟者吸入肺内为主流烟雾；90%散布在局部空气中，一般为冷烟雾或侧流烟雾。香烟侧流烟雾中的氰化氢为ETS中有害物质之冠，高达400～500μg/支。父母吸烟的儿童患支气管炎和咳喘的危险性更高。父母吸烟更易使其儿童患呼吸道感染。据美国6个城市对10 000多名白人儿童流行病学调查显示，母亲吸烟与其孩子的8种呼吸系统疾病和症状率比不受吸烟暴露的孩子要增高20%～35%，且与母亲每天吸烟的支数呈线性正相关。对密西根0～19岁的3482名儿童和青少年调查表明，双亲吸烟的孩子是双亲从不吸烟孩子呼吸系统疾病发病率的1.5～2.0倍。被动吸烟对婴幼儿患支气管炎、肺炎住院率的相对危险度明显增加。研究发现被动吸烟是小儿活动性肺结核的高危因素，OR为5.39，且0～4岁与5～9岁组OR值显著高于10岁组，这种危险因素与家人每天吸烟量呈正相关。同时，被动吸烟组儿童反复呼吸道感染发生率显著高于对照组。

多数研究认为被动吸烟是哮喘的一个易发因素。无明显过敏原的哮喘患儿发作频度与家中吸烟者每天的吸烟量呈线性关系，但对环境中存在过敏原的哮喘患儿来说，被动吸烟和哮喘发作频度的相关关系不明显。对哮喘住院患儿出院后的随访研究发现，被动吸烟组出院后一个月内哮喘复发者明显多于对照组，被动吸烟组有82%患儿每周发作时间超过1天，而非被动吸烟组每周发作超过1天的比例仅27%；被动吸烟组哮喘发作程度也相对严重，出院一个月内需应用支气管扩张药的时间也明显长于对照组。

二、对儿童心血管系统的影响

ETS气相的主要成分是CO、CO_2、NO_x以及挥发性的低分子烷烃类有机化合物，约占总量的90%，其中，CO约为1%～5%。CO随呼吸进入儿童的血液循环系统之后，CO与氧竞争性和血红蛋白结合，其亲和力比氧大200～300倍，形成难以离解的碳氧血红蛋白。CO与血红蛋白结合后的离解速度比氧要慢3600倍，因此，CO阻碍血红蛋白输氧的功能。同时，CO还与细胞色素和细胞色素氧化酶结合，抑制酶的活性，影响细胞的供氧及细胞呼吸和氧化过程。此外，CO还与含有Fe^{2+}的肌球蛋白结合，影响细胞内线粒体对氧的需求，阻碍线粒体的功能。对缺氧影响最敏感的是大脑和心脏，因此，最容易受到CO损害的是大脑和心脏。

ETS中主要的毒物成分是烟碱，烟碱可使血液的粘稠度增加，血液在血管内的流速减慢，血流量减少，血管不能有效地膨胀，导致血压升高，增加心脏病发生的危险性。ETS还能加速动脉硬化，使供给大脑血液的颈动脉变狭窄，心脏血管和其他血管都可能变窄，阻碍血液的正常流动。因此，烟碱毒物严重损害儿童的血液循环系统。儿童接触ETS中的镁和砷等金属，可出现心电图异常、ST段下降、T波低平、心律不齐等。

三、对儿童神经系统的影响

很多环境有害物质可造成儿童神经系统的损害，常见的“亲神经性毒物”有四乙基铅、汞及有机汞、有机锡、锰、铊、砷、一氧化碳、汽油、二硫化碳、溴甲烷、三氯乙烯以及有机磷、有机氯农药等。下面以铅和ETS为例，说明对儿童神经系统的影响。

（一）铅对儿童神经行为功能的影响

铅具有亲神经毒性，对儿童尤其是婴幼儿中枢神经系统和周围神经系统有明显的损害作用。行为功能是机体神经系统功能的综合体现，行为测试方法被认为是研究毒物对中枢神经系统毒作用的早期敏感方法。铅的神经毒性作用特点为低浓度铅暴露即可对儿童的智力和行为发育产生危害作用。

1. 对儿童智力的影响　Needleman 于 1979 年首次报道了低浓度铅暴露下的儿童神经行为障碍，提出既往认为是安全的铅浓度水平对儿童智力仍存在一定影响，从而推动了低浓度铅污染对儿童神经行为功能影响的研究进入到一个新阶段，研究表明，在控制混杂因素后，高铅组（齿铅均值为 24 μg/g）儿童在韦氏儿童智力量表（Wechsler Intelligence Scales for Children-Revised，WISC-R）的总智商（Intelligence Quotient，IQ）特别是言语 IQ 以及其他试验的注意力、听觉言语功能、反应时间和课堂表现等方面均明显差于低铅组（齿铅均值为 8.4 μg/g）。四年后对同一人群进行的追踪观察表明：高铅组儿童智力损伤效应仍在持续，表现为学童的课堂注意力明显较低铅组差。1987 年对爱丁堡的小学生的研究表明，血铅的对数与英国能力测试量表（British Ability Scales，BAS）的数字技能、阅读能力及结合分呈负相关关系，其中与阅读能力的关系最强，血铅与 BAS 得分之间存在无阈值的剂量—反应关系，但与其他混杂因素相比铅的作用较小，提示低浓度铅可引起较轻微的智能损害。

有关铅对儿童发育影响的前瞻性研究是在 20 世纪 80 年代早期由 4 个研究小组在美国的波士顿、辛辛那提、Cleveland 及澳大利亚的 Port Pirie 四个城市进行的。这些研究均以脐血铅或/和母孕期血铅水平作为胎儿期铅暴露指标，小儿在出生后不同的年龄阶段定期动态观察血铅水平，并作发育评价，在控制混杂因素后观察血铅与神经行为发育间的关系及其变化规律。上述研究的共同特点是观察时间均从宫内暴露开始，涉及胚胎发育的全过程，已对多种混杂因素进行了有效的控制，从而更有力地说明，在发育早期低浓度铅暴露就已对儿童神经行为功能有一定的损害作用。

铅对智力发育影响的作用机制，目前尚不十分清楚，根据实验和临床资料，推测与下列几个方面因素有关：

（1）神经生化改变：①动物实验提示，长期慢性铅暴露可引起中枢神经系统内神经介质活动的改变。纹状体中多巴胺（dopamine，DA）对维持锥体外系的功能和协调具有重要的生理意义，而铅可使发育中的脑纹状体内 DA 含量降低，丘脑 DA 升高。在正常情况下，中枢 DA 受体与毒蕈碱受体（muscarinic receptor，MR）功能处于相互平衡状态。铅可作用于发育中的脑纹状体胆碱能系统及选择性地作用于毒蕈碱受体，结果破坏了 DA 受体与毒蕈碱受体的相互平衡，使乙酰胆碱释放减少。而目前被公认乙酰胆碱与学习、记忆过程关系最为密切，为正常智能发育过程所必需。②铅还抑制血红蛋白代谢过程中的 δ-氨基乙酰丙酸脱水酶（δ-ALAD），使 δ-氨基乙酰丙酸（δ-ALA）转化成卟啉原的过程受阻，δ-ALA 大量积聚，它本身具有神经活性作用，长期升高可以引起思维改变，造成智能上的缺陷。③低剂量铅可抑制脑中四氢生物蝶呤合成酶。在体外，当铅的浓度为 10^{-1} mol/L 时，此酶 21%被抑制。此外，二氢蝶呤还原酶、腺苷酸环化酶、氨基酮戊酸脱氢酶等多种酶受到抑制，同时影响到脑内微血管线粒体氧化磷酸化主动运转，从而影响小儿智力发育。

（2）神经病理改变：①海马是与正常学习、记忆过程有关的重要神经结构，其结构的完整是正常智能发育的保证。动物实验证实，啮齿类动物慢性铅暴露后，铅可以选择性地积蓄于海马区域内，并引起苔状纤维变细、变短、局部突触发育落后，椎体细胞层变薄，齿状颗粒细胞树状结构紊乱。②铅还可以引起脑组织内少突胶质细胞密度降低，髓磷脂沉积减少，大脑皮质突触形成减少。③发育中的脑细胞含有丰富的磷脂，磷脂内的不饱和脂肪酸很容易受到自由基的攻击。有研究认为，铅有明显地促进脑脂质过氧化作用。脂质过氧化最终产物为丙二醛，其可交联蛋白质和磷脂的氨基，生成Schiff碱，影响膜流动性、交联、结构与功能，使膜脆性增加。如果体内形成的自由基不能被及时清除灭活，此类反应继续进行，于是造成脑内膜功能严重障碍，导致慢性中毒性脑病。④铅可抑制SOD活性，从而降低自由基清除率，当自由基含量增多时，会引起膜结构性脂类的多不饱和脂肪酸发生一系列自由基反应，使膜脆性增加，因而静态 K^+ 通透性增加，于是引起脑细胞损伤。这些病理学改变，或许就是铅对智能发育影响的形态学基础。

（3）神经电生理改变：有学者分析了19例高铅患儿，发现在中央区、顶区和枕区皮层低频δ活动（0.5～3 Hz）增加，在顶区和枕区皮层δ活动数量减少。推测这种神经电生理改变，使大脑皮质兴奋与抑制过程发生紊乱，产生异常放电，可能是铅所致智能行为损害的中介过程。

2. 对儿童行为发育的影响　铅与儿童的多动行为有关。美国学者研究发现血铅增高与许多小学生在教室中的不良行为（如注意力分散、多动行为）有关。多动症儿童血铅水平明显高于对照组儿童，表明微量铅中毒与部分多动症儿童之间有一定关系。调查发现，既往有血铅中度增高病史，当血铅已恢复正常的儿童，其运动、记忆、语言、空间辨别、精细动作和注意力集中等能力均较对照组差。国外学者发现凡是血铅浓度大于1.93 μmol/L的儿童，精神机能发生紊乱，逐渐变得散漫、组织能力差、上课注意力不集中、多动行为、学习成绩不良。引起儿童多动行为发育影响的机理，可能由于体内δ-ALAD受到铅的抑制，造成δ-ALA在体内积聚，进入脑组织。δ-ALA可阻断γ-氨基丁酸介导的突触前抑制过程，使乙酰胆碱和儿茶酚胺分泌平衡状态破坏，使大脑呈现兴奋状态。由于大脑中兴奋与抑制过程发生紊乱，就易产生行为异常，这可能是铅引起小儿多动症的物质基础。部分原因不明的多动症儿童经青霉胺驱铅治疗后，症状可以缓解，因而认为高铅可能是小儿多动行为的原因之一。

（二）铅对听觉神经系统的影响

早在20世纪60年代用醋酸铅给豚鼠染毒，结果发现豚鼠第8对脑神经（听神经）轴索变性和髓鞘脱失。美国《第二次全国健康和营养调查》的4～19岁儿童及青少年血铅和听阈测查，发现儿童对500、2000、4000Hz的听阈与血铅浓度呈正相关，同时血铅水平即使低于100 μg/L，仍然与听阈存在正相关关系，血铅浓度由70 μg/L升高到180 μg/L时，听阈升高2dB。调查发现儿童血铅每升高100 μg/L，儿童左耳听阈值升高1.481～8.170dB，右耳听阈值升高1.463～6.072 dB；低频（250、500 dB）和高频（4000、6000 dB）听阈值升高较大，中频（1000、2000 dB）听阈值升高较小，说明血铅水平对儿童低频和高频听阈影响较大。对5岁儿童出生前及出生后血铅水平与其对单音节词语听懂率之间的关系研究，发现儿童对单音节词的听懂率随血铅水平的升高而下降。对接铅工人血铅与听阈的关系调查，结果只发现4000 Hz音频的听阈与血铅有弱相关关系，而且未排除噪声等因素的影响，说明成人听觉器官对铅毒性作用的敏感性比儿童低。儿童期间的听力损失影响深远，由此可能对智力发育带来影响，应引起足够重视。

（三）环境烟草烟雾对儿童中枢神经系统的影响

ETS中的尼古丁易于被儿童的呼吸道粘膜吸收，刺激中枢神经产生兴奋作用，随后抑制中枢神经。尼古丁的毒性作用表现为心悸、心律不齐、兴奋失眠、视力障碍、记忆力衰退、食欲不振、体重减轻，损害儿童的学习活动。ETS 中的低分子烷烃类化合物，虽然是低毒物质，但是当儿童接触之后，不仅对儿童呼吸道粘膜有刺激作用，而且对中枢神经产生抑制作用，出现呼吸麻痹、心血管功能减弱。ETS 中的苯、二甲苯、硝基苯以及醚类、酮类和脂类化合物都对中枢神经产生不同程度的麻醉作用。ETS 中的氮氧化物随呼吸进入儿童呼吸道深部，与水反应生成亚硝酸。亚硝酸是强氧化剂，将血红蛋白氧化成高铁血红蛋白，损害血红蛋白运输氧和释放氧的功能，首先损害对缺氧敏感的中枢神经，亚硝酸对中枢神经和周围血管有麻痹作用。香烟的 CO 和 CO_2 对中枢神经也有麻痹作用，特别是 CO，可出现神经性精神障碍。ETS 中的锰和砷等金属损害神经系统，表现为神经衰弱、记忆力减退、多发性周围神经炎、四肢麻木、运动障碍。此外，ETS 中的毒物还损害视觉神经，出现视力障碍、色觉异常，甚至引起视觉神经萎缩。

四、对儿童免疫系统的影响

（一）对儿童机体细胞免疫功能的影响

植物血凝素皮肤试验（PHA）是一种迟发性皮肤反应，与机体的细胞免疫水平呈平行关系，大气污染严重的城区儿童 PHA 皮试反应强度比污染轻的郊区小。追踪调查表明，随着接触污染物的时间增加，儿童 PHA 皮试反应逐年减弱。室内空气污染可使儿童的 T 淋巴细胞转化功能下降，而影响机体细胞免疫功能。

长期低铅暴露可以造成儿童 T 细胞亚群分布异常，破坏机体 T 细胞亚群的平衡，尤其是 CD_3^+ 和 CD_4^+ 细胞的下降，使 T 细胞识别抗原及细胞激活的信号传递过程受到影响，对儿童尚未发育完善的免疫系统具有极大的危害；同时，在无其他明显铅中毒症状出现时，机体的 T 细胞亚群已经出现改变，因而对铅暴露危险人群进行铅暴露状况评价时，其可作为一种较敏感的指标。长期低水平铅暴露对 T 细胞亚群影响可能存在着直接和间接作用机理：①直接作用机理：与铅对免疫器官（如胸腺、脾脏）直接作用有关。有研究报道，铅暴露的小鼠胸腺发生严重萎缩，胸腺重量/小鼠体重比率下降，胸腺细胞数减少，胸腺中 CD_3^+ 和 CD_4^+ 细胞显著下降。对铅暴露小鼠脾淋巴细胞数及 DNA 损伤的非程序合成进行检测，发现两项指标均明显下降，且剂量-效应呈负相关，说明当铅浓度增加到一定程度时，对小鼠淋巴细胞产生细胞毒性，从而影响脾淋巴细胞的增殖。②间接作用机理：铅暴露小鼠血浆糖皮质激素升高，且这种升高与免疫抑制之间有非常密切关系。

（二）对儿童机体体液免疫功能的影响

免疫功能指标是反映大气污染对人体作用的敏感指标，唾液中分泌型免疫球蛋白 A (SIgA)，重污染区明显低于轻污染区。说明大气污染能降低机体的局部免疫力，特别是低年龄男童影响更大。IgE 是机体免疫球蛋白之一，其主要作用是参与 I 型变态反应，正常情况下在机体内水平极低，但在外界抗原异物刺激下，呈较高水平。重污染区儿童 IgE 水平显著高于轻污染区儿童，说明重污染区大气中含有较多的致敏因子，更易引起哮喘等过敏性疾病的发生。大气污染区学校的儿童血清免疫球蛋白水平低于对照区学校儿童。污染区儿童的唾液中 IgA 和 IgG 含量也比对照区低。室内空气污染也会使儿童血清 IgG、IgA 和 IgM 的含量降低，且 IgG、IgA 和 IgM 的含量与颗粒物接触量呈负相关。

（三）对儿童机体非特异性免疫功能的影响

1. 空气污染　大气污染严重地区的儿童唾液溶菌酶含量比污染轻的对照区儿童低。室内空气污染严重也会使儿童唾液溶菌酶含量减少。但也有报道污染较严重处的儿童唾液溶菌酶反而升高。大气污染还会引起儿童的皮肤抵抗力减弱，影响皮肤屏障功能，并造成白细胞数量减少。污染严重地区的儿童皮肤自生菌数量增加及鼻咽腔乙型链球菌培养阳性率增高。说明大气污染会损害儿童的非特异性免疫功能。

2. 环境烟草烟雾　唾液中溶菌酶及 lgG、IgA、IgM 含量均随着被动吸烟量的增加而降低，幼儿大量地被动吸烟可能导致非特异性免疫功能低下。

五、对儿童生长发育的影响

（一）环境污染

由于大气污染使紫外线含量降低 9.3%～32.2%，造成污染区的儿童佝偻病发病率比对照区高。接触铅的儿童身高较矮，且体格发育状况较差。国外也有报道铅接触对儿童生长发育起不良作用。

环境污染物，尤其是氯化烃类，在人体内可通过其破坏雌激素功能和其他信号功能而对人体健康产生不良作用。DDT 被禁用，部分原因是因为它干扰海鸟的雌激素代谢，受害鸟所产卵皮薄且不能孵化。某些 PCBs 可能占据甲状腺激素受体位置。DDE 能阻碍雄激素受体。生命早期接触破坏内分泌的物质，似乎对胚胎、胎儿和婴幼儿具有引起不良后果的极大危险。生命早期接触破坏内分泌的物质还会干扰生殖系统的发育。破坏内分泌的物质至少部分与近 20 年睾丸癌发病率上升、尿道下裂发病率增加以及女孩越来越早地性早熟有关联（详见第十四章）。

（二）铅对儿童生长发育的影响

铅暴露可导致儿童体格生长发育落后。据有关资料统计血铅每上升 10 μg/L，身高平均要下降 13cm 左右。较低水平的铅暴露同样造成体格生长、发育落后。在 50～350 μg/L 范围内血铅浓度与儿童的身高、体重及胸围间呈负相关。胎儿时期的铅暴露也能导致体格生长障碍。若孕妇血铅高于平均水平，且其子代生后 3～15 个月间血铅上升幅度达 100 μg/L，那么他们在 15 个月龄时的身高要比对照组差 2 cm。铅对儿童生长发育影响可能与以下几个方面有关。

1. 维生素 D 和钙代谢紊乱　血铅过高可使维生素 D 和钙的代谢紊乱，影响小儿体格生长发育，其原因为：①肾脏对维生素 D_3 的一位羟化过程受阻；②1，25（OH)$_2$$D_3$ 的分解代谢增加，使其含量减少；③食欲下降，使外源性维生素 D_3 和钙摄入不足等原因，使血液中活性维生素 D_3 和血钙的浓度降低；④过多的铅在胃肠道竞争性地抑制钙的吸收。

2. 与生长发育有关的内分泌功能失调　血铅升高可使甲状腺素和性激素水平降低，垂体、肾上腺素轴的生理功能下调，导致内分泌激素功能紊乱。

3. 铅蓄积　体内过量铅蓄积于长骨组织，直接影响骨骼生长发育和骨梁形成。

六、远期效应

据估计，美国每年约有 8000 名儿童被诊断患有癌症。白血病和脑肿瘤是最常见的儿童恶性肿瘤。癌症是美国 1 岁以上儿童的第二位死因。急性淋巴细胞性白血病发病率从 1973 年到 1990 年增加 27.4%。自 1990 年，男孩的癌症发病率呈下降趋势，而女孩的仍呈缓慢上升趋势。从 1973 年至 1994 年，儿童脑肿瘤发病率增加 39.6%；维尔姆斯瘤发病率增加了 45.6%。在 20～39 岁的青壮年男子中，睾丸癌发病率同期增加了 68%。儿童癌症发病率

的增长尚未得到解释。一方面反映了诊断检测技术的改进，另一方面与环境因素的改变有关，宫内以及产后接触环境毒物具有病因学上的重要意义。

（一）环境烟草烟雾对儿童身体的远期效应

ETS中含有40种化学致癌物，其中，最重要的是香烟特有的亚硝胺。其中的去甲基烟碱亚硝胺（NNN）、新烟碱亚硝胺（NNK），具有强烈的致癌活性，能诱发实验动物多种器官组织的肿瘤。NNN和NNK在体内经活化代谢和细胞色素P450同工酶的作用，形成不稳定的中间体，并分解为烷化亲电试剂，与脱氧核糖核酸DNA碱基上的亲核的氮和氧的中心部位反应，形成DNA加合物，在DNA烷基转移酶和糖酶的作用下，发生脱嘌呤化作用，裂解并释放出自由的烷化核酸碱基，在尿中排出。NNN和NNK与DNA碱基的加合反应形成烷化核酸碱基，从而使DNA遗传密码排列顺序错位，产生突变，诱发肿瘤。儿童接触ETS、被动吸烟，NNN和NNK对儿童DNA的损害为永久性的损害。研究结果显示，75%吸烟者的DNA受到损害，而非吸烟者仅为3%，吸烟与肺癌、食道癌、胃癌和肝癌等多种癌症有关。

（二）电离辐射与儿童恶性肿瘤

一般认为高剂量辐射会引起白血病，而低剂量是否会引起白血病则不能肯定。1986年切尔诺贝利核事故4年后，高辐射地区儿童甲状腺癌发病率急剧上升。天然本底辐射是儿童受到的辐射照射的主要来源（占儿童总接受剂量的65.7%）。许多研究显示，高本底地区居民（包括儿童）的外周血淋巴细胞染色体畸变率增加。此外，儿童期暴露射线与乳腺癌、脑癌和二次原发癌也有关。

（三）饮水中的致癌物

孟加拉国许多地区以地下水作为饮用水水源，而这种水的砷（一种致癌剂）含量很高。估计孟加拉国有高达2500万的人有患砷相关癌症的危险，预计皮肤癌约为90万例。在中国某些地区也有类似问题。饮用水中的砷问题在世界许多地区都很严重，而儿童暴露于砷有可能使其成年时期体内的砷达到发生癌和导致其他健康问题的水平。

第三节　儿童环境健康的研究重点

一、暴露评价

如前所述，儿童与成年人的许多差异很可能使相同的外环境暴露（exposure）在儿童身上产生更大的毒性。但是除铅和ETS之外，目前有关儿童对大多数环境毒物暴露的资料很少。为填补这些关键性的资料空白，必须拟定、确认和改进适用于儿童的暴露评价方法和策略，并且环境卫生研究应该包括儿童。

环境暴露与环境污染是一种严格的线性关系，可导致有害健康后果。要评价危险或病因联系，必须精确地确定暴露一效应关系。但当暴露水平低和评价既往暴露的资料有限时，则难以确立这种关系。儿童的暴露评价更为复杂但非常必要，因为儿童与成年人有许多差异，这使得将成年人资料外推到儿童可能存在差异。

二、关键性窗口

反应停的悲剧和己烯雌酚引起的阴道腺癌等历史事件清楚地说明在生命早期存在关键性窗口（critical window）。在某些情况下这种关键性窗口是定性的，而在另外一些情况下则是定量的，并且表现为对较低剂量的毒物暴露都易感。需将评价这种关键性窗口的方法与毒理学试验相结合。迄今，大多数毒理学试验将有毒化学物质投予未成年动物，然后试验至动物到中年或老年初期。现在越来越需要将有毒化学物投予幼年动物或在宫内时即进行染毒，然后对动物进行终生研究。这种方法很接近人早期接触而后数十年才出现疾病的情况。图 15-2和图 15-3 分别为呼吸及免疫系统发育的关键性窗口。

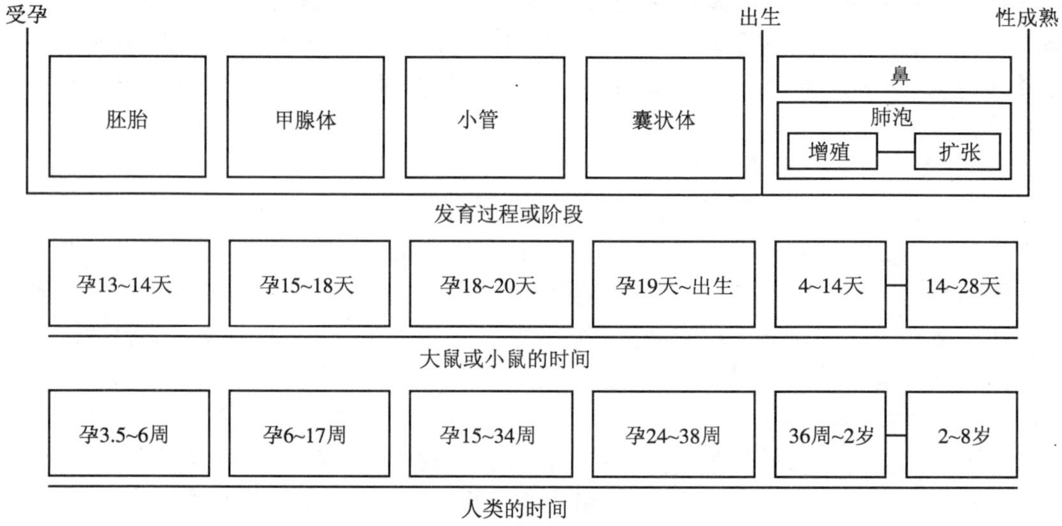

图 15-2　呼吸系统发育的关键性窗口

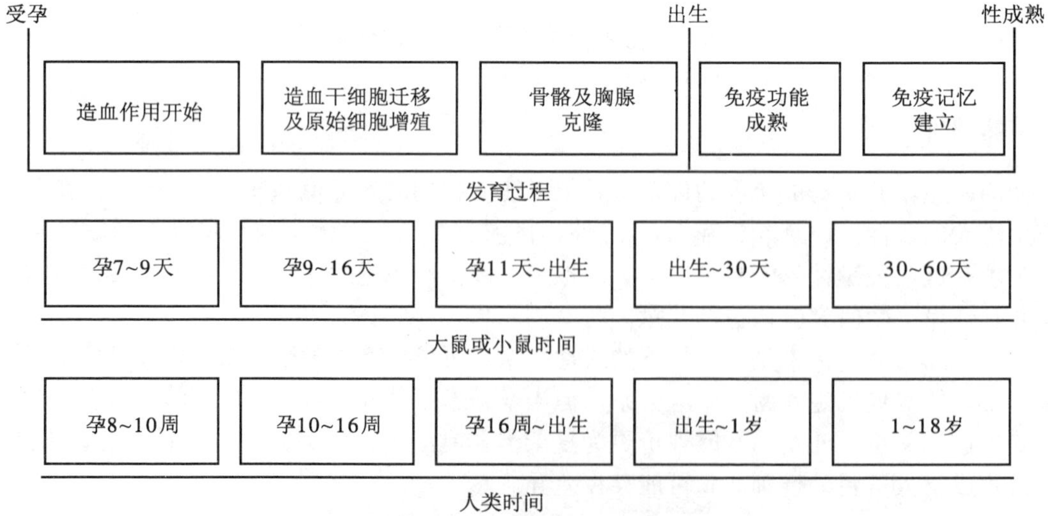

图 15-3　免疫系统发育的关键性窗口

三、环境与儿童健康研究中的生物标志物

长期以来流行病学在环境与儿童健康研究中发挥了核心作用。经典的流行病学只限于研究环境有害物质引起的疾病，而往往缺乏暴露量评价资料数据及从接触暴露毒物到出现症状究竟有多长时间的信息。此外，由于环境疾病通常少见，所以分析其与毒物暴露的联系可能需要对大规模人群进行评价。

流行病学的诸多局限，很多可通过引入生物标志物得以克服。可将这些生物标志物分为3类：接触标志物、效应标志物和易感性标志物。利用接触标志物可准确地估测既往的暴露量和生物内剂量，从而能清晰地描述暴露一效应关系。利用接触标志物还能从人群中鉴别已暴露的个体，确定高危人群。常见的接触生物标志物包括铅暴露的血铅水平和 ETS 的血清/尿中可铁宁（尼古丁的一种代谢物）。生物标志物经常用来指内剂量或生物有效剂量测定中测定的特定化学物质。将生物标志物测定法结合到环境研究工作中，通过提供有关吸收和代谢的个体变异（这很可能是人类对毒性后果易感性的一种重要因素）的资料，有力地加强了环境研究。

从生物学角度来看，生物标志物应该与化学物质代谢中的毒性途径相关，并且方便易得。生物样品必须是非常容易获得的（如尿），测定方法不应太费时，与已建立的临床试验相比，由于个体间和个体内变异较大，故其要有可重复性，灵敏度、特异度和阳性预测值必须符合要求。

下面几种情况特别适合使用生物标志物：①通过多种途径和渠道接触环境毒物；②经皮肤吸收或经口摄入（如从手-口活动）的可能性极大；③被监测者由于认知能力和体力有限造成采样困难。上述三个判断标准提示生物标志物非常适用于儿童环境暴露研究。

四、以儿童为中心的危险度评价

当前的危险评价将毒物或危害作为讨论的中心，然后审查有关效应、接触和作用机制的资料数据。这种评价方法往往侧重于成年人，只是附带地考虑到儿童。此外这种方法一般只是探讨单一的化学物质，而实际上人们往往同时接触多种化学物质。现在需要一种新的危险评价方法，在该方法中以儿童为中心，而不是以毒物为中心。随着这种方法的出台，可提出许多新问题：儿童接触了什么？如何接触的？在什么发育阶段接触的？急性接触或长期低水平接触产生什么效应？有什么迟发效应？多种累积性接触产生什么效应？有什么遗传性效应？利用这种新方法，需收集和分析有关儿童的暴露资料，而不是从成人数据外推。建立这种危险度评价方法是制订保护儿童健康的卫生政策的必要前提。

2002 年 3 月 3 日～7 日在泰国曼谷举行了首次国际儿童环境卫生大会。此次会议是由 WHO 发起的，着重讨论了危害亚太地区儿童健康的有害环境因素，其中许多因素也具有全球意义。大会发布了曼谷声明，该声明是促进儿童环境卫生防护的誓言。认识到越来越多的儿童疾病与暴露于环境有害因素有关。许多国家儿童的环境有害物质暴露正在增加；新的危险因素正不断被鉴定出；越来越多的儿童正暴露于不安全的环境之中。声明中强调应充分认识“儿童不是小大人”，并且需要预防措施。所有儿童都有获得安全、清洁和支持性环境的权利，以确保他们的生存、生长发育、健康生活和身体健康。曼谷声明中承诺，加强现有的计划和启动新的机制，以便使所有儿童都能获得清洁的饮用水和空气、充足的卫生设备、安全的食品和适当的防护；加强对那些严重影响儿童健康和生长发育的环境因素的认识、评估

和研究；加强对儿童及其父母进行环境教育，广泛告知父母、教师、监护人及社区必须给所有儿童提供一个安全、健康和支持性环境以及提供该环境的方法；提倡保护和促进儿童环境卫生，并且各级（包括政策、行政管理和社区级）都采取行动来保护和促进儿童环境卫生。现在正是儿童环境健康各方将认识变为行动的时刻。

（刘宝花）

思考题

1. 为什么儿童对环境毒物的易感性较成人高？
2. 简述空气污染对儿童呼吸系统的影响。
3. 简述环境烟草烟雾对儿童呼吸系统的影响。
4. 简述铅对智力发育影响的作用机制。
5. 简述儿童环境健康的研究重点。

第十六章 环境与心理健康

研究环境与个体行为的相互作用和相互影响的心理学分支是环境心理学（environmental psychology）。从20世纪60年代开始，环境心理学的大量研究表明，环境不仅与人们的身体健康有密切关系，而且与人们的心理健康也息息相关。

第一节 与心理健康有关的主要环境因素

周围环境中一些稳定的日常特征，如环境温度、海拔、风以及声、光、色、嗅（味）等维度及其发生的变化，对动物和人类行为有很大的影响，同时也是人们适应环境或设计环境时不能不考虑的因素。

在探讨具体的环境因素与心理健康（mental health）的关系之前，我们先来了解一下环境中的物理刺激如何产生独特的心理事件、感受和体验。

一、声音的心理属性

声音无处不在。从来源上看，包括来自生活中的声音、自然界的声音和人体自身的声音。在我们对世界的体验中，声音的加工——听觉起着非常重要的作用。耳是加工声音的器官。它由外耳、中耳、内耳三部分组成。内耳耳蜗基底膜上的听觉感受器产生的兴奋传到大脑皮质颞叶的听觉中枢，在此产生听觉。

物体的振动使它周围的介质产生周期性压缩、膨胀的连续纵波。当这种波的频率为20～20000Hz时，人耳就能够听到，这就是可听声波。声音的频率在20Hz以下，称为次声波；20000 Hz以上，称为超声波。

声波有频率（frequency）、振幅（amplitude）和频谱（mixture）三种物理属性。他们分别决定了声音的不同心理量或听觉属性。声波的频率是指单位时间里周期性振动的次数，如果一个声音造成空气每秒钟振动1000次，这个声音的频率就是1000Hz。声音的频率决定了音高（pitch）这一听觉属性。音高与频率之间不是直线型的心理物理关系：在低频音一端，频率很小的改变就可以被人觉察到；而在高频音一端，很大的频率变化才能被觉察到。我们听到的绝大多数声音都不是单一频率的，而是各种频率的声音复合而成。

振幅是指声波的强度，它决定了声音的响度（loudness），又称音强。响度的单位是分贝（dB）。声音每增加20dB，对耳鼓膜的压力增加10倍。人耳能够接受的音强范围很大，从手表的滴答声到喷气式飞机起飞的声音，但超过90dB的声音会损伤听力。频谱是指不同频率、不同振幅的声波混合而成的复合音，它决定了声音的音质，即音色（timbre）。也就是说音色反映了声波的混合特性。由频率非常小的声波组合而成的声音叫做窄带（narrow band）音；由频率范围很大的声波组合成的声音称为宽带（wide band）音。

人类可以通过两种机制实现运用声音判定物体在空间中的位置。这两种机制是对到达每只耳朵的声音相对时间和相对强度的测量。

二、光的心理属性

光是生命的源泉，也是环境的要素之一。人类和其他生物的生存都离不开阳光。首先光使我们能够看见并认识周围的环境，外界信息的 80%通过视觉获取，没有光就谈不上视觉。自然光昼夜更替，与人体的生物钟互相影响，使我们的生命节奏维持平衡。阳光对许多维生素合成和其他营养的产生不可缺少。光更使我们的心理得到满足。

光是一种电磁波，人眼不能看到所有的光线。在一连续体上，从短波向长波，分别有 X 射线、紫外线、可见光、红外线、无线电波，可见光只占很少一部分。可见光的波长范围大约是 380～780nm。即使是在可见光的波长范围内，人眼对不同波长光线的感受性也是不同的。光的物理特性有光的波长、光的强度和光的纯度。

光线与色彩都来自太阳。我们只能看到太阳发射出来的电磁辐射的 5%。这是因为太阳与地球之间的大气层有效地吸收了大量的紫外线和大量的红外线辐射。而那些 380～780nm 区域的射线可以穿过大气层，到达地面。这些就是我们所看到的部分。相对于人类而言，一些物种对紫外线和红外线要更敏感一些。然而基本上讲，地球上的一切生物都对穿过大气层的可见光敏感。

人眼就像一架照相机：光线通过晶状体聚焦到视网膜，在视网膜上完成光能向神经活动的基本转换。颜色是视觉系统接受光刺激后的产物，是个体对可见光谱上不同波长光线的主观映象。物体之所以呈现颜色，是因为它们反射光线到我们的视觉系统，特定波长的光线产生特定的颜色感觉。人眼视网膜上有三种分别含有红、绿、黄不同感光色素的视锥细胞，并分别对红色光、绿色光和蓝色光敏感，其他色觉，均由这三种视锥细胞中的感觉色素在受到刺激后，通过不同比例的混合而引起。人眼能感受和分辨波长在 380～780nm 之间 150 种以上不同的色光。

光有三种心理特性：色调、饱和度和明度，分别与其物理特性相对应。色调（hue）与其物理刺激的光波波长相对应，不同波长所引起的不同感觉就是色调。两种波长不同的光以适当比例混合，产生白色或灰色，那么这两种颜色就称为互补色。饱和度（saturation）与光的纯度相对应。纯色有最大的饱和度，灰色的饱和度为 0。明度（brightness）与物理刺激光强度相对应。白色的明度最大，黑色的明度最小。颜色包括彩色和非彩色。强度是彩色和非彩色刺激的共同特性。而波长和纯度只有彩色刺激才具有。

按人们的主观感觉，彩色可以分为暖色和冷色，前者指刺激性强引起皮层兴奋的红、橙、黄色；而冷色则指刺激性弱，引起皮层抑制的绿、蓝、紫色。非彩色的白、黑也给人不同的感觉，白色给人的感觉是宽广、开放、分散、轻且高，而黑色则使人感觉集中、压迫、抑制、重且低。一个黑色的 100g 重的木块与 187g 重的白色木块给人的感觉是一样重。

许多心理学家曾研究人们对颜色的喜好或偏好。不同民族、不同年龄、不同文化背景的个体在不同的历史时期对颜色的偏好程度可能是不同的。一般对颜色偏爱的研究都是以抽象色（不是具体实物的颜色）来进行评定的。有些研究者认为特定颜色与某种情绪有关。如蓝色表示安全、舒适、柔嫩、安静等；红色代表兴奋、防御、挑衅等；橙色表明哀伤、扰乱；黑色则代表权力和沮丧；紫色是威严有品格的；黄色是可爱的等等。颜色的语言是复杂而多维的。

三、个体的空间需要

个人空间（personal space）一词最早是 Katz 在 1937 年提出的，但它不只是环境心理学的术语，在生物学、人类学和建筑学中均有提及。个人空间指个体周围有一个不可见的、不容他人侵犯的空间。研究者常常用在与他人交往感到舒适时，自己身体与他人身体之间的距离来衡量个人空间。

我们在和别人接触时，会自动调整和对方的距离，这不仅是我们与对方沟通的一种方式，而且也反映了我们对他人的感受。那么，人与人交往究竟需要保持多远的距离？Hall 以动物的行为研究为基础，对美国中产阶级白人进行了观察，得出人在社会交往中有四种距离，它们分别是亲昵距离（intimate distance）、私人距离（personal distance）、社交距离（social distance）和公众距离（public distance）。

在 0～0.5 米的范围内称为亲昵距离。在这个距离内，双方都能清楚地看到对方的面部。这种空间距离只出现在有特殊关系的个体之间，如父母与子女、夫妻、恋人。对关系亲密的人来说，这个距离可以感受到对方的气味和体温等信息。然而，在某些特殊场合下的陌生人之间，有时也会出现这种距离，如拥挤的公共汽车上。但此时，人们相互都是不认识的，因此，在这种情况下的亲昵距离会使人们感到不舒服。

私人距离在 0.5～1.2 米间。这个距离通常是与朋友交谈或日常同事间接触的空间距离。在这种距离下，嗅觉和细微的视觉线索减少，但双方的接触还是有的。所以这个距离也是亲密朋友间的交往距离。

社交距离分为近距离社交距离和远距离社交距离。较近的社交距离是 1.2～2 米，多出现在非正式的个人交往中，如谈判和商业接待中多是这种距离。较远的社交距离为 2～4 米，一般正式的公务性接触是这种距离。

公众距离是在 4.5～7.5 米间，它属于人际接触中的正式距离。处于该距离的人，可以容易地采取躲避或防卫行为。它多出现在陌生人之间或正规场合，通常公众距离在单向沟通时采用，如发表演讲时演讲者与听众的距离。

但需要指出的是，Hall 划分的四种社交距离只是基于对美国中产阶级白人的观察得来的。Hall 自己也提到这个研究结果可能更适合于美国社会，而其他国家的后裔，如非洲人和亚洲人可能有不同的标准。我们都有同感，不同国家的人对人际距离的标准是不一样的。

人们虽然通常并不明确意识到我们在进行不同的交往时，容忍不同的距离，但在行为上却往往遵循这些不成文的规则。破坏这些规则，通常会引起反感。当个人空间受到入侵时，会引起个体强烈的反应。拥挤就是其中的一种主观感受。个人空间可以作为与他人的一个缓冲地带，保护自己，避免与他人过多的接触引起的焦虑和不安。

研究者已经提出个人空间的种种功能。按照 Scott 的观点，与他人距离太近会导致负荷过载（overload），即环境给个体传递的信息量太多，有太多的社会或物理刺激，如身体接触和嗅觉感受。因此维持一定的个人空间能有效地调节合适的人际互动距离，避免各种过于亲密的接触导致的应激。

Hall 提出个人空间具有非言语交流的作用。他认为个人空间的大小是由周围环境刺激的质和量决定的；而交往双方的距离也反映了他们的关系和亲密程度，以及个体间行为的态度，并且决定了双方从事活动的类型。按 Hall 的观点，从个人空间距离传达出的非言语信息是多种多样的。个人空间可以传达和调整人际交往中的相互沟通。他人传递给个体的感觉信息，如气味、身体接触、眼神接触和言语信息都决定了互动中的个人空间距离。较近的距离既会增强积极的反应，也会增加消极的反应。在一个实验中，把被试分为若干组（均为女性学生），每组两个人，让她们共同完成一个任务；两个人的距离分别为 60 厘米和 150 厘米。任务完成后，充当助手的一人所持态度分三种：消极的，即批评另一人所采取方法是错误的；另一种是积极的态度，即表扬另一人的决策聪明；或者是中性评价，即不予评价。结果，持积极态度的助手最受被试喜欢，消极态度的助手最不受喜欢。在近距离（60 厘米）的情况下，喜欢和不喜欢的反应都要比远距离（150 厘米）时强烈，并且具有显著差异。这个研究表明个人空间距离的不同，会导致不同的交流沟通效果。

边界调整功能是由 Altman 于 1975 年提出的，他认为边界调整可以维持个体或群体处于独处状态，满足个体和他人交往中需要保持的空间范围。个体可以根据所获得的感觉信息量调整边界范围，当这一愿望不能实现时，消极影响就会产生。要改变消极影响就需要调整个人空间。Nesbitt 和 Steven 对个人空间的边界调整功能作了研究。他们的实验选择在一个游乐场进行，实验是让一位年轻女士作为“刺激”，站在车站等车。在这个实验中设计了两种情景：一种是让这个女士身穿时髦并且颜色亮丽的衣服，还洒了很多香水；另一种情景是穿着极为保守，也不喷香水。实验人员在隐蔽处进行拍摄。结果发现，在第一种情形下其他等车的人距离这位女士的距离要比第二种情形下远。之后，他们又改用男性作刺激，结果也相同。显然这是因为在第一种情形下，刺激量太大，导致个体感觉不适，从而自动调整与刺激源的距离。这个实验说明，个人空间的边界调整功能可以调整个人所获得的感觉。

平衡亲密程度模型（intimacy-equilibrium model）是 Argyle 和 Dean 提出的，Aiello 后来把它称之为舒适模型（comfort model）。在很多人际互动过程中，个人都想维持一个最佳距离。个人空间的一个作用就是使关系亲密的个体能获得对方的体温和嗅觉等额外的感觉信息，以及进行一些亲密的交谈。如果个体间的亲密水平太高，平衡作用就会发挥它的功能，个体将采取各种补偿行为，如把身体移远一些、调整眼睛的注视和脸的方向；如果个体认为亲密水平不够高，平衡作用会促使个体缩短个人空间距离，如更多的眼睛接触等。个人空间的这一作用使个体之间的互动处在最佳水平。个人空间的平衡作用，可以用电梯中的行为来说明。当电梯拥挤时，人们站得较近，甚至会有所接触，亲密程度提高，但是由于电梯中大多都是陌生人，所以此时人们会尽量避免眼神接触和身体的碰触。

个人空间还有一个重要功能就是控制他人的侵犯，保护自己免受情绪威胁或物理刺激的威胁，减少压力。个人空间越大，就越能做好充分的准备逃离危险刺激。例如 Karabenick 等人和 O'Neal 等人的研究表明，当个人从他人那里收到关于其行为的负面反馈或受到威胁后，通常会保持较大的交往距离。Edney 等认为个人空间较大时，可以满足人们的控制需要。Strube 和 Werner 通过研究也提出，有较高控制需要或面临他人威胁的个体有更大的个人空间。在很多监狱里进行的研究发现，有过暴力行为的犯人或经常受到其他犯人威胁的个人，拥有更大的个人空间；而 Dabbs 等人的研究证实犯人比普通人，如大学生，拥有更大的个人空间。

总之，个人空间可以作为身体缓冲区（body buffer zone），当个体之间过分亲密、刺激量超负荷时，可以利用个人空间作为自我保护机制，提高私密性并防止过载的刺激，以维持心理上个人所需要的最小空间范围。也就是说，它不仅具有传递感觉信息的作用，而且还起到自我保护机制的功能。

四、心理对环境中其他物理维度的加工

温度可以分为周围温度与有效温度。周围温度是指周围环境或大气的温度，是实际的客观温度；有效温度（effective temperature）是指个体对周围温度的知觉，是个体的主观感受。

个体对温度的知觉包括物理成分和心理成分。物理成分就是指周围环境的实际温度，通常使用华氏度或摄氏度来表示。心理成分主要指个体身体内部的温度知觉，也就是核心温度（core temperature）或深度温度。另外，心理成分还包括皮肤这一温度感受器的知觉。虽然身体不同感受器对温度的敏感程度不一样，但是当温度改变时，身体知觉到的实际温度都要高于温度改变的程度。这就是为什么在冬天当你的手非常冷时，接触到温水都会感到很热的原因。

由于对周围温度的知觉主要依赖于身体本身的温度与周围环境温度之间相差的程度，所以身体的温度控制机能更多地是去感受周围环境的温度，并调节自身温度与周围温度相适应。人类自身的标准体温，也就是核心温度应该是在37℃左右。当体温高于45℃，或者低于25℃时，个体可能会死亡。要维持正常的体温水平，需要人体有一个防御和调节的机能，能根据周围环境的温度自动调节体温与环境相适应。当核心温度太高时，会激活某些机能释放热量，例如：出汗、气喘或外周血管舒张（外周血管舒张能让更多的热量散发到皮肤表面），使身体达到标准温度。另外，当身体温度过高时，有机体要从身体组织中吸取水分，造成体内的脱水现象。个体就会感到口渴，要不断补充水分。这些调节过程都是由下丘脑指挥完成的。当身体各部分调节机能都不起作用时，可能会导致生理紊乱，如中暑。

因为对周围环境的知觉在一定程度上依赖于身体的温度调节适应机能，所以任何引起这些机能发生改变的环境因素都会影响人们对周围温度的感觉。主要的影响因素包括湿度（humidity）和风力（wind）等。在一个热的环境中，湿度越大（如空气中充满了水蒸汽），人排出的汗就越难挥发。例如，温度为38℃、湿度为60％的环境和同样温度、但湿度为15％的环境，后者会感觉更舒适。因而，对周围环境温度的知觉不是由温度一个因素单独决定的，从心理学角度来看，最适温度是通过湿度和温度共同作用带给人的舒适水平来测量的，即有效温度。

空气流动的快慢决定了个体排出的汗有多少被蒸发，以及身体产生的热有多少被传送走。所以，风速（wind speed）也是影响对周围环境知觉的一个因素。在一个炎热的天气，如果有阵阵微风吹过，可以带走身体的一些热量，起到散热的作用；但是如果是在寒冷的天气，风就会让人感到更冷。

海拔高度也是周围环境的一个因素。海拔每升高1000米，温度下降6℃。所以高海拔地区具有气压低、氧气稀、温度低、日照强、潮湿、风大等气候特点。低海拔地区则是高气压、氧气充足。由于海拔和气候之间的关系如此紧密，因而海拔高度对人的影响也是很大的。

我们的身体有专门的感受器察觉光、声音、气味等，但是没有对风的感受器。对风的知觉是涉及多个感觉道的。当风接触到人的身体时，皮肤的知觉系统首先感受到风带来的压力，风越强，皮肤感到的压力越大。如果风是特别的冷或热、湿或干，那么皮肤的温度感受器也会觉察到。肌肉对风的抵抗可以觉察到风力的大小。如果是在室内，通过观察被风吹动的树叶等也可以了解到风力大小。此外，风声也是觉察风力大小的一个线索。关于风力大小

的鉴定，人们常用的指标是蒲福风力等级（Beaufor Scale）。虽然它是根据海上风力大小而制订的，但是在过去很长时间内，被广泛运用于陆地风力的评定。

引起嗅觉的气味刺激主要是具有挥发性、可溶性的有机物质。有六类基本气味，依次为花香、果香、香料香、松脂香、焦臭、恶臭。香与臭是个体的一种主观评价。香味使人感觉舒适，但因人而异。不同的人对同一种气味有不同的感受，因而就有不同的评价，甚至同一个人在不同的环境、不同的情绪时对同一种气味也有不同的感受和评价。

我们了解了个体如何加工和解释我们周围环境中的各种刺激，那么这些环境因素对我们的身心健康会产生怎样的影响呢，这就是我们下面要讨论的问题了。

第二节　自然环境要素与心理健康

一、光照与心理健康

阳光为我们带来温暖，光合作用为我们生产食物，但光有时也会给我们制造麻烦，如阳光太强会晒伤皮肤，光线太强会刺伤眼睛。在特定条件下，自然光和污染物的结合，还会造成光化学烟雾。

光照通常比暗（无光）使人愉悦，从而使人更愿意做出利他行为。比如在阳光明媚的条件下，向路人征集实验的志愿者，报名的人更多；而在同样的光照条件下，餐馆侍应生得到的小费也比阴暗的光照条件要多。

人类是昼行动物，光照增加唤醒水平。阳光有助于减少瞌睡和抑郁感。如秋冬日照时间缩短，一些人会抱怨、瞌睡、疲劳、嗜食碳水化合物，体重增加，情绪不高等。Rosenthal（1984）称这种人为光饥饿者（light hungry）。这种问题女性多于男性，在北欧或靠近极地地区，极夜出现的几个月里，人们情绪易低落。出现的症状与上面叙述的类似。由于这些问题与季节有关，所以也称它们为季节性情感障碍（seasonal affective disorder）。

由于认为季节性情感障碍是光照不足造成的，所以有学者就提出如果对人进行有效的光照补偿，应减轻甚至消除上述症状。研究者对 6 名 6～14 岁（4 男 2 女）报告有光饥饿的儿童进行光照治疗，即清晨和傍晚给予光照，结果有 5 个孩子的多数症状消失。受此启发，一名费城的医生发明了戴在头上的日光帽，患者每天戴 3 小时，可有效地缓解季节性情感障碍。

我们都知道，白天人们最喜欢不直射的自然光线。到了晚上，人类一直追求利用人工光源延续自己活动的时间，扩大自己活动的空间。对视觉功效（即在一定的照明条件下完成视觉任务的速度和精度）的实验研究可以确定出不同视觉作用的特征（如对象大小、对象和背景的亮度对比、观察时间长短等）与其所有照度水平的相关关系，从而为制造照明标准提供依据。

现代技术可以帮助我们制造不同光色（冷、暖、中性）的电光源以适应各种环境的需要。不同地区、不同民族、不同文化的人群对光色有不同的爱好。这对我们实现光环境较高的心理满意度有指导意义。如热辐射光源白炽灯和荧光灯比较，前者主要是包含绿、黄波长的光谱，而后者特别是全光谱日光灯是对自然光的模拟，因而在这种条件下工作的人更不容易感觉到疲劳。

随着社会的发展和人们对环境要求的提高，光环境的设计不应只局限于满足照度标准这种单一水平上。光环境设计应具有明亮、舒适和具有艺术感染力三个层次。但满足人对光的基本需要是保证个体心理健康的重要因素。目前环境设计领域已经对光照有明确的规定，如建设部颁布的《住宅设计规范》的“室内环境”一节中规定：“每套住宅至少应有一个居住空间能获得日照，当一套住宅中居住空间超过四间时，其中应有两个获得日照”。北京建筑设计研究院总建筑师、国家级建筑大师张开济先生也特别强调指出“住宅设计不应牺牲日照”。

二、环境温度与心理健康

环境温度对心理健康的影响通常与个体特性以及环境温度对其行为和情绪唤起的影响相关联。

（一）热与人际交往

一些研究表明，温度与暴力行为有关，夏日的高温可引起暴力行为增加。但是当温度达到一定点时再升高则不会导致暴力行为而会导致嗜睡。温度也与人际吸引有关，在高温室内的被试者比在常温室内的被试者易于对他人作出不友好的评价。

绝大多数人都觉得热环境让人不舒适，而且易怒。根据 Byrne 提出的人际吸引模型（model of attraction），当周围环境温度过高，人们体验到热带来的不愉快时，人际吸引降低。也就是说高温减少人际吸引，特别是当热与拥挤相伴随的时候，更是如此。

Griffitt 的实验中，告诉被试在态度测量中，他（她）和陌生人的态度有 25％或 75％是一致的。把他们分配在温度为 20℃、湿度为 30％和温度为 32℃、湿度为 60％两种环境中，让被试评价陌生人。结果当周围环境温度高时，被试报告的人际吸引降低，即对陌生人的评价更差。

然而 Bell 和 Baron 的研究则发现在某些情境中，热对人际吸引的影响具有“分享效应”，即是否与他人在同样温度条件下，是影响人际吸引的一个重要因素。在他们的实验中，当另外一个陌生人和被试是在同样的热环境中时，无论之前这个陌生人是恭维、还是贬低过被试，温度都不会影响人际吸引。这个研究说明，当与他人分享同样的环境遭遇时，高温不会降低人际吸引；相反，没有这种分享时高温会减少人际吸引。

（二）热与攻击性行为

对于 20 世纪 60 年代美国城市和校园发生的一系列暴乱，很多研究者认为那是由于当时正处在炎热的夏季，高温增加了人们的攻击性，造成了骚乱的发生。Goranson 和 King 的研究进一步证实了热与骚乱爆发是有关系的。由于气候和暴力行为之间的关系如此紧密，以至于美国联邦调查局把气候列为解释暴力犯罪增加或减少的一个重要因素。

但是对热与攻击性行为较系统的研究是由 Anderson 进行的。他做了三类研究来考察热和攻击性间的关系。一类是地理区域（geographic region）研究，这个研究比较了一个国家不同区域的暴力犯罪率。例如，比较某个国家最热、最冷和中间温度三个地区的暴力犯罪。结果发现，虽然有时候由于一些社会经济因素的影响，结果不是很明确，但总的来看，较热的地方暴力犯罪率要高。Anderson 的另一类研究是时期（time period）研究。时期研究是通过调查在某天或某个月、某年中高温时的暴力行为发生率，并与这一段时期一般温度时相比，看暴力行为发生率是高还是低。结果发现，较热的年份、季节、月份、天都与更多的攻击性相联系，暴力犯罪随温度的升高而增加，非暴力犯罪则没有这种关系。最后一类是对伴随温度出现的行为（concomitant temperature）所做的研究。结果发现，攻击性随温度的升高而增加。例如，Baron的研究表明，当气温高于29℃时，司机按喇叭的次数要比气温低于29℃时明显增多。而对于汽车内有空调的司机，气温升高不会使他们按喇叭的次数增多。

然而，一些实验室对伴随温度所出现行为的研究却得到了一些新的发现。例如，Baron和Bell的假装电击实验。在这个实验中，先让一个人去激怒或者恭维被试（不同的生气程度），然后告诉被试可以对这个人进行电击。电击的强度和次数由被试控制，并且把它作为衡量攻击性的指标。被试所在环境中的温度分别为23℃和35℃两种情况。结果，当温度为23℃时，被试生气程度越高，攻击性越强。但是，当温度为35℃时，出现了相反的情况：被试生气程度越高，攻击性越低。为了验证这个结果，Baron和Bell对相同的实验反复做了多次，结果都一样。也就是说，高温降低了攻击性。如何解释这一研究结果呢？

Baron和Bell用“消极情感逃离模型（negative affect-escape model）”来解释这种现象。按照这个模型，消极情感可能是热和攻击性的一个中介变量，它们的关系可以用一个倒U型曲线来表示（如图16-1）。在U型的某一段区间内，消极情感增加了攻击性行为，但是超过这一个区间，攻击性随消极情感的增加而下降，因为此时尽快消除不适感成为个体急需解决的主要问题。在实验室研究中，用热作为影响消极情感的一个因素，证实了攻击性与负性情感之间的关系的确如倒U型曲线所表示的那样。

所以，这些研究说明在某个区间内，温度的升高增加了攻击性；但是如果温度过高，超出了这个区间，再加上其他一些因素引起个体不舒适时，攻击性随温度的升高而降低。人们此时最想做的事就是逃离热环境。

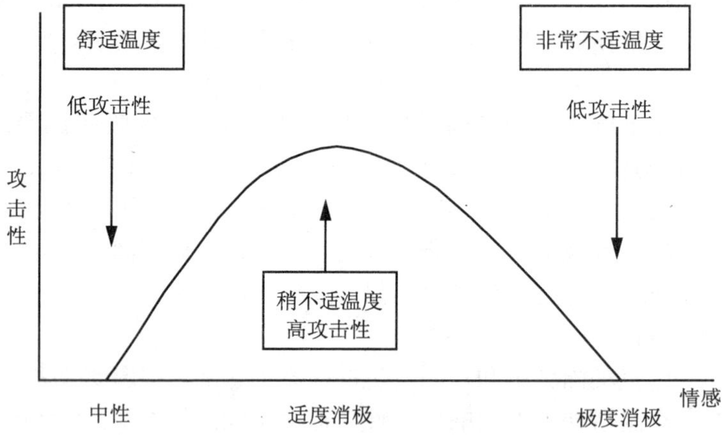

图16-1　消极情感逃离模型

（三）热与利他行为

热让人觉得不舒适，在这种情况下，对他人的帮助行为会受到怎样的影响呢？关于热与利他行为的关系，Page研究发现，让被试在一个不舒适的热房间中呆一段时间，然后让他们自愿报名在一个实验中帮忙。结果和另外一些在舒适温度中的被试相比，来自热环境的被试很少有人愿意参加另一个实验。也就是说，热使利他行为减少。

相似的结果在Cunningham的研究中也看到：他让被试参加一个访谈，结果发现利他行为在夏天随温度的升高而降低；在冬天随温度的升高而上升。

然而，其他研究却提出，热与利他行为之间的关系较复杂，还受其他一些因素的影响，例如：需要帮助者的长相、热引起人好或坏的情绪体验等。

与高温的研究结果类似，低温也不会直接影响心理健康。研究发现，虽然居住在南极的人表现出失眠、焦虑、抑郁和易怒等症状，但这更多地是由孤独和对工作条件的不满造成的，有关冷和社会行为之间关系的系统研究很少。Bell 和 Baron 的实验室研究发现当温度在16℃左右时，被试的消极情绪更多。他们进一步研究后发现，与热的影响相似：当负性情感为中等水平时，随温度的下降攻击性增加；但是当负性情感很强时，随温度的下降攻击性减弱。一种解释认为是由于低气温使人们更愿意选择留在屋子里，长时间之后会变得易激动、烦躁不安、敌对情绪增强。总之，可以认为环境温度通常是影响身心健康的间接原因。

三、色彩与心理健康

色彩影响我们的情感。蓝色和绿色是大自然最常见的颜色，也是自然赋予人类的最佳心理镇静剂。这些色调可使皮肤温度下降 1～2℃，使脉搏减少 4～8 次，此外还可降低血压，减轻心脏负担。这类颜色缓和紧张，使人安静，从而更冷静地对待现实。如伦敦泰晤氏河上有一座桥，最初是漆成黑色，由于在这座桥上自杀的人数高于在其他桥上自杀人数的平均水平，人们决定把桥的颜色改成绿色，这之后在这里自杀的人数的确下降了。

粉红色给人温柔舒适感。美国《脑与神经研究》报道说粉红色具有息怒、放松及镇定的功效。因此在一些拘留所有一不成文的规矩，当犯人闹事以后就将其关进粉红色的禁闭室中，10 多分钟后，犯人就会打起瞌睡。然而另一方面研究表明，长期生活在粉红色环境里会导致视力下降，听力减退，脉搏加快。由于粉红色波长与紫外线波长十分接近，长期穿着粉红色衣服会削弱人的体质。

Barker 的一个研究更能说明颜色对人的主观感受的影响。他们给家庭主妇试用不同颜色的颗粒状洗涤剂。当颗粒颜色从白色换成红色时，主妇的反应是这种洗涤剂使手变得粗糙了，即所谓烧手。当颗粒颜色从白色换成黄色时，主妇们大多抱怨这种洗涤剂洗不干净衣服。当颗粒颜色从白色换成蓝色时，主妇们普遍反映这种洗涤剂效果很好。其实在整个实验期间，只是颗粒的颜色不同，其他成分都保持不变。看来颜色使主妇们的主观感觉出现了变化。

医学方面的资料显示，病人房间的淡蓝色可使高烧病人情绪稳定，紫色使孕妇镇定，赭色则能帮助低血压的病人升高血压。荷兰、丹麦的研究人员发现，当人们服用红色或橘黄色等暖色调药片时，疗效较好。而将同样的药物制成蓝色或绿色药片时，疗效则减弱。所以认为，这一现象与心理因素有关，红色等暖色调药片可能会刺激患者机体的活力，使得药物更容易被吸收和发挥疗效。还有研究表明，在医院和诊所里，广泛使用蓝色会减少镇痛药物的使用。

合理的色彩搭配也会影响人的心理感受，进而影响行为。一般说浅蓝色、浅黄色、橙色宜于保持精神集中、情绪稳定；而白色、黑色、棕色对学习效率的提高不利。教室的颜色搭配和组合还会影响师生的反应和互动。

总之，最理想的色彩莫过于大自然环境中植物的绿色和水、天的蓝色。它们是大脑皮质最适宜的刺激物，能使疲劳的大脑得到调整，并使紧张的神经得到缓解。这些无疑会对维持个体的身心健康意义重大。

四、气味与心理健康

世界航天史上，就有因为气味而破坏了整个空间飞行的例子。1976 年，前苏联进行的一次空间航行中，飞船上发出了一种不知来源的恶臭。宇航员们开始还极力忍受，但是不久全体宇航员都已经无法正常工作了，最后只好被迫中止此次航行，紧急返回地面。

在太空飞行中，航天飞行器的温度时刻会发生急剧的变化，这会影响到每一件物体的气味。在太空中，阳光直射的高温下，各种材料的气化速度是地面的成百上千倍，它们的气味也比在地面上强烈许多。气味会直接影响宇航员的情绪和工作效率。

不同的气味可能引起生理上的不同变化。使血压降低、心率减慢等的气味被用来治疗高血压。日本有一个香气学研究会，他们在对香气做了大量的研究后指出：香味与人类健康有密切的关系。如茉莉花香可刺激大脑，功能似乎强于咖啡；草气味具有一定的滋补功效；天竺花香味有镇定安神、消除疲劳、加速睡眠的作用；白菊花、艾叶和银花香气具有降低血压的作用；而桂花的香气可缓解抑郁，还对某些狂躁型的精神病患者有一定疗效。

最近美国布朗大学心理学家的一项研究表明，气味可以改变女性的心情，进而影响其行为。其中的原因可能是在人类大脑中，控制嗅觉的部分与控制记忆的部分相邻，大脑将特定气味与特定感情或者经历紧密相连，结果，特定的气味可以强化特定的感情。

第三节　应激环境要素与心理健康

长期的应激（stress）会损害身心健康。Lazarus 和 Cohen 在 1977 年区分了三种引起应激的事件。一种称为日常烦恼，指的是那些重复出现的小事——每天的工作、上课等等。另外一种称为个人紧张性刺激，指的是发生在个人层面上的更加严重的威胁和损失，包括失恋、失业以及其他的突然而严重的事件需要人们作出很大的努力去适应，而且会有许多人受到影响。第三种是紧张性刺激，这样的事件包括战争、自然灾害等。作为造成伤害、破坏、消灭群落的主要原因，灾害无疑是最主要的环境刺激因素。有毒灾害和空气污染，这些正逐渐成为普遍而主要的影响情绪、行为和健康的应激性环境因素。

一、噪音环境与心理健康

从心理学观点看，噪音是使人感到不愉快的声音。对噪音的体验往往因人而异，有些声音被某些人体验为音乐，却被另外一些人体验为噪音。研究表明，与强噪音有关的生理唤起会干扰工作，但是人们也能很快适应不致引起身体损害的噪音，一旦适应了，噪音就不再干扰工作。

噪音是否可控，是噪音影响的一个因素，如果人们认为噪音是他们所能控制的，那么噪音对其工作的破坏性影响就较小；反之，就较大。

人们习惯于噪音工作条件，并不意味着噪音对他们不起作用了。适应于噪音的儿童可能会丧失某些辨别声音的能力，从而导致阅读能力受损。适应于噪音环境也可能使人的注意力狭窄，对他人需要不敏感。噪音被消除后的较长时间内仍对认识功能发生不良影响，尤其是不可控制的噪音，影响更明显。

噪音不仅会影响人的生理机能，对人的心理健康也有不利影响，会引起头痛、恶心、易怒、焦虑、阳痿和情绪变化无常等。

Ward 和 Suedfeld 发现交通噪音会导致人情绪紧张、做事犹豫不决，谈话的速度也会加快。Stansfield 等对 2398 个美国人的调查研究表明，交通噪音会引起个体的厌烦，但它不会直接引发心理异常。

噪音和心理健康的关系究竟如何，研究结果是有争论的。例如，关于伦敦希思罗机场噪音对周围居民心理健康的影响，不同的研究者得到的结论不一样。Abey-Wickrama 等的研究比较了高噪音区和低噪音区精神病的患病率，结果发现高噪音区患精神病的几率更高。对于这个观点，Chowns 提出了不同意见，他认为还有很多其他因素导致高噪音区居民精神病的产生。Herridge 的研究也得到了与 Abey-Wickrama 相似的结果。Jenkins 等曾试图证明噪音和精神病间存在一个函数关系，但是在一系列研究之后他们发现，导致机场周围居民精神病的主要原因是一些非噪音因素。然而，Kryter 认为大多数的研究数据表明精神病的产生确实和噪音有关，只是它还由其他因素决定。

随着研究的进展，人们发现噪音和心理健康间可能存在一些中间变量。Sanders 等的研究发现，噪音使被试荷尔蒙的分泌增加，导致人的情绪兴奋。其他一些研究也都显示，噪音可能会增加荷尔蒙的分泌，从而使人情绪激动，处于兴奋状态。然而，对在噪音环境和非噪音环境中心理和情绪障碍的评估却并不支持噪音导致心理疾病的观点。所以，一些环境心理学家更加确信，噪音是通过一些中介变量引发心理疾病的。例如，在噪音环境中，会使个体的知觉控制感减弱，以及产生无助感；这些心理反应会更容易引发心理疾病。Cohen 等曾经提出，居住在高噪音环境中的居民往往会对噪音的干扰采取放弃和忍受的态度，Cohen 说这是因为人们认为他们的呼声是微不足道的，不能起任何作用。因此，当一些社会和经济因素和高噪音联系在一起时导致的无望和无助感，就更可能引发各种心理疾病。

噪音不仅造成听觉的损伤、影响人的生理机能、干扰操作行为，而且还影响到人们的社会关系，进而也会影响个体的心理健康。

（一）噪音与人际吸引

人际距离可以作为研究噪音与人际吸引之间关系的一个方法。Mathews 等通过测量人际距离发现，当噪音的强度为 80dB 时，使人们彼此感到舒服的距离增加。也就是说噪音使人们要求有更大的个人空间，降低了人际吸引。在其他研究中也发现，居住区周围的交通噪音使邻里间的交往减少。

不同的情境，噪音对人际吸引的影响也不同。例如 Kenrick 和 Johnson 的研究表明，女性对那些和她们一起处在噪音环境中的人，更喜欢；而对那些没有和她们“共患难”的人，则表现出更多的负性评价。

有研究者认为这是因为噪音使人的注意力范围缩小，因此人们只注意观察周围环境的很小一部分。所以，在对其他人的知觉上也受到了影响，导致极端或不全面的负性判断。

（二）噪音与攻击性

一些研究者认为噪音增加了唤醒水平，也应该会增强攻击性，特别是对于具有攻击性倾向的人。Geen 和 O'Neal 对这个假设进行了论证。他们首先给被试看一段非暴力的体育比赛录像或是一段职业拳击赛。然后，告诉被试可以对另一个人进行电击。电击的水平（强度、持续时间、次数）由被试控制。在实验期间，有一半的被试是在正常噪音水平的实验室中，另一半是在 60dB 的白噪音环境中，并且噪音每 2 分钟出现一次。结果表明：不论是在正常噪音条件下或是在 60dB 噪音条件下，观看拳击赛的组攻击性都比看一般体育比赛的组强。

另外一个关于噪音与攻击性的实验研究是由 Donnerstein 和 Wilson 所做的。他们根据 Glass 等提出的“不可预测的噪音带来的有害影响更多”这一观点，认为如果个体不能预测噪音的出现，那么会引起较高的唤醒水平，导致更高的攻击性。实验先让被试解决一些数学问题，然后把被试分配在三种环境中：无噪音环境、95dB 噪音不可预测且不可控制的环境、95dB 噪音不可预测但可控制的环境。主试告诉被试可以对另一个人进行电击，并且能控制电击的水平（强度、持续时间、次数）。此外，在给电击之前，有一半被试是先被激怒的。被激怒的被试攻击性比正常情绪被试高；特别是当噪音不可预测和不能控制时，恼怒被试的攻击性增强；然而当被试知道可以控制噪音时，噪音不会对攻击性产生影响。另外一些研究者做的实验也都说明，噪音并不会直接增强攻击性，只有当个体被激怒或情绪不佳时，噪音才对攻击性产生影响。

（三）噪音与利他行为

社会心理学的研究证明：个体的助人行为在积极情绪状态比在消极情绪状态时要多。因此一些研究者推测：因为噪音会导致后一种情绪，所以会影响到助人行为。另外一些心理学家则用环境负载说来解释，他们认为噪音分散了个体的部分注意力，因此不能注意周围环境的细节和重要线索，对他人的需要也就“视而不见”了。

关于噪音与利他的关系，Mathews 和 Canon 做了两个实验来加以说明。一个是实验室研究，实验分三种不同的噪音环境：48dB 的正常噪音、65dB 和 85dB 的白噪音。实验过程是让被试在一个房间里和另一个人（实际是一个实验助手）一起等候，这个实验助手腿上放有一堆画报和书。几分钟后，主试叫实验助手，当他站起来时故意把画报书刊掉落在被试的面前。这时通过记录被试是否帮助捡起地上的书刊，来测量他们的助人行为。结果，在正常噪音、65dB 和 85dB 的白噪音三种条件下帮助捡起掉落书刊的百分比分别为 72%、67% 和 37%。

Mathews 和 Canon 的另一个研究是现场研究。实验是让主试抱着一个装满书的盒子从车上下来。为了区别主试对帮助需求的程度不同，其中一半被试看到主试的一条胳臂是打着石膏的。噪音分两种条件：50dB 的正常噪音和 87dB 的高噪音。记录当主试故意把书掉落时，旁边有多少行人帮助他把书拾起。结果表明，当主试手臂没有打石膏时，噪音对利他行为影响不大。但是当主试手臂打石膏时，在高噪音条件下路人的利他行为从低噪音时的 80%下降到 15%。其他一些研究也都得到了相同的结果，噪音使人的注意广度变窄，不能注意到旁人的需求。因此，使助人行为减少。

最近的研究关注的是，在解释噪音和健康的关系时，需要理解整个声音的情境（物理情境和社会心理情境）。研究者抽取了 128 名供职于英国内陆某一市政机构的公务员，研究了噪音和工作压力间的相互作用。结果表明，周围噪音对工作满意度、安康状态以及工作投入没有产生直接影响。但是，周围低的噪音水平能够缓解工作压力对这 3 种结果产生的负面影响。因此，社会心理压力可以被看成是一种中介变量，用来解释周围的环境因素（比如噪音）是如何对人们的健康和幸福（human health and well-being）产生影响的。

二、空气污染与心理健康

长期以来，空气污染对健康的影响逐渐变得众所周知。空气污染会增加都市居民的死亡率。正如 1952 年 12 月伦敦的那场灾难，3500 例死亡应该归结为二氧化硫和烟尘的作用。这种灾难相对少见，我们对那些更为常见的空气污染给予更多的关注。20 世纪 70 年代，在美国，140 000 人死于空气污染，健康损失高达 1600 亿美元。

有些研究证实了空气污染对行为和心理健康的影响。当空气质量不佳时，人们不愿意进行户外活动。研究还证实，空气污染会带来更多的敌意和攻击性行为，减少人们的互助行为。最后，空气污染还会引起心理问题。抑郁、易怒、焦虑都会出现。另外，有些精神疾病也与空气污染有关。

有意思的是，我们的行为可以适应空气污染。受到长时间污染的人的行为与短时间的就不同。例如，洛杉矶的常住居民倾向于拒绝承认污染的影响，认为自己不那么容易被污染，觉得自己对污染懂得更多。而那些新来的人，对使用公共汽车降低污染持更积极的评价，也更愿意学习关于污染的知识。总的来说，空气污染对行为的影响是消极的，但是，人们也会发展出一些应对方式。

研究显示，严重的空气污染至少影响 3 种社会行为：娱乐行为、人际关系以及攻击。例如，Rotton 发现，当人处于一种难闻的气味中时，会对那些暴露在同样气味中的人产生好感，他还发现，他们对那些没有受到难闻气体侵袭的人，表现出反感。Rotton 还发现，极端难闻的气体会导致攻击性的提高，然而，一般难闻的气体会降低人的攻击性。研究还发现，有毒气体还会增加人们对屋子陈设的抱怨，导致对孩子的虐待；会导致人的压抑感，对别人产生敌意。总之，空气污染会导致不良的社会行为。

三、灾难事故与心理健康

在家中或社区受到污染物污染，产生的影响似乎要比在工作场所更大。例如，有一家化学公司向河里倾倒了几千吨的有毒化学废物。后来，在同一片土地上，建起了小学，几千户人家在周围定居。20 年以后，该地区受到了警告，因为在某些住宅室内检测到有害气体的增加，而且该地区妇女的流产率也在升高。居民被要求离开家园，解决整个事件花了数年时间。对这一事件的研究表明，大多数居民认为这是一次应激事件，对自己的健康感到担心，感到威胁和无助。研究显示人们长期处于应激状态，个体普遍表现出对健康的焦虑，以及无助的感觉。

如前所述，自然灾害确实会引起压力、焦虑、压抑以及其他情绪和知觉问题。然而，影响的时间以及为什么有些人不能尽快适应仍然是未知数。研究发现，受害者表现出了更多的应激和情绪问题。例如，波多黎各 1985 年的泥石流造成了许多人产生难以解释的身体不适。美国加州地震后，受害者报告压抑的感觉。他们报告的噩梦是对照组的 2 倍。

我们到现在讨论的灾难效应多少都是人们立即的反应。灾难刚刚发生时具有强烈的情绪和行为的震撼效果并不奇怪。然而，随着灾难的消失，精神问题应该随之减弱。研究者对灾难影响和恢复期过后的心理状态很感兴趣。多数研究采用对幸存者进行心理治疗访谈的手段。研究发现某些心理问题仍有相当高的发生频率。最近的研究拓展了测量手段，进一步解释了早期的发现。

研究发现在洪水、龙卷风、飓风以及其他自然灾害过后，受害者表现出恶念、焦虑、压抑和其他情绪问题。这些问题可以持续一年，但通常要短一些。而且，问题并没有想像的那么严重。在几个月以后还存在心理障碍的人不超过 25％～30％。而且，只有失去家园或亲人会导致较长时间的心理问题。所以，不妨说是这些因素，而非灾难本身引起持续的问题。

一种极度灾难的持续效果称为创伤后应激障碍（Post-Traumatic Stress Disorder，PTSD），即经历了创伤，以及持续的、不必要的、无法控制的关于事件的念头，强烈的避免提及事件的愿望、睡眠障碍、社会退缩，以及强烈的警觉的焦虑障碍。对老兵、灾难受害者、强奸以及其他罪行的受害者的研究都发现了上述创伤后应激障碍。患者表现出强制的思维以及对灾难的重复回忆。研究还发现，随着时间的推移，应激以及创伤后应激障碍会显著降低。

除此以外，我们仍然可以列出很多原因来解释为什么灾难事件会引起长时间悲痛。这不仅对我们解释自然灾害的长期效应很重要，对我们理解人为和有毒灾害也很重要。一种理论认为，每次经历强制性的念头，受害者都似乎重新经历了一次灾难。次级应激源的出现会导致持续的压力。次级应激源指的是由灾难引起的问题。如商店关门停业，电话电力系统中断，财产损失，或者其他因素。灾难过后的生活必然会发生较大的变化，人们也不可避免地要面对由此产生的各种次级应激源。

最近关于飓风的研究，检验了一年后的次级应激源或者灾难的慢性作用的影响。次级应激源，如与财产、婚姻、父母、子女以及职业相关的慢性问题，与应激有密切的关系。生态应激（来自邻居的应激，如对犯罪的恐惧）以及对受伤持续的应激也与整体的情绪和压力有关。与失踪、受伤、恐惧或者其他灾难相关的长期痛苦可能主要由次级应激源引起，而非灾难本身。自然灾害影响着人们的方方面面。它们产生压力，限制人们的行为，消耗资源，破坏社区。人们似乎能够对付灾难，不容易出现长期的严重后果。在很多方面上，这些事件与人为的环境灾害类似。各种人为建造物及人为技术缺陷造成的灾难，如水坝、桥梁、发电站、矿井等事故，也都会给身在其中的个体造成压力。

许多人为灾难得到了研究。Leoplod 和 Dillon 报告了长达 4 年对船只相撞事故的研究。他们发现四分之三的幸存者有严重的与工作相关的问题以及持续的心理问题。虽然没有恐惧，但是情绪障碍逐渐显现，身心疾病也产生了。Henderson 和 Bostock 在一次沉船事故发生后一两年中，访谈了所有 7 名幸存者，其中 5 人存在心理问题。Ploeger 进行了 10 年的对矿井下陷事故幸存者的研究，也发现了长时间的伤害。

灾难的另一明显后果是强制性念头和记忆。灾难幸存者出现了更多的强制性念头和神经质现象。灾难对情绪的影响与创伤后应激障碍有关。创伤后应激障碍的种种症状在灾后初期反应中最为常见，并且促使其他心理问题的产生。

强制性念头可能是灾难后果中最致命的方面。它还可能影响到人们对治疗和帮助的寻求。Schwartz 和 Kowalski 对一起谋杀的见证者进行了 2 次心理治疗，分别在事件的 6 个月和 12 个月以后，那些没有参加第二次治疗的人表现出了更多的心理症状。可能这些人在逃避着引起回忆的东西，同样，他们会拒绝心理治疗，因为那也会勾起痛苦的回忆。

2004 年年底东南亚地区的海啸导致 20 多万人的死亡，它对人们，特别是亲历灾难的个体心理健康的影响目前难以估量，后续的环境心理学研究会给我们提供更多的数据。

第四节　环境设计与心理健康

一、拥挤与心理健康

一般来说，拥挤（crowding）带给个人的第一反应是“感到难受”。很多研究都发现高密度会导致个体消极的情感状态。Marshall 和 Heslin 用实验室法研究了拥挤对人的短期影响。他们的实验是把两个大小不同的空间和两组人数不同的受试者分别组合起来：大空间和小实验组、小空间和大实验组、大空间和大实验组、小空间和小实验组。实验组可以由同性别受试者组成，也可以男女受试者各一半。实验要求受试者一起解决各种问题。结果发现，在同性别组中，女性更喜欢小实验组；在混合组中，女性更喜欢大实验组；而男性不管组大组小，更喜欢混合性别组。对于组内个体间的情感，同性别组中，女性喜欢小空间，更偏爱混合性别组而不管房间的大小；男性受试者也更喜欢混合性别组，但偏爱大空间。

拥挤对男性和女性所产生的消极情感是有差异的，Freedman 等人发现，在高密度空间，男性体验到的消极情感比女性更强。对这个结果的解释，可以从个人空间需要的性别差异来考虑，一般来说男性比女性需要更大的个人空间；女性在社会交往中有更高的合群动机，所以在近距离内有更大的亲和力，而男性的竞争动机更强，所以和他人距离过近会产生威胁感。研究还表明，在高密度环境下，女性的合作性比男性高。

总之，高密度对个人的情感会产生消极影响，但是对男性的影响大于对女性。

研究发现，长期在高密度环境中生活，可能引发疾病或使病情加重。McCain，Cox 和 Paulus 对监狱的研究为此提供了一个很好的证据，在美国，监狱的拥挤是一个严重问题，从 1979 年到 1984 年监狱人口增加了 45%，而犯人的居住面积却只增加了 29%。长期在这种拥挤的空间中生活，犯人的死亡率、患高血压和精神病的发病率都较高。另外，研究还表明，住在单人牢房和低密度空间的犯人自我控制意识要更强。

关于高密度对个体健康影响的研究，大学生宿舍也是环境心理学家们最常使用的一个实验场所。虽然大学生完全不同于犯人，但是学校为学生提供的住宿条件实在是有限。长时间生活在这种拥挤的环境下，会对个体产生什么影响呢？Stokols 和 Ohlig 发现，在高密度下生活的学生健康和情绪状态都很差。西方心理学家的研究主要是套房式宿舍和走廊式宿舍的不同。研究结果发现，居住在套房式宿舍的学生比居住在走廊式的有较少的拥挤感。住套房式宿舍的学生显得更亲密、更有凝聚力。

Rodin 的研究试图发现居住在高密度的环境中是否和无助有着密切的关系。习得性无助是一种症状，当人们暴露于不可控制的环境中，他们会逐渐知道自己无法控制环境，进而放弃尝试。在 Rodin 的研究中，儿童和青少年被试所显示的无助症状就和其家庭居住的高密度有关。Baum 也发现人们长期暴露于高密度的居住环境会表现无助的症状。Baum 将无助和在居住环境中失去控制感直接联系了起来，这个研究表明居住在高密度环境中的个体会不断丧失他们可以控制环境的信念，他们的行为逐渐变成无助式的行为。Bell 认为大量事实表明在高密度的负性影响中控制起到了重要的作用。有控制感比没有控制感，对人的负性影响要小。即高密度的负性效应取决于人们对控制的感觉。Lepore 的追踪研究表明暴露于拥挤的环境，个体所感受到的社会支持会逐渐减少，直至全部被侵蚀掉。Lepore 在研究拥挤的效应、社会支持和感知到的控制感对学生心理困扰的影响时，发现感知到的控制感是拥挤和心理困扰之间的中介变量。

研究还表明居住的拥挤程度与儿童的心理健康状况之间存在着很强的相关，拥挤程度越大，心理健康程度越低。最近，研究者对生活在奥地利小城镇和农业地区的 1236 名三、四年级的儿童进行了居住条件和心理健康状况的调查，发现居住在多层公寓（multiple family dwellings）中的儿童与居住在别墅（single family detached homes）或者联体别墅（row houses）中的儿童相比，居住密度（residential density）与心理健康程度有着更密切的相关。也就是说在居住密度相同的情况下，住在多层公寓中的儿童比住在其他两种住宅中的儿童表现出更差的心理健康水平。作者提出住宅的类型也可能是影响儿童心理健康的一个不可忽视的因素。

社会学家经常采用相关法研究长期拥挤对个体产生的影响。例如 Galle，Gove 和 Mcpherson 等人就运用相关人口统计的方法研究了拥挤和社会病态的关系。他们的研究结果表明，人口密度与社会病态之间有一定的相互关系。

二、工作环境与不良建筑物综合征

有两种不同的与建筑有关的症状，一种是建筑导致的疾病，是可诊断的，由大楼内环境中的污染物质引起。另一种称为不良建筑综合征（sick building syndrome），只是感到不适，但却没有什么真正的疾病。对第二种情况，症状的某些特征显示它有心理起源。例如，症状总是在周末或工作结束以后消失，而且往往是环境作用（头痛、眼鼻痛）或压力的影响（疲劳、懒散），或者二者都有。这些反应可能会很普遍，使受影响的人变得衰弱不堪。

造成上述症状的原因不尽相同，但大多与通风系统、空调系统和大楼设计有关。在有空调的办公室，上述症状比自然通风的要更显著。但是，这样的解释往往不能解释不良建筑综合征。因为在许多大楼里，并没有空气的问题，可是症状仍然出现了。其他研究者提出心理原因，讨论了癔症和其他精神性疾病的可能性。研究表明，这些症状反映了早已存在的心理障碍、压力以及行为和工作的问题。然而，其他一些研究没有发现不良建筑综合征与人际关系、行为易感性和压力之间有什么必然的联系。有证据显示，大部分与大楼有关的疾患是由暴露于环境中的污染引起的，当然，吸烟、压力和其他行为因素也会对症状的严重程度产生影响，但是心理因素并不能完全做出解释。

研究者列出了许多与建筑有关的症状。包括眼、鼻和喉咙疼痛（干燥、沙哑）、皮肤不适（痒，干燥，疼痛）、身体症状（头痛，眩晕，昏昏沉沉，疲劳）、非特异性过敏反应（眼、鼻分泌物增加，哮喘），还有感觉变化（闻到怪味等）。其他一些研究表明，性别、工作压力、可视设备显示终端的使用都与建筑疾病有关。还有一些研究表明，温度（过热易引起不适）、过敏史、每天工作时间、复印机以及工作满意度也都与那些症状有关。

三、特殊环境与心理健康

特殊环境或称极端环境，包括极地考察站、空间站（太空仓）、潜水艇等孤立局限的地域环境。有关特殊环境的研究通常是在模拟器中完成的。早期的研究比较强调负性的东西：如环境的陌生感、一种剥夺的体验、危险和应激的压力、心理上的扰乱等。特殊环境中与世隔绝的感觉会导致神经质的反应，使人昏昏欲睡，睡眠障碍，反应变得迟钝，并产生隔离后轻度躁狂综合征等。局限的环境中生活缺乏变化和新异刺激，通常比较单调，活动有限，无聊，个体常常会体验到失眠、抑郁、情感淡漠、强迫行为等身心问题。时间长了可能会导致肌肉萎缩、认知和运动成绩下降等。当然，随着社会的发展，科技的进步，越来越多的方法和手段以及环境的设计可以减缓这些影响，如电视、网络、电话、录放机等通讯娱乐设备的广泛使用，已经使人们的距离大大缩短，联系也更加方便，隔绝感也会大大减轻。于是，近些年来的研究开始注意到在特殊环境中的经历带给人的积极方面。比如，无论是自我报告还是科学数据都表明，由于特殊环境不是一般人都能有机会接触的，所以对于那些能够在特殊环境中工作的个体，特殊环境的经历作为生命中最重要的事件，这种体验的长期后效是非常正性的。与对照组的个体比较，他们的身心更健康，也更成功。

（苏彦捷）

思考题

1. 与心理健康有关的主要环境因素有哪些?
2. 举例说明自然环境要素与心理健康的关系。
3. 噪音如何影响心理健康?
4. 空气污染和心理健康的关系是什么?
5. 考虑心理健康因素，环境设计应注意些什么?

第十七章　环境健康教育与健康促进

当前人类正面临着环境对生存与健康的威胁，如何消除与减轻环境对健康的不利因素，利用有利因素，促进以人为本的可持续发展，已成为人类关注的焦点问题。世界卫生组织（WHO）已把健康教育与健康促进定为21世纪前20年全世界减轻疾病负担的重要政策与策略，它也应该成为解决公共卫生领域诸多问题（包括环境）的核心策略。环境健康教育理念的提出，就是试图把环境与健康教育和健康促进有机地整合起来，使环境健康学的内容更加丰富。

第一节　环境健康教育与健康促进的概念

一、环境健康教育

根据对健康教育和环境教育含义的解析，环境健康教育（environmental health education）是运用教育的手段，帮助个体、群体掌握环境与健康知识，树立珍惜资源爱护环境的理念，积极利用环境的有利因素，消除环境的不利因素，采纳人与环境和谐发展，有利于健康的行为和生活方式的教育活动与过程。

环境健康教育着眼点是促进个人、群体改变不利于环境健康的、有悖于可持续发展的行为和生活方式，这种教育应该是有计划、有组织、有系统的活动过程，并对教育效果作出评价。环境健康教育是公民素质教育的重要组成部分。

由于环境及健康本身都是由各个学科领域相关方面聚集合成的综合整体，因此环境健康教育具有综合的本质，是一个新的和充满活力却又复杂的研究与阐释性领域。教育者和受教育者均须用联系的眼光思考相互作用的诸多因素，形成综合概念。

二、环境健康促进

环境健康促进（environmental health promotion）并没有明确的定义，它的内涵可从健康促进的概念中理解。健康促进（health promotion）是一种先进的公共卫生概念，是研究人们如何控制和提高自身健康的实践而总结和提炼出的理性认识，一种解决公共卫生问题的思维框架。它可以广泛地应用于公共卫生的各个领域。保护环境免受破坏，为人们创造健康安全的环境是公共卫生的使命之一，环境卫生、环境保护相关机构更是公共卫生体系的组成部分。因此，健康促进的理论与策略完全适用于环境与健康领域。

健康促进是个集合名词，而非文法错误。健康促进一词早在20世纪20年代已见诸于公共卫生文献，近10余年来受到广泛重视，有关健康促进的涵义，随着健康促进的迅速发展而不断发展与完善。

WHO曾经给健康促进做出如下定义：“健康促进是促进人们维护和提高他们自身健康的过程，是协调人类与他们环境之间的战略，规定个人与社会对健康各自所负的责任”。美国健康教育学家格林（Lawrence W. Green）指出：“健康促进是指一切能促使行为和生活条件向有益于健康改变的教育与环境支持的综合体”。其中环境包括社会的、政治的、经济的和自然的环境；而支持即指政策、立法、财政、组织、社会开发等各个系统。1995 年 WHO 西太区办事处发表《健康新视野》（New Horizons in Health）重要文献，指出“健康促进是指个人与其家庭、社区和国家一起采取措施，鼓励健康的行为，增强人们改进和处理自身健康问题的能力”。健康促进的基本内涵包含了个人和群体行为改变，以及政府行为改变两个方面，并重视发挥个人、家庭、社会的健康潜能。

由此可见，健康促进是一个综合的教育，它涵盖环境健康促进的理念，是调动社会、经济和政治的广泛力量，改善人群健康的活动过程，它不仅包括一些旨在直接增强个体和群体有关环境及健康的知识、技能的环境健康教育活动，更包括那些直接改变社会、经济和环境的活动，以减少它们对个体和大众健康的不利影响。

三、健康教育和健康促进的发展与环境

健康促进源于健康教育。健康教育由第二次世界大战后欧洲学校卫生教育逐步发展成社会各种人群的卫生知识补偿教育。借助于传播手段影响群众的知识结构和认知水平，预防疾病促进健康，这就是人们理解的卫生宣传教育。20 世纪 70 年代早期，由于主要疾病谱的变化与生活水平的提高，人们开始注意行为生活方式对健康的影响。1974 年，Mare Lande 在《加拿大人民新前景》一书中提出健康领域的新概念，把死亡和疾病归因于行为生活方式、环境、生物学和卫生服务四大因素，阐明了环境与生活方式的改善是降低疾病患病率和死亡率、改善健康状况的有效途径。此后，此一观点逐渐成为人们的共识。

进入 20 世纪 80 年代，人们注意到行为生活方式绝不是孤立的现象，它在很大程度上取决于社会与自然因素的制约。实现“人人健康”不单是卫生部门承担的义务，还必须把社会、团体、家庭、个人的参与和政府政策等环境的支持结合起来，形成一个有机整体，共同参与健康，促进社会健康目标，提高全社会健康水平。于是一种新的完全社会化的概念——健康促进，就迅速发展起来。

继 1986 年第一届国际健康促进大会，发表了《渥太华宣言》奠定了健康促进理论基础之后。1988 年，第二届国际健康促进大会在澳大利亚的阿德莱德召开，主要议题是健康公共政策，制订健康公共政策的主要目标是创造支持性环境。使社会环境和物质环境能发挥增进健康的作用。为了达到这个目的，除了卫生部门外，农业、贸易、教育、工业、交通等有关部门都有必要把健康作为制订政策的重要依据。宣言指出，许多人生活和工作在对健康有害的环境中，也有许多人接触对健康构成潜在危害的产品。这些问题在各个国家都不同程度地存在。环境管理必须保护人类健康免遭生物、生化和物理因素的直接或间接损害，并应认识到人类是复杂生态系统的一部分。我们只有通过全球、地区和地方性的生态资源保护政策，才可能发展促进健康的政策。1991 年在瑞典的松兹瓦尔召开第三届国际健康促进会议，主题是建立有利于健康的支持性环境，把健康与环境两大主题紧密地连接起来。《松兹瓦尔宣言》指出：当今成百万人民居住在极其贫困和日益恶化的环境中，这既威胁到他们的健康，又使得“2000 年人人享有卫生保健”的目标难以实现。要根本解决此问题，必须使环境（包括自然生态环境、社会经济环境和政治环境等）都能够有利于而不是有损于健康。大会还指出，创造支持性环境与健康休戚相关，两者相互依存密不可分，要使两者都有成效是社会发展的中心目标。大会进一步强调健康、环境、与人类发展是不可分割的，发展必须首

先包括人类生活质量的提高和健康状况的改善，同时保证环境的可持续发展。1995 年 WHO 西太平洋地区办事处根据健康促进核心概念，把健康促进和健康维护作为政策的基础，明确指出未来的一个根本问题是确保健康和环境不被人们在竭力寻求经济发展的同时，被伴随的负面影响所破坏。卫生干预必须以人为中心而不是以疾病为中心。该文件强调以"场所"（setting）为手段，即强调健康城市和健康岛屿、社区、学校、医院的健康促进。同时，也强调家庭在实现可持续发展中的重要性。1997 年，在印度尼西区首都雅加达召开的第四次健康促进大会，主题是新世纪中的新角色——健康促进迈向 21 世纪。《雅加达宣言》指出，世界各国的大量研究和调查令人信服地证明，健康促进的策略是十分有效的。健康促进策略能够发展和改变人们的生活方式以及决定健康的社会、经济和环境状况，并指出可持续发展（社会与环境）的全球性健康工作方法是健康促进的原则之一。2000 年在墨西哥召开了第五届全球健康促进大会，主题是健康促进——建立公平的桥梁，目的是展示健康促进如何改善人们的健康状况和生活质量，尤其是那些生存环境较为恶劣的脆弱人群。

从上述健康教育与健康促进的发展历程，人们可以清晰地看到健康促进概念比健康教育更完整。因为健康促进的理论与实践的发展不仅以健康教育作基础，更与环境紧密相连，内容涵盖了生态学因素，体现了可持续发展的理念。健康促进是新公共卫生方法的精髓，是"健康为人人"的关键要素。

四、环境教育与健康教育相辅相成

环境教育（environmental education）的基本目的和目标是什么？它与健康教育有什么内在联系？1975 年《贝尔格莱德宪章》指出：环境教育的目的是要"促进全世界所有人的意识都关注环境及其问题，并促使他们个人或群体具有解决当前问题、预防新问题的知识、技能、态度，并推动和投入到这项工作中去"，同时该文件列举了环境教育所要实现的目标，包括意识、知识、态度、技能、评价、参与。1977 年的第比利斯政府间环境教育大会充分肯定了《贝尔格莱德宪章》的论断，又更进一步系统地阐述了环境教育的目的与目标。会议的《宣言与建议》进一步明确了环境教育的三项具体目的：①促使人们清楚地意识并关注城乡地区经济、社会、政治和生态方面的相互依赖性。②为每个人提供获取保护和改善环境所必需的知识、价值观、态度、义务和技能的机会。③建立个人、群体和社会对待环境的新的行为模式。

环境教育的最终目的是培养具有环境素质的公民，1990 年 Marcinkowski 综合学者对环境素质的研究指出，环境素质应包括：①对环境的认知与敏感性。②尊重自然环境的态度、关切人类对自然的影响。③自然系统如何运转，以及社会系统如何干预自然系统的知识。④了解各种环境相关问题。⑤能使用初级的或次级的讯息来源，籍以分析、合成和评估环境问题资讯，并基于事实或个人价值观评估环境问题。⑥全力投入、负责地和主动地力求环境问题的合法。⑦具有补救环境问题的策略知识。⑧具有发展实施和评估单一策略和综合计划以补救环境问题的技能。⑨主动参与各阶层的工作以补救环境问题。由此可见，环境素质涵盖了环境知识层面，技能层面，环境态度、敏感度、价值观等信念层面，以及个人投入、责任感、主动参与等行为层面。

健康教育所追求的目标，主要是使人们掌握健康的知识；转变健康的态度；树立健康的信念；采纳健康的行为四个层面，并把减轻或消除危险因素，尤其是行为危险因素，提高公民生活质量和健康素质作为最终目标。可以说，环境教育与健康教育在四个层面发展目标上是基本一致的（图 17-1）。而在教育内容上更是相互重叠，你中有我，我中有你，具有很大程度的一致性。

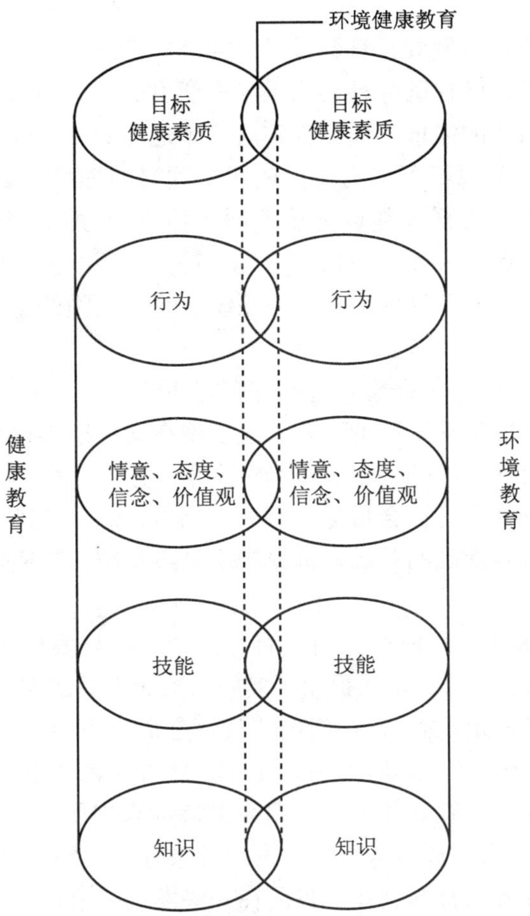

图 17-1　**环境教育与健康教育的关系**

社会的进步与发展，在带给人们物质生活变化的同时，人类正面临着前所未有的隐患和危机，在地球的一些地区核威胁、环境污染、生态退化、资源枯竭，这是多少年来人与环境、环境与发展的辩证关系认识偏颇的后果。环境教育是针对人类的生存危机提出来的，环境的热点问题往往就是健康的热点问题，离开了人类的生存和健康，环境教育就失去了目标和方向。目前欧洲一些国家已尝试开展环境健康教育，或进行环境的健康教育和为了健康的环境教育。根据学习经验迁移原理，不应把两个领域的教育看成是不相关联的教育，各行其是。而应把两种教育结合起来，彼此学习，扬长避短，顺应情势，共同进步。加强环境健康教育队伍的能力建设与培养，善用和整合社会和学校资源，只有两种教育相辅相成，才能取得事半功倍效果，达到环境教育与健康教育的共同目标。

第二节　环境健康教育与健康促进的社会作用

一、贯彻实施“可持续发展”战略的基础工程

当今世界经济和科技高速发展，日新月异。在全球经济一体化形势下，协调发展经济与保护环境，保障人体健康，已在国际社会取得了广泛共识，这就是“可持续发展”。可持续发展简要地说：它满足当代的需求，而不损害后代满足他们需求的能力。因为地球资源是不会自然增长的，许多矿产资源不可能再生，何况中国目前面临着最脆弱、最严峻的生态环境。客观形势要求人们学会怎样才能以显著不同于传统的方式进行生产和生活。并以人为本，以健康为中心，首先保证人类有清洁的空气、符合饮用的淡水、无污染的食物、健康的人居环境、舒适且无害的衣着等这些生命支持系统，符合人类的生存生活需求，始终保持这个系统的完整与协调。

“发展”是个很广泛而深刻的概念，包括许多方面的内容。不仅表现在国民经济的增长，国民生产总值的提高，公民生活水平的改善，还表现在居民期望寿命和身体素质的提高，人们道德水准的增进，社会秩序的和谐稳定，乃至文学、艺术、科学的昌盛等。所以，发展活动有些具有经济目标，有些具有社会目标，有些以物质资源为基础，有些以智力为基础。但是，公众健康的体魄是这些基础的基础，健康素质是最基础的素质，它也是各种发展活动的综合反映。

1992 年 6 月，联合国在巴西里约热内卢召开的“环境与发展大会”通过了《里约环境与发展宣言》和《21 世纪议程》，正式提出了实施可持续发展战略，并在《21 世纪议程》中明确提出《面向可持续发展重建教育》，指出“教育是促进可持续发展和提高人们解决环境与发展问题的能力的关键……”。1997 年 12 月，联合国科教文组织在希腊的塞萨洛尼召开了“环境与社会国际会议——教育和公众意识为可持续未来服务”，会议发表了《塞萨洛尼宣言》，指出环境教育是“为了环境和可持续发展的教育”。至此，面向可持续发展的环境教育成为国际社会和各国发展教育的选择。目前在一些发达国家，如英国、新西兰等以可持续发展教育取代环境教育，并竭力拓展环境教育的维度。鉴于环境与健康的紧密联系，以及对可持续发展内涵的认识，同具教育功能的健康教育与环境教育有必要整合为环境健康教育，它可以说是在可持续发展框架下的教育新模式，是可持续发展战略的一项基础工程。

二、提高公众环境健康意识和改变影响可持续发展行为和生活方式的重要举措

自 20 世纪 80 年代以来，尽管环境健康教育取得了可喜的成效，但人们的环境意识仍较薄弱，对我国严峻的环境形势以及它对健康造成的危害的认识仍很不足，更缺乏与环境和谐相处的知识与技能。2000 年张建群等曾对大连市 500 户家庭的 975 名居民对环境与健康问题的认识作了调查分析。结果显示，对全球荒漠化和酸雨不知道的人达 40%以上，对由于环境问题导致的健康损害如水俣病、痛痛病、多氯联苯中毒和砷中毒等公害病不知道的高达 80%以上；50%被调查者不知道二噁英和含铅汽油的毒性。作者以居民对环境问题的认识作因变量，以年龄、性别、文化程度、经济收入、职业、居住地区和信息来源为自变量，进行多元统计分析发现，对居民的环境意识影响最大的因素是文化程度，文化程度高的人群比文化程度低的人群的环境意识高的概率为 5.8～8.9 倍。这从一个侧面提示教育对环境认知的

影响。国外研究表明，受过环境教育的人群其环境意识较未受过环境教育的人群有明显的提高，且可使人群在日常生活中自觉地、有目的地注意对环境的保护，将有关环境保护的知识转化到日常行动之中；1995 年 4 月～1996 年 10 月，我国学者对全国不同地区 5 个县 20 所农村中小学校进行环境健康教育干预研究，效果评估表明：实验校较对照校环境卫生面貌变化明显，苍蝇密度较对照校降低 1～5 倍，改善了供水设备，促进了学生饭前便后洗手和不饮生水行为；集体驱蛔后的再感染率较对照校减少 36.8％，夏秋季腹泻减少 42.5％，口腔卫生合格率高出 1 倍。说明实施环境健康教育干预对控制学生肠道传染病和寄生虫病均有良好的效果。又有河北医科大学学者于 1996 年 10 月～2000 年 12 月的环境健康教育研究，也得到了类似结论。国外研究还表明，通常人们对环境的态度从很小年龄就开始形成，4～5 岁的儿童就能够形成对政治和环境问题的认识，到青春期的时候他们已经获得足够的有关诸如对生态学、科学技术、经济等重大环境问题的知识，而且能够形成他们自己的观点。总之，国内外实践使人们深刻地认识到，无论是环境健康强烈意识的激发，还是正确的环境与发展的理念与价值观的重组，尤其是人们在面临环境健康问题时作出的行为抉择，以及促使那些不利于可持续发展行为的转变，都必须以教育为手段，教育在采纳有利于健康环境的行为、提高公众环境与健康的综合素质中起着无可比拟的作用。

三、评估成本一效益的有效途径

环境健康教育与健康促进不仅要引导人们自愿放弃有害环境、有害健康的不良行为和生活方式，追求健康提高生活质量的目标，同时还要引导各行各业的领导者、管理者、企业家关注生态—健康效益，汲取发达国家和中国某些生产企业正反两方面的经验与教训。例如：20 世纪 90 年代，我国淮河流域兴起小制革、小化工、小电镀企业，开始的时候，污染只牺牲了少数人，企业和业主赚钱，地方政府亦有收益。不久，这类企业星罗棋布，淮河流域全线污染，陷入巨大的生态灾难，1.5 亿人口非但没有富裕起来，相反还拿出数百亿元治理污染，此一经济损失由全国人民承担。又如烟草流行的扩散是一个对公共卫生具有严重后果的全球性问题。2003 年 5 月第 56 届世界卫生大会，通过的 WHO《烟草控制框架公约》中提出，国际社会忧虑烟草消费和接触烟草烟雾对全世界健康、社会、经济和环境造成破坏性后果，严重关注全世界香烟和其他烟草制品消费和生产的增加，特别对发展中国家，以及它对家庭、穷人和国家卫生系统造成的负担。此前美国 17 个州政府控告美国五大烟草公司，其中菲利莫里公司与这些州政府达成庭外协议，今后十年内将付出高达 3000 多亿美元赔偿金，巨额赔偿数额是这些州政府曾为居民支付过的巨额医疗费用，赔偿就是他们为了甩掉沉重医疗负担这个包袱。然而在我国某些地方，为了 GDP 的增长，竭力把烟草企业“做大做强”，根本不考虑烟草带来的负面效应。污染企业和烟厂表面上增加了财政收入，以为压缩这些污染企业和烟厂会自断财路，实际上“污染财政”、“烟草财政”带来的是短时利益，而非长远的利益，伤害的是公众的健康和国民的健康素质，使公众因污染而致病，因致病而再贫，严重地影响了社会的发展与稳定。事实证明，1995 年环境污染的经济损失高达 1875 亿，占当年 GDP 的 37.5％，这些损失主要体现在人体健康损失占 32％，农业损失占 32％，工业材料和建筑物损失占 30％，其他损失占 6％。正如日本发展学专家指出，靠牺牲民众教育、劳动保护、社会服务、医疗卫生、生态环境等社会进步因素而求得经济指标的增长作为第一战略，其后果是令人失望的。健康教育与健康促进作为 21 世纪预防与控制疾病的重要战略，应该引导人们认清世界发展趋势，帮助人们从卫生经济学的角度权衡得失，趋利避害，处理好眼前利益与长远利益的关系。

四、促进“环境维和”的催化剂

环境污染问题是全球性、国际性的问题，尽管发达国家与发展中国家的环境问题有着质的不同，在发达国家环境退化只是一定程度上的，但在有的发展中国家则是绝对的。

环境污染的国际性最突出地表现在跨越国境的环境问题，它往往导致国与国之间尤其是矛盾比较大的国家之间的关系变得更为紧张。有人预言未来的战争很可能就是为了争夺水资源。但是新一代的学者和社会活动家却从这些国家发现，环境问题也可以改善国家间的紧张关系，他们给这个过程起了一个动听的名字：“环境维和”。例如在哪个国家拥有里海地区石油资源的开采权问题上，伊朗、俄罗斯、土库曼斯坦、哈萨克斯坦以及阿塞拜疆五国存在很大争议，但是在解决里海地区的环境质量问题上，他们又携起手来，共同对付里海的严重环境问题（如浮油问题、污水问题、一种叫做栉水母的东西以惊人的速度吞噬里海的浮游植物，吞食各种鱼类等）。

在边境交接地区设立和平公园是大多数国家敌对状态结束后的行动。这样的和平公园已从 1988 年的 59 个增加到 2001 年的 169 个，涉及 113 个国家。非洲一些国家间的边境保护也正在蓬勃发展，尽管这些国家在这之前还处在交战状态。尤其值得关注的是，1953 年朝鲜战争结束后，南北朝鲜之间设立了那条长达 115 英里的非武装区，今天那里的环境发生了彻底的变化，尽管它是世界上埋设地雷最多的地区。但是非军事化却让那里变成了一个安静的伊甸园，在非军事区的湿地中可以找到一些野生稻的变种，各种珍贵鸟类和小动物。几年前南北朝鲜双方甚至要求把那个非军事区纳入到联合国科教文组织世界生物保护区中。

环境健康促进是一种世界性的策略和工作方法。调动一切可以调动的力量，组成国家间强大的联盟，共同实现人类健康目标，是环境健康促进的重要任务。健康促进的国际组织应借助国际环境组织、其他环境卫生组织和非政府组织（NGO）的力量，共同开发各国政治领袖，呼吁各国从保障人民健康的福祉出发，承担有责任心、有远见卓识的政治家的责任，认清“环境维和”的前景和国际发展趋势，为人类营造和平、安全、舒适的生活环境。在这一系列的活动中，环境健康促进可能成为一种催化剂。

第三节　不同场所环境健康教育与健康促进的基本内容

根据 WHO 西太区健康促进三维框架及广泛的实践经验，提出了健康促进最佳选择是以场所为基础开展。社区、公共场所、医院、职业场所、学校等均存在各种与健康相关的环境问题，因此，以场所为单位开展环境健康教育与健康促进是适宜的。

一、城市社区环境健康教育与健康促进的基本内容

城市是一个地区的政治、经济、文化中心，进入 20 世纪以来，全世界已有 1/3 的人口住在城镇。我国现有 3.5 亿城市居民。城市社区居民的环境健康意识和行为状况反映了一个城市的文化水平和文明程度。城市社区（community）环境健康教育与健康促进有以下基本内容：

（一）基本国策与法律法规教育

改革开放以来，我国颁布了《中华人民共和国环境保护法》、《中华人民共和国食品卫生

法》、《中华人民共和国传染病防治法》和《公共场所卫生管理条例》，以及《突发公共卫生事件应急条例》等一系列法律和行政法规，各地政府也颁布了大量地方性有关环境卫生的法规、条例。全面贯彻实施这些法律法规，广泛开展基本国策与法律法规教育，有利于提高社区居民的环境法治意识和卫生道德观念，有助于推进社区环境管理和精神文明建设。

（二）环境健康意识教育

环境健康意识主要是指个人和群体对环境健康的认知、态度和价值观念。主要内容包括现代健康的概念；环境健康对人类生存和发展的重要性；我国目前的环境保护态势；政府、社区、家庭和个人对维护环境健康应承担的责任等。

（三）创建国家卫生城市（简称“创卫”）中的环境健康教育与促进

创卫是我国爱国卫生运动发展的一项重要工作内容，它顺应了新形势下以人为本，全面协调、可持续发展的科学发展观要求，其目的是改变城市普遍存在的卫生基础设施落后、环境卫生差、环境污染日益严重等社会卫生问题，为人民群众提供良好的生活和工作环境，提高城市现代化管理的科学水平，增强市民的卫生文明意识，促进城市的精神文明建设。创建卫生城市和卫生城镇，其内容远远超过了卫生工作范围，它要求加强城市基础设施建设，不断完善城市功能，优化生态环境，促进经济建设和促进城市的物质文明建设。

以政府行为和行政干预来提高环境健康教育效果是世界发展的大趋势，也是当今世界和我国面临的改善社会环境卫生状况的必然要求。我国城市中面临着四大公共问题：人口老龄化、疾病谱变化、环境恶化和不良生活方式的泛化。解决这些问题单靠医疗卫生力量和环卫工作者的努力是不够的，必须坚持预防为主的方针，动员广大群众自己起来参与环境卫生工作，与自己的不良行为作斗争，增强自我保护意识和能力。创建卫生城市，将诸多部门组织起来，以政府行动推动城市卫生工作的发展，这是具有中国特色的环境健康教育与健康促进的一项系统工程。

在创建国家卫生城市的基础上，目前，我国正在一些有条件的城市启动创建国家“健康城市”的规划，现正处于启动阶段，首先是使各级领导和广大群众逐步理解健康城市的理念。

（四）环境保护知识教育

环境保护知识教育包括环境对人体健康的影响，生活垃圾的处理，噪声、空气污染对人体健康的危害及预防方法，大力提倡绿化美化环境，节约资源，思想上明确保护环境是人人应尽的责任。

二、农村社区环境健康教育与健康促进的基本内容

（一）农村环境卫生与环境保护

随着我国全面建设小康社会进程的加速，乡镇企业迅速发展，农村环境卫生和生态环境问题显得越来越突出。在文明村镇的建设中，要加强对环境卫生和环境保护的技术指导，重点抓好改水改厕，饮水卫生，生态住宅建设，粪便、垃圾处理，消灭“四害”，控制环境污染等方面的环境教育问题。特别要把握农村环境污染的重要来源，从源头上消除污染，保护环境。

20世纪90年代以来，我国实施农村改水与环境卫生工程，强调以改水—改厕—健康教育三位一体的策略，将农村供水、环境卫生与个人卫生结合起来，综合治理，不仅建设了环境健康的基础工程，同时也激发了农民寻求卫生信息，加强自我保健意识和参与各种环境健

康活动的积极性。

（二）移风易俗，改变人与自然不和谐的行为习惯

伴随着农村经济发展和社会进步，农村居民的生活方式正在发生着潜移默化的变化，而这种变化主要发生在已经走上小康之路的地区，其他地区至今仍保留着几千年来的不良习俗和生活上的陈规陋习。比如与环境健康关系最密切的有人畜不圈养，甚至共处一室；柴草、粪土、煤块乱堆乱放；居室不通风，卧具不干净；农药、化肥的放置与食物、水源没有一定距离间隔；厨房无排烟设备等等。一些陈规陋习，如随地吐痰、随地便溺、乱扔果皮纸屑、乱泼脏水、咳嗽打喷嚏不掩鼻、滥杀野生动物等更为普遍。不仅严重影响环境的清洁整齐，更重要的是增加了疾病传播的危险。如目前农村的结核病发病率较城市为高，原因固然是多方面的，但与一些不良生活习惯不无关系。

（三）全国亿万农民健康促进行动

我国农村社区目前正在开展“全国亿万农民健康促进行动”（简称“行动”）。该“行动”是由爱卫会、卫生部、广播电视总局、农业部、全国妇联、中宣部、国务院扶贫办等部委提出的。“行动”以普及卫生知识为突破口，以倡导健康生活方式和促进健康生态环境建设为目标，将农民普遍需要的科学卫生知识制成系列专题录像片、录音带，免费提供给各地农村地区的广播电视台（站），定期反复播放，让广大农民家喻户晓，真正受益。以“行动”为契机，各级政府采取多种形式大力开展农村环境健康教育。

三、医院环境健康教育与健康促进的基本内容

医院统指各类医疗卫生机构，它是人类环境的组成部分。医院的健康促进则是将个人选择和社会责任综合在一起，代表了人与环境之间的中间战略，其教育基本内容如下：

（一）医院建筑的自然环境

充分发挥医院绿化、阳光、清洁空气、水体、土地等有利的自然环境因素，控制噪声和有害的各种环境污染，为患者及工作人员创造良好的微小气候环境。预防因选址布局不当或设计不合理而引起交叉感染，是医院建筑设计的一大原则。

医院地址选择要注意既方便又较安静的交通环境；远离工业污染源、易燃易爆物品的储存仓库。综合医院的传染病区应有卫生隔离区和污水、污物、粪便处理场所。此外医院选址时不仅要满足医院对环境的要求，而且要防止医院污染环境。

病房是住院病人最重要的内部环境，直接关系着病人的治疗与康复。因此，病房的朝向、自然采光、人工照明、每床使用面积等均须符合医院建筑设计的有关要求。

（二）医院废弃物的处理

医院污物、废弃物中特别要注意各种病理性、感染性的废弃物。一旦处理不当极易造成医院环境的污染和院内感染的发生，甚至造成社会公害（如有放射性诊断和治疗的医院）。因此必须指定专人管理并定期监督检查，教育全体医务人员，严格遵守医院有关废弃物监督管理的规定，并以此规范自己的行为。

（三）医院污水处理

医院诊断活动和生活活动需要大量用水，使用后污水要进行排放处理。为防止污水中各种病原微生物和有毒有害物质对环境的污染甚至造成公害，必须做好对医院污水的监督管理。

对全院工作人员、病人及家属进行教育，不得把各种杂物倾倒于下水道中，以免影响污

水排放系统的顺利通畅，防止管道堵塞，污水外渗污染环境。

（四）营造医院良好的软环境

医院环境不仅指医院与自然环境的协调一致，而且指医院工作人员、患者及其所在社区的社会人文环境。要加强软件建设，努力改善服务态度，规范服务行为，提高服务质量，从而改善医患关系，提高群众对医院服务的满意度，使医院真正成为精神文明建设的窗口。

四、公共场所环境健康教育与健康促进的基本内容

公共场所泛指公众经常聚散的地方，是人类生活活动与社会活动的临时性环境。它是人们走出家门相互交流、协调、创造和享受社会财富的地方。具有人流的数量大、密度高、流动性强，物流的种类多、数量大、分布广等环境特点，与人群健康关系十分密切。

公共场所每天接待的人群不仅数量庞大，而且人群的社会人口构成复杂，他们的年龄、性别、职业、收入各异，要使环境健康教育内容符合每个人的需要几乎是不可能的。但是从公共场所的一般特点出发，按照群众在这些场所中产生的共同的心理意愿，还是有可能做到教育的针对性。

（一）教育的一般内容

1. 党和政府有关卫生工作的方针、政策、法律、法规的教育。如宣传《中华人民共和国食品卫生法》、《中华人民共和国环境保护法》、《中华人民共和国传染病防治法》、《公共场所卫生管理条例》、《突发公共事件应急条例》和地方政府关于爱国卫生运动和其他卫生工作的规定、决定、条例等。

2. 对常见病、多发病、传染病及意外伤害预防有重要影响的环境问题教育。在某一疾病流行期间，公共场所实施的环境健康教育往往有时效性，如 2003 年春非典型肺炎爆发流行期间，宣传勤通风、勤洗手以及消除个人不良卫生习惯等，获得良好的行为改变效应。

由于疾病种类多，涉及的环境问题十分复杂，一般来说教育只能是让群众掌握基本的环境健康知识。例如吸烟与被动吸烟对环境的污染和对健康的影响。鼠、蝇、蚊、蟑螂传播的疾病，引起人们对除“四害”的重视，懂得如何选择不造成环境污染的除“四害”药品。此外，公共场所本身的空气质量是十分重要的，尤其在节假日人群聚集时，如果较长时间处于空气不新鲜的环境会引起头痛、头晕等症状。因此，保持公共场所通风十分重要。

公共场所的一些设施往往存在某些安全隐患，结合具体事物进行安全教育，既可预防意外伤害的发生，又体现对公众安全负责的人文关怀。

（二）不同场所的教育内容

任何公共场所都与公共卫生、环境健康工作相关联，但各类公共场所与环境健康又有不同的内在联系。由于场所的性质、任务不同，它们在环境健康教育上应有不同的侧重面，而总的原则应该追求“绿色文明”。

1. 商业性公共场所教育内容　商业性公共场所以经营商品与群众健康的关系为依据进行环境健康教育，如饮食、副食行业应宣传经营绿色食品的安全优质、富营养、无污染的特征以及防止食品污染和腐败变质的方法；服装鞋帽行业要大力宣传价格适中、舒适爽身、保健护肤的生态服装；室内装修材料要推行无毒材料，提倡可回收和无公害特点的家用电器，具有节能、低污染、低辐射、可回收和符合生态、人体工效特征的个人电脑、节能灯具等等。

2. 娱乐性公共场所教育内容　娱乐性公共场所应以宣传环境卫生知识、绿化知识、环

境保护知识为主要内容。

3. 服务性公共场所教育内容　服务性公共场所除宣传教育环境卫生与环境保护外，宾馆、饭店应把消灭“四害”、室内通风、用具餐具消毒作为教育重点；美容美发行业要使用对皮肤无毒无害化妆品；机场、大型旅游船舶及相应的客运工具的控烟工作应作为重要内容。

4. 临时性公共场所教育内容　临时性公共场所的环境健康教育要因时因地制宜，根据本地区的情况和民族特点以及当前公共卫生工作和流行疾病的防治需要决定教育内容。

五、作业场所的环境健康教育与健康促进

作业场所（work place）的健康教育与健康促进又称为职业人群的健康教育与健康促进，近年来正成为主要的公共问题。但目前大多数国家的工作尚处于确认危险因素并对其进行干预（intervention）阶段，缺乏全方位的健康促进规划。职业人群的健康教育与健康促进，应包括与环境相关的职业卫生问题和生活方式两个方面。

（一）与环境相关的职业卫生问题

制订企业健康促进规划是实施“企业健康促进工程”最为重要的工作之一，制订规划旨在企业建立一个全面适合作业环境的健康促进模式。该模式不等于行政管理水平以及设备的改善，也不是单纯地要求职工改变行为，自己负起健康的责任：相反，应该从组织结构、创造支持性环境、改善社会环境和物理环境等因素对职业人群健康的影响等方面，力求制订一个全面的、综合的模式，以满足改善作业场所环境的需要。

1. 制订包括环境在内的企业健康促进规划　企业健康促进规划是“企业健康工程”最为重要的工作之一，其目的是在工厂建立起一个全面适合工业环境的健康促进模式，该模式应考虑组织结构、创造支持性环境、改善社会环境和物质环境等因素对工人健康的影响，力求创造一个全面的综合的模式，以满足作业场所的需要。

2. 改善职业环境与安全教育　几乎所有的工农业生产及科学研究过程都会产生这样或那样的尘、毒、物理性有害因素。因此，预防尘、毒等危害是目前职业健康工作的重点，也是职业场所的环境健康教育工作的重点，必须狠抓落实。

关于安全教育的任务对职工来说，主要是给他们以“知情权”，使职工了解自己所处的环境，可能接触到的有害因素，这些有害因素的性质，对健康的影响程度并能识别、评价和控制不良的劳动条件，并且注意在劳动过程中自我防护，预防意外伤害。

3. 改变不良作业方式、预防有关疾病的教育　如长期站立的作业（如售货员、理发员、外科医生等）、强迫体位作业、搬运作业及视屏（VDT）作业都可引起相应的某些不适与疾病。因此，通过健康教育，改变不良作业方式，预防有关职业疾病，也是健康教育的内容。此外，要注意由于环境因素导致的心理障碍，进而引起身体疾病的教育。如在严重的噪声环境中，可使人感到心烦意乱，久而久之，还可能诱发听力衰退和神经及心血管疾病。又如人们长期工作生活在缺乏日照、通风不良、周围环境卫生极差、缺乏绿地的高强度住宅建筑群或工厂时，会导致郁闷、压抑、厌烦之感并有可能因心理变态、情绪冲动而触发邻里或工作人员间的纠纷。

4. 对农民工及乡镇企业职工的环境健康教育　农民工除与城市工人一样受到各种职业危害因素的威胁外（如工伤、化学中毒和高温中暑等），还受到农村特殊环境有关的“职业性危害”，如人畜共患疾病、破伤风、疟疾、丝虫病、血吸虫病、毒蛇及节肢动物咬伤等威胁。

随着乡镇工业的迅猛发展，乡镇企业尘、毒等职业危害也日趋严重。由于生产技术落后，企业管理水平低，作业场所污染十分严重，空气粉尘及毒物浓度的“点合格率”远低于市区国有企业。对乡镇企业职工的健康教育与健康促进应探求有效途径，予以高度重视。

（二）与吸烟相关的行为生活方式教育

1. 吸烟与被动吸烟　吸烟是呼吸道疾病及肺癌的行为危险因素，也是心脑血管疾病的行为危险因素。而某些职业因素恰好也是这些疾病的重要危险因素。当这些职业与非职业危险因素同时存在时，其危害效果将具协同性质。例如吸烟可能刺激和破坏呼吸道粘膜，使之排出异物的功能下降，而粉尘也有类似的作用，因此粉尘作业工人如果同时又吸烟，则使吸入到肺泡的粉尘颗粒更难排出体外，因而可促使尘肺病的发生。

近年来国外十分重视对被动吸烟的研究，认为被动吸烟是对环境造成污染、对健康造成损害的严重公共卫生问题。目前全球有 200 万青少年在家中被动吸烟，中国被动吸烟者高达 6 亿人，儿童在家被动吸烟率高达 53.3%，仅次于古巴、阿根廷、波兰、印度尼西亚等国。中国 53.5%的成年人不吸烟者每日至少一次被动吸烟。被动吸烟场所家庭为 71.2%。被动吸烟对健康造成的危害比工业污染总和引起的肺癌还多，20%～30%的肺癌患者是由被动吸烟造成的。由于被动吸烟对健康危害的严重性，职业人群的吸烟者应具有为了他人健康而自觉戒烟的责任感，人人应该加强自我保护意识，远离烟草，创造作业场所、家庭等无烟环境。

2. 个人卫生习惯　经常洗手、洗脸、刷牙和洗澡，对某些职业人群具有特殊意义。职业卫生学与毒理学研究结果表明，化学毒物进入体内的途径主要是呼吸道、消化道和皮肤，因此不能在有尘毒危害的现场吃喝、休息，养成经常洗手、洗澡的习惯可以减少毒物进入体内的机会。接触铅等金属毒物的作业者，更应注意个人卫生，不仅防止本人吸收中毒并可防止给家庭成员带来危害。保持作业现场的清洁对预防尘、毒污染也有显著效果。此外，金融业、售票员等经常接触现金货币者，严格洗手对防止肝炎等疾病的传染是十分重要的。

第四节　环境健康教育与健康促进的基本策略与基本方法

环境健康教育与健康促进的策略和方法不是固定的模式，它根据不同的计划目标，不同的目标人群而灵活地制订和运用。可以说策略和方法是一种有科学性、针对性的“艺术”。

一、健康促进的策略

WHO 多次召开国际会议和发表许多政策性文件，对健康促进策略进行了认真的探讨，尤其是 1986 年首届健康促进大会上发表的《渥太华宣言》，明确指出健康促进五大策略（亦可理解为行动领域），它完全适用于环境健康促进领域。

（一）制订健康的公共政策

健康的公共政策是指国家和当地政府制订的法令、法规、条例以及部门和单位制订的制度、规章和规范，用于保护对人们健康起重要影响的经济和环境条件。国外学者 Pederson 等指出，“健康的公共政策是最广泛的、生态学意义上的、用于增进人们健康状况的政策”。各个部门、各级领导都要把健康提到议事日程，纳入社会发展规划，决策者们要了解他们的决策对健康的后果和影响并承担健康的责任。

20 世纪 80 年代以来，我国政府和相关部门在环境健康领域制订了一系列法律法规，如

《中华人民共和国水污染防治法》、《中华人民共和国大气污染防治法》、《中华人民共和国固体废物污染环境防治法》、《中华人民共和国海洋环境保护法》、《饮用水水源区污染防治管理规定》、《公共场所管理条例》、《化妆品卫生监督条例》等，这些法律法规的制订对保护环境、保障人民健康发挥了巨大的威力和作用。

（二）创造支持性环境

人类与其生存的环境是密不可分的，这是生态大众健康的基础。健康促进旨在让人们拥有更健康的商品供应和公共服务，以及更清洁、更愉悦、更安全的生活和工作环境。

（三）加强社区行动

社区是宏观社会的缩影，建设健康的城市，首先要建设健康的社区，社区人民有权、有能力确定社区的优先项目、作出决策，设计策略及执行，通过具体有效的社区行动，发扬社区自主自立、主宰自己命运的主人翁精神。与此同时，应给予社区以信息和人、才、物等资源上的支持。

（四）发展个人技能

通过提供健康信息，教育并帮助人们提高作出健康选择的技能来支持个人和社会的发展。更好地控制自己的健康和环境，不断从生活中学习健康知识，有准备地应付人生各个阶段可能出现的健康相关问题。

（五）调整卫生服务方向

健康促进在卫生服务中的责任要求个人、社区组织、卫生专业人员、卫生服务机构和政府共同承担。他们必须明确预防为主的服务方向，各组织结构协调行动，在卫生保健系统中共同工作以满足健康的需求。

继《渥太华宣言》指出的健康促进5条策略之后，WHO又在《行动起来，发展中国家的健康促进》此一纲领性文件中提出3条主要策略与措施：①政策倡导（advocacy）：倡导政策支持，开发领导，争取获得政治承诺；倡导社会对各项健康举措的认同；倡导卫生及相关部门提供全方位的支持，最大限度地满足群众对健康的愿望和需求。②部门协调（mediation）：健康促进涉及卫生部门、社会其他经济部门、政府、非政府组织（NGO）、社会各行各业和社会各界人士、社区、家庭和个人。在健康促进活动中，必须使个体、社区及相关部门等各利益相关者之间协调一致，组成强大联盟和社会支持体系，共同协作实现健康目标。例如：1998年我国长江流域一些城乡遭遇了特大洪水灾害，却创造了大灾之后无大疫的奇迹，原因故然是多方面的，而统一指挥、部门协调是公认的重要经验之一。③健康赋权（empowerment）：授予群众和社区正确的观念、科学的知识和可行的技能，获取控制那些影响自己和社区健康的有关决策和行动的能力（图17-2）。

二、环境健康教育的基本方法

环境健康教育是沟通环境健康信息与卫生实践之间沟壑的桥梁，环境健康教育的基本方法则是构建这架桥梁的技术和工具。只有掌握信息传播和行为干预两大手段，才能达到预期的教育目标。

（一）传播手段在环境健康教育与健康促进中的应用

1. 传播的概念　传播（communication）又称交流、交往、通讯，它是一种社会性传递信息的行为，是个人之间和集体之间以及集体与个人之间交换、传递新闻、事实、意见的信息过程。

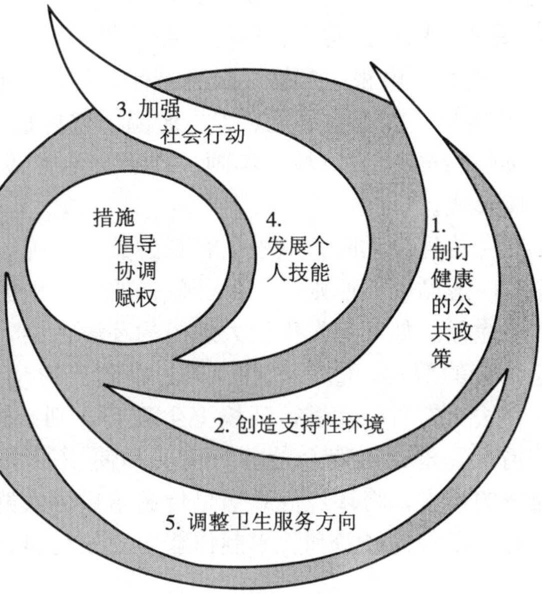

图 17-2　**环境健康促进策略**

传播是人类生存与发展的一种基本方式。人类传播的进化实质是符号与通道的演变与进步。在以往漫长的几百万年中，传播经历了三次革命：第一次传播革命由非语言传播转变为语言传播；第二次传播革命是出现了文字和造纸、印刷术；第三次传播革命是以电子为媒介的传播。现代社会最新的媒介“信息高速公路”把人类带进了信息时代，特别是互联网的出现，不仅为人们提供了一个获得信息的新渠道，更为人们构建了一个全新的信息环境，使社会的生产方式、工作方式和生活方式发生了翻天覆地的变化。根据传播特征，人类传播行为可分为四个大类：

（1）大众传播：是指职业性机构通过报刊、广播、电视、电影、杂志等大众传播媒介，向范围广泛、为数众多的社会大众传递信息的过程。

（2）人际传播：是社会信息在人与人之间面对面地进行信息交流。

（3）组织传播：是组织之间和组织内部成员之间的信息交流活动。公共关系学就由组织传播发展而来。

（4）自我传播：又称内向传播和自身传播。是传播的生物学基础，属心理学研究范畴。

2. 传播的要素　传播具有多样性和复杂性的特点，但其基本要素不外乎五个方面：

（1）传播者：传播信息的人或机构。机构如电视台、广播电台、报社、出版社、杂志社、影剧院以及各级宣传部门和教育机构等。传播者具有收集信息、加工制作信息、发出信息、收集与处理反馈信息的职能。同时在传播过程中，需要“把关人”对信息进行选择取舍、突出处理及删节，决定哪些信息能传播并试图通过这些讯息造成某种影响，例如记者、编辑以及媒体决策者均充当重要的“把关人”的角色。

（2）信息：是指传播者可传递的内容，环境健康信息统指与环境健康有关的一切知识、技术、观念和行为模式。

（3）传播途径：信息传递的方式和渠道统称为传播途径。传播途径可以分以下几类：

① 口头传播：如演讲、报告、座谈、咨询等。

② 文字传播：如报刊、杂志、书籍、小册子、传单等。

③ 形象化传播：如图画、标本、实物、模型、照片等。

④ 电子媒体传播：如电影、电视、广播、录音录像、幻灯、投影等。

⑤ 综合上述诸多手段传播：如卫生展览、卫生游园、宣传板报、橱窗、卫生宣传日等。

⑥ 民间渠道传播：如三字经、顺口溜、年画、挂历、地方戏曲、卫生文艺演出、民俗活动等民间传统文化传播形式。

环境健康教育工作者在传播活动时，应根据客观的具体情况，因人、因地、因时地选择传播途径。选择传播途径应遵循以下原则：①保证效果原则：根据预期达到的环境健康传播目标和信息内容选择传播途径。如某地发生较大规模的环境污染，宜选用大众传播媒介以造成轰动效应，充分引起公众的警觉。②针对性原则：针对当时情况和具体对象选择传播媒介。如采用函授、讲座方法对农村妇女进行环境卫生教育，则缺乏针对性。③可及性原则：根据媒介在当地的覆盖情况、群众对媒介的拥有情况和使用习惯来选择媒介。④速度快原则：力求以最快、最通畅的渠道，将环境健康信息传递给目标人群。⑤经济性原则：从经济角度考虑媒介选择，如有无足够的经费和技术制作能力发放材料或使用某种媒介。经济原则往往是决定性的。

总之，媒介选择要遵循有效、经济、方便、可行的原则，根据需要与可能综合选择运用。

（4）受传者：是指信息通过各种途径所达到并被接收的个人或群体（大量的受传者又称受众）。近年来人们常用社会市场学的原理来研究受众价值观、需要、心态，根据受传者的社会人口学特征、心理特征、行为特征、健康状况制订传播策略和方法，以达到最佳的传播效果。

（5）效果：传播效果指受传者在接受信息后，在情感、思想、态度和行为等方面发生的反应。效果是传播活动的目的所在，价值所在。环境健康传播的效果由低到高，可分 4 个层次：①知晓环境健康信息；②环境健康信息认同；③对待环境的态度转变；④采纳有利于环境与健康的行为。

3. 大众传播媒体在环境健康教育与健康促进中的应用　近 30 年来医疗卫生与大众传媒的整合互动已经密不可分。国内外研究表明：公众了解健康和环境健康信息，主要源于大众传媒。利用媒体进行健康教育与健康促进，确能促进受传者认知水平的提高甚至行为的改变。我国现约有 2000 个电视频道，2000 份报纸，8000 份杂志，它完全可以成为环境健康教育与健康促进的资源。媒体在我国部分地区非典型肺炎爆发流行期间公众应急教育中的显著作用，证明大众媒体是公众健康促进不可分割的部分。

环境健康的信息一般说都是公开的，应该借助大众媒体面向整个社会、信息公开、覆盖面广的特点，充分运用这些强势媒体进行宣传教育。近年来我国一些生态环境的治理工程，以及环保万里行、保护母亲河、聘请环境形象大使等多种社会大型活动，经由电视、广播、报纸进行新闻报道，极大地吸引了公众的兴趣和对环境的关切，同时也唤起广大群众的环境意识。就是每天电视播出的城市空气质量报告也已成为公众离不开的信息。

人类正进入信息时代。信息网中的计算机网络、移动电话可说是新兴媒体。据 2002 年不完全统计我国上网人数 6000 多万人，仅次于美国，位居世界第二；拥有移动电话 2 亿 5 千多万部，有的省几乎是人手一个，电话 5 亿多部。这样庞大的现代化信息资源应该成为环境健康教育与健康促进独立的或与大众媒体结合的重要渠道。

4. 人际传播技巧在环境健康教育与健康促进中的应用　人际传播又称亲身传播，它是个体间无媒介的直接的双向沟通。包括语言或非语言的信息交流和感情交流。在环境健康教育与健康促进中可应用的人际传播形式主要有：个别劝导、选题小组讨论（nominal working group）和专题小组讨论（Focus Group Discussion，FGD）、讲座、培训、同伴教育（peer education）、咨询等等。每一种传播形式都涉及传播者的传播技巧——听、说、问、答、反馈和用体语形式传情达意。因此，每一位从事环境健康教育的专业人员都应较好掌握谈话技巧、倾听技巧、提问技巧、反馈技巧等人际沟通技巧。

根据环境健康教育的特点，举办社区居民、专业工作者的专题讲座和培训应是最常用的方式。因此，掌握好基本的讲课方法和演讲技巧是取得传播效果的先决条件。做好一次讲座要注意以下几点：

（1）做好授课准备：授课准备包括三方面内容：一是了解讲课对象，评估教育需求，如了解听课者的职业、年龄、文化程度、知识和技能水平，以及他们的兴趣和需要，做到有的放矢；二是确定主题和内容及深度；三是编写讲稿或讲义，将教学内容进行系统的加工整理，对教学方法预先进行设计并备好辅助教具。

（2）遵循“循证医学”原则：首先要求内容的科学性，无论对理论的叙述或数据的利用都应遵循“循证医学”的原则，做到准确可靠。其次，要有思想性，鲜明地提出提倡什么，反对什么，注意人们公德观念的教育，体现精神文明建设的时代精神。再有，讲授内容本身要有系统性和逻辑性，条理清晰，层次分明，突出重点，讲清难点。

（3）心理素质方面：讲座的目的是传播环境健康知识和观念，进而说服听众，影响听众，引导行动。因此，讲座者要有调动听众积极性、引发听众共鸣的心理素质和授课艺术。

成功的讲座者应具备三种良好的心理素质：①自信意识，对讲课内容有深刻的理解，对自己的能力和讲座的成功充满信心；②吸引意识，以自己的精神面貌、讲座内容和讲座方法抓住听众，保持听众的注意力。③反馈意识，保持一种随时接收并处理听众反馈的心理活动，边讲边观察，因势利导，随机应变。以上三种心理素质是通过实践不断成熟的，作为环境健康教育者要自觉注意培养，提高讲座效果。

三、行为干预在环境健康教育与健康促进中的应用

环境健康教育的核心是行为改变，包括终止危害环境与健康的行为，实行有利于环境与健康的行为以及强化已有的环境与健康行为等。实际工作中并非所有教育干预都能取得成功，只有分析确定人们为什么采取不利于健康的行为及其影响因素是什么之后才能正确选择行为干预的模式，达到预期目的。

影响个人和群体行为的因素是十分复杂的，各类因素之间又是交互影响的。从教育干预的角度，可把行为影响因素归纳为倾向因素、促成因素与强化因素三类。

1. 倾向因素（predisposing factor）　先于行为的动机或愿望，或是诱发产生某行为的因素，其中包括知识、态度、信念、价值观、技术与能力。

2. 促成因素（enabling factor）　指促使行为动机或愿望得以实现的先行因素，即行为改变所需的外部条件，包括行为和环境改变所需的资源及个人保健技能以及行政的重视与支持、法律、政策等。如要求公众不乱扔果皮纸屑，就必须有足够的、配置合理的垃圾箱，以及赏罚制度。

3. 强化因素（reinforcing factor）　社会人文环境对行为改变的支持度，如当一个维护

环境卫生的行为发生后，得到有关机构或人员的鼓励与赞扬，即行为得以正强化。反之，即是负强化。以节水行为为例，三类因素见表 17-1。

表 17-1　节水行为的三类正负向因素

	正向	负向
倾向因素	知道水资源的宝贵（知识） 相信个人节水是有意义的（信念） 愿意节约用水（态度） 为了节水可忍受一些生活的不便（价值观）	不知道水资源的宝贵 不相信个人节水有什么意义 不愿意节约用水 只要用得痛快，节不节水无所谓
促成因素	水价贵 市场节水设备供应充足 有循环用水设备	水价便宜 市场没有充足的节水设备 没有循环用水设备
强化因素	家人、朋友都认为节水是件好事 对居民节水有鼓励措施 社区把节水列为文明家庭评选条件	家人、朋友对节水态度淡漠 对居民节水没有鼓励措施 社区不把节水列为文明家庭评选条件

以上三类因素只有倾向因素是行为改变的内因，其余两类为外因，外因通过内因发生作用（见图 17-3）。

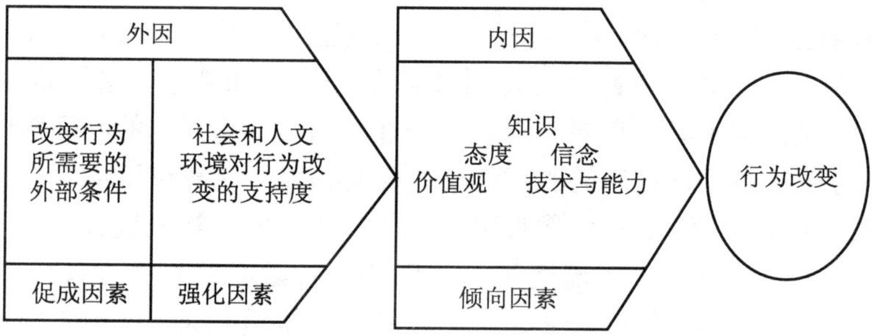

图 17-3　行为改变内外因素模式图

（一）个体健康相关行为改变的模式

健康相关行为改变是一个相当复杂的过程，各国学者、专家多年来悉心研究，提出多种行为改变模式，以下介绍两种比较简单、应用较多的模式。

1. 知信行模式（KABP model）　知信行（knowledge-attitude-belief-practice）是知识、态度、信念、行为的简称。这一理论认为，卫生保健知识和信念是改变健康相关行为的基础。只有建立起正确的信念和态度，才能产生行为的动因，然后改变危害健康行为。当然，知信行三者是理论流程，他们之间存在因果关系，但不具必然性。

2. 行为转变阶段模式　该模式认为人群所处的行为转变阶段是不同的，只有掌握行为改变所处的阶段，并提出相应策略才能奏效，尤其是对成瘾行为。

第一阶段：没有准备阶段。处于这一阶段的人对行为转变毫无思想准备，他们并不意识自己存在的不健康行为的危害，对行为转变缺乏兴趣。此阶段的行为转变策略是：帮助提高认识，适当推荐有关读物和提供建议。

第二阶段：犹豫不决阶段。人们开始意识到问题的存在及其严重性，考虑要转变自己的行为，但仍犹豫不决。此阶段的行为转变策略是：协助他们拟定行为转变计划，提供转变该行为的技能，指导行为转变的方法和步骤。

第三阶段：准备阶段。开始做出行为转变的承诺并有所行动，如主动咨询、购买书籍、以求帮助、制订行为转变时间表等。此阶段的策略是：提供规范性行为转变指南，确定切实可行的目标及步骤，寻求社会支持（如朋友、家属等支持）帮助克服转变过程中可能出现的困难。

第四阶段：行动阶段。此阶段的策略是争取社会支持和环境支持，替代方法（如用无钠盐代替钠盐等），请行为转变成功者介绍经验，请同伴帮助。

第五阶段：维持阶段。已经取得的行为改变成果并加以巩固。此阶段策略是创造支持性环境，建立互助，互相监督，鼓励坚持，防止复发。

（二）创新扩散模式在人群和社区行为改变中的应用

创新扩散（diffusion of innovation，DI）指一项新事物通过一定的传播渠道在整个社区或某个人群内扩散，逐渐为社区成员所了解。

Rogers 根据人群在面对创新时接受创新事物的早晚将人们分为五种不同类型：先驱者、早期接受者、相对较早的大多数接受者、相对较晚的大多数接受者、迟缓者。

先驱者是采用创新的先锋，是人群中最先接受创新者，约占 2.5％。

早期接受者是其后接受创新的 13.5％的人，他们较容易接受新观念，但有一定的慎重态度，常具领导能力，对后续接受者有着决定性的影响。

相对较早的大多数接受者为其后接受创新的 34％的人，其特征为慎重、深思熟虑。

相对较晚的大多数接受者为再其后的 34％的人，倾向于对创新事物持怀疑态度，等到其他多数人接受并认同该创新时，他们才会成为接受者。

迟缓者则是最后的 16％的人，主要特征是观念比较保守，坚持已习惯的事物，不到万不得已不愿改变旧事物去接受创新。

这五类人对新事物的行为之所以不同，与其对新事物的态度有关，1987 年 Green，Gottlib 和 Parcal 建议对于早期接受者，重点提高其认识；对于相对较早的大多数接受者，重点应放在通过典型示范等活动激发其动机；对于相对较晚的大多数接受者，重点在帮助他们克服其接受新事物所遇到的心理障碍和客观障碍。以下是与创新扩散理论有关的农村改厕实例（摘自马骁主编《健康教育学》，人民卫生出版社，2004 年）。

20 世纪 90 年代，在我国南方某地的农村环境卫生项目中需要推进厕所改良的健康教育工作。当地人口密集、土地资源紧张、经济发展水平较高、农村居民普遍已建造了新楼房、有了自来水，而原有习惯是使用“马桶”。当时在农村推广的无害化户厕一般分为地上建筑与地下的两格或三格化粪池。健康教育工作人员经调查研究对情况做了仔细分析后，认为在现有经济和社会条件下已经可以建议村民采用城市居民广泛使用的家庭坐式抽水马桶（节水型），而不再修建地面厕所建筑。既结合传统习惯，方便卫生，又节省土地，费用与修建一般形式的无害化厕所差不多。但这在农村居民中是一项创新，需要帮助他们认识和接受。

健康教育工作人员首先在干部和村民中宣传“改厕”的卫生意义，进行必要的社会动员；在此基础上选择知识水平较高、认识较清楚、经济条件较好的人士（每村 10～20 位），如乡村教师、卫生人员、干部、乡镇企业负责人等作为“先驱者”；其三是针对村民不愿改变原有习惯、对“厕所怎么能建在屋里”的顾虑和花钱建厕的犹豫，开展了讲解抽水马桶优点、说明其适合当地情况、展示城市居民的室内抽水马桶等活动，并使用项目预算原有改厕补贴经费的一部分对建抽水马桶者予以奖励性补贴（只相当于建抽水马桶所需费用的一小部分）。这样第一批崭新的室内抽水马桶式卫生厕所在“先驱者”的家里建起来了。然后，以这些家庭为样板进一步开展工作，部分村民耳闻目睹后随即表示要建这样的厕所，此时健康教育工作者宣布在某时以前建厕者还可以得到奖励性补贴，但只有“先驱者”的一半。这些村民纷纷着手建厕，他们相当于“早期接受者”和部分“相对较早的大多数接受者”。再后，过了给予奖励性补贴的日子，尽管健康教育工作者宣布不再有补贴，依然有更多的村民动手建这样的厕所，他们即是另一部分“相对较早的大多数接受者”和“相对较晚的大多数接受者”了。而且，目标居民了解情况后也有许多开始建同样的新厕。这样，室内抽水马桶式卫生厕所很快地、很顺利地在该农村地区普及起来。不过到项目结束时还有少数村民不愿放弃传统马桶，他们属于“迟缓者”。

第五节　学校的环境健康教育与健康促进

中外学者一致认为，学校是健康教育与健康促进最理想的地方，也是当前我国实施环境教育的常规场所，它是全民开展环境教育与促进的最佳渠道，“绿色学校”则是实现环境教育目标的一种模式。

一、绿色学校的涵义

“绿色学校”（green school）一词产生的源头已无从追溯。1986 年，马来西亚教育部就曾出版过《绿色学校》一书。而至少在 20 世纪 90 年代初，在英国就已经有不同的出版物，从环境教育的视角出发，进行关于绿色学校建设的讨论。也有人认为“绿色学校”的概念最早起源于欧洲环境教育基金会（FEEE）1994 年提出的一项全欧“绿色学校计划”项目，参与该项目的欧洲各国学校所使用的称谓并不一致，如爱尔兰称“绿色学校”，德国称“环境学校”，葡萄牙称“生态学校”等等，但是其内涵是相同的。

绿色学校是作为实现环境教育目的的重要方法提出来的，因而它的内涵依从于对环境教育的目的和目标的理解，也就是说，绿色学校的内涵决定于环境教育内涵，并随着环境教育的目标的变化而变化。当前的环境教育实质上是可持续发展的教育。因此一所绿色学校决不仅仅是一所环境优美的示范校、一所环境卫生示范校、一所环境科技活动特色校（尽管这些也都是一所绿色学校的表现），还应从可持续发展的理念上去理解。

附：国家环保总局制订的国家表彰“绿色学校”核心评估标准

（一）成立“绿色学校”领导机构，任命本校的“环保督导员”，分工明确，责任到位。制订有切实的建设“绿色学校”的计划。

（二）学校为各类环境教育活动提供资金支持和物质、技术保障。

（三）学校环境管理措施有力，体现环境保护概念，降低污染、垃圾减量、节约和回收资源节能等取得明显效果。

（四）“绿色学校”档案原始数据和文件完整，分类清楚，形式多样，长期积累。

（五）在各学科教学中进行环境教育渗透，效果良好。

（六）开展环境教育的研究，鼓励教师参加环境内容的继续教育及相关培训。

（七）学校具有明显的环保宣传教育氛围，师生环境意识高，积极参与各类环保活动。

（八）学校倡导环保生活方式，师生在社区和个人生活中自觉注重环保实践。

（九）学校努力绿化美化校园，为师生提供良好的工作学习环境。

（十）学生在校内成立环保小组，参与学校环境管理。

二、卢卡斯教育模式以及"绿色学校"

在我国，从20世纪80年代开始进行学校的环境教育的试点工作，这些试点学校大多将环境教育定位于有关环境科学知识的教学。此时，欧美国家已倡导以整体论为哲学基础来发展环境教育，即不是孤立地看待环境问题的某些具体因素，而要从自然环境和人工环境，包括生态学、生物学、物理学、化学、地理学、经济学、历史学、伦理学及文化、艺术等各个领域综合探索环境问题，才能形成受教育者的综合环境素质，培养合格的地球村村民。

这种素质不外乎是受教育者的环境意识、环境知识与技能、环境价值观与素质，最终形成有益环境的行为模式。而以知识为本位的教学过程是难以实现环境教育的这些目的的。伦敦大学英王学院的卢卡斯教授所构建的环境教育模式（图17-4）是一个广受欢迎和普遍接受的模式。因为它超越了"关于环境的教育"的知识目标，强调在知识技能的基础上，通过"在环境中的教育"来实现"为了环境的教育"的目的。卢卡斯认为，模式中的三个层次似乎都不能单独实现环境教育的总体目标，只有当这三个方面结合一体，才能实现个人在环境素质上的综合发展。卢卡斯三个层面的目标和学校环境健康教育的目标是一致的。

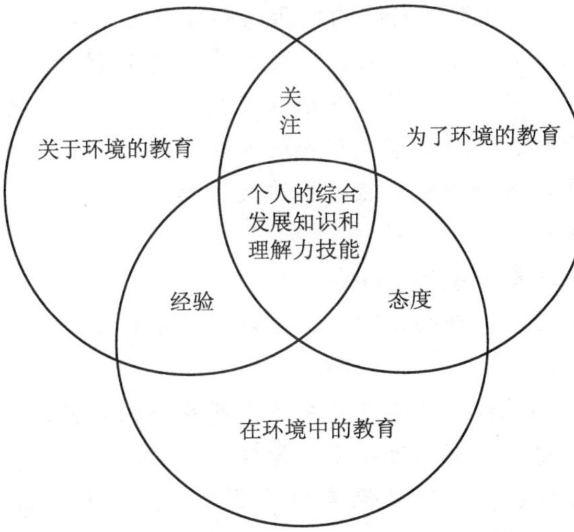

图17-4　卢卡斯建议的环境教育模式图

20世纪90年代中期，在环境教育领域提出的"生态学校"或"绿色学校"与WHO提出的健康促进学校（health promotion school）的一些标准有不谋而合之处，两者都关心学生的环境健康，包括饮用水、卫生设施、食品、资源利用的环境影响和经济影响，使学生在良好的环境中健康成长。这就是"绿色学校"所要创设的良好的校园氛围。

总之，绿色学校和健康促进学校都强调，将环境意识、健康意识和行动贯穿于学校的管理、教育、教学、服务和建设的整体性活动之中，从而把学校建设成为进行环境与健康教育和健康促进的有效而理想的场所。

三、学校环境健康教育与健康促进的基本内容

（一）教育内容

20 世纪 90 年代以来，随着可持续发展的深入人心，环境健康教育已从单纯的强调人与自然和谐相处向以环境与发展为核心的教育转变，环境健康教育被认为是实现人类社会可持续发展的必由之路。人们认识到教育过程不仅是使受教育者积累知识的过程，更重要的是要重视受教育者正确的道德观、责任感、价值观、态度等素质的发展，即教育不仅要向受教育者传播一定的环境科学知识，更要关注培养受教育者正确的环境伦理道德观念、环境价值观，从而形成有益于环境的行为模式。

根据教育部选定的“中国中小学绿色教育行动项目”试点学校，以浙江省舟山市朱家尖小学为例，该校根据学校地处海岛的地理特征和小学不同年级的认知水平、知识特点等方面的差距，制订 1～6 年级的环境教学活动内容如下：

一年级：初步认识学校、家庭和邻近地区的环境。

1. 居住环境：我们的生活；家庭周围的环境；家庭居住环境；日常生活环境。
2. 校园环境：我们的学校；绿化我们的学校。
   活动：让我们一起来美化校园。
3. 初步认识水、电、空气对人类的重要性。

二年级：初步认识学校所在地区人们的生活与环境的关系。

1. 家乡环境：我们的家乡；家乡新貌；热爱家乡，美化家乡。
2. 商店、街道、饭店、车站和邮局的环境及其状况。
   活动：数一数自带购物袋进商店、菜场的人数。
3. 人与自然：了解生机勃勃的大自然，拥抱大自然。
   活动：手拉手走进大自然。

三年级：初步认识本地区环境资源的特点。

1. 淡水资源：朱家尖的水、舟山市的水、地球上的水；爱护清水波；饮用水的处理。
   活动：参观自来水厂。
2. 海洋资源：舟山海洋现状；海洋在大自然中所扮演的角色；人类活动与海洋。
   活动：我为海洋献爱心，制作海洋生物标本。
3. 风景名胜区和自然保护区：环境优美的风景名胜区；大自然的一块净土——自然保护区。
   活动：向朱家尖风景旅游管理委员会调查名胜风景区的年客流量。

四年级：初步认识动植物是人类的好朋友

1. 人与植物：植物与环境；保护大地的绿色屏障，让大地披上绿装。
   活动：我与小树交朋友。
2. 人与动物：动物是人类好朋友；让爱心融入动物世界。
   活动：我为小鸟安个家；青蛙，我的朋友。

五年级：初步认识人与大气、土地的关系，人口增长与环境保护。

1. 人与大气：生活与大气；大气发出的警告，还我清洁的蓝天。
   活动：观察校门口大街上机动车日流量及排污状况；我劝爸爸戒烟。
2. 控制人口，保护环境：中国人口现状；人口增长带来的环境问题。

活动：设计一张计划生育的手抄报。

六年级：初步认识环境保护与健康的关系。

1. 环境污染威胁人类健康：水污染；大气污染；食物污染；噪声污染。

活动：调查你家附近的河流污染状况。利用回收的材料装饰我们的教室。

2. 绿色食品。

活动：调查当地绿色食品的种类。

3. 为了一个共同的美好未来，保护环境，造福人类，从我做起，从小事做起，从现在做起。

活动：去风景区、街道边捡白色垃圾；垃圾分类。

（二）创造良好的物质环境

学校物质环境指学校的基础环境及自然环境。包括校址的选择、校舍的建筑、操场面积和运动设施、教室采光、照明、通风、温度、湿度、噪声、课桌椅、给水及排水设备、厕所、浴室、食堂、垃圾处理等。

四、学校环境健康教育与健康促进的教学方法

（一）设科教学

纵览全球的环境教育，有的国家把设科教学作为大中小学校环境教育的主渠道。2003年10月，我国教育部制订了《中小学环境教育实施指导》（试行），要求中小学将环境教育作为一个跨学科的主题纳入中小学综合实践活动课程。而健康教育课在我国历史较为悠久。目前正与体育卫生结合进行，一般说城市中小学大都能基本做到有课时，有教师，有教材。

（二）渗透教学（联络教学）

20世纪80年代中期召开的“全国中小学环境教育经验交流及学术研讨会”建议：要提高中小学开展环境教育工作的重要性的认识，学校环境教育应当渗透在各学科中进行。此一建议在20世纪90年代初“全国第一次环境教育工作会议”上得以强调和推广。说明在我国至今环境渗透教育仍作为中小学环境教育的主渠道和着力点，并与语文、数学、美术、历史等各学科以及文化、科技教育、思想品德教育、健康教育、生存教育、艺术教育逐渐结合起来。目前有关方面已经考虑在各学科渗透环境教育的基础上，开展专题教育形式。

（三）专题教育

在各学科渗透环境教育的基础上，通过教育形式，引导学生将来认识和关爱大自然，关注家庭、社会、国家和全球的环境问题，正确认识个人、社会与自然之间的相互关系，帮助学生获得人与环境和谐相处所需要的知识、方法和能力，培育学生对环境友善的情感、态度和价值观，让学生选择有利于环境的生活方式。

（四）价值观澄清法

价值观澄清法是由教师向学生提供以某一环境健康问题的不同价值观，引导学生选择或提出自己的价值观，通过讨论争论，消除不恰当的价值观，确认恰当的价值观的教学过程。价值观澄清教学法要求教师在教学中要做到的几个方面：①将某一环境健康主题的价值观展示给全班学生。②引导学生进行初步的决策。③组织集体讨论。④给学生机会，让他们调整自己的选择，作出最后的抉择。作为集体讨论结果，学生可能改变或重申自己对此问题的立场。

（五）价值分析法

价值分析法是应用科学的归纳方法逻辑思考价值观。这种方法多用于中学阶段的学生，因为他们已开始形成抽象思维能力，能对现存的价值观提出质疑。

价值观分析过程中，首先由教师向学生提供对某一资源的使用问题的资料，包括各个不同群体的态度。如某地要建造一个大型的卷烟厂，以作当地经济发展的重要手段。教师描述不同人群对此作出的反映，引导学生识别不同群体的价值观的冲突点以及相关的行为，分析利益冲突的价值来源，然后由教师对讨论结果进行归纳，引导学生预测比较各种价值观及其行为会产生的环境健康后果，从而促进学生发展自己相对稳定的价值观。

（六）角色扮演模拟法

角色扮演模拟法又称角色扮演法。是由教师创设一个模拟情境，由学生扮演其中一个角色，以某一问题进行讨论和争论。角色扮演模拟法的进行步骤是：①背景介绍：教师首先向学生讲述要模拟的内容、情况的特征、其中涉及的环境健康问题、涉及的角色及其主要观点、介绍所模拟的大意等。②角色分配：教师挑选1～3个学员根据课程内容在课堂上表演一个情节。③模拟前学生根据模拟角色的观点，收集与自己相关的资料，以论证“自己”的观点。④进行模拟：学生按自己所扮演的角色进入教师预设的情境中，按环境需要依次阐述观点。⑤讨论与评价：从总体上客观分析模拟活动中的环境健康问题，对活动中的环境健康问题及解决途径达成一定共识。

（七）游戏法

游戏法是一种寓教于乐的方法，特别适用于幼儿园及小学低年级学生。国内外在食物链、食物选择方法上较多使用。如让学生装扮成水、阳光、家畜、家禽、果蔬、捕食者等，让学生说出“自己”对健康的功用，亦可迅速排出食物链。

（八）同伴教育法

同伴教育形式多种多样，可以在各种场合自发地或有意识地在同伴之间进行，因为同伴之间（这里是同学之间）是平等的伙伴，他们的交流自然而亲切，容易唤起心里的共鸣，取得良好的教育效果。有这样一个实例：不久前北京清华附中、十一学校、北京五十七中等参加道德细节实践的学生，在大学校园里提倡节约用水，他们拿着准备好的校园节水倡议书，来到大学生餐厅门口，对来餐厅吃饭的大学生们进行校园节水倡议，当他们看到许多大学生洗碗从拧水龙头放水，到最后冲刷完毕没有人因为中间要用手刷而临时关闭水龙头，任水自由流着时，就纷纷帮助他们暂时关闭水龙头，并立即进行请你节约用水的宣传。大学生们密切配合和支持同伴们的行动，表示节水应该从自己的意识做起，并不只是靠着安装节水设备才能节约水资源。

（九）环境健康教育活动

环境健康教育活动最主要的是户外教学活动。有的学者指出，环境健康教育应“情感基础第一，不是认知第一”，因为对大自然的美是具有环境意识行为的先导。而要实现这一情感目标，则应有教师精心策划，运用环境资源，带领学生到公园、森林、田野去接触大自然，以便发展学生保护与改善环境的意愿，形成正确的环境价值观与态度。

环境健康教育活动种类较多，可根据年龄特点选择适宜活动。如参加社会卫生服务、学校环境清扫、组织以卫生为主题的夏令营等。这些活动都可以与户外环境教育结合进行。

环境健康教育活动阵地，不仅在课堂和校园，还应向社区、家庭延伸和渗透，否则学校的环境健康教育将会事倍功半。要提高学校环境健康教育的实效，可通过学校与社区的互动，组织师生深入社区宣传环保，与社区居民、学生家长共同开展关注家园环境、共建绿色社区的各项社会公益活动。例如北京市怀柔区杨宋镇中学，以学校共青团为依托，成立环保自愿服务队，开展“保京城绿水蓝天、为内蒙多伦地区治沙捐款”活动，每月一次对怀柔水库、京密引水渠、杨宋镇各村水样进行监测；每周一次清理公路沿线白色污染，在街道路口发放环保宣传材料。这些活动不仅增加了学生自己的环保意识，也带动了学校、家庭和社会。

五、学校环境健康教育的评价

（一）评价概念

评价（evaluation）是指客观实际与预期目标的比较。是一种关于价值的判断。为进一步的环境健康教育与健康促进的决策、计划和实施提供可依据的结论。鉴于环境健康教育的跨学科性和整体性特征，对它的评价可以是多视角的。如对创建“健康促进学校”、“绿色学校”的办学水平作出评价；对教师和学生的教育教学质量进行评价；对学生的知识、态度、行为作出评价等。

（二）评价种类及内容

评价的种类多种多样，从评价时期与目标看，可分为形成评价（又称诊断性评价）、过程评价、效应评价、结局评价四个方面。形成评价可以概括地理解为对目标人群的需求评估、政策、环境、资源评估等。过程评价贯穿于计划执行的全过程，以监测计划执行的质量，如对教师的教学质量进行评估即属于此评价。效应评价是环境健康教育与健康促进评价的重点。效应评价要评估环境健康教育与促进项目导致的目标人群健康相关行为及其三类影响因素。结局评价要求观察学生远期的健康状况的改善和生活质量的提高。

效应评价是评价的重点。效应评价的内容，有学者提出下列框架模式可作为参考（图17-5）。

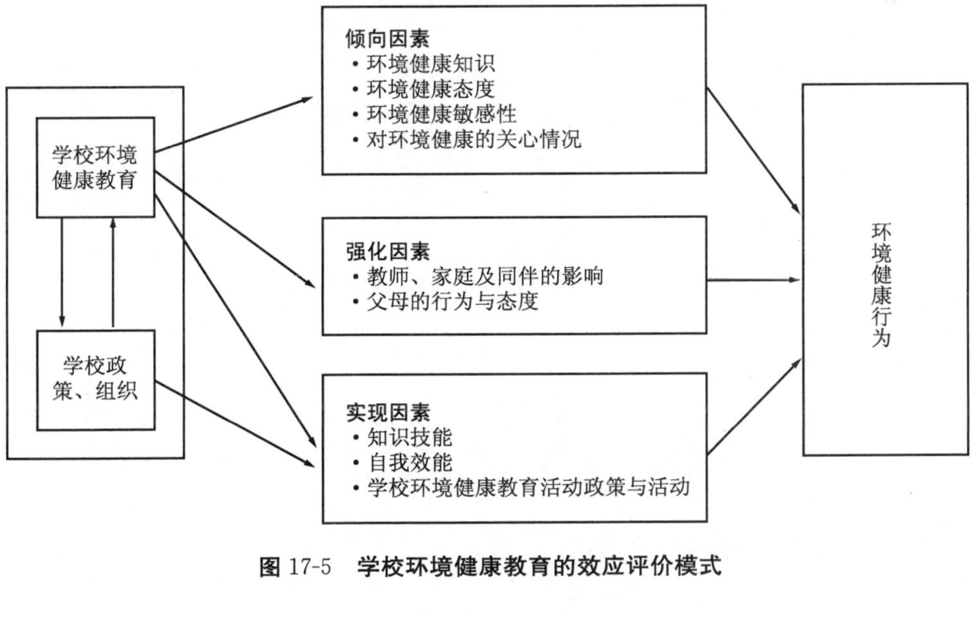

图 17-5　学校环境健康教育的效应评价模式

此外，在学校物质环境的评价方面，WHO及我国一些地区都制订了健康促进学校所应达到的具体标准，具体操作过程可与绿色学校评估标准结合起来。

（吕姿之）

思考题

1. 简述环境健康教育与健康促进的社会作用。
2. 健康促进的基本策略是什么？
3. 城市社区环境健康教育与健康促进有哪些内容？
4. 学校环境健康教育与健康促进有哪些教学方法？

第十八章　环境卫生标准与法规

第一节　概　述

一、标准和标准化

（一）标准

标准（standard）是对重复性事物和概念所做的统一规定。它以科学、技术和实践经验的综合成果为基础，经有关方面协调一致，由主管部门批准，以特定形式发布，作为共同遵守的准则和依据。这是我国对标准所下的定义。这个定义表明：

1. 制订标准的对象既有“事”又有“物”，还有“概念”。对“事”制订的标准如管理标准；对“物”制订的标准如产品标准；对“概念”制订的标准如名词术语标准。

2. 只有对重复性事物和概念才有必要制订标准。因为只有在反复实践中总结经验，选择出最佳方案制订的标准，才能最大限度地减少不必要的重复劳动，创造经济效果。

3. 制订标准要以科学、技术和实践经验的综合成果为基础，并经有关各方协商一致，保证标准的科学性，使之达到技术上先进，经济上合理，实施时可行。

4. 标准须经主管机构批准，以特定形式发布，才能在一定范围内作为共同遵守的准则和依据。因此，标准具有权威性。

我国对标准下的定义，是对标准这一概念所包括的范畴和本质特征的高度概括。

（二）标准化

标准化（standardization）的定义是：“在经济、技术、科学及管理等社会实践中，对重复性事物和概念通过制订、发布和实施标准，达到统一，以获得最佳秩序和社会效益。”这个定义表明：

1. 标准化的范围和对象是：经济、技术、科学及管理等社会实践中的重复性事物和概念。

2. 标准化的内在特性和本质是对标准化对象“通过制订、发布和实施标准达到统一”。“统一”是标准化的本质和核心。

3. 标准化的目的是：获得最佳秩序和社会效益。最佳秩序是现代科学技术和生产、建设、管理所需要的基本条件，否则上述活动就无法进行。定义中的“社会效益”不只限于经济效益，也不限于企业的局部效益，而是从全社会的角度来看其效益。

所以，标准化是指以制订标准、发布标准和贯彻实施标准为主要内容的全部活动过程，因此标准化是个动态过程的概念。

制订标准是标准化工作的重要组成部分。标准化法规定：国家标准由国务院标准化行政主管部门制订；行业标准由国务院有关行政主管部门制订并报国务院标准化行政主管部门备案；地方标准由省、自治区、直辖市标准化行政主管部门制订，并报国务院标准化行政主管部门和国务院有关行政主管部门备案；企业标准由企业制订，并报当地政府标准化行政主管部门和有关行政主管部门备案。

贯彻实施标准是标准制订部门、使用标准的部门或企业将标准贯彻到生产活动中去的过程。它是标准制订部门和使用部门或企业的共同任务。

对标准的实施进行监督是指对标准贯彻执行情况进行检查。标准化法规定：县级以上政府标准化行政主管部门负责对标准的实施进行监督检查。监督检查的形式有两种：一是根据强制性标准对企业的产品和市场商品进行监督检查；二是推行产品质量认证制度，对企业生产合格产品的能力和产品的质量进行审查、认可。在监督检查过程中，对于不按标准组织生产以及违反强制性标准要求的，都将追究其相应的法律责任。

（三）标准分类和代号

1. 标准分类　标准分类就是按照一定的方法，根据标准的性质、使用的范围和不同的要求等进行分类，我国通用的标准分类有下列几种：

（1）按标准发生作用的范围或标准的审批权限，分为国家标准、行业标准、地方标准和企业标准四大类：

国家标准：根据《中华人民共和国标准化法》（以下简称《标准化法》）规定，对需要在全国范围内统一的技术要求，应当制订国家标准。国家标准由国务院标准化行政部门制订。

行业标准：对没有国家标准而又需要在全国某个行业范围内统一的技术要求，可以制订行业标准。行业标准由国务院有关行政主管部门制订，并报国务院标准化行政主管部门备案，在公布国家标准之后，该项行业标准即行废止。

地方标准：对没有国家标准和行业标准而又需要在省、自治区、直辖市范围内统一的工业产品的安全、卫生要求，可以制订地方标准。地方标准由省、自治区、直辖市标准化行政主管部门制订，并报国务院标准化行政主管部门和国务院有关行政主管部门备案，在公布国家标准或行业标准之后，该项标准即行废止。

企业标准：企业生产的产品没有国家标准或者行业标准的，应制订企业标准，作为组织生产的依据。企业的产品标准须报当地政府标准化行政主管部门和有关行政主管部门备案。已有国家标准或者行业标准的，国家鼓励企业制订严于国家标准或者行业标准的企业标准，在企业内部适用。

标准化法中规定的四级标准间既存在着标准化对象、各级标准适用范围方面的不同，又在上下级标准之间存在着其内在的联系，即上级标准是制订下级标准的依据，下级标准是对上级标准的补充。这四级标准不是平行的，而是以国家标准为主体。

（2）按标准的约束性分为强制性标准和推荐性标准：根据我国《标准化法》规定，国家标准、行业标准分为强制性标准和推荐性标准。保障人体健康、人身、财产安全的标准和法律及行政法规规定强制执行的标准是强制性标准，其他标准是推荐性标准。省、自治区、直辖市标准化行政主管部门制订的工业产品的安全、卫生要求的地方标准，在本行政区内是强制性标准。

强制性标准，是国家要求必须强制执行的标准，即标准所规定的内容必须执行，不允许以任何理由或方式加以违反、变更。对违反强制标准的行为，国家将依法追究当事人的法律责任。

推荐性标准，是国家鼓励自愿采用的，具有指导作用而又不宜强制执行的标准，即标准中规定的内容具有普遍的指导作用，允许使用标准结合自己的实际情况，灵活加以选用。

（3）按照标准的性质分为技术标准、管理标准和工作标准：技术标准是对标准化领域中需要协调统一的技术事项所制订的标准，主要包括基础标准、产品标准、方法标准和安全、卫生与环境保护标准。管理标准是对标准化领域中需要协调统一的管理事项所制订的标准，主要包括技术管理、生产管理、经营管理和劳动组织管理标准。工作标准是对标准化领域中，需要协调统一各类工作人员的工作事项所制订的标准，主要包括通用工作标准、专用工作标准和工作程序标准。

2. 标准代号

（1）国家标准的代号和编号：《国家标准管理办法》中规定：国家标准的代号由大写汉语拼音字母构成。强制性国家标准的代号为“GB”，推荐性国家标准的代号为“GB/T”。国家标准的编号由国家标准的代号（GB）、国家标准发布的顺序号和国家标准发布的年号构成。示例：

GB×××××—××××

GB/T×××××—××××

在已颁布的国家标准中，还曾使用过的代号有：

GBn：国家内部标准。

GBJ：国家标准（工程建设方面）。

GSB：国家实物标准。

国家标准发布的顺序号是国家标准化主管部门对国家标准按顺序登记发布的流水号，不按专业或部门分类。曾使用过的国家内部标准（GBn）、国家工程建设标准（GBJ）、国家实物标准（GSB）的编号方法同国家标准的编号。

（2）行业标准的代号和编号：《行业标准管理办法》规定：行业标准代号由国务院标准化行政主管部门规定。

（3）地方标准的代号和编号：地方标准的代号为汉语拼音字母“DB”加上省、自治区、直辖市行政区划代码前两位数再加斜线，组成强制性地方标准代号。再加上“T”，组成推荐性地方标准代号。

二、环境卫生标准

环境卫生标准（environmental health standard）是从保护人群身体健康和保证人类生活质量出发，对生活环境中与人群健康有关的各种因素（物理、化学和生物）以法律形式做出的量值规定，以及为实现量值所作的有关技术行为规范的规定，经国家标准化主管部门批准，并以一定形式发布的法定卫生标准。简言之，环境卫生标准包括量值部分和用文字描述的技术行为规范两个部分。量值部分又包括限量值（如最高容许浓度）或适量值（如住宅适宜温度）；当对环境因素的性状不能做出量值规定时，可以做出采用文字描述的技术行为规范的规定。根据标准化的要求，后者的用词应该十分严谨，例如正面词一般采用“必须”、“应”、“宜”或“一般”，反面词一般采用“严禁”、“不得”、“不宜”等，它们分别表明了标准要求的严格程度，体现了量值所不能表达的灵活性。

《中华人民共和国标准化法》规定，保障人体健康、人身财产安全的标准和法律及行政法规规定强制执行的标准是强制性标准。环境卫生标准是一类保护人群健康和保障人民生活环境安全的标准，它是强制性的国家标准，属于技术法规范畴，因此环境卫生标准具有立法意义，有关企业和生产单位，要按照标准要求，从设计、生产、使用等各个环节对产生危害人群身体健康的各种有害因素应采取必要的防治措施以保证实现标准要求。在有关部门的密切协作下，根据卫生标准要求，对环境污染状况及其健康危害进行评价，并提出改进建议和监督标准的实施。因而环境卫生标准在实际工作中的作用在于：它是进行规划设计、环境监测、监督、环境评价以及对各种环境治理措施效果评价的依据，可见制订合理的环境卫生标准是一项技术性和政策性都很强的工作。

我国早在20世纪50年代就发布了《自来水水质暂行标准》、《生活饮用水卫生规程》、《工业企业设计暂行卫生标准》（101-56）。20世纪60年代正式发布《工业企业设计卫生标准》[国标建（GBJ）1～62]，其中规定了居住区大气中有害物质最高容许浓度19项，污水排入地面水的卫生规则和地面水中有害物质最高容许浓度37项，以及工业企业生产的卫生防护地带分级标准。这些标准对当时国家重点工程建设项目和城市预防性卫生监督起着重要的保证作用。这些标准经实行后，不断总结经验进行修订。自20世纪80年代环境保护作为我国的一项“基本国策”以后，环境问题日益受到人们的关注，环境卫生工作也由对大环境的监督监测工作逐渐转移到对生活环境的研究，环境卫生标准内容亦随之转移。环境卫生标准的种类由原来的《工业企业设计卫生标准》中的大气、地面水中有害物质最高容许浓度和生活饮用水卫生标准发展成目前的13类标准，标准数量亦增加，截止到2002年我国共有环境卫生标准105项（按标准编号统计，不包括方法标准）。这些卫生标准均配备了相应的监测方法，从而增加了标准的技术可行性。特别是《公共场所卫生标准》和《化妆品卫生标准》的发布和实施更增强了环境卫生标准的法规作用。

在我国，卫生标准是在有关卫生法律、法规指导下，由卫生部全国卫生标准技术委员会组织起草、审查和上报，经主管机关批准而以特定形式（国家标准、行业标准）发布，为保障人民健康与安全提供科学技术的依据。全国卫生标准化技术委员会下属若干个分委员会，其中环境卫生标准分委员会主要负责环境卫生标准的草拟，参加标准草案的审查工作。由国家或卫生部所发布的环境卫生标准都是直接为保障人体健康和人身安全而制订的，是与有关卫生法律、法规配套、实施卫生监督所必需的，因而多数是强制性标准，其中也包括指定用于裁决的监测方法标准。

第二节　卫生标准体系

一、概念

标准体系是人们依据对客观事物的认识程度，依据要制订标准的对象，在一个专业范围内依其相互的联系，用从总到分的结构、层次的方法加以排列，使对这一专业范围的标准构成、标准数量、标准内容、彼此关系有一个比较全面的认识与了解，作为制订标准计划的参考，避免标准制订的盲目性与混乱，使之对标准的主次、制订的先后，做到有科学、有计划的安排。1989年卫生部发布我国首部较完整的《卫生标准体系表》，它是卫生标准研制的指导性技术文件。《卫生标准体系表》的层次结构，是根据1985年原国家标准局制订的《标准体系表编制原则和要求》制订的，国家标准体系表的结构分为五个层次（图18-1）：综合性基础标准、行业基础标准、专业基础标准、门类（通用）标准和单项（个性）标准。卫生标准体系属专业标准体系，它只有专业基础标准、门类（通用）标准和单项（个性）标准三个层次。在整个卫生标准体系内划分成几个门类或分科，是本着“方便工作、顺应惯例，与卫生监督工作领域相适应”的原则进行的，即分为五大卫生（环境、劳动、食品、学校和放射卫生）和三大疾病（职业病、食源病和放射病）。

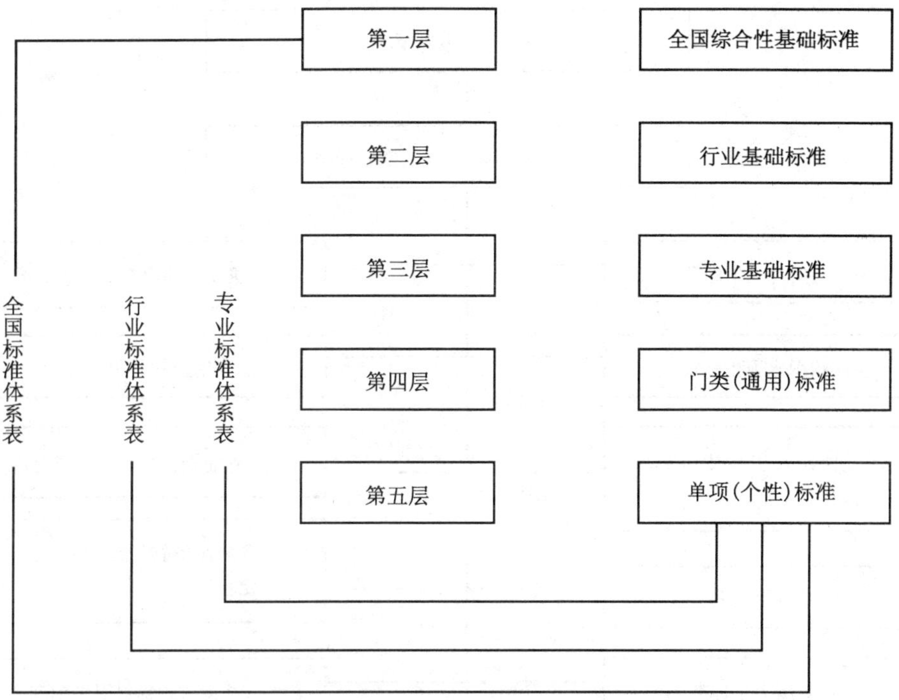

图 18-1　国家标准体系层次结构示意图

环境卫生标准体系属于卫生专业中的一个门类或分科，只有门类（通用）标准和单项（个性）标准两个层次。环境卫生的门类（通用）标准即环境卫生基础标准，它在环境卫生领域内可作为单项（个性）标准的基础并普遍应用，具有较广泛的指导意义，如《环境污染物毒理学评价程序》和《环境卫生名词、术语》等。单项（个性）标准是指直接表达一个标准化对象的个性特性的标准，如《公共场所卫生标准》、《公共场所卫生标准检验方法》等。本着“少分散、多集中、就高不就低（层次）”的原则，凡具有普遍指导意义的标准均应列入基础标准。

二、环境卫生标准体系

环境卫生标准体系包括如下内容（图 18-2）：

（一）环境卫生专业基础标准

它是制订各种环境卫生标准的基础。包括环境卫生名词、术语、代号等的标准化规定；环境污染物毒理学评价程序（包括一般毒性、遗传毒性、毒物动力学等）；制订居住区大气、室内空气、公共场所、地面水和土壤卫生标准的原则与方法；环境污染物生物材料监测规范；快速估算环境中新有害物质卫生标准的原则与方法；环境污染物所致健康危害判定标准的原则；环境医学影响评价的原则与方法等。

（二）环境卫生单项（个性）标准

它是以保障人群身体健康为直接目的，对环境中有害物质（因素）所作出的限制性规定。按照污染物在不同环境介质中的性状、转归和侵入人体途径的不同，环境卫生单项（个性）卫生标准包括：

1. 空气污染物卫生标准　其目的是科学地评价室内外空气是否被污染，污染程度以及

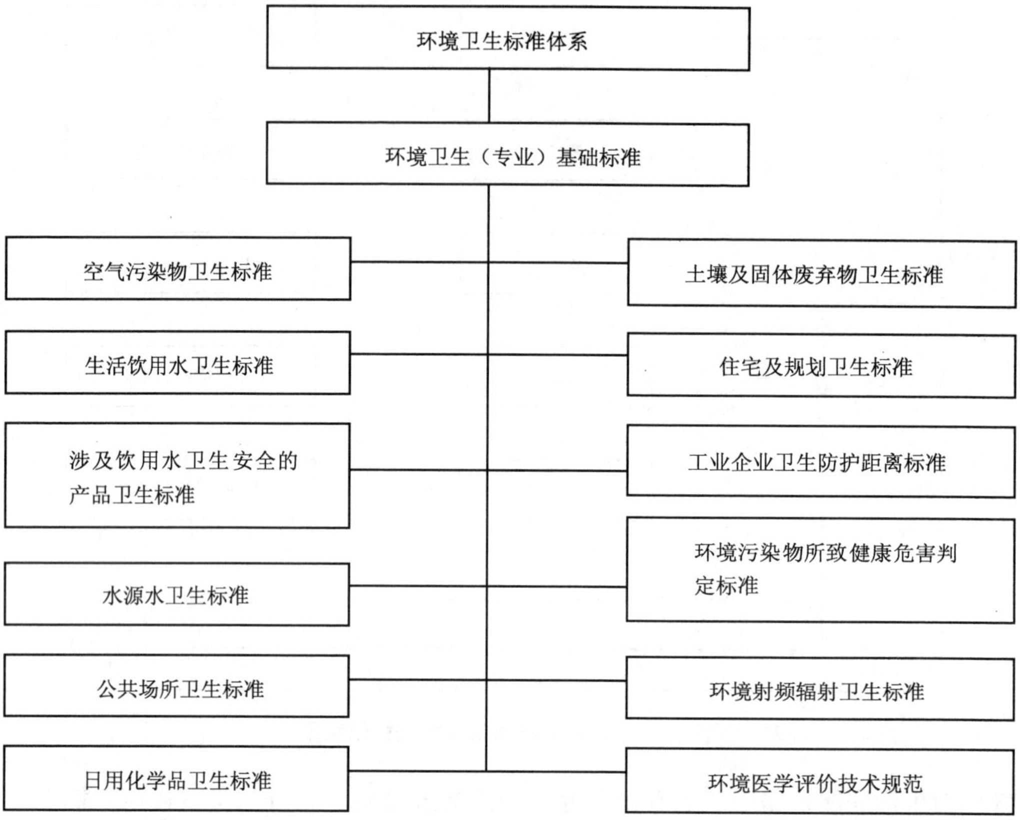

图 18-2 环境卫生标准体系

评价各种防护措施的效果。

2. 生活饮用水卫生标准 它是保证水质适于直接饮用的标准，是开展饮水卫生工作和评价水质净化消毒效果的依据。

3. 涉及饮用水卫生安全的产品卫生标准 包括饮用水输配水管材及有关产品的卫生标准，饮用水供水系统防护材料卫生标准，饮用水化学处理剂卫生标准，净水设备卫生标准及二次供水的卫生要求等。

4. 水源水卫生标准 它是指保证水源水自净和保证生活饮用水水源水质的卫生标准及其具体卫生要求的实现。

5. 公共场所卫生标准 是使公共场所的各个功能部位符合卫生学要求，不对环境增加污染负荷，减少或防止疾病的传播。它是执行《公共场所卫生管理条例》的法律依据。

6. 日用化学品卫生标准 它包括洗涤剂、防（驱）虫剂、室内装潢材料、喷涂材料、油漆等卫生标准等。

7. 土壤及固体废弃物卫生标准 其目的在于防止土壤中有害物质因迁移到邻近环境（大气、水、植物）而危害人体健康，并保证土壤自净作用的正常进行。

8. 住宅与规划卫生标准。

9. 工业企业卫生防护距离标准。

10. 环境污染物所致健康危害判定标准。

11. 环境射频辐射卫生标准。

12. 环境医学评价技术规范。

方法标准也是环境卫生单项（个性）标准，它是与上述各类环境卫生标准相配套的检验方法标准，是保证各类环境卫生标准正确执行的重要手段，其目的是科学地获取数据，使之具有可靠性、统一性和可比性。

在环境卫生标准体系中，各类单项（个性）环境卫生标准是直接为卫生监督和卫生管理服务的，它是环境卫生标准体系的核心和主体，也是法规实施的技术保证。而专业基础标准和方法标准是制订和实施环境卫生标准的技术支柱。

卫生标准体系表是卫生行政部门发布的“指导性技术文件”，是卫生标准化的基础工作。另外，由于卫生标准体系表是在某一时间断面上尽可能显示全面的宏观系统蓝图，而它又具发展动态性特点，随着时间推移应当不断更新和充实，使之更适应新世纪的标准研制工作，更充分发挥卫生标准体系表的基础作用和技术指导作用。

第三节　制订环境卫生标准的依据、原则和方法

一、制订环境卫生标准的依据

为了控制环境污染，保护和改善环境质量，首先要着手的工作就是制订环境标准。这种标准是通过调查研究、专门性的实验和参照国际间的同类标准等三条主要途径而确定的。标准的主要内容是规定各种有害物质或因素在环境中的容许浓度。在通常的情况下，某种物质或因素不超过环境标准规定的限量时，被认为对人体是安全的，对环境也是可以接受的。但是，在不同国家里，由于他们的环境标准研究工作受到社会制度和国家环境政策的支配，确定的标准存在着相当大的差异。例如有的国家在制订环境标准时，偏重于病理学及流行病学的调查方法，主张不考虑敏感个体，认为人体在一定程度内对有害物质可以代偿，在考虑安全系数时，又注重经济和技术条件；而有的国家环境标准则建立在人体的任何生理机能都不容许有任何瞬间偏离正常范围的反应；保护健康不只是指无病，还包括身体、精神和社会福利的完美状态。这种差异主要是由于制订的原则依据和实验方法不同所造成的。但近年来，各国的趋势是要求从严，彼此间差异逐渐缩小。各国现在已颁布的空气标准，一般都按世界卫生组织（WHO）于 1963 年 10 月提出的四级标准为依据。四级标准的主要内容为：

第一级，在小于此种浓度和接触时间内，根据现有的知识，不会观察到直接或间接的反应（包括反射性或保护性反应）。

第二级，在大于此种浓度和接触时间时，对人的感觉器官有刺激，对某些植物有损害，或对环境产生其他有害作用。

第三级，在大于此种浓度和接触时间时，可使人的生理功能发生障碍或衰退，引起慢性疾病和缩短寿命。

第四级，在大于此种浓度和接触时间时，可使对污染物敏感的人发生急性中毒或死亡。

各国根据上述四级要求，进行动物、植物实验和人群健康状况的动态观察。同时对各国环境污染情况进行典型调查，并结合本国的经济技术条件，确定要求，提出有害物质在环境因素中的最高容许浓度值。根据这个分级标准，我国原《工业企业设计卫生标准》（TJ36-79）中关于居民区大气中有害物质的最高容许浓度，大体上属于第一级标准，有一部分有害物质的最高容许浓度的规定是介于第一级和第二级之间。各国的空气标准中关于平均时间的

分类上也有很大不同，从一次瞬间值、半小时、1 小时、3 小时、8 小时、24 小时（日平均），直到月平均和年平均值。3 小时以下视之为短时标准，其目的是为了预防人在短暂接触大气污染物时的反射性反应，而制订 8 小时和日平均标准的目的是为了预防这些污染物的全身毒害作用。至于更长时间的标准，则是为了评价环境质量的逐月和逐年变迁情况。水质标准目前还缺乏国际公认的通用原则，大体上是按照废水的性质、污染物的毒性和对水质要求的不同而制订的。各国在分级上也不相一致，但多以渔业用水的水质标准要求最高。

二、制订环境卫生标准的原则

由于环境污染造成的对人体健康的危害是多方面的，所以在制订有害物质最高容许浓度时，应根据其所引起的机体反应性质及其反应速度。一般应遵守下列原则：

（一）保障居民不发生急性中毒或慢性危害

大气、水的卫生标准，应保证居民不发生急性中毒和慢性危害或潜在性的远期危害（包括致突变、致畸形和致癌作用）。并应该特别考虑保护的居民中包括老、幼、病、弱等敏感人群以及居民昼夜呼吸空气和长期饮用等特点。

（二）对主观感觉无不良影响

最高容许浓度数值应低于引起眼睛、口腔、上呼吸道粘膜的刺激作用的浓度数值，在此种浓度下，人们感觉不到明显的异臭、异味、异色和刺激性，因为不良气味的长期作用和刺激能反射性地引起人体生理机能的改变。实验证明，某些有害气体在相当于嗅觉阈和刺激阈浓度的长期作用下，能引起机体的病理变化。例如 SO_2 的嗅觉阈为 2.0～2.6 mg/m^3，但在 SO_2 浓度为 2.5 mg/m^3 的长期作用下，可引起慢性支气管炎症和局灶性间质肺部炎症。

（三）对人体健康无间接影响

有害物质能使生活卫生环境条件变坏，而对机体产生间接的危害，如灰尘能降低大气透明度，减弱照度和紫外线强度，增加雾天日数，从而削弱人体抵抗疾病的能力；危害植物生长，影响绿化和植物对大气的自净作用；污染环境，影响开窗换气、洗晒衣物；腐蚀建筑结构；降低水域自净能力，损害其经济使用价值等。因此，从保护环境、维持生态平衡出发，最高容许浓度数值应低于发生这些有害影响的阈浓度。某些环境污染物具有致癌、致畸和诱发突变作用，在制订环境卫生标准时还应慎重考虑致癌、致畸和致突变的特点，采取严谨慎重的态度。

（四）选用最敏感指标的原则

在判定有害物质对健康危害时，应选用最敏感指标或特异性的指标是很重要的原则。制订标准中，应从有害物质对机体多方面的有害作用中，选择对人群最敏感的指标或特异性的指标作为有害作用的限制指标，根据剂量—效应关系确定的阈值或阈下值作为最高容许浓度。例如在研究铅对人群的慢性健康影响的剂量—效应关系时，应选用较灵敏的血铅或神经系统指标。在制订氟化物卫生标准时，应选尿氟和氟斑牙作为敏感和特异性指标。

（五）掌握经济合理和技术可行的原则

环境卫生标准是一类限量标准，容许限量规定愈严，对人群健康的保护水平愈高；但结合我国现实情况，过严的标准将会给经济技术造成过量负担而降低了标准的权威性。因此，制订标准应该在考虑健康水平为主体的前提下，又要考虑经济技术能达到的水平，即费用—效应关系和技术发展的水平及合理性。

总之，我国制订环境卫生标准的总原则是：卫生上安全可靠，技术上可行，经济上合理。这说明我国的环境卫生标准既考虑卫生学要求，使之能保护人群健康，同时又适当考虑经济技术的可行性。

三、制订环境卫生标准的方法

（一）制订空气、水中有害物质卫生标准的方法

制订环境卫生标准要研究污染物对机体作用的性质及其反应速度。这些污染物按其理化形态有：气体（包括蒸汽）、液体（雾）和固体（粉尘、烟）三种。世界卫生组织按其毒理及其反应速度将有害物质分为：刺激性、过敏性或急性中毒、蓄积性和有直接致癌作用三类。研究这些有害物质对机体的影响，常采用毒理学试验、感官性状检查、一般卫生状况研究和现场卫生学调查等方法，从各个方面和不同角度进行，以利相互补充应用。目前，随着工业发展，新的有害物质急剧增加，从控制环境污染，保障居民健康观点出发，毒理学试验资料显得特别重要，所以研究有害物质，常常是先从毒理学开始的。

1. 毒理学试验方法　毒理学试验方法能够在比较恒定的生活条件和有控制的实验环境下，研究单一有害物质对动物的短期和长期的毒性作用、剂量—反应关系以及各种病理变化。

毒理学试验包括一般毒性试验和特殊毒性试验，具体见第三章。

由于动物与人的种属不同，对有害物质的感受性也不同，因此由动物实验得出的最大无作用剂量（浓度）直接外推到人时应持慎重态度。应该根据有害物质的特性将最大无作用剂量（浓度）缩小一定的倍数（即“安全系数”）而得出其毒性作用方面的限制浓度。

安全系数旨在调整动物与人之间存在的种属感受性差异、人群中易感性的差异以及小样本动物实验应用于可能接触的大量人群时所存在的问题。比较普遍地认为100倍的安全系数只是一个概略估计，并非十分精确，可以适当伸缩。如果被测定污染物质的主要毒性作用不是极端严重，所接触的人群范围较小，或者关于毒性作用的资料来源于人体直接观察到的结果，在这种情况下，给予“安全系数”可以较小。但如被测定污染物毒性极严重，且有致癌性，则安全系数甚至可为1000。关于安全系数使用举例如下：

美国在制订饮水非致癌有机物质容许浓度时，采用安全系数大小是按照现有资料的范围来决定的：

（1）当具有完整的人体长期接触的数据，并佐有某种动物慢性消化道摄入的毒性资料，则用安全系数10以内。

（2）当只具有完整的动物慢性消化道摄入毒性数据时，用安全系数100。

（3）当只有有限的动物慢性毒性数据，或唯一数据来自呼吸道摄入资料时，则用安全系数1000（NAS）或500（EPA）。

美国在制订饮水中镉、氟化物、硝酸盐等标准时，主要是从人群接触的资料考虑适当的安全系数，因此安全系数都很小。例如制订饮水镉标准时，已确定应当比人一生的镉摄入量大4倍时引起肾脏毒性，因此安全系数规定4。制订饮水氟化物标准时，主要考虑有较低百分比的牙斑釉发生，故安全系数规定为3以下。

我国历年在制订地面水中有害物质最高容许剂量（浓度）时，除具有致突变性和致癌性的物质以外，其他环境污染物质的最高容许浓度的安全系数均在20以内，其原因是标准的取值主要以阈下值或阈值为主。

“安全系数”的确定，缺乏统一意见，在很大程度上是凭经验的。但通常应考虑：①毒

作用的类型；②试验动物与人群观察资料的完整性；③确定无作用剂量或阈剂量的基础及其依据；④剂量—反应曲线的斜率，如曲线的斜度大，则要求有较大的安全系数；⑤如有人体资料时，特别是以完整的流行病学调查资料作为依据时，可采用很小的安全系数，例如对大气和水，采用人的感官阈浓度时，则不需要安全系数。

2. 感官作用阈浓度的测定方法　为了防止有害物质对人们的感觉器官的刺激作用，测定这些物质对眼睛、口腔、上呼吸道的刺激作用阈和在大气、水中产生的异常颜色、气味的阈浓度。在确保受试者安全的条件下，直接进行人体实验要比动物实验意义更大。

在我国原居住区大气有害物质最高容许浓度值中，有 23 种是以感官作用阈浓度制订的，即占 54.5%；地面水有害物质最高容许浓度 55 种，其中 19 种也是以感官性状规定的，即占 34.5%。曾有人分析前苏联地面水有害物质限量依据时，80%是以感官、一般卫生为基础，按毒性作用为依据的只占 20%。可见，在制订环境卫生标准时，感观作用阈浓度的测定，其意义是很大的。

（1）嗅觉和味觉阈浓度的测定：此项测定应在无嗅味的室内进行。受试者应无急性或慢性口腔、鼻腔及影响嗅味觉的疾患，无吸烟嗜好，至少 5～10 人。欲测某种有害物质的嗅味觉阈浓度时，可先将其配制成若干个不同浓度，以稀释水作对照，分别置于 250ml 碘量瓶中，每瓶装 200ml，制备两套，分别放入 20℃及 40℃恒温箱中（如有毒物质在水中极不稳定时，则应随配随测）。测定时，每个受试者给试样和对照各一瓶，其方法为：将碘量瓶稍加摇动，打开瓶塞，立即测嗅；随即用对照水漱口和尝味，尝味时，应使溶液与整个舌头接触，并注意其回味，吐掉，用对照水漱口。在上述嗅、味测定中，均须先试对照，后测试样，并应记录试样嗅、味强度级。嗅味强度均分为五级：0 级——无嗅、无味；1 级——有经验的人能察觉的浓度；2 级——一般人能察觉到的浓度（即一般人注意时刚能闻出或尝出嗅味的浓度）；3 级——显著；4 级——强；5 级——极强。如此，每隔 10 分钟测定一个试样，直至把不同浓度的全套样品测定完为止，作为一次结果。

以上测定每天进行一次，连续重复多次后，将资料汇总，经统计整理，分别算出 1 级和 2 级嗅味的平均浓度，并各取其可信限下限值作为嗅味的阈浓度和实际浓度，根据我国经济技术水平，对嗅味觉的影响采取实际浓度（二级）作为最高容许浓度值。

（2）刺激作用阈浓度的测定：某些有害物质能在短时间内对眼睛、口腔、上呼吸道的粘膜引起刺激作用如流泪、咳嗽、喷嚏等。因此，在制订具有刺激性物质的最高容许浓度时，必须测定刺激作用的阈浓度，其方法可用特定的实验装置，直接对人体进行测定，这种装置亦可用于嗅觉阈浓度的测定。

（3）阈浓度的测定：先配制有害物质的水溶液 1000ml，其浓度以能使水产生明显的颜色为准。然后用 50ml 比色管一只盛溶液至 10cm 高的刻度处，另一只比色管盛蒸馏水作对照，一并放入比色管架内，自管口向下垂直观察颜色。再将试样管溶液进行适当稀释，并使液柱高度仍保持在 10cm 刻度处，再观察颜色。如此不断稀释，并进行比色直至不呈色时为止，记录此时的浓度（重复 3～5 次）作为防止产生异色的阈浓度。

3. 有害物质在水中的稳定性的测定　水中有害物质的稳定性测定方法，是先配成不同浓度的有害物质溶液，分别置于大小相同的玻璃容器内，在一定的温度下（一般为 4℃及 20℃）放置不同时间后测定各溶液的浓度。

4. 有害物质对地面水自净过程影响的测定　有害物质在地面水中的自净，是在微生物参与下进行的生物氧化过程，而某些有害物质排入地面水后，对这类微生物能产生抑制作用，从而阻碍水的自净过程的进行。因此，最高容许浓度值，应低于抑制自净过程正常进行的阈浓度。地面水的自净过程应测定生化需氧量、氨氮、亚硝酸盐氮、硝酸盐氮及 pH 值。为了防止环境污染，制订最高容许浓度（Maximum Allowable Concentration，称 MAC），应取其影响地面水自净过程的阈浓度作为限制浓度。

根据卫生毒理学、感官性状检查和一般卫生学状况等的研究结果，分析比较各个限制指标，选择最低的一个数据作为某种有害物质的最高容许浓度（表 18-1）。

表 18-1　确定地面水中有害物质最高容许浓度的示例

有害物质名称	限制浓度（mg/L）			最高容许浓度建议采用值（mg/L）	有害作用的限制指标
	防止感官性状恶化	防止自净过程受抑制	防止中毒		
乙腈	526	-	5	5	卫生毒理学
乙醛	0.054	5	0.08	0.05	感官性状
三硝基甲苯	10.5	0.5	20	0.5	自净过程

5. 环境污染的流行病学调查　为了制订有害物质的最高容许浓度而进行环境污染的流行病学调查，正像进行卫生毒理学实验一样重要。它不但能通过现场调查验证最高容许浓度安全与否，而且还可为增订或修订某一数值提供直接依据。环境污染的流行病学调查是通过对某一地区的现场调查研究，了解由于环境污染对居民健康产生的危害及其程度的一种方法。在进行现场调查研究时，除了必须掌握环境污染物项目、污染程度等详细资料外，还要收集居民健康状况、患病率、死亡率等调查材料，通过分析研究，可以查明环境污染物与当地居民健康状况、患病率、死亡率之间是否存在有一定的联系。有害物质有些可能引起机体的某种机能改变，有些虽然不一定引起有关的特殊疾病，但可能表现为使一些常见病（如呼吸、心血管和神经系统疾病）患病率增高或病情加剧。通过调查，假如发现环境污染某些指标（如二氧化硫、氟、汞、砷、有机氯农药等）的污染浓度，虽然低于最高容许浓度，但是仍有人体生理机能改变或发病率增高的情况时，则可说明某种有害物质最高容许浓度是不安全的，应该修订。

通过对某一污染源的调查，了解污染物质的种类、浓度及其排放量等，掌握危害大、排放量多的有害物质，为制订或修订有害物质最高容许浓度的项目提供依据。

某些物质（如汞、砷、镉等）能在土壤（包括底质）、食物中蓄积，制订这些有害物质的最高容许浓度时，就应该考虑对这种物质的总摄入量。因此，调查这些有害物质在大气、水、土壤和各种食物的“本底”和污染状况，对制订统一的最高容许浓度标准有其特殊意义。

（二）制订卫生防护距离标准的方法

工业企业排放大气污染物的主要来源有两种，一是固定高架源，即通过烟囱或烟囱群排放；二是无组织排放源，即经由设备不严密处跑、冒、滴、漏排放，敞开式操作时污染物从天窗、库顶等排放。工业企业卫生防护距离，是指自高架源中心或无组织排放源下风向一侧边界至居住区边界间的距离。这个距离是保障人群免受大气污染危害的卫生安全距离。

制订工业企业卫生防护距离（health protection zone for industrial enterprise）标准，系根据各类工业企业的生产工艺、大气污染物的治理水平、管理水平、污染物的危害程度，所在地的自然、气象、地形条件以及大气卫生标准（或大气质量标准）的要求，通过大气扩散理论和野外大气污染调查实测、环境流行病学调查和类比、引进等途径完成的。

1. 现场实测——扩散模式估算法　具体程序是通过现场实测，找出某类工业企业大气污染源的构成和特性、确定实际排放强度与下风方向不同距离处污染物浓度分布之间的关系，再根据最佳实用技术原则，即按照我国目前技术经济水平可以达到的治理措施和维持管理措施，确定该类工业企业的允许排放强度，最后，选定合适的大气扩散模式和相应计算参数，估算得出所需卫生防护距离。

2. 环境流行病学调查方法　这一方法是通过环境对人群健康影响评价，确定区域环境中有害物质负荷量与该地区人群体内污染物负荷量的暴露效应关系，找出制订卫生防护距离标准的依据，确定卫生防护距离。这种方法的工作量较前一种方法更大，而且要求被调查地区的居民构成有相对稳定性。该方法适用于尚无国家大气卫生标准或大气质量标准，而它们又有可能对人群健康产生较大危害的有害因素。我国卫生部门曾对某些工业企业附近居民健康情况作过长期的动态观察，这些资料也可用做确定卫生防护距离的依据。

3. 沿用与引进方法　我国工业企业的种类繁多，不可能完全通过上述两种方法确定其所需卫生防护距离标准，那样，既费时、耗资大，又无必要。可以借鉴用扩散模式估算法确定的重点工业企业卫生防护距离标准，找出拟制订的其他工业企业卫生防护距离与其间的共同处；也可参照国外同类标准之异同，间接快速地制订某些工业企业的卫生防护距离标准。

（三）用快速估算方法估算最高容许浓度

随着生产的发展，污染环境的新化学物质不断增多，现有常规制订卫生标准的方法远不能适应实际需要。前苏联学者通过研究发现，有害物质的最高容许浓度与其理化特性、化学结构、感官作用阈和生物学毒性参数之间具有一定的相关性，以此为基础，提出了用快速估算方法推算环境中有害物质近似的最高容许浓度，以满足某些特定条件下的实际需要。在这些参数中，以生物学毒性指标为根据提出的估算有害物质容许浓度的公式，远较以用化学物质的理化参数和用化学结构键的生物活性计算公式推导的容许浓度准确，它更接近于前苏联颁布的国家卫生标准（表 18-2）。

表 18-2　居住区大气中某些化学物质 MAC 和其毒性参数的关系

物质	LC_{50}（mg/L）	LD_{50}（mg/kg）	MAC 最大一次		MAC 日平均	
			前苏联标准	推算标准	前苏联标准	推算标准
苯胺	2.5	500	0.05	0.01	0.03	0.01
乙醛	20.0	1000	0.01	0.03	—	0.03
丙酮	100.0	8500	0.35	0.50	0.35	0.50
苯	51.0	6000	1.50	0.30	0.80	0.30
醋酸丁酯	40.0	8000	0.10	0.16	0.10	0.05
丁醇	17.0	4000	0.10	0.02	—	0.01
丁吸磷	1.0	500	0.10	0.003	0.01	0.003
二氯甲烷	65.0	600	3.00	3.00	1.00	1.10
二乙胺	12.0	75.0	0.05	0.06	0.05	0.06
二甲苯	30.0	3700	0.20	0.20	0.20	0.20
甲醇	150.0	10 000	1.00	0.40	0.50	0.40
吡啶	13.0	1500	0.08	0.10	0.08	0.10
甲苯	30.0	4000	0.60	0.20	0.60	0.20

（续表）

物质	LC_{50}（mg/L）	LD_{50}（mg/kg）	MAC 最大一次		MAC 日平均	
			前苏联标准	推算标准	前苏联标准	推算标准
环己醇	40.0	2000	0.06	0.20	0.60	0.20
环己酮	20.0	1000	0.04	0.16	0.04	0.16
氯甲代氯丙烷	6.0	200	0.20	0.30	0.20	0.30
醋酸己酯	45.0	2700	0.10	0.30	0.10	0.30
乙醇	112.0	10 000	5.00	1.00	5.00	1.00

前苏联学者提出用多元回归方程式，确定 LC_{50}、LD_{50}、嗅阈与最高容许浓度之间有很高的相关性，从而提出以下估算公式：

$$\lg MAC_{最大一次}=1.7+1.3\lg LC_{50}-0.3\lg LD_{50} \tag{18-1}$$

$$\lg MAC_{日平均}=0.7+1.7\lg LC_{50}-0.8\lg LD_{50} \tag{18-2}$$

$$\lg MAC_{日平均}=2.46+0.26\lg LC_{50}+0.32\lg LD_{50} \tag{18-3}$$

$$\lg MAC_{最大一次}=0.96\lg XL-0.51 \tag{18-4}$$

$$\lg MAC_{日平均}=0.86\lg XL-0.79 \tag{18-5}$$

式中，MAC 为最高容许浓度；XL 为嗅阈。

前苏联学者曾对 99 种具有卫生标准的有机化合物分析其嗅阈值与最高容许浓度之间的相互关系，故提出了对具有气味的大气污染物卫生标准的估算公式为：

$$MAC_{最大一次}= XL/5 \tag{18-6}$$

近年来，国内制订正己烷和甲硫醇的大气卫生标准时，曾以自己的实验研究结果来验证上述估算公式准确性，结果发现它们彼此之间十分接近。

例 1. 试验测定正己烷的嗅阈为 320 mg/m^3，利用公式（18-4）和（18-6）推算出其最大一次的最高容许浓度值分别为 74 mg/m^3 和 64 mg/m^3（前苏联国家标准为 60 mg/m^3，我国标准为 60 mg/m^3）.

例 2. 试验测定大气中甲硫醇的嗅阈为 3.7 $\mu g/m^3$，按公式（18-4）和（18-6）的推算值分别为 1.11 $\mu g/m^3$ 和 0.74 $\mu g/m^3$，它们和通过实验研究提出的卫生标准值 0.7 $\mu g/m^3$ 相当接近（我国标准 0.7 $\mu g/m^3$）。

美国在综合评价环境污染物危害程度时，规定了以对健康影响为依据的环境容许浓度值。这些容许浓度值主要根据美国工业卫生工作者协会（AGCIH）制订的 TLV、LD_{50} 或 LC_{50}，经过数学推导的公式计算出来的，其公式如下：

推导大气污染物容许浓度的公式：

$$C\ (\mu g/m^3)=TLV\ (mg/m^3)/420\times 10^3 \tag{18-7}$$

$$C\ (\mu g/m^3)=0.107\times LD_{50}\ (mg/kg) \tag{18-8}$$

$$C\ (\mu g/m^3)=0.081\times LD_{50}\ (mg/kg) \tag{18-9}$$

公式（18-9）是考虑到特殊污染物在体内蓄积，它适用于生物半衰期≤30 天的化学物质。

推导水中污染物容许浓度的公式：

$$C\ (\mu g/L)=13.8\times TLV\ (mg/m^3) \tag{18-10}$$

$$C\ (\mu g/L)=0.4\times LD_{50}\ (mg/kg) \tag{18-11}$$

近年来，为了定量研究与暴露环境毒物和职业毒物有关的健康危险性的需要，发展形成了一门跨学科的方法学，即危险度评价（risk assessment）。即在已知的暴露条件下，通过危险度评估，可以提供在空气、饮水中某种污染物的可接受浓度。然而在进行危险度评估中，最重要的是区别两类毒物，即一类是已知或假设具有反应阈值的毒物（有时称为有阈值毒物），另一类是已知或假设无反应阈值毒物（有时称为无阈值毒物）。根据两类毒物引起健康效应的不同，可以通过一系列计算公式确定某种有害物质在空气、饮水中的可接受浓度（有关这方面的内容详见本书第五章）。

由于现有的快速估算最高容许浓度的方法还处于探索阶段，尚不够完善，但是，在还没有卫生标准的情况下，预测该有害物质的相对危害和影响，弥补或解决暂无卫生标准条件下的实际困难还是有着现实意义的，也是可取的。

随着现代科学技术的发展和国际间经济、文化交流日益频繁以及我国对外贸易的扩大，采用国际标准和国外先进标准，充分利用资源，为我所用，是发展我国标准化事业的大势所趋，因此，采用国际标准和国外先进标准是我国一项重要的技术经济政策。在制订环境卫生标准时，应该充分利用国际组织和其他国家已有的环境卫生限值，特别是制订限值时所选用的关键健康效应终点、剂量—反应曲线和由此确定的“安全剂量”，然后，结合我国的环境浓度和人群暴露特点，确定我国人群通过环境介质摄入该物质的比例，最终提出我国的环境卫生标准，这样既有充分科学依据，又可节省大量人力物力，使我国的环境卫生标准与国际标准或国外先进标准接轨。

第四节　致癌物质的卫生标准

由于癌症病因学上的许多基本问题的复杂性和困难性，在世界范围内关于是否需要制订致癌物质卫生标准（最大容许浓度）问题，意见不一。有的学者认为，一个体细胞受到一种化学物质的诱变作用，可以成为一个癌细胞，这个癌细胞经过复制，最后会发展成癌，因此不存在剂量—效应关系和阈值，因此不应该制订其卫生标准，而应将它们从环境中完全除掉。另一些学者则从分子生物学的观点出发，认为细胞 DNA 具有修复能力，机体对肿瘤的发生发展亦具有免疫抑制能力；只有当其量超过某一个水平时，才发展成为癌，存在一个阈值，故主张制订致癌物最高容许浓度。而且致癌物质最高容许浓度乃是工程技术措施的具体目标，如果不规定其卫生标准，实际上等于容许致癌物质在环境中的任何浓度都可以存在。直到近来，对待制订致癌物质卫生标准的观点逐渐发生了转变，现在不是争论应不应该制订标准的问题，而是相继充实和完善制订致癌物质卫生标准的途径和方法。

前苏联学者从卫生学基本原则出发，认为必须对化学物质制订无害标准。他们推荐的环境致癌物质的最高容许浓度是作用于人类终生、但又不引起肿瘤反应的浓度。因此他们制订致癌物质卫生标准的基本程序是先将肿瘤实验条件下的剂量—效应定量关系模型化，然后，再将所得结果对人进行有条件的“换算”。其方法如下：

1. 在对动物终生观察的条件下，找出被试致癌物质各种剂量的范围，从最适剂量到最小作用剂量和最大作用剂量。

2. 建立致癌物质剂量、致癌效应以及效应出现时间关系的数学模型。

3. 预测小量致癌物质的可能危险性和根据致癌物质剂量和效应出现时间的关系评价致癌危险。

4. 把对动物的致癌物质允许剂量用外推法换算成人类的剂量，然后将它算成在相应环境要素中的最高容许浓度。

从理论上说，化学致癌物没有明确的“阈值”，它们的剂量—反应曲线通过零点，亦即只要剂量不是零，其致癌效应亦不会是零。因此，它不能像一般化学物一样通过求得“生物阈值”，或无作用剂量值，除以一定的安全系数，来确定容许限值。

然而，实验证明，诱癌的潜伏期与接触剂量成反比，可用公式表达：$D_t^n = K$。按公式，如果能将接触剂量D尽可能地缩小，则诱癌时间t就可能相应地延长。若能将诱癌时间推迟到接触者自然寿命之后，其保护作用亦就达到了相当于“接触限值”的要求。如苯并（a）芘［B(a)P］致癌实验，当大鼠接受剂量低至0.1mg时，出现第一个肿瘤的时间可延至给药后27个月，其潜伏期相当于大鼠寿命的2/3以上，若加上给药时的鼠龄，其发病年龄已在“自然寿命”之后（表18-3）。因此，不管致癌物有否“阈值”，把接触剂量降至尽可能低的水平，无疑是一个“永恒的原则”。目前，通过危险度评价方式，提出“大致安全”（generally regarded as safe，GRAS）或“社会可接受”的危险水平（socially acceptable level）。看来，这是解决“致癌物卫生标准”的较现实可行的途径。

表 18-3　大鼠器官内注入 B(a)P 后肿瘤出现率

剂量（mg）	25.0	2.5	0.5	0.1	0.02	0.005	对照
生瘤动物（%）	80.0	42.8	28.2	14.1	0	0	0
其中恶性（%）	42.5	28.5	15.7	0			
出现第一个瘤时间（月）	12	17	19	27			
最长寿命（月）	28	31	34	37	33	33	34

关于用危险度评估方法提出致癌物可接受水平的内容详见本书第五章。

另外，在制订致癌物质卫生标准时，对遭受致癌物质不同污染的区域，采用流行病学调查的方法应当予以充分注意。致癌物质，作为一种因素，其作用的结果是导致恶性肿瘤患病率增高，在评价这种作用时必须阐明致癌物质在环境空间和时间上的分布特点，这在计算致癌物质对各居民点居民健康的总影响甚为重要。我国在制订大气中B(a)P卫生标准时，在国外动物致癌实验基础上，结合我国的特点，采用流行病学调查方法，提出我国大气中B(a)P的卫生标准为0.5 $\mu g/100m^3$。

第五节　卫生标准的实施

一、意义和目的

标准的实施是整个标准化活动中的关键环节。贯彻实施标准的意义在于：

1. 标准只有在实施中贯彻之后，它的作用和效益才能产生并体现出来。可以设想，一个标准制订出来以后，仅仅写在纸上而不去实施，是不会自动产生任何作用的，更无效益可言。当标准发布后，各有关部门均要宣讲标准，准备条件，组织贯彻标准，只有这样标准的作用和效益才能真正表现出来。否则标准再好也成为一纸空文。

2. 只有把标准贯彻到生产、技术、医疗、预防活动中去，才能真正衡量、评价标准的质量和水平。衡量一个标准的质量好坏，首先应当看它对生产、技术、社会是否起到促进作用。

3. 只有通过标准贯彻，才能发现和积累标准中存在的问题，提出改进的建议。

卫生标准实施的目的在于，使制订、发布的卫生标准得以推广、应用，使卫生标准真正作为法律法规的技术依据和执法监督手段、防病治病的科学依据和措施，使我国医药卫生方针政策得以体现，促进社会进步，保护人民身体健康。

《标准化法》规定，标准化工作的任务是制订标准、发布标准和实施标准。这三项任务是相互依存和互相制约的。对一个标准来说，这三方面工作是一个动态循环的过程，在这个不断的循环中，使标准的水平不断提高。而其中实施卫生标准就是这三项任务的核心。因为制订标准是实施的基础，对标准实施和监督是推行实施标准的手段。只有真正在生产、生活中落实和实施标准，才能真正发挥卫生标准的作用，体现卫生标准的效益。没有卫生标准的实施，制订的标准只是一纸空文；没有卫生标准的实施，也就没有卫生标准的作用和效益可言。因此，卫生标准的贯彻落实与应用，是卫生标准化工作的重要核心环节。

二、标准实施与效益

我国的卫生标准是强制执行的，它是国家的一项重要技术法规，是进行卫生监督的重要依据，是衡量和评价生产和生活环境质量的准绳，也是卫生工作实行科学管理的重要组成部分。

自 20 世纪 50 年代起，我国就参考前苏联有关标准，制订颁布了《工业企业设计卫生标准》和《生活饮用水卫生规程》，这两个环境卫生标准的实施对当时国家重点工程建设项目及城市规划建设中进行预防性卫生监督，起到重要的保障作用。20 世纪 70 年代后期，我国标准化工作随着经济建设和卫生事业的发展以及实践经验的逐步累积，有了新的发展，此时修订了《工业企业设计卫生标准》(TJ36-79)，发布了《工业三废排放试行标准》，这两个标准的发布与实施，是当时制订我国环境保护规划、落实工业“三废”治理项目和指导“三同时”设计的依据，同时也是各级环保部门评价环境质量和检查环境工程设施效果的依据。到 20 世纪 80 年代初我国又发布了《生活饮用水卫生标准》、《医院污水排放标准》和《水体污染慢性甲基汞中毒诊断标准及处理原则》等一系列卫生标准及其相应的监测检验方法，在城建、卫生和有关部门的密切配合下，大多数城市加强了对水厂、水源的水质监测工作，广泛开展了饮水卫生监督与管理，加强了饮水的消毒措施，使当时城市饮用水水质卫生指标达标率逐年提高，在 446 个城市中，有 336 个城市饮用水的五项指标（色度、浑浊度、细菌总数、大肠菌群和游离余氯）总达标率为 98%以上，从而使多数城市的肠道传染病发病率普遍下降，有效地保障了人民身体健康。20 世纪 80 年代后期《公共场所卫生标准》和《化妆品卫生标准》的发布与实施，由于这两项标准与法规相结合，对改善公共场所卫生面貌和提高化妆品产品的卫生质量起到十分重要的作用。以公共场所卫生标准为例，执行该标准 15 年来，我国公共场所卫生面貌由原来的脏、乱、差的混乱局面，转变成如今大多数公共场所都建立了卫生管理制度，卫生组织机构比较健全，并配备了相应的卫生消毒设施，目前绝大多数公共场所卫生管理措施和卫生消毒设施基本上能保障广大群众在公共场所内的身体健康，全国公共场所卫生面貌发生了明显改变，这对预防和控制传染病的传播起到重要作用。由此可见，50 多年来我国环境卫生标准的发布与实施产生了明显的社会效益和经济效益。

50 多年来，环境卫生标准化工作之所以取得成效，主要是：

1. 环境卫生标准的制订项目，是根据国民经济发展不同阶段的需求，制订出相应的卫生标准，因此有强大的生命力。例如 20 世纪 50 年代为适应国家恢复国民经济，我们制订了

《工业企业设计卫生标准》和《生活饮用水卫生规程》，保证了国家重点建设工程项目的实施。

20 世纪 80 年代中后期，为适应我国改革开放和市场经济的发展以及人民生活水平提高的需要，我们实施了《化妆品卫生标准》、《公共场所卫生标准》、《矿泉水卫生标准》和《环境电磁波卫生标准》等。90 年代以来，随着人民物质生活水平不断提高和精神文明的发展，我们又实施了室内空气污染物系列卫生标准，涉及饮水用的净水器（材料）系列卫生标准。

2. 卫生标准的制订与相应的行政立法同步进行，使之产生了明显社会效益和经济效益。卫生标准的真正效益在于标准得以切实贯彻执行，而要做到这一点，必须加强相应的卫生法规。立法是卫生标准得以贯彻执行的根本保证。没有立法作为依据，环境卫生标准仅只能是一堆参考资料而无任何约束力。

3. 专业卫生监督与主管部门自身管理相结合。我国自 20 世纪 50 年代就开始制订了预防为主的卫生工作方针，建立了以各级卫生防疫为主的卫生监督机构，培养了一支较大的专业卫生监督队伍，开展了卫生监督监测工作，这是环境卫生标准得以贯彻执行的重要力量。但是环境卫生标准涉及面广，几乎与人人有关，仅靠专业队伍是不够的，对各类环境卫生标准的切实贯彻执行，还必须要社会力量的积极配合，特别是要发挥各主管部门自身管理的积极性。这是贯彻标准不可忽视的力量。

第六节　环境保护标准

一、环境保护标准的含义

环境保护标准（environmental protect standard）是控制污染、保护环境的各种标准的总称。它是国家根据人群健康、生态平衡和社会经济发展对环境结构、环境状态的要求，在综合考虑本国自然环境特征、科学技术水平和经济条件的基础上，对环境要求间的配比、布局和各种环境要素的组成（特别是污染物质的容许含量）所规定的技术规范。根据《标准化实施条例》规定，环境质量标准和环境污染物排放标准属于强制性标准。

环境保护标准的作用在于：①环境保护标准是环境政策目标的具体体现，是制订环境规划时提出环境目标的主要依据。给出的一系列环境保护指标，便于把环境保护工作纳入国民经济计划管理的轨道。②环境保护标准是制订国家和地方各级环境保护法规的技术依据，是环境保护立法和执法时的尺度，它用条文和数量规定了环境以及污染物的最高容许浓度，具有法律效力。③环境保护标准是现代环境管理的技术基础。

二、环境保护标准的种类

根据标准的性质，目前我国的环境保护标准可分为两类：国家环境保护标准和地方环境保护标准。国家环境保护标准包括 7 种标准（图 18-3），其中以环境质量标准和污染物排放标准是环境保护标准的主体。地方环境保护标准只包括环境质量标准和污染物排放标准。

- 环境保护法
  - 国家环境标准
    - 环境质量标准
    - 污染物排放标准
    - 环境基础标准
    - 环境方法标准
    - 环境标准样品标准
    - 环境仪器设备标准
    - 环境警报标准
  - 地方环境标准
    - 环境质量标准
    - 污染物排放标准

图 18-3 **环境保护标准体系**

国家环境质量标准包括如下标准：

GB 3095-1996 环境空气质量标准

GB 3838-2002 地表水环境质量标准

GB 14848-1993 地下水质量标准

GB 5084-1992 农用灌溉水质量标准

GB 15618-1995 土壤环境质量标准

GB 3096-1993 城市区域环境噪声标准

GB 10070-1988 城市区域环境振动标准

国家污染物排放标准共有 22 个标准。其中涉及与环境卫生有关的排放标准有《大气污染物综合排放标准》（GB16297-1996）和《污水综合排放标准》（GB8978-1996）。

本书主要介绍与环境卫生有关的环境保护标准的技术原则。

三、环境空气质量标准

目前使用较为普遍的大气环境标准是《环境空气质量标准》（GB3095-1996），它规定了我国环境空气质量功能区的划分、标准分级、污染物项目、取值时间及浓度限值、采样与分析方法以及数据统计的有效性规定。

1. 环境空气质量功能区分类 该功能区指明为保护生态环境和人群健康的基本要求而划分的环境空气质量保护区分为三类：第一类区为自然保护区、风景名胜区和其他需要特殊保护的地区。第二类区为城镇规划中确定的居住区、商业交通居民混合区、文化区、一般工业地区和农村地区。第三类区为特定工业区。

2. 环境空气质量标准分级 环境空气质量标准分为三级：一类区执行一级标准，二类区执行二级标准，三类区执行三级标准。

3 污染物的项目和浓度限值 《标准》（见附录）中规定的污染物种类较少，在实际生活中会遇到更多的空气污染物，为了解这些污染物在空气环境中的容许水平，可参照我国环境卫生标准或国外标准资料。

四、地表水环境质量标准

《地表水环境质量标准》（GB3838-2002）依地表水水域环境功能和保护目标，按功能等级依次分为五类：Ⅰ类适用于源头水、国家自然保护区。Ⅱ类适用于集中式生活饮用水、地表水源地一级保护区、珍贵水生生物栖息地、鱼虾类产卵场、仔稚幼鱼的索饵场等。Ⅲ类适用于集中式生活饮用水地表水源地二级保护区、鱼虾类越冬场、洄游通道、水产养殖区等渔业水域及游泳区。Ⅳ类适用于一般工业用水区及人体非直接接触的娱乐用水区。Ⅴ类适用于农业用水区及一般景观要求的水域。

该标准规定了：①地表水的基本项目标准限值 24 项。②集中式生活饮用水地表水源地补充项目标准限值 5 项。③集中式生活饮用水地表水源地的特殊项目标准限值 3 项。

对应地面水上述五类水域功能，将地表水环境质量标准基本项目标准值分为五类，不同功能类别分别执行相应类别的标准值。水域功能类别高的标准值严于水域功能类别低的标准值，同一水域兼有多类使用功能的，执行最高功能类别对应的标准值。

五、大气污染物综合排放标准

《大气污染物综合排放标准》（GB16297-1996）是在原有《工业“三废”排放试行标准》（GBJ4-73）废气部分和有关其他行业性国家大气污染物排放标准的基础上制订的。本标准规定 33 种大气污染物的排放限值，其指标体系为最高允许排放浓度（mg/m^3）、最高允许排放速率（kg/h）和无组织排放监控浓度限值（mg/m^3）。除本标准为综合性排放标准外，不宜有若干行业性排放标准共存，即除若干行业执行各自的行业性国家大气污染排放标准外，其余均执行大气污染物综合排放标准。

六、环境卫生标准与环境质量标准的关系

环境质量标准是以保护人的健康和生存环境、防止生态环境遭受破坏、保证环境资源多方面利用为目的，对污染物（或有害因素）容许含量（或要求）所作的规定。环境质量标准体现国家的环境保护政策和要求，是衡量环境是否受到污染的尺度，是环境规划、管理和制订污染物排放标准的依据。

环境卫生标准是以保护人群身体健康为直接目的，运用环境毒理学和环境流行病学的手段对环境中与人群身体健康有关的各种有害因素做出的限制性规定。因此环境卫生标准是评价环境污染对人群健康危害的尺度。环境卫生标准又是制订环境质量标准的重要依据之一。因此从某种意义上讲，环境卫生标准本身也是一种环境质量标准。

上述各种标准之间既各有侧重，又互有联系，相辅相成，构成一个以控制环境污染、保护人群身体健康为目的的统一整体。

第七节　法　规

一、卫生法规

（一）卫生法的概念

卫生法是指由国家制订或认可，并由国家强制力保证实施的，旨在调整保护人体健康活动中形成的各种社会关系的法律规范的总称。

卫生法有狭义和广义之分。狭义的卫生法仅指全国人民代表大会及其常务委员会所制订的各种卫生法律；广义的卫生法则是指一切有关卫生的法律、法规、规章以及各种规范性文件中有关卫生工作的条款、规定。

（二）卫生法的特征

卫生法作为一个法律，具有法律的一般属性，即决定和服务于社会的经济基础。但是卫生法的调整对象是围绕人体健康而产生的各种社会关系，它不仅要受经济、政治、文化的影响和制约，而且要受自然规律和科学技术发展水平的影响和制约。所以，卫生法和其他法律比较，又有自己的特征。

1. 以保护公民健康权为根本宗旨　健康权是指人的机体组织和生理功能的安全受到法律保护的权利。公民健康权是公民人身权的一种，是公民一项最基本的权利。当今世界各国尽管社会制度不同，但都从法律上保护公民的健康权。例如，日本 1946 年宪法第二十五条规定："一切国民都享有维持最低限度的健康的和有文化的生活权利"；前苏联 1977 年宪法第四十二条规定："苏联公民有享受保健的权利"；《阿拉木图宣言》第一条指出："健康是一项基本人权"。我国是社会主义国家，公民的健康权受到国家和社会的高度重视。我国宪法第二十一条对此作了明确规定，其他卫生法律、法规都把保护公民的健康权作为立法的宗旨。因此，保护公民的健康权是卫生法最基本的特征，是卫生法区别于其他法律的根本标志。

2. 综合性和多样性　如何保护公民的健康权利，是一项复杂、庞大和具体的社会工程。它不仅涉及生态环境的维护和改善，而且涉及资源的开发和利用；不仅涉及疾病的预防和治疗，而且涉及社会卫生保健事业的发展；不仅涉及公民健康权和其他权利的关系，而且涉及因卫生问题而产生的复杂的人际关系。这就决定了卫生法调整的社会关系具有复杂、多层次、多形式、难度大的特点。对此，卫生法采用单一的形态和调整手段显然是不能胜任的，而必然带有诸法合体的综合性和多种调整手段并用的多样性特征。

3. 科学性和技术性　卫生法的许多内容是依据医学、生物学、卫生学、药物学等自然科学的基本原理、研究成果制订的，而卫生立法又保障和推动了现代医药卫生科学的进步和发展，卫生法与现代科学技术紧密结合，体现了卫生法的科学性。同时，卫生法保护的是人体健康这一特定的对象，需要运用自然科学措施与现代科学技术手段。因此，卫生法将直接关系到生命健康安全的科学工作方法、程序、操作规程、卫生标准确定为技术法规，并把遵守技术法规确定为法律义务，从而使公民的健康权得到保障。例如，食品卫生标准、药品标准、节育手术常规等均体现出极强的技术规范性。这些技术法规既不丧失其原有的技术规范性质，又具有法律规范性质，这是其他绝大多数法律部门所不具备的，是卫生法的又一基本特征。

4. 社会性和共同性　卫生法的任务是改善人们生产和生活环境的卫生条件，以保护人体健康，促进社会经济发展，这是全人类和全社会根本利益所在。卫生问题已成为当今人类面临的共同问题，各国都在探求解决人人享有卫生保健、获得最高水平的健康的途径。这在各国卫生立法中都反映了一些具有共性的规律，同时各国在卫生立法方面不断加强国际合作和交流，以便互相借鉴，使卫生法不断完善。此外，WHO 等国际组织，制订了许多国际卫生协议、条例和公约，成为国际社会共同遵守的准则，从而推动了国际卫生立法的发展。这都体现了卫生法的社会性和共同性的特征。

（三）与环境卫生有关的法规

开展环境卫生工作，保证人民群众能获得安全、舒适的卫生环境，是卫生部门义不容辞的一项职责。为使这一工作能有效地进行，就必须将它纳入法制的范畴。每个从事环境与健康工作的人员，都必须对他们有充分认识。现将环境与健康有关的法规分述如下：

1. 与环境卫生工作具有总体指导意义的法规　在这一类中，主要有：《中华人民共和国标准化法》、《中华人民共和国环境保护法》、《中华人民共和国水污染防治法》、《中华人民共和国水污染防治法实施细则》和《中华人民共和国传染病防治法》等。除《水污染防治法实施细则》外，这些法律都是经全国人民代表大会常务委员会会议通过的。因此，他们都是最有权威的法律，对其他有关法律的制订，既有指导意义，又有约束作用。这些法律具体体现了国家对环境污染、水污染和传染病等防治的高度重视。就饮用水卫生而言，他们不但为防止饮用水水源的污染提供了强有力的法律依据，而且还为饮用水卫生工作的开展赋予了权利和义务。例如，在《环境保护》法第二十四条中规定："产生环境污染和其他公害的单位，必须把环境保护工作纳入计划，建立环境保护责任制度；采取有效措施，防止在生产建设或者其他活动中产生的废气、废水、废渣、粉尘、恶臭气体、放射性物质以及噪声、振动、电磁波辐射等对环境的污染与危害。"第二十六条中规定："建设项目中防治污染的设施，必须与主体工程同时设计、同时施工、同时投产使用……"又如，在《水污染防治法》第四条中规定："各级人民政府的水利管理部门、卫生行政部门……结合各自的职责，协同环境保护部门对水污染防治实施监督管理。"同时，在《水污染防治法实施细则》第十四条中规定：各级人民政府的环境保护部门或者有关的监督管理部门进行现场检查时，根据需要，可以要求被检查单位提供下列资料：①污染物排放情况；②污染物治理设施的运行、操作和管理情况；③监测仪器、设备的型号和规格以及校验情况；④采用的监测分析方法和监测记录；⑤限期治理执行情况；⑥事故情况及有关记录；⑦与污染有关的生产工艺、原材料使用方面的资料；⑧其他与水污染防治有关的情况和资料。再如，我国《传染病防治法》第十三条、第三十五条规定，供水单位供应的饮用水应符合国家卫生标准的要求，卫生行政部门实行卫生监督。据此，卫生部门应积极开展饮用水的预防性和经常性卫生监督工作。前者如参与研究给水规划，确定水源选择、水源防护和给水系统设计方案，并做好竣工验收工作；后者如进行饮用水的经常性卫生调查和卫生监督，审查水厂水质检测结果的月报表等。

2. 与环境卫生工作具有直接关系的法规　属于这一类的法规有：国务院发布的《公共场所卫生管理条例》和卫生部发布的《公共场所卫生管理条例实施细则》，卫生部发布的《化妆品卫生监督条例》和《化妆品卫生监督条例实施细则》，以及建设部和卫生部联合发布的《生活饮用水卫生监督管理办法》等。这些法规具体体现了国家对环境污染和人民健康的高度重视。就公共场所卫生管理条例和实施细则而言，它规定了 7 类 28 种人们经常活动的公共场所卫生质量、明确了监督与被监督单位的职责范围，规定了公共场所主管部门和经营单位应加强对公共场所的卫生管理，卫生监督部门对公共场所应依法进行监督、监测以及规定了如何贯彻执行条例的措施。

为了落实国家各级行政法规，卫生部还制订了相应的卫生标准作为技术法规来保证行政法规的贯彻执行。

二、卫生标准的法规性质

"卫生标准是国家的一项重要技术法规"这个性质，在《全国卫生标准技术委员会章程》中已作明确规定，早已成为对卫生标准概念和性质的一致共识，并且指出了卫生标准的社会职能和作用。但是，世界各国对卫生标准的法规作用及其地位并不完全相同。有些国家的法典中就包括卫生标准。而我国将卫生标准视为"技术法规"。

我们在本章第一节曾指出，"标准化"的含义是，"在经济、技术、科学和管理等社会实践中，对重复性事物和概念，通过制订和实施标准，达到统一，以获得最佳秩序和社会效益的过程”。所以，标准化的实质是统一，这是标准化工作的出发点和落脚点。而达到统一的方法和途径，就是通过制订与实施标准来实现。所以“标准”又具有规范性作用，是达到统一的基本指标。《中华人民共和国标准化法》第一条规定，制订标准化法的目的是，“发展社会主义商品经济，促进技术进步，改进产品质量，提高社会经济效益，维护国家和人民的利益。”标准化法的立法作用，是通过标准化立法，“使标准化工作适应社会主义现代化和发展对外经济关系的需要。”它申明了标准化工作适用于经济、技术、科学及管理领域。《标准化法》第十四条规定：“强制性标准必须执行。”这就规定了标准的法律地位。从这个意义上来说，标准在“经济、技术、科学和管理领域”里，具有强制执行性质的规范性作用，可以统称为“技术性法规”。这里所说的标准，专指强制性标准。推荐性标准，“国家鼓励企业自愿采用”，不在此列。但“推荐性标准，一旦纳入指令性文件，将同样具有行政约束力”（参见中华人民共和国标准化法条文解释，国家技术监督局 1990 年 7 月 9 日发布）。

从以上的论述中，我们可认定：

1. 标准，在其研究制订过程中，只是“经济、技术、科学及管理等社会实践”领域中的基本技术指标，也可称为“基准”。基准是根据物质与特定对象之间的关系而确定的，是以“科学技术和实践经验的综合成果为基础”的，是科学研究成果，不具有法律效力。

已经发布的标准则是以“基准”为科学依据，并考虑其现实的社会、经济和技术等条件，“经有关方面协商一致，由主管机关批准，以特定形式发布”，就成为“共同遵守的准则和依据”，具有了相应的法制约束力。

从上述标准的研究、制订和发布过程可以看出，作为技术指标的“基准”，一经发布实施则具有相应法制约束力。从这个意义上说，标准可以简述为“技术法规”，或者完整一点说，是“经济、技术、科学和管理领域”中，具有法制约束力的“准则和依据”。

2. 从法学理论上来说，标准并非由国家立法机关制订的法律，也不是国家行政机关制订的行政法规。它是根据国家法律《标准化法》的规定，由国家标准化行政主管部门批准颁布的规范性文件，具有一定行政法制约束力。因此，标准虽称为“技术法规”，它只不过是法律法规的补充和具体化，是法律法规的附属物，是执法的工具，是在技术经济领域里具有一定法制约束力的规范性规定。所以，标准并不具有完全的法律效力，而是必须有相应立法保障，才具一定法制约束力。如果没有相应立法保障，标准本身并没有法律效力，也不产生相应法律后果或法律责任。从这个意义上说，将标准的性质直接称为“技术法规”，就显得不够完整和贴切。如果说，为了体现标准在技术经济领域作为“基准”和“目标”的权威性，将“标准”的作用喻为相当于技术经济领域的“法规”，也颇为恰当，但必须加以说明。

3. 我们认为，强制性卫生标准，包括国家标准、行业标准和地方标准，根据《标准化法》的规定，“必须执行”，具有行政法制约束力。对“推荐性标准”，一旦纳入指令性文件，即由政府有关行政部门以规范性文件形式采用，也同样具有一定行政约束力。但是应当指出，在卫生行政执法和卫生监督管理活动中，卫生标准是管理者对执行卫生法律法规状况进行卫生学评价的技术准则和依据。这个依据，在卫生评价活动中，具有法制权威性，不容更改。但是，对已经超过国家强制性卫生标准规定的卫生现场，判定其是否违法，应当承担什么样的法律责任和法律后果，以及由行政处罚所产生的卫生行政复议或卫生行政诉讼，判定卫生行政执法机关的处罚决定是否合法，只能依据相应卫生法律法规，而不是卫生标准。

换句话说，卫生行政执法的基本原则是，“以事实为依据，以法律为准绳。”在这个执法程序中，卫生标准是判定法律事实是否存在的技术依据，但这个法律事实存在是否违法、应当决定什么样的行政处罚、承担哪些法律责任，只能以法律法规为准绳。例如，有的人笼统地说，“超过国家标准就是违法”。那么“超标”只能是事实，违反的是《标准化法》。同样，某食品样品经过检验超过该食品卫生标准，有违法事实存在，但其违反的是《食品卫生法》。其他同样如此。

因此我们说，卫生标准的法规特性，或者作为“技术法规”，它是由《标准化法》和相应卫生法律法规规定的用以判定法律事实是否存在的依据，具有行政法制约束力。但卫生标准本身并不具有完全的法律效力，也不是卫生行政执法的法律依据。因此，卫生标准只是卫生法律法规的重要组成部分，是判定卫生执法和守法过程中法律事实存在的技术依据，具有行政法制约束力。因此只能说它具有技术法规特性，即其本质属性的特殊性。

如众所知，卫生监督是卫生行政执法活动，必须依法行政。卫生行政执法依法行政的重要依据，就是卫生法律法规和规章。那么卫生标准在卫生监督中发挥其“技术法规”作用的表现就在于，卫生标准是卫生监督监测的规范性依据，是卫生监督实施过程中进行卫生学评价的技术依据，是判定被监督单位执行卫生法律法规状况和程度的技术依据；是卫生监督中判定被监督单位违反卫生法律法规所指危害程度的技术依据，也是确定实施行政处罚种类和幅度的技术依据；更是卫生行政执法活动中发生卫生行政复议和卫生行政诉讼，由卫生行政机关应诉举证的技术依据。卫生标准在卫生监督活动中发挥其“技术法规”作用，还在于它是卫生监督对象遵法守法应达到的卫生目标的技术依据。

（尹先仁）

思考题

1. 什么是标准和标准化？
2. 标准化法中将我国标准分为几级？怎样理解它们之间的关系？
3. 制订环境卫生标准的原则是什么？
4. 简述制订空气、水卫生标准的方法。
5. 简述我国环境保护标准的体系。

第十九章　环境质量与影响评价

第一节　概　述

一、环境质量评价的基本概念

环境（environment）是由以人为中心的各种环境要素所构成的综合体。

环境质量（environmental quality）是以健康为准绳的环境各要素的优劣程度。一般是指在一个具体的环境内，环境总体或环境的某些要素对人群的生存和繁衍以及社会经济发展的适宜程度，是反映人类具体要求而形成的对环境评定的一种概念，其优劣是根据人类的某种要求而定的。

环境质量可分为自然环境质量和社会环境质量。自然环境质量包括物理、化学及生物环境质量；按环境要素也可分为大气、水、土壤、生物等环境质量。社会环境质量包括社会经济、文化和环境美学质量。各地区由于政治、经济、文化发展程度不同，社会环境质量有明显差异。

环境质量评价（environmental quality assessment）是对一定区域范围内的环境质量按照一定评价标准和评价方法加以调查研究和评定，判明环境质量的优劣程度，并在此基础上作出科学、客观和定量的评定和预测。

二、环境质量评价的目的和作用

环境质量评价的核心问题：即以人类生存和发展的适应性为标准，研究环境质量的好坏。

环境质量评价的主要目的是：①较全面揭示环境质量状况及其变化趋势；②找出污染治理重点对象；③为制订环境综合防治方案和城市总体规划及环境规划提供依据；④研究环境质量与人群健康的关系；⑤预测和评价拟建的工业或其他建设项目对周围环境可能产生的影响，即环境影响评价。通过对一个地区的环境质量现状作出全面评价，可以揭露存在的环境问题，从而有针对性地制订改善和保护环境的规划和措施。

三、环境质量评价的种类

一个地区的环境质量，可从大气、水、土壤等各单项环境因素的质量来反映，也可通过若干环境因素的综合质量来反映。环境质量评价的类型有许多种，根据环境要素、地域范围、时间、职能等可将环境质量评价分为不同类型。

按评价因素可分为单要素环境质量评价、联合环境质量评价和综合环境质量评价。单要素环境质量评价以大气、水、土壤等各单项环境因素的质量来反映环境质量，对单项环境因素进行的质量评价，可分为大气质量评价、水体质量评价、土壤质量评价、生物圈质量评价以及环境噪声的评价等类型；联合评价是指对两个以上环境要素联合进行的评价，如地面水与地下水、土壤与农作物的联合评价等；综合评价是在单要素评价基础上进行的整体环境质量评价，它可以从整体上全面反映一个地区的环境质量状况。无论哪个单项环境因素通常都用多个指标（或污染物参数）表达其质量，所以评价单项环境因素的质量时，常考虑几个污染物的综合影响。例如大气质量综合评价，常考虑大气中同时存在的二氧化硫、氮氧化物、颗粒物质等数种污染物浓度的综合影响；其他如水质和土壤质量评价，一般也都考虑水和土壤中同时存在的几种主要污染物。

按区域可分为城市环境质量评价、流域环境质量评价、海域环境质量评价、风景游览区的环境质量评价等类型。

按时间可分为环境质量回顾评价、环境质量现状评价、环境影响评价。

按职能可分为城市、工业、农业、交通环境质量评价等。

按评价规模划分为单个基本建设项目环境影响评价和区域性的环境质量综合评价。

四、环境质量评价的内容和方法

环境质量评价的内容取决于评价种类，下面以城市区域环境质量评价为例加以说明。城市区域环境质量评价，应包括对污染源、环境质量和环境效应三部分的评价，并在此基础上作出环境质量综合评价，提出环境污染综合防治方案，为环境污染治理、环境规划制订和环境管理提供参考，以期逐步改善环境质量，努力达到环境卫生标准或环境质量标准的要求和保障人群健康的目的。

首先，对评价区内的污染源进行调查和评价，包括调查和实地监测污染源排放的污染物种类、性质、浓度和绝对数量，在摸清各污染源排放各种污染物的数量后，通过数学计算作出评价并确定主要污染源和主要污染物，以便找出造成区域环境污染的主要根源，为制订环境治理规划提供参考。

其次，对某单项环境因素的质量进行评价时，首先对该区域内较重要的几项环境因素进行调查和监测，取得大量反映环境质量的监测数据后，应用数理统计方法加以整理和分析，然后对照环境卫生标准或环境质量标准进行评价。数理统计方法只能对监测项目逐个分别进行评价，而不能同时考虑几种污染物而加以综合评价。为了适应综合评价的需要，可应用环境质量指数，环境质量指数方法不仅可对各单项环境因素的质量作出评价，还可作为环境质量综合评价的定量指标，需要时还可综合几项环境因素进行总环境质量评价。

再次，对环境质量所造成的环境效应进行调查和评价。环境效应评价应包括环境质量对生物群落、人群健康、社会经济等方面的影响，尤其是环境质量对人群健康的影响，这是环境健康学研究的核心问题。环境质量人群健康影响的调查和评价，可采用环境流行病学调查和危险度评价的方法，对人群暴露状况、污染物的健康危害、污染水平与人群效应的相关性等作出评价。

五、环境质量评价的程序

（一）单要素环境质量评价程序

单要素环境质量评价大体上可分为调查准备、监测、分析研究与评价、防治对策研究四个阶段。

1. 调查准备阶段　结合本地条件，明确评价任务，确定评价范围和方法，制订评价工作计划，并充分利用已有的背景和污染监测资料，在污染源调查的基础上，初步拟定主要污染物、主要污染源以及可能发生严重污染的环境条件，据此来安排环境监测工作。

2. 环境监测阶段　合理布设采样点，监测主要污染源和主要污染物，获取必要的数据和资料。

3. 分析研究与评价阶段　根据监测结果进行计算和质量分级，评价不同地区、不同时间的环境质量，并分析造成污染的原因，严重污染现象发生的条件，该污染程度对人群健康、生态环境和社会经济产生的影响及其程度。

4. 防治对策研究阶段　提出改善环境质量的对策和建议。

（二）区域环境质量评价程序

城市区域环境质量评价是一项较为复杂的系统工程，涉及对大气、地面水、地下水、土壤、生物、噪声等多项环境要素，以及人群对环境质量的反应等医学和社会经济等的评价，需要多学科和多专业共同参与、多部门相互协作完成。因此，要根据评价内容组织各类有关专业人员组成相应的专题评价组，按照事先制订的详细的评价工作计划实施。

区域环境质量评价的程序：通常先进行污染源调查，在明确环境质量评价的环境因素和污染物参数后，进行系统的布点监测，收集足够的监测数据，在此基础上进行环境质量评价，同时开展以环境质量的人群效应为主的环境效应研究并作出评价。根据上述调查评价结果写出报告并绘制有关图集，最后编制区域环境质量综合评价总报告。基本程序如图19-1所示。

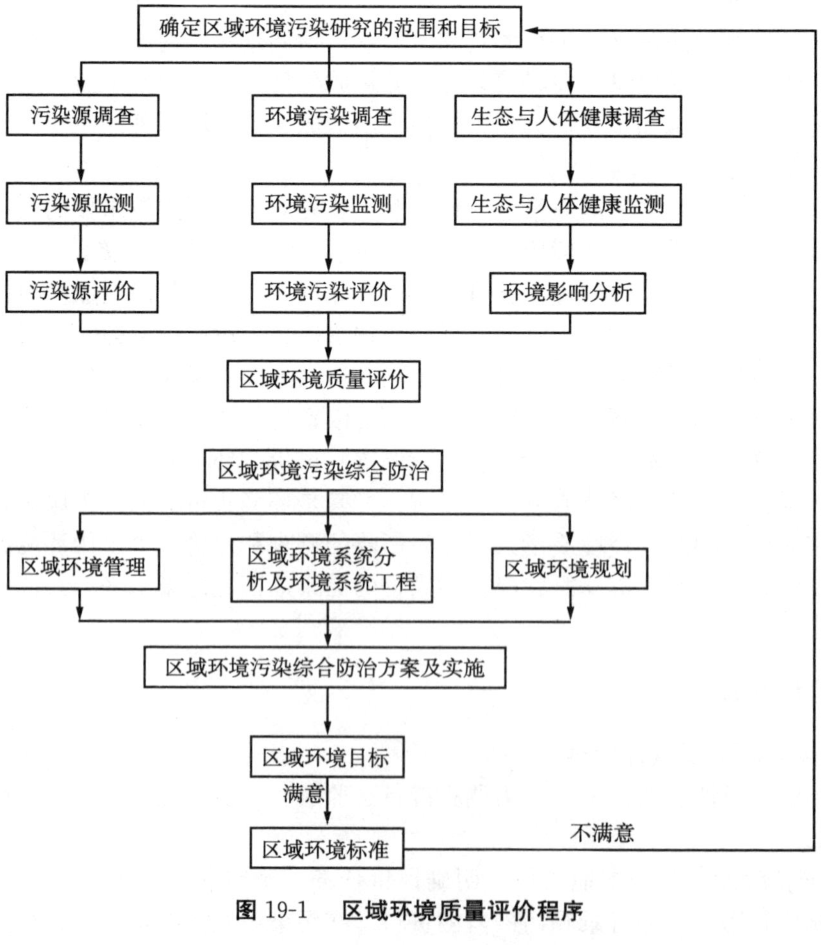

图 19-1　区域环境质量评价程序

第二节　污染源调查与评价

一、污染源和污染物的调查

污染源是指污染物的发生源，通常分为自然污染源和人为污染源两大类。自然污染源包括生物污染源和非生物污染源。鼠、蚊、蝇、病原体等为生物污染源。火山、地震、泥石流、矿泉、特殊成分的矿物质和岩石等属非生物污染源。人为污染源分为生产性和生活性污染源两部分。生产性污染源是指工农业生产、交通运输以及科学研究中能排放污染物的污染源。生活性污染源是指各类住宅、学校、医院及商业等场所能排放污染物的污染源。

根据污染源对不同环境要素的影响，也可分为大气、水体、土壤、生物和噪声污染源。按其存在形态又可分为点源、线源和面源。

污染物有多种分类方法。根据污染物的性质特征可分为物理、化学、生物、混合型污染物四类；按其在环境中的污染形式可分为空气、水体污染物和固体废弃物；据污染物在环境中的存在形态可分为阳离子态、阴离子态、分子态、简单有机污染物、复杂有机污染物和颗粒状污染物。

污染源调查是污染源评价的基础，通过对污染源的调查，可以弄清评价区域范围内污染源的数量、类型、分布及其排放的污染物种类和排放量。污染物排放数量可通过下列方法调查：对各污染源进行实地调查和监测，掌握各污染源排放的污染物种类、数量和排放方式；或由生产技术人员根据生产工艺和使用物料，进行物料平衡推算。这两种方法可同时采用，互为补充。在掌握区域内各污染源污染物排放情况基础上，对污染源和污染物作出评价。

二、污染源和污染物的评价

通过污染源评价，确定调查区域内的主要污染源及主要污染物。

由于区域环境污染源和污染物数量大、种类多，一般应使所有污染源及其排放的大多数种类污染物都进入评价。评价标准的选择要与评价目的相符，并尽量使用常用的、统一的评价标准，以使评价结果有可比性。

污染源评价可以是单一污染物的评价，也可以是综合的评价。

（一）对单一污染物的评价

采用污染物排放的相对含量（排放浓度）、绝对含量（排放体积和质量）、超标率（超过排放标准率）、超标倍数、检出率、标准差等来评价污染物和污染源的强度，其中标准差的计算如下：

$$\delta=\sqrt{\frac{\sum\ (\rho_i-\rho_{0i})^2}{n-1}} \qquad (19\text{-}1)$$

式中，δ 为实测值离排放标准的标准差，其值越大，排放越严重；

ρ_i 为污染物排放实测浓度（mg/m^3 或 mg/L）；

ρ_{0i} 为污染物排放浓度标准（mg/m^3 或 mg/L）；

n 为污染物排放实测浓度的监测次数。

（二）污染源综合评价

下面介绍两种污染源的综合评价计算方法。

1. 等标污染负荷法　等标污染负荷法一般用于废水、废气排放的评价。评价各污染源和各污染物的相对危害程度。

某污染物的等标污染负荷 P_i，其计算公式为：

$$P_i=\frac{m_i}{C_i} \tag{19-2}$$

式中，P_i 为 i 污染物的等标污染负荷；

m_i 为 i 污染物的排放量（kg/d）；

C_i 为 i 污染物的评价标准，采用国家规定的浓度排放标准（mg/L）。

式（19-2）中等标污染负荷的物理概念是：把 i 污染物的排放量稀释到其相应排放标准时所需的介质量。

若某污染源同时排放数种污染物，则该污染源的等标污染负荷 P 系该污染源所排各污染物等标污染负荷之和。即：

$$P=\sum_{i=1}^{n}P_i \tag{19-3}$$

式中，n 为污染物的种数。

若评价区域内有若干个工厂或污染源，则该区域的总等标污染负荷 P_m 系该区域内所有工厂或污染源等标污染负荷之和。即：

$$P_m=\sum_{n=1}^{j}P_n \tag{19-4}$$

式中，j 为污染源个数。

若评价区域内若干个工厂或污染源都排放某一种污染物，则区域内该污染物的总等标污染负荷 P_{it} 系指该区域内所有污染源中污染物 i 的等标污染负荷之和。即：

$$P_{it}=\sum_{n=1}^{j}P_{in} \tag{19-5}$$

式中，P_{in} 为第 n 个污染源中污染物 i 的等标污染负荷。

某污染物的等标污染负荷占该厂或该区域所有污染物总等标污染负荷的百分率为该污染物在该厂或该区域等标污染负荷的分担率 K_i 或 K_{it}。分担率最高的一种污染物，即为最主要的污染物。

$$K_i=\frac{P_i}{P}\times 100\% \tag{19-6}$$

$$K_{it}=\frac{P_{it}}{P_m}\times 100\% \tag{19-7}$$

某工厂或污染源的等标污染负荷占该区域所有工厂或污染源总等标污染负荷的百分率为该工厂或污染源在该区域等标污染负荷的分担率 K_n。分担率最高的工厂，即为该区域最主要的污染源。

$$K_n=\frac{P}{P_m}\times 100\% \tag{19-8}$$

所谓最主要的污染物和污染源，意味着该污染物和该污染源对评价区域环境污染的相对危害程度最大，应列为环境治理的重点对象。按分担率大小顺序排列各污染源和各污染物，即可列出环境污染治理应予考虑的优先顺序。

2. 排毒系数法　等标污染负荷法易使毒性强、在环境中易积累的污染物不被列为主要污染物，此时可以考虑采用排毒系数法。“排毒系数”是表示污染源排放的各种污染物对人群健康潜在危害程度的一种相对指标，它体现了污染物的排放数量和毒性。

某污染物的排毒系数：

$$F_i=\frac{m_i}{d_i} \tag{19-9}$$

式中，F_i 为 i 污染物的排毒系数；

m_i 为 i 污染物的排放量（kg/d）；

d_i 为 i 污染物的评价标准。

d_i 是污染物 i 的毒性指标，其值可根据慢性中毒作用阈剂量、急性中毒致死量或半数致死量确定。许多污染物对人体健康的危害可呈现为慢性中毒，故计算排毒系数时可选用对人体产生慢性毒作用的阈剂量（阈浓度）作为评价标准：

对废水，d_i＝污染物 i 的慢性中毒作用阈剂量（mg/kg）×成人平均体重（55kg）；

对废气，d_i＝污染物 i 的慢性中毒作用阈剂量（mg/m^3）×人体每日呼吸空气量（m^3/d）。

根据上述计算式，排毒系数的含义：假设不考虑污染物排入环境后的转归，且每日排放的污染物 i 数量全部被人们吸入或摄入时，可引起呈现慢性中毒效应的人数。

若某工厂或污染源同时排放 n 种污染物时，则该工厂或污染源排毒系数 F 为该工厂或污染源所排污染物的排毒系数之和，即：

$$F=\sum_{i=1}^{n}F_i \tag{19-10}$$

式中，n 为污染物的种数。

若评价区域内共有 j 个工厂或污染源，则该区域排毒系数 F_m 为该区域内所有工厂或污染源排毒系数之和，即：

$$F_m=\sum_{n=1}^{j}F_n \qquad 式（19-11）$$

式中，j 为污染源个数。

工厂或污染源 j 的排毒系数占该区域所有工厂或污染源总排毒系数的百分率为该工厂或污染源排毒系数的分担率。

$$K_j=\frac{F}{F_m}\times100\% \tag{19-12}$$

所有工厂中分担率最高的工厂，即为该区域最主要的污染源。同理，可计算各工厂所排放的同一种污染物的排毒系数占全区域污染物的总排毒系数的分担率（%）。分担率最高的一种污染物，即为最主要的污染物。所谓最主要的污染物，意味着该污染物和该污染源对评价区域环境污染的相对危害程度最大，应列为环境治理的重点对象。按分担率大小顺序排列各污染源和各污染物，即可列出环境污染治理应予考虑的优先顺序。

第三节　环境质量现状评价

对一定区域内人类近期的和当前的活动导致环境质量变化，以及由此变化引起人类与环境质量之间的价值关系的改变进行评价，称为环境质量现状评价。

环境质量的现状反映了人类已进行或当前正在进行的活动对环境质量的影响。由于人类对环境质量的要求，除了要求维持生存繁衍的基本条件外，还要求能满足人类对自然资源、生态、社会、经济和生活等多方面环境质量的需要，因而对这种影响的评价应根据一定区域内人类对环境质量的取向来进行评价。

一、环境质量评价因子的选择

进行环境质量评价的首要工作是选择环境质量评价因子，环境质量评价因子又称环境质量评价参数，所谓评价参数即是指能反映评价对象——环境要素（或区域环境）性状特征的一些污染因子和特征值，用于定量描述环境质量的优劣。不同的环境要素，因其污染来源与类型不同，所应选择的评价因子也不相同。至于究竟应该怎样选择评价参数，即选择何种参数、选择多少个参数等问题，除了要视评价目的和监测条件来决定外，还常取决于评价介质的污染性质、污染类型及环境条件等因素。所以，还必须特别考虑被选择参数的针对性和监测资料的代表性。只有选择对评价目的针对性强、代表性好的评价参数，才有助于作出较客观、正确的评价。一般可选择排放量大、浓度高、毒性强、难于自净、对人体健康和生态环境危害大的污染物以及反映环境要素基本性质的其他因子作为评价因子。评价时应根据评价目的、环境污染状况和监测水平等实际情况确定。常用评价因子如表 19-1 所示。

表 19-1　常用环境质量评价因子

评价类型	评价因子	备注
大气质量评价	（1）颗粒物，包括总悬浮颗粒（TSP）、可吸入性颗粒（IP）等 （2）有害气体，包括二氧化硫、氮氧化物、一氧化碳、臭氧等 （3）有害元素，如氟、铅、汞、砷等 （4）有机物，如苯并(a)芘、碳氢化合物等	一般多选用二氧化硫、氮氧化物、可吸入性颗粒；特殊评价对象视具体情况选定
水体环境质量评价	（1）感官性状因子，如嗅、味、颜色、pH 值、透明度、浑浊度、悬浮物、总固体等 （2）氧平衡因子，如溶解氧、化学耗氧量、生化需氧量、总有机碳、总耗氧量等 （3）营养盐类因子，如硝酸盐、氨盐、磷酸盐等 （4）毒物因子，如酚、氰化物、砷、汞、铬、铅、镉、有机氯等 （5）微生物因子，如大肠菌群等	一般选择 10 项左右，如 pH、悬浮物、溶解氧、化学耗氧量、生化耗氧量、酚、氰化物、砷、汞、铬、大肠菌群等，应根据评价对象特点具体选定
土壤质量评价	（1）重金属及其他无机毒物，如汞、镉、铅、锌、铜、铬、镍、砷、氟、氰化物等 （2）有机毒物，如酚、石油、苯并(a)芘、农药等 （3）酸碱度、总氮、总磷等	

（引自：蔡宏道主编.《现代环境卫生学》，1995）

二、环境质量评价方法

环境质量现状评价是环境质量评价的核心问题，也是人们所关注的问题。随着环境质量评价方法学的发展，出现了许多环境质量现状评价方法，但由于环境质量现状评价的视角是多方位的，至今我国尚未形成统一的评价方法系列。目前国内外常用的评价方法有数理统计法、环境质量指数法、模糊综合评判法、灰色聚类法等。这四类方法有区别，但无明显的界限，只是从方法学阐述上的便利来划分的。其中最为经典而且常用的是数理统计法和环境质量指数法。

（一）环境质量评价的基本要素

1．监测数据　任何一种环境质量评价方法都要求具备准确、足够而有代表性的监测数据，这是环境质量评价的基础资料。为此，进行环境质量评价前，必须建立周密设计的监测网布点和监测计划，使用统一的采样仪器和标准检测方法，并采取监测质量保证措施。

2. 评价参数（评价因子） 即监测指标。一般来讲，一个综合环境质量评价方法中所考虑参数愈多，则反映环境要素的质量愈全面，但使监测工作量相应增大。因此实际工作中可选最常见、有代表性、常规监测的污染物项目作为评价因子。此外，针对评价区域的污染源和污染物的排放实际情况，增加某些污染物项目作为环境质量的评价参数。如果作为全国范围城市环境综合整治定量考核就需要建立一整套综合指标评价体系，反映城市环境综合质量，并保证各地及不同时间环境质量的可比性。

3. 评价标准 评价标准是评判环境质量优劣的依据，也是评价环境质量对健康和生活环境影响的依据。通常采用环境卫生标准或环境质量标准作为评价标准。

4. 评价权重 由于各评价参数或评价的环境要素对健康影响程度、对环境破坏程度以及对社会产生的反应均不相同，因此在评价中需要对各评价参数或环境要素给予不同的权重以体现其在环境质量中的重要性。可以采用评价标准的倒数、权重系数、公众意见、专家建议等加权方法。

5. 环境质量的分级 环境质量评价所采用的均是数学模式的方法，其得到的是定量的数值，为了明确这些数值所反映的具体内容，如健康效应或生态效应，需要通过分级来阐明，即根据环境质量的数值及其对应的效应作质量等级划分，以此赋予每个环境质量数值的含义。

（二）数理统计法

通过全面的系统的尤其是连续自动的环境监测，获得的关于各环境因素的物理、化学和生物学质量指标的监测数据将十分浩瀚，我国现有县级以上环境监测网站 2222 个，列入全球环境监测系统的大气监测网点 5 个，水监测网点 4 个。全国每年共获得环境监测数据约 3000 万个。这些数据没经统计分析，往往不能直接应用。

大量监测数据蕴藏着环境质量的空间分布及其变化趋势，是环境质量评价的基础资料。数理统计方法是对环境监测数据进行统计分析，求出有代表性的统计值，然后对照卫生标准，作出环境质量评价。即使采用另一种环境质量评价方法即环境质量指数法，也需对监测数据先进行统计整理，求出有代表性的统计值。数理统计方法是环境质量评价的基础方法，其得出的统计值可作为其他评价方法的基础数据资料，数理统计方法得出的统计值可以反映各污染物的平均水平及其离散程度、超标倍数和频率、浓度变化等，因此，一般来讲其作用是不可取代的。

平均数表示一组监测数据的平均水平，是常用的统计值之一。当监测数据呈正态分布时，采用算术均数较合理。如监测数据呈对数正态分布，则宜用几何均数表示。如监测数据呈偏态分布，则宜用中位数。此外，还应计算算术标准差或几何标准差、各百分位数，以及监测浓度超过卫生标准的频率（超标样品百分率）等统计指标。监测数据经统计整理后可绘制监测浓度频数分布直方图，各季、各月或一日中各小时浓度变化曲线，各城市（或各监测点）各时期（年、季、月、日）的监测数据统计值的比较等图。

据国内外资料报道，许多城市长期的大气监测数据近似或呈对数正态分布。根据统计学原理，呈对数正态分布的浓度数据，其浓度分布累计频率（%）在对数坐标上呈直线。例如 1990～1991 年北京市城区大气污染监测数据经统计后结果见表 19-2。

表 19-2　1990～1991 年北京市城区气象、大气污染指标

项目	监测天数	均数	标准差	百分位数（%）								
				最小值	5	10	25	50	75	90	95	最大值
气象指标												
气温（℃）	730	12.7	11	−10	−5	−3	2	14	23	26	27	30
气湿（%）	730	58.5	20	10	24	31	43	60	75	83	87	99
大气污染指标												
TSP（$\mu g/m^3$）	437	377.1	204	64	162	195	242	319	466	660	739	2235
SO_2（$\mu g/m^3$）	429		136	6	6	6	13	41	236	334	381	564

北京市城区 TSP 和 SO_2 平均浓度资料基本呈直线，表明这两种污染物浓度数据接近对数正态分布。这两种污染物浓度分布累计频率直线的斜率反映这二年内季节变化的程度。斜率越大，表示其变化越明显。大气污染的季节性变化，往往与各季节污染物排放量和影响大气扩散的气象条件的变化有关。图 9-2 显示 TSP 浓度的季节变化要大于 SO_2。

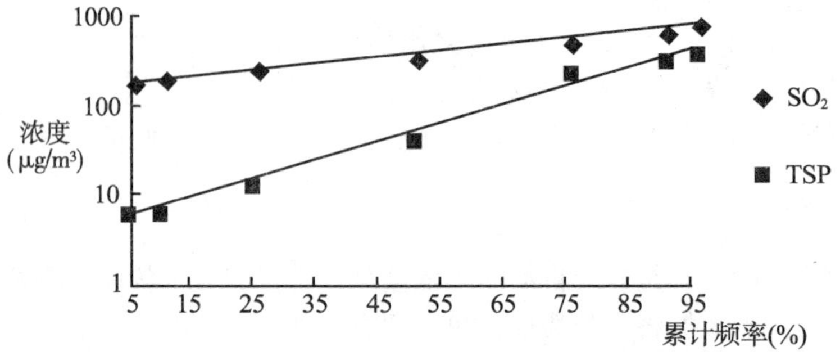

图 19-2　1990～1991 年北京市城区 TSP、SO_2 平均浓度累计分布频率

（引自：陈学敏主编《环境卫生学》，2001）

上述用数理统计法评价大气环境质量的原理，同样适用于评价水质、土壤等其他环境因素中污染物的环境质量。

（三）环境质量指数法

环境质量指数（environmental quality index）的概念是将大量监测数据经统计处理后求得其代表值，以环境卫生标准（或环境质量标准）作为评价标准，把它们代入专门设计的计算式，换算成定量和客观地评价环境质量的无量纲数值，这种数量指标就叫“环境质量指数”，也称“环境污染指数”。环境质量指数可分为单要素的环境质量指数和总环境质量指数两大类。单要素的环境质量指数有大气质量指数（air quality index）、水质指数（water quality index）、土壤质量指数（soil quality index）等，它们或是由若干个单独某一个污染物或参数反映环境质量的“分指数”，或是用该要素若干污染物或参数按一定原理合并构成反映几个污染物共同存在下的“综合质量指数”。环境质量指数是一个有代表性的数，是环境质量好坏的表征，既可以表示单因子，也可以表示多因子的环境质量状况；可以表示单个环境要素的，也可以表示多环境要素的综合环境质量状况。

环境质量指数评价法具有简便、可比等特点，是目前应用最广的一种方法。环境质量指数评价法可分为单要素指数法和综合指数法。若干个单要素环境质量指数按一定原理综合成“总环境质量指数”，用于评价这几个主要环境因素作用下形成的“总环境质量”。

环境质量指数法的特点，是能适应综合评价某个环境因素乃至几个环境因素的总环境质量的需要。此外，大量监测数据经过综合计算成几个环境质量指数后，可提纲携领地表达环境质量，既综合概括，又简明扼要。环境质量指数可用于评价某地环境质量各年（或月、日）的变化情况，或比较环境治理前后环境质量的改变即考核治理效果，以及比较同时期各城市（或各监测点）的环境质量。它也适用于向管理部门和公众提供关于环境质量状况的信息。

采用环境质量指数评价时，必须先确定评价标准并具备准确、足够而有代表性的监测数据，这是环境质量评价的依据和基础。为此，在进行环境质量评价之前，应先制订周密的监测计划，建立必要的监测网点，使用统一的监测仪器和标准的监测方法，并采取监测质量保证。

在设计一个综合环境质量指数计算式时，考虑的污染参数愈多，则愈能反映该环境因素的环境质量，但缺陷是使监测工作量增大。故在实际工作中可选最常见、有代表性、且包括在常规监测内容中的污染物项目作为参数。此外，还要根据评价区域的工业特点和污染物排放情况，有针对性地增加某些污染物项目作为计算环境质量指数的参数。

在建立综合环境质量指数时，要按照各污染物对人体健康或环境的危害性对各参数加权。最简单和常用的加权方法是将 i 污染物平均监测浓度 C 除以 i 污染物的评价标准，即环境卫生标准 S_i，这样把 S_i 的倒数看作权重系数。这种无量纲的 C_i/S_i 值，可称为 i 污染物的分指数，它是多种环境质量指数计算式的基本构成单元。各参数的权重系数，还通过专家判断、征询较多学者和群众意见，或用更复杂的数学计算来确定。

质量指数评价法可分为单要素指数法和综合指数法。环境质量指数的计算，有比值法和评分法两种。比值法是以 C_i/S_i 的形式作为各污染物的分指数。几个分指数可以构成一个综合质量指数，常用的方法有简单叠加、算术均数和加权平均等。评分法是将各污染物参数按其监测值大小定出评分，应用时根据污染物实测的数据就可求得其评分。

各种环境质量指数中，以大气质量指数和水质指数的研究开展较早。下面根据其设计原理选择了一些国内外较常见和有代表性的一些环境质量指数，简述其采用的参数、计算式和应用实例。

分指数 I_i 表示单一污染物对环境产生等效影响的程度，是环境污染物的实测浓度 C_i 与该污染物在环境中的容许浓度（评价标准）C_{si}的比值，具体计算可分为 3 种情况。

（1）污染危害程度随浓度增加而增加的评价因子，分指数为：

$$I_i = C_i / C_{si} \tag{19-13}$$

（2）污染危害程度随浓度增加而降低的评价因子，分指数为：

$$I_i = \frac{C_{i,max} - C_i}{C_{i,max} - C_{si}} \tag{19-14}$$

式中，$C_{i,max}$为某污染物浓度最大值。

（3）具有最低和最高容许限度的评价因子分指数为：

$$I_i = \frac{C_i - C_{si}}{C_{si} - \overline{C}_{si}} \tag{19-15}$$

式中，$\overline{C}_{si}$为某污染物评价标准最高值与最低值的平均值；

C_{si}为某污染物评价标准的最高值或最低值，若取最低值，求出的分指数应取绝对值。

综合指数表示多种污染物对环境产生的综合影响程度。它是以分指数为基础，通过各种数学关系式综合求得的。

三、环境质量评价方法的应用

（一）大气质量评价

目前应用最多的评价方法是大气质量指数法。

1. 比值简单叠加型环境质量指数　此类指数一般将各污染物的监测浓度除以各自的卫生标准或环境质量标准的比值相加。北京西郊大气环境质量指数即为此类指数。在该评价中，选取飘尘和二氧化硫作为评价参数。它计算式最简单，但计算结果会受选用参数个数的影响。其基本的计算式是：

$$P_{大气}=\sum_{i=1}^{n}P_i=\sum_{i=1}^{n}\frac{C_i}{S_i} \quad (19\text{-}16)$$

式中，P_i 为 i 污染物的分指数；

C_i 为 i 污染物的监测浓度（mg/m^3）；

S_i 为 i 污染物的大气卫生标准或大气质量标准（mg/m^3）；

$P_{大气}$为综合污染指数。

我国城市空气综合污染指数就采用这种指数。其选择我国空气中普遍存在的二氧化硫、氮氧化物和总悬浮颗粒为评价参数（n=3）。C_i 为某主要城市 i 污染物的监测浓度的年均值，S_i 为 i 污染物浓度年均值的二级标准。综合污染指数值越大，空气污染程度越严重，空气质量越差。由于采用统一的参数和评价标准，因此可以比较各城市空气质量。目前我国每年的环境状况公报用直条图形式将我国 47 个主要城市的空气综合污染指数列出，使人一目了然地看出这些城市空气质量的好坏。

美国 Babcock 发表的“大气污染综合指数（PINDEX）”（1970 年），也属于此型，它以总悬浮颗粒、硫氧化物、氮氧化物、一氧化碳和臭氧为 5 项参数，计算式如下：

$$PINDEX=\sum_{i=1}^{5}\frac{C_i}{S_i} \quad (19\text{-}17)$$

式中，C_i/S_i 为各污染物监测浓度与其评价标准之比。

这类环境质量指数计算式最简单，但计算结果显然受选用参数个数的影响。

2. 比值算术均数型环境质量指数　南京城区环境质量评价（1973 年）采用这种环境质量指数。以二氧化硫、二氧化氮、降尘为评价参数。其计算式为：

$$Q_{大气}=\frac{1}{n}\sum_{i=1}^{n}\frac{C_i}{S_i} \quad (19\text{-}18)$$

式中，$Q_{大气}$为大气质量指数，其余符号涵义同前。选用了 SO_2、NO_2 和降尘三个参数(n=3)。

该类指数是在比值简单叠加的基础上加以平均，其特点是计算简便，与比值简单叠加型环境质量指数相比，消除了选用参数个数的影响，但由于它是各分指数的平均值，故当只有某个分指数很高，其余各分指数不高时，最后得出的综合质量指数值可能偏低而掩盖了高浓度参数的影响。

3. 兼顾最高分指数和平均分指数的环境质量指数　当大气中某种污染物出现高浓度时，就可能对环境和健康造成某方面的较大危害，复旦大学姚志麒教授认为，在计算大气综合质量指数时，不仅要考虑平均分指数，而且要适当兼顾最高分指数。姚志麒教授推导的大气质量指数（1979 年）计算式为：

$$I_1=\sqrt{(\max\left|\frac{C_1}{S_1}\frac{C_2}{S_2}\cdots\frac{C_n}{S_n}\right|)\cdot(\frac{1}{n}\sum_{i=1}^{n}\frac{C_i}{S_i})} \tag{19-19}$$

或
$$I_1=\sqrt{X\cdot Y} \tag{19-20}$$

式中，I_1 为大气质量指数；

X 为最高分指数即各个 C_i/S_i 值中的最高值；

Y 为平均分指数即各个 C_i/S_i 比值中的平均值。

这种大气质量指数综合的因素较多，而且形式简单，计算起来也很方便，曾被用于评价上海市历年大气质量变化的趋势，是我国目前用于大气环境质量评价中较普遍的一种指数。除了简单、便于计算外，它适当兼顾了最高分指数的影响，且保持一定的含义：当各分指数都等于 1 时，I_1 等于 1；当各分指数都等于 2 时，I_1 等于 2 时，余类推。

根据大气质量指数 I_1 的值，一般可将大气质量分为 5 级（表 19-3）：

表 19-3　按大气质量指数（I_1）划分的大气质量级别

大气质量指数	大气质量分级	大气质量评估
≤0.49	Ⅰ	清洁
0.50～0.99	Ⅱ	尚清洁
1.00～1.49	Ⅲ	轻污染
1.50～1.99	Ⅳ	中污染
≤2.00	Ⅴ	重污染

式（19-19）的计算原理，同样适用于计算水质指数，采用水质评价的参数及其相应的评价标准。有些环境质量评价工作中，把式（19-19）的计算方法用于整理一个监测点上的大量监测数据，从最高监测值和平均监测值求得监测数据的代表值；再取后者计算该监测点的环境质量指数。

4. 污染超标指数　污染超标指数由若干个超标分指数综合而成。其超标分指数反映历次超标浓度总和的数量。

在数理统计方法中，只能以每种污染物单独计算实测浓度超过卫生标准的次数占监测总次数的百分率、最高实测浓度的超标倍数等指标来进行评价，污染超标指数克服了这些缺点。

污染超标指数中最有代表性的是大气污染超标指数（I_2）。当大气中某个污染物出现超过大气卫生标准的高浓度，即使时间很短也可能对人群健康产生危害。为了综合评价某监测点一年内几种污染物先后或同时且屡次出现超标高浓度的总状况，姚志麒教授设计了大气污染超标指数（1979），计算式如下：

$$I_2=\sqrt{E_1^2+E_2^2+\cdots+E_n^2}=\sqrt{\sum_{i=1}^{n}E_i^2} \tag{19-21}$$

式中，I_2 为污染超标指数；

E 为 i 污染物的超标分指数。

假设某市大气监测项目包括 SO_2、NO_2、总悬浮颗粒和铅四种污染物，则大气污染超标指数为：

$$I_2=\sqrt{E_S^2+E_N^2+E_P^2+{}_L^2} \tag{19-22}$$

式中，E_S、E_N、E_P、E_L 分别代表 SO_2、NO_2、TSP、Pb 四个超标分指数，超标分指数含义为：

$$E_i = \alpha \frac{A_i}{S_i} \tag{19-23}$$

式中，A_i 为 i 污染物全年监测数据中超过或等于相应卫生标准 S_i（日平均或一次最高容许浓度）的历次高浓度的累计总和；

S 为 i 污染物的卫生标准（日平均或一次最高容许浓度）；

α 为修正系数，是由于某些原因全年实际取得的有效实测数据有可能不满足原定监测计划规定的次数要求，故引入修正系数 α：

$$\alpha_1 = \frac{N_1}{N'_1} \tag{19-24}$$

$$\alpha_1 = \frac{N_2}{N'_2} \tag{19-25}$$

式中，N_1、N_2 分别为按监测计划规定全年应有的日平均和一次实测数据的个数；N'_1、N'_2 分别为全年实际取得的日平均和一次实测有效数据的个数（$N'_1 \leqslant N_1$，$N'_2 \leqslant N_2$）。

根据我国对这 4 种污染物规定的卫生标准，I_2 计算式换算成：

$$I_2 = \left[\left(a_{S1}\frac{A_{S1}}{S_{S1}}\right)^2 + \left(a_{s2}\frac{A_{S2}}{S_{S2}}\right)^2 + \left(a_{N2}\frac{A_{N2}}{S_{N2}}\right)^2 + \left(a_{P1}\frac{A_{P1}}{S_{P1}}\right)^2 + \left(a_{L1}\frac{A_{L1}}{S_{L1}}\right)^2 \right]^{\frac{1}{2}} \tag{19-26}$$

上式中：下角字母 S、N、P、L 分别代表 SO_2、NO_2、总悬浮颗粒、铅，各项分子 A_1 代表某污染物全年的日平均实测数据中超过或等于该污染物日平均最高容许浓度 S_1 的历次高浓度累计总和；各项分子 A_2 代表某污染物全年各次实测数据中超过或等于该污染物一次最高容许浓度 S_2 的历次高浓度累计总和。

如每季或每月均有足够的监测数据，也可计算每季或每月的 I_2。全市设若干监测点时，可先计算各点的超标指数，再计算各区或全市的平均超标指数。根据历年或各季各月的超标指数，可比较评价高浓度大气污染的变化趋势。

城市中设有若干个监测点时，可用地图表示出各监测点的位置，并可采用上海医科大学姚志麒教授设计的"大气质量玫瑰图"（图 19-3），将每个监测点的大气质量指数（I_1）和大气污染超标指数（I_2）及它们的各分指数用作图方法标在全市各监测点位置上，使人一目了然地看出全市大气质量的分布和各点差异状况。

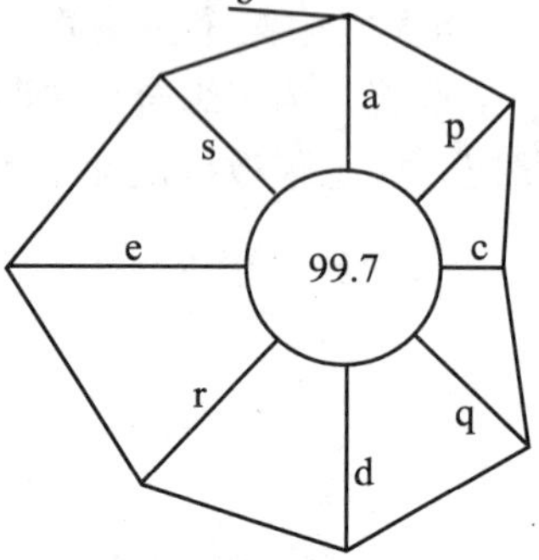

说明：圆的直径表示大气质量指数 I_1；圆内数字表示大气污染超标指数 I_2；a，b，c，d，e 长度依次代表 SO_2（一次浓度）、SO_2（日平均浓度）、NO_2（一次浓度）、铅（日平均浓度）、总悬浮颗粒（日平均浓数度）的超标分指数；p，q，r，s 长度依次代表 SO_2、NO_2、铅、总悬浮颗粒的 I_1 分指数；1cm＝1.00 单位 I_1 及其分指数；比例尺 1cm＝20.00 单位 I_2 及其分指数。

（引自：姚志麒主编《环境卫生学》，1994）

图 19-3　大气质量玫瑰图

5. 分段线性函数型大气质量指数　美国联邦环保局 1976 年公布的"污染物标准指数（PSI）"属于此种类型。这类指数的各分指数与其实测浓度呈分段线性函数关系，指数的表示也以各分指数分别表示或选择最高的表示，并赋予其健康效应含义和应采取的措施。美国自 1979 年起将 PSI 作为评价大气质量的统一方法。

PSI 指数包含 SO_2、NO_2、CO、O_3、颗粒物质，以及颗粒物质与 SO_2 的乘积共 6 项参数。各分指数 PSI 值与其实测浓度呈分段线性函数关系，以美国现行的大气质量标准、大气污染事件基准值（分为警戒、警报和紧急 3 级水平），以及显著危害等不同大气污染水平规定的各相应值作为分段线性函数的几个折点。各污染物实测浓度相当于其大气质量标准时，它的 PSI 分指数为 100；随着实测浓度的增高而其分指数也随之升高。各级 PSI 值 100、200、300、400、500 相对应的各污染物浓度、大气质量分级、对健康的影响以及要求采取的措施见表 19-4。

表 19-4　美国污染物标准指数（PSI）与各污染物浓度的关系及 PSI 的分级

PSI	大气污染浓度水平	污染物浓度						大气质量分级	对健康的一般影响	要求采取的措施
		颗粒物质（24 小时）$\mu g/m^3$	SO_2（24 小时）$\mu g/m^3$	CO（8 小时）$\mu g/m^3$	O_3（1 小时）$\mu g/m^3$	NO_2（1 小时）$\mu g/m^3$	SO_2×颗粒污染（$\mu g/m^3$）			
500	显著危害水平	1000	2620	57.5	1200	3750	490000	危险	病人和老年人提前死亡，健康人出现不良症状。影响正常活动	全体人群应停留在室内，关闭门窗。所有的人均应减少体力消耗，避免交通堵塞
400	紧急水平	1875	2100	46.0	1000	3000	393000		健康人除明显加剧症状，降低运动耐受力外，提前出现某些疾病	老年人和病人应停留在室内，避免体力消耗，一般人群应避免户外活动
300	警报水平	625	1600	34.0	800	2260	261000	很不健康	症状显著加剧，运动耐受力降低，健康人群普遍出现症状	老年人和心脏病、肺病患者应停留在室内，并减少体力消耗
200	警戒水平	375	800	17.0	400	1130	65000	不健康	易感的人症状有轻度加剧，健康人群出现刺激症状	心脏病和呼吸系统疾病患者应减少体力消耗和户外活动
100	大气质量标准	260	365	10	240	①	①	中等		
50	大气质量标准 50%	75②	80②	5.0	120			良好		
0		0	0	0	0					

注：①浓度低于警戒水平，不报告此分指数；②一级标准年平均浓度

根据表 19-4 的数据，可绘制各污染物浓度与其 PSI 分段线性关系图，并建立分段的线性函数。图 19-4 表示 O_3 浓度与 PSI 关系，其余 5 项也均可绘制类似的分段线性函数关系图和建立分段线性函数。反之，也可根据各污染物的实测浓度，通过计算或从查图求得其 PSI 值。由 6 项污染物参数求得 6 个 PSI 值后不再综合，选择其中最高一个 PSI 作为该日的 PSI，向公众发布。还可分析一年内逐日的 PSI 值的频数分布。由于各地的 PSI 值所选用的参数是一致的，因此可以用 PSI 比较各地的大气污染状况。

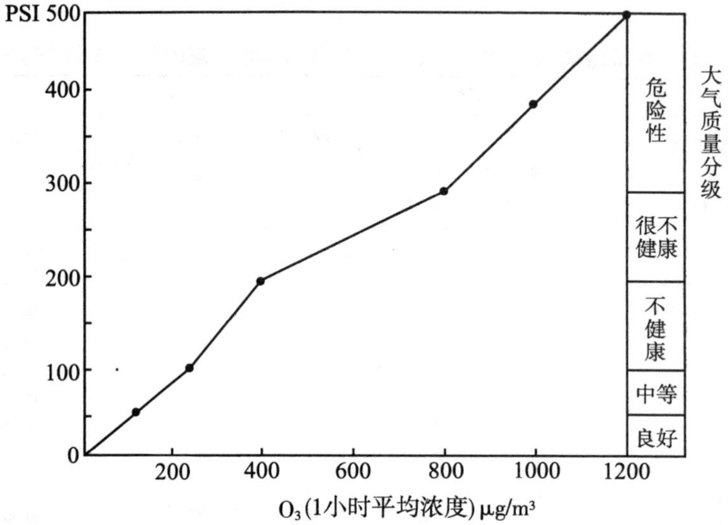

图 19-4　O_3 浓度与 PSI 关系

（引自：姚志麒主编《环境卫生学》，1994）

6. 空气污染指数（API）　我国目前使用的空气污染指数（API）也是按照 PSI 原理建立的每天向社会上报告的空气质量指数。该指数所选用的参数为 PM_{10}、SO_2、NO_2、CO、O_3，其中 PM_{10}、SO_2、NO_2 为必测参数，其日均值是日报报告周期内各小时浓度的平均值；CO、O_3 的小时均值是指日报报告周期内小时浓度最大值。

空气污染指数（API）的分级及污染物浓度限值见表 19-5；与空气污染指数范围相对应的空气质量、对健康影响及建议措施见表 19-6。

表 19-5　空气污染指数相对应的污染物浓度限值

污染指数	污染物浓度（mg/m^3）				
API	SO_2（日均值）	NO_2（日均值）	PM_{10}（日均值）	CO（小时均值）	O_3（小时均值）
50	0.050	0.080	0.050	5	0.120
100	0.150	0.120	0.150	10	0.200
200	0.800	0.280	0.350	60	0.400
300	1.600	0.565	0.420	90	0.800
400	2.100	0.750	0.500	120	1.000
500	2.620	0.940	0.600	150	1.200

表 19-6　空气污染指数范围及相应的空气质量类别

空气污染指数 API	空气质量状况	表征颜色	对健康影响	建议采取的措施
0～50	优	天蓝	可正常活动	
51～100	良	墨绿		
101～200	轻度污染		易感人群症状有轻度加剧，健康人群出现某些刺激症状	心脏病和呼吸系统疾病患者应减少体力消耗和户外活动
201～300	中度污染		心脏病和肺病患者症状显著加剧，运动耐受力降低，健康人群普遍出现症状	老年人和心脏病、肺病患者应停留在室内，并减少体力活动
>300	重污染		健康人运动耐受力降低，有明显强烈症状，提前出现某些疾病	老年人和病人应停留在室内，避免体力消耗，一般人群应避免户外活动

空气污染指数（API）计算方法如下：

污染物的分指数 I_j，可由其实测的浓度值 C_i 按照分段线性方程计算。对于第 i 种污染物的第 j 个转折点（$C_{i,j}$，$I_{i,j}$）的分指数值及相应的浓度值，可由表 19-5 确定。

当第 i 种污染物浓度 $C_{i,j} < C_i \leqslant C_{i,j+1}$ 时，

其分指数 $$I_i = \frac{(C_i - C_{i,j})}{C_{i,j+1} - C_{i,j}}(I_{i,j+1} - I_{i,j}) + I_{i,j} \tag{19-27}$$

式中，I_i：第 i 种污染物的污染分指数；

C_i：第 i 种污染物的浓度监测值；

$I_{i,j}$：第 i 种污染物 j 转折点的污染分项指数值；

$I_{i,j+1}$：第 i 种污染物 j+1 转折点的污染分项指数值；

$C_{i,j}$：第 j 转折点上 i 种污染物（对应于 $I_{i,j}$）浓度限值；

$C_{i,j+1}$：第 j+1 转折点上 i 种污染物（对应于 $I_{i,j+1}$）浓度限值。

污染指数的计算结果只保留整数，小数点后的数值全部进位。

各种污染物的污染分指数都计算出以后，取最大者为该区域或城市的空气污染指数 API，则该项污染物即为该区域或城市空气中的首要污染物。

$$API = \max(I_1, I_2, I \cdots I_i \cdots In) \tag{19-28}$$

式中，I_i 为第 i 种污染物的分指数；n 为污染物的项目数。

假定某地区 PM_{10} 的监测值为 0.180mg/m³，其污染指数的计算如下：按照表 19-5，PM_{10} 实测浓度 0.180mg/m³，介于 0.150mg/m³ 和 0.350mg/m³ 之间，即按照污染指数的分段线性关系的第 2 段进行计算，此处浓度限值 $C_{i,j}=0.150\text{mg/m}^3$，而相应的分指数值 $I_{i,j}=100$，$I_{i,j+1}=200$，则 PM_{10} 的污染物浓度 $C_{i,j+1}$ 为 0.350mg/m³，

$$I_i = \frac{(C_i - C_{j+1})}{(C_{i,j+1} - C_{i,j})}(I_{i,j+1} - I_{i,j}) + I_{i,j}$$
$$= \frac{(0.180 - 0.150)}{(0.350 - 0.150)}(200 - 100) + 100 = 115 \tag{19-29}$$

这样，PM_{10} 的分指数为 115，用相似方法由其他污染物的监测浓度计算分指数分别为 105（SO_2）和 75（NOx）。则总体上取污染指数最大者报告该地区的空气污染指数：

$$API = \max(115, 105, 75) = 115$$

首要污染物为 PM_{10}。

空气质量预报是对某一区域未来短期内空气质量的预测，它是建立在区域内目前的环境空气质量状况和未来该区域的污染物排放状况、天气形势、气象要素及周边地区有关影响区域内空气质量因素分析基础上的，经过全面科学地综合得出的预报结果。空气质量预报制作，仅靠监测数据是不够的，还要研究污染物分布、动态变化及其演变规律和气象要素对形成污染的影响。开展空气质量预报必须做好以下有关工作：①掌握区域内及周围地区污染物排放量、主要污染物及其浓度；②全面整理分析历年监测资料，掌握其变化规律；③研究气象因素包括风速、雾、雨、相对湿度等。空气质量预报方法可通过找出与气象要素相对应的空气质量，建立初步的统计预报模式，并在实际预报过程中不断完善提高预报准确率。我国上海自 1999 年 6 月 5 日起每日发布空气质量预报。该空气质量预报是根据综合当日的污染物实际浓度和次日的气象条件，经计算机综合分析后产生的。它将空气质量按 API 指数（见前述）分成优、良、轻度污染、中度污染和重度污染五个级别。有关部门可根据空气质量预报，来控制大气污染物的排放以减轻空气污染，居民可采取少出门或避开重污染区域等自我防护措施以减少其危害。

空气污染指数的发布：

（1）使用空气污染指数报告空气质量时，一般应包含区域范围、时间周期、首要污染物及污染指数和空气质量级别；相应的空气质量描述可暂不向社会和新闻媒体发布，只向各级政府报告供内部参考。

当污染指数 API 值小于 50 时，则不报告首要污染物。

（2）各城市发布空气污染指数时，应按监测点位置所在的具体地区或地理区域分别报告，而不应使用区域空间无法界定的功能性分区报告。即先计算各点各项污染物的周平均浓度值，再计算各点不同污染参数的周污染分指数，取最大者为该点的周污染指数。

（3）中国环境监测总站编写的全国重点城市空气污染周报，以各城市各项污染物的全市平均浓度为基础计算全市的平均污染指数。

7. 幂函数型大气质量指数　美国象树岭国立实验室发表的“象树岭大气质量指数（ORAQI）”（1971）属于此类型。它选取二氧化硫、氮氧化物、一氧化碳、飘尘和氧化剂 5 项污染物参数，指数的计算式如下：

$$\mathrm{ORAQI}=\left[a\sum_{i=1}^{n}\frac{C_i}{S_i}\right]^b \qquad (19\text{-}30)$$

式中，ORAQI 为大气环境质量指数；

C_i 为 i 污染物 24 小时实测平均浓度；

S_i 为 i 污染物的环境标准；

a，b 为常数。

当大气中各污染物的实测浓度均相当于美国清洁地区背景浓度时，设其 ORAQI 等于 10；当各污染物的实测浓度均高于相应的评价标准时，设其 ORAQI 等于 100。根据这两个假设条件，可求出式（19-30）中常数 a=5.7 和 b=1.37。大气质量分成 6 级：ORAQI<20 时，大气质量优良；20～39 为好；40～59 为尚可；60～79 为差；80～99 为坏；≥100 为危险性。

我国沈阳曾采用的大气环境质量指数 AQI 属于此种类型，它的评价参数共 5 项：二氧化硫、氮氧化物、一氧化碳、飘尘、B(a)P。

其评价模式为：

$$\mathrm{AQI}=\left[3.20\times10^{-6}\sum_{i=1}^{5}\frac{C_i}{S_i}\right]^{-0.36} \tag{19-31}$$

式中，AQI 为大气质量指数；

C_i为污染物实测的日平均浓度；

S_i为污染物居民区日平均最高允许浓度。

（二）水环境质量评价

早期的水环境质量评价是人们根据感官性状、混浊、味、嗅和颜色等来进行的，因此缺乏定量化的了解，但这为定量化的水质评价打下一定基础。20 世纪 60 年代以来，随着人们研究的进展，建立了合适的水质指数评价系统。水环境质量评价中，“比值简单叠加型水质指数”及“比值算术均数型水质指数”计算方法与大气质量评价中计算方法基本相似，此处不再赘述，仅介绍与大气质量评价中不同者。

1. 比值加权型水质指数　我国某海域水质评价（1979 年）采用 $F_{水}$，计算式为：

$$F_{水}=\sum_{i=1}^{n}W_i\frac{C_i}{S_i} \tag{19-32}$$

式中，W_i 为 i 污染物的权重系数。由评价课题组专业人员讨论确定（$\sum W_i=1$）；

S_i 为 i 污染物的评价标准，采用我国规定的海水水质标准；

n 为参与水质评价的污染物项数。

C_i 为某监测点上 i 污染物多次实测浓度的代表值，参考大气质量指数（式 19-15）的计算原理，用下式求得：

$$C_i=\sqrt{X_{max}\cdot\overline{x}} \tag{19-33}$$

式中，X_{max}为 i 污染物的最高实测浓度；

$\overline{x}$为 i 污染物的多次实测浓度的算术均数。

2. 评分加权型水质指数　这类指数包括美国 Horton（1965 年）、Brown（1970 年）、英国 Ross（1977 年）、巴西 Costa（1985 年）等提出的各项水质指数。其中最具有代表性的是 Brown 等 1970 年设计的水质指数，又称美国国家环境卫生基金会（NSF）水质指数。在前述环境质量指数采用比值法时，C_i/S_i 比值愈大，表示环境质量愈差。但评分法的水质指数则相反，对差的水质给以较低评分，对好的水质给以较高评分。

Brown 指数设计者采用特尔斐（Ddphi）决策技术，在参数选定、评分尺度和权重确定方面，都通过书面调查，反复向 142 名水质专家征询意见，避免了由少数学者评定的主观性，因此这种指数较为客观。该指数从其设计原理可称为“评分加权征询法”。首先通过书面调查，反复向 142 名水质专家征询意见，选定 9 项水质评价参数（表 19-7）。在确定每个参数的评分尺度时，要求每名专家在统一分发的空白坐标纸上绘出各个参数的评分尺度曲线，评分范围从 0 到 100 分，以 0 分代表最差水质，100 分代表最佳水质。然后，收集所有专家的评分曲线加以统计，整理成平均的评分曲线。例如溶解氧、粪大肠菌群数这 2 项水质参数的评分曲线见图 19-5、图 19-6。图中实线代表全体专家的平均评分结果，虚线包括的范围为 80%的专家的评分范围。所有的专家一致认为，当水中存在的任何一种毒物（不属于表 19-7 中的 9 项参数）其浓度超过饮水标准时，Brown 水质指数就等于 0；此外，当水中各种农药浓度超过 0.1 mg/L 时，此水质指数也等于 0。

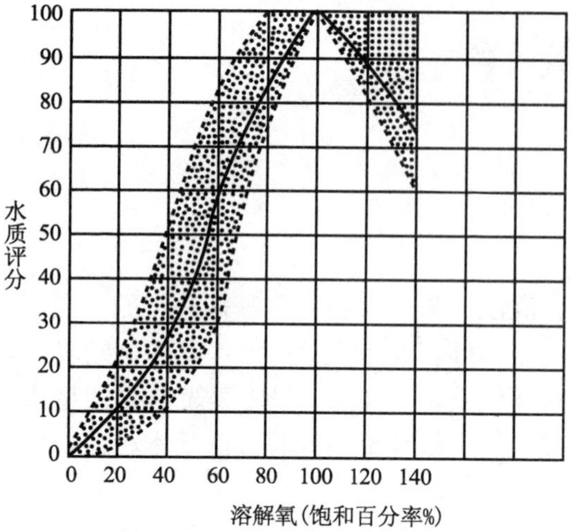

图 19-5　Brown 水质指数中溶解氧评分曲线

（溶解氧>140%时，评分 q=50）

（引自：姚志麒主编《环境卫生学》，1994）

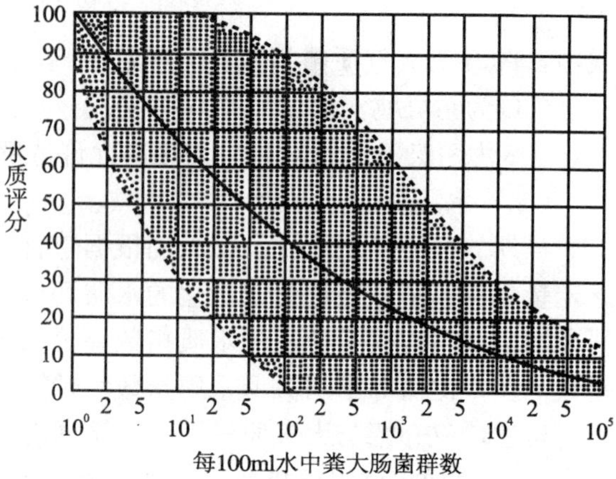

图 19-6　Brown 水质指数中粪大肠菌群评分曲线

（每 100ml 水中大肠菌群数$>10^5$ 时，评分 q=2）

（引自姚志麒主编《环境卫生学》，1994）

确定各参数的权重时，先要求每名专家提出各个参数的初步权重，按各人对参数重要性的判断将初步权重定为 1～5，即认为最重要的参数其权重定为 1，重要性较差者其权重依次为 2、3、4、5。Brown 等在收集全体专家的权重意见后加以整理：计算各个参数平均的初步权重，以最小初步权重（溶解氧的平均初步权重为 1.4，在 9 个参数中最小）除以各参数的平均初步权重，得相对权重，再加以标化成最后权重（表 19-7）。

表 19-7　各项参数的权重

水质参数	初步权重	相对权重	最后权重
溶解氧	1.4	1.0	0.17
粪大肠菌群数	1.5	0.9	0.15
pH	2.1	0.8	0.12
BOD_5	2.3	0.7	0.10
硝酸盐	2.4	0.6	0.10
磷酸盐	2.4	0.6	0.10
温度	2.4	0.6	0.10
浑浊度	2.9	0.5	0.8
总固体	3.2	0.4	0.8
		Σ=5. 9	Σ=1. 0

Brown 水质指数计算式为：

$$WQI=\sum_{i=1}^{9} w_i q_i \tag{19-34}$$

式中，w_i 为 i 参数的权重（$\sum w_i=1$）；

q_i 为根据 i 参数的实测值从该参数评分曲线查出的水质评分（$0\leqslant q_i\leqslant 100$）。

最后算出的水质指数 WQI 在 0～100 之间，0 代表最差水质，100 代表最佳水质。

3. Nemerow 水质指数　美国 Nemerow 发表的这个水质指数包含温度、色度、浑浊度、

pH 值、大肠杆菌数、总溶解固体、悬浮固体、总氮、碱度、硬度、氯化物、铁和锰、硫酸盐、溶解氧等。Nemerow 把水体用途区分为 3 种：人体直接接触的用途（饮用、游泳、制造饮料等）、人体间接接触的用途（钓鱼、食品工业、农业应用等）和人体不接触（工业冷却、观瞻、旅游、航行等），三种不同用途确定了各水质参数的评价标准。计算式考虑了最高分指数和平均分指数，各个水质参数按比值法计算。

先按水体 3 种用途分别计算 3 个水质污染指数，计算公式为：

$$PI_j=\sqrt{\frac{(\frac{C_i}{L_{ij}})^2_{max}+(\frac{C_i}{L_{ij}})^2_{av}}{2}} \tag{19-35}$$

式中，PI_j 为按 j 种用途计算的水质污染指数（j=1，2，3）；

C_i 为 i 污染物的实测浓度；

L_{ij} 为 i 污染物 j 用途时的水质评价标准（人直接接触、间接接触和不接触）。

$\left(\frac{C_i}{L_{ij}}\right)_{max}$ 为各参数 $\frac{C_i}{L_{ij}}$ 比值中的最高分指数；

$\left(\frac{C_i}{L_{ij}}\right)_{av}$ 为各参数 $\frac{C_i}{L_{ij}}$ 比值的算术均数，即平均分指数。

溶解氧分指数可采用下式计算：

$$溶解氧分指数=\frac{DO_s-DO_i}{DO_s-DO_0} \tag{19-36}$$

式中，DO_s 为某温度下溶解氧饱和含量（mg/L）；

DO_i 为溶解氧含量实测值；

D_0 为溶解氧评价标准。

计算 pH 的 $\frac{C_i}{L_{ij}}$ 比值时，应采用下列方式：

$$\frac{C_i}{L_{ij}}=\frac{C_i-\overline{L}_{ij}}{L_{ij\,max}或L_{ij\,min}-\overline{L}_{ij}} \tag{19-37}$$

式中，C_i 为实测 pH；

$L_{ij\,max}$ 为适合 j 种用途的 pH 容许范围的上限；

$L_{ij\,min}$ 为适合 j 种用途的 pH 容许范围的下限；

$\overline{L}_{ij}$ 为 $L_{ij\,max}$ 和 $L_{ij\,min}$ 的算术均数。

式（19-37）中，当 C_i 接近 $L_{ij\,max}$ 时，取 $L_{ij\,max}$ 计算，否则，取 $L_{ij\,max}$ 计算。

对某一水体进行评价时，先按三种用途分别计算 PI_j，然后按下式求各种用途的总指数 PI：

$$PI=\sum_{j=1}^{3}W_j\cdot PI_j \tag{19-38}$$

式中，W_j 为不同用途的水体的权重系数（$\sum W_j=1.0$）。

水质评价的计算方法还有综合指数法、水质标准级别法、模糊数学评价法等。

（三）室内环境质量评价

从 20 世纪 80 年代末起指数综合评价、模糊综合评价方法陆续应用于综合评价公共场所的环境质量。建立了一些评价模式，这些方法的应用使室内环境和公共场所环境卫生质量的综合评价更具有合理性和客观性。这里介绍太原市公共场所评价采用的指数综合评价法。该方法按分段直线方向计算分指数，然后再在考虑了平均分指数和指数标准差的基础上计算综合指数，由于公共场所指标方向性复杂，有正向、逆向和双向指标，容易对分级指标上、下限理解发生混乱。计算时确定评价指标，建立分级标准，统一指标方向性，使其均成为逆向指标。

$$C_i = |X_i - Z_i| \tag{19-39}$$

式中，C_i 为方向统一后的 i 指标值；X_i 为 i 指标实测值；Z_i 为 i 指标优限值，其中逆向指标 $Z_i=0$，正向指标 Z_i=优限值，双向指标 Z_i=第一分级指标中间值。当 X_i 超出优限值时，按优限值计，X_i 超出劣限值时，按劣限值计。分级标准同理进行方向性统一。计算分指数 I_i，分指数为分段直线方向计算。

$$I_i = I_{j\,min} + \frac{0.5\ (C_i - S_{ij(1)})}{S_{ij(2)} - S_{ij(1)}} \tag{19-40}$$

式中，I_i 为 i 指标的分指数；$I_{j\,min}$ 为 j 等级分指数最小值（$I_{1\,min}=0.0$，$I_{2\,min}=0.5$，$I_{3\,min}=1.0$，$I_{4\,min}=1.5$）。$S_{ij(1)}$、$S_{ij(2)}$ 分别为 i 指标 j 等级分级标准调整方向后的上限值、下限值，即该等级分级标准上限值、下限值代替 X_i 带入式 $C_i = |X_i - Z_i|$ 所得结果。

综合指数计算见公式：

$$P = \sqrt{I_{av}\ (I_{av} + kS)} \tag{19-41}$$

式中，P 为综合指数；I_{av} 为分指数的平均数；S 为分指数的标准差；k 为常数。

$$k = 1.645\sqrt{(n-1)\ /n} \tag{19-42}$$

式中，n 为评价指标的个数。

确定卫生质量等级和综合指数范围：①一级（很好）：$0 \leqslant n < 0.5$；②二级（较好）：$0.5 \leqslant n \leqslant 1$；③三级（较差）：$1 \leqslant n < 1.5$；④四级（很差）：$n \geqslant 1.5$。文化娱乐场所评价分级标准见表 19-8。

表 19-8　文化娱乐场所评价分级标准参考值

等级	温度（℃）	湿度（%）	风速（m/s）	噪声（dB（A））	CO_2（%）	细菌总数（个/皿）
优限值	22～24	50	0.00	0	0.00	0
一级	≥20 或≤26	45～60	≤0.15	≤80	≤0.01	≤35
二级	≥18 或≤28	≥40 或≤65	≤0.30	≤85	≤0.15	≤40
三级	≥16 或≤30	≥35 或≤70	≤0.35	≤90	≤0.18	≤70
四级	<16 或>30	<35 或>70	>0.35	>90	>0.18	>70
劣限值	12 或 34	30 或 75	0.40	95	0.20	145

（四）土壤环境质量评价

土壤质量指数一般可采用比值简单叠加和 Nemerow 水质指数等计算原理。

评价因子的选择：一是根据土壤污染物类型，二是根据评价目的和要求。一般选择：①重金属及其他有毒物质，如汞、镉等；②有机毒物，六六六等；③酸度、全氮、全磷。

评价标准的选择：一般选用如下标准：①以区域土壤背景值为评价标准；②以区域土壤自然含量为评价标准；③以土壤对照点含量为评价标准；④以土壤和作物中污染物质积累的相关数量作为评价标准。

土壤环境质量评价方法：主要方法有生物法、毒理法、指数法以及土壤和作物中污染物积累的相关数量计算污染指数。目前多采用土壤污染指数。

1. 分级污染指数　该指数是根据土壤中污染物浓度及作物污染程度的关系分级计算污染指数。计算该指数先要确定污染等级，划分污染指数范围。

根据土壤污染程度不同将指数分成：土壤显著受污染起始值（X_a），表示土壤中污染物浓度（C_i）超过评价标准数值；土壤轻度污染起始值（X_c），表示作物中污染物浓度超过其背景值；土壤重度污染起始值（X_p），表示作物中污染物浓度达到食品卫生标准。

按 X_a、X_c、X_p 确定污染等级和污染指数范围：①非污染 $C_i \leqslant X_a$，$P_i \leqslant 1$；②轻度污染 $X_a < C_i < X_c$，$1 < P_i < 2$；③中度污染 $X_c < C_i < X_p$，$2 < P_i < 3$；④重度污染 $C_i \geqslant X_p$，$P_i > 3$。

分级污染指数可按照上述指数范围，采用下列相应的公式计算：

$$P_i = \frac{C_i}{X_a}，\ C_i \leqslant X_a \tag{19-43}$$

$$P_i = 1 + \frac{C_i - X_a}{X_c - X_a}，\ X_a < C_i < X_c \tag{19-44}$$

$$P_i = 2 + \frac{C_i - X_c}{X_p - X_c}，\ X_c < C_i < X_p \tag{19-45}$$

$$P_i = 3 + \frac{C_i - X_p}{X_p - X_c}，\ C_i \geqslant X_p \tag{19-46}$$

2. 内梅罗污染指数

$$\text{土壤污染综合指数 } PI = \sqrt{\frac{\text{平均}\left(\frac{C_i}{S_i}\right)^2 + \text{最大}\left(\frac{C_i}{S_i}\right)^2}{2}} \tag{19-47}$$

式中，PI 为土壤污染综合指数；

$\text{平均}\left(\frac{C_i}{S_i}\right)$为土壤中各污染分指数的平均值；

$\text{最大}\left(\frac{C_i}{S_i}\right)$为土壤中各污染分指数中的最大值。

该指数 1974 年由美国的 Nemerow 提出，并用于水质污染综合评价。

（五）环境噪声评价

南京城区环境质量评价（1973 年），曾采用噪声污染指数：

$$Q_{\text{噪声}} = \frac{C_N}{S_N} \tag{19-48}$$

式中，C_N 为白天室外实测噪声（dB A）；

S_N 为噪声级评价标准（南京采用 50 dB A）。

国内外城市环境噪声的评价，尚有等效声级（L_{eq}）和交通噪声指数（TNI）等指标。

（六）环境质量综合评价

环境质量综合评价是指对一定区域的环境质量作出综合的定量描述。目前并无统一的固定模式，往往因评价区域的特点和所关心的问题不同而不同，大体上可分为两步法和一步法。两步法是先进行单要素评价，然后归纳其结果并进行综合评价；一步法是根据评价目的，直接选用最能反映环境质量的某些环境要素和某些有代表性的评价因子，求出环境质量综合评价值。

适当地选择若干环境因素，采用合理的评价标准和对各参数适当加权是设计和计算总环境质量指数的几个关键问题。要选择对人群健康和生活影响较大的环境要素和污染物作为参数，并根据各要素在区域环境中的重要程度进行加权。此外，为了能合理地综合各环境要素，各要素的质量指数计算方法应统一使用比值法或评分法。总环境质量指数只是从大体上表达区域总环境质量的某种相对而近似的指标。必须采用包含参数、假设条件、评价标准以及计算方法都完全一致的总环境质量指数，才有可能比较同一地区不同时期或同一时期不同地区的总环境质量。

1. 城市区域环境质量综合评价　为了综合评价城市区域的总环境质量，可选择几个主要环境因素将其单项环境质量指数再一次进行综合。

北京西郊将评价区域分成 0.5km×0.5 km 的网格，求每网格内的 $P_{大气}$、$P_{地面水}$、$P_{地下水}$、$P_{土壤}$（按比值简单叠加型计算），再按下式计算各网格的环境质量综合评价指数。

$$P=\sum_{i=1}^{4}P_i=P_{大气}+P_{地面水}+P_{地下水}+P_{土壤} \tag{19-49}$$

按 P 值计算结果分为 6 个环境质量等级（见表 19-9），可用图例和不同深浅颜色绘制环境质量地图，能醒目地显示该区域总环境质量的地理分布。

表 19-9　总环境质量指数分级

等级	综合指数	环境质量状况
一	0	清洁
二	0.1～1.0	尚清洁
三	1.1～5.0	轻污染
四	5.1～10.0	中污染
五	10.1～50.0	重污染
六	50.1～100.0	极重污染

中国环境监测总站 1995 年为城市环境综合整治定量考核提出的我国城市环境质量综合评价指标是以大气、水质、物理环境、生物环境四个分指标综合而成总环境质量指标。其每个分指标由若干个分指标因子（污染物）所构成。各分指标因子的质量根据其环境效应分成五级。分别为清洁、安全、预警、危险、危害五级环境质量。该指数计算过程是：首先采用标准化分级将分指标因子的观测值转换为该因子环境效应的等效换算值，再通过公式将各因子的等效换算值综合成某分指标指数 PI，最后经加权综合成区域总体环境质量综合指标 T，其计算式为：

$$T=\sum_{i=1}^{n}W_iPI_i \tag{19-50}$$

式中，T 为区域总体环境质量综合指标；

PI 为单项环境要素的分指标（包括 API、WPI、NPI、BPI）；

W_i 为 i 分指标的权重系数（根据对 72 个环境监测、科研、管理部门、大专院校等专家调查意见经统计分析后得出，权重系数分别为大气 0.30、水质 0.29、噪声 0.24、生物 0.17）。

2. 海域水体环境质量综合评价　1979 年我国某海域环境质量评价是将各监测点的水质指数 $F_{水}$ 和底质指数 $F_{底}$ 按下式综合成各监测点的环境质量综合指数 F。

$$F=0.6F_{水}+0.4F_{底} \tag{19-51}$$

式中，0.6 和 0.4 分别为 $F_{水}$ 和 $F_{底}$ 的权重系数，由评价课题组专业人员讨论确定。

在水体环境质量评价中，除水质和底质外还可考虑水生生物。

四、环境质量与人群健康关系的调查评价

环境的人群健康效应评价是环境质量评价的一项重要内容，对阐明环境对人群健康影响

有着非常重要的意义。

环境健康效应评价中，国内外广泛应用环境流行病学调查方法，研究环境质量与人群健康效应的关系。近年来较多地采用危险度评价的方法对环境污染的健康影响作定性及定量的评价，详见第五章。

第四节　环境影响评价

一、环境影响评价的目的和作用

环境影响评价（environmental impact assessment，EIA）是在一项工程动工兴建之前，对它的选址、设计以及在建设施工过程中和建成投产后对环境可能造成的影响进行预测和评估，又称环境影响分析。其目的是为了防止或减轻拟建项目对环境及人类健康带来的直接或间接影响。其任务是从发展经济和保护环境的目的出发，对开发建设活动的环境影响进行分析和预测，比较并评价不同开发建设方案的环境经济效益，为开发建设项目的合理布局和环境保护措施的选择与实施提供依据。随着环境影响评价理论、方法体系和管理机制的逐渐完善和发展，其评价对象已不局限于工程项目，发展到对政策、计划或规划等的环境影响进行系统的评价，即所谓战略环境影响评价。

我国各地卫生部门，为了防止工程项目对人民健康产生不良影响，自 20 世纪 50 年代中期开始对新建、扩建和改建的工程项目，从选址到设计各方面进行预防性卫生监督，在促进经济建设方面起了积极作用。1989 年颁布的《中华人民共和国环境保护法》将环境影响评价列为拟建项目基本建设可行性研究阶段的一项重要工作。规定企业在新建、扩建和改建工程时必须提出环境影响报告书，经有关部门审批后方可实施。几年来我国对钢铁、石油化工、合成纤维、电力等工业以及水利、市政等大中型建设项目环境影响评价的实践证明，环境影响评价可以预测拟建项目对环境的影响，论证项目选址的合理性，并向建设和设计单位提出应采取的防治环境污染的有效措施以达到消除或减轻环境污染的目的。因此，环境影响评价是贯彻预防为主、从根本上协调经济发展和环境保护、防患于未然的一项重要而行之有效的环境管理手段。环境影响评价和预防性卫生监督目标一致，内容上各有侧重，将共同起到保护环境、保障人民健康的作用。

我国自 2003 年 9 月 1 日起实施的《环境影响评价法》第一次将环境影响评价从单纯的建设项目扩展到各类发展规划，对从决策源头防止环境污染和生态破坏提供了法律保障，同时，该法更加突出公众在环境保护中的作用，并通过环境影响跟踪评价和后评价制度，将环境影响评价落实到规划执行和建设项目运行的整个过程。该法明确规定，国务院有关部门、市级以上人民政府及其有关部门组织编制的规划必须进行环境影响评价。其中，宏观的、预测性的、指导性的规划，包括土地利用，区域、流域、海域的建设开发利用规划及专项规划的指导性规划，应当在规划的过程中进行环境影响评价，作为规划草案的组成部分一并报送规划审批机关；工业、农业、畜牧业、林业、能源、水利、交通、城市建设、旅游、自然资源开发的有关专项规划，应在上报审批前进行环境影响评价。该法特别规定，对可能造成不良影响的规划或建设项目，必须进行论证会、听证会或采取其他形式，征求有关单位、专家和公众对环境影响评价报告书的意见。

该法最重要的创新之一是把“公众参与”作为环境影响评价中的一项重要原则和程序加

以规定。国家鼓励有关单位、专家和公众以适当方式参与环境影响评价，老百姓有权利对建设项目的环境问题发言，从而保证了公众的环保知情权和参与权。

二、环境影响评价的内容

拟建项目对环境的影响是多方面的，其影响的性质和程度根据拟建项目的工程特点、工艺、规模、排放污染物以及选址地理环境等条件而异。环境影响评价因其评价对象不同，其内容涉及的范围和深度也不一致，各国的理解也有差异。我国环境影响评价内容包括以下方面：

1. 建设项目的环境影响分析　根据建设项目的地理位置、性质和规模，确定其对环境可能产生的影响及其范围、程度和延续时间。

2. 建设项目所在区域环境现状的叙述及评价　了解建设项目周围的自然、社会环境概况，研究与建设项目有关的环境过程和变化规律，并进行环境质量现状评价。

3. 受建设项目影响的环境要素变化预测　自然环境要素变化预测包括大气、水、土壤和生物污染等方面；社会环境要素变化预测包括人群健康的变化、人口与社会经济状况的变化以及名胜古迹遭受影响的情况。

4. 建设项目的环境影响评价　按一定评价方法对未来的环境影响进行定性、半定量评价。

5. 根据评价结果，提出减缓对环境影响的具体措施，完成分组报告，各分组于预定时间内编写出研究成果总结，提出评价结论。

6. 编写环境影响综合评价报告　围绕建设项目可能带来的主要环境问题，综合分析建设项目的环境影响，对其影响的性质和程度进行评价，从环境保护角度出发对工程建设项目提出结论性意见，根据需要最终提出工程代替性方案或应该采取的补救措施。

7. 将环境影响报告书提交环境保护部门审批　在我国环境影响评价程序中，凡进行可行性研究的项目，环境影响评价与可行性研究应同时进行。

环境影响评价可根据评价对象和要求只作单一污染物的环境影响评价或对大气、水、土壤、生物环境要素分别或综合进行环境影响评价。有的建设项目还影响当地生态环境或需要移民安置，从而对人群健康带来新的问题。卫生部门关心的重点问题，是拟建项目对周围环境质量引起的变化以及由此对人群健康可能产生的不良影响。

三、环境影响评价的程序

环境影响评价包括初步评价（简称初评）和详细评价（简称详评）。初评主要根据项目建议书，搜集分析现有资料，进行现场踏勘和必要的试验，并进行评价。一般不进行长期观测和试验，也不作深入的专题研究。详评在初评的基础上进行，重点论证初评不能说明的环境影响及对策，一般需进行长期观测和试验。

一切工程建设项目都必须进行初评。初评报告书经环保部门审查，凡项目对环境的影响已叙述清楚，可以对项目选址是否合理、污染与破坏程度轻重、环境经济效益优劣等得出明确结论者，环境保护部门可以确定不进行详评。未达到要求或大型骨干项目和特殊项目都必须进行详评。

环境影响评价程序：①确定评价对象；②制订环境影响评价计划草案；③环境保护部门审核评价计划草案，确定评价项目的经费限额；④制订环境影响详细评价方案；⑤环境要素预测和评价：研究搜集自然环境和社会环境的基本资料，根据课题要求开展环境监测、污染物迁移转化规律的研究，并进行数据统计处理，编制系统的环境质量图，以预测建设项目对未来环境的影响；⑥完成分组报告，提出评价结论；⑦编写环境影响综合评价报告；⑧将环境影响报告书提交环境保护部门审批。在我国环境影响评价程序中，凡进行可行性研究的项目，环境影响评价与可行性研究应同时进行。

四、大气环境影响评价

大气环境影响评价主要是分析研究污染物在大气中的输送、扩散机理和规律，以确定污染物浓度的时空分布，控制污染源的排放量，保护大气环境。其研究方法有数值模拟法、环境风洞模拟试验法和现场观测法。三种方法各有其优缺点，最好是密切配合，互相补充。但因限于条件，目前采用本章介绍的数值模拟法者居多。

所谓数值模拟法，它以大气湍流扩散理论为基础，重点研究污染物在大气中的扩散规律，并用适当的数学模式来表达，或者通过大量现场观测数据和风洞模拟试验结果进行分析，建立可进行计算的数学模式，以对大气污染状况进行预测。大气环境影响评价的程序如图 19-7 所示。

在对拟建项目影响评价时应通过审阅设计资料及向气象部门等了解以下情况及参数，在此基础上采用扩散模式对评价范围内大气污染物浓度作出预测，并作出评价和提出建议。

（一）拟建工程污染物排放情况

掌握排放污染物种类、浓度、排放量、治理设施及其效率、排放高度等数据，同时，还应计算各污染源和各污染物的分担率，掌握拟建项目给评价区带来的污染物增量和作为预测周围地区大气污染浓度的依据。

经过净化后的烟气，通常都通过排气筒或烟囱排入大气。由烟囱排出的烟气都具有一定的速度和温度。在动力及热浮力的作用下，烟气在离开烟囱口之后，仍然要向上冲出一定的高度，然后再沿风的方向扩散。烟气在水平方向的扩散称为烟羽，烟气上升高度即从烟囱顶部到烟羽轴线间的距离称为烟羽抬升高度。显然，抬升高度是影响烟尘在大气中扩散的主要因素。而扩散能力和抬升高度又均与烟囱的高度、烟气温度、烟囱排放量有关，还与当地的气象因素如风向、风力、湍动涡流和大气竖向温度结构等有关。

（二）现有大气污染状况

评价区内现有污染源及其排放污染物种类和数量，各污染源和各污染物的分担率，评价区域内大气质量现状。如无现有资料，可通过实地监测来获取。一般可根据当地主导风向选择一定数量监测点，于冬、夏二季对该地主要污染物及拟建工程所要排放的主要污染物进行监测。

（三）污染物扩散状况的预测

如污染物为点源排放，其评价区范围一般以其烟囱或排毒塔等几何高度的 30 倍距离作为评价区半径。污染源下风侧大气中污染物浓度分布状况可采用大气扩散模式计算来预测，大气扩散模式是根据“污染气象学”研究大气运动对污染物的输送扩散作用后获得的。根据不同的气象、排放状况、地形等条件有不同类型的扩散模式。

（1）气象条件有：风向频率、风速、太阳辐射、大气稳定度、逆温出现频率和逆温层高度、混合层高度等。

风向和风力是影响烟尘大气扩散的主要因素之一。处于地球上的主风流是由大规模的气

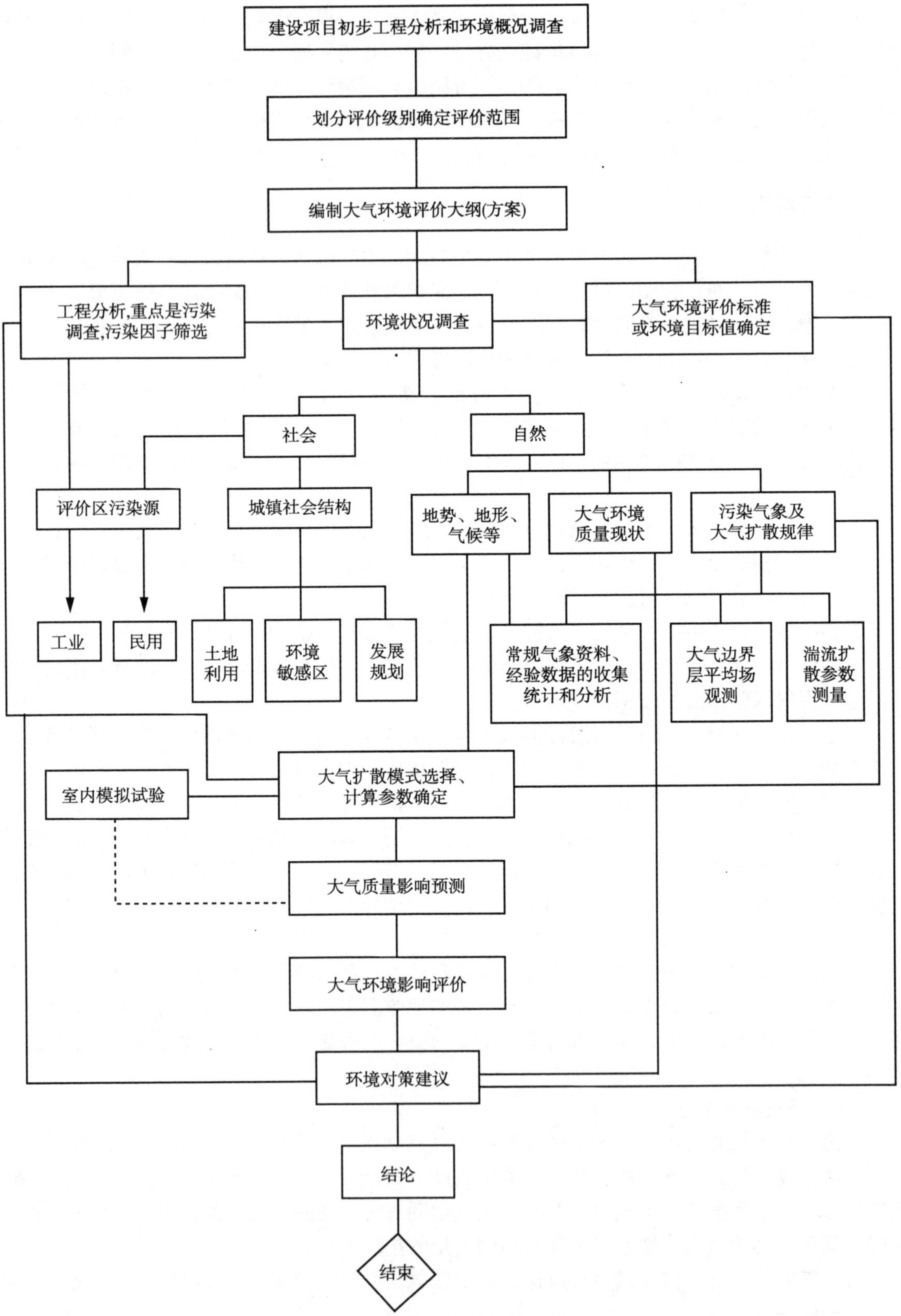

图 19-7　**大气环境影响评价技术工作程序图**

压变化引起的，但在某一局部地区，它还受到当地的各种因素的影响，例如地表面的“粗糙度”使风向改变，风速降低，湍流增加。在城市地表面的粗糙度较大，而在农村则较为平坦。由于地面的摩擦和阻滞引起了风的切变，风流越接近地面，地面越粗糙，风速越低，风向向上起翘的程度也越大。在距离地面某一高度以上（一般为500～700m），风流不受地面的影响，其方向几乎平行于等压线。风速主要取决于水平压力梯度，因而被称为“梯度风”。

大气稳定度是指大气中某一高度上的一团空气在垂直方向上的相对稳定程度，它取决于大气层中沿高度方向温度的变化，是影响烟尘在大气中扩散的极为重要的因素。

（2）污染源及污染物参数：污染源有点源、线源、面源之分，污染物的形态有固体、气体和液体，污染物的粒径，排放方式呈连续或间歇排放及浓度的种类等。

（3）污染源周围地形：如平原、丘陵、山地、海滨等。在复杂地形上作大气扩散的计算，由于湍流较强，采用各种经验公式确定扩散参数进行模拟计算不准确，因此应尽量采用实测或通过实验室模拟实验测定。

下面介绍几个不同类型的扩散模式。

有效高度 H_e：排气筒有效高度为排气筒距地面几何高度 H 与烟羽抬升高度 ΔH 之和，即：

$$H_e = H + \Delta H \qquad (19\sim53)$$

对于一定的排放源，H 为定值。因此，只要确定烟羽抬升高度，便可知有效高度。

由排气筒排出的烟尘被周围大气所稀释，并随风流向下风侧扩散。对稀释后下风侧任一点烟尘浓度的预测，目前常用建立在下述假设基础上的高斯（Gauss）扩散模型。即：①污染物在空间中按正态分布；②整个空间风速是均匀稳定的；③污染物排放源是连续均匀的；④在扩散过程中，污染物的质量是守恒的。

1. 无限空间连续点源高斯模型　假定排放源下风向任意一点为 P（x，y，z），据高斯模型假设①，可知该点污染物的浓度分布函数为：

$$C(x, y, z) = A(X)\exp(-ay^2 - bz^2) \qquad (19\text{-}54)$$

式中，A（X）为待定函数，a、b 为待定系数。

正态分布的方差可由下式表达：

$$\sigma y_2 = \frac{\int_0^\infty cy^2 dy}{\int_0^\infty cdy};\ \sigma_z^2 = \frac{\int_0^\infty cz^2 dz}{\int_0^\infty cdy} \qquad (19\text{-}55)$$

由高斯假设④可得：

$$Q = \int_{-\infty}^{\infty}\int_{-\infty}^{\infty} udydz \qquad (19\text{-}56)$$

式中，Q 为污染源排放强度；

u 为平均风速（m/s）。

上述四个方程求解可得：

$$C(x, y, z) = \frac{Q}{2\pi u\sigma_y\sigma_z}\exp\left[-\left(\frac{y^2}{2\sigma y^2} + \frac{Z^2}{2\sigma_z^2}\right)\right] \qquad (19\text{-}57)$$

上式即为无限空间连续点源的高斯模型。$\sigma_y\sigma_z$ 为 y 和 z 方向的标准差。

2. 高架连续点源高斯模型　高架连续点源的扩散必须考虑地面状况的影响。污染物在扩散过程中其质量是守恒的，故可认为地面对污染物起着反射作用，即地面上空点 P（x，y，z）污染物浓度可勘察城市两部分作用之和。一部分是与地面无关即无限空间条件下的污染物浓度；另一部分是因地面反射作用所增加的污染物浓度。污染源下风测各点短时间

(10min) 平均的污染物浓度可用下式计算：

$$C(x, y, z)=\frac{Q}{2\pi u\sigma_y\sigma_z}\exp\left(-\frac{y^2}{2\sigma_y^2}\right)\left\{\exp\left[\frac{(z-H_e)^2}{2\sigma_z^2}\right]+\exp\left[-\frac{(z+H_e)^2}{2\sigma_z^2}\right]\right\} \quad (19\text{-}58)$$

该式即为高架连续点源的高斯模型。

式中，C (x, y, z) 为下风侧任意一点 P (x, y, z) 的污染物浓度 (mg/m^3)；

Q 为单位时间内排出的污染物数量 (mg/s)；

U 为排放源距地面高度 H 处的平均风速 (m/s)；

σ_y、σ_x为水平方向和垂直方向的大气扩散系数，可根据大气稳定度级别和计算点在污染源下风侧的距离，从表 19-8 查得。

表 19-8 扩散参数幂函数表达式数据（取样时间 0.5h）

$\sigma_y=\gamma_1 x_1^a$；$\sigma_x=\gamma_2 x_2^a$

σ_y 或 σ_x	稳定度	α_1 或 α_2	γ_1 或 γ_2	下风距离（m）
σ_y	A	0.901074	0.425800	0～1000
		0.850934	0.602052	>1000
	B	0.914370	0.281846	1～1000
		0.865014	0.396353	>1000
	B～C	0.919325	0.229500	1～1000
		0.875086	0.314238	>1000
	C	0.924279	0.177154	1～1000
		0.885157	0.232123	>1000
	C～D	0.923849	0.143940	1～1000
		0.886940	0.189396	>1000
	D	0.929418	0.110726	1～1000
		0.888723	0.146669	>1000
	D～E	0.925118	0.0985631	1～1000
		0.892794	0.124309	>1000
	E	0.920818	0.0864001	1～1000
		0.896864	0.101947	>1000
	F	0.929418	0.0553634	0～1000
		0.888723	0.0733348	>1000

（续表）

σ_y 或 σ_x	稳定度	α_1 或 α_2	γ_1 或 γ_2	下风距离（m）
σ_x	A	1.12154	0.0799904	0～300
		1.51360	0.00854771	300～500
		2.10881	0.000211545	＞500
	B	0.964435	0.127190	0～500
		1.09356	0.057025	＞500
	B～C	0.941015	0.114682	0～500
		1.00770	0.0757182	＞500
	C	0.917595	0.106803	＞0
	C～D	0.838628	0.126152	0～2000
		0.756410	0.235667	2000～10000
		0.815575	0.136659	＞10000
	D	0.826212	0.104634	1～1000
		0.632023	0.400167	1000～10000
		0.55536	0.810763	＞10000
	D～E	0.776864	0.111771	0～2000
		0.572347	0.528992	2000～10000
		0.499149	1.03810	＞10000
	E	0.788370	0.0927529	1～1000
		0.565188	0.433384	1000～10000
		0.414743	1.73241	＞10000
	F	0.784400	0.0620765	0～1000
		0.525969	0.370015	1000～10000
		0.322659	2.40691	＞10000

3. 地面连续点源高斯模型　地面连续点源扩散模型，也可由高架连续点源模型导出。令式（19-58）中的有效高度 $H_e=0$，便得：

$$C=\frac{Q}{\pi u\sigma_y\sigma_z}\exp\left[-\left(\frac{y^2}{2\sigma_y}+\frac{z^2}{2\sigma_z^2}\right)\right] \tag{19-59}$$

式中，C 为地面点源对空间任意点的污染物浓度。与高架源比较，地面连续点源所产生的污染物浓度是无限空间连续点源的两倍。

采用类似的推导方法，据式（19-59）也可导出地面连续点源的地面浓度、地面轴线浓度及地面最大浓度等预测模型。

4. 非点源污染大气环境浓度的估算　在平坦地面上，一条繁忙的公路可以当作一无限长线源。城市家庭炉灶和低矮烟囱数量大，单个排放量小，如果按点源处理，其计算量十分庞大，可作为面源处理。我国标准规定，平原地区排气筒高度在 40m 以下或排放量小于 0.04 t/h，均可按面源考虑。

在进行建设项目的大气环境影响预测时，大气稳定度及扩散参数的确定还应遵守下述规定：

（1）平原地区的农村及城市远郊区扩散参数的选取方法：A、B、C级稳定度直接由表19-8查算；D、E、F级稳定度则需向不稳定方向提半级后再行查算，如D级应按C～D级计算扩散参数。

（2）工业区或城区中属于甲类排放标准的排放源，其扩散参数的选取方法如下：工业区A、B级不提级，C级提到B级，D、E、F级向不稳定方向提一级半再按表19-8查算；非工业区的城市区域A、B级不提级，C级提到B～C级，D、E、F级向不稳定方向提一级再按表19-8查算。

（3）丘陵山区的农村或城市，选取方法同城市工业区。

最后，在大气影响评价中，常需按上述不同的参数分别计算和预测拟建项目对评价区内若干点上的大气污染浓度。除正常生产和最常见的气象条件外有时还需结合最不利气象条件和一旦出现生产事故时的排放量进行预测。况且，拟建项目往往有多个污染源，排放的污染物又不止一种，故计算工作量极其繁琐，必须借助电脑解决。这些计算预测结果应按不同风向、风速和大气稳定度等条件，分别绘制成各种条件下各种污染物地面浓度分布的等值线地图。

五、地表水环境影响评价

地表水环境影响评价主要是分析研究污染物在天然水体中的自净规律，从保护地表水环境的角度控制污染物的排放量，确定拟建项目实施的可行性。凡可进行建设的项目，还应提出保护水环境的对策与措施。地表水环境影响评价的程序如图19-8。

（一）扩散、稀释作用及容许负荷量的计算

难降解有机污染物、可溶性盐类和悬浮固体在水体中的自净主要属物理过程，只考虑其扩散、稀释作用。

1. 污染物在水体中的扩散与稀释　废水排入水体后，立即在水体中扩散，为水体所稀释。其稀释程度取决于两者的总量及混合程度，据此可引出“稀释比”与“混合系数”的概念。

所谓稀释比，即参与稀释、混合的水体总水量与排入的废水总量之比。如果水体为河水，可用河水流量Q与排入的废水流量q之比来表示：

$$n=Q/q \tag{19-60}$$

但上式给出的稀释比是可能获得的最大稀释程度。实际上，废水排入天然水体后，需要一定时间或经过一段距离才能达到充分的混合。表19-9给出废水与河水充分混合大致需要的时间。如果混合时间小于表列数值，说明废水与河水只是部分混合。

表19-9　废水与河水充分混合所需的时间（h）

Q/q	Q（m^3/s）			
	＜5.0	5.0～50.0	50.0～500	＞500
1∶1～5∶1	0.6	0.8	1.0	1.5
5∶1～25∶1	4.5	5.5	6.7	8.0
25∶1～125∶1	12.0	13.5	17.0	22.0
125∶1～600∶1	28.0	33.0	39.0	55.0
600∶1以上	56.0	66.0	77.0	112.0

（引自：史宝忠.《建设项目环境影响评价》. 中国环境科学出版社，1993）

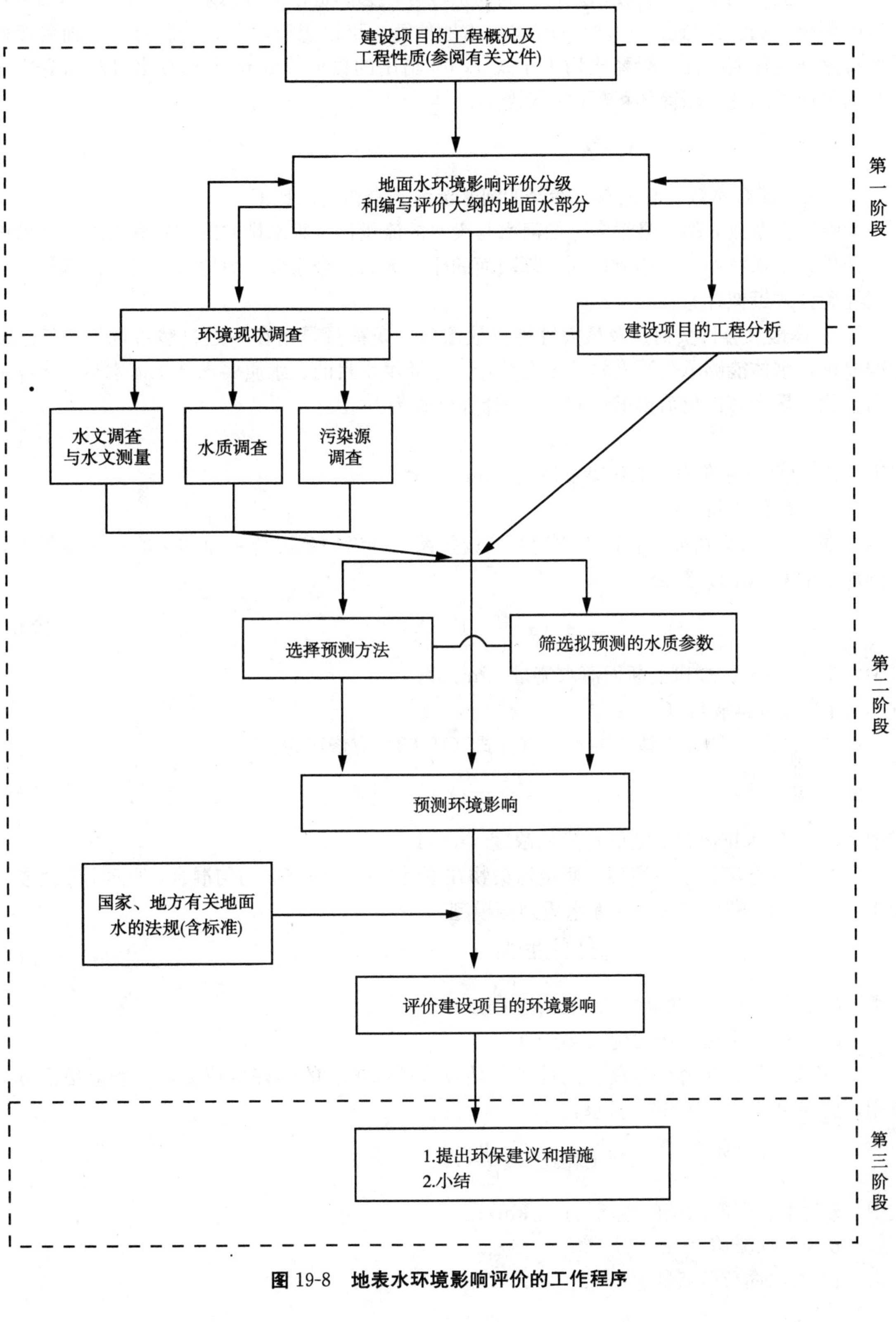

图 19-8　地表水环境影响评价的工作程序

在一个流动的水体中，废水从排入到完全混合，必然是在下游的某一断面。该断面到排放口的距离可据流速与表 19-9 所列时间粗略地估算。可以想象，在完全混合的界面到废水排放口之间的任何断面，稀释比均小于式 19-60 给出的数值。令 m 为从废水排放口到完全混合的界面之间任一断面的稀释比，显然，

$$m=\alpha\frac{Q}{q} \tag{19-61}$$

α 定义为混合系数，它是参与稀释的河水流量与总流量之比值。

影响混合系数 α 的因素很多，如河水与废水的流量比、废水排放的位置和形式、河流的水文条件、废水特性、从排放口到计算断面的距离等。混合系数的数值可通过实测求得，也可据经验公式近似计算。

2. 水体最大容许负荷量及最大容许排放浓度　负荷量是指在一定自然条件下，按水质标准要求，水体能够承受污染物的最大数量。它随供水目的、水质要求、水体水量和自净能力而变化。最大容许负荷量 E_s（g/s）的计算公式为：

$$E_s=QC_s \tag{19-62}$$

式中，C_s 为水质标准规定的污染物浓度（mg/L）；

　　Q 为水体水量（m^3/s）。

根据 E_s 和污染物最大容许排放量的等量关系，并考虑到混合系数的影响，可得最大容许排放浓度 $C_{i,max}$ 的计算公式：

$$C_{i,max}=\left(\alpha\frac{Q_0}{q}+1\right)C_s \tag{19-63}$$

式中，Q_0 为废水排放口上断面河水流量（m^3/s）；

　　q 为废水排放量（m^3/s）。

如果考虑污染物在水体中的本底值，式（19-63）应修正为：

$$C_{i,max}=\left(\alpha\frac{Q_0}{q}+1\right)C_s-\frac{Q_0}{q}C_0 \tag{19-64}$$

式中，C_0 为废水排放口上断面污染物浓度（mg/L）。

3. 完全混合河段水质模型　假定污染物在下游某一断面完全均匀混合，此时混合系数 α 为 1，据式（19-65）可得下断面水质预测模型：

$$C=\frac{Q_0C_0+qC_i}{Q_0+q} \tag{19-65}$$

式中，C_0、C 为上、下断面污染物浓度（mg/L）；

　　C_i 为废水中污染物浓度（mg/L）。

4. 考虑分散作用容许负荷量的计算　估算水源保护区的容许负荷量，一般应考虑分散作用，此时可按式（19-66）计算：

$$C=C_0\exp\left(\frac{-ux}{\overline{E}_x}\right) \tag{19-66}$$

式中，x 为上、下断面间的距离（m，km）；

　　u 为平均流速（m/s）；

　　$\overline{E}_x$ 为纵向分散系数（m^2/s，km^2/d）。

$$\overline{E}_x=0.011\frac{u^2B^2}{H\sqrt{gHI}} \tag{19-67}$$

式中，B 为计算河段平均水面宽（m）；

I 为河床比降；

g 为重力加速度（9.81m/s^2）；

H 为断面平均水深（m）；

其余符号意义同前。

（二）河流的生物自净模型

在自然界中，清洁的河水可被溶解氧饱和或接近饱和。废水排入河水后，因微生物分解净化其中的有机污染物，溶解氧不断被消耗；另一方面，由于河水流动，接触大气的河水表面不断曝气，加上藻类等绿色植物进行光合作用时也放出氧气，使水体再充氧或复氧。废水排入水体后，受纳水体中溶解氧的变化就是这两种作用的综合结果，图 19-9 为从废水排放口起至下游溶解氧曲线，或称为溶解氧下垂曲线。当废水从排放口排入受纳水体时，生化需氧量（BOD）突然增加。随着时间的推移，有机物逐渐被降解，BOD 从排放口向下游逐渐降低，最终达到排放口上游水体的指标值，其变化过程如图 19-9 中的氧化曲线。自然曝气使水体不断获得氧，其过程如图 19-9 中的复氧曲线。溶解氧曲线即为氧化曲线与复氧曲线叠加的结果。

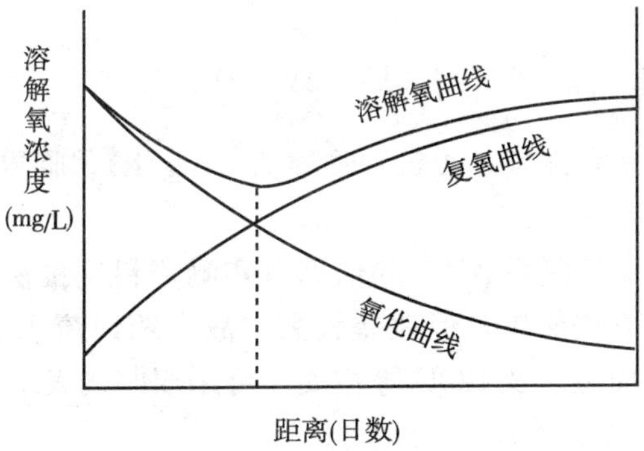

图 19-9　溶解氧下垂曲线

（引自察宏道主编.《现代环境卫生学》，1995）

溶解氧曲线表明，从废水排放口到下游某处，由于耗氧速度大于复氧速度，水中的溶解氧不断降低，曲线下降，并在某处降到最低点，此时耗氧速度正好与复氧速度相同。超过最低点，复氧速度高于耗氧速度，溶解氧曲线逐步上升，最后达到稳定，即恢复到排放口上游的水平，水体重新处于正常状态。

由以上定性分析可知，溶解氧含量是反映河水污染程度的重要指标，溶解氧小，则氧亏量大，说明水体污染严重。为了定量计算水体的污染程度，下面用数学模型来描述这些过程。

1. BOD 自净方程　在河流的生物自净过程中，BOD 降解速率与水体中有机污染物的浓度成正比，即：

$$C_t = C_0 e^{-k_1 \frac{x}{u}} \qquad (19\text{-}68)$$

2. 复氧速度方程　在其他条件一定时，复氧速度取决于氧亏，即：

$$D_t = D_0 e^{-k_2 \frac{x}{u}} \qquad (19\text{-}69)$$

3. 溶解氧下垂方程　耗氧与复氧作用共同决定着水中氧的实际含量，即河流中氧亏的变化速率是耗氧速度与复氧速度的代数和。下面即是以氧亏或溶解氧表示的溶解氧下垂方程：

$$D_t=\frac{K_1C_0}{K_2-K_1}\left(e^{-k_1\frac{x}{u}}-e^{-k_2\frac{x}{u}}\right)+D_0e^{-k_2\frac{x}{u}} \tag{19-70}$$

$$O_2^t=O_2^0e^{-k_2\frac{x}{u}}+O_2^s\left(1-e^{-k_2\frac{x}{u}}\right)-\frac{K_1C_0}{K_2-K_1}\left(e^{-k_1\frac{x}{u}}-e^{-k_2\frac{x}{u}}\right) \tag{19-71}$$

在式 19-70、式 19-71 中：

C_0、D_0、O_2^0 为上断面起始时实测 BOD、氧亏和溶解氧的浓度（mg/L）；

C_t、D_t、O_2^t 为下断面 t 时的 BOD、氧亏和溶解氧浓度（mg/L）；

O_2^s 为饱和溶解氧（mg/L）；

K_1、K_2 为耗氧系数与复氧系数（d^{-1}）；

U 为断面平均流速（m/s）；

X 为上、下断面间的距离（m，km）。

4. 氧亏临界值和临界时间的计算　在研究河流生物自净规律时，最大容许氧亏及其出现的时间或位置，即图 19-9 溶解氧曲线最低点的计算是很重要的。此时，

$$D_c=\frac{K_1}{K_2}C_0e^{-k_1\frac{x_c}{u}} \tag{19-72}$$

$$x_c=ut_c \tag{19-73}$$

$$t_c=\frac{1}{K_2-K_1}\ln\left\{\frac{K_2}{K_1}\left[1-\frac{D_0(K_2-K_1)}{K_1C_0}\right]\right\} \tag{19-74}$$

D_c、x_c、t_c 分别为最大容许氧亏或氧亏临界值（mg/L）、临界距离（m，km）和临界时间（d）。

5. 耗氧系数 K_1 估算　耗氧系数 K_1 的估算有实测资料反推法、实验室测定法和河流水力学特征估算法，前两者方法简单，但误差较大，故介绍河流水力学特征估算法：K_1 与河水流量、水温、河道湿润周边以及 BOD 等相关，可用双曲线表示：

$$K_1=1.796Q^{-0.49} \tag{19-75}$$

式中，Q 为河水流量（m^3/s）。

6. 复氧系数 K_2 估算　在低流速和各向同性时，利用差分公式：

$$K_2=K_1=\frac{\overline{C}}{\overline{D}}=-\frac{\Delta D}{2.3\Delta t\,\overline{D}} \tag{19-76}$$

式中，ΔD 为上下断面氧亏之差（mg/L）；

Δt 为流经上下断面的时间（d）；

$\overline{C}$、$\overline{D}$为上、下断面 BOD 与氧亏的平均值。

在高流速和各向异性时，用 O'connor 等提出的经验公式：

$$K_2=\frac{(D_1u)^{\frac{1}{2}}}{H^{\frac{3}{2}}} \tag{19-77}$$

$$K_2=\frac{3.11\times480\times D_1^{0.5}i^{0.25}}{H^{1.25}} \tag{19-78}$$

式中，D_1 为水中氧的扩散系数，20℃时为 $2.039\times10^{-9}m^2/s$；

H 为断面平均水深（m）；

U 为断面平均流速（m/s）；

i 为河床底坡坡度。

7. K_1 与 K_2 的温度修正　耗氧与复氧系数均随温度升高而增加，通常用以下公式修正：

$$K_1（T）=K_1（20）\theta^{(T-20)} \tag{19-79}$$

$$K_2（T）=K_2（20）\theta^{(T-20)} \tag{19-80}$$

式中，θ 取值为 1.047～1.140，温度较低时取较高的 θ 值，但一般都取 1.047；

T 为水体实际温度（℃）；

K_1（20）、K_2（20）、K_1（T）、K_2（T）分别为 20℃与 T℃下的耗氧与复氧系数。

六、环境健康影响评价

保护环境的最终目的是保护人类生存和繁衍的条件。人类社会经济活动所造成的环境因素变化，势必影响人类的生活和工作环境，直接或间接地涉及人群健康。环境健康影响评价（environmental health impact assessment，EHIA）是环境影响评价的重要内容，虽然并非所有工业建设项目都需进行环境健康影响评价，但对大、中型工业建设和水利工程等开发建设项目来讲，必须进行环境健康影响评价。环境健康影响评价的涵义是：预测和评价由发展政策和拟建项目可能产生的大气、地面水、土壤等环境因素的质量变化而带来的人群健康影响及其安全性。

（一）环境健康影响评价的方法与内容

由于许多原因，至今国内尚无环境健康影响评价导则，评价方法也不统一，工业建设项目对健康影响评价与预测比较困难，尤其对发病率和死亡率具体定量指标难以做出精确的预测。因为工业建设项目投产后对邻近人员能产生的健康影响，一般是建设项目实施后引起环境质量变化引起的间接影响，人群健康状况除受环境变化影响外，又受膳食、营养及政治、经济、文化等多因素综合影响；人群中的老、弱、病、幼对环境敏感性与一般健康青壮年不同；许多污染物在环境中可互相作用，进入人体后又有协同或拮抗等联合作用，加之许多影响往往是非特异性的，环境医学常用的研究环境与健康的两大方法——流行病学调查和毒理学实验研究，尚有一定的局限性，对环境与某些疾病的因果关系难以肯定。尽管存在这些困难，但根据环境影响评价预测的环境质量，参考环境与健康关系的大量资料，仍可对拟建项目的健康影响作出一定的有价值的评价。健康影响评价程序如图 19-10。

1. 评价项目的筛选　环境健康影响评价项目选择的重点为：①有害污染，产生噪声且有一定规模的建设项目；②小项目中产生毒物、废水或废气等亦应进行环境健康影响评价；③对于有疑点的项目进行健康影响评价，以加快评价进程，直接进入到减缓措施的专门评价。

亚洲发展银行的“发展计划健康影响评价导则”中，将发展项目分为 A、B、C 三类，A、B 类需做健康影响评价（表 19-10）。

表 19-10　项目健康影响分类

分类	说　明
A	有明显健康影响，减缓困难，需做健康影响评价，或需要特殊计划组成部分
B	有明显健康影响，不需特殊计划组成部分，可减缓，可能需要健康影响评价
C	无明显健康影响，不需健康影响评价

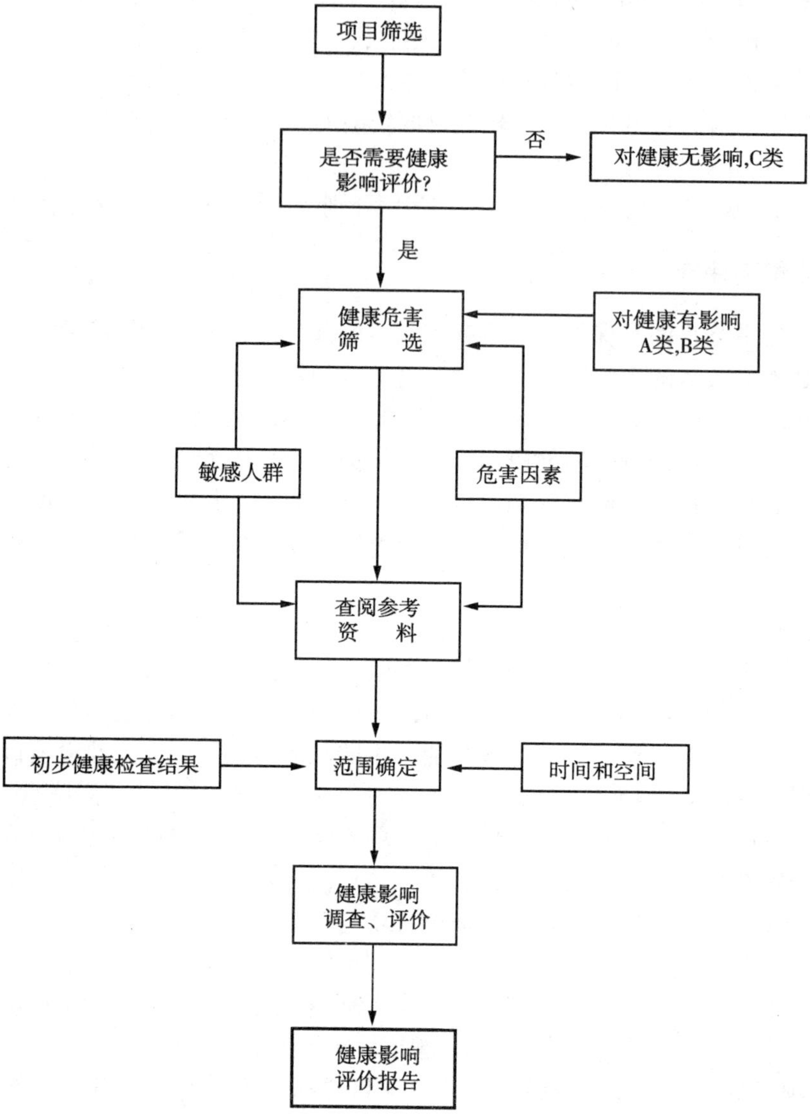

图 19-10　健康影响评价工作程序

2. 影响范围的确定　至少包括：①识别可能产生健康影响的工艺和污染物，在了解拟建工业的生产工艺时，应注意其原材料、半成品、成品中的有毒有害物品，包括耗用量、贮存、运输和流失情况。②要查明拟建工业将排放的污染物种类和数量，包括正常生产期间连续和间歇排放、无组织排放及生产事故中排放的污染物。③对上述物料和污染物，应尽量查明其理化性质（包括易燃性、易爆性、腐蚀性、放射性）以及急慢性中毒、致癌、致畸、致突变等毒理学资料。

除此之外，有些项目评价应考虑到空间范围与时间范围的确定。

（1）空间范围：有些项目的影响远远超出了项目的评价区，如经济机遇吸引了远方社会群体的正式和非正式劳动者可能带来的传染病；媒介昆虫的繁殖向下方扩展；废水流入溪流又流向远方；废气可以扩散到数公里之外；有毒物质聚集于食物链影响到这些食物出口地区社会成员的健康等。

（2）时间范围：建设项目健康影响评价应考虑到项目的四个阶段，即项目建设之前、项目建设中、早期运行及晚期运行（10年之后）。因为在许多情况下建设项目效益是以牺牲公众健康为代价换取的，不少项目可以引起实质性健康危险，甚至自始至终与健康危险紧密相连。有些项目的健康危险会立即显现出来（如事故、中毒），有的健康危险直到项目的后期才显现出来（如大气污染引起肺癌），这些具有较长潜伏期的危险通常在发展计划中不被重视，然而他们或许是健康影响评价的重点所在。

3. 健康影响现状评价

（1）基准资料的收集：包括环境监测资料、居民经济文化状况、卫生饮食习惯、人口及年龄分布、性别构成、性比、期望寿命、传染病、地方病、常见病及其他有关资料。

（2）死亡回顾调查：按"国际疾病分类标准"（International Classification of Diseases，ICD）进行死因排序及恶性肿瘤排序。死亡率统计中应对那些诊断证据不足者予以分析，以确定可信程度。

（3）健康状况调查：

①有关疾病的现状体检：有关疾病的现状体检是新建项目人群健康状况的基准资料，也是扩建项目评价原项目对居民健康影响的检查，它关系到项目建设与其周围居民终生健康影响。体检对象的选择应考虑到无职业性接触有毒有害物质及不吸烟、不饮酒等，故通常以居住5年以上的中小学生为主要选择对象，调查前要做仔细、周密的统计学设计，要有足够的样品量及选择足够容量的合适的对照组，应利用已有知识，在设计中尽可能排除干扰因素。体检项目的重点应与评价项目紧密结合，如大气污染应以呼吸系统疾病与五官科疾病为主。体检前应制订有关标准并进行人员培训，以达到标准与方法的统一。

②儿童生长发育及生理功能检查。

③出生缺陷调查：可查阅产院资料或进行居民区逐户调查，也可将两者结合起来，后者统计分析时必须认真剔除重复部分。

④生物材料检测：根据项目污染物状况，可选择人体负荷检测（如铅、砷、镉等化学污染物为主）、生物剂量计检测（如染色体、微核、HPRT等）及免疫功能检测。

4. 健康影响估计　健康影响估计的主要目标是危害的确认、健康危险的解释及危险管理。尽管在深度上应集中于少数重要的健康危害，但在调查中应对各项目阶段的各种健康危害作出评价，它涉及与项目联系的暴露改变：确认将要暴露的社会群体及暴露实质、暴露量及暴露的可能性，包括已存在的部门的职能——健康服务、监测、信息、安全管理及减缓健康危害等。可行性研究应提供项目计划或保证健康运行的有关资料。

（1）在取得基准健康资料的基础上，结合环境评价中预测的拟建工业项目，在正常生产和发生事故情况下，周围地区的环境质量变化，对该项目引起的健康影响作出估计。例如已知人群对某污染物的预测暴露水平和单位暴露水平的健康影响时，可判断该人群暴露于污染物预测浓度下的健康影响。

（2）世界卫生组织陆续出版的《环境卫生基准》丛书，污染物专册详尽报道了各国对各种污染物的毒理学实验、流行病学调查和危险评价结果，这些资料对环境健康影响评价具有重要参考价值。国内外制订的地面水和大气污染物卫生标准的基准资料，是估计暴露水平下的健康影响的依据。

（3）国内外积累的有关环境污染与人群健康关系的调查资料，对环境影响的估计有重要参考价值。如，其他地区同类工业已经建成，且在投产后曾在周围进行过周密设计并获得可靠结论的环境流行病学调查，则获得的该地人群某些健康指标与当地环境质量之间的相关分析结果，对该项目健康影响估计将起到重要作用。

（4）在拟建项目未建前如作过附近地区人群健康状况的基线调查，在项目投产后若干年再做人群健康影响调查，通过前后对比（在这段时期内假如没有其他重大项目投产）并在充分考虑了所用统计检验的灵敏程度后，可适当用于统计该建设项目对人群健康带来的影响。

（5）对于偶尔发生的各种突发性生产事故的估计，应选择已建成的同类工业进行调查，研究其事故的性质和原因、发生频率、持续时间、污染物泄漏数量，以及对周围地区污染范围和程度。健康评价中应结合拟建项目的具体条件，根据出现生产事故时不同污染程度的地区内的人口数、暴露水平和持续时间，估计产生事故对人群造成的健康影响。

5. 预防措施的建议　在环境健康影响评价中，应对建设项目提出减轻健康影响的建议，包括改变选址或修改工艺设计，选用无毒无害的原材料，改进有毒有害物料的运输和贮存，削减污染物排放量，杜绝跑、冒、滴、漏和减少无组织排放，强化生产管理及防护部门的职能，防止生产事故、职业中毒与职业病的发生，建立卫生防护带并加以绿化，制订环境监测计划和生产事故的应急救援方案等。在项目建成投产后，应对周围环境质量进行监督，对健康影响较大的项目，亦应对周围人群进行定期医学调查，如发现问题，应对生产单位提出进一步做好环境保护和减轻健康影响的建议。环境影响评价应当设法确定当项目完成时与项目相联系的健康危险是否减少或保持不变。

（二）健康危害的经济损失估算

定量计算有害因素对人群健康造成的危害，并将其转变为货币的形式，即经济损失估算，对开发建设活动的正确决策是非常重要的。

健康危害的经济损失具体指的是由于有害因素使某些疾病发病率和死亡率增加而造成的个人和社会的经济损失，包括劳动生产力损失和医疗费用的增加，通常分为直接费用和间接费用两大类。

直接费用代表用于预防、诊断、治疗以及使患者恢复的所有人力和物力的价值。根据我国现实情况，主要部分是直接用于医疗的费用，其计算方法为：

$$S_1 = P_1 \cdot R_1 \cdot AR_1\% \cdot Y_1 \tag{19-81}$$

式中，S_1 为直接费用；

P_1 为有害因素影响范围内人口数；

R_1 为有害因素影响区域的患病率；

$AR_1\%$为归因于某一因素以致患病率或死亡率增加的百分数；

Y_1 为人均医疗费用。

间接费用代表了永远失去的生产力的价值。它不仅包括由于早死而导致的损失，也包括因病劳动力丧失所造成的损失。间接损失的计算方法较多，一般将其分为慢性病造成的损失、急性病患者因病缺勤造成的损失、急性病患者因需陪医造成的损失、因寿命缩短造成的损失等。

关于经济损失的通用计算公式，也可按修正的人力资本法给出：

$$S = \left[p\sum_{i=1}^{n}T_i(L_i - L_{0i}) + \sum_{i=1}^{n}Y_i(L_i - L_{0i}) + P\sum_{i=1}^{n}(L_i - L_{0i}) \cdot H_i\right]M \tag{19-82}$$

式中，S 为有害因素对人群健康造成的损失费用（万元）；

P 为人力资本（区人均净产值）[元/（年·人）]；

M 为有害因素影响范围内人数（万人）；

T_i 为 i 种疾病患者人均丧失劳动时间（年）；

H_i 为 i 种疾病患者陪床人员的平均误工（年）；

Y_i 为 i 种疾病患者平均医疗护理费用（元/人）；

L_i、L_{0i}分别为污染和清洁区 i 种疾病的发病率（1/10 万）。

需要指出的是，将健康损害转变成货币的计算所涉及的变量较多，其取值方法与结果也有很大的差异。

七、环境影响评价中特别关注的几个问题

（一）全球性环境问题

人类的社会和经济活动对环境造成的损害日益加剧，其影响扩展到全球范围。在地球上，许多地区有越来越多的人为损害迹象，使空气、水和土壤及生物中污染达到危险的程度；生态平衡受到严重破坏或陷于枯竭；在人们生活和工作环境里存在着有害于人类身体、精神健康和社会发展的严重缺陷。这些已引起世人的极大关注。

在联合国系统内外，有一系列机构对全球问题进行科学调查。环境评价应当搜集或参考其有关的资料。在环境评价中，应该考虑的问题非常多，一些问题在不同时期显示出不同的重要性，老问题没有解决而新的问题又不断产生。其中，主要有四类在环境评价中应予以关注的全球问题。

1. 全球变暖　人类的生产活动产生大量二氧化碳、甲烷等气体，大气中的这类温室气体浓度的增加，导致了全球气候的变化，全球平均气温升高，海平面上升，灾害性气候异常事件的发生频率增加，对社会和经济发展造成严重的影响。

全球气候变暖是环境评价中极难处理的一类特殊问题。首先，除了被评价的活动是可以缓解全球变暖的外，只有少量的活动释放出的温室气体对环境有重要影响。在环境评价中，对拟议项目筛选时，应对气候变暖的贡献进行鉴别，确定这些贡献的意义。尽管通常难以估计对全球变化的绝对程度，但对贡献的相对大小应予以评价；另外，也应考虑全球变暖对拟评项目的潜在影响，如海平面升高和水灾的增加将对项目产生的影响。

世界银行一般并不要求在特定项目评价时对全球问题进行单独分析。因此对于全球变暖应在适当的范围予以讨论，不要夸大，也不要减小。还要特别注意各国的不同国情，注意发展中国家与发达国家在责任与义务方面的区别。

2. 大气污染物越界传输和酸雨问题　工业生产和热电的发展使大气污染物的排放量增加，造成大气污染日益加重，许多工业化国家采取各种措施防治大气污染，其中一个重要措施是加高烟囱的高度。这一措施有效地改善了排放地区的环境质量，但却产生了大气污染物的远距离输送，跨过地区、跨越国界进入邻区邻国。矿物燃料燃烧产生的大量二氧化硫进入大气后经传输、转化和沉降，形成酸雨。酸雨是另一项复杂的问题，如果一种活动被证实减少了酸雨，它就应在相应的范围内来讨论；如果一种活动的最终目标是减少酸雨，那么它应在国家和国际的范围内来讨论。在环境评价中，不要忽视酸雨的影响，但也不要超越范围详细论述，也许它和实际活动并无密切关系。酸雨问题应包括在影响评价和减缓措施之中。

3. 濒危物种　环境评价中，涉及濒危物种时最重要的是在项目规划阶段列出物种表，项目实施对物种及其栖息地的可能影响必须记录，并且必须和野生动物保护组织等进行商

権，他们所提供的意见应成为环境影响报告书的一部分。

没有提供物种表和栖息地记录将给环境评价造成致命的缺陷。常常由于未提供物种表而造成无法评价的状况，在现存信息不完备的情况下，早期的调查将是非常必要的。

4. 生物多样性　自然环境和其中的各种各样的生物，构成了自然生态环境。人类社会经济和文明的发展，离不开野生动植物，它们为人类提供生存所必需的物质基础，许多种生物是人类的食品和医药、工业生产的原料。由于人类的开发活动，生物的栖息地遭到破坏，生物物种被滥用，从而导致生物多样性的迅速减少。生物物种灭绝后就永远消失，意味着生态系统的破坏。有些破坏短期内还看不出其影响，但其长远的影响却可以预料。

生物多样性是一个可能有争论的问题，如何编写到环境影响报告书中，还有待研究。对于开发活动的影响，只有经十多年的研究，才能明确回答生物多样性问题。这样不论什么时候栖息地遭到破坏，生物多样性都成了一个悬而未决的问题，同时，当濒临灭绝危险物种的破坏被卷入后，更成为一个复杂问题。在环境评价中，当主要进行陆地开发活动时，必须考虑生物多样性问题，尽管很困难，没有人证明一个单独的行动曾导致生物多样性不可接受的丧失，但每个行动都将成为累积效应的一部分。

（二）环境风险评价

风险评价是源于保险业的保险统计技术，是涉及估算诸如人群发病率、死亡率和财产损失之类的不可预见事件发生的概率和严重程度的方法学。它已从工程学、毒理学、流行病学、社会学和经济学发展到包括各种定量的和定性的技术。

环境风险评价关心的是通过空气、水、土壤和生态食物链转移到人的风险，考虑到的是环境事件，是风险评价的一部分，也是环境影响评价用以表述风险问题的一部分。环境风险评价的项目或活动大多涉及两个方面，一是人类活动对人们赖以生存的环境的影响；二是自然灾害如洪水和地震对拟评项目的影响。

在环境影响研究中，概率风险分析是一种分析工业设施所带来风险的方法，分为定性和定量两种分析方法。

(1) 定性分析：依靠清单列表和实践记录的经验来进行分析。清单列表法常用于厂址筛选，在某些情况下，它并不足以确认各种重大危害和相关后果。另一种定性分析方法是危害指标法。定性分析方法常用于筛选。

(2) 定量分析：目的是为了提供项目运营中风险的定量描述，它以良好的计算程序为基础，在这种计算程序中，用系统技术进行危害确认、事故概率和后果评估。由于数据、模式和假设的不确定性，分析人员必须克服信息缺乏的困难，并了解整个评价过程，这是进行概率风险分析的基本要求。

风险分析的主要步骤有：危害确认、事故概率和后果估算、风险计算、风险削减和可接受性分析。风险评价的不确定性主要来源于：对工程项目了解不完备、缺少参数的工艺分析和对事故演变的不完善了解、模式的不确定性、数据的不确定性。

当我们必须在环境影响评价中考虑潜在的风险时，风险分析成为一种有用的方法。一些风险评价可用来帮助决策者进行正确决策，一些可以加强与公众的沟通。当风险评价运用于环境评价中时，我们可以分析那些较小的事故——有着较高频率和较轻后果的情况。而这种情况在评价中经常遇到，传统的方法往往束手无策。

目前风险评价在环境影响评价中常用于事故发生后的短期后果，将其扩展到长期影响和危害评价是必要的，这也许超出了风险分析的范畴，因为风险评价在生态系统中几乎无模式可言。

（三）社会影响评价

环境与发展，是当今国际社会普遍关注的问题，社会和环境间的相互关系发生了根本的转变。环境影响评价已不仅是技术和管理程序，还包括社会和文化方面，它是社会在更加理性地探索和利用自然方面所作的最大努力之一。

从一般意义上来讲，环境影响评价至少有下面几点社会特征：

(1) 保护环境是为了维护人类基本生存条件和提高生活质量。评价常常不只是由自然环境组成，还包括社会经济、历史、美学和社会价值，以及具有社会和文化特征的自然环境，如风景名胜、园林建筑。

(2) 物理环境影响和社会影响紧密相连，人不仅仅是一种生物存在，也是一种社会存在。一个大型建设项目除了对周围人群的健康影响外，常常会影响周围社区中人们的价值、观点和趣味。

(3) 环境影响评价作为一种程序，参与的公共和私人组织、专家、公众都在其中扮演不同的社会角色，将他们的观点、技术、价值和利益卷入其中。EIA 事实上是一种社会制度，它围绕一种特定的活动将复杂的社会角色和程序组织起来。

社会影响评价（social impact assessment，SIA）是指由于一种活动对不同社会团体所造成的广泛影响，它可以包括任何与社会因素有关的研究。

1. SIA 在环境影响评价中的应用　在环境影响评价的一些立法中考虑到了社会学特征的重要性，最先表现在美国国家环境政策法（NEPA）和美国环境质量委员会（CEQ）的规程中，SIA 由此进入环境影响评价。SIA 的发展和环境影响评价紧密相连，在美国已做了一些 SIA，但基本上仍属于 EIA 范畴中社会经济影响评价（socio-economic impact assessment），大多限定在经济和人口分布的变化，而不是社会文化的变化。目前流行的观点是将 SIA 拓展到一个更广泛的领域。

在发展中国家 SIA 有时被应用到区域和能源规划、新技术和重大建设项目等方面。

SIA 关注的是由于一个项目、规划、法律而带来的所有影响。从广泛意义上讲，它关注的是一个社会学基本问题——社会变化。在评价中不仅要考虑生物物理影响，还要考虑诸如风景名胜的美学价值，一个部落聚居地方的历史和社会价值，地区的娱乐性；考虑给人们带来的收入、就业、服务、社会秩序等社会影响。

SIA 的方法学借鉴了环境影响评价方法学，有以下几个步骤：确定范围、问题识别、提出替代方案、制订工作大纲、影响分析、评价和评估、缓解措施、监测和管理。最早的 SIA 模式是将社会经济因子纳入 EIA，将影响分为四类：环境质量、经济发展、区域发展和社会福利。

SIA 中汲取了大量其他学科的成果，包括社会学、心理学、社会心理学、经济学、人类学、决策学等。它们的运用根据具体项目情况和目标而定。从调查问题到运用社会指标，从深入的专家咨询到运用社会心理学来评价观点、价值、倾向和满意程度等。

2. 社会影响评价的进展

(1) 大规模项目中的 SIA：SIA 的一个重要领域是评价在乡村所进行的大规模项目带来的社会问题，特别是当这个项目带来周围社区迅速发展的时候。SIA 在这个领域的发展经历了三个阶段：

“经济发展机遇”（economic opportunities）：1975 年以前早期的 SIA 工作者几乎毫无例

外地认为，大型项目所带来的社区发展和农村工业化是有利的，是解决农村贫困化和城市危机这种孪生问题的重要工具，SIA 有认为它带来了经济发展机遇的倾向。

"新兴城市衰落"（boomtown disruptions）：从 20 世纪 70 年代中期开始，SIA 工作者注意到社区发展所带来的社会问题，特别是"能源新兴城市"，由于快速发展破坏了以前的社会稳定机制，带来巨大的社会变化，导致新兴城市的衰落。

"衰落争论"（doubting the disruptions）：从 1982 年起，一些 SIA 工作者认为第二阶段关于"新兴城市衰落"的假设夸大了社区迅速发展的负效益，这一时期 SIA 工作者们通过大量的实际研究，努力提供了一种综合的平衡的社会影响评价，认识到社会影响的复杂性，并非全部都好或者全都不好。

目前的研究强调大规模项目带来各种不同社会影响的重要性，对不同的社团产生不同的社会影响，并由于这些社团的不同功能，增强或转移这种影响。

（2）风险性项目中的 SIA：一般来讲，进行 SIA 的大部分项目都包含着不同的风险。能源新兴城市的发展可能带来社会的扰动，水坝或高速公路的开发项目可能威胁当地的永久居民。除了这些风险以外，还有一些项目虽然技术专家们认为是"可接受的"，但当地居民却认为有很高的风险，这些项目也会产生重要的社会经济影响。

风险性项目的社会影响有三类，一是早期的风险性项目的影响，常指"严重事故造成的社会影响"，或严重事件造成的人类健康和直接的经济损失；第二类风险项目是指那些带来不确定费用的项目，虽然这些项目在技术上完全可以接受，但仍造成社会动荡。如事故应急准备，疏散撤离演习等的社团投资。这些风险由可能性损害带来的，并非由已经发生的实际损害造成的；第三类是指所谓的"信号"事件或较小的风险项目，它为公众提供了一个信息，即风险依然存在，例如三哩岛事故，尽管调查表明没有多少放射性物质释放，公众也未受到多少实际照射，但这次事故给政治团体和公众一个"信号"，核电站有可能出事故。导致支持核电的公众急剧下降。

3. SIA 发展中应考虑的几个问题　进一步发展 SIA，必须考虑影响的社会分配，影响的主观和客观性。

（1）影响的社会分配：SIA 应回答这样的问题："谁受益"，"谁受损失"？如果影响是一种社会变化，我们不仅要同没有进行项目时作比较，还要分析影响在人群中的分配，以对社区中雇员、居民、服务人员等不同人群组进行具体分析，并考虑他们基于不同价值、观点、态度对影响的反映。

（2）影响的主观性和客观性：主观性和客观性由观察者的出发点不同而带来，例如研究对生活质量的影响时，客观性指标指教育和收入水平、住房、服务、犯罪率，主观性指标指满意程度、期望、对社区特点的了解等。目前 SlA 中已广泛地将两者结合起来运用。运用主观性指标可以增加公众参与程度，弥补客观性指标的不足，进而提高 SIA 预测的准确程度。评价主观性影响并不意味着减少 SIA 的科学严格性。事实上，SIA 具有两重性特征：科学性和实践性，它决定了主观性影响的存在。

（四）环境影响评价中的公众参与

我国自 2003 年 9 月 1 日起实施的《环境影响评价法》第一次将环境影响评价从单纯的建设项目扩展到各类发展规划，对从决策源头防止环境污染和生态破坏提供了法律保障；同时，该法更加突出公众在环境保护中的作用，并通过环境影响跟踪评价和后评价制度，将环境影响评价落实到规划执行和建设项目运行的整个过程。

该法最重要的创新之一是把“公众参与”作为环境影响评价中的一项重要原则和程序加以规定。国家鼓励有关单位、专家和公众以适当方式参与环境影响评价，老百姓有权利对建设项目的环境问题发言，从而保证了公众的环保知情权和参与权。

环境影响评价工作成功的重要点是，在整个执行程序中和公众进行系统磋商，以克服主观性，避免不应有的失误和差错。这就需要重视和发挥公众参与作用。

公众参与者包括直接参与和间接参与两类人群。前者是指受项目直接影响的群体，在项目设计的前期阶段，即应考虑潜在受影响的社团了解情况后的见解，这些社团应参与环境评价；间接参与者是指那些由于他们的特殊关系，或专长，可能对潜在的环境影响的性质、范围、特点有一定的了解，如咨询机构、文化财产专家、非政府环境组织和关心环境质量的基层组织。虽不是直接参与，但他们经常可以提出深入的见解，而且具有重要性，包括教育、人权、宗教群体。

这两类参与者的区别表现在两个方面：一个是将在多大程度上受到拟议中项目影响的群体；另一个是可以给环境评价提供特定知识的群体。

在环境影响评价中，公众参与的功能表现在以下两个方面：首先，公众参与可以提高环境影响评价的质量，提供更多的信息和建议；其次，公众参与可以保证评价和决策的透明度和可信度。

公众参与的方式和程度因各国不同的立法和行政体制而不同。国际上有两种形式，一种是技术、决策导向的公众参与；一种是建议导向的公众参与。

公众参与中公众拥有的权力通常表现在三个方面：拥有得到信息的权利，公众通过报纸和通告了解项目的特点、影响的评价手段和数据；协商的权力，公众可以通过书面协商和公开咨询表达他们的意见；公众的意见有纳入决策的权力。公众可通过行使这些权力来保证评价和决策的公开性和民主化。我国在公众参与方面也积累和找到了一些适合国情的经验和方式。

（五）生态影响评价

人类环境问题的实质是人类不适当地干预周围环境引起生态系统的失调。人类活动已大大超过自然因素的力量，以惊人的速度改变着人类赖以生存的环境。工业建设污染的直接影响，大规模资源开发形成的直接和间接影响，使人类面临着环境质量下降、全球自然生态系统破坏，以及资源退化等问题的严重挑战。

生态系统是人类社会和环境的“连接点”，生态系统的变化在所有环境问题中的地位日益醒目，而成为重点讨论的问题之一。在环境影响评价中，加强生态意识，把生态系统看作为一个生物与非生物环境通过能量流、物质流循环有机结合的一个整体“系统”，认识生态系统各成员之间互相依赖、相互制约的关系，从而在决策者、计划者、项目设计者以及环境评价人员和管理人员之间达成一种共识，对于保护和有效利用有限的资源，解决持续发展和环境保护之间的矛盾，实现社会效益、经济效益和环境效益三者统一具有十分重要的意义。

生态系统效应体现了各种环境效应的积累，是各种环境因子变化所造成影响的综合效果。科学地评价人类活动对生态系统的影响，增强环境保护和管理工作的主动性，对于一个开发建设项目来说，从开始的环境筛选到各种替代方案和减缓措施的评估，生态影响评价应和经济评价、技术评价等一样作出贡献。深入地研究探讨生态评价方法等有关问题，目前已引起国际上的重视。

（六）累积影响评价

传统的环境影响分析主要集中于研究由单一活动所带来的后果。随分析范围和尺度的扩大，开始关注由多种活动对不同环境组成部分的累积影响。在区域水平上，人们注意到交通、市政建设对城区居民生活质量的累积影响；在全球尺度上，人们注意到由于累积效应而产生的酸雨问题、臭氧层破坏、全球气候变化和生物多样性减少等重大环境问题。

在环境影响评价中，合乎需要的近期目标是减少单个项目的负效应。在累积影响评价中，更多的是努力增加整个开发活动的正效应（改善环境生态系统）。累积影响评价对于处理生态事件和效应是最适宜的，包括累积性的灾难、累积性系统效应、累积性的鱼类和野生动物种群效应、累积性再生等最困难的生态状况。

最早出现累积影响的完整定义是见于 1978 年美国环境质量委员会（CEQ）的规程中（40CFRl508），“当一种活动作用到过去、现在的活动以及将来可预见的活动时，所产生的附加效应对环境所造成的影响。”

在十多年的实践中，人们逐步认识到累积影响主要包括以下几个方面：

· 由相似或不相似的活动所产生的累积后果；

· 项目的影响在时间和空间上的累积；

· 来自于简单相加和协同作用的累积影响；

· 一些活动对环境生态系统行为造成的重大改变（或者短期内发生或者滞后发生）；

· 一些活动对未来活动的促进和减缓，或者导致环境生态各组成部分之间强烈的相互作用。

累积影响评价在实际工作中是相当困难的，有许多问题需要进一步研究。这些问题主要表现在监测、模拟和管理三个方面。

第一类问题，从事累积影响评价必须监测过去和现在的开发项目，预测将来可能进行的项目影响，识别这些项目间相似或不相似、相关或不相关等各种特征，这些工作往往超越了评价者的现有能力。

第二类问题是在确认和预测潜在的累积影响时受到目前科学技术水平的局限。人们对大气、水、陆地等介质的认识仍然有限，特别是当一个项目涉及多种介质累积影响时，评价者更难以把握。

第三类问题涉及累积效应的管理、立法和裁决在实践中难以操作。主要的困难来自于管理尺度和累积效应尺度之间的差别，累积影响的范围往往跨越不同的管辖区。

新的科学技术有助于改进累积影响分析，在监测和模拟方面，地理信息系统是十分有用的。环境系统分析极大地增强了我们对重要环境系统特征和行为的了解。

第五节　战略环境评价

战略环境评价（Strategic Environmental Assessment，SEA）是指对政策、规划、计划及其替代方案的环境影响进行规范、系统综合的评价过程。是从战略层次上对环境影响问题进行全面的科学客观决策评价，以前瞻地真正达到控制环境问题的产生。这是 20 世纪 90 年代国际上兴起的一门新的学科，它是近年来国际上环境影响评价的新发展，是一种识别、分析、评估人类活动可能对环境造成影响的技术方法。作为一种预测性和参与性的环境管理手段，在提高决策质量方面它正在被广泛接受。由单个建设项目环境影响评价衍生而来的战略环境评价弥补了其不足，在本质上是对建设项目的环境影响进行前瞻性预测，通过考虑多个建设项目的累积环境影响和各种影响因素之间的协同效应，将环境、社会和经济作为一个整体进行系统的综合评价，并在高层次决策之前提供广泛的可选方案和环境措施。战略环境评价正在成为环境影响评价的新领域，逐渐被大多数国家所接受，其方法体系也将在实践中得到进一步的完善。然而，SEA 理论与方法体系还正处在发展之中。我国《环境影响评价法》明确规定对政府及行业主管部门的重大经济决策实施战略环境评价（SEA），实施 SEA 是保证环境与发展综合决策的标志，也是落实可持续发展战略的重要工具，其意义体现在它可以作为连接宏观战略与具体项目的桥梁以及环境与发展综合决策的重要工具等方面。

一、战略环境评价的兴起

在世界范围内，近 30 年的研究与实践，使人们认识到了单一建设项目环境影响评价存在的难以克服的缺陷，它已不能满足人们对经济与环境协调发展的要求。20 世纪 70 年代中期，欧美一些发达国家开始将环境影响评价的应用扩展到规划层次。20 世纪 80 年代末，随着可持续发展战略的提出，具有战略视角的战略环境评价应运而生，并开始得到世界范围内的广泛接受。目前美国、加拿大、新西兰以及荷兰、英国等欧盟国家在战略环境评价的研究与实践方面走在世界前列，代表了战略环境评价的主要发展潮流。在美国，基于《国家环境政策法》的战略环境评价主要由联邦部门和各州政府来执行。荷兰在 1987 年建立了法定的战略环境评价制度，要求对废弃物管理、饮水供应、能源与电力供应、土地利用规划等进行环境影响评价。英国对于战略环境评价虽在法律上没有明确的要求，但也开展了相应的研究。欧盟于 1997 年发布了《战略环境评价导则（草案）》，要求其成员国最迟在 1999 年底以前开始执行。此外，包括世界银行在内的许多国际组织对战略环境评价的研究与实践也给予了高度重视，并启动了相应的研究计划及探索性实践。总之，开展战略环境评价，是环境影响评价体系自身发展与完善的要求，是新时期强化环境监督与管理的必然。

二、战略环境评价的指导原则

战略环境评价的目的是在政策、规划、计划被提出时或至少在其执行前的评估中提供给有关部门一种工具，使其能充分觉察出有关政策、规划、计划对环境和可持续发展产生的影响。下面是对战略环境评价指导原则的具体阐述，它充分说明了战略环境评价应纳入政策、规划及计划的制订程序中。进行战略环境评价应该遵循以下原则：

1. 同时性原则　战略环境评价要同时考虑经济影响与环境影响。战略环境评价虽主要是侧重在环境影响上，但所建议的政策、规划及计划的经济和社会影响也是不容忽视的。这主要是因为对经济和社会有直接影响的政策、规划及计划常常导致间接的非常重要的环境影响。以农作物保险的政策为例，它的实施会影响农民改变对土地、农作物、化肥的使用和其他投入，以及不同工作方式的选择。

2. 重要性原则　战略环境评价为政策、计划及规划的初步方案及其修订提供基础。它产生的信息在这个重复过程中，以整体形式被用来修订提出的政策、规划及计划。因此，战略环境评价是政策制订的重要组成部分。

3. 参与性原则　战略环境评价要有不同利益集团的参与。这是因为封闭研究做出的分析一般无法预测利益集团对新的政策、规划及计划效果的看法，而利益集团常常还可以提供宝贵的信息资料。常见的参与战略环境评价的利益集团包括专业协会、大学教授、研究院所专家、政府官员、企业、非政府组织等。

4. 提前性原则　评价工作应尽早开始，尽量在最终决策做出以前进行。这样可以发现需进一步研究的问题。提早考虑环境能帮助决策人筛选对环境有害的建议，降低政策、规划及计划对环境的消极影响。

5. 标准性原则　用环境的目标与标准来评判环境影响的重要性和可接受性。如可为关键领域列出的目的和目标如下：①废物排放的数量与质量；②使用可再生天然资源（如地表水、木材）；③使用不可再生天然资源（如煤、石油）；④能源消耗及可持续能源的利用；⑤开放空间的使用。

6. 独立性原则　为保证战略环境评价的质量和目标，由专家小组对战略环境评价报告草稿进行独立审议很重要。战略环境评价的最终报告要反映审议小组的意见。如果审议小组的意见没有被采纳，报告中应讲明意见没被采纳的原因。

7. 多功能原则　战略环境评价的最终报告完成的过程也是政策制订单位将环境影响和建议综合到政策制订的过程。最终报告还包括了审议小组对报告草稿的意见。除报告评价结果以外，最终报告还为建议批准单位是否批准政策、规划及计划的建议提供了环境影响方面的基础。

8. 合作与共享原则　对政策、规划及计划的分析工作需要政府部门和其他部门来组织，就专业知识和信息方面同环境评价组成员进行合作。之所以这样是因为对政策、规划及计划的建议需要有涉及不同领域的专家进行直接或间接的环境评价。

9. 等级性原则　“等级”概念是建立在政策、规划、计划和项目之间纵向关系的基础上的多层次环境评价。如一个区域发展政策（最高层）提出建立若干个工业开发区（中间层次），每一个开发区又由许多单个的工业项目组成（最底层）。

10. 累积影响原则　战略环境评价还要考虑环境影响的累积效果，需要将行动建议同其他过去或未来的行动联系起来评价造成的累积影响的效果。

11. 全面考虑原则　战略环境评价应该审议所制订的政策、规划及计划和它们的替代措施。最低限度选择“不采取行动”应作为评价政策、规划及计划的基本点。

12. 事后监测原则　制订监测计划对政策、规划及计划进行事后监测，运用监测结果来比较战略环境评价中做出的预测并可能发现战略环境评价中没有提到的重大消极环境影响。

三、战略环境评价的技术方法

到目前为止，战略环境评价的技术方法还仍然很不完善，有专家认为缺乏相应的技术方法是目前战略环境评价发展和实践中的主要问题之一。由于战略环境评价的评价对象——政策、规划及计划处于高于建设项目的宏观层次，具有一定的可变性，所能提供的信息也往往是较宏观的。因此，与传统的环境影响评价相比，战略环境评价具有更大的不确定性和复杂性。这就要求战略环境评价的技术方法应该满足这些因素。当然，单一的方法不可能面面俱到，有赖于多种方法的综合集成在完整的战略环境评价过程中的研究。总体看来现在所使用的战略环境评价技术方法大体可以做如下归纳：

1. 传统环境影响评价方法　如环境影响清单、环境影响矩阵等。虽然战略环境评价与传统环境影响评价的评价范围、对象、层次等方面存在着差别，但是两者在程序、基本思路上又有一定的相似性。因此，借鉴传统 EIA 技术，对环境影响评价中的不足加以改进，可以说是一种事半功倍的方法。

2. 政策评估方法　政策评估评价方法，它是战略环境评价中较为重要的方法。例如模拟分析、区域预测、系统模拟等。由于战略环境评价是对高于项目层次的政策、规划进行评价，因此它必然要归结到对政策、决策的评价。再加上人们对规划决策技术的研究已经很长时间，这种方法的使用就显得很自然了。实际上，战略环境评价只有融入到政府的政策制订和规划方案的研究中才能真正发挥其效能。

3. 区域环境评价方法　环境的区域性特征决定了区域环境评价方法是战略环境评价的有效技术方法。其中地理信息系统为代表的空间分析技术已成为战略环境评价的重要技术工具。地理信息系统可以通过可视化的形式表达出政府的政策、规划、计划及环境背景，并对它们进行查询检索，其空间分析功能及其模型（环境预测模型或决策分析模型）技术的结合可以在不同方案的环境影响预测中发挥重要作用，为战略环境评价中评价因素的确定提供重要的参考价值。

4. 新发展的评价方法　新发展的战略环境评价方法，如从定性到定量的综合集成方法，简单地说就是对若干方法的综合性运用。这种方法有待于进一步的研究与实践。

四、战略环境评价的预测方法

实践中进行战略环境评价的经验表明，适合用来进行政策影响的预测方法，与用来进行规划和设计影响预测的方法并不一样。一般说来，规划和计划常常参照项目本身，许多用来进行项目级环境评估的预测方法也适用于规划和设计的战略环境评价。相反，用来进行政策性的战略环境评价的预测方法则不同。由于政策常常以广泛普遍的形式体现，政策性预测方法很大程度上依赖技术来预测可能的结果，使用知觉的判断而不是定量的模式程序，所以更适合于定性的方法。相反，为实施政策而产生的规划和计划常常更加具体，因此也更容易进行定量分析。

1. 预测政策的影响　判别式预测方法在评估政策建议时得到了广泛应用。通常要进行两项预测，一项是关于所建议的政策效果；一项是关于“不采取行动选择”，即指如果先行仍有效的政策未来可能产生的结果。

进行政策影响判断预测的最简单的方法包括专家访谈，请专家谈出对建议的政策实施后的未来的看法及预测出在不改变现行政策的条件下未来的结果。对于复杂的情况可进行多次访谈。当用一组专家对政策预测结果进行判断时，要按一定的程序进行，较为常见的是“头脑风暴法”，预测以不同的假设方式表示出某一相关政策的未来结果，分析人员再藉此指出政策中的不确定性因素。

2. 预测规划和计划的影响　用判断方法在规划和计划的战略环境评价中使用也是有用的，尤其在确认直接的社会和经济影响导致间接的环境影响方面特别有用。规划和计划的战略环境评价也依靠项目级环境评价中许多定量预测的实行，这是因为许多规划和计划都常常要涉及具体项目。

3. 战略环境评价的基本程序　到目前为止，战略环境评价还没有形成一个成熟的评价过程和框架体系。但从总体上说，战略环境评价的评价过程依据其评价对象的层次而有所不同，另外，政策、规划及计划的制订过程也常常决定战略环境评价的开展方式。由于在政策、规划及计划的形成过程中有很多变量，对战略环境评价提出严格和过细的要求不一定有效。从战略环境评价的概念及评价实践中可以归纳出如下基本程序：①确定某一战略决策层次（政策、规划及计划）进行战略环境评价的必要性；②确定区域发展目标与环境目标；

③确定评价范围，识别区域环境条件，识别评价的环境要素和可供选择的方案；④战略性评价，即预测各种可选方案的环境影响（效应），识别显著的环境影响，并与环境目标做比较分析，提出相应的建议，准备评价报告；⑤向环境权威部门进行咨询，以及公众参与；⑥政府部门根据评价结果，综合各方面的信息进行决策；⑦建立持续性的环境监测机制，连续监测政策、规划、计划实施后的环境影响，同时评估战略环境评价的有效性。

这可以说是战略环境评价的一般程序，但从总体上看适用于各个领域的战略环境评价的基本框架和程序还有待于进一步研究。

（牛静萍）

思考题

1. 环境质量评价、环境质量指数、环境影响评价的概念。
2. 各种环境质量指数各有何特点，分别用于何种情况的环境质量评价？
3. 《环境影响评价法》颁布前后的环境影响评价有何根本区别？
4. 环境影响评价的内容和程序有哪些？
5. 环境健康影响评价的目的、意义是什么？

第二十章　突发公共卫生事件应急策略和措施

第一节　危险化学品紧急事故的处理

一、处理原则和方法

突然发生的化学品紧急事故（chemical emergency）是指在短时间内有毒化学品泄露到环境中，造成环境严重污染，人群健康受到严重威胁，这是当代的一大公害。例如，1984年的印度博帕尔异氰酸甲酯泄露事件，造成2500人急性死亡。化学品紧急事故发生的直接原因可能是设备老化、违反操作规程、火灾、交通事故、人为破坏等，但根本原因是管理不善，可能还有更深层的社会经济原因。当发生紧急事故时需要立即作出反应，到现场去处理事故。当然，事故有大有小，处理方法也不同。如果事故仅涉及局部地区，例如一个小区发生自来水化学污染事故，可能卫生部门（包括卫生、医疗等方面的人员）就能解决了。但如果事故涉及整个城市，则必须有多个部门协同配合作战，还要有一个强有力的指挥系统。在处理化学品紧急事故中环境卫生工作者很重要，他们的任务是查明事故的原因，提出对策，为领导当好参谋。

（一）现场的组织

1. 到现场的目的

（1）查明事故原因，消除污染。

（2）识别、区分污染地区和程度，保护暴露的人群：要将有危险的地区、物品贴上明显的标志，并且在必要时进行交通管制。

（3）抢救伤员，保护居民。

2. 现场的组织　事故现场分区（the accident locale division）应划分三个区：污染区、缓冲区、清洁区（图20-1）。

（1）污染区：发生事故的地区，污染严重，在此地区内的人直接暴露于污染物，有健康危险。只有受过训练的救护人员才能进入此区。对受害者的抢救也只是简单的急救，立即转移到缓冲区。救护人员应带防毒面具、隔离衣、手套。

（2）缓冲区：在污染区之外，虽然暴露仍有可能，但可能因为已进行消除污染的工作，所以此区相对比较安全。这是介于污染区和清洁区之间的缓冲区。医务人员要进行救护工作，可以进入此区，也应注意防护，甚至也要带防毒面具、手套等。其他人员不能进入此区。

（3）清洁区：在缓冲区以外的广大地区，与正常地区没有界限，此区应该没受到污染，或已经清除污染。伤员抢救站、转运站、指挥系统、支援系统都应设在此区。因为此区远离污染区，个人防护衣等已无必要。

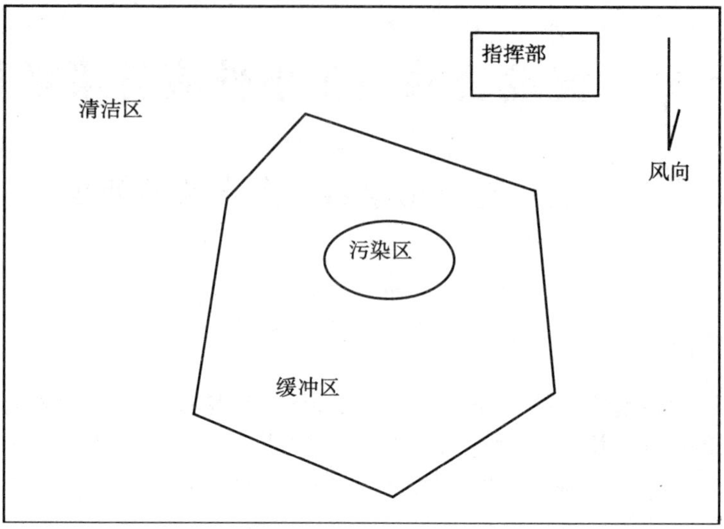

图 20-1 **现场分区**

为了高效率地组织、领导污染事故的处理工作，应成立事故处理指挥系统，或称为指挥部。指挥部由有关部门的负责人组成，如卫生医疗、环保、工业、交通、公安等，总指挥应由有权威的行政领导担任。指挥系统的职责如图 20-2。

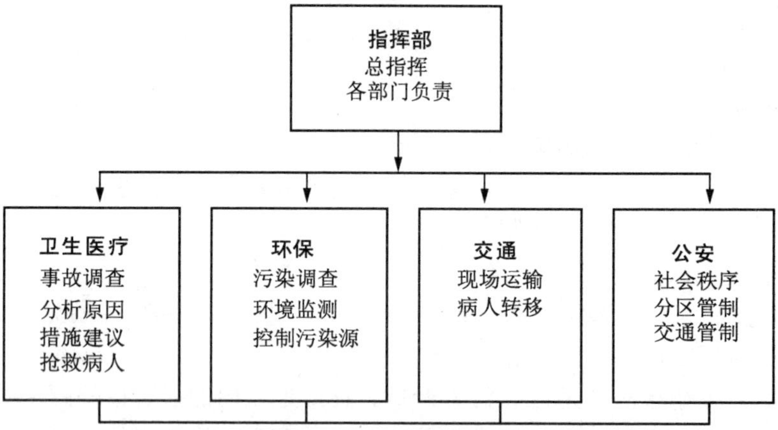

图 20-2 **污染事故处理的指挥系统**

（二）卫生医疗部门的任务

1. 危险评估

（1）查明污染物种类、性质、毒性。是刺激性毒物，或神经毒物？是血液系统毒物，或其他系统毒物？抑或是致癌物、致畸物？

（2）查明污染范围、浓度、随时间变化的规律，确定暴露是急性、短时间的，还是慢性、长期的。可以参考环境卫生标准、职业卫生标准、环境质量标准进行比较。

（3）查明人群暴露对健康的影响，可用发病率、相对危险度，或体检、化验的结果表示健康受损程度。

2. 判断是否有续发污染的可能性　初次污染指的是受害者接触污染物，续发污染是指污染物从受害者向专业人员或装备的转移。了解续发污染的概念对消除污染、检查受害者、保护医疗救援人员有重要意义。当有续发污染的可能时，就应该尽量监测其污染程度并尽量消除。如果已知某污染物续发污染的可能性很小，则不必下大力或可根本不要考虑消除续发污染的问题，例如一氧化碳即无此问题。续发污染可因病人的衣物、皮肤、头发、呕吐物等引起，所以医疗救护人员除了要保护自己，还要消除病人的污染，之后，才能把病人转运到医院。下面的图框是有续发污染可能的化学物、很少或无续发污染可能的化学物的例子。

有续发污染可能的化学物

高毒性的液体、固体，如有机磷农药、氢氰酸盐、氟氢酸、酚、苯胺等；

放射性液体、尘；

某些生物因子，如病毒、细菌等。

很少或无续发污染可能的化学物

气体，如一氧化碳、胂；

蒸汽，除非压缩成液态才沾染衣物、皮肤；

低毒性，或非皮肤吸收的物质，如丙烯醇、汽油。

3. 不同专业人员的分工协作

（1）警察、消防人员、危险物品技术人员的职责：小心地进入现场；判断危险物；保护现场；获得帮助支援；及时作出决定。

（2）医务人员的职责：首先要保护好自己；获得毒性和治疗的资料；确定续发污染的可能性；进行或保证消除污染；提供初步和进一步的抢救；转移受害者到医院。

（3）急诊室工作人员的职责：确定续发污染的可能性；保证受害者得到消除污染；获得毒性资料；对症治疗和解毒治疗；实验室检查；决定观察、住院、进一步护理。

（三）卫生医师的工作

卫生医师应受过专门的事故处理训练，平时对事故有所准备，对本地区的隐患有了解有研究，有事故处理预备方案，事故发生时应该给领导当参谋，对现场起指导作用。

1. 事故发生后的反应

（1）接到报告应弄清楚：事故发生的时间、地点、影响范围、受影响的人群、人数、特点、可能的原因等。

（2）向领导汇报：卫生医师向上级领导报告，并根据情况逐级上报，以便政府领导及时掌握情况、组织力量，处理污染事故。

（3）准备去现场：①物质准备：采样箱、急救箱、调查用品、防护用品。②知识准备：可能的原因及对策、信息（查书、网上查询）。③组织准备：在平时，应该做好事故处理预备方案，经常演习，遇到紧急事故，能立即作出反应。事故处理组的成员包括环境卫生、环境流行病、检验和医疗救护等专业人员；事故发生时成立指挥系统（如上述），在全局指挥系统领导下，卫生部门也要有事故处理分指挥，同时参加总指挥部工作。为了在事故发生时指挥部能有效地工作，平时在一个地区应有一个委员会，考虑发生事故时怎样组织、协调、指挥。

2. 现场工作

（1）注意事项：①要尽可能找到了解情况的人，例如报告事故的人、地区或单位的负责人；②自我保护，不要急忙进入现场，直到知道自己面对的是何危险，该如何做；③安全措施，不要急于进入污染区，首先应该隔离污染区，保证居民的安全，转移居民；④获得帮助，给领导和指挥部报告现场情况，让他们通知有关部门和急救人员；⑤避免本人受到污染，例如不要踩踏污染物或接触病人的排泄物，特别要注意无色无臭的气体，必要时应穿防护衣、戴防护面具；⑥明确分工：环境卫生工作者负责流行病学调查（包括环境和健康）、弄清事故的原因、给领导和指挥部当参谋，从宏观上提出对策，如控制污染、保护人群等。临床医生主要负责病人的抢救、转运、住院治疗。

（2）污染事故初步调查，得出初步印象：调查污染源、污染物、污染程度和范围。污染源调查非常重要，例如运输车出事故，致使氢氰酸泄露，这就可以很明确地知道污染物是什么，下一步只需确定污染范围和浓度，以及对人群的影响后果。

（3）诊断和急救：在得出事故的原因的同时，临床医师应很快对病人病情作出判断，进行初步的现场急救后，立即转移到缓冲区救治，或住院治疗。

（4）进一步调查：①登记病人、收集人口资料；②环境采样，特别注意可疑污染物的采样；③人体材料采样；④询问调查：要有对照，既要调查病人、又要调查健康人，并且要有足够数量，以便统计分析。调查内容包括暴露、健康两方面。事先准备好调查表格。

（5）初步分析：①分析病因：根据调查资料，计算不同人群的发病率，画出发病的时间分布图和地区分布图，进行分析、推理，估计病因、危害程度、是否继续暴露、高危人群如何保护等；②提出处理措施的建议和进一步调查方案。

（6）进一步调查、分析，得出结论：①原因、后果（暴露—健康）的分析，得出病因结论；②病人的抢救、治疗情况及存在问题；③暴露人群的观察、高危人群的保护；④污染控制，包括污染源是否已经控制、环境中污染物的浓度、变化、是否已经对人无害等。

（7）总结：事故处理完成后，应全面总结经验教训。①科学方面的总结包括事故的原因、污染的程度和范围、污染控制方法和经验；暴露人群特征、病人特征及分布、医疗救护经验等；②组织、协调方面的总结包括指挥系统、协作部门参加人员、人数、工作经验和存在问题；③财务总结包括卫生、医疗，以及各部门处理紧急事故的各项支出。

（四）伤员的管理

1. 在现场

（1）在污染区：确定污染的化学物及其健康危险和续发污染的可能性。消除续发污染以后才可转移。在没有确定现场已无危险或没有足够的防护措施的情况下，救援人员不要先进入污染区。一般情况下，医院的工作人员没有受过防化学专门训练，也不会使用防毒面罩，所以，必须等待受过专门训练、装备齐全的人员。

伤员急救：在污染区由于防护服和设备的限制，不可能进行大的治疗，但必要的措施应及时采取，如止血、保持气道通畅、如果有外伤应预防颈椎损伤等。预防续发污染，如果伤员清醒可让其脱下污染的衣服。现场必要的抢救以后，应很快脱离污染区。

（2）在缓冲区：应在室外设消除污染区，利用自然通风，可以消除气体或蒸汽污染物，在此区专业人员仍要穿戴防护服。对于伤员，首先清除身体上的污染物，被污染的衣服应放入污物袋，待以后清洗，贵重物品应该单放。进一步的治疗仍然是困难的，但根据条件可以进行给氧、气管插管、气管喷雾、气管扩张，以及加压止血等治疗。

1）皮肤的处理：皮肤暴露区的清洗根据情况而定，一般皮肤暴露区用水清洗 3～5 分钟，浓酸浓碱性物质污染，需先用柔软的纱布或纸擦去，然后用水清洗 10～15 分钟或更长时间。毒物蒸汽暴露并只有轻度的皮肤或眼睛刺激症状，只需用水短时间清洗，油类物质需用肥皂水洗。为了避免损伤皮肤，只能用软毛刷轻轻地洗刷，不能用漂白剂、醋等。有些所谓的去污剂是清洁设备用的，不能在皮肤上使用。只在某些情况下，才使用特殊的清洁剂消除或中和化学污染物，例如用钙或镁溶液中和氟氢酸，用聚乙烯醇或异丙基乙醇去除酚。

2）眼睛的处理：眼睛暴露毒物或有刺激症状，应该用水或生理盐水清洗至少 5 分钟，注意清洁结膜腔中残留的化学物。病人在转移时，如果腐蚀性的污染未彻底清除，或有持续性的眼睛疼痛，眼睛仍会有刺激症状。

3）胃肠道的处理：如果污染物被吞咽，不要引吐，在空腹时引吐很难成功，并且有一定的危险（例如，如果污染物有腐蚀性会因引吐加重损伤）。如果病人清醒并且可以吞咽，应给活性炭（50～60g，用水搅拌成糊），以吸附毒物。

（3）在清洁区：病人经初步治疗和消除污染后，应该转移到清洁区，给以进一步的治疗，包括气管内插管、静脉输液、心电图监视以及适当的药物治疗等。昏迷病人应该确定是化学中毒还是低血糖，或脑外伤。特殊的解毒药物见表 20-1。

表 20-1　化学毒物中毒解毒药物举例

有毒化学物	解毒药物
一氧化碳	氧气
氰化物	硫代硫酸钠和硝酸异戊酯
氟化氢	钙
高铁血红蛋白毒物	亚甲蓝
有机磷或氨基甲酸酯	阿托品，pralidoxime

严重的病人应先转移，无症状或轻症者只进行观察，不需要送医院。现场人员应通知医院或急救站被转送的病人数、病情、涉及的化学污染、消除污染程度。如果消除污染已经做了，一般不再需特殊的准备。急救车要有防吐的设备，急救车的地板应用塑料或其他材料遮挡，以防呕吐物污染，应预备塑料袋和几条毛巾盛（擦、吸干）呕吐物。如果病人吞咽了化学物，呕吐物含有毒化学物，可直接污染救护人员和设备。若是挥发性有毒气体，那么在狭小、通风不好的救护车里是很危险的。很多化学物与胃酸发生反应能生成有毒气体，例如，氢氰酸盐生成气态的氰化合物。

（4）在急诊室：

1）准备工作：

①获得信息：事件发生中从现场、中毒控制中心了解，但平时可从疾病控制中心或中毒控制中心了解本地区的潜在危险品以及对策；

②消除来自病人污染的设备：如果病人吸入挥发性毒物，在急诊室内，病人的呼出气或呕吐物对医务人员可能带来危险。例如在博帕尔毒气泄露事件后，法医解剖尸体时仍能闻到强烈的刺激臭味，因此最好将急诊室设在室外，保证空气流通，稀释有毒气体。应准备的用品见下框中所示：

室外除污区常用的设备
塑料水管
中性肥皂
一次性毛巾
软毛刷
防化学手套
防护服
胶靴
面罩
塑料垃圾袋
氧气瓶及附件
其他急救设备

③准备解毒药物：特效解毒药不多，见表 20-1。

2）治疗和护理：

①气道、呼吸功能、心血管功能评定：若呼吸衰竭或呼吸暂停，应立即施行气管插管、给氧、静脉输液、连续监测心律和呼吸。很多化学毒物可引起气道进行性损伤，暴露以后几分钟至一小时，可发生系统性疾病。应注意多种化学毒物暴露和多器官损伤。昏迷病人除了要考虑中毒，还要与低血糖或脑外伤相鉴别。

②心血管系统：低血压应用静脉滴注生理盐水（250～500ml 至 1～2L）加多巴胺或其他血管收缩药。持续低血压可能由低体温（脱衣或冷水淋洗）或高体温（暴露毒物或中暑）引起。暴露碳氢化合物（最常见的是氯化、氟化芳香类溶剂）以后发生的室性心律不齐可能是因为心肌对儿茶酚胺过敏以及对 β-阻断剂的亲和力比利多卡因和其他抗心律不齐药物强，氟氢酸暴露引起的心律不齐可能因低钙血症引起，应静脉补钙。

特效解毒剂很少，见表 20-1，如遇事故发生，可向中毒控制中心咨询。

③呼吸系统：有呼吸道症状的病人应给氧、胸透，做血氧、动脉血气分析。一氧化碳中毒和高铁血红蛋白血症的病人可测氧合血红蛋白等。呼吸困难可给气管气雾剂。气管扩张剂是 β-肾上腺能兴奋剂，可能引起暴露卤化物、芳香化合物或其他碳氢化合物以后致敏的病人室性心律不齐。

严重暴露的病人要密切观察 4～6 小时，如症状有进一步发展，继续观察，要预防肺水肿的发生。常见的引起迟发性肺水肿的化学毒物有光气、氮氧化物。这些物质不易溶于水，一般不引起上呼吸道刺激症状，病人可能被忽视，而被送回家，24 小时后可能发生肺水肿。化学性肺水肿用地高辛、减轻心脏负荷、利尿剂等治疗效果不佳，皮质激素、抗生素可以用，但疗效未肯定。

化学性烧伤与热烧伤不同，损伤的程度和深度不是立即出现，另外，腐蚀性化学物被吸收可引起急性或迟发性系统性中毒（见下框）。暴露于高腐蚀性、穿透性、油类、持续性化学物的病人，需要进一步消除污染，以预防进一步损伤或系统性吸收。残留污染的常见部位是腋窝、腹股沟、头发、耳鼻孔、指甲。特殊除污剂很少。

皮肤暴露引起系统性中毒的化学物举例
林丹及其他氯化碳氢化合物农药
有机磷及氨基甲酸酯
酚
氟氢酸
甲醛
亚甲基氯化物
二硝基酚

④眼睛：碱性物质可持续产生腐蚀性损伤数小时，必须用水或生理盐水充分冲洗。若有隐形眼镜应取下。有睑板炎时可用滴眼药，止痛用眼科麻醉剂。必须严密检查结膜腔内的残留污染物，如果是酸性或碱性的，必须用水洗净后，检查 pH 值为 7～7.5。清洗后应检查视力和角膜损伤程度，轻度的角膜损伤可滴抗生素眼药水，口服止痛药，24 小时内复查。重型病人必须住院治疗。

⑤胃肠道：病人吞咽了毒物其危险性是毒物的腐蚀作用和系统吸收。不要引吐，引吐会加重腐蚀性损伤，且没有效果。洗胃是必要的，然后用胃管给活性炭 50～100g，如果吞咽的毒物量不多，也可在洗胃后口服活性炭。吞咽的化学物与胃酸的反应产物，可能对医生有毒作用，例如，氰化物与胃酸反应生成氢氰酸气体。应该对呕吐物和洗胃液检查。

⑥常规检查：胸透、心电图、血尿常规、肝功能、肾功能等都可考虑。但在急性暴露后立即做实验室检查，结果可能是正常的，异常发现可能会延迟数小时或数天。例如，光气暴露后，肺水肿可能在 12～24 小时后出现，肝毒物暴露后肝功能可能 2～3 天后才出现异常。

（五）防护装备

一旦确定污染事故属于紧急事故，所有的救护行动必须由有训练的人员参加，并应有防护装备；另外，现场检测应该证明环境污染对健康有哪些危险。为了提供救援帮助和减少自身受到损伤，救援人员必须穿戴防护衣帽、防毒面具。

1. 防毒面具

（1）管道型：由面罩、导气管和设在远处的空气压缩机组成，常用在垃圾清洁站，但在化学污染事故现场不用，因为长的导气管既不方便又易损坏。

（2）压缩空气型：由面罩、压缩空气瓶、导气管组成，因可以自身携带、使用方便，故在紧急事故时常用，不仅提供新鲜空气，还有过滤有毒气体的功能。

（3）空气净化型：功能是净化空气。安全使用空气净化面具的条件是事故现场有充足的氧气、正常的化学组成和浓度以及适宜的空气相对湿度。

简单型：只有简单的尘过滤装置，内有活性炭等，使用方便，但不能处理有毒化学物。

复杂型：由数个料桶组成，可以滤除碳氢化合物蒸汽、石棉纤维、酸雾等。

2. 防护服（exposure suit）　全包裹型防护服是将手套、靴和面罩做成一体，以便整个防护服的密封。这样，气体、液体、固体的有毒化学污染物都不能进入防护服内。因为整个身体都被罩在防护服里，空气供给装置当然也在里面，呼出气也在里面，时间长了防护服就会膨胀。虽然有活门装置，但仍然不能完全避免这个缺点。根据需要，防护服可以分为四种类型：①全包裹型防护服、②非全包裹型防护服（带压缩空气型面罩）、③非全包裹型防护服（带空气净化型面罩）、④无防护化学毒物功能的一般的防护服。参见图 20-3。

图 20-3　防护服图

二、案例

印度博帕尔毒气泄漏事件

博帕尔是印度中央邦的首府，人口 80 多万。美国联合碳化物公司博帕尔农药厂建在该市的北部人口稠密区。工厂设备年久失修，早应更新，但公司不予投资。1984 年 12 月 2 日深夜和 3 日凌晨，该厂的一个储料罐进水，罐中的化学原料发生剧烈的化学反应，储料罐爆炸，41 吨异氰酸甲酯泄漏到居民区，酿成迄今世界最大的化学污染事件——博帕尔毒气泄漏事件（Bhopal disaster）。

毒气泄漏时，微风自东北吹向西南，白色的烟雾顺着风向弥漫在博帕尔市区 $1\times8\ km^2$ 狭长地带的上空，居民从熟睡中被剧烈的刺激性气体呛醒，不顾一切地逃命，全城陷入一片混乱和恐怖。两个小时后，烟雾逐渐消散。

根据文献记载，在这次惨剧中，有 521 262 人暴露，严重暴露的有 32 477 人，中度暴露的有 71 917 人，轻度暴露的有 41 6868 人。2500 人因急性中毒死亡，各种后遗症、并发症不计其数，给人民健康和社会政治、经济造成无法弥补的损失。

流行病学和临床特点：①地区分布：这次事件的毒物主要是异氰酸甲酯（methyl isocynate）。暴露和中毒的程度与距爆炸中心的距离有关，距离越近，越严重。与居住的高度也有关系，因为毒气烟雾的比重大，居住在低处的居民比高处的发病率高，病情重。工人居住在工厂附近低矮拥挤的贫民区，所以，穷人受害严重。住平房的比住楼房的受害严重。居住一层楼的比居住二层楼的受害重。甚至从事件过后拍的照片还可以看到，在空地上有成群的死老鼠，就是因为毒气进入鼠洞，老鼠被迫逃命，中毒死亡。灾难发生时慌忙逃命的人比留在室内的人受害重。②病型：急性中毒的主要表现是呼吸道症状，咳嗽、呼吸困难、分泌物多、进而引起肺水肿，窒息，死亡。眼结膜分泌物增多，视力减退，甚至失明。急性神经中毒的主要表现是昏迷。死亡原因主要是肺水肿、窒息。事件后流产、死产率大大增加。

1994 年，事件后 10 年，一个由来自 13 个国家 15 人组成的专家组，对博帕尔毒气泄漏事件的远期影响进行了调查。在当地社会工作者的帮助下，开展了两星期的调查工作。

调查工作包括问卷调查：选当年暴露程度不同、工厂附近贫民区，年龄 18～60 岁的受害者 479 人，以及无暴露的对照贫民区居民；体检：124 人，项目有呼吸/肺功能、神经-心理、免疫、眼科等；另外，还进行了受害赔偿评估、家庭生活质量评估、医疗保健评价评估、药物治疗情况评估。

通过调查发现，当年暴露人群慢性呼吸道疾病患病率高，呼吸功能降低，免疫功能降低，神经精神系统患病率高，表现有失眠、头痛、头晕、记忆力低、动作协调能力差、精神抑郁等。

对受害者的补偿：根据有关资料，政府有关的指导文件有两个，一是博帕尔毒气泄漏法，事件后于 1985 年发布，另一个是医疗指南，于 1987 年发布；美国联合碳化物公司赔偿 47 亿美元。受害者补偿：贫民赔偿 200 卢布/月，合 7 美元；律师、医生 10000～12000 卢布（合 300～400 美元）。9 年只受理了受害者上诉人数的 5%。要求申诉者提供医学证明，但是当地贫民没有医学记录，结果在最重受害区 8000 人中只有 2 人被确认。从上述情况可以看出，赔偿进展慢，有些规定不合理，欠公正。

博帕尔事件的深层原因、对博帕尔当局的建议、应汲取的教训：发生这次事件的直接原因，是因为技术、设备和管理存在严重的问题。但是，深层的原因是 20 世纪 50～60 年代，发展中国家为了解决粮食不足，曾发动过一场绿色革命，其中包括为了杀灭害虫而生产杀虫剂，因而引进发达国家的技术。发达国家对发展中国家的资本输出，常常是高危险而低环保的技术，没有环保和卫生预防措施，工人和居民不知道工厂的产品和生产过程的危险性。又加上本国的法律不健全，对这些危险企业没有良好的管理措施，结果酿成了惨痛的悲剧。印度博帕尔毒气泄漏事件给人类留下了很多教训，其中最重要的是发展中国家在发展经济的时候，一定要完善法律体系，加强进口管理和监督监测。大的工程项目应有卫生专家参与。要加强卫生宣教。对博帕尔当局的建议除了以上内容，还应该提出受害者确认、加快赔偿、改善卫生医疗设施。

三、化学品紧急事故的预防

化学品紧急事故的预防措施的关键在管理，而做好管理的前提是对有毒化学品安全性评价。

（一）有毒化学品安全性评价（the safety evaluation of toxic chemicals）

化学品安全性评价包括对化学品的理化性质、在环境中的行为、毒理学特点、流行病学特点等进行评价，并且对人群暴露水平及其对健康的危害程度作出预报。

1. 理化性质

（1）物态：在常温下某物质是什么状态，是气态、液态或固态？熔点、冰点、蒸发、升华等有何特点？与暴露和健康可能的联系。例如，汞在常温下可蒸发成汞蒸汽，人吸入可中毒。

（2）比重：例如印度博帕尔毒气泄露事件时，异氰酸甲酯的比重大于空气，所造成的污染程度越是在底层越严重。

（3）溶解性：例如 SO_2 易溶于水，所以容易与上呼吸道粘膜的水分作用生成硫酸，损害上呼吸道；而 NO_2 不易溶于水，所以容易进入下呼吸道而造成下呼吸道的损伤。有机氯污染物易溶于脂肪，所以在脂肪组织、脑、乳汁中含量多，有机溶剂是脂溶性，易损害脑和造血系统。

(4) 稳定性：有机氯农药和重金属污染物化学结构稳定，在环境中和生物体内不易分解，因而蓄积。

(5) 化学价：例如 As (3^{+}) 的毒性大于 As (5^{+})，Cr (6^{+}) 的毒性大于 Cr (3^{+})。

(6) 重要的化学反应：有些重要的化学反应应该熟悉或记住，例如饮水加氯消毒可产生氯仿、氯胺等，对健康不利。

2. 在环境中的行为

(1) 进入环境的方式：从污染源排放的污染物有气体、液体或固体，直接造成空气、水体或土壤的污染。但空气污染物又可沉降到水体和土壤，造成水体和土壤的污染。另外，有些初次污染物在环境中通过理化或生物作用，生成新的污染物（二次污染物）。

(2) 环境浓度：通过环境监测掌握污染物在各种环境介质中的浓度，特别要与对照地区或本底值进行比较，以便发现问题。

(3) 环境污染：污染物浓度超过一定限量，并超过环境的自净能力，对人群健康或生态系统造成不良影响，称为环境污染。通过环境检测、与卫生标准和环境标准比较分析，作出环境预测预报。

(4) 分布规律：分析污染物在时间、地区上的分布规律，例如掌握了大气污染物中颗粒物与有毒气体的分布规律，可以帮助采取措施控制污染；了解废水排放对地下水的污染规律，是对限制排放和设立防护带的科学依据。

(5) 环境自净作用、污染物的转归以及影响因素：不同的污染物各有其特点，都应该掌握。

3. 毒理学

(1) 进入途径、分布、代谢及排泄。

(2) 毒性的特点：在急性毒性、慢性毒性、系统毒性、免疫毒性、遗传毒性等各个方面有什么特点，是否存在剂量一效应关系。

4. 流行病学

(1) 暴露：外暴露、内暴露、靶器官的暴露、局部的暴露等方面有何特点。

(2) 健康影响：急性和慢性影响的临床或亚临床表现，包括对生理生化、免疫、遗传的影响，对发病率及其分布规律的影响，是否有剂量一反应关系等。

5. 危险性评价　是对有毒化学品作安全性评价的方法，可分为致癌物和非致癌物（或无阈毒物和有阈毒物）的评价，通常包括对某化学品的危险性鉴定、剂量一反应关系评定、暴露评定和危险性评定、管理。

（二）有毒化学品管理 (management of toxic chemicals)

1. 生产、使用及储运部门（包括工厂、车间、研究所）的职责

(1) 应建立危险化学品管理档案：包括原料、生产工艺、产品种类及产量、中间产物以及存放地点、渗漏情况、维修制度等。

(2) 在设计和建设阶段的预防工作：厂址选择、建筑结构、防护距离和设施、排污方式及排放量，是否会对环境造成污染等。

(3) 掌握可能的隐患，制订预防事故的措施。

2. 主管部门　包括工厂管理部门、上级主管部门、政府职能部门等（例如卫生、环境保护）的职责。

(1) 应建立危险化学品管理档案：包括化学品种类、标识、保有量、存放位置。

(2) 管理人员和工人应该知情：包括与他们生产有关的化学品的潜在危险及其防范措施。应印成小册子发给大家，还应有培训课程。

(3) 实行 ABC 管理法：即按优先顺序制订管理计划，落实预防措施。

(4) 制订事故处理预案和定期演练：这是为了防患于未然，一旦发生事故，如何应对胸有成竹，不至于慌乱。制订事故处理预案应包括：组织工作，如建立指挥系统、参加单位或部门的协调；现场工作计划、各部门的分工；医院的准备及诊断急救；卫生防疫站的调查方案污染监测和控制措施方案以及现场工作的协调方案。

(5) 电脑管理：为了便于查阅，指导工作，特别在紧急事故时获取信息，可以将档案资料制作成多媒体。例如，某工厂报告出了紧急事故，为了到现场处理，出发前可以查阅电脑档案，很快即可知道这个工厂保有的潜在危险品、数量、位置、理化特点、毒性、急救方法、污染控制方法等。

(6) 做好经常性监督、监测、预报和信息交流。

(7) 严格执行国家的各种标准和法规：当前的生产安全隐患主要在外资企业、合资企业、个体企业和农村乡镇企业。应该对这些企业严格监督执法，加强管理。

(8) 卫生安全教育：可分为个人层次和结构（领导）层次的宣教。个人层次的宣教能影响个人行为，结构层次的宣教影响一个集体或系统的行为。做好结构层次的宣教对于预防工作的意义更大。宣教的目的是让人们“知情、行动、参与”。

(9) 参与：卫生专家应参与国家或地方的决策，对重大的经济建设项目提出有根据的建议，以保障公民的健康。公民也应积极参与促进健康和保护环境的事业，既要关心、提意见，也要有实际行动。

第二节　水灾时的环境卫生问题

一、水灾时的卫生问题

水灾发生后的疫病流行是灾区人民的第二个大灾难。以安徽省为例，1931 年发生特大洪水，灾民 960 万人，死亡 11 万多人，其中淹死的仅 2 万人，死于疫病的 8 万多人。1971 年大水之后，全省 30 个县市发生钩端螺旋体病流行，病人达 11 万人。1971 年安徽省共报告传染病 654.5 万例，是常年的 20 倍。因此，做好水灾后的卫生防病工作是保护灾区人民生命安全、灾后重建家园的重要的战略任务，它不仅涉及卫生防疫部门，而且也是国家和地方政府的任务。

洪涝灾害后造成传染病的爆发流行的主要原因是：①大量房屋和禽畜棚圈被洪水淹没倒塌，粪便垃圾四溢，环境污染加剧；②生活用水、食品遭受严重污染；③人们最基本的营养和食品卫生得不到保证，甚至不得不食用生、冷和腐烂变质的食物；④营养不良、极度疲劳、精神紧张，对疾病的抵抗力下降等。为了做到灾后无大疫，必须把救灾防疫提到各级政府的抗洪救灾工作的重要议事日程，组织动员全面的卫生防疫工作；卫生部门必须以最快的速度落实各项防病措施。

1. 环境卫生问题

(1) 粪便垃圾污染水源。房屋倒塌、卫生设施破坏、人畜粪便垃圾横流，污染水源。

(2) 饮水卫生极度恶化、苍蝇孳生，引起肠道传染病爆发流行（肠炎、痢疾、伤寒、霍乱、肝炎、脊髓灰质炎等）。洪涝灾害期间水厂、水井以及各种供水设施被淹，大量人畜粪便、垃圾、动物尸体等冲入水体，使水质急剧恶化。据测定，洪水中的细菌总数和大肠菌群可多至无法计数，即使大口井的水，水中细菌可高达50000/ml，大肠菌群达5000/L，超过卫生标准千余倍，部分地区在饮水中检出沙门菌和麦氏弧菌。

(3) 蚊虫孳生，又无防蚊设施，易引起疟疾、脑炎流行。

(4) 有毒化学品污染水体。有些化工厂及其库存的成品、半成品和原料等受水浸泡，使有毒化学物质进入洪水中，可使局部地区洪水中氰化物、农药等有害物质超出卫生标准达数百倍。

(5) 由于生态环境改变，造成鼠患，鼠粪尿污染水体，人在水中活动易被钩端螺旋体感染；猪也是钩端螺旋体的宿主，猪的粪尿污染水体也引起人的感染。人在抗洪救灾中，在水中活动时间长，也容易感染血吸虫尾蚴。

(6) 防暑、防寒、住房问题。房屋倒塌或被大水浸没，人们到堤坝上或露天地方生活，白天易中暑，夜晚易受凉。灾后重建的房屋可能防寒保暖通风性能差，潮湿、阴冷的小气候加上室内空气污染，易引起风湿病、呼吸道疾病。

(7) 人在水中长期浸泡，引起皮炎。

2. 食品卫生问题

(1) 蔬菜禽蛋肉食供应短缺造成营养不良，如营养性浮肿、维生素缺乏症、夜盲症、低血糖休克等。

(2) 食用非法出售病死的禽畜肉食品、腐烂变质的食品或被污水直接污染的食品。

(3) 霉变食品，特别是小麦霉变常常引起中毒的爆发。主要的霉菌有曲霉和镰刀菌，主要的毒素是镰刀赤霉毒素。

(4) 没有柴烧，不能造饭烧水。

二、水灾时期的常见病

1. 肠道传染病　包括肠炎、痢疾、伤寒、霍乱、甲型肝炎、脊髓灰质炎以及其他肠道病毒感染等。

(1) 流行病学特点：发病高峰提前；爆发疫情增多；因为传播途径和传播因素相同，而潜伏期不同，常在一个爆发点相继出现多种传染病流行（肠炎、痢疾、伤寒、甲型肝炎等）；与饮水（或食品）污染关系非常明确。

(2) 防治对策：加强饮水消毒，爆发疫情时应加大消毒剂的用量；切实管理好粪便，避免污染水源；病人粪便要消毒；管好饮食卫生，不吃腐烂变质的食物。

2. 钩端螺旋体病（leptospirosis）　钩端螺旋体病是一种自然疫源性疾病，主要的传染源是鼠类、家畜（猪、牛）以及人。病原体是钩端螺旋体。

(1) 临床表现：发烧、畏寒、头痛、全身疼痛、全身衰弱、腓肠肌痛、眼结膜充血、鼻出血等。

(2) 流行病学特点：流行季节多在夏秋季，洪水泛滥后出现，流行地区分布在洪水包围的村庄。从儿童到老人都易感，主要集中在10～50岁，主要是青壮年劳动力和学生，男多于女。

(3) 发病率：非水灾期呈散发性，水灾发生后多呈爆发流行。

（4）流行因素：主要与传染源排出的钩端螺旋体在适宜的自然条件下生长繁殖，以及人群接触疫水的机会多少有关。洪水淹没猪圈、鼠洞，动物粪尿污染水体，人在水中活动，造成感染。

（5）防治对策：灭鼠、管好家畜，病人排泄物消毒，疫区高危人群和进入疫区工作的人群接种钩端螺旋体菌苗，个人保护方法如预防皮肤刺伤、减少接触疫水等。

3. 流行性出血热　是一种自然疫源性疾病，病原体是病毒，传染源是黑线姬鼠，传播途径可能是皮肤接触或虫媒传播。

（1）临床表现：起病急，发热 38℃以上，全身酸痛，面、颈、胸部充血潮红，结膜充血、水肿，有点状或片状出血，上腭粘膜呈网状充血，点状出血。典型病程有发热期、低血压期、少尿期、多尿期、恢复期。

（2）流行病学特点：①有明显的地方性，分布在地势低洼潮湿的地方，一般情况下有明显的季节性（秋冬季）和高度散发性；②水灾可使发病季节提前，并有爆发流行。例如安徽省 1991 年 7～8 月出现流行高峰，共发生 1264 例，比 1990 年同期上升 213.65％。不论年龄、性别、职业均易感染；③本病传播途径可能是革螨或恙螨。水灾期人住在堤坝、高台上，鼠类也向高地转移，鼠密度大增。增加了感染的机会。

（3）防治对策：灭鼠是关键，还要防鼠，在劳动、休息、居住的地方避免鼠接触人，同时要杀灭虫螨。

4. 疟疾　国内外因水灾导致的疟疾爆发流行的事件很多，1931 年长江、淮河大水，部分地区发病率高达 60％。1953 年湖北水灾，疟疾发病率增加，并出现爆发流行，例如襄阳县发病率即达 38.7％。

（1）水灾后疟疾高发病率的原因：水灾退水后，地面小的积水坑洼增多，蚊虫大量繁殖，蚊密度增加；灾民居住在堤坝上和高台上，条件简陋，无防蚊设备；家畜数量减少、人群聚居，增加了蚊虫叮咬的机会。

（2）防治对策：下大力量消灭蚊虫；填埋积水坑洼，消灭蚊虫孳生条件；治疗疟疾病人，包括疟疾休止期有疟疾史的人服药；无病的健康人在流行时预防性服药。

5. 霉麦中毒症　水灾时期正值麦收季节，连绵阴雨致使新麦不能充分晒干，霉菌大量生长繁殖，人食后引起霉菌感染、变态反应和毒素中毒。

（1）临床表现：以胃肠道症状为主，食用霉麦后 30 分钟至 3～4 小时发病，症状为头晕、恶心、呕吐、腹痛、腹泻、不适、无力等。预后良好，无死亡病例。

（2）流行病学特点：①病区的小麦霉变率高；②病例集中，发病率高，常是每食必发病，不食不发病；③一种或多种霉菌（曲霉、镰刀菌等）及其毒素引起。

（3）防治对策：霉麦去霉的方法有风选、泥浆浮选、清水或石灰水浸泡漂洗、剥皮磨粉等。

三、案例

某乡村水灾期间一起传染病爆发流行

背景材料：1991 年 6 月 12 日，安徽省某县连降大雨，短期内降雨量达 621mm，多数村庄被洪水包围，有的房屋被水浸泡达半月甚至 20 多天。7 月 20 日前后，有三个相邻的小村（东村、中村、西村）突然发生一批高热病人，病人起病急骤，发病人数多而集中。症状是发烧、畏寒、头痛头晕、全身衰弱、腓肠肌痛。少数病例眼结膜充血、淋巴结肿大、腹痛、咳嗽等。病人年龄在4～74岁之间，男女都有。

疫情很快上报到县卫生防疫站，随后又很快上报到地区和省卫生防疫站。

在调查处理疫情时，首先，临床医师要进行危重病人的抢救。在没有确诊前，应进行对症治疗，如输液退烧、止痛、补充糖、盐等等。同时，卫生医师进行流行病学调查，需要先调查当地的人口情况、发病的流行病学特点（包括发病率、年龄性别、时间、地区分布情况）以及流行因素。

经过逐户调查、病人登记、病人和非病人问卷调查，将资料进行统计分析，结果如下。

表 20-2　三个村的发病率

村名	人口	病例数	发病率
西村	324	16	4.9
中村	163	49	30.1
东村	267	1	0.4
合计	754	66	8.8

表 20-3　三个村的牛、猪发病发病情况

村名	牛			猪		
	总数	患病	死亡	总数	患病	死亡
西村	45	5	0	63	23	7
中村	33	13	1	38	26	6
东村	61	0	0	43	0	0
合计	139	18	1	144	49	13

年龄、性别、职业分布：年龄从4～74岁，主要集中在10～50岁的人群。男女比例为2∶1。主要为青壮年劳动力和少数学生。症状、体征统计略。

时间分布：见图20-4。

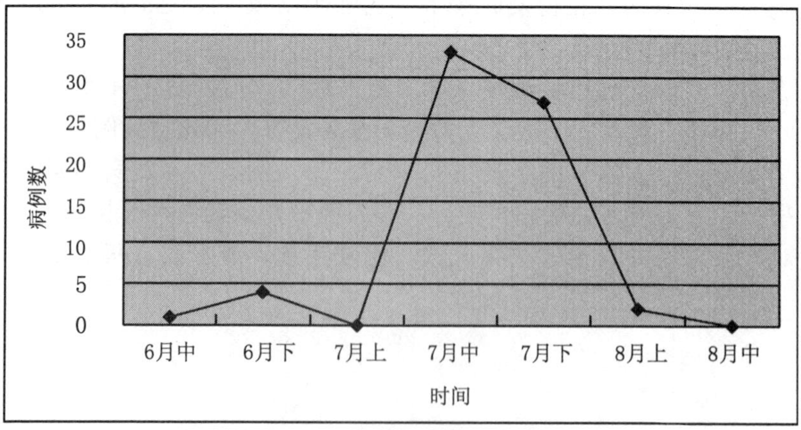

图 20-4　三村病例发病时间分布

流行因素：水灾期间猪圈、牲畜粪尿全部被水淹，病人全部接触过积水，非病人有一半接触过积水（OR＝2）。

流行病学调查的结果有很重要的启示，但还不能得出病因的诊断。为了弄清病因，让我们先作一个病因假设。短时间内出现大量病人应该有共同原因，要考虑的疾病有：①食物中毒；②化学中毒；③传染病。病人有高热等感染症候，故可以排除化学中毒。水灾期间村民没有共同食物暴露，故可排除集体食物中毒。现在应该考虑是什么传染病。

是肠道传染病吗？肠炎、痢疾、伤寒、肝炎、脊髓灰质炎等，不像，没有胃肠道症状。

是呼吸道传染病吗？麻疹、流脑、白喉、百日咳等，也不像，因为水灾期间没有传染源输入，况且麻疹、流脑、白喉、百日咳等有特殊的症状和特殊的人群。从症状看，是否流感还不能完全否定。

是虫媒传染病吗？疟疾有特殊的热型，乙脑有典型的神经系统症状，流行性斑疹伤寒或地方性斑疹伤寒从症状不能排除。流行性斑疹伤寒是虱传播，夏季不易孳生虱子；地方性斑疹伤寒是鼠蚤传播，水灾期间鼠密度增加，感染机会增加，故不能排除地方性斑疹伤寒。

是自然疫源地性疾病吗？当地不是鼠疫病区，无外来传染源，故可排除鼠疫。流行性出血热和钩端螺旋体病，都是鼠-人传播，水灾时人群接触被鼠的粪尿污染的水体，病原体进入破损的皮肤，造成感染。流行性出血热病人应有出血表现，但实际病区的病人没有。水灾前省防疫站已经预报过当地是老的钩端螺旋体疫区，从症状看又比较符合钩端螺旋体病，并且在人患病之前，牛、猪也患病。因此，钩端螺旋体病的可能性很大，但需仔细调查才能作出诊断。

为了明确诊断还应该进行人和动物病原学和血清学检查。

2 份人血培养皆为钩端螺旋体阳性，血清型为波摩那型，与人和猪、牛的血清学检查符合。鼠肾培养没有结果。血清检查结果见表 20-4。

表 20-4　血清检查结果

	检查数	阳性数	阳性率%	血清凝集素	
				波摩那型	滴度
人	46	11	24.4	2	1∶1600
猪	3	1	33.3	1	1∶1600
牛	3	1	33.3	1	1∶1600

从以上结果可以得出什么结论？

（1）可以确诊为钩端螺旋体病：根据是老疫区、家畜患病、畜圈被淹污染水体、人接触疫水，这些都是流行的因素，最后细菌培养和血清学证实。

（2）猪、牛是传染源。水灾期间鼠密度增加，会增加传播的机会，理论上鼠应该是传染源。鼠肾细菌培养无结果，但不能否定鼠是传染源。

（3）这次钩端螺旋体病流行的症状不是很典型，如果只从症状诊断而不做细菌学和血清学检查，真不好排除流感、伤寒、出血热等病。

应采取哪些措施控制本病的流行？

（1）消毒厕所、畜圈，可用干石灰布撒、漂白粉 1%～3%上清液喷洒。

（2）人、畜粪便高温堆肥。

（3）积水坑洼、池塘用漂白粉消毒，并尽量填埋。

（4）灭鼠；病死的家畜要消毒掩埋。

（5）用抗生素进行预防性治疗。

四、对策

水灾期间的卫生工作的战略目的是要保证“灾后无大疫”。为了实现这个目标，一定要有组织的保证，建立各级政府首长为中心的指挥系统，各部门密切配合。卫生防疫部门是主力军，要当好参谋，做好预案，抓住主要矛盾，落实技术措施。水灾发生后的主要对策包括饮水卫生、食品卫生、杀虫灭鼠和防病。

1. 饮水卫生措施　在洪涝灾害期间，有效的饮水管理和净化措施非常重要。

(1) 强化饮用水水源保护，将卫生防护带内有受淹危险的有毒物质突击搬运到安全地带；迁移防护带沿岸的粪缸，清除垃圾堆；打捞水面漂浮物；在灾民点增设临时厕所，临时畜圈，固定垃圾堆放点，专人管理，及时清运，严防污染水源。肠道病人的粪便一定要消毒掩埋。

(2) 加强饮用水水质监测，其内容包括：受淹区水井和取水码头附近河水、井水和缸水消毒质量，饮水消毒剂和净水器质量，自来水厂水源水、出厂水、管网末梢水水质，送水容器（车、船等）清洗消毒，受淹水井、蓄水池、水厂净水构筑物清洗消毒效果等。

(3) 加强分散式饮用水的净水消毒和管理，在灾区推行“一统四定一本账”的管理办法。即村卫生室统一配制母液，定人、定时、定户、定缸，建立饮水消毒一本账。饮用水消毒剂主要为含氯消毒剂，常用的有漂白粉、漂白粉精、次氯酸钠等。

水灾发生后，很多灾民聚居在河堤上，只能饮用洪涝水，洪涝水应用硫酸铝或其他净水剂作混凝沉淀，然后用氯化消毒。为了保证余氯在 0.1 mg/L 以上，按经验，需氯量高达 3.5～5.2 mg/L。比常规用量高 1～2 倍。

(4) 加强集中式饮用水的净化消毒和管理，对灾区水厂加大投氯量，调整净水剂用量，使出厂水余氯达到 0.6～1.2 mg/L，提高末梢水余氯合格率，对原先无净化消毒的水厂增添净化消毒设备，或采用人工投加法。对一度受淹的城镇地面蓄水池及时采取清洗、消毒措施。

(5) 随着洪水的退落，要不失时机地紧急恢复被洪水毁坏或淹没过的净水、供水设施，使之重新正常运行，供应安全卫生水。这是防止传染病在灾后继续流行或爆发的关键措施之一，也是减灾应急措施的重要组成部分。①迅速恢复水源卫生防护设施，及时清除水体中的杂物、去除淤泥、疏通河床。②清掏、冲洗、消毒受淹水井，先将井水抽干，掏尽淤泥、动物尸体、秸秆等污秽物，用清水冲洗井壁、井底，抽出冲洗污水。使自然渗水至正常水位后，超量加氯消毒（井水漂白粉投加量为 100～200 g/m^3），浸泡 12～24h 后，抽出井水。再渗出的水至正常水位后，按常规消毒方法消毒，检验余氯合格后方可使用。③清掏、冲洗、消毒受淹水厂，首先应排净受淹净水构筑物、蓄水池和管网中的污水及其他厂区污水，清除污泥、污物，对受淹过的墙壁、地面、构筑物、蓄水池、管网、生产线及工具等进行认真冲洗。采用次氯酸钠溶液（1000～2000 mg/L）、漂白粉澄清液（1%～2%）等进行喷雾或擦拭；对管网、净水构筑物和蓄水池内部则宜采用 0.02%的漂白粉溶液浸泡 24h，然后排空，并用净水重新清洗干净。消毒后，应取样进行细菌学检验，合格后方能投入使用。

(6) 水灾期间应急的办法是打手压井，据安徽省卫生防疫站的经验，打手压井成本低，每眼井只需数十元；成井快，简便易行，一般只需几小时，有的只需十几分钟建成出水；出水量基本满足需要，每眼井平均出水量 9 吨，可供 200 人饮用；水质相对较好，在未消毒时细菌总数平均为 76/ml，总大肠菌为 38/L，符合生活饮用水水源水质卫生标准。而洪涝水细菌总数平均高达 74000/ml，总大肠菌为＞238/L。其他的应急办法如在船上安装整套的水净化处理设备，船行到哪里就供水到哪里，也很方便。

(7) 有毒化学品污染水体。应会同环境保护部门、工农业生产部门一起调查有隐患的单位，并要求严加防范，一旦有毒化学品被水淹或已造成环境污染，应该立即监测污染的范围、浓度、影响人群，密切监视有无中毒病人，并做好化学中毒抢救处理的准备。有毒化学品污染水源时，只有当证明污染已经消除、水质符合卫生标准时才能饮用。

2. 食品卫生措施

(1) 加强食品卫生监督。对于非法出售病死的禽畜肉食品应坚决禁止，依法惩处。

(2) 对霉变小麦，根据国家小麦标准，霉变率 6％（含赤霉率 4％）允许收购，不需处理可以食用；霉变率超过 50％以上，及酸臭者禁止食用；霉变率在 6％～50％者需经综合措施去毒后方可食用。霉变小麦处理可以用风选、泥浆浮选、清水或石灰水浸泡漂洗、剥皮磨粉等方法。

(3) 协调供应部门，想办法供应新鲜蔬菜、肉蛋食品，积极预防营养不良。

(4) 及时调查处理食物中毒。

3. 杀虫灭鼠

(1) 疟疾、脑炎都是蚊传疾病，为了控制疟疾、脑炎的发生和流行，必须灭蚊。灭蚊、防蚊的措施是对人群密居的帐篷、棚屋及居住点进行药物喷洒，组织局部灭蚊和畜圈突击灭蚊（突击喷洒和滞留喷洒），并做好经常性灭蚊工作。如有条件，可用蚊帐、蚊香及个人防蚊药物预防蚊虫叮咬。常用的灭蚊药物包括三氯杀虫酯、敌敌畏、DDT、奋斗呐可湿性粉剂和悬浮剂等。

(2) 钩端螺旋体病和流行性出血热都与鼠有关，为了控制鼠传疾病的发生和流行，必须灭鼠。水灾改变了生态环境，居住地鼠密度大大增加，为了有效地灭鼠，应加强监测鼠种、鼠密度，找出鼠的活动规律。灭鼠的方法是在鼠洞、下水道、鼠类经常活动的地方投放食饵。灭鼠药包括磷化锌、毒鼠磷、敌鼠钠盐等。

4. 疫情预报、预防接种、爆发疫情处理

(1) 疫情分析和预报：认真、及时、正确地做好疫情的预测预报工作，是领导机关做好救灾防病决策的依据。①加强疫情报告、数据收集、整理分析，紧急疫情及时上报。②建立疫情监测点，收集当地自然、社会、人口、疾病等基本情况，收集饮用水源、蚊蝇密度、鼠密度的监测数据，收集传染病疫情，主动发现病人，及时采取措施，把疫情控制在爆发之前。

(2) 预防接种：①坚持常规疫苗接种。平常施行的脊髓灰质炎活疫苗、麻疹活疫苗、白百破三联制剂和卡介苗接种工作要坚持，以减少水灾期间和水灾后这些传染病流行的威胁。②增加某些特殊疫苗的应急接种。例如流行性出血热疫苗、钩端螺旋体病疫苗、乙型脑炎疫苗、脊髓灰质炎疫苗等。

(3) 爆发疫情处理（emergency investigation and control）：包括以下内容：①及时报告；②抢救病人和中毒者；③保护和控制现场；④控制和消除致病及中毒因素；⑤调查确诊；⑥对健康人进行预防接种；⑦写出总结报告。

5. 普及健康教育　应大力提倡爱国卫生运动，提高灾民饮水卫生和保健意识，大力宣传饮水卫生、饮食卫生、粪便管理、杀虫灭鼠以及个人防护的重要性，增强个人的自我保护意识和社会公德，讲究卫生，团结一致，抗灾防病。卫生宣教的重点是：饮水消毒、不喝生水；不吃、不售腐烂变质食品，生吃蔬菜不要用疫水洗，要尽量做到消毒；不随地便溺、厕所及时清理、高温堆肥；尽可能采取个人防护措施，减少疾病发生，如防蚊、防鼠咬、防有破损的皮肤与疫水接触、防晒、防暑、防寒等。

6. 住房问题　水灾期间，临时搭建的蓬屋，应尽可能做到防暑、防寒、保暖、干燥、通风。灾后重建需要对村镇规划、住宅建筑提供卫生指导，在选址、用地、建筑物朝向、间距、通风、上下水等方面，应按村镇规划卫生要求和住宅建筑卫生标准，进行设计。

第三节　突发疫情时的环境卫生问题

突发疫情（emergency，accident）是指在短时间内发生的急性传染病或不明原因的疾病爆发流行。2003年在世界范围流行的严重急性呼吸综合征（Severe Acute Respiratory Syndrome，SARS）就是一次严重的突发疫情。SARS又称传染性非典型肺炎（非典）。本章将以SARS为例说明突发疫情时的环境卫生问题及对策。

一、医院

在2003年SARS流行中，医院成了重要的传播场所。在环境卫生方面的原因主要是医院的建筑和设施不合理，环境卫生管理水平低，造成严重的交叉感染。

1. 北京大学人民医院的SARS爆发流行案例

在SARS流行期间，北京大学人民医院遭遇了严重的院内爆发流行，自4月5日接诊第一名非典患者后，不到20天，全院共93名医护人员被感染，4月23日，整座医院被隔离。

作为一家大型综合医院，人民医院一直没有传染科，也没有防治传染病的专业人才，接诊第一批非典病人时整个医院既没有隔离病房也没有隔离区。

医院的就诊流程不合适，急诊室不仅和门诊室相通，而且在四楼和病房也是相通的。人民医院的结构是模仿国外的一些医院建造的，无论病人是在哪个门诊看病，最后透视都要到放射科，化验都要去化验室。如果一名非典疑似病人去诊断，必须转一圈才能完成。这一圈不算太长，大概不到一百米的距离，但由于设计得非常紧密，所以这一圈就足以使得大半个门诊楼被污染。

医院的通风条件差也是非典在人民医院迅速传播的原因之一。为了给病人创造一个比较好的就医条件，人民医院曾请人设计了一个天井。但就是这个天井，由于通风不好，非典病毒通过天井会传染其他的病人和医护人员，而医护人员被传染了以后，再去照顾别人，又会传染新的病人。

为应付越来越多的病人，医院拆掉锅炉房、洗衣房改建了3个非典病房，但随着4月中旬北京疫情的加重，情况愈加危急。人民医院接诊的发烧病人在不断增加，其中有许多人被明确诊断为非典，截止到4月20日，医院已经收治了120个非典病人。从4月21日到23日人民医院被隔离之前，两天之内一共接诊了8363个病人，其中还有很多需要输液的病人。大量的病人、缺乏传染病专业素质的医护人员在这样狭小又重度污染的环境中就诊接诊，大大增加了交叉感染的可能性。

人民医院医务人员中SARS爆发流行的案例说明，医院的建筑结构和设施不适合收治传染病人，医疗流程存在严重的交叉感染，医院已成为传播SARS病毒的疫源地。4月23日下午，市政府决定对医院实施隔离检疫。

6月5日，由中国疾病预防控制中心、北京市疾病预防控制中心、西城区疾病预防控制中心以及北京大学医学部等单位的9名专家组成的联合评估组，对人民医院解除隔离后重新开诊的准备工作进行评估。评估组认为：人民医院的大部分科室已经具备开展正常医疗工作的条件。重新开诊后，人民医院将不设发热门诊，实行分区管理。所有来院就诊的患者须通过体温检测后方能进入就诊区域，体温超过37.2℃的患者将进入检疫门诊进行排查，以防止发生交叉感染。

2. 对策　为了预防和控制医院内感染，应注意以下问题：

(1) 应有定点传染病医院：SARS是通过空气飞沫传播的，医院的建筑和设施应按呼吸道传染病的传播特点，严格控制交叉感染（cross infection）。清洁区、过渡区、污染区应明确。医院应有抽风系统，使病房成为负压环境，排出的空气应通过热力消毒，送入的新风应是新鲜的空气。医院的污水、废弃物应经过消毒后再处置。

(2) 普通医院应设隔离条件好的传染病房，清洁区、过渡区、污染区应明确。医院应有抽风系统，使病房成为负压环境，排出的空气应通过热力消毒，送入的新风应是新鲜的空气。病房应定时进行空气消毒和器物表面消毒。经常开窗通风。

(3) 在门诊，为预防就诊病人交叉感染，避免病人集中在同一个大厅、通道，应设立发烧门诊和医学观察室。

(4) 中央空调应严格执行建设部的要求，"非典"疫情期内，尤其是疫情严重时，有三类空调系统（aircondition system）应停止使用。这三类空调系统包括既不能全新风运行，又没有对回风或送风采取消毒措施的全空气空调系统；既不设新风，又不能开窗通风换气的水-空气空调系统（即风机盘管空调系统）；既不能开启外窗，又不设新、排风系统的房间内的空调器（机）。空调系统的划分必须按病区划分，严禁不同病区合用一个空调系统；医院隔离病房内空调通风系统必须按排风量大于送风量进行设计、调试与运行，以确保各病房内空调通风在负压状态下运行；隔离病房的排风必须经过高效过滤器排放到室外或集中高空排放，其所有用过的各种空气过滤器应集中消毒后再焚烧处理；隔离病房的空调凝结水必须分区集中收集，经消毒处理后才可排入下水道。

为了加强SARS医院感染的预防与控制工作，指导医院采取正确的消毒、隔离与人员防护措施，防止传染性非典型肺炎的医源性传播，卫生部委托中华医院管理学会组织有关专家认真总结国内及国际上非典的防治工作经验，对有关文件进行了认真修订，形成了《医院预防与控制非典型肺炎（SARS）医院感染的技术指南》。该技术指南包括基本要求、消毒技术、隔离技术、人员的防护技术、医疗废物的管理、重点部门的医院感染管理共6章。

该技术指南的基本要求指出：①医院应当加强对医务人员传染性非典型肺炎防治知识的培训，做到早发现、早报告、早隔离、早治疗。②传染性非典型肺炎病人应当集中收治。指定医院应在易于隔离的地方设立相对独立的发热门（急）诊、隔离留观室，定点收治传染性非典型肺炎病人的医院应当设立专门病区。③医院应当根据传染性非典型肺炎的流行病学特点，针对传染源、传播途径和易感人群这三个环节，制订相应的工作制度，建立和落实岗位责任制。④医院应当重视消毒隔离工作，采取切实可行的措施，确保消毒隔离措施和防护措施落实到位，保证工作效果。⑤医院应当加强医院感染的监测，做好早期预警预报和对预防传染性非典型肺炎预防与控制有关工作的监督与监测。

二、交通

现代发达的交通工具使世界各地的联系更为紧密、快捷，也使传染病的传播更加迅速和容易。SARS在短时间内几乎传遍全国、全球，就是病人通过乘坐飞机、火车、汽车传播的。下面举一个通过乘飞机传播SARS的案例。

1. 案例　据2003年5月12日的媒体报道，WHO经多方调查，已确认SARS扩散至华北地区的主要源头之一，是一名由香港乘飞机到北京的72岁北京男子。法新社曾披露，该男子于3月初被其在香港威尔士亲王医院工作的姪女感染。他3月15日搭乘中国国际航空公司编号CA112的客机返回北京，上机之前已有病症。16日入院，首先感染了一名医生和一名护士，然后在转往两家医院时，又感染了其他医护人员。中国疾病预防控制中心的资料显示，CA112客机上共有17人被这名"超级传播者"感染，包括9名香港游客、3名台湾商人、1名新加坡女子、2名中国政府官员及2名内蒙古籍的空中乘务员。这2名染病的空中乘务员返回内蒙古后，成为当地280名SARS患者的源头。

另据报道，2名染病的中国政府官员3月18日飞往曼谷参加会议，至少其中一人在20日发病。这名官员于23日返回北京，感染了国际劳工组织的53岁芬兰籍官员阿罗，阿罗其后于4月5日死亡，成为在中国首名死于SARS的外国人。

据世界卫生组织5月23日公报，SARS在飞机上传播有4架次可能出现过，总共有27人被感染。现在已知这些感染大部分（22人）发生在3月15日从香港到北京的一架飞机上，航班号为CA112。这4架次航班中，有2次发生于3月15日世界卫生组织发出紧急旅行忠告之前，而自从3月23日世界卫生组织建议在机场做健康状况检查以来，再也没有航班出现过可能的机上传播。共有4名机组乘务员被感染，其中2名在CA112航班。这些病例的座位情况还未完全掌握，但已知在一架飞机上，坐在已出现症状的SARS患者的前7排和后5排的人后来也患SARS。世界卫生组织建议，那些出现类似SARS症状的乘客或机组人员应推迟旅行，直到完全康复。在最近出现当地传染情形的地区应该在出口进行检查，包括对所有乘客和机组人员测量体温。SARS病人的接触者在接触发生之后的10天内不应该旅行。

2. 对策　预防通过飞机、火车、传播的有效措施是加强检疫（quarantine），即对旅客实施体温检测，超过38℃的人应禁止登机或上车，并应进行医学观察。飞机机舱内为保持空气新鲜，应保证空调送入清洁的新风，避免舱内空气循环使用。火车、汽车应经常开窗通风。定时进行空气和器物表面消毒。

SARS流行期间，中国卫生部、财政部、铁道部、交通部、民航总局发出通知，要求有关部门严格预防通过交通工具传播传染性非典型肺炎。

通知指出，国务院决定将传染性非典型肺炎列为传染病，有关部门对通过交通工具可能造成传染性非典型肺炎传播的问题，要高度重视。通知要求，在铁路、公路、水运沿线和主要航空站所在的地级及其以上城市，设立传染性非典型肺炎病人和疑似病人留验站。对交通工具上发现的传染性非典型肺炎病人和疑似病人，留验站负责留验观察和隔离治疗。任何地方都不得拒收。

铁路、交通、民航等部门要制订传染性非典型肺炎应急处理预案。在交通工具上发现传染性非典型肺炎病人或疑似病人后，要立即通知前方最近设有留验站的有关部门，并立即在交通工具上采取隔离、通风等措施。对有关人员要进行调查登记，对与病人密切接触的乘客，开展流行病学调查和必要的医学检查等工作。留验站所在地卫生部门要开展医护人员培训。

铁路、交通、民航等部门要对交通工具和车站、码头客运站、候机楼等相关场所进行经常性的消毒。一旦在交通工具上发现传染性非典型肺炎病人或疑似病人，要立即对交通工具进行消毒。有关部门在旅客办理登车、船、飞机手续时，如发现传染性非典型肺炎病人或疑似病人应当劝阻其登乘，并立即通知检疫机关或当地卫生部门。政府要向社会公布传染性非典型肺炎病人和疑似病人留验站的设置地点和联系方式，并对留验站的工作开展监督检查。

在国际上各国也都有相应的措施，例如为了堵住非典传入，美国各家航空公司加强了预防非典的措施。美国各机场也都设立了临时隔离室。疾病预防与控制中心的专家从 3 月 15 日起就进驻各家与亚洲国家通航的航空公司，由这些专家与航空公司的高层管理和处理危机的负责人成立专门的应对小组，对各个环节实施检查。所有航空公司都要求飞往疫情国家的机组人员必须了解有关非典的基本常识，并要他们向所有乘客讲解注意事项。所有班机也都做好了隔离准备，一旦发现乘客中有疑似病例出现，就立即在飞机上实行隔离。在三周时间里，美国疾病预防与控制中心已经发出了 25 万份健康警告卡。

三、旅馆、饭店

这类公共场所也是 SARS 流行的传播场所。

1. 案例　一位叫刘建伦的广东医生正在加班加点地在中山二院照顾非典型性肺炎的病人。2003 年 2 月 15 日，他接到了一个电话邀请他参加他侄儿在香港的婚礼。那时，医院的 45 个人已经倒在了 SARS 的魔爪下。64 岁的刘医生当时已经有几天觉得不舒服了，但他不想错过这个婚礼。他同时也想利用这个机会拜访一下香港大学的研究者们，和他们讨论一下这种已经夺去了他的几位同事生命的神秘疾病。刘医生和他的太太在香港一家叫 Metropole 的三星级酒店预订了房间。2 月 21 日，他们乘大巴前往香港。在他登记入住的时候，他已经在发高烧和干咳了。登记处的职员把他安排住在九楼。那天下午，刘医生睡了很长时间，然后挣扎着准备与他姐姐全家共进晚餐。专家们现在推测，刘医生在九楼等电梯的时候至少传染了其他七个人。他们包括一个正在结账的 78 岁的多伦多女性 Sui-chu Kwan，一个来自温哥华的男子，一个美国商人 Jonny Chen，3 个新加坡女子和一个看望朋友的 26 岁的香港男子。他们每人都被刘医生传染上了。

第二天，刘医生病得很厉害，不得不去旁边的 Kwong Wah 医院。在那儿，他警告职员他是高度传染性的。他要了一个面具和一间在双重密封门后的减压隔离病房。SARS 很快搭上了前往河内、新加坡和加拿大的飞机。2 月 26 日，那个美国商人飞到河内，在那儿他病倒了，并传染了那儿的 20 位医务工作者，其中包括 Carl Urbani，第一位发现 SARS 爆发的 WHO 医生。Chen 先生被接回香港，被送进了 Princess Margaret 医院。在他 3 月 13 日死去前，他将疾病传染给了几十位医务工作者。Urbani 医生在 3 月 28 日去世。3 位新加坡女子活了下来，但也传染了那儿的医务人员，包括一位后来飞去美国接着又被送往德国医院的医生。

26 岁的香港男子被送往威尔士亲王医院，他在另一家香港医院传染了几十位医务人员和病人。

在多伦多，Sui-chu Kwan 传染了几个家庭成员和她的医生。她在 3 月 5 日死去。她的儿子在 3 月 13 日死在 Scarborough Grace 医院。从那以后，在加拿大又有 5 人死去，160 多人怀疑被感染。在多伦多大爆发的提示下，WHO 发出了它几十年来第一次全球性警报。3 月 12 日，它把 SARS 称作一个还没有检测、治疗和疫苗方法的“世界性的威胁”。同一天，刘医生的医院把所有的病人转移到一个专门的传染病医院。刘医生的姐夫成为了香港 SARS 的第六位牺牲者。

2. 对策

（1）通风：饭店通风首选自然通风，尽可能打开门窗，保持室内良好通风状态。通风设备保持正常运转，新风滤网和送风排风管道保持清洁；在不需要调节空气温度、湿度的情况下，全面使用新风，关闭回风通道；在需要调节空气温度、湿度的情况下，保证充足的新风量。调节好各局部场所的新风分配量，保证各局部场所均有输送。应做好饭店空气系统、上下水系统的消毒工作。在风机房、回风滤网处可安置臭氧紫外线灯对空气消毒。消毒工作须有专人负责，周期为每天一次。必要时对整个供风设备和送风管路用有效氯为 0.05%～0.1%的含氯消毒剂溶液擦拭或喷雾（采用气溶胶喷雾器喷雾）。

（2）消毒：

1）客房消毒：卫生间地漏应每天用消毒水冲洗，浴缸、洗手池可用有效氯含量为 0.1%的含氯消毒剂溶液浸泡 30 分钟。

2）空气消毒：对于体积较小的空间，如客房，可采用紫外线消毒灯（30W 紫外线灯，辐照程度≥70 $\mu W/cm^2$），安装数量按房间体积≥1.5 W/m^3 计算。照射时间不少于 30 分钟。或采用臭氧发生器，但臭氧发生浓度应≥20mg/m^3，作用时间 30 分钟。对于较大的空间。如会议室，密闭后在无人条件下，可用 2%过氧乙酸溶液按 8ml/m^3 的量进行气溶胶喷雾消毒，作用 1 小时后即可开门窗通气。

3）物体表面消毒：物体表面包括门窗、门把手、桌面、沙发、话筒、洗手池、卫生间等物体表面，这些地方容易受到污染，每天用 0.1%～0.2%过氧乙酸溶液或用有效氯含量为 0.1%～0.2%的含氯消毒剂溶液抹擦 2～3 次。客用品每天高温消毒或用有效氯含量为 0.05%的含氯消毒剂溶剂浸泡 30 分钟。

4）公用设施消毒：会议室每使用一次须进行空气消毒。对客用电梯、员工电梯、轿箱内外按键每半个小时消毒擦拭一次，客用电梯及员工电梯内每天利用喷雾剂全面消毒。

5）地面消毒：对大堂、会议室、店内通道等公共区域地面，每日用 0.05%～0.1%过氧乙酸溶液或用有效氯含量为 0.05%的含氯消毒剂溶液拖地或喷洒地面 2～3 次。

6）洗衣房：对于衣物的消毒分为酸性洗涤消毒、碱性洗涤消毒、氯化液洗涤消毒及高温消毒四种，而洗衣房的出品不少于三种消毒工序以保证客衣的洁净程度。

（3）餐饮：餐、茶、酒具须进行双消毒（化学消毒与物理消毒）。餐饮应提供分餐服务。

四、学校、居民区

SARS 流行因素中，学校和居民区环境卫生问题是很突出的。主要是居住密度大，接触密切；室内通风不良；厕所的下水道系统破损，造成排泄物飞沫污染；公用楼道和电梯内的交叉污染。

1. 中央财经大学爆发案例　2003 年 4 月 9 日到 5 月 6 日，中央财经大学一共有 19 例确诊和疑似病人。4 月上旬的一天，中央财经大学金融系退休教授曹某去北大附属人民医院（下称人民医院）看病，回家不久便出现发热症状。4 月 8 日，家人将他送到北大第三医院急救，确诊为 SARS。10 个小时之后因抢救无效而死亡。传染链有三条：曹教授本人的亲属、曹教授的儿子媳妇的同事，还有曹家的邻居。最后确定了40个密切接触者。4月12日之后，三条链全部爆发了严重的疫情。在曹家，已故教授的妻子住院之后，其儿子、儿媳、孙子、女儿、女婿、外孙6人前后发烧入院；在曹教授儿子工作的单位中，6位员工相继病倒；而曹家所住的中财西塔楼，住户中十几人纷纷发病。

4月24日下午，对西塔楼29号楼实行了隔离检疫。

2. 北方交大爆发案例　第一个病例孙某2003年4月1日在军训时得了感冒，之后多次到医院治疗。4月17日，他被确诊为非典。到4月18日，其隔壁宿舍又有8人发烧。到4月19日，该楼12层一个宿舍出现发烧症状。这是电子学院的学生，与孙某并没有密切接触。后来分析，可能是电梯交叉感染。因为大家共用一部电梯。到4月25号为止，确诊10人，疑似9人，其他都不是。在10例确诊的人中，9例住在最初疫发地嘉园楼。其中6个是15层的，其他3个是12层的。到4月18日下午4点，第一批出现发烧症状的学生被分别送往北京胸科医院和302医院。到20日，65名出现发烧症状的学生都被送进了医院。对密切接触者的隔离同时进行。通过排查，学校找出了与65名学生相关的222名密切接触者。在采取隔离措施后，无论隔离学生还是回家学生，无一人出现疑似症状。该校教工中亦未出现SARS病患或疑患。

3. 香港淘大花园SARS爆发流行案例　根据香港卫生署的调查报告，截至2003年4月15日，淘大花园共有321宗SARS个案。感染个案明显集中在E座，占累积总数的41%。余下个案（59%）则散布在其他14座。以发病日期来计算，这次疫情的高峰期为3月24日，其后个案便逐渐减少。E座个案倾向在爆发初期发生，并呈现点源分布模式，其余各座楼宇个案的发病时间则在3日后，而且分布得较为平均。

为了找出这个大规模疫情的原因，政府展开了详细的调查。该调查涵盖流行病理、环境、公共卫生、屋宇设计及公用设施等方面。调查结果显示，有可能引致淘大花园E座爆发的原因不止一个，而是可能由多个因素组合的结果所致，包括：源头病人的出现造成第一批感染个案；人与人之间的感染；经由污水排放系统传播；以及环境污染。

报告指出，患有慢性肾衰竭病的源头病人很可能是透过污水排放系统、人与人之间的接触和使用大厦公用设施（如升降机及楼梯）首先使部分住客感染病毒，然后再感染其他的同座住客。

据研究观察所得，一些免疫系统受损的人士会排出大量病毒。报告亦指出在一位受感染居民的厕所取得的样本进行冠状病毒基因测验时，结果呈阳性反应。

淘大花园E座和花园内其他各座楼宇一样，楼高33层，每层有8个单位。每座楼宇有8条污水管，由大厦的顶部连接所有楼层相同编号的单位直至底部。每条污水管收集来自水厕、洗手盆、浴缸和浴室的地面排水口的污水。上述卫生装置都各设有U形聚水器，防止污水管的臭味和昆虫进入浴室。

聚水器内须有足够贮水，方可发挥其隔气作用。但研究发现在很多个案中，连接地面排水口的U形聚水器是干涸的，原因是大多数家庭只会在浴室拖地，而不会用水冲洗。连接水厕、洗手盆和浴缸的U形聚水器，由于经常使用，则不会出现相同的问题。事实上，当局曾在E座一个单位内进行测试，发现当浴室的抽气扇启动后，空气会从污水管经地台排水口倒流进入浴室。推测这气流可能把存于污水管内带病毒的水滴散发至浴室内，而浴室的抽气扇亦可能把这些水滴排放在分隔相邻单位的天井，最后带病毒的水滴通过窗户进入其他单位。

带病毒的水滴散发至浴室内的不同表面，包括地席、毛巾及其他浴室设备。淘大花园的浴室面积非常狭小（约3.5平方米），更提高了水滴触及物品的机会。管理处的记录亦确定有不少居民曾投诉厕所内散发臭味，显示在那些单位的U形聚水器可能出现问题。

调查报告亦发现在紧密接触的人（例如家庭成员）间有发生感染，但这只是导致此次事件的其中一个较次要的因素。

为确定环境受病原体污染的程度，当局亦在淘大花园收集了空气、食水及其他环境样本。结果显示，没证据显示空气或食水样本受到感染。这些化验结果、淘大花园个案的时序及空间分布、流行病学分析，均推翻了经由空气或食水传播的可能性。

4. 对策　流行期加强室内通风，注意楼道、电梯定期消毒，停用建设部提出的三类空调，维修厕所及下水道，避免排泄物及其飞沫污染。从长远看，更重要的是加强预防性卫生监督，在住宅建设中必须重视健康因素。

（1）通风：一座好的建筑很重要的一点就是室内通风要好。从建筑设计的角度看，住宅楼的进深以10米至13米为宜，太浅或太深都不利于室内空气流动。但目前许多住宅楼进深高达20余米，根本无法获得良好的通风条件。

20世纪90年代以前，我国住宅的窗户大都能完全打开，但近几年过于强调“景观”，新建住宅和写字楼只顾及采光采暖，多为封闭式窗户，仅有一、两扇小窗户可以打开；或做成推拉式铝合金窗，使得通风口只及窗户面积的一半，同样达不到空气流通的要求。在此次非典流行过程中，由于大多数循环式空调被停用，暴露出来的问题非常突出。今后建筑必须重视窗户的设计，不仅是为了好看，而且要实现最大流量的通风。

（2）隔绝下水道：排水管道是污物最集中的部位，一旦发生泄漏，病毒和污染的散布速度会很快。据WHO的调查报告显示，导致香港淘大花园非典疫情的原因之一，就是多个住户的U形聚水器长期干涸，令聚水器丧失阻隔功能而形成空气倒流。为避免淘大花园事件重演，香港屋宇署检查了4600幢楼宇的排污系统，要求其中500幢楼的排污系统要及时维修。

在疫情期间，下水管道形成的空气倒流是最应该警惕的。按照设计规范要求，建筑物内地漏“反水弯”的“水封”深度应该达到3～5cm。现在多数建筑为了避免加厚楼板而增大成本，普遍采用3cm水封的地漏，这样的水量一般在夏天两天就会蒸发掉。为有效防止浊气倒流，必须注意及时加水，有条件最好用消毒水作“水封”。

在整体设计时，应将水管与室内环境隔离。即在装修中用具有相当耐腐蚀性的板材和密闭的施工工艺，将裸露的排水管与室内空气相隔绝。一旦水管发生泄露或破裂等意外事故，其中的污染物不会立即接触室内空气，居住者和物业服务人员可以争取时间做抢修、疏散人流和消毒等工作。

（3）限制建筑密度：现在塔楼越建越多、越建越密，这次非典爆发给了城市一个警醒：是否应该重新思考一下密度政策？目前市场上体量过大、密度过高、通风不畅、环境不好的“病态建筑”数量不少。这实际上反映出市场与科学之间的矛盾。按照科学的设计，要使建筑既健康又舒适，则需要增加房屋造价，但由于利益的驱使，现在很多开发项目过于追求单位面积土地上的楼面产量，那些大进深、一梯十余户的大体量楼座比比皆是。另外，开发商一般都通过降低层高来增加面积，提高容积率。层高不够，也导致了空气流通不畅。

五、消毒问题

SARS流行期间，由于不了解和恐惧，采用的消毒药物和方法不对，扩大限度范围，提高消毒剂的浓度，无限制地喷洒，造成浪费资源、环境污染，影响人的健康。

1. 对策　非SARS流行区的公共场所是安全的，平时注意加强通风，保持好环境卫生，不需专门针对SARS开展消毒工作，如确定公共场所为非典型肺炎的疫点，应按照疫点消毒的方法进行消毒处理。需要消毒的场所和物品应首选物理消毒的方法，无法使用物理方法的，可采用化学的方法。如进行空气消毒，应选择连续的物理消毒方法。需要日常消毒的场所和物品中包含宾馆、饭店的床单、被罩、浴巾、毛巾；卫生间的马桶、浴缸；厨房餐厅的餐饮具、厨具等。对于大型公共设施如宾馆、商场、超市、影剧院和会议中心等应保证空调系统的供风安全。需要日常清洁的场所和物品，所有水平的物体表面，例如地板、电梯间、柜台、桌子、椅子，每天至少使用清洗剂和热水清洁一次。

2. 正确选择消毒剂及使用方法

（1）空气消毒：过氧乙酸、过氧化氢、二氧化氯。

（2）物体表面消毒：含氯类、含溴类消毒剂，如家具、玩具、电话机、门把手、地面、餐饮具、卫生间洁具等的消毒。

（3）手和皮肤的消毒：酒精、异丙醇、洗必泰溶液、碘伏等。

（4）信件、纸张、纸币、书籍等消毒：环氧乙烷与环氧乙烷灭菌柜共同使用。

（5）手和小的物体表面的消毒可以用消毒纸巾。

第四节　我国突发公共卫生事件处理的法律法规

SARS流行期间，2003年5月12日我国国务院发布了《突发公共卫生事件应急条例》（见附录）。条例中提出应对突发公共卫生事件（emergency of public health）五大措施。包括对新发现的突发传染病宣布为法定传染病的权限；突发公共卫生事件应急处理专业技术机构，负责突发公共卫生事件的技术调查、确证、处置、控制和评价工作；应急处理所需的医疗救护设备、救治药品、医疗器械等物资的生产、供应；铁路、交通、民用航空行政主管部门应当保证及时运送；紧急调集人员、储备的物资、交通工具以及相关设施、设备；必要时，对人员进行疏散或者隔离，并可以依法对传染病疫区实行封锁；对食物和水源采取控制措施和对易受感染的人群和其他易受损害的人群采取应急接种、预防性投药、群体防护等措施。

（王振刚）

思考题

1. 简述危险化学品紧急事故的处理原则和方法。
2. 博帕尔事件的原因及特点，应汲取什么教训？
3. 化学品紧急事故的预防对策是什么？

4. 洪涝灾害后造成传染病的爆发流行的主要原因有哪些?

5. 概述水灾发生后常见的疾病、流行特点及预防措施。

6. 在2003年SARS流行中，为什么医院成了重要的传播场所?医院存在哪些环境卫生问题?应采取什么对策?

7. 为了严格预防通过交通工具传播传染性非典型肺炎，应采取什么对策?

8. 旅馆、饭店在SARS流行时也是重要的传播场所，存在哪些环境卫生问题?应采取什么对策?

9. SARS流行因素中，学校和居民区存在哪些环境卫生问题?应采取什么对策?

10. 我国国务院发布的《突发公共卫生事件应急条例》中提出应对突发事件五大措施是什么?

附录　法律法规与标准规范

中华人民共和国环境保护法

（1989 年 12 月 26 日第七届全国人民代表大会常务委员会第十一次会议通过；1989 年 12 月 26 日中华人民共和国主席令第二十二号公布；1989 年 12 月 26 日起施行）

第一章　总　则

第一条　为保护和改善生活环境与生态环境，防治污染和其他公害，保障人体健康，促进社会主义现代化建设的发展，制订本法。

第二条　本法所称环境，是指影响人类生存和发展的各种天然的和经过人工改造的自然因素的总体，包括大气、水、海洋、土地、矿藏、森林、草原、野生生物、自然遗迹、人文遗迹、自然保护区、风景名胜区、城市和乡村等。

第三条　本法适用于中华人民共和国领域和中华人民共和国管辖的其他海域。

第四条　国家制订的环境保护规划必须纳入国民经济和社会发展计划，国家采取有利于环境保护的经济、技术政策和措施，使环境保护工作同经济建设和社会发展相协调。

第五条　国家鼓励环境保护科学教育事业的发展，加强环境保护科学技术的研究和开发，提高环境保护科学技术水平，普及环境保护的科学知识。

第六条　一切单位和个人都有保护环境的义务，并有权对污染和破坏环境的单位和个人进行检举和控告。

第七条　国务院环境保护行政主管部门，对全国环境保护工作实施统一监督管理。

县级以上地方人民政府环境保护行政主管部门，对本辖区的环境保护工作实施统一监督管理。

国家海洋行政主管部门、港务监督、渔政渔港监督、军队环境保护部门和各级公安、交通、铁道、民航管理部门，依照有关法律的规定对环境污染防治实施监督管理。

县级以上人民政府的土地、矿产、林业、农业、水利行政主管部门，依照有关法律的规定对资源的保护实施监督管理。

第八条　对保护和改善环境有显著成绩的单位和个人，由人民政府给予奖励。

第二章　环境监督管理

第九条　国务院环境保护行政主管部门制订国家环境质量标准。

省、自治区、直辖市人民政府对国家环境质量标准中未作规定的项目，可以制订地方环境质量标准，并报国务院环境保护行政主管部门备案。

第十条　国务院环境保护行政主管部门根据国家环境质量标准和国家经济、技术条件，制订国家污染物排放标准。

省、自治区、直辖市人民政府对国家污染物排放标准中未作规定的项目，可以制订地方污染物排放标准；对国家污染物排放标准中已作规定的项目，可以制订严于国家污染物排放标准的地方污染物排放标准。地方污染物排放标准须报国务院环境保护行政主管部门备案。

凡是向已有地方污染物排放标准的区域排放污染物的，应当执行地方污染物排放标准。

第十一条 国务院环境保护行政主管部门建立监测制度，制订监测规范，会同有关部门组织监测网络，加强对环境监测的管理。

国务院和省、自治区、直辖市人民政府的环境保护行政主管部门，应当定期发布环境状况公报。

第十二条 县级以上人民政府环境保护行政主管部门，应当会同有关部门对管辖范围内的环境状况进行调查和评价，拟订环境保护规划，经计划部门综合平衡后，报同级人民政府批准实施。

第十三条 建设污染环境的项目，必须遵守国家有关建设项目环境保护管理的规定。

建设项目的环境影响报告书，必须对建设项目产生的污染和对环境的影响做出评价，规定防治措施，经项目主管部门预审并依照规定的程序报环境保护行政主管部门批准。环境影响报告书经批准后，计划部门方可批准建设项目设计任务书。

第十四条 县级以上人民政府环境保护行政主管部门或者其他依照法律规定行使环境监督管理权的部门，有权对管辖范围内的排污单位进行现场检查。被检查的单位应当如实反映情况，提供必要的资料。检查机关应当为被检查的单位保守技术秘密和业务秘密。

第十五条 跨行政区的环境污染和环境破坏的防治工作，由有关地方人民政府协商解决，或者由上级人民政府协调解决，作出决定。

第三章 保护和改善环境

第十六条 地方各级人民政府，应当对本辖区的环境质量负责，采取措施改善环境质量。

第十七条 各级人民政府对具有代表性的各种类型的自然生态系统区域，珍稀、濒危的野生动植物自然分布区域，重要的水源涵养区域，具有重大科学文化价值的地质构造，著名溶洞和化石分布区、冰川、火山、温泉等自然遗迹，以及人文遗迹、古树名木，应当采取措施加以保护，严禁破坏。

第十八条 在国务院、国务院有关主管部门和省、自治区、直辖市人民政府划定的风景名胜区、自然保护区和其他需要特别保护的区域内，不得建设污染环境的工业生产设施；建设其他设施，其污染物排放不得超过规定的排放标准。已经建成的设施，其污染物排放超过规定的排放标准的，限期治理。

第十九条 开发利用自然资源，必须采取措施保护生态环境。

第二十条 各级人民政府应当加强对农业环境的保护，防治土壤污染、土地沙化、盐渍化、贫瘠化、沼泽化、地面沉降和防治植被破坏、水土流失、水源枯竭、种源灭绝以及其他生态失调现象的发生和发展，推广植物病虫害的综合防治，合理使用化肥、农药及植物生长激素。

第二十一条 国务院和沿海地方各级人民政府应当加强对海洋环境的保护。向海洋排放污染物、倾倒废弃物，进行海岸工程建设和海洋石油勘探开发，必须依照法律的规定，防止对海洋环境的污染损害。

第二十二条 制订城市规划，应当确定保护和改善环境的目标和任务。

第二十三条 城乡建设应当结合当地自然环境的特点，保护植被、水域和自然景观，加强城市园林、绿地和风景名胜区的建设。

第四章　防治环境污染和其他公害

第二十四条　产生环境污染和其他公害的单位，必须把环境保护工作纳入计划，建立环境保护责任制度；采取有效措施，防治在生产建设或者其他活动中生产的废气、废水、废渣、粉尘、恶臭气体、放射性物质以及噪声、振动、电磁波辐射等对环境的污染和危害。

第二十五条　新建工业企业和现有工业企业的技术改造，应当采用资源利用率高、污染物排放量少的设备和工艺，采用经济合理的废弃物综合利用技术和污染物处理技术。

第二十六条　建设项目中防治污染的设施，必须与主体工程同时设计、同时施工、同时投产使用。防治污染的设施必须经原审批环境影响报告书的环境保护行政主管部门验收合格后，该建设项目方可投入生产或者使用。

防治污染的设施不得擅自拆除或者闲置，确有必要拆除或者闲置的，必须征得所在地的环境保护行政主管部门同意。

第二十七条　排放污染物的企业事业单位，必须依照国务院环境保护行政主管部门的规定申报登记。

第二十八条　排放污染物超过国家或者地方规定的污染物排放标准的企业事业单位，依照国家规定缴纳超标准排污费，并负责治理。水污染防治法另有规定的，依照水污染防治法的规定执行。

征收的超标准排污费必须用于污染的防治，不得挪作他用，具体使用办法由国务院规定。

第二十九条　对造成环境严重污染的企业事业单位，限期治理。

中央或者省、自治区、直辖市人民政府直接管辖的企业事业单位的限期治理，由省、自治区、直辖市人民政府决定。市、县或者市、县以下人民政府管辖的企业事业单位的限期治理，由市、县人民政府决定。被限期治理的企业事业单位必须如期完成治理任务。

第三十条　禁止引进不符合我国环境保护规定要求的技术和设备。

第三十一条　因发生事故或者其他突然性事件，造成或者可能造成污染事故的单位，必须立即采取措施处理，及时通报可能受到污染危害的单位和居民，并向当地环境保护行政主管部门和有关部门报告，接受调查处理。可能发生重大污染事故的企业事业单位，应当采取措施，加强防范。

第三十二条　县级以上地方人民政府环境保护行政主管部门，在环境受到严重污染威胁居民生命财产安全时，必须立即向当地人民政府报告，由人民政府采取有效措施，解除或者减轻危害。

第三十三条　生产、储存、运输、销售、使用有毒化学物品和含有放射性物质的物品，必须遵守国家有关规定，防止污染环境。

第三十四条　任何单位不得将产生严重污染的生产设备转移给没有污染防治能力的单位使用。

第五章　法律责任

第三十五条　违反本法规定，有下列行为之一的，环境保护行政主管部门或者其他依照法律规定行使环境监督管理权的部门可以根据不同情节，给予警告或者处以罚款：

（一）拒绝环境保护行政主管部门或者其他依照法律规定行使环境监督管理权的部门现场检查或者在被检查时弄虚作假的；

（二）拒报或者谎报国务院环境保护行政主管部门规定的有关污染物排放申报事项的；

（三）不按国家规定缴纳超标准排污费的；

（四）引进不符合我国环境保护规定要求的技术和设备的；

（五）将产生严重污染的生产设备转移给没有污染防治能力的单位使用的。

第三十六条 建设项目的防治污染设施没有建成或者没有达到国家规定的要求，投入生产或者使用的，由批准该建设项目的环境影响报告书的环境保护行政主管部门责令停止生产或者使用，可以并处罚款。

第三十七条 未经环境保护行政主管部门同意，擅自拆除或者闲置防治污染的设施，污染物排放超过规定的排放标准的，由环境保护行政主管部门责令重新安装使用，并处以罚款。

第三十八条 对违反本法规定，造成环境污染事故的企业事业单位，由环境保护行政主管部门或者其他依照法律规定行使环境监督管理权的部门根据所造成的危害后果处以罚款；情节较重的，对有关责任人员由其所在单位或者政府主管机关给予行政处分。

第三十九条 对经限期治理逾期未完成治理任务的企业事业单位，除依照国家规定加收超标准排污费外，可以根据所造成的危害后果处以罚款，或者责令停业、关闭。

前款规定的罚款由环境保护行政主管部门决定。责令停业、关闭，由做出限期治理决定的人民政府决定；责令中央直接管辖的企业事业单位停业、关闭，须报国务院批准。

第四十条 当事人对行政处罚决定不服的，可以在接到处罚通知之日起 15 日内，向做出处罚决定的机关的上一级机关申请复议；对复议决定不服的，可以在接到复议决定之日起 15 日内，向人民法院起诉。当事人也可以在接到处罚通知之日起 15 日内，直接向人民法院起诉。当事人逾期不申请复议、也不向人民法院起诉、又不履行处罚决定的，由作出处罚决定的机关申请人民法院强制执行。

第四十一条 造成环境污染危害的，有责任排除危害，并对直接受到损害的单位或者个人赔偿损失。

赔偿责任和赔偿金额的纠纷，可以根据当事人的请求，由环境保护行政主管部门或者其他依照法律规定行使环境监督管理权的部门处理；当事人对处理决定不服的，可以向人民法院起诉。当事人也可以直接向人民法院起诉。

完全由于不可抗拒的自然灾害，并经及时采取合理措施，仍然不能避免造成环境污染损害的，免予承担责任。

第四十二条 因环境污染损害赔偿提起诉讼的时效期间为三年，从当事人知道或者应当知道受到污染损害时起计算。

第四十三条 违反本法规定，造成重大环境污染事故，导致公私财产重大损失或者人身伤亡的严重后果的，对直接责任人员依法追究刑事责任。

第四十四条 违反本法规定，造成土地、森林、草原、水、矿产、渔业、野生动植物等资源的破坏的，依照有关法律的规定承担法律责任。

第四十五条 环境保护监督管理人员滥用职权、玩忽职守、徇私舞弊的，由其所在单位或者上级主管机关给予行政处分；构成犯罪的，依法追究刑事责任。

第六章　附　则

第四十六条　中华人民共和国缔结或者参加的与环境保护有关的国际条约，同中华人民共和国的法律有不同规定的，适用国际条约的规定，但中华人民共和国声明保留的条款除外。

第四十七条　本法自公布之日起施行。《中华人民共和国环境保护法（试行）》同时废止。

突发公共卫生事件应急条例

（国务院第 376 号令，2003 年 5 月 9 日公布施行）

第一章 总 则

第一条 为了有效预防、及时控制和消除突发公共卫生事件的危害，保障公众身体健康与生命安全，维护正常的社会秩序，制订本条例。

第二条 本条例所称突发公共卫生事件（以下简称突发事件），是指突然发生，造成或者可能造成社会公众健康严重损害的重大传染病疫情、群体性不明原因疾病、重大食物和职业中毒以及其他严重影响公众健康的事件。

第三条 突发事件发生后，国务院设立全国突发事件应急处理指挥部，由国务院有关部门和军队有关部门组成，国务院主管领导人担任总指挥，负责对全国突发事件应急处理的统一领导、统一指挥。

国务院卫生行政主管部门和其他有关部门，在各自的职责范围内做好突发事件应急处理的有关工作。

第四条 突发事件发生后，省、自治区、直辖市人民政府成立地方突发事件应急处理指挥部，省、自治区、直辖市人民政府主要领导人担任总指挥，负责领导、指挥本行政区域内突发事件应急处理工作。

县级以上地方人民政府卫生行政主管部门，具体负责组织突发事件的调查、控制和医疗救治工作。

县级以上地方人民政府有关部门，在各自的职责范围内做好突发事件应急处理的有关工作。

第五条 突发事件应急工作，应当遵循预防为主、常备不懈的方针，贯彻统一领导、分级负责、反应及时、措施果断、依靠科学、加强合作的原则。

第六条 县级以上各级人民政府应当组织开展防治突发事件相关科学研究，建立突发事件应急流行病学调查、传染源隔离、医疗救护、现场处置、监督检查、监测检验、卫生防护等有关物资、设备、设施、技术与人才资源储备，所需经费列入本级政府财政预算。

国家对边远贫困地区突发事件应急工作给予财政支持。

第七条 国家鼓励、支持开展突发事件监测、预警、反应处理有关技术的国际交流与合作。

第八条 国务院有关部门和县级以上地方人民政府及其有关部门，应当建立严格的突发事件防范和应急处理责任制，切实履行各自的职责，保证突发事件应急处理工作的正常进行。

第九条 县级以上各级人民政府及其卫生行政主管部门，应当对参加突发事件应急处理的医疗卫生人员，给予适当补助和保健津贴；对参加突发事件应急处理作出贡献的人员，给予表彰和奖励；对因参与应急处理工作致病、致残、死亡的人员，按照国家有关规定，给予相应的补助和抚恤。

第二章 预防与应急准备

第十条 国务院卫生行政主管部门按照分类指导、快速反应的要求，制订全国突发事件应急预案，报请国务院批准。

省、自治区、直辖市人民政府根据全国突发事件应急预案，结合本地实际情况，制订本行政区域的突发事件应急预案。

第十一条 全国突发事件应急预案应当包括以下主要内容：

（一）突发事件应急处理指挥部的组成和相关部门的职责；

（二）突发事件的监测与预警；

（三）突发事件信息的收集、分析、报告、通报制度；

（四）突发事件应急处理技术和监测机构及其任务；

（五）突发事件的分级和应急处理工作方案；

（六）突发事件预防、现场控制，应急设施、设备、救治药品和医疗器械以及其他物资和技术的储备与调度；

（七）突发事件应急处理专业队伍的建设和培训。

第十二条 突发事件应急预案应当根据突发事件的变化和实施中发现的问题及时进行修订、补充。

第十三条 地方各级人民政府应当依照法律、行政法规的规定，做好传染病预防和其他公共卫生工作，防范突发事件的发生。

县级以上各级人民政府卫生行政主管部门和其他有关部门，应当对公众开展突发事件应急知识的专门教育，增强全社会对突发事件的防范意识和应对能力。

第十四条 国家建立统一的突发事件预防控制体系。

县级以上地方人民政府应当建立和完善突发事件监测与预警系统。

县级以上各级人民政府卫生行政主管部门，应当指定机构负责开展突发事件的日常监测，并确保监测与预警系统的正常运行。

第十五条 监测与预警工作应当根据突发事件的类别，制订监测计划，科学分析、综合评价监测数据。对早期发现的潜在隐患以及可能发生的突发事件，应当依照本条例规定的报告程序和时限及时报告。

第十六条 国务院有关部门和县级以上地方人民政府及其有关部门，应当根据突发事件应急预案的要求，保证应急设施、设备、救治药品和医疗器械等物资储备。

第十七条 县级以上各级人民政府应当加强急救医疗服务网络的建设，配备相应的医疗救治药物、技术、设备和人员，提高医疗卫生机构应对各类突发事件的救治能力。

设区的市级以上地方人民政府应当设置与传染病防治工作需要相适应的传染病专科医院，或者指定具备传染病防治条件和能力的医疗机构承担传染病防治任务。

第十八条 县级以上地方人民政府卫生行政主管部门，应当定期对医疗卫生机构和人员开展突发事件应急处理相关知识、技能的培训，定期组织医疗卫生机构进行突发事件应急演练，推广最新知识和先进技术。

第三章 报告与信息发布

第十九条 国家建立突发事件应急报告制度。

国务院卫生行政主管部门制订突发事件应急报告规范，建立重大、紧急疫情信息报告系统。

有下列情形之一的，省、自治区、直辖市人民政府应当在接到报告 1 小时内，向国务院卫生行政主管部门报告：

（一）发生或者可能发生传染病爆发、流行的；

（二）发生或者发现不明原因的群体性疾病的；

（三）发生传染病菌种、毒种丢失的；

（四）发生或者可能发生重大食物和职业中毒事件的。

国务院卫生行政主管部门对可能造成重大社会影响的突发事件，应当立即向国务院报告。

第二十条 突发事件监测机构、医疗卫生机构和有关单位发现有本条例第十九条规定情形之一的，应当在 2 小时内向所在地县级人民政府卫生行政主管部门报告；接到报告的卫生行政主管部门应当在 2 小时内向本级人民政府报告，并同时向上级人民政府卫生行政主管部门和国务院卫生行政主管部门报告。

县级人民政府应当在接到报告后 2 小时内向设区的市级人民政府或者上一级人民政府报告；设区的市级人民政府应当在接到报告后 2 小时内向省、自治区、直辖市人民政府报告。

第二十一条 任何单位和个人对突发事件，不得隐瞒、缓报、谎报或者授意他人隐瞒、缓报、谎报。

第二十二条 接到报告的地方人民政府、卫生行政主管部门依照本条例规定报告的同时，应当立即组织力量对报告事项调查核实、确证，采取必要的控制措施，并及时报告调查情况。

第二十三条 国务院卫生行政主管部门应当根据发生突发事件的情况，及时向国务院有关部门和各省、自治区、直辖市人民政府卫生行政主管部门以及军队有关部门通报。

突发事件发生地的省、自治区、直辖市人民政府卫生行政主管部门，应当及时向毗邻省、自治区、直辖市人民政府卫生行政主管部门通报。

接到通报的省、自治区、直辖市人民政府卫生行政主管部门，必要时应当及时通知本行政区域内的医疗卫生机构。

县级以上地方人民政府有关部门，已经发生或者发现可能引起突发事件的情形时，应当及时向同级人民政府卫生行政主管部门通报。

第二十四条 国家建立突发事件举报制度，公布统一的突发事件报告、举报电话。

任何单位和个人有权向人民政府及其有关部门报告突发事件隐患，有权向上级人民政府及其有关部门举报地方人民政府及其有关部门不履行突发事件应急处理职责，或者不按照规定履行职责的情况。接到报告、举报的有关人民政府及其有关部门，应当立即组织对突发事件隐患、不履行或者不按照规定履行突发事件应急处理职责的情况进行调查处理。

对举报突发事件有功的单位和个人，县级以上各级人民政府及其有关部门应当予以奖励。

第二十五条 国家建立突发事件的信息发布制度。

国务院卫生行政主管部门负责向社会发布突发事件的信息。必要时，可以授权省、自治区、直辖市人民政府卫生行政主管部门向社会发布本行政区域内突发事件的信息。

信息发布应当及时、准确、全面。

第四章　应急处理

第二十六条 突发事件发生后，卫生行政主管部门应当组织专家对突发事件进行综合评估，初步判断突发事件的类型，提出是否启动突发事件应急预案的建议。

第二十七条　在全国范围内或者跨省、自治区、直辖市范围内启动全国突发事件应急预案，由国务院卫生行政主管部门报国务院批准后实施。省、自治区、直辖市启动突发事件应急预案，由省、自治区、直辖市人民政府决定，并向国务院报告。

第二十八条　全国突发事件应急处理指挥部对突发事件应急处理工作进行督察和指导，地方各级人民政府及其有关部门应当予以配合。

省、自治区、直辖市突发事件应急处理指挥部对本行政区域内突发事件应急处理工作进行督察和指导。

第二十九条　省级以上人民政府卫生行政主管部门或者其他有关部门指定的突发事件应急处理专业技术机构，负责突发事件的技术调查、确证、处置、控制和评价工作。

第三十条　国务院卫生行政主管部门对新发现的突发传染病，根据危害程度、流行强度，依照《中华人民共和国传染病防治法》的规定及时宣布为法定传染病；宣布为甲类传染病的，由国务院决定。

第三十一条　应急预案启动前，县级以上各级人民政府有关部门应当根据突发事件的实际情况，做好应急处理准备，采取必要的应急措施。

应急预案启动后，突发事件发生地的人民政府有关部门，应当根据预案规定的职责要求，服从突发事件应急处理指挥部的统一指挥，立即到达规定岗位，采取有关的控制措施。

医疗卫生机构、监测机构和科学研究机构，应当服从突发事件应急处理指挥部的统一指挥，相互配合、协作，集中力量开展相关的科学研究工作。

第三十二条　突发事件发生后，国务院有关部门和县级以上地方人民政府及其有关部门，应当保证突发事件应急处理所需的医疗救护设备、救治药品、医疗器械等物资的生产、供应；铁路、交通、民用航空行政主管部门应当保证及时运送。

第三十三条　根据突发事件应急处理的需要，突发事件应急处理指挥部有权紧急调集人员、储备的物资、交通工具以及相关设施、设备；必要时，对人员进行疏散或者隔离，并可以依法对传染病疫区实行封锁。

第三十四条　突发事件应急处理指挥部根据突发事件应急处理的需要，可以对食物和水源采取控制措施。

县级以上地方人民政府卫生行政主管部门应当对突发事件现场等采取控制措施，宣传突发事件防治知识，及时对易受感染的人群和其他易受损害的人群采取应急接种、预防性投药、群体防护等措施。

第三十五条　参加突发事件应急处理的工作人员，应当按照预案的规定，采取卫生防护措施，并在专业人员的指导下进行工作。

第三十六条　国务院卫生行政主管部门或者其他有关部门指定的专业技术机构，有权进入突发事件现场进行调查、采样、技术分析和检验，对地方突发事件的应急处理工作进行技术指导，有关单位和个人应当予以配合；任何单位和个人不得以任何理由予以拒绝。

第三十七条　对新发现的突发传染病、不明原因的群体性疾病、重大食物和职业中毒事件，国务院卫生行政主管部门应当尽快组织力量制订相关的技术标准、规范和控制措施。

第三十八条　交通工具上发现根据国务院卫生行政主管部门的规定需要采取应急控制措施的传染病病人、疑似传染病病人，其负责人应当以最快的方式通知前方停靠点，并向交通工具的营运单位报告。交通工具的前方停靠点和营运单位应当立即向交通工具营运单位行政主管部门和县级以上地方人民政府卫生行政主管部门报告。卫生行政主管部门接到报告后，应当立即组织有关人员采取相应的医学处置措施。

交通工具上的传染病病人密切接触者，由交通工具停靠点的县级以上各级人民政府卫生行政主管部门或者铁路、交通、民用航空行政主管部门，根据各自的职责，依照传染病防治法律、行政法规的规定，采取控制措施。

涉及国境口岸和入出境的人员、交通工具、货物、集装箱、行李、邮包等需要采取传染病应急控制措施的，依照国境卫生检疫法律、行政法规的规定办理。

第三十九条 医疗卫生机构应当对因突发事件致病的人员提供医疗救护和现场救援，对就诊病人必须接诊治疗，并书写详细、完整的病历记录；对需要转送的病人，应当按照规定将病人及其病历记录的复印件转送至接诊的或者指定的医疗机构。

医疗卫生机构内应当采取卫生防护措施，防止交叉感染和污染。

医疗卫生机构应当对传染病病人密切接触者采取医学观察措施，传染病病人密切接触者应当予以配合。

医疗机构收治传染病病人、疑似传染病病人，应当依法报告所在地的疾病预防控制机构。接到报告的疾病预防控制机构应当立即对可能受到危害的人员进行调查，根据需要采取必要的控制措施。

第四十条 传染病爆发、流行时，街道、乡镇以及居民委员会、村民委员会应当组织力量，团结协作，群防群治，协助卫生行政主管部门和其他有关部门、医疗卫生机构做好疫情信息的收集和报告、人员的分散隔离、公共卫生措施的落实工作，向居民、村民宣传传染病防治的相关知识。

第四十一条 对传染病爆发、流行区域内流动人口，突发事件发生地的县级以上地方人民政府应当做好预防工作，落实有关卫生控制措施；对传染病病人和疑似传染病病人，应当采取就地隔离、就地观察、就地治疗的措施。对需要治疗和转诊的，应当依照本条例第三十九条第一款的规定执行。

第四十二条 有关部门、医疗卫生机构应当对传染病做到早发现、早报告、早隔离、早治疗，切断传播途径，防止扩散。

第四十三条 县级以上各级人民政府应当提供必要资金，保障因突发事件致病、致残的人员得到及时、有效的救治。具体办法由国务院财政部门、卫生行政主管部门和劳动保障行政主管部门制订。

第四十四条 在突发事件中需要接受隔离治疗、医学观察措施的病人、疑似病人和传染病病人密切接触者在卫生行政主管部门或者有关机构采取医学措施时应当予以配合；拒绝配合的，由公安机关依法协助强制执行。

第五章 法律责任

第四十五条 县级以上地方人民政府及其卫生行政主管部门未依照本条例的规定履行报告职责，对突发事件隐瞒、缓报、谎报或者授意他人隐瞒、缓报、谎报的，对政府主要领导人及其卫生行政主管部门主要负责人，依法给予降级或者撤职的行政处分；造成传染病传播、流行或者对社会公众健康造成其他严重危害后果的，依法给予开除的行政处分；构成犯罪的，依法追究刑事责任。

第四十六条 国务院有关部门、县级以上地方人民政府及其有关部门未依照本条例的规定，完成突发事件应急处理所需要的设施、设备、药品和医疗器械等物资的生产、供应、运输和储备的，对政府主要领导人和政府部门主要负责人依法给予降级或者撤职的行政处分；造成传染病传播、流行或者对社会公众健康造成其他严重危害后果的，依法给予开除的行政处分；构成犯罪的，依法追究刑事责任。

第四十七条 突发事件发生后，县级以上地方人民政府及其有关部门对上级人民政府有关部门的调查不予配合，或者采取其他方式阻碍、干涉调查的，对政府主要领导人和政府部门主要负责人依法给予降级或者撤职的行政处分；构成犯罪的，依法追究刑事责任。

第四十八条 县级以上各级人民政府卫生行政主管部门和其他有关部门在突发事件调查、控制、医疗救治工作中玩忽职守、失职、渎职的，由本级人民政府或者上级人民政府有关部门责令改正、通报批评、给予警告；对主要负责人、负有责任的主管人员和其他责任人员依法给予降级、撤职的行政处分；造成传染病传播、流行或者对社会公众健康造成其他严重危害后果的，依法给予开除的行政处分；构成犯罪的，依法追究刑事责任。

第四十九条 县级以上各级人民政府有关部门拒不履行应急处理职责的，由同级人民政府或者上级人民政府有关部门责令改正、通报批评、给予警告；对主要负责人、负有责任的主管人员和其他责任人员依法给予降级、撤职的行政处分；造成传染病传播、流行或者对社会公众健康造成其他严重危害后果的，依法给予开除的行政处分；构成犯罪的，依法追究刑事责任。

第五十条 医疗卫生机构有下列行为之一的，由卫生行政主管部门责令改正、通报批评、给予警告；情节严重的，吊销《医疗机构执业许可证》；对主要负责人、负有责任的主管人员和其他直接责任人员依法给予降级或者撤职的纪律处分；造成传染病传播、流行或者对社会公众健康造成其他严重危害后果，构成犯罪的，依法追究刑事责任：

（一）未依照本条例的规定履行报告职责，隐瞒、缓报或者谎报的；

（二）未依照本条例的规定及时采取控制措施的；

（三）未依照本条例的规定履行突发事件监测职责的；

（四）拒绝接诊病人的；

（五）拒不服从突发事件应急处理指挥部调度的。

第五十一条 在突发事件应急处理工作中，有关单位和个人未依照本条例的规定履行报告职责，隐瞒、缓报或者谎报，阻碍突发事件应急处理工作人员执行职务，拒绝国务院卫生行政主管部门或者其他有关部门指定的专业技术机构进入突发事件现场，或者不配合调查、采样、技术分析和检验的，对有关责任人员依法给予行政处分或者纪律处分；触犯《中华人民共和国治安管理处罚条例》，构成违反治安管理行为的，由公安机关依法予以处罚；构成犯罪的，依法追究刑事责任。

第五十二条 在突发事件发生期间，散布谣言、哄抬物价、欺骗消费者，扰乱社会秩序、市场秩序的，由公安机关或者工商行政管理部门依法给予行政处罚；构成犯罪的，依法追究刑事责任。

第六章 附 则

第五十三条 中国人民解放军、武装警察部队医疗卫生机构参与突发事件应急处理的，依照本条例的规定和军队的相关规定执行。

第五十四条 本条例自公布之日起施行。

环境空气质量标准（GB3095-96）

各项污染物的浓度限值

污染物名称	取值时间	浓度限值			浓度单位
		一级标准	二级标准	三级标准	
二氧化硫 SO_2	年平均	0.02	0.06	0.10	毫克/立方米（标准状态）
	日平均	0.05	0.15	0.25	
	1小时平均	0.15	0.50	0.70	
总悬浮微粒 TSP	年平均	0.08	0.20	0.30	
	日平均	0.12	0.30	0.50	
可吸入颗粒物 PM_{10}	年平均	0.04	0.10	0.15	
	日平均	0.05	0.15	0.25	
二氧化氮 NO_2	年平均	0.04	0.08	0.08	
	日平均	0.08	0.12	0.12	
	1小时平均	0.12	0.24	0.24	
一氧化碳 CO	日平均	4.00	4.00	6.00	
	1小时平均	10.00	10.00	20.00	
臭氧 O_3	1小时平均	0.16	0.20	0.20	
铅 Pb	季平均	1.50			微克/立方米（标准状态）
	年平均	1.00			
苯并（a）芘 B（a）P	日平均	0.01			
氟化物 F	日平均	7①			
	1小时平均	20①			
	月平均	1.8②		3.0③	微克/（平方分米·日）
	植物生长季平均	1.2②		2.0③	

注：①适用于城市地区；

②适用于牧业区和以牧业为主的半农半牧区，蚕桑区；

③适用于农业和林业区。

室内空气质量标准（GBT18883-2002）

本标准规定了室内空气质量参数及检验方法。本标准适用于住宅和办公建筑物。

序号	参数类别	参数	单位	标准值	备注
1	物理性	温度	℃	22～28	夏季空调
				16～24	冬季采暖
2		相对湿度	%	40～80	夏季空调
				30～60	冬季采暖
3		空气流速	m/s	<0.3	夏季空调
				<0.2	冬季采暖
4		新风量	m^3/（h·人）	30[a]	
5	化学性	二氧化硫 SO_2	mg/m^3	0.50	1小时均值
6		二氧化氮 NO_2	mg/m^3	0.24	1小时均值
7		一氧化碳 CO	mg/m^3	10	1小时均值
8		二氧化碳 CO_2	%	0.10	日平均值
9		氨 NH_3	mg/m^3	0.20	1小时均值
10		臭氧 O_3	mg/m^3	0.16	1小时均值
11		甲醛 HCHO	mg/m_3	0.10	1小时均值
12		苯 C_6H_6	mg/m^3	0.11	1小时均值
13		甲苯 C_7H_8	mg/m^3	0.20	1小时均值
14		二甲苯 C_8H_{10}	mg/m^3	0.20	1小时均值
15		苯并（a）芘 B（a）P	ng/m^3	1.0	日平均值
16		可吸入颗粒物 PM_{10}	mg/m^3	0.15	日平均值
17		总挥发性有机物 TVOC	mg/m^3	0.60	8小时均值
18	生物性	细菌总数	cfu/m^3	2500	依据仪器定
19	放射性	氡 ^{222}Rn	Bq/m^3	400	年平均值（行动水平[b]）

a 新风量要求≥标准值，除温度、相对湿度外的其他参数要求≤标准值；

b 达到此水平建议采取干预行动以降低室内氡浓度。

地表水环境质量标准（GB 3838-2002）

本标准按照地表水环境功能分类和保护目标，规定了水环境质量应控制的项目及限值，以及水质评价、水质项目的分析方法和标准的实施与监督。

本标准适用于中华人民共和国领域内江河、湖泊、运河、渠道、水库等具有使用功能的地表水水域。具有特定功能的水域，执行相应的专业用水水质标准。

1. 水域功能和标准分类

依据地表水水域环境功能和保护目标，按功能高低依次划分为五类：

Ⅰ类　主要适用于源头水、国家自然保护区；

Ⅱ类　主要适用于集中式生活饮用水地表水源地一级保护区、珍稀水生生物栖息地、鱼虾类产卵场、仔稚幼鱼的索饵汤等；

Ⅲ类　主要适用于集中式生活饮用水地表水源地二级保护区、鱼虾类越冬场、洄游通道、水产养殖区等渔业水域及游泳区；

Ⅳ类　主要适用于一般工业用水区及人体非直接接触的娱乐用水区；

Ⅴ类　主要适用于农业用水区及一般景观要求水域。

对应地表水上述五类水域功能，将地表水环境质量标准基本项目标准值分为五类，不同功能类别分别执行相应类别的标准值。水域功能类别高的标准值严于水域功能类别低的标准值。同一水域兼有多类使用功能的，执行最高功能类别对应的标准值。实现水域功能与达功能类别标准为同一含义。

2. 标准值

（1）地表水环境质量标准基本项目标准限制见表 1。

（2）集中式生活饮用水地表水源地补充项目标准限值见表 2。

（3）集中式生活饮用水地表水源地特定项目标准限值见表 3。

表 1　地表水环境质量标准基本项目标准限值　　（单位：mg/L）

序号	项目＼标准值＼分类		Ⅰ类	Ⅱ类	Ⅲ类	Ⅳ类	Ⅴ类
1	水温℃		人为造成的环境水温变化应限制在： 周平均最大温升≤1 周平均最大温降≤2				
2	pH 值（无量纲）		6～9				
3	溶解氧	≥	饱和率 90% （或 7.5）	6	5	3	2
4	高锰酸盐指数	≤	2	4	6	10	15
5	化学需氧量（COD）	≤	15	15	20	30	40
6	五日生化需氧量（BOD_5）	≤	3	3	4	6	10
7	氨氮（NH_3-N）	≤	0.15	0.5	1.0	1.5	2.0
8	总磷（以 P 计）	≤	0.02 （湖、库 0.01）	0.1 （湖、库 0.025）	0.2 （湖、库 0.05）	0.3 （湖、库 0.1）	0.4 （湖、库 0.2）
9	总氮（湖、库、以 N 计）	≤	0.2	0.5	1.0	1.5	2.0
10	铜	≤	0.01	1.0	1.0	1.0	1.0

（续表）

序号	标准值 分类 项目		Ⅰ类	Ⅱ类	Ⅲ类	Ⅳ类	Ⅴ类
11	锌	≤	0.05	1.0	1.0	2.0	2.0
12	氟化物（以 F^- 计）	≤	1.0	1.0	1.0	1.5	1.5
13	硒	≤	0.01	0.01	0.01	0.02	0.02
14	砷	≤	0.05	0.05	0.05	0.1	0.1
15	汞	≤	0.00005	0.00005	0.0001	0.001	0.001
16	镉	≤	0.001	0.005	0.005	0.005	0.01
17	铬（六价）	≤	0.01	0.05	0.05	0.05	0.1
18	铅	≤	0.01	0.01	0.05	0.05	0.1
19	氰化物	≤	0.005	0.05	0.2	0.2	0.2
20	挥发酚	≤	0.002	0.002	0.005	0.01	0.1
21	石油类	≤	0.05	0.05	0.05	0.5	1.0
22	阴离子表面活性剂	≤	0.2	0.2	0.2	0.3	0.3
23	硫化物	≤	0.05	0.1	0.05	0.5	1.0
24	粪大肠菌群（个/L）	≤	200	2000	10000	20000	40000

表 2　集中式生活饮用水地表水源地补充项目标准限值　（单位：mg/L）

序号	项目	标准值
1	硫酸盐（以 SO_4^{2-} 计）	250
2	氯化物（以 Cl^- 计）	250
3	硝酸盐（以 N 计）	10
4	铁	0.3
5	锰	0.1

表 3　集中式生活饮用水地表水源地特定项目标准限值　（单位：mg/L）

序号	项目	标准值	序号	项目	标准值
1	三氯甲烷	0.06	41	丙烯酰胺	0.0005
2	四氯化碳	0.002	42	丙烯腈	0.1
3	三溴甲烷	0.1	43	邻苯二甲酸二丁酯	0.003
4	二氯甲烷	0.02	44	邻苯二甲酸二（2-乙基己基）酯	0.008
5	1，2-二氯乙烷	0.03	45	水合肼	0.01
6	环氧氯丙烷	0.02	46	四乙基铅	0.0001
7	氯乙烯	0.005	47	吡啶	0.2
8	1，1-二氯乙烯	0.03	48	松节油	0.2
9	1，2-二氯乙烯	0.05	49	苦味酸	0.5
10	三氯乙烯	0.07	50	丁基黄原酸	0.005
11	四氯乙烯	0.04	51	活性氯	0.01
12	氯丁二烯	0.002	52	滴滴涕	0.001
13	六氯丁二烯	0.0006	53	林丹	0.002
14	苯乙烯	0.02	54	环氧七氯	0.0002
15	甲醛	0.9	55	对硫磷	0.003

（续表）

序号	项目	标准值	序号	项目	标准值
16	乙醛	0.05	56	甲基对硫磷	0.002
17	丙烯醛	0.1	57	马拉硫磷	0.05
18	三氯乙醛	0.01	58	乐果	0.08
19	苯	0.01	59	敌敌畏	0.05
20	甲苯	0.7	60	敌百虫	0.05
21	乙苯	0.3	61	内吸磷	0.03
22	二甲苯①	0.5	62	百菌清	0.01
23	异丙苯	0.25	63	甲萘威	0.05
24	氯苯	0.3	64	溴氰菊酯	0.02
25	1，2-二氯苯	1.0	65	阿特拉津	0.003
26	1，4-二氯苯	0.3	66	苯并（a）芘	2.8×10^{-6}
27	三氯苯②	0.02	67	甲基汞	1.0×10^{-6}
28	四氯苯③	0.02	68	多氯联苯⑥	2.0×10^{-5}
29	六氯苯	0.05	69	微囊藻毒素-LR	0.001
30	硝基苯	0.017	70	黄磷	0.003
31	二硝基苯④	0.5	71	钼	0.07
32	2，4-二硝基甲苯	0.0003	72	钴	1.0
33	2，4，6-三硝基甲苯	0.5	73	铍	0.002
34	硝基氯苯⑤	0.05	74	硼	0.5
35	2，4-二硝基氯苯	0.5	75	锑	0.005
36	2，4-二氯苯酚	0.093	76	镍	0.02
37	2，4，6-三氯苯酚	0.2	77	钡	0.7
38	五氯酚	0.009	78	钒	0.05
39	苯胺	0.1	79	钛	0.1
40	联苯胺	0.0002	80	铊	0.0001

注：①二甲苯：指对-二甲苯、间-二甲苯、邻-二甲苯。

②三氯苯：指1，2，3-三氯苯、1，2，4-三氯苯、1，3，5-三氯苯。

③四氯苯：指1，2，3，4-四氯苯、1，2，3，5-四氯苯、1，2，4，5-四氯苯。

④二硝基苯：指对-二硝基苯、间-硝基苯、邻-硝基苯。

⑤硝基氯苯：指对-硝基氯苯、间-硝基氯苯、邻-硝基氯苯。

⑥多氯联苯：指PCB-1016、PCB-1221、PCB-1232、PCB-1242、PCB-1248、PCB-1254、PCB-1260。

地下水质量标准（GB/T 14848-93）

地下水质量分类指标

项目序号	标准值 类别 / 项目	Ⅰ类	Ⅱ类	Ⅲ类	Ⅳ类	Ⅴ类
1	色（度）	≤5	≤5	≤15	≤25	>25
2	嗅和味	无	无	无	无	有
3	浑浊度（度）	≤3	≤3	≤3	≤10	>10
4	肉眼可见物	无	无	无	无	有
5	pH	6.5～8.5			5.5～6.5 8.5～9	<5.5，>9
6	总硬度（以 $CaCO_3$，计）（mg/L）	≤150	≤300	≤450	≤550	>550
7	溶解性总固体（mg/L）	≤300	≤500	≤1000	≤2000	>2000
8	硫酸盐（mg/L）	≤50	≤150	≤250	≤350	>350
9	氯化物（mg/L）	≤50	≤150	≤250	≤350	>350
10	铁（Fe）（mg/L）	≤0.1	≤0.2	≤0.3	≤1.5	>1.5
11	锰（Mn）（mg/L）	≤0.05	≤0.05	≤0.1	≤1.0	>1.0
12	铜（Cu）（mg/L）	≤0.01	≤0.05	≤1.0	≤1.5	>1.5
13	锌（Zn）（mg/L）	≤0.05	≤0.5	≤1.0	≤5.0	>5.0
14	钼（Mo）（mg/L）	≤0.001	≤0.01	≤0.1	≤0.5	>0.5
15	钴（Co）（mg/L）	≤0.005	≤0.05	≤0.05	≤1.0	>1.0
16	挥发性酚类（以苯酚计）（mg/L）	≤0.001	≤0.001	≤0.002	≤0.01	>0.01
17	阴离子合成洗涤剂（mg/L）	不得检出	≤0.1	≤0.3	≤0.3	>0.3
18	高锰酸盐指数（mg/L）	≤1.0	≤2.0	≤3.0	≤10	>10
19	硝酸盐（以 N 计）（mg/L）	≤2.0	≤5.0	≤20	≤30	>30
20	亚硝酸盐（以 N 计）（mg/L）	≤0.001	≤0.01	≤0.02	≤0.1	>0.1
21	氨氮（NH_4）（mg/L）	≤0.02	≤0.02	≤0.2	≤0.5	>0.5
22	氟化物（mg/L）	≤1.0	≤1.0	≤1.0	≤2.0	>2.0
23	碘化物（mg/L）	≤0.1	≤0.1	≤0.2	≤1.0	>1.0
24	氰化物（mg/L）	≤0.001	≤0.01	≤0.05	≤0.1	>0.1
25	汞（Hg）（mg/L）	≤0.00005	≤0.0005	≤0.001	≤0.001	>0.001
26	砷（As）（mg/L）	≤0.005	≤0.01	≤0.05	≤0.05	>0.05
27	硒（Se）（mg/L）	≤0.01	≤0.01	≤0.01	≤0.1	>0.1
28	镉（Cd）（mg/L）	≤0.0001	≤0.001	≤0.01	≤0.01	>0.01
29	铬（六价）（Cr^{6+}）（mg/L）	≤0.005	≤0.01	≤0.05	≤0.1	>0.1
30	铅（Pb）（mg/L）	≤0.005	≤0.01	≤0.05	≤0.1	>0.1
31	铍（Be）（mg/L）	≤0.00002	≤0.0001	≤0.0002	≤0.001	>0.001
32	钡（Ba）（mg/L）	≤0.01	≤0.1	≤1.0	≤4.0	>4.0

（续表）

项目序号	标准值 类别 / 项目	Ⅰ类	Ⅱ类	Ⅲ类	Ⅳ类	Ⅴ类
33	镍（Ni）（mg/L）	≤0.005	≤0.05	≤0.05	≤0.1	>0.1
34	滴滴滴（μg/L）	不得检出	≤0.005	≤1.0	≤1.0	>1.0
35	六六六（μg/L）	≤0.005	≤0.05	≤5.0	≤5.0	>5.0
36	总大肠菌群（个/L）	≤3.0	≤3.0	≤3.0	≤100	>100
37	细菌总数（个/ml）	≤100	≤100	≤100	≤1000	>1000
38	总α放射性（Bq/L）	≤0.1	≤0.1	≤0.1	>0.1	>0.1
39	总β放射性（Bq/L）	≤0.1	≤1.0	≤1.0	>1.0	>1.0

生活饮用水水质卫生规范

（中华人民共和国卫生部颁布，2001年9月1日起施行）

表1　生活饮用水水质常规检验项目及限值

项　目	限　值
感官性状和一般化学指标	
色	色度不超过15度，并不得呈现其他异色
浑浊度	不超过1度（NTU）①，特殊情况下不超过5度（NTU）
臭和味	不得有异臭、异味
肉眼可见物	不得含有
pH	6.5～8.5
总硬度（以 $CaCO_3$ 计）	450（mg/L）
铝	0.2（mg/L）
铁	0.3（mg/L）
锰	0.1（mg/L）
铜	1.0（mg/L）
锌	1.0（mg/L）
挥发酚类（以苯酚计）	0.002（mg/L）
阴离子合成洗涤剂	0.3（mg/L）
硫酸盐	250（mg/L）
氯化物	250（mg/L）
溶解性总固体	1000（mg/L）
耗氧量（以 O_2 计）	3（mg/L），特殊情况下不超过5mg/L②
毒理学指标	
砷	0.05（mg/L）
镉	0.005（mg/L）
铬（六价）	0.05（mg/L）
氰化物	0.05（mg/L）
氟化物	1.0（mg/L）
铅	0.01（mg/L）
汞	0.001（mg/L）
硝酸盐（以N计）	20（mg/L）
硒	0.01（mg/L）
四氯化碳	0.002（mg/L）
氯仿	0.06（mg/L）
细菌学指标	
细菌总数	100（CFU/ml）③
总大肠菌群	每100ml水样中不得检出
粪大肠菌群	每100ml水样中不得检出
游离余氯	在与水接触30分钟后应不低于0.3mg/L，管网末梢水不应低于0.05mg/L（适用于加氯消毒）

（续表）

项 目	限 值
放射性指标④	
总α放射性	0.5（Bq/L）
总β放射性	1（Bq/L）

注：①表中NTU为散射浊度单位。②特殊情况包括水源限制等情况。③CFU为菌落形成单位。④放射性指标规定数值不是限值，而是参考水平。放射性指标超过表1中所规定的数值时，必须进行核素分析和评价，以决定能否饮用。

表2 生活饮用水水质非常规检验项目及限值

项 目	限 值
感官性状和一般化学指标	
硫化物	0.02（mg/L）
钠	200（mg/L）
毒理学指标	
锑	0.005（mg/L）
钡	0.7（mg/L）
铍	0.002（mg/L）
硼	0.5（mg/L）
钼	0.07（mg/L）
镍	0.02（mg/L）
银	0.05（mg/L）
铊	0.0001（mg/L）
二氯甲烷	0.02（mg/L）
1，2-二氯乙烷	0.03（mg/L）
1，1，1-三氯乙烷	2（mg/L）
氯乙烯	0.005（mg/L）
1，1-二氯乙烯	0.03（mg/L）
1，2-二氯乙烯	0.05（mg/L）
三氯乙烯	0.07（mg/L）
四氯乙烯	0.04（mg/L）
苯	0.01（mg/L）
甲苯	0.7（mg/L）
二甲苯	0.5（mg/L）
乙苯	0.3（mg/L）
苯乙烯	0.02（mg/L）
苯并（a）芘	0.00001（mg/L）
氯苯	0.3（mg/L）
1，2-二氯苯	1（mg/L）
1，4-二氯苯	0.3（mg/L）
三氯苯（总量）	0.02（mg/L）
邻苯二甲酸二（2-乙基己基）酯	0.008（mg/L）
丙烯酰胺	0.0005（mg/L）
六氯丁二烯	0.0006（mg/L）

（续表）

项　目	限　值
微囊藻毒素-LR	0.001（mg/L）
甲草胺	0.02（mg/L）
灭草松	0.3（mg/L）
叶枯唑	0.5（mg/L）
百菌清	0.01（mg/L）
滴滴涕	0.001（mg/L）
溴氰菊酯	0.02（mg/L）
内吸磷	0.03（mg/L）（感官限值）
乐果	0.08（mg/L）（感官限值）
2，4-滴	0.03（mg/L）
七氯	0.0004（mg/L）
七氯环氧化物	0.0002（mg/L）
六氯苯	0.001（mg/L）
六六六	0.005（mg/L）
林丹	0.002（mg/L）
马拉硫磷	0.25（mg/L）（感官限值）
对硫磷	0.003（mg/L）（感官限值）
甲基对硫磷	0.02（mg/L）（感官限值）
五氯酚	0.009（mg/L）
亚氯酸盐	0.2（mg/L）（适用于二氧化氯消毒）
一氯胺	3（mg/L）
2，4，6 三氯酚	0.2（mg/L）
甲醛	0.9（mg/L）
三卤甲烷①	该类化合物中每种化合物的实测浓度与其各自限值的比值之和不得超过 1
溴仿	0.1（mg/L）
二溴一氯甲烷	0.1（mg/L）
一溴二氯甲烷	0.06（mg/L）
二氯乙酸	0.05（mg/L）
三氯乙酸	0.1（mg/L）
三氯乙醛（水合氯醛）	0.01（mg/L）
氯化氰（以 CN^- 计）	0.07（mg/L）

注：①　三卤甲烷包括氯仿、溴仿、二溴一氯甲烷和一溴二氯甲烷共四种化合物。

表 3　饮用水源水中有害物质的限值

项　目	限　值（mg/L）
乙腈	5.0
丙烯腈	2.0
乙醛	0.05
三氯乙醛	0.01
甲醛	0.9
丙烯醛	0.1
二氯甲烷	0.02
1，2-二氯乙烷	0.03
环氧氯丙烷	0.02
二硫化碳	2.0
苯	0.01
甲苯	0.7
二甲苯	0.5
乙苯	0.3
氯苯	0.3
1，2-二氯苯	1
二硝基苯	0.5
硝基氯苯	0.05
二硝基氯苯	0.5
三氯苯	0.02
三硝基甲苯	0.5
四氯苯	0.02
六氯苯	0.05
异丙苯	0.25
苯乙烯	0.02
苯胺	0.1
三乙胺	3.0
己内酰胺	3.0
丙烯酰胺	0.0005
氯乙烯	0.005
三氯乙烯	0.07
四氯乙烯	0.04
邻苯二甲酸二（2-乙基己基）酯	0.008
氯丁二烯	0.002
水合肼	0.01
四乙基铅	0.0001
石油（包括煤油、汽油）	0.3
吡啶	0.2
松节油	0.2
苦味酸	0.5
丁基黄原酸	0.005

（续表）

项　目	限　值（mg/L）
活性氯	0.01
硫化物	0.02
黄磷	0.003
钼	0.07
钴	1.0
铍	0.002
硼	0.5
锑	0.005
镍	0.02
钡	0.7
钒	0.05
钛	0.1
铊	0.0001
马拉硫磷（4049）	0.25
内吸磷（E059）	0.03
甲基对硫磷（甲基 E605）	0.02
对硫磷（E605）	0.003
乐果	0.08
林丹	0.002
百菌清	0.01
甲萘威	0.05
溴氰菊酯	0.02
叶枯唑	0.5

农田灌溉水质标准（GB 5084-92)

本标准规定了农田灌溉水质要求、标准的实施和采样监测方法、适用范围、标准分类及标准值规定。同时对该标准的实施与管理、水质监测进行了说明。

农田灌溉水质标准 （单位：mg/L)

序号	标准值 作物分类 项目		水作	旱作	蔬菜
1	生化需氧量（BOD_5）	≤	80	150	80
2	化学需氧量（$CODC_r$）	≤	200	300	150
3	悬浮物	≤	150	200	100
4	阴离子表面活性剂（LAS）	≤	5.0	8.0	5.0
5	凯氏氮	≤	12	30	30
6	总磷（以P计）	≤	5.0	10	10
7	水温，℃	≤	35		
8	pH值	≤	5.5～8.5		
9	全盐量	≤	1000（非盐碱土地区）2000（盐碱土地区）有条件的地区可以适当放宽		
10	氯化物	≤	250		
11	硫化物	≤	1.0		
12	总汞	≤	0.001		
13	总镉	≤	0.005		
14	总砷	≤	0.05	0.1	0.05
15	铬（六价）	≤	0.1		
16	总铅	≤	0.1		
17	总铜	≤	1.0		
18	总锌	≤	2.0		
19	总硒	≤	0.02		
20	氟化物	≤	2.0（高氟区）3.0（一般地区）		
21	氰化物	≤	0.5		
22	石油类	≤	5.0	10	1.0
23	挥发酚	≤	1.0		
24	苯	≤	2.5		
25	三氯乙醛	≤	1.0	0.5	0.5
26	丙烯醛	≤	0.5		
27	硼	≤	1.0（对硼敏感作物，如：马铃薯、笋瓜、韭菜、洋葱、柑桔等） 2.0（对硼耐受性较强的作物，如小麦、玉米、青椒、小白菜、葱等） 3.0（对硼耐受性强的作物，如：水稻、萝卜、油菜、甘蓝等）		
28	粪大肠菌群数，个/L	≤	10000		
29	蛔虫卵数，个/L	≤	2		

土壤环境质量标准（GB 15618-1995）

本标准按土壤应用功能、保护目标和土壤主要性质，规定了土壤中污染物的最高允许浓度指标值及相应的监测方法。

土壤环境质量标准值　　(mg/kg)

级别 / 土壤pH值 / 项目		一级	二级			三级
		自然背景	＜6.5	6.5～7.5	＞7.5	＞6.5
镉	≤	0.2	0.3	0.3	0.6	1.0
汞	≤	0.15	0.3	0.5	1.0	1.5
砷　水田	≤	15	30	25	20	30
旱地	≤	15	40	30	25	40
铜　农田等	≤	35	50	100	100	400
果园	≤	—	150	200	200	400
铅	≤	35	250	300	350	500
铬　水田	≤	90	250	300	350	400
旱地	≤	90	150	200	250	300
锌	≤	100	200	250	300	500
镍	≤	40	40	50	60	200
六六六	≤	0.05		0.5		1.0
DDT	≤	0.05		0.5		1.0

注：①重金属（铬主要是三价）和砷均按元素量计，适用于阳离子交换量＞5cmol（+）/kg 的土壤，若≤5cmol（+）/kg，其标准值为表内数值的半数。

②六六六为四种异构体总量，DDT 为四种衍生物总量。

③水旱轮作地的土壤环境质量标准，砷采用水田值，铬采用旱地值。

城市区域环境噪声标准（GB 3096-93）

本标准为贯彻《中华人民共和国环境保护法》及《中华人民共和国环境噪声污染防治条例》，保障城市居民的生活声环境质量而制订。

1. 主题内容与适用范围

本标准规定了城市五类区域的环境噪声最高限值；

本标准适用于城市区域，乡村生活区域可参照本标准执行。

2. 引用标准

GB/T 14263 城市区域环境噪声测量方法。

3. 标准值

城市五类环境噪声标准值列于下表：

城市区域环境噪声标准　　（等效声级　LAeq：dB）

类别	昼　间	夜　间
0	50	40
1	55	45
2	60	50
3	65	55
4	70	55

4. 各类标准的适用区域

4.1　0 类标准适用于疗养区、高级别墅区、高级宾馆区等特别需要安静的区域。位于城郊和乡村的这一类区域分别按严于 0 类标准 5dB 执行。

4.2　1 类标准适用于以居住、文教机关为主的区域。乡村居住环境可参照执行该类标准。

4.3　2 类标准适用于居住、商业、工业混杂区。

4.4　3 类标准适用于工业区。

4.5　4 类标准适用于城市中的道路交通干线两侧区域，穿越城区的内河航道两侧区域。穿越城区的铁路主、次干线两侧区域的背景噪声（指不通过列车时的噪声水平）限值也执行该类标准。

5. 夜间突发噪声

夜间突发的噪声，其最大声值不准超过标准值 15dB。

6. 区域及时间的划定

6.1　各类标准适用区域由当地人民政府划定。

6.2　本标准昼间、夜间的时间由当地人民政府按当地习惯和季节变化划定。

7. 监测方法

按 GB/T 14623 执行。

附录二　网上信息来源

国内

国家环境保护总局：http：//www. zhb. gov. cn/
中华人民共和国卫生部：http：//www. moh. gov. cn/
国家质量监督检验检疫总局：http：//www. aqsiq. gov. cn/
北京市环境保护局：http：//www. bjepb. gov. cn/
香港环境保护署：http：//www. info. gov. hk/epd/
中国疾病控制中心：http：//www. chinaCDC. cn/
国家中毒控制中心：http：//npcc. org. cn/
中国环境在线：http：//www. eol. net/
上海环境热线：http：//www. envir. gov. cn/
中国环境报：http：//www. cenews. com. cn/
北京大学：http：//www. pku. edu. cn/
北京大学医学部：http：//www. bjmu. edu. cn/
复旦大学：http：//www. fudan. edu. cn/
四川大学华西医学中心：http：//www. wcums. edu. cn/
华中科技大学同济医学院：http：//www. tjmu. edu. cn/

国外

世界卫生组织：http：//www. who. int/
联合国环境规划署：http：//www. unep. org/
联合国开发署：http：//www. undp. org/
国际癌症研究机构：http：//www. iarc. fr/
美国国家环保局：http：//www. epa. gov/
美国疾病控制中心：http：//www. cdc. gov/
日本环境省：http：//www. env. go. jp/
欧洲环保局：http：//www. eea. eu. int/
加拿大环境署：http：//www. ec. gc. ca/
美国国立医学图书馆：http：//www. nlm. nih. gov/
美国国立环境健康科学研究所：http：//www. niehs. nih. gov/
日本国立环境研究所：http：//www. nies. go. jp/
德国国家环境与健康研究中心：http：//www. gsf. de/
美国健康效应研究所：http：//www. healtheffects. org/
国际环境流行病学会：http：//www. iseepi. org/

国际毒理学联盟：http：//www. iutox. org/
美国毒理学会：http：//www. toxicology. org/
科学杂志：http：//www. scienceonline. org/
自然杂志：http：//www. nature. com/
环境与健康展望杂志：http：//ehp. niehs. nih. gov/

主要参考文献

1. 杨克敌主编．环境卫生学．第 5 版．北京：人民卫生出版社，2003
2. 陈学敏主编．环境卫生学．北京：人民卫生出版社，2004
3. 郭新彪主编．环境医学概论．北京：北京医科大学出版社，2002
4. 王振刚主编．环境医学．北京：北京医科大学出版社，2001
5. 方企圣等译．环境流行病学研究方法指南．北京：人民卫生出版社，1985
6. 耿贯一主编．流行病学．第三卷．第 2 版，北京：人民卫生出版社，1996
7. Stuart Brooks et al. Environmental Medicine，Mosby-Year Book，Inc，St. Louis，Missori，1995
8. WHO/UNEP/ILO. Principles of Studies on Diseases of Suspected Chemical Etiology and Their Prevention，Environmental Health Criteria 72，Geveva，1987
9. Armstrong BK，White E，Saracci R，eds. Principles of exposure measurement in epidemiology. Oxford：Oxford University Press. 1992
10. National Research Council. Human exposure assessment for airborne pollutants. Washington，DC：National Academy of Sciences. 1991
11. WHO/UNEP/ILO. Principles and methods for assessing direct immunotoxicity associated with exposure to chemicals. Environmental Health Criteria. Geneva，1996
12. 方积乾，陆盈主编．现代医学统计学．北京：人民卫生出版社，2002
13. 陈述彭，鲁学军，周成虎．地理信息系统导论．北京：科学出版社，1999
14. 邬伦，任伏虎，谢昆青，程承旗．地理信息系统教程．北京：北京大学出版社，1994
15. 闾国年，张书亮，龚敏霞等．地理信息系统集成原理与方法．北京：科学出版社，2003
16. 孟紫强主编．环境毒理学基础．北京：高等教育出版社，2003
17. 王心如主编．毒理学基础．第 4 版．北京：人民卫生出版社，2003
18. Klaassen CD（ed）：Casarett & Doull's Toxicology-The Basic Science of Poisons. 6th ed. New York：The McGraw-Hill Inc.，2001
19. 夏世钧，吴中亮主编．分子毒理学基础．武汉：湖北科学技术出版社，2001
20. 蔡宏道主编．现代环境卫生学。北京：人民卫生出版社，1995
21. 潘自强．环境危害评价——公众健康危害评价方法及应用．北京：原子能出版社，1991
22. 童建等．公众健康危险度评价．北京：原子能出版社，1994
23. 李立明主编．流行病学．第 4 版．北京：人民卫生出版社，1999
24. Michael J Derlanko. Chapter 16 Risk Assessment，Handbook of Toxicology. CRC，1995
25. Fan M，Anna，Toxicology and Risk Assessment——principle，methods and appli-

cation. Marcel Dekker Inc，1996
26. Paustenbach DJ. The Risk Assessment of Environmental and Human Health Hazards-A Text Book of Case Studies. New York：John Wiley &sons，1989
27. WHO/UNEP/ILO. Principles for the Assessment of Risks to Human Health from Exposure to Chemicals. Environmental Health Criteria 210. WHO，Geneva，1999
28. WHO/UNEP/ILO. Assessing Human Health Risks of Chemicals：Derivation of Guidance Values for Health-based Exposure Limits EHC 170 WHO. Geneva，1994
29. Roger Detals etc. Public Health（3 edition） vol. 2 chapter29 and 32. Oxford Medical Publication. 1997
30. WHO/UNEP/ILO. Human Exposure Assessment. Environmental Health Criteria 214. WHO，Geneva，2000
31. 姚志麒主编．环境卫生学．第 3 版．北京：人民卫生出版社，1993
32. 陈学敏主编．环境卫生学．第 4 版．北京：人民卫生出版社，2001
33. 李爱贞等．大气环境影响评价导论．北京：中国环境科学出版社，1997
34. 关伯任等．环境科学基础教程．北京：中国环境科学出版社，1997
35. 耿精忠主编．环境健康・回顾与展望．北京：华夏出版社，1993
36. 秦钰慧主编．饮用水卫生与处理技术．北京：化学工业出版社，2002
37. 姚志麒，陈秉衡主编．环境卫生学．第 2 版．北京：人民卫生出版社，1986
38. 王翔朴主编．卫生学，北京：人民卫生出版社，1999
39. 钱宇平主编．流行病学研究实例（第一卷）．北京：人民卫生出版社，1984
40. 国家环保局主持、中国环境监测总站主编．中国土壤元素背景值．北京：中国环境科学出版社，1990
41. 刘加平主编．建筑物理．北京：中国建筑工业出版社，2000
42. 郭新彪，刘君卓主编．突发公共卫生事件应急指引．北京：化学工业出版社，2004
43. 侯 悦主编．军队卫生学．北京：人民军医出版社，1998
44. 程天民主编．军事预防医学概论．北京：人民军医出版社，1999
45. 李天麟主编．高原与健康．北京：北京科学技术出版社，2001
46. 梁友信主编．劳动卫生与职业病学．第 4 版．北京：人民卫生出版社，2001
47. 陈成章主编．化妆品与家用化学品卫生．北京：人民卫生出版社，1994
48. 卫生部．《化妆品卫生规范》．北京，2002
49. 卫生部．《消毒技术规范》．北京，2002
50. CIR Compendium. 1999 化妆品成分评审概要．中国香料香精化妆品工业协会译．北京：中国轻工业出版社，2000
51. 保毓书主编．环境因素与生殖健康．北京：化学工业出版社，2002
52. 叶广俊主编．现代儿童少年卫生学．北京：人民卫生出版社，2002
53. 薛新东主编．儿科学．北京：人民卫生出版社，2002
54. 苏彦捷，李佳主编．环境心理学．长春：吉林教育出版社，2001
55. Veitch，R. & Arkkelin，D. Environmental Psychology：An Interdisciplinary Perspective. New-Jersey：Prentice Hall，1995
56. Bechtel，R. B. Environmental and Behavior：An Introduction Thousand Oaks. CA：

Sage，1997
57. Bell，P. A. ，Fisher，J. D. ，Baum，A. and Greene，T. C. Environmental Psychology，Fort Worth：Holt，Rinehart and Winston，Inc. 1996
58. 吕姿之．环境健康教育与健康促进．北京：北京大学医学出版社，2004
59. 傅华、李枫．现代健康促进理论与实践．上海：复旦大学出版社，2003
60. 黄敬亨．健康教育学．第 3 版．上海：复旦大学出版社，2002
61. 马骁．健康教育学．北京：人民卫生出版社，2004
62. 米光明、林琳．医院健康教育．北京：中国医药科技出版社，1999
63. 林琳、米光明．社区健康教育．北京：中国医药科技出版社，1999
64. 田本淳．基层妇幼保健健康教育培训教材．北京：北京医科大学出版社，2001
65. 李玉恩主编．标准编制和审查人员教材．北京：电子工业出版社，1994
66. 国家技术监督局政策法规司法规处编著．中华人民共和国标准化法问题解答．北京：中国标准出版社，1991
67. 史安俐，李春生，王有森主编．卫生标准概论．北京：人民卫生出版社，2000
68. 吴忠标编．大气环境和污染控制基础．北京：化学工业出版社，2002
69. 卫生部政策法规司主编．卫生专业法规选编．北京：中国法制出版社，1992
70. 王华东．环境质量评价．天津：天津科学技术出版社，1991
71. 环保工作者实用手册编写组．环保工作者实用手册．北京：中国环境科学出版社，1984

索　引

I

T

U

V

W